金属非金属矿山建设项目安全管理实用手册

主　编　周　彬
副主编　刘育明

煤炭工业出版社
·北　京·

编　委　会

前　言

安全生产事关人民福祉，事关经济社会发展大局。党中央国务院高度重视安全生产工作，习近平总书记多次作出重要批示、指示，指出：人命关天，发展绝不能以牺牲人的生命为代价，这必须作为一条不可逾越的红线。金属非金属矿山作为安全生产的重要组成部分，近年来安全生产形势呈现了持续稳定好转的态势，但安全生产形势依然严峻。中小矿山比例依然较高，企业安全生产条件依然较为落后，从业人员素质相对低下，矿山企业依法生产、建设的意识相对薄弱。同时，随着矿山开采深度的不断加深，超大规模、超深井安全风险不断增加，一些新兴领域矿山的风险也逐渐显现。为此，必须从源头抓起，从建设项目抓起，不断提升金属非金属矿山的准入门槛，防止新的不具备安全生产条件的金属非金属矿山进入生产领域。多年的安全生产实践证明，缜密的设计、严格的审查，是做好建设项目安全的基石；精心的施工、严格的验收，是确保建设项目安全的根本保证。

1992 年我国颁布实施的《中华人民共和国矿山安全法》和 2002 年颁布并于 2014 年修订的《中华人民共和国安全生产法》都作出明确规定，矿山建设项目的安全设施必须和主体工程同时设计、同时施工、同时投入生产和使用，即“三同时”。这对从源头上强化矿山建设项目的安全管理，预防和减少生产安全事故，发挥了重要作用。但由于受各种因素的限制，法律法规并没有说明安全设施的具体内容是什么，造成安全设施概念不清晰、内涵不明确，由于各方面的理解不同，致使矿山建设项目在安全管理上也出现诸多问题，体现在安全设施设计、设计审查、安全评价和竣工验收工作上不太规范，有的宽松无边，有的严格过头。为加强对金属非金属矿山建设项目“三同时”安全管理，规范和指导设计单位的安全设施设计、安全监管部门的安全设施设计审查、安全评价单位的竣工验收评价、建设单位的项目建设和安全设施竣工验收，国家安全监管总局于 2014 年组织编制了《金属非金属矿山建设项目安全设施目录（试行）》（国家安全监管总局令第 75 号），首次明确了安全设施的具体内容，之后又修订了《建设项目安全设施“三同时”监督管理办法》（国家安全监管总局令第 36 号），重新编制了《金属非金属矿山建设项目安全设施设计编写提纲的通知》（安监总管一〔2015〕68 号）等 4 个配套文件，为金属非金属矿山建设项目的安全预评价、安全设施设计、安全设施验收评价、安全设施竣工验收和安全设施重大变更等工作提供了依据。与此同时，为推动现有金属非金属矿山不断改善工艺和设备、设施，提高安全生产保障能力，国家安全监管总局陆续制定发布了《金属非金属矿山禁止使用的设备及工艺目录》（第一批、第二批）和《金属非金属矿山新型适用安全技术及装备推广目录》（第一批），对于促进矿山实施更加严格的生产工艺、技术、设备安全标准，严禁使用国家明令禁止或淘汰的、安全性能低下、危及安全生产的落后设备、设施和工艺提供了依据。

为使各级安全监管部门、金属非金属矿山企业、设计研究部门和安全技术服务机构，正确理解和科学把握上述系列规章、文件的内容，国家安全监管总局监管一司委托中国职业安全健康协会，组织相关文件的参与编写单位编制了《金属非金属矿山建设项目安全管理实用手册》（简称《手册》）。《手册》对上述规章、文件的编制背景、结构特点进行了系统的说明，对条文内容逐条逐句进行了翔实的解读，并应用具体的案例、设备、设施运行机理进行补充释义。《手册》第一部分为近几年来国家安全监管总局出台的8个规章文件；第二部分对上述8个规章文件分7篇进行详细的解读；第三部分收集了相关的法律法规和规章文件（相关国家、行业安全标准和设计规范已专册出版，本《手册》不再收集）。第二部分第1篇矿山安全设施目录、第3篇安全设施设计由中国恩菲工程技术有限公司编写，主要编写人员有刘育明、祁保明、谢良、王树勋、岑建、夏长念、徐京苑、邵晓钢、安建英和吴世剑；第2篇安全预评价、第5篇安全设施验收评价由中国安全生产科学研究院、北京矿冶研究总院编写，主要编写人员有谢旭阳、付士根、梅国栋、胡家国、李振涛、梁玉霞、谢源、杜振斐、吴永刚、武伟伟、于跟波和徐伟兰；第4篇设计重大变更由中冶京诚（秦皇岛）工程技术有限公司、中冶北方工程技术有限公司编写，主要编写人员有卢纯忠、李军、苏建军、郭章、许洪亮、袁子有、王伊鸣、张晓波、来欣捧、周育、程崇强和马立江；第6篇安全设施竣工验收由中冶北方工程技术有限公司编写，主要编写人员有王少泉、王鹏、巴家泓、郭杰、赵永志、刘建峰、舒金华和王奇；第7篇淘汰落后设备及工艺和推广新型适用安全技术及装备由长沙矿山研究院有限责任公司编写，主要编写人员有翟守忠、贺建国、李富伟、李广、王四现和曹凤金。

为便于大家阅读，本书中第二部分凡是楷体字部分均为对应文件的原文。

《手册》的出版，必将有力推动上述系列规章、文件的宣贯和实施，有助于进一步规范我国金属非金属矿山建设项目立项、安全评价、安全设施设计、安全设施竣工验收等各个环节的工作，也为从事金属非金属矿山建设项目安全评价、安全设施设计、企业安全管理及各级安全监管人员提供重要的学习参考资料和工具书。

因本手册内容涉及范围广、参编人员多，时间仓促，尽管在编写过程中经过了编委会多次组织会议集中讨论、审稿，但难免仍有不当之处，敬请读者指正。

《金属非金属矿山建设项目安全管理实用手册》编委会

2016年12月

目　　次

第一部分　金属非金属矿山建设项目安全管理主要规章文件

第二部分　金属非金属矿山建设项目安全管理主要规章文件解读

第三部分　相关法律法规、规章文件

第一部分

金属非金属矿山建设项目安全管理主要规章文件

金属非金属矿山建设项目安全设施目录(试行)

《金属非金属矿山建设项目安全设施目录（试行)》已经2015年1月30日国家安全生产监督管理总局局长办公会议审议通过，现予公布，自2015年7月1日起施行。国家安全生产监督管理总局令第75号颁布。

一、总　　则

（一）安全设施目录适用范围。

1. 为规范和指导金属非金属矿山（以下简称矿山）建设项目安全设施设计、设计审查和竣工验收工作，根据《中华人民共和国安全生产法》和《中华人民共和国矿山安全法》，制定本目录。

2. 矿山采矿和尾矿库建设项目安全设施适用本目录。与煤共（伴）生的矿山建设项目安全设施，还应满足煤矿相关的规程和规范。

核工业矿山尾矿库建设项目安全设施不适用本目录。

3. 本目录中列出的安全设施不是所有矿山都必须设置的，矿山企业应根据生产工艺流程、相关安全标准和规定，结合矿山实际情况设置相关安全设施。

（二）安全设施有关定义。

1. 矿山主体工程。

矿山主体工程是矿山企业为了满足生产工艺流程正常运转，实现矿山正常生产活动所必须具备的工程。

2. 矿山安全设施。

矿山安全设施是矿山企业为了预防生产安全事故而设置的设备、设施、装置、构（建）筑物和其他技术措施的总称，为矿山生产服务、保证安全生产的保护性设施。安全设施既有依附于主体工程的形式，也有独立于主体工程之外的形式。本目录将矿山建设项目安全设施分为基本安全设施和专用安全设施两部分。

3. 基本安全设施。

基本安全设施是依附于主体工程而存在，属于主体工程一部分的安全设施。基本安全设施是矿山安全的基本保证。

4. 专用安全设施。

专用安全设施是指除基本安全设施以外的，以相对独立于主体工程之外的形式而存在，不具备生产功能，专用于安全保护作用的安全设施。

（三）安全设施划分原则。

1. 依附于主体工程，且对矿山的安全至关重要，能够为矿山提供基本性安全保护作用的设备、设施、装置、构（建）筑物和其他技术措施，列为基本安全设施。

2. 相对独立存在且不具备生产功能，只为保护人员安全，防止造成人员伤亡而专门设置的保护性设备、设施、装置、构（建）筑物和其他技术措施，列为专用安全设施。

3. 保安矿柱作为矿山开采安全中的重要技术措施列入基本安全设施。

4. 主体设备自带的安全装置，不列入本目录。

5. 为保持工作场所的工作环境，保护作业人员职业健康的设施，属于职业卫生范畴，不列入本目录。

6. 地面总降压变电所不列入本目录。

7. 井下爆破器材库按照《民用爆破物品安全管理条例》(国务院令第466号）等法规、标准的规定进行设计、建设、使用和监管，不列入本目录。

8. 在矿山建设期，仅专用安全设施建设费用可列入建设项目安全投资；在矿山生产期，补充、改善基本安全设施和专用安全设施的投资都可在企业安全生产费用中列支。

二、地下矿山建设项目安全设施目录

（一）基本安全设施。

1. 安全出口。

（1）通地表的安全出口，包括由明井（巷）和盲井（巷）组合形成的通地表的安全出口。

（2）中段和分段的安全出口。

（3）采场的安全出口。

（4）破碎站、装矿皮带道和粉矿回收水平的安全出口。

2. 安全通道和独立回风道。

（1）动力油硐室的独立回风道。

（2）爆破器材库的独立回风道。

（3）主水泵房的安全通道。

（4）破碎硐室、变（配）电硐室的安全通道或独立回风道。

（5）主溜井的安全检查通道。

3. 人行道和缓坡段。

（1）各类巷道（含平巷、斜巷、斜井、斜坡道等）的人行道。

（2）斜坡道的缓坡段。

4. 支护。

（1）井筒支护。

（2）巷道（含平巷、斜巷、斜井、斜坡道等）支护。

（3）采场支护（包括采场顶板和侧帮、底部结构等的支护）。

（4）硐室支护。

5. 保安矿柱。

（1）境界矿柱。

（2）井筒保安矿柱。

（3）中段（分段）保安矿柱。

（4）采场点柱、保安间柱等。

6. 防治水。

（1）河流改道工程（含导流堤、明沟、隧洞、桥涵等）及河床加固。

（2）地表截水沟、排洪沟（渠）、防洪堤。

（3）地下水疏/堵工程及设施（含疏干井、放水孔、疏干巷道、防水闸门、水仓、疏干设备、防水矿柱、防渗帷幕及截渗墙等）。

（4）露天开采转地下开采的矿山露天坑底防洪水突然灌入井下的设施（包括露天坑底所做的假底、坑底回填等）。

（5）热水充水矿床的疏水系统。

7. 竖井提升系统。

（1）提升装置，包括制动系统、控制系统、闭锁装置等。

（2）钢丝绳（包括提升钢丝绳、平衡钢丝绳、罐道钢丝绳、制动钢丝绳、隔离钢丝绳）及其连接或固定装置。

（3）罐道，包括木罐道、型钢罐道、钢轨罐道、钢木复合罐道等。

（4）提升容器。

（5）摇台或其他承接装置。

8. 斜井提升系统。

（1）提升装置，包括制动系统、控制系统。

（2）提升钢丝绳及其连接装置。

（3）提升容器（含箕斗、矿车和人车）。

9. 电梯井提升系统（包括钢丝绳、罐道、轿厢、控制系统等）。

10. 带式输送机系统的各种闭锁和机械、电气保护装置。

11. 排水系统。

（1）主水仓、井底水仓、接力排水水仓。

（2）主水泵房、接力泵房、各种排水水泵、排水管路、控制系统。

（3）排水沟。

12. 通风系统。

（1）专用进风井及专用进风巷道。

（2）专用回风井及专用回风巷道。

（3）主通风机、控制系统。

13. 供、配电设施。

（1）矿山供电电源、线路及总降压主变压器容量、地表向井下供电电缆。

（2）井下各级配电电压等级。

（3）电气设备类型。

（4）高、低压供配电中性点接地方式。

（5）高、低压电缆。

（6）提升系统、通风系统、排水系统的供配电设施。

（7）地表架空线转下井电缆处防雷设施。

（8）高压供配电系统继电保护装置。

（9）低压配电系统故障（间接接触）防护装置。

（10）直流牵引变电所电气保护设施、直流牵引网络安全措施。

（11）爆炸危险场所电机车轨道电气的安全措施。

（12）设有带油设备的电气硐室的安全措施。

（13）照明设施。

（14）工业场地边坡的安全加固及防护措施。

（二）专用安全设施。

1. 罐笼提升系统。

（1）梯子间及安全护栏。

（2）井口和井下马头门的安全门、阻车器和安全护栏。

（3）尾绳隔离保护设施。

（4）防过卷、防过放、防坠设施。
（5）钢丝绳罐道时各中段的稳罐装置。
（6）提升机房内的盖板、梯子和安全护栏。
（7）井口门禁系统。
2. 箕斗提升系统。
（1）井口、装载站、卸载站等处的安全护栏。
（2）尾绳隔离保护设施。
（3）防过卷、防过放设施。
（4）提升机房内的盖板、梯子和安全护栏。
3. 混合竖井提升系统。
（1）罐笼提升系统安全设施（见罐笼提升系统）。
（2）箕斗提升系统安全设施（见箕斗提升系统）。
（3）混合井筒中的安全隔离设施。
4. 斜井提升系统。
（1）防跑车装置。
（2）井口和井下马头门的安全门、阻车器、安全护栏和挡车设施。
（3）人行道与轨道之间的安全隔离设施。
（4）梯子和扶手。
（5）躲避硐室。
（6）人车断绳保险器。
（7）轨道防滑措施。
（8）提升机房内的安全护栏和梯子。
（9）井口门禁系统。
5. 斜坡道与无轨运输巷道。
（1）躲避硐室。
（2）卸载硐室的安全挡车设施、护栏。
（3）人行巷道的水沟盖板。
（4）交通信号系统。
（5）井口门禁系统。
6. 带式输送机系统。
（1）设备的安全护罩。
（2）安全护栏。
（3）梯子、扶手。
7. 电梯井提升系统。
（1）梯子间及安全护栏。
（2）电梯间和梯子间进口的安全防护网。
8. 有轨运输系统。
（1）装载站和卸载站的安全护栏。
（2）人行巷道的水沟盖板。
9. 动力油储存硐室。
（1）硐室口的防火门。
（2）栅栏门。

（3）防静电措施。

（4）防爆照明设施。

10. 破碎硐室。

（1）设备护罩、梯子和安全护栏。

（2）自卸车卸矿点的安全挡车设施。

11. 采场。

（1）采空区及其他危险区域的探测、封闭、隔离或充填设施。

（2）地下原地浸出采矿和原地爆破浸出采矿的防渗工程及对溶液渗透的监测系统。

（3）原地浸出采矿引起地表塌陷、滑坡的防护及治理措施。

（4）自动化作业采区的安全门。

（5）爆破安全设施（含警示旗、报警器、警戒带等）。

（6）工作面人机隔离设施。

12. 人行天井与溜井。

（1）梯子间及防护网、隔离栅栏。

（2）井口安全护栏。

（3）废弃井口的封闭或隔离设施。

（4）溜井井口安全挡车设施。

（5）溜井口格筛。

13. 供、配电设施。

（1）避灾硐室应急供电设施。

（2）裸带电体基本（直接接触）防护设施。

（3）变配电硐室防水门、防火门、栅栏门。

（4）保护接地及等电位联接设施。

（5）牵引变电所接地设施。

（6）变配电硐室应急照明设施。

（7）地面建筑物防雷设施。

14. 通风和空气预热及制冷降温。

（1）主通风机的反风设施和备用电机及快速更换装置。

（2）辅助通风机。

（3）局部通风机。

（4）风机进风口的安全护栏和防护网。

（5）阻燃风筒。

（6）通风构筑物（含风门、风墙、风窗、风桥等）。

（7）风井内的梯子间。

（8）风井井口和马头门处的安全护栏。

（9）严寒地区，通地表的井口（如罐笼井、箕斗井、混合井和斜提升井等）设置的防冻设施；用于进风的井口和巷道硐口（如专用进风井、专用进风平硐、专用进风斜井、罐笼井、混合井、斜提升井、胶带斜井、斜坡道、运输巷道等）设置的空气预热设施。

（10）地下高温矿山制冷降温设施，包括地表制冷站设施、地下制冷站设施、管路及分配设施等。

15. 排水系统。

（1）监测与控制设施。

(2) 水泵房及毗连的变电所(或中央变电所)入口的防水门及两者之间的防火门。

(3) 水泵房及变电所内的盖板、安全护栏(门)。

16. 充填系统。

(1) 充填管路减压设施。

(2) 充填管路压力监测装置。

(3) 充填管路排气设施。

(4) 充填搅拌站内及井下的安全护栏及其他防护措施(包括物料输送机和其他相关设备、砂浆池、砂仓等的安全护栏及其他防护措施)。

(5) 充填系统事故池。

(6) 采场充填挡墙。

17. 地压、岩体位移监测系统。

(1) 地表变形、塌陷监测系统。

(2) 坑内应力、应变监测系统。

18. 安全避险“六大系统”。

(1) 监测监控系统。

(2) 人员定位系统。

(3) 紧急避险系统。

(4) 压风自救系统。

(5) 供水施救系统。

(6) 通信联络系统。

19. 消防系统。

(1) 消防供水系统。

(2) 消防水池。

(3) 消防器材。

(4) 火灾报警系统。

(5) 防火门(除前面所述之外的防火门)。

(6) 有自然发火倾向区域的防火隔离设施。

20. 防治水。

(1) 中段(分段)或采区的防水门。

(2) 地下水头(水位)、水质、中段涌水量监测设施。

(3) 探水孔、放水孔及探放水巷道,探、放水孔的孔口管和控制闸阀,探、放水设备。

(4) 降雨量观测站。

(5) 在有突水可能性的工作面设置的救生圈、安全绳等救生设施。

21. 崩落法、空场法开采时的地表塌陷或移动范围保护措施。

22. 水溶性开采。

(1) 有毒有害气体积聚处(井口、卤池、取样阀等)采取的防毒措施。

(2) 井口的防喷装置。

(3) 排水和防止液体渗漏的设施。

(4) 地面防滑措施。

(5) 井盐矿山设立的地表水和地下水水质监测系统。

(6) 地表沉降和位移的监测设施。

(7) 不用的地质勘探井和生产报废井的封井措施。

23. 矿山应急救援设备及器材。

24. 个人安全防护用品。

25. 矿山、交通、电气安全标志。

26. 其他设施。

（1）排土场（或废石场）安全设施参见露天矿山相关内容。

（2）放射性矿山的防护措施。

（3）地下原地浸出采矿：监测井（孔）、套管、气体站安全护栏、集液池、酸液池及二次缓冲池安全护栏、事故处理池和管路。

三、露天矿山建设项目安全设施目录

（一）基本安全设施。

1. 露天采场。

（1）安全平台、清扫平台、运输平台。

（2）运输道路的缓坡段。

（3）露天采场边坡、道路边坡、破碎站和工业场地边坡的安全加固及防护措施。

（4）溜井底放矿硐室的安全通道及井口的安全挡车设施、格筛。

（5）设计规定保留的矿（岩）体或矿段。

（6）边坡角。

（7）爆破安全距离界线。

2. 防排水。

（1）河流改道工程（含导流堤、明沟、隧洞、桥涵等）及河床加固。

（2）地表截水沟、排洪沟（渠）、防洪堤、拦水坝、台阶排水沟、截排水隧洞、沉砂池、消能池（坝）。

（3）地下水疏/堵工程及设施（含疏干井、放水孔、疏干巷道、防水闸门、水仓、疏干设备、防水矿柱、防渗帷幕及截渗墙等）。

（4）露天采场排水设施，包括水泵和管路。

3. 铁路运输。

（1）运输线路的安全线、避让线、制动检查所、线路两侧的界限架。

（2）护轮轨、防溜车措施、减速器、阻车器。

4. 带式输送机系统的各种闭锁和电气保护装置。

5. 架空索道运输。

（1）架空索道的承载钢丝绳和牵引钢丝绳。

（2）架空索道的制动系统。

（3）架空索道的控制系统。

6. 斜坡卷扬运输。

（1）提升装置，包括制动系统、控制系统。

（2）提升钢丝绳及其连接装置。

（3）提升容器（包括箕斗、矿车和人车）。

7. 供、配电设施。

（1）矿山供电电源、线路及总降压主变压器容量、向采矿场供电线路。

（2）各级配电电压等级。

(3) 电气设备类型。
(4) 高、低压供配电中性点接地方式。
(5) 排水系统供配电设施。
(6) 采矿场供电线路、电缆及保护、避雷设施。
(7) 高压供配电系统继电保护装置。
(8) 低压配电系统故障（间接接触）防护装置。
(9) 直流牵引变电所的电气保护设施、直流牵引网络的安全措施。
(10) 爆炸危险场所电机车轨道的电气安全措施。
(11) 变、配电室的金属丝网门。
(12) 采场及排土场（废石场）正常照明设施。
8. 排土场（废石场）。
(1) 安全平台。
(2) 运输道路缓坡段。
(3) 拦渣坝。
(4) 阶段高度、总堆置高度、安全平台宽度、总边坡角。
9. 通信系统。
(1) 联络通信系统。
(2) 信号系统。
(3) 监视监控系统。
（二）专用安全设施。
1. 露天采场。
(1) 露天采场所设的边界安全护栏。
(2) 废弃巷道、采空区和溶洞的探测设备，充填、封堵措施或隔离设施。
(3) 溜井口的安全护栏、挡车设施、格筛。
(4) 爆破安全设施（含躲避设施、警示旗、报警器、警戒带等）。
(5) 水力开采运矿沟槽上的盖板或金属网。
(6) 挖掘船上的救护设备。
(7) 挖掘船开采时，作业人员穿戴的救生器材。
2. 铁路运输。
(1) 运输线路的安全护栏、防护网、挡车设施、道口护栏。
(2) 道路岔口交通警示报警设施。
(3) 陡坡铁路运输时的线路防爬设施（含防爬器、抗滑桩等）。
(4) 曲线轨道加固措施。
3. 汽车运输。
(1) 运输线路的安全护栏、挡车设施、错车道、避让道、紧急避险道、声光报警装置。
(2) 矿、岩卸载点的安全挡车设施。
4. 带式输送机运输。
(1) 设备的安全护罩。
(2) 安全护栏。
(3) 梯子、扶手。
5. 架空索道运输。
(1) 线路经过厂区、居民区、铁路、道路时的安全防护措施。

（2）线路与电力、通信架空线交叉时的安全防护措施。
（3）站房安全护栏。
6. 斜坡卷扬运输。
（1）阻车器、安全挡车设施。
（2）斜坡轨道两侧的堑沟、安全隔挡设施。
（3）防止跑车装置。
（4）防止钢轨及轨梁整体下滑的措施。
7. 破碎站。
（1）卸矿安全挡车设施。
（2）设备运动部分的护罩、安全护栏。
（3）安全护栏、盖板、扶手、防滑钢板。
8. 排土场（废石场）。
（1）排土场（废石场）道路的安全护栏、挡车设施。
（2）截（排）水设施（含截水沟、排水沟、排水隧洞、截洪坝等）。
（3）底部排渗设施。
（4）滚石或泥石流拦挡设施。
（5）滑坡治理措施。
（6）坍塌与沉陷防治措施。
（7）地基处理。
9. 供、配电设施。
（1）裸带电体基本（直接接触）防护设施。
（2）保护接地设施。
（3）直流牵引变电所接地设施。
（4）采场变、配电室应急照明设施。
（5）地面建筑物防雷设施。
10. 监测设施。
（1）采场边坡监测设施。
（2）排土场（废石场）边坡监测设施。
11. 为防治水而设的水位和流量监测系统。
12. 矿山应急救援器材及设备。
13. 个人安全防护用品。
14. 矿山、交通、电气安全标志。
15. 有井巷工程时其安全设施参见地下矿山相关内容。

四、尾矿库建设项目安全设施目录

（一）基本安全设施。
1. 尾矿坝。
（1）初期坝（含库尾排矿干式尾矿库的拦挡坝）。
（2）堆积坝。
（3）副坝。
（4）挡水坝。

（5）一次性建坝的尾矿坝。
2. 尾矿库库内排水设施。
（1）排水井。
（2）排水斜槽。
（3）排水隧洞。
（4）排水管。
（5）溢洪道。
（6）消力池。
3. 尾矿库库周截排洪设施。
（1）拦洪坝。
（2）截洪沟。
（3）排水井。
（4）排洪隧洞。
（5）溢洪道。
（6）消力池。
4. 堆积坝坝面防护设施。
（1）堆积坝护坡。
（2）坝面排水沟。
（3）坝肩截水沟。
5. 辅助设施。
（1）尾矿库交通道路。
（2）尾矿库照明设施。
（3）通信设施。
（二）专用安全设施。
1. 尾矿库地质灾害与雪崩防护设施。
（1）尾矿库泥石流防护设施。
（2）库区滑坡治理设施。
（3）库区岩溶治理设施。
（4）高寒地区的雪崩防护设施。
2. 尾矿库安全监测设施。
（1）库区气象监测设施。
（2）地质灾害监测设施。
（3）库水位监测设施。
（4）干滩监测设施。
（5）坝体表面位移监测设施。
（6）坝体内部位移监测设施。
（7）坝体渗流监测设施。
（8）视频监控设施。
（9）在线监测中心。
3. 尾矿坝坝体排渗设施。
（1）贴坡排渗。
（2）自流式排渗管。

（3）管井排渗。
（4）垂直-水平联合自流排渗。
（5）虹吸排渗。
（6）辐射井。
（7）排渗褥垫。
（8）排渗盲沟（管）。
4. 干式尾矿汽车运输。
（1）运输线路的安全护栏、挡车设施。
（2）汽车避让道。
（3）卸料平台的安全挡车设施。
5. 干式尾矿带式输送机运输。
（1）输送机系统的各种闭锁和电气保护装置。
（2）设备的安全护罩。
（3）安全护栏。
（4）梯子、扶手。
6. 库内回水浮船、运输船防护设施。
（1）安全护栏。
（2）救生器材。
（3）浮船固定设施。
（4）电气设备接地措施。
7. 辅助设施。
（1）尾矿库管理站。
（2）报警系统。
（3）库区安全护栏。
（4）矿山、交通、电气安全标志。
8. 应急救援器材及设备。
9. 个人安全防护用品。

国家安全监管总局关于印发金属非金属矿山建设项目安全评价报告编写提纲的通知

安监总管一〔2016〕49号

各省、自治区、直辖市及新疆生产建设兵团安全生产监督管理局，有关中央企业：

为进一步规范金属非金属矿山建设项目安全评价工作，根据《安全生产法》、《建设项目安全设施“三同时”监督管理办法》（国家安全监管总局令第36号）和《金属非金属矿山建设项目安全设施目录（试行）》（国家安全监管总局令第75号），国家安全监管总局制定了金属非金属地下矿山、露天矿山、尾矿库建设项目安全预评价报告和安全设施验收评价报告编写提纲（见附件），现印发给你们，请遵照执行。

国家安全监管总局2012年4月10日出台的《关于印发金属非金属矿山建设项目安全专篇编写提纲等文书格式的通知》（安监总管一〔2012〕45号）同时废止。

附件：1. 金属非金属地下矿山建设项目安全预评价报告编写提纲
2. 金属非金属露天矿山建设项目安全预评价报告编写提纲
3. 金属非金属矿山尾矿库建设项目安全预评价报告编写提纲
4. 金属非金属地下矿山建设项目安全设施验收评价报告编写提纲
5. 金属非金属露天矿山建设项目安全设施验收评价报告编写提纲
6. 金属非金属矿山尾矿库建设项目安全设施验收评价报告编写提纲

国家安全监管总局
2016年5月30日

附件1：

金属非金属地下矿山建设项目安全预评价报告编写提纲

前言

简述项目的建设背景、项目性质（新建、改建、扩建）、开采方式和采矿方法等基本情况，评价项目委托方及评价要求、评价工作过程等。

1 评价对象与依据

1.1 评价对象和范围

根据项目可行性研究报告、《金属非金属矿山建设项目安全设施目录（试行）》（国家安全监管总局令第75号）和有关法律法规等，明确评价对象、评价项目名称和安全预评价范围。

评价范围一般不包含炸药库和选矿厂。

1.2　评价依据

1.2.1　法律法规

列出该建设项目安全预评价报告应遵循的安全生产法律、行政法规、部门规章、地方性法规、地方政府规章和有关规范性文件。

每个层次内按发布时间顺序列出，列出的法律法规应为最新版本，并标注其文号及实施日期，要有针对性和完整性，要有序排列。

1.2.2　标准规范

列出预评价采用与建设项目相关的现行标准（包括国家标准、行业标准、地方标准）、规程、规范，并标注其标准号。

按照国家标准、行业标准、地方标准的顺序排列，每个层次内按照发布时间顺序列出。列出的标准规范应为最新版本，并为现行有效。

所列标准应与本建设项目的安全生产相关，在报告中没有引用到的标准规范不列入。

1.2.3　建设项目技术资料

列出建设项目安全预评价所依据的有关技术资料，包括但不限于下列资料：

（1）建设项目可行性研究报告；

（2）建设项目地质勘探报告或地质报告；

（3）建设项目矿岩力学性质试验报告等。

技术资料应列出名称、编制单位和日期等相关内容。

1.2.4　其他评价依据

（1）安全预评价委托书（任务书、合同书）；

（2）安全预评价的其他依据。

2　建设项目概述

2.1　建设单位概况

简要介绍建设单位历史沿革、经济类型、隶属关系等基本情况，建设项目背景及立项情况。

简要介绍建设项目隶属行政区划、地理位置及交通、矿区周边环境（包括村庄、建构筑物、地表水体、河流）等。

2.2　自然环境概况

简要介绍区域地形地貌、气候（包括降雨量、风向、主导风向、气温、高寒高原地区的冻土深度、最高洪水位或山洪特征）、地震烈度、区域经济地理概况等。

2.3　建设项目地质概况

2.3.1　矿区地质概况

简要介绍矿区在大地构造中的位置、出露地层、脉岩和区域构造等区域地质情况。

简要介绍矿区地层、地质构造和岩石等矿区地质情况。

2.3.2　水文地质概况

简要介绍区域地表水系，矿区水文地质类型、导水构造性质、分布、埋藏条件、与矿体的空间关系，矿坑涌水量预测，并说明其复杂程度等。

2.3.3　工程地质概况

简要介绍矿区工程地质岩组、岩体结构特征、工程地质特征、工程地质条件复杂程度、可能出现的工程地质问题，并说明其复杂程度。

2.3.4　矿床地质概况

简要介绍矿体特征、矿石特征、夹石（层）分布规律及岩性特征、顶底板围岩、矿岩物理力学性质（包括密度、弹性模量、泊松比、内摩擦角、黏聚力等参数）等。

2.4 工程建设方案概况

简要介绍建设项目可行性研究报告中工程建设方案主要内容，包括但不限于下列内容。

2.4.1 矿山开采现状

改建或扩建工程，应简要说明矿山开采现状、特点及存在的主要问题，本项目的利旧工程、现有辅助设施、老空区的治理措施等。

2.4.2 建设规模及工作制度

简要介绍地质储量及范围、设计可采储量、矿山生产规模、工作制度等。

2.4.3 总图运输

简要介绍矿区总体布置、总平面布置和内外部运输等。

如果改建或扩建工程导致其工业场地布局和开拓运输方式发生了变化，并对开拓运输和原总图布置产生影响，应进行介绍；如果只增加作业面扩大产能或采用新工艺，未对原开拓运输和总图布置产生影响，可不作介绍。

2.4.4 开采范围

简要介绍开采对象、开采范围、矿区开采顺序。露天地下联合开采时，论述露天、地下的合理界限和相互关系等。

2.4.5 开拓运输

简要介绍开拓运输方式、安全出口、岩体移动范围、主要开拓工程、支护（包括井筒支护、巷道支护）、中段布置、提升和运输设备设施等。

简要说明井下溜破系统组成和配置情况，包括破碎硐室安全出口、破碎设备运动部件周边的安全护栏设置、运输皮带参数等。

2.4.6 采矿工艺

简要介绍选用的采矿方法及采场结构参数、回采工艺和采空区处理、采场支护（包括采场顶板和侧帮、底部结构等的支护）等。对于采用充填采矿方法的矿山，应简要介绍充填材料及其物理力学参数（包括密度、弹性模量、泊松比、内摩擦角、黏聚力），充填料制备及输送、充填系统计量和控制等。

简要说明井下爆破器材库的位置、炸药和爆破器材储存量、爆破器材库独立回风道设置情况等。

简要说明采掘作业面爆破作业的凿岩设备、炮孔参数、排间距、炸药类型、装药方式、起爆方式。

采用地下原地浸出或原地爆破浸出采矿时，应说明防止溶液向非采矿区域渗透所采取的处理措施及检测方法、技术手段等。

2.4.7 通风系统

简要介绍专用进风井及专用进风巷道、专用回风井及专用回风巷道和主要通风机、控制系统。

简要介绍通风方式、风量和风压计算、风流风量控制措施、局部通风和主要通风装置和通风构筑物等。

2.4.8 矿山供配电设施

简要介绍矿山供电电源、输送线路个数及线路长度、总降压主变压器容量、地表向井下供电电缆、井下各级配电电压等级、电气设备类型、高低压供配电中性点接地方式、照明设施等。

2.4.9 防排水与防灭火系统

简要介绍矿井涌水量（包括矿山正常涌水量和最大涌水量估算过程及结果），需要排除的采矿废水量、充填溢流水量、矿山正常排水量和最大排水量、防排水方案、防排水设备设施和突水预防措施（探、放水设备等），采用的排泥方式、排泥设备及管路选择计算、排泥泵房的设置位置，主水仓、井底水仓、接力排水水仓，井下消防供水系统和具有自燃倾向性矿山防灭火措施等。

2.4.10　排土场（废石场）

简要介绍建设项目日排岩量、排土场选址、排土工艺、排土场堆置要素、防洪排水设施、排土场堆置物料力学性质（主要包括重度、黏聚力、内摩擦角等参数）等。

2.4.11　安全避险“六大系统”

简要介绍监测监控系统、人员定位系统、紧急避险系统、压风自救系统、供水施救系统和通信联络系统等建设方案。

2.4.12　压风及供水系统

介绍压风设备及辅助设施，供水系统及设备等。

2.4.13　安全管理及其他

新建工程，简要介绍企业生产组织及劳动定员、投资估算等。

改建或扩建工程，简要介绍企业安全管理机构设置、安全管理人员配备、专用安全设施投资、劳动定员、规章制度、应急救援、热工及暖风等。

3　定性定量评价

针对建设项目的特点，分单元辨识项目投产后的危险、有害因素，分析可能发生的事故类型，预测事故后果严重等级；评价项目建设方案与相关安全生产法律法规、技术规范的符合性；采用定性定量的方法分析评价其安全性及其发生事故后的后果。

改建或扩建工程，应在每个评价单元中分析和评价中利旧系统、与原系统的相互关系和影响等。

评价单元一般划为：总平面布置、自然灾害、开拓、提升和运输、采掘、通风、供配电设施、防排水与防灭火、排土场（废石场）、安全避险“六大系统”、安全管理（改建或扩建工程）和重大危险源辨识等。评价项目可以根据项目建设特点，选择适合本项目的评价单元。

一般宜选用但不局限于以下方法进行评价：安全检查表法、预先危险性分析法、类比分析法等定性评价方法；解析法、工程类比法、数值仿真和相似材料模拟、现场试验等定量评价方法对矿岩稳定性、保安矿柱稳定性、爆破震动效应、地表塌陷错动范围或地表移动影响范围、水灾蔓延、火灾烟流蔓延规律等进行评价。

3.1　总平面布置单元

根据建设项目建设方案、区域工程地质、水文地质、地表移动影响范围等，对采矿工业场地（主、副井工业场地）、辅助工业场地（风井、充填井等工业场地）、相关建筑物和设施等总体位置选择相互关系及影响进行安全分析与符合性评价。

分析矿山开采和周边环境的相互影响。

崩落法和空场法开采矿山，应根据塌陷理论计算地表塌陷错动范围；充填法开采矿山，宜采用类比法对地表塌陷错动范围进行评价。

对可能存在山体滑坡、泥石流、暴雨、山洪等灾害的矿区，应提出由相关单位开展灾害评估的建议。

3.2　开拓单元

辨识开拓单元可能存在的主要危险、有害因素并进行危险度定性评价。

主要从安全出口（包括通往地表的安全出口、中段和分段的安全出口，破碎站、装矿皮带道和粉矿回收水平的安全出口），中段布置，井筒支护、巷道支护（含平巷、斜巷、斜井、斜坡道等）和硐室支护，保安矿柱（“三下”开采保安矿柱、境界保安矿柱、井筒保安矿柱、露天地下联合开采保安矿柱以及其他保安矿柱）等方面进行符合性安全定性评价。

应采用“三下”开采保安矿柱留取理论或数值模拟对保安矿柱进行稳定性计算。

保安矿柱稳定性计算可委托相关的科研院所或其他单位完成，但应作为预评价报告的一部分。

3.3 提升和运输单元

辨识提升和运输单元可能存在的主要危险、有害因素并进行危险度定性评价。

竖井主要从提升高度、提升方式（单罐笼、双罐笼），一次最多允许提升人员数量，钢丝绳规格参数，不同工况下的钢丝绳安全系数，悬挂装置及其安全系数，提升钢丝绳最大静张力和静张力差、静张力比，钢丝绳静防滑安全系数、动防滑安全系数；井筒断面、支护情况、梯子间设置；尾绳保护设施，提升容器防过卷设施、防过放设施、防坠设施，井口和各中段马头门的安全门、安全护栏、阻车器设置，提升和运输信号系统等方面进行符合性评价。

带式输送机从胶带的头部标高、尾部标高、水平长度、提升高度等基本参数，胶带种类、带宽、带强、带速、胶带安全系数、驱动滚筒及拉紧滚筒、改向滚筒参数选择，胶带机驱动方式与驱动装置、拉紧方式与拉紧装置布置、胶带机控制方式；带式输送机的安全护罩、安全护栏、梯子、扶手；各种闭锁和机械、电气保护装置等方面进行符合性评价。

对斜井断面布置、斜井支护、斜井防跑车装置，躲避硐室、人行道与轨道之间的安全隔离设施，梯子和扶手设置情况，井口安全门、阻车器、安全护栏、挡车设施等方面进行定性评价。

有轨运输系统（含装矿硐室、卸矿硐室）从运输巷道断面布置、采用的运输设备及其参数、人行道、躲避硐室、水沟、坡度设置；装载站和卸载站的安全护栏、人行巷道的水沟盖板设置情况等方面进行符合性评价。

无轨作业要从人行道或躲避硐室、水沟及盖板、卸载硐室的安全车挡和护栏及门禁系统等方面进行符合性评价。

井下粗破碎系统主要从破碎设备运动部件周边的安全护栏设置、运输皮带是否阻燃等方面进行符合性评价。

3.4 采掘单元

辨识采掘单元可能存在的主要危险、有害因素并进行危险度定性评价。

主要从采掘作业场所及环境、采掘方法、设备及作业过程、井巷支护、顶板管理和采空区处理等方面进行安全分析与评价。如果采用充填采矿方法，需从矿山充填系统、充填材料、充填工艺、充填情况检查及观测等方面进行符合性评价。

根据井下爆破器材库位置设置及采掘作业面的爆破作业，对井下爆破作业进行符合性评价。

地下原地浸出采矿和原地爆破浸出采矿的防渗工程及对溶液渗透的监测系统，原地浸出采矿引起地表塌陷、滑坡的防护及治理措施等方面进行符合性评价。

根据爆破类型对井下爆破震动效应进行定量评价分析。

生产中段在地面最低安全出口以下垂直深度超过300 m或生产建设规模为大、中型矿山，应根据采场的设计参数或矿体及围岩物理性质进行解析法、数值模拟法或工程类比法进行以下定量评价：

（1）空场法开采的矿山应根据采场结构参数对顶板稳定性进行定量评价；

（2）阶段空场与分段空场嗣后充填采矿矿山，根据采场结构参数进行稳定性定量评价，同时对充填体的作用效果进行分析。

稳定性定量评价内容可委托相关的科研院所或其他单位负责完成，但应作为预评价报告的一部分。

3.5 通风单元

辨识通风单元可能存在的主要危险、有害因素并进行危险度定性评价。

主要从通风设备设施，通风效果与质量，特殊作业点通风要求等方面进行符合性评价。

对矿山通风系统风量能力等应进行定量评价。

3.6 供配电设施单元

辨识矿山供配电设施单元可能存在的主要危险、有害因素并进行危险度定性评价。

主要从矿山供电电源、线路及其长度、总降压主变压器容量及地表向井下供电电缆，井下各级配电电压等级，电气设备类型，高、低压供配电中性点接地方式，高、低压电缆，地表架空线转下井电缆处防雷设施，高压供配电系统继电保护装置，照明设施，总计算负荷、采矿部分计算负荷及一级负荷等方面进行符合性评价。

3.7 防排水与防灭火单元

辨识矿山防排水与防灭火单元可能存在的主要危险、有害因素并进行危险度定性评价。

重点针对矿井水害，结合矿山的水文地质条件和涌水量等基本情况，主要从地面防治水设施及措施、井下排水系统及排水能力、井下防透水措施等方面进行符合性评价。

对矿山井下消防供水系统、灭火装置、消防器材配备、火灾信号设置，具有自燃倾向性矿山防灭火技术措施等方面进行安全分析与评价。

根据防排水要求，对设计的防排水能力进行校核。

水文地质条件复杂的矿山应采用定量评价方法分析突水蔓延的范围，为提出防水对策措施提供依据。

对于有自燃倾向性的矿山应进行火灾烟流蔓延规律模拟分析。

水文地质条件复杂矿山的突水蔓延和自燃倾向性矿山的火灾烟流蔓延规律计算等定量评价可委托相关的科研院所或其他单位负责完成，但应作为预评价报告的一部分。

3.8 排土场（废石场）单元

辨识排土场单元可能存在的危险、有害因素并进行危险度定性评价。

主要从排土场选址、排土场堆置要素、排土作业方法及过程、排土场截洪防洪及排水设施、排土场防止泥石流设施、排土场安全防护设施、日常安全监测与检查等方面进行符合性评价。

三级以上排土场应采用数值模拟或余推力法计算安全系数，并对其稳定性进行定量评价。

3.9 安全避险“六大系统”单元

重点针对火灾、有毒有害气体、地压灾害、通风系统监测、视频监控等，从监测监控系统、人员定位系统、紧急避险系统、压风自救系统、供水施救系统和通信联络系统的建设方案进行符合性评价。

3.10 安全管理单元

改建或扩建工程，主要从安全管理机构设置、管理人员配备、规章制度、应急救援和矿山特种设备管理等方面进行符合性评价。

3.11 重大危险源辨识

依照重大危险源管理的相关法律法规、标准规范，辨识建设项目存在的重大危险源。

4 安全对策措施及建议

依据国家安全生产相关法律法规和标准规范的要求，根据定性定量预评价存在的问题或不足，分单元有针对性地提出对应的安全技术与管理措施或建议，为《安全设施设计》的编写提供参考，提出的安全措施或建议应具有实用性和可操作性，尽量推广先进适用技术和工艺，同时安全措施也可是具有先进性和前瞻性的研究成果。

5 评价结论

简要列出主要危险、有害因素，指出评价对象应重点防范的重大危险有害因素；明确应重视的安全对策措施建议；明确评价对象潜在的危险、有害因素在采取安全对策措施后，能否得到控制以及受控的程度如何。

给出评价对象从安全生产角度是否符合国家有关法律、法规、规章、标准和规范的要求。

6 附图

报告宜附有以下图纸和照片，可根据项目实际情况调整：

（1）矿区及周边区域地形图；

（2）总平面布置图；

（3）开拓系统纵投影图；

（4）典型采矿方法图；

（5）通风系统示意图；

（6）排水系统图；

（7）周边环境相关照片；

（8）评价项目组部分人员在现场调研照片。

以上相关图纸为可行性研究报告中相关图纸。

图纸应字迹线条清晰、签字盖章齐全、版面大小合适。有彩色内容的图纸宜彩色打印。

附件2：

金属非金属露天矿山建设项目安全预评价报告编写提纲

前言

简述项目的建设背景、项目性质（新建、改建、扩建）、开采方式和开拓运输方案等基本情况，评价项目委托方及评价要求、评价工作过程等。

1 评价对象与依据

1.1 评价对象和范围

根据项目可行性研究报告、《金属非金属矿山建设项目安全设施目录（试行）》(国家安全监管总局令第75号）和有关法律法规等，明确评价对象、评价项目名称和安全预评价范围。

评价范围一般不包含地面炸药库和选矿厂。

1.2 评价依据

1.2.1 法律法规

列出该建设项目安全预评价报告应遵循的安全生产法律、行政法规、部门规章、地方性法规、地方政府规章和有关规范性文件。

每个层次内按发布时间顺序列出，列出的法律法规应为最新版本，并标注其文号及实施日期，要有针对性和完整性，要有序排列。

1.2.2 标准规范

列出预评价采用与建设项目相关的现行标准（包括国家标准、行业标准、地方标准）、规程、规范，并标注其标准号。

按照国家标准、行业标准、地方标准的顺序排列，每个层次内按照发布时间顺序列出。列出的标准规范应为最新版本，并为现行有效。

所列标准应与本建设项目的安全生产相关，在报告中没有引用到的标准规范不列入。

1.2.3　建设项目技术资料

列出建设项目安全预评价所依据的有关技术资料，包括但不限于下列资料：

（1）建设项目可行性研究报告；

（2）建设项目地质勘探报告或地质报告；

（3）建设项目试验报告等。

技术资料应列出名称、编制单位和日期等相关内容。

1.2.4　其他评价依据

（1）安全预评价委托书（任务书、合同书）；

（2）安全预评价的其他依据。

2　建设项目概述

2.1　建设单位概况

简要介绍建设单位历史沿革、经济类型、隶属关系等基本情况，建设项目背景及立项情况。

简要介绍建设项目隶属行政区划、地理位置及交通、矿区周边环境（包括村庄、建构筑物、地表水体、河流）等。

2.2　自然环境概况

简要介绍区域地形地貌、气候（包括降雨量、风向、主导风向、气温、高寒高原地区的冻土深度、最高洪水位或山洪特征）、地震烈度、区域经济地理概况等。

2.3　建设项目地质概况

2.3.1　矿区地质概况

简要介绍矿区在大地构造中的位置、出露地层、脉岩和区域构造等区域地质情况。

简要介绍矿区地层、地质构造和岩石等矿区地质情况。

2.3.2　水文地质概况

简要介绍区域地表水系，矿区水文地质类型、分布、埋藏条件、与矿体的空间关系及其特征，矿坑涌水量预测，并说明其复杂程度等。

2.3.3　工程地质概况

简要介绍矿区工程地质岩组、岩体结构特征、工程地质特征、工程地质条件复杂程度、可能出现的工程地质问题，并说明其复杂程度。

简要说明露天矿山岩体主要物理力学参数（主要包括抗压强度、抗剪切强度、自然容重、内摩擦角、黏聚力、弹性模量、泊松比等参数）。

2.3.4　矿床地质概况

简要介绍矿体特征、矿石特征、夹石（层）分布规律及岩性特征、顶底板围岩、矿岩物理力学性质（主要包括密度、弹性模量、泊松比、内摩擦角、黏聚力等参数）。

2.4　工程建设方案概况

简要介绍建设项目可行性研究报告中工程建设方案主要内容，包括但不限于下列内容。

2.4.1　矿山开采现状

改建或扩建工程，应简要说明矿山开采现状、特点及存在的主要问题，本项目的利旧工程、与原系统的相互关系和影响，现有辅助设施等。

2.4.2　建设规模及工作制度

简要介绍地质储量及范围、设计可采储量、矿山生产规模、服务年限、工作制度等。

2.4.3　总图运输

简要介绍矿区总体布置、总平面布置和内外部运输等。

如果改建或扩建工程导致其工业场地布局和开拓运输方式发生了变化，并对原开拓运输和总图布置产生了影响，应进行介绍；如果只增加作业面扩大产能或采用新工艺，未对原开拓运输和总图布置产生影响的，可不作介绍。

2.4.4 开采范围

简要介绍开采对象、开采范围、矿区开采顺序。露天地下联合开采时，论述露天、地下的合理界限和相互关系等。

2.4.5 开拓运输

简要介绍开拓运输方式，露天采场各台阶与采矿工业场地、储矿仓、排土场等的联系，运输设备、设施等。

2.4.6 采矿工艺

简要介绍露天采场境界方案、采剥方法、采剥工艺及参数、穿孔爆破参数、装载等。

2.4.7 通风防尘系统

简要介绍胶带运输斜井和平硐溜井等工程的通风防尘设施等。

2.4.8 矿山供配电设施

简要介绍矿山供电电源、线路及总降压主变压器容量、电气设备类型、高低压供配电中性点接地方式、照明设施等。

2.4.9 防排水系统

露天矿山简要介绍防洪设计标准，汇水量和涌水量、允许淹没条件、防排水方案和排水设备设施，采场消防供水系统等。

2.4.10 排土场

简要介绍建设项目日排岩量、排土场选址、排土工艺、排土场堆置要素、防洪排水设施、排土场堆置物料力学性质（主要包括密度、黏聚力、内摩擦角）等。

2.4.11 安全管理及其他

新建工程，简要介绍企业生产组织及劳动定员、投资估算等。

改建或扩建工程，简要介绍企业安全管理机构设置、安全管理人员配备、专用安全设施投资、劳动定员、规章制度、应急救援、热工及暖通等。

3 定性定量评价

针对建设项目的特点，分单元辨识项目建设中的危险、有害因素，分析可能发生的事故类型，预测事故后果严重等级；评价项目建设方案与相关安全生产法律法规、技术规范的符合性；采用定性定量的方法分析评价其安全性及其发生事故后的后果。

改建或扩建工程，应在每个评价单元中分析和评价利旧系统与原系统的相互关系和影响等。

评价单元一般划为：总平面布置、自然灾害、矿山开拓运输、采剥、通风系统（有井巷工程时）、矿山供配电设施、防排水、排土场、安全管理（改建或扩建工程）、重大危险源辨识等。评价项目可以根据项目建设特点，选择适合本项目的评价单元。

一般宜选用但不局限于以下方法进行评价：安全检查表法、预先危险性分析法、类比分析法、专家评议法、事故统计分析法等定性评价方法；解析法、工程类比法、数值仿真和相似材料模拟、现场试验等定量评价方法对边坡稳定性、爆破震动效应等进行评价。

3.1 总平面布置单元

根据建设项目建设方案，以及区域工程地质、水文地质、露天爆破警戒线等，以及矿山开采和周边环境的相互影响，对采矿工业场地、相关建筑物和设施等总体位置选择相互关系及影响进行安全分析与符合性评价。

对可能存在山体滑坡、泥石流、暴雨、山洪等灾害的矿区，应提出由相关单位开展灾害评估的建议。

3.2　开拓运输单元

辨识该单元可能存在的主要危险、有害因素并进行危险度定性评价。

汽车运输从矿山运输线路级别、运输道路的缓坡段、运输道路最小竖曲线半径、道路宽度、最小平曲线半径、最大纵坡，设备设施及安全装置，矿山运输作业及作业环境等方面进行符合性定性评价。

带式输送机从胶带的头部标高、尾部标高、水平长度、提升高度等基本参数，胶带种类、带宽、带强、带速、胶带安全系数、驱动滚筒及拉紧滚筒、改向滚筒参数选择，胶带机驱动方式与驱动装置、拉紧方式与拉紧装置布置、胶带机控制方式；带式输送机的安全护罩、安全护栏、梯子、扶手；各种闭锁和机械、电气保护装置等方面进行符合性评价。

铁路运输从对运输线路的安全护栏、防护网、挡车设施、道口护栏的设置的说明，道路岔口交通警示报警设施的设置的说明，布置在巷道内的铁路线从主要的设计参数、支护方式和参数和相关安全设施等方面进行符合性评价。

如果露天矿山有胶带运输斜井和平硐溜井等井巷工程，还需对这些井巷工程的支护等方面进行评价。

3.3　采剥单元

辨识该单元可能存在的主要危险、有害因素并进行危险度定性评价。

露天矿山主要从地质条件、采场境界及作业环境，采掘要素（安全平台、清扫平台、运输平台）、采剥方法、设备及作业过程，露天采场边坡、道路边坡、破碎站和工业场地边坡的安全加固及防护措施，穿孔爆破工艺、方法和作业过程，设计规定保留的矿（岩）体或矿段，溜井底放矿硐室的安全通道及井口的安全挡车设施、格筛等方面进行符合性评价。

最终边坡高度 60 m 以上的采场边坡应采用极限平衡法等计算方法对边坡稳定性进行计算。

最终边坡高度 200 m 以上（含 200 m）的采场边坡稳定性计算应结合数值模拟确定其破坏模式，并结合极限平衡法计算稳定性系数。

对爆破震动效应进行定量评价分析。

采场边坡稳定性计算定量评价可委托相关的科研院所或其他单位负责完成，但应作为预评价报告的一部分。

3.4　通风系统单元

辨识通风系统单元可能存在的主要危险、有害因素并进行危险度定性评价。

如果露天矿山有胶带运输斜井和平硐溜井等井巷工程，则主要从通风设备设施，通风效果与质量，特殊作业点通风要求等方面进行符合性评价。

矿山通风系统风量能力应进行定量评价。

3.5　矿山供配电设施单元

辨识供配电设施单元可能存在的主要危险、有害因素并进行危险度定性评价。

主要从供电线路的回路数、矿山供配电设施、输送线路长度，高（低）压供配电系统中性点接地方式、采场供配电系统的各级配电电压等级、采场架空供电线路、供电电缆以及保护和避雷设施、采场各用电设备和配电线路的继电保护装置、采场及排土场照明设施，总计算负荷、采矿部分计算负荷及一级负荷等方面进行符合性评价。

3.6　防排水单元

辨识矿山防排水单元可能存在的主要危险、有害因素并进行危险度定性评价。

重点针对矿山水害，结合矿山的地形地貌、气象、水文地质条件和涌水量等基本情况，主要从露天采场的排水系统及排水能力、防洪措施等方面进行安全分析与评价。

根据防排水要求，对防排水能力进行校核。

3.7 排土场单元

辨识排土场单元可能存在的危险、有害因素并进行危险度定性评价。

主要从排土场选址、排土场堆置要素、排土作业方法及过程、排土场截洪防洪及排水设施、排土场防止泥石流设施、排土场安全防护设施、日常安全监测与检查等方面进行符合性评价。

三级以上排土场应采用数值模拟或余推力法计算安全系数，对其稳定性进行定量评价。

排土场安全系数计算定量评价可委托相关的科研院所或其他单位负责完成，但应作为预评价报告的一部分。

3.8 安全管理及其他单元

改建或扩建项目，主要从安全管理机构设置、管理人员配备、规章制度、应急救援和矿山特种设备管理等方面进行安全符合性评价。

3.9 重大危险源辨识单元

依照重大危险源管理的相关法律法规、标准规范，辨识建设项目存在的重大危险源。

4 安全对策措施及建议

依据国家安全生产相关法律法规和标准规范的要求，根据定性定量预评价存在的问题或不足，分单元有针对性地提出对应的安全技术与管理措施或建议，为《安全设施设计》的编写提供参考，提出的安全措施或建议具有实用性和可操作性，尽量推广先进适用技术和工艺，同时安全措施也可是具有先进性和前瞻性的研究成果。

5 评价结论

简要列出主要危险、有害因素，指出评价对象应重点防范的重大危险有害因素；明确应重视的安全对策措施建议；明确评价对象潜在的危险、有害因素在采取安全对策措施后，能否得到控制以及受控的程度如何。

给出评价对象从安全生产角度是否符合国家有关法律、法规、规章、标准和规范的要求。

6 附图

报告宜附有以下图纸和照片，可根据项目实际情况调整：

（1）矿区及周边区域地形图；

（2）总平面布置图；

（3）最终境界平面图；

（4）典型勘探线剖面图；

（5）排水系统图；

（6）评价项目组部分人员在现场调研照片。

以上图纸为可行性研究报告中相关图纸。

以上图纸应字迹线条清晰、签字盖章齐全、版面大小合适。有彩色内容的图纸宜彩色打印。

附件3：

金属非金属矿山尾矿库建设项目安全预评价报告编写提纲

前言

简述项目基本情况、项目性质（新建、改建、扩建）、评价项目委托方及评价要求、评价工作过程等。

1　评价对象与依据

1.1　评价对象及范围

根据项目可行性研究报告、《金属非金属矿山建设项目安全设施目录（试行）》（国家安全监管总局令第75号）和有关法律法规等，明确评价对象、评价项目名称和安全预评价范围。

评价范围宜从空间角度或生产系统角度进行描述。

评价范围包括库内回水浮船或运输船，但一般不包括尾矿库输运管道和回水管道。

1.2　评价依据

1.2.1　法律法规

列出预评价依据的现行国家有关安全生产法律、行政法规、部门规章、地方性法规、地方政府规章和有关规范性文件。

每个层次内按发布时间顺序列出，列出的法律法规应为最新版本，并标注其文号及实施日期，要有针对性和完整性，要有序排列。

1.2.2　标准规范

列出预评价采用与建设项目相关的现行标准（包括国家标准、行业标准、地方标准）、规程、规范，并标注其标准号。

按照国家标准、行业标准、地方标准的顺序排列，每个标准层次内按照发布时间的先后顺序列出。列出的标准规范应为最新版本，并为现行有效。

所列标准应与本建设项目的安全生产相关，在报告中没有引用到的标准规范不列入。

1.2.3　项目技术资料

列出建设项目安全预评价所依据的有关技术资料，包括但不限于下列资料：

（1）建设项目可行性研究报告；

（2）建设项目岩土工程勘察报告；

（3）建设项目试验报告；

技术资料应列出名称、编制单位和日期等相关内容。

1.2.4　其他评价依据

（1）安全预评价委托书（任务书、合同书）；

（2）安全预评价的其他依据。

2　建设项目概述

2.1　建设项目概况

简要介绍建设单位历史沿革、经济类型、隶属关系等基本情况，建设项目背景及立项情况。

简要介绍建设项目行政区划、地理位置及交通等。

2.2 自然环境概况

简要介绍区域地形地貌、气候（包括降雨量、风向、主导风向、气温、冻土深度）、地震烈度等。

2.3 地质概况

简要介绍区域地质情况，库区地层、地质构造和岩石等库区地质情况，库区自然地质现象，水文地质条件、类型和特征，库区工程地质岩组、岩体结构特征、工程地质特征等工程地质情况。

应重点说明存在哪些不良地质条件。

2.4 建设方案概况

简要介绍建设项目可行性研究报告中建设方案主要内容，包括但不限于以下内容。

2.4.1 尾矿库现状

改建或扩建工程，应详细描述尾矿库原设计情况、生产运行情况、尾矿库现状及本次加高扩容或改造工程对现有尾矿库设施的利用情况。

2.4.2 库址选择

简要介绍尾矿库位置、地形地貌、库区周边环境、上游同一沟谷内情况、下游居民及重要设施情况等。

2.4.3 库容、等别

简要介绍尾矿库可行性研究报告中相关基础数据，主要包括库容、尾矿坝坝高、等别、主要构筑物级别、最小安全超高、最小干滩长度、防洪标准、尾矿坝抗滑稳定安全系数、最小浸润线埋深、浸润线控制等。

2.4.4 尾矿坝

简要介绍初期坝（主要包括初期坝位置、初期坝类型、坝基处理、坝体结构参数和筑坝材料等）、尾矿堆积坝（主要包括筑坝方法、子坝结构参数、坝肩截水沟、坝面排水沟及护坡等）、排渗设施和防渗措施等。

湿式堆存简要介绍入库尾矿的组分、粒径分布、含水量、密度、材料力学性能参数、尾矿生产量、排尾方式等。

尾矿干式堆存简要介绍尾矿筑坝碾实要求、排放方式、台阶高、布料范围；尾矿脱水指标、入库尾矿含水率、入库尾矿材料力学性能参数等。

2.4.5 防排洪

简要介绍尾矿库防排洪系统方式及布置等。

2.4.6 安全监测

简要介绍位移、浸润线、干滩、库水位和降水量等安全监测方案。

三等及三等以上尾矿库应简要介绍在线监测系统方案。

2.4.7 干式尾矿运输

简要介绍干式尾矿运输方式及其主要设施。

2.4.8 库内船只

简要介绍库内回水浮船或运输船及其设施情况。

2.4.9 辅助设施

简要介绍库区值班房、通信设施、坝上照明、上坝道路、电气照明、防雷及接地、库区通信、报警系统等。

2.4.10 安全标志

简要介绍尾矿库库区及周边设置的安全标志，包括尾矿库、交通、电气安全标志。

2.4.11 安全管理及其他

新建工程，简要介绍企业生产组织及劳动定员、投资估算等。

改建或扩建工程，简要介绍生产经营单位安全管理机构设置、安全管理人员配备、规章制度、专用安全设施投资、应急救援等情况。

3 定性定量评价

针对建设项目的特点，分单元辨识项目建设中的危险、有害因素，分析可能发生的事故类型，预测事故后果严重等级；评价项目建设方案与相关安全生产法律法规、技术规范的符合性；采用定性定量的方法分析评价其安全性及其发生事故后的后果。

对加高扩容或改造工程，在每单元中应分析和评价工程中利旧工程与原系统的相互关系和影响等。评价单元一般划为：库址选择、尾矿坝、防排洪系统、干式尾矿运输、安全监测、辅助设施、安全标志、安全管理（加高扩容或改造工程）、重大危险源辨识等。评价项目可以根据项目建设特点，选择适合本项目的评价单元。

一般宜选用但不局限于以下方法进行评价：安全检查表法、预先危险性分析法、故障类型和影响分析法、类比分析法、事故树等定性评价方法；相似材料模型试验、溃坝范围数值模拟、稳定性分析、洪水计算、调洪演算、防洪系统水力计算及模拟等定量评价方法。

3.1 库址选择单元

评价库区可能出现的自然客观因素（地震、泥石流、山体垮塌、溶洞、台风、冰雹、严寒冰冻、暴风、暴雨等）对项目生产的影响。

对可能存在山体滑坡、泥石流等灾害的矿区，应提出由相关单位开展灾害评估的建议。

分析尾矿库对周边环境的影响。堆积坝高于 10 m 以上的尾矿库应采用数值模拟方法模拟确定尾矿库溃坝范围；对于非一次性筑坝（包括分期实施）的一等、二等尾矿库可同时开展相似材料模拟试验，根据数值模拟和相似材料模拟试验结果，综合确定尾矿库溃坝后对下游的影响。

采用数值计算方法分析同一沟谷内上游尾矿库溃坝、距离少于排土场 2 倍高度的周边排土场等周边环境对本项目的影响。

在定量分析的基础上，评价库址选择方案的安全性、合理性，以及与相关法律法规、标准规范关于尾矿库选址要求的符合性。

尾矿库溃坝范围数值模拟或相似材料模拟试验可由具备能力的相关单位负责完成，但须作为预评价报告的一部分。

3.2 尾矿坝单元

辨识和分析该单元存在的危险、有害因素并进行危险度定性安全评价，重点围绕坝体溃决、坝坡失稳、洪水漫顶、渗流破坏、结构破坏等危险、有害因素进行分析。

针对尾矿库初期坝的类型、坝址、坝基处理、坝体结构参数和筑坝材料，堆积坝的结构参数和筑坝材料，尾矿的排放工艺和作业过程，筑坝的方式和工艺，尾矿坝的防排渗设施、坝肩坝坡排水，坝体的地震液化风险等方面，评价其安全合理性以及与相关法律法规、标准规范的符合性。

应计算尾矿坝的抗滑稳定安全系数。对于一等、二等尾矿坝的抗滑稳定性，除了要按拟静力法计算外，还应进行专门的动力抗震计算，即要求在动有限元基础上进行地震液化分析、地震稳定分析和地震永久变形分析。

应采用渗流分析说明排渗设施是否满足尾矿坝坝体控制渗流稳定的要求。

3.3 防排洪系统单元

辨识该单元存在的危险、有害因素并进行危险度定性评价。

主要从防洪标准、洪水计算、调洪演算、防排洪系统布置、防洪系统水力计算等方面，评价分析尾矿库防排洪系统方案的安全合理性，以及与相关法律法规、标准规范的符合性。

一等、二等尾矿库宜开展排洪系统水工模型试验，依照试验结果，评价分析相关建设方案的安全性和合理性。

水工模型试验可由具备相应能力的其他单位负责完成，但须作为预评价报告的一部分。

3.4 干式尾矿运输单元

辨识该单元存在的危险、有害因素并进行危险度定性评价。

主要从尾矿汽车运输的相关安全设计（运输线路安全护栏、道路挡车设施、汽车避让道、卸料平台挡车设施等），或者尾矿带式运输机运输的相关安全设计（输送机系统各种闭锁和电气保护设施、设备安全护罩、安全护栏等）等方面，评价分析建设方案的安全合理性，以及与相关法律法规、标准规范的符合性。

3.5 安全监测单元

评价分析安全监测设施建设方案的安全合理性，以及与相关法律法规、标准规范的符合性。

3.6 辅助设施单元

辨识该单元存在的危险、有害因素并进行危险度定性评价。

针对尾矿库管理站、守坝值班房、上坝道路、坝上照明、库区通信、报警系统、库区护栏、应急救援器材、电气设备接地设施等其他方面，评价分析建设方案的安全合理性，以及与相关法律法规、标准规范的符合性。

针对浮船固定设施、救生器材，评价分析建设方案的安全合理性，以及与相关法律法规、标准规范的符合性。

3.7 安全标志单元

针对尾矿库库区及周边应设置的符合要求的安全标志，包括尾矿库、交通、电气安全标志等，评价分析建设方案与相关法律法规、标准规范的符合性。

3.8 安全管理单元

对加高扩容或改造工程，主要从生产经营单位安全组织机构及管理人员配备、安全教育及培训、特种作业人员持证情况、规章制度、现场管理及生产安全检查等方面进行符合性评价。

3.9 重大危险源辨识单元

依照重大危险源管理的相关法律法规、标准规范，辨识建设项目存在的重大危险源。

4 安全对策措施建议

针对项目建设方案的危险、有害因素，定性和定量评价，以及安全评价中发现的问题和不足，依据国家相关安全法律、法规、标准和规范的要求，借鉴类似尾矿库，分评价单元提出具有针对性、实用性和可操作性的安全对策措施建议。

5 评价结论

简要列出主要危险、有害因素，指出评价对象应重点防范的重大危险有害因素；明确应重视的安全对策措施建议；明确评价对象潜在的危险、有害因素在采取安全对策措施后，能否得到控制以及受控的程度如何。

给出评价对象从安全生产角度是否符合国家有关法律、法规、规章、标准和规范的要求。

6 附图

报告宜附有以下图纸和照片，可根据项目实际情况调整：

（1）库区及周边区域地形图；

（2）总平面布置图；

（3）防排洪系统图；

（4）坝高-库容曲线图；

（5）尾矿坝剖面图；

（6）评价项目组部分人员在现场调研照片。

以上图纸为可行性研究报告中相关图纸。

以上图纸应字迹线条清晰、签字盖章齐全、版面大小合适。有彩色内容的图纸宜彩色打印。

附件4：

金属非金属地下矿山建设项目安全设施验收评价报告编写提纲

前言

简述项目的建设背景、项目性质、地理位置、矿山规模、开采方式和采矿方法等基本情况，评价项目委托方及评价工作过程等。

1　评价范围与依据

1.1　评价对象和范围

描述评价项目名称，根据《安全设施设计》明确安全验收评价范围。评价范围主要是该项目的安全设施，包括基本安全设施和专用安全设施。

1.2　评价依据

1.2.1　法律法规

列出建设项目安全设施验收评价应遵循的现行的有关安全生产法律、行政法规、部门规章、地方性法规、地方政府规章和有关规范性文件，并标注其文号及施行日期。

每个层次内按发布时间顺序列出，列出的法律法规应为最新版本，并标注其文号及实施日期，要有针对性和完整性，要有序排列。

1.2.2　标准规范

列出建设项目安全验收评价应遵循的国家标准、行业标准、地方标准和有关规范。

按照国家标准、行业标准、地方标准的顺序排列，每个层次内按照发布时间顺序列出。列出的标准规范应为最新版本，并为现行有效。

所列标准应与本建设项目的安全生产相关，在报告中没有引用到的标准规范不列入。

1.2.3　建设项目合法证明文件

列出建设项目安全验收评价所依据的合法证明文件，包括但不限于建设项目《安全设施设计》批复文件及重大设计变更批复文件。

所列的文件包括发文单位、日期和文件号等相关内容。

1.2.4　建设项目技术资料

列出建设项目安全验收评价所依据的有关技术资料（包括文件名称、编制单位和日期等相关内容），包括但不限于下列资料：

（1）建设项目《安全设施设计》；

（2）建设项目施工图设计资料和设计变更；

（3）建设项目地质勘察报告、地质灾害危险性评估报告；

（4）相关专题研究（试验）报告；

（5）建设项目施工记录（含隐蔽工程施工记录及中间验收记录）、竣工报告及竣工图；

（6）建设项目施工监理记录和施工监理报告。

1.2.5 其他评价依据

列出建设项目安全设施验收评价所依据的其他有关资料，如建设项目安全验收评价委托书（任务书、合同书）等。

2 建设项目概述

2.1 建设单位概况

简要介绍建设单位历史沿革、经济类型、隶属关系等基本情况，建设项目背景及立项情况。

简要介绍建设项目行政区划、地理位置及交通、周边环境等。

2.2 自然环境概况

简要介绍区域地形地貌、气候（包括降雨量、风向、主导风向、气温、冻土深度、最高洪水位或山洪特征）、地震烈度等。

2.3 地质概况

2.3.1 矿区地质概况

简要介绍矿床在区域地质单元中的构造位置，矿区主要地层、构造、岩浆岩体、影响开采技术条件的风化、蚀变特征，矿床成因类型。

2.3.2 矿床地质特征

简要介绍矿体形态、规模、埋藏条件、矿石性质、矿体围岩等。

2.3.3 水文地质概况

简要介绍矿区水文地质类型、条件及其特征，矿坑涌水量等。

2.3.4 工程地质概况

简要介绍矿区工程地质岩组、岩体结构特征、工程地质特征、工程地质条件复杂程度、可能出现的工程地质问题等。

2.4 建设概况

简要介绍矿山项目实际建设的主要内容，包括但不限于以下内容。

2.4.1 矿山开采现状（改、扩建项目）

简要介绍矿山原有情况、安全生产现状、利旧工程等。

2.4.2 开采范围

简要介绍开采方式、开采范围、首采中段及开采顺序。联合开采时，简述露天、地下的界限和相互关系等。

2.4.3 生产规模及工作制度

简要介绍地质储量及范围、矿山开采储量、矿山生产规模、服务年限、产品方案、工作制度等。

2.4.4 采矿方法

简要介绍采用的采矿方法、回采顺序、矿块构成要素、采准切割、矿房及矿柱回采、采空区处理等。

2.4.5 开拓运输系统

简要介绍开拓方式，主要开拓工程的位置、结构形式、支护和装备，中段高度和标高；矿石、废石、人员、材料、设备的提升、运输方法和系统等。

2.4.6 充填系统

对于采用充填采矿方法的矿山，简要介绍充填材料、充填料制备及输送、充填供排水和排泥、充填系统计量和控制等。

2.4.7　通风

简要介绍通风方式、风量和风压计算、风流风量控制措施、局部通风和主要通风的设备设施、空气预热和制冷降温等。

2.4.8　井下防治水与排水系统

简要介绍矿井涌水量、排水方式与系统、水仓容积、水仓和水泵房的布置、排水设备、突水预防等。

2.4.9　井下供水及消防

简要介绍供水系统及井下消防供水系统、消防器材配置、火灾信号设置和具有自燃倾向性矿山防灭火工程技术措施等。

2.4.10　供配电

简要介绍用电负荷、电源、供电系统、变（配）电所、输电线路、继电保护及自动装置、过电压保护及接地措施、电气照明等。

2.4.11　安全避险“六大系统”

简要介绍监测监控系统、人员定位系统、紧急避险系统、压风自救系统、供水施救系统和通信联络系统等。

2.4.12　总平面布置

简要介绍矿区区域概况、厂址、工程组成、总体布置、工业场地和总平面布置、企业内外部运输与矿区道路等。

简要介绍建设项目出坑岩石量、排土场位置、排土方式和作业过程、排土场堆置要素、排土场运输方式及线路布置、防洪排水设施和主要设备等。

2.4.13　个人安全防护

简要介绍矿山工作人员配备的个人安全防护用品情况。

2.4.14　安全标志

简要介绍矿山生产地点设置的安全标志，包括矿山、交通、电气安全标志情况。

2.4.15　安全管理

简要介绍企业安全组织机构设置、人员教育培训及取证、安全生产制度、操作规程、应急救援预案、现场管理、安全检查等安全管理情况。

2.4.16　安全设施投入

简要说明项目投资决算和安全设施投资明细等。

2.4.17　设计变更

简要说明建设项目设计修改变更情况。

2.4.18　其他

简要介绍建设项目其他需要说明的内容。

2.5　施工及监理概况

简要介绍项目施工、监理单位基本情况，建设项目开工、竣工日期及其工程进度控制情况，重点分项工程、隐蔽工程施工组织、质量控制和交工验收等基本情况。

2.6　试运行概况

简要介绍建设项目试运行期间各生产系统运行状况、安全设施运行效果、出现的问题及解决情况、日常安全管理、安全生产事故等情况。

2.7　安全设施概况

用表格形式分别列出建设项目的基本安全设施和专用安全设施目录。

3 安全设施符合性评价

对照建设项目的《安全设施设计》，结合现场实际检查、竣工验收资料、施工记录、监理记录、检测检验、监测数据等相关资料，采用安全检查表方法检查基本安全设施、专用安全设施和安全管理等是否符合《安全设施设计》要求，进行逐项检查，评价其符合性，检查的结果为“符合”与“不符合”两种。对于每个符合性评价部分，应有相应的附件来证明。

对于每项设施，《安全设施设计》中提出了具体的参数要求，以《安全设施设计》中相关参数作为检查依据评价其符合性；如果没有提出具体的参数要求，则应以相关的法律法规、标准规程作为检查依据来评价其符合性。

《安全设施设计》中不涉及到的内容不列入评价内容。

验收评价单元一般划为：安全设施“三同时”程序、矿床开采、提升运输系统、井下防治水与排水系统、通风系统、充填、供配电、井下供水和消防系统、安全避险“六大系统”、总平面布置、个人安全防护、安全标志、安全管理等单元。评价项目可以根据项目的特点，选择适合本项目的评价单元。

3.1 安全设施“三同时”程序

根据有关法律、法规、部门规章等规定，检查矿山建设企业的合法证件，对项目安全设施“三同时”的程序及实施情况的合法性进行评价。主要对安全预评价、安全设施设计、施工单位资质、监理单位资质、工程地质勘察单位资质、周边居民及建构筑物搬迁等方面进行符合性评价。

3.2 矿床开采

对安全出口、硐室及其安全通道和独立回风道、井巷工程支护、保安矿柱与防火隔离设施、采矿方法和采场、井下爆破器材库位置及爆破作业等方面是否符合设计要求进行符合性评价。

3.2.1 安全出口

对安全出口（包括中段、破碎站、皮带装矿水平及粉矿回收水平等的安全出口）的形式、井口和井底的标高、平硐的标高，井巷内部用于安全出口的设施以及服务的中段水平的符合性进行评价。

3.2.2 硐室及其安全通道和独立回风道

（1）对动力油储存硐室的独立回风道、硐室口防火门和栅栏门以及硐室内防静电措施和防爆照明设施；维修硐室的硐口的栅栏门设置；变配电硐室防水门、防火门、栅栏门和出口的符合性进行评价。

（2）当井下不设动力油储存硐室时，对井下动力油的配送及采取的安全措施的符合性进行评价。

3.2.3 井巷工程支护

对井筒支护、巷道支护、硐室支护等与设计的符合性进行评价。

3.2.4 保安矿柱与防火隔离设施

对境界矿柱、井筒保安矿柱、中段（分段）保安矿柱与有自然发火倾向区域的防火隔离设施的符合性进行评价。

3.2.5 采矿方法和采场

（1）对采场支护、采场安全出口等的符合性进行评价。

（2）对凿岩、装药、爆破、通风和出矿等采场生产作业活动所采取安全措施的符合性进行评价。

（3）对自动化作业采区安全门设置、采空区及其他危险区域处理方式的符合性进行评价。

（4）对人行天井的梯子间、防护网、隔离栅栏设置、井口防护设施设置、废弃天井井口处理措施，矿石、废石溜井井口的安全车挡格筛设置的符合性进行评价。

（5）当矿石具有放射性时，对开采时采取的防护措施的符合性评价。

3.2.6 井下爆破器材库位置及爆破作业

对井下爆破器材库独立回风道设置、井下爆破安全设施的符合性进行评价。

3.3 提升运输系统

3.3.1 竖井提升系统

（1）箕斗井提升：对提升装置、罐道、提升容器、钢丝绳、视频监控、尾绳保护设施、防过卷设施、防过放设施、防坠设施，井口、卸载站、装载站的安全护栏以及提升机房内盖板、梯子和安全护栏等进行符合性评价。

（2）罐笼井提升：对提升装置、罐道、提升容器、钢丝绳、视频监控、井口门禁系统、井筒内梯子间、提升容器防过卷设施、防过放设施、防坠设施，井口和各中段马头门的摇台或者其他承接装置、安全门、安全护栏、阻车器设置，提升机房内盖板、梯子和安全护栏以及多绳摩擦提升的尾绳保护设施等进行符合性评价。

（3）混合提升：对提升装置、罐道、提升容器、钢丝绳、视频监控、井口门禁系统、井筒的梯子间、提升容器防过卷设施、防过放设施、防坠设施，卸载站、装载站安全护栏，井口和各中段马头门的摇台或者其他承接装置、安全门、阻车器、安全护栏，提升机房内盖板、梯子和安全护栏以及多绳摩擦提升的尾绳保护设施等进行符合性评价。

（4）电梯井提升：对钢丝绳、罐道、轿厢、控制系统、梯子间及安全护栏、电梯和梯子间进口的安全防护网等进行符合性评价。

3.3.2 斜井提升系统

对提升容器、钢丝绳、提升系统连锁控制、视频监控、斜井内轨道防滑措施、防跑车装置、躲避硐室、人行道与轨道之间的安全隔离设施、井下甩车道和吊桥、梯子和扶手、井口安全门、阻车器、安全护栏、挡车设施和门禁系统以及提升机房内的安全护栏和梯子等进行符合性评价。

3.3.3 带式输送机系统

对带式输送机、斜井通风、排水、消防、各种闭锁和机械、电气保护装置、胶带输送机的安全护罩、安全护栏、梯子、扶手等进行符合性评价。

3.3.4 斜坡道和无轨运输系统

（1）对斜坡道运行车辆、车载灭火器配备以及人行道宽度、躲避硐室、缓坡段和错车道、交通信号系统、斜坡道口门禁系统等进行符合性评价。

（2）对无轨作业中段（分段）的主要运行车辆、人行道或躲避硐室、水沟及盖板、卸载硐室的安全车挡和护栏及门禁系统等进行符合性评价。

3.3.5 有轨运输系统

对运输设备、人行道、躲避硐室、水沟，以及装载站和卸载站的安全护栏、人行巷道的水沟盖板等进行符合性评价。

3.3.6 主溜井及破碎系统（含箕斗装矿系统）

（1）对破碎站设备与上部主溜井料位和下部成品矿仓料位的连锁控制、给矿皮带机与提升系统和成品矿仓的料位连锁控制进行符合性评价。

（2）对主溜井井口安全护栏、安全标志、主溜井底部安全设施、主溜井安全检查、料位检测与报警设施、大块破碎设备的安全防护措施、破碎设备运动部件周边的安全护栏等进行符合性评价。

3.4 井下防治水与排水系统

（1）对地下水疏/堵工程及设施（含疏干井、放水孔、疏干巷道、防水门、水仓、疏干设备、防水矿柱、防渗帷幕及截渗墙等）、露天开采转地下开采的矿山露天坑底防洪水突然灌入井下的设施（包括露天坑底所做的假底、坑底回填等）的符合性进行评价。

（2）对水泵、排水管路及排水系统控制系统、防水门、涌水量监测设施、探放水设备、降雨量观测站、救生设施、水泵房及变电所内盖板、安全护栏的符合性进行评价。

3.5 通风系统

（1）对通风井巷、通风机、通风构筑物、空气预热与制冷降温等是否符合设计要求进行符合性评价。

（2）对通风井巷内的风量、风速、检测及报警设施、风井井口和马头门处的安全护栏、风机进风口的安全护栏和防护网的符合性进行评价。

3.6 充填系统

（1）对充填管路减压、排气、压力监测、充填搅拌站内及井下的安全护栏及其他防护措施等进行符合性评价。

（2）对充填系统事故池、采场充填挡墙、充填站内及井下充填系统的安全护栏及其他防护措施（包括物料输送机和其他相关设备、砂浆池、砂仓等）的符合性进行评价。

3.7 供配电

（1）对供电电源、供电线路及总降压主变压器、高（低）压供配电系统中性点接地方式、井下供配电系统的各级配电电压等级、井下照明设施、地表架空线转下井电缆处防雷设施、地面建筑物防雷设施、避灾硐室应急供电设施及等电位联接设施、牵引变电所接地设施、变配电硐室应急照明设施等进行符合性评价。

（2）对井下低压配电系统故障（间接接触）防护装置、井下直流牵引变电所电气保护设施、直流牵引网络安全措施、爆炸危险场所电机车轨道电气安全措施、设有带油设备的电气硐室安全措施、井下各用电设备和配电线路的继电保护装置、裸带电体基本（直接接触）防护设施、保护接地的进行符合性评价。

3.8 井下供水和消防系统

对供水水池、供水设备、供水管道、消防供水系统、消防水池、消防器材、火灾报警系统、防火门、消火栓的进行符合性评价。

3.9 安全避险“六大系统”

3.9.1 监测监控系统

对有毒有害气体监（检）测、通风系统监测、视频监控、地压监测、系统维护与管理等进行符合性评价。

3.9.2 井下人员定位系统

对人员定位系统硬件、软件、系统维护与管理等进行符合性评价。

3.9.3 紧急避险系统

对自救器与逃生用矿灯、紧急避险设施、紧急避险设施外部标识、标志、管缆及设备接入、避灾硐室进出口隔离门、避灾硐室对有毒有害气体处理能力、避灾硐室内配备的检测报警装置与备用电源、避灾硐室内配备的生存设施、避灾硐室支护等进行符合性评价。

3.9.4 压风自救系统

对压风自救设备、出口风压、风量、日常检查与维护等进行符合性评价。

3.9.5 供水施救系统

对供水施救设备、出口水压、水量、日常检查与维护等进行符合性评价。

3.9.6 通信联络系统

对有线通信联络硬件、有线通信联络功能、有线通信联络线缆敷设、无线通信联络系统、维护与管理等进行符合性评价。

3.10 总平面布置

3.10.1 矿床开采的保护与监测措施

对矿床开采的保护与监测措施等进行符合性评价。

3.10.2　工业场地

（1）对为保证地下开采和工业场地的安全而进行的河流改道、河床加固（含导流堤、明沟、隧洞、桥涵等）、地表截排水（截水沟、排洪沟、防洪堤）等工程进行符合性评价。

（2）对降雨和地表水观测点设置及地表变形和塌陷等监测、对工业场地边坡、护坡和安全加固措施等进行符合性评价。

3.10.3　建（构）筑物防火

对井（硐）口工业场地的各建筑物（重点是对井口安全有影响的建筑物）的火灾危险性、耐火等级、防火距离、厂区内消防通道等进行符合性评价。

3.10.4　排土场（废石场）

（1）对排土场安全平台、阶段高度、运输道路缓坡段等进行符合性评价。

（2）对排土场底部排渗设施、地基处理措施、排土场监测、截水沟、排水沟、排水隧洞、截洪坝、照明及拦挡设施等进行符合性评价。

3.11　个人安全防护

对矿山工作人员配备的个人安全防护用品（包括防护用品的发放、防护用品的佩戴）等进行符合性评价。

3.12　安全标志

对矿山生产地点设置的安全标志（包括矿山、交通、电气安全标志）等进行符合性评价。

3.13　安全管理

3.13.1　组织与制度

对安全组织机构及人员配备、安全教育及培训、特种作业人员持证情况、规章制度、安全投入、安全教育和培训（场地、费用）等进行符合性评价。

3.13.2　安全运行管理

对生产计划、现场管理及生产安全检查等进行符合性评价。

3.13.3　应急救援

对矿山救护队或兼职救护队的人员组成及技术装备、应急预案等进行符合性评价。

4　安全对策措施建议

根据安全设施验收评价中发现的问题或不足以及矿山项目存在的特殊安全因素，依据国家安全生产相关法律、法规、标准和规范的要求，借鉴类似矿山的安全生产经验，提出具有针对性、实用性和可操作性的安全对策措施建议。

5　评价结论

简要说明评价对象安全设施建设和《安全设施设计》的符合性。明确说明评价对象是否符合安全设施验收的条件，评价结论分为“符合”和“不符合”两种。

以下情况评价结论为“符合”：

《国家安全监管总局关于规范金属非金属矿山建设项目安全设施竣工验收工作的指导意见》（安监总管一〔2016〕14号）附表《金属非金属地下矿山建设项目安全设施竣工验收表》中没有否决项的检查结论为“不符合”且验收检查项总数中检查结论为“不符合”的项少于5%。

符合以下情况之一的，评价结论为“不符合”：

一是《国家安全监管总局关于规范金属非金属矿山建设项目安全设施竣工验收工作的指导意见》附表《金属非金属地下矿山建设项目安全设施竣工验收表》中有否决项检查的结论为“不符合”。

二是《国家安全监管总局关于规范金属非金属矿山建设项目安全设施竣工验收工作的指导意见》

附表《金属非金属地下矿山建设项目安全设施竣工验收表》中验收检查项总数中检查结论为“不符合”的项超过5%（含5%）。

6 附件

建设项目合法证明材料，包括（但不限于）建设项目立项审批、核准或备案文件、建设项目《安全设施设计》批复文件和其他企业生产合法证件等，各评价单元的主要证明材料，包括（但不限于）设计变更通知书、质量检验评定表、验收记录、检测检验证书、各类资格证书、安全检查记录和培训记录、现场照片等。

附件应有序排列编号，要齐全、简洁（如：安全管理制度附目录、记录等抽取一次等）。

附件可单独成册。

7 附图

安全设施验收评价报告应附以下图纸，可根据实际情况进行调整：

（1）地形地质图；

（2）总平面布置竣工图；

（3）矿山井上下对照图；

（4）矿山开拓系统纵投影竣工图；

（5）矿山典型采矿方法图；

（6）矿山主要中段平面竣工图；

（7）矿山主要井筒剖面竣工图；

（8）主要井巷断面竣工图；

（9）提升系统竣工图；

（10）安全避险“六大系统”竣工图；

（11）通风系统竣工图；

（12）排水系统竣工图；

（13）供电系统竣工图。

没有竣工图不能组织验收。

竣工图纸应与现场实际相符。竣工图应由施工单位按照实际的施工情况出图，且应有施工单位、监理单位的有关人员签字确认，并加盖相应单位公章。

竣工图中的字体、线条和各种标记应清晰可读，签字齐全，有彩色内容的图纸宜采用彩图。

如果项目竣工与原有施工图少于三处修改（包括增加、修改和删除）的地方，可以在原有施工图修改的地方手工标识、签字盖章后，原有施工图纸上加盖竣工章可以作为竣工图纸，其余施工图不能作为竣工图。

附图可单独成册。

8 附录

地下矿山建设项目安全设施验收评价需要建设单位提供资料目录如下：

（1）矿山概况。

a. 企业法人营业执照。

b. 立项批准文件（或核准、备案文件）。

c. 采矿许可证。

（2）落实安全设施“三同时”程序文件。

a. 安全预评价报告。

b. 项目《安全设施设计》评审意见和批复文件。

c. 项目《安全设施设计》重大变更的评审意见和批复文件。

（3）项目技术文件。

a. 项目初步设计。

b. 项目《安全设施设计》。

c.《安全设施设计》的设计变更通知单。

d. 地质勘探报告、工程勘查报告、地质灾害危险性评估报告。

e. 其他的一些专题性研究。

（4）项目建设情况。

a. 施工单位资质。

b. 监理单位资质。

c. 单项工程、单位工程验收资料，评级情况，工程质量认证资料。

d. 隐蔽工程的检查验收记录。

e. 施工总结和监理总结报告。

f. 反映安全设施实际情况的图纸，包括：地形地质图，总平面布置竣工图，矿山井上下对照图，矿山开拓系统纵投影竣工图，矿山典型采矿方法图，矿山主要中段平面竣工图，矿山主要井筒剖面竣工图，主要井巷断面竣工图，提升系统竣工图，安全避险“六大系统”竣工图，通风系统竣工图，排水系统竣工图，供电系统竣工图等。

（5）安全设施说明（以具体的安全设施设计为准）。

a. 安全设施、设备、装置台账及试运行情况。

b. 矿井上、下的消防器材台账。

c. 特种设备台账。

d. 防爆电气、消防报警设施台账。

e. 矿山安全检验、检测和测定的数据资料及仪表、设施台账。

f. 防治井下突水、涌水的安全措施及探放水设施台账。

g. 安全应急救援物资台账（含排土场应急物资）。

h. 主通风机、井下辅助通风机、局部通风机的数量及其安放位置统计表。

i. 井下通风构筑物（风门、风窗、风桥等）的数量及其位置统计表。

j. 矿用产品安全标志及其使用情况资料。

k. 采空区及其他危险区域的探测、封闭、隔离措施台账；保安矿柱的留设、预防冲击地压（岩爆）及防治矿井外因火灾的安全措施。

l. 废弃井口的封闭或隔离设施台账。

m. 矿井梯子间台账。

n. 矿山电气设备及井下电缆台账。

o. 安全避险“六大系统”设备台账、巡检记录、自救器及便携式气体检测报警仪发放记录。

（6）安全管理资料。

a. 安全生产管理机构、专职安全生产人员聘任文件。

b. 安全生产责任制。

c. 安全生产管理规章制度。

d. 事故应急救援预案、应急预案的备案表、应急预案的演练记录、总结。

e. 兼职矿山救护队相关人员名单、应急救援器材设备清单、矿山救援协议。

f. 特殊工种培训、考核记录及其操作资格证书。

g. 安全检查记录、安全不符合项整改情况及其反馈、复查记录资料。

h. 为职工缴纳工伤保险的证明。

i. 安全教育、培训台账等资料。

j. 项目投资决算总额及安全设施投资表。

k. 个人安全防护用品台账发放记录。

l. 试运行期间生产安全事故情况。

m. 其他安全管理和安全技术措施。

（7）安全设施验收评价所需的其他资料和数据。

附件5：

金属非金属露天矿山建设项目安全设施验收评价报告编写提纲

前言

简述项目的建设背景、项目性质、地理位置、矿山规模、开采方式和采矿方法等基本情况，评价项目委托方及评价工作过程等。

1 评价范围与依据

1.1 评价对象和范围

描述评价项目名称，根据《安全设施设计》明确安全验收评价范围。评价范围主要是该项目的安全设施，包括基本安全设施和专用安全设施。

1.2 评价依据

1.2.1 法律法规

列出建设项目安全设施验收评价应遵循的现行的有关安全生产法律、行政法规、部门规章、地方性法规、地方政府规章和有关规范性文件，并标注其文号及施行日期。

每个层次内按发布时间顺序列出，列出的法律法规应为最新版本，并标注其文号及实施日期，要有针对性和完整性，要有序排列。

1.2.2 标准规范

列出建设项目安全验收评价应遵循的国家标准、行业标准、地方标准和有关规范。

按照国家标准、行业标准、地方标准的顺序排列，每个层次内按照发布时间顺序列出。列出的标准规范应为最新版本，并为现行有效。

所列标准应与本建设项目的安全生产相关，在报告中没有引用到的标准规范不列入。

1.2.3 建设项目合法证明文件

列出建设项目安全验收评价所依据的合法证明文件，包括但不限于建设项目《安全设施设计》批复文件及重大设计变更批复文件。

所列的文件包括发文单位、日期和文件号等相关内容。

1.2.4 建设项目技术资料

列出建设项目安全验收评价所依据的有关技术资料（包括文件名称、编制单位和日期等相关内容），包括但不限于下列资料：

(1) 建设项目《安全设施设计》;

(2) 建设项目施工图设计资料和设计变更;

(3) 建设项目地质勘察报告、地质灾害危险性评估报告;

(4) 相关专题研究(试验)报告;

(5) 建设项目施工记录(含隐蔽工程施工记录及中间验收记录)、竣工报告及竣工图;

(6) 建设项目施工监理记录和施工监理报告。

1.2.5 其他评价依据

列出建设项目安全设施验收评价所依据的其他有关资料,如建设项目安全验收评价委托书(任务书、合同书)等。

2 建设项目概述

2.1 建设单位概况

简要介绍建设单位历史沿革、经济类型、隶属关系等基本情况,建设项目背景及立项情况。

简要介绍建设项目行政区划、地理位置及交通、周边环境等。

2.2 自然环境概况

简要介绍区域地形地貌、气候(包括降雨量、风向、主导风向、气温、冻土深度、最高洪水位或山洪特征)、地震烈度等。

2.3 地质概况

2.3.1 矿区地质概况

简要介绍矿床在区域地质单元中的构造位置,矿区主要地层、构造、岩浆岩体、影响开采技术条件的风化、蚀变特征,矿床成因类型。

2.3.2 矿床地质特征

简要介绍矿体形态、规模、埋藏条件、矿石性质、矿体围岩等。

2.3.3 水文地质概况

简要介绍矿区水文地质类型、条件及其特征,矿坑涌水量等。

2.3.4 工程地质概况

简要介绍矿区工程地质岩组、岩体结构特征、工程地质特征、工程地质条件复杂程度、可能出现的工程地质问题等。

2.4 建设概况

简要介绍矿山项目实际建设的主要内容,包括但不限于以下内容。

2.4.1 矿山开采现状(改、扩建项目)

简要介绍矿山原有情况、安全生产现状、利旧工程等。

2.4.2 总平面布置

简要介绍矿区区域概况、厂址、工程组成、总体布置、工业场地和总平面布置、企业内外部运输与矿区道路等。

简要介绍建设项目出坑岩石量、排土场位置、排土方式和作业过程、排土场堆置要素、排土场运输方式及线路布置、防洪排水设施和主要设备等。

2.4.3 开采范围

简要介绍开采方式、开采范围、开采顺序。联合开采时,论述露天、地下的界限和相互关系等。

2.4.4 生产规模及工作制度

简要介绍地质储量及范围、矿山开采储量、矿山生产规模、服务年限、产品方案、工作制度等。

2.4.5 采矿方法

简要介绍露天开采境界、台阶参数、采剥方法、穿孔爆破与铲装作业等。

2.4.6 开拓运输

简要介绍开拓运输方式，说明露天采场各台阶与采矿工业场地、储矿仓、排土场等的联系；简要介绍运输线路和设备，主要运输设施的位置、结构形式、支护和装备等。

2.4.7 采场防排水

简要介绍露天防排水条件、设计标准、允许淹没条件等；山坡露天开采防洪截水方式，截洪、导水沟的布置形式和主要技术规程等；凹陷露天开采的排水方式、排水系统布置和排水设备等。

2.4.8 供配电

简要介绍用电负荷、电源、供电系统、变（配）电所、输电线路、继电保护及自动装置、过电压保护及接地措施、电气照明等。

2.4.9 通信系统

简要介绍通信种类、通信设备、电缆敷设等。

2.4.10 个人安全防护

简要介绍矿山工作人员配备的个人安全防护用品情况。

2.4.11 安全标志

简要介绍矿山生产地点设置的安全标志，包括矿山、交通、电气安全标志情况。

2.4.12 安全管理

简要介绍企业安全组织机构设置、人员教育培训及取证、安全生产制度、操作规程、应急救援预案、现场管理、安全检查等安全管理情况。

2.4.13 安全设施投入

简要说明项目安全设施投资决算和安全设施投资明细等。

2.4.14 设计变更

简要说明建设项目设计修改变更。

2.4.15 其他

简要介绍建设项目其他需要说明的内容。

2.5 施工及监理概况

简要介绍项目施工、监理单位基本情况，建设项目开工、竣工日期及其工程进度控制情况，重点分项工程、隐蔽工程施工组织、质量控制和交工验收等基本情况。

2.6 试运行概况

简要介绍建设项目试运行期间各生产系统运行状况、安全设施运行效果、出现的问题及解决情况、日常安全管理、安全生产事故等情况。

2.7 安全设施概况

用表格形式分别列出建设项目的基本安全设施和专用安全设施目录。

3 安全设施符合性评价

对照建设项目的《安全设施设计》，结合现场实际检查、竣工验收资料、施工记录、监理记录、检测检验、监测数据等相关资料，采用安全检查表方法检查基本安全设施、专用安全设施和安全管理等是否符合《安全设施设计》要求，进行逐项检查，评价其符合性，检查的结果为“符合”与“不符合”两种。对于每个符合性评价部分，应有相应的附件来证明。

对于每项设施，《安全设施设计》中提出了具体的参数要求，以《安全设施设计》中相关参数作为检查依据评价其符合性；如果没有提出具体的参数要求，则应以相关的法律法规、标准规程作为检查依据来评价其符合性。

《安全设施设计》中不涉及的内容不列入评价内容。

验收评价单元一般划为：安全设施“三同时”程序、露天采场、采场防排水系统、矿岩运输系统、供配电、总平面布置、通信系统、个人安全防护、安全标志、安全管理等单元。评价项目可以根据项目的特点，选择适合本项目的评价单元。

3.1　安全设施“三同时”程序

根据有关法律、法规、部门规章等规定，检查矿山建设企业的合法证件，对项目安全设施“三同时”程序及实施情况的合法性进行评价。主要对安全预评价、安全设施设计、施工单位资质、监理单位资质、工程地质勘察单位资质、周边居民及建构筑物搬迁等方面进行符合性评价。

3.2　露天采场

（1）对露天采场平台宽度、台阶高度、台阶坡面角、运输道路的缓坡段等进行符合性评价。

（2）对爆破安全距离界线、露天采场边界围栏、爆破安全设施（含躲避设施、警示旗、报警器、警戒带等）等进行符合性评价。

（3）对不稳定边坡（含破碎站边坡）处理和加固方法、边坡监测方法及监测点布置、溜井口的安全护栏、挡车设施、格筛等进行符合性评价。

（4）对废弃巷道、采空区和溶洞的充填、封堵措施或隔离设施、危险区域处理方法等进行符合性评价。

（5）对水力开采运矿沟槽上安全设施（盖板或金属网等）、挖掘船开采时挖掘船上的救护设备、作业人员救生器材等进行符合性评价。

3.3　采场防排水系统

（1）对为保证采矿安全而设计的河流改道（含导流堤、明沟、隧洞、桥涵等）和河床加固工程、露天采场封闭圈以外的防洪堤、拦水坝、沉沙池、消能池（坝）、截水沟、排洪沟、截排水隧洞等进行符合性评价。

（2）对水泵、排水管道、水位与流量监测系统进行符合性评价。

（3）对大水矿山露天采场内外部地表疏干井和边坡放水孔、帷幕注浆进行符合性评价。

3.4　矿岩运输系统

3.4.1　铁路运输

对安全线、避让线、制动检查所、限界架、道口护拦、警示报警设施；安全护栏、防护网、线路护轮轨、防溜车设施、减速器、阻车器、挡车设施与警示标志、防爬设施、曲线轨道加固措施、运输巷道防护措施等进行符合性评价。

3.4.2　汽车运输

对道路边坡加固和防护措施、运输巷道防护措施、运输道路上的安全护栏、挡车设施、紧急避险道、声光报警装置、卸载点安全挡车设施等进行符合性评价。

3.4.3　带式输送机运输

对带式输送系统各种闭锁和机械、电气保护装置、运输巷道防护措施、带式输送机的安全护罩、安全护栏、梯子、扶手等进行符合性评价。

3.4.4　架空索道运输

（1）对架空索道的承载钢丝绳、牵引钢丝绳、制动系统、控制系统等进行符合性评价。

（2）对线路经过厂区、居民区、铁路、道路时的安全防护措施、线路与电力、通信架空线交叉时的安全防护措施、站房安全护栏等进行符合性评价。

3.4.5　斜坡卷扬运输

对提升装置（包括制动系统、控制系统、提升钢丝绳及其连接装置）、提升容器（包括箕斗、矿车和人车）、阻车器、安全挡车设施、轨道两侧的堑沟、安全隔挡设施、轨道防滑措施、人行道、梯子和扶手、斜坡上的防止跑车装置、提升机房内的安全护栏等进行符合性评价。

3.4.6 溜井及破碎系统

对溜井底放矿硐室的安全通道、安全挡车设施、格筛和安全标志以及安全护栏、护罩、盖板、扶手、防滑钢板、主风机进风口的安全护栏和防护网等进行符合性评价。

3.5 供配电

(1) 对供电电源、供电线路及总降压主变压器、高(低)压供配电系统中性点接地方式、采场供配电系统的各级配电电压等级、向采场供电的变配电室防火门及金属线网门、照明设施、地面建筑物防雷设施、牵引变电所接地设施、采场变配电室应急照明设施等进行符合性评价。

(2) 对低压配电系统故障(间接接触)防护装置、直流牵引变电所电气保护设施、直流牵引网络安全措施、爆炸危险场所电机车轨道电气安全措施、用电设备和配电线路的继电保护装置、裸带电体基本(直接接触)防护设施、保护接地等进行符合性评价。

3.6 总平面布置

3.6.1 工业场地

(1) 对为保证露天开采和工业场地的安全而进行的的河流改道及河床加固(含导流堤、明沟、隧洞、桥涵等)、地表截排水(地表截水沟、排洪沟/渠、防洪堤、拦水坝、截排水隧洞、沉沙池、消能池/坝等)等进行符合性评价。

(2) 对工业场地边坡、护坡和安全加固措施等进行符合性评价。

3.6.2 建(构)筑物防火

对总平面布置中各建筑物的火灾危险性、耐火等级、防火距离、厂区内消防通道设置等进行符合性评价。

3.6.3 排土场(废石场)

(1) 对排土场安全平台、阶段高度、运输道路缓坡段等进行符合性评价。

(2) 对排土场底部排渗设施、地基处理措施、排土场监测、截水沟、排水沟、排水隧洞、截洪坝、照明及拦挡设施等进行符合性评价。

3.7 通信系统

对联络通信系统、信号系统、监视监控系统进行符合性评价。

3.8 个人安全防护

对矿山工作人员配备的个人安全防护用品(包括防护用品的发放、防护用品的佩戴)等进行符合性评价。

3.9 安全标志

对矿山生产地点设置的安全标志(包括矿山、交通、电气安全标志)等进行符合性评价。

3.10 安全管理

3.10.1 组织与制度

对安全组织机构及人员配备、安全教育及培训、特种作业人员持证情况、规章制度、安全投入、安全教育和培训(场地、费用)等进行符合性评价。

3.10.2 安全运行管理

对生产计划、现场管理及生产安全检查等进行符合性评价。

3.10.3 应急救援

对矿山救护队或兼职救护队的人员组成及技术装备、应急预案等进行符合性评价。

4 安全对策措施建议

根据安全设施验收评价中发现的问题或不足以及矿山项目存在的特殊安全因素,依据国家相关安全生产法律、法规、标准和规范的要求，借鉴类似矿山的安全生产经验，提出具有针对性、实用性和可操作性的安全对策措施建议。

5　评价结论

简要说明评价对象安全设施建设和《安全设施设计》的符合性。明确说明评价对象是否符合安全设施验收的条件，评价结论分为“符合”和“不符合”两种。

以下情况评价结论为“符合”：

《国家安全监管总局关于规范金属非金属矿山建设项目安全设施竣工验收工作的指导意见》(安监总管一〔2016〕14 号）附表《金属非金属露天矿山建设项目安全设施竣工验收表》中没有否决项的检查结论为“不符合”且验收检查项总数中检查结论为“不符合”的项少于5%。

符合以下情况之一的，评价结论为“不符合”：

一是《国家安全监管总局关于规范金属非金属矿山建设项目安全设施竣工验收工作的指导意见》附表《金属非金属露天矿山建设项目安全设施竣工验收表》中有否决项检查的结论为“不符合”；

二是《国家安全监管总局关于规范金属非金属矿山建设项目安全设施竣工验收工作的指导意见》附表《金属非金属露天矿山建设项目安全设施竣工验收表》中验收检查项总数中检查结论为“不符合”的项超过5%（含5%）。

6　附件

建设项目合法证明材料，包括（但不限于）建设项目立项审批、核准或备案文件、建设项目《安全设施设计》批复文件和其他企业生产合法证件等，各评价单元的主要证明材料，包括（但不限于）设计变更通知书、质量检验评定表、验收记录、检测检验证书、各类资格证书、安全检查记录和培训记录、现场照片等。

附件应有序排列编号，要齐全、简洁（如：安全管理制度附目录、记录等抽取一次等)。

附件可单独成册。

7　附图

安全设施验收评价报告应附以下图纸，可根据实际情况进行调整：

(1）地形地质图；

(2）总平面布置竣工图；

(3）露天开采现状图；

(4）排土场现状图；

(5）开拓运输系统基建终了竣工图；

(6）露天采场排水系统基建终了竣工图；

(7）排土场排水系统基建终了竣工图；

(8）全矿（含露天）供电系统竣工图。

没有竣工图不能组织验收。

竣工图纸应与现场实际相符。竣工图应由施工单位按照实际的施工情况出图，且应有施工单位、监理单位的有关人员签字确认，并加盖相应单位公章。

竣工图中的字体、线条和各种标记应清晰可读，签字齐全，有彩色内容的图纸宜采用彩图。

如果项目竣工与原有施工图少于三处修改（包括增加、修改和删除）的地方，可以在原有施工图修改的地方手工标识、签字盖章后，原有施工图纸上加盖竣工章可以作为竣工图纸，其余施工图不能作为竣工图。

附图可单独成册。

8 附录

露天矿山建设项目安全设施验收评价需要建设单位提供资料目录如下：

（1）矿山概况。

a. 企业法人营业执照。

b. 立项批准文件（或核准、备案文件）。

c. 采矿许可证。

（2）落实安全设施“三同时”程序文件。

a. 安全预评价报告。

b. 项目《安全设施设计》评审意见和批复文件。

c. 项目《安全设施设计》重大变更的评审意见和批复文件。

（3）项目技术文件。

a. 项目初步设计。

b. 项目《安全设施设计》。

c.《安全设施设计》的设计变更通知单。

d. 地质勘探报告、工程勘查报告、地质灾害危险性评估报告。

e. 其他的一些专题性研究。

（4）项目建设情况。

a. 施工单位资质。

b. 监理单位资质。

c. 单项工程、单位工程验收资料，评级情况，工程质量认证资料。

d. 隐蔽工程的检查验收记录。

e. 施工总结和监理总结报告。

f. 反映安全设施实际情况的图纸，包括：地形地质图，总平面布置竣工图，露天开采终了境界平面图，露天开采现状图，排土场现状图，开拓运输系统竣工图，露天采场排水系统竣工图，排土场排水系统竣工图，供电系统竣工图等。

（5）安全设施说明（以具体的安全设施设计为准）。

a. 安全设施、设备、装置试运行情况。

b. 采场、工业场地消防器材台账。

c. 特种设备台账。

d. 防爆电气、消防报警设施台账。

e. 矿山安全检验、检测和测定数据资料及仪表、设施台账。

f. 安全应急救援物资台账（含排土场应急物资）。

g. 矿用产品安全标志及其使用情况资料。

（6）安全管理资料。

a. 安全生产管理机构、专职安全生产人员聘任文件。

b. 安全生产责任制。

c. 安全生产管理规章制度。

d. 事故应急救援预案、应急预案的备案表、应急预案的演练记录、总结。

e. 兼职矿山救护队相关人员名单、应急救援器材设备清单、矿山救援协议。

f. 特殊工种培训、考核记录及其操作资格证书。

g. 安全检查记录、安全不符合项整改情况及其反馈、复查记录资料。

h. 为职工缴纳工伤保险的证明。

i. 安全教育、培训台账等资料。

j. 项目投资决算总额及安全设施投资表。

k. 个人安全防护用品台账发放记录。

l. 试运行期间生产安全事故情况。

m. 其他安全管理和安全技术措施。

（7）安全设施验收评价所需的其他资料和数据。

附件6：

金属非金属矿山尾矿库建设项目安全设施验收评价报告编写提纲

前言

简述项目的建设背景、项目性质、地理位置、尾矿库等别等基本情况，评价项目委托方及评价工作过程等。

1　评价范围与依据

1.1　评价对象和范围

描述评价项目名称，根据《安全设施设计》明确安全验收评价范围。安全验收评价范围主要是该项目的安全设施，包括基本安全设施和专用安全设施。

1.2　评价依据

1.2.1　法律法规

列出建设项目安全验收评价应遵循的现行的有关安全生产法律、行政法规、部门规章、地方性法规、地方政府规章和有关规范性文件，并标注其文号及施行日期。

每个层次内按发布时间顺序列出，列出的法律法规应为最新版本，并标注其文号及实施日期，要有针对性和完整性，要有序排列。

1.2.2　标准规范

列出建设项目安全验收评价应遵循的国家标准、行业标准、地方标准和有关规范。

按照国家标准、行业标准、地方标准的顺序排列，每个层次内按照发布时间顺序列出。列出的标准规范应为最新版本，并为现行有效。

所列标准应与本建设项目的安全生产相关，在报告中没有引用到的标准规范不列入。

1.2.3　建设项目合法证明文件

列出建设项目安全验收评价所依据的合法证明文件，包括但不限于建设项目《安全设施设计》批复文件及重大设计变更批复文件。

所列的文件包括发文单位、日期和文件号等相关内容。

1.2.4　建设项目技术资料

列出建设项目安全验收评价所依据的有关技术资料（包括文件名称、编制单位和日期等相关内容），包括但不限于下列资料：

（1）建设项目《安全设施设计》；

（2）建设项目施工图设计资料和设计变更；

（3）建设项目地质勘察报告、地质灾害危险性评估报告；

（4）相关专题研究（试验）报告；

（5）建设项目施工记录（含隐蔽工程施工记录及中间验收记录）、竣工报告及竣工图；

（6）建设项目施工监理记录和施工监理报告。

1.2.5 其他评价依据

列出建设项目安全验收评价所依据的其他有关资料，如建设项目安全验收评价委托书（任务书、合同书）。

2 建设项目概述

2.1 建设单位概况

简要介绍建设单位历史沿革、经济类型、隶属关系等基本情况，建设项目背景及立项情况。

简要介绍建设项目行政区划、地理位置及交通等。

2.2 自然环境概况

简要介绍区域地形地貌、气候（包括气候类型降雨量、风向、主导风向、气温、冻土深度）、地震烈度等。

2.3 地质概况

简要介绍区域地质情况，库区地层、地质构造和岩石等库区地质情况，库区自然地质现象，水文地质条件、类型和特征，库区工程地质岩组、岩体结构特征、工程地质特征等工程地质情况。

应重点说明存在哪些不良地质条件。

2.4 建设概况

简要介绍尾矿库项目实际建设的主要内容，包括但不限于以下内容。

2.4.1 尾矿库现状

改建或扩建工程，应简要介绍原有尾矿库情况、安全生产现状、利旧工程等。

2.4.2 尾矿库库址

简要介绍尾矿库位置、地形地貌、库区周边环境、下游居民及重要设施情况等。

2.4.3 库容、等别及建设标准

简要介绍尾矿相关基础数据、尾矿库库容、尾矿坝坝高、尾矿库等别、主要构筑物级别、最小安全超高、最小干滩长度、防洪标准、尾矿坝抗滑稳定安全系数、最小浸润线埋深等设计标准。

2.4.4 尾矿坝

简要介绍初期坝（主要包括初期坝类型、坝基处理、坝体结构及主要尺寸、筑坝材料等）、尾矿堆积坝（主要包括筑坝方法、子坝结构及主要尺寸、坝肩截水沟、坝面排水沟及护坡等）和排渗设施、防渗设施等。

2.4.5 防洪系统

简要介绍尾矿库洪水计算、调洪演算、排洪方式，防洪排水构筑物型式、布置、主要尺寸、建筑材料等。

2.4.6 安全监测

简要介绍位移、浸润线、渗流、干滩、库水位、降水量、视频监控及地质灾害等安全监测设施、设备、日常观测及管理等。

三等及三等以上尾矿库简要介绍在线监测系统建设情况。

2.4.7 干式尾矿运输

简要介绍干式尾矿运输方式及其主要设施。

2.4.8　库内船只

简要介绍库内回水浮船或运输船情况。

2.4.9　辅助设施

简要介绍交通道路布置情况，包括库区巡查道路，尾矿坝、排洪系统与值班室及外部道路的连通道路和尾矿坝应急上坝道路等；尾矿库通信设施设置情况；尾矿库照明设施设置情况；尾矿库管理站设置情况；报警系统设置；库区安全护栏设置情况。

2.4.10　个人安全防护

简要介绍尾矿库工作人员配备的个人安全防护用品情况。

2.4.11　安全标志

简要介绍尾矿库库区及周边设置的安全标志，包括尾矿库、交通、电气安全标志。

2.4.12　企业安全管理

简要介绍企业安全组织机构设置、人员教育培训及取证、安全生产制度、操作规程、应急救援预案、救护队人员和设备配备、现场管理、安全检查等安全管理情况。

2.4.13　安全设施投入

简要说明项目投资决算和安全设施投资明细等。

2.4.14　设计变更

简要说明建设项目设计变更。

2.4.15　其他

简要介绍建设项目其他需要说明的内容。

2.5　施工监理概况

简要介绍项目施工、监理单位基本情况，建设项目开工、竣工日期及其工程进度控制情况，重点分项工程、隐蔽工程施工组织、质量控制和交工验收等基本情况。

2.6　试运行概况

简要介绍建设项目试运行期间各生产系统运行状况、安全设施运行效果、出现的问题及解决情况、日常安全管理、安全生产事故等情况。

2.7　安全设施目录

用表格形式分别列出建设项目的基本安全设施和专用安全设施目录。

3　安全设施符合性评价

对照建设项目的《安全设施设计》，结合现场实际检查、竣工验收资料、施工记录、监理记录、检测检验、监测数据等相关资料，采用安全检查表方法检查基本安全设施、专用安全设施和安全管理等是否符合《安全设施设计》要求，进行逐项检查，评价其符合性，检查的结果为“符合”与“不符合”两种。对于每个符合性评价部分，应有相应的附件来证明。

对于每项设施，《安全设施设计》中提出了具体的参数要求，以《安全设施设计》中相关参数作为检查依据评价其符合性；如果没有提出具体的参数要求，则应以相关的法律法规、标准规程作为检查依据来评价其符合性。

《安全设施设计》中不涉及的内容不列入评价内容。

尾矿库验收评价单元一般划为：安全设施“三同时”程序、尾矿坝、防排洪、地质灾害及雪崩防护、安全监测、排渗、干式尾矿运输、库内船只、辅助设施、个人安全防护、安全标志和安全管理等单元。评价项目可以根据项目的特点，选择适合本项目的评价单元。

3.1　安全设施“三同时”程序

根据有关法律、法规、部门规章等规定，检查尾矿库建设企业的合法证件，对项目安全设施

"三同时"程序及实施情况的合法性进行评价。主要对安全预评价、安全设施设计、施工单位资质、监理单位资质、工程地质勘察单位资质、下游居民及建构筑物搬迁等方面进行评价。

3.2 尾矿坝

3.2.1 初期坝

对初期坝（或干式堆存尾矿库的拦挡坝、一次性筑坝的一期坝）的位置、型式、结构参数、坝基处理、筑坝材料及筑坝要求等方面是否符合设计要求进行符合性评价。

对于干式堆存的尾矿，还需从干式尾矿的排放和堆坝方式，干式尾矿的平整和压实及隐蔽工程验收情况等方面进行符合性评价。

3.2.2 副坝（挡水坝）

对副坝（挡水坝）的坝址、型式、结构参数、坝基处理、筑坝材料及筑坝方式等进行符合性评价。

3.2.3 堆积坝

改建或扩建工程对筑坝所采用的筑坝设备、材料、坝体型式、堆筑要求、坝面防护设施（堆积坝护坡、坝面排水沟、坝肩截水沟）、堆积坝平均坡比、放矿、子坝上升速度、浸润线等进行符合性评价。

3.3 防排洪系统

3.3.1 库内排水设施

对防排洪方式（排水井、排水斜槽、排水隧洞、排水管、溢洪道、消力池、拦洪坝、截洪沟等），尾矿库防排洪系统的布置、防排洪构筑物的断面型式及主要结构尺寸等方面是否符合设计要求进行符合性评价。

3.3.2 库周截排洪设施

对尾矿库库周截排洪设施的方式、构筑物的位置、地基处理、建筑材料、结构参数、施工质量、隐蔽工程验收情况等进行符合性评价。

3.4 地质灾害与雪崩防护设施

对尾矿库泥石流防护设施、库区滑坡治理设施、库区岩溶治理设施、高寒地区的雪崩防护设施的布置、型式、结构参数、基础处理等进行符合性评价。

3.5 安全监测设施

对库区气象监测、地质灾害监测、库水位监测、干滩监测、坝体位移监测、坝体渗流监测及视频监控、在线监测系统（三等及以上尾矿库）等进行符合性评价。

3.6 排渗

对尾矿库库底及尾矿坝坝体排渗设施的布置，排渗设施的型式［贴坡排渗、自流式排渗管、管井排渗、垂直－水平联合自流排渗、虹吸排渗、辐射井、排渗褥垫、排渗盲沟（管）］及排渗设施的建设时期等进行符合性评价。

3.7 干式尾矿运输安全设施

对干式尾矿运输的安全设施设置等进行符合性评价。

采用汽车运输时，对运输线路的布置、设备的型号和规格、安全护栏、挡车设施、汽车避让道、卸料平台的安全挡车设施等进行符合性评价。

采用皮带运输时，对运输线路的布置、设备的型号和规格、系统的各种闭锁和电气保护装置、设备的安全护罩、安全护栏、梯子、扶手等进行符合性评价。

3.8 库内船只

对于有回水浮船、运输船设施的尾矿库，对保护船只及船只上工作人员安全的设施，包括安全护栏、救生器材、浮船固定设施、电气设备接地措施等进行符合性评价。

3.9　辅助设施

对交通道路布置情况（包括库区巡查道路，尾矿坝、排洪系统与值班室及外部道路的连通道路和尾矿坝应急上坝道路）、尾矿库通信设施设置（包括尾矿库生产作业人员、巡视人员与安全生产管理机构通信配备情况）、尾矿库照明设施设置、尾矿库管理站设置、报警系统设置、库区安全护栏设置等进行符合性评价。

3.10　个人安全防护

对尾矿库工作人员配备的个人安全防护用品（包括防护用品的发放、防护用品的佩戴）等进行符合性评价。

3.11　安全标志

对尾矿库库区及周边应设置的符合要求的安全标志（包括尾矿库、交通、电气安全标志）等进行符合性评价。

3.12　安全管理符合性评价

3.12.1　组织与制度

对安全组织机构及人员配备、安全教育及培训、特种作业人员持证情况、规章制度、安全投入、尾矿库安全教育和培训（场地、费用）等进行符合性评价。

3.12.2　安全运行管理

对排矿方式、放矿计划、现场管理及生产安全检查等进行符合性评价。

3.12.3　应急救援

对矿山救护队或兼职救护队的人员组成及技术装备、应急预案等进行符合性评价。

4　安全对策措施建议

根据安全设施验收评价中发现的问题或不足，依据国家相关安全法律、法规、标准和规范的要求，借鉴类似尾矿库的安全生产经验，提出具有针对性、实用性和可操作性的安全对策措施建议。

5　评价结论

简要说明评价对象安全设施建设与《安全设施设计》的符合性。明确说明评价对象是否符合安全验收的条件，评价结论分为“符合”和“不符合”两种。

以下情况评价结论为“符合”：

《国家安全监管总局关于规范金属非金属矿山建设项目安全设施竣工验收工作的指导意见》(安监总管一〔2016〕14号）附表《尾矿库安全设施竣工验收表》中没有否决项的检查结论为“不符合”且验收检查项总数中检查结论为“不符合”的项少于5%。

符合以下情况之一的，评价结论为“不符合”：

一是《国家安全监管总局关于规范金属非金属矿山建设项目安全设施竣工验收工作的指导意见》附表《尾矿库安全竣工验收表》中有否决项检查的结论为“不符合”；

二是《国家安全监管总局关于规范金属非金属矿山建设项目安全设施竣工验收工作的指导意见》附表《尾矿库安全竣工验收表》中验收检查项总数中检查结论为“不符合”的项超过5%（含5%）。

6　附件

建设项目合法证明材料，包括（但不限于）建设项目立项审批、核准或备案文件、建设项目《安全设施设计》批复文件和其他企业生产合法证件等，各评价单元的主要证明材料，包括（但不限于）设计变更通知书、质量检验评定表、验收记录、检测检验证书、各类资格证书、安全检查记录和培训记录等。

附件应有序排列编号，要齐全、简洁（如：安全管理制度附目录、记录等抽取一次等）。

附件可以单独成册。

7 附图

尾矿库安全验收评价报告应附以下竣工图纸，可根据实际情况进行调整。

（1）总平面布置竣工图；

（2）尾矿坝（断面）竣工图；

（3）防洪系统竣工图；

（4）安全监测设施竣工图。

尾矿库没有竣工图不能组织验收。

竣工图纸应与现场实际相符。竣工图应由施工单位按照实际的施工情况出图，且应有施工单位、监理单位的有关人员签字确认，并加盖相应单位公章。

竣工图中的字体、线条和各种标记应清晰可读，签字齐全，有彩色内容的图纸宜采用彩图。

如果项目竣工与原有施工图少于三处修改（包括增加、修改和删除）的地方，可以在原有施工图修改的地方手工标识、签字盖章后，原有施工图纸上加盖竣工章可以作为竣工图纸，其余施工图不能作为竣工图。

附图可以单独成册。

8 附录

尾矿库建设项目安全设施验收评价需要建设单位提供资料目录如下：

（1）生产经营单位概况。

a. 企业法人营业执照。

b. 立项批准文件（或核准、备案文件）。

（2）落实安全设施“三同时”程序文件。

a. 安全预评价报告。

b. 项目《安全设施设计》评审意见和批复文件。

c. 项目《安全设施设计》重大变更的评审意见和批复文件。

（3）项目技术文件。

a. 项目初步设计。

b. 项目《安全设施设计》。

c. 《安全设施设计》的设计变更通知单。

d. 地质勘探报告、工程勘查报告、地质灾害危险性评估报告。

e. 其他的一些专题性研究。

（4）项目建设情况。

a. 施工单位资质。

b. 监理单位资质。

c. 单项工程、单位工程验收资料，评级情况，工程质量认证资料。

d. 隐蔽工程的检查验收记录。

e. 施工总结和监理总结报告。

f. 反映安全设施实际情况的竣工图纸，包括：总平面布置竣工图，尾矿坝（断面）竣工图，防洪系统竣工图，安全监测设施竣工图等。

（5）安全设施说明（以具体的安全设施设计为准）。

a. 原材料的质量证明（各部位用的钢筋、水泥、混凝土试块、砂石料、土石料、土工合成材料等的质量证明；符合设计规定的强度要求试验资料等）。

b. 完备的隐蔽工程验收资料及其施工记录。重点是排洪隧洞、排洪井基础、排渗棱体、坝体清基及清基标高、岩溶处理、排水隧道或管道、隧洞衬砌进行现场强度检验、喷射混凝土喷射厚度、锚杆材料及类型、直径、布置情况、排渗井、防排渗设施的地基处理、坝基（含坝肩）开挖及处理、坝体填筑、排水管截水环等。

c. 各单项工程施工验收资料及汇签记录。特别是初期坝结构参数、坝体碾压密实度、堆石坝孔隙率、压实干容重、防洪系统参数、排渗系统、监测系统的施工验收。

d. 监测设施。尾矿库的浸润线、库水位、坝体位移等安全监测设施竣工验收会签资料、监测报告和整编资料。

（6）安全管理资料。

a. 安全生产管理机构、专职安全生产人员聘任文件。

b. 安全生产责任制。

c. 安全生产管理规章制度。

d. 事故应急救援预案、应急预案的备案表、应急预案的演练记录、总结。

e. 事故事件处理记录。

f. 特殊工种培训、考核记录及其操作资格证书。

g. 安全检查记录、安全不符合项整改情况及其反馈、复查记录资料。

h. 为职工缴纳工伤保险的证明。

i. 安全教育、培训台账等资料。

j. 项目投资决算总额及安全设施投资表。

k. 个人安全防护用品发放记录。

l. 放矿计划。

m. 试运行期间安全生产事故情况。

n. 其他安全管理和安全技术措施。

（7）安全设施验收评价所需的其他资料和数据。

国家安全监管总局关于印发金属非金属矿山建设项目安全设施设计编写提纲的通知

安监总管一〔2015〕68号

各省、自治区、直辖市及新疆生产建设兵团安全生产监督管理局，有关中央企业：

为贯彻落实新《安全生产法》关于矿山建设项目安全设施“三同时”工作有关规定，进一步规范金属非金属矿山建设项目安全设施设计及其审查工作，根据《金属非金属矿山建设项目安全设施目录（试行）》(国家安全监管总局令第75号）和《建设项目安全设施“三同时”监督管理办法》(国家安全监管总局令第36号)，国家安全监管总局制定了金属非金属地下矿山、露天矿山和尾矿库建设项目安全设施设计编写提纲，现印发给你们，请遵照执行。

采用溶浸采矿和水溶采矿的金属非金属矿山，以及尾矿库回采的安全设施设计，不适用本编写提纲。小型露天采石场（年生产规模不超过50万吨的山坡型露天采石作业单位）可参照《金属非金属露天矿山建设项目安全设施设计编写提纲》执行。

2012年4月10日国家安全监管总局印发的《金属非金属地下矿山建设项目初步设计〈安全专篇〉编写提纲》、《金属非金属露天矿山建设项目初步设计〈安全专篇〉编写提纲》、《金属非金属矿山尾矿库建设项目初步设计〈安全专篇〉编写提纲》(安监总管一〔2012〕45号）同时废止。

国家安全监管总局

2015年6月30日

金属非金属地下矿山建设项目安全设施设计编写提纲

1 设计依据

1.1 建设项目依据的批准文件和相关的合法证明文件

列出采矿许可证。

1.2 设计依据的安全生产法律、法规、规章和规范性文件

列出设计依据的有关安全生产的法律、法规、规章和文件。应按照国家法律、行政法规、地方性法规、部门规章、地方政府规章、规范性文件分层次列出，并标注其文号及施行日期，每个层次内按发布时间顺序列出；依据的文件应为现行有效。

1.3 设计采用的主要技术标准

列出设计采用的技术性标准。按照国家标准、行业标准和地方标准分层次列出，标注标准代号；每个层次内按照标准发布时间顺序排列；采用的标准应为现行有效。

1.4 其他设计依据

列出建设项目安全设施设计依据的地质报告（包括专项工程和水文地质报告）、可行性研究报告、安全预评价报告、相关的工程地质勘察报告、试验报告、研究成果及安全论证报告等，并标注报告编制单位和编制时间。

2　工程概述

2.1　矿山概况

（1）简要说明建设单位简介、隶属关系、历史沿革等。

（2）简述矿区自然概况（包括矿区的气候特征、地形条件、区域经济地理概况、地震资料、历史最高洪水位等），矿山交通位置（给出交通位置图），周边环境，采矿权位置坐标、面积、开采标高、开采矿种等。

2.2　矿床地质与开采技术条件

2.2.1　矿区地质及开采技术条件

（1）说明矿床在区域地质单元中的构造位置，矿区主要地层、构造、岩浆岩体、影响开采技术条件的风化、蚀变特征，矿床成因类型。

（2）简述矿体形态、规模、埋藏条件、矿石性质、矿体围岩。

（3）简要说明本项目的水文地质，包括气候、地形、地表水的汇水面积、水位、流量，含水层、隔水层、导水构造的性质、分布、埋藏条件及与矿体的空间关系，地下水补给、排泄条件，积水的旧井巷、老采区、地下水和地表水系的相互联系，完成的水文地质工作及其成果或结论。

（4）简要说明本项目的工程地质，包括工程地质岩组划分，岩体质量评价指标，主要不良地质体描述，主要物理力学参数。

（5）简要说明本项目的环境地质，包括地震区划，地质灾害特征（种类、规模及分布），其他情况（自燃、地热、高地应力、放射性等）。

（6）简要说明本项目周边环境对开采的影响情况，包括周边的工业设施及生产生活场所与本项目的距离及其相关情况。

（7）列出影响本项目生产安全的主要因素，如高寒高海拔、复杂地形、大水和突水风险、岩体破碎、高地温、高地应力、露天转地下开采、特定条件下的延伸开采等，并进行有针对性的说明。

2.2.2　矿床资源

简述地质报告或矿床模型计算的矿床资源/储量，并用表格形式列出各中段（或分段）的资源/储量。

2.2.3　开采现状和周边开采情况

说明本项目性质（新建矿山、改扩建矿山），如果是改扩建矿山则还应说明矿山开采现状、已形成的空区，开采中出现过的主要水文－工程地质及地质灾害问题，以及利旧工程的基本情况及安全状况、与原生产系统的相互关系和影响。

2.2.4　其他

说明其他需要说明的有关情况。

2.3　工程设计概况

（1）说明编制本次安全设施设计的初步设计版本。

（2）简要说明开采方式、开采范围、首采中段、生产规模及服务年限、采矿方法、开拓和运输系统、充填系统、通风系统（包括空气预热、制冷降温等）、排水排泥系统、压风及供水系统、基建工程和基建期、采矿进度计划（含采矿进度计划表）、矿山供水水源、矿山供配电、矿山通信及信号、地表建筑物（主要与采矿相关的）、矿区总平面布置（包括废石场）、工程总投资、专用安全设施投资等。

（3）列出设计的主要技术指标，相关内容可参考表2－1。

表2-1 设计主要技术指标表

序号	指 标 名 称	单位	数 量	说 明
1	地质			
1.1	全矿地质资源量/储量			
	矿石量	万t		
	品位	%		
	金属量	万t		铁矿和非金属矿可不列
1.2	本次开拓范围内利用的资源量/储量			
	矿石量	万t		
	品位	%		
	金属量	万t		铁矿和非金属矿可不列
1.3	矿岩物理力学性质			
	矿石体重	t/m^3		
	岩石体重	t/m^3		
	矿岩松散系数			
	矿石抗压强度	MPa		
	岩石抗压强度	MPa		
1.4	矿体赋存条件			
	矿体埋深	m		
	赋存标高	m		
	矿体厚度	m		
	矿体长度	m		
	倾角	(°)		
2	采矿			
2.1	矿山生产规模			
	矿石量	万t/a		
		t/d		
2.2	矿山基建时间	a		
	基建工程量	万m^3		
	其中：副产矿石量	万t		
2.3	矿山服务年限	a		
	工作制度	d/a		
		班/d		
		h/班		
2.4	采矿方法		方法1 （名称）	方法2 （名称）
	采场结构参数	m		
	所占比例	%		
	回采凿岩设备型号			
	出矿设备型号			
	采场生产能力	t/d		

表2-1（续）

序号	指 标 名 称	单位	数　量			说　明
	矿石损失率	%				
	矿石贫化率	%				
2.5	中段高度	m				
2.6	开拓方法		如：主井+副井+辅助斜坡道			
	主要井巷					
	主井		净直径，深度			如是斜井则写明是主斜井
			提升机型号，提升方式，提升速度，提升能力，电机功率			
	副井		净直径，深度			如是斜井则写明是副斜井
			提升机型号，提升方式，罐笼规格，提升速度，电机功率			
	胶带斜井		净断面尺寸，长度，倾角			
			胶带宽度、强度、速度，胶带机长度、倾角、电机功率，运输能力			
	斜坡道		净断面尺寸，长度，坡度			如矿石或废石是采用卡车运输，则列出卡车型号和数量
	进风井		净直径，深度			
	回风井		净直径，深度			
2.7	中段运输方式		如：有轨运输			
	电机车		如：10 t电机车，双机牵引			
	矿车		如：4 m^3 底卸式，每列个数			
	运矿列车数	列				
	卡车	辆				
			规格			
	胶带	段				
			规格			
2.8	破碎系统					
	破碎机型号					
	数量	台				
2.9	排水					
	正常涌水量	m^3/d				
	最大涌水量	m^3/d				
	水泵房		泵站1	泵站2	…	
	水泵房位置					标高
	水仓条数	条				
	水仓总容积	m^3				
	水泵型号					
	水泵数量					
2.10	通风					

表2-1（续）

序号	指 标 名 称	单位	数 量	说 明
	矿山总风量	m^3/s		
	通风方式			
	主通风机台数	台		
	主通风机型号			
2.11	充填系统			
	充填材料		如：全尾砂+水泥	
	充填输送方式		如：自流输送，泵送	
	平均日充填量	m^3/d		
2.12	废石场			
	占地面积	hm^2		
	堆积总高度	m		
	总容量	m^3		
	服务年限	a		
3	供电			
3.1	用电设备安装功率	kW		
3.2	用电设备工作功率	kW		
3.3	计算负荷			
	有功功率	kW		
	无功功率	kVar		注明补偿后
	视在功率	kVA		
	功率因数	$\cos\phi$		
3.4	年总用电量	k·kWh/a		
3.5	单位矿石耗电量	kWh/t		

3 本项目安全预评价报告建议采纳及前期开展的科研情况

3.1 安全预评价报告提出的对策措施与采纳情况

用表格形式列出安全预评价报告中提出的需要在安全设施设计中落实的对策措施，简要说明采纳情况，对于未采纳的应说明理由。

3.2 本项目前期开展的安全生产方面科研情况

说明本项目前期开展的与安全生产有关的科研工作及成果，以及有关科研成果在本项目安全设施设计中的应用情况。

4 安全设施设计

4.1 矿床开采安全设施

4.1.1 安全出口

（1）说明通地表的安全出口［包括由明井（巷）和盲井（巷）组合形成的通地表的安全出口］、主要中段（分段）、破碎站、皮带装矿水平及粉矿回收水平的安全出口设置情况。说明安全出口设置情况时，应说明各个安全出口的形式、井口和井底的标高、平硐的标高，井巷内部用于安全出口的设施（如罐笼、梯子间、踏步、扶手、躲避硐室和人车等），以及服务的中段水平等。

（2）总结概述本节专用安全设施内容。

4.1.2 硐室及其安全通道和独立回风道

（1）说明动力油储存硐室的位置、存油量、独立回风道，硐室口防火门和栅栏门，以及硐室内防静电措施和防爆照明设施的设置情况等。当井下不设动力油储存硐室时，应说明井下动力油的配送情况及采取的安全措施。

（2）说明维修硐室的位置、布置情况和硐口的栅栏门设置情况。

（3）说明变配电硐室防水门（含设防水头、抗压强度）、防火门、栅栏门和出口的设置情况。

（4）说明破碎站硐室的独立回风道、设备护罩、安全护栏、梯子和采用卡车卸矿时的安全挡车设施设置情况。

（5）其他硐室当涉及安全问题时，应说明设计的安全设施。

（6）总结概述本节专用安全设施内容。

4.1.3 井巷工程支护

（1）说明主要井巷和大型硐室所处或穿过岩体的工程地质条件、水文条件、可能遇到的特殊情况、主要设计参数和支护方式及其参数。

（2）对特殊地质条件下井巷工程，应详细说明支护方式及参数的选取和确定。

（3）布置在具有自然发火危险矿岩内的巷道，应对支护材料的选取情况进行说明。

4.1.4 保安矿柱与防火隔离设施

（1）留设有保护地表公路、铁路、河流、建筑物、风景区等或露天地下联合开采的矿区保安矿柱时，应说明其保护对象、设置原因和保安矿柱的位置、形式及参数情况等，并对其安全性进行分析。

（2）当中段开采受开采顺序或采矿方法的影响而需设置保安矿柱时，应说明保安矿柱的位置、形式及参数情况等。

（3）说明今后是否回收预留的矿柱及其回收时间、采取的安全措施。

（4）说明有自然发火倾向区域的防火隔离设施的设置情况。

（5）总结概述本节专用安全设施内容。

4.1.5 采矿方法和采场

（1）说明所选用的采矿方法和开采顺序以及其合理性，给出采场结构参数（含采场间柱、点柱）和安全出口设计，并分析其安全性；分析开采顺序、采场结构参数时可采用数值模拟计算或类比法进行。

（2）说明采场顶板、侧帮、底部结构（人工假底）支护方式及支护参数情况。

（3）说明采场生产作业活动如凿岩、装药、爆破、通风和出矿等工艺情况，并重点说明在生产活动中为保证安全所采取的安全措施。

（4）设计采用自动化作业采区时，需要对自动化作业系统进行说明，包括自动化采区的布置范围、与其他非自动化采区的关系、安全门设置情况以及作业时的安全注意事项等。

（5）说明矿山已有采空区、危险区域的分布情况和设计采取的处理方式等，并阐明危险区域对今后开采活动的影响范围和影响程度。

（6）说明矿山对新产生采空区的处理方法（含支护情况）、处理步骤等，并分析采空区及处理之后的安全稳定性情况。

（7）当矿石具有放射性时，应说明开采时采取的防护措施。

（8）对于人行天井，应说明井筒内的梯子间、防护网、隔离栅栏设置情况、井口防护设施设置情况；对于废弃的天井，应说明井口的处理措施。

（9）对于矿石、废石溜井，应说明井口的安全车挡（采用无轨设备直接卸矿时）、格筛设置情况。

（10）总结概述本节专用安全设施内容。

4.1.6 井下爆破器材库位置及爆破作业

（1）说明井下爆破器材库的位置、炸药和爆破器材储存量、爆破器材库独立回风道设置情况。

（2）对采场爆破作业，应说明采用的凿岩设备、炮孔参数、排间距、炸药类型、装药方式、起爆方式；对掘进作业，应说明采用的凿岩设备、炸药类型、装药方式和起爆方式。

（3）总结概述本节专用安全设施内容。

4.2 提升运输系统安全设施

4.2.1 竖井提升系统

4.2.1.1 箕斗提升

（1）给出箕斗提升系统选择计算的完整过程，包括但不限于提升任务、提升高度、提升方式（单箕斗、双箕斗）、提升容器参数，提升钢丝绳规格、参数、安全系数，提升速度、加速度、减速度，提升机主导轮和天轮或导向轮的直径、直径比、提升钢丝绳最大静张力和静张力差。采用多绳摩擦提升时，还应说明静张力比、钢丝绳静防滑安全系数、动防滑安全系数、摩擦衬垫压力等参数；采用单绳提升时，还应说明钢丝绳仰角、偏角，钢丝绳在卷筒上的缠绕层数等参数。

（2）说明井筒断面、罐道形式及参数、提升容器之间的最小间隙，提升容器和井壁、罐道梁、井梁之间的最小间隙，以及提升容器导向槽与罐道间隙、罐道钢丝绳的规格和参数、钢丝绳罐道的刚性系数、防撞钢丝绳设置及其参数。

（3）说明提升机控制系统及其主要功能、提升系统连锁控制、视频监控等。

（4）说明本节专用安全设施设计内容，包括尾绳保护设施、防过卷设施、防过放设施、防坠设施，井口、卸载站、装载站的安全护栏，以及提升机房内盖板、梯子和安全护栏等。

4.2.1.2 罐笼提升

（1）给出罐笼提升系统选择计算的完整过程，包括但不限于提升任务、提升高度、提升方式（单罐笼、双罐笼），罐笼和平衡锤参数，一次最多允许提升人员数量，钢丝绳规格、参数，不同工况下的钢丝绳安全系数，罐笼防坠器，提升速度、加速度、减速度，提升机主导轮（或卷筒）和天轮或导向轮的直径、直径比，以及提升钢丝绳最大静张力和静张力差。采用多绳摩擦提升时，还应说明静张力比、钢丝绳静防滑安全系数、动防滑安全系数、摩擦衬垫压力等参数；采用单绳提升时，还应说明钢丝绳仰角、偏角，钢丝绳在卷筒上的缠绕层数等参数。

（2）说明井筒断面、罐道形式及参数、提升容器之间的最小间隙，提升容器和井壁、罐道梁、井梁之间的最小间隙，以及提升容器导向槽与罐道间隙、罐道钢丝绳的规格和参数、钢丝绳罐道的刚性系数。

（3）说明提升机控制系统及其主要功能、提升系统连锁控制、视频监控设计情况等。

（4）说明本节专用安全设施设计内容，包括各井口门禁系统、井筒内梯子间设置、提升容器防过卷设施、防过放设施、防坠设施，井口和各中段马头门的摇台或者其他承接装置、安全门、安全护栏、阻车器设置，提升机房内盖板、梯子和安全护栏以及多绳摩擦提升的尾绳保护设施等。

4.2.1.3 混合提升

（1）说明混合井中设置的提升系统类型和数量，分别给出箕斗提升、罐笼提升和混合提升系统选择计算的完整过程，包括但不限于提升任务、提升高度、提升方式（单箕斗、双箕斗、单罐笼、双罐笼、箕斗罐笼互为平衡提升），箕斗、罐笼和平衡锤参数，罐笼一次最多允许提升人员数量、各提升系统提升钢丝绳规格参数、不同工况下的钢丝绳安全系数，提升速度、加速度、减速度，提升机主导轮（或卷筒）和天轮或导向轮的直径、直径比，提升钢丝绳最大静张力和静张力差。采用多绳摩擦提升时，还应说明静张力比、钢丝绳静防滑安全系数、动防滑安全系数，摩擦衬垫压力等参数；采用单绳提升时，还应说明钢丝绳仰角、偏角、罐笼防坠器规格和缠绕层数等参数。

（2）说明井筒断面、各提升系统罐道形式及参数、各提升容器之间的最小间隙，各提升容器和井壁、罐道梁、井梁之间的最小间隙，提升容器导向槽与罐道间隙、罐道钢丝绳的规格和参数、钢丝绳罐道的刚性系数、防撞钢丝绳设置及其参数、提升容器隔离装置设置。

（3）说明提升机控制系统及其主要功能、提升系统连锁控制、视频监控设计情况等。

（4）说明本节专用安全设施设计内容，包括各井口门禁系统、井筒的梯子间设置、提升容器防过卷设施、防过放设施、防坠设施，卸载站、装载站安全护栏，井口和各中段马头门的摇台或者其他承接装置、安全门、阻车器、安全护栏，提升机房内盖板、梯子和安全护栏以及多绳摩擦提升的尾绳保护设施等。

4.2.1.4 电梯井提升

（1）说明电梯的用途，选用的电梯规格、电梯井规格尺寸等主要参数。

（2）说明本节专用安全设施设计内容，包括梯子间及安全护栏、电梯和梯子间进口的安全防护网设置情况等。

4.2.2 斜井提升系统

（1）说明斜井中设置的提升系统类型和数量，给出斜井提升系统（斜箕斗提升、台车、串车、人车提升）选择计算的完整过程，包括但不限于提升任务、斜井倾角、井口和井底标高、提升高度、提升方式（单箕斗、双箕斗、台车、串车、人车提升），提升速度、加速度、减速度，提升机卷筒和天轮直径、直径比，提升钢丝绳最大静张力和静张力差，提升容器规格参数、一次提升矿车数量、一次提升装载量、一次最多允许提升人员数量，以及提升钢丝绳参数、仰角、偏角和安全系数。

（2）说明提升机控制系统及其主要功能、提升系统连锁控制、视频监控等。

（3）说明斜井断面布置和斜井铺轨参数情况。

（4）说明本节专用安全设施设计内容，包括斜井内轨道防滑措施、防跑车装置、躲避硐室、人行道与轨道之间的安全隔离设施、井下甩车道和吊桥设计参数、梯子和扶手设置情况，井口安全门、阻车器、安全护栏、挡车设施和门禁系统设计情况，以及提升机房内的安全护栏和梯子设计情况。

4.2.3 带式输送机系统

（1）说明带式输送机选择计算过程，包括胶带机的头部标高、尾部标高、水平长度、提升高度、提升任务等基本参数，胶带种类、带宽、带强、带速、胶带安全系数、驱动滚筒及拉紧滚筒、改向滚筒参数选择，胶带机驱动方式与驱动装置、拉紧方式与拉紧装置布置、胶带机控制方式。

（2）说明胶带斜井倾角、断面布置，斜井通风、收尘、排水、消防设计情况。

（3）说明带式输送机系统的各种闭锁和机械、电气保护装置。

（4）说明本节专用安全设施设计内容，包括胶带输送机的安全护罩、安全护栏、梯子、扶手设置情况。

4.2.4 斜坡道与无轨运输系统

4.2.4.1 斜坡道

（1）说明斜坡道的位置、功能、断面尺寸、长度、转弯半径、坡度、路面形式和厚度，以及主要运行车辆类别型号。

（2）说明车载灭火器配备，以及人行道宽度、躲避硐室、缓坡段和错车道、交通信号系统、斜坡道口门禁系统设置情况等。

（3）总结概述本节专用安全设施内容。

4.2.4.2 无轨作业中段（分段）

（1）说明主要无轨作业中段（分段）的功能、巷道断面尺寸、路面形式，以及主要运行车辆类别型号。

（2）说明巷道内人行道或躲避硐室、水沟及盖板、卸载硐室的安全车挡和护栏、自动化控制采区区域位置及门禁系统设置情况等。

（3）总结概述本节专用安全设施内容。

4.2.5 有轨运输系统（含装矿硐室、卸矿硐室）

（1）说明有轨运输中段数量、标高，运输距离、运输任务，给出运输系统和设备选择计算（包括运行速度、制动距离等）。

（2）说明运输巷道断面布置、采用的运输设备及其参数、装载和卸载设备、控制方式。

（3）说明人行道、躲避硐室、水沟、坡度，以及装载站和卸载站的安全护栏、人行巷道的水沟盖板设置情况。

（4）总结概述本节专用安全设施内容。

4.2.6 主溜井及破碎系统（含箕斗装矿系统）

（1）说明主溜井及破碎系统的组成和配置情况。

（2）说明主溜井、破碎硐室、箕斗装矿皮带道的尺寸、断面配置情况。

（3）说明主溜井井口的大块破碎设备、破碎站与皮带道的设备、破碎站的给料设备、破碎设备配置及参数。

（4）说明破碎站设备与上部主溜井料位和下部成品矿仓料位的连锁控制设计情况、给矿皮带机与提升系统和成品矿仓的料位连锁控制设计情况。

（5）说明主溜井井口安全护栏、安全标志设置，主溜井底部安全设施，主溜井安全检查、料位检测与报警设施设置情况。

（6）说明大块破碎设备的安全防护措施、破碎设备运动部件周边的安全护栏设置情况。

（7）总结概述本节专用安全设施内容。

4.3 井下防治水与排水系统安全设施

（1）说明防治水方案，包括地下水疏/堵工程及设施（含疏干井、放水孔、疏干巷道、防水门、水仓、疏干设备、防水矿柱、防渗帷幕及截渗墙等）情况；当露天开采转地下开采时，应说明防露天坑底的洪水突然灌入井下的设施（包括露天坑底所做的假底、坑底回填等）。

（2）说明采用的涌水量估算方法，包括矿山正常涌水量和最大涌水量估算过程及结果，需要排出的采矿废水量、充填溢流水量，以及矿山正常排水量和最大排水量。

（3）说明采用的排水方式（集中排水、分散排水、一段排水、接力排水）、排水系统组成及主要参数、水仓设置及其参数、各排水泵房的位置及标高、各水泵房的水泵配置及参数，排水管路配置及参数，以及排水系统的控制方式及主要功能。

（4）说明采用的排泥方式、排泥泵房的位置、排泥设备及管路选择计算。

（5）说明中段（分段）的防水门位置、设防水头、抗压强度；说明地下水头（水位）、水量监测设施；说明探放水孔的孔口管和控制闸阀、探放水设备等；说明防治水过程中在有突水可能性的工作面救生圈、安全绳等救生设施的设置情况。

（6）说明主要泵房的出口及密闭防水门设计情况（含设防水头、抗压强度），水泵房及变电所内的盖板、安全护栏设置情况。

（7）总结概述本节专用安全设施内容。

4.4 通风系统安全设施

（1）说明选用的通风方式与通风系统、通风系统的组成，各进风井及进风巷道、回风井及回风巷道的参数，给出全矿的通风计算过程及其结果、各段进风井及进风巷道、回风井及回风巷道的通风量、风流速度，并对通风阻力进行计算。

（2）说明选用的通风机及其控制系统，主通风机的反风设施、备用电机及快速更换装置。

（3）说明选用的辅助通风机及局部通风机规格、数量、风量、风压等参数，给出风速、风压、温度、有毒有害气体等的检测及报警设施设计。

（4）给出通风构筑物（含风门、风墙、风窗、风桥等）的设计情况，说明阻燃风筒、风井井口和马头门处的安全护栏、风机进风口的安全护栏和防护网设置情况。

（5）说明本项目特点和采用的空气预热措施，选择的空气预热设备及其主要参数，给出空气预热参数及设备选择的计算过程及结果，预热设施包括严寒地区通地表的井口（如罐笼井、箕斗井、混合井和斜提升井等）设置的防冻设施、进风的井口和巷道硐口（如专用进风井、专用进风平硐、专用进风斜井、罐笼井、混合井、斜提升井、胶带斜井、斜坡道、运输巷道等）设置的空气预热设施等。

（6）说明本项目特点和采用的制冷降温措施，给出制冷设备的选择计算过程及其参数，以及地表制冷站、地下制冷站或能量交换设施、管路规格与数量、管路布置及分配设施等的设计情况。

（7）总结概述本节专用安全设施内容。

4.5　充填系统

（1）简要说明采矿方法对充填的要求（包括充填体强度及形成时间、待充填采空区尺寸、一次最大充填量等）、不同中段的充填料浆输送距离、采场到充填料制备站的高差、最大充填倍线。

（2）说明选用的充填材料、充填方式、充填料浆制备工艺，充填料浆的组成及浓度、充填体强度指标，设计采用的充填系统及充填制度等。

（3）说明充填料储存与制备方式、设备参数与数量、充填系统控制。

（4）说明充填管路及减压设施布置、各点压力计算、管路压力监测装置与充填管路排气设施设置情况及参数。

（5）说明充填系统事故池、采场充填挡墙、充填站内及井下充填系统的安全护栏及其他防护措施（包括物料输送机和其他相关设备、砂浆池、砂仓等的安全护栏及其他防护措施等）。

（6）总结概述本节专用安全设施内容。

4.6　供配电安全设施

（1）介绍地区变配电站设施及可向本工程供电的供电电压、容量，供电线路截面、长度、回路数。

（2）介绍本工程供电系统接线，正常及事故情况下的运行方式，对一级负荷及保安负荷的供电方式。

（3）说明提升系统、通风系统、排水系统的供配电系统情况。

（4）说明高（低）压供配电系统中性点接地方式。

（5）说明井下供配电系统的各级配电电压等级。

（6）说明本工程总降压变电所主变压器容量及台数，列出本工程总计算负荷、采矿部分计算负荷及一级负荷计算结果。

（7）说明地表向井下供电的线路截面、回路数以及地表架空线转下井电缆处防雷设施情况。

（8）说明井下低压配电系统故障（间接接触）防护装置。

（9）说明井下直流牵引变电所电气保护设施、直流牵引网络安全措施。

（10）说明爆炸危险场所电机车轨道电气的安全措施。

（11）说明设有带油设备的电气硐室的安全措施。

（12）说明井下高、低压供配电设备类型和地下高、低压电缆类型。

（13）列出短路电流计算结果，说明电气开关器件的分断能力。

（14）说明井下各用电设备和配电线路的继电保护装置设置情况。

（15）说明井下照明设施情况。

（16）说明避灾硐室应急供电设施情况。

（17）说明裸带电体基本（直接接触）防护设施情况。

（18）说明保护接地及等电位联接设施情况。

（19）说明牵引变电所接地设施情况。

（20）说明变配电硐室应急照明设施情况。

（21）说明地面建筑物防雷设施情况。

（22）总结概述本节专用安全设施内容。

4.7 井下供水和消防系统安全设施

（1）说明井下供水系统的供水水源、供水量、管路敷设情况。

（2）说明防火门、消火栓设置情况，消防供水水池的位置、大小、容量等。

（3）说明井下消防器材的布置情况，包括位置、规格、数量等。

（4）说明火灾报警系统设计情况。

（5）总结概述本节专用安全设施内容。

4.8 安全避险“六大系统”

4.8.1 监测监控系统

（1）说明井下有毒有害气体监（检）测、通风系统监测、视频监控及地压监测等系统的设计情况，主要包括主机和井下分站的布置、监测监控设备配置数量、备用电源、监测监控中心设备的防雷和接地保护装置、电缆和光缆敷设等。当矿山设有地表变形、塌陷监测系统和坑内应力、应变监测系统时，可在此一并详细说明。

（2）总结概述本节专用安全设施内容。

4.8.2 井下人员定位系统

（1）说明井下人员定位系统的设计情况，主要包括主机和分站（读卡器）的布置、电缆和光缆的敷设、备用电源等。

（2）总结概述本节专用安全设施内容。

4.8.3 紧急避险系统

（1）说明紧急避险系统的构成，自救器的配置原则及数量，避灾硐室（或救生舱）的位置、数量、规格、配置、配套设施的设置，避灾路线的设置等。如果井下不设避灾硐室（或救生舱）时应说明理由；避灾路线应通过图纸、文字等表述清楚。

（2）总结概述本节专用安全设施内容。

4.8.4 压风自救系统

（1）说明井下最大班生产人员数量及分布，给出压风自救需风量计算。

（2）说明压风自救系统的空气压缩机安装地点，选用的空气压缩机主要参数和数量。

（3）说明压风自救系统的压缩空气管路规格和材质、敷设线路、敷设要求。

（4）说明各主要生产中段和分段进风巷道、独头掘进巷道、爆破时撤离人员集中地点的压风管道上三通及阀门和减压、消音、过滤装置和控制阀设置情况，并明确压风出口压力。

（5）说明紧急避险设施设置的供气阀门，噪声控制措施。

（6）总结概述本节专用安全设施内容。

4.8.5 供水施救系统

（1）说明井下最大班生产人员数量及分布，计算供水施救需要的水量。

（2）说明供水施救系统管道的规格和材质、敷设线路、敷设要求。

（3）说明生产巷道、人员集中地点、独头掘进巷道掘进工作面附近的供水管道的三通及阀门设置情况，紧急避险设施内安设的阀门及过滤装置。

（4）总结概述本节专用安全设施内容。

4.8.6　通信联络系统

（1）说明通信联络系统的设计情况，主要包括通信种类、通信系统的设置、通信设备布置等。

（2）总结概述本节专用安全设施内容。

4.9　总平面布置安全设施

4.9.1　矿床开采的保护与监测措施

（1）采用崩落法或空场法开采的矿山，应阐述矿床开采移动（监测）范围和崩落（塌陷）范围圈定的依据和结果；采用充填法开采的矿山，应阐述矿床开采移动（监测）范围圈定的依据和结果。

（2）矿山服务年限较长或分期开采，应根据实际需要给出不同开采水平（或分期）的地表开采移动（监测）范围和崩落（塌陷）范围。

（3）对圈定范围之内及周边的设施（如公路、铁路、民房、水体、风景区、边坡等）的安全性做出分析和说明。

（4）总结概述本节专用安全设施内容。

4.9.2　工业场地安全设施

（1）从矿区地形地貌、自然条件、周边环境、地质灾害影响、井口及工业场地的地质条件和采取的安全对策措施等方面对工业场地选址进行安全可靠性论证。

（2）对井口及工业场地标高与当地历史最高洪水位的关系进行说明。

（3）对井口位置及井口设施、工业场地内主要建（构）筑物与移动（监测）线的安全距离进行说明。

（4）说明厂区对周边生产生活设施的影响情况。

（5）当工业场地周边存在边坡时，说明边坡参数、工程地质情况、护坡或安全加固措施。

（6）说明为保证地下开采和工业场地安全而进行的河流改道、河床加固（含导流堤、明沟、隧洞、桥涵等）、地表截排水（截水沟、排洪沟、防洪堤）等工程设计情况。

（7）缺少当地历史最高洪水位等水文资料时，应对井口及工业场地受洪水影响的可能性进行说明。

（8）说明降雨和地表水观测点设置及监测要求。

（9）总结概述本节专用安全设施内容。

4.9.3　建（构）筑物防火

说明井（硐）口工业场地布置中各建筑物（重点是对井口安全有影响的建筑物）的火灾危险性、耐火等级、防火距离、厂区内消防通道设置等，并根据《建筑设计防火规范》(GB 50016）分析其符合性。

4.9.4　排土场（废石场）

（1）说明排土场周边设施与环境条件，以及选址与勘探、排土场容积、设计参数、安全防护距离、排土场防洪、照明与监测及其他安全对策措施。

（2）说明排土工艺、服务年限、用地状况、排岩计划、设备选择等；给出安全平台、运输道路、拦渣坝、阶段高度、总堆置高度、安全平台宽度、总边坡角等设计参数。

（3）对不同堆积状态条件下排土场（废石场）安全稳定性进行计算分析，并对参数选取、资料的可靠性等方面进行说明。

（4）应根据排土工艺和安全稳定性提出安全对策措施，可包括地基处理、截（排）水设施、底部防渗设施、滚石或泥石流拦挡设施、坍塌与沉陷防治措施和边坡监测设施等。

（5）设有废石临时堆场和倒装场时，说明堆场结构参数及安全可靠性；不设排土场（废石场）

时，说明废石去向。

（6）总结概述本节专用设施内容。

4.10 个人安全防护

（1）说明矿山应按要求为员工配备的个人防护用品的规格和数量。

（2）总结概述本节专用安全设施内容。

4.11 安全标志

（1）说明矿山在全矿所有生产地点应设置的安全标志，包括矿山、交通、电气安全标志。

（2）总结概述本节专用安全设施内容。

5 安全管理和专用安全设施投资

5.1 安全管理

（1）说明对矿山安全管理机构设置、部门职能、人员配备的建议及矿山安全教育和培训的基本要求。

（2）说明矿山应设置的矿山救护队或兼职救护队的人员组成及技术装备。

（3）说明矿山应制定的针对各种危险事故的应急救援预案。

5.2 专用安全设施投资

根据《金属非金属矿山建设项目安全设施目录（试行）》（国家安全监管总局令第75号）的规定，对本项目中设计的全部专用安全设施的投资进行列表汇总，相关内容可参考表5－1。

表5－1 专用安全设施投资表

序号	名　称	描　述	投资/万元	说　明
1	罐笼提升系统	列出本项工程专用安全设施的内容名称，下同		有多条井时应分别列出
2	箕斗提升系统			有多条井时应分别列出
3	混合井提升系统			有多条井时应分别列出
4	斜井提升系统			有多条井时应分别列出
5	斜坡道与无轨运输巷道			有多条斜坡道时应分别列出
6	带式输送机系统			有多条时应分别列出
7	电梯井提升系统			有多条井时应分别列出
8	有轨运输系统			应说明有几个运输水平
9	动力油储存硐室			应说明有几个
10	破碎硐室			有多个时应分别列出
11	采场			性质差别大的采矿方法应分别列出
12	人行天井与溜井			
13	供、配电设施			
14	通风和空气预热及制冷降温			
15	排水系统			有多个水泵房时应分别列出
16	充填系统			
17	地压、岩体位移监测系统			
18	安全避险“六大系统”			
19	消防系统			

表5-1（续）

序号	名　　称	描　　述	投资/万元	说　　明
20	防治水			
21	地表塌陷或移动范围保护措施			采用崩落法、空场法开采时
22	矿山应急救援设备及器材			
23	个人安全防护用品			
24	矿山、交通、电气安全标志			
25	排土场（废石场）			有多个时应分别列出
26	其他设施			

6　存在的问题和建议

（1）提出设计单位能够预见的在项目实施过程中或投产后，可能存在并需要矿山解决或需要引起重视的安全生产方面的问题及解决的建议。

（2）提出设计基础资料影响安全设施设计的问题及解决问题的建议。

7　附件与附图

7.1　附件

安全设施设计依据的相关文件，主要包括采矿许可证的复印件或扫描件。

7.2　附图

附图应采用原始图幅，图中的字体、线条和各种标记应清晰可读，签字齐全，宜采用彩图。附图应包括以下图纸（可根据实际情况调整，但应涵盖以下图纸的内容）：

（1）矿山地形地质图。

（2）矿山地质剖面图（应反映典型矿体形态，数量不少于2张）。

（3）水文地质及防治水工程布置平/剖面图（当矿山水文地质条件复杂时）。

（4）矿区总平面布置图。

（5）井上、井下工程对照图。

（6）矿山开拓系统纵投影图（或矿山开拓系统横投影图）。

（7）主要水平平面布置图。

（8）矿井通风系统图。

（9）采矿方法图。

（10）充填系统图（当采用充填法开采时应附，主要为充填材料输送系统布置图）。

（11）避灾线路图。

（12）全矿（含地下）供电系统图。

金属非金属露天矿山建设项目安全设施设计编写提纲

1　设计依据

1.1　建设项目依据的批准文件和相关的合法证明文件

列出采矿许可证。

1.2 设计依据的安全生产法律、法规、规章和规范性文件

列出设计依据的有关安全生产的法律、法规、规章和文件。应按照国家法律、行政法规、地方性法规、部门规章、地方政府规章、规范性文件分层次列出，并标注其文号及施行日期，每个层次内按发布时间顺序列出；依据的文件应为现行有效。

1.3 设计采用的主要技术标准

列出设计采用的技术性标准。按照国家标准、行业标准和地方标准分层次列出，标注标准代号；每个层次内按照标准发布时间顺序排列；采用的标准应为现行有效。

1.4 其他设计依据

列出建设项目安全设施设计依据的地质报告（包括专项工程和水文地质报告）、可行性研究报告、安全预评价报告、相关的工程地质勘察报告、试验报告、研究成果及安全论证报告等，并标注报告编制单位和编制时间。

2 工程概述

2.1 矿山概况

（1）简要说明建设单位简介、隶属关系、历史沿革等。

（2）简述矿区自然概况（包括矿区的气候特征、地形条件、区域经济地理概况、地震资料、历史最高洪水位等），矿山交通位置（给出交通位置图），周边环境，采矿权位置坐标、面积、开采标高、开采矿种等。

2.2 矿床地质与开采技术条件

2.2.1 矿区地质及开采技术条件

（1）说明矿床在区域地质单元中的构造位置，矿区主要地层、构造、岩浆岩体、影响开采技术条件的风化、蚀变特征，矿床成因类型。

（2）简述矿体形态、规模、埋藏条件、矿石性质、矿体围岩。

（3）简要说明本项目的水文地质，包括气候、地形、地表水的汇水面积、水位、流量，含水层、隔水层、导水构造的性质、分布、埋藏条件及与矿体的空间关系，含水层的补给、径流和排泄条件，积水的旧井巷、老采区、地表水对矿床充水的影响，完成的水文地质工作及其成果或结论。

（4）简要说明本项目的工程地质，包括工程地质岩组划分，岩体质量评价指标，主要不良地质体描述，主要物理力学参数。

（5）简要说明本项目的环境地质，包括地震区划，地质灾害特征（种类、规模及分布），其他情况（自燃、地热、高地应力、放射性等）。

（6）简要说明本项目周边环境对开采的影响情况，包括周边的工业设施及生产生活场所与本项目的距离及其相关情况。

（7）列出影响本项目生产安全的主要因素，如高寒高海拔、复杂地形、高陡边坡、大水和突水风险等，并进行有针对性的说明。

2.2.2 矿床资源

简述地质报告或矿床模型计算的矿床资源/储量。

2.2.3 开采现状和周边开采情况

说明本项目性质（新建矿山、改扩建矿山），已形成的地下采空区，如果是改扩建矿山则还应说明矿山开采现状、露天采坑（边坡）状态，开采中出现过的主要水文、工程地质及地质灾害问题，以及利旧工程的基本情况及安全状况、与原生产系统的相互关系和影响。

2.2.4 其他

说明其他需要说明的有关情况。

2.3　设计概况

（1）说明编制本次安全设施设计的初步设计版本。

（2）说明开采方式、开采范围、露天开采境界、生产规模及服务年限、开拓运输系统（包括坑内运输系统）、基建工程和基建期、采矿进度计划（含采矿进度计划表）、排土场（废石场）、矿山截排水系统、矿山通信及信号、矿山供水水源、矿山供配电、矿区总平面布置、工程总投资、专用安全设施投资等内容。

（3）列出设计的主要技术指标，相关内容可参考表2-1。

表2-1　主要技术指标表

序号	指标名称	单位	数量	备注
1	地质			
1.1	全矿地质资源量/储量			
	矿石量	万t		
	品位	%		
	金属量	万t		铁矿和非金属矿可不列
1.2	露天开采境界内的资源量/储量			
	矿石量	万t		
	品位	%		
	金属量	万t		
1.3	矿岩物理力学性质			
	矿石体重	t/m^3		
	岩石体重	t/m^3		
	矿岩松散系数			
	矿石抗压强度	MPa		
	岩石抗压强度	MPa		
2	采矿			
2.1	矿山规模			
	矿石量	万t/a		
	剥离量	万t/a		
	采剥总量	万t/a		
2.2	剥采比			
	平均剥采比			
	生产平均剥采比			
2.3	矿山服务年限	a		
2.4	矿山基建时间	a		
	基建工程量	万t		
	其中：副产矿石量	万t		
2.5	开拓运输方式			
	汽车型号			
	数量	辆		
	胶带		规格、参数	

表2-1（续）

序号	指标名称	单位	数量	备注
		段		
	破碎机型号			
	数量			
2.6	二级矿量保有量	万 m^3		
	开拓矿量	万 t		
	备采矿量	万 t		
2.7	矿石贫化率	%		
2.8	矿石损失率	%		
2.9	工作制度	d/a		
		班/d		
		h/班		
2.10	露天开采最终境界			
	上口尺寸（长、宽）	m		
	坑底尺寸（长、宽）	m		
	总高度	m		
	最终边坡角	(°)		
	总剥离量	m^3		
	最高开采台阶标高	m		
	最低开采台阶标高	m		
	封闭圈标高	m		
2.11	台阶参数			
	最终边坡台阶高度	m		
	台阶坡面角	(°)		
	并段高度	m		
	工作台阶高度	m		说明最终台阶高度
	安全平台宽度	m		
	清扫平台宽度	m		
	运输平台宽度	m		
	工作帮的坡面角	(°)		
	最小工作平台宽度	m		
	同时开采的台阶数	个		
	最小工作线长度	m		
2.12	排土场（废石场）			
	占地面积	hm^2		
	堆积总高度	m		
	总容量	m^3		
	服务年限	a		
	排土方式			
	排土段高	m		

表2-1（续）

序号	指 标 名 称	单 位	数 量	备 注
	排土机型号			
	排土机数量	台		
	总边坡角	(°)		
	台阶边坡角	(°)		
	最小工作平台宽度	m		
	安全平台宽度	m		
3	供电			
3.1	用电设备安装功率	kW		
3.2	用电设备工作功率	kW		
3.3	计算负荷			
	有功功率	kW		
	无功功率	kVar		注明补偿后
	视在功率	kVA		
	功率因数	$\cos\phi$		
3.4	年总用电量	k·kWh/a		
3.5	单位矿石耗电量	kWh/t		

3　本项目安全预评价报告建议采纳及前期开展的科研情况

3.1　安全预评价报告提出的对策措施与采纳情况

用表格形式列出安全预评价报告中提出的需要在安全设施设计中落实的对策措施，简要说明采纳情况，对于未采纳的应说明理由。

3.2　本项目前期开展的安全生产方面科研情况

叙述本项目前期开展的与安全生产有关的科研及成果，以及有关科研成果在本项目安全设施设计中的应用情况。

4　安全设施设计

4.1　露天采场

（1）说明露天采场的境界范围、最高台阶标高、封闭圈标高、露天采场最低标高，最终边坡高度及范围；如果采用分期开采，还应说明分期的原则，首期开采的位置。

（2）说明矿山已有采空区、危险区域的分布情况和设计采取的处理方法，分析危险区域对今后开采活动的影响范围和影响程度。

（3）说明采场凿岩、装药、爆破、铲装和运输等工艺设计情况，重点说明设计的安全设施和技术措施。

（4）说明爆破安全距离界线的确定及爆破安全设施的设置。

（5）地下开采转为露天开采时，应说明对地下巷道和采空区的处理方法、设计的安全设施和措施，并说明其安全可靠性。

（6）对为保护地表构筑（建）物或地下工程留设的矿（岩）体或矿段，列出设计所确定距离和厚度，并说明今后是否回收及回收的时间等，必要时，需有分析计算。

（7）结合开采条件，对边坡进行稳定性分析计算并确定采场边坡角，并给出露天采场的边坡设计参数、边坡类型，列出安全平台、清扫平台的宽度。

（8）说明运输道路缓坡段的设置情况。

（9）露天与地下同时开采时，应说明露天边坡角、露天与地下采区的位置关系。

（10）边坡（含破碎站边坡）不稳定时，应说明处理和加固方法及加固后的稳定性。

（11）说明露天采场边界围栏、爆破安全设施（含躲避设施、警示旗、报警器、警戒带等）的设置情况。

（12）说明废弃巷道、采空区和溶洞的探测设备，充填、封堵措施或隔离设施。

（13）说明溜井口的安全护栏、挡车设施、格筛的设置情况。

（14）说明边坡监测的方法（或方式）及监测点的布置情况。

（15）水力开采时，应说明运矿沟槽上的安全设施（盖板、金属网等）设置情况；挖掘船开采时，应说明船上的救护设备、作业人员的救生器材的配置情况。

（16）总结概述本节专用安全设施内容。

4.2 采场防排水系统安全设施

（1）说明为了保证采矿安全而设计的河流改道（含导流堤、明沟、隧洞、桥涵等）和河床加固工程情况。

（2）说明露天采场封闭圈以外向露天坑汇水的面积、设置的防洪堤、拦水坝参数及其截洪能力。

（3）说明沉沙池、消能池（坝）参数，以及截水沟、排洪沟、截排水隧洞及其断面尺寸、坡度与截洪能力。

（4）说明大水矿山露天采场内外部地表疏干井和边坡放水孔的各项设计参数，如间距、深度、口径及设计排水量等；采取注浆帷幕（截渗墙）堵水的，还应说明帷幕（防渗墙）平面边界、底部深度，设计需达到的渗透系数等参数。

（5）说明露天采场境界、封闭圈、封闭圈内的面积，设计暴雨频率以及相应的旱季日均降雨量、雨季日均降雨量、最大降雨量。

（6）说明露天坑内日均涌水量和最大降雨量计算过程与结果。

（7）说明排水方式、排水设备、排水管道设计情况。

（8）说明水位与流量监测系统设计情况。

（9）总结概述本节专用安全设施内容。

4.3 矿岩运输系统安全设施

4.3.1 铁路运输

（1）说明铁路运输的牵引方式、机车形式与规格参数、牵引的矿车或车厢规格参数、列车组成、列车的运行速度、制动距离和运行列车的数量等。

（2）说明铁路运输线路设计情况，包括安全线、避让线、制动检查所、线路两侧的限界架的设置，以及护轮轨、防溜车措施、减速器、阻车器设置情况。

（3）铁路线布置在巷道内时，还应说明巷道的水文条件、岩石条件和可能遇到的特殊困难、支护方式和参数、主要设计参数、相关安全措施。

（4）说明运输线路的安全护栏、防护网、挡车设施、道口护栏的设置，道路岔口交通警示报警设施的设置。

（5）说明陡坡铁路运输时的线路防爬设施（含防爬器、抗滑桩等）、曲线轨道加固措施设置情况。

（6）总结概述本节专用安全设施内容。

4.3.2 汽车运输

(1) 说明矿岩运输汽车的规格、数量、设计运行速度、道路宽度、坡度、转弯半径等。

(2) 说明道路边坡的加固和防护措施。当汽车需要通过巷道运输时，还应介绍汽车运输需要穿过的巷道的地质条件、水文条件、岩石条件和可能遇到的特殊困难等，并说明巷道断面、支护方式和参数、设计的安全设施或者采取的技术措施。

(3) 说明运输线路上设置的安全护栏、挡车设施、错车道、避让道、紧急避险道、声光报警装置，以及矿、岩卸载点的安全挡车设施设置情况。

(4) 总结概述本节专用安全设施内容。

4.3.3 带式输送机运输

(1) 给出带式输送机选择计算过程，说明胶带机的头部标高、尾部标高、水平长度、提升高度、提升任务等基本参数，胶带种类、带宽、带强、带速、胶带安全系数、驱动滚筒及拉紧滚筒、改向滚筒参数选择，胶带机驱动方式与驱动装置、拉紧方式与拉紧装置布置、胶带机控制方式. 以及各种闭锁和机械、电气保护装置。

(2) 布置在巷道内的带式输送机，还应介绍巷道的地质条件、水文条件、岩石条件和可能遇到的特殊困难等，并说明主要的设计参数，支护方式和参数，以及巷道通风设计和消防等相关安全设施设计情况。

(3) 说明带式输送机的安全护罩、安全护栏、梯子、扶手的设置情况。

(4) 总结概述本节专用安全设施内容。

4.3.4 架空索道运输

(1) 说明设计采用的索道形式、设计能力、线路布置、长度与高差、支架数量与高度、跨距等。

(2) 说明索道货车规格与参数、数量、有效装载量、运行速度、间隔距离、装卸载方式与设备。

(3) 说明承载索的选择计算、拉紧装置、锚固装置设计，给出承载索的弦倾角、弦折角、空索倾角、重索倾角、最小折角、最大折角、挠度与安全系数。

(4) 说明牵引索的选择计算和拉紧装置设计，给出安全系数。

(5) 说明制动系统和控制系统等的设计情况。

(6) 说明线路经过厂区、居民区、铁路、道路时的安全防护措施。

(7) 说明线路与电力、通信架空线交叉时的安全防护措施。

(8) 说明站房安全护栏的设置情况。

(9) 总结概述本节专用安全设施内容。

4.3.5 斜坡卷扬运输

(1) 给出斜坡卷扬系统选择计算过程，说明提升任务、斜坡倾角、坡顶和坡底标高、提升高度、提升方式（台车、串车、人车提升），提升速度、加速度、减速度，提升机卷筒和天轮直径、直径比，提升钢丝绳最大静张力和静张力差、提升容器参数，一次提升矿车数量、一次提升装载量、一次最多允许提升人员数量，以及提升钢丝绳参数、仰角、偏角和安全系数、人车断绳保险器。

(2) 说明提升机控制系统及其主要功能、提升系统连锁控制、视频监控等。

(3) 说明斜坡铺轨参数、坡顶车场的阻车器、安全挡车设施、轨道两侧的堑沟、安全隔挡设施，轨道防滑措施、人行道、梯子和扶手，以及斜坡上的防止跑车装置等的设置情况。

(4) 说明提升机房内的安全护栏和梯子设置情况。

(5) 总结概述本节专用安全设施内容。

4.3.6 溜井及破碎系统

(1) 说明溜井及破碎系统设计、溜井底放矿硐室的安全通道设置情况。

(2) 说明破碎站设置形式（固定破碎站、移动破碎站、半移动破碎站）与数量，破碎设备主要参数，简述破碎与运输系统。

（3）说明安全挡车设施、格筛和安全标志，以及安全护栏、护罩、盖板、扶手、防滑钢板的设置情况。

（4）说明溜井及破碎系统的通风设计，包括通风系统的组成，主要通风巷道的设计参数，通风量，计算的通风阻力，选用的主通风机及局部通风机规格、数量、风量、风压等参数，通风构筑物（含风门、风墙、风窗、风桥等）的设计情况，并对主风机进风口的安全护栏和防护网设置情况进行说明。

（5）总结概述本节专用安全设施内容。

4.4 供配电安全设施

（1）介绍地区变配电站设施及可向本工程供电的电压、容量，供电线路截面、长度、回路数。

（2）介绍本工程供电系统接线，正常及事故情况下的运行方式，对一级负荷及保安负荷的供电方式。

（3）说明采场排水系统的供配电系统情况。

（4）说明高（低）压供配电系统中性点接地方式。

（5）说明采场供配电系统的各级配电电压等级。

（6）说明本工程总降压变电所主变压器容量及台数，列出本工程总计算负荷、采矿部分计算负荷及一级负荷计算结果。

（7）说明向采场供电的线路截面、回路数，采场架空供电线路、供电电缆以及保护和避雷设施情况。

（8）说明低压配电系统故障（间接接触）防护装置。

（9）说明直流牵引变电所电气保护设施、直流牵引网络安全措施。

（10）说明爆炸危险场所电机车轨道的电气安全措施。

（11）说明采场高、低压供配电设备类型和高、低压电缆类型。

（12）列出短路电流计算结果，说明电气开关器件的分断能力。

（13）说明采场各用电设备和配电线路的继电保护装置设置情况。

（14）说明采场及排土场（废石场）照明设施情况。

（15）说明裸带电体基本（直接接触）防护设施情况。

（16）说明保护接地设施情况。

（17）说明牵引变电所接地设施情况。

（18）说明向采场供电的变配电室防火门及金属丝网门的设施情况。

（19）说明采场变配电室应急照明设施情况。

（20）说明地面建筑物防雷设施情况。

（21）总结概述本节专用安全设施内容。

4.5 总平面布置安全设施

4.5.1 工业场地安全设施

（1）从矿区地形地貌、自然条件、周边环境、地质灾害影响及工业场地的地质条件和采取的安全对策措施等方面对工业场地选址的安全可靠性进行说明。

（2）对工业场地标高与当地历史最高洪水位的关系，工业场地内建（构）筑物与爆破危险区界线安全距离进行说明。

（3）当工业场地周边存在边坡时，应说明边坡参数、工程地质勘查情况和边坡的安全加固措施。

（4）说明为保证露天开采和工业场地安全而设计的河流改道及河床加固（含导流堤、明沟、隧洞、桥涵等)、地表截排水（地表截水沟、排洪沟/渠、防洪堤、拦水坝、台阶排水沟、截排水隧洞、沉砂池、消能池/坝等）工程设施。

（5）缺少当地历史最高洪水位资料时，应对工业场地受洪水影响的可能性进行评价。

（6）说明工业场地对周边生产生活设施的影响情况及安全对策。

（7）总结概述本节专用安全设施内容。

4.5.2　建（构）筑物防火

说明总平面布置中各建筑物的火灾危险性、耐火等级、防火距离、厂区内消防通道设置等，并根据《建筑设计防火规范》(GB 50016）说明其符合性。

4.5.3　排土场（废石场）

（1）说明周边设施与环境条件，排土场选址与勘探、排土场容积、设计参数、安全防护距离、排土场防洪、照明与监测及其他安全对策措施。

（2）说明排土工艺、服务年限、用地状况、排岩计划、设备选择等；给出安全平台、运输道路、拦渣坝、阶段高度、总堆置高度、安全平台宽度、总边坡角等设计参数。

（3）对不同堆积状态条件下排土场（废石场）安全稳定性进行计算分析，并对参数选取、资料的可靠性等方面进行说明。

（4）应根据排土工艺和安全稳定性提出安全对策措施，可包括地基处理、截（排）水设施、底部防渗设施、滚石或泥石流拦挡设施、坍塌与沉陷防治措施和边坡监测设施等。

（5）设有废石临时堆场和倒装场时，说明堆场结构参数及安全可靠性；不设排土场（废石场）时，说明废石去向。

（6）总结概述本节专用安全设施内容。

4.6　通信系统安全设施

（1）说明通信联络系统的设计情况，主要包括通信种类、通信系统的设置、通信设备布置、运输道路信号系统的设备布置、电缆敷设、设备防护等。

（2）总结概述本节专用安全设施内容。

4.7　个人安全防护

（1）说明矿山应按要求为员工配备的个人防护用品的规格和数量。

（2）总结概述本节专用安全设施内容。

4.8　安全标志

（1）说明矿山在全矿区域内的所有生产地点应设置的符合要求的安全标志，包括矿山、交通、电气安全标志。

（2）总结概述本节专用安全设施内容。

5　安全管理和专用安全设施投资

5.1　安全管理

（1）说明对矿山的矿山安全管理机构设置、部门职能、人员配备的建议及矿山安全教育和培训的基本要求。

（2）说明矿山应设置的矿山救护队或兼职救护队的人员组成及技术装备。

（3）说明矿山应制定的针对各种危险事故的应急救援预案。

5.2　专用安全设施投资

根据《金属非金属矿山建设项目安全设施目录（试行）》(国家安全监管总局令第75号）的规定，对本项目中设计的全部专用安全设施的投资进行列表汇总，相关内容可参考表5－1。

表5-1 专用安全设施投资表

序号	名　称	描　述	投资/万元	说　明
1	露天采场所设的边界围栏	列出本项工程专用安全设施的内容名称，下同		
2	铁路运输			
3	汽车运输			
4	带式输送机运输			有多条时应分别列出
5	架空索道运输			有多条时应分别列出
6	斜坡卷扬运输			有多条时应分别列出
7	破碎站			有多个时应分别列出
8	排土场（废石场）			有多个时应分别列出
9	供、配电设施			
10	监测设施			
11	为防治水而设置的水位和流量监测系统			
12	矿山应急救援器材及设备			
13	个人安全防护用品			
14	矿山、交通、电气安全标志			
15	其他设施			

6　存在的问题和建议

（1）提出设计单位能够预见的在项目实施过程中或投产后，可能存在并需要矿山解决或引起重视的安全生产方面的问题及解决的建议。

（2）提出设计基础资料影响安全设施设计的问题及解决问题的建议。

7　附件与附图

7.1　附件

安全设施设计依据的相关文件，主要包括采矿许可证的复印件或扫描件。

7.2　附图

附图应采用原始图幅，图中的字体、线条和各种标记应清晰可读，签字齐全，宜采用彩图。附图应包括以下图纸（可根据实际情况调整，但应涵盖以下图纸的内容）：

（1）矿山地形地质图。

（2）矿山地质剖面图（应反映典型矿体形态，数量不少于2张）。

（3）矿区总平面布置图。

（4）露天采场终了境界平面图。

（5）排土场终了图。

（6）地表防洪工程平面图。

（7）全矿（含露天）供电系统图。

金属非金属矿山尾矿库建设项目安全设施设计编写提纲

1　设计依据

1.1　设计依据的安全生产法律、法规、规章和规范性文件

列出设计依据的有关安全生产的法律、法规、规章和文件。应按照国家法律、行政法规、地方性法规、部门规章、地方政府规章、规范性文件分层次列出，并标注其文号及施行日期，每个层次内按发布时间顺序列出；依据的文件应为现行有效。

1.2　设计采用的主要技术标准

列出设计采用的技术性标准。按照国家标准、行业标准和地方标准分层次列出，标注标准代号；每个层次内按照标准发布时间顺序排列；采用的标准应为现行有效。

1.3　其他设计依据

列出建设项目设计依据的可行性研究报告、安全预评价报告、地质灾害危险性评估报告、相关的工程地质勘察报告、试验报告、研究成果及安全论证报告等，并标注报告编制单位和编制时间。

2　工程概述

2.1　工程概况

简述企业基本情况，尾矿库所处地理位置、自然环境、地形条件、气象条件及地震资料等。

2.2　尾矿库地质与建设条件

2.2.1　工程地质与水文地质

（1）工程地质条件。简述尾矿库库区的地层岩性、区域地质构造，尾矿库坝址及排洪系统的工程地质条件，各层岩土渗透性及物理力学性质指标等。

（2）水文地质条件。简述库区地表水和地下水的成因、类型、水量大小及其对工程建设的影响。

（3）地质勘察报告结论及建议。简述工程地质与水文地质勘察的结论及建议；重点论述地质条件对坝址及排洪系统等重要安全设施的影响。

2.2.2　影响尾矿库安全的主要自然客观因素

列出影响本项目生产安全的主要因素，根据尾矿库实际情况对高寒、高海拔、复杂地形、高陡边坡、洪水、地震及不良地质条件等进行有针对性的说明。

2.2.3　尾矿库周边环境及相互影响

简述尾矿库周边环境情况，包括周边的工业设施及生产生活场所与本项目的距离及其相关情况，并分析尾矿库的建设和运行与周边环境的相互影响及需要采取的安全措施。

2.3　工程设计概况

（1）说明编制本次安全设施设计的初步设计版本。

（2）简述尾矿的特性（数量、粒度、浓度、固废类别等）、总体处置规划、工艺、建设计划、尾矿设施的总体布置等。

（3）简述尾矿库类型、库容、坝高、等别、尾矿坝、防排洪系统、防排渗设施、工程总投资、专用安全设施投资等情况；对加高扩容或改造工程应详细描述尾矿库原设计情况、生产运行情况、事故情况、尾矿库安全现状及本次加高扩容或改造工程对现有尾矿库设施的利用情况。

（4）列出设计的主要技术指标，相关内容可参考表2－1。

表2-1 设计主要技术指标表

序号	指标名称	单位	数量	说明
1	尾矿堆存工艺条件			
	尾矿比重	t/m^3		
	堆存总尾矿量	万 t		
	设计尾矿堆积干容重	t/m^3		
	尾矿粒度			
	堆存方式		如干堆、膏体堆存、湿堆	
	排放方式		如坝前排放、库尾排放等	
	排放重量浓度	%		
	工作制度	d/a		
		班/d		
		h/班		
2	尾矿库			
	占地面积	km^2		
	汇水面积	km^2		
	总库容	万 m^3		
	总坝高	m		
	服务年限	a		
	等别			
3	尾矿坝			
3.1	初期坝			
	坝型			
	坝顶标高	m		
	坝顶宽度	m		
	坝高	m		
	上游坡比			
	下游坡比			
3.2	堆积坝			
	筑坝方式			
	堆积坝高	m		
	最终坝顶标高	m		
	平均堆积外坡比			
3.3	副坝			
	坝型			
	坝顶标高	m		
	坝顶宽度	m		
	坝高	m		
	上游坡比			
	下游坡比			
4	截排洪系统			

表2-1（续）

序号	指标名称	单位	数量			说明
4.1	库周截排洪设施					
	截排洪形式		如拦洪坝+排洪隧洞			
	拦洪坝		坝型、坝顶宽度、坝顶标高、坝高、上下游坡比			
	排洪隧洞		净断面尺寸、长度、坡度、进水口标高、出口标高			
	截洪沟		净断面尺寸、长度、坡度、进水口标高、出口标高			
	排水井		形式（如框架式排水井）、直径、最低进水口标高、井顶标高、井高、竖井深度、竖井直径			
	溢洪道		净断面尺寸、长度、坡度、进水口标高、出口标高			
	消力池		净断面尺寸			
4.2	库内排水设施					
	排水形式		如排水井+隧洞			
	排水井		1号排水井	2号排水井	…	
	形式		如框架式排水井			
	直径	m				
	最低进水口标高	m				
	井顶标高	m				
	井高	m				
	竖井直径	m				
	竖井深度	m				
	排水斜槽		1号排水斜槽	2号排水斜槽	…	
	净断面尺寸	m				
	最低进水口标高	m				
	最高进水口标高	m				
	长度	m				
	坡度	%				
	排水隧洞		主隧洞	1号支洞	…	
	形式		如城门洞型			
	净断面尺寸	m				
	长度	m				
	坡度	%				
	进水口标高	m				
	出口标高	m				
	排水管		形式、净断面尺寸、长度、坡度，进口标高、出口标高			
	溢洪道		净断面尺寸、长度、坡度、进水口标高、出口标高			
	消力池		净断面尺寸			
5	尾矿库回水					
	回水方式		如库内浮船回水、坝下回水			

3 本项目安全预评价报告建议采纳及前期开展的科研情况

3.1 安全预评价报告提出的对策措施与采纳情况

用表格形式列出安全预评价报告中提出的需要在安全设施设计中落实的对策措施，简要说明采纳情况，对于未采纳的应说明理由。

3.2 本项目前期开展的安全生产方面科研情况

叙述本项目前期开展的与安全生产有关的科研工作及成果，以及有关科研成果在本项目安全设施设计中的应用情况。

4 安全设施设计

4.1 尾矿坝

4.1.1 初期坝

说明初期坝（或干式堆存尾矿库的拦挡坝、一次性筑坝的一期坝）型式、结构参数、坝基处理、筑坝材料及筑坝要求等。

4.1.2 堆积坝

（1）说明后期筑坝所采用的筑坝设备、材料、坝体型式、堆筑要求及坝面防护设施（堆积坝护坡、坝面排水沟、坝肩截水沟）等。

（2）对于上游法尾矿筑坝，应说明尾矿堆积坝平均坡比、子坝堆筑型式及堆积坝上升速度等。

（3）对于特殊地形条件和采用中线式、下游式及一次性筑坝分期建设的尾矿坝，应说明后期坝各期的建设时期、坝坡坡比、筑坝材料、坝基处理及筑坝要求等；利用尾矿建设后期坝的应给出尾矿量的平衡计算；利用废石建设后期坝的应给出废石量的平衡计算。

（4）干式堆存的尾矿，应说明干式尾矿的排放和堆坝方式，干式尾矿的平整和压实要求等内容。

（5）对于高寒地区尾矿筑坝应说明冬季放矿的要求。

4.1.3 副坝（挡水坝）

说明副坝（挡水坝）型式、结构参数、坝基处理、筑坝材料及筑坝要求。

4.1.4 稳定性分析

（1）尾矿坝的稳定性分析应根据尾矿库在运行期的等别情况，在各等别情况下选取典型运行期分别计算分析。

（2）简述计算断面概化的依据，各运行期各种荷载的组合，选取的各土层的物理力学指标。

（3）简述渗流计算公式及分析方法，对于1级和2级尾矿坝还应做专门渗流模拟试验，根据计算结果确定坝体浸润线的埋深是否满足渗流稳定和最小埋深等安全构造要求。

（4）进行尾矿坝抗滑稳定计算，给出典型计算剖面的稳定计算简图，列出尾矿坝在各运行期各种计算工况下的安全系数及与规范要求的符合性。

（5）对于副坝应根据副坝的坝型进行相应的副坝稳定性计算。

（6）根据尾矿坝的级别及尾矿库所在地区的地震烈度，按有关规定要求进行尾矿坝的动力抗震计算；根据计算结果说明尾矿坝（副坝）的安全性，并给出尾矿坝坝体设计控制浸润线。

（7）总结概述本节专用设施内容。

4.2 防排洪

4.2.1 防洪标准

说明尾矿库的防洪标准，应根据各使用期的等别、库容、坝高、使用年限及对下游可能造成的危害程度等因素按设计规范进行选取。

4.2.2 洪水计算

说明洪水计算所采用的基础资料、计算方法、计算公式、水文参数的选取，对于三等及以上尾矿库宜取两种以上计算方法进行洪水计算，并对计算结果进行分析。

4.2.3　防排洪设施

根据地形、工程地质条件及尾矿库筑坝方式和调洪计算结果，选择防排洪方式（排水井、排水斜槽、排水隧洞、排水管、溢洪道、消力池、拦洪坝、截洪沟等），确定尾矿库防排洪系统的布置、防排洪构筑物的断面型式及主要结构尺寸。

4.2.4　调洪演算

（1）在各等别情况下选取典型运行期，根据尾矿的粒度、放矿方式确定的沉积滩坡度计算出调洪库容，采用水量平衡法进行调洪演算，给出调洪计算结论。

（2）总结概述本节专用设施内容。

4.3　地质灾害及雪崩防护设施

（1）说明根据工程地质情况及所处地区情况设置尾矿库泥石流防护设施、库区滑坡治理设施、库区岩溶治理设施、高寒地区的雪崩防护设施，给出相应设施的布置、型式、结构参数、基础处理等要求。

（2）总结概述本节专用设施内容。

4.4　安全监测设施

（1）说明尾矿库安全监测设施的设置情况，应包含库区气象监测、地质灾害监测、库水位监测、干滩监测、坝体位移监测、坝体渗流监测及视频监控等，三等及以上尾矿库应当设计在线监测系统。

（2）总结概述本节专用设施内容。

4.5　排渗设施

（1）说明尾矿库库底及尾矿坝坝体排渗设施的布置，排渗设施的型式（贴坡排渗、自流式排渗管、管井排渗、垂直－水平联合自流排渗、虹吸排渗、辐射井、排渗褥垫、排渗盲沟〈管〉）及排渗设施的建设时期等；结合渗流分析说明排渗设施的设计是否满足尾矿坝坝体控制浸润线的要求。

（2）总结概述本节专用设施内容。

4.6　干式尾矿运输安全设施

（1）对于干式堆存的尾矿库，说明干式尾矿运输的安全设施设置情况。

（2）采用汽车运输时，应说明运输线路的布置、设备的型号和规格、安全护栏、挡车设施、汽车避让道、卸料平台的安全挡车设施等。

（3）采用皮带运输时，应说明运输线路的布置、设备的型号和规格、系统的各种闭锁和电气保护装置、设备的安全护罩、安全护栏、梯子、扶手等。

（4）总结概述本节专用设施内容。

4.7　库内船只安全设施

（1）对于库内有回水浮船或运输船的尾矿库，应说明保护船只及船只上工作人员安全的设施，包括安全护栏、救生器材、浮船固定设施、电气设备接地措施等。

（2）总结概述本节专用设施内容。

4.8　辅助设施

（1）说明尾矿库的交通道路布置情况，包括库区巡查道路，尾矿坝、排洪系统与值班室及外部道路的连通道路和尾矿坝应急上坝道路等。

（2）说明尾矿库通信设施设置情况，包括尾矿库生产作业人员、巡视人员与安全生产管理机构通信配备情况。

（3）说明尾矿库照明设施设置情况。

（4）说明尾矿库管理站设置情况。

(5) 说明报警系统设置情况。

(6) 对于堆存有毒有害尾矿的尾矿库，应说明库区安全护栏设置情况，防止无关人员及牲畜入内。

(7) 总结概述本节专用设施内容。

4.9 个人安全防护

(1) 说明尾矿库工作人员必须配备的个人安全防护用品。

(2) 总结概述本节专用设施内容。

4.10 安全标志

(1) 说明尾矿库库区及周边应设置的符合要求的安全标志，包括尾矿库、交通、电气安全标志。

(2) 总结概述本节专用设施内容。

5 安全管理和专用安全设施投资

5.1 安全管理

(1) 说明尾矿库安全管理机构设置、部门职能、人员配备的建议及尾矿库安全教育和培训（场地、费用）的基本要求。

(2) 说明应设置的矿山救护队或兼职救护队的人员组成及技术装备。

(3) 说明尾矿库应制定的相应各种安全事故的应急救援预案。

5.2 尾矿库安全运行管理主要控制指标

列出尾矿库安全运行管理的主要控制指标，包括尾矿库各运行期的坝体控制浸润线、正常库水位、干滩坡度、干滩长度、安全超高、各项监测指标的预警值等。

5.3 专用安全设施投资

根据《金属非金属矿山建设项目安全设施目录（试行）》(国家安全监管总局令第75号）的规定，对本项目中设计的全部专用安全设施的投资进行列表汇总，相关内容可参考表5－1。

表5－1 专用安全设施投资表

序号	名　称	描　述	投资/万元	说　明
1	地质灾害及雪崩防护设施	列出本项工程专用安全设施的内容名称，下同		
2	尾矿库安全监测设施			
3	排渗设施			
4	干式尾矿运输安全设施			
5	库内船只安全设施			
6	辅助设施			
7	尾矿库应急救援设备及器材			
8	个人安全防护用品			
9	尾矿库、交通、电气安全标志			
10	其他设施			

6 存在的问题和建议

(1) 提出设计单位能够预见的在项目实施过程中或投产后，可能存在并需要矿山解决或需要引起重视的安全生产方面的问题及解决的建议。

（2）提出设计基础资料影响安全设施设计的问题及解决问题的建议。

7　附件与附图

7.1　附件

安全设施设计依据的相关文件。

7.2　附图

附图应采用原始图幅，图中的字体、线条和各种标记应清晰可读，签字齐全，宜采用彩图。附图应包括以下图纸（可根据实际情况调整，但应涵盖以下图纸的内容）：

（1）尾矿库周边环境图。

（2）尾矿库安全设施平面布置图。

（3）尾矿库典型纵剖面图。

（4）排洪系统典型纵横剖面图。

（5）尾矿坝纵横断面图。

（6）坝高—库容曲线图。

（7）监测设施布置图。

国家安全监管总局关于印发金属非金属矿山建设项目安全设施设计重大变更范围的通知

安监总管一〔2016〕18号

各省、自治区、直辖市及新疆生产建设兵团安全生产监督管理局，有关中央企业：

为进一步规范金属非金属矿山建设项目安全设施设计重大变更后的审查工作，根据《建设项目安全设施“三同时”监督管理办法》（国家安全监管总局令第36号）和《金属非金属矿山建设项目安全设施目录（试行）》（国家安全监管总局令第75号），国家安全监管总局制定了《金属非金属矿山建设项目安全设施设计重大变更范围》，现印发给你们，请遵照执行。

建设单位在建设期间对已经批准的金属非金属矿山建设项目安全设施设计做出变更，且列入《金属非金属矿山建设项目安全设施设计重大变更范围》的，应当编写金属非金属矿山建设项目安全设施重大变更设计，并报原批准部门审查同意。未经审查同意的，不得开工建设。

国家安全监管总局
2016年2月17日

金属非金属矿山建设项目安全设施设计重大变更范围

一、地下矿山

（一）开采范围或设计规模。

设计开采范围或规模发生变化，并导致下列情况之一的：

1. 提升系统的安全设施发生改变；
2. 运输系统的安全设施发生改变；
3. 通风系统的安全设施发生改变。

（二）采矿方法。

1. 崩落法、空场法、充填法三大类采矿方法之间发生变化，并导致下列情况之一的：

（1）矿体回采顺序发生改变；

（2）开拓系统发生改变；

（3）地表环境发生改变。

2. 上行开采、下行开采两类开采顺序之间发生变化，并导致下列情况之一的：

（1）运输系统的安全设施发生改变；

（2）通风系统的安全设施发生改变；

（3）排水系统的安全设施发生改变。

（三）开拓系统。

1. 竖井、斜井、斜坡道、平硐四类开拓方式之间发生改变。

2. 竖井开拓中箕斗、罐笼两类提升方式之间发生改变；斜井开拓中箕斗、串车、胶带三类提升方式之间发生改变；平硐开拓中有轨、无轨、胶带三类运输方式之间发生改变。

3. 主要井筒的位置发生变化，并导致工业场地的位置发生改变。

4. 直通地表的安全出口数量减少。

（四）通风系统。

1. 主要通风井井筒数量发生变化或井筒断面变小。

2. 主要通风机设备型号或数量发生变化，并导致总通风量减少。

（五）排水系统。

1. 排水方式发生变化，并导致排水能力或供配电设施发生改变。

2. 主要排水设备型号或数量发生变化，并导致排水能力发生改变。

（六）废石场。

1. 废石场的位置发生变化。

2. 废石场堆存高度变高。

3. 废石场堆置顺序发生变化。

（七）地表截排洪系统。

地表塌陷区截洪或排洪系统的形式发生变化，并导致截洪或排洪的能力发生改变。

（八）其他。

工程地质条件或外部环境发生重大变化，并对矿山开采产生重大影响。

二、露天矿山

（一）开采范围或设计规模。

设计开采范围或规模发生变化，并导致下列情况之一的：

1. 开拓运输方式发生改变；

2. 露天边坡的安全设施发生改变；

3. 排土场的场址发生改变。

（二）开拓运输系统。

公路、铁路、胶带等三类开拓运输方式之间发生改变。

（三）开采工艺。

1. 全境界、分期、分区等三类开采工艺之间发生改变。

2. 最终边坡角变陡。

3. 台阶（分层）高度变大。

（四）排土场。

1. 排土场的位置发生变化。

2. 排土场堆存高度变高。

3. 排土场堆置顺序发生变化。

（五）其他。

工程地质条件或外部环境发生重大变化，并对矿山开采产生重大影响。

三、尾矿库

（一）库址、总库容和总坝高。

1. 尾矿库库址发生变化。

2. 总库容或总坝高发生变化。

（二）堆存工艺。

1. 湿堆、膏体堆存、干堆等三类堆存方式之间发生改变。

2. 上游法、中线法、下游法、一次性筑坝等四类筑坝方式之间发生改变。

3. 坝前排放、周边排放、库尾排放等三类尾矿排放方式之间发生改变。

（三）尾矿物化特性。

1. 湿堆尾矿的粒度变细或排放浓度变高，并引起尾矿沉积或物理力学特性发生改变。

2. 膏体堆存尾矿的入库尾矿浓度变化，并引起尾矿沉积或物理力学特性发生改变。

3. 干堆尾矿含水率变大，并引起尾矿物理力学特性发生改变。

（四）尾矿坝。

1. 初期坝或一次建坝存在下列情况之一的：

（1）坝址发生改变；

（2）坝型发生改变；

（3）筑坝材料发生改变。

2. 坝体坡比变陡。

3. 尾矿堆积坝上升速率变大。

4. 坝体防渗或排渗型式发生改变。

（五）防洪排水系统。

防洪排水系统存在下列情况之一，并导致防洪排水系统的泄洪能力或建（构）筑物强度降低的：

1. 防洪排水系统型式发生改变；

2. 防洪排水系统布置发生改变；

3. 防洪排水系统结构尺寸发生改变；

4. 防洪排水系统建筑材料发生改变。

（六）其他。

工程地质条件或外部环境发生重大变化，并对尾矿库运行安全产生重大影响。

国家安全监管总局关于规范金属非金属矿山建设项目安全设施竣工验收工作的通知

安监总管一〔2016〕14号

各省、自治区、直辖市及新疆生产建设兵团安全生产监督管理局，有关中央企业：

为贯彻落实《安全生产法》关于矿山新建、改建、扩建项目（以下统称建设项目）安全设施"三同时"工作有关规定，根据《建设项目安全设施"三同时"监督管理办法》（国家安全监管总局令第36号）和《金属非金属矿山建设项目安全设施目录（试行）》（国家安全监管总局令第75号），现就规范金属非金属矿山建设项目安全设施竣工验收工作有关事项通知如下：

一、金属非金属矿山企业负责组织对本企业的建设项目安全设施进行竣工验收，并对验收结果负责；金属非金属矿山企业实行多级管理的，也可由其上级具有独立法人资格的单位（或公司总部）负责组织验收。各级安全监管部门在各自职责范围内，对有关建设项目安全设施竣工验收活动和验收结果进行监督核查。

二、金属非金属矿山企业按照批准的安全设施设计（含设计变更）完成所有建设内容，且安全设施验收评价结论为具备竣工验收条件的，方可组织对建设项目安全设施进行竣工验收；对建设项目安全设施进行竣工验收前，应当编制竣工验收工作方案，明确验收组人员组成及验收时间、程序等。

三、建设项目安全设施竣工验收组由金属非金属矿山企业有关人员组成，可以聘请有关方面专家参加。专家原则上应当为建设项目安全设施设计审查组的专家，不能参加的，也可从国家、省、市级安全生产专家库中进行补充。验收组成员专业应当涵盖建设项目安全设施涉及的主要专业，其中：地下矿山应当由采矿、地质、通风、矿机、电力、岩土、安全等相关专业构成，露天矿山应当由采矿、地质、矿机、电力、岩土和安全等相关专业构成，尾矿库应当由尾矿（水工）、地质和安全等相关专业构成。验收组对建设项目安全设施现场验收时，应当填写相应的建设项目安全设施竣工验收表（见附件）；现场验收结束时，应当讨论并形成验收意见。

四、验收意见为"通过验收"时，金属非金属矿山企业应当对验收组提出的问题进行整改，整改完成后应当编写整改情况说明，并形成安全设施竣工验收报告备查。验收意见为"不通过验收"时，金属非金属矿山企业应当对验收组提出的问题进行整改，整改完成后重新组织验收。建设项目安全设施通过验收后，金属非金属矿山企业应当及时向相关安全监管部门申请办理安全生产许可证，取得安全生产许可证后方可正式投入生产。

2012年4月10日国家安全监管总局印发的《关于印发金属非金属矿山建设项目安全专篇编写提纲等文书格式的通知》（安监总管一〔2012〕45号）中的《金属非金属地下矿山建设项目安全设施及条件竣工验收表》《金属非金属露天矿山建设项目安全设施及条件竣工验收表》和《金属非金属矿山尾矿库建设项目安全设施及条件竣工验收表》同时废止。

附件：1. 金属非金属地下矿山建设项目安全设施竣工验收表

2. 金属非金属露天矿山建设项目安全设施竣工验收表

3. 金属非金属矿山尾矿库建设项目安全设施竣工验收表

国家安全监管总局
2016 年 2 月 5 日

附件 1:

金属非金属地下矿山建设项目安全设施竣工验收表

1. 本验收表依据《金属非金属矿山建设项目安全设施目录（试行）》(国家安全监管总局令第 75 号）及《金属非金属矿山建设项目安全设施设计编写提纲》(安监总管一〔2015〕68 号）编制，用于金属非金属地下矿山建设项目竣工投入生产前，矿山企业组织验收组对建设项目安全设施进行竣工验收。

2. 检查类别中，“■”表示该项为否决项，“△”表示为一般项。

3. 验收中以安全监管部门审查批复的安全设施设计（含设计变更，下同）为检查的对照标准，安全设施设计中未涉及的内容，以国家有关安全生产的法律法规、标准和规范性文件为检查的对照标准。

4. 检查方法分为查阅有关资料、现场检查、现场抽查三种。有关资料主要是指安全设施验收评价报告，以及检测检验报告、施工总结报告、竣工图、监理总结报告、隐蔽工程施工期间的影像资料等。要求进行现场抽查的项目，应按不低于 10% 的比例进行现场检查。

5. 检查结果分为“合格”和“不合格”两种。否决项必须全部合格，否则不予通过验收。

6. 本验收表为通用性竣工验收表，实际过程中可根据建设项目特点进行增加与删减。

一、程序符合性

年 月 日 验收人（签字）:

序号	检查项目	安全设施类别	检查类别	检查内容、检查方法	存在问题	检查结果
1	“三同时”情况					
1.1	安全设施设计		■	检查内容：安全设施设计是否经过相应的安全监管部门审批；存在重大变更的，是否经原审查部门审查同意。 检查方法：查阅安全设施设计批复文件及重大设计变更批复文件		
1.2	项目完工情况		■	检查内容：建设项目竣工验收前，是否按照批准的安全设施设计内容完成全部的安全设施，单项工程验收合格，具备安全生产条件，并提交自查报告。 检查方法：查阅单项工程验收资料、自查报告		
1.3	安全设施验收评价		■	检查内容：是否由具有资质的安全评价机构进行安全设施验收评价，且评价结论为具备安全验收条件。 检查方法：查阅安全设施验收评价报告		
	子项验收结论					
2	相关单位资质					
2.1	施工单位		■	检查内容:安全设施是否由具有相应资质的施工单位施工。 检查方法：查阅施工单位资质证书		
2.2	监理单位		△	检查内容：施工过程是否由具有相应资质的监理单位进行监理。 检查方法：查阅监理单位资质证书		
	子项验收结论					

二、开拓与开采

年　　月　　日　　　　　　　　　　　　　　　　　　　　验收人（签字）：

序号	检查项目	安全设施类别	检查类别	检查内容、检查方法	存在问题	检查结果
1	开采范围					
1.1	矿区保安矿柱	基本	■	检查内容：矿区保安矿柱的留设范围是否与批复的安全设施设计一致。 检查方法：查阅安全设施验收评价报告		
1.2	中段（分段）保安矿柱	基本	■	检查内容：中段（分段）保安矿柱的留设范围是否与批复的安全设施设计一致。 检查方法：查阅安全设施验收评价报告		
1.3	井筒保安矿柱	基本	■	检查内容：井筒保安矿柱的留设范围是否与批复的安全设施设计一致。 检查方法：查阅安全设施验收评价报告		
	子项验收结论					
2	安全出口					
2.1	通地表的安全出口	基本	■	检查内容：通地表的安全出口的位置、数量及设置是否与批复的安全设施设计一致。 检查方法：查阅安全设施验收评价报告、现场检查		
2.2	中段和分段的安全出口	基本	■	检查内容：中段和分段的安全出口的位置、数量及设置是否与批复的安全设施设计一致。 检查方法：查阅安全设施验收评价报告、现场检查		
	子项验收结论					
3	采矿方法					
3.1	采矿方法的种类	基本	△	检查内容：采矿方法的种类是否与批复的安全设施设计一致。 检查方法：查阅安全设施验收评价报告、现场抽查		
3.2	采场的安全出口	基本	△	检查内容：采场的安全出口的位置、数量及设置等是否与批复的安全设施设计一致。 检查方法：查阅安全设施验收评价报告、现场抽查		
3.3	采场点柱、保安间柱等	基本	△	检查内容：采场点柱、保安间柱等的尺寸、形状和直立度是否与批复的安全设施设计一致。 检查方法：查阅安全设施验收评价报告、现场抽查		
3.4	采场支护（包括采场顶板和侧帮、底部结构等的支护）	基本	△	检查内容：支护形式、支护参数。 检查方法：查阅安全设施验收评价报告或竣工图纸		
3.5	采空区及其他危险区域的探测、封闭、隔离或充填设施	专用	△	检查内容：采空区及其他危险区域的探测、封闭、隔离或充填设施是否与批复的安全设施设计一致。 检查方法：查阅安全设施验收评价报告		
3.6	工作面人机隔离设施	专用	△	检查内容：人机隔离设施的设置是否与批复的安全设施设计一致。 检查方法：查阅安全设施验收评价报告		
3.7	自动化作业采区的安全门	专用	△	检查内容：自动化作业采区安全门的设置是否与批复的安全设施设计一致；安全门与自动化采区信号联锁控制系统的可靠性。 检查方法：查阅安全设施验收评价报告		

（续）

序号	检查项目	安全设施类别	检查类别	检查内容、检查方法	存在问题	检查结果
	子项验收结论					
4	破碎系统					
4.1	破碎站、皮带装矿和粉矿回收水平的安全出口	基本	△	检查内容：溜破系统安全出口的数量、位置及设置是否与批复的安全设施设计一致。 检查方法：查阅安全设施验收评价报告、现场抽查		
4.2	破碎硐室的独立回风道	基本	△	检查内容：回风道的位置、断面是否与批复的安全设施设计一致。 检查方法：查阅安全设施验收评价报告		
4.3	主溜井的安全检查通道	基本	△	检查内容：主溜井安全检查通道的设置是否与批复的安全设施设计一致。 检查方法：查阅安全设施验收评价报告		
4.4	硐室支护	基本	△	检查内容：破碎硐室的支护形式、支护参数。 检查方法：查阅安全设施验收评价报告或竣工图纸		
4.5	设备护罩、梯子和安全护栏	专用	△	检查内容：破碎硐室内的设备护罩、梯子和安全护栏的设置是否与批复的安全设施设计一致。 检查方法：查阅安全设施验收评价报告、现场抽查		
4.6	自卸车卸矿点的安全挡车设施	专用	△	检查内容：安全挡车设施的设置是否与批复的安全设施设计一致。 检查方法：查阅安全设施验收评价报告、现场抽查		
	子项验收结论					
5	有轨运输巷道					
5.1	各类巷道（含平巷、斜巷、斜井、斜坡道等）的人行道	基本	△	检查内容：人行道的宽度、高度是否与批复的安全设施设计一致。 检查方法：查阅安全设施验收评价报告、现场抽查		
5.2	巷道支护	基本	△	检查内容：支护形式、支护参数 检查方法：查阅安全设施验收评价报告或竣工图纸		
5.3	人行巷道的水沟盖板	专用	△	检查内容：人行巷道水沟盖板的设置是否与批复的安全设施设计一致。 检查方法：查阅安全设施验收评价报告、现场抽查		
	子项验收结论					
6	斜坡道与无轨运输巷道					
6.1	人行道	基本	△	检查内容：人行道的宽度、高度是否与批复的安全设施设计一致。 检查方法：查阅安全设施验收评价报告、现场抽查		
6.2	巷道支护	基本	△	检查内容：支护形式、支护参数 检查方法：查阅安全设施验收评价报告或竣工图纸		
6.3	斜坡道的缓坡段	基本	△	检查内容：斜坡道缓坡段的坡度、长度、间距是否与批复的安全设施设计一致。 检查方法：查阅安全设施验收评价报告、现场抽查		
6.4	斜坡道与无轨运输巷道躲避硐室	专用	△	检查内容：躲避硐室的位置、断面、间距，支护形式是否与批复的安全设施设计一致。 检查方法：查阅安全设施验收评价报告、现场抽查		

（续）

序号	检查项目	安全设施类别	检查类别	检查内容、检查方法	存在问题	检查结果
6.5	斜坡道与无轨运输巷道交通信号系统	专用	△	检查内容：交通信号系统设置是否与批复的安全设施设计一致。 检查方法：查阅安全设施验收评价报告、现场抽查		
6.6	斜坡道与无轨运输巷道井口门禁系统	专用	△	检查内容：门禁系统的设置是否与批复的安全设施设计一致。 检查方法：查阅安全设施验收评价报告		
	子项验收结论					
7	人行天井与溜井					
7.1	梯子间及防护网、隔离栅栏	专用	△	检查内容：人行天井的梯子间及防护网、隔离栅栏的设置是否与批复的安全设施设计一致。 检查方法：查阅安全设施验收评价报告、现场抽查		
7.2	井口安全护栏	专用	△	检查内容：安全护栏的设置是否与批复的安全设施设计一致。 检查方法：查阅安全设施验收评价报告、现场抽查		
7.3	废弃井口的封闭或隔离设施	专用	△	检查内容：全部废弃井口的封闭或隔离设施是否与批复的安全设施设计一致。 检查方法：查阅安全设施验收评价报告		
7.4	溜井井口安全挡车设施	专用	△	检查内容：溜井井口安全挡车设施的设置是否与批复的安全设施设计一致。 检查方法：查阅安全设施验收评价报告		
7.5	溜井口格筛	专用	△	检查内容：溜井口格筛的设置是否与批复的安全设施设计一致。 检查方法：查阅安全设施验收评价报告、现场抽查		
	子项验收结论					
8	硐室工程					
8.1	爆破器材库					
8.1.1	爆破器材库的位置和爆破器材贮存量	基本	△	检查内容：爆破器材库的位置、爆破器材贮存量是否与批复的安全设施设计一致。 检查方法：查阅安全设施验收评价报告、现场抽查		
8.1.2	爆破器材库的独立回风道	基本	△	检查内容：独立回风道的位置、断面是否与批复的安全设施设计一致。 检查方法：查阅安全设施验收评价报告、现场抽查		
8.2	动力油硐室					
8.2.1	动力油硐室的位置和存油量	专用	△	检查内容：动力油硐室的位置、存油量是否与批复的安全设施设计一致。 检查方法：查阅安全设施验收评价报告		
8.2.2	硐室的支护	基本	△	检查内容：支护形式、支护参数。 检查方法：查阅安全设施验收评价报告或竣工图纸		
8.2.3	动力油硐室的独立回风道	基本	△	检查内容：动力油硐室的独立回风道的位置、断面是否与批复的安全设施设计一致。 检查方法：查阅安全设施验收评价报告、现场抽查		
8.2.4	动力油硐室口的防火门	专用	△	检查内容：动力油硐室口的防火门设置是否与批复的安全设施设计一致。 检查方法：查阅安全设施验收评价报告、现场抽查		

（续）

序号	检查项目	安全设施类别	检查类别	检查内容、检查方法	存在问题	检查结果
8.2.5	动力油硐室栅栏门	专用	△	检查内容：动力油硐室口的栅栏门设置是否与批复的安全设施设计一致。 检查方法：查阅安全设施验收评价报告		
8.2.6	动力油硐室防静电措施	专用	△	检查内容：动力油硐室的防静电措施，如电缆铠装、防静电地面、防静电接地等是否与批复的安全设施设计一致。 检查方法：查阅安全设施验收评价报告、现场抽查		
8.2.7	动力油硐室防爆照明设施	专用	△	检查内容：动力油硐室照明设施是否具有防爆标志。 检查方法：查阅安全设施验收评价报告、现场抽查		
8.3	装载站和卸载站					
8.3.1	硐室的支护	基本	△	检查内容：硐室的支护形式、支护参数是否与批复的安全设施设计一致。 检查方法：查阅安全设施验收评价报告或竣工图纸		
8.3.2	装载站和卸载站的安全护栏	专用	△	检查内容：装载站和卸载站的安全护杆的设置是否与批复的安全设施设计一致。 检查方法：查阅安全设施验收评价报告、现场抽查		
8.3.3	无轨设备卸载硐室的安全挡车设施、护杆	专用	△	检查内容：无轨设备卸载硐室的安全挡车设施、护杆的设置是否与批复的安全设施设计一致。 检查方法：查阅安全设施验收评价报告、现场抽查		
8.4	维修硐室					
8.4.1	硐室位置	专用	△	检查内容：硐室的位置是否与批复的安全设施设计一致。 检查方法：查阅安全设施验收评价报告		
8.4.2	硐室的支护	基本	△	检查内容：破碎硐室的支护形式、支护参数。 检查方法：查阅安全设施验收评价报告或竣工图纸		
8.4.3	栅栏门	专用	△	检查内容：硐室口的栅栏门设置是否与批复的安全设施设计一致。 检查方法：查阅安全设施验收评价报告		
	子项验收结论					
9	放射性矿山					
9.1	放射性矿山的防护措施	专用	△	检查内容：防护措施的设置是否与批复的安全设施设计一致。 检查方法：查阅安全设施验收评价报告、现场抽查		
10	其他					
10.1	工业场地边坡的安全加固及防护措施	基本	△	检查内容：工业场地边坡的安全加固及防护措施，如加固工程竣工报告、防护网等是否与批复的安全设施设计一致。 检查方法：查阅安全设施验收评价报告、现场抽查		
10.2	崩落法、空场法开采时的地表塌陷或移动范围保护措施	专用	△	检查内容：防护网、警示标志的设置位置及设置方式是否与批复的安全设施设计一致。 检查方法：查阅安全设施验收评价报告		
	子项验收结论					

三、箕斗井提升系统

年　　月　　日　　　　　　　　　　　　　　　　　　　　　　　　　验收人（签字）：

序号	检查项目	安全设施类别	检查类别	检查内容、检查方法	存在问题	检查结果
1	提升装置，包括制动系统、控制系统、视频监控	基本	■	检查内容：提升设备型号、规格和数量，提升系统保护装置（包括防止过卷、防止过速、过负荷和欠电压、限速、深度指示器失效、闸间隙、松绳、满仓、减速功能等保护装置），定车装置（缠绕式提升），最大载重量、严禁超载标识，安全制动系统、控制及视频监控系统是否与批复的安全设施设计一致。 检查方法：查阅安全设施验收评价报告、现场检查		
2	钢丝绳（包括提升钢丝绳、平衡钢丝绳、罐道钢丝绳、制动钢丝绳、隔离钢丝绳）及其连接或固定装置	基本	△	检查内容：钢丝绳的型号、规格、数量及连接装置是否与批复的安全设施设计一致。钢丝绳的拉断、弯曲和扭转试验，钢丝绳定期检查、更换是否符合国家有关规定。 检查方法：查阅安全设施验收评价报告、现场抽查		
3	罐道（包括木罐道、型钢罐道、钢轨罐道、钢木复合罐道、钢丝绳罐道等）	基本	△	检查内容：罐道的设置是否与批复的安全设施设计一致。 检查方法：查阅安全设施验收评价报告、现场抽查		
4	提升容器	基本	△	检查内容：提升容器的规格、数量，导向槽（器）与罐道的间隙，提升容器间及提升容器与井壁、罐道梁、井梁之间的最小间隙是否与批复的安全设施设计一致。 检查方法：查阅安全设施验收评价报告、现场抽查		
5	井口、装载站、卸载站等处的安全护栏	专用	△	检查内容：井口、装载站、卸载站等处的安全护栏是否与批复的安全设施设计一致。 检查方法：查阅安全设施验收评价报告、现场抽查		
6	尾绳隔离保护设施	专用	△	检查内容：尾绳隔离保护设施的位置、数量、规格是否与批复的安全设施设计一致。 检查方法：查阅安全设施验收评价报告、现场抽查		
7	防过卷、防过放设施、防坠设施	专用	△	检查内容：防过卷、防过放设施、防坠设施的位置、数量、规格是否与批复的安全设施设计一致。 检查方法：查阅安全设施验收评价报告、现场抽查		
8	提升机房内的盖板、梯子和安全护栏	专用	△	检查内容：提升机房内的盖板、梯子和安全护栏是否与批复的安全设施设计一致。 检查方法：查阅安全设施验收评价报告、现场抽查		
9	井筒支护	基本	△	检查内容：井筒的支护形式、支护参数是否与批复的安全设施设计一致。 检查方法：查阅安全设施验收评价报告		
10	电源、线路	基本	△	检查内容：供电电源引自情况；线路回路数、型号、规格是否与批复的安全设施设计一致。 检查方法：查阅安全设施验收评价报告、现场抽查		
11	高、低压供配电中性点接地方式	基本	△	检查内容：中性点接地方式是否与批复的安全设施设计一致。 检查方法：查阅安全设施验收评价报告、现场抽查		
12	供电高、低压电缆	基本	△	检查内容：电缆型号、规格是否与批复的安全设施设计一致。 检查方法：查阅安全设施验收评价报告、现场抽查		

（续）

序号	检查项目	安全设施类别	检查类别	检查内容、检查方法	存在问题	检查结果
13	地面建筑物防雷设施	专用	△	检查内容：防雷等级、避雷装置型式、引下线数量、接地极配置是否与批复的安全设施设计一致。 检查方法：查阅安全设施验收评价报告和防雷防静电检测报告、现场抽查		
14	高压供配电系统继电保护装置	基本	△	检查内容：继电保护装置是否与批复的安全设施设计一致。 检查方法：查阅安全设施验收评价报告以及设备调试记录、试验报告		
15	低压配电系统故障（间接接触）防护设施	专用	△	检查内容：低压配电系统故障（间接接触）防护设施是否与批复的安全设施设计一致。 检查方法：查阅安全设施验收评价报告、现场抽查		
16	裸带电体基本（直接接触）防护设施	专用	△	检查内容：裸带电体基本（直接接触）防护设施是否与批复的安全设施设计一致。 检查方法：查阅安全设施验收评价报告、现场抽查		
17	接地	基本	△	检查内容：36 V 以上及由于绝缘损坏而带有危险电压的电气装置、设备的外露可导电部分和构架的接地设施是否与批复的安全设施设计一致。 检查方法：查阅安全设施验收评价报告、现场抽查		
	子项验收结论					

四、罐笼井提升系统

年　　月　　日　　　　　　　　　　　　验收人（签字）：

序号	检查项目	安全设施类别	检查类别	检查内容、检查方法	存在问题	检查结果
1	提升装置，包括制动系统、控制系统、视频监控	基本	■	检查内容：提升设备型号、规格和数量，提升系统保护装置（包括防止过卷、防止过速、过负荷和欠电压、限速、深度指示器失效、闸间隙、松绳、满仓、减速功能等保护装置），定车装置（缠绕式提升），最大载重量或最大载人数量、严禁超载标识，安全制动系统、控制及视频监控系统是否与批复的安全设施设计一致。 检查方法：查阅安全设施验收评价报告、现场检查		
2	钢丝绳（包括提升钢丝绳、平衡钢丝绳、罐道钢丝绳、制动钢丝绳、隔离钢丝绳）及其连接或固定装置	基本	△	检查内容：钢丝绳的型号、规格、数量及连接装置是否与批复的安全设施设计一致。钢丝绳的拉断、弯曲和扭转试验，钢丝绳定期检查、更换是否符合国家有关规定。 检查方法：查阅安全设施验收评价报告、现场抽查		
3	罐道（包括木罐道、型钢罐道、钢轨罐道、钢木复合罐道、钢丝绳罐道等）	基本	△	检查内容：罐道的设置是否与批复的安全设施设计一致。 检查方法：查阅安全设施验收评价报告、现场抽查		
4	提升容器	基本	△	检查内容：提升容器的规格、数量，导向槽（器）与罐道的间隙，提升容器间及提升容器与井壁、罐道梁、井梁之间的最小间隙是否与批复的安全设施设计一致。 检查方法：查阅安全设施验收评价报告、现场抽查		
5	摇台或其他承接装置	基本	△	检查内容：摇台或其他承接装置的位置、数量、规格是否与批复的安全设施设计一致。 检查方法：查阅安全设施验收评价报告、现场抽查		

（续）

序号	检查项目	安全设施类别	检查类别	检查内容、检查方法	存在问题	检查结果
6	梯子间及安全护栏	专用	△	检查内容：梯子间及安全护栏的设置是否与批复的安全设施设计一致。 检查方法：查阅安全设施验收评价报告、现场抽查		
7	井口和马头门的安全护栏	专用	△	检查内容：井口及井下马头门的安全护栏是否与批复的安全设施设计一致。 检查方法：查阅安全设施验收评价报告、现场抽查		
8	井口及井下马头门的安全门	专用	△	检查内容：井口及井下马头门的安全门的位置、数量、规格是否与批复的安全设施设计一致。 检查方法：查阅安全设施验收评价报告、现场抽查		
9	井口及井下马头门处的阻车器	专用	△	检查内容：井口及井下马头门处的阻车器的位置、数量、规格是否与批复的安全设施设计一致。 检查方法：查阅安全设施验收评价报告、现场抽查		
10	尾绳隔离保护设施	专用	△	检查内容：尾绳隔离保护设施的位置、数量、规格是否与批复的安全设施设计一致。 检查方法：查阅安全设施验收评价报告、现场抽查		
11	防过卷、防过放、防坠设施	专用	△	检查内容：防过卷、防过放、防坠设施的位置、数量、规格是否与批复的安全设施设计一致。 检查方法：查阅安全设施验收评价报告、现场抽查		
12	钢丝绳罐道时各中段的稳罐装置	专用	△	检查内容：钢丝绳罐道时各中段的稳罐装置的位置、数量、规格是否与批复的安全设施设计一致。 检查方法：查阅安全设施验收评价报告、现场抽查		
13	提升机房内的盖板、梯子和安全护栏	专用	△	检查内容：提升机房内的盖板、梯子和安全护栏是否与批复的安全设施设计一致。 检查方法：查阅安全设施验收评价报告、现场抽查		
14	井口门禁系统	专用	△	检查内容：井口门禁系统的设置是否与批复的安全设施设计一致。 检查方法：查阅安全设施验收评价报告、现场抽查		
15	井筒支护	基本	△	检查内容：井筒的支护形式、支护参数是否与批复的安全设施设计一致。 检查方法：查阅竣工图纸、安全设施验收评价报告		
16	电源、线路	基本	△	检查内容：供电电源引自情况；线路回路数、型号、规格是否与批复的安全设施设计一致。 检查方法：查阅安全设施验收评价报告、现场抽查		
17	高、低压供配电中性点接地方式	基本	△	检查内容：中性点接地方式是否与批复的安全设施设计一致。 检查方法：查阅安全设施验收评价报告、现场抽查		
18	供电高、低压电缆	基本	△	检查内容：电缆型号、规格是否与批复的安全设施设计一致。 检查方法：查阅安全设施验收评价报告、现场抽查		
19	地面建筑物防雷设施	专用	△	检查内容：防雷等级、避雷装置型式、引下线数量、接地极配置是否与批复的安全设施设计一致。 检查方法：查阅安全设施验收评价报告和《防雷防静电检测报告》、现场抽查		
20	高压供配电系统继电保护装置	基本	△	检查内容：继电保护装置是否与批复的安全设施设计一致。 检查方法：查阅安全设施验收评价报告、设备调试记录、试验报告		

（续）

序号	检查项目	安全设施类别	检查类别	检查内容、检查方法	存在问题	检查结果
21	低压配电系统故障（间接接触）防护设施	专用	△	检查内容：低压配电系统故障（间接接触）防护设施是否与批复的安全设施设计一致。 检查方法：查阅安全设施验收评价报告、现场抽查		
22	裸带电体基本（直接接触）防护设施	专用	△	检查内容：裸带电体基本（直接接触）防护设施是否与批复的安全设施设计一致。 检查方法：查阅安全设施验收评价报告、现场抽查		
23	接地	基本	△	检查内容：36 V 以上及由于绝缘损坏而带有危险电压的电气装置、设备的外露可导电部分和构架的接地设施是否与批复的安全设施设计一致。 检查方法：查阅安全设施验收评价报告、现场抽查		
24	子项验收结论					

五、混合竖井提升系统

年　　月　　日　　　　　　　　　　　　　　　　验收人（签字）：

序号	检查项目	安全设施类别	检查类别	检查内容、检查方法	存在问题	检查结果
1	罐笼提升系统安全设施	专用	△	见罐笼提升系统		
2	箕斗提升系统安全设施	专用	△	见箕斗提升系统		
3	混合井筒中的安全隔离设施	专用	■	检查内容：混合井筒中的安全隔离设施是否与批复的安全设施设计一致。 检查方法：现场检查		
4	井筒支护	基本	△	检查内容：井筒的支护形式、支护参数是否与批复的安全设施设计一致。 检查方法：查阅安全设施验收评价报告或竣工图纸		
5	电源、线路	基本	△	检查内容：供电电源引自情况；线路回路数、型号、规格是否与批复的安全设施设计一致。 检查方法：查阅安全设施验收评价报告、现场抽查		
6	高、低压供配电中性点接地方式	基本	△	检查内容：中性点接地方式是否与批复的安全设施设计一致。 检查方法：查阅安全设施验收评价报告、现场抽查		
7	供电高、低压电缆	基本	△	检查内容：电缆型号、规格是否与批复的安全设施设计一致。 检查方法：查阅安全设施验收评价报告、现场抽查		
8	地面建筑物防雷设施；	专用	△	检查内容：防雷等级、避雷装置型式、引下线数量、接地极配置是否与批复的安全设施设计一致。 检查方法：查阅安全设施验收评价报告和《防雷防静电检测报告》、现场抽查		
9	高压供配电系统继电保护装置	基本	△	检查内容：继电保护装置是否与批复的安全设施设计一致。 检查方法：查阅安全设施验收评价报告、设备调试记录、试验报告		

（续）

序号	检查项目	安全设施类别	检查类别	检查内容、检查方法	存在问题	检查结果
10	低压配电系统故障（间接接触）防护设施	专用	△	检查内容：低压配电系统故障（间接接触）防护设施是否与批复的安全设施设计一致。 检查方法：查阅安全设施验收评价报告、现场抽查		
11	裸带电体基本（直接接触）防护设施	专用	△	检查内容：裸带电体基本（直接接触）防护设施是否与批复的安全设施设计一致。 检查方法：查阅安全设施验收评价报告、现场抽查		
12	接地	基本	△	检查内容：36 V以上及由于绝缘损坏而带有危险电压的电气装置、设备的外露可导电部分和构架的接地设施是否与批复的安全设施设计一致。 检查方法：查阅安全设施验收评价报告、现场抽查		
13	子项验收结论					

六、电梯井提升系统

年　　月　　日　　　　　　　　　　　　　　　　　　　　验收人（签字）：

序号	检查项目	安全设施类别	检查类别	检查内容、检查方法	存在问题	检查结果
1	钢丝绳	基本	△	检查内容：钢丝绳的型号、规格、数量及连接装置。钢丝绳的拉断、弯曲和扭转试验，钢丝绳定期检查、更换是否符合国家有关规定。 检查方法：查阅安全设施验收评价报告、现场抽查		
2	罐道	基本	△	检查内容：罐道的设置是否与批复的安全设施设计一致。 检查方法：查阅安全设施验收评价报告、现场抽查		
3	轿厢	基本	△	检查内容：轿厢的规格是否与批复的安全设施设计一致。 检查方法：查阅安全设施验收评价报告、现场抽查		
4	控制系统	基本	△	检查内容：控制系统是否与批复的安全设施设计一致。 检查方法：查阅安全设施验收评价报告、现场抽查		
5	梯子间及安全护栏	专用	△	检查内容：梯子间及安全护栏的设置是否与批复的安全设施设计一致。 检查方法：查阅安全设施验收评价报告、现场抽查		
6	电梯间和梯子间进口的安全防护网	专用	△	检查内容：电梯间和梯子间进口的安全防护网的设置是否与批复的安全设施设计一致。 检查方法：查阅安全设施验收评价报告、现场抽查		
7	井筒支护	基本	△	检查内容：井筒的支护形式、支护参数。 检查方法：查阅安全设施验收评价报告、竣工图纸		
8	电源、线路	基本	△	检查内容：供电电源线路回路数、型号、规格是否与批复的安全设施设计一致。 检查方法：查阅安全设施验收评价报告、现场抽查		
9	低压供配电中性点接地方式	基本	△	检查内容：中性点接地方式是否与批复的安全设施设计一致。 检查方法：查阅安全设施验收评价报告、现场抽查		
10	低压电缆	基本	△	检查内容：电缆型号、规格是否与批复的安全设施设计一致。 检查方法：查阅安全设施验收评价报告、现场抽查		

（续）

序号	检查项目	安全设施类别	检查类别	检查内容、检查方法	存在问题	检查结果
11	低压配电系统故障（间接接触）防护设施	专用	△	检查内容：低压配电系统故障（间接接触）防护设施。是否与批复的安全设施设计一致。 检查方法：查阅安全设施验收评价报告、现场抽查		
12	裸带电体基本（直接接触）防护设施	专用	△	检查内容：裸带电体基本（直接接触）防护设施是否与批复的安全设施设计一致。 检查方法：查阅安全设施验收评价报告、现场抽查		
13	接地	基本	△	检查内容：36 V 以上及由于绝缘损坏而带有危险电压的电气装置、设备的外露可导电部分和构架的接地设施是否与批复的安全设施设计一致。 检查方法：查阅安全设施验收评价报告、现场抽查		
14	子项验收结论					

七、斜井提升系统

年　月　日　　　　验收人（签字）：

序号	检查项目	安全设施类别	检查类别	检查内容、检查方法	存在问题	检查结果
1	提升装置，包括制动系统、控制系统、视频监控	专用	■	检查内容：提升设备型号、规格和数量，提升系统保护装置（包括防止过卷、防止过速、过负荷和欠电压、限速、深度指示器失效、闸间隙、松绳、满仓、减速功能等保护装置），最大载重量或最大载人数量、严禁超载标识，安全制动系统、控制及视频监控系统是否与批复的安全设施设计一致。 检查方法：查阅安全设施验收评价报告、现场检查		
2	提升钢丝绳及其连接装置	专用	△	检查内容：钢丝绳的型号、规格、数量及连接装置是否与批复的安全设施设计一致。钢丝绳的拉断、弯曲和扭转试验，钢丝绳定期检查、更换是否符合国家有关规定。 检查方法：查阅安全设施验收评价报告、现场抽查		
3	提升容器（含箕斗、矿车和人车）	专用	△	检查内容：提升容器的规格、数量是否与批复的安全设施设计一致。 检查方法：查阅安全设施验收评价报告、现场抽查		
4	防跑车装置	专用	△	检查内容：防跑车装置的位置、型号、数量是否与批复的安全设施设计一致。 检查方法：查阅安全设施验收评价报告、现场抽查		
5	井口及井下马头门的安全门、阻车器、安全护栏和挡车设施	专用	△	检查内容：井口及井下马头门的安全门、阻车器、安全护栏和挡车设施的位置、型号、数量是否与批复的安全设施设计一致。 检查方法：查阅安全设施验收评价报告、现场抽查		
6	人行道与轨道之间的安全隔离设施	专用	△	检查内容：人行道与轨道之间的安全隔离设施的形式、设置参数是否与批复的安全设施设计一致。 检查方法：查阅安全设施验收评价报告、现场抽查		
7	梯子和扶手	专用	△	检查内容：梯子和扶手的位置、数量、规格是否与批复的安全设施设计一致。 检查方法：查阅安全设施验收评价报告、现场抽查		
8	躲避硐室	专用	△	检查内容：躲避硐室的数量、位置、尺寸，支护形式和支护参数是否与批复的安全设施设计一致。 检查方法：查阅安全设施验收评价报告或竣工图纸		

（续）

序号	检查项目	安全设施类别	检查类别	检查内容、检查方法	存在问题	检查结果
9	人车断绳保险器	专用	△	检查内容：人车断绳保险器的位置、型号、数量是否与批复的安全设施设计一致。 检查方法：查阅安全设施验收评价报告、现场抽查		
10	轨道防滑措施	专用	△	检查内容：轨道防滑措施的形式、参数是否与批复的安全设施设计一致。 检查方法：查阅安全设施验收评价报告或竣工图纸		
11	提升机房内的安全护栏和梯子	专用	△	检查内容：提升机房内的安全护栏和梯子设置是否与批复的安全设施设计一致。 检查方法：查阅安全设施验收评价报告、现场抽查		
12	井口门禁系统	专用	△	检查内容：井口门禁系统的设置是否与批复的安全设施设计一致。 检查方法：查阅安全设施验收评价报告、现场抽查		
13	井筒支护	基本	△	检查内容：井筒的支护形式、支护参数。 检查方法：查阅安全设施验收评价报告或竣工图纸		
14	人行道	专用	△	检查内容：人行道宽度和高度是否与批复的安全设施设计一致。 检查方法：查阅安全设施验收评价报告、现场抽查		
15	电源、线路	基本	△	检查内容：供电电源引自情况；线路回路数、型号、规格是否与批复的安全设施设计一致。 检查方法：查阅安全设施验收评价报告、现场抽查		
16	高、低压供配电中性点接地方式	基本	△	检查内容：中性点接地方式是否与批复的安全设施设计一致。 检查方法：查阅安全设施验收评价报告、现场抽查		
17	供电高、低压电缆	基本	△	检查内容：电缆型号、规格是否与批复的安全设施设计一致。 检查方法：查阅安全设施验收评价报告、现场抽查		
18	地面建筑物防雷设施	专用	△	检查内容：防雷等级，避雷装置型式、引下线数量、接地极配置是否与批复的安全设施设计一致。 检查方法：查阅安全设施验收评价报告和《防雷防静电检测报告》、现场抽查		
19	高压供配电系统继电保护装置	基本	△	检查内容：继电保护装置是否与批复的安全设施设计一致。 检查方法：查阅安全设施验收评价报告或设备调试记录、试验报告		
20	低压配电系统故障（间接接触）防护设施	专用	△	检查内容：低压配电系统故障（间接接触）防护设施是否与批复的安全设施设计一致。 检查方法：查阅安全设施验收评价报告、现场抽查		
21	裸带电体基本（直接接触）防护设施	专用	△	检查内容：裸带电体基本（直接接触）防护设施是否与批复的安全设施设计一致。 检查方法：查阅安全设施验收评价报告、现场抽查		
22	接地	基本	△	检查内容：36 V以上及由于绝缘损坏而带有危险电压的电气装置、设备的外露可导电部分和构架的接地设施是否与批复的安全设施设计一致。 检查方法：查阅安全设施验收评价报告、现场抽查		
23	子项验收结论					

八、带式输送机系统

年 月 日 验收人（签字）：

序号	检查项目	安全设施类别	检查类别	检查内容、检查方法	存在问题	检查结果
1	各种闭锁和机械、电气保护装置	基本	△	检查内容：装料点和卸料点的空仓、满仓等保护装置，声光报警信号装置及带式输送机连锁装置；带式输送机防胶带撕裂、断带、防跑偏、防止过速、防止过载、防止打滑、防止大块冲击等保护装置；带式输送机的制动装置、胶带清扫装置、线路上的信号、电气联锁和停车装置；烟雾报警装置、软启动装置；上行的带式输送机的防逆转装置是否与批复的安全设施设计一致。 检查方法：查阅安全设施验收评价报告、现场抽查		
2	设备的安全护罩	专用	△	检查内容：设备的安全护罩是否与批复的安全设施设计一致。 检查方法：查阅安全设施验收评价报告、现场抽查		
3	安全护栏	专用	△	检查内容：安全护栏的位置、数量、规格是否与批复的安全设施设计一致。 检查方法：查阅安全设施验收评价报告、现场抽查		
4	梯子、扶手	专用	△	检查内容：梯子、扶手的位置、数量、规格是否与批复的安全设施设计一致。 检查方法：查阅安全设施验收评价报告、现场抽查		
5	支护	基本	△	检查内容：支护形式、支护参数。 检查方法：查阅安全设施验收评价报告、现场抽查		
6	人行道	专用	△	检查内容：人行道宽度和高度是否与批复的安全设施设计一致。 检查方法：查阅安全设施验收评价报告、现场抽查		
7	电源、线路	基本	△	检查内容：供电电源引自情况；线路回路数、型号、规格是否与批复的安全设施设计一致。 检查方法：查阅安全设施验收评价报告、现场抽查		
8	高、低压供配电中性点接地方式	基本	△	检查内容：中性点接地方式是否与批复的安全设施设计一致。 检查方法：查阅安全设施验收评价报告、现场抽查		
9	供电高、低压电缆	基本	△	检查内容：电缆型号、规格是否与批复的安全设施设计一致。 检查方法：查阅安全设施验收评价报告、现场抽查		
10	地面建筑物防雷设施	专用	△	检查内容：防雷等级，避雷装置型式、引下线数量、接地极配置是否与批复的安全设施设计一致。 检查方法：查阅安全设施验收评价报告和防雷防静电检测报告、现场抽查		
11	高压供配电系统继电保护装置	基本	△	检查内容：继电保护装置是否与批复的安全设施设计一致。 检查方法：查阅安全设施验收评价报告或设备调试记录、试验报告		
12	低压配电系统故障（间接接触）防护设施	专用	△	检查内容：低压配电系统故障（间接接触）防护设施是否与批复的安全设施设计一致。 检查方法：查阅安全设施验收评价报告、现场抽查		
13	裸带电体基本（直接接触）防护设施	专用	△	检查内容：裸带电体基本（直接接触）防护设施是否与批复的安全设施设计一致。 检查方法：查阅安全设施验收评价报告、现场抽查		

（续）

序号	检查项目	安全设施类别	检查类别	检查内容、检查方法	存在问题	检查结果
14	接地	基本	△	检查内容：36 V以上及由于绝缘损坏而带有危险电压的电气装置、设备的外露可导电部分和构架的接地设施是否与批复的安全设施设计一致。 检查方法：查阅安全设施验收评价报告、现场抽查		
15	子项验收结论					

九、通风、空气预热及制冷降温

年　　月　　日　　　　　　　　　　　　　　　　　　　　验收人（签字）：

序号	检查项目	安全设施类别	检查类别	检查内容、检查方法	存在问题	检查结果
1	主要通风井巷					
1.1	专用进风井及专用进风巷道	基本	△	检查内容：专用进风井及专用进风巷道数量、位置、断面及支护形式、支护参数是否与批复的安全设施设计一致。 检查方法：查阅安全设施验收评价报告、现场抽查		
1.2	专用回风井及专用回风巷道	基本	△	检查内容：专用回风井及专用回风巷道数量、位置、断面及支护是否与批复的安全设施设计一致。 检查方法：查阅安全设施验收评价报告、现场抽查		
1.3	风井内的梯子间	专用	△	检查内容：梯子间设置位置、规格是否与批复的安全设施设计一致。 检查方法：查阅安全设施验收评价报告、现场抽查		
1.4	风井井口和马头门处的安全护栏	专用	△	检查内容：安全护栏设置位置和规格是否与批复的安全设施设计一致。 检查方法：查阅安全设施验收评价报告		
1.5	通风构筑物	专用	△	检查内容：风门、风墙、风窗、风桥等通风构筑物设置位置、规格是否与批复的安全设施设计一致。 检查方法：查阅安全设施验收评价报告		
	子项验收结论					
2	风机					
2.1	主通风机	基本	△	检查内容：主通风机型号、数量、位置、供电和通风机房的设置是否与批复的安全设施设计一致。 检查方法：查阅安全设施验收评价报告、现场抽查		
2.2	通风机反风	专用	△	检查内容：反风方式、反风设施设置、反风时间、反风效率是否与批复的安全设施设计一致。 检查方法：查阅安全设施验收评价报告		
2.3	主通风机的备用电机	专用	△	检查内容：主通风机的备用电机型号、数量是否与批复的安全设施设计一致。 检查方法：查阅安全设施验收评价报告、现场抽查		
2.4	主通风机的电机快速更换装置	专用	△	检查内容：主通风机的电机快速更换装置的数量、位置和规格是否与批复的安全设施设计一致。 检查方法：查阅安全设施验收评价报告、现场抽查		
2.5	辅助通风机	专用	△	检查内容：辅助通风机型号、数量和位置是否与批复的安全设施设计一致。 检查方法：查阅安全设施验收评价报告、现场抽查		

（续）

序号	检查项目	安全设施类别	检查类别	检查内容、检查方法	存在问题	检查结果
2.6	局部通风机	专用	△	检查内容：局部通风机型号、数量是否与批复的安全设施设计一致。 检查方法：查阅安全设施验收评价报告、现场抽查		
2.7	风机进风口的安全护栏和防护网	专用	△	检查内容：风机进风口的安全护栏和防护网设置位置和规格是否与批复的安全设施设计一致。 检查方法：查阅安全设施验收评价报告		
2.8	控制系统	基本	△	检查内容：通风系统控制设施是否与批复的安全设施设计一致。 检查方法：查阅安全设施验收评价报告		
2.9	阻燃风筒	专用	△	检查内容：阻燃风筒规格是否与批复的安全设施设计一致。 检查方法：查阅安全设施验收评价报告、现场抽查		
	子项验收结论					
3	空气预热与制冷降温					
3.1	防冻设施	专用	△	检查内容：通地表的井口防冻设施位置和规格是否与批复的安全设施设计一致。 检查方法：查阅安全设施验收评价报告、现场抽查		
3.2	空气预热设施	专用	△	检查内容：用于进风的井口和巷道硐口空气预热设施位置和规格是否与批复的安全设施设计一致。 检查方法：查阅安全设施验收评价报告、现场抽查		
3.3	制冷降温设施	专用	△	检查内容：制冷降温设施位置和规格是否与批复的安全设施设计一致。 检查方法：查阅安全设施验收评价报告、现场抽查		
	子项验收结论					

十、防治水

年　　月　　日　　　　　　　　　　　　　　　　　　　　验收人（签字）：

序号	检查项目	安全设施类别	检查类别	检查内容、检查方法	存在问题	检查结果
1	河流改道工程及河床加固					
1.1	导流堤	基本	△	检查内容：导流堤的设置与参数是否与批复的安全设施设计一致。 检查方法：查阅安全设施验收评价报告、现场抽查		
1.2	明沟	基本	△	检查内容：明沟的设置与参数是否与批复的安全设施设计一致。 检查方法：查阅安全设施验收评价报告、现场抽查		
1.3	隧洞	基本	△	检查内容：隧洞的设置与参数是否与批复的安全设施设计一致。 检查方法：查阅安全设施验收评价报告、现场抽查		

（续）

序号	检查项目	安全设施类别	检查类别	检查内容、检查方法	存在问题	检查结果
1.4	桥涵	基本	△	检查内容：桥涵的设置与参数是否与批复的安全设施设计一致。 检查方法：查阅安全设施验收评价报告、现场抽查		
1.5	河床加固工程	基本	△	检查内容：河床加固工程设置与参数是否与批复的安全设施设计一致。 检查方法：查阅安全设施验收评价报告、现场抽查		
	子项验收结论					
2	地表截排水工程					
2.1	地表截水沟	基本	△	检查内容：地表截水沟的设置与参数是否与批复的安全设施设计一致。 检查方法：查阅安全设施验收评价报告、现场抽查		
2.2	地表排洪沟（渠）	基本	△	检查内容：地表排洪沟（渠）的设置与参数是否与批复的安全设施设计一致。 检查方法：查阅安全设施验收评价报告、现场抽查		
2.3	防洪堤	基本	△	检查内容：防洪堤的设置与参数是否与批复的安全设施设计一致。 检查方法：查阅安全设施验收评价报告、现场抽查		
	子项验收结论					
3	地下水疏/堵工程及设施					
3.1	疏干井	基本	△	检查内容：疏干井布置形式、孔径、孔数、深度、间距、过滤器类型、抽水设备及泵房等辅助设施是否与批复的安全设施设计一致。 检查方法：查阅安全设施验收评价报告、现场抽查		
3.2	放水孔	基本	△	检查内容：放水孔的布置形式、孔径、孔数、深度及孔口装置等是否与批复的安全设施设计一致。 检查方法：查阅安全设施验收评价报告、现场抽查		
3.3	疏干巷道	基本	△	检查内容：疏干巷道的布置、断面尺寸、纵坡度、水沟等是否与批复的安全设施设计一致。 检查方法：查阅安全设施验收评价报告、现场抽查		
3.4	防渗帷幕	基本	△	检查内容：防渗帷幕的结构形式、布置形式、注浆工艺、注浆材料、帷幕厚度、堵水效果及检验方法等是否与批复的安全设施设计一致。 检查方法：查阅安全设施验收评价报告、现场抽查		
3.5	防水矿柱	基本	■	检查内容：防水矿柱的设置是否与批复的安全设施设计一致。 检查方法：查阅安全设施验收评价报告、现场检查		
3.6	疏干设备	基本	△	检查内容：疏干设备的型号、数量等是否与批复的安全设施设计一致。 检查方法：查阅安全设施验收评价报告、现场抽查		
3.7	截渗墙	基本	△	检查内容：截渗墙的布置形式、厚度是否与批复的安全设施设计一致。 检查方法：查阅安全设施验收评价报告、现场抽查		
	子项验收结论					

（续）

序号	检查项目	安全设施类别	检查类别	检查内容、检查方法	存在问题	检查结果
4	露天开采转地下开采的矿山露天坑底防洪水突然灌入井下的设施					
4.1	露天坑底所做的假底	基本	△	检查内容：露天坑底所做的假底的结构形式和厚度等是否与批复的安全设施设计一致。 检查方法：查阅安全设施验收评价报告、现场抽查		
4.2	坑底回填层厚度	基本	△	检查内容：坑底回填层厚度是否与批复的安全设施设计一致。 检查方法：查阅安全设施验收评价报告、现场抽查		
	子项验收结论					
5	热水充水矿床的疏水系统	基本	△	检查内容：热水充水矿床的疏水系统设置是否与批复的安全设施设计一致。 检查方法：查阅安全设施验收评价报告、现场抽查		
6	中段（分段）防水门	专用	■	检查内容：位置、数量、设防水头、抗压强度等是否与批复的安全设施设计一致。 检查方法：查阅安全设施验收评价报告、现场检查		
7	地下水头（水位）、水质、涌水量监测设施					
7.1	地下水头（水位）监测设施	专用	△	检查内容：地下水头（水位）监测设施的位置、数量是否与批复的安全设施设计一致。 检查方法：查阅安全设施验收评价报告、现场抽查		
7.2	地下水水质监测设施	专用	△	检查内容：地下水水质监测设施的位置、测量方式等是否与批复的安全设施设计一致。 检查方法：查阅安全设施验收评价报告、现场抽查		
7.3	涌水量监测设施	专用	△	检查内容：涌水量监测设施的位置、测量方式等是否与批复的安全设施设计一致。 检查方法：查阅安全设施验收评价报告、现场抽查		
	子项验收结论					
8	探、放水工程及设备	专用	△	检查内容：探水孔、放水孔及探放水巷道，探、放水孔的孔口管和控制闸阀，探、放水设备是否与批复的安全设施设计一致。 检查方法：查阅安全设施验收评价报告、现场抽查		
9	降雨量观测站	专用	△	检查内容：降雨量观测站内雨量器的位置、尺寸和记录设施等是否与批复的安全设施设计一致。 检查方法：查阅安全设施验收评价报告、现场抽查		
10	有突水可能工作面救生设施	专用	△	检查内容：有突水可能工作面救生圈、安全绳等救生设施的位置、数量等是否与批复的安全设施设计一致。 检查方法：查阅安全设施验收评价报告、现场抽查		
	子项验收结论					

十一、排水系统

年　　月　　日　　　　　　　　　　　　　　　　　　　　　　　　　　验收人（签字）：

序号	检查项目	安全设施类别	检查类别	检查内容、检查方法	存在问题	检查结果
1	主水泵房、接力泵房、各种排水水泵、排水管路、控制系统	基本	■	检查内容：主水泵房、接力泵房的各种排水水泵、排水管路、控制系统的设置是否与批复的安全设施设计一致。 检查方法：查阅安全设施验收评价报告、现场检查		
2	主水仓、井底水仓、接力排水水仓	基本	△	检查内容：主水仓、井底水仓、接力排水水仓的大小、数量是否与批复的安全设施设计一致。 检查方法：查阅安全设施验收评价报告、现场抽查		
3	排水沟	基本	△	检查内容：排水沟的设置是否与批复的安全设施设计一致。 检查方法：查阅安全设施验收评价报告、现场抽查		
4	监测与控制设施	专用	△	检查内容：排水系统的监测与控制设施是否与批复的安全设施设计一致。 检查方法：查阅安全设施验收评价报告、现场抽查		
5	水泵房及毗连的变电所（或中央变电所）入口的防水门及两者之间的防火门	专用	△	检查内容：水泵房及毗连的变电所（或中央变电所）入口的防水门及两者之间的防火门的位置、规格、数量是否与批复的安全设施设计一致。 检查方法：查阅安全设施验收评价报告、现场抽查		
6	水泵房及变电所内的盖板、安全护栏（门）	专用	△	检查内容：水泵房及变电所内的盖板、安全护栏（门）的设置是否与批复的安全设施设计一致。 检查方法：查阅安全设施验收评价报告、现场抽查		
7	支护	基本	△	检查内容：硐室支护形式、支护参数是否与批复的安全设施设计一致。 检查方法：查阅安全设施验收评价报告、竣工图纸		
	子项验收结论					

十二、供水系统

年　　月　　日　　　　　　　　　　　　　　　　　　　　　　　　　　验收人（签字）：

序号	检查项目	安全设施类别	检查类别	检查内容、检查方法	存在问题	检查结果
1	供水水池	基本	△	检查内容：供水水池的大小及位置是否与批复的安全设施设计一致。 检查方法：查阅安全设施验收评价报告、现场抽查		
2	供水设备	基本	△	检查内容：供水设备的型号、数量、位置是否与批复的安全设施设计一致。 检查方法：查阅安全设施验收评价报告、现场抽查		
3	供水管道	基本	△	检查内容：供水管道的规格、数量、位置是否与批复的安全设施设计一致。 检查方法：查阅安全设施验收评价报告、现场抽查		
4	井下用水地点	基本	△	检查内容：井下用水地点的设置是否与批复的安全设施设计一致。 检查方法：查阅安全设施验收评价报告、现场抽查		
	子项验收结论					

十三、消防系统

年 月 日　　　　验收人（签字）：

序号	检查项目	安全设施类别	检查类别	检查内容、检查方法	存在问题	检查结果
1	消防供水系统	专用	△	检查内容：消防供水系统的设置是否与批复的安全设施设计一致。 检查方法：查阅安全设施验收评价报告、现场抽查		
2	消防水池	专用	△	检查内容：消防水池的大小、位置是否与批复的安全设施设计一致。 检查方法：查阅安全设施验收评价报告、现场抽查		
3	消防器材	专用	△	检查内容：消防器材的型号、数量是否与批复的安全设施设计一致。 检查方法：查阅安全设施验收评价报告、现场抽查		
4	火灾报警系统	专用	△	检查内容：火灾报警系统是否与批复的安全设施设计一致。 检查方法：查阅安全设施验收评价报告、现场抽查		
5	防火门、消火栓	专用	△	检查内容：防火门、消火栓的规格、数量、位置是否与批复的安全设施设计一致。 检查方法：查阅安全设施验收评价报告、现场抽查		
6	有自燃发火倾向区域的防火隔离设施	专用	△	检查内容：有自然发火倾向区域的防火隔离设施的设置是否与批复的安全设施设计一致。 检查方法：查阅安全设施验收评价报告、现场抽查		
	子项验收结论					

十四、充填系统

年 月 日　　　　验收人（签字）：

序号	检查项目	安全设施类别	检查类别	检查内容、检查方法	存在问题	检查结果
1	充填管路减压设施	专用	△	检查内容：充填管路减压设施的型号、数量、位置是否与批复的安全设施设计一致。 检查方法：查阅安全设施验收评价报告、现场抽查		
2	充填管路压力监测装置	专用	△	检查内容：充填管路压力监测装置的型号、数量、位置是否与批复的安全设施设计一致。 检查方法：查阅安全设施验收评价报告、现场抽查		
3	充填管路排气设施	专用	△	检查内容：充填管路排气设施是否与批复的安全设施设计一致。 检查方法：查阅安全设施验收评价报告、现场抽查		
4	充填站内及井下充填系统的安全护栏及其他防护措施（包括针对物料输送机和其他相关设备、砂浆池、砂仓等的安全护栏及其他防护措施）	专用	△	检查内容：充填站内及井下充填系统的安全护栏及其他防护措施是否与批复的安全设施设计一致。 检查方法：查阅安全设施验收评价报告、现场抽查		

（续）

序号	检查项目	安全设施类别	检查类别	检查内容、检查方法	存在问题	检查结果
5	充填系统的事故池	专用	△	检查内容：充填系统的事故池的大小、位置是否与批复的安全设施设计一致。 检查方法：查阅安全设施验收评价报告、现场抽查		
6	采场充填挡墙	专用	△	检查内容：采场充填挡墙的设置是否与批复的安全设施设计一致。 检查方法：查阅安全设施验收评价报告、现场抽查		
	子项验收结论					

十五、供配电

年　　月　　日　　　　验收人（签字）：

序号	检查项目	安全设施类别	检查类别	检查内容、检查方法	存在问题	检查结果
1	供配电系统					
1.1	矿山电源、线路、地面和井下供配电系统	基本	■	检查内容：矿山上一级电源、线路回路数、配电级数、线路型号、规格、线路压降、主变压器容量是否与批复的安全设施设计一致。 检查方法：查阅安全设施验收评价报告、现场检查		
1.2	井下各级配电电压等级	基本	△	检查内容：各级配电电压等级是否与批复的安全设施设计一致。 检查方法：查阅安全设施验收评价报告		
1.3	高、低压供配电中性点接地方式	基本	△	检查内容：中性点接地方式是否与批复的安全设施设计一致。 检查方法：查阅安全设施验收评价报告、现场抽查		
	子项验收结论					
2	井下电气设备					
2.1	电气设备类型	基本	△	检查内容：高压开关柜、软启动柜、变压器等电气设备型号、规格是否与批复的安全设施设计一致。 检查方法：查阅安全设施验收评价报告、现场抽查		
2.2	提升、通风、排水系统的供配电设施	基本	△	检查内容：高压开关柜、软启动柜、变压器等电气设备型号、规格是否与批复的安全设施设计一致。 检查方法：查阅安全设施验收评价报告、现场抽查		
	子项验收结论					
3	电缆					
3.1	地表向井下供电电缆	基本	△	检查内容：下井电缆型号、规格是否与批复的安全设施设计一致。 检查方法：查阅安全设施验收评价报告		
3.2	井下高、低压电缆	基本	△	检查内容：井下电缆型号、规格是否与批复的安全设施设计一致。 检查方法：查阅安全设施验收评价报告		
	子项验收结论					
4	防雷及电气保护					

（续）

序号	检查项目	安全设施类别	检查类别	检查内容、检查方法	存在问题	检查结果
4.1	地面建筑物防雷设施	专用	△	检查内容：防雷等级，避雷装置型式、引下线数量、接地极配置是否与批复的安全设施设计一致。 检查方法：查阅安全设施验收评价报告和《防雷防静电检测报告》、现场抽查		
4.2	地面架空线路转下井电缆处防雷设施	基本	△	检查内容：架空线路上需装设避雷器的位置是否装设避雷器以及避雷器的型号、数量是否与批复的安全设施设计一致。 检查方法：查阅安全设施验收评价报告、现场抽查		
4.3	高压供配电系统继电保护装置	基本	△	检查内容：继电保护装置是否与批复的安全设施设计一致。 检查方法：查阅安全设施验收评价报告或设备调试记录、试验报告		
4.4	低压配电系统故障（间接接触）防护设施	专用	△	检查内容：低压配电系统故障（间接接触）防护设施是否与批复的安全设施设计一致。 检查方法：查阅安全设施验收评价报告、现场抽查		
4.5	裸带电体基本（直接接触）防护设施	专用	△	检查内容：裸带电体基本（直接接触）防护设施是否与批复的安全设施设计一致。 检查方法：查阅安全设施验收评价报告、现场抽查		
	子项验收结论					
5	接地系统					
5.1	接地	基本	△	检查内容：36 V以上及由于绝缘损坏而带有危险电压的电气装置、设备的外露可导电部分和构架的接地设施是否与批复的安全设施设计一致。 检查方法：查阅安全设施验收评价报告、现场抽查		
5.2	接地电阻	基本	△	检查内容：主接地极断开时，井下总接地网上任一接地点测得的接地电阻值，每一移动式和手持式电力设备与最近的接地极之间的保护接地电缆芯线和其他接地线的电阻值是否与批复的安全设施设计一致。 检查方法：查阅安全设施验收评价报告		
5.3	总接地网、主接地极	基本	△	检查内容：井下总接地网构成，由地面经风井或钻孔对井下部分电气设备分区供电时分区井下总接地网的设置，井下各开采水平总接地网之间连接情况主要开采水平井下主接地极数量，主接地极材质、规格是否与批复的安全设施设计一致。 检查方法：查阅安全设施验收评价报告		
5.4	局部接地极	基本	△	检查内容：局部接地极的设置是否与批复的安全设施设计一致。 检查方法：查阅安全设施验收评价报告		
	子项验收结论					
6	牵引网络					
6.1	直流牵引变电所电气保护设施	基本	△	检查内容：直流出线快速开关型号、规格，开关动作电流整定值，标准轨距主要馈出线自动重合闸装置是否与批复的安全设施设计一致。 检查方法：查阅安全设施验收评价报告		
6.2	直流牵引网络安全措施	基本	△	检查内容：检查接触线最大弛度时距轨面高度是否与批复的安全设施设计一致。 检查方法：查阅安全设施验收评价报告		

（续）

序号	检查项目	安全设施类别	检查类别	检查内容、检查方法	存在问题	检查结果
6.3	爆炸危险场所电机车轨道电气的安全措施	基本	△	检查内容：轨道是否作回流导体、钢轨与回流钢轨连接处的轨道绝缘数量、距离是否与批复的安全设施设计一致。 检查方法：查阅安全设施验收评价报告、现场抽查		
6.4	牵引变电所接地设施	专用	△	检查内容：整流装置、直流配电装置是否接地、与交流设备金属连接情况、接地装置电阻值是否与批复的安全设施设计一致。 检查方法：查阅安全设施验收评价报告、现场抽查		
	子项验收结论					
7	井下照明					
7.1	照明电源线路	基本	△	检查内容：电源线路的专用性是否与批复的安全设施设计一致。 检查方法：查阅安全设施验收评价报告、现场抽查		
7.2	灯具型式	基本	△	检查内容：灯具型号、数量是否与批复的安全设施设计一致。 检查方法：查阅安全设施验收评价报告		
7.3	避灾硐室应急供电设施	专用	△	检查内容：应急供电电源容量是否与批复的安全设施设计一致。 检查方法：查阅安全设施验收评价报告或现场抽查		
7.4	变配电硐室应急照明设施	专用	△	检查内容：应急照明布置和照度是否与批复的安全设施设计一致。 检查方法：查阅安全设施验收评价报告、现场抽查		
	子项验收结论					
8	其他					
8.1	设有带油设备的电气硐室的安全措施	基本	△	检查内容：电气硐室、集油坑或混凝土挡墙的设置情况，混凝土挡墙的高度是否与批复的安全设施设计一致。 检查方法：查阅安全设施验收评价报告、现场抽查		
8.2	变、配电硐室防火门、防火门、栅栏门	专用	△	检查内容：防火门、防火门和栅栏门的数量、型式是否与批复的安全设施设计一致。 检查方法：查阅安全设施验收评价报告、现场抽查		
8.3	变（配）电硐室结构	基本	△	检查内容：变（配）电所硐室：硐室的支护形式、支护参数、地面标高、出口等是否与批复的安全设施设计一致。 检查方法：查阅安全设施验收评价报告、现场抽查		
8.4	动力油储存硐室防静电	专用	△	检查内容：电气连接间距、连接导线规格、接地电阻值是否与批复的安全设施设计一致。 检查方法：查阅安全设施验收评价报告、现场抽查		
8.5	动力油储存硐室防爆	专用	△	检查内容：灯具安装方式，防护结构是否与批复的安全设施设计一致。 检查方法：查阅安全设施验收评价报告、现场抽查		
	子项验收结论					

十六、安全避险“六大系统”

年 月 日 验收人（签字）：

序号	检查项目	安全设施类别	检查类别	检查内容、检查方法	存在问题	检查结果
1	监测监控系统					
1.1	有毒有害气体监（检）测	专用	△	检查内容：有毒有害气体监（检）测的传感器（在线式的一氧化碳或二氧化氮、烟雾、硫化氢、二氧化硫等；便携式一氧化碳、氧气、二氧化氮、温度等）种类、数量、安装位置是否与批复的安全设施设计一致。 检查方法：查阅安全设施验收评价报告、现场抽查		
1.2	通风系统监测	专用	△	检查内容：通风系统监测的传感器（风速、风压、开停等）种类、数量、安装位置是否与批复的安全设施设计一致。 检查方法：查阅安全设施验收评价报告、现场抽查		
1.3	视频监控	专用	△	检查内容：视频监控的设备种类、数量、安装位置是否与批复的安全设施设计一致。 检查方法：查阅安全设施验收评价报告、现场抽查		
1.4	地压监测	专用	△	检查内容：地压监测设置是否与批复的安全设施设计一致。 检查方法：查阅安全设施验收评价报告		
1.5	维护与管理	专用	△	检查内容：台账、记录、报表是否符合国家有关规定。 检查方法：查阅安全设施验收评价报告、现场抽查		
	子项验收结论					
2	人员定位系统					
2.1	硬件	专用	△	检查内容：人员定位系统的硬件（主机、传输接口、读卡器、识别卡、传输线缆）种类、数量、安装位置是否与批复的安全设施设计一致。 检查方法：查阅安全设施验收评价报告、现场抽查		
2.2	软件功能	专用	△	检查内容：人员定位系统的软件功能是否符合国家有关规定。 检查方法：查阅安全设施验收评价报告、现场抽查		
2.3	维护与管理	专用	△	检查内容：台账、记录、报表是否符合国家有关规定。 检查方法：查阅安全设施验收评价报告、现场抽查		
	子项验收结论					
3	紧急避险系统					
3.1	自救器与逃生用矿灯配备	专用	△	检查内容：自救器与逃生用矿灯配备情况与数量是否与批复的安全设施设计一致。 检查方法：查阅安全设施验收评价报告、现场抽查		
3.2	事故应急预案与避灾线路图及避灾路线的标识	专用	△	检查内容：事故应急预案与井下避灾线路图准备情况以及路线标识设置情况是否与批复的安全设施设计一致。 检查方法：查阅安全设施验收评价报告、现场抽查		
3.3	紧急避险设施	专用	△	检查内容：紧急避险设施的规格、位置与配置是否与批复的安全设施设计一致。 检查方法：查阅安全设施验收评价报告、现场抽查		
3.4	紧急避险设施外部标识、标志	专用	△	检查内容：标识牌、反光显示标志是否与批复的安全设施设计一致。 检查方法：查阅安全设施验收评价报告、现场抽查		

（续）

序号	检查项目	安全设施类别	检查类别	检查内容、检查方法	存在问题	检查结果
3.5	管缆及设备接入	专用	△	检查内容：管缆及设备接入口的密封措施是否与批复的安全设施设计一致。 检查方法：查阅安全设施验收评价报告		
3.6	避灾硐室进出口隔离门	专用	△	检查内容：隔离门、设防水头高度是否与批复的安全设施设计一致。 检查方法：查阅安全设施验收评价报告		
3.7	避灾硐室对有毒有害气体的处理能力	专用	△	检查内容：有毒有害气体的处理能力，配备的空气净化及制氧或供氧装置是否与批复的安全设施设计一致。 检查方法：查阅安全设施验收评价报告		
3.8	避灾硐室内配备的检测报警装置与备用电源	专用	△	检查内容：检测报警装置与备用电源的配备情况是否与批复的安全设施设计一致。 检查方法：查阅安全设施验收评价报告、现场抽查		
3.9	避灾硐室内配备的生存设施	专用	△	检查内容：避灾硐室内配备操作说明、食品、饮用水、急救箱、工具箱和人体排泄物收集处理装置是否与批复的安全设施设计一致。 检查方法：查阅安全设施验收评价报告、现场抽查		
3.10	避灾硐室支护	基本	△	检查内容：硐室的支护形式、支护参数是否与批复的安全设施设计一致。 检查方法：查阅安全设施验收评价报告		
	子项验收结论					
4	压风自救系统					
4.1	压风自救设备	专用	△	检查内容：自救器型号及数量、压风自救管道系统的设置是否与批复的安全设施设计一致。 检查方法：查阅安全设施验收评价报告、现场抽查		
4.2	出口风压、风量	专用	△	检查内容：出口风压、风量是否与批复的安全设施设计一致。 检查方法：查阅安全设施验收评价报告、现场抽查		
4.3	日常检查与维护工作	专用	△	检查内容：日常检查与维护工作记录是否符合国家有关规定。 检查方法：查阅安全设施验收评价报告		
	子项验收结论					
5	供水施救系统					
5.1	供水施救设备	专用	△	检查内容：供水施救管道系统的设置是否与批复的安全设施设计一致。 检查方法：查阅安全设施验收评价报告、现场抽查		
5.2	出口水压、水量	专用	△	检查内容：出口水压、水量是否与批复的安全设施设计一致。 检查方法：查阅安全设施验收评价报告		
5.3	日常检查与维护工作	专用	△	检查内容：日常检查与维护工作记录是否符合国家有关规定。 检查方法：查阅安全设施验收评价报告		
	子项验收结论					
6	通信联络系统					

（续）

序号	检查项目	安全设施类别	检查类别	检查内容、检查方法	存在问题	检查结果
6.1	有线通信联络硬件	专用	△	检查内容：有线通信联络硬件的种类、数量、安装位置是否与批复的安全设施设计一致。 检查方法：查阅安全设施验收评价报告、现场抽查		
6.2	有线通信联络功能	专用	△	检查内容：有线通信联络的功能是否符合国家有关规定。 检查方法：查阅安全设施验收评价报告		
6.3	有线通信联络线缆敷设	专用	△	检查内容：有线通信联络的电缆敷设路由、方式是否与批复的安全设施设计一致。 检查方法：查阅安全设施验收评价报告		
6.4	无线通信联络系统	专用	△	检查内容：无线通信联络系统的设备种类、数量、安装位置、功能是否与批复的安全设施设计一致。 检查方法：查阅安全设施验收评价报告		
6.5	维护与管理	专用	△	检查内容：台账、记录、报表是否符合国家有关规定。 检查方法：查阅安全设施验收评价报告		
	子项验收结论					

十七、排土场

年　　月　　日　　　　　　　　　　验收人（签字）：

序号	检查项目	安全设施类别	检查类别	检查内容、检查方法	存在问题	检查结果
1	排土场场址					
1.1	场址	基本	■	检查内容：排土场场址是否与批复的安全设施设计一致。 检查方法：查阅安全设施验收评价报告、现场检查		
1.2	底部排渗设施	专用	△	检查内容：排土场软弱土层处理和底部排渗设施是否与批复的安全设施设计一致。 检查方法：查阅安全设施验收评价报告		
	子项验收结论					
2	排土工艺					
2.1	安全平台、阶段高度、总堆置高度、总边坡角	基本	△	检查内容：排土场排土工艺、排土顺序、排土场阶段高度、总堆置高度、安全平台宽度、总边坡角、废石滚落可能的最大距离、相邻阶段同时作业的超前堆置距离等参数是否与批复的安全设施设计一致。 检查方法：查阅安全设施验收评价报告、现场抽查		
2.2	铁路车挡	专用	△	检查内容：铁路独头卸载线端部车挡，车挡的拦挡指示和红色夜光警示牌，独头线的起点和终点障碍指示器的设置是否与批复的安全设施设计一致。 检查方法：查阅安全设施验收评价报告、现场抽查		
2.3	挡车设施	专用	△	检查内容：汽车排土卸载平台边缘挡车设施的设置是否与批复的安全设施设计一致。 检查方法：查阅安全设施验收评价报告、现场抽查		
	子项验收结论					
3	截（排）水设施					

（续）

序号	检查项目	安全设施类别	检查类别	检查内容、检查方法	存在问题	检查结果
3.1	截水沟	基本	△	检查内容：截水沟的宽度、纵坡度、边坡系数及砌护类型是否与批复的安全设施设计一致。 检查方法：查阅安全设施验收评价报告、现场抽查		
3.2	排水沟	基本	△	检查内容：排水沟的宽度、纵坡度、边坡系数及砌护类型是否与批复的安全设施设计一致。 检查方法：查阅安全设施验收评价报告、现场抽查		
3.3	排水隧洞	基本	△	检查内容：排水隧洞的宽度、高度、纵坡度及砌护类型是否与批复的安全设施设计一致。 检查方法：查阅安全设施验收评价报告、现场抽查		
3.4	截洪坝	基本	△	检查内容：截洪坝的坝顶标高、堤顶宽度、边坡系数、填筑及砌护类型是否与批复的安全设施设计一致。 检查方法：查阅安全设施验收评价报告、现场抽查		
	子项验收结论					
4	排土场安全措施					
4.1	堆石坝等拦挡防护措施	基本	△	检查内容：排土场滚石、泥石流、滑坡等灾害防治措施的实施情况，包括设计堆石坝等拦挡措施的实施情况，其他相关安全保证措施的落实情况是否与批复的安全设施设计一致。 检查方法：安全设施验收评价报告、现场抽查		
4.2	地基处理措施	专用	△	检查内容：地基处理措施是否与批复的安全设施设计一致。 检查方法：安全设施验收评价报告		
4.3	排土场监测	专用	△	检查内容：排土场边坡监测设置是否与批复的安全设施设计一致。 检查方法：安全设施验收评价报告、现场抽查		
	子项验收结论					

十八、安全管理

年　　月　　日　　　　验收人（签字）：

序号	检查项目	安全设施类别	检查类别	检查内容、检查方法	存在问题	检查结果
1	规章制度与操作规程		△	检查内容：矿山企业是否建立健全以法定代表人负责制为核心的各级安全生产责任制，健全完善安全目标管理、矿领导下井带班、安全例会、安全检查、安全教育培训、生产技术管理、机电设备管理、劳动管理、安全费用提取与使用、重大危险源监控、安全生产隐患排查治理、安全技术措施审批、劳动防护用品管理、生产安全事故报告和应急管理、安全生产奖惩、安全生产档案管理等制度，以及各类安全技术规程、操作规程等。 检查方法：抽查相关规章制度和规程		
2	安全生产档案					
2.1	档案类别		△	检查内容：安全生产档案是否齐全，主要包括：设计资料、竣工资料以及其他与安全生产有关的文件、资料和记录。 检查方法：抽查安全生产档案		

（续）

序号	检查项目	安全设施类别	检查类别	检查内容、检查方法	存在问题	检查结果
2.2	图纸资料		△	检查内容：矿山企业是否具备下列图纸，并根据实际情况的变化即时更新：矿区地形地质和水文地质图，井上、井下对照图，中段平面图，通风系统图，提升运输系统图，风、水管网系统图，充填系统图，井下通信系统图，井上、井下配电系统图和井下电气设备布置图、井下避灾路线图。 检查方法：抽查相关图纸		
	子项验收结论					
3	教育培训		△	检查内容：矿山企业是否对职工进行安全生产教育和培训，未经安全生产教育和培训合格的不应上岗作业；新进地下矿山的作业人员，是否进行了不少于72 h的安全教育和考试合格，并由老工人带领工作至少4个月；调换工种的人员，是否进行了新岗位安全操作的培训。 检查方法：抽查培训资料		
4	安全管理机构及人员资格					
4.1	安全管理机构		■	检查内容：矿山企业是否设置安全生产管理机构或者配备专职安全生产管理人员。 检查方法：查阅企业安全管理机构设置文件及安全管理人员任职文件		
4.2	特种作业人员		△	检查内容：特种作业人员是否按照国家有关规定经专门的安全作业培训，取得相应资格。 检查方法：查阅特种作业人员的资格证书		
5	个体防护		△	检查内容：矿山企业是否为从业人员提供符合国家标准或者行业标准的劳动防护用品，并监督、教育从业人员按照使用规则佩戴、使用。 检查方法：查阅台账和发放记录，现场抽查佩戴使用情况		
6	安全标志		△	检查内容：矿山企业的要害岗位、重要设备和设施及危险区域，是否根据其可能出现的事故模式，设施相应的符合《矿山安全标志》(GB 14161）要求的安全警示标志。 检查方法：现场抽查		
7	工伤保险		△	检查内容：矿山企业是否为从业人员办理工伤保险或安全生产责任保险、雇主责任保险。 检查方法：查阅保险缴纳证明		
8	应急救援					
8.1	应急预案		△	检查内容：矿山企业是否根据存在风险的种类、事故类型和重大危险源的情况制定综合应急预案和相应的专项应急预案，风险性较大的重点岗位是否制定现场处置方案；应急预案是否经过评审，并向当地县级以上安全生产监督管理部门备案。 检查方法：查阅应急预案及评审备案资料		
8.2	应急组织与设施		△	检查内容：矿山企业是否建立由专职或兼职人员组成的事故应急救援组织，配备必要的应急救援器材和设备；生产规模较小不必建立事故应急救援组织的，是否指定兼职的应急救援人员，并与临近的事故救援组织签订救援协议。 检查方法：查阅相关人员名单、器材设备清单、救援协议		
8.3	应急演练		△	检查内容：矿山企业是否制定应急预案演练计划。 检查方法：查阅演练计划及演练记录		
	子项验收结论					

附件 2：

金属非金属露天矿山建设项目安全设施竣工验收表

1. 本验收表依据《金属非金属矿山建设项目安全设施目录（试行）》（国家安全监管总局令第 75 号）及《金属非金属矿山建设项目安全设施设计编写提纲》（安监总管一〔2015〕68 号）编制，用于金属非金属露天矿山建设项目竣工投入生产前，矿山企业组织验收组对建设项目安全设施进行竣工验收。

2. 检查类别中，“■”表示该项为否决项，“△”表示为一般项。

3. 验收中以安全监管部门审查批复的安全设施设计（含设计变更，下同）为检查的对照标准，安全设施设计中未涉及的内容，以国家有关安全生产的法律法规、标准和规范性文件为检查的对照标准。

4. 检查方法分为查阅有关资料、现场检查、现场抽查三种。有关资料主要是指安全设施验收评价报告，以及检测检验报告、施工总结报告、竣工图、监理总结报告、隐蔽工程施工期间的影像资料等。要求进行现场抽查的项目，应按不低于 10% 的比例进行现场检查。

5. 检查结果分为“合格”和“不合格”两种。否决项必须全部合格，否则不予通过验收。

6. 本验收表为通用性竣工验收表，实际过程中可根据建设项目特点进行增加与删减。

一、程序符合性

年　　月　　日　　　　　　　　　　　　　　　　验收人（签字）：

序号	检 查 项 目	安全设施类别	检查类别	检查内容、检查方法	存在问题	检查结果
1	“三同时”情况					
1.1	安全设施设计		■	检查内容：安全设施设计是否经过相应的安全监管部门审批，存在重大变更的，是否经原审查部门审查同意。 检查方法：查阅安全设施设计批复文件及重大设计变更批复文件		
1.2	项目完工情况		■	检查内容：建设项目竣工验收前，是否按照批准的安全设施设计内容完成全部的安全设施，单项工程验收合格，具备安全生产条件，并提交自查报告。 检查方法：查阅单项工程验收资料、自查报告		
1.3	安全设施验收评价		■	检查内容：是否具有资质的安全评价机构进行安全设施验收评价，且评价结论为具备安全验收条件。 检查方法：查阅安全设施验收评价报告		
	子项验收结论					
2	相关单位资质					
2.1	施工单位		■	检查内容：安全设施是否由具有相应资质的施工单位施工。 检查方法：查阅施工单位资质证书		
2.2	监理单位		△	检查内容：施工过程是否由具有相应资质的监理单位进行监理。 检查方法：查阅监理单位资质证书		
	子项验收结论					

二、露天采场

年　月　日　　　　验收人（签字）：

序号	检查项目	安全设施类别	检查类别	检查内容、检查方法	存在问题	检查结果
1	安全平台、清扫平台、运输平台的宽度、台阶高度、台阶坡面角	基本	△	检查内容：安全平台、清扫平台和运输平台的宽度，以及台阶高度、台阶坡面角大小是否与批复的安全设施设计一致。 检查方法：查阅安全设施验收评价报告、现场抽查		
2	安全加固及防护					
2.1	露天采场边坡、道路边坡、破碎站和工业场地边坡的安全加固及防护措施	基本	△	检查内容：边坡的安全加固及防护措施是否与批复的安全设施设计一致。 检查方法：查阅安全设施验收评价报告、现场抽查		
2.2	水溶开采时，有害有毒气体积聚处采取的措施	专用	△	检查内容：采取的措施是否与批复的安全设施设计一致。 检查方法：查阅安全设施验收评价报告、现场抽查		
2.3	水力开采运矿沟槽上的盖板或金属网	专用	△	检查内容：盖板或金属网设置是否与批复的安全设施设计一致。 检查方法：查阅安全设施验收评价报告、现场抽查		
2.4	挖掘船上的救护设备	专用	△	检查内容：救护设备的配置是否与批复的安全设施设计一致。 检查方法：查阅安全设施验收评价报告、现场抽查		
2.5	挖掘船开采时，作业人员的救生器材	专用	△	检查内容：救生器材的配置是否与批复的安全设施设计一致。 检查方法：查阅安全设施验收评价报告、现场抽查		
	子项验收结论					
3	露天矿边界管理					
3.1	设计规定保留的矿（岩）体或矿段	基本	△	检查内容：保留范围与实际开采范围对比。 检查方法：查阅安全设施验收评价报告、现场抽查		
3.2	露天采场所设的边界安全护栏	专用	△	检查内容：采场边界安全护栏设置是否与批复的安全设施设计一致。 检查方法：查阅安全设施验收评价报告、现场抽查		
	子项验收结论					
4	废弃巷道、采空区和溶洞					
4.1	矿山已有废弃巷道、采空区和溶洞充填、封堵或隔离措施	专用	△	检查内容：充填、封堵或隔离措施是否与批复的安全设施设计一致。 检查方法：查阅安全验收评价报告、现场抽查		
4.2	地下开采转为露天开采时，地下巷道和采空区充填、封堵或隔离措施	专用	△	检查内容：充填、封堵或隔离措施是否与批复的安全设施设计一致。 检查方法：查阅安全验收评价报告、现场抽查		
	子项验收结论					
5	采场边坡监测	专用	△	检查内容：边坡监测设施是否与批复的安全设施设计一致。 检查方法：查阅安全验收评价报告或现场抽查		
	子项验收结论					

三、矿山开拓运输

年 月 日 验收人（签字）：

序号	检查项目	安全设施类别	检查类别	检查内容、检查方法	存在问题	检查结果
1	公路运输					
1.1	道路参数	基本	△	检查内容：运输道路等级、道路参数（包括宽度、坡度、最小转弯半径、缓坡段等）是否与批复的安全设施设计一致。 检查方法：查阅安全设施验收评价报告、现场抽查		
1.2	警示标志	专用	△	检查内容：道路的急弯、陡坡、危险地段的警示标志的设置是否符合国家的有关规定。 检查方法：查阅安全设施验收评价报告、现场抽查		
1.3	护栏及挡车墙（堆）	专用	△	检查内容：山坡填方的弯道、坡度较大的填方地段以及高堤路基路段，外侧护栏、挡车墙（堆）等的设置是否与批复的安全设施设计一致。 检查方法：查阅安全设施验收评价报告、现场抽查		
1.4	避让道	专用	△	检查内容：主要运输道路及联络道的长大坡道，汽车避让道的设置是否与批复的安全设施设计一致。 检查方法：查阅安全设施验收评价报告、现场抽查		
1.5	紧急避险道	专用	△	检查内容：连续长陡下坡路段，危及运行安全处紧急避险车道的设置是否与批复的安全设施设计一致。 检查方法：查阅安全设施验收评价报告、现场抽查		
1.6	卸载点安全挡车设施	专用	△	检查内容：卸矿平台（包括溜井口、栈桥卸矿口等处）的调车宽度、卸矿地点挡车设施的设置及其高度是否与批复的安全设施设计一致。 检查方法：查阅安全设施验收评价报告、现场抽查		
1.7	照明系统	基本	△	检查内容：夜间运输的生产道路照明系统是否与批复的安全设施设计一致。 检查方法：查阅安全设施验收评价报告、现场抽查		
	子项验收结论					
2	铁路运输					
2.1	铁路运输线路的技术参数	基本	△	检查内容求：铁路运输线路的技术参数是否与批复的安全设施设计一致。 检查方法：查阅安全设施验收评价报告、现场抽查		
2.2	安全线，避让线，制动检查所	基本	△	检查内容：铁路的安全线，避让线，制动检查所、用于甩挂、停放制动失灵车辆所需的站线是否与批复的安全设施设计一致。 检查方法：查阅安全设施验收评价报告、现场抽查		
2.3	道口护栏、警示报警	专用	△	检查内容：有人看守道口看守房以及栏杆、通信、自动道口信号装置等安全预警设备，无人看守道口警示报警设施，自动信号和道口监护设施的设置是否与批复的安全设施设计一致。 检查方法：查阅安全设施验收评价报告、现场抽查		
2.4	安全栅网、防护网	专用	△	检查内容：电气化铁路道口处铁路两侧设置限界架、大桥及跨线桥跨越铁路电网的相应部位的安全栅网、跨线桥两侧防止矿车落石的防护网的设置是否与批复的安全设施设计一致。 检查方法：查阅安全设施验收评价报告、现场抽查		

（续）

序号	检查项目	安全设施类别	检查类别	检查内容、检查方法	存在问题	检查结果
2.5	线路护轮轨	基本	△	检查内容：铁路线路护轮轨的设置是否与批复的安全设施设计一致。 检查方法：查阅安全设施验收评价报告、现场抽查		
2.6	防溜设施	基本	△	检查内容：站线坡度大于2.5‰（滚动轴承车辆大于1.5‰，窄轨大于3‰）的坡道上进行甩车作业时的防溜设施是否与批复的安全设施设计一致。 检查方法：查阅安全设施验收评价报告、现场抽查		
2.7	减速器、阻车器	基本	△	检查内容：沿线减速器或阻车器的设置是否与批复的安全设施设计一致。 检查方法：查阅安全设施验收评价报告、现场抽查		
2.8	车挡与警示标志	专用	△	检查内容：铁路尽头线的终端车挡与警示标志是否与批复的安全设施设计一致。 检查方法：查阅安全设施验收评价报告、现场抽查		
2.9	防爬设施	专用	△	检查内容：陡坡铁路运输时的线路防爬设施（含防爬器、抗滑桩等）的设置是否与批复的安全设施设计一致。 检查方法：查阅安全设施验收评价报告、现场抽查		
2.10	曲线轨道加固措施	专用	△	检查内容：曲线地段的轨距杆或轨撑是否与批复的安全设施设计一致。 检查方法：查阅安全设施验收评价报告、现场抽查		
	子项验收结论					
3	平硐溜井运输					
3.1	卸矿安全挡车设施、安全护栏	专用	△	检查内容：溜井的卸矿口挡墙，标志、照明和安全护栏的设置是否与批复的安全设施设计一致。 检查方法：查阅安全设施验收评价报告、现场抽查		
3.2	人行道	基本	△	检查或：运输平硐内人行道宽度、高度是否与批复的安全设施设计一致。 检查方法：查阅安全设施验收评价报告、现场抽查		
3.3	照明设施和联络信号	基本	△	检查内容：平硐内照明设施和联络信号设置是否与批复的安全设施设计一致。 检查方法：查阅安全设施验收评价报告、现场抽查		
3.4	安全通道	基本	△	检查内容：放矿系统的操作室的安全通道是否与批复的安全设施设计一致。 检查方法：查阅安全设施验收评价报告、现场抽查		
	子项验收结论					
4	带式输送机运输					
4.1	胶带输送机系统的各种闭锁和保护装置	基本	△	检查内容：装料点和卸料点的空仓、满仓等保护装置，声光报警信号装置及带式输送机连锁装置，带式输送机防胶带撕裂、断带、防跑偏、防止过速、防止过载、防止打滑、防止大块冲击等保护装置，带式输送机的制动装置、胶带清扫装置、线路上的信号、电气联锁和停车装置；烟雾报警装置、软启动装置以及上行的带式输送机的防逆转装置是否与批复的安全设施设计一致。 检查方法：查阅安全设施验收评价报告、闭锁和机械保护装置的检测检验报告、现场抽查		

（续）

序号	检查项目	安全设施类别	检查类别	检查内容、检查方法	存在问题	检查结果
4.2	胶带输送机系统的电气保护装置	基本	△	检查内容：带式输送机驱动系统供配电主回路的断路、短路、漏电、欠压、过流、缺相、接地等保护装置是否与批复的安全设施设计一致。 检查方法：查阅安全验收评价报告、电气保护装置的安全检测检验报告、现场抽查		
4.3	设备的安全护罩	专用	△	检查内容：设备的安全护罩的设置是否与批复的安全设施设计一致。 检查方法：查阅安全设施验收评价报告、现场抽查		
4.4	安全护栏	专用	△	检查内容：平台、检修吊装孔等的安全护栏的设置是否与批复的安全设施设计一致。 检查方法：查阅安全设施验收评价报告、现场抽查		
4.5	梯子、扶手	专用	△	检查内容：梯子、扶手的设置是否与批复的安全设施设计一致。 检查方法：查阅安全设施验收评价报告、现场抽查		
	子项验收结论					
5	架空索道运输					
5.1	架空索道的承载钢丝绳和牵引钢丝绳	基本	△	检查内容：承载钢丝绳和牵引钢丝绳的型号、规格、数量及连接装置是否与批复的安全设施设计一致；钢丝绳的拉断、弯曲和扭转试验，钢丝绳定期检查、更换是否符合国家有关规定。 检查方法：查阅安全设施验收评价报告、现场抽查		
5.2	架空索道的制动系统	基本	■	检查内容：架空索道的工作制动、安全制动系统的安全检测检验是否符合国家有关规定。 检查方法：查阅安全设施验收评价报告、架空索道的工作制动、安全制动系统的安全检测检验报告		
5.3	架空索道的控制系统	基本	△	检查内容：架空索道的主驱动系统、紧急驱动系统、速度显示装置、客（货）车减速装置、断绳监控装置、双牵引索道的差速和差长监控装置、牵引索鞭打或缠绕承载索的监控装置、单线索道的抱索状态监控装置是否与批复的安全设施设计一致；架空索道的控制系统安全检测检验是否符合国家有关规定。 检查方法：查阅安全验收评价报告、架空索道的控制系统安全检测检验报告、现场抽查		
5.4	线路经过厂区、居民区、铁路、道路时的安全防护措施	专用	△	检查内容：索道线路经过厂区、居民区、铁路、道路时的安全防护装置是否与批复的安全设施设计一致。 检查方法：查阅安全设施验收评价报告、现场抽查		
5.5	线路与电力、通信架空线交叉时的安全防护措施	专用	△	检查内容：索道线路与电力、通信架空线路交叉时的安全防护措施是否与批复的安全设施设计一致。 检查方法：查阅安全设施验收评价报告、现场抽查		
5.6	站房安全护栏	专用	△	检查内容：站房内安全护栏的设置是否与批复的安全设施设计一致。 检查方法：查阅安全设施验收评价报告、现场抽查		
	子项验收结论					
6	斜坡卷扬运输					

（续）

序号	检查项目	安全设施类别	检查类别	检查内容、检查方法	存在问题	检查结果
6.1	提升装置，包括制动系统、控制系统	基本	■	提升设备型号、规格和数量，提升系统保护装置包括防止过卷、防止过速、过负荷和欠电压、限速、深度指示器失效、闸间隙、松绳、满仓、减速功能等保护装置，最大载重量或最大载人数量、严禁超载标识，安全制动系统、控制及视频监控系统是否与批复的安全设施设计一致。 检查方法：现场检查		
6.2	提升钢丝绳及其连接装置	基本	△	检查内容：钢丝绳的型号、规格、数量及连接装置是否与批复的安全设施设计一致；钢丝绳的拉断、弯曲和扭转试验，钢丝绳定期检查、更换是否符合国家有关规定。 检查方法：查阅安全验收评价报告、《钢丝绳的拉断、弯曲和扭转试验报告》、现场抽查		
6.3	提升容器（包括箕斗、矿车和人车）	基本	△	检查内容：斜井人车的断绳保险器，矿车的型号规格、串车组矿车数量是否与批复的安全设施设计一致。斜井人车的断绳保险器和斜坡箕斗检测检验是否符合国家有关规定。 检查方法：查阅安全验收评价报告、《检测检验报告》、现场抽查		
6.4	阻车器、安全挡车设施	专用	△	检查内容：阻车器、安全挡车的设置是否与批复的安全设施设计一致。 检查方法：查阅安全设施验收评价报告、现场抽查		
6.5	斜坡轨道两侧的堑沟、安全隔挡设施	专用	△	检查内容：斜坡轨道两侧的堑沟、安全隔挡的设置是否与批复的安全设施设计一致。 检查方法：查阅安全设施验收评价报告、现场抽查		
6.6	防止跑车装置	专用	△	检查内容：防跑车保护装置是否与批复的安全设施设计一致；防跑车安全检测检验是否符合国家有关规定。 检查方法：查阅安全验收评价报告、《检测检验报告》、现场抽查		
6.7	防止钢轨及轨梁整体下滑的措施	专用	△	检查内容：斜坡轨道两侧的堑沟、安全隔挡的设置是否与批复的安全设施设计一致。 检查方法：查阅安全设施验收评价报告、现场抽查		
	子项验收结论					

四、防排水

年　　月　　日　　　　　　　　　　　　　　　　　　　　验收人（签字）：

序号	检查项目	安全设施类别	检查类别	检查内容、检查方法	存在问题	检查结果
1	河流改道工程及河床加固					
1.1	导流堤	基本	△	检查内容：导流堤的设置与参数是否与批复的安全设施设计一致。 检查方法：查阅安全设施验收评价报告、现场抽查		
1.2	明沟	基本	△	检查内容：明沟的设置与参数是否与批复的安全设施设计一致。 检查方法：查阅安全设施验收评价报告、现场抽查		

（续）

序号	检查项目	安全设施类别	检查类别	检查内容、检查方法	存在问题	检查结果
1.3	隧洞	基本	△	检查内容：隧洞的设置与参数是否与批复的安全设施设计一致。 检查方法：查阅安全设施验收评价报告、现场抽查		
1.4	桥涵	基本	△	检查内容：桥涵的设置与参数是否与批复的安全设施设计一致。 检查方法：查阅安全设施验收评价报告、现场抽查		
1.5	河床加固工程	基本	△	检查内容：河床加固工程设置与参数是否与批复的安全设施设计一致。 检查方法：查阅安全设施验收评价报告或现场抽查		
	子项验收结论					
2	地表截排水工程					
2.1	地表截水沟	基本	△	检查内容：地表截水沟的设置与参数是否与批复的安全设施设计一致。 检查方法：查阅安全设施验收评价报告、现场抽查		
2.2	地表排洪沟（渠）	基本	△	检查内容：地表排洪沟（渠）的设置与参数是否与批复的安全设施设计一致。 检查方法：查阅安全设施验收评价报告、现场抽查		
2.3	防洪堤	基本	△	检查内容：防洪堤的设置与参数是否与批复的安全设施设计一致。 检查方法：查阅安全设施验收评价报告、现场抽查		
	子项验收结论					
3	地下水疏/堵工程及设施					
3.1	疏干井	基本	△	检查内容：疏干井布置形式、孔径、孔数、深度、间距、过滤器类型、抽水设备及泵房等辅助设施是否与批复的安全设施设计一致。 检查方法：查阅安全设施验收评价报告、现场抽查		
3.2	放水孔	基本	△	检查内容：放水孔的布置形式、孔径、孔数、深度及孔口装置等是否与批复的安全设施设计一致。 检查方法：查阅安全设施验收评价报告、现场抽查		
3.3	疏干巷道	基本	△	检查内容：疏干巷道的布置、断面尺寸、纵坡度、水沟等是否与批复的安全设施设计一致。 检查方法：查阅安全设施验收评价报告、现场抽查		
3.4	防渗帷幕	基本	△	检查内容：防渗帷幕的结构形式、布置形式、注浆工艺、注浆材料、帷幕厚度、堵水效果及检验方法等是否与批复的安全设施设计一致。 检查方法：查阅安全设施验收评价报告、现场抽查		
3.5	防水矿柱	基本	■	检查内容：防水矿柱的设置是否与批复的安全设施设计一致。 检查方法：查阅安全设施验收评价报告、现场检查		
3.6	疏干设备	基本	△	检查内容：疏干设备的型号、数量等是否与批复的安全设施设计一致。 检查方法：查阅安全设施验收评价报告、现场抽查		
3.7	截渗墙	基本	△	检查内容：截渗墙的布置形式、厚度、堵水效果是否与批复的安全设施设计一致。 检查方法：查阅安全设施验收评价报告、现场抽查		

（续）

序号	检查项目	安全设施类别	检查类别	检查内容、检查方法	存在问题	检查结果
3.8	防水门	专用	△	检查内容：位置、数量、设防水头、抗压强度等是否与批复的安全设施设计一致。 检查方法：现场抽查		
	子项验收结论					
4	地下水头（水位）、涌水量监测设施					
4.1	地下水头（水位）监测设施	专用	△	检查内容：地下水头（水位）监测设施的位置、数量。 检查方法：查阅安全验收评价报告或现场抽查		
4.2	涌水量监测设施	专用	△	检查内容：涌水量监测设施的位置、测量方式等。 检查方法：查阅安全验收评价报告或现场抽查		
	子项验收结论					
5	排水系统					
5.1	水泵	基本	△	检查内容：水泵的型号和数量等是否与批复的安全设施设计一致。 检查方法：查阅安全设施验收评价报告、现场抽查		
5.2	管路	基本	△	检查内容：管路的管径、壁厚等是否与批复的安全设施设计一致。 检查方法：查阅安全设施验收评价报告、现场抽查		
	子项验收结论					

五、供配电及通信系统

年　月　日　　　　　　　　　　　　验收人（签字）：

序号	检查项目	安全设施类别	检查类别	检查内容、检查方法	存在问题	检查结果
1	供配电系统					
1.1	矿山电源、线路、地面和井下供配电系统	基本	■	检查内容：矿山上一级电源、线路回路数、配电级数、线路型号、规格、线路压降、主变压器容量是否与批复的安全设施设计一致。 检查方法：查阅安全设施验收评价报告，现场检查		
1.2	各级配电电压等级	基本	△	检查内容：各级配电电压等级是否与批复的安全设施设计一致。 检查方法：查阅安全设施验收评价报告		
1.3	高、低压供配电中性点接地方式	基本	△	检查内容：中性点接地方式是否与批复的安全设施设计一致。 检查方法：查阅安全设施验收评价报告、现场抽查		
	子项验收结论					
2	电气设备					
2.1	电气设备类型	基本	△	检查内容：高压开关柜、软启动柜、变压器等电气设备型号、规格是否与批复的安全设施设计一致。 检查方法：查阅安全设施验收评价报告、现场抽查		

（续）

序号	检查项目	安全设施类别	检查类别	检查内容、检查方法	存在问题	检查结果
2.2	排水系统的供配电设施	基本	△	检查内容：高压开关柜、软启动柜、变压器等电气设备型号、规格是否与批复的安全设施设计一致。 检查方法：查阅安全设施验收评价报告、现场抽查		
2.3	变、配电室的金属丝网门	基本	△	检查内容：变、配电室的金属丝网门的设置是否与批复的安全设施设计一致。 检查方法：查阅安全设施验收评价报告、现场抽查		
	子项验收结论					
3	架空线路及电缆					
3.1	采场架空线路	基本	△	检查内容：检查架空线路载流导体型号、规格是否与批复的安全设施设计一致。 检查方法：查阅安全设施验收评价报告		
3.2	高、低压电缆	基本	△	检查内容：检查环行线、采场内架空线、向移动式设备以及照明线路的高低压电缆型号、规格是否与批复的安全设施设计一致。 检查方法：查阅安全设施验收评价报告		
	子项验收结论					
4	防雷及电气保护					
4.1	地面建筑物防雷设施	专用	△	检查内容：防雷等级，避雷装置型式、引下线数量、接地板配置是否与批复的安全设施设计一致。 检查方法：查阅安全设施验收评价报告和防雷防静电检测报告、现场抽查		
4.2	架空线路防雷设施	基本	△	检查内容：避雷器的位置、避雷器的型号、数量是否与批复的安全设施设计一致。 检查方法：查阅安全设施验收评价报告、现场抽查		
4.3	高压供配电系统继电保护装置	基本	△	检查内容：继电保护装置是否与批复的安全设施设计一致。 检查方法：查阅安全设施验收评价报告、设备调试记录、试验报告		
4.4	低压配电系统故障（间接接触）防护设施	专用	△	检查内容：低压配电系统故障（间接接触）防护设施是否与批复的安全设施设计一致。 检查方法：查阅安全设施验收评价报告、现场抽查		
4.5	裸带电体基本（直接接触）防护设施	专用	△	检查内容：裸带电体基本（直接接触）防护设施是否与批复的安全设施设计一致。 检查方法：查阅安全设施验收评价报告、现场抽查		
	子项验收结论					
5	接地系统					
5.1	接地	基本	△	检查内容：36 V以上及由于绝缘损坏而带有危险电压的电气装置、设备的外露可导电部分和构架的接地设施是否与批复的安全设施设计一致。 检查方法：查阅安全设施验收评价报告、现场抽查		
5.2	接地电阻	基本	△	检查内容：有2组及以上主接地极时，当任一组主接地极断开后，在架空接地线上任一点所测得的对地电阻值以及移动式设备与架空接地线之间的接地线电阻值是否与批复的安全设施设计一致。 检查方法：查阅安全设施验收评价报告、现场抽查		

（续）

序号	检查项目	安全设施类别	检查类别	检查内容、检查方法	存在问题	检查结果
5.3	总接地网、主接地极	基本	△	检查内容：采矿场和排废场主接地极组数、设置地点，架空接地线材质、规格及与配电线路的布置关系、距离，移动式电气设备接地线配置是否与批复的安全设施设计一致。 检查方法：查阅安全设施验收评价报告、现场抽查		
	子项验收结论					
6	牵引网络					
6.1	直流牵引变电所电气保护设施	基本	△	检查内容：直流出线快速开关型号、规格，开关动作电流整定值，标准轨距主要馈出线自动重合闸装置是否与批复的安全设施设计一致。 检查方法：查阅安全设施验收评价报告		
6.2	直流牵引网络安全措施	基本	△	检查内容：接触线最大弛度时距轨面高度是否与批复的安全设施设计一致。 检查方法：查阅安全设施验收评价报告		
6.3	爆炸危险场所电机车轨道电气的安全措施	基本	△	检查内容：轨道是否作回流导体、钢轨与回流钢轨连接处的轨道绝缘数量，距离是否与批复的安全设施设计一致。 检查方法：查阅安全设施验收评价报告、现场抽查		
6.4	牵引变电所接地设施	专用	△	检查内容：整流装置、直流配电装置是否接地、与交流设备金属连接情况、接地装置电阻值是否与批复的安全设施设计一致。 检查方法：查阅安全设施验收评价报告、现场抽查		
	子项验收结论					
7	照明					
7.1	采矿场和排土场照明设施	基本	△	检查内容：设置照明的地点、照明灯具型号、数量是否与批复的安全设施设计一致。 检查方法：查阅安全设施验收评价报告		
7.2	采场变、变配电室应急照明设施	专用	△	检查内容：应急照明布置和照度是否与批复的安全设施设计一致。 检查方法：查阅安全设施验收评价报告		
	子项验收结论					
8	通信					
8.1	通信联络系统	专用	△	检查内容：通信联络系统的种类、数量、安装位置、电缆敷设是否与批复的安全设施设计一致。 检查方法：查阅安全设施验收评价报告或现场抽查		
8.2	信号系统	专用	△	检查内容：运输道路信号系统的设备种类、数量、安装位置、电缆敷设是否与批复的安全设施设计一致。 检查方法：查阅安全设施验收评价报告、现场抽查		
8.3	监测监控系统	专用	△	检查内容：监视监控系统的设备种类、数量、安装位置是否与批复的安全设施设计一致。 检查方法：查阅安全设施验收评价报告、现场抽查		
	子项验收结论					

六、排土场

年　　月　　日　　　　　　　　　　　　　　　　　　　　　　　　　　验收人（签字）：

序号	检查项目	安全设施类别	检查类别	检查内容、检查方法	存在问题	检查结果
1	排土场场址					
1.1	场址	基本	■	检查内容：排土场场址是否与批复的安全设施设计一致。 检查方法：查阅安全设施验收评价报告、现场检查		
1.2	底部排渗设施	专用	△	检查内容：排土场软弱土层处理和底部排渗设施是否与批复的安全设施设计一致。 检查方法：查阅安全设施验收评价报告		
	子项验收结论					
2	排土工艺					
2.1	安全平台、阶段高度、总堆置高度、总边坡角	基本	△	检查内容：排土场排土工艺、排土顺序、排土场阶段高度、总堆置高度、安全平台宽度、总边坡角、废石滚落可能的最大距离、相邻阶段同时作业的超前堆置距离等参数是否与批复的安全设施设计一致。 检查方法：查阅安全设施验收评价报告、现场抽查		
2.2	铁路车挡	专用	△	检查内容：铁路独头卸载线端部车挡，车挡的拦挡指示和红色夜光警示牌，独头线的起点和终点障碍指示器的设置是否与批复的安全设施设计一致。 检查方法：查阅安全设施验收评价报告、现场抽查		
2.3	挡车设施	专用	△	检查内容：汽车排土卸载平台边缘挡车设施的设置是否与批复的安全设施设计一致。 检查方法：查阅安全设施验收评价报告、现场抽查		
	子项验收结论					
3	截（排）水设施					
3.1	截水沟	基本	△	检查内容：截水沟的宽度、纵坡度、边坡系数及砌护类型是否与批复的安全设施设计一致。 检查方法：查阅安全设施验收评价报告、现场抽查		
3.2	排水沟	基本	△	检查内容：排水沟的宽度、纵坡度、边坡系数及砌护类型是否与批复的安全设施设计一致。 检查方法：查阅安全设施验收评价报告、现场抽查		
3.3	排水隧洞	基本	△	检查内容：排水隧洞的宽度、高度、纵坡度及砌护类型是否与批复的安全设施设计一致。 检查方法：查阅安全设施验收评价报告、现场抽查		
3.4	截洪坝	基本	△	检查内容：截洪坝的坝顶标高、堤顶宽度、边坡系数、填筑及砌护类型是否与批复的安全设施设计一致。 检查方法：查阅安全设施验收评价报告、现场抽查		
	子项验收结论					
4	排土场安全措施					
4.1	堆石坝等拦挡防护措施	基本	△	检查内容：排土场滚石、泥石流、滑坡等灾害防治措施的实施情况，包括设计堆石坝等拦挡措施的实施情况，其他相关安全保证措施的落实情况是否与批复的安全设施设计一致。 检查方法：查阅安全设施验收评价报告、现场抽查		
4.2	地基处理措施	专用	△	检查内容：地基处理措施是否与批复的安全设施设计一致。 检查方法：查阅安全设施验收评价报告		

（续）

序号	检查项目	安全设施类别	检查类别	检查内容、检查方法	存在问题	检查结果
4.3	排土场监测	专用	△	检查内容：排土场边坡监测设置是否与批复的安全设施设计一致。 检查方法：查阅安全设施验收评价报告、现场抽查		
	子项验收结论					

七、安全管理

年　　月　　日　　　　　　　　　　　　　　验收人（签字）：

序号	检查项目	安全设施类别	检查类别	检查内容、检查方法	存在问题	检查结果
1	规章制度与操作规程		△	检查内容：矿山企业是否建立健全以法定代表人负责制为核心的各级安全生产责任制，健全完善安全目标管理、安全例会、安全检查、安全教育培训、生产技术管理、机电设备管理、劳动管理、安全费用提取与使用、重大危险源监控、安全生产隐患排查治理、安全技术措施审批、劳动防护用品管理、生产安全事故报告和应急管理、安全生产奖惩、安全生产档案管理等制度，以及各类安全技术规程、操作规程等。 检查方法：抽查相关规章制度和规程		
2	安全生产档案					
2.1	档案类别		△	检查内容：安全生产档案是否齐全，主要包括：设计资料、竣工资料以及其他与安全生产有关的文件、资料和记录。 检查方法：抽查安全生产档案		
2.2	图纸资料		△	检查内容：矿山企业是否具备下列图纸，并根据实际情况的变化及时更新：矿区地形地质图，采剥工程年末图，防排水系统及排水设备布置图。 检查方法：抽查相关图纸		
	子项验收结论					
3	教育培训		△	检查内容：矿山企业是否对职工进行安全生产教育和培训，未经安全生产教育和培训合格的不应上岗作业；新进露天矿山的作业人员，是否进行了不少于40 h的安全教育，并经考试合格；调换工种的人员，是否进行了新岗位安全操作的培训。 检查方法：抽查培训资料		
4	安全管理机构及人员资格					
4.1	安全管理机构		■	检查内容：矿山企业是否设置安全生产管理机构或者配备专职安全生产管理人员。 检查方法：查阅企业安全管理机构设置文件及安全管理人员任职文件		
4.2	特种作业人员		△	检查内容：特种作业人员是否按照国家有关规定经专门的安全作业培训，取得相应资格。 检查方法：查阅特种作业人员的资格证书		
5	个体防护		△	检查内容：矿山企业是否为从业人员提供符合国家标准或者行业标准的劳动防护用品，并监督、教育从业人员按照使用规则佩戴、使用。 检查方法：查阅台账和发放记录，现场抽查佩戴使用情况		

（续）

序号	检查项目	安全设施类别	检查类别	检查内容、检查方法	存在问题	检查结果
6	安全标志		△	检查内容：矿山企业的要害岗位、重要设备和设施及危险区域，是否根据其可能出现的事故模式，设施相应的符合 GB 14161 要求的安全警示标志。 检查方法：现场抽查		
7	工伤保险		△	检查内容：矿山企业是否为从业人员办理工伤保险或安全生产责任保险、雇主责任保险。 检查方法：查阅保险缴纳证明		
8	应急救援					
8.1	应急预案		△	检查内容：矿山企业是否根据存在风险的种类、事故类型和重大危险源的情况制定综合应急预案和相应的专项应急预案，风险性较大的重点岗位是否制定现场处置方案；应急预案是否经过评审，并向当地县级以上安全生产监督管理部门备案。 检查方法：查阅应急预案及评审备案资料		
8.2	应急组织与设施		△	检查内容：矿山企业是否建立由专职或兼职人员组成的事故应急救援组织，配备必要的应急救援器材和设备；生产规模较小不必建立事故应急救援组织的，是否指定兼职的应急救援人员，并与临近的事故救援组织签订救援协议。 检查方法：查阅相关人员名单、器材设备清单、救援协议		
8.3	应急演练		△	检查内容：矿山企业是否制定应急预案演练计划。 检查方法：查阅演练计划及演练记录		
	子项验收结论					

附件3：

金属非金属矿山尾矿库建设项目安全设施竣工验收表

1. 本验收表依据《金属非金属矿山建设项目安全设施目录（试行）》（国家安全监管总局令第75号）及《金属非金属矿山建设项目安全设施设计编写提纲》（安监总管一〔2015〕68号）编制，用于金属非金属矿山尾矿库建设项目竣工投入生产前，矿山企业组织验收组对建设项目安全设施进行竣工验收。

2. 检查类别中，“■”表示该项为否决项，“△”表示为一般项。

3. 验收中以安全监管部门审查批复的安全设施设计（含设计变更，下同）为检查的对照标准，安全设施设计中未涉及的内容，以国家有关安全生产的法律法规、标准和规范性文件为检查的对照标准。

4. 检查方法分为查阅有关资料、现场检查、现场抽查三种。有关资料主要是指安全设施验收评价报告，以及检测检验报告、施工总结报告、竣工图、监理总结报告、隐蔽工程施工期间的影像资料等。要求进行现场抽查的项目，应按不低于10%的比例进行现场检查。

5. 检查结果分为“合格”和“不合格”两种。否决项必须全部合格，否则不予通过验收。

6. 本验收表为通用性竣工验收表，实际过程中可根据建设项目特点进行增加与删减。

一、程序符合性

年　　月　　日　　　　　　　　　　　　　　　　　　　　验收人（签字）：

序号	检查项目	安全设施类别	检查类别	检查内容、检查方法	存在问题	检查结果
1	“三同时”情况					
1.1	安全设施设计		■	检查内容：安全设施设计是否经过相应的安全监管部门审批；存在重大变更的，是否经原审查部门审查同意。 检查方法：查阅安全设施设计批复文件及重大设计变更批复文件		
1.2	项目完工及试运行		■	检查内容：建设项目竣工验收前，是否按照批准的《安全设施设计》完成全部的安全设施，单项工程验收合格，按规定进行试运行，具备安全生产条件，并提交自查报告。 检查方法：查阅单项工程验收资料、试运行资料、自查报告		
1.3	安全设施验收评价		■	检查内容：是否由具有资质的安全评价机构进行安全设施验收评价，且评价结论为符合安全验收条件。 检查方法：查阅安全设施验收评价报告及相关附件		
	子项验收结论					
2	相关单位资质					
2.1	施工单位		■	检查内容：安全设施是否由具有相应资质的施工单位施工。 检查方法：查阅施工单位资质证书		
2.2	监理单位		△	检查内容：施工过程是否由具有相应资质的监理单位进行监理。 检查方法：查阅监理单位资质证书、施工监理报告		
	子项验收结论					
3	工程地质勘察		△	检查内容：是否由具有相应资质地质勘察单位进行工程地质勘察。 检查方法：查阅地质勘察单位资质证书、工程地质勘察报告		
	子项验收结论					
4	建筑材料质量保证资料		△	检查内容：建筑材料有无具有出厂合格证，检测检验是否符合国家有关规定。 检查方法：查阅验收评价报告，建筑材料出厂合格证及其他由检测部门出具的检测合格报告		
	子项验收结论					

二、总平面布置

年　　月　　日　　　　　　　　　　　　　　　　　　　　验收人（签字）：

序号	检查项目	安全设施类别	检查类别	检查内容、检查方法	存在问题	检查结果
1	尾矿库地质灾害与雪崩防护设施					
1.1	尾矿库泥石流防护设施	专用	△	检查内容：尾矿库泥石流灾害防护设施是否与批复的安全设施设计一致。 检查方法：查阅安全设施验收评价报告		

（续）

序号	检查项目	安全设施类别	检查类别	检查内容、检查方法	存在问题	检查结果
1.2	库区滑坡治理设施	专用	△	检查内容：库区滑坡治理设施是否与批复的安全设施设计一致。 检查方法：查阅安全设施验收评价报告		
1.3	库区岩溶治理设施	专用	△	检查内容：库区岩溶治理设施是否与批复的安全设施设计一致。 检查方法：查阅安全设施验收评价报告		
1.4	高寒地区的雪崩防护设施	专用	△	检查内容：高寒地区的雪崩防护设施是否与批复的安全设施设计一致。 检查方法：查阅安全设施验收评价报告		
	子项验收结论					
2	尾矿库下游动迁情况	专用	■	检查内容：尾矿库下游是否按安全设施设计要求实施动迁。 检查方法：查阅安全设施验收评价报告、现场抽查		
	子项验收结论					

三、坝体工程

年　　月　　日　　　　　　　　　　　　　　验收人（签字）：

序号	检查项目	安全设施类别	检查类别	检查内容、检查方法	存在问题	检查结果
1	尾矿坝					
1.1	初期坝	基本	■	检查内容：坝址、坝体型式、结构尺寸、坝体的填筑指标、坝基处理等是否与批复的安全设施设计一致。 检查方法：现场检查		
1.2	堆积坝	基本	■	检查内容：坝体型式、结构尺寸、坝体的填筑指标、坝基处理等是否与批复的安全设施设计一致。 检查方法：现场检查		
1.3	副坝	基本	■	检查内容：坝址、坝体型式、结构尺寸、坝体的填筑指标、坝基处理等是否与批复的安全设施设计一致。 检查方法：现场检查		
1.4	挡水坝	基本	■	检查内容：坝址、坝体型式、结构尺寸、坝体的填筑指标、坝基处理等是否与批复的安全设施设计一致。 检查方法：现场检查		
1.5	一次建坝尾矿坝	基本	■	检查内容：坝址、坝体型式、结构尺寸、坝体的填筑指标、坝基处理等是否与批复的安全设施设计一致。 检查方法：现场检查		
	子项验收结论					
2	堆积坝坝面防护设施					

（续）

序号	检查项目	安全设施类别	检查类别	检查内容、检查方法	存在问题	检查结果
2.1	堆积坝护坡	基本	△	检查内容：坝面护坡的型式、结构尺寸等是否与批复的安全设施设计一致。 检查方法：查阅安全设施验收评价报告、现场抽查		
2.2	坝面排水沟	基本	△	检查内容：坝面排水沟的型式、结构尺寸是否与批复的安全设施设计一致。 检查方法：查阅安全设施验收评价报告、现场抽查		
2.3	坝肩截水沟	基本	△	检查内容：坝肩截水沟的型式、结构尺寸是否与批复的安全设施设计一致。 检查方法：查阅安全设施验收评价报告、现场抽查		
	子项验收结论					
3	尾矿坝坝体排渗设施					
3.1	贴坡排渗	专用	△	检查内容：贴坡排渗的范围、厚度，贴坡施工及反滤料的指标是否与批复的安全设施设计一致。 检查方法：查阅安全设施验收评价报告、现场抽查		
3.2	自流式排渗管	专用	△	检查内容：自流式排渗管的平面位置、数量、管材型式、结构尺寸是否与批复的安全设施设计一致。 检查方法：查阅安全设施验收评价报告、现场抽查		
3.3	管井排渗	专用	△	检查内容：管井排渗的平面位置、数量、管材型式、结构尺寸是否与批复的安全设施设计一致。 检查方法：查阅安全设施验收评价报告、现场抽查		
3.4	垂直－水平联合自流排渗	专用	△	检查内容：垂直－水平联合自流排渗的型式、平面位置，管材的型式、数量、结构尺寸是否与批复的安全设施设计一致。 检查方法：查阅安全设施验收评价报告、现场抽查		
3.5	虹吸排渗	专用	△	检查内容：虹吸排渗的平面位置、数量、管材型式、结构尺寸是否与批复的安全设施设计一致。 检查方法：查阅安全设施验收评价报告、现场抽查		
3.6	辐射井	专用	△	检查内容：辐射井的平面位置、数量、型式、结构尺寸，各部位的钢筋、混凝土的强度，混凝土的抗渗、抗冻、抗侵蚀性要求是否与批复的安全设施设计一致。 检查方法：查阅安全设施验收评价报告、现场抽查		
3.7	排渗褥垫	专用	△	检查内容：排渗褥垫的平面位置、厚度、型式、结构尺寸等，褥垫施工及反滤料的指标是否与批复的安全设施设计一致。 检查方法：查阅安全设施验收评价报告、现场抽查		
3.8	排渗盲沟（管）	专用	△	检查内容：排渗盲沟（管）的平面位置、数量、型式、结构尺寸，盲沟施工及反滤料的指标等是否与批复的安全设施设计一致。 检查方法：查阅安全设施验收评价报告、现场抽查		
	子项验收结论					

四、尾矿库库内排水设施

年　　月　　日　　　　　　　　　　　　　　　　　　　　　　　　　验收人（签字）：

序号	检查项目	安全设施类别	检查类别	检查内容、检查方法	存在问题	检查结果
1	排水井	基本	■	检查内容：排水井的平面位置、标高、数量、型式、结构尺寸，各部位的钢筋、混凝土的强度，混凝土抗渗、抗冻、抗侵蚀性，基坑处理情况是否与批复的安全设施设计一致。 检查方法：查阅安全设施验收评价报告、现场检查		
2	排水斜槽	基本	■	检查内容：排水斜槽的平面位置、标高、长度、型式、结构尺寸，各部位的钢筋、混凝土的强度，混凝土抗渗、抗冻、抗侵蚀性，基坑处理情况是否与批复的安全设施设计一致。 检查方法：查阅安全设施验收评价报告、现场检查		
3	排水隧洞	基本	■	检查内容：排水隧洞的布置、标高、长度、衬砌型式、结构尺寸，衬砌的钢筋、混凝土的强度，混凝土抗渗、抗冻、抗侵蚀性，锚杆材料及类型、直径、布置情况是否与批复的安全设施设计一致。 检查方法：查阅安全设施验收评价报告、现场检查		
4	排水管	基本	■	检查内容：排水管的平面位置、标高、长度、型式、结构尺寸，各部位的钢筋、混凝土的强度，混凝土抗渗、抗冻、抗侵蚀性，基坑处理情况是否与批复的安全设施设计一致。 检查方法：查阅安全设施验收评价报告、现场检查		
5	溢洪道	基本	■	检查内容：溢洪道的平面位置、标高、型式、结构尺寸，衬砌用块石、混凝土和钢筋的强度，混凝土的抗渗、抗冻、抗侵蚀性，基槽处理情况是否与批复的安全设施设计一致。 检查方法：查阅安全设施验收评价报告、现场检查		
6	消力池	基本	△	检查内容：消力池的平面位置、标高、型式、结构尺寸，衬砌用块石、混凝土和钢筋的强度，混凝土的抗渗、抗冻、抗侵蚀性，基槽处理情况是否与批复的安全设施设计一致。 检查方法：查阅安全设施验收评价报告、现场抽查		
	子项验收结论					

五、尾矿库库周截排洪设施

年　　月　　日　　　　　　　　　　　　　　　　　　　　　　　　　验收人（签字）：

序号	检查项目	安全设施类别	检查类别	检查内容、检查方法	存在问题	检查结果
1	拦洪坝	基本	■	检查内容：拦洪坝的坝址、型式、结构尺寸，填筑指标和地基处理情况是否与批复的安全设施设计一致。 检查方法：查阅安全设施验收评价报告、现场检查		
2	截洪沟	基本	△	检查内容：截洪沟的平面位置、标高、衬砌型式、结构尺寸是否与批复的安全设施设计一致。 检查方法：查阅安全设施验收评价报告、现场抽查		
3	排水井	基本	■	检查内容：排水井的平面位置、标高、数量、型式、结构尺寸，各部位的钢筋、混凝土的强度，混凝土抗渗、抗冻、抗侵蚀性，基坑处理情况是否与批复的安全设施设计一致。 检查方法：查阅安全设施验收评价报告、现场检查		

（续）

序号	检查项目	安全设施类别	检查类别	检查内容、检查方法	存在问题	检查结果
4	排洪隧洞	基本	■	检查内容：排水隧洞的布置、标高、长度、衬砌型式、结构尺寸，衬砌的钢筋、混凝土的强度，混凝土抗渗、抗冻、抗侵蚀性，锚杆材料及类型、直径、布置情况是否与批复的安全设施设计一致。 检查方法：查阅安全设施验收评价报告、现场检查		
5	溢洪道	基本	■	检查内容：溢洪道的平面位置、标高、型式、结构尺寸，衬砌用块石、混凝土和钢筋的强度，混凝土的抗渗、抗冻、抗侵蚀性，基槽处理情况是否与批复的安全设施设计一致。 检查方法：查阅安全设施验收评价报告、现场检查		
6	消力池	基本	△	检查内容：消力池的平面位置、标高、型式、结构尺寸，衬砌用块石、混凝土和钢筋的强度，混凝土的抗渗、抗冻、抗侵蚀性，基槽处理情况是否与批复的安全设施设计一致。 检查方法：查阅安全设施验收评价报告、现场抽查		
	子项验收结论					

六、干式尾矿运输

年　　月　　日　　　　　　　　　　　　　　　　　　验收人（签字）：

序号	检查项目	安全设施类别	检查类别	检查内容、检查方法	存在问题	检查结果
1	汽车运输					
1.1	道路参数	基本	△	检查内容：运输道路等级、道路参数（包括宽度、坡度、最小转弯半径、缓和坡段等）是否与批复的安全设施设计一致。 检查方法：查阅安全设施验收评价报告、现场抽查		
1.2	警示标志	专用	△	检查内容：道路的急弯、陡坡、危险地段的警示标志是否与批复的安全设施设计一致。 检查方法：查阅安全设施验收评价报告、现场抽查		
1.3	运输线路的安全护栏及挡车设施	专用	△	检查内容：山坡填方的弯道、坡度较大的填方地段以及高堤路基路段，外侧护栏、挡车墙（堆）等是否与批复的安全设施设计一致。 检查方法：查阅安全设施验收评价报告、现场抽查		
1.4	避让道	专用	△	检查内容：主要运输道路及联络道的长坡道，汽车避让道是否与批复的安全设施设计一致。 检查方法：查阅安全验收评价报告、现场抽查		
1.5	紧急避险车道	专用	△	检查内容：连续长陡下坡路段，危及运行安全处紧急避险车道是否与批复的安全设施设计一致。 检查方法：查阅安全设施验收评价报告、现场抽查		
1.6	卸料平台的安全挡车设施	专用	△	检查内容：卸料平台的调车宽度、卸料地点挡车设施及其高度是否与批复的安全设施设计一致。 检查方法：查阅安全设施验收评价报告、现场抽查		
	子项验收结论					
2	带式输送机运输					

（续）

序号	检查项目	安全设施类别	检查类别	检查内容、检查方法	存在问题	检查结果
2.1	胶带输送机系统的各种闭锁和电气保护装置	基本	△	检查内容：装料点和卸料点的空仓、满仓等保护装置，声光报警信号装置及带式输送机连锁装置；带式输送机防胶带撕裂、断带、防跑偏、防止过速、防止过载、防止打滑、防止大块冲击等保护装置，制动装置、胶带清扫装置、线路上的信号、电气联锁和停车装置，烟雾报警装置、软启动装置；上行的带式输送机的防逆转装置是否与批复的安全设施设计一致。带式输送机驱动系统供配电主回路的断路、短路、漏电、欠压、过流、缺相、接地等保护装置是否与批复的安全设施设计一致。 检查方法：查阅安全设施验收评价报告、现场抽查		
2.2	设备的安全护罩	专用	△	检查内容：设备的安全护罩设置是否与批复的安全设施设计一致。 检查方法：查阅安全设施验收评价报告、现场抽查		
2.3	安全护栏	专用	△	检查内容：安全护栏的位置、数量、规格是否与批复的安全设施设计一致。 检查方法：查阅安全设施验收评价报告、现场抽查		
2.4	梯子、扶手	专用	△	检查内容：梯子、扶手的位置、数量、规格是否与批复的安全设施设计一致。 检查方法：查阅安全设施验收评价报告、现场抽查		
	子项验收结论					

七、尾矿库辅助设施

年　　月　　日　　　　　　　　　　　　　　　　　　　　　　验收人（签字）：

序号	检查项目	安全设施类别	检查类别	检查内容、检查方法	存在问题	检查结果
1	基本安全辅助设施					
1.1	尾矿库交通道路	基本	△	检查内容：尾矿库库区道路的设置是否与批复的安全设施设计一致。 检查方法：查阅安全设施验收评价报告、现场抽查		
1.2	尾矿库照明设施	基本	△	检查内容：尾矿库照明设施的设置是否与批复的安全设施设计一致。 检查方法：查阅安全设施验收评价报告、现场抽查		
1.3	通信设施	基本	△	检查内容：尾矿库通信设施的设置是否与批复的安全设施设计一致。 检查方法：查阅安全设施验收评价报告、现场抽查		
	子项验收结论					
2	专用安全辅助设施					
2.1	尾矿库管理站	专用	△	检查内容：安全管理机构中尾矿库管理站的设置是否与批复的安全设施设计一致；特种作业人员是否按照国家有关规定经专门的安全作业培训，取得相应资格。 检查方法：查阅安全设施验收评价报告、现场抽查		
2.2	报警系统	专用	△	检查内容：尾矿库报警设施是否与批复的安全设施设计一致。 检查方法：查阅安全设施验收评价报告、现场抽查		

（续）

序号	检查项目	安全设施类别	检查类别	检查内容、检查方法	存在问题	检查结果
2.3	库区安全护栏	专用	△	检查内容：尾矿库库区安全护栏的设置是否与批复的安全设施设计一致。 检查方法：查阅安全设施验收评价报告、现场抽查		
2.4	安全标志	专用	△	检查内容：尾矿库库区安全标志设施的设置是否与批复的安全设施设计一致。 检查方法：查阅安全设施验收评价报告、现场抽查		
	子项验收结论					
3	库内回水浮船、运输船防护设施					
3.1	安全护栏	专用	△	检查内容：回水浮船、运输船安全护栏的设置是否与批复的安全设施设计一致。 检查方法：查阅安全设施验收评价报告、现场抽查		
3.2	救生器材	专用	△	检查内容：回水浮船、运输船救生器材的设置是否与批复的安全设施设计一致。 检查方法：查阅安全设施验收评价报告、现场抽查		
3.3	固定设施	专用	△	检查内容：回水浮船、运输船固定设施的设置是否与批复的安全设施设计一致。 检查方法：查阅安全设施验收评价报告、现场抽查		
3.4	电气设备接地措施	专用	△	检查内容：回水浮船、运输船电气设备接地措施是否与批复的安全设施设计一致。 检查方法：查阅安全设施验收评价报告、现场抽查		
	子项验收结论					

八、尾矿库安全监测设施

年　　月　　日　　　　　　　　　　　　　　　　　　验收人（签字）：

序号	检查项目	安全设施类别	检查类别	检查内容、检查方法	存在问题	检查结果
1	库区气象监测设施	专用	△	检查内容：库区气象监测设施是否与批复的安全设施设计一致。 检查方法：查阅安全设施验收评价报告、现场抽查		
2	地质灾害监测设施	专用	△	检查内容：地质灾害监测设施是否与批复的安全设施设计一致。 检查方法：查阅安全设施验收评价报告、现场抽查		
3	库水位监测设施	专用	△	检查内容：库水位监测点的布置、监测设备是否与批复的安全设施设计一致。 检查方法：查阅安全设施验收评价报告、现场抽查		
4	干滩监测设施	专用	△	检查内容：干滩监测点的布置、监测方法、监测记录是否与批复的安全设施设计一致。 检查方法：查阅安全验收评价报告或现场抽查		
5	坝体表面位移监测设施	专用	△	检查内容：坝体表面位移监测点的布置、监测设备是否与批复的安全设施设计一致。 检查方法：查阅安全设施验收评价报告、现场抽查		

（续）

序号	检查项目	安全设施类别	检查类别	检查内容、检查方法	存在问题	检查结果
6	坝体内部位移监测设施	专用	△	检查内容：坝体内部位移监测点的布置、监测设备是否与批复的安全设施设计一致。 检查方法：查阅安全设施验收评价报告、现场抽查		
7	坝体渗流监测设施	专用	△	检查内容：坝体渗流监测点的布置、监测设备是否与批复的安全设施设计一致。 检查方法：查阅安全设施验收评价报告		
8	视频监控设施	专用	△	检查内容：尾矿库视频监控设施的布置、监测设备是否与批复的安全设施设计一致。 检查方法：查阅安全设施验收评价报告		
9	在线监测中心	专用	△	检查内容：尾矿库在线监测中心的设置是否与批复的安全设施设计一致。 检查方法：查阅安全设施验收评价报告、现场抽查		
	子项验收结论					

九、个体防护及应急救援

年　　月　　日　　　　验收人（签字）：

序号	检查项目	安全设施类别	检查类别	检查内容、检查方法	存在问题	检查结果
1	个人安全防护用品		△	检查内容：生产经营单位是否为从业人员提供符合国家标准或者行业标准的劳动防护用品，并监督、教育从业人员按照使用规则佩戴、使用。 检查方法：查阅台账和发放记录、现场抽查佩戴使用情况		
2	工伤保险		△	检查内容：生产经营单位是否为从业人员办理工伤保险或安全生产责任保险、雇主责任保险。 检查方法：查阅保险缴纳证明		
3	应急救援					
3.1	应急预案		△	检查内容：生产经营单位是否根据存在风险的种类、事故类型和重大危险源的情况制定综合应急预案和相应的专项应急预案，风险性较大的重点岗位是否制定现场处置方案；应急预案是否经过评审，并向当地县级以上安全生产监督管理部门备案。 检查方法：查阅应急预案及评审备案资料		
3.2	应急组织与设施		△	检查内容：生产经营单位是否建立由专职或兼职人员组成的事故应急救援组织，配备必要的应急救援器材和设备；生产规模较小不必建立事故应急救援组织的，是否指定兼职的应急救援人员，并与临近的事故救援组织签订救援协议。 检查方法：查阅相关人员名单、器材设备清单、救援协议		
3.3	应急演练		△	检查内容：生产经营单位是否制定应急预案演练计划。 检查方法：查阅演练计划及演练记录		
	子项验收结论					

国家安全监管总局关于发布金属非金属矿山禁止使用的设备及工艺目录(第一批)的通知

安监总管一〔2013〕101号

各省、自治区、直辖市及新疆生产建设兵团安全生产监督管理局，有关中央企业：

根据《安全生产法》等法律法规和《国务院关于进一步加强企业安全生产工作的通知》(国发〔2010〕23号)要求，为淘汰不符合国家有关法律法规规定、安全性能低下、危及安全生产的落后设备和工艺，推动金属非金属矿山设备和工艺的改善，提高金属非金属矿山安全保障能力，预防生产安全事故，国家安全监管总局制定了《金属非金属矿山禁止使用的设备及工艺目录(第一批)》，现予发布，请遵照执行。

国家安全监管总局

2013年9月6日

金属非金属矿山禁止使用的设备及工艺目录(第一批)

新建、改建、扩建的金属非金属地下矿山一律禁止使用下列设备及工艺，现有生产地下矿山在用的下列设备及工艺，按照规定时限予以强制淘汰。

1. 非定型竖井罐笼(自发布之日起一年后禁止使用)；
2. Φ1.2米以下(不含Φ1.2米)用于升降人员的提升绞车(自发布之日起一年后禁止使用)；
3. KJ型矿井提升机(自发布之日起一年后禁止使用)；
4. JKA型矿井提升机(自发布之日起一年后禁止使用)；
5. XKT型矿井提升机(自发布之日起一年后禁止使用)；
6. JTK型矿用提升绞车(自发布之日起一年半后禁止用于主提升)；
7. 带式制动矿用提升绞车(自发布之日起立即禁止用于主提升)；
8. 单电机驱动、司机室周边敞开式的3吨及以下直流架线矿用电机车(自发布之日起一年后禁止使用)；
9. 油断路器(自发布之日起立即禁止使用)；
10. 非阻燃电缆(含强、弱电)(自发布之日起一年后禁止使用)；
11. 非阻燃风筒(自发布之日起半年后禁止使用)；
12. 非阻燃输送带(自发布之日起一年后禁止使用)；
13. 非矿用局部通风机(自发布之日起半年后禁止使用)；
14. 主要井巷木支护(新掘、维修井巷自发布之日起立即禁止使用)；

15. 火雷管、导火索（自发布之日起立即禁止使用）；
16. ZH15 隔绝式化学氧自救器（自发布之日起立即禁止使用）；
17. 一氧化碳过滤式自救器（自发布之日起半年后禁止使用）；
18. 空场法采矿（无底柱采矿法）采场内人工装运作业（自发布之日起一年后禁止使用）；
19. 横撑支柱采矿法（自发布之日起立即禁止使用）。

国家安全监管总局关于发布金属非金属矿山禁止使用的设备及工艺目录（第二批）的通知

安监总管一〔2015〕13号

各省、自治区、直辖市及新疆生产建设兵团安全生产监督管理局，有关中央企业：

为淘汰严重危及生产安全的工艺和设备，推动金属非金属矿山设备和工艺的改善，提高金属非金属矿山安全保障能力，预防生产安全事故，依据《安全生产法》等法律法规，国家安全监管总局制定了《金属非金属矿山禁止使用的设备及工艺目录（第二批）》，现予发布，请遵照执行。

国家安全监管总局

2015年2月13日

金属非金属矿山禁止使用的设备及工艺目录（第二批）

新建、改建、扩建的矿山从本目录发布之日起，一律禁止使用下列设备及工艺。现有生产矿山在用下列设备及工艺的，按照本目录规定的时限予以强制淘汰。

1. 扩壶爆破（金属非金属露天矿山自发布之日起立即禁止使用）；
2. 掏底崩落、掏挖开采、不分层的“一面墙”开采（金属非金属露天矿山自发布之日起立即禁止使用）；
3. 使用爆破方式对大块矿岩进行二次破碎（金属非金属露天矿山自发布之日起立即禁止使用）；
4. 无稳压装置的中深孔凿岩设备（金属非金属露天矿山自发布之日起一年后禁止使用）；
5. 集中铲装作业时人工装卸矿岩（金属非金属露天矿山自发布之日起立即禁止使用，地下矿山自发布之日起一年半后禁止使用）；
6. 未安装捕尘装置的干式凿岩作业（金属非金属地下矿山自发布之日起立即禁止使用，露天矿山自发布之日起半年后禁止使用）；
7. 主要无轨运输巷道及露天采场采用人力或畜力运输矿岩（金属非金属地下矿山及露天矿山自发布之日起一年后禁止使用）；
8. 专门用于运输人员、炸药、油料的无轨胶轮车使用的干式制动器（金属非金属地下矿山自发布之日起一年后禁止使用）；
9. TKD型提升机电控装置及使用继电器结构原理的提升机电控装置（金属非金属地下矿山自发布之日起一年后禁止使用）。

国家安全监管总局关于发布金属非金属矿山新型适用安全技术及装备推广目录（第一批）的通知

安监总管一〔2015〕12号

各省、自治区、直辖市及新疆生产建设兵团安全生产监督管理局，有关中央企业：

为加快金属非金属矿山新型适用安全技术及装备推广应用，提高安全生产科技保障能力，增强金属非金属矿山企业防范和遏制重特大事故的水平，依据《安全生产法》等法律法规，国家安全监管总局制定了《金属非金属矿山新型适用安全技术及装备推广目录（第一批）》，现予发布，请结合实际，认真组织推广和应用。

国家安全监管总局

2015年2月13日

金属非金属矿山新型适用安全技术及装备推广目录（第一批）

序号	技术或装备名称	推广理由	适用矿山	应用单位	备注
1	撬毛台车	在地下矿山采掘作业循环中，爆破后必须对作业现场的顶板及两帮破碎的、不稳固的浮石进行清除，俗称“撬毛”，以确保现场作业人员和设备安全。撬毛台车具有整机行走功能，工作装置能以冲击方式破落顶板及两帮的浮石，采用撬毛台车代替人工撬毛作业，实现了撬毛工作的机械化，可避免作业人员暴露于浮石下，降低了撬毛作业的安全风险，并能有效提高撬毛效率	金属非金属地下矿山	湖北神农磷业有限公司、紫金矿业上杭紫金山矿、湖北放马山中磷矿业有限公司、宝钢梅山铁矿等	采用取得矿用产品安全标志的撬毛台车产品
2	天井钻机钻井法	天井钻机钻井法是用天井钻机（也称反井钻机）钻凿成井。根据钻机安装的位置不同，分向上扩孔和向下扩孔两种钻进方法，通常采用前者，即沿天井中心线从上向下钻超前导孔与天井下面巷道贯通，再换扩孔钻头自下向上扩孔成井。破碎的岩渣自重下落，无需洗井设备。天井钻机结构紧凑，破岩比能消耗小，钻速快，效率高，井壁平滑稳定。与吊罐法、爬罐法等凿岩爆破法相比，天井钻机钻井法具有安全性好、劳动强度小、成井速度快、工期短、施工方便等优点	适用于中硬以下矿岩条件下的金属非金属地下矿山钻进通风井、充填井、管道井、下料井和溜井等	江西漂塘钨业有限公司、江西武山铜矿、贵州锦丰金矿、马钢集团姑山铁矿等	采用取得矿用产品安全标志的天井钻机产品
3	井下电机车远程操控技术	井下电机车运输线路交叉，车辆多，人员多，现场环境复杂，生产组织和安全管理难度较大。电机车远程操控技术，做到现场无人驾驶电机车，将电机车的运行控制从井下移到地面主控室进行操作，可对井下电机车运输线路实施封闭管理，进行可控、可视的远程操作，使运输自动化程度大大提高，运输能力得到更大发挥，有效防止运输过程中的人员伤亡事故，提高井下电机车运输安全水平和运输生产效率	金属非金属地下矿山	首钢矿业公司杏山铁矿、安徽铜陵有色冬瓜山铜矿等	

（续）

序号	技术或装备名称	推广理由	适用矿山	应用单位	备注
4	双系统制动静液压四驱地下矿用多功能服务车	地下矿用多功能服务车，用于地下矿山辅助作业。采用静液式传动，实施双系统制动（一是利用液压马达驱动压力的控制实现制动保障，二是利用驱动桥特有的双回路失压控制系统），制动系统全密封设计，避免了开放式干式盘或鼓式制动安全保证系数不高的弊病，失压制动系统可以在坡度30°以上时，保证驻车效果，制动系统满足井下振动、灰尘、通风不良、潮湿、高温等使用条件；车辆无级变速，四轮驱动，具备抗压、防撞、防翻滚等性能；采用高性能低污染柴油机并安装有尾气净化装置，减少了有毒有害气体的排放，可有效保障人员的健康与安全。该车为轮胎式行走，采用通用底盘，可选用运人专用厢、运输炸药专用厢、油料补给专用厢、登高维修平台和其他物料运输专用厢等，实现一机多能	采用斜坡道运输人员、物料及炸药的金属非金属地下矿山	山东临沂矿业集团会宝岭铁矿、安徽马钢罗河矿业有限责任公司罗河铁矿等	采用取得矿用产品安全标志的矿用无轨轮胎式多功能服务车产品
5	膏体及高浓度尾矿充填技术与装备	将选厂产出的全尾砂进行浓缩处理形成高浓度的尾矿砂浆或滤饼，并送入搅拌机或搅拌筒，根据需要可加入水泥或固结剂，或添加冶炼炉渣（或干砂等），形成膏体状或高浓度的料浆，由充填泵加压经管道输送到井下采空区进行充填，或靠重力自流输送到井下充填。膏体充填料浆由于浓度高，充填到采场后不会离淅，不产生溢流水，在同等水泥添加量的情况下，充填体强度高。膏体及高浓度尾矿充填技术适用于各种不同性质的尾砂，可以充分利用尾砂进行充填，实现安全开采，提高资源回收率，减少尾矿在地表堆存	金属非金属地下矿山	安徽铜陵有色冬瓜山铜矿、南京铅锌银矿等	
6	井下近矿体帷幕注浆技术	该技术是在地下矿山主要矿体外围一定距离内，利用围岩裂隙充填高强度水泥形成止水帷幕，在矿床围岩形成一定厚度的注浆盖层，将矿体地段与外界的水力联系隔断，最大限度地减少矿坑涌水量，从而达到既保证矿山开采安全，又保护区域水文地质环境和地下水资源的目的	水害较大的金属非金属地下矿山	山东业庄铁矿、山东莱新铁矿、山东莱芜谷家台铁矿等	
7	多功能破碎清塞机	多功能破碎清塞机具有破碎、钳碎、扒、挑、勾、挖、铲、抓等多项功能，主要用于对矿山选矿厂入料口、地下矿山溜井格筛处的大块矿石进行破碎清理或堵塞时进行及时清理疏通，避免因采用爆破进行二次破碎或清理造成安全事故，降低劳动强度，提高生产效率，保证安全生产	金属非金属地下矿山	五矿邯邢霍邱诺普矿业公司、通化集团桦甸矿业公司等	
8	矿山数字化技术	运用现代信息技术和控制技术等，建立空间化、数字化、网络化、智能化和可视化等技术系统，对地下矿山生产过程进行自动化控制和信息采集、分析、管理，实现地面远程遥控生产，改善井下作业环境，减少井下作业人员，提高矿山生产本质安全水平和劳动生产率（国家安全监管总局第一批“四个一批”项目中非煤矿山一批安全生产技术示范工程）	金属非金属地下矿山	首钢矿业公司杏山铁矿等	
9	矿用三合一便携式气体检测仪	矿用三合一便携式气体检测仪是一种适用地下矿山环境可随身携带的气体检测仪，可连续同时检测作业环境中CO、O_2、NO_2三种气体浓度，具有声、光报警和记录功能，检测精度高，稳定性好，待机时间长，在气体浓度超标情况下能够及时发出报警信号以便提示相关人员转移到安全区域，防止中毒窒息事故的发生	金属非金属地下矿山	江钨集团下垄钨业、漂塘钨矿、铁山垅钨矿、香炉山钨业、新钢良山铁矿等	采用取得矿用产品安全标志的气体检测仪产品

（续）

序号	技术或装备名称	推广理由	适用矿山	应用单位	备注
10	采空区探测技术	采用三维层析成像超前预报技术、采空区三维激光扫描仪、声发射、微震等设备和技术，形成采空区三维模型，实现采空区监测数据的采集、传输、分析处理，为预防采空区事故发生提供技术支撑（2010年国家安全监管总局、国家煤矿安监局“安全生产先进适用技术、工艺、装备和材料推广目录”中非煤矿山推广项目；国家安全监管总局第一批“四个一批”项目中非煤矿山一批安全生产技术示范工程）	存在采空区的金属非金属地下矿山	五矿邯邢西石门铁矿、石人沟铁矿等	
11	大面积地压监测监控技术	利用微震、声发射、光纤光栅传感器等技术，实现井下与地面联网的综合性大面积地压实时监测监控，可为地压灾害的发生提供预测预警（2010年国家安全监管总局、国家煤矿安监局“安全生产先进适用技术、工艺、装备和材料推广目录”中非煤矿山推广项目）	金属非金属地下矿山	新疆阿舍勒铜矿、湖南柿竹园矿、安徽冬瓜山矿等	
12	高陡边坡安全监测技术	通过GPS或其他传感、遥感技术、边坡雷达（S－SAR）等技术，自动实现边坡位移等相关参数的实时监测，为高陡边坡滑坡预测预警提供技术支撑（2010年国家安全监管总局、国家煤矿安监局“安全生产先进适用技术、工艺、装备和材料推广目录”中非煤矿山推广项目）	金属非金属露天矿山	南芬露天铁矿、西藏巨玛铜多金属矿、西藏华泰龙矿业有限公司等	
13	细粒尾矿模袋法堆坝安全技术	该技术通过快速挤压固结排水使得模袋体成为强度较高的整体，提高了尾砂体强度；采用细颗粒尾砂筑坝，增加“坝壳”及粗粒区厚度，配合加筋、排渗等措施，可有效提高坝体稳定性；采用模袋法堆坝的多种坝型及相关工艺措施的组合，不仅能够解决细粒尾矿堆存困难，还能提高尾矿库安全性能（国家安全监管总局第一批“四个一批”项目中非煤矿山一批推广的安全生产先进适用技术）	适用入库尾砂粒度－200目在70%以上、90%以下的细粒尾矿堆坝	玉溪矿业公司大平掌尾矿库、云南汤丹冶金公司尾矿库等	

第二部分

金属非金属矿山建设项目安全管理主要规章文件解读

第1篇

矿山安全设施目录

《中华人民共和国矿山安全法》第七条规定“矿山建设工程的安全设施必须和主体工程同时设计、同时施工、同时投入生产和使用。”这是我国第一次在法律中提到“安全设施”这一概念。

《中华人民共和国安全生产法》(2002年6月29日中华人民共和国主席令第70号公布)第二十四条规定“生产经营单位新建、改建、扩建工程项目(以下统称建设项目)的安全设施,必须与主体工程同时设计、同时施工、同时投入生产和使用”(以下简称“三同时”),也对建设项目安全设施的“三同时”进行了规定。

2014年新修订的《中华人民共和国安全生产法》第二十八条规定“生产经营单位新建、改建、扩建工程项目(以下统称建设项目)的安全设施,必须与主体工程同时设计、同时施工、同时投入生产和使用。安全设施投资应当纳入建设项目概算。”再次强调了建设项目安全设施“三同时”要求,并明确规定矿山建设项目的安全设施设计应当按照国家有关规定报经有关部门审查。

《建设项目安全设施“三同时”监督管理办法》(国家安全监管总局令第36号颁布,总局令第77号修改)规定,非煤矿山建设项目安全设施设计经相应安全监管部门审查,审查批准后,建设项目方可施工,施工单位必须按照批准的安全设施设计施工,竣工投入生产或者使用前由建设单位负责组织对安全设施进行验收,验收合格后,方可投入生产和使用。

从1992年以来,《中华人民共和国安全生产法》《中华人民共和国矿山安全法》和国家安全生产监督管理总局的相关文件均连续强调了建设项目安全设施的“三同时”制度,“三同时”有关法律法规的颁布实施,对于从源头上强化金属非金属矿山建设项目安全管理,预防和减少生产安全事故,发挥了重要作用。但是,在实施中也凸显出安全设施概念不清晰、内涵不明确的问题,哪些项目属于安全设施,哪些项目属于矿山主体工程,一直没有界定清楚,导致设计单位设计时无从设计,设计内容宽泛,重点不突出;安全监管部门审查时自由度大;企业组织竣工验收时不清楚验收的重点。为解决这些问题,国家安全生产监督管理总局组织编制了《金属非金属矿山建设项目安全设施目录(试行)》(国家安全监管总局令第75号)(以下简称《安全设施目录》)。

《安全设施目录》的颁布解决了自“安全设施”提出以来,近20年未明确安全设施是什么的问题,为安全设施设计、审查和竣工验收提供了应当遵循的准则,起到了避免漏项、强调重点、理清职责的作用。本篇对《安全设施目录》进行详细解读。

1 总　　则

1.1 《安全设施目录》适用范围

1. 为规范和指导金属非金属矿山（以下简称矿山）建设项目安全设施设计、设计审查和竣工验收工作，根据《中华人民共和国安全生产法》和《中华人民共和国矿山安全法》，制定本目录。

2. 矿山采矿和尾矿库建设项目安全设施适用本目录。与煤共（伴）生的矿山建设项目安全设施，还应满足煤矿相关的规程和规范。

核工业矿山尾矿库建设项目安全设施不适用本目录。

3. 本目录中列出的安全设施不是所有矿山都必须设置的，矿山企业应根据生产工艺流程、相关安全标准和规定，结合矿山实际情况设置相关安全设施。

【条文说明】

2014年新修订的《中华人民共和国安全生产法》(2014年12月1日起施行）第二十八条明确规定“生产经营单位新建、改建、扩建工程项目（以下统称建设项目）的安全设施，必须与主体工程同时设计、同时施工、同时投入生产和使用。安全设施投资应当纳入建设项目概算。”《中华人民共和国矿山安全法》(1992年11月7日中华人民共和国主席令第65号公布）第七条明确规定“矿山建设工程的安全设施必须和主体工程同时设计、同时施工、同时投入生产和使用。”这两个国家法律文件中都明确提出了安全设施这一名称，因此它们是本安全设施目录制定的主要依据。

本目录的适用范围为金属非金属矿山建设项目，仅限于采矿和尾矿库部分，不含选矿厂。当涉及与煤共生、伴生的金属非金属矿山时，由于煤矿含有瓦斯，地质和水文条件也有其特殊性，因此还应满足煤矿相关的规范要求。

因核工业尾矿具有放射性，其监管归属国防科技工业局，且现行的尾矿库相关标准也明确不适用放射性尾矿，因此本目录不适用核工业矿山尾矿库。

本目录是针对所有的金属非金属矿山建设项目，在制订过程中尽可能全面地列出矿山存在的安全设施。但由于不同的矿山具有不同的特点，其采取的工艺技术也不尽相同，因此对一特定矿山而言，其所需要设置的安全设施也各不相同。所以并不能要求特定矿山必须设置本目录中出现的所有安全设施，在使用本目录时，应结合矿山实际情况，设置符合具体矿山自身需要的安全设施，确保其生产安全。

1.2 安全设施有关定义

1. 矿山主体工程。

矿山主体工程是矿山企业为了满足生产工艺流程正常运转，实现矿山正常生产活动所必须具备的工程。

2. 矿山安全设施。

矿山安全设施是矿山企业为了预防生产安全事故而设置的设备、设施、装置、构（建）筑物和其他技术措施的总称，为矿山生产服务、保证安全生产的保护性设施。安全设施既有依附于主体工程的形式，也有独立于主体工程之外的形式。本目录将矿山建设项目安全设施分为基本安全设施和专用安全设施两部分。

3. 基本安全设施。

基本安全设施是依附于主体工程而存在，属于主体工程一部分的安全设施。基本安全设施是矿山安全的基本保证。

4. 专用安全设施。

专用安全设施是指除基本安全设施以外的，以相对独立于主体工程之外的形式而存在，不具备生产功能，专用于安全保护作用的安全设施。

【条文说明】

金属非金属矿山建设项目中许多设施既有生产功能，又兼有安全功能，这些设施怎么分类、如何划分的问题很难解决。在《安全设施目录》编制过程中，经过充分研究给出了主体工程和安全设施的定义。根据安全设施的定义，安全设施既有依附于主体工程的形式，也有独立于主体工程之外的形式。为了进一步明确安全设施的相关范围，《安全设施目录》中又将安全设施分为基本安全设施和专用安全设施。基本安全设施是依附于主体工程而存在，属于主体工程一部分的安全设施。基本安全设施是矿山安全的基本保证。专用安全设施是指除基本安全设施以外的，以相对独立于主体工程之外的形式而存在，不具备生产功能，专用于安全保护的安全设施。例如通风系统中的专用进、回风井井筒工程，这些工程是为矿山安全生产而设置的，但是没有此类工程则矿山无法进行生产，因此归类为基本安全设施；而这些专用进、回风井内的梯子间是专门为井下人员安全而设置的，没有这类设施不影响矿山的生产，因此归类为专用安全设施。再如，矿山井下的主要运输巷道、出矿巷道、凿岩巷道等，这些工程是为矿山生产而设置的，具有生产功能，属于矿山的主体工程，但是根据不同地质条件对这些巷道所进行的支护工程，其主要作用是维护巷道稳定、保护生产安全，虽然没有生产功能，但是却属于主体工程不可分割的一部分，因此也列为基本安全设施。这样通过对安全设施的两种分类，很好地解决了安全设施和主体工程难以划分的问题，并清晰地列举了金属非金属矿山建设项目的各种安全设施。

1.3 安全设施划分原则

1. 依附于主体工程，且对矿山的安全至关重要，能够为矿山提供基本性安全保护作用的设备、设施、装置、构（建）筑物和其他技术措施，列为基本安全设施。

2. 相对独立存在且不具备生产功能，只为保护人员安全，防止造成人员伤亡而专门设置的保护性设备、设施、装置、构（建）筑物和其他技术措施，列为专用安全设施。

3. 保安矿柱作为矿山开采安全中的重要技术措施列入基本安全设施。

4. 主体设备自带的安全装置，不列入本目录。

5. 为保持工作场所的工作环境，保护作业人员职业健康的设施，属于职业卫生范畴，不列入本目录。

6. 地面总降压变电所不列入本目录。

7. 井下爆破器材库按照《民用爆破物品安全管理条例》(国务院令第466号）等法规、标准的规定进行设计、建设、使用和监管，不列入本目录。

8. 在矿山建设期，仅专用安全设施建设费用可列入建设项目安全投资；在矿山生产期，补充、改善基本安全设施和专用安全设施的投资都可在企业安全生产费用中列支。

【条文说明】

安全设施的划分原则是《安全设施目录》编制的依据和标准，在编制过程中针对每一项安全设施的功能进行分析，并与划分的原则进行对照，确定其是否属于安全设施，具体是属于基本安全设施，还是专用安全设施。

第1条和第2条是从基本安全设施和专用安全设施的定义出发，将安全设施进行分类，两种安全设施之间的主要区别就是安全设施是否具有生产功能，有则为基本安全设施，没有则为专用安全设施。

第 3 条是对矿山开采期间的安全矿柱的性质进行了说明。保安矿柱是为保护地表地貌、地面公路、铁路、建（构）筑物和主要井巷，分隔矿段或矿块、含水层及破碎带等留设不采或暂时不采的部分矿体。按其作用和性质，保安矿柱分为井筒保安矿柱、境界保安矿柱、防水矿柱、断层破碎带矿柱等。保安矿柱不是设备、装置和构建筑物，但是在矿山开采期间，如果地表有需要保护的设施，或地下矿体附近有含水层、破碎带，或根据回采工艺的要求等，不留设矿柱则可能无法进行生产，至少安全上是不允许的。据此目录中将保安矿柱作为安全技术措施列入了基本安全设施。

第 4 条是对主体设备自带的安全装置归类问题进行了说明。矿山生产需要许多的成套设备，它们均带有自身的安全保护装置，例如井下运行的无轨车辆均带有刹车和自我保护装置，如果将此类装置也进行分割归类，则不现实也没有必要。另外成套设备中自带的安全设施质量应由设备制造商负责，也不是安全设施设计、审查、验收等阶段的关注内容，因此不列入本目录内。

第 5 条是对职业健康卫生等相关设施内容归类的说明。职业卫生健康设施有其明确规定，所以此类设施也不列入本目录内。

第 6 条是对地面总降压变电所的归属问题进行了说明。因地面总降压变电所由电力相关部门监管验收，不属于安全监督管理部门的监管范围，因此不列入此目录中。

第 7 条是对井下爆破器材库的归属问题进行说明。

《民用爆炸物品安全管理条例》(国务院令第 466 号）第四十九条规定：违反本条例规定，有下列情形之一的，由国防科技工业主管部门、公安机关按照职责责令限期改正，可以并处 5 万元以上 20 万元以下的罚款；逾期不改正的，责令停产停业整顿；情节严重的，吊销许可证：

（一）未按照规定在专用仓库设置技术防范设施的；

（二）未按照规定建立出入库检查、登记制度或者收存和发放民用爆炸物品，致使账物不符的；

（三）超量储存、在非专用仓库储存或者违反储存标准和规范储存民用爆炸物品的；

（四）有本条例规定的其他违反民用爆炸物品储存管理规定行为的。

因爆破器材库不属于安全监督管理部门的监管范围，因此不列入本目录中。

第 8 条是对安全投资的计算范围进行了说明。对于新建项目，因基本安全设施具有生产功能，不设此类安全设施，则矿山无法进行生产，因此其投资应计入主体工程。专用安全设施没有生产功能，只起到安全保护作用，此部分投资应计入安全投资。对于在生产的矿山企业，基本安全设施如果不进行改善，可能生产不受影响，但是安全性能会有所下降，因此允许将补充、改善的基本安全设施投资在企业安全生产费用中列支。

2　地下矿山建设项目安全设施目录

2.1　基本安全设施

1. 安全出口。

(1) 通地表的安全出口，包括由明井（巷）和盲井（巷）组合形成的通地表的安全出口。

(2) 中段和分段的安全出口。

(3) 采场的安全出口。

(4) 破碎站、装矿皮带道和粉矿回收水平的安全出口。

【条文说明】

安全出口是《金属非金属矿山安全规程》(GB 16423) 的强制要求，必须得到满足。安全出口有矿井的安全出口、中段（或分段）的安全出口、采场的安全出口、破碎站、装矿皮带道和粉矿回收水平等安全出口。安全出口可以是提升井筒（如副井、混合井、电梯井）、斜坡道、斜井、平硐（平巷）、专用风井、天井等。安全出口是重要的安全设施，但大多数安全出口本身是主体工程的一部分，并具有生产功能（例如作为安全出口用的进、回风井井筒本身主要为通风设置的，但其还具有安全功能），因此将它作为基本安全设施。但是安全出口内部有一部分设施（例如副井、进回风井井筒内的梯子间设施，没有生产功能，只为安全考虑）是属于专用安全设施，该部分在专用安全设施中列出。

2. 安全通道和独立回风道。

(1) 动力油硐室的独立回风道。

(2) 爆破器材库的独立回风道。

(3) 主水泵房的安全通道。

(4) 破碎硐室、变（配）电硐室的安全通道或独立回风道。

(5) 主溜井的安全检查通道。

【条文说明】

安全通道和独立回风道是保证矿山在生产中，避免事故发生或事故发生后保证人员安全、减少危害等级的重要安全设施。在设计时它们也属于主体工程的一部分，故属于基本安全设施。

3. 人行道和缓坡段。

(1) 各类巷道（含平巷、斜巷、斜井、斜坡道等）的人行道。

(2) 斜坡道的缓坡段。

【条文说明】

井巷工程设计时，为了保证运输设备的安全和满足行人要求，应增设一部分工程（斜坡道缓坡段、人行道），这部分工程不可与主体工程独立分开，因此列入基本安全设施。

4. 支护。

(1) 井筒支护。

(2) 巷道（含平巷、斜巷、斜井、斜坡道等）支护。

(3) 采场支护（包括采场顶板和侧帮、底部结构等的支护）。

(4) 硐室支护。

【条文说明】

井巷支护、采场支护和硐室支护均是与井下主体工程密不可分的，但支护本身是为安全服务的，因此列入基本安全设施。

5. 保安矿柱。

（1）境界矿柱。

（2）井筒保安矿柱。

（3）中段（分段）保安矿柱。

（4）采场点柱、保安间柱等。

【条文说明】

保安矿柱是为了保证矿山安全，在开采之前设计预留的矿柱，虽然不是工程设施，但是生产中如果不预留应有的保安矿柱，可能后续的生产无法进行，至少无法安全进行，因此将其作为安全技术措施列入基本安全设施。保安矿柱在生产中不经过安全论证不得随意开采。

6. 防治水。

（1）河流改道工程（含导流堤、明沟、隧洞、桥涵等）及河床加固。

（2）地表截水沟、排洪沟（渠）、防洪堤。

（3）地下水疏/堵工程及设施（含疏干井、放水孔、疏干巷道、防水闸门、水仓、疏干设备、防水矿柱、防渗帷幕及截渗墙等）。

（4）露天开采转地下开采的矿山露天坑底防洪水突然灌入井下的设施（包括露天坑底所做的假底、坑底回填等）。

（5）热水充水矿床的疏水系统。

【条文说明】

防治水工程取决于地表水文条件和矿区水文地质条件，不一定在每个矿山均有必要。本处所指的防治水工程以矿山总体设计中确定的关系到矿山全局性安全或重要设施安全的防治水工程为主。

（1）地表河流改道工程及河床加固等是为了避免地表水流经矿区，引发地下采场的突水事故，其目的是保证井下人员和设备的安全。

有些情况下，只有在矿山开采到一定阶段后才需要（或才具备空间条件）实施河流改道工程。这种情况下，在矿山设计阶段应全部完成这些设施的基本设计，同时，明确提出开始实施这些工程建设的时间节点（或生产阶段节点）以及其他的相关条件，达到必要的时间节点或生产阶段后，必须开始这些工程的建设。具备相应工程的完整设计，以及明确的建设节点条件时，此类防治水设施可视同达到了“三同时”的要求。

（2）此处所指的是起到保护全部或大部分矿区地表设施防洪安全的，或采矿塌陷区或疏干塌陷区周边的以及保护重要单体设施（如井口、变电站等）的截水沟、防洪堤等。其他的一般单体建筑物周边的截水沟等不包括在内。

（3）水文地质条件复杂、矿坑涌水量大的矿区，需要采用疏干措施改善开采条件或提高采场围岩稳定性，也可能需要采取专门的堵水措施来减少矿坑或开采/掘进工作面的涌水量。此类矿床应针对具体的水文地质条件有针对性地进行防治水设计。防治水设施可以包括地表抽水井、露天坑内疏干井、放水孔、地下疏干钻孔、疏干巷道及配套的排水系统，以及截水沟、防渗帷幕、防水矿柱等。

（4）露天转地下开采时，露天坑底的暴雨积水可能会给地下开采带来很大的风险，因此在转入地下开采之前，需要提前做好露天坑底的防止洪水突然进入地下采场的设施，确保地下生产的安全。

实现露天转地下开采的转换，在时间上可能晚于地下矿的投产时间。在此种情况下，地下矿设计阶段应全部完成露天转地下防水工程设施的设计，同时，明确提出开始实施这些工程的时间节点（或生产阶段节点）以及其他的相关条件，达到必要的时间节点或生产阶段后，必须实施这些防治水措施。具备相应工程的完整设计，以及明确的实施节点条件的建设项目，可视同达到了“三同时”的要求。

（5）地下热水充水的矿床通常位于地热异常区。如果地下热水涌水量较大，应对井下热水采用专门的隔热管道输送，而不应任其直接在开敞水沟中流动，这是减轻井下热害的有效措施之一。有时地热水中还含有一些有害成分，或释放有害气体，也不宜采用开敞水沟排放的方式。此款指的疏水系统就是专门用于此类地热水输送的管道和泵站系统。

7. 竖井提升系统。

（1）提升装置，包括制动系统、控制系统、闭锁装置等。

（2）钢丝绳（包括提升钢丝绳、平衡钢丝绳、罐道钢丝绳、制动钢丝绳、隔离钢丝绳）及其连接或固定装置。

（3）罐道，包括木罐道、型钢罐道、钢轨罐道、钢木复合罐道等。

（4）提升容器。

（5）摇台或其他承接装置。

【条文说明】

竖井提升系统是矿山生产中最重要的系统之一，是矿山的咽喉。不但关系到矿山能否进行正常生产，更关系到矿工的生命安全。保证提升系统的安全是每一个从事矿山提升的设计、建设、运行、管理、检查、监督工作者的重要职责。

（1）提升装置本身是生产设施，但是其安全直接关系到整个提升系统的安全；制动系统的工作能否满足安全直接关系到提升系统能否按照要求制动，保障生产安全和人员安全；控制系统更是与安全息息相关。因此将提升装置列入基本安全设施。

（2）钢丝绳是提升系统的重要组成部分，既是生产设施，更是安全设施，提升钢丝绳和平衡钢丝绳一旦出现问题，直接威胁到生命安全和矿山的安全生产。制动钢丝绳是单绳缠绕式提升系统出现断绳事故时，实现提升容器制动的唯一措施，因此将其列入基本安全设施。

（3）提升容器的罐道是提升系统组成部分，没有罐道，提升系统就不能正常生产。同时罐道对提升系统的安全也起着至关重要的作用。尤其是木罐道，当单绳缠绕式提升系统出现断绳事故时，木罐道是使罐笼实现制动、保证安全的唯一设施。因此，将罐道列入基本安全设施。

（4）提升容器为生产必备设施，但是还与安全紧密相关，因此列入基本安全设施。

（5）摇台作为罐笼的承接装置，比较容易与提升信号系统实现闭锁，保证提升人员、物料和设备的安全。

8. 斜井提升系统。

（1）提升装置，包括制动系统、控制系统。

（2）提升钢丝绳及其连接装置。

（3）提升容器（含箕斗、矿车和人车）。

【条文说明】

斜井提升系统是中小型矿山重要的提升系统之一。斜井提升既有主提升系统，也有副提升系统；主提升系统有箕斗提升和串车提升，副提升有台车提升和人车提升等。

（1）提升装置本身是生产设施，但是其安全直接关系到整个提升系统的安全；制动系统的工作能否满足安全要求，直接关系到提升系统能否按照要求制动，保障生产安全和人员安全；控制系统更是与安全息息相关。因此将提升装置列入基本安全设施。

（2）斜井提升钢丝绳是提升系统的组成部分，属于主体工程的范围，但是钢丝绳的安全系数是否满足要求，直接影响到斜井提升系统的安全性能。因而列入基本安全设施。

（3）提升容器为生产必备设施，但是也与安全紧密相关，因此列入基本安全设施。

9. 电梯井提升系统（包括钢丝绳、罐道、轿厢、控制系统等）。

【条文说明】

电梯井是一种井下矿山辅助提升方式，主要用于井下各生产中段或者分段间的人员、材料升降，也有用于粉矿回收的。严格说来，电梯与罐笼提升性质相同，应该是竖井多绳罐笼提升的一个特例。但与罐笼提升不同的是，电梯提升系统的机械和电气系统都是由厂家设计制造完成的，用户只需要考虑电梯外围的安全设施。电梯既是生产设施，也是安全设施。所以将电梯中与安全有关的设施全部列入基本安全设施，包括钢丝绳、罐道、轿厢、控制系统等。

10. 带式输送机系统的各种闭锁和机械、电气保护装置。

【条文说明】

带式输送机是一种对高差变化适应能力强、运输能力大的散状物料运输设施，广泛应用于大型露天矿山、井下矿山的矿石和废石运输。带式输送机是一种安全可靠的运输设备。在生产过程中，输送机可能造成的安全事故包括：胶带断裂导致的物料撒落伤人、设备损坏、输送机运动部件伤人、人员从高处跌落伤害等。故将带式输送机系统的各种闭锁和机械、电气保护装置列入基本安全设施。

11. 排水系统。

（1）主水仓、井底水仓、接力排水水仓。

（2）主水泵房、接力泵房、各种排水水泵、排水管路、控制系统。

（3）排水沟。

【条文说明】

矿山突水淹井是金属非金属矿山事故的主要形式之一，矿山井下排水设施既是生产设施也是安全设施。要防止矿山淹井和人员淹溺事故的发生，设置安全、合理的排水设施必不可少。

（1）如果井下不设水仓，则生产无法进行，因此排水系统的水仓属于主体工程，但是排水系统同时又对井下的安全至关重要，因此水仓也属于安全设施。《金属非金属矿山安全规程》（GB 16423）中对于主水仓的容积、数量有很具体的规定，设计时应按要求进行。

（2）所有排水设施都是井下矿山排水系统的一部分，是矿山重要的生产设施，属于主体工程。排水系统又是直接关系到矿山生产和人员安全的重要设施，因此将整个系统都列入基本安全设施。

（3）此处的排水沟指各主要输水中段的排水沟，以及连接主要水仓的巷道中的排水沟。排水沟属于井巷工程的一部分，因此列入基本安全设施。

12. 通风系统。

（1）专用进风井及专用进风巷道。

（2）专用回风井及专用回风巷道。

（3）主通风机、控制系统。

【条文说明】

通风系统是井下矿山重要的生产设施和安全设施。窒息死亡是金属非金属矿山井下人身伤亡的主要原因之一。由于井下易燃材料失火、井下掘进工作面或者采场爆破烟尘造成的人员窒息时有发生，造成非常严重的后果。

（1）专用进风井巷是通风系统的新鲜风流入口，既是主体工程，又是安全设施，因此将进风井巷列入基本安全设施。

（2）专用回风井巷既是主体工程，又是安全设施，列入基本安全设施。

（3）通风设备及其控制系统属于主体工程设备，具有主体工程和安全设施的双重特性，因此列入基本安全设施。

13. 供、配电设施。

（1）矿山供电电源、线路及总降压主变压器容量、地表向井下供电电缆。

(2) 井下各级配电电压等级。

(3) 电气设备类型。

(4) 高、低压供配电中性点接地方式。

(5) 高、低压电缆。

(6) 提升系统、通风系统、排水系统的供配电设施。

(7) 地表架空线转下井电缆处防雷设施。

(8) 高压供配电系统继电保护装置。

(9) 低压配电系统故障（间接接触）防护装置。

(10) 直流牵引变电所电气保护设施、直流牵引网络安全措施。

(11) 爆炸危险场所电机车轨道电气的安全措施。

(12) 设有带油设备的电气硐室的安全措施。

(13) 照明设施。

【条文说明】

供配电设施是保障矿山安全生产的重要设施。一方面要满足各主生产系统及辅助生产系统的正常生产用电，特别是各系统“安全设施（用电的）”的可靠供电。另一方面无论在正常运行还是发生故障时都要保证电气设备的安全和防止生产、维护人员触电，为满足这两方面的要求列出上述内容。这些内容依附于供配电设施，并且是保证其安全运行的基本技术措施，主要依据为《矿山电力设计规范》(GB 50070)。

14. 工业场地边坡的安全加固及防护措施。

【条文说明】

工业场地边坡的安全加固及防护措施主要是指为了保证采矿工业场地的安全而采取的降低边坡角、增加喷射混凝土、锚杆、锚索或金属网等支护措施，属于项目主体工程的一部分，因此确定为基本安全设施。

2.2 专用安全设施

1. 罐笼提升系统。

(1) 梯子间及安全护栏。

(2) 井口和井下马头门的安全门、阻车器和安全护栏。

(3) 尾绳隔离保护设施。

(4) 防过卷、防过放、防坠设施。

(5) 钢丝绳罐道时各中段的稳罐装置。

(6) 提升机房内的盖板、梯子和安全护栏。

(7) 井口门禁系统。

【条文说明】

(1) 梯子间的设置应符合《金属非金属矿山安全规程》(GB 16423) 的有关规定，梯子间须设防护栅栏。

(2) 安全门的设置可防止工作人员在井口或井下马头门误入井筒，保证人员安全。阻车器位于井下铺设轨道的马头门和井口，可避免中段和井口的矿车自溜坠入井筒。井口和马头门安全栏杆(包括栅栏门)，设在安全门防护范围以外的部位，防止人员和设备坠入井筒。

(3) 尾绳隔离保护设施是为保证提升机运行过程中尾绳不会扭结在一起，从而保证提升机系统的安全运行。

(4) 防过卷、防过放、防坠设施，包括楔形罐道、挡罐梁或（和）防过卷、防过放、防坠装置，位于最低停罐位置之下和最高停罐位置之上。在提升容器或平衡锤超过正常停车（罐笼为进出车）位置时，使提升设备自动停止运转，并实现安全制动。按《金属非金属矿山安全规程》(GB 16423）可只设楔形罐道和挡罐梁，也可全设。

(5）在罐笼正常升降过程中，钢丝绳罐道有一定幅度的摆动是正常的，也是提升系统允许的。当罐笼停在中段马头门时，会有人员上下或材料装卸，这将导致罐笼发生比较大的摆动。如果没有稳罐装置，则罐笼的摆动会给上下罐的人员带来坠井的危险，或者造成材料或矿车溜出罐笼而坠井。

(6）提升机房内吊装孔盖板、楼层间梯子和设备周边的栏杆可保证人员安全。

(7）井口门禁系统是为了掌握人员下井、升井情况，防止无关人员进入井下而设的。

2. 箕斗提升系统。

(1）井口、装载站、卸载站等处的安全护栏。

(2）尾绳隔离保护设施。

(3）防过卷、防过放设施。

(4）提升机房内的盖板、梯子和安全护栏。

【条文说明】

见罐笼提升系统的相关设施。

3. 混合竖井提升系统。

(1）罐笼提升系统安全设施（见罐笼提升系统）。

(2）箕斗提升系统安全设施（见箕斗提升系统）。

(3）混合井筒中的安全隔离设施。

【条文说明】

(1)、(2）条文说明见罐笼提升系统。

(3）混合井筒内的中间安全隔离设施，是为了防止两套提升系统在运行时相互干扰而设的，以避免发生事故。如果不设隔离设施，则在升降人员时箕斗不得提升物料。

4. 斜井提升系统。

(1）防跑车装置。

(2）井口和井下马头门的安全门、阻车器、安全护栏和挡车设施。

(3）人行道与轨道之间的安全隔离设施。

(4）梯子和扶手。

(5）躲避硐室。

(6）人车断绳保险器。

(7）轨道防滑措施。

(8）提升机房内的安全护栏和梯子。

(9）井口门禁系统。

【条文说明】

(1）防跑车装置（也称捞车器）安装在斜井中，作用是防止矿车或者人车断绳后一直坠落到井底，造成人员伤亡和提升设施重大损失。

(2）在斜井井口、上部设置阻车器和挡车设施，可以防止矿车自溜到斜井内造成跑车事故。安全门和安全护栏可以避免人员误入斜井，造成事故发生。

(3）人行道与轨道之间的安全隔离设施是保护人员安全的专用设施，对于保证提升过程中的斜井行人安全具有重要意义。

(4）根据斜井的坡度按照《金属非金属矿山安全规程》(GB 16423）的规定设置。

(5）在斜井下部的车场设置躲避硐室，是为了上部车场误操作时，或者提升钢丝绳断绳时发生跑车事故，下部车场的工作人员可以到躲避硐室内躲避。

（6）人车断绳是人车提升的重大安全事故，直接威胁到人的生命安全，人车上必须设置能够自动制动和人工制动的断绳保险器，以保证人车乘员的生命安全。

（7）轨道防滑措施是指安装在斜井底板上、阻挡轨枕和轨道整体向下滑动的装置，设置的目的是保证轨道不滑动，提升容器能够在轨道上稳定运行，从而保证安全。

（8）提升机房内的围栏、梯子和栏杆主要是防止人员接触转动的机械设备造成伤害，防止人员从高处跌落。

（9）井口门禁系统是为了掌握人员下井、升井情况，防止无关人员进入井下而设的。

5. 斜坡道与无轨运输巷道。

（1）躲避硐室。

（2）卸载硐室的安全挡车设施、护栏。

（3）人行巷道的水沟盖板。

（4）交通信号系统。

（5）井口门禁系统。

【条文说明】

（1）根据《金属非金属矿山安全规程》(GB 16423）的规定设置躲避硐室。

（2）在卸载处设置无轨车辆车挡，防止无轨车辆落入卸载口。设置栏杆是为防止作业人员坠井。

（3）人行巷道的水沟盖板是为了方便行走和防止人员落入水沟造成伤害。

（4）交通信号系统可以保证无轨车辆运输安全有序，避免撞车事故。

（5）井口门禁系统是为了掌握人员下井、升井情况，防止无关人员进入井下而设的。

6. 带式输送机系统。

（1）设备的安全护罩。

（2）安全护栏。

（3）梯子、扶手。

【条文说明】

（1）在设备运行时，护罩可以避免人员或其他设备接触运转部分，保护人员和设备的安全。

（2）安全围栏可以避免其他人员和设备靠近运转设备，保证安全。

（3）根据《金属非金属矿山安全规程》(GB 16423）的规定要求设置，保证行人的安全。

7. 电梯井提升系统。

（1）梯子间及安全护栏。

（2）电梯间和梯子间进口的安全防护网。

【条文说明】

（1）梯子间的设置应符合《金属非金属矿山安全规程》(GB 16423）的有关规定，梯子间须设防护栅栏。

（2）井口处的安全防护网可以避免人员进出时发生坠井事故。

8. 有轨运输系统。

（1）装载站和卸载站的安全护栏。

（2）人行巷道的水沟盖板。

【条文说明】

有轨运输是高效的井下矿山平巷运输方式，在金属非金属矿山得到广泛应用。有轨运输系统作为矿山的重要生产系统之一，属于矿山的主体工程，为保证该系统的安全运行需要设置一些专用安全设施。

（1）装载站和卸载站的安全护栏其主要目的是保证工作人员的安全，避免坠井事故发生。

（2）有轨运输巷道的水沟一般均布置在人行侧，为方便行走和保证行人的安全，水沟上应有盖板。

9. 动力油储存硐室。

（1）硐室口的防火门。

（2）栅栏门。

（3）防静电措施。

（4）防爆照明设施。

【条文说明】

（1）当储油硐室内发生火灾时，防火门能阻止火灾向外蔓延，降低事故等级。

（2）栅栏门用于阻止无关人员进入储油硐室，防止意外事故发生。

（3）静电积累到一定程度，放电时会引燃油料，因此应采取措施防止静电积累，保证储油硐室的安全。

（4）动力油属于易燃、易爆的物质，其照明应采用防爆的照明设施。

10. 破碎硐室。

（1）设备护罩、梯子和安全护栏。

（2）自卸车卸矿点的安全挡车设施。

【条文说明】

采用箕斗提升系统提升矿石的井下矿山，很多都需要设置井下破碎站破碎矿石，以满足箕斗提升要求。井下矿石破碎站有可能出现的安全事故主要是机械伤害、人员坠落、运输车辆坠落等。破碎硐室或者破碎站是矿山生产设施，不是安全设施。所以只有专门为了安全生产而设置的设备护罩、梯子、安全护栏、自卸车卸矿点的安全挡车设施列入了专用安全设施。

11. 采场。

（1）采空区及其他危险区域的探测、封闭、隔离或充填设施。

（2）地下原地浸出采矿和原地爆破浸出采矿的防渗工程及对溶液渗透的监测系统。

（3）原地浸出采矿引起地表塌陷、滑坡的防护及治理措施。

（4）自动化作业采区的安全门。

（5）爆破安全设施（含警示旗、报警器、警戒带等）。

（6）工作面人机隔离设施。

【条文说明】

（1）废弃采场内有很多不安全因素，如果人员误入会造成伤亡事故，因此需要将这些废弃的采场进行隔离、充填，或采取其他有效的处理措施。

（2）地下原地浸出采矿和原地爆破浸出采矿的主要问题是酸性水通过节理裂隙可能渗到溶浸区以外，会造成地下水的污染，并腐蚀相关设备和设施，造成安全设施的破坏。因此需要设监测系统，对溶液进行监测，避免事故发生。

（3）原地浸出会改变地下地质构造，从而引起地表的破坏，如果影响范围内有其他设施，为保证这些设施的安全应采取相应的防护和治理措施。

（4）当坑内设无轨自动化采区时，要设安全门隔离开来，防止人员和其他设备进入该采区，以免造成自动化采区设备的运行故障。

（5）爆破安全设施可以保证爆破期间的安全，避免人员误入爆破作业区造成伤害。

（6）工作面设置人机隔离设施是为了避免人员受到井下工作设备机械伤害。

12. 人行天井与溜井。

（1）梯子间及防护网、隔离栅栏。

(2) 井口安全护栏。

(3) 废弃井口的封闭或隔离设施。

(4) 溜井井口安全挡车设施。

(5) 溜井口格筛。

【条文说明】

(1) 人行天井内设梯子间及防护网、隔离栅栏，防止人员通行时发生坠井或者其他意外事故。

(2) 井口安全栏杆设于井口周围防止人员、物料跌落。

(3) 废弃井口的封闭或隔离设施可以避免人员误入溜井、天井，保证人员安全。

(4) 挡车设施能够防止设备坠入溜井，保证设备安全。

(5) 溜井口的格筛可以避免大块矿石或废石进入溜井将溜井堵塞。

13. 供、配电设施。

(1) 避灾硐室应急供电设施。

(2) 裸带电体基本（直接接触）防护设施。

(3) 变配电硐室防水门、防火门、栅栏门。

(4) 保护接地及等电位联接设施。

(5) 牵引变电所接地设施。

(6) 变配电硐室应急照明设施。

(7) 地面建筑物防雷设施。

【条文说明】

上述设施的功能有：在井下发生水灾或火灾情况下防止变配电硐室受损；防止人员触电的基本防护措施和故障防护措施；正常电源或照明设施故障情况下保证变配电室的检修照明；预防和减少雷击对地面建筑物的损害。这些设施独立于正常的供配电设施，应作为专用安全设施统计投资费用。主要依据为《金属非金属地下矿山紧急避险系统建设规范》(AQ 2033)、《矿山电力设计规范》(GB 50070)、《建筑物防雷设计规范》(GB 50057)。

14. 通风和空气预热及制冷降温。

(1) 主通风机的反风设施和备用电机及快速更换装置。

(2) 辅助通风机。

(3) 局部通风机。

(4) 风机进风口的安全护栏和防护网。

(5) 阻燃风筒。

(6) 通风构筑物（含风门、风墙、风窗、风桥等）。

(7) 风井内的梯子间。

(8) 风井井口和马头门处的安全护栏。

(9) 严寒地区，通地表的井口（如罐笼井、箕斗井、混合井和斜提升井等）设置的防冻设施；用于进风的井口和巷道硐口（如专用进风井、专用进风平硐、专用进风斜井、罐笼井、混合井、斜提升井、胶带斜井、斜坡道、运输巷道等）设置的空气预热设施。

(10) 地下高温矿山制冷降温设施，包括地表制冷站设施、地下制冷站设施、管路及分配设施等。

【条文说明】

(1) 当井下发生事故时可能需要反风，主要的通风机应有能满足反风要求的装置和系统，当主要通风机的电机出现故障时，为避免井下长时间不能通风，现场应有可以调换的备用电机和快速调换的设施。

（2）、（3）辅助和局部通风机是为改善局部作业环境，保证工作人员安全，列入专用安全设施。辅助通风机是指为帮助主要通风机对矿井一翼或一个较大区域克服通风阻力，增加该区域风量和风压的风机，其主要功能是辅助主要通风机进行风流优化。局部通风机（即局扇）是指用于井下某一局部地点通风用的风机，其主要功能是解决风流无法自行到达的局部工作面的通风。

（4）风机的进风口栅栏和防护网是为了保护人员不被风流吸入风机内部，造成人员伤亡。

（5）在具有潜在火灾的区域应采用非可燃性材料，采用风筒进行通风时，应采用阻燃风筒，避免火灾发生时产生大量有毒有害气体引发中毒窒息事故。

（6）通风构筑物用于井下风流合理的分配，保证井下采区生产的安全。

（7）当风井作为井下的安全出口时，需在井筒内设置梯子间。

（8）井口和马头门处的安全栏杆包括栅栏门，防止井口及各马头门处无关人员误入井筒。

（9）寒冷地区专用进风井井口、专用进风巷道硐口设置空气预热设施，是为了防止井口和井下出现结冰现象，给井下设备的正常生产带来困难，避免事故发生。应根据《金属非金属矿山安全规程》（GB 16423）的规定要求设置预热设施。当采用废弃巷道预热时，井（硐）口可不设空气预热设施，但是要保证进入井（硐）口的风流温度满足安全规程的相关要求。

（10）在地下高温矿山，井下岩石温度随着井深的增加而不断增加，加之空气的自压缩热和设备等散发的热，使井下的空气温度很高。当仅用加大风量不能使工作面的温度满足安全规程要求时，需设置人工制冷设施进行降温。制冷降温有多种形式，有地面集中制冷、井下集中制冷、井下局部制冷等形式。地面集中制冷有地表冷却空气、地表制冷水井下交换、地表制冰井下交换等方式，后两者是通过管路将冷水或冰输送至井下，经热交换后，再升至地表，不断循环以达到降温的目的。

15. 排水系统。

（1）监测与控制设施。

（2）水泵房及毗连的变电所（或中央变电所）入口的防水门及两者之间的防火门。

（3）水泵房及变电所内的盖板、安全护栏（门）。

【条文说明】

（1）水文地质复杂或采用崩落法开采的矿山，应对生产期间的井下涌水情况进行定期监测，以备及时采取有效的应对措施。

（2）井下出现水灾时，水泵房和毗连的变电所入口的防水门关闭后，可以保证泵房和变电所的设备不受影响，排水工作可以继续。

（3）水泵房及变电所内设置盖板和栅栏（门）可以防止无关人员入内，并避免工作人员不慎跌入水井和水沟。

16. 充填系统。

（1）充填管路减压设施。

（2）充填管路压力监测装置。

（3）充填管路排气设施。

（4）充填搅拌站内及井下的安全护栏及其他防护措施（包括物料输送机和其他相关设备、砂浆池、砂仓等的安全护栏及其他防护措施）。

（5）充填系统事故池。

（6）采场充填挡墙。

【条文说明】

充填法采矿对于矿山环境保护具有重要意义，尽管充填法采矿成本相对较高，但由于其环保优势，多地的地方政府要求矿山设计时优先考虑充填法采矿。充填系统成为很多矿山的重要生产系统，充填系统包括充填料储存、制备、输送和采场充填，其主要设施均为主体工程设施。充填料输送系统可能存在的安全问题主要和管路压力有关，而采场充填的挡墙如果出现问题，也会造成事故，因此为保证充填系统安全运行，需要设置一些专用安全设施。

（1）当垂直布置的充填管较长时，管路中的压力随管路所在位置的深度增加而增高，为保证充填管路和井下人员的安全，当管路压力增大到一定程度时，需要在管路中间设减压设施。

（2）设置充填管路压力监测装置是为了保证管路内的压力在设计范围内，一旦超出，可以采取措施避免发生爆管事故。

（3）充填管路排气设施可以及时排除充填管内空气，防止管路内压力发生大幅振动，避免事故发生。

（4）充填搅拌站内设置栏杆等设施，是为了保证人员安全，不发生高处坠落事故。

（5）当充填系统出现故障时，可以排放管路中的砂浆，避免造成管路堵塞。

（6）在采场充填之前需要修筑充填挡墙，充填挡墙应满足相应的强度要求，避免垮塌造成相邻采场工作人员伤亡和设备损坏。

17. 地压、岩体位移监测系统。

（1）地表变形、塌陷监测系统。

（2）坑内应力、应变监测系统。

【条文说明】

（1）地表变形监测系统可以对采矿引起的地表变形情况，以及拦洪坝、防洪堤、防渗帷幕、大型截水沟等对岩体移动敏感部位的岩石应力和位移进行监测，防止地表突然事故的发生，保证地表人员及设施的安全。

（2）在有严重地压的矿山需设置坑内应力、应变监测系统，监测采场、巷道、防水保安矿柱和岩柱的变形、应力变化等情况，避免岩爆、冒顶、片帮造成人身和设备伤害等意外事故的发生。

18. 安全避险“六大系统”。

（1）监测监控系统。

（2）人员定位系统。

（3）紧急避险系统。

（4）压风自救系统。

（5）供水施救系统。

（6）通信联络系统。

【条文说明】

国家安全生产监督管理总局于2010年10月9日发出安监总管一〔2010〕168号文，要求地下矿山企业按要求期限安装使用安全避险“六大系统”，并加强日常管理和维护，确保各系统正常运行。“六大系统”的主要功能是保证井下人员安全，因此列入专用安全设施。

（1）监测监控系统用于监测地下矿山有毒有害气体浓度，以及风速、风压、温度、烟雾、通风机开停状态、地压等。具体要求参见《金属非金属地下矿山监测监控系统建设规范》(AQ 2031)。

此外，监测内容应根据矿山具体特点分别有所侧重。在多雨地区，暴雨对井下开采安全有重大影响的矿山，雨季的降雨量监测应纳入监测监控系统。当采用无人值守的排水泵房时，地下水涌水量较大的矿山，或降雨对涌水影响较大的矿山，涌水量监测应纳入监测监控系统。岩爆倾向明显的矿山（如深埋矿床、高地应力矿床，以及大尺度采场等），岩爆监测应纳入监测监控系统。自然崩落法开采的矿山，崩落监测应纳入监测监控系统。

（2）人员定位系统具有对井下人员出/入井时刻、重点区域出/入时刻、工作时间、井下重点区域人员数量、井下人员活动路线等信息进行监测、显示、打印、储存、查询、报警、管理等功能。具体要求参见《金属非金属地下矿山人员定位系统建设规范》(AQ 2032)。

（3）紧急避险系统是在矿山井下发生灾变时，为避灾人员安全避险提供生命保障的由避灾线路、紧急避险设施、设备和措施组成的有机整体。具体设置要求见《金属非金属地下矿山紧急避险系统建设规范》(AQ 2033）和《有色金属矿山井巷工程设计规范》(GB 50915)。

（4）压风自救系统是在矿山发生灾变时，为井下提供新鲜风流的系统，包括空气压缩机、送气管路、三通及阀门、油水分离器、压风自救装置等。具体要求参见《金属非金属地下矿山压风自救系统建设规范》(AQ 2034)。

（5）供水施救系统是在井下发生灾变时，为井下作业地点提供生活饮用水的系统，包括水源、过滤装置、供水管路、三通及阀门等。具体要求参见《金属非金属地下矿山供水施救系统建设规范》(AQ 2035)。

（6）通信联络系统是在生产、调度、管理、救援等各环节中，通过发送和接受通信信号实现通信及联络的系统，包括有线通信联络系统和无线通信联络系统。具体要求参见《金属非金属地下矿山通信联络系统建设规范》(AQ 2036)。

19. 消防系统。

（1）消防供水系统。

（2）消防水池。

（3）消防器材。

（4）火灾报警系统。

（5）防火门（除前面所述之外的防火门）。

（6）有自然发火倾向区域的防火隔离设施。

【条文说明】

在矿山生产过程，火灾是威胁矿山安全生产的主要危险因素之一，一旦发生则会给生命和财产造成重大损失。遵照“预防为主，防消结合”的消防方针，矿山消防设施的设置应符合《金属非金属矿山安全规程》(GB 16423)、《有色金属工程设计防火规范》(GB 50630）和《钢铁冶金企业设计防火规范》(GB 50414）等标准的有关规定。矿山应从全局出发，统一布置，使消防系统能够覆盖所有生产地点，满足矿山的防火要求。

（1）消防给水系统包括消火栓、供水管路、三通及阀门等，消防给水系统应能满足最不利点处火灾延续时间内全部消防用水量及水压要求，应符合现行的有关标准。当消防给水系统与生产给水系统合在一起设置时，其主供水管路属于基本安全设施。

（2）消防水池的容积应能满足矿山消防用水的要求且不应小于200 m^3。当消防水池与生产水池合在一起设置时该水池属于基本安全设施，若单独为消防而设置的专用水池则属专用安全设施。

（3）矿山井下应配备灭火器，并应符合《金属非金属矿山安全规程》(GB 16423）和《有色金属工程设计防火规范》(GB 50630）等标准的有关规定。

（4）在易发生火灾的工作场所需要设置火灾报警系统，以便火灾发生时及时发现并采取有效措施，降低事故的等级和损失。

（5）此处的防火门不包含之前各种有火灾风险硐室内的防火门，是指根据矿山的实际情况其他具有火灾风险的区域。

（6）对井下具有自然发火倾向的区域，在允许的情况应提前采取隔离设施，不能隔离时应采取相应措施进行监控，并设置报警系统。

20. 防治水。

（1）中段（分段）或采区的防水门。

（2）地下水头（水位）、水质、中段涌水量监测设施。

（3）探水孔、放水孔及探放水巷道，探、放水孔的孔口管和控制闸阀，探、放水设备。

（4）降雨量观测站。

（5）在有突水可能性的工作面设置的救生圈、安全绳等救生设施。

【条文说明】

本条防治水主要针对水文条件复杂的矿山或矿山总体设计中具体规定的防治水工程。水文条件复杂的矿山包括地质勘探中认定的水文地质条件复杂的矿床、大型露天矿转地下开采的矿山，大面积崩落法开采的矿床等。

（1）水文地质条件复杂的矿山（溶洞、地下河充水、矿体为较强含水层、强导水构造充水、老窑充水等）、大型露天矿转地下开采的矿山，大面积崩落法开采的矿床、活动塌陷区大面积汇水的矿床、大面积岩溶塌陷的矿床等，除了在水泵房联络道应设常规防水门以外，通往主要水害区（采区/中段）的巷道应设防水门或截水墙。

预计涌水量较大的矿山，可根据具体的水文地质条件适当设计，当涌水只限于某一个或几个中段，其他中段涌水很小时，可在这个（些）中段设置中段防水门，控制水害影响范围。矿体分布高差很大、开采中段很多时，设中段防水门可以相应降低各防水门的设防压力。当矿区内不同区域水文地质条件差异很大，可针对水文地质条件复杂的区域设置采区防水门，控制水害影响范围。

起阶段性防水作用的防水门的服务周期或拆除条件应在设计中规定。

（2）地下水位、水压、中段涌水量监测设施是对水量水压等进行监测。在水文地质条件复杂的矿山、采取专门防治水措施的矿山，水文地质条件中等但工程地质条件复杂的矿山，均应设置这些监测设施。

（3）对老采空区、硫化矿床氧化带的溶洞、与深大断裂有关的含水构造附近进行掘进或开采时应进行探水。必须进行超前探水的情形还包括：开拓工作面接近强含水地层或断层、流砂层、溶洞、陷落柱；接近积水的老窑、旧巷道、采空区；发现有出水征兆时；以及准备掘开隔离矿/岩柱放水时。

（4）在大型露天矿转地下矿山、大面积崩落法矿山和溶洞充水矿床等开采过程中需要降雨量观测站。矿区距离社会既有气象站距离较远，或高差较大时，矿区应设立自己的气象站，观测降雨量，以及其他气象参数。

大面积崩落法开采的矿山、溶洞型含水层充水为主的矿山、大型露天转地下矿山等，暴雨对矿山开采安全有明显影响。此类矿山应专门设置雨量站监测降雨量，根据暴雨情况及时发布防洪预警。

（5）在有突然发水的工作面设置救生圈、安全绳等救生设施，当突水时，人员来不及撤离，需要借助安全设施自救。

21. 崩落法、空场法开采时的地表塌陷或移动范围保护措施。

【条文说明】

当地下矿山采用崩落法和空场法开采时，矿体上盘的岩石会随着时间不断冒落，有时这种情况会持续到地表，从而引起地表的塌陷，为了保证地表人员和设施的安全，需要根据地下开采情况在地表圈定岩体移动范围，在地表设置防护网等安全设施，另外地表的永久设施应布置在该范围线之外。该项安全设施属于技术措施。

22. 水溶性开采。

（1）有毒有害气体积聚处（井口、卤池、取样阀等）采取的防毒措施。

（2）井口的防喷装置。

（3）排水和防止液体渗漏的设施。

（4）地面防滑措施。

（5）井盐矿山设立的地表水和地下水水质监测系统。

（6）地表沉降和位移的监测设施。

（7）不用的地质勘探井和生产报废井的封井措施。

【条文说明】

（1）中、深井类型的盐矿山在钻井水溶开采过程中，井下一般伴随有 H_2S 等有毒有害气体产出，应采取防毒措施，在有毒气体容易聚集处作业时，应有专人监护。

（2）用钻井水溶法（水举法）开采盐矿井，尤其是中、深井，在钻、修井作业过程中易发生井喷现象，易造成环境污染、中毒、火灾等事故发生，因此应在井口安装防喷装置。

（3）避免水溶液对周边环境污染，造成附近居民和牲畜伤亡，需要设置排水和防渗设施。

（4）地表防滑设施可以避免工作人员摔伤。

（5）井盐矿山在生产过程中，可能会出现溶液泄漏事故，并会造成水体污染和覆盖岩层稳定性下降，为了随时掌握水质变化情况，并及时采取治理措施，需要设立水质监测系统。

（6）国内外部分井盐矿山发生过地表变形和破坏现象，并危及人身、地表设施和环境安全，因此需要对有发生地表沉降风险的井盐矿山设置监测设施。

（7）从井盐矿山开采实践来看，未采取彻底封井处理的勘探井和报废井，易发生卤水泄漏，严重污染环境，影响其他生产井的正常生产，甚至造成重大人身伤亡事故。

23. 矿山应急救援设备及器材。

【条文说明】

矿山应急救援设备及器材包括矿山救险器材、救护设备、辅助救护设备及其附件、救护通信设备和救护交通设备等。矿山的事故应急救援系统和各种救援设施，在矿山发生事故后，能够迅速展开救援，减少人员伤亡和财产损失。矿山配备的救护值班车，组建的矿山专职或兼职救护队，能够确保出现险情时，救护及时到位。同时矿山还可依托社会的各种救援资源，事故发生后能够保持信息畅通，共同合作，提高救援效率。

24. 个人安全防护用品。

【条文说明】

作业人员个人防护用品是作业人员安全的最后一道防护，也是遇险人员自救的仅有工具，因此其重要程度不言而喻，生产矿山应为井下作业人员配备足额的且质量合格的个人防护用品。同时矿山还应定期组织培训，确保每一位作业人员和新上岗的员工都能在思想上重视，并能正确熟练地使用个人防护用品。个人防护用品包括安全帽、矿灯、便携式自救器等。

25. 矿山、交通、电气安全标志。

【条文说明】

安全标志有主标志和补充标志。主标志包括禁止标志、警告标志、指令标志、路标、名牌、提示标志等；补充标志是主标志的文字说明或方向指示，与主标志同时使用。矿山应根据自身的生产工艺和生产系统的特点，在全矿区域内的所有生产点设置符合要求的安全标志。

本条中的安全标志包含矿山安全标志、交通安全标志和电气安全标志。

26. 其他设施。

（1）排土场（或废石场）安全设施参见露天矿山相关内容。

（2）放射性矿山的防护措施。

（3）地下原地浸出采矿：监测井（孔）、套管、气体站安全护栏、集液池、酸液池及二次缓冲池安全护栏、事故处理池和管路。

【条文说明】

（1）地下矿山废石从坑内提至地表并堆存时，废石场的堆存安全设施参见露天章节中的相关内容。另外，地表油库、地表爆破器材库均参见露天矿山的相关章节。

（2）有放射性的矿山放射性物质容易对井下人员造成伤害，这就需要采取一定的措施保证井下人员的安全，例如员工穿戴防射服、禁止在井下饮食、禁止抽烟、加强通风减少放射性气体的积聚等。

（3）原地浸出采矿目前在国内的铀矿相对较多。溶浸采矿一般是通过溶浸液与矿物的化学反应，有选择地溶解矿石中的有用成分，并在反应区内提取有用成分浸出液的开采方法。这类矿山的主要危害就是溶液，开采时必须采取有效的措施，避免溶液渗入地下或渗出开采范围之外，对周边环境和地下水造成污染，影响附近居民的安全。

3 露天矿山建设项目安全设施目录

3.1 基本安全设施

1. 露天采场。

(1) 安全平台、清扫平台、运输平台。

(2) 运输道路的缓坡段。

(3) 露天采场边坡、道路边坡、破碎站和工业场地边坡的安全加固及防护措施。

(4) 溜井底放矿硐室的安全通道及井口的安全挡车设施、格筛。

(5) 设计规定保留的矿(岩)体或矿段。

(6) 边坡角。

(7) 爆破安全距离界线。

【条文说明】

(1) 露天采场的安全平台、清扫平台、运输平台是露天采场最终边坡的重要构成要素,属于露天采场主体工程的一部分,同时是露天开采安全的重要保障。其是基于边坡稳定性研究的基础上,结合所确定的开拓运输系统而设置的,同时也应考虑露天采场的排水要求。台阶高度、台阶坡角、最终边坡角决定安全平台、清扫平台的宽度,所确定的开拓运输系统影响运输平台的设置。

(2) 缓坡段是为了保证运行车辆的安全,在主要斜坡运输道路上设置,依附于主要运输道。运输道路的缓坡段对下坡车辆起减速安全的作用,对上坡车辆起加速的作用。缓坡段的长度及坡度应按露天矿山道路的特点,依据相关规定进行设置。

(3) 边坡的加固和防护措施是当边坡岩石稳定性较差或边坡角度较大,不能满足安全要求时所采取的加固和防护措施。这些边坡主要有露天采场的边坡、矿山道路的边坡、工业场地的边坡等。加固和防护措施主要有加固(如锚杆、锚索支护)、护坡、疏干、截水及靠近边坡的作业措施。

(4) 露天生产中需要溜井放矿时,溜井底部的放矿硐室需要设置安全通道(出口),以保证人员的安全,它与硐室属于一个整体,不可分割。

溜井口的挡车措施是为了防止车辆失控坠入溜井中,格筛的设置,可以防止人或超规格(超出格筛筛网眼的尺寸)物体的坠入。

(5) 为了预防矿山各种工程地质和水文地质灾害,保护建筑物和工业场地安全,防止地表移动和沉降,确保矿山安全开采而必须设置的。未经技术论证,不应开采或破坏。

(6) 露天开采时边坡角是影响边坡安全的重要因素,应根据地质构造、工程地质和水文地质条件通过岩石力学计算或分析确定。一个露天坑的边坡角可以不是一个值,不同的位置、不同的岩层,边坡角可以不同。

(7) 为保证露天采场内生产爆破的安全,避免影响采场外人员和设备的安全,需要划定爆破安全距离界线,禁止无关人员和设备在该区域停留或工作。在进行爆破作业时,应按《爆破安全规程》的要求划定爆破安全距离界线。该项安全设施属于技术措施。

2. 防排水。

(1) 河流改道工程(含导流堤、明沟、隧洞、桥涵等)及河床加固。

(2) 地表截水沟、排洪沟(渠)、防洪堤、拦水坝、台阶排水沟、截排水隧洞、沉砂池、消能池

（坝）。

（3）地下水疏/堵工程及设施（含疏干井、放水孔、疏干巷道、防水闸门、水仓、疏干设备、防水矿柱、防渗帷幕及截渗墙等）。

（4）露天采场排水设施，包括水泵和管路。

【条文说明】

（1）地表洪水（包括河、湖等地表水和大区域汇水面积汇集的暴雨洪水）可能侵袭的矿区应设置地表防洪设施。防洪设施包括：针对整个矿区的，或针对矿山不同工程部位的（露天采坑、坑采塌陷区、废石场、尾矿库等）防洪堤、截洪沟、截洪洞等。

有些情况下，只有在矿山开采到一定阶段后才需要（或具备空间条件）实施河流改道工程。在这种情况下，在矿山设计阶段应全部完成这些设施的设计，同时，明确提出开始实施这些工程建设的时间节点（或生产阶段节点）以及其他的相关条件，达到必要的节点时间或生产阶段后，必须开始这些工程的建设。具备相应工程的完整设计，以及明确的建设节点条件的此类防治水设施可视为达到了“三同时”的要求。

（2）此处的截水沟、防洪堤等，是指起到保护全部或大部分矿区地表设施防洪安全的，以及保护重要的单体设施（如井口、变电站等）。其他的一般单体建筑物周边的截水沟等可不包括在内。

台阶排水沟、沉砂池、消能池（坝）等根据露天采场的大小、边坡的工程地质条件，以及降雨特点进行具体布置。

（3）有些露天矿受地下水涌水威胁，或边坡工程地质条件较差，地下水恶化边坡稳定性。在这种情况下，需要设计地下水疏干或堵水设施。地下水疏干或堵水工程可能包括以下设施：疏干井、放水孔、疏干巷道、防水闸门、水仓、疏干设备、防水矿柱、防渗帷幕及截渗墙等。

（4）排水设施是凹陷露天矿山必须设置的设施，既是生产设施也是保证矿山生产安全的安全设施。整个排水系统都具有生产功能，所以将露天采场排水设施列入基本安全设施，包括凹陷露天坑内的机械排水设施，包括水泵和管路。

3. 铁路运输。

（1）运输线路的安全线、避让线、制动检查所、线路两侧的界限架。

（2）护轮轨、防溜车措施、减速器、阻车器。

【条文说明】

铁路运输是露天矿山的重要运输方式之一，在大型露天矿山得到广泛应用，但随着适应能力更强的胶带输送方式的出现，新建露天矿山已经很少采用铁路运输。但作为安全设施目录还是保留了铁路运输。

（1）避让线是防止列车失控可能造成冲撞、颠覆事故而设置的。安全线也是为行车安全而设置。安全线、避让线的设计计算可参照铁路部门规定的现行办法。

在陡长下坡道的车站，需设制动检查所，定期对下坡列车进行持续一定时间的全部试验，对车辆的制动、刹车等性能进行检查，保证行车安全。

线路两侧的界限架，主要设置于道口，防止汽车车辆装载超限，保证运输安全。

（2）护轮轨、防溜车措施、减速器、阻车器等是系统必备的，设置要求可参照铁路部门规定的现行办法。

4. 带式输送机系统的各种闭锁和电气保护装置。

【条文说明】

带式输送机是矿山重要的生产设施，尤其是在露天矿山的破碎站与选矿厂之间的矿石运输，带式输送机取代了铁路运输或者汽车运输；带式输送机、排土机和破碎站结合，取代了传统的汽车运输，成为大型露天矿山排弃剥离废石的高效方法。运输系统本身属于主体工程，各种闭锁、控制、信号和电气保护装置可以保证带式输送机在运输过程中的安全，与安全息息相关。因此列入基本安全设施。

5. 架空索道运输。

（1）架空索道的承载钢丝绳和牵引钢丝绳。

（2）架空索道的制动系统。

（3）架空索道的控制系统。

【条文说明】

架空索道是一种可以跨越复杂地形的运输方式，在地形复杂的高山地区，一些小型矿山采用索道运输，但新建矿山应用较少。为了保持目录的完整性，仍然将架空索道运输列入其中。架空索道主要作为生产设施，但是其运行又有可能造成安全事故，所以将索道有关安全的设施列入基本安全设施。如架空索道的承载钢丝绳、牵引钢丝绳以及控制系统和制动系统都是系统必备的，但又都和索道的安全密切相关。

6. 斜坡卷扬运输。

（1）提升装置，包括制动系统、控制系统。

（2）提升钢丝绳及其连接装置。

（3）提升容器（包括箕斗、矿车和人车）。

【条文说明】

露天矿斜坡卷扬运输，也叫斜坡提升，是露天矿辅助提升运输的一种方式。斜坡卷扬运输在各种露天矿山均有应用。斜坡卷扬的提升装置、制动系统、控制系统、提升钢丝绳及其连接装置、提升容器既有生产功能，又有安全功能，属于基本安全设施。

7. 供、配电设施。

（1）矿山供电电源、线路及总降压主变压器容量、向采矿场供电线路。

（2）各级配电电压等级。

（3）电气设备类型。

（4）高、低压供配电中性点接地方式。

（5）排水系统供配电设施。

（6）采矿场供电线路、电缆及保护、避雷设施。

（7）高压供配电系统继电保护装置。

（8）低压配电系统故障（间接接触）防护装置。

（9）直流牵引变电所的电气保护设施、直流牵引网络的安全措施。

（10）爆炸危险场所电机车轨道的电气安全措施。

（11）变、配电室的金属丝网门。

（12）采场及排土场（废石场）正常照明设施。

【条文说明】

供配电设施是保障矿山安全生产的重要设施。一方面要满足各主生产系统及辅助生产系统的正常生产用电，特别是各系统“安全设施（用电的）”的可靠供电。另一方面无论在正常运行还是发生故障时都要保证电气设备的安全和防止生产、维护人员触电，为满足这两方面的要求列出上述内容。这些内容依附于供配电设施，并且是保证其安全运行的基本技术措施，主要依据为《矿山电力设计规范》(GB 50070)。

8. 排土场（废石场）。

（1）安全平台。

（2）运输道路缓坡段。

（3）拦渣坝。

（4）阶段高度、总堆置高度、安全平台宽度、总边坡角。

【条文说明】

以上各条是排土场设计和形成过程中必须考虑的，对排土场安全起着至关重要作用，同时设计中也应考虑后期排土场复垦时需求。其中第(4)项属于技术措施。

9. 通信系统。

（1）联络通信系统。

（2）信号系统。

（3）监视监控系统。

【条文说明】

由于通信联络、通信信号和监测监控系统都与矿山安全关系密切，全部列入基本安全设施。

3.2　专用安全设施

1. 露天采场。

（1）露天采场所设的边界安全护栏。

（2）废弃巷道、采空区和溶洞的探测设备，充填、封堵措施或隔离设施。

（3）溜井口的安全护栏、挡车设施、格筛。

（4）爆破安全设施（含躲避设施、警示旗、报警器、警戒带等）。

（5）水力开采运矿沟槽上的盖板或金属网。

（6）挖掘船上的救护设备。

（7）挖掘船开采时，作业人员穿戴的救生器材。

【条文说明】

（1）露天坑的周边，在某些地段可能需要设置围栏，防止无关人员、设备或动物进入到露天境界内，避免出现安全问题。

（2）开采境界内的废弃巷道、采空区和溶洞是露天开采的重大隐患，严重威胁采场生产安全，必须提前进行处理。

（3）安全护栏是为防止作业人员不慎坠入溜井，挡车设施是防止车辆失控坠入溜井，格筛是防止大块及杂物进入溜井。

（4）在露天采场爆破时，为避免出现人员伤亡事故，需要在附近设置安全躲避设施、警示旗、报警器和警戒带等安全设施，以便爆破人员可以就近避险和警示其他工作人员。

（5）运矿沟槽上设盖板或金属网，主要是为了人身安全。

（6）每艘挖掘船除按作业人员数配备足够数量的救生圈或救生服外，还需要根据实际情况配备一只可乘 8 ~ 12 人的钢质交通船。如果江河较大，有洪水威胁时，要考虑设交通快艇或摩托艇。

（7）救生器材作为作业人员进入采场作业的最后一道防护设施，目的是为了在作业人员因失足或滑坡等原因跌入水中后，能够逃生。

2. 铁路运输。

（1）运输线路的安全护栏、防护网、挡车设施、道口护栏。

（2）道路岔口交通警示报警设施。

（3）陡坡铁路运输时的线路防爬设施（含防爬器、抗滑桩等）。

（4）曲线轨道加固措施。

【条文说明】

（1）矿山铁路应按规定在大桥及跨线桥跨越铁路电网的相应部位，设置安全护栏（网）；跨线桥两侧，应设置防止矿车落石的防护网。在铁路线尽头应设安全车挡，防止车辆驶出线路。铁路道口需要设栏杆，防止人员和车辆进入铁路线，造成安全事故。

(2) 铁路交通路口应按规程规定设交通警示和报警设施，保证人员和铁路设备运行的安全。

(3) 线路防爬设施（含防爬器、抗滑桩等）是陡坡铁路线路必须设置的，防止线路变形移动，保证行车安全。

(4) 曲线轨道加固措施是系统必备的，可防止线路变形移动，保证铁路运输的安全。

3. 汽车运输。

(1) 运输线路的安全护栏、挡车设施、错车道、避让道、紧急避险道、声光报警装置。

(2) 矿、岩卸载点的安全挡车设施。

【条文说明】

(1) 山坡填方的弯道、坡度较大的填方地段以及高堤路基路段，外侧应设置护栏、挡车墙等对主要运输道路及联络道的长的大坡道，应根据运行安全需要，设置汽车避让道。在坡道上或急转弯前方靠山坡侧设置汽车避让线，是考虑到汽车在坡道上运行时，一旦发生制动失灵等突发情况，可驶入避让线，避免发生撞车事故或降低事故的等级。

声光报警装置，目的是提醒车辆驾驶员注意行车安全。

(2) 矿、岩卸矿地点设置安全挡车设施，是防止发生坠车事故。

4. 带式输送机运输。

(1) 设备的安全护罩。

(2) 安全护栏。

(3) 梯子、扶手。

【条文说明】

(1) 在设备运行时，护罩可以避免人员或其他设备接触运转部分，保护人员和设备的安全。

(2) 安全围栏可以避免其他人员和设备靠近运转设备，保证安全。

(3) 各种检修平台之间需要设置梯子或扶手，保证行人安全。

5. 架空索道运输。

(1) 线路经过厂区、居民区、铁路、道路时的安全防护措施。

(2) 线路与电力、通信架空线交叉时的安全防护措施。

(3) 站房安全护栏。

【条文说明】

(1)、(2) 索道线路经过厂区、居民区、铁路、道路时，或与电力、通信架空线路交叉时，为防止吊斗内的物料落下砸伤人员、设备，毁坏或堵塞线路，应在线路的下面设安全保护装置，如安全防护网或保护栈桥等。

(3) 高出地面 0.6 m 以上的站房，需要设防护栏。

6. 斜坡卷扬运输。

(1) 阻车器、安全挡车设施。

(2) 斜坡轨道两侧的堑沟、安全隔挡设施。

(3) 防止跑车装置。

(4) 防止钢轨及轨梁整体下滑的措施。

【条文说明】

(1) 阻车器、安全车挡是为了防止斜坡运输容器自溜滑行，沿斜坡坠落，造成人员和设备安全事故。

(2) 斜坡轨道两侧设堑沟或安全隔挡设施，一方面是为了防止雨水冲刷路基或滚石危及提升安全，另一方面防止矿车在运行中突然掉道或翻车，危及行人的安全。

（3）防止跑车装置包括安设在矿车上的叉形止车装置和抓钩，一旦发生松绳或断绳，造成溜车时，能及时停住矿车，防止发生跑车事故。

（4）轨道防滑设施可以维护轨道及道床的整体稳定性，保证提升过程中的安全，其选择与斜坡坡度、容器规格、重载容器的运行方向等密切相关。

7. 破碎站。

（1）卸矿安全挡车设施。

（2）设备运动部分的护罩、安全护栏。

（3）安全护栏、盖板、扶手、防滑钢板。

【条文说明】

露天矿采出矿石常在采场内或者采场边缘设破碎站进行破碎后用胶带运输到选矿厂，剥离废石采用胶带排土机系统抛废时也需要先进行破碎。露天破碎站在大型露天矿山应用广泛。为了保证破碎站安全生产，主要是防止卸矿卡车操作不当落入受矿仓、防止人员机械伤害等，因此上述设施都属于专用安全设施。

8. 排土场（废石场）。

（1）排土场（废石场）道路的安全护栏、挡车设施。

（2）截（排）水设施（含截水沟、排水沟、排水隧洞、截洪坝等）。

（3）底部排渗设施。

（4）滚石或泥石流拦挡设施。

（5）滑坡治理措施。

（6）坍塌与沉陷防治措施。

（7）地基处理。

【条文说明】

（1）排土场道路护栏或车挡是专门为了保护无轨车辆安全而设的保护措施。

（2）~（5）项中的设施和技术措施都是为了保护排土场的稳定。防止排土场垮塌或产生泥石流，对下游人员生命财产和生产生活设施的安全造成威胁。

（6）排土场的坍塌与沉陷可能会对排土作业安全造成隐患，在设计中应考虑相应的防治措施。

（7）排土场位置选定后，在进行排土作业前，应结合地质勘探结果，对不良地段进行地基处理，避免其对排土场的稳定构成威胁，对周围环境造成污染。

9. 供、配电设施。

（1）裸带电体基本（直接接触）防护设施。

（2）保护接地设施。

（3）直流牵引变电所接地设施。

（4）采场变、配电室应急照明设施。

（5）地面建筑物防雷设施。

【条文说明】

上述设施的功能有：防止人员触电的基本防护措施和故障防护措施；防止雷击对地面建筑物的损害；正常电源或照明设施故障情况下保证变配电室的检修照明。这些设施独立于正常的供配电设施，应作为专用安全设施统计投资费用。主要依据为《矿山电力设计规范》（GB 50070）、《建筑物防雷设计规范》（GB 50057）。

10. 监测设施。

（1）采场边坡监测设施。

（2）排土场（废石场）边坡监测设施。

【条文说明】

（1）根据最终边坡的稳定类型、分区特点确定各区监测级别。对边坡进行定点定期观测，包括边坡变形监测、地下水位和渗流量监测、爆破振动监测、水文气象监测等。

（2）排土场（废石场）的监测设施用于对排土场的稳定性进行监测。

11. 为防治水而设的水位和流量监测系统。

【条文说明】

在采取了专门的防治水措施治理和需要预防水害的矿山，应进行地表水位、流量监测。暴雨对开采影响明显的矿山，应对暴雨量进行监测。露天矿山应有针对性地、系统性地对需要监测的矿区水位、流量、暴雨等情况进行监测，以便提前采取有效的预防或预警措施，保证生产安全。

12. 矿山应急救援器材及设备。

【条文说明】

矿山应急救援设备及器材包括矿山救险器材、救护设备、辅助救护设备及其附件、救护通信设备和救护交通设备等。矿山的事故应急救援系统和各种救援设施，在矿山发生事故后，能够迅速展开救援，减少人员伤亡和财产损失。矿山配备的救护值班车，组建的矿山专职或兼职救护队，能够确保出现险情时，救护及时到位。同时矿山还可依托社会的各种救援资源，事故发生后能够保持信息畅通，共同合作，提高救援效率。

13. 个人安全防护用品。

【条文说明】

作业人员个人防护用品是作业人员安全的最后一道防护，也是遇险人员自救的仅有工具，因此其重要程度不言而喻，生产矿山应为井下作业人员配备足额的且质量合格的个人防护用品。同时矿山还应定期组织培训，确保每一位作业人员和新上岗的员工都能在思想上重视，并能正确熟练地使用个人防护用品。个人防护用品包括安全帽、矿灯、便携式自救器等。

14. 矿山、交通、电气安全标志。

【条文说明】

安全标志有主标志和补充标志。主标志包括禁止标志、警告标志、指令标志、路标、名牌、提示标志等；补充标志是主标志的文字说明或方向指示，与主标志同时使用。矿山应根据自身的生产工艺和生产系统的特点，在全矿区域内的所有生产点设置符合要求的安全标志。

本条中的安全标志包含矿山安全标志、交通安全标志和电气安全标志。

15. 有井巷工程时其安全设施参见地下矿山相关内容。

【条文说明】

当露天开采矿山涉及井巷工程时，如矿石（废石）溜井、地下破碎硐室、装矿硐室、胶带运输斜井或平硐、有轨或无轨运输平硐（巷道）等，这些工程中安全设施的设置与地下开采相同，具体可参见地下矿山章节的相关内容。

4　尾矿库建设项目安全设施目录

4.1　基本安全设施

1. 尾矿坝。

(1) 初期坝（含库尾排矿干式尾矿库的拦挡坝）。

(2) 堆积坝。

(3) 副坝。

(4) 挡水坝。

(5) 一次性建坝的尾矿坝。

【条文说明】

尾矿坝是尾矿库的重要组成部分，属于主体工程，同时尾矿坝又是限制排入尾矿库内的尾矿随意流动的重要设施，具有重要的安全防护作用，因此属于基本安全设施。

(1) 初期坝指用土、石材料等筑成、作为尾矿堆积坝的排渗或支撑体的坝。初期坝（含库尾排矿干式尾矿库的拦挡坝）坝体构造、渗流、坝坡安全性及防洪安全性等应符合《尾矿设施设计规范》(GB 50863) 中的规定。

(2) 堆积坝指生产过程中用尾矿或当地土石料堆积而成的坝。堆积坝包括上游、中线、下游式等后期加高的尾矿坝，坝体构造、渗流、坝坡安全性及防洪安全性等应符合《尾矿设施设计规范》(GB 50863) 中的规定。

(3) 副坝指在尾矿库库周垭口处用当地材料或尾矿堆筑而成的坝。副坝坝体构造、渗流、坝坡安全性及防洪安全性等应符合《尾矿设施设计规范》(GB 50863) 中的规定。

(4) 挡水坝指长期或较长期挡水的坝体，常指不用尾矿堆坝的主坝及副坝。挡水坝坝体构造、渗流、坝坡安全性应按坝型满足相应的水库坝设计规范的规定，但防洪安全性等应符合《尾矿设施设计规范》(GB 50863) 中的规定。

(5) 一次性建坝的尾矿坝指全部用除尾矿以外的筑坝材料一次或分期建造的尾矿坝。一次性建坝的尾矿坝各期坝体构造、渗流、坝坡安全性及防洪安全性等应符合《尾矿设施设计规范》(GB 50863) 中的规定。

2. 尾矿库库内排水设施。

(1) 排水井。

(2) 排水斜槽。

(3) 排水隧洞。

(4) 排水管。

(5) 溢洪道。

(6) 消力池。

【条文说明】

尾矿库库内排水设施是尾矿库正常运行的生产设施，属于主体工程，同时当尾矿库未设置可靠的排洪设施或排洪设施的可靠性不足时，尾矿库将不具备防洪能力或防洪能力不足，有可能在汛期遭遇设计洪水时出现洪水漫顶导致溃坝，造成严重灾害事故，《尾矿设施设计规范》(GB 50863) 强制规定尾矿库必须设置可靠的排洪设施。尾矿库库内排水设施具有重要的安全防护作用，因此属于基本安全设施。

（1）排水井是最常用的尾矿库进水构筑物。有窗口式、框架式、井圈叠装式和砌块式等型式。窗口式排水井整体性好，堵孔简单，但进水量小，未能充分发挥井筒的作用，早期应用较多。框架式排水井由现浇梁柱构成框架，用预制薄拱板逐层加高，结构合理，进水量大，操作也比较简便，目前广泛采用。井圈叠装式和砌块式等型式排水井分别用预制拱板和预制砌块逐层加高，虽能充分发挥井筒的进水作用，但加高操作要求位置准确性较高，整体性差些，应用不多。为防止井底被冲刷，排洪井井底需设置消力坑。

（2）排水斜槽既是进水构筑物，又是泄水构筑物。随着库水位的升高，进水口的位置不断向上移动。与排水井相比进水量较小，一般在调洪库容大排洪量较小时经常采用。

（3）尾矿库库内排水隧洞通常与排水井、排水斜槽联合使用。隧洞需由专门凿岩机械施工，它的结构稳定性好，是大、中型尾矿库常用的泄水构筑物，当排洪量较大，且地质条件较好时，排水隧洞方案往往比较经济。

（4）尾矿库库内排水管与排水井、排水斜槽联合使用。排水管是尾矿库常用的泄水构筑物。排水井一般埋设在库内最底部，荷载较大，为保证排水管的结构安全，现行《尾矿设施设计规范》（GB 50863）要求排水管应采用钢筋混凝土结构，其基础应置于有足够承载力的基岩上，对于坐落于非岩基的排水管，对基底应采取符合基础承载力要求的工程措施。

（5）溢洪道常用于一次性建坝的尾矿库的排洪进水和泄水构筑物。其排洪能力大，安全可靠性较好，为了尽量减小进水深度，往往作成宽浅式结构，溢洪道通常由进水口控制堰和陡槽组成。

（6）消力池是促使在泄水建筑物下游产生底流式水跃的消能设施。消力池能使下泄急流迅速变为缓流，从而保护下游河道避免冲刷。尾矿库内泄水构筑物泄出的洪水通常流速较快，处于急流状态，需在泄水构筑物尾部设消力池消能。

3. 尾矿库库周截排洪设施。

（1）拦洪坝。

（2）截洪沟。

（3）排水井。

（4）排洪隧洞。

（5）溢洪道。

（6）消力池。

【条文说明】

当尾矿库上游汇水面积较大时，在库周设截、排洪设施，减少入库雨水量。对于上游汇水面积较大的尾矿库，库周截排洪设施是保证尾矿库正常生产的重要设施，也是保证尾矿库防排洪安全的重要设施，因此将其归入基本安全设施。

（1）拦洪坝是常见的挡水构筑物，根据当地材料情况、地形、地质条件，可采用土石坝、浆砌石坝、混凝土坝等坝型。挡水坝的坝体构造、渗流、坝坡安全性及防洪安全性等应按坝型满足相应的水库坝设计规范的规定。

（2）截洪沟是进水构筑物兼作泄水构筑物。沿全部沟长均可进水，在较陡山坡处的截洪沟易遭暴雨冲毁和山坡冲积物淤堵，管理维护工作量大，可靠性相对较差。

（3）尾矿库库周截排洪采用排水井作为进水构筑物的情况较少，通常在需要控制进水水位和库内外使用同一泄水构筑物时采用，库周截排洪的排水井的形式通常采用井圈叠装式排水井。

（4）尾矿库库周截排洪的排洪隧洞通常为明口隧洞，为防止隧洞被上游冲积物淤堵，隧洞进口的底标高应设置在上游水库淤积标高之上，同时为防止隧洞衬砌遭受破坏，应尽量避免隧洞经常处于明满流交替状态使用。

(5) 当上游水库有适当的垭口或尾矿库两岸具备较缓的地形且地质条件较好时，尾矿库上游泄水构筑物可采用溢洪道的型式。

(6) 消力池是促使在泄水建筑物下游产生底流式水跃的消能设施。消力池能使下泄急流迅速变为缓流，从而保护下游河道避免冲刷。尾矿库周边排洪泄水构筑物泄出的洪水通常流速较快，处于急流状态，需在泄水构筑物尾部设消力池消能。

4. 堆积坝坝面防护设施。

(1) 堆积坝护坡。

(2) 坝面排水沟。

(3) 坝肩截水沟。

【条文说明】

堆积坝是尾矿库的重要生产设施，堆积坝坝面防护设施作为堆积坝的一部分也是尾矿库的重要生产设施，同时堆积坝坝面防护设施保护堆积坝避免遭受破坏的设施，具有重要的安全防护作用，因此将其归入基本安全设施。

(1) 堆积坝护坡是防止坝面遭受雨水及风力的侵蚀的重要设施。通常采用碎石、废石、山坡土覆盖坡面或坡面植草或坡面种植灌木类植物。

(2) 坝面排水沟是防止在雨水季节雨水沿尾矿坝坡面长距离流动而冲刷坝坡的重要设施，通过设置合理的纵、横向坝面排水沟，使尾矿坝坡面雨水有序排入坝肩排水沟。

(3) 坝肩截水沟是防止两岸山坡雨水冲刷尾矿坝坡脚的重要设施，同时兼顾将尾矿坝坝面排水沟排入的雨水排至尾矿坝下游。

5. 辅助设施。

(1) 尾矿库交通道路。

(2) 尾矿库照明设施。

(3) 通信设施。

【条文说明】

尾矿库的一些辅助设施（如交通道路、照明设施等）既是尾矿库正常生产必须具备的设施，也是尾矿库安全生产必须具备的设施，因此将此类辅助设施归入基本安全设施。

(1) 交通道路包括库区巡查道路，尾矿坝、排洪系统与值班室及外部道路的连通道路和尾矿坝应急上坝道路。

(2) 尾矿库的照明设施可以保证夜间尾矿库正常工作和工作人员的安全，同时在尾矿库夜间发生险情时为应急抢险提供照明。

(3) 尾矿库通信设施与尾矿库的生产和安全紧密相关，确保尾矿库操作和管理人员能及时与矿山联系。

4.2　专用安全设施

1. 尾矿库地质灾害与雪崩防护设施。

(1) 尾矿库泥石流防护设施。

(2) 库区滑坡治理设施。

(3) 库区岩溶治理设施。

(4) 高寒地区的雪崩防护设施。

【条文说明】

当尾矿库库内和周边存在地质灾害或雪崩现象，地质灾害或雪崩防护设施既是保护周边人员和尾矿库操作管理人员的重要安全设施，又是保证尾矿库安全运行的重要安全设施，因此属于专用安全设施。

（1）库区或库区周边存在泥石流等不良工程地质时，需在尾矿库周边设防泥石流设施，防止泥石流等淤堵排洪口、影响排洪系统的泄洪能力，包含谷坊、拦污栅等。

（2）尾矿库库区存在影响尾矿库安全的滑坡体时，应对滑坡体进行治理，包括滑坡体清除、喷锚支护等。

（3）尾矿库库区存在岩溶现象，应对岩溶进行治理，包括岩溶表面混凝土封堵、灌浆封堵等。

（4）处于高寒地区的尾矿库，当库区及周边存在影响安全的雪崩现象，应对雪崩进行治理，包括清除积雪、设置拦挡设施等。

2. 尾矿库安全监测设施。

（1）库区气象监测设施。

（2）地质灾害监测设施。

（3）库水位监测设施。

（4）干滩监测设施。

（5）坝体表面位移监测设施。

（6）坝体内部位移监测设施。

（7）坝体渗流监测设施。

（8）视频监控设施。

（9）在线监测中心。

【条文说明】

尾矿库安全监测设施是对影响尾矿库安全的各种因素进行监测，并在出现安全隐患前兆时进行报警的设施，是专用于安全保护作用的设施，因此属于专用安全设施。

尾矿库应根据设计等别、尾矿坝筑坝方式、地形地质条件及地理环境等因素，设置必要的安全监测设施。三等及三等以上尾矿库应设置人工监测与自动监测相结合的安全监测设施。

（1）气象监测设施包括降雨量监测设施、风向、风速监测设施。

（2）尾矿库库区及上游区域存在影响尾矿库安全的不良工程地质时，需设库区地质灾害监测设施，对不良工程地质处的应力应变进行监测，防止地质灾害造成的尾矿库安全事故。

（3）库水位监测设施对尾矿库内水位进行监测，当正常情况下库内水位超过设计正常生产水位及洪水情况下库内水位超过设计洪水位时，进行报警，防止尾矿库发生安全事故。

（4）除一次建坝之外的尾矿坝，均需对尾矿坝干滩进行监测，包括干滩长度及干滩坡度，当干滩长度及干滩坡度超过设计允许范围时，进行报警，防止尾矿库发生安全事故。

（5）坝体表面位移监测设施主要对包括坝体表面的水平位移、沉降、堆积坝坡比进行监测，当位移变化发生异常时，进行报警，防止尾矿库发生安全事故。

（6）坝体内部位移监测设施主要对坝体内部水平位移、沉降进行监测，发生异常时，进行报警，防止尾矿库发生安全事故。

（7）坝体渗流监测设施包括坝体浸润线监测及坝体渗透压力监测，当坝体浸润线超过设计控制浸润线时，进行报警，防止尾矿库发生安全事故。

（8）视频监测设施包括坝体视频监控、排洪系统进口视频监控、排洪系统出口视频监控及库区其他需要的视频监控。

（9）当尾矿库设置自动安全监测设施时，应设置在线监测中心，在线监测中心宜与尾矿库管理站布置在一起。监测中心应配置在线安全监测管理软件，将在线监测数据进行集成并具备分析数据的功能。

3. 尾矿坝坝体排渗设施。

(1) 贴坡排渗。

(2) 自流式排渗管。

(3) 管井排渗。

(4) 垂直 - 水平联合自流排渗。

(5) 虹吸排渗。

(6) 辐射井。

(7) 排渗褥垫。

(8) 排渗盲沟（管）。

【条文说明】

尾矿坝坝体排渗设施是专门用于降低坝体浸润线，防止坝体发生渗透破坏或因坝体浸润线过高而引起坝坡失稳的安全设施，因此属于专用安全设施。

尾矿坝坝体排渗设施可根据尾矿坝的运行情况，采用前期埋设或后期增设。

(1) 在尾矿堆积坝坡面上设置反滤层进行滤土排水，防治渗流出逸处尾矿遭受渗透变形和破坏以及坡面冲刷破坏。适用于对尾矿堆积坝坡渗流出逸段进行防护，不能有效地降低坝体内浸润线。

(2) 通过尾矿堆积坝体内设置前段为滤水管和后段为导水管的排渗管，汇集坝体内地下水并将其导出坝外。水平排渗管（直线式）适用于尾矿较为均匀的地下潜水。弧形（非直线式）可用于降排不甚均匀的多层地下水。

(3) 在尾矿堆积坝体内设置垂直管井至浸润线以下，用管井内设置的抽水泵抽排地下水。主要适用于尾矿堆积坝中渗透系数较大的尾细砂和尾中砂等砂性尾矿（一般 $K \geqslant 6 \times 10^{-3}$ cm/s）、浸润降深较大和不具备设置自流排渗设施等地段。

(4) 在尾矿堆积坝体内设置垂直集水设施（管井、大直径砂砾井、小直径袋砂砾井或塑料排水板等），通过与其下部连通的水平排渗管，将汇集的地下水导出坝外。适用于场地复杂程度为中等～复杂的尾矿堆积坝，可降排分布不均匀的多层地下水。

(5) 在尾矿堆积坝体内设置垂直管井至浸润线以下，通过管井内虹吸排水装置抽排地下水。主要适用于渗透系数较大的尾细砂和尾中砂等砂性尾矿（一般 $K \geqslant 6 \times 10^{-3}$ cm/s），控制浸润线埋深不宜大于 7 m。

(6) 用设置在尾矿堆积坝体内单层或多层辐射状排渗管将地下水自流汇入集水井内，再通过设于集水井下部的导水管将汇水排出坝体以外。适用于场地复杂程度为中等～复杂的尾矿堆积坝，可降排分布不均匀的多层地下水，且有效降低浸润线的范围较大。

(7) 排渗褥垫是常用的尾矿库底部和堆积坝生产过程中的排渗设施，在尾矿堆积坝范围内库底或堆积坝底部及上游一定范围内设置一层由碎石或卵石等材料形成的强透水层，库底排渗褥垫通常与尾矿初期坝连成一体，并同时施工，堆积坝排渗褥垫与子坝同时施工。为防止排渗褥垫失效，褥垫顶部应设置合理的反滤层。

(8) 排渗盲沟（管）是常用的尾矿库底部和堆积坝生产过程中的排渗设施，通常盲沟（管）与坝轴线平行布置，坡向两侧或中间的集水管，坡度由不淤流速确定。库底排渗盲沟（管）通常与尾矿初期坝连成一体，并同时施工，堆积坝排渗盲沟（管）与子坝同时施工。

4. 干式尾矿汽车运输。

(1) 运输线路的安全护栏、挡车设施。

(2) 汽车避让道。

(3) 卸料平台的安全挡车设施。

【条文说明】

干式尾矿采用汽车运输时，为保证运输车辆的安全，需设置相应的安全设施，这部分安全设施属于专用安全设施。

（1）在汽车运输路线上，山坡填方的弯道、坡度较大的填方地段以及高堤路基路段，外侧应设置护栏、挡车墙等。

（2）在坡道上或急转弯前方靠山坡侧设置汽车避让线，是考虑到汽车在坡道上运行时，一旦发生制动失灵等突发情况，可驶入避让线，避免发生撞车事故或降低事故的等级。

（3）卸料平台的挡车设施是为了避免卸料车辆从平台上坠落下去。

5. 干式尾矿带式输送机运输。

（1）输送机系统的各种闭锁和电气保护装置。

（2）设备的安全护罩。

（3）安全护栏。

（4）梯子、扶手。

【条文说明】

干式尾矿采用带式输送机运输时，为保证周边人员及操作管理人员的安全，需设置相应的安全设施，这部分安全设施属于专用安全设施。

（1）输送机系统的各种闭锁和电气保护装置可以防止由于电气故障而引起的安全事故发生。

（2）安全护罩可以防止人员和其他设备接触到带式输送机的运转部分，引发事故发生。

（3）安全围栏可以避免其他人员和设备靠近运转设备，保证安全。

（4）梯子、扶手可以保证通行人员的安全。

6. 库内回水浮船、运输船防护设施。

（1）安全护栏。

（2）救生器材。

（3）浮船固定设施。

（4）电气设备接地措施。

【条文说明】

尾矿库内浮船、运输船长期处于尾矿库内，为了保证船只及船只上人员的安全，需设置相应的安全设施，这部分安全设施属于专用安全设施。

（1）浮船及运输船设安全护栏，为了防止人员坠入尾矿库内。

（2）浮船及运输船上设救生器材，为了保证人员坠水后能及时救护。

（3）浮船设固定设施，为了防止浮船在大风天气下翻船。

7. 辅助设施。

（1）尾矿库管理站。

（2）报警系统。

（3）库区安全护栏。

（4）矿山、交通、电气安全标志。

【条文说明】

尾矿库的一些辅助设施主要是为了尾矿库安全生产而设置的，此类辅助设施属于专用安全设施。

（1）尾矿库管理站包括应急物资库、应急器材库；当尾矿库安全监测设施的信息管理需设置在尾矿库管理站时，还包括在线监测中心。

（2）报警系统是为了在尾矿库发生险情时能及时向周边人员发出警报，使周边人员迅速撤离，减少人员伤亡。

（3）库区安全护栏为了防止人员或动物进入库区而发生溺水事故。

（4）安全标志有主标志和补充标志。主标志包括禁止标志、警告标志、指令标志、路标、铭牌、提示标志等；补充标志是主标志的文字说明或方向指示，与主标志同时使用。尾矿库应根据自身特点，在全尾矿库区域内的所有生产点设置符合要求的安全标志。

8. 应急救援器材及设备。

【条文说明】

应急救援器材及设备是专门用于安全生产的，因此属于专用安全设施。尾矿库应急救援设备及器材包括救险器材、救护设备、辅助救护设备及其附件、救护通信设备和救护交通设备等。尾矿库的事故应急救援系统和各种救援设施，在尾矿库发生事故后，能够迅速展开救援，减少人员伤亡和财产损失。尾矿库配备的救护值班车，组建的尾矿库专职或兼职救护队，能够确保出现险情时，救护及时到位。同时尾矿库还可依托矿山和社会的各种救援资源，事故发生后能够保持信息畅通，共同合作，提高救援效率。

9. 个人安全防护用品。

【条文说明】

个人安全防护用品是专门用于安全生产的，因此属于专用安全设施。作业人员个人防护用品是作业人员安全的最后一道防护，也是遇险人员自救的仅有工具，因此其重要程度不言而喻，企业应为尾矿库作业人员配备足额的且质量合格的个人防护用品。同时尾矿库还应定期组织培训，确保每一位作业人员和新上岗的员工都能在思想上重视，并能正确熟练地使用个人防护用品。

第2篇

安全预评价

多年来安全预评价工作为我国金属非金属矿山企业预测、预防事故提供了可靠、重要依据，然而，安全预评价报告在编制的过程中仍存在许多问题亟待进一步解决，特别是随着我国社会主义市场经济的建立和完善，以及《中华人民共和国安全生产法》(2014 年修订) 对安全预评价工作的要求。为适应我国经济社会的发展，金属非金属矿山安全预评价工作在以下几个方面应作出相应的变化和调整。

1. 安全预评价范围

《安全设施目录》规定了金属非金属矿山建设项目安全设施的内容，然而根据安全预评价的目的和阶段性的作用，金属非金属矿山安全预评价的评价范围应更宽广一些，不应只拘泥于《安全设施目录》要求的安全设施内容，也不应只对项目可行性研究报告提出的安全内容进行评价分析，应根据系统安全原理对项目可行性研究报告进行整体的评价和分析，不仅考虑项目本身可能造成人身、设备伤害的危害因素，还要从项目所处的周边环境、地理位置和气候特性进行考虑。

2. 安全预评价报告重点

辨识系统中存在的危险和有害因素，是安全预评价的一项基础性工作。正确识别系统中存在的危险和有害因素，是了解建设项目的本质安全水平，开展有针对性的安全预评价的基础，它对确定评价重点等具有重要的指导意义，所以在预评价中必须把危险、有害因素的辨识作为一项重要内容加以分析研究。

根据安全预评价导则的要求，危险、有害因素的辨识一是从人、机、物、工艺和环境等角度入手，分析系统中可能存在的危险、有害因素的种类；二是在此基础上进一步识别各种危险、有害因素的危害程度，从而确定预评价重点。

3. 安全预评价报告技术

考虑到安全预评价在项目建设中的作用，安全预评价应该是金属非金属矿山安全评价类型中技术含量最高的一类评价，技术含量体现在以下几个方面：

一是增加定量评价方法。采用解析法、工程类比法、数值仿真和相似材料模拟、现场试验等定量评价方法，对矿岩稳定性、保安矿柱稳定性、爆破震动效应、地表塌陷错动范围或地表移动影响范围、水灾蔓延、火灾烟流蔓延规律等进行定量评价和分析，定量评价危害程度和危害范围。

二是强化安全技术措施。预评价报告提出的安全技术措施，应具有前瞻性、先进性、经济性、针对性和可操作性，特别是国外的部分先进工艺和技术装备，可以为安全设施的设计提供有益的参考。针对部分重大问题，可以利用试验确定安全参数。对潜在的危险应提出具体的安全预防措施，对存在的重大风险应提出具体的研究措施，如大水矿床开采、地质条件复杂矿山开采等应建议对大水矿山开采的专项研究、对地质进行勘察等具体措施。

4. 安全预评价报告和验收评价报告区别

安全预评价是在项目的初始阶段进行危险、有害分析，本着“安全第一、预防为主、综合治理”的安全生产方针，将项目生产过程中可能存在的危险有害因素及其所引发的危险、危害程度控制在萌芽状态，应详细辨识和分析项目存在的危险、有害因素；而验收评价报告相对于预评价报告应简单、更有针对性一些，验收评价报告只需要根据施工的实际情况，检查安全设施的建设是否符合项目的安全设施设计就可以了。

安全预评价报告的编写可以不拘泥于《安全评价通则》《安全预评价导则》的格式和内容要求。

1 地下矿山安全预评价

前言

简述项目的建设背景、项目性质（新建、改建、扩建）、开采方式和采矿方法等基本情况，评价项目委托方及评价要求、评价工作过程等。

【条文说明】

（1）项目基本情况主要是指项目建设背景、项目性质（新建、改建、扩建），以及开采方式和采矿方法。

（2）评价要求是指有关安全生产法律、法规、规章、规范性文件和标准对安全预评价及报告编制的相关要求。

（3）评价工作过程是指评价工作开展情况，包括接受委托、资料收集、现场勘察、报告编制和内部审核过程等情况。

1.1 评价对象与依据

1.1.1 评价对象和范围

根据项目可行性研究报告、《金属非金属矿山建设项目安全设施目录（试行）》（国家安全监管总局令第75号）和有关法律法规等，明确评价对象、评价项目名称和安全预评价范围。

评价范围一般不包含炸药库和选矿厂。

【条文说明】

（1）评价报告中的建设项目名称一般应与立项文件中的名称一致，立项文件是指建设项目审批、核准或备案部门同意开展项目前期准备工作的文件（复制件）。

（2）评价范围的主要依据是可研报告。

（3）评价的空间范围是指可研报告确定的开采范围，一般通过矿区范围拐点坐标或矿体勘探线和开采深度标高范围进行界定。

（4）评价范围不包括选矿厂，但总降变电所设在选矿厂的，应对总降变电所的供电电源可靠性及供电能力进行评价；评价范围不包括危险化学品，但井下油库应在评价范围内。

1.1.2 评价依据

1.1.2.1 *法律法规*

列出该建设项目安全预评价报告应遵循的安全生产法律、行政法规、部门规章、地方性法规、地方政府规章和有关规范性文件。

每个层次内按发布时间顺序列出，列出的法律法规应为最新版本，并标注其文号及实施日期，要有针对性和完整性，要有序排列。

【条文说明】

（1）应为最新版本，保证最新发布的法律、法规得到及时落实。

（2）应具有针对性和完整性，报告中引用到的应全部列出，没有引用到的不应列出。

（3）要书写完整、规范，不得使用简略方式，应完整标注法律、法规名称、发布机构、发布时间、编号。

（4）要根据评价项目的需要优先选择最适用的法律、法规。

（5）顺序上按法律、行政法规、部门规章、地方性法规、地方政府规章和规范性文件先后列出，同一类别的按照发布时间先后列出。

1.1.2.2 标准规范

列出预评价采用与建设项目相关的现行标准（包括国家标准、行业标准、地方标准）、规程、规范，并标注其标准号。

按照国家标准、行业标准、地方标准的顺序排列，每个层次内按照发布时间顺序列出。列出的标准规范应为最新版本，并为现行有效。

所列标准应与本建设项目的安全生产相关，在报告中没有引用到的标准规范不列入。

【条文说明】

（1）应为最新版本，保证最新发布的标准规范得到及时落实，严禁引用废止的标准规范。

（2）应具有针对性和完整性，报告中引用到的应全部列出，没有引用到的不应列出。

（3）要书写完整、规范、统一，应标注标准规范编号。

（4）顺序上按国家标准［包括强制性国标（GB）、推荐性国标（GB/T）、国家标准指导性技术文件（GB/Z）等］、行业标准、地方标准先后列出，同一类别的按照发布时间先后列出。

（5）当只有地方标准时应执行地方标准，当有国家标准、行业标准、地方标准时，执行标准从严。

1.1.2.3 建设项目技术资料

列出建设项目安全预评价所依据的有关技术资料，包括但不限于下列资料：

（1）建设项目可行性研究报告；

（2）建设项目地质勘探报告或地质报告；

（3）建设项目矿岩力学性质试验报告等。

技术资料应列出名称、编制单位和日期等相关内容。

【条文说明】

安全预评价所依据的技术性资料要真实可靠、完整，应有相关单位公章及有关人员签字。开发利用方案不能代替可研报告作为安全预评价依据的技术资料；对无可研报告的小型建设项目，代可研的初步设计可作为安全预评价的技术资料。

1.1.2.4 其他评价依据

（1）安全预评价委托书（任务书、合同书）；

（2）安全预评价的其他依据。

【条文说明】

其他有关文件是指相关专题研究（试验）报告、地质灾害危险性评估报告等。

1.2 建设项目概述

1.2.1 建设单位概况

简要介绍建设单位历史沿革、经济类型、隶属关系等基本情况，建设项目背景及立项情况。

简要介绍建设项目隶属行政区划、地理位置及交通、矿区周边环境（包括村庄、建构筑物、地表水体、河流）等。

【条文说明】

建设项目背景及立项情况主要包括项目由来、立项申请和批准、地质勘探、可行性研究等前期工作情况。

周边环境主要是指项目周边的矿山（包括闭坑矿山）、尾矿库、地表水体、公路、铁路、居民区、风景区、重要工农业设施、名胜古迹以及其他需要保护的对象等。一般应给出其与本项目的位置关系、距离及其他参数，诸如矿山和尾矿库等应给出规模、居民区应给出居民数量等参数。位于地下开采岩石移动线范围内和排土场下游等危险区域内的居民、建构筑物、设备设施等应重点介绍。

1.2.2 自然环境概况

简要介绍区域地形地貌、气候（包括降雨量、风向、主导风向、气温、高寒高原地区的冻土深度、最高洪水位或山洪特征）、地震烈度、区域经济地理概况等。

【条文说明】

（1）气候应说明气候类型，并结合地域情况，突出建设项目所在地的自然环境特征，如沿海区域的台风、北部区域的低温、南部区域的降雨等。

（2）降雨量应介绍最大降雨量及平均降雨量，主导风向应介绍全年主导风向、不同季节主导风向和最小风频，气温应介绍最高温度、最低温度和平均温度。

1.2.3 建设项目地质概况

1.2.3.1 *矿区地质概况*

简要介绍矿区在大地构造中的位置、出露地层、脉岩和区域构造等区域地质情况。

简要介绍矿区地层、地质构造和岩石等矿区地质情况。

【条文说明】

矿区地层一般从其年代、出露位置、岩性、走向、倾向、倾角、产状和厚度等方面进行介绍；矿区地质构造一般从褶皱、断裂及其分布、产状和规模等方面进行介绍。

1.2.3.2 *水文地质概况*

简要介绍区域地表水系，矿区水文地质类型、导水构造性质、分布、埋藏条件、与矿体的空间关系，矿坑涌水量预测，并说明其复杂程度等。

【条文说明】

（1）介绍矿区水文地质条件及特征时，应说明含水层和隔水层岩性、产状，以及含水层的富水性、顶底板隔水层的稳定性，地表水的汇水面积、水位、流量、历史上出现的最高洪水水位、洪峰流量及淹没范围，地下水补给、排泄条件，构造破碎带、岩溶、裂隙和断层等的分布及其特征，地表水系、老窑水、地下水体及相互联系等。

（2）介绍矿坑涌水量时，应说明涌水量预测依据和方法，以及正常涌水量、最大涌水量等预测结果。

（3）最后应介绍矿区水文地质类型及其定型依据。

1.2.3.3 *工程地质概况*

简要介绍矿区工程地质岩组、岩体结构特征、工程地质特征、工程地质条件复杂程度、可能出现的工程地质问题，并说明其复杂程度。

【条文说明】

（1）工程地质岩组特征主要包括：工程地质岩组组成、分布、物理力学性质等。

（2）岩体结构特征主要包括：结构面产状及延展情况、物理力学性质等。

（3）介绍工程地质特征时，应包说明层、褶皱、节理、裂隙、破碎带等构造；工程地质条件复杂程度介绍应包括岩溶、采空区、山体滑坡、坍塌、泥石流、湿陷性黄土等可能形成灾害的工程地质条件。

（4）最后应介绍工程地质类型。

1.2.3.4 *矿床地质概况*

简要介绍矿体特征、矿石特征、夹石（层）分布规律及岩性特征、顶底板围岩、矿岩物理力学性质（包括密度、弹性模量、泊松比、内摩擦角、黏聚力等参数）等。

【条文说明】

(1) 介绍矿体特征时，应说明矿体的主要产状参数，如分布位置、走向、倾向、倾角、厚度、埋深等参数。

(2) 介绍矿石特征时，应说明矿石类型、结构、构造、矿物成分、化学成分等基本内容，还需重点说明是否自然发火、遇水是否膨胀脱落、是否有放射性、是否含有有毒有害气体等特征。

(3) 介绍夹石（层）分布规律及岩性特征时，应说明夹石（层）类型、分布位置、厚度及其组成等。

(4) 介绍顶底板围岩时，应说明岩性、产状和分布范围。

1.2.4 工程建设方案概况

简要介绍建设项目可行性研究报告中工程建设方案主要内容，包括但不限于下列内容。

【条文说明】

略。

1.2.4.1 矿山开采现状

改建或扩建工程，应简要说明矿山开采现状、特点及存在的主要问题，本项目的利旧工程、现有辅助设施、老空区的治理措施等。

【条文说明】

(1) 矿山开采现状一节只适用于改建或扩建项目。开采现状、特点介绍主要内容如下：地下矿山包括原开拓系统及井巷工程布置情况、采矿方法、开采中段、开采标高、通风方式、提升运输方式、防排水设施设置、采空区等内容。

(2) 利旧工程是指评价项目中继续利用的原有系统（工程），介绍时应予以明确，并说明基本情况及安全状况。对于废弃系统（工程），介绍时应说明其关闭情况及采取的处理措施。

(3) 介绍与原系统的相互关系和影响时，应详细说明原系统中与本项目发生相互影响的部分，如采空区、上部露天采坑及边坡、排土场等。

1.2.4.2 建设规模及工作制度

简要介绍地质储量及范围、设计可采储量、矿山生产规模、工作制度等。

【条文说明】

略。

1.2.4.3 总图运输

简要介绍矿区总体布置、总平面布置和内外部运输等。

如果改建或扩建工程导致其工业场地布局和开拓运输方式发生了变化，并对开拓运输和原总图布置产生影响，应进行介绍；如果只增加作业面扩大产能或采用新工艺，未对原开拓运输和总图布置产生影响，可不作介绍。

【条文说明】

介绍总体布置时，应列出矿区组成，并说明各主要工业场地、设施的位置及相互关系，各场址的方位和标高；内外部运输应说明矿岩内外部运输方式（公路、铁路、胶带、联合）、运输道路布置及参数（路面宽度、最小平曲线半径、最大纵坡等）。

1.2.4.4 开采范围

简要介绍开采对象、开采范围、矿区开采顺序。露天地下联合开采时，论述露天、地下的合理界限和相互关系等。

【条文说明】

(1) 开采范围一般综合考虑两个方面进行界定：一是矿区范围拐点坐标和开采深度标高进行界定，二是由矿体勘探线和开采深度标高进行界定。

（2）介绍开采顺序时，若同一矿区有两个以上矿段或同一矿段有几个矿带、矿体，应说明首期开采地段，以及开采的总顺序；分期开采的，应说明分期开采范围、时间和空间关系。

（3）介绍联合开采时，应说明露天、地下开采的开采界线（开采标高和平面范围），相互最小距离、安全（隔离）矿柱位置及尺寸等；由露天转地下开采的，应说明露天转地下过渡开采的工艺方法、时间关系、空间关系和安全措施。

1.2.4.5 开拓运输

简要介绍开拓运输方式、安全出口、岩体移动范围、主要开拓工程、支护（包括井筒支护、巷道支护）、中段布置、提升和运输设备设施等。

简要说明井下溜破系统组成和配置情况，包括破碎硐室安全出口、破碎设备运动部件周边的安全护栏设置、运输皮带参数等。

【条文说明】

（1）介绍主要开拓工程时，应说明其布置及与矿体的位置关系（上、下盘，中央或端部）、断面形状和尺寸、数量、功能等。

（2）介绍中段布置时，应说明中段高度、中段布置水平、中段数量、功能等。

（3）介绍提升和运输设备设施时，应说明提升和运输方式、提升和运输设备规格型号、数量、提升高度、安全系数、运输线路布置、运输道路技术参数等。

（4）应说明安全出口的设置情况，包括全矿、各水平、各采区（盘区、矿块）的安全出口的设置与数量。

（5）对于采用平硐开拓、平硐溜井开拓、半连续运输开拓等特殊开拓形式的，应详细说明其工艺特征。

1.2.4.6 采矿工艺

简要介绍选用的采矿方法及采场结构参数、回采工艺和采空区处理、采场支护（包括采场顶板和侧帮、底部结构等的支护）等。对于采用充填采矿方法的矿山，应简要介绍充填材料及其物理力学参数（包括密度、弹性模量、泊松比、内摩擦角、黏聚力），充填料制备及输送、充填系统计量和控制等。

简要说明井下爆破器材库的位置、炸药和爆破器材储存量、爆破器材库独立回风道设置情况等。

简要说明采掘作业面爆破作业的凿岩设备、炮孔参数、排间距、炸药类型、装药方式、起爆方式。

采用地下原地浸出或原地爆破浸出采矿时，应说明防止溶液向非采矿区域渗透所采取的处理措施及检测方法、技术手段等。

【条文说明】

（1）采场结构参数应说明矿块、矿房、矿柱的布置、尺寸等。

（2）回采工艺应说明回采顺序、采准切割工程、凿岩和落矿工艺及参数等。

（3）介绍采空区处理时，应说明采空区处理方式、顺序等。

（4）应对凿岩爆破进行说明，主要包括凿岩设备规格型号、炮孔检查及处理、二次破碎处理、爆破器材种类及其运输等。

（5）对于介绍使用充填采矿方法的矿山，应说明充填站的选址、个数，充填设备设施规格型号，充填材料等。

1.2.4.7 通风系统

简要介绍专用进风井及专用进风巷道、专用回风井及专用回风巷道和主要通风机、控制系统。

简要介绍通风方式、风量和风压计算、风流风量控制措施、局部通风和主要通风装置和通风构筑物等。

【条文说明】

（1）通风方式是指矿井进风井和回风井布置方式，有中央式、对角式和混合式三种。介绍通风方式时，应说明矿井通风系统的通风线路，以及井下炸药库、充电硐室、溜破系统的独立回风情况。

（2）介绍风流风量控制措施时，应说明风门、风桥、风窗、挡风墙和空气幕的位置、数量和技术参数。

（3）介绍局部通风机和主要通风机时，应说明其位置和规格型号。

1.2.4.8 矿山供配电设施

简要介绍矿山供电电源、输送线路个数及线路长度、总降压主变压器容量、地表向井下供电电缆、井下各级配电电压等级、电气设备类型、高低压供配电中性点接地方式、照明设施等。

【条文说明】

（1）介绍供电电源时，应说明供电电源回路数、是否为独立电源，以及地区拟供电的变电所及电网情况，如距离、方位等。

（2）介绍用电负荷时，应说明项目总用电负荷和一级负荷用电数值。

（3）电气设备是指主要电气设备。

1.2.4.9 防排水与防灭火系统

简要介绍矿井涌水量（包括矿山正常涌水量和最大涌水量估算过程及结果），需要排除的采矿废水量、充填溢流水量、矿山正常排水量和最大排水量、防排水方案、防排水设备设施和突水预防措施（探、放水设备等），采用的排泥方式、排泥设备及管路选择计算、排泥泵房的设置位置，主水仓、井底水仓、接力排水水仓，井下消防供水系统和具有自燃倾向性矿山防灭火措施等。

【条文说明】

根据《冶金矿山采矿设计规范》(GB 50830) 第5条和第9.4条规定：

（1）介绍地下矿山防排水方案和排水设备设施时，应说明地面防治水设施（如截洪沟、防水堤坝等)、井下排水系统及排水能力、水泵硐室及水仓设置情况等。

（2）介绍突水预防措施时，应说明设置防水门、采取超前探水或疏干等防治水措施。

1.2.4.10 排土场（废石场）

简要介绍建设项目日排岩量、排土场选址、排土工艺、排土场堆置要素、防洪排水设施、排土场堆置物料力学性质（主要包括重度、黏聚力、内摩擦角等参数）等。

【条文说明】

根据《金属非金属矿山安全规程》(GB 16423) 第5.7条规定。

（1）介绍排土场选址时，应说明排土场（包括临时排土场）地形、地貌、覆盖层等工程勘查成果。

（2）介绍排土工艺时，应说明服务年限、安全防护距离、排土顺序（顺排、逆排)，排土设备设施的布置、规格型号等。

（3）介绍排土场堆置要素时，应说明排土场容积、阶段数量、阶段高度、总堆置高度、安全平台宽度、总边坡角等。

（4）介绍防洪排水设施时，应说明截洪沟、截洪坝等位置、参数等。

1.2.4.11 安全避险“六大系统”

简要介绍监测监控系统、人员定位系统、紧急避险系统、压风自救系统、供水施救系统和通信联络系统等建设方案。

【条文说明】

略。

1.2.4.12 压风及供水系统

介绍压风设备及辅助设施，供水系统及设备等。

【条文说明】

（1）介绍压风设备及辅助设施时，应说明压风系统形式，压风设备的气压、风量等参数，以及相关的安全装置和压风管路等。

（2）介绍供水系统时，应说明水源、供水设备和供水管路数量及尺寸。

1.2.4.13 安全管理及其他

新建工程，简要介绍企业生产组织及劳动定员、投资估算等。

改建或扩建工程，简要介绍企业安全管理机构设置、安全管理人员配备、专用安全设施投资、劳动定员、规章制度、应急救援、热工及暖风等。

【条文说明】

其他内容主要包括以下的公用辅助设施及土建工程等：

（1）给排水，应说明给水水源，取水、贮水方式，用水量、排水量数值，输水管线的布置。

（2）自动化仪表、通信应说明自动化仪表、通信设备设施的位置、方式等。

（3）机、汽、电修设施主要介绍车间数量、组成、主要工作。

（4）热工及暖风主要介绍供热方式和供热范围。

（5）土建工程主要介绍抗震设防标准、防火设计、建筑设计、结构设计等内容。

1.3 定性定量评价

针对建设项目的特点，分单元辨识项目投产后的危险、有害因素，分析可能发生的事故类型，预测事故后果严重等级；评价项目建设方案与相关安全生产法律法规、技术规范的符合性；采用定性定量的方法分析评价其安全性及其发生事故后的后果。

改建或扩建工程，应在每个评价单元中分析和评价中利旧系统、与原系统的相互关系和影响等。

评价单元一般划为：总平面布置、自然灾害、开拓、提升和运输、采掘、通风、供配电设施、防排水与防灭火、排土场（废石场）、安全避险“六大系统”、安全管理（改建或扩建工程）和重大危险源辨识等。评价项目可以根据项目建设特点，选择适合本项目的评价单元。

一般宜选用但不局限于以下方法进行评价：安全检查表法、预先危险性分析法、类比分析法等定性评价方法；解析法、工程类比法、数值仿真和相似材料模拟、现场试验等定量评价方法对矿岩稳定性、保安矿柱稳定性、爆破震动效应、地表塌陷错动范围或地表移动影响范围、水灾蔓延、火灾烟流蔓延规律等进行评价。

【条文说明】

（1）安全检查表。

安全检查表是按照相关的法律、法规和标准等利用检查条款对已知的危险类别、设计缺陷以及一般工艺设备、操作、管理有关的潜在危险性和有害性进行判别检查。

通常安全检查表被称为是一种法律、法规和标准的符合性审查。

安全检查表的作用：能及时了解和掌握系统的安全工作情况，查找物的不安全状态和人的不安全行为，采取措施加以改进，总结经验，指导工作，是安全工作人员或企业安全管理部门防止事故发生、保护职工安全与健康的好方法，安全检查表的格式见表2-1-1。

表2-1-1 安全检查表

序号	检查项目和内容	依据	检查结果	备注

安全检查表的优点：

① 能够事先编制，有充分的时间组织有经验的人员来编写，做到系统化、完整化，不至于遗漏能导致危险的关键因素。

② 安全检查表可以根据现有的规章制度，法律、法规和标准规范等检查执行情况，评价结果客观、准确。

③ 安全检查表采用提问的方式，有问有答，给人的印象深刻，能使人知道如何做才是正确的，因而可起到安全教育的作用。

④ 编制安全检查表的过程本身就是一个系统安全分析的过程，使检查人员对系统的认识更深刻，更便于发现危险因素。

安全检查表的缺点：

① 安全检查表只能进行定性评价，不能进行定量的评价。

② 安全检查表的质量受编制人员的知识水平和经验影响。

（2）预先危险性分析法。

预先危险性分析（Preliminary Hazard Analysis，PHA），又称初步分析法，是一种起源于美国军用标准的安全计划要求方法。预先危险性分析是在某项工程（包括设计、施工、生产、维修等）之前，对项目存在的各种危险有害因素出现的条件和事故可能造成的后果进行宏观、概略分析的系统安全分析方法。

预先危险性分析的目的：

① 大体识别与系统有关的主要危险。

② 鉴别产生危险的原因。

③ 估计事故出现对人体及系统产生的影响。

④ 判定已识别的危险性等级，并提出消除或控制危险的措施。

目的是识别系统中的潜在危险，确定其危险等别，防止危险发展成事故。

预先危险性分析的优点：

① 能识别可能的危险，用较少的费用或时间就能进行改正。

② 能帮助项目开发组分析和设计操作指南。

③ 不受行业限制，任何行业都可以使用。

④ 该方法简单易行，经济、有效。

预先危险性分析缺点:是定性方法,评估危险等级的分析结果受分析评价人员主观生因素影响较大。

预先危险性等级的划分：在分析系统危险性时，为了衡量危险性的大小及其对系统破坏性的影响程度，可以将各类危险性划分为4个等级见表2-1-2。

表2-1-2　危险性划分等级

级别	危险程度	可能导致的后果
Ⅰ	安全的	不会造成人员伤亡及系统损坏
Ⅱ	临界的	处于事故的边缘状态，暂时还不至于造成人员伤亡、系统损坏或降低系统性能，但应予以排除或采取控制措施
Ⅲ	危险的	会造成人员伤亡和系统损坏，要立即采取防范对策措施
Ⅳ	灾难性的	造成人员重大伤亡及系统严重破坏的灾难性事故，必须予以果断排除并进行重点防范

预先危险性分析法常用表格格式：目前使用的预先危险性分析表格格式见表2-1-3、表2-1-4。

表2-1-3 PHA 表（简化型）

危险因素	诱导因素	事故后果	危险等级	预防措施

表2-1-4 PHA 表（通用型）

潜在事故	危险因素	触发事件	现象	形成事件原因	事故后果	危险等级	防范措施	备注

（3）作业条件危险性评价分析。

对于一个具有潜在危险性的作业条件，美国安全专家K·J·格雷厄姆和G·F·金尼认为，影响危险性的主要因素有3个：

① 发生事故或危险事件的可能性；

② 暴露于这种危险环境的情况；

③ 事故一旦发生可能产生的后果，用公式来表示为

$$D = LEC \tag{2-1-1}$$

式中 D——作业条件的危险性；

L——事故或危险事件发生的可能性；

E——暴露于危险环境的频率；

C——发生事故或危险事件的可能结果。

各危险因素及危险性取值参考表2-1-5至表2-1-8，根据计算的危险性分值大小对作业条件危险性进行评价。

表2-1-5 事故或危险事件发生的可能性（L）分值表

分值	事故或危险事件发生的可能性	分值	事故或危险事件发生的可能性
10	完全会被预料到	0.5	可以设想，但高度不可能
6	相当可能	0.2	极不可能
3	不经常，但可能	0.1	实际上不可能
1	完全意外，极少可能		

表2-1-6 暴露于危险环境的频率（E）分值表

分值	事故或危险事件发生的可能性	分值	事故或危险事件发生的可能性
10	连续暴露于潜在危险环境	2	每月暴露一次
6	逐日在工作时间内暴露	1	每年几次出现在潜在危险环境
3	每周一次或偶然地暴露	0.5	非常罕见地暴露

表2-1-7 发生事故或危险事件的可能结果（C）分值表

分值	事故或危险事件发生的可能性	分值	事故或危险事件发生的可能性
100	大灾难，许多人死亡	7	严重，严重伤害
40	灾难，数人死亡	3	重大，致残
15	非常严重，一人死亡	1	引人注目，需要保护

表2-1-8 危险性分值表

分值	事故或危险事件发生的可能性	分值	事故或危险事件发生的可能性
>320	极其危险，不能继续作业	20~70	可能危险，需要注意
160~320	高度危险，需要立即整改	<20	稍有危险，或许可以接受
70~160	显著危险，需要整改		

作业条件危险性分析的优点：

评价人们在某种具有潜在危险的作业环境中进行作业的危险程度。该方法简单易行，危险程度级别划分比较清楚、醒目。

作业条件危险性分析的缺点：影响危险性因素的分数值主要是根据经验来确定的，因此具有一定的主观性和局限性。

(4) 事故树分析法。

事故树（FTA）也称故障树，是一种描述事故因果关系的有方向的“树”，是安全系统工程中的重要的分析方法之一。它能对各种系统的危险性进行识别评价，既适用于定性分析，又能进行定量分析。具有简明、形象化的特点，体现了以系统工程方法研究安全问题的系统性、准确性和预测性。FTA作为安全分析评价和事故预测的一种先进的科学方法，但由于在应用过程存在诸多问题，目前在安全预评价报告中应用较少。

事故树分析是从要分析的特定事故或故障开始，层层分析其发生原因，一直分析到不能再分解为止；将特定的事故和各层原因（危险因素）之间用逻辑门符号连接起来，得到形象、简洁地表达其逻辑关系（因果关系）的逻辑图形，即事故树。通过对事故树简化、计算达到分析、评价的目的。

① 最小割集：

a. 割集与最小割集。

在事故树中凡能导致顶上事件发生的基本事件的集合称作割集；割集中全部基本事件均发生时，则顶上事件一定发生。

最小割集是能导致顶上事件发生的最低限度的基本事件的集合（即割集中任一基本事件不发生，顶上事件就不会发生）。

b. 最小割集的求法。

对于已经化简的事故树，可将事故树，结构函数式展开后的各项，尚需用布尔代数运算法则（如吸收率、德·摩根律等）进行处理，方可得到最小割集。

② 结构重要度：

按下面公式计算结构重要度系数：

$$I_{\varphi}(i)=\frac{1}{2^{n-1}}\sum[\varphi(1_i,x)-\varphi(0_i,x)] \quad (2-1-2)$$

根据计算结构重要度系数确定出故障数结构上各基本事件的结构重要度的次序。

③ 概率重要度：

结构重要度分析是从故障数的结构上分析各基本事件的重要程度。如果进一步考虑各基本事件发生概率的变化会给顶上事件发生概率以多大影响，就要分析基本事件的概率重要度。利用顶上事件发生概率 g 函数是一个多重线性函数这一性质，对自变量 q_i 求一次偏导数，就可得到该基本事件的概率重要系数，即

$$I_g(i)=\frac{\partial g}{\partial q_i} \quad (2-1-3)$$

利用上式求出各基本事件的概率重要系数后，就可以知道减少哪个基本事件的发生概率可以有效

地降低顶上事件的发生概率。

上面对预评价报告中比较常用的定性评价方法进行简介，各个评价方法的特点和优缺点比较见表2-1-9。

表2-1-9 评价方法比较

序号	评价方法	评价目标	定性定量	方法特点	优缺点
1	预先危险性分析	危险有害因素分析，危险性等级确定	定性	讨论分析系统存在的危险、有害因素、触发条件、事故类型，评定危险性等级	简便易行，受分析评价人员主观性因素影响
2	作业条件危险性评价分析	危险性等级确定	定性 半定量	按规定对系统的事故发生可能性、人员暴露情况、危险程序赋分，计算后评定危险等级	简便实用，受分析评价人员主观因素影响
3	事故树分析	事故原因，事故概率	定性 定量	演绎法，由事和基本事件逻辑推断事故原因及条件由基本事件概率计算事故概率	复杂、工作量大、精确；事故树编制有无易失真
4	安全检查表	危险有害因素分析安全等级	定性	按事先编制的有标准要求的检查表逐项检查，按规定赋分标准赋分评定安全等级	简便、易于掌握编制检查表难度及工作量大

（5）解析法。

解析法就是用全部都是已知量的式子来表达某个未知量，就是用函数关系式表示，如 $Y = x\hat{}3$，这种方法优点是简明、准确、完整，适于理论研究。

不足之处是不够直观，而且有些实际问题中所遇到的函数关系，很难甚至不能用解析法表示出来。

（6）数值模拟法。

对模拟对象进行分析，首先建立数学模型，合理选取各有关参数，对模型进行计算分析，计算出量化指标，根据所计算的数值，分析事故后果的危险性，划分危险等级，提出对应的安全对策措施，为预防事故的发生提供技术依据。

随着计算机技术和相关软件的发展，数值模拟分析已成为解决地下岩土工程问题的有力工具，在地下工程围岩稳定性分析中得到了广泛的应用。数值分析能很好地考虑介质的非线性、各向异性以及性质随时间和温度变化、复杂边界条件等问题，解决经典解析法无法克服的缺陷。利用数值方法可以对地下工程开挖过程中的地压活动规律进行模拟，结合相关的力学知识，分析围岩的变形、地应力的分布和塑性区的范围，从而对其围岩进行稳定性评价，预测预报可能发生破坏的范围，以便采取相应的措施确保安全，避免事故发生。根据分析原理、基本思路和适用条件等方面划分，目前常用的数值模拟可分为以下几种：

① 有限元法（FEM）。有限元法的思想在20世纪40年代就已经形成，该方法发展至今已经相当成熟，是目前最广泛使用的一种数值方法，可以用来求解弹性、弹塑性、黏弹塑性、黏塑性等问题，是地下工程岩体应力应变分析最常用的方法。

② 不连续变形分析（DDA）方法。它是平行于有限元法的一种方法，其不同之处是可以计算不连续面的位错、滑移、开裂和旋转等大位移的静力和动力问题。将DDA模型与连续介质力学数值模型结合起来，如将DDA模型与有限元数值方法结合，应该是DDA模型工程应用研究的发展方向。

③ 离散单元法（DEM）。离散单元法的一个突出功能是它在反映岩块之间接触面的滑移、分离与倾翻等大位移的同时，又能计算岩块内部的变形与应力分布。

④ 有限差分法（Finite Diefferential Method，FDM）。有限差分法是先从物理现象引出相应的微分

方程，再经离散化得出差分方程，由参数的差分公式求解微分方程；其求解方式可分为显式和隐式两种。近年来基于连续介质力学的数值方法显式快速拉格朗日差分分析法（Fast Lagrangian Analysis of Continua，FLAC）在岩土工程中得到了广泛的应用。FLAC 主要用于模拟由岩土体及其他材料组成的结构体在达到屈服极限后的变形破坏行为，该方法能更好地考虑岩土体的不连续和大变形特性。

⑤ 边界元法（Boundary Element Method，BEM）。边界元法又称为边界积分方程法，是1970 年兴起的一种数值分析方法。边界元法因为网格剖分简单，计算工作量及对计算机内存容量要求低，在某些问题中也是一个很好的方法。

但是边界元法对变系数、非线性等问题较难适应，且它的应用是基于所求解的方程有无基本解，因此，限制了边界元法在更广泛领域的应用。

（7） 相似材料模拟。

相似材料模拟是一种建立在相似理论基础上，用扩大或缩小的模型，去研究对应原型的力学运动以及其他相关特性的一种实验方法。该方法在矿山地质、水利以及建筑等领域得到应用，在采矿领域，该方法已逐步应用于诸如测定矿山来压，岩层破坏运移，地下水渗透以及无流动水的边坡稳定等问题的研究。

1.3.1 总平面布置单元

根据建设项目建设方案、区域工程地质、水文地质、地表移动影响范围等，对采矿工业场地（主、副井工业场地）、辅助工业场地（风井、充填井等工业场地）、相关建筑物和设施等总体位置选择相互关系及影响进行安全分析与符合性评价。

分析矿山开采和周边环境的相互影响。

崩落法和空场法开采矿山，应根据塌陷理论计算地表塌陷错动范围；充填法开采矿山，宜采用类比法对地表塌陷错动范围进行评价。

对可能存在山体滑坡、泥石流、暴雨、山洪等灾害的矿区，应提出由相关单位开展灾害评估的建议。

【条文说明】

总平面布置单元的预评价主要是依据《工业企业总平面设计规范》(GB 50187）要求的相应条款进行评价。

总平面布置单元应重点对以下内容进行评价：

（1） 场（厂） 址选择。依据《工业企业总平面设计规范》(GB 50187）第三章“厂址选择”条款的要求内容进行评价，评价建设项目所在区域自然灾害（如暴雨、高温、冻雨、雷电、森林火灾等)、地质环境灾害（如滑坡、泥石流、崩塌、岩溶等）和周边环境（如污风、尘毒、尾矿库、排土场，或是采空区等原有工程）对建设项目的影响，以及可研报告采取的预防与控制措施的可靠性。

（2） 总平面布置。评价建设项目各功能区、建构筑物和设施的相对位置布置是否符合有关安全生产法律、法规、规章、规范性文件和标准的规定，如工业场地中各建构筑物的防火间距，进风井口、回风井口和排土场等污风源的上下风向和距离，露天矿山爆破影响范围和地下矿山岩石移动塌陷范围内是否有建构筑物，空压机站与变电所的布置位置等。

（3） 崩落法和空场法开采矿山，引起的地表塌陷错动范围。

《冶金矿山采矿设计规范》(GB 50830）第6.3.10 条要求：“崩落法开采矿山及空场法开采矿山，可根据塌陷理论划定地表错动范围”。

《有色金属采矿设计规范》(GB 50771）第9.2 条“开采岩移范围和地面建筑物、构筑物保护”中对岩石移动角的确定、岩石移动范围的圈定和地表建筑物、构筑物的保护范围进行了详细规定。

地下采矿形成的空区，其上盘岩层及倾角较陡的下盘岩层在自重和上覆岩层的作用下，逐渐发生变形，移动和崩落，并向上部扩展，当采空区扩大到一定范围后，这种过程逐渐发展至地表，形成陷落区。同时由于围岩移动，在一定范围内形成移动带，处于移动范围内的工程和建筑物，都有可能遭受变形破坏。通常采用岩石上下盘移动角或陷落角确定岩石变形破坏的影响范围，如图 2－1－1 所示。位于移动范围内的建筑物可能变形而破坏。

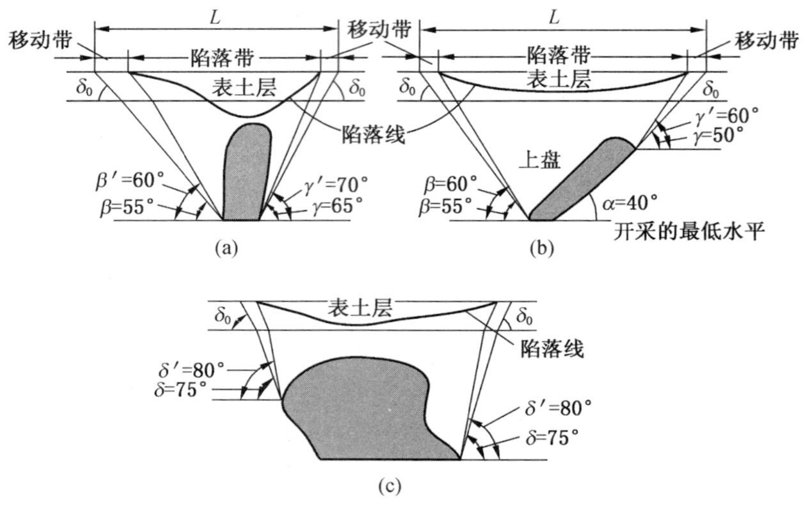

图 2－1－1 陷落带及移动带界限

【事故案例】

2005 年 11 月 6 日 19 时 36 分，河北省邢台县尚汪庄石膏矿区的康立石膏矿、林旺石膏矿、太行石膏矿发生特别重大坍塌事故，造成 33 人死亡，4 人失踪，40 人受伤，直接经济损失 774 万元，如图 2－1－2 和图 2－1－3 所示。

图 2－1－2 地表受害民房

图 2－1－3 石膏矿提升矿井

（1）矿井概况。

康立石膏矿为个体经营，年生产能力 5×10^4 t。林旺石膏矿为集体企业，年生产能力 9×10^4 t。太行石膏矿隶属于邢台矿业有限责任公司邢台煤矿。三个矿都未申请安全生产许可证。

（2）事故原因。

① 事故的直接原因：

尚汪庄石膏矿区开采已十多年，积累了大量未经处理的采空区，形成大面积顶板冒落的隐患；矿房超宽、超高开挖，导致矿柱尺寸普遍偏小；无序开采，在无隔离矿柱的康立石膏矿和林旺石膏矿交界部位，形成薄弱地带，受采动影响和蠕变作用的破坏，从而诱发了大面积采空区顶板冒落、地表塌陷事故。地面建筑物建在地下开采的影响范围（地表陷落带和移动带）内，是造成事故扩大的原因。

② 事故的主要原因：

一是采矿权设置不合理，在不足 0.6 km^2 的范围内设立了 5 个矿，开采影响范围重叠。二是设计不规范，内容缺失。未明确竖井保安矿柱的范围，尤其是康立石膏矿和林旺石膏矿之间无隔离矿柱。三是违规、越界开采。

1.3.2　开拓单元

辨识开拓单元可能存在的主要危险、有害因素并进行危险度定性评价。

主要从安全出口（包括通往地表的安全出口、中段和分段的安全出口，破碎站、装矿皮带道和粉矿回收水平的安全出口），中段布置，井筒支护、巷道支护（含平巷、斜巷、斜井、斜坡道等）和硐室支护，保安矿柱（“三下”开采保安矿柱、境界保安矿柱、井筒保安矿柱、露天地下联合开采保安矿柱以及其他保安矿柱）等方面进行符合性安全定性评价。

应采用“三下”开采保安矿柱留取理论或数值模拟对保安矿柱进行稳定性计算。

保安矿柱稳定性计算可委托相关的科研院所或其他单位完成，但应作为预评价报告的一部分。

【条文说明】

根据《金属非金属矿山安全规程》(GB 16423）规定：

（1）每个矿井至少应有两个独立的直达地面的安全出口，安全出口的间距应不小于 30 m。

（2）大型矿井，矿床地质条件复杂，走向长度一翼超过 1000 m 的，应在矿体端部的下盘增设安全出口。

（3）每个生产水平（中段），均应至少有两个便于行人的安全出口，并应同通往地面的安全出口相通。

（4）井巷的分道口应有路标，注明其所在地点及通往地面出口的方向。所有井下作业人员，均应熟悉安全出口。

《有色金属采矿设计规范》(GB 50771）第 9.3 条规定：开拓井巷位置及井口工业场地布置，应符合下列规定：

（1）竖井、斜井、平硐位置，宜选择在资源储量较集中、矿岩运输功小、岩层稳固的地段，宜避开含水层、断层、岩溶发育地层或流砂层，并应布置工程地质检查孔，斜井和平硐的工程地质检查孔应沿纵向布置。

（2）竖井、斜井、平硐、斜坡道等井口的标高，应高于当地历史最高洪水位 1 m 以上。

（3）每个矿井应至少有两个独立的直达地面的安全出口，安全出口的间距不应小于 30 m；大型矿井，矿床地质条件复杂，且走向长度一翼超过 1000 m 时，应在矿体端部增设安全出口。

（4）井口工业场地应具有稳定的工程地质条件，应避开法定保护的文物古迹、风景区、内涝低洼区和采空区，且不应受地面滚石、滑坡、山洪暴发和雪崩的危害，井口工业场地标高应高于当地历史最高洪水位。

（5）位于地震烈度 6 度及以上地区的矿山，主要井筒的地表出口及工业场地内主要建构筑物，应进行抗震设计。

根据上述标准的要求，地下矿山开拓单元应重点对以下内容进行评价：

（1）评价安全出口的数量、相互间距和竖井梯子间等是否符合有关安全生产法律、法规、规章、规范性文件和标准的规定；评价开拓工程的位置是否合理、井巷工程的断面尺寸是否满足行人和行车要求、井下炸药库的位置选择等是否符合有关安全生产法律、法规、规章、规范性文件和标准的规定。

（2）从地质条件，开拓工程的位置、深度、断面及支护措施，人行道或躲避硐室的设置、安全防护措施等方面对引起冒顶片帮和高处坠落危害的诱发因素进行分析，评价可研报告提出的预防与控制冒顶片帮、高处坠落危害措施的可靠性，提出未受控的危险有害因素发生事故的可能性和严重程度，以及消除未受控危险有害因素的安全对策措施及建议。

（3）保安矿柱（“三下”开采保安矿柱、境界保安矿柱、井筒保安矿柱、露天地下联合开采保安矿柱以及其他保安矿柱）的稳定性计算是安全预评价的重要评价内容，保安矿柱的留设，应根据不同的地质条件，没有稳定的保安矿柱，在矿山生产过程中会导致坍塌、透水等重大灾害。编制评价报告时，首先对保安矿柱的留设规格进行符合性核算，或是采用数值模拟方法对境界矿柱的稳定性进行符合性计算。

如露天矿山开采转地下矿山开采，为保障地下矿山开采安全，露天坑底和地下矿山开采之间留设的境界矿柱，可以采用极限跨度理论、经验公式法以及极限平衡方法等理论公式确定合理的隔离矿柱厚度，也可以采用数值模拟方法确定合理的隔离矿柱厚度。

【工程案例】

某铜矿初期采用露天开采，后露天转地下开采并出矿，主要采用水平分层充填法和分段空场嗣后充填法，在矿岩欠稳固的地段以分段崩落法为主，如图 2－1－4 所示。首先采用极限跨度理论分析隔离矿柱留设合理性。隔离矿柱的受力情况如图 2－1－5 所示。从图 2－1－5 可知，隔离矿柱的厚度主要是由其受自重应力及其上部充填体自重影响。隔离矿柱的厚度 h_c 为

$$h_c = W_0\left(\frac{\gamma_1 n W_0}{2S_t} + 3.3\sqrt{\frac{n\gamma_1 h}{S_c}}\right) \tag{2－1－4}$$

式中 W_0——矿房宽度，m；

S_t，S_c——隔离矿柱矿石抗拉强度和抗压强度，MPa；

γ_1——充填料重力密度，10 kN/m^3；

h——崩落岩石或者充填料堆体高度，m；

n——安全系数，采用崩落法时取 3。

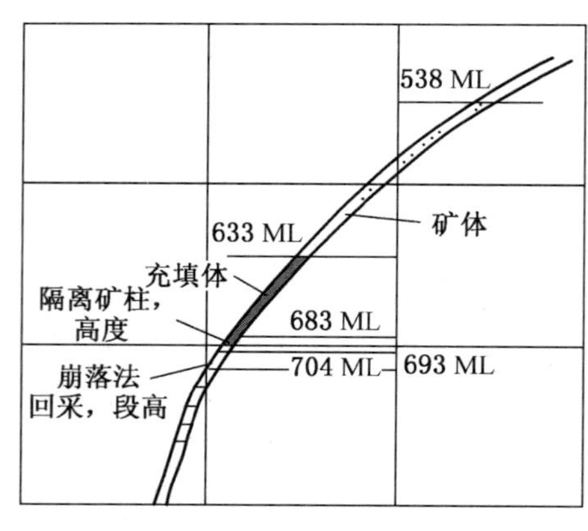

图 2－1－4 留设隔离矿柱的位置

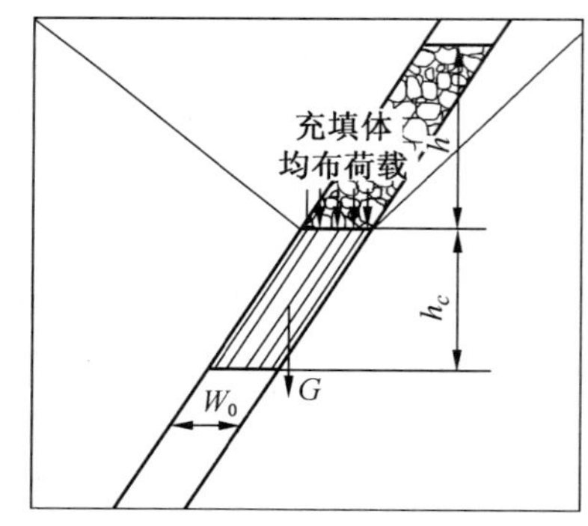

图 2－1－5 隔离矿柱的受力分析示意图

将相关参数代入式（2－1－4）计算，隔离矿柱的厚度约为 27 m。

1.3.3 提升和运输单元

辨识提升和运输单元可能存在的主要危险、有害因素并进行危险度定性评价。

竖井主要从提升高度、提升方式（单罐笼、双罐笼），一次最多允许提升人员数量，钢丝绳规格参数，不同工况下的钢丝绳安全系数，悬挂装置及其安全系数，提升钢丝绳最大静张力和静张力差、静张力比，钢丝绳静防滑安全系数、动防滑安全系数；井筒断面、支护情况、梯子间设置；尾绳保护设施，提升容器防过卷设施、防过放设施、防坠设施，井口和各中段马头门的安全门、安全护栏、阻车器设置，提升和运输信号系统等方面进行符合性评价。

带式输送机从胶带机的头部标高、尾部标高、水平长度、提升高度等基本参数，胶带种类、带宽、带强、带速、胶带安全系数、驱动滚筒及拉紧滚筒、改向滚筒参数选择，胶带机驱动方式与驱动装置、拉紧方式与拉紧装置布置、胶带机控制方式；带式输送机的安全护罩、安全护栏、梯子、扶手；各种闭锁和机械、电气保护装置等方面进行符合性评价。

对斜井断面布置、斜井支护、斜井防跑车装置，躲避硐室、人行道与轨道之间的安全隔离设施，梯子和扶手设置情况，井口安全门、阻车器、安全护栏、挡车设施等方面进行定性评价。

有轨运输系统（含装矿硐室、卸矿硐室）从运输巷道断面布置、采用的运输设备及其参数、人行道、躲避硐室、水沟、坡度设置；装载站和卸载站的安全护栏、人行巷道的水沟盖板设置情况等方面进行符合性评价。

无轨作业要从人行道或躲避硐室、水沟及盖板、卸载硐室的安全车挡和护栏及门禁系统等方面进行符合性评价。

井下粗破碎系统主要从破碎设备运动部件周边的安全护栏设置、运输皮带是否阻燃等方面进行符合性评价。

【条文说明】

（1）评价提升系统主要评价钢丝绳安全系数、安全保护装置是否符合有关安全生产法律、法规、规章、规范性文件和标准的规定。

（2）评价运输系统主要评价运输线路参数、运输安全防护措施是否符合有关安全生产法律、法规、规章、规范性文件和标准的规定。

（3）分析评价提升系统能力、提升运输方式的安全可靠性。

（4）从提升系统和运输系统的设备、设施、安全保护装置和设施等方面对引起高处坠落和车辆伤害危害的诱发因素进行分析，评价可研报告提出的预防与控制高处坠落、车辆伤害危害措施的可靠性，提出未受控的危险有害因素发生事故的可能性和严重程度，以及消除未受控危险有害因素的安全对策措施及建议。

1.3.4　采掘单元

辨识采掘单元可能存在的主要危险、有害因素并进行危险度定性评价。

主要从采掘作业场所及环境、采掘方法、设备及作业过程、井巷支护、顶板管理和采空区处理等方面进行安全分析与评价。如果采用充填采矿方法，需从矿山充填系统、充填材料、充填工艺、充填情况检查及观测等方面进行符合性评价。

根据井下爆破器材库位置设置及采掘作业面的爆破作业，对井下爆破作业进行符合性评价。

地下原地浸出采矿和原地爆破浸出采矿的防渗工程及对溶液渗透的监测系统，原地浸出采矿引起地表塌陷、滑坡的防护及治理措施等方面进行符合性评价。

根据爆破类型对井下爆破震动效应进行定量评价分析。

生产中段在地面最低安全出口以下垂直深度超过300 m或生产建设规模为大、中型矿山，应根据采场的设计参数或矿体及围岩物理性质进行解析法、数值模拟法或工程类比法进行以下定量评价：

（1）空场法开采的矿山应根据采场结构参数对顶板稳定性进行定量评价；

（2）阶段空场与分段空场嗣后充填采矿矿山，根据采场结构参数进行稳定性定量评价，同时对充填体的作用效果进行分析。

稳定性定量评价内容可委托相关的科研院所或其他单位负责完成，但应作为预评价报告的一部分。

【条文说明】

（1）评价采矿方法（包括充填工艺）、回采顺序、采场结构参数等是否符合有关安全生产法律、法规、规章、规范性文件和标准的规定。

（2）评价采空区处理方式、顺序等是否合理。

（3）对于危险性较大的地下采场、巷道围岩、采空区，采用类比、定性或半定量方法，不能明确判断出其稳定性时，应结合工程地质条件和水文地质条件对其稳定性进行定量计算，并对其安全状况进行分析判断，同时应说明计算参数选取、资料来源的依据。

（4）从地质条件、采矿方法和采场结构参数等方面对引起冒顶片帮、透水、爆破等危害的诱发因素进行分析，评价可研报告提出的预防与控制上述危害措施的可靠性，提出未受控的危险有害因素发生事故的可能性和严重程度，以及消除未受控危险有害因素的安全对策措施及建议。

采用数值模拟方法对采场顶板的稳定性进行评价，本例利用有限差分法软件进行模拟。

（1）有限差分简介：

三维采场宏观力学行为的计算研究采用拉格朗日有限差分方法。有限差分法可能是解算给定初值和（或）边值的微分方程组的最古老的数值方法。近年来，随着计算机技术的飞速发展，有限差分法以其独特的计算风格和计算流程在数值方法家族中异军突起，以崭新的面貌在众多科学领域的复杂问题计算分析中出现。

在有限差分法中，基本方程组和边界条件（一般均为微分方程）近似地改用差分方程（代数方程）来表示，即由空间离散点处的场变量（应力，位移）的代数表达式代替。这些变量在单元内是非确定的，从而把求解微分方程的问题改换成求解代数方程的问题。相反，有限元法则需要场变量（应力，位移）在每个单元内部按照某些参数控制的特殊方程产生变化。公式中包括调整这些参数以减小误差项和能量项。

有限差分法相对高效地在每个计算步重新生成有限差分方程，通常采用“显式”、时间递步法解算代数方程。有限差分数值计算方法用相隔等间距 h 而平行于坐标轴的两组平行线划分成网格（图 2-1-6）。设 $f=f(x, y)$ 为弹性体内某一个连续函数，它可能是某一个应力分量或位移分量，也可能是应力函数、温度、渗流等。

（2）有限差分算法：

计算过程首先调用运动方程，由初始应力和边界力计算出新的速度和位移。然后，由速度计算出应变率，进而获得新的应力或力。每个循环为一个时步，图 2-1-7 中的每个图框是通过那些固定的已知值，对所有单元和结点变量进行计算更新。

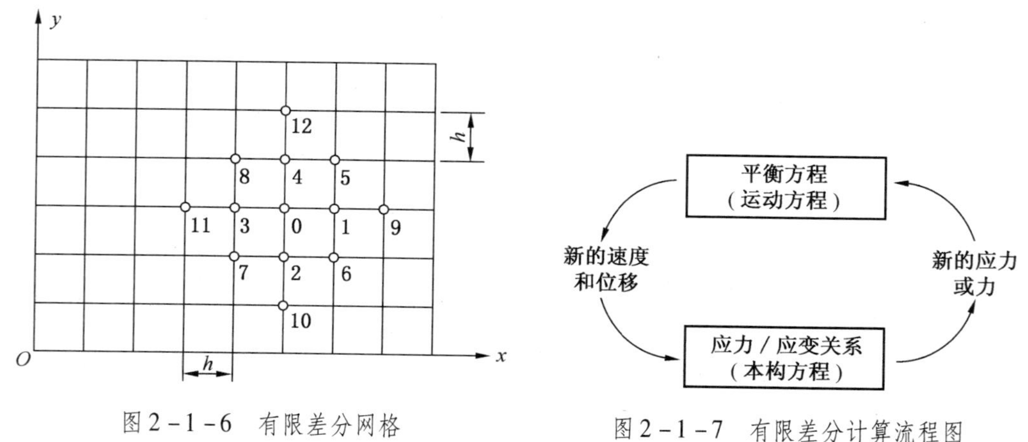

图 2-1-6 有限差分网格

图 2-1-7 有限差分计算流程图

(3) 计算模型简介：

计算中采用莫尔－库仑（Mohr－Coulomb）屈服准则判断岩体的破坏，见式（2－1－5）。

$$f_s=\sigma_1-\sigma_3\frac{1+\sin\varphi}{1-\sin\varphi}-2c\sqrt{\frac{1+\sin\varphi}{1-\sin\varphi}} \tag{2-1-5}$$

式中 σ_1，σ_3——最大和最小主应力；

c，φ——黏结力和摩擦角。

当 $f_s>0$ 时，材料将发生剪切破坏。在通常应力状态下，土体的抗拉强度很低，因此可根据抗拉强度准则（$\sigma_3\geqslant\sigma_T$）判断岩体是否产生拉破坏。

【工程案例】

某铁矿采矿方法是空场法，评价目的是顶板稳定性及其破坏对地表的影响范围分析。首先根据采场的结构参数，建立三维仿真模型，如图2－1－8和表2－1－10所示。

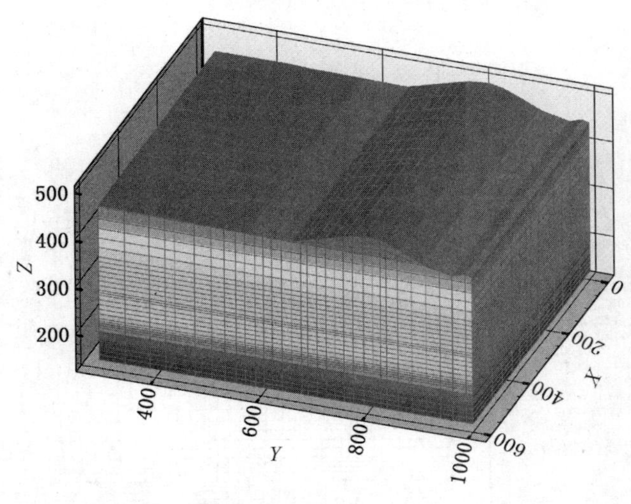

图2－1－8 铁矿网格剖分图

表2－1－10 数值计算采用的岩石力学参数表

岩 性	弹性模量	泊松比	黏聚力	内摩擦角	重力密度	抗压强度	抗拉强度
	E/MPa	μ	c/MPa	φ/(°)	γ/(MN·m^{-3})	σ_c/MPa	σ_l/MPa
上覆岩层							
矿石							

图2－1－9至图2－1－13可知，沉降向地表传播并逐渐衰减，传播到地表一定范围内时，沉降为3.0 mm，水平位移为2.8 mm。开采后应力的分布规律，140 m标高处最大垂直应力为12.9 MPa，最大拉应力为0.89 MPa，发生在300 m水平采空区的顶板处；从图2－1－13可以看到，远离采空区的岩体处于弹性变形阶段，没有发生塑性变形，尤其是地表不会发生塑性变形。

1.3.5 通风单元

辨识通风单元可能存在的主要危险、有害因素并进行危险度定性评价。

主要从通风设备设施，通风效果与质量，特殊作业点通风要求等方面进行符合性评价。

对矿山通风系统风量能力等应进行定量评价。

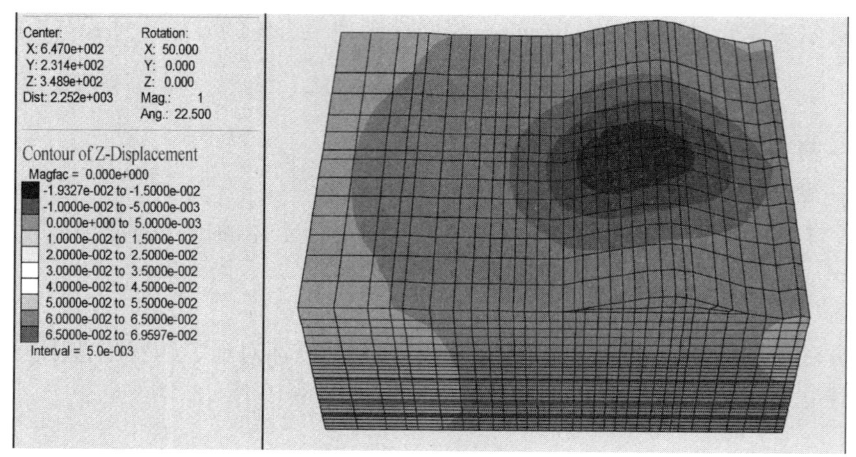

图2-1-9 采场引起的地表沉降图

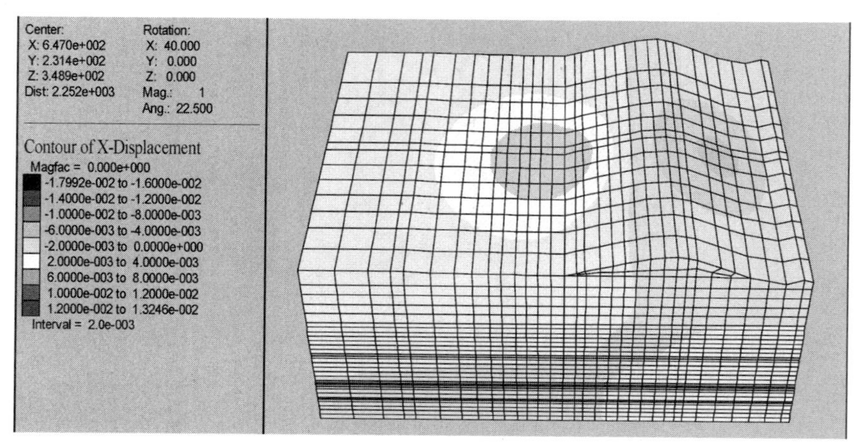

图2-1-10 采场引起的地表水平位移图

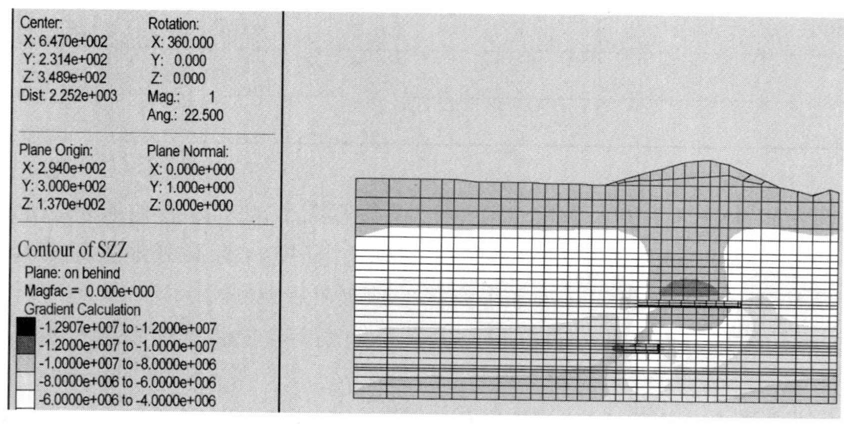

图2-1-11 纵剖面垂直应力分布图

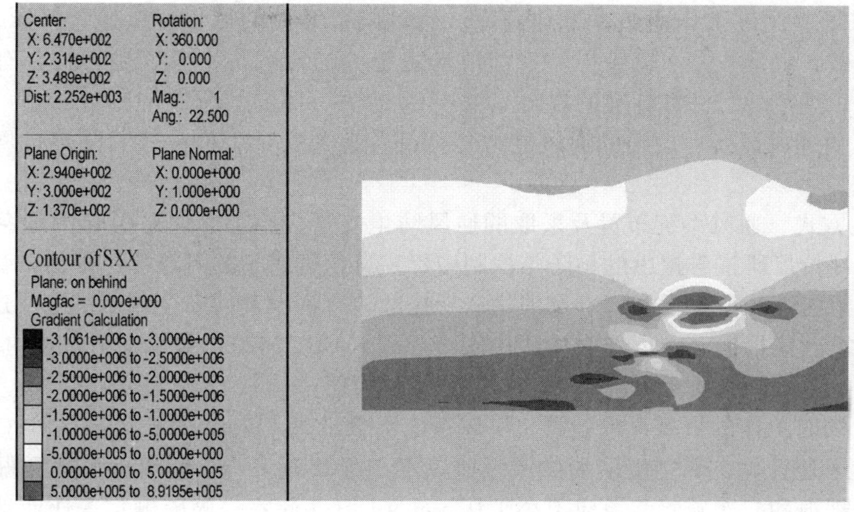

图2-1-12　纵剖面水平应力分布图

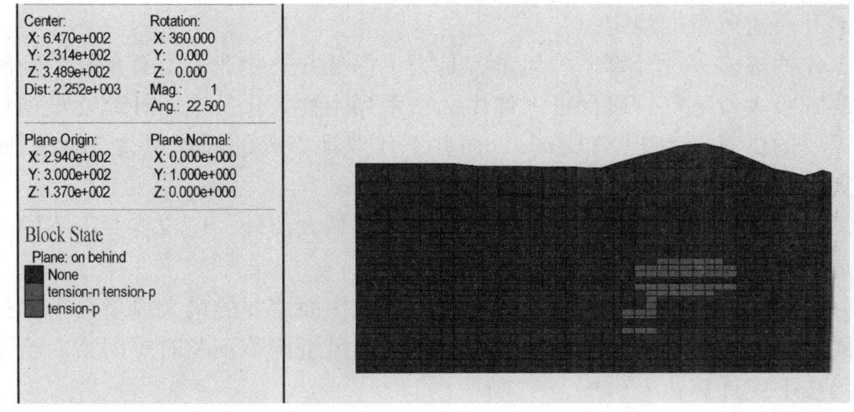

图2-1-13　纵剖面塑性区分布图

【条文说明】

根据《金属非金属矿山安全规程》(GB 16423) 通风防尘规定:

(1) 入风井巷和采掘工作面的风源含尘量，应不超过0.5 mg/m³。

(2) 含铀、钍等放射性元素的矿山，井下空气中氡及其子体的浓度应符合 GB 4792 的规定。

(3) 矿井应建立机械通风系统。对于自然风压较大的矿井，当风量、风速和作业场所空气质量能够达到第6.4.1条的规定时，允许暂时用自然通风替代机械通风。

(4) 矿井通风系统的有效风量率，应不低于60%。

(5) 各采掘工作面之间，不应采用不符合第6.4.1条要求的风流进行串联通风。

井下破碎硐室、主溜井等处的污风，应引入回风道。

井下炸药库应有独立的回风道。充电硐室空气中氢气的含量，应不超过0.5% (按体积计算)。

井下所有机电硐室，都应供给新鲜风流。

(6) 每台主要通风机应具有相同型号和规格的备用电动机，并有能迅速调换电动机的设施。

根据上述规程的要求，通风单元的评价重点应从以下方面评价：

(1) 评价采场、掘进工作面、井下炸药库、机电硐室等处的风量、风速、风压，以及水泵房、中央变电硐室、破碎硐室、井下避灾硐室、溜放矿系统等的通风防尘方式是否符合有关安全生产法律、法规、规章、规范性文件和标准的规定。

(2) 评价主要通风设备、设施的通风能力是否符合有关安全生产法律、法规、规章、规范性文件和标准的规定。

(3) 从通风方式、通风系统布置及采取的通风防尘安全措施等方面对引起中毒窒息危害的诱发因素进行分析，评价可研报告提出的预防与控制中毒窒息危害措施的可靠性，提出未受控的危险有害因素发生事故的可能性和严重程度，以及消除未受控危险有害因素的安全对策措施及建议。

矿井风量核算。应根据《金属非金属矿山安全规程》(GB 16423) 第6.4.1.5条的要求：

矿井所需风量，按下列要求分别计算，并取其中最大值：

(1) 按井下同时工作的最多人数计算，供风量应不少于每人 4 m^3/min。

(2) 按排尘风速计算，硐室型采场最低风速应不小于0.15 m/s，巷道型采场和掘进巷道应不小于0.25 m/s；电耙道和二次破碎巷道应不小于0.5 m/s；箕斗硐室、破碎硐室等作业地点，可根据具体条件，在保证作业地点空气中有害物质的接触限值符合 GBZ 2 规定的前提下，分别采用计算风量的排尘风速。

(3) 有柴油设备运行的矿井，按同时作业机台数每千瓦每分钟供风量 4 m^3 计算。

本条是关于矿井所需风量的规定。

按井下同时工作的最多人数计算矿井风量，是为了保证井下作业人员有足够的新鲜空气呼吸。因为人在作业时需要呼吸大量氧气，以保证人体内的一系列生物氧化反应，补充能量消耗。由于人在工作和行走时，所需要的供氧量为1~3 L/min，而井下作业地点人的耗氧量为2%~3%，因此，包括我国在内的世界大多数国家规定井下供风量每人 4 m^3/min。

计算矿井所需的总风量时，除按上述要求计算并取其最大值外，还应将井下不同的区域所需的风量进行累计，并加上漏风风量，才为矿山的总需风量。

根据金属矿井生产的特点，全矿所需总风量应为各工作面需要的最大风量与需要独立通风的硐室的风量之总和，同时还要考虑矿井漏风、生产不均衡以及风量调节不及时等因素，给予一定的备用风量。全矿总风量可按下式计算：

$$Q_t = K\left(\sum Q_s + \sum Q'_s + \sum Q_d + \sum Q_r\right) \tag{2-1-6}$$

式中 Q_t——矿井总风量，m^3/s；

Q_s——回采工作面所需的风量，m^3/s；

Q'_s——备用回采工作面所需的风量，m^3/s，对于难以密闭的备用工作面，其风量应与作业工作面相同，能够临时密闭的备用工作面，其风量可取作业工作面风量的一半；

Q_d——掘进工作面所需风量，m^3/s；

Q_r——要求独立风流通风的硐室所需的风量，m^3/s；

K——矿井风量备用系数。

风量备用系数是考虑到矿井有难以避免的漏风，同时也包含风量调整不及时和生产不均衡等因素而设立的大于1的系数：如果地表没有崩落区，$K=1.25\sim1.40$；一般矿井，$K=1.3\sim1.45$；地表有崩落区，$K=1.35\sim1.5$。

1.3.6 供配电设施单元

辨识矿山供配电设施单元可能存在的主要危险、有害因素并进行危险度定性评价。

主要从矿山供电电源、线路及其长度、总降压主变压器容量及地表向井下供电电缆，井下各级配电电压等级，电气设备类型，高、低压供配电中性点接地方式，高、低压电缆，地表架空线转下井电缆处防雷设施，高压供配电系统继电保护装置，照明设施，总计算负荷、采矿部分计算负荷及一级负荷等方面进行符合性评价。

【条文说明】

《矿山电力设计规范》（GB 50070）规定，井下变（配）电所的电源及供电回路设置应符合下列规定：

（1）由地面引至井下主变（配）电所和其他井下变（配）电所的电力电缆，其总回路数不应少于两回路；当任一回路停止供电时，其余回路的供电能力应能承担井下全部负荷。

（2）有一级负荷的井下主变（配）电所，主排水泵房变（配）电所和其他变配电所，应由双重电源供电。

（3）向大型矿井井下矿物开采、运输负荷配电的变（配）电所，宜采用双回路供电。

因而在编制预评价报告时，应明白有哪些一级负荷、二级负荷和三级负荷，根据不同的用电负荷级别，给予不同的评价。

（1）评价一级负荷的供电电源及配电方案、防雷、接地装置、供配电电压等是否符合有关安全生产法律、法规、规章、规范性文件和标准的规定。

（2）电源可靠性。评价地区电网、供电回路数量、供电能力等方面是否符合有关安全生产法律、法规、规章、规范性文件和标准的规定。

（3）从供配电系统及采取的防护措施等方面对引起触电的诱发因素进行分析，评价可研报告提出的预防与控制触电危害措施的可靠性，提出未受控的危险有害因素发生事故的可能性和严重程度，以及消除未受控危险有害因素的安全对策措施及建议。

1.3.7 防排水与防灭火单元

辨识矿山防排水与防灭火单元可能存在的主要危险、有害因素并进行危险度定性评价。

重点针对矿井水害，结合矿山的水文地质条件和涌水量等基本情况，主要从地面防治水设施及措施、井下排水系统及排水能力、井下防透水措施等方面进行符合性评价。

对矿山井下消防供水系统、灭火装置、消防器材配备、火灾信号设置，具有自燃倾向性矿山防灭火技术措施等方面进行安全分析与评价。

根据防排水要求，对设计的防排水能力进行校核。

水文地质条件复杂的矿山应采用定量评价方法分析突水蔓延的范围，为提出防水对策措施提供依据。

对于有自燃倾向性的矿山应进行火灾烟流蔓延规律模拟分析。

水文地质条件复杂矿山的突水蔓延和自燃倾向性矿山的火灾烟流蔓延规律计算等定量评价可委托相关的科研院所或其他单位负责完成，但应作为预评价报告的一部分。

【条文说明】

（1）地面防治水系统。根据《冶金矿山采矿设计规范》(GB 50830）规定：

① 中小河流改道、截洪沟等防水工程的洪峰流量计算，应根据当地水文站的实测资料确定。当缺少当地水文站的实测数据时，可选用下列方法进行计算：

a. 洪水调查法。

b. 地区经验公式法。

c. 公路科学研究所简化法公式。

d. 简化推理公式。

② 河流改道、防洪水库等大、中型地表水体的防洪工程设计应符合现行国家标准《防洪标准》（GB 50201）的有关规定。

③ 截水沟防洪设计标准应根据矿山的规模、服务年限等因素确定。

评价井口和地面工业场地位置、标高，防治水设施及措施是否符合有关安全生产法律、法规、规章、规范性文件和标准的规定。

（2）井下排水系统。根据《冶金矿山采矿设计规范》(GB 50830）第 9.4.1 条规定：

① 水泵房中的设备用电负荷在矿山中所占比重较大，与井下主变电所联合布置可降低电缆的投资；另外，水泵房一般设在副井附近，并与副井相通，井下主变电所与泵房联合布置，对生产与安全都是有保障的。

② 为解决水泵房通风降温和被淹时人员撤离问题，规定井底主要泵房的通道不应少于两个，其中一个通往井底车场，可作为水泵安装时的运输通道；由于井底车场标高较低，为了防止泵房被淹，此通道应装设防水门。另一个用斜巷与井筒连接，斜巷上应高出泵房地面标高 7 m 以上，主要目的是当水泵房被淹时，操作人员能够从此口迅速撤离。

③ 水泵沿泵房单排布置，可以减少硐室跨度，吸水管与排水管分布在水泵两侧。配置简单，维护检修方便。

④ 水泵房设起重设备便于设备的检修，铺轨便于设备的运输。评价井下水泵房、防水闸门及水仓布置等是否符合有关安全生产法律、法规、规章、规范性文件和标准的规定；分析评价涌水量预测是否合理，并对井下水仓储水能力、水泵排水能力、水管排水能力等进行校核计算。

（3）从水文地质条件、防排水系统及采取的安全措施等方面对引起透水危害的诱发因素进行分析，评价可研报告提出的预防与控制透水危害措施的可靠性，提出未受控的危险有害因素发生事故的可能性和严重程度，以及消除未受控危险有害因素的安全对策措施及建议。

（4）评价消防水池容量、消防水管等设置，主要采（掘）剥和电气设备、建构筑物、易燃易爆场所等消防灭火器材配置和消防措施是否符合有关安全生产法律、法规、规章、规范性文件和标准的规定。

（5）具有自燃倾向性矿山，应从含硫量、岩性等方面对内因火灾进行分析与评价，并给出其危害程度及应采取的措施。

（6）从自然地质条件和所使用的设备、物料、生产工艺过程及采取的防护措施等方面对引起火灾的诱发因素进行分析，评价可研报告提出的预防与控制火灾危害措施的可靠性，提出未受控的危险有害因素发生事故的可能性和严重程度，以及消除未受控危险有害因素的安全对策措施及建议。

1.3.8 排土场（废石场）单元

辨识排土场单元可能存在的危险、有害因素并进行危险度定性评价。

主要从排土场选址、排土场堆置要素、排土作业方法及过程、排土场截洪防洪及排水设施、排土场防止泥石流设施、排土场安全防护设施、日常安全监测与检查等方面进行符合性评价。

三级以上排土场应采用数值模拟或余推力法计算安全系数，并对其稳定性进行定量评价。

【条文说明】

根据《金属非金属矿山安全规程》(GB 16423）规定。

（1）排土场（包括水力排土场）位置的选择，应遵守以下原则：

保证排弃土岩时不致因滚石、滑坡、塌方等威胁采矿场、工业场地（厂区）、居民点、铁路、道路、输电网线和通信干线、耕种区、水域、隧道涵洞、旅游景区、固定标志及永久性建筑等的安全。

其安全距离在设计中规定：

① 依据的工程地质资料可靠；不宜设在工程地质或水文地质条件不良的地带；若因地基不良而影响安全，应采取有效措施。

② 依山而建的排土场，坡度大于 1∶5 且山坡有植被或第四系软弱层时，最终境界 100 m 内的植被或第四系软弱层应全部清除，将地基削成阶梯状。

③ 避免排土场成为矿山泥石流重大危险源，必要时，采取有效控制措施。

④ 排土场位置要符合相应的环保要求；排土场场址不应设在居民区或工业建筑主导风向的上风侧和生活水源的上游，含有污染物的废石要按照 GB 18599 要求进行堆放、处置。

（2）排土场位置选定后，应进行专门的地质勘探工作。

（3）排土场排土工艺、排土顺序、排土场的阶段高度、总堆置高度、安全平台宽度、总边坡角、废石滚落可能的最大距离及相邻阶段同时作业的超前堆置距离等参数，均应在设计中明确规定。

① 从排土场位置、地基条件等方面，评价排土场选址是否符合有关安全生产法律、法规、规章、规范性文件和标准的规定。

② 评价阶段高度、总堆置高度、安全平台宽度、总边坡角和车挡等参数是否符合有关安全生产法律、法规、规章、规范性文件和标准的规定。

③ 评价截水沟、排水沟、平台反坡等参数是否符合有关安全生产法律、法规、规章、规范性文件和标准的规定。

④ 对于危险性较大的排土场，采用类比、定性或半定量方法不能明确判断出其稳定性时，应根据排土场工程地质勘察成果和设计参数，对排土场稳定性进行定量计算，评价排土场设计参数及防护措施的安全可靠性，并对计算参数选取、资料来源的依据进行说明。

⑤ 从排土场的场址、排土性质、排土场堆置要素设计参数、排土作业、地表水和降水情况及截洪防洪及排水设施等方面对引起坍塌和泥石流危害的诱发因素进行分析评价，评价可研报告提出的预防与控制坍塌、泥石流危害措施的可靠性，提出未受控的危险有害因素发生事故的可能性和严重程度，以及消除未受控危险有害因素的安全对策措施及建议。

1.3.9　安全避险“六大系统”单元

重点针对火灾、有毒有害气体、地压灾害、通风系统监测、视频监控等，从监测监控系统、人员定位系统、紧急避险系统、压风自救系统、供水施救系统和通信联络系统的建设方案进行符合性评价。

【条文说明】

略。

1.3.10　安全管理单元

改建或扩建工程，主要从安全管理机构设置、管理人员配备、规章制度、应急救援和矿山特种设备管理等方面进行符合性评价。

【条文说明】

略。

1.3.11　重大危险源辨识

依照重大危险源管理的相关法律法规、标准规范，辨识建设项目存在的重大危险源。

【条文说明】

目前《关于开展重大危险源监督管理工作的指导意见》(安监管协调字〔2004〕56 号）的文件已废除，金属非金属矿山涉及的危险化学品重大危险源辨识依据《危险化学品重大危险源辨识》(GB 18218）对危险化学品进行重大危险源辨识，其中炸药库不包含在内。

1.4　安全对策措施及建议

依据国家安全生产相关法律法规和标准规范的要求，根据定性定量预评价存在的问题或不足，分单元有针对性地提出对应的安全技术与管理措施或建议，为《安全设施设计》的编写提供参考，提出的安全措施或建议应具有实用性和可操作性，尽量推广先进适用技术和工艺，同时安全措施也可是具有先进性和前瞻性的研究成果。

【条文说明】

安全对策措施建议应具有针对性和可操作性，既要符合有关安全生产法律、法规、规章、规范性文件和标准的规定，又不能照抄规程规范条款。根据各单元评价指出的未受控的危险有害因素，提出安全设施完善的对策措施建议。

1.5　评价结论

简要列出主要危险、有害因素，指出评价对象应重点防范的重大危险有害因素；明确应重视的安全对策措施建议；明确评价对象潜在的危险、有害因素在采取安全对策措施后，能否得到控制以及受控的程度如何。

给出评价对象从安全生产角度是否符合国家有关法律、法规、规章、标准和规范的要求。

【条文说明】

评价结论应对可研报告中危险有害因素预防与控制措施的可靠性做出明确的结论，语言应精炼。

1.6　附图

报告宜附有以下图纸和照片，可根据项目实际情况调整：

(1) 矿区及周边区域地形图；

(2) 总平面布置图；

(3) 开拓系统纵投影图；

(4) 典型采矿方法图；

(5) 通风系统示意图；

(6) 排水系统图；

(7) 周边环境相关照片；

(8) 评价项目组部分人员在现场调研照片。

以上相关图纸为可行性研究报告中相关图纸。

图纸应字迹线条清晰、签字盖章齐全、版面大小合适。有彩色内容的图纸宜彩色打印。

【条文说明】

略。

2 露天矿山安全预评价

前言

简述项目的建设背景、项目性质（新建、改建、扩建）、开采方式和开拓运输方案等基本情况，评价项目委托方及评价要求、评价工作过程等。

【条文说明】

(1) 项目基本情况主要是指项目建设背景、项目性质（新建、改建、扩建），以及开采方式和采矿方法。

(2) 评价要求是指有关安全生产法律、法规、规章、规范性文件和标准对安全预评价及报告编制的相关要求。

(3) 评价工作过程是指评价工作开展情况，包括接受委托、资料收集、现场考察、报告编制和内部审核过程等情况。

2.1 评价对象与依据

2.1.1 评价对象和范围

根据项目可行性研究报告、《金属非金属矿山建设项目安全设施目录（试行）》（国家安全监管总局令第75号）和有关法律法规等，明确评价对象、评价项目名称和安全预评价范围。

评价范围一般不包含地面炸药库和选矿厂。

【条文说明】

(1) 评价报告中的建设项目名称一般应与立项文件中的名称一致，立项文件是指建设项目审批、核准或备案部门同意开展项目前期准备工作的文件。

(2) 评价的空间范围是指可行性研究报告确定的开采范围，一般通过矿区范围拐点坐标或矿体勘探线和开采深度标高范围进行界定。

(3) 评价范围不包括选矿厂，但总降变电所设在选矿厂的，应对总降变电所的供电电源可靠性及供电能力进行评价；评价范围不包括地面炸药库。

2.1.2 评价依据

2.1.2.1 *法律法规*

列出该建设项目安全预评价报告应遵循的安全生产法律、行政法规、部门规章、地方性法规、地方政府规章和有关规范性文件。

每个层次内按发布时间顺序列出，列出的法律法规应为最新版本，并标注其文号及实施日期，要有针对性和完整性，要有序排列。

【条文说明】

(1) 应为最新版本，保证最新发布的法律法规得到及时落实。

(2) 应具有针对性和完整性，报告中引用到的应全部列出，没有引用到的不应列出。

(3) 要书写完整、规范，不得使用简略方式，应完整标注法律法规名称、发布机构、发布时间、编号。

(4) 要根据评价项目的需要优先选择最适用的法律法规。

（5）顺序上按法律、行政法规、地方性法规、部门规章、地方政府规章和规范性文件先后列出，同一类别的按照发布时间先后列出。

2.1.2.2　标准规范

列出预评价采用与建设项目相关的现行标准（包括国家标准、行业标准、地方标准）、规程、规范，并标注其标准号。

按照国家标准、行业标准、地方标准的顺序排列，每个层次内按照发布时间顺序列出。列出的标准规范应为最新版本，并为现行有效。

所列标准应与本建设项目的安全生产相关，在报告中没有引用到的标准规范不列入。

【条文说明】

（1）应为最新版本，保证最新发布的标准规范得到及时落实，严禁引用废止的标准规范。

（2）应具有针对性和完整性，报告中引用到的应全部列出，没有引用到的不应列出。

（3）要书写完整、规范、统一，应标注标准规范编号。

（4）顺序上按强制性国标（GB）、推荐性国标（GB/T）、国家标准指导性技术文件（GB/Z）、行业标准、地方标准先后列出。

（5）当只有地方标准时应执行地方标准，当有国家标准、行业标准、地方标准时，执行标准从严。

2.1.2.3　建设项目技术资料

列出建设项目安全预评价所依据的有关技术资料，包括但不限于下列资料：

（1）建设项目可行性研究报告；

（2）建设项目地质勘探报告或地质报告；

（3）建设项目试验报告等。

技术资料应列出名称、编制单位和日期等相关内容。

【条文说明】

安全预评价所依据的技术性资料要真实可靠、完整，应有相关单位公章及有关人员签字。开发利用方案不能代替可研报告作为安全预评价依据的技术资料；对无可研报告的小型建设项目，代可研的初步设计可作为安全预评价的技术资料。

2.1.2.4　其他评价依据

（1）安全预评价委托书（任务书、合同书）；

（2）安全预评价的其他依据。

【条文说明】

其他有关文件是指相关专题研究（试验）报告、地质灾害危险性评估报告等。

2.2　建设项目概述

2.2.1　建设单位概况

简要介绍建设单位历史沿革、经济类型、隶属关系等基本情况，建设项目背景及立项情况。

简要介绍建设项目隶属行政区划、地理位置及交通、矿区周边环境（包括村庄、建构筑物、地表水体、河流）等。

【条文说明】

建设项目背景及立项情况主要包括项目由来、立项申请和批准、地质勘探、可行性研究等前期工作情况。

周边环境主要是指项目周边的矿山（包括闭坑矿山）、尾矿库、地表水体、公路、铁路、居民区、风景区、重要工农业设施、名胜古迹以及其他需要保护的对象等。一般应给出其与本项目的位置关系、距离及其他参数，诸如矿山和尾矿库等应给出规模、居民区应给出居民数量等参数。位于露天爆破警戒线范围内和排土场下游等危险区域内的居民、建构筑物、设备设施等应重点介绍。

2.2.2 自然环境概况

简要介绍区域地形地貌、气候（包括降雨量、风向、主导风向、气温、高寒高原地区的冻土深度、最高洪水位或山洪特征）、地震烈度、区域经济地理概况等。

【条文说明】

（1）气候应说明气候类型，并结合地域情况，突出建设项目所在地的自然环境特征，如沿海区域的台风、北部区域的低温、南部区域的降雨等。

（2）降雨量应介绍最大降雨量及平均降雨量，主导风向应介绍全年主导风向、不同季节主导风向和最小风频，气温应介绍最高温度、最低温度和平均温度。

2.2.3 建设项目地质概况

2.2.3.1 矿区地质概况

简要介绍矿区在大地构造中的位置、出露地层、脉岩和区域构造等区域地质情况。

简要介绍矿区地层、地质构造和岩石等矿区地质情况。

【条文说明】

矿区地层一般从其年代、出露位置、岩性、走向、倾向、倾角、产状和厚度等方面进行介绍；矿区地质构造一般从褶皱、断裂及其分布、产状和规模等方面进行介绍。

2.2.3.2 水文地质概况

简要介绍区域地表水系，矿区水文地质类型、分布、埋藏条件、与矿体的空间关系及其特征，矿坑涌水量预测，并说明其复杂程度等。

【条文说明】

（1）介绍矿区水文地质条件及特征时，应说明含水层和隔水层岩性、产状，以及含水层的富水性、顶底板隔水层的稳定性，地表水的汇水面积、水位、流量、历史上出现的最高洪水水位、洪峰流量及淹没范围，地下水补给、排泄条件，构造破碎带、岩溶、裂隙和断层等的分布及其特征，地表水系、老隆水、地下水体及相互联系等。

（2）介绍矿坑涌水量时，应说明涌水量预测依据和方法，以及正常涌水量、最大涌水量等预测结果。

（3）最后应介绍矿区水文地质类型及其定型依据。

2.2.3.3 工程地质概况

简要介绍矿区工程地质岩组、岩体结构特征、工程地质特征、工程地质条件复杂程度、可能出现的工程地质问题，并说明其复杂程度。

简要说明露天矿山岩体主要物理力学参数（主要包括抗压强度、抗剪切强度、自然容重、内摩擦角、黏聚力、弹性模量、泊松比等参数）。

【条文说明】

（1）工程地质岩组特征主要包括：工程地质岩组组成、分布、物理力学性质等。

（2）岩体结构特征主要包括：结构面产状及延展情况、物理力学性质等。

（3）介绍工程地质特征时，应说明地层、褶皱、节理、裂隙、破碎带等构造；工程地质条件复杂程度介绍应包括岩溶、采空区、山体滑坡、坍塌、泥石流、湿陷性黄土等可能形成灾害的工程地质条件。

（4）本节最后应介绍工程地质类型。

2.2.3.4 矿床地质概况

简要介绍矿体特征、矿石特征、夹石（层）分布规律及岩性特征、顶底板围岩、矿岩物理力学性质（主要包括密度、弹性模量、泊松比、内摩擦角、黏聚力等参数）。

【条文说明】

(1) 介绍矿体特征时，应说明矿体的主要产状参数，如分布位置、走向、倾向、倾角、厚度、埋深等参数。

(2) 介绍矿石特征时，应说明矿石类型、结构、构造、矿物成分、化学成分等基本内容，还需重点说明是否自然发火、遇水是否膨胀脱落、是否有放射性、是否含有有毒有害气体等特征。

(3) 介绍夹石(层)分布规律及岩性特征时,应说明夹石(层)类型、分布位置、厚度及其组成等。

(4) 介绍顶底板围岩时，应说明岩性、产状和分布范围。

2.2.4 工程建设方案概况

简要介绍建设项目可行性研究报告中工程建设方案主要内容，包括但不限于下列内容。

【条文说明】

略。

2.2.4.1 矿山开采现状

改建或扩建工程，应简要说明矿山开采现状、特点及存在的主要问题，本项目的利旧工程、与原系统的相互关系和影响，现有辅助设施等。

【条文说明】

(1) 露天矿山开采现状、特点介绍主要包括原开拓运输方式，台阶数量、高度、坡面角，开采标高、开采深度，安全和清扫平台设置情况，采场边坡稳定性，防排水，运输道路等内容。

(2) 利旧工程是指本项目中继续利用的原有系统（工程），介绍时应予以明确，并说明基本情况及安全状况。对于废弃系统（工程），介绍时应说明其关闭情况及采取的处理措施。

(3) 介绍与原系统的相互关系和影响时，应详细说明原系统中与本项目发生相互影响的部分，如采空区、露天采坑、边坡、排土场等。

2.2.4.2 建设规模及工作制度

简要介绍地质储量及范围、设计可采储量、矿山生产规模、服务年限、工作制度等。

【条文说明】

略。

2.2.4.3 总图运输

简要介绍矿区总体布置、总平面布置和内外部运输等。

如果改建或扩建工程导致其工业场地布局和开拓运输方式发生了变化，并对原开拓运输和总图布置产生了影响，应进行介绍；如果只增加作业面扩大产能或采用新工艺，未对原开拓运输和总图布置产生影响的，可不作介绍。

【条文说明】

介绍总体布置时，应列出矿区组成，并说明各主要工业场地、设施的位置及相互关系，各场址的方位和标高；内外部运输应说明矿岩内外部运输方式（公路、铁路、胶带、联合）、运输道路布置及参数（路面宽度、最小平曲线半径、最大纵坡等）。

2.2.4.4 开采范围

简要介绍开采对象、开采范围、矿区开采顺序。露天地下联合开采时，论述露天、地下的合理界限和相互关系等。

【条文说明】

(1) 开采范围一般综合考虑两个方面进行界定：一是矿区范围拐点坐标和开采深度标高进行界定，二是由矿体勘探线和开采深度标高进行界定。

(2) 介绍开采顺序时，若同一矿区有两个以上矿段或同一矿段有几个矿带、矿体，应说明首期开采地段，以及开采的总顺序；分期开采的，应说明分期开采范围、时间和空间关系。

（3）介绍联合开采时，应说明露天、地下开采的开采界线（开采标高和平面范围），相互最小距离、安全（隔离）矿柱位置及尺寸等；由露天转地下开采的，应说明露天转地下过渡开采的工艺方法、时间关系、空间关系和安全措施。

2.2.4.5 开拓运输

简要介绍开拓运输方式，露天采场各台阶与采矿工业场地、储矿仓、排土场等的联系，运输设备、设施等。

【条文说明】

介绍露天矿山开拓运输系统时，应注意以下几点：

（1）露天采场各台阶与采矿工业场地、受矿仓、排土场等的联系主要是指采场内部各台阶之间及采场内部与外部的联系通道，一般应说明出入沟位置、数量、标高。

（2）介绍运输设备设施时，应明确运输设备规格型号、数量、运输线路布置、运输道路技术参数等。

2.2.4.6 采矿工艺

简要介绍露天采场境界方案、采剥方法、采剥工艺及参数、穿孔爆破参数、装载等。

【条文说明】

介绍露天矿山采矿工艺时，应注意以下几点：

（1）介绍露天采场境界时，应说明露天开采顶、底部标高，最终边坡角，采场上下口尺寸，封闭圈标高等。

（2）介绍台阶参数时，应说明最终边坡的台阶高度、台阶坡面角、并段高度及安全、清扫和运输平台宽度，工作帮的坡面角、最小工作平台宽度、同时开采的台阶数、最小工作线长度等参数。

（3）介绍采剥工艺时，应说明穿孔、爆破和铲装作业及相关参数，有关设备的规格型号等。

2.2.4.7 通风防尘系统

简要介绍胶带运输斜井和平硐溜井等工程的通风防尘设施等。

【条文说明】

露天矿山尘毒污染控制工程技术措施主要是指湿式凿岩、洒水降尘、密闭、除尘系统等。

2.2.4.8 矿山供配电设施

简要介绍矿山供电电源、线路及总降压主变压器容量、电气设备类型、高低压供配电中性点接地方式、照明设施等。

【条文说明】

介绍供电电源时，应说明供电电源回路数、是否为独立电源，以及地区拟供电的变电所及电网情况，如距离、方位等。

介绍用电负荷时，应说明项目总用电负荷和一级负荷用电数值。

电气设备是指主要电气设备。

2.2.4.9 防排水系统

露天矿山简要介绍防洪设计标准，汇水量和涌水量、允许淹没条件、防排水方案和排水设备设施，采场消防供水系统等。

【条文说明】

略。

2.2.4.10 排土场

简要介绍建设项目日排岩量、排土场选址、排土工艺、排土场堆置要素、防洪排水设施、排土场堆置物料力学性质（主要包括密度、黏聚力、内摩擦角）等。

【条文说明】

根据《金属非金属矿山安全规程》(GB 16423）规定。

介绍排土场选址时，应说明排土场（包括临时排土场）地形、地貌、覆盖层等工程勘查成果。

介绍排土工艺时，应说明服务年限、安全防护距离、排土顺序（顺排、逆排），排土设备设施的布置、规格型号等。

介绍排土场堆置要素时，应说明排土场容积、阶段数量、阶段高度、总堆置高度、安全平台宽度、总边坡角等。

介绍防洪排水设施时，应说明截洪沟、截洪坝等位置、参数等。

2.2.4.11 安全管理及其他

新建工程，简要介绍企业生产组织及劳动定员、投资估算等。

改建或扩建工程，简要介绍企业安全管理机构设置、安全管理人员配备、专用安全设施投资、劳动定员、规章制度、应急救援、热工及暖通等。

【条文说明】

略。

2.3 定性定量评价

针对建设项目的特点，分单元辨识项目建设中的危险、有害因素，分析可能发生的事故类型，预测事故后果严重等级；评价项目建设方案与相关安全生产法律法规、技术规范的符合性；采用定性定量的方法分析评价其安全性及其发生事故后的后果。

改建或扩建工程，应在每个评价单元中分析和评价利旧系统、与原系统的相互关系和影响等。

评价单元一般划为：总平面布置、自然灾害、矿山开拓运输、采剥、通风系统（有井巷工程时）、矿山供配电设施、防排水、排土场、安全管理（改建或扩建工程）、重大危险源辨识等。评价项目可以根据项目建设特点，选择适合本项目的评价单元。

一般宜选用但不局限于以下方法进行评价：安全检查表法、预先危险性分析法、类比分析法、专家评议法、事故统计分析法等定性评价方法；解析法、工程类比法、数值仿真和相似材料模拟、现场试验等定量评价方法对边坡稳定性、爆破震动效应等进行评价。

【条文说明】

说明使用的定性评价方法不再对其进行说明，相关内容见地下矿山相应的内容。

2.3.1 总平面布置单元

根据建设项目建设方案，以及区域工程地质、水文地质、露天爆破警戒线等，以及矿山开采和周边环境的相互影响，对采矿工业场地、相关建筑物和设施等总体位置选择相互关系及影响进行安全分析与符合性评价。

对可能存在山体滑坡、泥石流、暴雨、山洪等灾害的矿区，应提出由相关单位开展灾害评估的建议。

【条文说明】

首先对自然条件、总体布置及周边环境危险因素进行辨识与分析：

（1）矿区自然条件对矿区的影响主要体现在矿区的地形、地貌、气象条件等对该矿体开采的影响。评价建设项目所在区域自然灾害（如暴雨、高温、冻雨、雷电、森林火灾等）对建设项目的影响，以及对项目可行性研究报告所采取的预防与控制措施的可靠性分析。

（2）工程地质条件和水文地质条件对矿区开采的影响。地质环境灾害（如滑坡、泥石流、崩塌、岩溶等）对建设项目的影响，以及对项目可行性研究报告采取的预防与控制措施的可靠性分析。

（3）总体布置危险性分析。评价建设项目各功能区、建构筑物和设施的相对位置布置是否符合有关安全生产法律、法规、规章、规范性文件和标准的规定，如工业场地中各建构筑物的防火间距，进风井口、回风井口和排土场等污风源的上下风向和距离，露天矿山爆破影响范围内是否有建构筑物，空压机站与变电所的布置位置等。

(4) 矿区周边环境对露天开采的影响分析。(如污风、尘毒、尾矿库、排土场，或是采空区等原有工程) 对建设项目的影响，以及可行性研究报告采取的预防与控制措施的可靠性。

2.3.2 开拓运输单元

辨识该单元可能存在的主要危险、有害因素并进行危险度定性评价。

汽车运输从矿山运输线路级别、运输道路的缓坡段、运输道路最小竖曲线半径、道路宽度、最小平曲线半径、最大纵坡,设备设施及安全装置,矿山运输作业及作业环境等方面进行符合性定性评价。

带式输送机从胶带机的头部标高、尾部标高、水平长度、提升高度等基本参数，胶带种类、带宽、带强、带速、胶带安全系数、驱动滚筒及拉紧滚筒、改向滚筒参数选择，胶带机驱动方式与驱动装置、拉紧方式与拉紧装置布置、胶带机控制方式；带式输送机的安全护罩、安全护栏、梯子、扶手；各种闭锁和机械、电气保护装置等方面进行符合性评价。

铁路运输从对运输线路的安全护栏、防护网、挡车设施、道口护栏的设置的说明，道路岔口交通警示报警设施的设置的说明，布置在巷道内的铁路线从主要的设计参数、支护方式和参数和相关安全设施等方面进行符合性评价。

如果露天矿山有胶带运输斜井和平硐溜井等井巷工程，还需对这些井巷工程的支护等方面进行评价。

【条文说明】

首先辨识与分析矿山开拓运输过程中危险、有害因素，在开拓运输过程中主要的危险因素为车辆伤害。一般采用预先危险性分析法从运输方式、运输道路的主要技术参数、安全保护装置和设施等方面对引起车辆伤害危害的诱发因素进行分析，对开拓运输单元进行定性分析。评价可行性研究报告提出的预防与控制车辆伤害危害措施的可靠性，提出未受控的危险有害因素发生事故的可能性和严重程度，以及消除未受控危险有害因素的安全对策措施及建议。

采用安全检查表法对运输道路的主要技术参数（道路宽度、最小平曲线半径、最大纵坡、限制坡长及缓和坡段长度等）的符合性进行评价。汽车运输从矿山运输线路级别、运输道路的缓坡段、运输道路最小竖曲线半径、道路宽度、最小平曲线半径、最大纵坡，设备设施及安全装置，矿山运输作业及作业环境等方面进行符合性定性评价。

2.3.3 采剥单元

辨识该单元可能存在的主要危险、有害因素并进行危险度定性评价。

露天矿山主要从地质条件、采场境界及作业环境，采掘要素（安全平台、清扫平台、运输平台)、采剥方法、设备及作业过程，露天采场边坡、道路边坡、破碎站和工业场地边坡的安全加固及防护措施，穿孔爆破工艺、方法和作业过程，设计规定保留的矿（岩）体或矿段，溜井底放矿硐室的安全通道及井口的安全挡车设施、格筛等方面进行符合性评价。

最终边坡高度60 m以上的采场边坡应采用极限平衡法等计算方法对边坡稳定性进行计算。

最终边坡高度200 m以上（含200 m）的采场边坡稳定性计算应结合数值模拟确定其破坏模式，并结合极限平衡法计算稳定性系数。

对爆破震动效应进行定量评价分析。

采场边坡稳定性计算定量评价可委托相关的科研院所或其他单位负责完成，但应作为预评价报告的一部分。

【条文说明】

(1) 辨识该单元可能存在的主要危险、有害因素并进行危险度定性评价。

(2) 评价台阶高度、台阶坡面角、平台宽度、最终帮坡角等采场参数，采剥方法及工作台阶高度、坡面角、最小工作平台宽度、最小工作线长度、工作帮坡角等采剥要素参数是否符合有关安全生产法律、法规、规章、规范性文件和标准的规定。

（3）对于危险性较大的露天采场边坡，采用类比、定性或半定量方法不能明确判断出其稳定性时，应结合工程地质条件和水文地质条件对其稳定性进行定量计算，并对其安全状况进行分析判断，同时应说明计算参数选取、资料来源的依据。

采场边坡稳定性计算定量评价可委托相关的科研院所或其他单位负责完成，但应作为预评价报告的一部分。

（4）从地质条件、采矿方法和露天采场设计参数、穿孔爆破和铲装设备等方面对引起坍塌、高处坠落、爆破等危害的诱发因素进行分析，评价可行性研究报告提出的预防与控制上述危害措施的可靠性，提出未受控的危险有害因素发生事故的可能性和严重程度，以及消除未受控危险有害因素的安全对策措施及建议。

露天开采边坡稳定性计算方法可采用极限平衡法和数值计算法，应以极限平衡法作为定量计算依据，计算方法应根据边坡破坏模式选取。

边坡安全系数限值的确定应根据评价所依据的资料及计算参数的可靠程度、边坡的服务年限、边坡的重要程度和研究程度确定。不同矿种安全系数大小要求不同。

《冶金矿山采矿设计规范》（GB 50830）第6.2.5条规定采场边坡安全系数要求：对于总体边坡，其安全系数当不计地震力时，可取1.10～1.40，计及地震力时不应小于1.10；中低边坡和服务时间短的边坡可取下限值。对于台阶边坡及临时性工作帮，安全系数可适当降低，但其稳定性不应影响总体边坡稳定性以及生产运输、采场设施、设备的安全。

《有色金属采矿设计规范》（GB 50771）第6.2.2条规定矿山采场边坡稳定性系数要求见表2－2－1。

表2－2－1 边坡稳定性系数 K

边坡类型	服务年限/a	稳定性系数 K
边坡上有重要建筑物、构筑物	>20	>1.4
非工作帮边坡	<10	1.1～1.2
	10～20	1.2～1.3
	>20	1.3～1.4
工作帮边坡	临时	1.0～1.2

边坡稳定性极限平衡分析法：

众所周知，对于岩土边坡稳定问题，是采矿工程及岩土工程中的重要研究课题之一。目前，对于边坡稳定性研究问题，应用比较广泛的分析方法是极限平衡分析方法，即利用边坡的安全系数来评价边坡的稳定性。实践证明，这种方法是简单而实用的，当然也尚存在着一定的缺点。通常的安全系数定义为边坡岩体潜在滑面上的下滑力与抗滑力之比；而计算安全系数的前提是必须掌握有关地质构造、工程地质、岩土介质的物理化学性质及地下水尤其是孔隙水压力的影响等诸种因素。

垂直条分法（瑞典条分法）：

如图2－2－1所示，假设边坡由均质介质构成，其抗剪强度服从库仑定律：

$$\tau_f = c + \sigma \tan\phi \tag{2-2-1}$$

式中 c——介质的黏结力；

ϕ——介质的内摩擦力角；

$\tan\phi = f$——摩擦系数；

σ——剪切面的法向应力。

根据大量工程研究和实际观测，对于比较匀质的边坡，滑动面形状接近为一圆弧。瑞典条分法就是建立在这个基础上的。它的基本假定和计算方法，可以综合归纳为以下几条：

第一，该方法假定所研究的问题是平面（二维）问题。

第二，假定可能的剪切面是一个圆弧，其位置及安全系数通过试算确定，实际上就作若干个不同的圆弧，并对每个圆弧所对应的安全系数进行计算，其中安全系数最小的那个圆弧就是我们要寻找的最危险滑面。

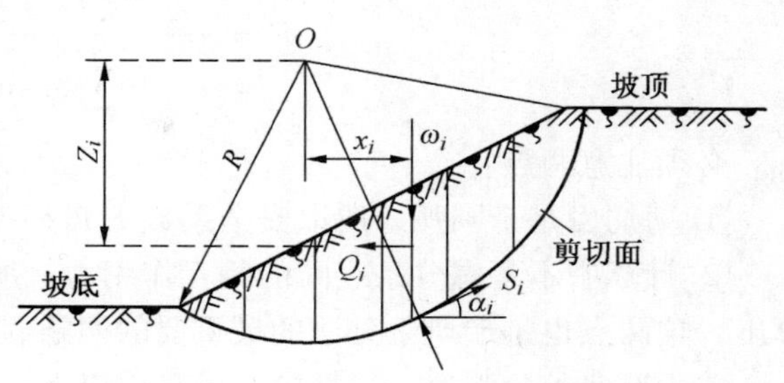

图2-2-1　边坡剖面示意图

第三，各圆弧上的安全系数 F 值，根据下式计算其值：

$$F=\frac{\text{剪切面上的抗滑力矩}}{\text{滑动力矩}}=\frac{M_r}{M_O} \tag{2-2-2}$$

在上述计算中所涉及的力矩以圆弧的圆心 O 为矩心。

第四，滑动力矩 M_O 的计算方法按以下思路进行：求出作用在滑动体上所有的力对 O 点的力矩并迭加，即得到 M_O；如果滑体仅承受自重作用，即可将滑块分为 N 个垂直条块，再计算每一条块的重量 ω_i；然后令 ω_i 和 O 水平距离为 x_i，于是有下面等式：

$$M_O = \sum_{i=1}^{n}\omega_i x_i \tag{2-2-3}$$

如果在滑动体上还作用着其他外力，如表面载荷、地震惯性力等，则可在 M_O 的公式中考虑加入上述各力对于圆心 O 的力矩，再进行计算分析。

第五，抵抗力拒 M_r 的计算方法：对每一条块在剪切面上的最大抗滑剪力按下式计算：

$$S_i=c_i l_i+f_i N_i \tag{2-2-4}$$

式中　N_i——作用在第 i 条块底面上的有效法向力；

f_i——第 i 条块摩擦系数，$f_i=\tan\phi_i$；

l_i——该分条底面长度。

于是有下面等式成立：

$$M_r = \sum_{i=1}^{n}S_i R = R\sum_{i=1}^{n}(c_i l_i+f_i N_i) \tag{2-2-5}$$

第六，假定各分条的 $N_i=\omega_i\cos\alpha_i$，即

$$M_r = R\sum_{i=1}^{n}(c_i l_i+f_i\omega_i\cos\alpha_i) \tag{2-2-6}$$

式中　α_i——第 i 条块的剪切面与水平角的夹角。

于是有以下安全系数表达式：

$$F=\frac{R\sum_{i=1}^{n}(c_i l_i+f_i\omega_i\cos\alpha_i)}{\sum_{i=1}^{n}\omega_i x_i} \tag{2-2-7}$$

以 $x_i=R\sin\alpha_i$ 代入上式，简化后成为下式：

$$F=\frac{\sum_{i=1}^{n}(c_i l_i+f_i\omega_i\cos\alpha_i)}{\sum_{i=1}^{n}\omega_i\sin\alpha_i} \tag{2-2-8}$$

如果沿整个剪切面岩土介质的 c 及 ϕ 为常量，则 F 可写成以下形式：

$$F=\frac{cL+\tan\phi_i\sum_{i=1}^{n}\omega_i\cos\alpha_i}{\sum_{i=1}^{n}\omega_i\sin\alpha_i}\qquad f_i=\tan\phi_i \tag{2-2-9}$$

必须注意两点：

① 剪切面是个圆弧，所以安全系数 F 可根据绕圆心的抵抗力矩的比来确定。

② 计算中不考虑分条之间的相互作用力，所以每个分条底部的反力可以直接由该分条上的荷载算出。这两点也是瑞典条分法的最重要的两条假定条件。

关于瑞典条分法的一般性公式可写成以下形式：

$$\begin{aligned}F&=\frac{R\sum_{i=1}^{n}[c_il_i+(\omega_i\cos\alpha_i-Q\sin\alpha_i-U_i)\tan\phi_i]}{R\sum_{i=1}^{n}\omega_i\cos\alpha_i+\sum_{i=1}^{n}Q_iZ_i}\\&=\frac{\sum_{i=1}^{n}[c_il_i+(\omega_i\cos\alpha_i-Q\sin\alpha_i-U_i)\tan\phi_i]}{\sum_{i=1}^{n}(\omega_i\sin\alpha_i+Q_i\cos\alpha_i)}\end{aligned} \tag{2-2-10}$$

式中 ω_i——第 i 条块自重；

Z_i——水平力 Q_i 作用线距滑弧圆心之垂距；

Q_i——水平动力荷载（如地震力或爆破震动力等）；

U_i——与剪切面正交的作用在剪切面上的孔隙水压力；

c_i——第 i 条块介质内聚力；

ϕ_i——第 i 条块介质内摩擦角；

α_i——第 i 条块底面与水平面的夹角；

l_i——第 i 条块宽度。

瑞典条分法的一般性公式在具体工程应用中，可根据具体工程对公式进行各种简化处理以便适用于计算分析不同的工程问题。

毕晓普法（Bishop）：

该方法不考虑分条之间的剪力，而只考虑各条块之间的水平作用力，即在稳定性分析中计入条块之间的水平压力影响。

毕晓普法的安全系数表达式如下：

$$F=\frac{\sum_{i=1}^{n}[c_il_i+(\omega_i-U_i)\tan\phi_i]\dfrac{\sec^2\alpha_i}{1+\dfrac{f_i\tan\alpha_i}{F}}}{\sum_{i=1}^{n}Q_i+\sum_{i=1}^{n}\omega_i\tan\alpha_i} \tag{2-2-11}$$

更一般地，上式也可写成下面形式：

$$F=\frac{\sum_{i=1}^{n}[c_il_i+(\omega_i\sec\alpha_i-U_i)\tan\phi_i]\dfrac{1}{1+\dfrac{f_i\tan\alpha_i}{F}}}{\sum_{i=1}^{n}Q_i\cos\alpha_i+\sum_{i=1}^{n}\omega_i\sin\alpha_i} \tag{2-2-12}$$

由于式中要确定的是 F 值（即 F 值是未知数），但从上面公式中可见 F 出现在等式两边，所以只能用试算法对其进行求解。试算的步骤如下：根据问题性质，估计几个 F 值，例如估计 F_1、F_2、F_3 等三值。其中 F_1 取大些，然后这三个 F 值代入式（2－2－12）的右边，又可以算出相应的三个 F 值，分别记为 $\overline{F}_1$、$\overline{F}_2$、$\overline{F}_3$。我们将＜F_1、$\overline{F}_1$＞、＜F_2、$\overline{F}_2$＞、＜F_3、$M_O=\sum_{i=1}^{n}\omega_i x_i$＞三个点绘在直角坐标纸上，连成光滑的曲线，并从原点作一个45°的射线，与这条直线交于一点，该点所相应的 F 值即为所求的安全系数（图2－2－2）。如要提高精度，可用这样求出的 F 再次代入式（2－2－12）的右边，求出更精确的 F。

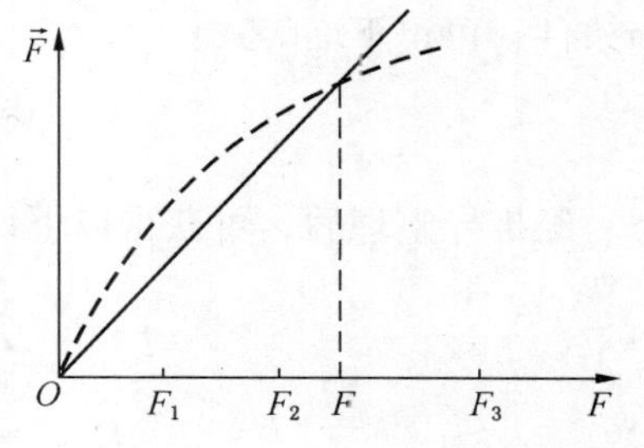

图2－2－2　F 值确定图式求解法

迭代的步骤如下：先计算一个 F 值，代入式（2－2－12）右边，求出新的 F 值，再用这个 F 值代入式（2－2－12）右边，求出修正的 F 值。这样一直进行到满足要求为止。在很多情况下，收敛是迅速的。

克莱法（Krey）：

克莱法实际上是毕晓普法的近似解法。计算公式如下：

$$F=\frac{\sum_{i=1}^{n}\left[c_i l_i+(\omega_i-U_i)f_i\right]/(\cos\alpha_i+f_i\sin\alpha_i)}{\sum_{i=1}^{n}Q_i\cos\alpha_i+\sum_{i=1}^{n}\omega_i\sin\alpha_i} \tag{2－2－13}$$

式中，各符号意义同前所述。

这种方法不需试算，计算较为简单。克莱法求出的安全系数值总是略小于毕晓普法所计算出的安全系数值，因此，这种方法算出的安全系数值总是倾向或偏向于安全或保守的。

詹布法（Janbu）：

该方法的主要特点：假定各条块分界面上存在推力作用点，并假定作用点的位置，从而可以利用力矩平衡的条件，把分界面上的垂直力 F_1 表示成水平力 F_2 的函数，依此进行计算分析。

在工程计算中，分界面上推力作用点在什么地方是不知道的。但它至少不会落在滑面以下或紧靠滑面的地方，而总是位于靠近分界面高度之半到下部三分点或四分点范围之内。一般来说，当 $c=0$ 时，在潜在滑体多数分条中，可以取推力的作用点在全高度的下三分点处，如果 $c>0$，则在受压区、被动区或边坡的出口处，该点位置应稍高于三分点，而在主动区，则稍低一点，从而可以画出一条假定的推力线分布图（图2－2－3和图2－2－4）。

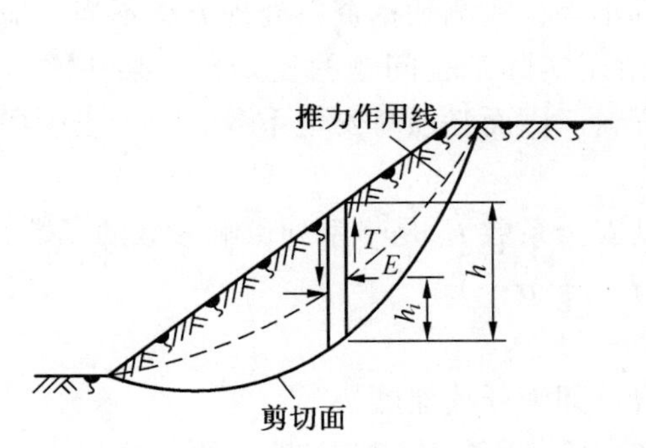

图2－2－3　推力作用线示意图

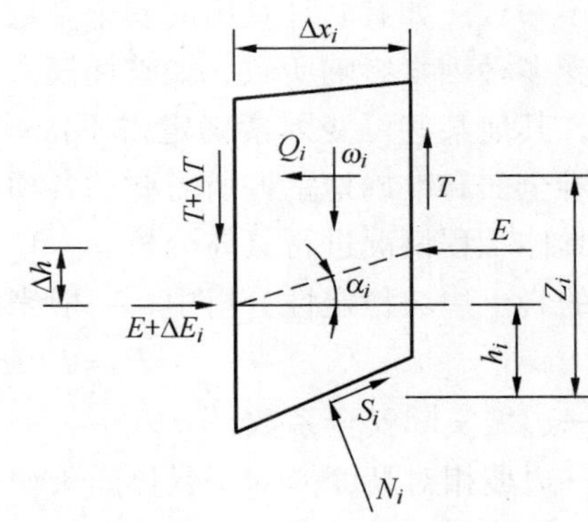

图2－2－4　力矩平衡示意图

当推力的作用点假定后，取出第 i 条块进行分析，以底部 N_i 作用点为矩心导出该分条的力矩平衡条件，可得下面等式：

$$T\Delta x_i+\frac{1}{2}T_i\Delta x_i+E\Delta h=\Delta E_i h_i-Q_i Z_i \tag{2-2-14}$$

经推导整理后，可获得以下计算公式：

$$F=\frac{\sum_{i=1}^{n}[c_i\Delta x_i+(\omega_i+\Delta T_i-U_i)f_i]\dfrac{\sec^2\alpha_i}{1+\dfrac{f_i\tan\alpha_i}{F}}}{\sum_{i=1}^{n}Q_i+\sum_{i=1}^{n}(\omega_i+\Delta T_i)\tan\alpha_i} \tag{2-2-15}$$

在具体计算分析时，需进行试算。具体计算过程如下：

令所有的 T_i 均为0，用毕氏方法，求出相应的安全系数 F 值，即用试算法或迭代法求解下式中的 F 值：

$$F=\frac{\sum_{i=1}^{n}[c_i\Delta x_i+(\omega_i-U_i)f_i]\dfrac{\sec^2\alpha_i}{1+\dfrac{f_i\tan\alpha_i}{F}}}{\sum_{i=1}^{n}Q_i+\sum_{i=1}^{n}\omega_i\tan\alpha_i} \tag{2-2-16}$$

求出 F 后，利用下式计算 ΔE_i 的值：

$$\Delta E_i=(Q_i+\omega_i\tan\alpha_i)-\frac{1}{F}\times\frac{\sec^2\alpha_i}{1+\dfrac{1}{F}f_i\tan\alpha_i}\times[c_i\Delta x_i+(\omega_i-U_i)f_i] \tag{2-2-17}$$

根据上面计算结果，对 ΔE_i 进行累加，从而可以获得各分界面上的 ΔE_i，这是第一循环，也就是毕晓普法的计算过程。所以采用毕晓普法计算所得出的结果是詹布法的第一近似值。随后可进行第二循环和第三循环，继续进行计算，直至得到满意的结果。

按上述循环一直进行到收敛为止。通常进行两次或三次循环计算即可达到目的。

以上边坡安全系数计算公式已被采矿工程和岩土工程界广泛地用于实际工程计算分析之中。尽管近年来已发展了许多数值分析方法，如有限元素方法、边界单元方法、离散单元方法等数值分析方法，但由于受工程参数选择和计算结果的精度影响，采矿及岩土工程领域在具体工程上实际仍以极限平衡方法的计算结果为主要设计依据；而对于其他数值分析结果只作为参考。

在处理工程问题中，时常会遇到这样的问题，即按所掌握的资料所计算出来的安全系数值与边坡的实际情况不一致。如有时计算出的安全系数大于1，但实际边坡却发生滑动破坏。之所以发生这种现象是由于受多种因素影响所致，如破坏模式的选择不当，实测数据资料处理方法不当，地下水影响的估计不当，其他某些可变因素确定得不准确等。由于实际工程问题的复杂性，某些因素多变；因此，确实很难全面和准确地掌握所需要的各项实际资料。因而必须对安全系数有一个正确评价，且使用时也应视具体工程情况进行具体分析。

在具体的岩土边坡稳定性分析中，一般来说，其安全系数 F_s 是一系列影响参数的函数，即

$$F_s=F(H,\alpha,p,j,c,\phi,\sigma\cdots) \tag{2-2-18}$$

式中 F_s——边坡实际安全系数；

H——边坡相对高度（对于具体露天矿山而言，即为开挖深度）；

α——边坡剖面角（对于露天矿山而言，即各台阶剖面的连线与坡底水平线之夹角）；

p——边坡岩（土）介质内部的孔隙水压；

j——坡体内部的节理裂隙分布参数；

c——岩（土）的内聚力；

ϕ——岩（土）的内摩擦角；

σ——各向异性（从微观的角度讲，岩体均为各向异性的）岩（土）介质内部的应力分布。

在式（2-2-18）中，若所有的影响参数都是可准确地确定的量，则 F_s 也是某个具体的确定的量。但实际情况决非如此。对于具体的某一岩土边坡而言，许多参数都属于通过实际测量或通过某种试验手段来间接获得的结果，因而所测得的许多参数值是随机的变量；而这些随机变量具有某种函数分布形式。那么，所算出的安全系数值不应成为一个确定值，实际也应是具有某种函数分布形式的随机变量。由此可见，在稳定性分析过程中，把本来呈某种函数分布的诸参数人为地取为确定的数值，然后依此计算出一个确定的安全系数值，这种处理方法在一定程度上是不合理的。为解决这个问题，我们引入破坏概率的概念。

【工程案例】

如某一大型露天有色金属矿山，服务年限50 a。对采场边坡稳定性进行评价时，宜采用极限平衡法计算边坡的安全系数是否符合《有色金属采矿设计规范》(GB 50771）的要求。采场N勘探线边坡剖面如图2-2-5，安全系数计算见表2-2-2。

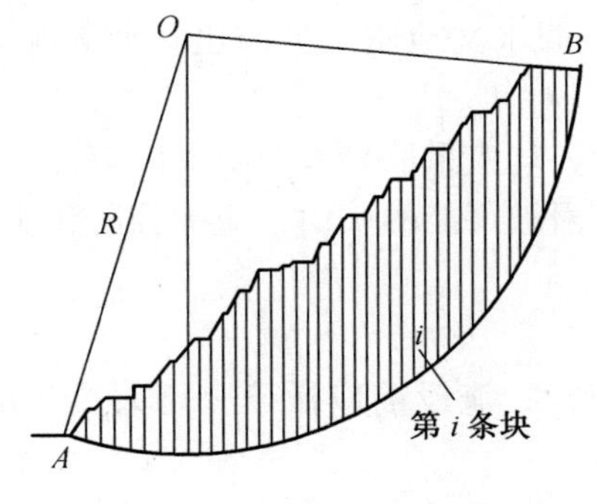

图2-2-5 N勘探线边坡剖面示意图

表2-2-2 安全系数计算结果表

地下水状况	最小安全系数	
	瑞典圆弧法	简化 Bishop 法
无水	1.386	1.464
有水	1.315	1.389

《有色金属采矿设计规范》(GB 50771）规定：“边坡上没有重要建、构筑物且服务年限大于20 a时稳定性系数 $K=1.3\sim1.4$”，通过对比可以得出该边坡是稳定的结论。

2.3.4 通风系统单元

辨识通风系统单元可能存在的主要危险、有害因素并进行危险度定性评价。

如果露天矿山有胶带运输斜井和平硐溜井等井巷工程，则主要从通风设备设施，通风效果与质量，特殊作业点通风要求等方面进行符合性评价。

矿山通风系统风量能力应进行定量评价。

【条文说明】

略。

2.3.5 矿山供配电设施单元

辨识供配电设施单元可能存在的主要危险、有害因素并进行危险度定性评价。

主要从供电线路的回路数、矿山供配电设施、输送线路长度，高（低）压供配电系统中性点接地方式、采场供配电系统的各级配电电压等级、采场架空供电线路、供电电缆以及保护和避雷设施、采场各用电设备和配电线路的继电保护装置、采场及排土场照明设施，总计算负荷、采矿部分计算负荷及一级负荷等方面进行符合性评价。

【条文说明】

电气单元应重点对以下内容进行评价：

(1) 评价一级负荷的供电电源及配电方案、防雷、接地装置、供配电电压等是否符合有关安全生产法律、法规、规章、规范性文件和标准的规定。

(2) 电源可靠性。评价地区电网、供电回路数量、供电能力等方面是否符合有关安全生产法律、法规、规章、规范性文件和标准的规定。

(3) 从供配电系统及采取的防护措施等方面对引起触电的诱发因素进行分析，评价可研报告提出的预防与控制触电危害措施的可靠性，提出未受控的危险有害因素发生事故的可能性和严重程度，以及消除未受控危险有害因素的安全对策措施及建议。

2.3.6 防排水单元

辨识矿山防排水单元可能存在的主要危险、有害因素并进行危险度定性评价。

重点针对矿山水害，结合矿山的地形地貌、气象、水文地质条件和涌水量等基本情况，主要从露天采场的排水系统及排水能力、防洪措施等方面进行安全分析与评价。

根据防排水要求，对防排水能力进行校核。

【条文说明】

(1) 根据《金属非金属矿山安全规程》(GB 16423) 规定：

① 露天矿山应设置防、排水机构。大、中型露天矿应设专职水文地质人员，建立水文地质资料档案。每年应制定防排水措施，并定期检查措施执行情况。

② 露天采场的总出入沟口、平硐口、排水井口和工业场地，均应采取妥善的防洪措施。

③ 矿山应按设计要求建立排水系统。上方应设截水沟；有滑坡可能的矿山，应加强防排水措施；应防止地表、地下水渗漏到采场。

④ 露天矿应按设计要求设置排水泵站。

遇超过设计防洪频率的洪水时，允许最低一个台阶临时淹没，淹没前应撤出一切人员和重要设备。

评价排水沟、隧洞、调洪坝、截水沟等防排水系统设置是否符合有关安全生产法律、法规、规章、规范性文件和标准的规定。

(2) 凹陷露天采场应分析评价涌水量预测是否合理，并对水泵、水管等的排水能力进行校核计算。

2.3.7 排土场单元

辨识排土场单元可能存在的危险、有害因素并进行危险度定性评价。

主要从排土场选址、排土场堆置要素、排土作业方法及过程、排土场截洪防洪及排水设施、排土场防止泥石流设施、排土场安全防护设施、日常安全监测与检查等方面进行符合性评价。

三级以上排土场应采用数值模拟或余推力法计算安全系数，对其稳定性进行定量评价。

排土场安全系数计算定量评价可委托相关的科研院所或其他单位负责完成，但应作为预评价报告的一部分。

【条文说明】

根据《金属非金属矿山安全规程》(GB 16423) 规定。

从排土场位置、地基条件等方面，评价排土场选址是否符合有关安全生产法律、法规、规章、规范性文件和标准的规定。

评价阶段高度、总堆置高度、安全平台宽度、总边坡角和车挡等参数是否符合有关安全生产法律、法规、规章、规范性文件和标准的规定。

评价截水沟、排水沟、平台反坡等参数是否符合有关安全生产法律、法规、规章、规范性文件和标准的规定。

对于危险性较大的排土场，采用类比、定性或半定量方法不能明确判断出其稳定性时，应根据排土场工程地质勘察成果和设计参数，对排土场稳定性进行定量计算，评价排土场设计参数及防护措施的安全可靠性，并对计算参数选取、资料来源的依据进行说明。

从排土场的场址、排土性质、排土场堆置要素设计参数、排土作业、地表水和降水情况及截洪防洪及排水设施等方面对引起坍塌和泥石流危害的诱发因素进行分析评价，评价可研报告提出的预防与控制坍塌、泥石流危害措施的可靠性，提出未受控的危险有害因素发生事故的可能性和严重程度，以及消除未受控危险有害因素的安全对策措施及建议。

2.3.8 安全管理及其他单元

改建或扩建项目，主要从安全管理机构设置、管理人员配备、规章制度、应急救援和矿山特种设备管理等方面进行安全符合性评价。

2.3.9 重大危险源辨识单元

依照重大危险源管理的相关法律法规、标准规范，辨识建设项目存在的重大危险源。

2.4 安全对策措施及建议

依据国家安全生产相关法律法规和标准规范的要求，根据定性定量预评价存在的问题或不足，分单元有针对性地提出对应的安全技术与管理措施或建议，为《安全设施设计》的编写提供参考，提出的安全措施或建议具有实用性和可操作性，尽量推广先进适用技术和工艺，同时安全措施也可是具有先进性和前瞻性的研究成果。

【条文说明】

安全对策措施建议应具有针对性和可操作性，既要符合有关安全生产法律、法规、规章、规范性文件和标准的规定，又不能照抄规程规范条款。根据各单元评价指出的未受控的危险有害因素，提出安全设施完善的对策措施建议。

2.5 评价结论

简要列出主要危险、有害因素，指出评价对象应重点防范的重大危险有害因素；明确应重视的安全对策措施建议；明确评价对象潜在的危险、有害因素在采取安全对策措施后，能否得到控制以及受控的程度如何。

给出评价对象从安全生产角度是否符合国家有关法律、法规、规章、标准和规范的要求。

【条文说明】

评价结论应对可研报告中危险有害因素预防与控制措施的可靠性做出明确的结论，语言应精炼。

2.6 附图

报告宜附有以下图纸和照片，可根据项目实际情况调整：

(1) 矿区及周边区域地形图；

(2) 总平面布置图；

(3) 最终境界平面图；

(4) 典型勘探线剖面图；

(5) 排水系统图；

(6) 评价项目组部分人员在现场调研照片。

以上图纸为可行性研究报告中相关图纸。

以上图纸应字迹线条清晰、签字盖章齐全、版面大小合适。有彩色内容的图纸宜彩色打印。

【条文说明】

略。

3 尾矿库安全预评价

前言

简述项目基本情况、项目性质（新建、改建、扩建）、评价项目委托方及评价要求、评价工作过程等。

【条文说明】

（1）项目基本情况主要是指项目建设背景，以及尾矿库坝高、库容、排洪方式、筑坝方式等。

（2）评价要求是指有关安全生产法律、法规、规章、规范性文件和标准对尾矿库安全预评价及报告编制的相关要求。

（3）评价工作过程是指评价工作开展情况，包括接受委托、资料收集、现场考察、报告编制和内部审核过程等情况。

（4）前言不要太多，最好不要超过1页纸，要精简。

3.1 评价对象与依据

3.1.1 评价对象及范围

根据项目可行性研究报告、《金属非金属矿山建设项目安全设施目录（试行）》（国家安全监管总局令第75号）和有关法律法规等，明确评价对象、评价项目名称和安全预评价范围。

评价范围宜从空间角度或生产系统角度进行描述。

评价范围包括库内回水浮船或运输船，但一般不包括尾矿库输运管道和回水管道。

【条文说明】

（1）评价报告中的建设项目名称一般应与立项文件中的名称一致，立项文件是指建设项目审批、核准或备案部门同意开展项目前期准备工作的文件（复制件）。

（2）尾矿库空间范围是指尾矿坝堆存标高及与其对应的库区范围，生产系统主要是指库区、尾矿坝、防洪排水构筑物、安全监测设施、照明和通信等辅助设施。

（3）评价范围的主要依据是可研报告。

3.1.2 评价依据

3.1.2.1 *法律法规*

列出预评价依据的现行国家有关安全生产法律、行政法规、部门规章、地方性法规、地方政府规章和有关规范性文件。

每个层次内按发布时间顺序列出，列出的法律法规应为最新版本，并标注其文号及实施日期，要有针对性和完整性，要有序排列。

【条文说明】

（1）应为最新版本，保证最新发布的法律法规得到及时落实。

（2）应具有针对性和完整性，报告中引用到的应全部列出，没有引用到的不应列出。

（3）要书写完整、规范，不得使用简略方式，应完整标注法律法规名称、发布机构、发布时间、编号。

（4）要根据评价项目的需要优先选择最适用的法律法规。

（5）顺序上按法律、行政法规、部门规章、地方性法规、地方政府规章和规范性文件先后列出，同一类别的按照发布时间先后列出。

3.1.2.2　标准规范

列出预评价采用与建设项目相关的现行标准（包括国家标准、行业标准、地方标准）、规程、规范，并标注其标准号。

按照国家标准、行业标准、地方标准的顺序排列，每个标准层次内按照发布时间的先后顺序列出。列出的标准规范应为最新版本，并为现行有效。

所列标准应与本建设项目的安全生产相关，在报告中没有引用到的标准规范不列入。

【条文说明】

（1）应为最新版本，保证最新发布的标准规范得到及时落实，严禁引用废止的标准规范。

（2）应具有针对性和完整性，报告中引用到的应全部列出，所列标准应与本建设项目的安全生产相关，没有引用到的不应列出。

（3）要书写完整、规范、统一，应标注标准规范编号。

（4）顺序上按国家标准［包括强制性国标（GB）、推荐性国标（GB/T）、国家标准指导性技术文件（GB/Z）等］、行业标准、地方标准先后列出，同一类别的按照发布时间先后列出。

（5）当只有地方标准时应执行地方标准，当有国家标准、行业标准、地方标准时，执行标准从严。

3.1.2.3　项目技术资料

列出建设项目安全预评价所依据的有关技术资料，包括但不限于下列资料：

（1）建设项目可行性研究报告；

（2）建设项目岩土工程勘察报告；

（3）建设项目试验报告；

技术资料应列出名称、编制单位和日期等相关内容。

【条文说明】

安全预评价所依据的项目技术性资料要真实可靠、完整，应有相关单位公章及有关人员签字。

3.1.2.4　其他评价依据

（1）安全预评价委托书（任务书、合同书）；

（2）安全预评价的其他依据。

【条文说明】

其他评价依据是指相关专题技术论证报告、水文手册等。

3.2　建设项目概述

3.2.1　建设项目概况

简要介绍建设单位历史沿革、经济类型、隶属关系等基本情况，建设项目背景及立项情况。

简要介绍建设项目行政区划、地理位置及交通等。

【条文说明】

建设项目背景及立项情况主要包括项目由来、立项申请和批准、地质勘察、可行性研究等前期工作情况。

3.2.2　自然环境概况

简要介绍区域地形地貌、气候（包括降雨量、风向、主导风向、气温、冻土深度）、地震烈度等。

【条文说明】

（1）气候应说明气候类型，并结合地域情况，突出建设项目所在地的自然环境特征，如沿海区域的台风、北部区域的低温和冰冻、南部区域的降雨等。

（2）降雨量应说明最大降雨量及平均降雨量，主导风向应说明全年主导风向、不同季节主导风向和最小风频，气温应说明最高温度、最低温度和平均温度。

3.2.3 地质概况

简要介绍区域地质情况，库区地层、地质构造和岩石等库区地质情况，库区自然地质现象，水文地质条件、类型和特征，库区工程地质岩组、岩体结构特征、工程地质特征等工程地质情况。

应重点说明存在哪些不良地质条件。

【条文说明】

地质概况应根据可研报告、工程地质勘察报告等技术资料进行简要介绍，应说明尾矿库库区的地层岩性、区域地质构造，尾矿库坝址及排洪系统的工程地质条件，各层岩土渗透性及物理力学性质指标，库区地表水和地下水的成因、类型、水量大小，并应详细说明第四系、地质构造等工程地质条件，以及可能对尾矿库安全造成影响的岩溶、采空区、滑坡和泥石流等地质环境。

3.2.4 建设方案概况

简要介绍建设项目可行性研究报告中建设方案主要内容，包括但不限于以下内容。

【条文说明】

略。

3.2.4.1 *尾矿库现状*

改建或扩建工程，应详细描述尾矿库原设计情况、生产运行情况、尾矿库现状及本次加高扩容或改造工程对现有尾矿库设施的利用情况。

【条文说明】

（1）原设计和生产运行情况以及尾矿库现状介绍时，应分别说明原设计的和改（扩）建前实际的库容、坝高、等别及尾矿库坝体、防洪系统、安全监测设施等情况，以及原系统中与本项目发生相互影响的部分，如坝下排水管、坝体排渗管等，并说明尾矿库安全度。

（2）现有尾矿库设施的利用情况是指本项目中继续利用的原有系统（工程），介绍时应说明其基本情况及安全状况；对于废弃系统（工程），介绍时应说明其停用情况及采取的处理措施。

3.2.4.2 *库址选择*

简要介绍尾矿库位置、地形地貌、库区周边环境、上游同一沟谷内情况、下游居民及重要设施情况等。

【条文说明】

（1）《尾矿库安全技术规程》（AQ 2006）规定：

① 尾矿库库址选择应遵守下列原则：

a. 不宜位于工矿企业、大型水源地、水产基地和大型居民区上游。

b. 不应位于全国和省重点保护名胜古迹的上游。

c. 应避开地质构造复杂、不良地质现象严重区域。

d. 不宜位于有开采价值的矿床上面。

e. 汇水面积小，有足够的库容和初、终期库长。

② 尾矿库设计应对不良地质条件采取可靠的治理措施。

③ 对停采的露天采矿场改作尾矿库的，应对其稳定性进行专项论证；对露天采矿场下部有采矿活动的，不宜作尾矿库。确须用时，应由有资质的单位进行专项论证，并提出安全技术措施，在保证地下采矿安全时，方可使用。

（2）介绍库区周边环境时，应重点说明可能影响建设项目安全的地质构造，岩溶、采空区、滑坡、泥石流等地质环境和库区水系、汇流条件、汇水面积等水利条件，以及周边土地开发、矿床开采、树木砍伐、放牧等人类活动情况。

（3）介绍上游同一沟谷内情况时，应重点说明上游同一沟谷内建设尾矿库数量、规模、与建设项目距离等情况。

（4）介绍下游居民及重要设施情况时，应重点说明尾矿库下游的工矿企业、地表水体、公路、铁路、居民区、风景区、名胜古迹等对象的规模、等级及其与尾矿库的水平距离、高差。

3.2.4.3　库容、等别

简要介绍尾矿库可行性研究报告中相关基础数据，主要包括库容、尾矿坝坝高、等别、主要构筑物级别、最小安全超高、最小干滩长度、防洪标准、尾矿坝抗滑稳定安全系数、最小浸润线埋深、浸润线控制等。

【条文说明】

（1）《尾矿设施设计规范》（GB 50863）规定：

① 尾矿库等别应根据尾矿库的最终全库容及最终坝高按表2-3-1确定。当按尾矿库的全库容和坝高分别确定的尾矿库等别的等差为一等时，应以高者为准；当等差大于一等时，应按高者将一等确定。

表2-3-1　尾矿库各使用期的设计等别

等　别	全库容 $V/10^4\ m^3$	坝高 H/m
一	$V \geqslant 50000$	$H \geqslant 200$
二	$10000 \leqslant V < 50000$	$100 \leqslant H < 200$
三	$1000 \leqslant V < 10000$	$60 \leqslant H < 100$
四	$100 \leqslant V < 1000$	$30 \leqslant H < 60$
五	$V < 100$	$H < 30$

露天废弃采坑及凹地储存尾矿，且周边未建尾矿坝时，可不定等别；建尾矿坝时，应根据坝高及其对应的库容确定尾矿库的等别。

除一等库外，对于尾矿库失事将使下游重要城镇、工况企业、铁路干线或高速公路等遭受严重灾害者，经充分论证后，其设计等别可提高一等。

② 尾矿库构筑物的级别应根据尾矿库的等别及其重要性按表2-3-2确定。

表2-3-2　尾矿库构筑物的级别

尾矿库等别	构筑物的级别		
	主要构筑物	次要构筑物	临时构筑物
一	1	3	4
二	2	3	4
三	3	5	5
四	4	5	5
五	5	5	5

③ 初期坝坝高的确定应符合下列要求：

a. 可至少贮存选矿厂投产后半年以上的尾矿量。

b. 应使尾矿水得以澄清。

c. 当尾矿堆积坝沉积滩顶与初期坝顶齐平时，应满足相应等别尾矿库防洪标准要求。

d. 投产初期需利用尾矿库调蓄生产供水时，应贮存所需的调蓄产量。

e. 在冰冻地区应满足冰下排矿的要求。

f. 新建上游式尾矿坝初期坝坝高与总坝高之比值宜采用1/8～1/4。

④ 上游式尾矿堆积坝沉积滩顶与设计洪水位的高差，应符合表2－3－3的最小安全超高值的规定。同时，滩顶至设计洪水位水边线的距离，应符合表2－3－3的最小干滩长度值的规定。

表2－3－3 上游式尾矿堆积坝的最小安全超高与最小干滩长度 m

坝的级别	1	2	3	4	5
最小安全超高	1.5	1.0	0.7	0.5	0.4
最小干滩长度	150	100	70	50	40

注：1. 3级及3级以下的尾矿坝经渗流稳定论证安全时，表内最小干滩长度最多可减少30%。
2. 地震区的最小干滩长度尚应符合现行国家标准《构筑物抗震设计规范》(GB 50191) 的有关规定。

⑤ 下游式和中线式尾矿坝坝顶外缘至设计洪水位水边线的距离，宜符合表2－3－4的规定；同时，坝顶与设计洪水位的高差，应符合表2－3－3的最小安全超高值的规定。

表2－3－4 下游式和中线式尾矿坝的最小干滩长度 m

坝的级别	1	2	3	4	5
最小干滩长度	100	70	50	35	25

注：地震区的最小干滩长度还应符合现行国家标准《构筑物抗震设计规范》(GB 50191) 的有关规定。

⑥ 尾矿堆积坝下游坡浸润线的最小埋深除应满足坝坡抗滑稳定的条件外，尚应满足表2－3－5的要求。

表2－3－5 尾矿堆积坝下游坡浸润线的最小埋深 m

堆积坝高度 H	$H \geqslant 150$	$150 > H \geqslant 100$	$100 > H \geqslant 60$	$60 > H \geqslant 30$	$H < 30$
浸润线最小埋深	10～8	8～6	6～4	4～2	2

注：任意高度堆积坝的浸润线最小埋深可用插入法确定。

⑦ 尾矿坝稳定计算的荷载，可根据不同运行条件按表2－3－6进行组合。

表2－3－6 不同计算工况下荷载组合

计算条件	计算方法	荷载类别				
		1	2	3	4	5
正常运行	总应力法	有	有			
	有效应力法	有	有	有		
洪水运行	总应力法		有		有	
	有效应力法		有	有	有	
特殊运行	总应力法		有		有	有
	有效应力法		有	有	有	有

荷载类别：1. 筑坝期正常高水位的渗透压力。
2. 坝体自重。
3. 坝体及坝基中的孔隙水压力。
4. 最高洪水位有可能形成的稳定渗透压力。
5. 地震荷载

尾矿坝抗滑稳定性采用正常运行、洪水运行和特殊运行三种工况分别计算：

a. “正常运行”是指尾矿库水位处于正常生产水位时的运行情况。

b. “洪水运行”是指尾矿库处于最高洪水位时的运行情况。

c. “特殊运行”是指尾矿库水位处于最高洪水位时，且遇到设计强震运行。

坝坡抗滑稳定性最小安全系数见表2-3-7。

表2-3-7 坝坡抗滑稳定最小安全系数

计算方法	运行条件	坝的级别			
		一	二	三	四、五
简化毕肖普法	正常运行	1.50	1.35	1.30	1.25
	洪水运行	1.30	1.25	1.20	1.15
	特殊运行	1.20	1.15	1.15	1.10
瑞典圆弧法	正常运行	1.30	1.25	1.20	1.15
	洪水运行	1.20	1.15	1.10	1.05
	特殊运行	1.10	1.05	1.05	1.00

⑧ 尾矿库各使用期的防洪标准应根据使用期库的等别、库容、坝高、使用年限及对下游可能造成的危害程度等因素，按表2-3-8确定。

表2-3-8 尾矿库防洪标准

尾矿库各使用期等别	一	二	三	四	五
洪水重现期/a	1000~5000或PMF	500~1000	200~500	100~200	100

注：PMF为可能最大洪水。

（2）尾矿相关基础数据主要是指选厂规模、尾矿产率、年尾矿量、总尾矿量、入库量、颗粒密度、堆积干密度、粒度分级、排放浓度等。

（3）对改建、扩建项目，介绍尾矿库库容和坝高时，应分别说明原有和新增库容和坝高。

3.2.4.4 尾矿坝

简要介绍初期坝（主要包括初期坝位置、初期坝类型、坝基处理、坝体结构参数和筑坝材料等）、尾矿堆积坝（主要包括筑坝方法、子坝结构参数、坝肩截水沟、坝面排水沟及护坡等）、排渗设施和防渗措施等。

湿式堆存简要介绍入库尾矿的组分、粒径分布、含水量、密度、材料力学性能参数、尾矿生产量、排尾方式等。

尾矿干式堆存简要介绍尾矿筑坝碾实要求、排放方式、台阶高、布料范围；尾矿脱水指标、入库尾矿含水率、入库尾矿材料力学性能参数等。

【条文说明】

（1）《尾矿库安全技术规程》(AQ 2006）规定：

① 上游式尾矿堆积坝的初期透水堆石坝坝高与总坝高之比值不宜小于1/8。

② 透水堆石坝堆石体上游坡坡比不宜陡于1:1.6；土坝上游坡坡比可略陡于或等于下游坡，初期坝下游坡比具体参考《尾矿库安全技术规程》中的表8。

③ 尾矿堆积坝下游坡与两岸山坡结合处应设置截水沟。

④ 上游式尾矿坝的堆积坝下游坡面上应以土石覆盖或以其他方式植被绿化，并可结合排渗设施每隔 6 ~ 10 m 高差设置排水沟。

⑤ 上游式筑坝法，应于坝前均匀放矿，维持坝体均匀上升，不得任意在库后或一侧岸放矿。应做到：

a. 粗粒尾矿沉积于坝前，细粒尾矿排至库内，在沉积滩范围内不允许有大面积矿泥沉积。

b. 坝顶及沉积滩面应均匀平整，沉积滩长度及滩顶最低高程必须满足防洪设计要求。

c. 矿浆排放不得冲刷初期坝和子坝，严禁矿浆沿子坝内坡趾流动冲刷坝体。

d. 放矿时应由专人管理，不得离岗。

（2）初期坝、堆积坝、排渗设施和防渗设施根据可研报告提出的建设方案进行介绍，如果有拦洪坝、隔离坝、副坝，应予说明；一次性筑坝的，无堆积坝的相关内容。

3.2.4.5 防排洪

简要介绍尾矿库防排洪系统方式及布置等。

【条文说明】

介绍排洪方式及布置时，应说明排洪系统的型式、结构参数、布置线路和初期使用时的澄清距离，以及采用多级排水井或排水斜槽时，上级进水口标高与下级井筒或斜槽顶高的重叠高度。

3.2.4.6 安全监测

简要介绍位移、浸润线、干滩、库水位和降水量等安全监测方案。

三等及三等以上尾矿库应简要介绍在线监测系统方案。

【条文说明】

（1）部门规章《尾矿库安全监督管理规定》（国家安全生产监督管理总局令 38 号，78 号修订）第八条“鼓励生产经营单位应用尾矿库在线监测、尾矿充填、干式排尾、尾矿综合利用等先进适用技术。一等、二等、三等尾矿库应当安装在线监测系统。”

（2）介绍安全监测设施时，应说明尾矿库安全监测项目及监测设施布置、监测要求等。

（3）三等及三等以上尾矿库应简要介绍在线监测系统方案和技术要求。

3.2.4.7 干式尾矿运输

简要介绍干式尾矿运输方式及其主要设施。

【条文说明】

略。

3.2.4.8 库内船只

简要介绍库内回水浮船或运输船及其设施情况。

【条文说明】

包括回水浮船或运输船的数量及其相关的配置情况。

3.2.4.9 辅助设施

简要介绍库区值班房、通信设施、坝上照明、上坝道路、电气照明、防雷及接地、库区通信、报警系统等。

【条文说明】

略。

3.2.4.10 安全标志

简要介绍尾矿库库区及周边设置的安全标志，包括尾矿库、交通、电气安全标志。

【条文说明】

略。

3.2.4.11 安全管理及其他

新建工程，简要介绍企业生产组织及劳动定员、投资估算等。

改建或扩建工程，简要介绍生产经营单位安全管理机构设置、安全管理人员配备、规章制度、专用安全设施投资、应急救援等情况。

【条文说明】

介绍投资估算时，应说明工程建设总投资、安全设施投资及其占总投资的比例。

3.3 定性定量评价

针对建设项目的特点，分单元辨识项目建设中的危险、有害因素，分析可能发生的事故类型，预测事故后果严重等级；评价项目建设方案与相关安全生产法律法规、技术规范的符合性；采用定性定量的方法分析评价其安全性及其发生事故后的后果。

对加高扩容或改造工程，在每单元中应分析和评价工程中利旧工程与原系统的相互关系和影响等。评价单元一般划为：库址选择、尾矿坝、防排洪系统、干式尾矿运输、安全监测、辅助设施、安全标志、安全管理（加高扩容或改造工程）、重大危险源辨识等。评价项目可以根据项目建设特点，选择适合本项目的评价单元。

一般宜选用但不局限于以下方法进行评价：安全检查表法、预先危险性分析法、故障类型和影响分析法、类比分析法、事故树等定性评价方法；相似材料模型试验、溃坝范围数值模拟、稳定性分析、洪水计算、调洪演算、防洪系统水力计算及模拟等定量评价方法。

【条文说明】

（1）安全检查表：为了查找工程、系统中各种设备设施、物料、工件、操作、管理的组织措施中的危险、有害因素，事先把检查对象加以分解，将大系统分割成若干的小的系统，以提问或打分的形式，将检查项目列表逐项检查，避免遗漏，这种表称为安全检查表。

使用安全检查表的目的是分析利用检查条款按照相关的标准、规范等对已知的危险类别、设计缺陷以及与一般工艺设备、操作、管理有关的潜在危险和有害性进行判别检查。

安全检查表格式可参照地下矿山预评价部分安全检查表要求。

（2）预先危险性分析法：预先危险性分析（Preliminary Hazard Analysis，PHA），又称初步分析法，是一种起源于美国军用标准的安全计划要求方法。预先危险性分析是在某项工作开始之前，为实现系统安全而对系统进行的初步或初始的分析，对系统存在的危险性类别、出现条件、导致事故的后果进行分析，目的是识别系统中的潜在危险，确定其危险等别，防止危险发展成事故。预先危险性分析法通常用于初步设计或工艺装置的研究和开发阶段。该方法将各类危险划分为4个等级，见表2-3-9。

表2-3-9 危险性等级划分

级别	危险程度	可能导致的后果
Ⅰ	安全的	不会造成人员伤亡及系统损坏
Ⅱ	临界的	处于事故的边缘状态，暂时还不至于造成人员伤亡、系统破坏或降低系统功能，但应予以排除或采取控制措施
Ⅲ	危险的	会造成人员伤亡和系统损坏，要立即采取防范对策措施
Ⅳ	灾难性的	造成人员重大伤亡及系统严重破坏的灾难性事故，必须予以果断排除并进行重点防范

（3）相似材料模型试验：通过按比例缩制的模型开展模拟试验，参考一般水力溃坝模型，考

虑尾矿的物理力学性质及其在流动中的变形，结合数值计算分析方法，研究不同工况下是否会引起尾矿库溃坝，掌握尾矿库一旦溃坝对下游的淹没范围及其相关的影响程度，研究工程预防措施，提出合理的技术防范，为尾矿库应急救援及疏散提供依据，对尾矿库工程设计及运营管理提出建议。

尾矿库坝体结构和物质组成、溃决机理、溃决过程十分复杂，完全从理论难以给出可靠的溃决模式，其成果也难以应用于实际工程之中。由于受科学发展限制，完成尾矿库溃坝问题，应以模拟实验为主、数学模型计算为辅开展研究，两者互为补充、互为验证。

相似材料模拟试验主要研究尾矿库一旦溃坝对下游造成的影响及预防措施，其研究主要内容有（可以根据项目建设特点，不仅限于以下内容）：

① 模拟不同的溃坝诱因，分析不同工况下是否会引起尾矿库溃坝。

② 模拟结果提供尾矿库溃坝时坝址流量、水位过程线以及尾砂向下游演进过程，得出各特征区域距坝址不同距离控制点的流量、水位、流速和洪峰到达时间、淹没深度等参数。

③ 查明洪水工况下溃坝时的洪水总量。

④ 尾矿库溃坝尾砂对下游相关区域、设施的影响。

⑤ 溃坝时对尾矿库下游居民、设施的保护措施。

⑥ 对试验过程进行全程的影像记录，为溃坝分析提供依据。

⑦ 为尾矿库应急救援及疏散提供有效措施。

⑧ 根据溃坝试验，对工程措施提出相应的意见和建议。

（4）溃坝范围数值模拟：溃坝范围数值模拟包括二维数值模拟和三维数值模拟，坝的溃决型式从规模上一般分为全溃和局部溃，从时间上分为瞬时溃坝和逐渐溃坝，同时，还应考虑决口的可能型式和大小。

尾矿库溃坝后尾矿砂下泄引起的砂流本质上属于滑坡或泥石流，而滑坡、泥石流等引起的土体流动可以假定为介于“流体”和“散粒体”之间的一种特殊的运动形式，可以用类似于流体流动的动力方程和连续方程来描述。溃坝范围数值模拟可对流量、洪水风险（包括最大水深、出现最大水深的时间、最大流速、出现最大流速的时间、高于水深阈值的持续时间等）进行模拟仿真，根据溃坝模拟基本假定和计算结果分析尾矿库溃坝对下游的影响。

（5）稳定性分析：坝体稳定性分析包括对坝体渗流、抗滑等稳定性进行定量计算，边坡稳定性分析可采用有限元结合极限平衡理论等方法对边坡稳定性问题进行有效计算和分析（可参考露天矿山预评价部分采场边坡稳定性计算方法的介绍）。

① 渗流稳定性分析：

《尾矿库安全技术规程》规定“尾矿坝设计应进行渗流计算，以确定坝体浸润线、逸出坡降和渗流量。浸润线出逸的尾矿堆积坝坝坡，应设排渗设施，1、2 级尾矿坝还应进行渗流稳定研究。”渗流破坏是尾矿坝破坏的形式之一，对尾矿坝进行渗流稳定性研究是尾矿坝进行静、动力稳定性分析的前提。

② 抗滑稳定性分析：

初期坝与堆积坝坝坡的抗滑稳定分析是研究尾矿坝（包括初期坝和后期坝）的下游坝坡抵抗滑动破坏的能力的问题，新建尾矿库计算之前要选定计算剖面，如图 2－3－1 所示。后期坝坝坡可据经验假定；浸润线位置由渗流分析确定；坝基土层物理力学指标通过工程地质勘察确定；后期坝物理力学指标可参照类似尾矿确定，有条件时应在老尾矿坝上勘察确定。运行中的尾矿库进行计算时应根据现状勘察结果确定其浸润线位置和坝体土层分布及物理力学指标。

计算时假定多个滑动面，根据滑动体的受力状态计算出各个土条所受力对滑弧中心的抗滑力矩 M_K 和滑动力矩 M_H，用下式求出各个滑动面的抗滑稳定安全系数 K，并找出最危险的滑动面。抗滑稳

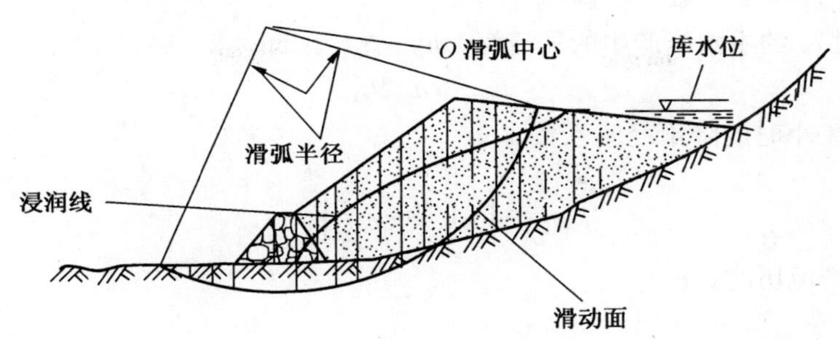

图2-3-1　抗滑稳定性分析

定安全系数计算公式如下：

$$K=\frac{M_K}{M_H} \tag{2-3-1}$$

（6）洪水计算：尾矿库洪水计算根据我国现行设计规范确定尾矿库的防洪标准，利用当地水文手册查得有关降雨量等水文参数，计算求出尾矿库不同高程汇水面积的洪峰流量、洪水总量和洪水过程线。

① 洪峰流量计算方法较多，目前常用的有经验计算法和简化推理公式法。

简化推理公式法：

洪峰流量按照简化推理公式计算：

$$Q_P=\frac{A(S_PF)^B}{\left(\frac{L}{mJ^{1/3}}\right)^C}-D\mu F \tag{2-3-2}$$

式中　Q_P——设计频率 P 的洪峰流量，m^3/s；

S_P——频率为 P 的暴雨雨力，mm/h；

F——坝址以上的汇水面积，km^2；

L——由坝址至分水岭的主河槽长度，km；

m——汇流参数；

J——主河槽的平均坡降；

μ——产流历时内流域平均入渗率，mm/h；

A、B、C、D——最大洪峰流量计算系（指）数。

$$S_P=\frac{H_{24P}}{24^{1-n_2}} \tag{2-3-3}$$

式中　H_{24P}——频率为 P 的 24 h 降雨量，mm；

n——暴雨递减指数，当 $\tau\leqslant1$ 时，$n=n_1$，当 $\tau>1$ 时，$n=n_2$（n_1、n_2 可由当地水文手册查得）；

τ——流域汇流历时，h。

$$H_{24P}=K_P\overline{H}_{24} \tag{2-3-4}$$

式中　K_P——模比系数；

$\overline{H}_{24}$——年最大 24 小时降雨量均值，mm，由当地水文手册查得。

$$\mu=X\left(\frac{S_P}{h_R^{n_2}}\right)^Y \tag{2-3-5}$$

式中 X，Y——计算系（指）数，根据 n_2 查取；

h_R——历时 t_R 的主雨峰产生的径流深，$h_R = h_{R24}$，mm。

$$h_{R24} = a_{24} H_{24P} \tag{2-3-6}$$

式中 a_{24}——历时 24 小时的降雨径流系数。

$$t_c = \left[(1 - n_2) \frac{S_P}{\mu} \right]^{\frac{1}{n_2}} \tag{2-3-7}$$

式中 t_c——主雨峰产流历时，h。

当 $t_c > 24$，则：

$$\mu = (1 - a_{24}) \frac{H_{24P}}{24} \tag{2-3-8}$$

$$\tau = 0.278 \frac{L}{mJ^{1/3} Q^{1/4}} \tag{2-3-9}$$

经验公式计算：

我国多数地区都有小流域洪水计算的经验公式，其一般形式如下：

$$Q_P = M_P F^x \tag{2-3-10}$$

式中 Q_P——设计频率为 P 时的洪峰流量，m^3/s；

M_P——频率为 P 时的流量模数，由地区水文手册查取；

F——流域汇水面积，km^2；

x——指数，由地区水文手册查取。

地区经验公式适用的流域面积仍较大，使用时应与调查洪水及其他计算方法综合确定。

② 洪水总量多取决于当地的径流系数，其常用的计算公式为

$$W_{tP} = 1000 a_{24} H_{24P} F \tag{2-3-11}$$

式中 W_{tP}——频率为 P 时的洪水总量，m^3；

H_{24P}——频率为 P 时的 24 小时降雨量，mm；

a_{24}——历时 24 小时的降雨径流系数；

F——流域汇水面积，km^2。

③ 洪水过程线的计算，常用的有三角形概化过程线和概化多峰三角形过程线。

防洪系统水力计算：排水系统水力计算的目的在于根据选定的排水系统和布置，计算出不同库水位时的泄流量，供尾矿库调洪计算使用。排水系统包括井－管（或隧洞）式排水系统、斜槽－管（或隧洞）式排水系统、明口隧洞和侧槽式溢洪道等。

调洪演算：调洪演算的目的是根据既定的排水系统确定所需的调洪库容及泄洪流量。对一定的来水过程线，排水构筑物越小，所需的调洪库容就越大，坝也就越高。设计中应通过几种不同尺寸的排水系统的调洪演算结果，合理地确定坝高及排水构筑物的尺寸，以便使整个工程造价最小。

对于一般情况的调洪演算，可根据来水过程线和排水构筑物的泄水量与尾矿库的蓄水量关系曲线，通过水量平衡方程式计算求出泄洪过程线，从而定出泄流量和调洪库容。

3.3.1 库址选择单元

评价库区可能出现的自然客观因素（地震、泥石流、山体垮塌、溶洞、台风、冰雹、严寒冰冻、暴风、暴雨等）对项目生产的影响。

对可能存在山体滑坡、泥石流等灾害的矿区，应提出由相关单位开展灾害评估的建议。

分析尾矿库对周边环境的影响。堆积坝高于 10 m 以上的尾矿库应采用数值模拟方法模拟确定尾矿库溃坝范围；对于非一次性筑坝（包括分期实施）的一等、二等尾矿库可同时开展相似材料模拟试验，根据数值模拟和相似材料模拟试验结果，综合确定尾矿库溃坝后对下游的影响。

采用数值计算方法分析同一沟谷内上游尾矿库溃坝、距离少于排土场2倍高度的周边排土场等周边环境对本项目的影响。

在定量分析的基础上，评价库址选择方案的安全性、合理性，以及与相关法律法规、标准规范关于尾矿库选址要求的符合性。

尾矿库溃坝范围数值模拟或相似材料模拟试验可由具备能力的相关单位负责完成，但须作为预评价报告的一部分。

【条文说明】

（1）分析周边环境对尾矿库的影响，应重点分析自然灾害（如暴雨、山洪等）、地质环境灾害（如滑坡、泥石流、崩塌、岩溶等）和人文环境（如采空区、采矿活动等）对尾矿库安全的影响。

（2）库址选择要求的符合性可根据法律法规对尾矿库库址的有关要求进行分析，宜采用安全检查表法进行评价。

（3）本单元评价的重点是库址选择的合理性及尾矿库与周边环境的相互影响。

【事故案例】

1993年6月13日约8时55分，福建省潘洛铁矿尾矿库左侧距坝址约300 m处边坡，突然发生滑坡。造成8人死亡，6人失踪，9人受伤。

事故原因：地方及个体企业在尾矿库上游左岸山坡乱采滥挖，造成山体失衡，导致大滑坡挤压尾矿库。

3.3.2 尾矿坝单元

辨识和分析该单元存在的危险、有害因素并进行危险度定性安全评价，重点围绕坝体溃决、坝坡失稳、洪水漫顶、渗流破坏、结构破坏等危险、有害因素进行分析。

针对尾矿库初期坝的类型、坝址、坝基处理、坝体结构参数和筑坝材料，堆积坝的结构参数和筑坝材料，尾矿的排放工艺和作业过程，筑坝的方式和工艺，尾矿坝的防排渗设施、坝肩坝坡排水，坝体的地震液化风险等方面，评价其安全合理性以及与相关法律法规、标准规范的符合性。

应计算尾矿坝的抗滑稳定安全系数。对于一等、二等尾矿坝的抗滑稳定性，除了要按拟静力法计算外，还应进行专门的动力抗震计算，即要求在有限元基础上进行地震液化分析、地震稳定分析和地震永久变形分析。

应采用渗流分析说明排渗设施是否满足尾矿坝坝体控制渗流稳定的要求。

【条文说明】

（1）主要从地质条件、气候情况、坝体建设方案、工程施工质量、尾矿排放及筑坝工艺、日常安全管理等方面对引起坝体溃决、坝坡失稳、洪水漫顶、渗流破坏和结构破坏等危害的诱发因素进行分析，评价可研报告提出的预防与控制上述危害措施的可靠性，提出未受控的危险有害因素发生事故的可能性和严重程度，以及消除未受控危险有害因素的安全对策措施及建议。

（2）初期坝：从工程地质条件、水文地质条件、不良地质作用及其处理等方面，评价坝址选择是否符合有关安全生产法律、法规、规章、规范性文件和标准的规定；从坝址条件、筑坝材料性质及来源等方面，评价坝型是否符合有关安全生产法律、法规、规章、规范性文件和标准的规定；评价坝高、坡比及马道、反滤层、排渗层、排水棱体设置等方面是否符合有关安全生产法律、法规、规章、规范性文件和标准的规定。

堆积坝：评价放矿方式、筑坝方法、坝体结构参数、坝坡保护等方面是否符合有关安全生产法律、法规、规章、规范性文件和标准的规定。

排渗设施：评价排渗设施型式、布置和结构参数等方面是否符合有关安全生产法律、法规、规章、规范性文件和标准的规定。

坝肩坝坡排水设施：评价坝肩坝坡排水设施结构类型、布置、结构参数等方面是否符合有关安全生产法律、法规、规章、规范性文件和标准的规定。

(3) 对于尾矿坝的稳定性分析，应根据工程地质勘察报告成果及可研报告提出的建设方案，对坝体渗流稳定性、抗滑稳定性和动力稳定性进行定量计算，对其安全状况进行分析判断，同时应附计算参数和典型计算剖面的稳定计算简图。

【工程案例】

(1) 坝体稳定性分析计算参数值。

① 参数选取：

根据《尾矿设施设计规范》(GB 50863)，坝体尾矿平均物力力学性质指标见表2-3-10。

表2-3-10 坝体尾矿平均物力力学性质指标

项　目	尾中砂	尾细砂	尾粉砂	尾粉土	尾粉质黏土	尾黏土
平均粒径 d_p/mm	0.35	0.2	0.074	0.05	0.035	<0.02
有效粒径 d_{10}/mm	0.10	0.07	0.02	0.01	0.003	0.002
不均匀系数 d_{60}/d_{10}	3	3	4	6	10	5
自然体积质量 $\gamma/(g \cdot cm^{-3})$	1.8	1.85	1.9	2.0	1.95	1.8
孔隙比 e	0.8	0.9	0.9	0.95	1.0	1.4
内摩擦角 ϕ/(°)	34	33	30	28	16	8
黏聚力 C/kPa	7.84	7.84	9.8	9.8	10.78	13.72
压缩系数 α_{1-2}/kPa^{-1}	1.7×10^{-4}	1.7×10^{-4}	1.6×10^{-4}	2.1×10^{-4}	4.1×10^{-4}	9.2×10^{-4}
渗透系数 $k/(cm \cdot s^{-1})$	1.5×10^{-3}	1.3×10^{-3}	3.75×10^{-4}	1.25×10^{-4}	3.0×10^{-6}	2.0×10^{-7}

注：① 表中指标均系从坝体取样试验所得的平均值。
② C、ϕ 值为直剪（固结快剪）强度指标。

参考《尾矿库设施设计规范》(GB 50863) 和类似尾矿库坝体和地层的力学性质和相关工程经验综合确定，参数取值见表2-3-11。

表2-3-11 坝体稳定性分析计算参数取值表

编号及地层	重度 $\gamma/(kN \cdot m^{-3})$	黏聚力 C/kPa	内摩擦角 ϕ/(°)	渗透系数/$(m \cdot s^{-1})$
① 基岩	25	50	38	9×10^{-9}
② 初期坝块石	20	0	39	8×10^{-4}
③ 水浸粗碴层	20	2	31	3.25×10^{-5}
④ 人工填土	19.5	18	20	2×10^{-6}
⑤ 尾粉砂	19	12	29	3.75×10^{-6}
⑥ 尾粉土	19.5	15	28	1.25×10^{-6}
⑦ 尾黏土（中和碴）	15.6	148	19	2×10^{-9}
⑧ 尾粉质黏土	19.3	27	18	3×10^{-8}
⑨ 含碎石粉质黏土	19.5	38	18	4.33×10^{-7}

② 地质剖面选取：

参照类似尾矿库现在堆积坝实测剖面，建立尾矿库计算模型。结合坝体实际情况，做了相应的简化。根据计算剖面的原始地形、地层界限及尾矿分区等情况对计算模型进行网格剖分。尾矿坝渗流计算和坝坡稳定性利用有限元分析软件进行计算，计算模型以及有限元网格剖分图如图2-3-2所示。

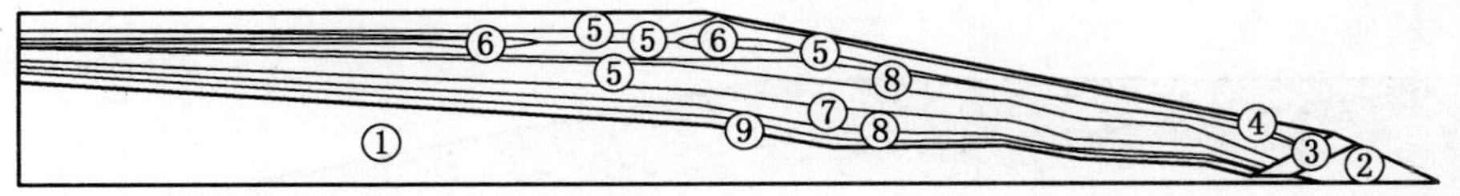

图2-3-2 剖面计算模型图

(2) 坝体渗流稳定性分析。

① 渗流计算原理：

渗流计算依据达西（Darcy）定律进行计算：

$$q = ki \tag{2-3-12}$$

式中 i——水力坡降。

对于二维稳定渗流，其控制方程为

$$\frac{\partial}{\partial x}\left(k_s \frac{\partial H}{\partial x}\right) + \frac{\partial}{\partial y}\left(k_c \frac{\partial H}{\partial y}\right) + q = 0 \tag{2-3-13}$$

当材料是各向同性时，$k_s = k_c$；当材料为各向异性时 $k_s \neq k_c$。本次计算采用各向异性材料参数。

计算方法采用有限元法，采用三角形构造有限元方程。根据变分原理和Galerkin方法，构造方程的单元有限元方程可以表达如下：

$$\int([\boldsymbol{B}])^{\mathrm{T}}[\boldsymbol{C}][\boldsymbol{B}]\mathrm{d}A\{H\} = q\int_L[\boldsymbol{N}]^{\mathrm{T}}\mathrm{d}L \tag{2-3-14}$$

$\boldsymbol{B}$ 是梯度矩阵：

$$\boldsymbol{B} = \begin{Bmatrix} \dfrac{\partial \boldsymbol{N}}{\partial X} \\ \dfrac{\partial \boldsymbol{N}}{\partial Y} \end{Bmatrix} \tag{2-3-15}$$

$\boldsymbol{C}$ 是渗透矩阵：

$$\boldsymbol{C} = \begin{Bmatrix} k_x & 0 \\ 0 & k_y \end{Bmatrix} \tag{2-3-16}$$

边界条件处理，按三种边界条件分别进行处理，各种情况条件如下：

a. 已知水头边界条件：$H = \overline{H}$（$\overline{H}$ 为已知水头值）。

b. 不透水边界：$k\dfrac{\partial H}{\partial n} = 0$。

c. 在浸润边界上：$H = z, \dfrac{\partial H}{\partial n} = 0$。

② 渗流计算：

渗流分析拟定如下计算工况：

a. 正常工况：

根据调洪计算结果，堆积坝标高370 m时，进行渗流分析，计算结果如图2-3-3至图2-3-5所示。

b. 洪水工况：

计算结果如图2-3-6至图2-3-8所示。

③ 渗流场分布特征：

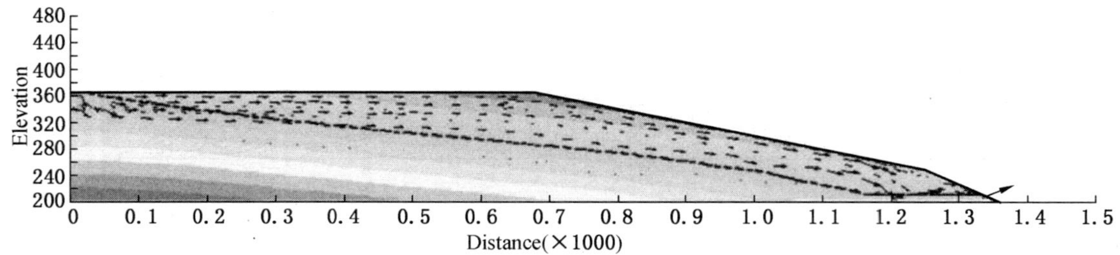

图2-3-3 正常工况浸润线及流速矢量图

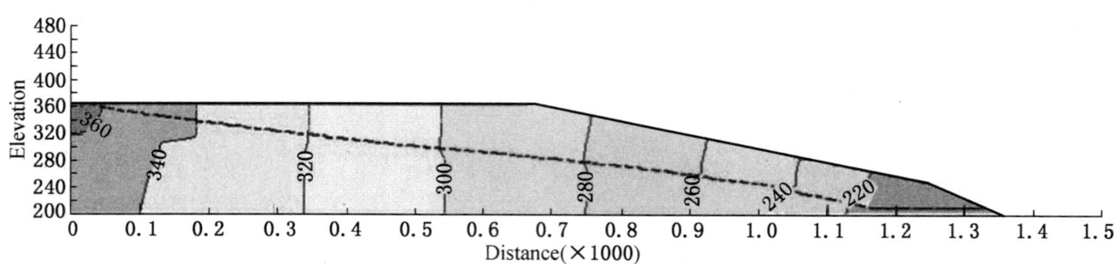

图2-3-4 正常工况总水头等值线云图

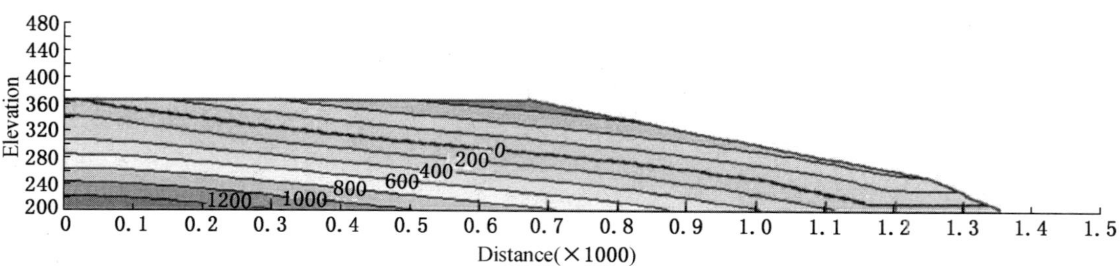

图2-3-5 正常工况孔隙水压力等值线云图

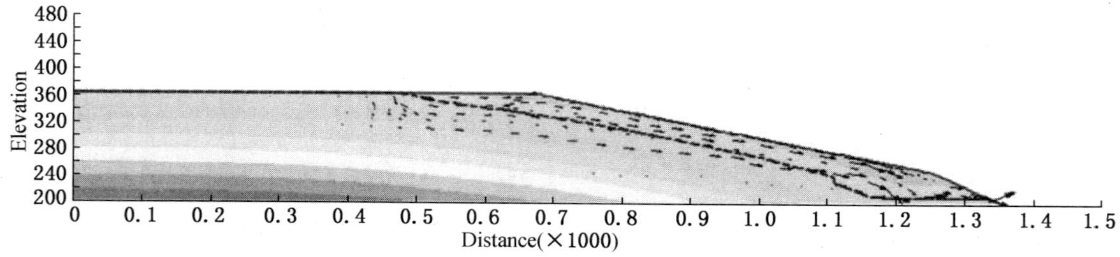

图2-3-6 洪水工况浸润线及流速矢量图

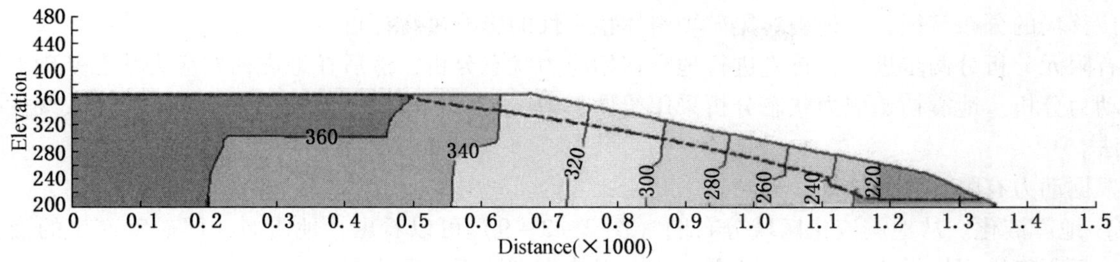

图2-3-7 洪水工况总水头等值线云图

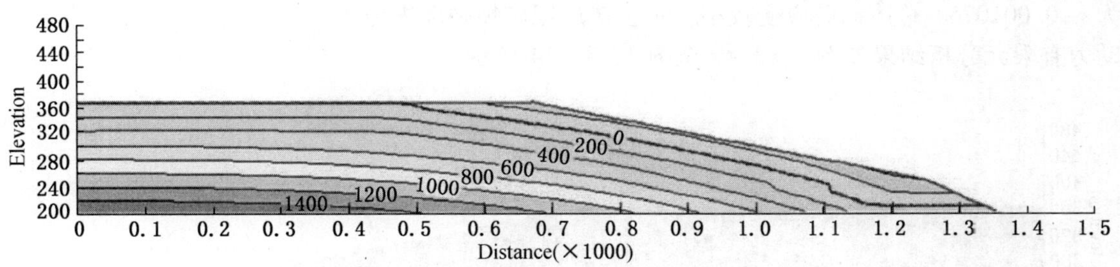

图2-3-8 洪水工况孔隙水压力等值线云图

a. 浸润线在下游坝坡均没有溢出点，有利于下游坝坡的稳定性。

b. 孔隙水压力等值线在坝体分布较为均匀，没有出现剧烈变化。

根据上述渗流分析结果，尾矿坝不会产生流土、管涌等渗透破坏。

(3) 坝体抗滑稳定性分析。

尾矿坝抗滑稳定性采用正常运行、洪水运行和特殊运行三种工况分别计算：

①“正常运行”是指尾矿库水位处于正常生产水位时的运行情况。

②“洪水运行”是指尾矿库处于最高洪水位时的运行情况。

③“特殊运行”是指尾矿库水位处于最高洪水位时，且遇到设计强震运行。

尾矿库坝体抗滑稳定性计算结果与规范中最小安全系数对比情况见表2-3-12。

表2-3-12 尾矿库坝体抗滑稳定性计算结果

坝顶标高	计算工况	计算方法	初期坝安全系数计算值	堆积坝安全系数计算值	安全系数限值	备注
370 m	正常运行	瑞典圆弧法	1.799	2.189	1.25	满足
		简化毕肖普法	1.802	2.29	1.35	满足
	洪水运行	瑞典圆弧法	1.737	1.843	1.15	满足
		简化毕肖普法	1.738	1.95	1.25	满足
	特殊运行	瑞典圆弧法	1.523	1.524	1.05	满足
		简化毕肖普法	1.524	1.653	1.15	满足

从计算结果可以看出，安全系数计算值均高于安全系数限值，尾矿库初期坝和堆积坝为稳定状态。

(4) 坝体动力稳定性分析。

动力有限元分析包括地震液化分析、地震永久变形分析及地震稳定性分析。目的是了解尾矿库

（坝）液化区的分布情况及其对坝体稳定性的影响；确定尾矿库（坝）地震永久变形；分析地震应力场及位移场的分布特征，对地震对尾矿坝整体稳定性的影响进行评价。

有限元分析分两步进行，首先进行地震初始应力状态分析，然后在地震初始应力状态基础上进行地震动力分析。地震初始应力状态分析采用线性弹力应变材料模型，地震动力分析采用等效线性时程分析法。

根据动力有限元分析结果，得到如下结论：

① 地震液化。从地震液化区域分布图（图2－3－9）可以看出，地震时，尾矿库产生的液化区很小，且距离堆积坝坝顶较远，故地震液化对坝体稳定性不会造成影响。

② 地震永久变形。地震产生的永久变形，坝顶大、库尾小，最大永久变形为0.146 m。

③ 地震稳定性。地震最大动剪应力为－180.6 kPa，总体动剪应力小于土体抗剪强度；最大动剪应变为 －0.001075，总体动剪应变较小，不会造成尾矿坝破坏失稳。

动力有限元分析结果如图2－3－9至图2－3－14所示。

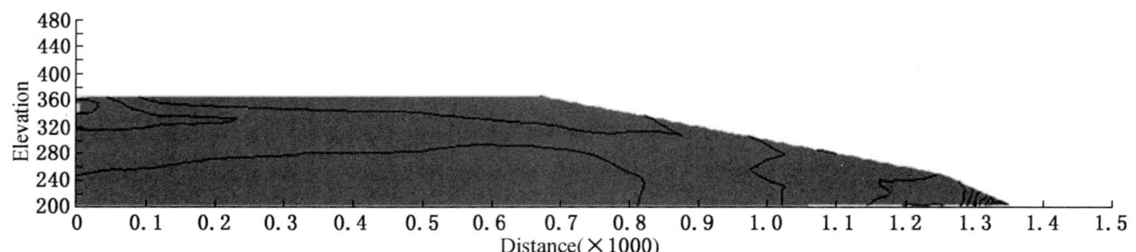

图2－3－9 尾矿库地震液化区域分布图

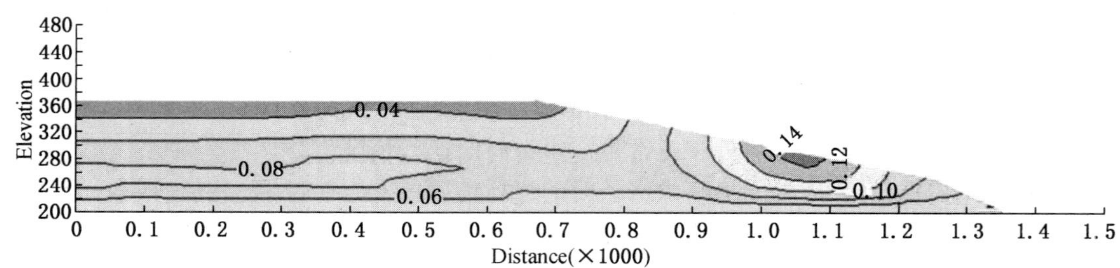

图2－3－10 尾矿库地震 *X* 向位移分布图

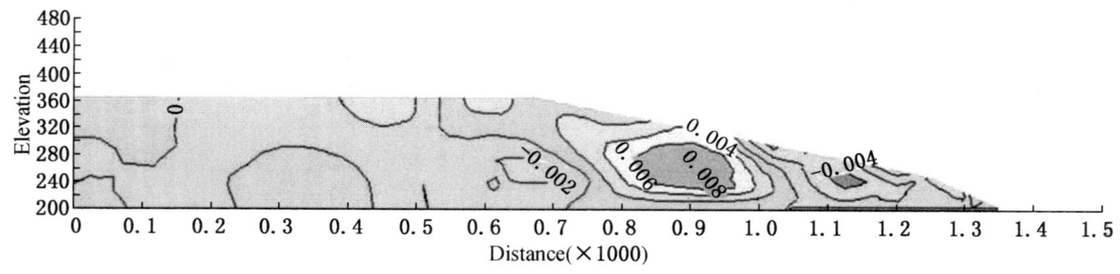

图2－3－11 尾矿库地震 *Y* 向位移分布图

（5）单元小结：

① 针对尾矿库坝体渗流稳定性，本评价报告进行了初步分析计算与论证，经计算尾矿坝不会产生流土、管涌等渗透破坏。

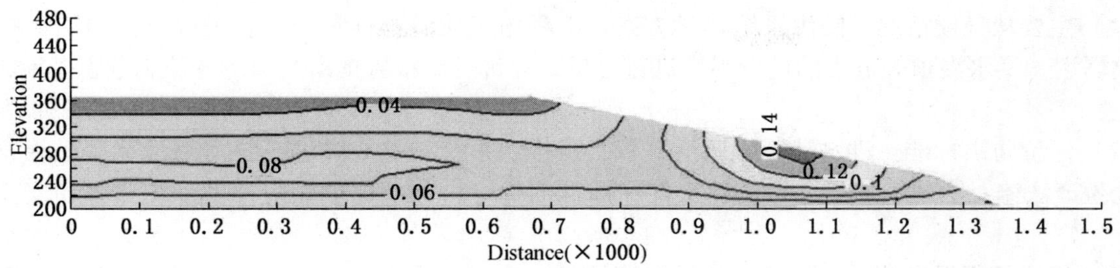

图2-3-12　尾矿库地震XY向位移分布图

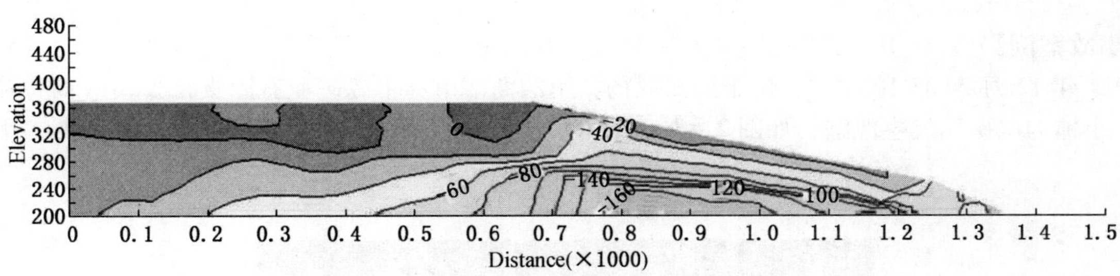

图2-3-13　尾矿库地震动剪应力分布图

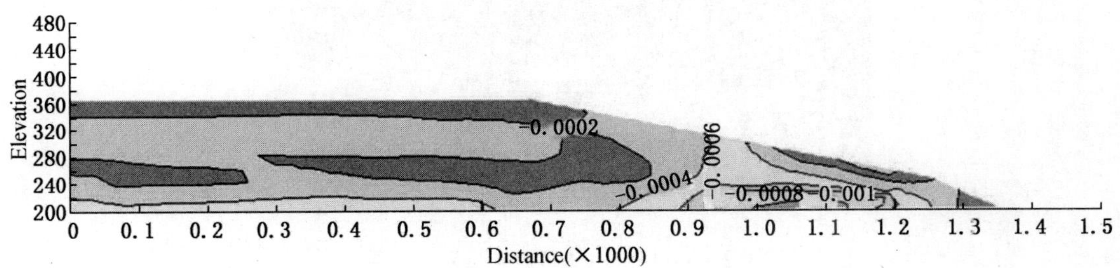

图2-3-14　尾矿库地震动剪应变分布图

② 尾矿库坝体的抗滑稳定性较好，本评价报告进行了初步分析计算与论证，经计算校核不同工况下的初期坝和堆积坝能够满足相应规范及标准最小安全系数的要求。

③ 尾矿库坝体的动力稳定性较好，本评价报告进行了初步分析计算与论证，分析结果表明在地震作用下坝体是稳定的。

总体来看坝体的设计充分结合了现场场地实际情况，能够兼顾相关规范、标准的技术要求。

3.3.3　防排洪系统单元

辨识该单元存在的危险、有害因素并进行危险度定性评价。

主要从防洪标准、洪水计算、调洪演算、防排洪系统布置、防洪系统水力计算等方面，评价分析尾矿库防排洪系统方案的安全合理性，以及与相关法律法规、标准规范的符合性。

一等、二等尾矿库宜开展排洪系统水工模型试验，依照试验结果，评价分析相关建设方案的安全性和合理性。

水工模型试验可由具备相应能力的其他单位负责完成，但须作为预评价报告的一部分。

【条文说明】

（1）主要从气候情况、防洪系统建设方案、工程施工质量、日常安全管理等方面对引起排洪建构筑物坍塌、洪水漫顶等危害的诱发因素进行分析，评价可研报告提出的预防与控制危害措施的可靠性。

（2）评价防洪标准、洪水计算、调洪演算、防排洪系统布置、防洪系统水力计算等是否符合有关安全生产法律、法规、规章、规范性文件和标准的规定，分析尾矿库防排洪系统方案的安全合理性。

（3）复核可研报告的洪水计算与调洪演算结果。采用水量平衡法进行调洪演算，并附典型坝高时（初期坝高、最终坝高及尾矿库等别变化时的坝高）洪峰流量、洪水总量、最小安全超高、最小干滩长度、调洪库容、最大泄流量等参数，以及对应坝高时的洪水过程线、调洪库容曲线、泄水能力曲线。

【事故案例】

2011 年 12 月 24 日 10 时许，位于商州区杨斜镇的商洛市鑫丰源矿业有限责任公司（简称鑫丰源公司）小柿沟尾矿库发生泄漏，如图 2－3－15 所示，造成约 2000 m^3 尾矿和库内废水泄漏，无人员伤亡。

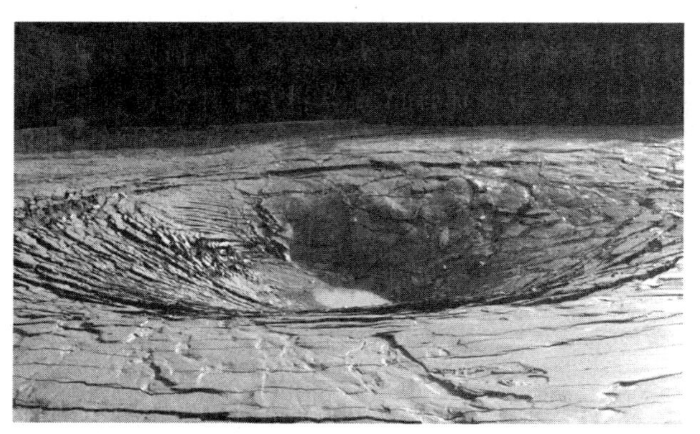

图 2－3－15 小柿沟尾矿库发生泄漏

（1）直接原因：

鑫丰源公司小柿沟尾矿库已经废弃封闭的原排洪涵洞系浆砌石平盖板结构，商洛市顺安建筑有限公司施工队在封堵废弃涵洞工程时，没有按照设计要求将废弃涵洞充填施工到位，造成原排洪涵洞平盖板长时间受压突然断裂，大量带水尾矿浆涌入排洪涵洞，冲毁涵洞下端出口处封堵体发生泄漏。

（2）间接原因：

① 建设单位对施工监理不力。在原排洪涵洞封堵施工中，企业自派选厂厂长张忠奎负责工程质量监理，张忠奎没有仔细审查设计文件文字说明和图纸，施工期间没有和设计单位沟通交流，对施工单位排洪涵洞废弃段充填过程监督不到位，给事故的发生埋下了隐患，是导致泄漏的重要原因。

② 设计有一定缺陷。西安有色设计院出具的《尾矿库闭库设计》，图纸标识不明确。文字说明和图纸对封堵材料表述不一致，文字说明中表示用 C15 毛石混凝土，而图纸中表示用 C25 混凝土。对排洪涵洞废弃段进行充填、施工工艺流程、施工顺序均没有文字说明，只在设计图纸中要求充填，使施工人员认为排洪涵洞废弃段不需充填，也是导致塌陷泄漏的重要原因之一。

③ 管理部门把关不严，商州区安监局在组织对隐患整改工程验收中把关不严，是导致事故发生的原因之一。

④ 鑫丰源公司安全管理主体责任落实不到位，也是导致泄漏的管理原因之一。

3.3.4 干式尾矿运输单元

辨识该单元存在的危险、有害因素并进行危险度定性评价。

主要从尾矿汽车运输的相关安全设计（运输线路安全护栏、道路挡车设施、汽车避让道、卸料平台挡车设施等），或者尾矿带式输送机运输的相关安全设计（输送机系统各种闭锁和电气保护设施、设备安全护罩、安全护栏等）等方面，评价分析建设方案的安全合理性，以及与相关法律法规、标准规范的符合性。

【条文说明】

略。

3.3.5 安全监测单元

评价分析安全监测设施建设方案的安全合理性，以及与相关法律法规、标准规范的符合性。

【条文说明】

《尾矿库安全监测技术规范》(AQ 2030) 规定：尾矿库的安全监测，必须根据尾矿库设计等别、筑坝方式、地形和地质条件、地理环境等因素，设置必要的监测项目及其相应设施，定期进行监测。

(1) 一等、二等、三等、四等尾矿库应监测位移、浸润线、干滩、库水位、降雨量，必要时还应监测孔隙水压力，渗透水量、浑浊度。五等尾矿库应监测位移、浸润线、干滩、库水位。

(2) 一等、二等、三等尾矿库应安装在线监测系统，四等尾矿库宜安装在线监测系统。

本单元主要参照《尾矿库安全监测技术规范》进行评价，主要从安全监测设施设计的监测项目、监测精度、监测周期和监测设施的布置，以及三等（含三等）以上尾矿库在线监测系统等方面，评价建设项目是否符合有关安全生产法律、法规、规章、规范性文件和标准的规定，分析安全监测设施建设方案的安全合理性。

3.3.6 辅助设施单元

辨识该单元存在的危险、有害因素并进行危险度定性评价。

针对尾矿库管理站、守坝值班房、上坝道路、坝上照明、库区通信、报警系统、库区护栏、应急救援器材、电气设备接地设施等其他方面，评价分析建设方案的安全合理性，以及与相关法律法规、标准规范的符合性。

针对浮船固定设施、救生器材，评价分析建设方案的安全合理性，以及与相关法律法规、标准规范的符合性。

【条文说明】

略。

3.3.7 安全标志单元

针对尾矿库库区及周边应设置的符合要求的安全标志，包括尾矿库、交通、电气安全标志等，评价分析建设方案与相关法律法规、标准规范的符合性。

【条文说明】

略。

3.3.8 安全管理单元

对加高扩容或改造工程，主要从生产经营单位安全组织机构及管理人员配备、安全教育及培训、特种作业人员持证情况、规章制度、现场管理及生产安全检查等方面进行符合性评价。

【条文说明】

《尾矿库安全技术规程》(AQ 2006) 规定：

(1) 建立健全尾矿设施安全管理制度；对从事尾矿库作业的尾矿工进行专门的作业培训，并监督其取得特种作业人员操作资格证书和持证上岗情况。

（2）编制年、季作业计划和详细运行图表，统筹安排和实施尾矿输送、分级、筑坝和排洪的管理工作。

（3）严格按照本规程、《尾矿库安全监督管理规定》和设计文件的要求，做好尾矿库放矿筑坝、回水排水、防汛、抗震等安全生产管理。

（4）做好日常巡检和定期观测，并进行及时、全面的记录，发现安全隐患时，应及时处理并向企业主管领导汇报。

3.3.9 重大危险源辨识单元

依照重大危险源管理的相关法律法规、标准规范，辨识建设项目存在的重大危险源。

【条文说明】

略。

3.4 安全对策措施建议

针对项目建设方案的危险、有害因素，定性和定量评价，以及安全评价中发现的问题和不足，依据国家相关安全法律、法规、标准和规范的要求，借鉴类似尾矿库，分评价单元提出具有针对性、实用性和可操作性的安全对策措施建议。

【条文说明】

安全对策措施建议应具有针对性和可操作性，既要符合有关安全生产法律、法规、规章、规范性文件和标准的规定，又不能照抄规程规范条款。根据各单元评价指出的未受控的危险有害因素，提出安全设施完善的对策措施建议，重点应针对库址和坝址选择、筑坝方式和排洪系统等方面。

3.5 评价结论

简要列出主要危险、有害因素，指出评价对象应重点防范的重大危险有害因素；明确应重视的安全对策措施建议；明确评价对象潜在的危险、有害因素在采取安全对策措施后，能否得到控制以及受控的程度如何。

给出评价对象从安全生产角度是否符合国家有关法律、法规、规章、标准和规范的要求。

【条文说明】

评价结论应对可研报告中危险有害因素预防与控制措施的可靠性做出明确的结论，语言应精炼。

3.6 附图

报告宜附有以下图纸和照片，可根据项目实际情况调整：

（1）库区及周边区域地形图；

（2）总平面布置图；

（3）防排洪系统图；

（4）坝高—库容曲线图；

（5）尾矿坝剖面图；

（6）评价项目组部分人员在现场调研照片。

以上图纸为可行性研究报告中相关图纸。

以上图纸应字迹线条清晰、签字盖章齐全、版面大小合适。有彩色内容的图纸宜彩色打印。

【条文说明】

略。

第3篇

安全设施设计

金属非金属矿山建设项目安全设施设计应按照《金属非金属矿山建设项目安全设施设计编写提纲》（安监总管一〔2015〕68号，简称《安全设施设计编写提纲》）进行编写。

《安全设施设计编写提纲》具有以下主要特点：重点强调安全设施的设计；内容完整、细化，具有很好的可操作性，便于设计人员、审查人员和验收专家开展相应工作；突出不同建设项目的特点，明确对危害大、风险大的问题进行重点要求，有利于对矿山特殊危害的重视和把握；对项目技术要点和参数汇总列表，便于快速了解项目主要技术内容和特点，便于审查、验收工作的高效进行；明确“专用安全设施”的投资作为建设项目的安全投资，进一步规范了安全设施的投资计算内容，有利于判断建设项目安全设施设计是否满足要求。

安全设施设计的作用是作为矿山安全设施建设的指导文件，也是安全设施设计审查、安全设施建设工程验收的基础。安全设施设计编写提纲涵盖了可能需要设置的各种安全设施。需要指出的是，不同建设项目的安全设施内容和范围是不同的，安全设施设计文件编写时要结合矿山实际情况和特点进行编写。

建设项目安全设施设计完成后，由项目法人单位向安全生产监督管理部门提出审查申请，并提交下列文件资料：

（1）建设项目安全设施设计审查申请。

（2）建设项目审批、核准文件复印件。

（3）采矿许可证复印件。

（4）建设项目安全预评价报告及相关文件资料。

（5）建设项目初步设计。

（6）建设项目安全设施设计。

（7）法律、行政法规、规章规定的其他文件资料。

国家安全生产监督管理总局在国务院规定的职责范围内对有关金属非金属矿山建设项目安全设施设计进行审查。规定的职责范围以外的金属非金属矿山建设项目安全设施设计审查，由省级安全生产监督管理部门按照分级管理的原则作出规定。安全生产监督管理部门（或其委托单位）对安全设施设计的内容进行审查时，可根据项目性质、规模及其复杂程度，可采取工作人员审查、组织专家函审和组织专家会议审查等三种审查方法。

审查后，汇总形成审查会议结论意见或主要意见，并填写《非煤矿山建设项目安全设施设计审查书》或《非煤矿山建设项目安全设施设计审查表》。

本篇是对《安全设施设计编写提纲》进行详细解读。

1 地下矿山建设项目安全设施设计

地下矿山建设项目安全设施设计应与该项目初步设计的相关内容保持一致，安全设施设计是初步设计不可分割的一部分，只是为了突出其重要性单独编制成册。安全设施设计应该结合初步设计内容，按照《金属非金属地下矿山建设项目安全设施设计编写提纲》编写。为保证安全设施设计和初步设计相关内容的一致性，安全设施设计和初步设计原则上应由同一家设计单位编制。

本章主要列出了地下矿山设计时应重点注意的相关安全要求，在安全设施设计时还应满足其他相关规程标准的要求。

1.1 设计依据

矿山项目的设计、建设、竣工验收和生产管理都要依照国家法律、法规，地方法规，国家和行业及地方标准进行。安全设施设计中应该将设计依据一一列出，以便设计审查人员审查设计是否满足相关法律、法规和标准要求，也可作为是否通过安全设施设计审查的标准，以及工程建设、竣工验收的依据。

1.1.1 建设项目依据的批准文件和相关的合法证明文件

列出采矿许可证。

【条文说明】

采矿许可证是进行矿山建设项目初步设计之前必须取得的合法证明文件。本条要求编制矿山建设项目安全设施设计时，建设项目依据的批准文件和相关的合法证明文件必须列出采矿许可证。采矿许可证与设计内容是否一致也是安全设施设计审查的重要内容之一。

1.1.2 设计依据的安全生产法律、法规、规章和规范性文件

列出设计依据的有关安全生产的法律、法规、规章和文件。应按照国家法律、行政法规、地方性法规、部门规章、地方政府规章、规范性文件分层次列出，并标注其文号及施行日期，每个层次内按发布时间顺序列出；依据的文件应为现行有效。

【条文说明】

列出设计依据的相关法律、法规、规章和规范性文件，与设计无关的相关文件不应在此罗列。各种文件排列时应根据本条规定分层次、实施日期（实施时间晚的排列在前面，实施时间早的排列在后面）进行，并标注清楚其相关信息，使其条理清晰，便于查阅和审查。设计时还应注意所有的依据文件必须现行有效，已经废止或废除的文件不得作为设计依据。

常用的法律、法规文件主要有：

（1）《中华人民共和国安全生产法》。

（2）《中华人民共和国矿山安全法》。

（3）《中华人民共和国劳动法》(简称《劳动法》)。

（4）《中华人民共和国消防法》(简称《消防法》)。

（5）《中华人民共和国职业病防治法》(简称《职业病防治法》)。

（6）《中华人民共和国特种设备安全法》(简称《特种设备安全法》)。

（7）《中华人民共和国矿山安全法实施条例》(简称《矿山安全法实施条例》)。

（8）《关于金属与非金属矿山实施矿用产品安全标志管理的通知》。

（9）《生产安全事故应急预案管理办法》。

（10）《建设项目安全设施“三同时”监督管理暂行办法》。

审查时要核对列出的相关法律、法规、规章和规范性文件是否现行有效，是否可作为该建设项目的设计依据。

1.1.3 设计采用的主要技术标准

列出设计采用的技术性标准。按照国家标准、行业标准和地方标准分层次列出，标注标准代号；每个层次内按照标准发布时间顺序排列；采用的标准应为现行有效。

【条文说明】

列出设计依据的技术性规范、标准，与具体设计无关标准不应罗列。罗列标准时应根据本条规定分层次和发布时间（实施时间晚的排列在前面，实施时间早的排列在后面）进行，并标注清楚其相关信息，使其条理清晰，便于查阅和审查。设计时还应注意所有的技术性文件必须现行有效，已经废止或废除的技术性文件不得作为设计依据。

审查时要核对相关国家标准、行业标准和地方标准是否现行有效，是否可作为该建设项目的设计依据。

1.1.4 其他设计依据

列出建设项目安全设施设计依据的地质报告（包括专项工程和水文地质报告）、可行性研究报告、安全预评价报告、相关的工程地质勘察报告、试验报告、研究成果及安全论证报告等，并标注报告编制单位和编制时间。

【条文说明】

进行安全设施设计之前已经完成的相关工作成果（包括各种地质报告、研究报告、试验报告及相关安全论证等）可在此列出，并按规定标注清楚其相关信息，各种报告应按编制的时间顺序列出（编制时间早的排列在前面，编制时间晚的排列在后面），主要包括地质勘查报告（包含地质勘探报告、地质详查报告等）、主要依据文件（如可行性研究报告和初步设计文件等）、安全预评价报告、环境影响评价报告、地质灾害评估报告、其他专项研究论证报告等。其主要目的是对项目已经完成的相关工作进行说明，便于对安全设施设计的可靠性和全面性进行把握。

1.2 工程概述

1.2.1 矿山概况

（1）简要说明建设单位简介、隶属关系、历史沿革等。

（2）简述矿区自然概况（包括矿区的气候特征、地形条件、区域经济地理概况、地震资料、历史最高洪水位等），矿山交通位置（给出交通位置图），周边环境，采矿权位置坐标、面积、开采标高、开采矿种等。

【条文说明】

主要是对建设项目的背景和基本情况进行详细介绍，说明时重点突出、内容全面，以便相关人员对该建设项目的基本情况有一个客观、准确的认识。

1.2.2 矿床地质与开采技术条件

1.2.2.1 矿区地质及开采技术条件

（1）说明矿床在区域地质单元中的构造位置，矿区主要地层、构造、岩浆岩体、影响开采技术条件的风化、蚀变特征，矿床成因类型。

（2）简述矿体形态、规模、埋藏条件、矿石性质、矿体围岩。

（3）简要说明本项目的水文地质，包括气候、地形、地表水的汇水面积、水位、流量，含水层、隔水层、导水构造的性质、分布、埋藏条件及与矿体的空间关系，地下水补给、排泄条件，积水的旧井巷、老采区、地下水和地表水系的相互联系，完成的水文地质工作及其成果或结论。

(4) 简要说明本项目的工程地质，包括工程地质岩组划分，岩体质量评价指标，主要不良地质体描述，主要物理力学参数。

(5) 简要说明本项目的环境地质，包括地震区划，地质灾害特征（种类、规模及分布），其他情况（自燃、地热、高地应力、放射性等）。

(6) 简要说明本项目周边环境对开采的影响情况，包括周边的工业设施及生产生活场所与本项目的距离及其相关情况。

(7) 列出影响本项目生产安全的主要因素，如高寒高海拔、复杂地形、大水和突水风险、岩体破碎、高地温、高地应力、露天转地下开采、特定条件下的延伸开采等，并进行有针对性的说明。

【条文说明】

本部分主要是对该建设项目的矿区地质和开采技术条件进行说明，该部分内容可参考该项目的初步设计进行编写。

对于一般矿山，重点按前6条中的基本要求进行简要说明。但对于水文地质条件复杂的矿山或工程地质条件复杂的矿山，应分别对其水文地质条件或工程地质条件进行重点描述，并介绍已往开展的专项勘察或研究工作及其主要结论。水文地质和工程地质条件较简单的一般矿山，只对水文地质条件和工程地质条件简要介绍即可。

对于符合最后1条的矿山，还应根据项目的特点，对矿山生产中危害大、风险大的特殊危险因素进行重点论述、充分说明，引起设计和生产单位的重视，并提出有效防范和治理措施，确保生产安全。

审查时应详细了解该项目特点，并对安全设施设计中提出的影响本项目生产安全主要因素的准确性和防范治理措施的有效性及可行性进行审查。

1.2.2.2 矿床资源

简述地质报告或矿床模型计算的矿床资源/储量，并用表格形式列出各中段（或分段）的资源/储量。

【条文说明】

略。

1.2.2.3 开采现状和周边开采情况

说明本项目性质（新建矿山、改扩建矿山），如果是改扩建矿山则还应说明矿山开采现状、已形成的空区，开采中出现过的主要水文—工程地质及地质灾害问题，以及利旧工程的基本情况及安全状况、与原生产系统的相互关系和影响。

【条文说明】

近年来，一些矿山水害和岩体稳定性相关的事故与以往开采的采空区有关。此处要求对本次建设项目之外的工程设施情况及与新建项目之间的相互关系进行介绍，并对其是否影响新建项目安全和新建项目是否影响已有工程设施的安全等情况进行评价论述，当新建项目与已有工程设施相互干扰时，应采取可靠的安全管理和技术措施，保证生产安全，并需要在安全设施设计中对采取的安全措施进行详细说明。此外，对于以往开采中出现过的主要水文—工程地质及地质灾害问题，以及矿坑涌水量、水位降幅等信息应加以收集和介绍。

审查时应审查安全设施设计中对周边可能影响本项目或受本项目影响的工程设施情况说明的是否清楚，相关影响结论是否正确，以及采取的防范措施是否有效可靠等相关内容。

1.2.2.4 其他

说明其他需要说明的有关情况。

【条文说明】

对上述章节中没有涉及的相关情况进行说明，如果在该建设项目安全设施设计中有其他需要说明的情况，可在此进行说明，如果没有可取消该部分内容。

审查时应对此部分内容安全可靠性进行判断。

1.2.3　工程设计概况

（1）说明编制本次安全设施设计的初步设计版本。

【条文说明】

编制建设项目的安全设施设计时，应说明其对应的初步设计版本。在建设项目设计过程中，由于项目外部或内部条件的变化，初步设计内容会出现相应的调整，因此一个建设项目可能会存在数个版本的初步设计。当初步设计内容有变化时，安全设施设计的内容也会有相应调整。所以编制安全设施设计时，应明确对应的初步设计版本，这样便于对安全设施设计的最终审查和验收。

（2）简要说明开采方式、开采范围、首采中段、生产规模及服务年限、采矿方法、开拓和运输系统、充填系统、通风系统（包括空气预热、制冷降温等）、排水排泥系统、压风及供水系统、基建工程和基建期、采矿进度计划（含采矿进度计划表）、矿山供水水源、矿山供配电、矿山通信及信号、地表建筑物（主要与采矿相关的）、矿区总平面布置（包括废石场）、工程总投资、专用安全设施投资等。

【条文说明】

要求对建设项目的主要设计情况进行简要说明，其目的是使相关人员对该项目的设计方案进行全面了解和把握，以便于进行下一步的审查工作。本条的主要内容基本上与初步设计总论章节中的建设方案介绍一致，要求把主要设计内容浓缩，将重要的技术方案内容、设备、主要数据列出，既不能过于简单，又不宜太多。

（3）列出设计的主要技术指标，相关内容可参考表3－1－1。

表3－1－1　设计主要技术指标表

序号	指标名称	单位	数量	说明
1	地质			
1.1	全矿地质资源量/储量			
	矿石量	万t		
	品位	%		
	金属量	万t		铁矿和非金属矿可不列
1.2	本次开拓范围内利用的资源量/储量			
	矿石量	万t		
	品位	%		
	金属量	万t		铁矿和非金属矿可不列
1.3	矿岩物理力学性质			
	矿石体重	t/m^3		
	岩石体重	t/m^3		
	矿岩松散系数			
	矿石抗压强度	MPa		
	岩石抗压强度	MPa		
1.4	矿体赋存条件			
	矿体埋深	m		
	赋存标高	m		
	矿体厚度	m		

表 3-1-1（续）

序号	指　标　名　称	单位	数　量		说　明
	矿体长度	m			
	倾角	(°)			
2	采矿				
2.1	矿山生产规模				
	矿石量	万 t/a			
		t/d			
2.2	矿山基建时间	a			
	基建工程量	万 m^3			
	其中：副产矿石量	万 t			
2.3	矿山服务年限	a			
	工作制度	d/a			
		班/d			
		h/班			
2.4	采矿方法		方法 1（名称）	方法 2（名称）	
	采场结构参数	m			
	所占比例	%			
	回采凿岩设备型号				
	出矿设备型号				
	采场生产能力	t/d			
	矿石损失率	%			
	矿石贫化率	%			
2.5	中段高度	m			
2.6	开拓方法		如：主井＋副井＋辅助斜坡道		
	主要井巷				
	主井		净直径，深度		如是斜井则写明是主斜井
			提升机型号，提升方式，提升速度，提升能力，电机功率		
	副井		净直径，深度		如是斜井则写明是副斜井
			提升机型号，提升方式，罐笼规格，提升速度，电机功率		
	胶带斜井		净断面尺寸，长度，倾角		
			胶带宽度、强度、速度，胶带机长度、倾角、电机功率，运输能力		
	斜坡道		净断面尺寸，长度，坡度		如矿石或废石是采用卡车运输，则列出卡车型号和数量
	进风井		净直径，深度		
	回风井		净直径，深度		
2.7	中段运输方式		如：有轨运输		
	电机车		如：10 t 电机车，双机牵引		

表3-1-1（续）

序号	指标名称	单位	数量	说明
	矿车		如：4 m^3 底卸式，每列个数	
	运矿列车数	列		
	卡车	辆		
			规格	
	胶带	段		
			规格	
2.8	破碎系统			
	破碎机型号			
	数量	台		
2.9	排水			
	正常涌水量	m^3/d		
	最大涌水量	m^3/d		
	水泵房		泵站1　泵站2　…	
	水泵房位置			标高
	水仓条数	条		
	水仓总容积	m^3		
	水泵型号			
	水泵数量			
2.10	通风			
	矿山总风量	m^3/s		
	通风方式			
	主通风机台数	台		
	主通风机型号			
2.11	充填系统			
	充填材料		如：全尾砂+水泥	
	充填输送方式		如：自流输送，泵送	
	平均日充填量	m^3/d		
2.12	废石场			
	占地面积	hm^2		
	堆积总高度	m		
	总容量	m^3		
	服务年限	a		
3	供电			
3.1	用电设备安装功率	kW		
3.2	用电设备工作功率	kW		
3.3	计算负荷			
	有功功率	kW		
	无功功率	kVar		注明补偿后
	视在功率	kVA		

表3-1-1（续）

序号	指标名称	单位	数量	说明
	功率因数	cosφ		
3.4	年总用电量	k·kWh/a		
3.5	单位矿石耗电量	kWh/t		

【条文说明】

要求用表格的形式列出建设项目的主要技术参数和设备规格，这样的表述方式更加有利于相关人员快速了解项目主要技术内容和特点，提高审查、验收工作的效率。如果矿山有多条主井、多条副井或多个其他工程，应在表中分别列出，如实说明。

安全设施设计编写时可根据表格的内容和提示，结合矿山的实际情况进行填写，矿山没有的项目可以在表格中删除，如崩落法矿山没有充填系统，则表格中的充填系统就应删除，这样可以使表格简洁和一目了然。

1.3 本项目安全预评价报告建议采纳及前期开展的科研情况

1.3.1 安全预评价报告提出的对策措施与采纳情况

用表格形式列出安全预评价报告中提出的需要在安全设施设计中落实的对策措施，简要说明采纳情况，对于未采纳的应说明理由。

【条文说明】

根据《中华人民共和国安全生产法》和国家安全生产监督管理总局相关文件，金属非金属矿山建设项目在可行性研究完成后，要编制安全预评价报告，安全预评价报告根据项目特点和建设方案对项目建设中的安全情况进行了相应的模拟、分析和评价，并提出对于项目建设的意见和建议，对于预防和控制项目建设和生产中的安全问题起指导作用。在安全设施设计中，要对安全预评价报告的意见进行分析，将建议内容纳入安全设施设计中，以保证项目安全设施设计更加完善。由于安全预评价报告提出的建议和措施不一定都能够得到落实，有些也不一定合适，安全设施设计中要对安全预评价报告的建议和措施进行分析，不予采纳的要给出理由，采纳的要说明是如何采纳的。这样就能实现项目审查程序的无缝对接，真正发挥安全预评价的作用。具体表述格式可按表3-1-2进行。

表3-1-2 安全预评价报告中补充和完善的安全对策措施与建议

序号	安全预评价报告中补充和完善的安全对策措施与建议	落实情况	说明及备注
1			
2			

审查重点是对安全预评价报告中提出的建议的采纳情况，以及没有采纳建议的理由的可靠性和充分性。

1.3.2 本项目前期开展的安全生产方面科研情况

说明本项目前期开展的与安全生产有关的科研工作及成果，以及有关科研成果在本项目安全设施设计中的应用情况。

【条文说明】

在建设项目前期工作的开展过程中，会存在一些不能依靠经验或其他已有项目做法进行决策的问题，需要开展相关的专题研究工作，并将研究成果应用于项目的设计中，以保证项目的建设和生产能够顺利进行。这些专题研究的单位可以是项目安全预评价单位、设计单位，也可以是建设单位委托的其他科研机构。当开展的专题研究与项目安全相关时，如地应力测试报告、岩体稳定性分析报告、岩体节理裂隙调查报告、岩石力学参数测试报告、地下水分析研究报告等均需要在此列出，并简述研究成果及其在设计中的应用情况，为相应部分的安全设施设计提供可靠的依据。

1.4　安全设施设计

1.4.1　矿床开采安全设施

1.4.1.1　安全出口

（1）说明通地表的安全出口（包括由明井〈巷〉和盲井〈巷〉组合形成的通地表的安全出口）、主要中段（分段）、破碎站、皮带装矿水平及粉矿回收水平的安全出口设置情况。说明安全出口设置情况时，应说明各个安全出口的形式、井口和井底的标高、平硐的标高，井巷内部用于安全出口的设施（如罐笼、梯子间、踏步、扶手、躲避硐室和人车等），以及服务的中段水平等。

【条文说明】

在地下矿山井下发生事故时，建设项目的安全出口数量、形式和布置位置对工作人员的安全逃生十分重要，因此安全设施设计时应对各种形式的安全出口进行说明。此处安全出口主要是指地下矿山开拓系统的安全出口，包含直接与地表连通的安全出口、中段（分段）、破碎站、皮带装矿水平以及粉矿回收水平的安全出口。

《金属非金属矿山安全规程》(GB 16423) 规定：每个矿井至少应有两个独立的直达地面的安全出口，安全出口的间距不得小于30 m；大型矿井，矿床地质条件复杂，走向长度一翼超过1000 m的，应在矿体端部增设安全出口；每个生产水平（中段），均应至少有两个便于行人的安全出口，并应同通往地面的安全出口相通；装有两部在动力上互不依赖的罐笼设备，且提升机均为双回路供电的竖井，可作为安全出口而不必设梯子间，其他竖井作为安全出口时，应有装备完好的梯子间。安全设施设计中应按照上述要求对安全出口的设计情况进行说明，便于安全设施设计的审查。

审查重点是安全出口的数量和形式是否满足要求。

（2）总结概述本节专用安全设施内容。

【条文说明】

此处要求根据《金属非金属矿山建设项目安全设施目录（试行)》(国家安全生产监督管理总局令第75号）的相关规定对安全出口中的专用安全设施进行简单列举说明，以引起建设单位的重视。

1.4.1.2　硐室及其安全通道和独立回风道

（1）说明动力油储存硐室的位置、存油量、独立回风道，硐室口防火门和栅栏门，以及硐室内防静电措施和防爆照明设施的设置情况等。当井下不设动力油储存硐室时，应说明井下动力油的配送情况及采取的安全措施。

【条文说明】

坑内动力油的储存和输送是地下矿山生产中的一个较大危险源，应对设计的安全设施进行说明，主要包括硐室的位置、存油量、独立回风道、防火门、防静电措施以及照明设置情况等。有的矿山井下主要以电动生产设备为主，动力油需求量较少，且具有快速向井下输送动力油的通道和设备，为减少矿山井下的危险源，不再将动力油单独放在井下储存，而是通过动力油输送车直接给井下生产设备加油。这种情况下也应对动力油配送时采区的安全措施进行说明，如配送车车况、加油点位置选择、灭火器材设置情况以及加油过程中采取的安全措施等。

《金属非金属矿山安全规程》(GB 16423) 规定：井下各种油类，应单独存放于安全地点。装油的铁桶应有严密的封盖。应采用输油泵或唧管输油，尽量减少漏油。储存动力油的硐室应有独立回风道，其储油量不应超过三昼夜的需用量。

审查重点是坑内油库的储油量、独立回风道及相应的安全设施设置情况。

(2) 说明维修硐室的位置、布置情况和硐口的栅栏门设置情况。

【条文说明】

井下维修硐室是地下矿山生产中的一个重要场所，工作人员集中，硐室应布置在工程、水文地质良好和有利于通风的位置，其布置位置和形式应方便维修设备和工作人员出入。维修硐室内危险因素较多，正常工作期间非工作人员不应随意出入，在出、入口处应设置相应的栅栏门。

审查重点是维修硐室内相应安全设施的设置情况。

(3) 说明变配电硐室防水门（含设防水头、抗压强度）、防火门、栅栏门和出口的设置情况。

【条文说明】

井下变配电硐室是为矿山各个生产系统提供电力的场所，其安全与否不仅关系着矿山是否可以正常安全生产，同时还可能造成较大的人员伤亡和重大财产损失，因此应对设计的安全设施情况进行说明。防水门设计时，应根据矿山实际情况说明设防水头的选取情况，并应给出需要的防水门抗压强度，另外还应给出安设的位置和数量。

《金属非金属矿山安全规程》(GB 16423) 规定：中央变（配）电硐室的地面标高，应高出其入口处巷道底板标高 0.5 m。与水泵硐室毗邻布置时，应高于水泵房地面 0.3 m。采区变电所应比其入口处的巷道地板标高高出 0.5 m。其他机电硐室的地面标高，应高出其入口处巷道底板标高 0.2 m 以上。长度超过 6 m 的变配电硐室，应在两端各设一个出口；当硐室长度大于 30 m 时，应在中间增设一个出口；各出口处均应装有向外开启的铁栅栏门。有淹没、火灾、爆炸危险的矿井，机电硐室都应设置防火门或防水门。

审查重点是井下变配电硐室内防火门、防水门及安全出口的设置情况。

(4) 说明破碎站硐室的独立回风道、设备护罩、安全护栏、梯子和采用卡车卸矿时的安全挡车设施设置情况。

【条文说明】

破碎硐室是地下矿山的大型硐室之一，也是矿山生产的咽喉工程，一旦出现事故，会对生产造成重大影响，因此要求对破碎硐室配置的安全设施情况进行说明。除独立回风道之外，其他安全设施均是专用安全设施，在安全设施设计时应根据矿山的具体情况参照本条要求进行，注意避免漏项。

《金属非金属矿山安全规程》(GB 16423) 规定：井下破碎硐室、主溜井等处的污风，应引入回风道。

审查重点是破碎硐室内的回风道设置情况及专用安全设施的设计情况。

(5) 其他硐室当涉及安全问题时，应说明设计的安全设施。

【条文说明】

根据项目的具体情况，对其他涉及安全问题的硐室应在此处对其安全设施设计的情况进行说明。如果没有可不论述。

(6) 总结概述本节专用安全设施内容。

【条文说明】

根据《金属非金属矿山建设项目安全设施目录（试行）》(国家安全生产监督管理总局令第 75 号) 的规定简要列出本节中设计的专用安全设施。

1.4.1.3 井巷工程支护

(1) 说明主要井巷和大型硐室所处或穿过岩体的工程地质条件、水文条件、可能遇到的特殊情况、主要设计参数和支护方式及其参数。

【条文说明】

主要井巷和大型硐室是矿山运输、生产的主要场所，一旦出现坍塌事故，不仅会严重影响矿山的正常生产，而且会造成人员伤亡和设备损坏的严重后果，因此在设计中应对工程的所在位置进行合理选择，尽量避开不良地质区域，并应根据所在区域的地质条件和工程空间参数选择合适可靠的支护方式。

《金属非金属矿山安全规程》(GB 16423) 规定：在不稳固的岩层中掘进井巷，应进行支护。在松软或流砂岩层中掘进，永久性支护至掘进工作面之间，应架设临时支护或特殊支护。

审查重点是主要井巷和大型硐室的设计支护参数能否满足所处位置的工程地质和水文地质条件。

(2) 对特殊地质条件下井巷工程，应详细说明支护方式及参数的选取和确定。

【条文说明】

特殊地质条件主要指膨胀性岩体、未胶结的松散岩体、有严重湿陷性的黄土层、大面积淋水地段、能引起严重腐蚀的地段、严寒地区的冻胀岩体、特别破碎的岩体、第四系覆土较深的区域。这些特殊地质条件对支护和加固方式有不同的要求，设计时应进行说明。

审查重点是设计采用的支护参数是否能满足所处的特殊地质条件的要求。

(3) 布置在具有自然发火危险矿岩内的巷道，应对支护材料的选取情况进行说明。

【条文说明】

有自然发火的矿山在开采设计时应提出防范措施，首先应避免在有自燃倾向的矿岩内布置主要巷道，当无法避免时应采取一定的措施避免火灾发生，如采用预防性灌浆、不可燃的支护材料等。

《金属非金属矿山安全规程》(GB 16423) 规定：主要运输巷道和总回风道，应布置在无自然发火危险的围岩中，并采取预防性灌浆或者其他有效的防止自然发火的措施。

审查重点是选用的支护材料是否为不可燃材料，采区的预防性措施是否有效。

1.4.1.4 保安矿柱与防火隔离设施

(1) 留设有保护地表公路、铁路、河流、建筑物、风景区等或露天地下联合开采的矿区保安矿柱时，应说明其保护对象、设置原因和保安矿柱的位置、形式及参数情况等，并对其安全性进行分析。

【条文说明】

如果矿山的开采会影响到地表相关设施的安全时，应根据地表设施的重要程度，并结合矿山的工程地质条件和矿体特点，在设计中给出合理的保安矿柱。安全设施设计中应对开采期间需要预留的矿区矿柱（包括位置、尺寸、形状等）及预留矿区矿柱的目的进行详细说明，并应对预留矿柱后的有效性进行充分分析，必要时可采取专题研究。

《金属非金属矿山安全规程》(GB 16423) 规定：矿区受河流、洪水威胁时，应修筑防水堤坝；河流穿过矿区的，应采用留保安矿柱或充填法采矿的方法保护河床不塌陷，或将河流改道至开采影响范围以外。相邻的井巷或采区，如果其中之一有涌水危险，则应在井巷或采区间留出隔离安全矿柱，矿柱尺寸由设计确定。

审查重点是保安矿柱的设置是否有效合理，安全性能是否满足要求。

(2) 当中段开采受开采顺序或采矿方法的影响而需设置保安矿柱时，应说明保安矿柱的位置、形式及参数情况等。

【条文说明】

当开采较为厚大且原岩应力较高的矿体时，有时为避免单个采区或盘区面积过大，诱发安全事故，需要将矿体分为几个独立的采区进行开采，各个采区之间就会留有保安矿柱。当中段内留有保安矿柱时，应对设计的保安矿柱的位置、尺寸和形状进行说明，并对其安全性进行分析，可采用类比法，也可采用数值模拟分析。

《金属非金属矿山安全规程》(GB 16423) 规定：应严格保持矿柱（含顶柱、底柱和间柱等）的尺寸、形状和直立度，应有专人检查和管理，以保证其在整个利用期间的稳定性。采用全面采矿法、房柱采矿法采矿，回采过程中应认真检查顶板，处理浮石，并根据顶板稳定情况，留出合适的矿柱。采用分段法采矿，上下中段的矿房和矿柱宜相对应，规格也宜相同。

审查重点是中段内保安矿柱的参数、位置、形式等能否满足安全生产的需要。

(3) 说明今后是否回收预留的矿柱及其回收时间、采取的安全措施。

【条文说明】

一般保安矿柱会占用大量的矿石资源，当条件允许时为充分回收资源，多数矿山都会考虑进行回收。但是由于周边矿体回采完毕之后，矿柱的岩体稳定性和应力分布情况与之前相比已不相同。如果根据设计安排需要对前期预留的矿柱进行回收，则需要认真研究，并给出设计方案和相应的安全措施，保证生产安全。

《金属非金属矿山安全规程》(GB 16423) 规定：

① 矿柱回采和采空区处理方案，应在回采设计中同时提出中段矿房回采结束，应及时回采矿柱，矿柱回采速度应与矿房回采速度相适应；矿柱回采应采取后退式回采方式，并制定专门的安全措施。

② 采用充填法回采，矿柱回采应与矿房回采同时设计。

③ 回采矿柱，应遵守下列规定：回采顶柱和间柱，应预先检查运输巷道的稳定情况，必要时应采取加固措施；采用胶结充填采矿法时，应待胶结充填体达到要求强度，方可进行矿柱回采；回采未充填的相邻两个矿房的间柱时，不得在矿柱内开凿巷道；所有顶柱和间柱的回采准备工作，应在矿房回采结束前做好（嗣后胶结充填采空区除外）；除装药和爆破工作人员外，无关人员不得进入未充填的矿房顶柱内的巷道和矿柱回采区；大量崩落矿柱时，在爆破冲击波和地震波影响半径范围内的巷道、设备及设施，均应采取安全措施；未达到预期崩落效果的，应进行补充崩落设计。

审查重点矿柱回收的时间是否合适，回收条件是否具备，回收方法是否安全，回收过程中是否影响周边采场的安全。

(4) 说明有自然发火倾向区域的防火隔离设施的设置情况。

【条文说明】

有自然发火的采区，如不及时处理可能会对矿山生产造成严重安全事故，设计中应采取相应措施，如及时进行封闭或充填，减少与空气的接触，降低发火风险。安全设施设计中时应对采取的措施情况进行说明。

《金属非金属矿山安全规程》(GB 16423) 规定：

① 需要封闭的发火地点，可先采取临时封闭措施，然后再砌筑永久性防火墙。

② 防火墙应符合下列规定：严密坚实；在墙的上、中、下部，各安装一根直径 35 ~ 100 mm 的铁管，以便取样、测温、放水和充填，铁管露头要用带螺纹的塞子封闭；设人行孔，封闭工作结束，应立即封闭人行孔。

③ 活动性火区附近（下部和同一中段）进行回采时，应留防火矿柱，其设计和安全措施，应经主管矿长批准。

审查重点是防火隔离设施是否安全有效。

(5) 总结概述本节专用安全设施内容。

【条文说明】

根据《金属非金属矿山建设项目安全设施目录（试行）》(国家安全生产监督管理总局令第 75 号) 的规定简要列出本节中设计的专用安全设施。

1.4.1.5 采矿方法和采场

(1) 说明所选用的采矿方法和开采顺序以及其合理性，给出采场结构参数（含采场间柱、点柱）和安全出口设计，并分析其安全性；分析开采顺序、采场结构参数时可采用数值模拟计算或类比法进行。

【条文说明】

不同的矿体赋存条件、地质条件和原岩应力情况，对采矿方法的选择和开采顺序有着重大影响，如果选择不合理，会在生产中留下巨大安全隐患，特别在高原岩应力条件下，更应该在设计中对采矿方法和开采顺序进行详细分析，使其适应回采过程中的应力变化，保证生产安全。对于地质条件简单、规模较小、埋藏不深或地应力不高的矿山，可采用类比法选取采场结构参数；但是对于高应力、地质条件复杂的矿山，应采用数值模拟分析的方法选择合理的采场结构参数。

《金属非金属矿山安全规程》(GB 16423) 规定：每个采区（盘区、矿块），均应有两个便于行人的安全出口，并经上下巷道与通往地面的安全出口相通。安全出口应稳固，并根据需要设置梯子。

审查重点是设计的开采顺序和采场结构参数是否与矿山工程地质、水文地质条件相适应，安全出口的个数是否满足要求。

(2) 说明采场顶板、侧帮、底部结构（人工假底）支护方式及支护参数情况。

【条文说明】

采用空场法或空场嗣后充填法的矿山，回采过程中会留下空区，多数情况下，采矿设备和作业人员需要在空区内作业，因此应对采场进行支护或加固处理，降低采场生产中的风险。采场支护方式选择时应综合考虑采场的尺寸、工程地质条件、原岩应力大小、空区存留时间和作业工艺（人员设备是否需要进入空区）等各种因素，安全设施设计中应说明采场作业工艺特点和选取的支护方式及参数情况。

《金属非金属矿山安全规程》(GB 16423) 规定：围岩松软不稳固的回采工作面、采准和切割巷道，应采取支护措施；因爆破或其他原因而受破坏的支护，应及时修复，确认安全后方准作业。应建立顶板分级管理制度。对顶板不稳固的采场，应有监控手段和处理措施。

审查重点是采场内设计采用的支护方式能否满足安全回采的要求。

(3) 说明采场生产作业活动如凿岩、装药、爆破、通风和出矿等工艺情况，并重点说明在生产活动中为保证安全所采取的安全措施。

【条文说明】

采场生产作业工作是矿山生产的核心，其各个工艺环节均存在着各种危险因素，如浮石坠落、炮烟中毒、爆破伤害等均有可能发生。为降低采场风险，杜绝危险事故发生，需要根据矿山的具体情况在设计中采取相应的安全措施。如在工作面爆破后采用机械撬毛（撬毛台车）代替人工撬毛；在大的空场内出矿作业时选用遥控铲运机，避免人员进入空区；装药爆破时应有完备的安全设施（警示旗、报警器、警戒带）；爆破后应留有足够的通风时间，人员进入工作面之前应对空气质量进行监测；有人员和设备工作的工作面应根据岩体质量情况设计合适的支护方式，支护时尽量采用机械化设备（如锚杆台车、锚索台车）作业；利用先进的设备和工艺减少现场作业人员数量，从根本上降低人员伤亡。设计中应对采取的措施进行说明。

《金属非金属矿山安全规程》(GB 16423) 规定：

① 采用全面采矿法、房柱采矿法采矿，回采过程中应认真检查顶板，处理浮石，并根据顶板稳定情况，留出合适的矿柱。

② 采用横撑支柱法采矿，横撑支护材料应有足够的强度，一端应紧紧插入底板柱窝；搭好平台方准进行凿岩；人员不应在横撑上行走；采幅宽度应不超过 3 m。

③ 采用分段法采矿，应遵守下列规定：除作为回采、运输、充填和通风的巷道外，不得在采场碉柱内开掘其他巷道；上下中段的矿房和矿柱宜相对应，规格也宜相同。

④ 采用浅孔留矿法采矿，应遵守下列规定：开采第一分层之前，应将下部漏斗和喇叭口扩完，并充满矿石；每个漏斗应均匀放矿，发现悬空应停止其上部作业，并经妥善处理，方准继续作业；放矿人员和采场内的人员应密切联系，在放矿影响范围内不应上下同时作业；每一回采分层的放矿量，

应控制在保证凿岩工作面安全操作所需高度，作业高度不宜超过 2 m。

⑤ 采用壁式崩落法回采，应遵守下列规定：顶、控顶、放顶距离和放顶的安全措施，应在设计中规定；放顶前应进行全面检查，以确保出口畅通、照明良好和设备安全；放顶时，人员不应在放顶区附近的巷道中停留；在密集支柱中，每隔 3 ~5 m 应有一个宽度不小于 0.8 m 的安全出口，密集支柱受压过大时，应及时采取加固措施；放顶若未达到预期效果，应作出周密设计，方可进行二次放顶；放顶后，应及时封闭落顶区，禁止人员入内；多层矿体分层回采时，应待上层顶板岩石崩落并稳定后，才准回采下部矿层；相邻两个中段同时回采时，上中段回采工作面应比下中段工作面超前一个工作面斜长的距离，且应不小于 20 m；撤柱后不能自行冒落的顶板，应在密集支柱外 0.5 m 处，向放顶区重新凿岩爆破，强制崩落；机械撤柱及人工撤柱，应自下而上、由远而近进行；矿体倾角小于 10°的，撤柱顺序不限。

⑥ 采用有底柱分段崩落法和阶段崩落法回采，应遵守下列规定：采场电耙道应有独立的进、回风道；电耙的耙运方向，应与风流方向相反；电耙道间的联络道，应设在入风侧，并在电耙绞车的侧翼或后方；电耙道放矿溜井口旁，应有宽度不小于 0.8 m 的人行道；未经修复的电耙道，不准出矿；采用挤压爆破时，应对补偿空间和放矿量进行控制，以免造成悬拱；拉底空间应形成厚度不小于 3 ~ 4 m 的松散垫层；采场顶部应有厚度不小于崩落层高度的覆盖岩层，若采场顶板不能自行冒落，应及时强制崩落，或用充填料予以充填。

⑦ 采用无底柱分段崩落法回采，应遵守下列规定：回采工作面的上方，应有大于分段高度的覆盖岩层，以保证回采工作的安全；若上盘不能自行冒落或冒落的岩石量达不到所规定的厚度，应及时进行强制放顶，使覆盖岩层厚度达到分段高度的二倍左右；上下两个分段同时回采时，上分段应超前于下分段，超前距离应使上分段位于下分段回采工作面的错动范围之外，且应不小于 20 m；分段联络道应有足够的新鲜风流；各分段回采完毕，应及时封闭本分段的溜井口。

⑧ 采用分层崩落法回采，应遵守下列规定：每个分层进路宽度应不超过 3 m，分层高度应不超过 3.5 m；上下分层同时回采时，应保持上分层（在水平方向上）超前相邻下分层 15 m 以上；崩落假顶时，人员不应在相邻的进路内停留；假顶降落受阻时，不应继续开采分层；顶板降落产生空硐时，不应在相邻进路或下部分层巷道内作业；崩落顶板时，不得用砍伐法撤出支柱；开采第一分层时，不得撤出支柱；顶板不能及时自然崩落的缓倾斜矿体，应进行强制放顶；凿岩、装药、出矿等作业，应在支护区域内进行；采区采完后，应在天井口铺设加强假顶；采矿应从矿块一侧向天井方向进行，以免形成通风不良的独头工作面；当采掘接近天井时，分层沿脉（穿脉）应在分层内与另一天井相通；清理工作面，应从出口开始向崩落区进行。

⑨ 采用自然崩落法回采，应遵守下列规定：应编制放矿计划，严格进行控制放矿；应使崩落面与崩落下的松散物料面之间的空间高度适当，防止产生空气冲击波伤害人员和破坏设施；雨季出矿应采取相应的安全措施，防止暴雨产生泥石流伤人；尽量少用裸露药包进行二次破碎。

⑩ 采用充填法回采，应遵守下列规定：采场应有良好的照明；顺路行人井、溜矿井、泄水井（水砂充填用）和通风井，均应保持畅通；采用上向分层充填法采矿，应预先进行充填井及其联络道施工，然后进行底部结构及拉底巷道施工，以便创造良好的通风条件；当采用脉内布置溜矿井和顺路行人井时，不应整个分层一次爆破落矿；每一分层回采完毕后应及时充填，上向充填法最后一个分层回采完毕后应严密接顶；下向充填法每一分层均应接顶密实；在非管道输送充填料的充填井下方，人员不得停留和通行；充填时，各工序之间应有通信联络；顺路行人井、放矿井，应有可靠的防止充填料泄漏的背垫材料，以防堵塞及形成悬空；采场下部巷道及水沟堆积的充填料，应及时清理；充填料应无毒无害；采用下向胶结充填法采矿，采场两帮底角的矿石应清理干净；用组合式钢筒作顺路天井（行人、滤水、放矿）时，钢筒组装作业前应在井口悬挂安全网；采用人工间柱上向分层充填法采矿，相邻采场应超前一定距离；矿柱回采应与矿房回采同时设计。

审查重点是设计的采场生产活动中的安全设施是否与生产工艺相适应，能否满足安全要求。

(4) 设计采用自动化作业采区时，需要对自动化作业系统进行说明，包括自动化采区的布置范围、与其他非自动化采区的关系、安全门设置情况以及作业时的安全注意事项等。

【条文说明】

无轨自动化采区不同于传统采区，根据其技术特点和要求，在生产中所有设备应处于一个独立封闭的区域内，不允许工作人员或无法识别的设备进入其工作范围，否则将会影响自动化采区内设备的正常工作，因此设计中应对自动化采区范围及周边关系进行介绍，并说明保证自动化采区能安全生产的相关措施。

审查重点是自动化采区在生产中是否具有可封闭性，相应的安全措施是否安全可靠。

(5) 说明矿山已有采空区、危险区域的分布情况和设计采取的处理方式等，并阐明危险区域对今后开采活动的影响范围和影响程度。

【条文说明】

对于部分改扩建的矿山，历史已有空区或危险区域可能会对新系统的生产造成严重威胁，如突水、坍塌等灾害事故。在工程设计时，必须对新的开采范围周边的空区和危险区域进行查明，并对有影响的区域采取一定的措施进行处理，如进行充填、封闭或留设保安矿柱等。安全设施设计中应对矿山周边已有的空区和危险区的分布位置、大小、范围等进行说明（可采用平面图和剖面图的形式），并对其可能产生的不利影响范围和采取的安全措施进行说明。

审查重点是已有空区是否影响矿山新采区的安全，设计是否采取了相应措施，采取的处理措施是否安全可靠。

(6) 说明矿山对新产生采空区的处理方法（含支护情况）、处理步骤等，并分析采空区及处理之后的安全稳定性情况。

【条文说明】

采场回采完毕后的空区会对周边矿体的开采造成一定影响，设计中应根据选用的采矿方法对回采后空区的处理方法进行说明。

《金属非金属矿山安全规程》(GB 16423) 规定：矿柱回采和采空区处理方案，应在回采设计中同时提出。采用留矿法、空场法采矿的矿山，应采取充填、隔离或强制崩落围岩的措施，及时处理采空区；较小、较薄和孤立的采空区，是否需要及时处理，由主管矿长决定。开采有自然发火危险的矿床，应及时充填需要充填的采空区。

审查重点是新形成空区的处理措施是否能满足矿山进一步开采的安全。

(7) 当矿石具有放射性时，应说明开采时采取的防护措施。

【条文说明】

有放射性的矿山开采时，受辐射源照射会使人体产生各种类型和不同程度的病理反应，因此开采过程中应采取专门可靠的措施来避免或减轻这类放射损害。

《金属非金属矿山安全规程》(GB 16423) 规定：有放射性的矿山，不应在井下饮水和就餐。不应在有沼气和放射性的矿山井下吸烟。有放射性的矿山，不应利用老窿（巷）预热和降温。空气中含放射性元素的作业地点，粉尘浓度应每月至少测定三次；氡及其子体的浓度，应每周测定一次，浓度变化较大时，应每周测定三次。

审查重点是设计中是否采取了防护措施，采取的防护措施是否安全可靠。

(8) 对于人行天井，应说明井筒内的梯子间、防护网、隔离栅栏设置情况、井口防护设施设置情况；对于废弃的天井，应说明井口的处理措施。

【条文说明】

采场天井具有通风、行人、运输生产设施和材料等功能，是采场重要的生产通道，其配套的安全设施是否满足要求，直接涉及工作人员的人身安全，因此在设计中应对人行天井内的各种安全设施进行说明。由于井下照明条件受限，加上工作面粉尘和炮烟的影响，工作人员有时很难发现已经废弃的井口，因此坠井伤亡事故在矿山时有发生，为保证井下工作人员的安全，安全设施设计中应采取一定的安全措施，如对已经存在且废弃的天井、溜井的井口进行封闭或隔离。

《金属非金属矿山安全规程》(GB 16423) 规定：天井、溜井、地井和漏斗口，应设有标志、照明、护栏或格筛、盖板。竖井梯子间的设置，应符合下列规定：梯子的倾角，不大于80°；上下相邻两个梯子平台的垂直距离，不大于8 m；上下相邻平台的梯子孔错开布置，平台梯子孔的长和宽，分别不小于0.7 m和0.6 m；梯子上端高出平台1 m，下端距井壁不小于0.6 m；梯子宽度不小于0.4 m，梯蹬间距不大于0.3 m；梯子间与提升间应完全隔开。

审查重点是人行天井内的安全设施设计是否满足相关要求，是否对已废弃的天井采取隔离防护措施。

(9) 对于矿石、废石溜井，应说明井口的安全车挡（采用无轨设备直接卸矿时)、格筛设置情况。

【条文说明】

地下矿山在生产中采用无轨设备出矿时，一般均是采用铲运机直接向溜井中卸矿，受井下工作空间和照明条件的限制，作业人员有时不易判断设备与溜井之间的位置关系，从而会引发设备坠井事故，因此设计中应根据矿山的出矿和卸载设备在溜井口设置车挡、格筛等。

《金属非金属矿山安全规程》(GB 16423) 规定：天井、溜井、地井和漏斗口，应设有标志、照明、护栏或格筛、盖板。采用无轨装运设备，溜矿井应设安全车挡。

审查重点是矿石、废石溜井口的安全设施是否满足矿山生产的要求。

(10) 总结概述本节专用安全设施内容。

【条文说明】

根据《金属非金属矿山建设项目安全设施目录（试行)》(国家安全生产监督管理总局令第75号）的规定简要列出本节中设计的专用安全设施。

1.4.1.6 井下爆破器材库位置及爆破作业

(1) 说明井下爆破器材库的位置、炸药和爆破器材储存量、爆破器材库独立回风道设置情况。

【条文说明】

井下爆破器材库是地下矿山生产中的一个重大危险源，一旦发生火灾爆炸事故，将会对矿山造成严重的后果。一个合理的设计可以降低事故发生风险和发生风险的等级，因此设计中应根据相关规范的要求对爆破器材库位置（包含位置所在处的工程地质条件和距离各种井巷的距离情况等)、炸药储存量以及通风情况进行合理设计，并对各种参数情况进行说明。

《爆破安全规程》(GB 6722) 规定：井下只准建分库，库容量不应超过炸药3天的生产用量；起爆器材10天的生产用量。井下爆破器材库不应设在含水层或岩体破碎带内；井下爆破器材库应设有独立的回风道。井下爆破器材库距井筒、井底车场和主要巷道的距离：硐室式库不小于100 m，壁槽式库不小于60 m。井下爆破器材库距行人巷道的距离：硐室式库不小于25 m，壁槽式库不小于20 m。井下爆破器材库距地面或上下巷道的距离：硐室式库不小于30 m，壁槽式库不小于15 m。

审查重点是爆破器材库的位置、炸药量储存量及独立回风道的设计情况是否满足《爆破安全规程》(GB 6722) 的要求。

(2) 对采场爆破作业，应说明采用的凿岩设备、炮孔参数、排间距、炸药类型、装药方式、起爆方式；对掘进作业，应说明采用的凿岩设备、炸药类型、装药方式和起爆方式。

【条文说明】

井下爆破作业属于矿山生产中的一个重要生产环节，同时也存在着巨大的风险，设计中应根据具体的工程地质条件和井下环境条件选用合适的起爆器材、炸药类型、起爆方式和安全措施，严禁采用国家已经明令禁止的炸药和器材。

审查重点是设计的爆破参数和起爆方式是否安全可靠，采用的炸药和爆破器材是否属于国家已明令禁止的。

(3) 总结概述本节专用安全设施内容。

【条文说明】

根据《金属非金属矿山建设项目安全设施目录（试行）》(国家安全生产监督管理总局令第75号)的规定简要列出本节中设计的专用安全设施。

1.4.2 提升运输系统安全设施

1.4.2.1 竖井提升系统

1. 箕斗提升

(1) 给出箕斗提升系统选择计算的完整过程，包括但不限于提升任务、提升高度、提升方式(单箕斗、双箕斗)、提升容器参数，提升钢丝绳规格、参数、安全系数，提升速度、加速度、减速度，提升机主导轮和天轮或导向轮的直径、直径比、提升钢丝绳最大静张力和静张力差。采用多绳摩擦提升时，还应说明静张力比、钢丝绳静防滑安全系数、动防滑安全系数、摩擦衬垫压力等参数；采用单绳提升时，还应说明钢丝绳仰角、偏角，钢丝绳在卷筒上的缠绕层数等参数。

(2) 说明井筒断面、罐道形式及参数、提升容器之间的最小间隙，提升容器和井壁、罐道梁、井梁之间的最小间隙，以及提升容器导向槽与罐道间隙、罐道钢丝绳的规格和参数、钢丝绳罐道的刚性系数、防撞钢丝绳设置及其参数。

(3) 说明提升机控制系统及其主要功能、提升系统连锁控制、视频监控等。

(4) 说明本节专用安全设施设计内容，包括尾绳保护设施、防过卷设施、防过放设施、防坠设施，井口、卸载站、装载站的安全护栏，以及提升机房内盖板、梯子和安全护栏等。

【条文说明】

安全设施设计中要对安全设施进行详细说明，具体要求包括如下几个方面的内容：提升计算过程和主要设计参数、与井筒相关的主要安全设计参数、与控制系统相关的安全设计情况、专用安全设施设置情况。这里列出提升计算过程的目的是让设计文件的审查者和执行者明白系统的组成、弄清楚需要设置哪些安全设施。所以说明中必须包括编写提纲给出的各个参数；与井筒相关的各主要安全设计参数在安全规程中有详细规定，设计方案必须满足规程要求，审查者要对照规程进行审查；控制系统对于提升系统安全至关重要，安全设施设计中应该说明提升系统的监视功能和电气控制水平是否满足安全要求、符合工程实际、满足工程需要；专用安全设施是提升系统安全设计的重要组成部分，投资不多，但对生产安全十分重要。这些设施往往不会引起人们重视，但又是常见的事故点，需要引起设计者的重视，在安全设施设计中必须给以足够重视和说明，便于验收时检查。箕斗提升系统的专用安全设施包括：防止提升容器过卷的设施、尾绳隔离装置、各种梯子、安全围栏、盖板等。

《金属非金属矿山安全规程》(GB 16423) 规定：

① 竖井提升应符合下列规定：提升容器和平衡锤，应沿罐道运行。提升容器的罐道，应采用木罐道、型钢罐道或钢丝绳罐道。竖井内用带平衡锤的单罐笼升降人员或物料时，平衡锤的质量应符合设计要求，平衡锤和罐笼用的钢丝绳规格应相同，并应做同样的检查和试验。

② 提升容器的导向槽（器）与罐道之间的间隙，应符合下列规定：木罐道，每侧应不超过10 mm；钢丝绳罐道，导向器内径应比罐道绳直径大2～5 mm；型钢罐道不采用滚轮罐耳时，滑动导向槽每侧间隙不应超过5 mm；型钢罐道采用滚轮罐耳时，滑动导向槽每侧间隙应保持10～15 mm。

③ 竖井内提升容器之间、提升容器与井壁或罐道梁之间的最小间隙，应符合表3－1－3的规定。

罐道钢丝绳的直径应不小于28 mm；防撞钢丝绳的直径应不小于40 mm。

表3-1-3 竖井内提升容器之间以及提升容器最突出部分和井壁、罐道梁、井梁之间的最小间隙表

mm

<table>
<tr><th colspan="2">罐道和井梁布置</th><th>容器与容器之间</th><th>容器与井壁之间</th><th>容器与罐道梁之间</th><th>容器与井梁之间</th><th>备　注</th></tr>
<tr><td colspan="2">罐道布置在容器一侧</td><td>200</td><td>150</td><td>40</td><td>150</td><td>罐道与导向槽之间为20</td></tr>
<tr><td rowspan="2">罐道布置在容器两侧</td><td>木罐道</td><td>—</td><td>200</td><td>50</td><td>200</td><td rowspan="2">有卸载滑轮的容器，滑轮和灌道梁间隙增加25</td></tr>
<tr><td>钢罐道</td><td>—</td><td>150</td><td>40</td><td>150</td></tr>
<tr><td rowspan="2">罐道布置在容器正门</td><td>木罐道</td><td>200</td><td>200</td><td>50</td><td>200</td><td rowspan="2"></td></tr>
<tr><td>钢罐道</td><td>200</td><td>150</td><td>40</td><td>150</td></tr>
<tr><td colspan="2">钢丝绳罐道</td><td>450</td><td>350</td><td>—</td><td>350</td><td>设防撞绳时，
容器之间最小间隙为200</td></tr>
</table>

④ 钢丝绳罐道，应优先选用密封式钢丝绳。每根罐道绳的最小刚性系数应不小于500 N/m。各罐道绳张紧力应相差5% ~10%，内侧张紧力大，外侧张紧力小。

井底应设罐道钢丝绳的定位装置。拉紧重锤的最低位置到井底水窝最高水面的距离，应不小于1.5 m。应有清理井底粉矿及泥浆的专用斜井、联络道或其他形式的清理设施。

采用多绳摩擦提升机时，粉矿仓应设在尾绳之下，粉矿仓顶面距离尾绳最低位置应不小于5 m。穿过粉矿仓底的罐道钢丝绳，应用隔离套筒予以保护。

从井底车场轨面至井底固定托罐梁面的垂高应不小于过卷高度，在此范围内不应有积水。

⑤ 罐道钢丝绳应有20 ~30 m备用长度；罐道的固定装置和拉紧装置应定期检查，及时串动和转动罐道钢丝绳。

⑥ 天轮到提升机卷筒的钢丝绳最大偏角，应不超过1°30′。

天轮轮槽剖面的中心线，应与轮轴中心线垂直。不应有轮缘变形、轮辐弯曲和活动等现象。

⑦ 采用扭转钢丝绳作多绳摩擦提升机的首绳时，应按左右捻相间的顺序悬挂，悬挂前，钢丝绳应除油。腐蚀性严重的矿井，钢丝绳除油后应涂增摩脂。

若用扭转钢丝绳作尾绳，提升容器底部应设尾绳旋转装置，挂绳前，尾绳应破劲。

井筒内最低装矿点的下面，应设尾绳隔离装置。

⑧ 采用钢丝绳罐道的单绳提升系统，两根主提升钢丝绳应采用不旋转钢丝绳。

⑨ 不应用普通箕斗升降人员。遇特殊情况需要使用普通箕斗或急救罐升降人员时，应采取经主管矿长批准的安全措施。

⑩ 竖井提升系统应设过卷保护装置，过卷高度应符合下列规定：提升速度低于3 m/s时，不小于4 m；提升速度为3 ~6 m/s时，不小于6 m；提升速度高于6 m/s、低于或等于10 m/s时，不小于最高提升速度下运行1s的提升高度；提升速度高于10 m/s时，不小于10 m；凿井期间用吊桶提升时，不小于4 m。

⑪ 提升井架（塔）内应设置过卷挡梁和楔形罐道。楔形罐道的楔形部分的斜度为1%，其长度（包括较宽部分的直线段）应不小于过卷高度的2/3，楔形罐道顶部需设封头挡梁。

多绳摩擦提升时，井底楔形罐道的安装位置，应使下行容器比上提容器提前接触楔形罐道，提前距离应不小于1 m。

单绳缠绕式提升时，井底应设简易缓冲式防过卷装置，有条件的可设楔形罐道。

⑫ 箕斗提升系统，应设有能从各装矿点发给提升机司机的信号装置及电话或话筒。装矿点信号与提升机的启动，应有闭锁关系。

⑬ 提升装置的天轮、卷筒、主导轮和导向轮的最小直径与钢丝绳直径之比，应符合下列规定：摩擦轮式提升装置的主导轮，有导向轮时不小于100，无导向轮时不小于80；落地安装的摩擦轮式提升装置的主导轮和天轮，不小于100；地表单绳提升装置的卷筒和天轮，不小于80；井下单绳提升装置和凿井的单绳提升装置的卷筒和天轮，不小于60。

⑭ 提升装置的卷筒、天轮、主导轮、导向轮的最小直径与钢丝绳中最粗钢丝的最大直径之比：地表提升装置，不小于1200。

⑮ 各种提升装置的卷筒缠绕钢丝绳的层数，应符合下列规定：竖井中升降人员或升降人员和物料的，宜缠绕单层；专用于升降物料的，可缠绕两层；盲井（包括盲竖井、盲斜井）中专用于升降物料的或地面运输用的，可缠绕三层。

⑯ 提升装置的机电控制系统，应有符合要求的保护与电气闭锁装置。

⑰ 提升设备应有能独立操纵的工作制动和安全制动的两套制动系统，其操纵系统应设在司机操纵台。安全制动装置，除可由司机操纵外，还应能自动制动。制动时，应能使提升机的电动机自动断电。提升速度不超过4 m/s、卷筒直径小于2 m的提升设备，如作闸带有重锤，允许司机用体力操作。其他情况下，应使用机械传动的、可调整的工作闸。提升能力在10 t以下的凿井用绞车，可采用手动安全闸。

⑱ 提升设备应有定车装置，以便调整卷筒位置和检修制动装置。

⑲ 多绳摩擦提升系统，两提升容器的中心距小于主导轮直径时，应装设导向轮；主导轮上钢丝绳围包角应不大于200°。

⑳ 多绳摩擦提升系统，静防滑安全系数应大于1.75；动防滑安全系数，应大于1.25；重载侧和空载侧的静张力比，应小于1.5。

审查重点是基本安全设施要审查提升系统自身的安全性，专用安全设施要审查设计是否按照相关规范设置了相应的专用安全设施。关系到提升设施自身安全性的内容主要包括：钢丝绳、提升容器、提升机的选择是否符合规程要求；罐道设置能否保证提升安全；提升容器之间，提升容器与罐道梁、井梁、井壁之间的间隙是否符合要求；提升容器的各种保护设施是否齐全，是否符合要求；多绳提升系统的防滑保护系统是否符合要求；单绳缠绕提升系统缠绕层数、偏角、仰角等是否符合要求；专用安全设施的设置是否齐全。设计审查时应该注意，安全设施设计与建设项目的具体情况是否相符。

2. 罐笼提升

(1) 给出罐笼提升系统选择计算的完整过程，包括但不限于提升任务、提升高度、提升方式(单罐笼、双罐笼)，罐笼和平衡锤参数，一次最多允许提升人员数量，钢丝绳规格、参数，不同工况下的钢丝绳安全系数，罐笼防坠器，提升速度、加速度、减速度，提升机主导轮（或卷筒）和天轮或导向轮的直径、直径比，以及提升钢丝绳最大静张力和静张力差。采用多绳摩擦提升时，还应说明静张力比、钢丝绳静防滑安全系数、动防滑安全系数、摩擦衬垫压力等参数；采用单绳提升时，还应说明钢丝绳仰角、偏角，钢丝绳在卷筒上的缠绕层数等参数。

(2) 说明井筒断面、罐道形式及参数、提升容器之间的最小间隙，提升容器和井壁、罐道梁、井梁之间的最小间隙，以及提升容器导向槽与罐道间隙、罐道钢丝绳的规格和参数、钢丝绳罐道的刚性系数。

(3) 说明提升机控制系统及其主要功能、提升系统连锁控制、视频监控设计情况等。

(4) 说明本节专用安全设施设计内容，包括各井口门禁系统、井筒内梯子间设置、提升容器防过卷设施、防过放设施、防坠设施，井口和各中段马头门的摇台或者其他承接装置、安全门、安全护栏、阻车器设置，提升机房内盖板、梯子和安全护栏以及多绳摩擦提升的尾绳保护设施等。

【条文说明】

罐笼提升系统承担矿山提升人员、设备、材料等任务，是矿山最重要的生产设施和安全设施。安全设施设计中要对罐笼提升系统和安全设施进行详细说明，具体要求包括如下几个方面的内容：提升计算过程和主要设计参数、与井筒相关的主要安全设计参数、与控制系统相关的安全设计情况、专用安全设施设置情况。罐笼提升系统直接提升人员，关系到人的生命安全，需要给予特别关注。尤其要关注单绳提升的钢丝绳安全系数、罐笼的防坠设施、缓冲托罐设施，多绳提升罐笼的钢丝绳安全系数、缓冲托罐设施，井口安全门等设施及其连锁控制是否满足安全需要。安全规程中的规定只是最低要求，安全设施应能够提供高于规程要求的安全保障。

除箕斗提升系统中的相关规定外，针对罐笼提升系统《金属非金属矿山安全规程》(GB 16423) 规定：

① 垂直深度超过 50 m 的竖井用作人员出入口时，应采用罐笼或电梯升降人员。

② 采用钢丝绳罐道的罐笼提升系统，中间各中段应设稳罐装置。

③ 竖井罐笼提升系统的各中段马头门，应根据需要使用摇台。除井口和井底允许设置托台外，特殊情况下也允许在中段马头门设置自动托台。摇台、托台应与提升机闭锁。

④ 竖井用罐笼升降人员时，加速度和减速度应不超过 0.75 m/s^2；最高速度应不超过下式计算值，且最大应不超过 12 m/s。

$$V=0.5\sqrt{H}$$

式中 V——最高速度，m/s；

H——提升高度，m。

竖井升降物料时，提升容器的最高速度，应不超过下式计算值：

$$V=0.6\sqrt{H}$$

式中 V——最高速度，m/s；

H——提升高度，m。

审查重点是基本安全设施要审查提升系统自身的安全性，专用安全设施要审查设计是否按照相关规范设置了相应的专用安全设施。关系到提升设施自身安全性的内容主要包括：钢丝绳、提升容器、提升机的选择是否符合规程要求；罐道设置能否保证提升安全；提升容器之间，提升容器与罐道梁、井梁、井壁之间的间隙是否符合要求；提升容器的各种保护设施是否齐全，是否符合要求；多绳提升系统的防滑保护系统是否符合要求；单绳缠绕提升系统缠绕层数、偏角、仰角等是否符合要求；专用安全设施具体内容见安全设施目录。设计审查时应该注意，安全设施设计与建设项目的具体情况是否相符。

罐笼提升系统专用安全设施的重点是安全门、阻车器以及门禁系统。这些设施对于防止人员和设备坠井、记录和跟踪人员在井下的位置十分重要。

3. 混合提升

（1）说明混合井中设置的提升系统类型和数量，分别给出箕斗提升、罐笼提升和混合提升系统选择计算的完整过程，包括但不限于提升任务、提升高度、提升方式（单箕斗、双箕斗、单罐笼、双罐笼、箕斗罐笼互为平衡提升），箕斗、罐笼和平衡锤参数，罐笼一次最多允许提升人员数量、各提升系统提升钢丝绳规格参数、不同工况下的钢丝绳安全系数，提升速度、加速度、减速度，提升机主导轮（或卷筒）和天轮或导向轮的直径、直径比，提升钢丝绳最大静张力和静张力差。采用多绳摩擦提升时，还应说明静张力比、钢丝绳静防滑安全系数、动防滑安全系数、摩擦衬垫压力等参数；采用单绳提升时，还应说明钢丝绳仰角、偏角、罐笼防坠器规格和缠绕层数等参数。

（2）说明井筒断面、各提升系统罐道形式及参数、各提升容器之间的最小间隙，各提升容器和井壁、罐道梁、井梁之间的最小间隙，提升容器导向槽与罐道间隙、罐道钢丝绳的规格和参数、钢丝绳罐道的刚性系数、防撞钢丝绳设置及其参数、提升容器隔离装置设置。

（3）说明提升机控制系统及其主要功能、提升系统连锁控制、视频监控设计情况等。

（4）说明本节专用安全设施设计内容，包括各井口门禁系统、井筒的梯子间设置、提升容器防过卷设施、防过放设施、防坠设施，卸载站、装载站安全护栏，井口和各中段马头门的摇台或者其他承接装置、安全门、阻车器、安全护栏，提升机房内盖板、梯子和安全护栏以及多绳摩擦提升的尾绳保护设施等。

【条文说明】

混合提升系统是箕斗提升系统和罐笼提升系统的综合，既包括箕斗提升安全设施，又包括罐笼提升安全设施，还要关注混合提升是否会相互影响。尤其是混合井井筒中同时装备箕斗提升和罐笼提升两套系统时，可能在安全方面产生不利影响。在安全设施设计中需要说明采用了哪些安全措施保证两个系统工作的安全性。

除箕斗提升系统和罐笼提升系统中的相关规定外，针对混合提升系统，《金属非金属矿山安全规程》(GB 16423) 规定：无隔离设施的混合井，在升降人员的时间内，箕斗提升系统应中止运行。

审查重点是基本安全设施要审查提升系统自身的安全性，专用安全设施要审查设计是否按照相关规范设置了相应的专用安全设施。关系到提升设施自身安全性的内容主要包括：钢丝绳、提升容器、提升机的选择是否符合规程要求；罐道设置能否保证提升安全；提升容器之间，提升容器与罐道梁、井梁、井壁之间的间隙是否符合要求；提升容器的各种保护设施是否齐全，是否符合要求；多绳提升系统的防滑保护系统是否符合要求；单绳缠绕提升系统缠绕层数、偏角、仰角等是否符合要求；专用安全设施具体内容见安全设施目录。设计审查时应该注意，安全设施设计与建设项目的具体情况是否相符。

混合提升系统既包括箕斗提升，又包括罐笼提升，有些采用箕斗罐笼互为平衡提升系统。混合提升系统的专用安全设施的重点也是安全门、阻车器以及门禁系统。这些设施对于防止人员和设备坠井、记录和跟踪人员在井下的位置十分重要。

4. 电梯井提升

(1) 说明电梯的用途，选用的电梯规格、电梯井规格尺寸等主要参数。

(2) 说明本节专用安全设施设计内容，包括梯子间及安全护栏、电梯和梯子间进口的安全防护网设置情况等。

【条文说明】

矿用电梯是专门为矿山井下辅助提升设计的电梯，电梯设备的机械系统和电气系统是完备的。设备自身的安全设施和安全性能需要由厂家的设计、制造来保证。作为矿山设计者或者用户需要了解设备用途和性能，正确选择、正确安装和使用设备。

为了保证电梯的安全使用，矿山需要配备专用的安全设施，包括梯子间及安全护栏、电梯和梯子间进口的安全防护网设置情况等。

审查重点是应注意审查所选择的电梯是否适合矿山井下使用。重点审查电梯井的专用安全设施是否齐全。

1.4.2.2 斜井提升系统

(1) 说明斜井中设置的提升系统类型和数量，给出斜井提升系统（斜箕斗提升、台车、串车、人车提升）选择计算的完整过程，包括但不限于提升任务、斜井倾角、井口和井底标高、提升高度、提升方式（单箕斗、双箕斗、台车、串车、人车提升），提升速度、加速度、减速度，提升机卷筒和天轮直径、直径比，提升钢丝绳最大静张力和静张力差，提升容器规格参数、一次提升矿车数量、一次提升装载量、一次最多允许提升人员数量，以及提升钢丝绳参数、仰角、偏角和安全系数。

(2) 说明提升机控制系统及其主要功能、提升系统连锁控制、视频监控等。

(3) 说明斜井断面布置和斜井铺轨参数情况。

(4) 说明本节专用安全设施设计内容，包括斜井内轨道防滑措施、防跑车装置、躲避硐室、人行道与轨道之间的安全隔离设施、井下甩车道和吊桥设计参数、梯子和扶手设置情况，井口安全门、阻车器、安全护栏、挡车设施和门禁系统设计情况，以及提升机房内的安全护栏和梯子设计情况。

【条文说明】

斜井提升系统是中小型矿山重要的提升系统之一。斜井提升既有主提升系统，又有副提升系统。主提升有箕斗提升和串车提升，副提升有台车提升和人车提升等。和竖井提升安全设施一样，斜井提升安全设施也分为基本安全设施和专用安全设施。斜井提升基本安全设施包括提升机、钢丝绳和提升容器三部分，专用安全设施除常规的阻车器、安全栏杆外，比较特殊的是防跑车装置（也叫捞车器）、人行道与轨道之间的安全隔离设施、人车断绳保险器和轨道防滑措施，这几项设施在安全规程中都有具体规定。防跑车装置安装在斜井中，作用是防止矿车或者人车断绳后一直坠落到井底，造成人员伤亡和提升设施重大损失。人行道与轨道之间的安全隔离设施是保护人员安全的专用设施，对于保证提升过程中的斜井行人安全具有重要意义。人车断绳是人车提升的重大安全事故，直接威胁到人的生命安全，人车上必须设置能够自动制动和人工制动的断绳保险器，以保证人车乘员的生命安全。轨道防滑措施是指安装在斜井底板上、阻挡轨枕和轨道整体向下滑动的装置，设置的目的是保证轨道不滑动，提升容器能够在轨道上稳定运行，从而保证安全。

安全设施设计中除对斜井提升设施的主要设计参数进行详细说明外，还必须对上述专用安全设施作出详细说明。

《金属非金属矿山安全规程》(GB 16423）规定：

① 供人员上、下的斜井，垂直深度超过 50 m 的，应设专用人车运送人员。斜井用矿车组提升时，不应人货混合串车提升。

② 专用人车应有顶棚，并装有可靠的断绳保险器。列车每节车厢的断绳保险器应相互联结，并能在断绳时起作用。断绳保险器应既能自动，也能手动。

运送人员的专用列车的各节车厢之间，除连接装置外，还应附挂保险链。

③ 采用专用人车运送人员的斜井，应装设符合下列规定的声、光信号装置：每节车厢均能在行车途中向提升司机发出紧急停车信号；多水平运送时，各水平发出的信号应有区别，以便提升司机辨认；所有收发信号的地点，均应悬挂明显的信号牌。

④ 倾角大于 10°的斜井，应设置轨道防滑装置，轨枕下面的道碴厚度应不小于 50 mm。

⑤ 提升矿车的斜井，应设常闭式防跑车装置，并经常保持完好。

斜井上部和中间车场，应设阻车器或挡车栏。阻车器或挡车栏在车辆通过时打开，车辆通过后关闭。斜井下部车场应设躲避硐室。

⑥ 斜井运输的最高速度，不应超过下列规定：运输人员或用矿车运输物料，斜井长度不大于 300 m 时，3.5 m/s；斜井长度大于 300 m 时，5 m/s；用箕斗运输物料，斜井长度不大于 300 m 时，5 m/s；斜井长度大于 300 m 时，7 m/s；斜井运输人员的加速度或减速度，应不超过 0.5 m/s^2。

⑦ 在斜井中，有轨运输设备之间以及运输设备与支护之间的间隙，应不小于 0.3 m；带式输送机与其他设备突出部分之间的间隙，应不小于 0.4 m；无轨运输设备与支护之间的间隙，应不小于 0.6 m。

⑧ 行人的运输斜井应设人行道。人行道应符合下列要求：有效宽度，不小于 1.0 m；有效净高，不小于 1.9 m。斜井坡度为 10°～15°时，设人行踏步；15°～35°时，设踏步及扶手；大于 35°时，设梯子。有轨运输的斜井，车道与人行道之间宜设坚固的隔离设施；未设隔离设施的，提升时不应有人员通行。

审查的具体内容包括：提升系统主要设计参数是否正确，如卷筒直径与提升钢丝绳直径比，钢丝绳缠绕层数，钢丝绳的安全系数，最大提升速度及加、减速度，提升机最大静张力、最大静张力差，提升系统的最大静张力、最大静张力差等。提升系统的工艺布置：下部车场是否设有躲避硐室，井底乘人车场应设置的位置，各乘人车场是否设有信号硐室和候车硐室等；斜井断面布置是否符合要求；车道与人行道之间宜设坚固的隔离设施，其是否符合要求，是否设置了轨道防滑装置等；是否设置了防跑车装置，设置位置能否符合规程要求，门禁系统设置情况等。

审查重点是审查设计中的基本安全设施是否完全符合安全规程和设计规范要求，斜井提升的专用安全设施是否齐全，斜井提升的安全设施是否符合规程规范要求。基本安全设施要对照规程逐项审查，专用安全设施则要根据项目具体情况确定哪些是必要的，哪些是不必要的，据此判断专用安全设施是否齐全。另外要根据安全设施设计参数确认这些专用安全设施是否满足该项目的具体要求。从一定意义上讲，专用安全设施对于斜井提升的安全性更为重要。

1.4.2.3　带式输送机系统

（1）说明带式输送机选择计算过程，包括胶带机的头部标高、尾部标高、水平长度、提升高度、提升任务等基本参数，胶带种类、带宽、带强、带速、胶带安全系数、驱动滚筒及拉紧滚筒、改向滚筒参数选择，胶带机驱动方式与驱动装置、拉紧方式与拉紧装置布置、胶带机控制方式。

（2）说明胶带斜井倾角、断面布置，斜井通风、收尘、排水、消防设计情况。

（3）说明带式输送机系统的各种闭锁和机械、电气保护装置。

（4）说明本节专用安全设施设计内容，包括胶带输送机的安全护罩、安全护栏、梯子、扶手设置情况。

【条文说明】

带式输送机对高差变化适应能力强、运输能力大、安全可靠、自动化程度高，适用于大型井下矿山的矿石和废石运输。在生产过程中，输送机可能造成的安全事故包括：输送带断裂导致的物料撒落伤人、设备损坏、输送机运动部件伤人、人员从高处跌落伤害等。为了说明安全设施设计能够保证带式输送机系统工作和人员安全，安全设施设计应按照提纲的要求进行说明。

带式输送机用于地下矿山运输时，主要的危险有如下几种：输送带断裂导致的物料滚落伤人和损坏设备，输送带失火导致人员窒息死亡和设备损坏，带式输送机倒转导致物料滚落伤人、带式输送机运动部件伤人以及人员在胶带斜井内滑倒受伤等。对带式输送机系统进行安全设施设计审查的依据是《金属非金属矿山安全规程》(GB 16423)、《冶金矿山采矿设计规范》(GB 50830)、《有色金属矿山采矿设计规范》(GB 50771) 以及其他相关规范提供了具体落实规程要求的做法，审查时应对照《金属非金属矿山安全规程》进行检查。

《金属非金属矿山安全规程》(GB 16423) 规定：

① 行人的水平运输巷道应设人行道，带式输送机运输的巷道，不小于1.0 m。

② 使用带式输送机，应遵守下列规定：带式输送机运输物料的最大坡度，向上（块矿）应不大于15°，向下应不大于12°；带式输送机最高点与顶板的距离，应不小于0.6 m；物料的最大外形尺寸应不大于350 mm。人员不得搭乘非载人带式输送机。不应用带式输送机运送过长的材料和设备。输送带的最小宽度，应不小于物料最大尺寸的2倍加200 mm。带式输送机胶带的安全系数，按静荷载计算应不小于8，按启动和制动时的动荷载计算应不小于3；钢绳芯带式输送机的静荷载安全系数应不小于5~8。钢绳芯带式输送机的滚筒直径，应不小于钢绳芯直径的150倍，不小于钢丝直径的1000倍，且最小直径应不小于400 mm。装料点和卸料点，应设空仓、满仓等保护装置，并有声光信号及与输送机联锁。带式输送机应设有防胶带撕裂、断带、跑偏等保护装置，并有可靠的制动、胶带清扫以及防止过速、过载、打滑、大块冲击等保护装置；线路上应有信号、电气联锁和停车装置；上行的带式输送机，应设防逆转装置。在倾斜巷道中采用带式输送机运输，输送机的一侧应平行敷设一条检修道，需要利用检修道作辅助提升时，带式输送机最突出部分与提升容器的间距应不小于300 mm，且辅助提升速度不应超过1.5 m/s。

审查重点是带式输送机的基本设计参数，如带式输送机种类、带式输送机倾角、输送物料块度、带式输送机安全系数等是否满足要求；带式输送机的各种保护装置，如各种闭锁和机械、电气保护装置，防逆转装置，制动装置等是否安全；消防设施设计，选用阻燃输送带，按照相关规范设置消防水管和龙头、设置火灾监测系统；斜井断面布置是否符合规程规范要求，带式输送机运动部件周边的防护设施是否齐全。

1.4.2.4 斜坡道与无轨运输系统

1. 斜坡道

(1) 说明斜坡道的位置、功能、断面尺寸、长度、转弯半径、坡度、路面形式和厚度，以及主要运行车辆类别型号。

【条文说明】

斜坡道是地下矿山无轨车辆的主要运输通道，运输过程中产生较多的是碰撞事故，为保证运输过程中的安全，设计时应根据主要运输设备的类型、外形尺寸、运行速度、车流量以及工程地质情况（处于岩质破碎、软岩或遇水膨胀岩层区域，其永久支护会发生变形，使巷道断面缩小，这种情况下应保证变形后各种安全间隙仍符合相关要求）等选择合适的斜坡道结构参数。进入斜坡道的车辆类型也应满足相关规程的要求，确保运行安全，减少事故发生。

《金属非金属矿山安全规程》(GB 16423) 规定：

① 井下使用无轨运输设备，应遵守下列规定：内燃设备，应使用低污染的柴油发动机，每台设备应有废气净化装置，净化后的废气中有害物质的浓度应符合 GBZ 1、GBZ 2 的有关规定；采用汽车运输时，汽车顶部至巷道顶板的距离应不小于 0.6 m；运输设备应定期进行维护保养；主要斜坡道应有良好的混凝土、沥青或级配均匀的碎石路面。

② 无轨运输设备与支护之间的间隙，应不小于 0.6 m。

审查重点是运行的无轨设备外形尺寸与斜坡道的设计参数是否匹配，无轨设备本身是否满足井下运行的要求。

(2) 说明车载灭火器配备，以及人行道宽度、躲避硐室、缓坡段和错车道、交通信号系统、斜坡道口门禁系统设置情况等。

【条文说明】

车载灭火器配备及斜坡道中相关的安全设施与斜坡道运输安全密切相关，这些安全设施的设置可以有效减少事故发生率和已发生事故等级，因此在设计中应根据相关的规程要求进行设计，并对设计的情况进行说明。

《金属非金属矿山安全规程》(GB 16423) 规定：

① 无轨运输的斜坡道，应设人行道或躲避硐室。

人行道的有效净高应不小于 1.9 m，有效宽度不小于 1.2 m。

躲避硐室的间距，在曲线段不超过 15 m，在直线段不超过 30 m。躲避硐室的高度不小于 1.9 m，深度和宽度均不小于 1.0 m。躲避硐室应有明显的标志，并保持干净、无障碍物。

② 井下使用无轨运输设备，斜坡道长度每隔 300 ~ 400 m，应设坡度不大于 3%、长度不小于 20 m 并能满足错车要求的缓坡段；每台设备应配备灭火装置。

审查重点是斜坡道设计参数是否满足规程要求，斜坡道内运行的无轨车辆是否配备了车载灭火器。

(3) 总结概述本节专用安全设施内容。

【条文说明】

根据《金属非金属矿山建设项目安全设施目录（试行）》（国家安全生产监督管理总局令第 75 号）的规定简要列出本节中设计的专用安全设施。

2. 无轨作业中段（分段）

(1) 说明主要无轨作业中段（分段）的功能、巷道断面尺寸、路面形式，以及主要运行车辆类别型号。

【条文说明】

随着地下矿山生产机械化程度的提高，越来越多的无轨设备用于井下作业，并逐渐向大型化的方向发展，因此井下无轨作业中段已经成为矿山井下的重要工作场所。为保证无轨设备在井下安全运行，巷道断面设计时需要考虑工程地质条件、各种通行和作业车辆的数量、通过频率、行人情况以及各种设备的外形尺寸等，以保证生产中无轨设备的运行安全。

《金属非金属矿山安全规程》(GB 16423) 规定：井下使用无轨运输设备，应遵守下列规定：内燃设备，应使用低污染的柴油发动机，每台设备应有废气净化装置，净化后的废气中有害物质的浓度应符合 GBZ 1、GBZ 2 的有关规定；运输设备应定期进行维护保养。无轨运输设备与支护之间的间隙，应不小于0.6 m。

审查重点是运行的无轨设备外形尺寸与巷道的设计参数是否匹配，无轨设备本身是否满足井下运行的要求。

(2) 说明巷道内人行道或躲避硐室、水沟及盖板、卸载硐室的安全车挡和护栏、自动化控制采区区域位置及门禁系统设置情况等。

【条文说明】

受地下矿山工作环境的限制，巷道中的行人易发生撞击、滑到、跌倒等事故，在巷道内设置符合要求的行人道、躲避硐室、水沟盖板等安全设施可以有效地减少人身伤害事故的发生；卸载硐室的安全车挡和护栏可保证生产设备和辅助人员的安全，避免出现坠井事故；自动化采区的门禁系统可以避免无关人员和设备误入采场，造成自动化采区的生产故障。这些安全设施均与巷道内的工作人员和设备安全密切相关，在设计中应进行逐项说明。

《金属非金属矿山安全规程》(GB 16423) 规定：行人的无轨运输水平巷道应设人行道。人行道的有效净高应不小于1.9 m，有效宽度不小于1.2 m。采用无轨装运设备，溜矿井应设安全车挡；每台设备应配备灭火装置。

审查重点是巷道内的安全设施是否齐全，设计参数是否符合要求；存在自动化采区时，自动化采区能否安全正常运行。

(3) 总结概述本节专用安全设施内容。

【条文说明】

根据《金属非金属矿山建设项目安全设施目录（试行）》(国家安全生产监督管理总局令第75号) 的规定简要列出本节中设计的专用安全设施。

1.4.2.5 有轨运输系统（含装矿硐室、卸矿硐室）

(1) 说明有轨运输中段数量、标高，运输距离、运输任务，给出运输系统和设备选择计算（包括运行速度、制动距离等）。

(2) 说明运输巷道断面布置、采用的运输设备及其参数、装载和卸载设备、控制方式。

(3) 说明人行道、躲避硐室、水沟、坡度，以及装载站和卸载站的安全护栏、人行巷道的水沟盖板设置情况。

(4) 总结概述本节专用安全设施内容。

【条文说明】

有轨运输是高效安全的井下矿山平巷运输方式，在金属非金属矿山广泛应用。有轨运输系统包括运输巷道、装载站、卸载站、运输轨道、运输设备、供电系统等。有轨运输系统可能出现的安全事故包括：机车或列车挤人、撞人、行人落入水沟受伤，在装载站被矿石砸伤、在卸载站落入溜井等。有轨运输系统属于生产系统，《金属非金属矿山建设项目安全设施目录（试行）》(国家安全生产监督管理总局令第75号) 中只将装载站和卸载站的安全护栏、人行巷道的水沟盖板等作为专用安全设施。安全设施设计中应说明系统的基本情况和参数，并列出设计的专用安全设施。

《金属非金属矿山安全规程》(GB 16423) 规定：

① 行人的水平运输巷道应设人行道，其有效净高应不小于1.9 m，有效宽度应符合下列规定：人

力运输的巷道，不小于0.7 m；机车运输的巷道，不小于0.8 m；调车场及人员乘车场，两侧均不小于1.0 m；井底车场矿车摘挂钩处，应设两条人行道，每条净宽不小于1.0 m。

② 在水平巷道和斜井中，有轨运输设备之间以及运输设备与支护之间的间隙，应不小于0.3 m。

③ 轨道的曲线半径，应符合下列规定：行驶速度1.5 m/s以下时，不小于车辆最大轴距的7倍；行驶速度大于1.5 m/s时，不小于车辆最大轴距的10倍；轨道转弯角度大于90°时，不小于车辆最大轴距的10倍；对于带转向架的大型车辆（如梭车、底卸式矿车等），应不小于车辆技术文件的要求。

④ 曲线段轨道加宽和外轨超高，应符合运输技术条件的要求。直线段轨道的轨距误差应不超过+5 mm和-2 mm，平面误差应不大于5 mm，钢轨接头间隙宜不大于5 mm。

⑤ 使用电机车运输，应遵守下列规定：有爆炸性气体的回风巷道，不应使用架线式电机车；高硫和有自然发火危险的矿井，应使用防爆型蓄电池电机车。

⑥ 架线式电机车运输的滑触线悬挂高度（由轨面算起），应符合下列规定：主要运输巷道：线路电压低于500 V时，不低于1.8 m；线路电压高于500 V时，不低于2.0 m。井下调车场、架线式电机车道与人行道交叉点：线路电压低于500 V时，不低于2.0 m；线路电压高于500 V时，不低于2.2 m。井底车场（至运送人员车站），不低于2.2 m。

⑦ 电机车运输的滑触线架设，应符合下列规定：滑触线悬挂点的间距，在直线段内应不超过5 m，在曲线段内应不超过3 m。滑触线线夹两侧的横拉线，应用瓷瓶绝缘；线夹与瓷瓶的距离不超过0.2 m；线夹与巷道顶板或支架横梁间的距离，不小于0.2 m。滑触线与管线外缘的距离不小于0.2 m。滑触线与金属管线交叉处，应用绝缘物隔开。

⑧ 电机车运输的滑触线应设分段开关，分段距离应不超过500 m。每一条支线也应设分段开关。

审查重点是人行道宽度、躲避硐室尺寸及间隔、水沟盖板、装载站的安全通道等是否符合要求，列车制动距离是否符合规程要求，装卸载站的安全护栏是否符合要求。

1.4.2.6 主溜井及破碎系统（含箕斗装矿系统）

（1）说明主溜井及破碎系统的组成和配置情况。

（2）说明主溜井、破碎硐室、箕斗装矿皮带道的尺寸、断面配置情况。

（3）说明主溜井井口的大块破碎设备、破碎站与皮带道的设备、破碎站的给料设备、破碎设备配置及参数。

（4）说明破碎站设备与上部主溜井料位和下部成品矿仓料位的连锁控制设计情况、给矿皮带机与提升系统和成品矿仓的料位连锁控制设计情况。

（5）说明主溜井井口安全护栏、安全标志设置，主溜井底部安全设施，主溜井安全检查、料位检测与报警设施设置情况。

（6）说明大块破碎设备的安全防护措施、破碎设备运动部件周边的安全护栏设置情况。

（7）总结概述本节专用安全设施内容。

【条文说明】

主溜井及破碎系统是大中型地下矿山的重要生产设施，同时溜井系统也是安全生产关注的重点之一。溜井系统可能出现的安全事故是溜井堵塞时工作人员从堵塞体下方处理时堵塞体垮落导致人员伤亡以及溜井受矿石冲击垮塌；破碎系统可能出现的事故主要是运动部件伤人。编制报告时应对主溜井及破碎系统工程的布置和设备配置情况进行说明，其目的是使相关人员了解主溜井及破碎系统的配置情况，便于对相关安全设施配置情况进行分析、判断。

《金属非金属矿山安全规程》(GB 16423）规定：溜井口，应设有标志、照明、护栏或格筛、盖板。主溜井处的污风，应引入回风道。

《有色金属采矿设计规范》(GB 50771）规定：主溜井通过的岩层工程地质、水文地质条件复杂或年通过量1000 kt以上的矿山，主溜井数量不宜少于2条；主溜井宜采用垂直式，单段垂高不宜大于

200 m，分支斜溜道的倾角应大于 60°；溜井直径不应小于矿石最大块度的 5 倍，但不得小于 3 m；主溜井装矿硐室应设置专用安全通道；主溜井应设置专用的通风防尘设施，其污风应引入回风道；含泥量多、黏结性大或含硫高、易氧化自燃的矿石，不宜采用主溜井。

《冶金矿山采矿设计规范》(GB 50830) 规定：含泥量多、黏性大的矿石不宜采用主溜井贮、放矿。主溜井井筒宜选择在工程地质和水文地质条件简单、中等坚固以上的岩层中；主溜井宜避开破碎带、断层、溶洞和节理裂隙发育地带。

审查重点是溜井设置位置的岩石状况，溜井周围的岩石和溜井的倾角能否保证溜井承受冲击的能力，溜井直径和高度能否保证矿石在溜井中不容易堵塞，溜井的安全检查、料位检测和报警设施设计情况；破碎装矿系统是否有足够的操作空间，是否有足够的防止人员高处跌落或者受到运动部件伤害的设施。

1.4.3　井下防治水与排水系统安全设施

本节的安全设施分为两部分，第一部分是矿山防治水设施，第二部分是排水设施。防治水设施包括矿山的总体防水系统设施和治水措施，该部分设计是否符合相关规范要求，思路是否正确，是否符合项目的具体条件，对矿山安全至关重要。所以对于水文地质条件复杂的矿山，这部分是矿山井下防治水设计的重点。对于大多数矿山而言，水文地质条件一般，不存在特别大的突水条件，矿山排水设施的设计是否合理，是否能保证安全就成了矿山防水的重点。

矿山排水系统设计审查要依据《金属非金属矿山安全规程》(GB 16423) 进行。首先要审查坑内涌水量的计算是否合理、结果是否正确；然后审查主排水系统的水仓设置及设计参数是否符合要求；设计的水泵是否适合井下排水使用；水泵和排水管路的设置是否符合规程要求；水泵房的设置和防水门的设置是否符合要求；在井下出现可预见的突水时，排水系统能否保证矿井安全。

(1) 说明防治水方案，包括地下水疏/堵工程及设施（含疏干井、放水孔、疏干巷道、防水门、水仓、疏干设备、防水矿柱、防渗帷幕及截渗墙等）情况；当露天开采转地下开采时，应说明防露天坑底的洪水突然灌入井下的设施（包括露天坑底所做的假底、坑底回填等）。

【条文说明】

矿山防治水设计是矿山整体设计的有机组成部分。有些情况下，矿山开拓方式、采矿方法以及开采顺序等的选择和确定本身就是防治水害措施的一部分。防治水设计应由具有相应资质的单位承担，应与矿山总体设计同时进行。

水文地质和/或工程地质条件复杂的矿山，具体的地质条件对防治水工程的布置有重要影响。应详细说明此类矿山具体的水文地质、工程地质条件，并对勘察工作及其结论给出评述意见。说明防治水措施与具体地质条件的相互关联和制约关系。如果设计者认为水文地质条件或工程地质条件的查明程度存在问题，应针对存在问题提出具体的处理措施。

防治水方案应介绍防治水工程的具体布置，如疏干井、放水孔的个数、位置及其他主要参数取值，防水矿柱、防渗帷幕及截渗墙的具体位置、设计尺寸等。也应说明防治水工程与其他矿山基建工程实施的时序要求，例如：有些矿山需要提前开展疏干工作，而有些防治水工程则必须在矿山生产的一定阶段才能实施。

地下疏干　需要专门疏干的矿床，对矿坑涌水量预测应达到更高的要求。应详细说明涌水量估算的条件和结果。列出设计所依据的支撑文件，包括矿区地质勘探报告，专门水文地质勘探报告，疏干试验等勘探或专项研究报告所进行的工作及其主要结论。

水仓、泵房、变电所等是井下疏干的关键设施。它们建成前不能施工直接揭露含水体的放水疏干工程。设计中应合理确定涉及矿床疏干的各项建设工程的先后施工顺序。放水疏干钻孔的位置、方向、深度、孔径等参数应在疏干设计中明确说明。

采用疏干方法治水的矿山，地下水位未降到安全水位之前，不应开始采矿。在矿岩稳定性较差的情况下，安全水位应等于或低于开采标高。矿岩稳定性较好的情况下，可以有一定的残余水头存在，即安全水位可高于开采标高。具体的安全水位应由矿山设计者确定。

矿床疏干过程中出现陷坑、裂缝以及可能出现的地表陷落范围，应及时圈定、设立标志并采取必要的安全措施。

地下水截水和堵水 地下截水和堵水措施包括防渗帷幕、截渗墙等系统性截水措施和溶洞封堵等局部堵水措施，也包括在关键部位留设防水矿柱或岩柱等截水措施。本质上，防渗帷幕和截渗墙属于提高防水岩柱隔水性能的工程措施。

应详细说明与防渗帷幕/防渗墙线路相关的水文地质条件，对拟封堵含水层/导水构造等应定量描述（规模、产状、埋藏特征、相关水文地质参数等）。防渗帷幕等封闭条件描述时，应说明防渗帷幕堵水的平面边界、底部边界特征及深度，需达到的渗透系数等参数。应列出必要的支撑文件，如矿区地质勘探报告，专门水文地质勘探报告，堵水帷幕的水文—工程地质勘探报告等勘探或专项研究报告所开展的工作及其结论。对留设的防水矿柱或岩柱地段的水文—工程地质条件也应详细说明，证明防水矿柱或岩柱的可靠性。

溶洞型含水层充水的矿床，主要岩溶通道涌水量变化极大，甚至可能出现机械排水无法应付的情况，井下揭露这类岩溶通道后需严密封堵。特别是在裸露型岩溶区，地表水与地下水的转换非常迅速，主要岩溶通道是地下水的排泄通道，有时也是地表洪水的排泄通道，更应提高设计标准，保证堵水效果。此类措施虽属局部堵水，但可影响矿山全局性安全。

防水矿柱的设置与矿山排水能力的确定密切相关。有下列情形之一时，可留设防水矿柱/岩柱：相邻的井巷或采区其中之一有涌水危险，则应在两者之间留设防水矿柱；积水的旧井巷、老采区、较大地表水体、强含水层、岩溶带附近开采时应留设防水矿柱；大面积崩落法开采的矿山，有可能在平面上分区开采的，应在已采区和未采区之间留设防水矿柱，以减轻暴雨对开采的影响。矿山防排水设计中应明确提出关于防水矿柱的技术要求，包括防水矿柱的位置、标高、厚度、服务期限等要求。如有连接巷道通过防水矿柱，可在该类巷道中设防水门。

(2) 说明采用的涌水量估算方法，包括矿山正常涌水量和最大涌水量估算过程及结果，需要排出的采矿废水量、充填溢流水量，以及矿山正常排水量和最大排水量。

【条文说明】

对于水文地质条件复杂的矿床或大水矿床应说明涌水量估算方法及过程，采用的具体计算参数。明确矿山正常排水量和最大排水量设计值。在矿山全部开采年限或空间范围内，矿坑涌水量随开采时间进程或范围变化有明显变化的，应针对影响涌水量变化的开采节点或工程揭露范围对涌水量变化规律进行说明。

水文地质条件简单的矿山只介绍设计的正常排水量和最大排水量即可。

(3) 说明采用的排水方式（集中排水、分散排水、一段排水、接力排水）、排水系统组成及主要参数、水仓设置及其参数、各排水泵房的位置及标高、各水泵房的水泵配置及参数，排水管路配置及参数，以及排水系统的控制方式及主要功能。

【条文说明】

矿山井下排水设施既是生产设施又是安全设施。矿山突水淹井是金属非金属矿山事故的主要形式之一。要防止矿山淹井和人员淹溺事故的发生，设置安全、合理的排水设施必不可少。

《金属非金属矿山安全规程》(GB 16423) 规定：

① 井下主要排水设备，至少应由同类型的三台泵组成。工作水泵应能在 20 h 内排出一昼夜的正常涌水量；除检修泵外，其他水泵应能在 20 h 内排出一昼夜的最大涌水量。井筒内应装设两条相同的排水管，其中一条工作，一条备用。

② 水仓应由两个独立的巷道系统组成。涌水量较大的矿井，每个水仓的容积，应能容纳 2 ~ 4 h

的井下正常涌水量。一般矿井主要水仓总容积，应能容纳6～8 h的正常涌水量。

(4) 说明采用的排泥方式、排泥泵房的位置、排泥设备及管路选择计算。

【条文说明】

略。

(5) 说明中段（分段）的防水门位置、设防水头、抗压强度；说明地下水头（水位）、水量监测设施；说明探放水孔的孔口管和控制闸阀、探放水设备等；说明防治水过程中在有突水可能性的工作面救生圈、安全绳等救生设施的设置情况。

【条文说明】

防水门从功能上可分三类。第一类针对水文地质条件一般的矿山，在主要泵房进口附近设防水门。该类防水门只承受较低水压，主要起应付短期设备故障，避免淹井或延缓淹井的作用。第二类针对水文地质条件复杂的矿山，一般设置在进入井底车场的巷道内，将车场与中段巷道隔开，此类防水门应能承受较大水压，保护井下关键的设备、设施不受水淹。使特大涌水造成的损失降到最小，能迅速恢复生产。第三类针对同一矿区的水文条件复杂程度明显不同的情况下，在通往强含水带、积水区和有大量突然涌水可能区域的巷道，以及专用的截水、放水巷道设防水门，出现突水事故时这些防水门关闭可以保护矿山其他部分的正常生产。

一般情况下防水门通常位于井底车场区域，保护井底重要生产设施的安全，便于操作和控制。为应对复杂的水文地质条件和开采需要，在其他位置设防水门时，应结合具体的水文地质条件和开采设计，说明其合理性。防水门的耐压能力应与其预期的设防水压相适应。

在汇水面积较大的露天转地下开采、短期暴雨强度很大地区的大面积崩落法开采、裸露岩溶区的暗河型充水的矿床等，涌水量变化特别大，且大量涌水会夹带泥砂，足以影响机械排水。在这种特别情况下，防水门应是防排水系统的一个重要组成部分，保护泵房、中央变电所和竖井等重要设施不被淹，而生产采场和采空区可能作为蓄水空间短期淹没，大涌水过后再逐渐恢复生产。

水害严重的矿山往往对应的是复杂的水文地质条件。在矿山基建开拓之前，有时并不能完全查清水文地质条件的所有细节。基建和生产初期是对水文地质条件不断暴露的过程。有些矿山受周期性的地表水或暴雨洪水的威胁，有些矿山在水体下开采。这类矿山在基建和生产过程中必须开展持续的调查、监测和预报工作以保证生产安全。地下水位、水量监测系统是保证矿山安全的必要设施。有突水危害的矿山，应配合探放水工作建立专门的报警系统和良好的通信设施。

当超前探水作为一项防治水技术措施时，仅提出“有疑必探”或“有掘必探”的原则要求是不够的。应根据矿区水文地质条件和矿山开拓的需要，具体划定必须探水的空间区域。说明探水工作面探水孔的个数、方向、孔径、深度及超前覆盖范围。

探水钻机的固定方式应能在揭露高压水时保证钻机稳定。地下水压很高时宜采用较小的探水孔孔径。探水工作面必须采用防爆灯具照明，照明灯不应设置在正对钻孔的位置。

有下列情形之一时，必须进行超前探水：开拓工作面接近强含水地层或断层、流砂层、溶洞、陷落柱时，接近积水的老窑、旧巷道、采空区时，发现有出水征兆时，以及准备掘开隔离矿/岩柱放水时。

在排水能力有限的情况下（如基建期掘进），探水工作经常是为注浆堵水服务的。当出现岩石变软，沿钻杆涌水时，应停止钻进，做好开始注浆的准备工作。孔口管和控制闸阀的耐压指标应满足后续注浆的压力要求。

当探放水工程处于矿山开拓系统的边部、端部，不具备良好的贯穿风流时，需注意防止有害气体的危害。

《金属非金属矿山安全规程》(GB 16423) 规定：水文地质条件复杂的矿山，应在关键巷道内设置防水门，防止泵房、中央变电所和竖井等井下关键设施被淹。防水门的位置、设防水头高度等应在矿山设计中总体考虑。同一矿区的水文条件复杂程度明显不同的，在通往强含水带、积水区和有大量突然涌水可能区域的巷道，以及专用的截水、放水巷道，也应设置防水门。防水门应设置在岩石稳固的地点，由专人管理，定期维修，确保其经常处于良好的工作状态。

(6) 说明主要泵房的出口及密闭防水门设计情况（含设防水头、抗压强度），水泵房及变电所内的盖板、安全护栏设置情况。

【条文说明】

在井下突发大量涌水的条件下，主水泵房的防水门可以保证泵房正常工作，及时排出井下涌水。在设计中应根据防水门的位置和功能，计算其设防水头的高度，并据此选择满足相应抗压强度要求的防水门，确保防水门能够发挥应有的防水功能。水泵房和变电所内存在着机械伤害、触电等潜在危险事故，设计中应予以注意，并采取有效措施。

《金属非金属矿山安全规程》(GB 16423) 规定：一般矿山的主要泵房，进口应装设防水门。

(7) 总结概述本节专用安全设施内容。

【条文说明】

根据《金属非金属矿山建设项目安全设施目录（试行）》(国家安全生产监督管理总局令第75号)的规定简要列出本节中设计的专用安全设施。

1.4.4 通风系统安全设施

(1) 说明选用的通风方式与通风系统、通风系统的组成，各进风井及进风巷道、回风井及回风巷道的参数，给出全矿的通风计算过程及其结果、各段进风井及进风巷道、回风井及回风巷道的通风量、风流速度，并对通风阻力进行计算。

【条文说明】

通风系统是井下矿山重要的生产设施和安全设施。窒息死亡是井下人身伤亡的主要形式之一。设计中应综合考虑矿山的地理位置（海拔标高）、生产规模、开采顺序、采矿方法、矿体分布情况以及井下原岩温度等各种因素，可采用通风软件进行数值模拟分析，选择合适、高效的通风系统方式。设计中还应对矿山需风量、通风阻力和主要井巷的风流速度进行计算，以便满足相关规范要求，确保矿山通风系统的安全可靠。

《金属非金属矿山安全规程》(GB 16423) 规定：

① 矿井所需风量，按下列要求分别计算，并取其中最大值：按井下同时工作的最多人数计算，供风量应不少于每人4 m^3/min；按排尘风速计算，硐室型采场最低风速应不小于0.15 m/s，巷道型采场和掘进巷道应不小于0.25 m/s，电耙道和二次破碎巷道应不小于0.5 m/s；箕斗硐室、破碎硐室等作业地点，可根据具体条件，在保证作业地点空气中有害物质的接触限值符合GBZ 2规定的前提下，分别采用计算风量的排尘风速；有柴油设备运行的矿井，按同时作业机台数每千瓦每分钟供风量4 m^3计算。

② 专用风井，专用总进、回风道最高风速15 m/s；专用物料提升井最高风速12 m/s；风桥最高风速10 m/s；提升人员和物料的井筒，中段主要进、回风道，修理中的井筒，主要斜坡道等最高风速8 m/s；运输巷道、采区进风道最高风速6 m/s；采场最高风速4 m/s。

③ 箕斗井不应兼作进风井。混合井作进风井时，应采取有效的净化措施，以保证风源质量。主要回风井巷，不应用作人行道。

审查重点是整个矿山的通风系统设计是否合适，风量和风速是否满足相关要求。

(2) 说明选用的通风机及其控制系统，主通风机的反风设施、备用电机及快速更换装置。

【条文说明】

在金属非金属矿山生产中，不同的生产工艺环节需要的新鲜风量并不相同，如在采矿大规模爆破之后，为尽快排出采场炮烟，就会需要尽可能多的新鲜风流。在出矿、凿岩等环节，工作面的需风量就会相对较少。为降低地下矿山的通风能耗，在通风设计时要尽可能实现按需通风，即根据工作面需要进行通风量的调节。这就需要对井下整个通风系统中的通风机进行集中控制（可通过软件实现），以便及时适应井下需风量的变化。如果井下通风是按照按需通风的系统进行设计的，则应对整个系统中的风机设置情况及生产中的控制调节系统进行说明；如果井下通风不是按照按需通风的系统进行设计的，也应对通风机的位置、参数和调节控制方法（人工现场调节或地表远程控制）进行说明。

《金属非金属矿山安全规程》(GB 16423) 规定：

① 每台主扇应具有相同型号和规格的备用电动机，并有能迅速调换电动机的设施。

② 主扇应有使矿井风流在 10 min 内反向的措施。当利用轴流式风机反转反风时，其反风量应达到正常运转时风量的60% 以上。采用多级机站通风系统的矿山，主通风系统的每一台通风机都应满足反风要求，以保证整个系统可以反风。

审查重点是主通风机的反风设施、备用电机及快速更换装置等是否齐全，其功能是否能满足相关要求。

(3) 说明选用的辅助通风机及局部通风机规格、数量、风量、风压等参数，给出风速、风压、温度、有毒有害气体等的检测及报警设施设计。

【条文说明】

井下通风的各种参数监测设施能够对井下通风效果进行监测，有助于调节优化通风系统，避免井下出现窒息和中毒事故，设计时应对各种传感器的布置位置、种类和数量进行说明。如果通风的检测及报警设施在安全避险“六大系统”中已经详细介绍，此处可不必再进行重复说明。

审查重点是设计选用的辅助风机、局部风机是否能满足要求，相应的监测设施是否齐全。

(4) 给出通风构筑物（含风门、风墙、风窗、风桥等）的设计情况，说明阻燃风筒、风井井口和马头门处的安全护栏、风机进风口的安全护栏和防护网设置情况。

【条文说明】

通风构筑物可以优化分配井下各个工作面的通风效果，提高整个通风系统的通风效率。设计通风构筑物时应与矿山的生产系统相结合，避免出现冲突情况，例如，在主要运输巷道和车辆人员进出频繁的巷道中设置风门、风墙和风窗等构筑物，这不但会影响生产效率，而且也起不到应有的风流分配作用，还会造成井下通风混乱。设计中应对通风构筑的位置、类型进行说明。

《金属非金属矿山安全规程》(GB 16423) 规定：

① 主要运输巷道应设两道风门，其间距应大于一列车的长度。手动风门应与风流方向成 80° ~ 85°的夹角，并逆风开启。

② 风桥的构造和使用，应符合下列规定：风量超过 20 m^3/s 时，应设绕道式风桥；风量为 10 ~ 20 m^3 时，可用砖、石、混凝土砌筑；风量小于 10 m^3/s 时，可用铁风筒；木制风桥只准临时使用；风桥与巷道的连接处应做成弧形。

审查重点是通风构筑的设计是否符合相关规定，相关专用安全设施是否齐全。

(5) 说明本项目特点和采用的空气预热措施，选择的空气预热设备及其主要参数，给出空气预热参数及设备选择的计算过程及结果，预热设施包括严寒地区通地表的井口（如罐笼井、箕斗井、混合井和斜提升井等）设置的防冻设施、进风的井口和巷道硐口（如专用进风井、专用进风平硐、专用进风斜井、罐笼井、混合井、斜提升井、胶带斜井、斜坡道、运输巷道等）设置的空气预热设施等。

【条文说明】

在冬季气温较低的地区，在进风井中可能会产生冰冻现象，井口的结冰可能会砸坏井筒设施和伤人，平硐口、斜坡道口路面会出现结冰打滑现象，会对设备运行造成不利影响，从而导致安全事故的发生。设计中应根据矿山所处的气候条件，正确设计相应的空气预热方式，如果没有设置则应说明理由。

《金属非金属矿山安全规程》(GB 16423) 规定：进风巷冬季的空气温度，应高于2 ℃；低于2 ℃时，应有暖风设施。不应采用明火直接加热进入矿井的空气。在严寒地区，主要井口（所有提升井和作为安全出口的风井）应有保温措施，防止井口及井筒结冰。如有结冰，应及时处理，处理结冰时应通知井口和井下各中段马头门附近的人员撤离，并做好安全警戒。有放射性的矿山，不应利用老窿（巷）预热。

审查重点是各个进风口是否设有预热设施，设置的预热设施是否能满足要求。

(6) 说明本项目特点和采用的制冷降温措施，给出制冷设备的选择计算过程及其参数，以及地表制冷站、地下制冷站或能量交换设施、管路规格与数量、管路布置及分配设施等的设计情况。

【条文说明】

本条内容是针对高温矿井而言，井下温度过高不但会影响井下的工作效率，还会对工作人员的安全健康形成威胁，因此当仅靠通风不能有效降低井下温度时，就需要制定制冷方案。设计中应对采取的制冷方式（是集中制冷还是局部制冷，是空气制冷还是水制冷等）、制冷系统及制冷效果进行说明。

《金属非金属矿山安全规程》(GB 16423) 规定：采掘作业地点的气象条件应符合表3-1-4的规定，否则，应采取降温或其他防护措施。

表3-1-4 采掘作业地点气象条件规定

干球温度/℃	相对湿度/%	风速/($m\cdot s^{-1}$)	备　注
≤28	不规定	0.5~1.0	上限
≤26	不规定	0.3~0.5	至适
≤18	不规定	≤0.3	增加工作服保暖量

有放射性的矿山，不应利用老窿（巷）降温。

审查重点是井下温度超过规定时，矿山是否设有制冷设施，设计的制冷系统和设施参数能否满足矿山井下制冷的要求。

(7) 总结概述本节专用安全设施内容。

【条文说明】

根据《金属非金属矿山建设项目安全设施目录（试行）》（国家安全生产监督管理总局令第75号）的规定简要列出本节中设计的专用安全设施。

1.4.5 充填系统

(1) 简要说明采矿方法对充填的要求（包括充填体强度及形成时间、待充填采空区尺寸、一次最大充填量等）、不同中段的充填料浆输送距离、采场到充填料制备站的高差、最大充填倍线。

(2) 说明选用的充填材料、充填方式、充填料浆制备工艺，充填料浆的组成及浓度、充填体强度指标，设计采用的充填系统及充填制度等。

(3) 说明充填料储存与制备方式、设备参数与数量、充填系统控制。

(4) 说明充填管路及减压设施布置、各点压力计算、管路压力监测装置与充填管路排气设施设置情况及参数。

(5) 说明充填系统事故池、采场充填挡墙、充填站内及井下充填系统的安全护栏及其他防护措施（包括物料输送机和其他相关设备、砂浆池、砂仓等的安全护栏及其他防护措施等）。

(6) 总结概述本节专用安全设施内容。

【条文说明】

充填法采矿对于矿山环境保护具有重要意义，尽管充填法采矿成本相对较高，但由于其环保优势，我国多地的地方政府要求矿山设计时优先考虑充填法采矿，因此充填系统成为很多矿山的重要生产系统。

采矿方法和开采顺序不同对充填体的强度要求、凝固时间也不相同，因此在设计中应对充填体参数选取的依据进行说明。除此之外，还应对充填系统的技术参数进行介绍，便于相关人员对充填系统的设计情况进行了解。充填料输送系统存在的安全问题主要与管路压力有关，但是如果采场充填的挡墙出现问题，也会造成事故，所以在对充填系统安全设施进行设计时，应对与井下生产安全密切相关的专用安全设施进行说明。

《金属非金属矿山安全规程》(GB 16423）规定：

① 采用充填法回采，充填料应无毒无害。

② 采用胶结充填采矿法时，应待胶结充填体达到要求强度，方可进行矿柱回采。

③ 开采有自然发火危险的矿床，充填法采矿时，应采用惰性充填材料。

审查重点是压力管路的等级与采用的管路级别是否匹配，管路压力检测装置是否适合于本项目工况，采场充填速度是否与采矿工艺相适应，充填材料选择是否满足要求，相应的专用安全设施是否齐全。

1.4.6 供配电安全设施

供配电设施是保障矿山安全生产的重要设施。一方面要满足各主生产系统及辅助生产系统的正常生产用电，特别是各系统“安全设施（用电的）”的可靠供电。另一方面无论在正常还是故障情况下都要保证电气设备的安全和防止人员触电。本编制提纲主要依据《矿山电力设计规范》(GB 50070)，在安全设施设计时尚应符合国家现行有关规定。

（1）介绍地区变配电站设施及可向本工程供电的供电电压、容量，供电线路截面、长度、回路数。

【条文说明】

矿山外部电源和供电线路的可靠性对矿山安全生产至关重要。供电电压、供电线路截面、长度与供电容量有关。在安全设施设计中应进行相关的说明。

《矿山电力设计规范》(GB 50070）规定：矿山企业供电电源和电源线路应符合下列规定：有一级负荷的矿山企业应由双重电源供电；当一电源中断供电，另一电源不应同时受到损坏，且电源容量应至少保证矿山企业全部一级负荷电力需求，并宜满足大型矿山企业二级负荷电力需求。大型矿山企业宜由两回电源线路供电；两回电源线路中的任一回中断供电时，其余电源线路宜保证供给全部一、二级负荷电力需求。无一级负荷的小型矿山企业，可由一回电源线路供电。

审查重点是地区变配电站可向本工程供电的容量、供电线路回路数、截面是否符合规范要求。

（2）介绍本工程供电系统接线，正常及事故情况下的运行方式，对一级负荷及保安负荷的供电方式。

【条文说明】

略。

（3）说明提升系统、通风系统、排水系统的供配电系统情况。

【条文说明】

这三个系统为地下矿重要的生产及安全设施，应确保供电，在安全设施设计时应进行说明。

《矿山电力设计规范》(GB 50070）规定：

① 提升机的供电电源应符合下列规定：属于一级负荷的提升机应由双重电源供电，两回电源线路均应为分别直接引自地面变（配）电所不同母线段的专用线路。不属于一级负荷的大中型矿山企业的主要提升机，宜由两回电源线路供电，其中正常工作回路应为专用线路。提升机的控制设备、辅助用电设备的供电电源的要求，应与提升机主回路用电设备供电电源的要求相同。

② 主通风机的供电电源的要求应按提升机供电电源的规定执行。

③ 属一级负荷的主通风机宜设备用电源自动投入装置。

④ 有一级负荷的井下主变（配）电所、主排水泵房变（配）电所和其他变（配）电所，应由双重电源供电。

审查重点是提升系统、通风系统、排水系统的供电线路的回路数、截面是否符合规范要求。

（4）说明高（低）压供配电系统中性点接地方式。

【条文说明】

高（低）压供配电系统中性点接地方式与供电的连续性、接地故障电流有关，系统发生单相接地时产生的故障电压、接触电压与人身安全有关。安全设施设计中应对中性点的接地方式进行说明。

《矿山电力设计规范》(GB 50070）规定：

① 矿山企业 6 kV 或 10 kV 系统中性点接地方式，应根据矿山企业对供电不间断的要求、单相接地故障电压对人身安全的影响、单相接地电容电流大小、单相接地过电压和对电气设备绝缘水平的要求等条件选择，并应符合下列规定：当 6 kV 或 10 kV 系统发生单相接地故障不要求立即切除故障回路而需要维持故障回路短时期运行时，应采用不接地、高电阻接地或消弧线圈接地方式，并应将流经单相接地故障点的电流限制在 10 A 以内。当 6 kV 或 10 kV 系统发生单相接地故障要求迅速切除故障回路时，可采用低电阻接地方式，且应将流经单相接地故障点的电流限制在 200 A 以内。向井下或露天矿采矿场和排废场供电的 6 kV 或 10 kV 系统不得采用中性点直接接地方式。

② 井下低压配电系统接地型式应采用 IT 系统，并应符合下列规定：配电系统电源端的带电部分应不接地或经高阻抗接地，且配电系统相导体和外露可导电部分之间第一次出现阻抗可忽略的故障时，故障电流不应大于 5 A。配电系统不宜引出 N 线。

审查重点是向井下供电的 6 kV 或 10 kV 系统的中性点接地方式、井下低压配电系统接地型式是否符合规范要求。

（5）说明井下供配电系统的各级配电电压等级。

【条文说明】

由于矿井井下安装电气设施的空间有限，因此为满足井下生产安全，各级配电电压应满足相关要求。

《矿山电力设计规范》(GB 50070）规定：

① 井下配电电压和电气设备电压的选择应符合下列规定：井下电力网的高压配电电压宜采用和地面高压电力网相同等级的配电电压，且额定电压不得大于 10 kV。井下电力网的低压配电电压宜采用 660 V，小型矿山可采用 380 V。综合机械化采、掘工作面低压配电电压可采用 1140 V。手持电气设备电压不得大于 127 V。

② 井下照明网路电压，应符合下列规定：主要巷道的固定式照明电压可采用 220 V 或 127 V。天井以及天井至回采工作面之间应采用 36 V。采、掘工作面应采用 36 V，当选择矿用防爆型灯具时可采用 127 V。行灯电压不应大于 36 V。

③ 矿山牵引网额定电压宜符合下列规定：标准轨距铁路宜采用直流 1.5 kV,也可采用单相工频交流 10 kV。地面窄轨铁路宜采用直流 250 V、550 V 或 750 V。井下窄轨铁路宜采用直流 250 V 或 550 V；当运输距离长、运量大，在安全措施可靠时，无爆炸危险环境大型矿井可采用直流 750 V。

审查重点是井下高压配电电压、手持电气设备的电压、天井至回采工作面之间和采、掘工作面的照明电压、行灯电压是否符合规范要求。

（6）说明本工程总降压变电所主变压器容量及台数，列出本工程总计算负荷、采矿部分计算负荷及一级负荷计算结果。

【条文说明】

矿山总降压变电所主变容量应按相关规定考虑，井下负荷是选择地表向井下供电线路截面的依据之一。

《矿山电力设计规范》(GB 50070) 规定:

① 矿山企业地面主变电所主变压器台数确定，应符合下列规定：大、中型矿山工程宜采用 2 台。矿山一级负荷的两个电源均需经主变压器变压时，应采用 2 台。经技术经济比较确定合理时，可采用 2 台以上。无一级负荷的小型矿山工程可采用 1 台。

② 矿山企业地面主变电所的主变压器为 2 台及以上时，其中 1 台停止运行，其余变压器容量应能保证一级和二级负荷的供电。地面主变电所的主变压器为 1 台时，宜预留矿山全部负荷 15% ~ 25% 的裕量。

审查重点是总降压变电所主变压器容量及台数，以及设置 2 台及以上变压器时，如一台停止运行其余变压器容量是否符合规范要求。

(7) 说明地表向井下供电的线路截面、回路数以及地表架空线转下井电缆处防雷设施情况。

【条文说明】

本项要求是出于地表向井下供电线路容量及供电的安全性和可靠性的考虑。

《矿山电力设计规范》(GB 50070) 规定:

① 井下变（配）电所的电源及供电回路设置应符合下列规定：由地面引至井下主变（配）电所和其他井下变（配）电所的电力电缆，其总回路数不应少于两回路；当任一回路停止供电时，其余回路的供电能力应能承担井下全部负荷。有一级负荷的井下主变（配）电所、主排水泵房变（配）电所和其他变（配）电所，应由双重电源供电。向大型矿井井下矿物开采、运输负荷配电的变（配）电所，宜采用双回路供电。

② 经由地面架空线路引入井下变（配）电所的供电电缆，应在架空线与电缆连接处装设避雷装置。

审查重点是由地面引至井下主变（配）电所和其他井下变（配）电所的电力电缆回路数和电缆截面、防止电缆引入雷电过电压的措施是否符合规范要求。

(8) 说明井下低压配电系统故障（间接接触）防护装置。

【条文说明】

当低压配电系统发生接地故障时，可能会对人造成电击伤害，因此应采取安全防护措施。

《矿山电力设计规范》(GB 50070) 规定:

井下低压配电 IT 系统应采取自动切断电源的间接接触防护措施，并应符合下列规定：低压配电 IT 系统均应装设绝缘监视装置，当绝缘下降至整定值时，应由绝缘监视器发出可听和（或）可见信号。有爆炸危险环境矿井，当发生对外露导电部分或对地的单一接地故障时，防护装置应迅速切断故障线路。无爆炸危险环境矿井，当发生对外露导电部分或对地的单一接地故障而预期接触电压不超过 36 V 时，可不切断故障回路电源而继续保持短时运行，并应由绝缘监视装置发出可听和（或）可见的报警信号；当发生第二次异相接地故障时，应由过电流保护电器或剩余电流保护器切断故障回路。保护电器动作特性应符合《低压电气装置　第 4－41 部分：安全防护电击防护》(GB 16895.21) 的有关规定。当发生对外露导电部分或对地的单一接地故障且预期接触电压超过 36 V 时，防护装置应迅速地切断故障线路。

除此之外还应满足《低压配电设计规范》(GB 50054) 中的相关要求。

审查重点是低压配电 IT 系统绝缘监视装置的设置是否符合规范要求。

(9) 说明井下直流牵引变电所电气保护设施、直流牵引网络安全措施。

【条文说明】

井下直流牵引变电所电气保护设施、直流牵引网络安全措施应满足相关规定。

《矿山电力设计规范》(GB 50070) 规定:

① 牵引变电所直流出线开关型式的选择，应符合下列规定：750 V 及以上的出线开关，应采用直流快速开关。550 V 的出线开关，宜采用空气断路器，也可采用直流快速开关。250 V 的出线开关，宜采用空气断路器。

② 标准轨距铁路牵引变电所每段母线上的整流装置和直流配电装置，应设置直流接地速断保护，发生接地故障时保护应立即断开该段母线上所有整流设备的交、直流电源。

③ 标准轨距铁路接触线最大弛度时距轨面的高度，应符合下列规定：编组站和有作业的站场内宜采用6.0 m。正弓受电的固定式及半固定式线路，当列车装载高度不超过4.8 m时，宜采用5.5 m；当列车装载高度超过4.8 m，但不超过5.3 m时，宜采用5.7 m。旁弓受电的移动式线路宜采用4.3 m。在任何情况下不应高于6.4 m。

④ 窄轨铁路接触线最大弛度时距轨面高度，应符合下列规定：井下不行人的巷道不应低于1.9 m；行人巷道不应低于2.0 m；井底车场内从井底至乘车场一段不应低于2.2 m；采用直流750 V 电压时，各限制高度宜增加0.1 ~0.2 m。选用平硐露天型电机车，硐内不应低于2.0 m；硐外不应低于3.0 m。选用露天型电机车的地面线路，宜采用4.2 m。接触线与公路交叉处的高度，应根据具体情况确定，必要时可以断开接触线。

审查重点是牵引变电所出线开关型式、直流接地保护、接触线最大弛度时距轨面高度是否符合规范要求。

（10）说明爆炸危险场所电机车轨道电气的安全措施。

【条文说明】

为防止爆炸危险场所的轨道中有电流产生电火花，应按规定采取安全措施。

《矿山电力设计规范》（GB 50070）规定：

① 严禁利用有爆炸危险场所的轨道作回流导体。凡不准用作回流的钢轨和用作回流钢轨的连接处，必须装设两处可靠的轨道绝缘。第一绝缘点应设在分界处；第二绝缘点应设在爆炸危险场所以外，且与第一绝缘点的距离应大于一列车的长度。

② 采用电引爆的矿山，通向爆破区的轨道，在爆破期间严禁作为回流导体，并应采取在爆破期间内能断开轨道电流的安全措施。

审查重点是爆炸危险场所的轨道绝缘措施是否符合规范要求。

（11）说明设有带油设备的电气硐室的安全措施。

【条文说明】

为避免硐室内带油设备的漏油或事故时排放出的油流向硐室外引起次生事故，应按规定采取安全措施。

《矿山电力设计规范》（GB 50070）规定：装有带油设备的电气设备硐室不设集油坑时，应在硐室出口的防火门处设置斜坡混凝土档，其高度应高出硐室地面0.1 m。

审查重点是带油设备的电气硐室的储油、挡油措施是否符合规范要求。

（12）说明井下高、低压供配电设备类型和地下高、低压电缆类型。

【条文说明】

矿井井下具有潮湿、多尘、空间狭窄等环境特点，电气设备类型、高、低压电缆类型应符合相关规定，为避免电缆着火发生中毒、窒息伤亡事故，还应满足《国家安全监管总局关于开展金属非金属地下矿山防中毒窒息专项整治的通知》（安监总管一〔2013〕32 号）中“井下使用的动力线、照明线必须具备阻燃特性”的要求。

《矿山电力设计规范》（GB 50070）规定：

① 井下电气设备类型选择应符合下列规定：无爆炸危险环境矿井，宜采用矿用一般型电气设备。有爆炸危险环境矿井，应按国家或行业现行有关标准执行。电力设备的绝缘不应采用油质材料。

② 电力电缆的选择应符合下列规定：在立井井筒或倾角45°及以上的井巷内，固定敷设的高压电缆应采用交联聚乙烯绝缘粗钢丝铠装聚氯乙烯护套电力电缆或聚氯乙烯绝缘粗钢丝铠装聚氯乙烯护套电力电缆。在水平巷道或倾角小于45°的井巷内，固定敷设的高压电缆应采用交联聚乙烯绝缘钢带或细钢丝铠装聚氯乙烯护套电力电缆、聚氯乙烯绝缘钢带或细钢丝铠装聚氯乙烯护套电力电缆。移动变电站的电源电缆，应采用矿用监视型屏蔽橡套电缆。固定敷设的低压电缆，宜采用聚氯乙烯绝缘或交联聚乙烯绝缘电缆。非固定敷设的高低压电缆，宜采用矿用橡套软电缆。移动式和手持式电气设备宜采用专用橡套电缆。重要电源回路、移动式电气设备的电缆及井下有爆炸危险环境矿井的低压电缆应采用铜芯电缆。

③ 照明电缆线路的选择应符合下列规定：固定式照明线路宜采用橡套电缆或塑料电缆。移动式照明线路宜采用橡套电缆。

审查重点是井下高、低压电缆类型是否符合规范和安监总管一〔2013〕32号的要求。

(13) 列出短路电流计算结果，说明电气开关器件的分断能力。

【条文说明】

电气开关的分断能力为在短路事故发生时可靠断开故障回路提供保障，保护受电设备和避免事故范围扩大。

审查重点是依据短路电流计算结果校核电气开关器件的设置分断能力。

(14) 说明井下各用电设备和配电线路的继电保护装置设置情况。

【条文说明】

继电保护装置是保护受电设备、供电电缆以及人身安全的必备设施，设计时必须说明。

《矿山电力设计规范》(GB 50070) 规定：

① 由地面向井下配电的线路和其他井下线路不得装设自动重合闸装置。

② 井下高、低压线路应装设相间短路和过负荷保护。

③ 井下6 kV或10 kV系统单相接地保护的设置应符合下列规定：6 kV或10 kV系统中性点采用不接地、高电阻接地或消弧线圈接地方式时，井下主变（配）电所和直接从地面受电的变（配）电所的高压馈出线上应装有选择性的单相接地保护；接地保护应动作于跳闸或信号；向移动变电站供电的高压馈出线，应装设有选择性的单相接地保护，保护应无时限地动作于跳闸。6 kV或10 kV系统中性点采用低电阻接地方式时，井下各级变（配）电所高压馈线均应装设二段零序电流保护；其第一段应采用动作时限不长于0.3 s的零序电流速断，直接向电动机、变压器和移动变电站供电的高压馈线应采用无时限的零序电流速断；第二段应采用零序过电流保护，时限应与相间过电流保护相同。

审查重点是井下各用电设备和配电线路继电保护的设置是否符合规范要求。

(15) 说明井下照明设施情况。

【条文说明】

矿井井下具有潮湿、多尘、空间狭窄等环境特点，应根据相关要求设计照明设施。

《矿山电力设计规范》(GB 50070) 规定：

① 下列地点应安装固定式照明装置：变电所、调度室、机车库、信号站和水泵房等安装机电设备的硐室。爆破器材库、候车室、保健室、井下修理间等。井底车场范围内的运输巷道、采区车场。有机车运行的主要运输巷道、有人行道的带式输送机巷道、有人行道的斜井、升降人员的绞车道、升降物料及人行交替使用的绞车道以及主要巷道交叉点等处。需经常有人值守的设置机电设备的处所、移动变电站等。风门、安全出口。溜井井口、天井井口等易发生危险的地点。

② 综合机械化采、掘工作面的照明应使用与主机配套的灯具。

③ 无爆炸危险环境矿井的采、掘工作面，应采用移动式电气照明。

④ 井下照明线网宜采用三相三线制供电系统，并宜由专用变压器供电。

⑤ 照明灯具型式选择应符合下列规定：无爆炸危险环境矿井，应采用矿用一般型灯具；井下爆破器材库，应采用矿用防爆型灯具或采用矿用一般型灯具库外透光照明方式。有爆炸危险环境矿井，应按国家或行业现行有关标准执行。

⑥ 井下固定照明的照度标准宜符合表3－1－5的规定。

表3－1－5 井下固定照明的照度标准 lx

<table>
<tr><th>照明地点</th><th>照度值</th><th colspan="2">照明地点</th><th>照度值</th></tr>
<tr><td>一般电气设备硐室和其他硐室</td><td>50</td><td rowspan="2">爆破器材库</td><td>发放室</td><td>30</td></tr>
<tr><td>主变（配）电所</td><td>75</td><td>存放室</td><td>30</td></tr>
<tr><td>主排水泵房</td><td>75</td><td colspan="2">保健室</td><td>100</td></tr>
<tr><td>信号站、调度室</td><td>75</td><td colspan="2">候车室</td><td>20</td></tr>
<tr><td>换装硐室、井下修理间</td><td>75</td><td colspan="2">井底车场及其附近巷道</td><td>15</td></tr>
<tr><td>机车库</td><td>30</td><td colspan="2">运输巷道</td><td>5</td></tr>
<tr><td rowspan="2">翻罐笼硐室</td><td rowspan="2">30</td><td colspan="2">巷道交叉点</td><td>15</td></tr>
<tr><td colspan="2">专用人行道</td><td>15</td></tr>
</table>

审查重点是井下有关场所照明的设置、爆破器材库灯具的选择和照明方式是否符合规范要求。

(16) 说明避灾硐室应急供电设施情况。

【条文说明】

在正常供电源中断情况下，为保障避灾人员基本生活用电要求，应按相关规定设置应急电源。

《金属非金属地下矿山紧急避险系统建设规范》(AQ 2033) 规定：避灾硐室内的配备应包括额定使用时间不少于96 h的备用电源。

审查重点是避灾硐室供电系统、备用电源容量和充电设施是否符合相关要求。

(17) 说明裸带电体基本（直接接触）防护设施情况。

【条文说明】

为防止人直接触及裸带电导体，应按《低压配电设计规范》(GB 50054) 5.1的规定采取防护措施。

审查重点是裸带电体的防护措施是否符合规范要求。

(18) 说明保护接地及等电位联结设施情况。

【条文说明】

保护接地和等电位联结是防止供配电系统接地时人员受到电击的重要防护措施，应按规定设计。

《矿山电力设计规范》(GB 50070) 规定：

① 36 V以上及由于绝缘损坏而带有危险电压的电气装置、设备的外露可导电部分和构架等应接地。

② 井下各开采水平的主接地装置和所有局部接地装置应通过接地干线相互连接，构成一个开采水平的井下总接地网。由地面经风井或钻孔对井下部分电气设备分区供电时，可在其供电范围单独形成一分区井下总接地网。

井下各开采水平总接地网之间宜通过接地干线相互连接。各开采水平井下总接地网宜与向该开采水平供电的地面变（配）所接地装置通过接地干线相连。上述接地干线宜采用专用接地干线。

③ 井下接地极的设置应符合下列规定：主要开采水平井下主接地极不应少于2组，并宜分别设

置于开采水平主、副水仓中。当下井电缆在钻孔中敷设时，井下主接地极可埋设在地面或设在井底水仓中或集水井内；加固钻孔的金属套管可作为主接地极中的一组。当没有排水水仓可利用时，井下主接地极应设置在井底水窝或专门开凿的集水井内。不得将两组主接地极置于一个集水井内。井下局部接地极可设置在排水沟、积水坑或其他适当地点。

④ 井下局部接地装置的设置地点应符合下列规定：装有电气设备的硐室，单独设置的高压电气设备，低压配电点或装有3台以上电气设备的地点，连接高压电力电缆的接线盒。

⑤ 当任一组主接地极断开时井下总接地网上任一接地点测得的接地电阻值，不应大于2 Ω。每一移动式和手持式电力设备与最近的接地极之间的保护接地电缆芯线和其他接地线的电阻值，不得大于1 Ω。

⑥ 使用矿用电缆配电的移动式、手持式电气设备及照明灯具的金属外壳，应采用配电电缆的接地芯线与总接地网相连。

⑦ 井下接地极应符合下列规定：板式主接地极应采用镀锌钢板，其面积不应小于0.75 m^2，厚度不应小于5 mm。板式局部接地极应采用镀锌钢板，其面积不应小于0.60 m^2，厚度不应小于3.5 mm。管式局部接地极，应采用镀锌钢管，其直径不应小于35 mm，厚度不应小于3.5 mm，长度不应小于1.5 m，管上钻孔数量不应少于20个，孔的直径不应小于5 mm；管内及管外应充填吸水材料；接地极应垂直埋入地下，埋深不应小于1.4 m。经技术经济比较确定合理时，井下接地极亦可采用铜材或其他材料。

⑧ 井下接地线应按热稳定条件校验。固定敷设的裸导线或绝缘导线作为接地线时，其材质和最小规格应符合下列规定：井下专用接地干线、接地母线和连接井下主接地极的接地支线：铜质导线截面积不应小于50 mm^2；镀锌扁钢截面积不应小于100 mm^2，其厚度不应小于4 mm；镀锌钢绞线截面积不应小于100 mm^2。不属于本条第1款规定范围的井下接地线和井下等电位联结导线：铜质导线截面积不应小于25 mm^2；镀锌扁钢截面积不应小于48 mm^2，其厚度不应小于3 mm；镀锌钢绞线截面积不应小于50 mm^2。连接低于或等于127 V的电气设备的井下接地线可采用截面积不小于6 mm^2的铜质导线。

⑨ 直接从地面接受电源的井下变（配）电所的接地母线应与其附近的下列井下外界可导电部分作总等电位联结：排水、压缩空气、洒水等金属管路，沿井巷装设的金属结构。

⑩ 非直接从地面接受电源的井下变（配）电所和移动变电站，可在局部范围内将其接地母线与本规范上条规定的外界可导电部分就近作局部等电位联结。

审查重点是井下各开采水平的主接地装置和所有局部接地装置、接地干线、总接地网、接地电阻值及等电位联结设施是否符合规范要求。

(19) 说明牵引变电所接地设施情况。

【条文说明】

为防止接地故障电流分散导致保护失效，整流装置及直流配电装置的接地设计应符合相关要求。

《矿山电力设计规范》(GB 50070) 规定：

① 整流装置、直流配电装置的金属外壳应接地。在接地电流流经直流接地继电器前的全部直流接地母、支线应与地绝缘，且不应与交流设备的接地母线、建筑物钢筋、金属管道及金属构件等有金属连接。

② 井下牵引变电所接地装置的接地电阻值不应大于2 Ω。

审查重点是整流装置、直流配电装置金属外壳的接地措施是否符合规范要求。

(20) 说明变配电硐室应急照明设施情况。

【条文说明】

略。

(21) 说明地面建筑物防雷设施情况。

【条文说明】

为预防和减少雷击对地面建筑物的损害，建筑物必须按规定设置防雷设施。

《建筑物防雷设计规范》(GB 50057) 规定：

① 预计雷击次数大于0.25次/a的住宅、办公楼等一般性民用建筑物或一般性工业建筑物应划分为第二类防雷建筑物。

② 预计雷击次数大于或等于0.05次/a，且小于或等于0.25次/a的住宅、办公楼等一般性民用建筑物或一般性工业建筑物应划分为第三类建筑物。

③ 在平均雷暴日大于15 d/a的地区，高度在15 m及以上的烟囱、水塔等孤立的高耸建筑物；在平均雷暴日小于或等于15 d/a的地区，高度在20 m及以上的烟囱、水塔等孤立的高耸建筑物应划分为第三类建筑物。

④ 第二类防雷建筑物外部防雷的措施，宜采用装设在建筑物上的接闪器、接闪带或接闪杆，也可采用由接闪网、接闪带或接闪杆混合组成的接闪器。接闪网、接闪带应按本规范附录B的规定沿屋脚、屋脊、屋檐和檐脚等易受雷击部位敷设，并应在整个屋面组成不大于10 m×10 m或12 m×8 m的网格；当建筑物高度超过45 m时，首先应沿屋顶周边敷设接闪带，接闪带应设在外墙外表面或屋檐边垂直面上，也可设在外墙外表面或屋檐边垂直面外。接闪器之间应互相连接。专设引下线不应少于2根，并应沿建筑物四周和内庭院四周均匀对称布置，其间距沿周长计算不应大于18 m。当建筑物的跨度较大，无法在跨距中间设引下线时，应在跨距两端设引下线并减小其他引下线的间距，专设引下线的平均间距不应大于18 m。

⑤ 第三类防雷建筑物外部防雷的措施，宜采用装设在建筑物上的接闪器、接闪带或接闪杆，也可采用由接闪网、接闪带或接闪杆混合组成的接闪器。接闪网、接闪带应按本规范附录B的规定沿屋脚、屋脊、屋檐和檐脚等易受雷击部位敷设，并应在整个屋面组成不大于20 m×20 m或24 m×16 m的网格；当建筑物高度超过60 m时，首先应沿屋顶周边敷设接闪带，接闪带应设在外墙外表面或屋檐边垂直面上，也可设在外墙外表面或屋檐边垂直面外。接闪器之间应互相连接。专设引下线不应少于2根，并应沿建筑物四周和内庭院四周均匀对称布置，其间距沿周长计算不应大于25 m。当建筑物的跨度较大，无法在跨距中间设引下线时，应在跨距两端设引下线并减小其他引下线的间距，专设引下线的平均间距不应大于25 m。

审查重点是主、副井井塔等高大建筑物的防雷分类及防雷措施是否符合规范要求。

(22) 总结概述本节专用安全设施内容。

【条文说明】

根据《金属非金属矿山建设项目安全设施目录（试行）》(国家安全生产监督管理总局令第75号)的规定简要列出本节中设计的专用安全设施。

1.4.7 井下供水和消防系统安全设施

(1) 说明井下供水系统的供水水源、供水量、管路敷设情况。

(2) 说明防火门、消火栓设置情况，消防供水水池的位置、大小、容量等。

(3) 说明井下消防器材的布置情况，包括位置、规格、数量等。

(4) 说明火灾报警系统设计情况。

(5) 总结概述本节专用安全设施内容。

【条文说明】

井下供水系统属于生产系统，但对井下生产具有消防作用。本节应重点说明井下消防供水系统设计情况，如果消防供水系统与生产供水系统共用时，应说明消防供水量和生产供水量的关系，并对供水量能否满足消防要求进行说明。对井下消防器材设置情况可按不同工作区域进行分项叙述。对井下设有火灾报警系统的硐室、工作区域及其相关设计情况也应对设计情况进行相关说明。

《金属非金属矿山安全规程》(GB 16423) 规定:

① 应结合湿式作业供水管道，设计井下消防水管系统。

② 井下消防供水水池容积应不小于200 m^3。管道规格应考虑生产用水和消防用水的需要。用木材支护的竖井、斜井及其井架和井口房、主要运输巷道、井底车场硐室，应设置消防水管。生产供水管兼作消防水管时，应每隔50~100 m设支管和供水接头。

③ 主要进风巷道、进风井筒及其井架和井口建筑物，主要扇风机房和压入式辅助扇风机房，风硐及暖风道，井下电机室、机修室、变压器室、变电所、电机车库、炸药库和油库等，均应用非可燃性材料建筑，室内应有醒目的防火标志和防火注意事项，并配备相应的灭火器材。

审查重点是消防系统设计、供水水源、水池水量、备用水地点的水压是否符合相关规程要求，供水系统上供水阀门的设置是否满足供水施救要求等。

1.4.8 安全避险“六大系统”

根据《金属非金属地下矿山安全避险“六大系统”安装使用和监督检查暂行规定》(安监总管一〔2010〕168号)，金属非金属地下矿山应设置监测监控系统、井下人员定位系统、紧急避险系统、压风自救系统、供水施救系统和通信联络系统，合称安全避险“六大系统”，其目的是当井下出现紧急情况时可以利用“六大系统”实现井下自救，延长井下有效救援时间，降低事故等级，减少人员伤亡和财产损失。因此在安全设施设计中应对井下“六大系统”的设计情况进行说明。

1.4.8.1 监测监控系统

(1) 说明井下有毒有害气体监(检)测、通风系统监测、视频监控及地压监测等系统的设计情况，主要包括主机和井下分站的布置、监测监控设备配置数量、备用电源、监测监控中心设备的防雷和接地保护装置、电缆和光缆敷设等。当矿山设有地表变形、塌陷监测系统和坑内应力、应变监测系统时，可在此一并详细说明。

(2) 总结概述本节专用安全设施内容。

【条文说明】

按照《金属非金属地下矿山监测监控系统建设规范》(AQ 2031) 的要求设计地下矿山的监测监控系统，并在此对该系统布置情况进行描述。另外当矿山存在其他监测系统时也应在此处一并说明。

审查重点是设计的监测监控设施是否满足《金属非金属地下矿山监测监控系统建设规范》(AQ 2031) 的相关要求。

1.4.8.2 井下人员定位系统

(1) 说明井下人员定位系统的设计情况，主要包括主机和分站(读卡器)的布置、电缆和光缆的敷设、备用电源等。

(2) 总结概述本节专用安全设施内容。

【条文说明】

按照《金属非金属地下矿山人员定位系统建设规范》(AQ 2032) 的要求设计井下人员定位系统，并在此对该系统布置情况进行描述。

审查的重点是设计的井下人员定位系统是否满足《金属非金属地下矿山人员定位系统建设规范》(AQ 2032) 的相关要求。

1.4.8.3 紧急避险系统

(1) 说明紧急避险系统的构成，自救器的配置原则及数量，避灾硐室(或救生舱)的位置、数量、规格、配置、配套设施的设置，避灾路线的设置等。如果井下不设避灾硐室(或救生舱)时应说明理由；避灾路线应通过图纸、文字等表述清楚。

（2）总结概述本节专用安全设施内容。

【条文说明】

略。

1.4.8.4 压风自救系统

（1）说明井下最大班生产人员数量及分布，给出压风自救需风量计算。

（2）说明压风自救系统的空气压缩机安装地点，选用的空气压缩机主要参数和数量。

（3）说明压风自救系统的压缩空气管路规格和材质、敷设线路、敷设要求。

（4）说明各主要生产中段和分段进风巷道、独头掘进巷道、爆破时撤离人员集中地点的压风管道上三通及阀门和减压、消音、过滤装置和控制阀设置情况，并明确压风出口压力。

（5）说明紧急避险设施设置的供气阀门，噪声控制措施。

（6）总结概述本节专用安全设施内容。

【条文说明】

略。

1.4.8.5 供水施救系统

（1）说明井下最大班生产人员数量及分布，计算供水施救需要的水量。

（2）说明供水施救系统管道的规格和材质、敷设线路、敷设要求。

（3）说明生产巷道、人员集中地点、独头掘进巷道掘进工作面附近的供水管道的三通及阀门设置情况，紧急避险设施内安设的阀门及过滤装置。

（4）总结概述本节专用安全设施内容。

【条文说明】

略。

1.4.8.6 通信联络系统

（1）说明通信联络系统的设计情况，主要包括通信种类、通信系统的设置、通信设备布置等。

（2）总结概述本节专用安全设施内容。

【条文说明】

按照《金属非金属地下矿山通信联络系统建设规范》（AQ 2036）的要求设计井下通信联络系统，并在此对该系统设计情况进行说明。

审查重点是设计的通信联络系统是否满足《金属非金属地下矿山通信联络系统建设规范》（AQ 2036）的相关要求。

1.4.9 总平面布置安全设施

1.4.9.1 矿床开采的保护与监测措施

（1）采用崩落法或空场法开采的矿山，应阐述矿床开采移动（监测）范围和崩落（塌陷）范围圈定的依据和结果；采用充填法开采的矿山，应阐述矿床开采移动（监测）范围圈定的依据和结果。

【条文说明】

采用崩落法或空场法开采时，会在地下形成一定的空间，随着时间的推移上部岩体会出现塌落或严重变形，对地表影响范围较大，因此将崩落法和空场法归为一类。充填法开采时，井下的空间会被及时充填，充填体能够有效阻止上部岩体的崩落，对地表影响较小，因此单独归为一类，但设计时也应圈定对地表的影响范围，并在矿山生产期间对此范围内地表的变形情况进行监测，保证重要工程在生产期间的安全。安全设施设计时应对采矿引起的地表影响范围的圈定进行说明。

《有色金属采矿设计规范》（GB 50771）规定：

① 岩石移动角的确定应符合下列规定：大型矿山岩石移动角，宜采用数值分析法和类比法综合研究确定；中小型矿山岩石移动角，可在分析岩性构造特征的基础上，根据类似矿山的实际资料类比

选取；改建、扩建矿山，应根据已获得的岩移观测资料和矿床地质条件有无变化等情况，对原设计岩石移动角进行修正。

② 岩石移动范围的圈定应符合下列规定：岩石移动范围应以开采矿体最深部位圈定，对深部尚未探清的矿体应从能作为远景开采的部位圈定；开采深度大、服务年限长，采用分期开采的矿山，可分期圈定岩石移动范围；矿体邻近岩层中有与移动角同向的小倾角弱面，且其影响范围超越按完整岩层划定的范围时，应以该弱面的影响范围修正；圈定的岩石移动范围和留设的保安矿柱应分别标在总平面图、开拓系统平面图、剖面图和阶段平面图上。

《冶金矿山采矿设计规范》(GB 50830) 规定：

① 崩落法开采矿山及空场法开采矿山，可根据塌陷理论划定地表错动范围。

② 充填法开采矿山应在地表划定可能的沉降变形区，井筒位置在可能的沉降变形区之外，且应按保护级别留有安全距离。

审查重点是设计圈定的地表影响范围是否正确，地表的构、建筑物距地表影响范围的距离是否满足要求。

(2) 矿山服务年限较长或分期开采，应根据实际需要给出不同开采水平（或分期）的地表开采移动（监测）范围和崩落（塌陷）范围。

【条文说明】

如果矿体资源量巨大，服务年限较长，设计时采用分期开采，前期回采上部矿体时，可根据前期的开采范围圈定对地表的影响范围，这样可以使主要井巷工程更加靠近矿体，减少前期基建工程量和基建投资。待后期开采深部矿体时，可再根据后期的开采范围重新圈定影响范围，并对开拓系统进行重新设计，以满足后期开采的安全需要。

审查重点是分期圈定的地表影响范围是否正确，能否满足前期地表构、建筑物的安全。

(3) 对圈定范围之内及周边的设施（如公路、铁路、民房、水体、风景区、边坡等）的安全性作出分析和说明。

【条文说明】

一般情况下为保证生产安全，当地下矿山开采影响的圈定范围内存在工业和民用设施时，应进行搬迁，以避免生产中受地下采矿的影响导致事故发生。当地表存在重要的铁路、公路、水体、名胜古迹等设施不能搬迁时，应在设计中采取一定的措施，保证矿山开采期间地表设施的安全，如留设保安矿柱、改变采矿方法等。安全设施设计中应对类似的情况进行说明。

《有色金属采矿设计规范》(GB 50771) 规定：

“三下”采矿设计应符合下列规定：建筑物、构筑物下采矿，建筑物、构筑物位移与变形的允许值应符合表3-1-6的规定；不符合表3-1-6的规定时，应采取有效的安全措施；水体下采矿，宜采取充填采矿或留设防水矿岩柱等安全措施，并应进行试采；开采形成的导水断裂带不应连通上部水体或不破坏水体隔水层。

表3-1-6 建筑物、构筑物位移与变形的允许值

建筑物、构筑物保护等级	倾斜 $i/(\mathrm{mm \cdot m^{-1}})$	曲率/$10^{-3}\mathrm{m^{-1}}$	水平变形 $\varepsilon/(\mathrm{mm \cdot m^{-1}})$
Ⅰ	±3	±0.2	±2
Ⅱ	±6	±0.4	±4
Ⅲ	±10	±0.6	±6
Ⅳ	±10	±0.6	±6

审查重点是开采过程中影响范围内及周边设施是否能保证安全，采取的安全措施是否可行有效。

(4) 总结概述本节专用安全设施内容。

【条文说明】

根据《金属非金属矿山建设项目安全设施目录（试行）》(国家安全生产监督管理总局令第75号)的规定简要列出本节中设计的专用安全设施。

1.4.9.2 工业场地安全设施

(1) 从矿区地形地貌、自然条件、周边环境、地质灾害影响、井口及工业场地的地质条件和采取的安全对策措施等方面对工业场地选址进行安全可靠性论证。

【条文说明】

工业场地选择时，应避开各种自然灾害（如滑坡、洪水、不宜建厂的不良地质条件等）的威胁。当场地受限无法避免时，应进行充分论证，并采取可靠的加固、处理措施。设计中应说明加固、处理措施的具体技术方案和各类加固工程的必要参数，并说明设计的技术参数选取的依据。

《金属非金属矿山安全规程》(GB 16423）规定：新建矿山企业的办公区、工业场地、生活区等地面建筑，应选在危崖、塌陷、洪水、泥石流、崩落区、尘毒、污风影响范围和爆破危险区之外。

审查重点是工业场地的选址是否安全可靠。

(2) 对井口及工业场地标高与当地历史最高洪水位的关系进行说明。

【条文说明】

为避免生产中洪水对各类井口和工业场地造成威胁，设计时应对井口和工业场地的标高进行重点考虑，主要参考的数据就是当地历史最高洪水位，因此应对当地的最高历史洪水位情况进行说明，当特殊情况下井口和工业场地的标高受限不能达到要求时，应设计安全可靠的措施保证生产中井下和工业场地不受洪水威胁。

《金属非金属矿山安全规程》(GB 16423）规定：矿井（竖井、斜井、平硐等）井口的标高，应高于当地历史最高洪水位 1 m 以上。工业场地的地面标高，应高于当地历史最高洪水位。特殊情况下达不到要求的，应以历史最高洪水位为防护标准修筑防洪堤，井口应筑人工岛，使井口高于最高洪水位 1 m 以上。

审查重点是井口及工业场地的标高是否会受到洪水的威胁。

(3) 对井口位置及井口设施、工业场地内主要建（构）筑物与移动（监测）线的安全距离进行说明。

【条文说明】

当地表相关设施距离矿体较近时，井下回采引起的岩体移动可能会威胁到地表构建筑物的安全，因此设计时应根据相关要求将地表的主要设施布置在岩体移动范围之外，否则应详细说明采取的安全措施。

《有色金属采矿设计规范》(GB 50771）规定：

① 地表主要建、构筑物应布置在岩石移动范围保护带外，因特殊原因需布置在岩石移动范围保护带内时，应留设保安矿柱。

② 地表建、构筑物的保护等级和保护带宽度应符合下列规定：地表建、构筑物的保护等级划分应符合表 3-1-7 的规定；地表建、构筑物的保护带宽度不应小于表 3-1-8 的规定。

审查重点是井口位置及井口设施、工业场地内主要建（构）筑物的位置是距离地表影响范围的距离是否符合相关规定。

表3-1-7　地表建、构筑物的保护等级划分

保护等级	主要建筑物和构筑物
Ⅰ	国务院明令保护的文物、纪念性建筑；一等火车站，发电厂主厂房，在同一跨度内有2台重型桥式吊车的大型厂房，平炉，水泥厂回转窑，大型选矿厂主厂房等特别重要或特别敏感的、采动后可能导致发生重大生产、伤亡事故的建、构筑物；铸铁瓦斯管道干线，高速公路，机场跑道，高层住宅，竖（斜）井、主平硐，提升机房，主通风机房，空气压缩机房等
Ⅱ	高炉、焦化炉，220 kV及以上超高压输电线路杆塔，矿区总变电所，立交桥，高频通信干线电缆；钢筋混凝土框架结构的工业厂房，设有桥式起重机的工业厂房，铁路矿仓、总机修厂等较重要的大型工业建筑物和构筑物；办公楼、医院、剧院、学校、百货大楼，二等火车站，长度大于20 m的二层楼房和三层以上住宅楼；输水管干线和铸铁瓦斯管道支线；架空索道，电视塔及其转播塔，一级公路等
Ⅲ	无吊车设备的砖木结构工业厂房，三、四等火车站，砖木、砖混结构平房或变形缝区段小于20 m的两层楼房，村庄砖瓦民房；高压输电线路杆塔，钢瓦斯管道等
Ⅳ	农村木结构承重房屋，简易仓库等

表3-1-8　地表建、构筑物的保护带宽度　m

保护等级	保护带宽度	保护等级	保护带宽度
Ⅰ	20	Ⅲ	10
Ⅱ	15	Ⅳ	5

注：从建、构筑物外缘算起。

（4）说明厂区对周边生产生活设施的影响情况。

【条文说明】

厂区生产时生产的噪声、废气、废水等会对周边居民的健康、安全造成威胁，因此如果厂区周边存在其他生产生活设施时，设计中应说明影响情况和采取的安全措施。

审查重点是厂区生产时是否会影响周边生产生活设施，影响程度如何，设计采取的安全措施是否有效。

（5）当工业场地周边存在边坡时，说明边坡参数、工程地质情况、护坡或安全加固措施。

【条文说明】

工业场地的边坡可能会对工业场地产生安全威胁，在安全设施设计时应根据边坡的工程、水文地质情况对周边的边坡稳定情况进行分析说明，边坡不稳固时，应对设计中采取的相关安全措施进行说明。

审查重点是周围的边坡是否会对工业场地产生滑坡、泥石流等安全威胁。

（6）说明为保证地下开采和工业场地安全而进行的河流改道、河床加固（含导流堤、明沟、隧洞、桥涵等）、地表截排水（截水沟、排洪沟、防洪堤）等工程设计情况。

【条文说明】

矿区受河流、洪水威胁时，应修筑防洪堤坝，或将河流改道至开采影响范围以外。已有或可能出现滑坡、地面塌陷、开裂区的周围应设置截水沟，防止地表水侵袭。影响矿区安全的落水洞、岩溶漏斗、溶洞等均应严密封闭。报废的竖井、斜井、探矿井、钻孔等应封闭井口，并在其周围挖掘排水沟，防止地表水进入地下采区。常见的地表防排水工程包括河流改道工程、排洪隧洞、截水沟和河床加固工程等。

有些情况下，只有在矿山开采到一定阶段后才需要（或才具备空间条件）实施河流改道工程。这种情况下，在矿山设计阶段应全部完成这些设施的设计，同时也明确提出开始实施这些工程建设的时间节点（或生产阶段节点）以及其他的相关条件。当达到必要的时间节点或生产阶段后，则必须

开始这些工程的建设。因此具备相应工程的完整设计，以及明确的建设节点条件，防治水设施则可视为同达到了“三同时”的要求。

《金属非金属矿山安全规程》(GB 16423）规定：矿区受河流、洪水威胁时，应修筑防水堤坝；河流穿过矿区的，应采用留保安矿柱或充填法采矿的方法保护河床不塌陷，或将河流改道至开采影响范围以外；漏水的沟渠和河流，应及时防水、堵水或改道；地面塌陷、裂缝区的周围，应设截水沟或挡水围堤。

审查重点是设计采取的地表截排水工程是否可靠，工程实施的时间节点能否满足矿山生产的需要。

(7）缺少当地历史最高洪水位等水文资料时，应对井口及工业场地受洪水影响的可能性进行说明。

【条文说明】

在部分矿山项目设计中，由于矿山所处位置没有最高洪水位的历史记录资料，无法判断洪水影响标高，此时可在取得当地水文资料的基础上进行分析，确定合适的井口及工业场地标高。

审查重点是设计对井口及工业场地受洪水影响的分析是否充分，采取的措施能否保证安全。

(8）说明降雨和地表水观测点设置及监测要求。

【条文说明】

大面积崩落法开采的矿山、溶洞型含水层充水为主的矿山、大型露天转地下开采矿山等，暴雨对矿山开采安全有明显影响。如果在这类矿山周边附近没有可以利用的降雨和地表水观测点，则在矿区应设置雨量站监测降雨量，并根据暴雨情况及时发布防洪预警，设计中应对设置的情况进行说明。

《金属非金属矿山安全规程》(GB 16423）规定：裸露型岩溶充水矿区、地面塌陷发育的矿区，应做好气象观测，做好降雨、洪水预报；雨季应加密地下水的动态观测，并进行矿井涌水峰值的预报。

审查的重点是矿山是否根据相关要求设置了相关安全设施。

(9）总结概述本节专用安全设施内容。

【条文说明】

根据《金属非金属矿山建设项目安全设施目录（试行)》(国家安全生产监督管理总局令第75号）的规定简要列出本节中设计的专用安全设施。

1.4.9.3 建（构）筑物防火

说明井（硐）口工业场地布置中各建筑物（重点是对井口安全有影响的建筑物）的火灾危险性、耐火等级、防火距离、厂区内消防通道设置等，并根据《建筑设计防火规范》(GB 50016）分析其符合性。

【条文说明】

此处主要是指位于井口附近，发生火灾后对井口安全有影响的各类建筑物，如井口的通风预热设施、制冷设施、提升机房、空压机房、距离井口较近的材料堆场等。在这类构建筑设计时应考虑防火要求，减少对井下的影响，避免造成矿山井下群死群伤事故。设计中应严格按照相关规范要求，对耐火等级、消防设施进行说明。

《金属非金属矿山安全规程》(GB 16423）规定：木材场、有自然发火危险的排土堆、炉渣场，应布置在距离进风口常年最小频率风向上风侧80 m以外。

审查重点是工业场地中各类建筑物的消防设计是否满足相关要求。

1.4.9.4 排土场（废石场）

(1）说明排土场周边设施与环境条件，以及选址与勘探、排土场容积、设计参数、安全防护距离、排土场防洪、照明与监测及其他安全对策措施。

【条文说明】

地下矿山的排土场（废石场）相对于露天矿山而言规模较小，但是其厂址选择也会影响着矿山和周边区域的安全，因此在安全设施设计时也应对排土场的选址情况和设计参数进行说明。

《金属非金属矿山安全规程》(GB 16423）规定：

① 排土场（包括水力排土场）位置的选择，应遵守以下原则：

保证排弃土岩时不致因滚石、滑坡、塌方等威胁采矿场、工业场地（厂区）、居民点、铁路、道路、输电网线和通信干线、耕种区、水域、隧道涵洞、旅游景区、固定标志及永久性建筑等的安全；其安全距离在设计中规定。

依据的工程地质资料可靠；不宜设在工程地质或水文地质条件不良的地带；若因地基不良而影响安全，应采取有效措施。

依山而建的排土场，坡度大于1：5且山坡有植被或第四系软弱层时，最终境界100 m内的植被或第四系软弱层应全部清除，将地基削成阶梯状。

避免排土场成为矿山泥石流重大危险源，必要时，采取有效控制措施。

排土场位置要符合相应的环保要求；排土场场址不应设在居民区或工业建筑主导风向的上风侧和生活水源的上游，含有污染物的废石要按照《一般工业固废储存处置场污染控制标准》(GB 18599）要求进行堆放、处置。

② 排土场位置选定后，应进行专门的地质勘探工作。

③ 排土场设计，应进行排土场土岩流失量估算，设计拦挡设施。

④ 排土场防洪，应遵循下列规定：

山坡排土场周围，修筑可靠的截洪和排水设施拦截山坡汇水。

排土场内平台设置2% ~5%的反坡，并在排土场平台上修筑排水沟，以拦截平台表面及坡面汇水。

当排土场范围内有出水点时，应在排土之前采取措施将水疏出；排土场底层排序大块石，以便形成渗流通道。

⑤ 排土场进行排弃作业时，应圈定危险区域，并设立警戒标志，无关人员不应进入危险范围内。

审查重点是排土场的选址原则，与周边设施的安全距离，以及相应的安全设施设置情况。

(2) 说明排土工艺、服务年限、用地状况、排岩计划、设备选择等；给出安全平台、运输道路、拦渣坝、阶段高度、总堆置高度、安全平台宽度、总边坡角等设计参数。

【条文说明】

本条是排土场（废石场）的主要设计内容，安全设施设计时应对相关设计内容进行介绍和说明。

《金属非金属矿山安全规程》(GB 16423）规定：排土场排土工艺、排土顺序、排土场的阶段高度、总堆置高度、安全平台宽度、总边坡角、废石滚落的最大距离，及相邻阶段同时作业的超前堆置距离等参数，均应在设计中明确规定。

审查重点是排土场设计的相关参数是否符合规范规定并满足安全稳定性的要求。

(3) 对不同堆积状态条件下排土场（废石场）安全稳定性进行计算分析，并对参数选取、资料的可靠性等方面进行说明。

【条文说明】

排土场（废石场）安全稳定性计算分析是设计中的重要内容，其依据主要是地质勘查报告及地形图，并与排土工艺相结合。在稳定性分析时应说明所依据资料的可靠性情况。

审查重点是排土场稳定性分析的依据和安全标准是否充分，分析的结论是否正确。

(4) 应根据排土工艺和安全稳定性提出安全对策措施，可包括地基处理、截（排）水设施、底部防渗设施、滚石或泥石流拦挡设施、坍塌与沉陷防治措施和边坡监测设施等。

【条文说明】

在选定的排土场（废石场）进行排弃工作前，若存在不良地质条件，必须进行地基处理，在设计中要加以说明。由于排土场（废石场）堆放物料的特殊性，防排水及防泥石流工作也非常重要，洪水冲刷废石堆场造成泥石流是常见安全事故之一，直接影响其下游区域的安全。废石堆表面坡向和坡度应保证排水和废石堆本身的稳定性。堆积废石时必须给洪水留出足够的通道，山沟中的废石场应设置截洪沟，保证排洪功能。对于大型的、服务年限长的废石场，仅给出最终状态的截水、防水工程布置是不够的。应根据地形、地质条件和废石场堆存过程，设置阶段性截洪沟或其他必要的防水工程。

根据排土场（废石场）的形成过程，对边坡监测设施进行说明。

《金属非金属矿山安全规程》(GB 16423）规定：

① 排土场最终境界 20 m 内，应排弃大块岩石。

② 高台阶排土场，应有专人负责观测和管理；发现危险征兆，应采取有效措施，及时处理。

③ 在矿山建设过程中，修建道路和工业场地的废石，应选择适当地点集中排放，不应排弃在道路边和工业场地边，以避免形成泥石流。

④ 采用排土机排土，应在设计中进行不均匀沉降计算，并提出反坡坡度。排土机排土时，排土机距眉线应留安全距离，安全距离应在设计中明确规定。

⑤ 排土犁推排作业，应遵守下列规定：推排作业线上，排土犁犁板和支出机构上，不应站人；排土犁推排岩土的行走速度，不超过 5 km/h。

⑥ 单斗挖掘机排土时，受土坑的坡面角不应大于 60°，不应超挖卸车线路基。

⑦ 人工排土时，人员不应站在车架上卸载或在卸载侧处理粘车。

⑧ 矿山企业应建立排土场监测系统，定期进行排土场监测。排土场发生滑坡时，应加强监测工作。

审查重点是排土场稳定性安全对策措施的可靠性。

（5）设有废石临时堆场和倒装场时，说明堆场结构参数及安全可靠性；不设排土场（废石场）时，说明废石去向。

【条文说明】

除保证排土场（废石场）的安全以外，根据生产工艺的要求，有些废石需要临时堆放或进行二次倒运，临时堆场可能受暴雨或洪水威胁时，也应提出相应的应对措施，临时堆场的安全性必须保证，应根据初步设计的内容加以说明。若废石可以利用或不在本工程范围内设置排土场（废石场），在设计中应对废石的去向加以说明。

审查重点是废石临时堆场和倒装场的稳定性情况。

（6）总结概述本节专用设施内容。

【条文说明】

根据《金属非金属矿山建设项目安全设施目录（试行）》(国家安全生产监督管理总局令第 75 号）的规定简要列出本节中设计的专用安全设施。

1.4.10 个人安全防护

（1）说明矿山应按要求为员工配备的个人防护用品的规格和数量。

（2）总结概述本节专用安全设施内容。

【条文说明】

作业人员个人防护用品是作业人员安全的最后一道防护，也是遇险人员自救的仅有工具，因此其重要程度不言而喻，安全设施设计时应为井下作业人员配备足额的个人防护用品。

《金属非金属矿山安全规程》(GB 16423）规定：矿山企业应按照 GB 11651 和《劳动防护用品配备标准（试行）》的规定，为作业人员配备符合国家标准或行业标准要求的劳动防护用品。进入矿山作业场所的人员，应按规定佩戴防护用品。

审查重点是安全设施设计中是否配备了足够的个人防护用品。

1.4.11 安全标志

（1）说明矿山在全矿所有生产地点应设置的安全标志，包括矿山、交通、电气安全标志。

（2）总结概述本节专用安全设施内容。

【条文说明】

安全标志能够提醒警示井下工作人员，很大程度上可以减少安全事故的发生。地下矿山不同工作地点，其危险因素不同，因此设置的安全标志也不相同。设计时可根据项目特点对重点工作区域的安全标志设置情况进行说明，也可采用表格的形式列出不同地点安全标志的设计情况，具体可参照表3-1-9。

表3-1-9 重点工作区域的安全标志

序号	设置地点	禁止标志	警告标志	指令标志	路标、铭牌、提示标志
1	罐笼井（含混合井）井口	禁止酒后入井，禁止人料同罐，禁止井下随意拆卸、敲打、撞击矿灯	注意安全，当心坠落	必须戴矿工帽，必须携带矿灯，必须随身携带自救器，必须持证上岗	—
2	罐笼井（含混合井）马头门	禁止扒、登、跳人车，禁止攀牵线缆，禁止人料同罐	当心坠落	走人行道	安全出口，电话，进风巷道，路标
3	斜坡道入口	禁止酒后入井，禁止井下随意拆卸、敲打、撞击矿灯	注意安全	必须戴矿工帽，必须携带矿灯，必须随身携带自救器，必须持证上岗	—
4	斜坡道各中段联络道口	—	当心列车通过，当心交叉道口，当心弯道，当心巷道变窄	走人行道，鸣笛	安全出口，躲避硐室，前方慢行，路标
5	箕斗井井口	禁止入内	当心坠落	—	—
6	斜井井口（矿车组斜井）	禁止酒后入井，禁止扒乘矿车，禁止扒、登、跳人车，禁止车间乘人，禁止登钩，禁止攀牵线缆，禁止井下随意拆卸、敲打、撞击矿灯	注意安全，当心列车通过，当心滑跌	必须戴矿工帽，必须携带矿灯，必须随身携带自救器，必须持证上岗	—
7	斜井井口（胶带斜井）	禁止酒后入井，禁止跨、乘输送带，禁止攀牵线缆，禁止井下随意拆卸、敲打、撞击矿灯	注意安全，当心滑跌	必须戴矿工帽，必须携带矿灯，必须随身携带自救器，必须持证上岗	—
8	斜井井口（箕斗斜井）	禁止入内	注意安全，当心滑跌	—	—
9	主要运输巷道	禁止扒乘矿车，禁止扒、登、跳人车，禁止车间乘人，禁止攀牵线缆，禁止停车	注意安全，当心车辆通过，当心弯道，当心巷道变窄	走人行道，鸣笛	安全出口，电话，急救站，前方慢行，进风巷道、运输巷道，路标
10	井下变配电硐室	禁止烟火，禁止明火，禁止启动，禁止合闸，禁止井下睡觉	注意安全，当心触电，	必须穿戴绝缘保护用品，必须持证上岗	指示牌，安全出口

表3-1-9（续）

序号	设置地点	禁止标志	警告标志	指令标志	路标、铭牌、提示标志
11	井下维修硐室	禁止启动，禁止合闸，禁止井下睡觉	注意安全，当心触电	必须持证上岗	安全出口，可动火区，指示牌
12	油库	禁止烟火，禁止明火，禁止井下睡觉	注意安全，当心火灾	注意通风	—
13	井下爆破器材库	禁止烟火，禁止明火，禁止井下睡觉	注意安全，当心火灾，当心爆炸	必须加锁，必须持证上岗，注意通风	安全出口
14	材料硐室	禁止烟火，禁止明火，禁止井下睡觉	当心火灾，当心绊倒	—	—
15	溜井口	—	当心坠入溜井	—	—
16	人行天井	—	当心坠落	—	—
17	生产采场及掘进工作面	禁止裸露爆破，禁止井下睡觉	注意安全，当心冒顶，当心有害气体中毒，当心片帮、滑坡，当心发生冲击地压，当心绊倒，当心滑跌	必须戴防尘口罩，注意通风	安全出口，爆破警戒线，电话
18	已废弃空区及废弃巷道	禁止入内，禁止通行，禁止驶入	—	—	危险区，永久封闭
19	井下水泵房	禁止启动，禁止合闸	注意安全，当心触电	—	—
20	风机硐室	禁止启动，禁止合闸，禁止同时打开两道风门	注意安全，当心触电	—	—
21	井下皮带运输巷道	禁止明火，禁止跨、乘输送带	—	—	安全出口，电话
22	破碎硐室	禁止启动，禁止合闸	注意安全，当心触电	必须戴防尘口罩，注意通风	安全出口
23	消防器材放置处	—	—	—	消防器材指示牌
24	避险硐室	—	—	—	避险硐室指示牌

审查重点是安全设施设计中是否在重要生产场所设置了安全标志。

1.5 安全管理和专用安全设施投资

1.5.1 安全管理

（1）说明对矿山安全管理机构设置、部门职能、人员配备的建议及矿山安全教育和培训的基本要求。

（2）说明矿山应设置的矿山救护队或兼职救护队的人员组成及技术装备。

（3）说明矿山应制定的针对各种危险事故的应急救援预案。

【条文说明】

地下矿山在生产中面临着诸多风险，如果管理不当则可能出现频繁和重大的人员伤亡事故，因此在设计阶段就应该根据相关规定要求和矿山的实际特点制定完备安全管理体系，以保障矿山安全生产。安全设施设计时应根据矿山的实际情况对安全管理机构配置、矿山救护和应急救援等进行说明。矿山的主要应急预案主要有：生产安全事故综合应急救援预案、井下火灾事故应急预案、井下爆破事故应急预案、风机停止运转事故应急预案、井下有毒有害气体超限应急预案、水害事故应急预案等。

《金属非金属矿山安全规程》(GB 16423) 规定：

① 矿山企业应设置安全生产管理机构或配备专职安全生产管理人员。专职安全生产管理人员，应由不低于中等专业学校毕业（或具有同等学历)、具有必要的安全生产专业知识和安全生产工作经验、从事矿山专业工作五年以上并能适应现场工作环境的人员担任。

② 矿山企业应对职工进行安全生产教育和培训，保证其具备必要的安全生产知识，熟悉有关的安全生产规章制度和安全操作规程，掌握本岗位的安全操作技能。未经安全生产教育和培训合格的，不应上岗作业。所有生产作业人员，每年至少接受 20 h 的在职安全教育。新进地下矿山的作业人员，应接受不少于 72 h 的安全教育，经考试合格后，由老工人带领工作至少 4 个月，熟悉本工种操作技术并经考核合格，方可独立工作。调换工种的人员，应进行新岗位安全操作的培训。采用新工艺、新技术、新设备、新材料时，应对有关人员进行专门培训。参加劳动、参观、实习人员，入矿前应进行安全教育，并有专人带领。特种作业人员，应按照国家有关规定，经专门的安全作业培训，取得特种作业操作资格证书，方可上岗作业。

③ 矿山企业应建立由专职或兼职人员组成的事故应急救援组织，配备必要的应急救援器材和设备。生产规模较小不必建立事故应急救援组织的，应指定兼职的应急救援人员，并与邻近的事故应急救援组织签订救援协议。

审查重点是矿山配备的管理机构、救护人员及设施和应急救援预案是否符合矿石实际情况。

1.5.2　专用安全设施投资

根据《金属非金属矿山建设项目安全设施目录（试行)》(国家安全监管总局令第 75 号）的规定，对本项目中设计的全部专用安全设施的投资进行列表汇总，相关内容可参考表 3－1－10。

表 3－1－10　专用安全设施投资表

序号	名　称	描　述	投资/万元	说　明
1	罐笼提升系统	列出本项工程专用安全设施的内容名称，下同		有多条井时应分别列出
2	箕斗提升系统			有多条井时应分别列出
3	混合井提升系统			有多条井时应分别列出
4	斜井提升系统			有多条井时应分别列出
5	斜坡道与无轨运输巷道			有多条斜坡道时应分别列出
6	带式输送机系统			有多条时应分别列出
7	电梯井提升系统			有多条井时应分别列出
8	有轨运输系统			应说明有几个运输水平
9	动力油储存硐室			应说明有几个
10	破碎硐室			有多个时应分别列出
11	采场			性质差别大的采矿方法应分别列出
12	人行天井与溜井			
13	供、配电设施			
14	通风和空气预热及制冷降温			
15	排水系统			有多个水泵房时应分别列出

表3-1-10（续）

序号	名　称	描　述	投资/万元	说　明
16	充填系统			
17	地压、岩体位移监测系统			
18	安全避险“六大系统”			
19	消防系统			
20	防治水			
21	地表塌陷或移动范围保护措施			采用崩落法、空场法开采时
22	矿山应急救援设备及器材			
23	个人安全防护用品			
24	矿山、交通、电气安全标志			
25	排土场（废石场）			有多个时应分别列出
26	其他设施			

【条文说明】

采用表格的形式列出便于相关人员的对专用安全设施的查阅。本表可参考《金属非金属矿山建设项目安全设施目录（试行）》(国家安全生产监督管理总局令第75号）的内容，并结合项目的实际情况进行填写。基本安全设施具有生产功能，如果设计中缺失，则生产无法进行，其投资计入生产设施，因此新建矿山项目的安全投资只计算其专用安全设施部分。

审查重点是专用的安全设施是否存在漏项，安全设施投资是否足够。

1.6　存在的问题和建议

（1）提出设计单位能够预见的在项目实施过程中或投产后，可能存在并需要矿山解决或需要引起重视的安全生产方面的问题及解决的建议。

【条文说明】

在建设项目设计中可能由于一些基础资料缺失或暂时没有途径获得，因此设计中的部分参数或工艺是暂时根据设计单位的经验或借鉴同类矿山来确定的，这些设计内容还需要在生产中进一步取得相关资料或验证的基础上进行完善，对于此类问题，设计中应明确说明。另外，对设计阶段无法确定的潜在风险因素，也应在此提示并提出建议，指导和提示矿山如何在生产中进行防范或开展相关研究工作。

（2）提出设计基础资料影响安全设施设计的问题及解决问题的建议。

【条文说明】

安全设施设计是在取得相关资料的基础上进行的，如果基础资料不准确或发生变化，则原设计的内容可能不会满足新的变化，需要根据变化情况进行调整工艺方案或相关安全设施。设计中应对此类问题进行说明，并提出相关建议。

1.7　附件与附图

1.7.1　附件

安全设施设计依据的相关文件，主要包括采矿许可证的复印件或扫描件。

【条文说明】

略。

1.7.2　附图

附图应采用原始图幅，图中的字体、线条和各种标记应清晰可读，签字齐全，宜采用彩图。附图应包括以下图纸（可根据实际情况调整，但应涵盖以下图纸的内容）：

（1）矿山地形地质图。

（2）矿山地质剖面图（应反映典型矿体形态，数量不少于2张）。

（3）水文地质及防治水工程布置平/剖面图（当矿山水文地质条件复杂时）。

（4）矿区总平面布置图。

（5）井上、井下工程对照图。

（6）矿山开拓系统纵投影图（或矿山开拓系统横投影图）。

（7）主要水平平面布置图。

（8）矿井通风系统图。

（9）采矿方法图。

（10）充填系统图（当采用充填法开采时应附，主要为充填材料输送系统布置图）。

（11）避灾线路图。

（12）全矿（含地下）供电系统图。

【条文说明】

上述列出的图纸包含了地质和矿山开采设计的主要系统图纸，通过这些图纸中的信息，相关人员能够对项目设计情况有一个整体直观的认识，因此设计报告中应按照要求进行附图。根据项目特点，设计中如果需要增加其他附图也可适当增加附图张数，例如：高温矿井的制冷系统图，易发生火灾矿井的消防系统图，帷幕注浆治水的矿山的注浆帷幕幕线平面图和防渗帷幕纵/横剖面图，疏干为主矿山的地表抽水井或井下放水孔平面布置图，典型工程布置剖面图等。

所附的图纸应该采用正常图幅大小，不要为装订方便而缩小图幅。

审查重点是附图是否齐全，图纸是否与设计说明相一致，是否能说明问题，工程布置是否正确，图纸内容是否清晰可读，图纸签字是否齐全。

2 露天矿山建设项目安全设施设计

露天矿山建设项目安全设施设计应与该项目初步设计的相关内容保持一致，安全设施设计是初步设计不可分割的一部分，只是为了突出其重要性单独编制成册。安全设施设计应该结合初步设计内容，按照《金属非金属露天矿山建设项目安全设施设计编写提纲》编写。为确保安全设施设计和初步设计内容的一致性，安全设施设计和初步设计原则上应由同一家设计单位编制。

本章主要列出了露天矿山设计时应重点注意的相关安全要求，在安全设施设计时还应满足其他相关规程标准的要求。

2.1 设计依据

矿山项目的设计、建设、竣工验收和生产管理都要依照国家法律、法规，地方法规，国家和行业及地方标准进行。安全设施设计中应该把设计依据列出，以便设计审查人员审查设计是否满足相关法律、法规和标准要求，也可作为是否通过安全设施设计审查的标准，以及工程建设、竣工验收的依据。

2.1.1 建设项目依据的批准文件和相关的合法证明文件

列出采矿许可证。

【条文说明】

采矿许可证是进行矿山建设项目初步设计之前必须取得的合法证明文件。本条要求编制矿山建设项目安全设施设计时，建设项目依据的批准文件和相关的合法证明文件必须列出采矿许可证。采矿许可证与设计内容是否一致也是安全设施设计审查的重要内容之一。

2.1.2 设计依据的安全生产法律、法规、规章和规范性文件

列出设计依据的有关安全生产的法律、法规、规章和文件。应按照国家法律、行政法规、地方性法规、部门规章、地方政府规章、规范性文件分层次列出，并标注其文号及施行日期，每个层次内按发布时间顺序列出；依据的文件应为现行有效。

【条文说明】

列出设计依据的相关法律、法规、规章和规范性文件，与设计无关的相关文件不应在此罗列。各种文件排列时应根据本条规定分层次、实施日期（实施时间晚的排列在前面，实施时间早的排列在后面）进行，并标注清楚其相关信息，使其条理清晰，便于查阅和审查。设计时还应注意所有的依据文件必须现行有效，已经废止或废除的文件不得作为设计依据。

常用的法律、法规文件主要有：

(1)《中华人民共和国安全生产法》。

(2)《中华人民共和国矿山安全法》。

(3)《中华人民共和国劳动法》。

(4)《中华人民共和国消防法》。

(5)《中华人民共和国职业病防治法》。

(6)《中华人民共和国特种设备安全法》。

(7)《中华人民共和国矿山安全法实施条例》。

(8)《关于金属与非金属矿山实施矿用产品安全标志管理的通知》。

(9)《生产安全事故应急预案管理办法》。

（10）《建设项目安全设施“三同时”监督管理暂行办法》。

审查时要核对列出的相关法律、法规、规章和规范性文件是否现行有效，是否可作为该建设项目的设计依据。

2.1.3　设计采用的主要技术标准

列出设计采用的技术性标准。按照国家标准、行业标准和地方标准分层次列出，标注标准代号；每个层次内按照标准发布时间顺序排列；采用的标准应为现行有效。

【条文说明】

列出设计依据的技术性规范、标准，与具体设计无关的标准不应罗列。罗列标准时应根据本条规定分层次和发布时间（实施时间晚的排列在前面，实施时间早的排列在后面）进行，并标注清楚其相关信息，使其条理清晰，便于查阅和审查。设计时还应注意所有的技术性文件必须现行有效，已经废止或废除的技术性文件不得作为设计依据。

审查时要核对相关国家标准、行业标准和地方标准是否现行有效，是否可作为该建设项目的设计依据。

2.1.4　其他设计依据

列出建设项目安全设施设计依据的地质报告（包括专项工程和水文地质报告）、可行性研究报告、安全预评价报告、相关的工程地质勘察报告、试验报告、研究成果及安全论证报告等，并标注报告编制单位和编制时间。

【条文说明】

进行安全设施设计之前已经完成的相关工作成果（包括各种地质报告、研究报告、试验报告及相关安全论证等）可在此列出，并按规定标注清楚其相关信息，各种报告应按编制的时间顺序列出（编制时间早的排列在前面，编制时间晚的排列在后面）。其主要目的是对项目已经完成的相关工作进行说明，便于对安全设施设计的可靠性和全面性进行把握。

2.2　工程概述

2.2.1　矿山概况

（1）简要说明建设单位简介、隶属关系、历史沿革等。

（2）简述矿区自然概况（包括矿区的气候特征、地形条件、区域经济地理概况、地震资料、历史最高洪水位等），矿山交通位置（给出交通位置图），周边环境，采矿权位置坐标、面积、开采标高、开采矿种等。

【条文说明】

主要是对建设项目的背景和基本情况进行详细介绍，说明时重点突出、内容全面，以便相关人员对该建设项目的基本情况有一个客观、准确的认识。

2.2.2　矿床地质与开采技术条件

2.2.2.1　矿区地质及开采技术条件

（1）说明矿床在区域地质单元中的构造位置，矿区主要地层、构造、岩浆岩体、影响开采技术条件的风化、蚀变特征，矿床成因类型。

（2）简述矿体形态、规模、埋藏条件、矿石性质、矿体围岩。

（3）简要说明本项目的水文地质，包括气候、地形、地表水的汇水面积、水位、流量，含水层、隔水层、导水构造的性质、分布、埋藏条件及与矿体的空间关系，含水层的补给、径流和排泄条件，积水的旧井巷、老采区、地表水对矿床充水的影响，完成的水文地质工作及其成果或结论。

（4）简要说明本项目的工程地质，包括工程地质岩组划分，岩体质量评价指标，主要不良地质体描述，主要物理力学参数。

（5）简要说明本项目的环境地质，包括地震区划，地质灾害特征（种类、规模及分布），其他情况（自燃、地热、高地应力、放射性等）。

(6) 简要说明本项目周边环境对开采的影响情况，包括周边的工业设施及生产生活场所与本项目的距离及其相关情况。

(7) 列出影响本项目生产安全的主要因素，如高寒高海拔、复杂地形、高陡边坡、大水和突水风险等，并进行有针对性的说明。

【条文说明】

本部分主要是对该建设项目的矿区地质和开采技术条件进行说明，该部分内容可参考该项目的初步设计进行编写。

对于一般矿山，重点按前6条中的基本要求进行简要说明。但对于水文地质条件复杂的矿山或工程地质条件复杂的矿山，应分别对其水文地质条件或工程地质条件进行重点描述，并介绍已往开展的专项勘察或研究工作及其主要结论。水文地质和工程地质条件较简单的一般矿山，只对水文地质条件和工程地质条件简要介绍即可。

对符合最后1条的矿山，还应根据项目的特点，对矿山安全中危害大、风险大的特殊危险因素进行重点论述、充分说明，引起设计和生产单位的重视，并提出有效防范和治理措施，确保生产安全。

审查时应详细了解该项目特点，并对安全设施设计中提出的影响本项目生产安全主要因素的准确性和防范治理措施的有效性及可行性进行审查。

2.2.2.2 矿床资源

简述地质报告或矿床模型计算的矿床资源/储量。

【条文说明】

略。

2.2.2.3 开采现状和周边开采情况

说明本项目性质（新建矿山、改扩建矿山），已形成的地下采空区，如果是改扩建矿山则还应说明矿山开采现状、露天采坑（边坡）状态，开采中出现过的主要水文、工程地质及地质灾害问题，以及利旧工程的基本情况及安全状况、与原生产系统的相互关系和影响。

【条文说明】

此处要求对本次建设项目之外的工程设施情况及与新建项目之间的相互关系进行介绍，并对其是否影响新建项目安全和新建项目是否影响已有工程设施的安全等情况进行评价论述，当新建项目与已有工程设施相互干扰时，应采取可靠的安全管理和技术措施，保证生产安全，并需要在安全设施设计中对采取的安全措施进行详细说明。此外，对于以往开采中出现过的主要水文—工程地质及地质灾害问题，以及矿坑涌水量、水位降幅等信息应加以收集和介绍。

审查时应审查安全设施设计中对周边可能影响本项目或受本项目影响的工程设施情况说明的是否清楚，相关影响结论是否正确，以及采取的防范措施是否有效可靠等相关内容。

2.2.2.4 其他

说明其他需要说明的有关情况。

【条文说明】

对上述章节中没有涉及的相关情况进行说明，如果在具体建设项目的安全设施设计中有其他需要说明的情况，可在此进行说明，如果没有可取消该部分内容。

审查重点是此部分安全设施设置是否满足相关要求。

2.2.3 设计概况

(1) 说明编制本次安全设施设计的初步设计版本。

【条文说明】

编制新建项目的安全设施设计时，应说明其对应的初步设计版本。在建设项目设计过程中，由于项目外部或内部条件的变化，初步设计内容会出现相应的调整，因此一个建设项目可能会存在数个版本的初步设计。当初步设计内容有变化时，安全设施设计的内容也会有相应调整。所以编制安全设施设计时，应明确对应的初步设计版本，这样便于对安全设施设计的最终审查和验收。

（2）说明开采方式、开采范围、露天开采境界、生产规模及服务年限、开拓运输系统（包括坑内运输系统）、基建工程和基建期、采矿进度计划（含采矿进度计划表）、排土场（废石场）、矿山截排水系统、矿山通信及信号、矿山供水水源、矿山供配电、矿区总平面布置、工程总投资、专用安全设施投资等内容。

【条文说明】

要求对建设项目的主要设计情况进行简要说明，其目的是使相关人员对该项目的设计方案进行全面了解和把握，以便于进行下一步的审查工作。本条的主要内容基本上与初步设计总论章节中的建设方案介绍一致，要求把主要设计内容浓缩，将重要的技术方案内容、设备、主要数据列出，既不能过于简单，又不宜太多。

（3）列出设计的主要技术指标，相关内容可参考表3-2-1。

表3-2-1 主要技术指标表

序号	指标名称	单位	数量	备注
1	地质			
1.1	全矿地质资源量/储量			
	矿石量	万t		
	品位	%		
	金属量	万t		铁矿和非金属矿可不列
1.2	露天开采境界内的资源量/储量			
	矿石量	万t		
	品位	%		
	金属量	万t		
1.3	矿岩物理力学性质			
	矿石体重	t/m^3		
	岩石体重	t/m^3		
	矿岩松散系数			
	矿石抗压强度	MPa		
	岩石抗压强度	MPa		
2	采矿			
2.1	矿山规模			
	矿石量	万t/a		
	剥离量	万t/a		
	采剥总量	万t/a		
2.2	剥采比			
	平均剥采比			
	生产平均剥采比			
2.3	矿山服务年限	a		
2.4	矿山基建时间	a		

表3-2-1（续）

序号	指标名称	单位	数量	备注
	基建工程量	万t		
	其中：副产矿石量	万t		
2.5	开拓运输方式			
	汽车型号			
	数量	辆		
	胶带		规格、参数	
		段		
	破碎机型号			
	数量			
2.6	二级矿量保有量	万m^3		
	开拓矿量	万t		
	备采矿量	万t		
2.7	矿石贫化率	%		
2.8	矿石损失率	%		
2.9	工作制度	d/a		
		班/d		
		h/班		
2.10	露天开采最终境界			
	上口尺寸（长、宽）	m		
	坑底尺寸（长、宽）	m		
	总高度	m		
	最终边坡角	(°)		
	总剥离量	m^3		
	最高开采台阶标高	m		
	最低开采台阶标高	m		
	封闭圈标高	m		
2.11	台阶参数			
	最终边坡台阶高度	m		
	台阶坡面角	(°)		
	并段高度	m		
	工作台阶高度	m		说明最终台阶高度
	安全平台宽度	m		
	清扫平台宽度	m		
	运输平台宽度	m		
	工作帮的坡面角	(°)		
	最小工作平台宽度	m		
	同时开采的台阶数	个		
	最小工作线长度	m		
2.12	排土场（废石场）			

表3-2-1（续）

序号	指 标 名 称	单位	数量	备 注
	占地面积	hm^2		
	堆积总高度	m		
	总容量	m^3		
	服务年限	a		
	排土方式			
	排土段高	m		
	排土机型号			
	排土机数量	台		
	总边坡角	(°)		
	台阶边坡角	(°)		
	最小工作平台宽度	m		
	安全平台宽度	m		
3	供电			
3.1	用电设备安装功率	kW		
3.2	用电设备工作功率	kW		
3.3	计算负荷			
	有功功率	kW		
	无功功率	kVar		注明补偿后
	视在功率	kVA		
	功率因数	$\cos\varphi$		
3.4	年总用电量	k·kWh/a		
3.5	单位矿石耗电量	kWh/t		

【条文说明】

要求用表格的形式列出建设项目的主要技术参数和设备规格，如矿山有井下工程，则应参照地下矿山部分将相关内容补充到列表中。项目技术要点和参数汇总采用表格的形式列出，便于相关人员快速了解项目主要技术内容和特点，以及审查、验收工作的高效进行。

2.3 本项目安全预评价报告建议采纳及前期开展的科研情况

2.3.1 安全预评价报告提出的对策措施与采纳情况

用表格形式列出安全预评价报告中提出的需要在安全设施设计中落实的对策措施，简要说明采纳情况，对于未采纳的应说明理由。

【条文说明】

根据《中华人民共和国安全生产法》和国家安全生产监督管理总局相关文件，金属非金属矿山建设项目在可行性研究完成后，要编制安全预评价报告，安全预评价报告根据项目特点和建设方案对项目建设中的安全情况进行了相应的模拟、分析和评价，并提出对于项目建设的意见和建议，对于预防和控制项目建设和生产中的安全问题起指导作用。在安全设施设计中，要对安全预评价报告的意见进行分析，将建议内容纳入安全设施设计中，以保证项目安全设施设计更加完善。由于安全预评价报告提出的建议和措施不一定都能够得到落实，有些也不一定合适，安全设施设计中要对安全预评价报告的建议和措施进行分析，不予采纳的要给出理由，采纳的要说明是如何采纳的。这样就能实现项目审查程序的无缝对接，真正发挥安全预评价的作用。具体表述格式可按表3-2-2进行。

表3-2-2 安全预评价报告中补充和完善的安全对策措施与建议

序号	安全预评价报告中补充和完善的安全对策措施与建议	落实情况	说明及备注
1			
2			

审查重点是对安全预评价报告中提出的建议的采纳情况，以及没有采纳建议的理由的可靠性和充分性。

2.3.2 本项目前期开展的安全生产方面科研情况

叙述本项目前期开展的与安全生产有关的科研工作及成果，以及有关科研成果在本项目安全设施设计中的应用情况。

【条文说明】

在建设项目前期工作的开展过程中，会存在一些不能依靠经验或其他已有项目做法进行决策的问题，需要开展相关的专题研究工作，并将研究成果应用于项目的设计中，以保证项目的建设和生产能够顺利进行。这些专题研究的单位可以是项目安全预评价单位、设计单位，也可以是建设单位委托的其他科研机构。当开展的专题研究与项目安全相关时，如边坡稳定性分析研究报告、岩体节理裂隙调查报告、岩石力学参数测试报告等均需要在此列出，并简述研究成果及其在设计中的应用情况，为相应部分的安全设施设计提供可靠的依据。

2.4 安全设施设计

2.4.1 露天采场

（1）说明露天采场的境界范围、最高台阶标高、封闭圈标高、露天采场最低标高，最终边坡高度及范围；如果采用分期开采，还应说明分期的原则，首期开采的位置。

【条文说明】

根据初步设计，对露天采场圈定结果、境界范围及最终边坡要素作一个介绍，在圈定开采境界时，是否有外部条件的约束限制，也需要作出说明。最高台阶标高、封闭圈标高、露天采场最低标高、最终边坡高度及范围，是设计的基本内容。

分期开采的目的是提高矿山前期的经济效益，有效推迟剥离洪峰期、均衡剥采比。

《金属非金属矿山安全规程》(GB 16423) 规定：

① 生产台阶高度应符合表3-2-3的规定。开采结束，并段后台阶高度超过表3-2-3的规定时，应经过技术论证，在保证安全的前提下，由设计确定。

表3-2-3 生产台阶的确定

矿岩性质	采掘作业方式		台阶高度
松软的岩土	机械铲装	不爆破	不大于机械的最大挖掘高度
坚硬稳固的矿岩		爆破	不大于机械的最大挖掘高度的1.5倍
砂状的矿岩	人工开采		不大于1.8 m
松软的矿岩			不大于3.0 m
坚硬稳固的矿岩			不大于6.0 m

② 非工作台阶最终坡面角和最小工作平台，应在设计中规定。

采矿和运输设备、运输线路、供电和通信线路，应布置在工作平台的稳定范围内。

爆堆边缘到准轨铁路中心线的距离，应不小于2.5 m；到窄轨铁路中心线的距离，应不小于2.0 m，到汽车道路边缘的距离，应不小于1 m。

③ 分期开采应遵守下列规定：

安全平台宽度应不小于15 m；

采用陡帮扩帮作业时，每隔60～90 m高度，应布置一个宽度不小于20 m的接滚石平台。

审查重点是对台阶高度的符合性进行判断。

(2) 说明矿山已有采空区、危险区域的分布情况和设计采取的处理方法，分析危险区域对今后开采活动的影响范围和影响程度。

【条文说明】

已有的采空区、危险区域影响露天开采范围，同时露天开采范围内的采空区、危险区域也对采剥作业造成安全隐患，在设计中应提出处理方法和措施。另外，采空区、开采陷落/开裂区、充填体等对露天采场边坡稳定可能有影响的，也应在边坡设计中充分考虑。

《金属非金属矿山安全规程》(GB 16423) 规定：开采境内界内废弃巷道、采空区和溶洞，应至少超前一个台阶处理。处理前应编制施工方案，并报主管矿山审批。

审查重点是采空区、危险区域的分布情况，对危险区域对今后开采活动的影响范围和影响程度分析，设计采取的处理方法。

(3) 说明采场凿岩、装药、爆破、铲装和运输等工艺设计情况，重点说明设计的安全设施和技术措施。

【条文说明】

钻、爆、铲、装及运是采矿工艺环节的设计内容，各种工艺参数、作业要按设计规范选取和确定，并加以说明。

《金属非金属矿山安全规程》(GB 16423) 规定：

① 露天开采应优先采用湿式作业。产尘点和产尘设备应采取综合防尘技术措施。

② 露天爆破作业应遵守《爆破安全规程》(GB 6722—2014) 中相关的规定。爆破作业现场应设置坚固的人员避炮设施，其设置地点、结构及拆移时间，应在采矿计划中规定，并经主管矿长批准。

③ 爆破前，应将钻机、挖掘机等移动设备开到安全地点，并切断电源。

④ 钻机稳车时，应与台阶坡顶线保持足够的安全距离。千斤顶中心至台阶坡顶线的最小距离：台车为1 m，牙轮钻、潜孔钻、钢绳冲击钻机为2.5 m，松软岩体为3.5 m。千斤顶下不应垫块石，并确保台阶坡面的稳定。钻机作业时，其平台上不应有人，非操作人员不应在其周围停留。钻机与下部台阶接近坡底线的电铲不应同时作业。钻机长时间停机，应切断机上电源。

穿凿第一排孔时，钻机的中轴线与台阶坡顶线的夹角应不小于45°。

⑤ 挖掘机作业时，悬臂和铲斗下面及工作面附近，不应有人停留。

⑥ 双车道的另一面宽度，应保证会车安全。陡长走道的尽端弯道，不宜采用最小平曲线半径。弯道处的会车视距若不能满足要求，则应分设车道。急弯、陡坡危险地段应有警示标志。

⑦ 山坡填方的弯道、坡度较大的填方地段以及高堤路基路段，外侧应设置护栏、挡车墙等。

⑧ 夜间装卸车地点、应有良好照明。

审查重点是对各种工艺参数是否符合相关要求进行判断，设计的安全设施和技术措施是否有遗漏。

(4) 说明爆破安全距离界线的确定及爆破安全设施的设置。

【条文说明】

在露天爆破作业时，爆破地点与人员和其他保护对象之间的安全允许距离，应按各种爆破有害效应（地震波、冲击波、个别飞散物等）分别核定，并取最大值，爆破安全距离界限的确定及爆破安全设施设置应符合《爆破安全规程》(GB 6722) 的相关规定，确保作业安全。

《金属非金属矿山安全规程》(GB 16423) 规定：露天爆破作业应遵守《爆破安全规程》(GB 6722) 的相关规定。爆破作业现场应设置坚固的人员避炮设施，其设置地点、结构及拆移时间，应在采矿计划中规定，并经主管矿长批准。

审查重点内容是设计中一次最大起爆药量及爆破安全距离的确定是否合适。

(5) 地下开采转为露天开采时，应说明对地下巷道和采空区的处理方法、设计的安全设施和措施，并说明其安全可靠性。

【条文说明】

地下开采转为露天开采时，生产过程中的安全问题非常突出，必须首先查清地下巷道、采空区的分布和状态，并需在设计中采取可靠的处理方法和措施，必要时要专题论证。

《金属非金属矿山安全规程》(GB 16423) 规定：地下开采转为露天开采时，应将全部地下巷道、采空区和矿柱的位置，绘制在矿山平、剖面对照图上。地下巷道和采空区的处理方法，应在设计中确定。地下开采的塌陷区范围内，不应布置重要矿山工程。

审查重点是设计中对地下巷道和采空区的处理方法、设计的安全设施、措施及安全可靠性。

(6) 对为保护地表构筑（建）物或地下工程留设的矿（岩）体或矿段，列出设计所确定距离和厚度，并说明今后是否回收及回收的时间等，必要时，需有分析计算。

【条文说明】

设计规定保留的矿（岩）体或矿段，在特定的时段内，未经技术论证，不应开采或破坏，若存在回收的可能，应加以说明并分析论证。

《金属非金属矿山安全规程》(GB 16423) 规定：设计规定保留的矿（岩）柱、挂帮矿体，在规定的期限内，未经技术论证不应开采或破坏。

审查重点是设计所确定距离和厚度是否满足要求，回收的依据是否充足。

(7) 结合开采条件，对边坡进行稳定性分析计算并确定采场边坡角，并给出露天采场的边坡设计参数、边坡类型，列出安全平台、清扫平台的宽度。

【条文说明】

边坡稳定性问题直接影响露天开采矿山开采境界的确定，关系到矿山的经济效益和安全生产。

边坡稳定性分析可采用经验类比法和分析计算法，由此给出露天采场不同区域的边坡角。

安全平台、清扫平台是露天采场的构成要素，其宽度与最终边坡角密切相关。

审查重点是边坡的稳定性情况。

(8) 说明运输道路缓坡段的设置情况。

【条文说明】

道路缓坡段是运输道路的基本组成，应根据露天采矿的特点及运输车辆的类型，依据《厂矿道路设计规范》(GBJ 22) 而设置。

审查重点是运输道路缓坡段的限制坡长、坡度。

(9) 露天与地下同时开采时，应说明露天边坡角、露天与地下采区的位置关系。

【条文说明】

露天采场与地下采区的相互位置，关系到露天边坡的稳定，影响地下采矿方法的选择和回采顺序。

审查重点是位置关系的说明，影响分析及措施。

(10) 边坡（含破碎站边坡）不稳定时，应说明处理和加固方法及加固后的稳定性。

【条文说明】

若边坡不稳定，应根据可能的滑动模式，以及计算结果分析，给出处理和加固方法，使边坡处于稳定。

审查重点是边坡处理和加固方法，稳定性分析计算。

(11) 说明露天采场边界围栏、爆破安全设施（含躲避设施、警示旗、报警器、警戒带等）的设置情况。

【条文说明】

设置边界围栏，应根据采场边界，结合开采顺序，临时和永久相结合。

报警器应全覆盖，不能有死角。设置警示旗、警戒带时不能有盲区，躲避设施临时和永久相结合。

《金属非金属矿山安全规程》(GB 16423) 规定：露天矿边界应设可靠的围栏或醒目的警示标志，防止无关人员误入。露天矿边界上 2 m 范围内，可能危及人员安全的树木及其他植物、不稳固材料和岩石等，应予清除。露天矿边界上覆盖的松散岩土层厚度超过 2 m 时，其倾角应小于自然安息角。

审查重点是设置情况说明。

(12) 说明废弃巷道、采空区和溶洞的探测设备，充填、封堵措施或隔离设施。

【条文说明】

废弃巷道、采空区和溶洞等位置的确定，需要进行探测，在设计中应探测目标，对设备提出要求。

需要进行充填、封堵或隔离的废弃巷道、采空区和溶洞，提出要求，并提出措施方法。

《金属非金属矿山安全规程》(GB 16423) 规定：

① 开采境界内和最终边坡邻近地段的废弃巷道、采空区和溶洞，应及时标在矿山平面图上，并随着采掘作业的进行，及时设置明显的警示标志。

② 开采境界内的废弃巷道、采空区和溶洞，应至少超前一个台阶进行处理。处理前应编制施工方案，并报主管矿长审批。

审查重点是探测设备的配置，封堵或隔离措施的方法。

(13) 说明溜井口的安全护栏、挡车设施、格筛的设置情况。

【条文说明】

安全护栏与溜井口要有一定的距离，不宜太低。挡车设施的调试与运输车辆的轮胎高度相关。格筛与破碎机的入口尺寸相关。

《金属非金属矿山安全规程》(GB 16423) 规定：

① 卸矿平台（包括溜井口、栈桥卸矿口等处）应有足够的调车宽度。卸矿地点应设置牢固可靠的挡车设施，并设专人指挥。挡车设施的高度应不小于该卸矿点各种运输车辆最大轮胎直径的2/5。

② 溜井的卸矿口应设挡墙，并设明显标志、良好照明和安全护栏，以防人员和卸矿车辆坠入。机动车辆卸矿时，应有专人指挥。

审查重点是溜井口的安全护栏、挡车设施、格筛的设置情况。

(14) 说明边坡监测的方法（或方式）及监测点的布置情况。

【条文说明】

边坡监测方法很多，设计可推荐。根据监测区域边坡的高度和边坡类型，结合推荐的监测方法，提出监测点的布置情况。

《金属非金属矿山安全规程》(GB 16423) 规定：

① 边坡监测系统设计，应根据最终边坡的稳定类型、分区特点确定各区监测级别。对边坡应进行定点定期观测，包括坡体表面和内部位移观测、地下水位动态观测、爆破震动观测等。技术管理部门应及时整理边坡观测资料室、据以指导采场安全生产。对存在不稳定因素的最终边坡应长期监测，发现问题及时处理。

② 大、中型矿山或边坡潜在危害性大的矿山，除应建立健全边坡管理和检查制度，对边坡重点部位和有潜在滑坡危险的地段采取有效的防治措施外，还应每5年由有资质的中介机构进行一次检测和稳定性分析。

审查重点是监测方法及监测点布置情况。

(15) 水力开采时，应说明运矿沟槽上的安全设施（盖板、金属网等）设置情况；挖掘船开采时，应说明船上的救护设备、作业人员的救生器材的配置情况。

【条文说明】

对运矿沟槽上的盖板或金属网，应根据其使用的时间长短，有选择地选用，节省投资。对挖掘船开采，应根据相关要求配置救护设备，为作业人员配置救生器材，要加以说明。

《金属非金属矿山安全规程》(GB 16423) 规定：

① 矿浆池上部的砂泵，应设稳固的操作平台和带扶手的梯子。平台宽度应不小于0.7 m。上面有行人的运矿沟槽，沟槽上应设盖板或金属网。深度超过2 m的沟槽，应设明显标志，并禁止人员靠近。

② 挖掘船上应设置水位报警、照明、信号、通信和救护设备。

审查重点是运矿沟槽的设置。挖掘船的相关安全救生设备（施）配置。

(16) 总结概述本节专用安全设施内容。

【条文说明】

要求根据《金属非金属矿山建设项目安全设施目录(试行)》(国家安全生产监督管理总局令第75号）的相关规定对安全出口中的专用安全设施进行简单列举说明。

在矿山建设项目中专用安全设施不具有生产功能，如果矿山不设相应的专用安全设施，在不考虑安全的情况下仍能进行生产。为了避免这种情况出现，安全设施设计中需要重点强调专用安全设施，以引起建设单位的重视。

2.4.2 采场防排水系统安全设施

(1) 说明为了保证采矿安全而设计的河流改道（含导流堤、明沟、隧洞、桥涵等）和河床加固工程情况。

(2) 说明露天采场封闭圈以外向露天坑汇水的面积、设置的防洪堤、拦水坝参数及其截洪能力。

(3) 说明沉沙池、消能池（坝）参数，以及截水沟、排洪沟、截排水隧洞及其断面尺寸、坡度与截洪能力。

【条文说明】

矿区受河流、洪水威胁时，应修筑防洪堤坝，或将河流改道至开采影响范围以外。已有或可能出现滑坡、地面塌陷、开裂区的周围应设置截水沟，防止地表水侵袭。影响矿区安全的落水洞、岩溶漏斗、溶洞等均应严密封闭。

常见的地表防排水工程包括河流改道工程、排洪隧洞、截水沟和河床加固工程、露天采场的沉沙池、消能池（坝）等。防排水设计中应说明露天采场或其他防水区域的汇水面积，设防的暴雨频率标准，以及各项防水工程的纵、横断面尺寸、块度和其他参数。

审查重点是设计的截排水设施是否可靠，位置是否合适，结构参数是否能满足要求，露天坑封闭圈外的截水沟能否截走全部汇水；各部分工程建设实施的时间点是否与工程进度相匹配。

(4) 说明大水矿山露天采场内外部地表疏干井和边坡放水孔的各项设计参数，如间距、深度、口径及设计排水量等；采取注浆帷幕（截渗墙）堵水的，还应说明帷幕（防渗墙）平面边界、底部深度，设计需达到的渗透系数等参数。

【条文说明】

露天开采边坡或矿区内其他边坡中存在软弱层或软弱结构面时，应采取措施防止地表水渗入或冲刷边坡。边坡岩体存在含水层并影响边坡稳定时，必须采取疏干降水措施。地表疏干降水井（孔）的各项设计参数，如间距、深度、口径及设计排水量、设计的地下水位降深等应在设计中说明。如果采取巷道加放水孔系统对矿床进行治水（疏干/帷幕），巷道掘进中的防治水措施可参照地下开采中相关的防治水情况进行说明。

审查重点是地表疏干井和边坡放水孔的设计是否正确，采取的堵水设施是否能满足工程安全生产的需要。

(5) 说明露天采场境界、封闭圈、封闭圈内的面积，设计暴雨频率以及相应的旱季日均降雨量、雨季日均降雨量、最大降雨量。

【条文说明】

降雨资料等的观测站点如果与采场区域高差较大，设计中应考虑高差对降雨的影响，并在涌水量预测时进行合理修正。

审查重点是设计依据的矿山及周围大气降水的历史数据是否充足。

(6) 说明露天坑内日均涌水量和最大降雨量计算过程与结果。

【条文说明】

一般情况下露天采场涌水量包括地下水涌水量和降雨径流涌水量两部分。对范围或深度很大、水文地质条件差异很大、服务年限很长的露天采坑，还应根据地形特征和采矿进度安排，预测生产过程中不同生产时段或不同开采分区的矿坑涌水量。

审查重点是对矿区周边及矿区内部地形、矿区水文地质条件的把握是否正确；露天坑排水量计算方法是否正确，排水量数据是否准确。

(7) 说明排水方式、排水设备、排水管道设计情况。

【条文说明】

明确露天坑排水从何时设机械排水系统，采用集中排水还是分散排水，接力排水还是分段排水，给出设备数量和流量、扬程，说明不同工况下排水设备工作数量，说明排水管路数量、直径、壁厚、防腐蚀性能等。排水系统设计中考虑最大暴雨期间的排水能力时，应根据采矿要求合理确定坑底允许淹没时间和淹没深度。

《有色金属采矿设计规范》(GB 50771) 规定：遇设计确定的暴雨频率时，允许淹没高度不得超过一个台阶；坑底允许淹没时间，露天排水方式应小于7 d，井巷排水方式应小于5 d。

《冶金矿山采矿设计规范》(GB 50830) 规定：露天采场的允许淹没时间可根据同时开采的台阶数确定，允许淹没时间宜为1 d~7 d；采用井巷排水方式时，允许淹没时间宜为1 d~5 d。

露天矿山防排水系统的作用是防止周边水系影响露天坑生产，防止露天坑内涓水影响生产，以及防止大气降水淹没采场影响矿山生产。因此要审查露天矿山防排水系统设计是否能保证矿山安全，露天坑外部的导流或防排水系统设计是否满足安全要求，排水设备能否在规定期间完成排水任务，排水设备选择是否正确、合理，排水管路设置能否满足规程要求。

(8) 说明水位与流量监测系统设计情况。

【条文说明】

水文地质和工程地质条件复杂的矿山，在设计中必须布置足够的地下水位观测孔，提出具体的监测时间频次要求，观测孔的具体位置应在相关附图中标明。例如，硫化矿床的地下水对可溶岩的溶蚀能力明显提高，矿体附近常是岩溶最发育地段，此类区域的河流可能产生大规模的渗漏、落水洞、溶蚀漏斗、溶洞等，并将成为暴雨洪水的集中泄漏点，也是最容易出现岩溶塌陷的区域，所以此类区域应作为地表监测工作的重点区域。对于其他水文地质条件不复杂的矿山，可不设置地下水位与流量监测系统。

审查重点是水位与流量监测系统的设计内容是否正确。

（9）总结概述本节专用安全设施内容。

【条文说明】

简要列出本节中的专用安全设施。

2.4.3　矿岩运输系统安全设施

2.4.3.1　铁路运输

（1）说明铁路运输的牵引方式、机车形式与规格参数、牵引的矿车或车厢规格参数、列车组成、列车的运行速度、制动距离和运行列车的数量等。

（2）说明铁路运输线路设计情况，包括安全线、避让线、制动检查所、线路两侧的限界架的设置，以及护轮轨、防溜车措施、减速器、阻车器设置情况。

【条文说明】

对确定采用铁路进行开拓运输。铁路运输的牵引方式、机车形式与规格参数、牵引的矿车或车厢规格参数、列车组成、列车的运行速度、制动距离和运行列车的数量等，是设计的重要组成部分，是依据矿山的运输能力而确定的。

为说明运输路线的安全性和相关的安全设施（安全线、避让线等），应对运输线路、车站的设置情况及运输车辆的规格参数进行介绍，不能有遗漏。

《金属非金属矿山安全规程》（GB 16423）规定：

① 矿山铁路，应按规定设置避让线和安全线；在适当地点设置制动检查所，对列车进行检查试验；设置甩挂、停放制动失灵的车辆所需的站线和设备。

② 下列地段应设双侧护轮轨：全长大于 10 m 或桥高大于 6 m 的桥梁（包括立交桥）和路堤道口铺砌的范围内；线路中心到跨线桥墩台的距离小于 3 m 的桥下线。

固定线和半固定线采用表 3－2－4 所列的最小曲线半径时，应在曲线内侧设单侧护轮轨。

表 3－2－4　最小曲线半径

线路名称	准轨铁路		窄轨铁路		
	机车、车辆类型		固定轴距/m		
	一、二类	三类	<1.4	1.4～2.0	2.1～3.0
			铁路轨距/mm		
			600	762、900	762、900
最小曲线半径/m	150（120）	180（150）	30	60	80

注：准轨铁路电机车、车辆类型分类：一类为机车固定轴距≤2.6 m、全轴距<11 m，矿车固定轴距≤1.8 m、全轴距<11 m；二类为机车固定轴距≤2.6 m、全轴距<16 m，矿车固定轴距≤1.8 m、全轴距<11 m；三类为机车固定轴距 1.2 m×2 m，全轴距<13 m。改建矿山利用旧有机车固定轴距大于 2.6 m，小于 3 m 时，可参照二类的标准

③ 电气化铁路，应在道口处铁路两侧设置限界架；在大桥及跨铁路电网铁相应部位，应设安全栅栏；跨线桥两侧，应设防止矿车落石的防护网。

审查重点是铁路线路的设计参数及安全设施是否符合要求。

（3）铁路线布置在巷道内时，还应说明巷道的水文条件、岩石条件和可能遇到的特殊困难、支护方式和参数、主要设计参数、相关安全措施。

【条文说明】

铁路线路是矿山生产的咽喉，其安全与否至关重要，当需要穿过岩体布置在地下时，设计中应根据地质勘查报告选择合适的线路和支护参数。

审查重点是设计的支护参数与地质条件是否相适应。

（4）说明运输线路的安全护栏、防护网、挡车设施、道口护栏的设置，道路岔口交通警示报警设施的设置。

【条文说明】

为保证线路运输的安全，在线路与公（道）路的交叉口、跨线桥两侧等处，必须设置相应的安全设施。

《金属非金属矿山安全规程》(GB 16423）规定：

① 人流和车流的密度较大的铁路与道中的交叉口，应立体交叉。平交道口应设在瞭望条件良好、满足规定的机车与汽车司机通视距离的线路上，站内不宜设平交道口。瞭望条件较差或人（车）流密度较大的平交道口，应设自动道口信号装置或专人看守。

② 电气化铁路，应在道口处铁路两侧设置限界架；在大桥及跨线桥跨越铁路电网的相应部位，应设安全栅网。跨线桥两侧应设防止矿车落石的防护网。

③ 繁忙道口、有人看守的较大的桥隧建构筑物和可能危及行车安全的塌方、落石地点，宜安设遮断信号机，其位置距防护地点不小于 50 m，在有暴风雨、雾、雪等不良气候条件的地区，或当遮断信号机显示距离不足 400 m 时，还应在主体信号机前方 300 m（窄轨铁路 150 m）处，设预告信号机或复示信号机。

④ 铁路线尽头应设安全车挡与警示标志。

审查重点是相关安全设施的设置情况是否满足要求。

（5）说明陡坡铁路运输时的线路防爬设施（含防爬器、抗滑桩等）、曲线轨道加固措施设置情况。

【条文说明】

对于陡帮铁路运输时，必须严格遵守相关规定，设置防坡设施、曲线轨道加固设施，以免发生事故伤及人员和设备（施）。

《金属非金属矿山安全规程》(GB 16423）规定：陡帮铁路运输每 25 m 应铺设 2 组防爬桩，应双向安装 8 对防爬器，应安装 14 对轨撑。

审查重点是相关安全设施的设置情况是否满足要求。

（6）总结概述本节专用安全设施内容。

【条文说明】

根据《金属非金属矿山建设项目安全设施目录（试行）》(国家安全生产监督管理总局令第 75 号）的规定简要列出本节中设计的专用安全设施。

2.4.3.2　汽车运输

（1）说明矿岩运输汽车的规格、数量、设计运行速度、道路宽度、坡度、转弯半径等。

【条文说明】

在初步设计中，经过设备选型，依据矿山的生产规模，矿岩运输汽车的规格、数量及设计运行速度等参数得以确定，在此基础上，按《厂矿道路设计规范》(GBJ 22）及采矿设计规范，对道路宽度、坡度、转弯半径等道路参数进行选定。本条是针对汽车运输道路的设计而作出的规定。

《金属非金属矿山安全规程》(GB 16423）规定：双车道的路面宽度，应保证会车安全。陡长坡道的尽端弯道，不宜采用最小平曲线半径。弯道处的会车视距若不能满足要求，则应分设车道。急弯、陡坡、危险地段应有警示标志。

审查重点是汽车运输道参数设计是否满足要求。

（2）说明道路边坡的加固和防护措施。当汽车需要通过巷道运输时，还应介绍汽车运输需要穿过的巷道的地质条件、水文条件、岩石条件和可能遇到的特殊困难等，并说明巷道断面、支护方式和参数、设计的安全设施或者采取的技术措施。

【条文说明】

当设计的运输道路因有挖（填）段，形成高边坡时，必要时应采取加固或防护措施。对于运输巷道，根据地质情况，对巷道的设计作简要介绍，并给出设计结果。

《金属非金属矿山安全规程》(GB 16423）规定：山坡填方的弯道、坡度较大的填方地段以及高堤路基路段，外侧应设置护栏、挡车墙等。

审查重点是汽车运输道路的边坡加固和巷道支护参数设计是否满足矿山现场的工程地质条件。

（3）说明运输线路上设置的安全护栏、挡车设施、错车道、避让道、紧急避险道、声光报警装置，以及矿、岩卸载点的安全挡车设施设置情况。

【条文说明】

根据运输线路布置情况，对与之相配套的安全设施的设计情况进行介绍，不能有遗漏。

《金属非金属矿山安全规程》(GB 16423）规定：

① 山坡填方的弯道、坡度较大的填方地段以及高堤路基路段，外侧应设置护栏、挡车墙等。

② 对主要运输道路及联络道的长大坡道，应根据运行安全需要，设置汽车避让道。

③ 道路与铁路交叉的道口，宜采用正交形式，如受地形限制应斜交时，其交角应不小于45°。道口应设置警示牌。车辆通过道口之前，驾驶员应减速瞭望，确认安全方可通过。

④ 卸矿平台（包括溜井口、栈桥卸矿口等处）应有足够的调车宽度。卸矿地点应设置牢固可靠的挡车设施，挡车设施的高度应不小于该卸矿点各种运输车辆最大轮胎直径的2/5。

⑤ 夜间装卸车地点，应有良好照明。

审查重点是汽车运输线安全设施的设置情况。

（4）总结概述本节专用安全设施内容。

【条文说明】

根据《金属非金属矿山建设项目安全设施目录（试行)》(国家安全生产监督管理总局令第75号）的规定简要列出本节中设计的专用安全设施。

2.4.3.3 带式输送机运输

（1）给出带式输送机选择计算过程，说明胶带机的头部标高、尾部标高、水平长度、提升高度、提升任务等基本参数，胶带种类、带宽、带强、带速、胶带安全系数、驱动滚筒及拉紧滚筒、改向滚筒参数选择，胶带机驱动方式与驱动装置、拉紧方式与拉紧装置布置、胶带机控制方式，以及各种闭锁和机械、电气保护装置。

（2）布置在巷道内的带式输送机，还应介绍巷道的地质条件、水文条件、岩石条件和可能遇到的特殊困难等，并说明主要的设计参数，支护方式和参数，以及巷道通风设计和消防等相关安全设施设计情况。

（3）说明带式输送机的安全护罩、安全护栏、梯子、扶手的设置情况。

（4）总结概述本节专用安全设施内容。

【条文说明】

带式输送机是一种地形适应能力强、运输效率高、运输能力大安全可靠的散状物料运输方式，广泛应用于大型露天矿山的矿石和废石运输。为了说明设计的可靠性和合理性，首先要将带式输送机系统叙述清楚，然后说明采取的安全措施，包括电气控制方面、周围环境方面以及设备周围的保护设施等。

带式输送机用于露天矿山运输时，主要用于露天矿经过破碎的矿石运输和经过破碎的废石抛弃工作。与地下矿山条件不同的是，露天矿山使用的带式输送机的特点是：输送距离长、倾角大、露天布置受气候影响大、存在下向运输工况等。露天矿带式输送机运输的危险有如下几种：输送带断裂，导致物料滚落伤人和损坏设备，带式输送机倒转，导致物料滚落伤人，带式输送机超速运行失去控制，导致设备损坏以及物料滚落伤人，带式输送机运动部件伤人以及人员在带式输送机通廊或者斜井内滑倒受伤等。

《金属非金属矿山安全规程》(GB 16423) 规定：

① 带式输送机两侧应设人行道,经常行人侧的人行道宽度应不小于1.0 m;另一侧立不小于0.6 m。人行道的坡度大于7°时，应设踏步。

② 非大倾角带式输送机运送物料的最大坡度，向上应不大于15°，向下应不大于12°。

③ 带式输送机的运行，应遵守下列规定：物料的最大块度应不大于350 mm；堆料宽度，应比胶带宽度至少小200 mm；必须跨越输送机的地点，应设置有栏杆的跨线桥；机头、减速器及其他旋转部分，应设防护罩。

④ 带式输送机的胶带安全系数，按静载荷计算应不小于8，按启动和制动时的动载荷计算应不小于3；钢绳芯带式输送机的静载荷安全系数应不小于5。

⑤ 钢绳芯带式输送机的卷筒直径，应不小于钢丝绳直径的150倍，不小于钢丝直径的1000倍，且最小直径不应小于400 mm。

⑥ 各装、卸料点，应设有与输送机联锁的空仓、满仓等保护装置，并设有声光信号。

⑦ 带式输送机应设有防止胶带跑偏、撕裂、断带的装置，并有可靠的制动、胶带和卷筒清扫以及过速保护、过载保护、防大块冲击等装置；线路上应有信号、电气联锁和紧急停车装置；上行的输送机，应设防逆转装置。

审查重点是带式输送机的基本设计参数，包括输送带种类、带式输送机倾角、输送物料块度、输送带安全系数等是否满足要求；带式输送机的各种保护装置设置是否齐全，主要包括各种闭锁和机械、电气保护装置、防逆转装置、制动装置等。消防设施设计是否满足相关要求，包括选用阻燃输送带，按照相关规范设置消防水管和龙头、设置火灾监测系统；带式输送机通廊或者斜井断面布置是否符合规程规范要求、带式输送机运动部件周边的防护设施是否齐全。露天带式输送机系统的防雷设施设计也要引起注意。

2.4.3.4　架空索道运输

(1) 说明设计采用的索道形式、设计能力、线路布置、长度与高差、支架数量与高度、跨距等。

(2) 说明索道货车规格与参数、数量、有效装载量、运行速度、间隔距离、装卸载方式与设备。

(3) 说明承载索的选择计算、拉紧装置、锚固装置设计，给出承载索的弦倾角、弦折角、空索倾角、重索倾角、最小折角、最大折角、挠度与安全系数。

(4) 说明牵引索的选择计算和拉紧装置设计，给出安全系数。

(5) 说明制动系统和控制系统等的设计情况。

(6) 说明线路经过厂区、居民区、铁路、道路时的安全防护措施。

(7) 说明线路与电力、通信架空线交叉时的安全防护措施。

(8) 说明站房安全护栏的设置情况。

(9) 总结概述本节专用安全设施内容。

【条文说明】

架空索道是一种可以跨越复杂地形的运输方式，在地形复杂的高山地区小型矿山得到应用，但新建矿山应用较少。安全设施设计中要对架空索道的设计参数及安全设施的设置情况进行说明。

《金属非金属矿山安全规程》(GB 16423) 规定：

① 索道线路经过厂区、居民区、铁路、道路时，应有安全防护措施。

② 索道线路与电力、通信架空线路交叉时，应采取保护措施。

③ 离地高度小于 2.5 m 的牵引索和站内设备的运转部分，应设安全罩或防护网。高出地面 0.6 m 以上的站房，应在站口设置安全栅栏。

④ 驱动机应同时设置工作制动和紧急制动两套装置，其中任一套装置出现故障，均应停止运行。

审查重点是索道线路设计是否正确、合理，各种参数是否满足相关安全要求，索道运输系统中的专用安全设施是否齐全。

2.4.3.5 斜坡卷扬运输

（1）给出斜坡卷扬系统选择计算过程，说明提升任务、斜坡倾角、坡顶和坡底标高、提升高度、提升方式（台车、串车、人车提升），提升速度、加速度、减速度，提升机卷筒和天轮直径、直径比，提升钢丝绳最大静张力和静张力差、提升容器参数，一次提升矿车数量、一次提升装载量、一次最多允许提升人员数量，以及提升钢丝绳参数、仰角、偏角和安全系数、人车断绳保险器。

（2）说明提升机控制系统及其主要功能、提升系统连锁控制、视频监控等。

（3）说明斜坡铺轨参数、坡顶车场的阻车器、安全挡车设施、轨道两侧的堑沟、安全隔挡设施，轨道防滑措施、人行道、梯子和扶手，以及斜坡上的防止跑车装置等的设置情况。

（4）说明提升机房内的安全护栏和梯子设置情况。

（5）总结概述本节专用安全设施内容。

【条文说明】

露天矿斜坡卷扬运输，也叫斜坡提升，是露天矿辅助提升运输的一种方式，使用范围不是很广泛，与地下矿山的斜井提升系统类似。斜坡卷扬运输应用于各种露天矿山。安全设施设计应给出斜坡卷扬系统选择计算过程；说明提升任务、斜坡倾角、坡顶和坡底标高、提升高度、提升方式（台车、串车、人车提升）；给出提升速度、加速度、减速度，提升机卷筒和天轮直径、直径比，提升钢丝绳最大静张力和静张力差、提升容器参数，一次提升矿车数量、一次提升装载量、一次最多允许提升人员数量，以及提升钢丝绳参数、仰角、偏角和安全系数；说明人车上设有断绳保险器，说明提升机控制系统设计、视频监控设计等。安全设施设计还应该说明斜坡铺轨参数、坡顶车场的阻车器、安全挡车设施、防跑车装置、轨道两侧的堑沟、安全隔挡设施，轨道防滑措施、人行道、梯子和扶手、提升机房内的安全护栏和梯子等专用安全设施设计情况。

《金属非金属矿山安全规程》(GB 16423) 规定：

① 斜坡轨道与上部车场和中间车场的连接处，应设置灵敏可靠的阻车器。

② 斜坡轨道应有防止跑车装置等安全设施。

③ 斜坡卷扬运输速度，不应超过下列规定：

升降人员或用矿车运输物料的最高速度：斜坡道长度不大于 300 m 时，3.5 m/s；斜坡道长度大于 300 m 时，5 m/s；在甩车道上运行，1.5 m/s；

用箕斗运输物料和矿石的最高速度：斜坡道长度不大于 300 m 时，5 m/s；斜坡道长度大于 300 m 时，7 m/s；

运输人员的加速度或减速度，0.5 m/s^2。

④ 斜坡卷扬运输的机电控制系统，应有限速保护装置、主传动电动机的短路及断电保护装置、过卷保护装置、过速保护装置、过负荷及无电压保护装置、卷扬机操纵手柄与安全制动之间的联锁装置、卷扬机与信号系统之间的闭锁装置等。

⑤ 卷扬机紧急制动和工作制动时，所产生的力矩和实际运输最大静荷重旋转力矩之比 K，均应不小于 3。质量模数较小的绞车，保险闸的 K 值可适当降低，但应不小于 2。

调整双卷筒绞车卷筒旋转的相对位置时，制动装置在各卷筒闸轮上所产生的力矩，不应小于该卷筒悬挂重量（钢丝绳重量与运输容器重量之和）所形成的旋转力矩的1.2倍。

计算制动力矩时，闸轮和闸瓦摩擦系数应根据实测确定，一般采用0.30～0.35，常用闸和保险闸的力矩应分别计算。

⑥ 应沿斜坡道设人行踏步。斜坡轨道两侧应设堑沟或安全挡墙。

⑦ 斜坡轨道道床的坡度较大时，应有防止钢轨及轨梁整体下滑的措施；钢轨敷设应平整、轨距均匀。斜坡轨道中间应设地辊托住钢丝绳，并保持润滑良好。

⑧ 卷筒直径与钢丝绳直径之比，应不小于80。卷筒直径与钢丝直径之比，应不小于1200。专门运输物料的钢丝绳，安全系数应不小于6.5；运送人员的，应不小于9。钢丝绳在卷筒上多层缠绕时，卷筒两端凸缘应高出外层绳圈2.5倍钢丝绳直径的高度。钢丝绳弦长不宜超过60 m；超过60 m时，应在绳弦中部设置支撑导轮。

⑨ 卷扬司机、卷扬信号工、矿仓卸矿工之间，应装设声光信号联络装置。联系信号应清楚；信号中断或不清，应停止操作，并查明原因。

审查重点：一是设计中的基本安全设施是否完全符合安全规程和设计规范要求，二是斜坡提升的专用安全设施是否齐全，三是斜坡提升的安全设施是否符合规程规范要求。基本安全设施要对照规程逐项审查，专用安全设施则要根据项目具体情况确定哪些是必要的，哪些是不必要的，据此判断专用安全设施是否齐全。另外要根据安全设施设计参数确认这些专用安全设施是否满足该项目的具体要求。从一定意义上讲，专用安全设施对于斜井提升的安全性可能更为重要。

2.4.3.6　溜井及破碎系统

（1）说明溜井及破碎系统设计、溜井底放矿硐室的安全通道设置情况。

（2）说明破碎站设置形式（固定破碎站、移动破碎站、半移动破碎站）与数量，破碎设备主要参数，简述破碎与运输系统。

（3）说明安全挡车设施、格筛和安全标志，以及安全护栏、护罩、盖板、扶手、防滑钢板的设置情况。

（4）说明溜井及破碎系统的通风设计，包括通风系统的组成，主要通风巷道的设计参数，通风量，计算的通风阻力，选用的主通风机及局部通风机规格、数量、风量、风压等参数，通风构筑物（含风门、风墙、风窗、风桥等）的设计情况，并对主风机进风口的安全护栏和防护网设置情况进行说明。

（5）总结概述本节专用安全设施内容。

【条文说明】

露天矿采出矿石常在采场内或者采场边缘设破碎站进行破碎后用带式输送机运输到选矿厂，剥离废石采用胶带排土机系统抛废时也需要先进行破碎。主溜井与破碎系统是大中型露天矿山的重要生产设施，同时溜井系统也是安全生产关注的重点之一。溜井系统可能出现的安全事故是车辆或者人员从溜井口坠落；溜井从井口灌水导致溜井底部出现泥石流造成事故；溜井堵塞时工作人员从堵塞体下方处理时堵塞体垮落导致人员伤亡以及溜井受矿石冲击垮塌；破碎系统可能出现的事故主要是运动部件伤人。安全设施设计中首先应对溜井及破碎系统（含主要设备）进行介绍，并对安全出口和安全通道情况、专用安全设施设计情况进行说明。当露天矿山根据生产工艺需要设置溜井及破碎系统时，还需要单独对通风系统的设计情况进行说明。

《金属非金属矿山安全规程》(GB 16423）规定：

① 应合理选择溜槽的结构和位置。从安全和放矿条件考虑，溜槽坡度以45°～60°为宜，应不超过65°。溜槽底部接矿平台周围应有明显警示标志，溜矿时人员不应靠近，以防滚石伤人。

② 确定溜井位置，应依据可靠的工程地质资料。溜井应布置在矿岩坚硬、稳定、整体性好、地下水不大的地点。溜井穿过局部不稳固地层，应采取加固措施。

③ 放矿系统的操作室，应设有安全通道。安全通道应高出运输平硐，并应避开放矿口。

④ 平硐溜井应采取有效的除尘措施。

⑤ 溜井的卸矿口应设挡墙，并设明显标志、良好照明和安全护栏，以防人员和卸矿车辆坠入。机动车辆卸矿时，应有专人指挥。

审查重点应该放在溜井设置位置是否安全、溜井直径和高度能否保证矿石在溜井中不容易堵塞、溜井的安全检查、料位检测和报警设施设计情况；破碎系统安全设施设计审查的重点是露天破碎站矿仓的车挡设置是否符合要求；破碎站操作空间是否足够，设置的平台梯子是否安全；防止人员从溜井口跌落或者受到破碎设备运动部件伤害的设施是否足够等。

2.4.4 供配电安全设施

供配电设施是保障矿山安全生产的重要设施，一方面要满足各主生产系统及辅助生产系统的正常生产用电，特别是各系统“安全设施（用电的）”的可靠供电；另一方面无论在正常还是故障情况下都要保证电气设备的安全和防止人员触电。本编制提纲主要依据《矿山电力设计规范》(GB 50070)，在安全设施设计时尚应符合国家现行有关规定。

(1) 介绍地区变配电站设施及可向本工程供电的电压、容量，供电线路截面、长度、回路数。

【条文说明】

矿山外部电源和供电线路的可靠性对矿山安全生产至关重要。供电电压、供电线路截面、长度与供电容量有关。在安全设施设计中应进行相关的说明。

《矿山电力设计规范》(GB 50070) 规定，矿山企业供电电源和电源线路应符合下列规定：有一级负荷的矿山企业应由双重电源供电；当一电源中断供电，另一电源不应同时受到损坏，且电源容量应至少保证矿山企业全部一级负荷电力需求，并宜满足大型矿山企业二级负荷电力需求。大型矿山企业宜由两回电源线路供电；两回电源线路中的任一回中断供电时，其余电源线路宜保证供给全部一、二级负荷电力需求。无一级负荷的小型矿山企业，可由一回电源线路供电。

审查重点是地区变配电站可向本工程供电的容量、供电线路回路数、截面是否符合规范要求。

(2) 介绍本工程供电系统接线，正常及事故情况下的运行方式，对一级负荷及保安负荷的供电方式。

【条文说明】

略。

(3) 说明采场排水系统的供配电系统情况。

【条文说明】

有淹没危险环境采场的排水系统为露天矿重要安全设施，应确保供电。

《矿山电力设计规范》(GB 50070) 规定：有淹没危险环境采矿场的排水泵或用井巷排水的排水泵应由双重电源供电。两回路供电线路中，当任一回路停止供电时，其余回路的供电能力应能承担最大排水负荷。

审查重点是排水系统的供电线路的回路数、截面是否符合规范要求。

(4) 说明高（低）压供配电系统中性点接地方式。

【条文说明】

高（低）压供配电系统中性点接地方式与供电的连续性、接地故障电流有关，系统发生单相接地时产生的故障电压、接触电压与人身安全有关。安全设施设计中应对中性点的接地方式进行说明。

《矿山电力设计规范》(GB 50070) 规定：

① 矿山企业 6 kV 或 10 kV 系统中性点接地方式，应根据矿山企业对供电不间断的要求、单相接地故障电压对人身安全的影响、单相接地电容电流大小、单相接地过电压和对电气设备绝缘水平的要求等条件选择，并应符合下列规定：当 6 kV 或 10 kV 系统发生单相接地故障不要求立即切除故障回

路而需要维持故障回路短时期运行时，应采用不接地、高电阻接地或消弧线圈接地方式，并应将流经单相接地故障点的电流限制在10 A以内。当6 kV或10 kV系统发生单相接地故障要求迅速切除故障回路时，可采用低电阻接地方式，且应将流经单相接地故障点的电流限制在200 A以内。向井下或露天矿采矿场和排废场供电的6 kV或10 kV系统不得采用中性点直接接地方式。

② 向移动式设备供电的低压配电系统接地型式宜采用IT系统，向固定式设备供电的低压配电系统接地型式宜采用TN-S、TT或IT系统。

审查重点是向露天矿采矿场和排废场供电的6 kV或10 kV系统的中性点接地方式，低压配电系统接地型式是否符合规范要求。

(5) 说明采场供配电系统的各级配电电压等级。

【条文说明】

为保证矿山的生产安全，采矿场和排废场各级配电电压应符合相关要求，设计中应明确说明。

《矿山电力设计规范》(GB 50070) 规定：

① 采矿场和排废场的高压电力网配电电压，宜采用10 kV或6 kV。当有大型采矿设备或采用连续开采工艺并经技术经济比较确定时，可采用其他较高等级的电压。

② 采矿场和排废场低压电力网的配电电压，可采用660 V、380 V或220/380 V。手持式电气设备的电压，不得大于220 V。照明电压宜采用220 V或220/380 V，行灯电压不应大于36 V。

③ 矿山牵引网额定电压宜符合下列规定：标准轨距铁路宜采用直流1.5 kV，也可采用单相工频交流10 kV。地面窄轨铁路宜采用直流250 V、550 V或750 V。

审查重点是手持式电气设备的电压、行灯电压是否符合规范要求。

(6) 说明本工程总降压变电所主变压器容量及台数，列出本工程总计算负荷、采矿部分计算负荷及一级负荷计算结果。

【条文说明】

矿山总降压变电所的主变容量按全负荷考虑。采矿部分负荷是选择总降压变电所向矿山供电线路截面的依据之一，在设计中应进行说明。

《矿山电力设计规范》(GB 50070) 规定：

① 矿山企业地面主变电所主变压器台数确定，应符合下列规定：大、中型矿山工程宜采用2台。矿山一级负荷的两个电源均需经主变压器变压时，应采用2台。经技术经济比较确定合理时，可采用2台以上。无一级负荷的小型矿山工程可采用1台。

② 矿山企业地面主变电所的主变压器为2台及以上时，其中1台停止运行，其余变压器容量应能保证一级和二级负荷的供电。地面主变电所的主变压器为1台时，宜预留矿山全部负荷15% ~ 25%的裕量。

审查重点是总降压变电所主变压器容量及台数，以及设置2台及以上变压器时，如一台停止运行其余变压器容量是否符合规范要求。

(7) 说明向采场供电的线路截面、回路数，采场架空供电线路、供电电缆以及保护和避雷设施情况。

【条文说明】

本项要求是出于对向采矿场供电线路容量及供电线路的安全性和可靠性考虑。

《矿山电力设计规范》(GB 50070) 规定：

① 采矿场的供电线路不宜少于两回路；两班生产的采矿场或小型采矿场可采用一回路。排废场的供电线路可采用一回路。当采用两回路供电的线路时，每回路的供电能力不应小于全部负荷的70%。当采用三回路供电线路时，每回路的供电能力不应小于全部负荷的50%。

② 在采矿场和排废场的架空供电线路上设置开关设备时，应符合下列规定：在环形或半环形线

路的出口和需联络处应设置分段开关，且宜采用隔离开关。在横跨线或纵架线与环形线、半环形线或其他地面固定干线连接处应设置开关，开关宜采用户外高压真空断路器或其他断路器。高压电气设备或移动变电站与横跨线或纵架线连接处宜设置带短路保护的开关。移动式高压电气设备的供电线路，应设置具有单相接地保护功能的开关设备。

③ 采矿场内的架空线路宜采用钢芯铝绞线，其截面积不应小于 35 mm^2。排废场的架空线路宜采用铝绞线。由横跨线或纵架线向移动式设备供电时应采用矿用橡套软电缆。移动式电气设备的拖曳电缆长度，应符合表 3－2－5 的规定。

表 3－2－5 采矿场移动式电气设备拖曳电缆长度 m

设备名称	架线方式	
	横跨线	纵架线
低压设备	150	150
挖掘机	200～250	150～200
移动变电站	100	50

注：连续开采工艺的移动式电气设备拖曳电缆长度和有专用收、放电缆装置的移动式电气设备拖曳电缆长度均不包括在本表内。

④ 固定式架空照明线路宜采用铝绞线；移动式架空照明线路宜采用绝缘导线；移动式非架空照明线路应采用橡套软电缆。

⑤ 采矿场的架空供电线路上装设避雷装置的地点，应符合下列规定：采矿场配电线路与横跨线或纵架线的连接处。多雷地区矿山的高压电设备与横跨线或纵架线的连接处。排废场高压电气设备与架空线的连接处。

审查重点是由总降压变电所引至采场的供电线路回路数和线路截面、移动式高压电气设备供电线路的单相接地保护措施、采场架空供电线路防雷电过电压的措施是否符合规范要求。

(8) 说明低压配电系统故障（间接接触）防护装置。

【条文说明】

当低压配电系统发生接地故障时，可能会对人造成电击伤害，因此应采取安全防护措施。安全设施设计时应符合《低压配电设计规范》(GB 50054) 的相关规定。

审查重点是电气装置的外露可导电部分的保护接地措施、IT 系统绝缘监测措施是否符合规范要求。

(9) 说明直流牵引变电所电气保护设施、直流牵引网络安全措施。

【条文说明】

井下直流牵引变电所电气保护设施、直流牵引网络安全措施应满足相关规定，安全设施设计中应予以说明。

《矿山电力设计规范》(GB 50070) 规定：

① 牵引变电所直流出线开关型式的选择，应符合下列规定：750 V 及以上的出线开关，应采用直流快速开关。550 V 的出线开关，宜采用空气断路器，也可采用直流快速开关。250 V 的出线开关，宜采用空气断路器。

② 标准轨距铁路牵引变电所每段母线上的整流装置和直流配电装置，应设置直流接地速断保护，发生接地故障时保护应立即断开该段母线上所有整流设备的交、直流电源。

③ 标准轨距铁路接触线最大弛度时距轨面的高度，应符合下列规定：编组站和有作业的站场内宜采用 6.0 m。正弓受电的固定式及半固定式线路，当列车装载高度不超过 4.8 m 时，宜采用 5.5 m；当列车装载高度超过 4.8 m，但不超过 5.3 m 时，宜采用 5.7 m。旁弓受电的移动式线路宜采用 4.3 m。在任何情况下不应高于 6.4 m。

④ 窄轨铁路接触线最大弛度时距轨面高度，应符合下列规定：井下不行人的巷道不应低于1.9 m；行人巷道不应低于2.0 m；井底车场内从井底至乘车场一段不应低于2.2 m；采用直流750 V电压时，各限制高度宜增加0.1～0.2 m。选用平硐露天型电机车，硐内不应低于2.0 m；硐外不应低于3.0 m。选用露天型电机车的地面线路，宜采用4.2 m。接触线与公路交叉处的高度，应根据具体情况确定，必要时可以断开接触线。

审查重点是牵引变电所直流接地保护措施、直流接地保护、接触线最大弛度时距轨面高度是否符合规范要求。

（10）说明爆炸危险场所电机车轨道的电气安全措施。

【条文说明】

为防止爆炸危险场所的轨道中有电流产生电火花，安全设施设计中应对采取的安全措施进行说明。

《矿山电力设计规范》（GB 50070）规定：

① 严禁利用有爆炸危险场所的轨道作回流导体。凡不准用作回流的钢轨和用作回流钢轨的连接处，必须装设两处可靠的轨道绝缘。第一绝缘点应设在分界处；第二绝缘点应设在爆炸危险场所以外，且与第一绝缘点的距离应大于一列车的长度。

② 采用电引爆的矿山，通向爆破区的轨道，在爆破期间严禁作为回流导体，并应采取在爆破期间内能断开轨道电流的安全措施。

审查重点是爆炸危险场所的轨道绝缘措施是否符合规范要求。

（11）说明采场高、低压供配电设备类型和高、低压电缆类型。

【条文说明】

露天矿环境多尘、风吹日晒、雨淋，电气设备应为户外型。向采场移动式设备供电的电缆应为矿用型橡套软电缆，并应满足相关规定。

《矿山电力设计规范》（GB 50070）规定：

① 向采矿场、排废场的移动设备供电的电源线路，宜采用带安全接地监视的拖曳电缆，拖曳电缆的接地保护芯线应进行电气连续性监测。

② 在采矿场和排废场的架空供电线路上设置开关设备时，应符合下列规定：在环形或半环形线路的出口和需联络处应设置分段开关，且宜采用隔离开关。在横跨线或纵架线与环形线、半环形线或其他地面固定干线连接处应设置开关，开关宜采用户外高压真空断路器或其他断路器。高压电气设备或移动变电站与横跨线或纵架线连接处宜设置带短路保护的开关。移动式高压电气设备的供电线路，应设置具有单相接地保护功能的开关设备。

③ 采矿场内的架空线路宜采用钢芯铝绞线，其截面积不应小于35 mm^2。排废场的架空线路宜采用铝绞线。由横跨线或纵架线向移动式设备供电时应采用矿用橡套软电缆。移动式电力设备的拖曳电缆长度，应符合表3－2－5的规定。

④ 固定式架空照明线路宜采用铝绞线；移动式架空照明线路宜采用绝缘导线；移动式非架空照明线路应采用橡套软电缆。

审查重点是采场高、低压供配电设备类型是否适合采场环境，高、低压电缆类型是否符合规范要求。

（12）列出短路电流计算结果，说明电气开关器件的分断能力。

【条文说明】

电气开关的分断能力为在短路事故发生时可靠断开故障回路提供保障，保护受电设备和避免事故范围扩大。

审查重点是依据短路电流计算结果校核电气开关器件的设置分断能力。

（13）说明采场各用电设备和配电线路的继电保护装置设置情况。

【条文说明】

继电保护装置是保护受电设备、供电电缆以及人身安全的必备设施。

《矿山电力设计规范》(GB 50070) 规定（该规定虽列在地下矿章节中，也适用于露天矿用电设备和供电电缆）：

① 井下高、低压线路应装设相间短路和过负荷保护。

② 井下 6 kV 或 10 kV 系统单相接地保护的设置应符合下列规定：6 kV 或 10 kV 系统中性点采用不接地、高电阻接地或消弧线圈接地方式时，井下主变（配）电所和直接从地面受电的变（配）电所的高压馈出线上应装有选择性的单相接地保护；接地保护应动作于跳闸或信号；向移动变电站供电的高压馈出线，应装设有选择性的单相接地保护，保护应无时限地动作于跳闸。6 kV 或 10 kV 系统中性点采用低电阻接地方式时，井下各级变（配）电所高压馈线均应装设二段零序电流保护；其第一段应采用动作时限不长于 0.3 s 的零序电流速断，直接向电动机、变压器和移动变电站供电的高压馈线应采用无时限的零序电流速断；第二段应采用零序过电流保护，时限应与相间过电流保护相同。

审查重点是各用电设备和配电线路继电保护的设置是否符合规范要求。

(14) 说明采场及排土场（废石场）照明设施情况。

【条文说明】

对于夜间工作的采场及排土场（废石场），应根据相关规定进行照明设计。

《矿山电力设计规范》(GB 50070) 规定：

① 夜间工作的采矿场和排废场，在下列地点应设照明装置：凿岩机、移动式或固定式空气压缩机和水泵的工作地点。运输机道、斜坡卷扬机道、人行梯和人行道。汽车运输的装卸车处、人工装卸车地点的排废场、卸车线。调车站、会让站。

② 挖掘机和穿孔机工作地点的照明宜利用设备附设的灯具。

③ 露天矿的照度标准，宜符合表 3-2-6 的规定。

表 3-2-6 露天矿的照度标准

照明地点	照度/lx	照明平面
人工作业和装车点、汽车装卸处	10	地表水平面或垂直面
挖掘机工作地点	10	挖掘地点以及卸矿高度上水平面
挖掘机工作地点	20	垂直面
采矿场和排废场道路	2	地表水平
机械凿岩工作地点	20	在整个钻机高度范围内的垂直平面上
机械凿岩工作地点	10 或 20	对牙轮钻机等有作业平台者，作业平台上取 20 lx，无作业平台者，地表面取 10 lx
上下阶段通道和梯子	10	梯子为垂直面，通道为地表水平面
调车场、车站、主要行人道和行车道	5	地表水平面
其他移动机械工作地点	10	地表水平面

审查重点是夜间工作的采矿场和排废场是否按规范要求设置了照明装置。

(15) 说明裸带电体基本（直接接触）防护设施情况。

【条文说明】

为防止人直接触及裸带电导体，应按规定采取防护措施，设计对采取的防护措施情况进行说明。

《矿山电力设计规范》(GB 50070) 规定：户外高压电气设备在 2.6 m 以下的裸露带电部分应设置围栏。此外还应符合《低压配电设计规范》(GB 50054—2011) 5.1 的规定（如果规范更新，则应以新版本为准）。

审查重点是裸带电体的防护措施是否符合规范要求。

（16）说明保护接地设施情况。

【条文说明】

保护接地是防止供配电系统接地时人员受到电击的重要防护措施，设计中应该明确。

《矿山电力设计规范》（GB 50070）规定：

① 36 V以上及由于绝缘损坏而带有危险电压的电气装置、设备的外露可导电部分和构架等应接地。

② 主接地极的设置应符合下列规定：采矿场的主接地极不应少于2组；排废场主接地极可设1组。主接地极宜设在供电线路附近或其他土壤电阻率低的地方。有2组及以上主接地极时，当任一组主接地极断开后，在架空接地线上任一点所测得的对地电阻值不应大于4.0 Ω，移动式设备与架空接地线之间的接地线电阻值，不应大于1.0 Ω。

③ 接地线的设置应符合下列规定：架空接地线应采用截面积不小于35 mm^2 的钢绞线或钢芯铝绞线，并应架设在配电线路最下层导线的下方，与导线任一点的垂直距离不应小于0.5 m。移动式电气设备，应采用矿用橡套软电缆的专用接地芯线接地。

审查重点是主接地极的设置、接地电阻值、架空接地线的设置、移动式电气设备的接地方法是否符合规范要求。

（17）说明牵引变电所接地设施情况。

【条文说明】

为防止接地故障电流分散导致保护失效，整流装置及直流配电装置的接地设计应符合相关要求。

《矿山电力设计规范》（GB 50070）规定：

① 整流装置、直流配电装置的金属外壳应接地。在接地电流流经直流接地继电器前的全部直流接地母、支线应与地绝缘，且不应与交流设备的接地母线、建筑物钢筋、金属管道及金属构件等有金属连接。

② 牵引变电所接地装置的接地电阻值应符合下列规定：直流电压为1 kV及以上的地面牵引变电所，不应大于0.5 Ω。直流电压为1 kV以下的地面牵引变电所，不应大于4 Ω。

审查重点是整流装置、直流配电装置的金属外壳的接地措施是否符合规范要求。

（18）说明向采场供电的变配电室防火门及金属丝网门的设施情况。

【条文说明】

略。

（19）说明采场变配电室应急照明设施情况。

【条文说明】

略。

（20）说明地面建筑物防雷设施情况。

【条文说明】

为预防和减少雷击对地面建筑物的损害，建筑物须按规定设置防雷设施。

《建筑物防雷设计规范》（GB 50057）规定：

① 预计雷击次数大于0.25次/a的住宅、办公楼等一般性民用建筑物或一般性工业建筑物应划分为第二类防雷建筑物。

② 预计雷击次数大于或等于0.05次/a，且小于或等于0.25次/a的住宅、办公楼等一般性民用建筑物或一般性工业建筑物应划分为第三类建筑物。

③ 在平均雷暴日大于15 d/a的地区，高度在15 m及以上的烟囱、水塔等孤立的高耸建筑物；在

平均雷暴日小于或等于15 d/a的地区，高度在20 m及以上的烟囱、水塔等孤立的高耸建筑物应划分为第三类建筑物。

④ 第二类防雷建筑物外部防雷的措施，宜采用装设在建筑物上的接闪器、接闪带或接闪杆，也可采用由接闪网、接闪带或接闪杆混合组成的接闪器。接闪网、接闪带应按本规范附录B的规定沿屋脚、屋脊、屋檐和檐脚等易受雷击部位敷设，并应在整个屋面组成不大于10 m×10 m或12 m×8 m的网格；当建筑物高度超过45 m时，首先应沿屋顶周边敷设接闪带，接闪带应设在外墙外表面或屋檐边垂直面上，也可设在外墙外表面或屋檐边垂直面外。接闪器之间应互相连接。专设引下线不应少于2根，并应沿建筑物四周和内庭院四周均匀对称布置，其间距沿周长计算不应大于18 m。当建筑物的跨度较大，无法在跨距中间设引下线时，应在跨距两端设引下线并减小其他引下线的间距，专设引下线的平均间距不应大于18 m。

⑤ 第三类防雷建筑物外部防雷的措施，宜采用装设在建筑物上的接闪器、接闪带或接闪杆，也可采用由接闪网、接闪带或接闪杆混合组成的接闪器。接闪网、接闪带应按本规范附录B的规定沿屋脚、屋脊、屋檐和檐脚等易受雷击部位敷设，并应在整个屋面组成不大于20 m×20 m或24 m×16 m的网格；当建筑物高度超过60 m时，首先应沿屋顶周边敷设接闪带，接闪带应设在外墙外表面或屋檐边垂直面上，也可设在外墙外表面或屋檐边垂直面外。接闪器之间应互相连接。专设引下线不应少于2根，并应沿建筑物四周和内庭院四周均匀对称布置，其间距沿周长计算不应大于25 m。当建筑物的跨度较大，无法在跨距中间设引下线时，应在跨距两端设引下线并减小其他引下线的间距，专设引下线的平均间距不应大于25 m。

审查重点是高大建筑物的防雷分类及防雷措施是否符合规范要求。

(21) 总结概述本节专用安全设施内容。

【条文说明】

根据《金属非金属矿山建设项目安全设施目录（试行）》(国家安全生产监督管理总局令第75号)的规定简要列出本节中设计的专用安全设施。

2.4.5 总平面布置安全设施

2.4.5.1 工业场地安全设施

(1) 从矿区地形地貌、自然条件、周边环境、地质灾害影响及工业场地的地质条件和采取的安全对策措施等方面对工业场地选址的安全可靠性进行说明。

【条文说明】

工业场地选择时，应避开各种自然灾害（如滑坡、洪水、不宜建厂的不良地质条件等）的威胁。当场地受限无法避免时，应进行充分论证，并采取可靠的加固、处理措施。设计中应说明加固、处理措施的具体技术方案和各类加固工程的必要参数，说明加固、处理的可靠性。

《金属非金属矿山安全规程》(GB 16423) 规定：新建矿山企业的办公区、工业场地、生活区等地面建筑，应选在危崖、塌陷、洪水、泥石流、崩落区、尘毒、污风影响范围和爆破危险区之外。

审查重点是工业场地的选址是否安全可靠。

(2) 对工业场地标高与当地历史最高洪水位的关系，工业场地内建（构）筑物与爆破危险区界线安全距离进行说明。

【条文说明】

对工业场地的标高和当地历史最高洪水位关系，及工业场地内的建（构）筑物与爆破危险界限的距离进行说明。当特殊情况不能达到要求时，应采取相应的安全措施。

《金属非金属矿山安全规程》(GB 16423) 规定：矿井井口的标高应高于当地历史最高洪水位1 m以上，工业场地应高于历史最高洪水位，特殊情况不能达到要求时，应采取相应的安全措施。

《爆破安全规程》(GB 6722) 规定：

① 爆破地点与人员和其他保护对象之间的安全允许距离，应按各种爆破有害效应（地震波、冲击波、个别飞散物等）分别核定，并取最大值。

② 确定爆破安全允许距离时，应考虑爆破可能诱发的滑坡、滚石、雪崩、涌浪、爆堆滑移等次生灾害的影响，适当扩大安全允许距离或针对具体情况划定附加的危险区。

审查重点是工业场地是否会受到洪水和露天采场爆破的影响，能否保证生产期间的安全。

(3) 当工业场地周边存在边坡时，应说明边坡参数、工程地质勘察情况和边坡的安全加固措施。

【条文说明】

工业场地的边坡可能会对工业场地产生安全威胁，在安全设施设计时应对周边的边坡稳定情况进行分析说明，必要时应对采取的相关安全措施进行说明。

审查重点是周围的边坡是否会对工业场地产生滑坡、泥石流等安全威胁。

(4) 说明为保证露天开采和工业场地安全而设计的河流改道及河床加固（含导流堤、明沟、隧洞、桥涵等）、地表截排水（地表截水沟、排洪沟/渠、防洪堤、拦水坝、台阶排水沟、截排水隧洞、沉砂池、消能池/坝等）工程设施。

【条文说明】

矿区受河流、洪水威胁时，应修筑防洪堤坝，或将河流改道至开采影响范围以外。已有或可能出现滑坡、地面塌陷、开裂区的周围应设置截水沟，防止地表水侵袭。影响矿区安全的落水洞、岩溶漏斗、溶洞等均应严密封闭。常见的地表防排水工程包括河流改道工程、排洪隧洞、截水沟和河床加固工程、露天采场的沉沙池、消能池（坝）等。设计中应说明露天采场或其他防水区域的汇水面积，设防的暴雨频率标准，以及各项防水工程的纵、横断面尺寸和其他参数。具体设计情况可在此进行说明。

审查重点是设计采取的截排水设施是否安全有效，结构参数是否能满足矿区的截排水要求，各类截排水设施实施的时间节点是否与矿山生产进度相匹配。

(5) 缺少当地历史最高洪水位资料时，应对工业场地受洪水影响的可能性进行评价。

【条文说明】

在部分矿山项目设计中，由于所处位置没有最高洪水位的历史记录资料，无法判断洪水影响标高，此时可在取得当地水文资料的基础上进行分析，确定合适的工业场地标高。

审查重点是设计对井口及工业场地受洪水影响的分析是否充分，采取的措施能否保证安全。

(6) 说明工业场地对周边生产生活设施的影响情况及安全对策。

【条文说明】

厂区生产时生产的噪声、废气、废水等会对周边居民的健康、安全造成威胁，因此如果厂区周边存在其他生产生活设施时，设计中应说明影响情况和采取的安全措施。

审查重点是厂区生产时是否会影响周边生产生活设施，影响程度如何，设计采取的安全措施是否有效。

(7) 总结概述本节专用安全设施内容。

【条文说明】

根据《金属非金属矿山建设项目安全设施目录（试行）》(国家安全生产监督管理总局令第75号）的规定简要列出本节中设计的专用安全设施。

2.4.5.2 建（构）筑物防火

说明总平面布置中各建筑物的火灾危险性、耐火等级、防火距离、厂区内消防通道设置等，并根据《建筑设计防火规范》(GB 50016) 说明其符合性。

【条文说明】

地表工业场地的布置时应考虑防火要求，杜绝隐患，减少火灾发生风险，设计应按照相关规程要求进行。

审查重点是工业场地中各类建筑物的消防设计是否满足相关要求。

2.4.5.3 排土场（废石场）

（1）说明周边设施与环境条件，排土场选址与勘探、排土场容积、设计参数、安全防护距离、排土场防洪、照明与监测及其他安全对策措施。

【条文说明】

排土场（废石场）是露天矿山设计中的重要内容之一，其厂址选择影响着矿山的经济效益和安全生产，决定着排土工艺，要进行方案论证。排土场设计最终坡底线与主要设施、场地、居住区等的安全距离应结合防护对象、排土场等级、防护工程、安全措施等综合确定。

《金属非金属矿山安全规程》(GB 16423) 规定：

① 排土场（包括水力排土场）位置的选择，应遵守以下原则：

保证排弃土岩时不致因滚石、滑坡、塌方等威胁采矿场、工业场地（厂区）、居民点、铁路、道路、输电网线和通信干线、耕种区、水域、隧道涵洞、旅游景区、固定标志及永久性建筑等的安全；其安全距离在设计中规定；

依据的工程地质资料可靠；不宜设在工程地质或水文地质条件不良的地带；若因地基不良而影响安全，应采取有效措施；

依山而建的排土场，坡度大于1∶5且山坡有植被或第四系软弱层时，最终境界100 m内的植被或第四系软弱层应全部清除，将地基削成阶梯状；

避免排土场成为矿山泥石流重大危险源，必要时，采取有效控制措施；

排土场位置要符合相应的环保要求；排土场场址不应设在居民区或工业建筑主导风向的上风侧和生活水源的上游，含有污染物的废石要按照《一般工业固废储存处置场污染控制标》(GB 18599) 要求进行堆放、处置。

② 排土场位置选定后，应进行专门的地质勘探工作。

③ 排土场设计，应进行排土场土岩流失量估算，设计拦挡设施。

④ 排土场防洪，应遵循下列规定：

山坡排土场周围，修筑可靠的截洪和排水设施拦截山坡汇水；

排土场内平台设置2% ~5%的反坡，并在排土场平台上修筑排水沟，以拦截平台表面及坡面汇水；

当排土场范围内有出水点时，应在排土之前采取措施将水疏出；排土场底层排序大块石，以便形成渗流通道。

⑤ 排土场进行排弃作业时，应圈定危险区域，并设立警戒标志，无关人员不应进入危险范围内。

审查重点是排土场的选址情况及相应的安全设施设置情况。

（2）说明排土工艺、服务年限、用地状况、排岩计划、设备选择等；给出安全平台、运输道路、拦渣坝、阶段高度、总堆置高度、安全平台宽度、总边坡角等设计参数。

【条文说明】

本条是排土场（废石场）的设计内容，对初步设计中的相关设计内容进行介绍和说明。

《金属非金属矿山安全规程》(GB 16423) 规定：排土场排土工艺、排土顺序、排土场的阶段高度、总堆置高度、安全平台宽度、总边坡角、废石滚落的最大距离，以及相邻阶段同时作业的超前堆置距离等参数，均应在设计中明确规定。

审查重点是排土场设计的相关参数是否满足安全要求。

（3）对不同堆积状态条件下排土场（废石场）安全稳定性进行计算分析，并对参数选取、资料的可靠性等方面进行说明。

【条文说明】

排土场（废石场）安全稳定性计算分析是设计中的重要内容，其依据主要是地质勘查报告及地形图，并与排土工艺相结合。应说明资料的可行性。

审查重点是排土场的稳定性分析结论是否正确，依据的资料是否充分。

(4) 应根据排土工艺和安全稳定性提出安全对策措施，可包括地基处理、截（排）水设施、底部防渗设施、滚石或泥石流拦挡设施、坍塌与沉陷防治措施和边坡监测设施等。

【条文说明】

在选定的排土场（废石场）进行排弃工作前，若存在不良地质条件，必须进行地基处理，在设计中要加以说明。由于排土场（废石场）堆放物料的特殊性，防排水及防泥石流工作也非常重要，洪水冲刷废石堆场造成泥石流是常见安全事故之一，直接影响其下游区域的安全。废石堆表面坡向和坡度应保证排水和废石堆本身的稳定性。堆积废石时必须给洪水留出足够的通道，山沟中的废石场应设置截洪沟，保证排洪功能。对于大型的、服务年限长的废石场，仅给出最终状态的截水、防水工程布置是不够的。应根据地形、地质条件和废石场堆存过程，设置阶段性截洪沟或其他必要的防水工程。

根据排土场（废石场）的形成过程，对边坡监测设施进行说明。

《金属非金属矿山安全规程》(GB 16423) 规定：

① 排土场最终境界20 m内，应排弃大块岩石。

② 高台阶排土场，应有专人负责观测和管理；发现危险征兆，应采取有效措施，及时处理。

③ 在矿山建设过程中，修建道路和工业场地的废石，应选择适当地点集中排放，不应排弃在道路边和工业场地边，以避免形成泥石流。

④ 采用排土机排土，应在设计中进行不均匀沉降计算，并提出反坡坡度。排土机排土时，排土机距眉线应留安全距离，安全距离应在设计中明确规定。

⑤ 排土犁推排作业，应遵守下列规定：推排作业线上，排土犁犁板和支出机构上，不应站人；排土犁推排岩土的行走速度，不超过5 km/h。

⑥ 单斗挖掘机排土时，受土坑的坡面角不应大于60°，不应超挖卸车线路基。

⑦ 人工排土时，人员不应站在车架上卸载或在卸载侧处理粘车。

⑧ 矿山企业应建立排土场监测系统，定期进行排土场监测。排土场发生滑坡时，应加强监测工作。

审查重点是排土场稳定性安全对策措施是否满足要求。

(5) 设有废石临时堆场和倒装场时，说明堆场结构参数及安全可靠性；不设排土场（废石场）时，说明废石去向。

【条文说明】

除保证排土场（废石场）的安全以外，根据生产工艺的要求，有些废石需要临时堆放或进行二次倒运，临时堆场可能受暴雨或洪水威胁时，也应提出相应的应对措施，临时堆场的安全性必须保证，应根据初步设计的内容加以说明。若废石可以利用或不在本工程范围内设置排土场（废石场），在设计中应对废石的去向加以说明。

审查重点是废石临时堆场和倒装场的稳定性情况。

(6) 总结概述本节专用安全设施内容。

【条文说明】

根据《金属非金属矿山建设项目安全设施目录（试行）》(国家安全生产监督管理总局令第75号）的规定简要列出本节中设计的专用安全设施。

2.4.6 通信系统安全设施

(1) 说明通信联络系统的设计情况，主要包括通信种类、通信系统的设置、通信设备布置、运输道路信号系统的设备布置、电缆敷设、设备防护等。

(2) 总结概述本节专用安全设施内容。

【条文说明】

矿山的通信系统对于矿山生产调度、风险预警、事故报告、应急救援等十分重要，能有效提高矿山的安全程度，并降低已发生事故的等级。安全设施设计中应对矿山通信系统的设计情况进行说明，并重点说明相关安全设施的设计情况。

审查重点是设计的通信系统是否满足矿山生产和安全要求，相关的安全设施是否齐全。

2.4.7 个人安全防护

(1) 说明矿山应按要求为员工配备的个人防护用品的规格和数量。

(2) 总结概述本节专用安全设施内容。

【条文说明】

作业人员个人防护用品是作业人员安全的最后一道防护，也是遇险人员自救的仅有工具，因此其重要程度不言而喻，安全设施设计时应为井下作业人员配备足额的个人防护用品。

《金属非金属矿山安全规程》(GB 16423) 规定：矿山企业应按照 GB 11651 和《劳动防护用品配备标准（试行)》的规定，为作业人员配备符合国家标准或行业标准要求的劳动防护用品。进入矿山作业场所的人员，应按规定佩戴防护用品。

审查重点是安全设施设计中是否配备了足够的个人防护用品。

2.4.8 安全标志

(1) 说明矿山在全矿区域内的所有生产地点应设置的符合要求的安全标志，包括矿山、交通、电气安全标志。

(2) 总结概述本节专用安全设施内容。

【条文说明】

安全标志能够提醒警示矿山工作人员，很大程度上可以减少安全事故的发生。地下矿山不同工作地点，其危险因素不同，因此设置的安全标志也不相同。设计时可根据项目特点对重点工作区域的安全标志设置情况进行说明。

审查重点是安全设施设计中是否在重要生产场所设置了安全标志。

2.5 安全管理和专用安全设施投资

2.5.1 安全管理

(1) 说明对矿山的矿山安全管理机构设置、部门职能、人员配备的建议及矿山安全教育和培训的基本要求。

(2) 说明矿山应设置的矿山救护队或兼职救护队的人员组成及技术装备。

(3) 说明矿山应制定的针对各种危险事故的应急救援预案。

【条文说明】

矿山企业在生产中面临着诸多风险，如果管理不当则可能出现频繁和重大的人员伤亡事故，因此在设计阶段就应该根据相关规定要求和矿山的实际特点制定完备安全管理体系，以保障矿山安全生产。安全设施设计时应根据矿山的实际情况对安全管理机构配置、矿山救护和应急救援等进行说明。矿山的主要应急预案有：生产安全事故综合应急救援预案、消防事故应急救援预案、地质灾害事故应急救援预案、爆破事故应急救援预案、水害事故应急救援预案、机电事故应急救援预案、地面火灾应急救援预案和触电事故应急救援预案等。

《金属非金属矿山安全规程》(GB 16423) 规定：

① 矿山企业应设置安全生产管理机构或配备专职安全生产管理人员。专职安全生产管理人员，应由不低于中等专业学校毕业（或具有同等学历）、具有必要的安全生产专业知识和安全生产工作经

验、从事矿山专业工作五年以上并能适应现场工作环境的人员担任。

② 矿山企业应对职工进行安全生产教育和培训，保证其具备必要的安全生产知识，熟悉有关的安全生产规章制度和安全操作规程，掌握本岗位的安全操作技能。未经安全生产教育和培训合格的，不应上岗作业。所有生产作业人员，每年至少接受20 h的在职安全教育。新进露天矿山的作业人员，应接受不少于40 h的安全教育，经考试合格后方可上岗作业。调换工种的人员，应进行新岗位安全操作的培训。采用新工艺、新技术、新设备、新材料时，应对有关人员进行专门培训。参加劳动、参观、实习人员，入矿前应进行安全教育，并有专人带领。特种作业人员，应按照国家有关规定，经专门的安全作业培训，取得特种作业操作资格证书，方可上岗作业。

③ 矿山企业应建立由专职或兼职人员组成的事故应急救援组织，配备必要的应急救援器材和设备。生产规模较小不必建立事故应急救援组织的，应指定兼职的应急救援人员，并与邻近的事故应急救援组织签订救援协议。

审查重点是矿山配备的管理机构、救护人员及设施和应急救援预案是否符合矿石实际情况。

2.5.2 专用安全设施投资

根据《金属非金属矿山建设项目安全设施目录（试行）》(国家安全监管总局令第75号）的规定，对本项目中设计的全部专用安全设施的投资进行列表汇总，相关内容可参考表3-2-7。

表3-2-7 专用安全设施投资表

序号	名　　称	描　　述	投资/万元	说　　明
1	露天采场所设的边界围栏	列出本项工程专用安全设施的内容名称，下同		
2	铁路运输			
3	汽车运输			
4	带式输送机运输			有多条时应分别列出
5	架空索道运输			有多条时应分别列出
6	斜坡卷扬运输			有多条时应分别列出
7	破碎站			有多个时应分别列出
8	排土场（废石场）			有多个时应分别列出
9	供、配电设施			
10	监测设施			
11	为防治水而设置的水位和流量监测系统			
12	矿山应急救援器材及设备			
13	个人安全防护用品			
14	矿山、交通、电气安全标志			
15	其他设施			

【条文说明】

采用表格的形式列出便于相关人员的对专用安全设施的查阅。本表可参考《金属非金属矿山建设项目安全设施目录（试行）》(国家安全生产监督管理总局令第75号）的内容，并结合项目的实际情况进行填写。基本安全设施具有生产功能，如果设计中缺失，则生产无法进行，其投资计入生产设施，因此项目的安全投资只计算专用安全设施部分。

审查重点是专用的安全设施是否存在漏项，安全设施投资是否足够。

2.6　存在的问题和建议

（1）提出设计单位能够预见的在项目实施过程中或投产后，可能存在并需要矿山解决或引起重视的安全生产方面的问题及解决的建议。

【条文说明】

在建设项目设计中可能由于部分基础资料缺失或暂时没有途径获得，因此，设计中的部分参数或工艺是暂时根据设计单位的经验或借鉴同类矿山来确定的，并需要在生产中进一步取得相关资料或验证的基础上进行完善，对于此类问题，设计中应明确说明。另外，对设计阶段无法确定的潜在风险因素，也应在此提示并提出建议，指导生产中矿山应如何进行防范或开展相关研究工作。

（2）提出设计基础资料影响安全设施设计的问题及解决问题的建议。

【条文说明】

安全设施设计是在已有资料的基础上进行的，如果基础资料不准确或发生变化，则原设计的内容可能不会满足新的变化，需要根据变化情况进行调整。设计中应对此类问题进行说明，并提出相关建议。

2.7　附件与附图

2.7.1　附件

安全设施设计依据的相关文件，主要包括采矿许可证的复印件或扫描件。

【条文说明】

略。

2.7.2　附图

附图应采用原始图幅，图中的字体、线条和各种标记应清晰可读，签字齐全，宜采用彩图。附图应包括以下图纸（可根据实际情况调整，但应涵盖以下图纸的内容）：

（1）矿山地形地质图。

（2）矿山地质剖面图（应反映典型矿体形态，数量不少于2张）。

（3）矿区总平面布置图。

（4）露天采场终了境界平面图。

（5）排土场终了图。

（6）地表防洪工程平面图。

（7）全矿（含露天）供电系统图。

【条文说明】

上述列出的图纸包含了地质和矿山开采设计的主要系统图纸，通过这些图纸中的信息，相关人员能够对项目设计情况有一个整体直观的认识，因此设计报告中应按照要求进行附图。根据项目特点，设计中如果需要增加其他附图也可适当增加附图张数。

所附的图纸应该采用正常图幅大小，不要为装订方便而缩小图幅。

审查重点是附图是否齐全，图纸是否与设计说明相一致，是否能说明问题，工程布置是否正确，图纸内容是否清晰可读，图纸签字是否齐全。

3 尾矿库建设项目安全设施设计

尾矿库建设项目安全设施设计应与该项目初步设计内容保持一致，安全设施设计是初步设计不可分割的一部分，只是为了突出其重要性单独编制成册。安全设施设计应该结合初步设计内容，按照《金属非金属矿山尾矿库建设项目安全设施设计编写提纲》编写。为确保安全设施设计和初步设计内容的一致性，安全设施设计和初步设计原则上应由同一家设计单位编制。

本章主要列出了尾矿库设计时应重点注意的相关安全要求，在安全设施设计时还应满足其他相关规程标准的要求。

3.1 设计依据

尾矿库项目的设计、建设、竣工验收和生产管理都要依照国家法律、法规，地方法规，国家和行业及地方标准进行。安全设施设计中应该把设计依据列出，以便设计审查人员审查设计是否满足相关法律、法规和标准要求，也可作为是否通过安全设施设计审查的标准，以及工程建设、竣工验收的依据。

3.1.1 设计依据的安全生产法律、法规、规章和规范性文件

列出设计依据的有关安全生产的法律、法规、规章和文件。应按照国家法律、行政法规、地方性法规、部门规章、地方政府规章、规范性文件分层次列出，并标注其文号及施行日期，每个层次内按发布时间顺序列出；依据的文件应为现行有效。

【条文说明】

列出设计依据的安全生产有关法律、法规、规章和规范性文件，并应按照国家法律、行政法规、地方性法规、部门规章、地方政府规章、规范性文件分层次和实施日期（实施时间晚的排列在前面，实施时间早的排列在后面）列出。

国家法律、行政法规、地方性法规以国家主席令、国务院令、地方人大公告或地方政府令的形式予以发布，有明确的施行日期，引用时应标注施行日期，部门规章和地方行政规章以政府公文的形式发布，发布时标有唯一的公文文号，引用时应标注其文号。

所列法规文件应与本项目安全设施设计相关，具有针对性，并为现行有效，与安全设施设计无关的及已经废止或废除的文件不得作为设计依据。

审查时要核对列出的相关法律、法规、规章和规范性文件是否现行有效，是否可作为该建设项目的设计依据。

3.1.2 设计采用的主要技术标准

列出设计采用的技术性标准。按照国家标准、行业标准和地方标准分层次列出，标注标准代号；每个层次内按照标准发布时间顺序排列；采用的标准应为现行有效。

【条文说明】

列出设计依据的技术性标准、规范、规程，包括国家标准、行业标准、地方标准，标注其标准代号。罗列标准时应根据本条规定分层次和发布时间（实施时间晚的排列在前面，实施时间早的排列在后面）进行，并标注清楚其相关信息，使其条理清晰，便于查阅和审查。所列标准应与建设项目安全设施设计或安全生产相关，并为现行有效，与安全设施设计无关的及已经废止或废除的技术文件不得作为设计依据。

审查时要核对列出相关国家标准、行业标准和地方标准是否现行有效，是否可作为该建设项目的设计依据。

3.1.3 其他设计依据

列出建设项目设计依据的可行性研究报告、安全预评价报告、地质灾害危险性评估报告、相关的工程地质勘察报告、试验报告、研究成果及安全论证报告等，并标注报告编制单位和编制时间。

【条文说明】

其他设计依据是指安全设施设计所依据的技术性文件及已经完成的用于支持安全设施设计的试验、研究成果等，包括建设项目可行性研究报告、安全预评价报告、地质灾害危险性评估报告、相关的工程地质勘察报告、尾矿坝三维渗流分析研究报告、尾矿坝动力稳定分析研究报告、尾矿库溃坝试验报告、尾矿堆积试验报告等。其主要目的是对项目已经完成的相关工作进行说明，便于对安全设施设计的可靠性和全面性进行把握。

审查时重点核实支持安全设施设计的技术性文件是否足够，结果是否可信。

3.2 工程概述

3.2.1 工程概况

简述企业基本情况，尾矿库所处地理位置、自然环境、地形条件、气象条件及地震资料等。

【条文说明】

主要描述上述内容，尽可能做到简单、清晰、明确，便于相关人员对建设项目的基本情况有一个客观、准确的认识。

3.2.2 尾矿库地质与建设条件

3.2.2.1 工程地质与水文地质

（1）工程地质条件。简述尾矿库库区的地层岩性、区域地质构造，尾矿库坝址及排洪系统的工程地质条件，各层岩土渗透性及物理力学性质指标等。

（2）水文地质条件。简述库区地表水和地下水的成因、类型、水量大小及其对工程建设的影响。

（3）地质勘察报告结论及建议。简述工程地质与水文地质勘察的结论及建议；重点论述地质条件对坝址及排洪系统等重要安全设施的影响。

【条文说明】

本节主要是对该建设项目的工程地质及水文地质进行说明，该部分内容可根据项目的工程勘察资料进行编写，对工程勘察资料进行总结、提炼、概述，应突出重点，而不是通篇照抄。

尾矿库库区工程地质条件是尾矿库库址选择、坝址选择和排洪系统设计的重要依据。根据工程地质勘察的结论及建议，对工程建设的适宜性、不良地质作用对工程建设的影响，地下水对工程建设的影响等进行综合论述，为尾矿坝稳定性分析及相应的安全设施设置是否合理提供依据。

审查时应详细了解该项目的工程地质及水文地质特点，并对安全设施设计中提出的影响本项目生产安全的工程地质及水文地质防范治理措施的有效性及可行性进行审查。

3.2.2.2 影响尾矿库安全的主要自然客观因素

列出影响本项目生产安全的主要因素，根据尾矿库实际情况对高寒、高海拔、复杂地形、高陡边坡、洪水、地震及不良地质条件等进行有针对性的说明。

【条文说明】

影响尾矿库安全的主要自然客观因素通常是影响尾矿库安全生产的重要危险因素，因此应根据项目的特点，在安全设施设计时，对影响尾矿库安全生产危害大、风险大的特殊自然危险因素进行重点论述，以引起设计和生产单位的重视，并提出有效防范和治理措施，确保生产安全。

审查时应核实影响尾矿库安全的主要自然客观因素是否全部列出，提出的防范和治理措施是否有效、可行。

3.2.2.3 尾矿库周边环境及相互影响

简述尾矿库周边环境情况，包括周边的工业设施及生产生活场所与本项目的距离及其相关情况，并分析尾矿库的建设和运行与周边环境的相互影响及需要采取的安全措施。

【条文说明】

对尾矿库的周边情况进行论述，分析尾矿库上游是否有威胁尾矿库安全的不利因素及需采取的安全措施，以及尾矿库建设对下游及周边的村庄、厂矿所形成危险、有害因素（如渗漏等），并对库址选择的合理性作出结论。

审查时应核实设计文件中描述的尾矿库周边环境是否与实际相符，相互影响分析是否到位，提出的防范和治理措施是否有效、可行。

3.2.3 工程设计概况

（1）说明编制本次安全设施设计的初步设计版本。

（2）简述尾矿的特性（数量、粒度、浓度、固废类别等）、总体处置规划、工艺、建设计划、尾矿设施的总体布置等。

（3）简述尾矿库类型、库容、坝高、等别、尾矿坝、防排洪系统、防排渗设施、工程总投资、专用安全设施投资等情况；对加高扩容或改造工程应详细描述尾矿库原设计情况、生产运行情况、事故情况、尾矿库安全现状及本次加高扩容或改造工程对现有尾矿库设施的利用情况。

（4）列出设计的主要技术指标，相关内容可参考表3-3-1。

表3-3-1 设计主要技术指标表

序号	指标名称	单位	数量	说明
1	尾矿堆存工艺条件			
	尾矿比重	t/m^3		
	堆存总尾矿量	万t		
	设计尾矿堆积干容重	t/m^3		
	尾矿粒度			
	堆存方式		如干堆、膏体堆存、湿堆	
	排放方式		如坝前排放、库尾排放等	
	排放重量浓度	%		
	工作制度	d/a		
		班/d		
		h/班		
2	尾矿库			
	占地面积	km^2		
	汇水面积	km^2		
	总库容	万m^3		
	总坝高	m		
	服务年限	a		
	等别			
3	尾矿坝			
3.1	初期坝			

表3-3-1（续）

序号	指标名称	单位	数量			说明
	坝型					
	坝顶标高	m				
	坝顶宽度	m				
	坝高	m				
	上游坡比					
	下游坡比					
3.2	堆积坝					
	筑坝方式					
	堆积坝高	m				
	最终坝顶标高	m				
	平均堆积外坡比					
3.3	副坝					
	坝型					
	坝顶标高	m				
	坝顶宽度	m				
	坝高	m				
	上游坡比					
	下游坡比					
4	截排洪系统					
4.1	库周截排洪设施					
	截排洪形式		如拦洪坝+排洪隧洞			
	拦洪坝		坝型、坝顶宽度、坝顶标高、坝高、上下游坡比			
	排洪隧洞		净断面尺寸、长度、坡度、进水口标高、出口标高			
	截洪沟		净断面尺寸、长度、坡度、进水口标高、出口标高			
	排水井		形式（如框架式排水井）、直径、最低进水口标高、井顶标高、井高、竖井深度、竖井直径			
	溢洪道		净断面尺寸、长度、坡度、进水口标高、出口标高			
	消力池		净断面尺寸			
4.2	库内排水设施					
	排水形式		如排水井+隧洞			
	排水井		1号排水井	2号排水井	…	
	形式		如框架式排水井			
	直径	m				
	最低进水口标高	m				
	井顶标高	m				
	井高	m				
	竖井直径	m				
	竖井深度	m				
	排水斜槽		1号排水斜槽	2号排水斜槽	…	

表3-3-1（续）

序号	指标名称	单位	数量			说明
	净断面尺寸	m				
	最低进水口标高	m				
	最高进水口标高	m				
	长度	m				
	坡度	%				
	排水隧洞		主隧洞	1号支洞	…	
	形式		如城门洞型			
	净断面尺寸	m				
	长度	m				
	坡度	%				
	进水口标高	m				
	出口标高	m				
	排水管		形式、净断面尺寸、长度、坡度，进口标高、出口标高			
	溢洪道		净断面尺寸、长度、坡度、进水口标高、出口标高			
	消力池		净断面尺寸			
5	尾矿库回水					
	回水方式		如库内浮船回水、坝下回水			

【条文说明】

编制尾矿库的安全设施设计时，应说明其对应的初步设计版本。在建设项目设计过程中，由于项目外部或内部条件的变化，初步设计内容与可行性研究相比会出现相应的调整，当初步设计内容有变化时，安全设施设计的内容也会有相应调整。所以编制安全设施设计时，应明确对应的初步设计版本，这样便于对安全设施设计的最终审查和验收。

要求对尾矿库的主要设计情况进行简要说明，其目的是使相关人员对项目的建设内容进行全面了解和把握，以便于下一步的查阅和审查工作。

要求用表格的形式列出项目的主要技术参数。项目技术要点和参数汇总采用表格的形式列出，便于相关人员快速了解项目主要技术内容和特点，以及审查、验收工作的高效进行。

安全设施设计编写时可根据表格的内容和提示，结合尾矿库的实际情况进行填写，该尾矿库没有的项目可以在表格中删除，如一些尾矿库没有副坝，则表格中的副坝部分就应删除，这样可以使表格简洁和一目了然。

3.3　本项目安全预评价报告建议采纳及前期开展的科研情况

3.3.1　安全预评价报告提出的对策措施与采纳情况

用表格形式列出安全预评价报告中提出的需要在安全设施设计中落实的对策措施，简要说明采纳情况，对于未采纳的应说明理由。

【条文说明】

根据《中华人民共和国安全生产法》和国家安全生产监管管理总局相关文件，金属非金属矿山尾矿库建设项目在可行性研究完成后，要编制安全预评价报告，安全预评价报告根据项目特点和建设方案对项目建设中的安全情况进行了相应的模拟、分析和评价，并提出对于项目建设的意见和建议，对于预防和控制项目建设和生产中的安全问题有重要的指导作用。在安全设施设计中，要对安全预评价报告的意见进行分析，将建议内容纳入安全设施设计中，以保证项目安全设施设计更加完善。由于安全预评价报告提出的建议和措施不一定都能够得到落实，有些也不一定合适，安全设施设计中要对安全预评价报告的建议和措施进行分析，不予采纳的要给出理由，采纳的要说明是如何采纳的。这样就能实现项目审查程序的无缝对接，真正发挥安全预评价的作用。具体表述格式可按表3－3－2进行。

表3－3－2 安全预评价报告中补充和完善的安全对策措施与建议

序号	安全预评价报告中补充和完善的安全对策措施与建议	落实情况	说明及备注
1			
2			

审查重点是对安全预评价报告中提出的建议的采纳情况，以及没有采纳建议的理由的可靠性和充分性。

3.3.2 本项目前期开展的安全生产方面科研情况

叙述本项目前期开展的与安全生产有关的科研工作及成果，以及有关科研成果在本项目安全设施设计中的应用情况。

【条文说明】

在建设项目前期工作的开展过程中，会存在一些不能依靠经验或其他已有项目做法进行决策的问题，需要开展相关的专题研究工作，并将研究成果应用于项目的设计中，以保证项目的建设和生产能够顺利进行。当开展的专题研究与安全相关时，需要在此列出，并简述研究成果及其在设计中的应用情况，为相应部分的安全设施设计提供依据。

3.4 安全设施设计

3.4.1 尾矿坝

3.4.1.1 初期坝

说明初期坝（或干式堆存尾矿库的拦挡坝、一次性筑坝的一期坝）型式、结构参数、坝基处理、筑坝材料及筑坝要求等。

【条文说明】

初期坝（或干式堆存尾矿库的拦挡坝、一次性筑坝的一期坝）的坝体型式包括均质土坝、土石混合坝、堆石坝、浆砌石坝和钢筋混凝土重力坝等，本条款要求对初期坝（或干式堆存尾矿库的拦挡坝、一次性筑坝的一期坝）型式的选择进行综合描述。

初期坝（或干式堆存尾矿库的拦挡坝、一次性筑坝的一期坝）的主要结构参数包括：坝顶标高，坝顶宽度，内、外坡的坡度，坝坡护坡的厚度，护坡的材料情况等。本条款要求在安全设施设计中给出初期坝（或干式堆存尾矿库的拦挡坝、一次性筑坝的一期坝）的主要结构参数。

在安全设施设计中应对坝基处理提出详细要求，给出清基的地层和范围，对于有特殊性岩土坝基的处理，尚应符合国家现行有关标准和规范的规定。

在安全设施设计的编制中应根据不同的设计坝型给出主要的控制指标（其中：土坝的主要控制指标为压实干容重和压实度；堆石坝的主要控制指标为孔隙率、干容重、石料的抗压强度、石料的软化系数等；重力坝的主要控制指标为强度）。

在安全设施设计编制中可分节对初期坝（或干式堆存尾矿库的拦挡坝、一次性筑坝的一期坝）的型式和筑坝要求进行描述。对设置有棱体、排渗体或反滤体的初期坝（或干式堆存尾矿库的拦挡坝、一次性筑坝的一期坝），应对其结构型式和参数进行详细描述。另外，对坝肩及坝坡的排水沟的型式和结构参数也应进行详细描述。

《尾矿设施设计规范》（GB 50863）规定：

初期坝坝型选择应符合下列要求：初期坝宜采用当地材料构筑；上游式尾矿库的初期坝宜采用透水坝型；中线式、下游式尾矿库的初期坝坝型可根据需要确定；一次建坝的尾矿坝可分期建设，第一期坝应符合初期坝的有关规定，后期筑坝高度应始终大于尾矿堆积高度的要求；对于有特殊要求的尾矿库可采用不透水坝型。

初期坝坝高的确定应符合下列要求：可至少贮存选矿厂投产后半年以上的尾矿量；应使尾矿水得以澄清；当尾矿堆积坝沉积滩顶与初期坝顶齐平时，应满足相应等别尾矿库防洪标准要求；投产初期需利用尾矿库调蓄生产供水时，应贮存所需的调蓄水量；在冰冻地区应满足冰下排矿的要求；新建上游式尾矿坝初期坝高与总坝高之比值宜采用1/8～1/4。

遇有下列情况时，尾矿坝坝基应进行专门研究处理：易产生尾矿渗漏的砂砾石地基；易液化土、软黏土和湿陷性黄土地基；岩溶发育地基；涌泉及矿山井洞。

当无行车要求时，初期坝坝顶最小宽度宜符合表3－3－3规定的数值；当有行车要求时，坝顶宽度及路面构造应符合现行国家标准《厂矿道路设计规范》（GBJ 22）的规定。

表3－3－3 初期坝坝顶最小宽度 m

坝高	<10	10～20	20～30	>30
坝顶最小宽度	2.5	3.0	3.5	4.0

透水堆石坝堆石体上游坡坡比不宜陡于1∶1.6；土坝上游坡坡比可略陡于下游坡。初期坝下游坡坡比在初定时可按表3－3－4确定。

表3－3－4 初期坝下游坡坡比

坝高/m	土坝下游坡坡比	透水堆石坝下游坡坡比	
		岩基	非岩基（软基除外）
5～10	1∶1.75～1∶2.0	1∶1.6～1∶1.75	1∶1.75～1∶2.0
10～20	1∶2.0～1∶2.5		
20～30	1∶2.5～1∶3.0		

透水初期坝上游坡面采用土工布组合反滤层时，宜设置嵌固平台，高差宜为10 m～15 m，宽度不宜小于1.5 m。土工布嵌入坝基及坝肩的深度不应小于0.5 m，并应填塞密实。尾矿坝下游坡与两岸山坡结合处应设置坝肩截水沟，并宜在初期坝设置踏步，踏步宽度不宜小于1.0 m。初期坝上游坡面应有防止初期放矿直接冲刷初期坝的措施。

审查重点是初期坝的坝型、坝顶宽度、坝高、坝坡、筑坝控制指标等是否选择合理，坝基处理是否得当，坝体设计是否满足构造要求。

3.4.1.2 堆积坝

（1）说明后期筑坝所采用的筑坝设备、材料、坝体型式、堆筑要求及坝面防护设施（堆积坝护坡、坝面排水沟、坝肩截水沟）等。

【条文说明】

后期筑坝的型式包括尾矿筑坝、土坝、土石混合坝、堆石坝等，坝体的型式包括上游式、中线式、下游式及一次建坝。

尾矿筑坝可采用冲积法、池填法、渠槽法和尾矿分级筑坝，安全设计中应对后期坝筑坝方法的选择、筑坝方法、坝面防护设施等进行说明。

后期坝采用其他材料筑坝时，应对坝体平均坡比、子坝堆筑型式及各期子坝的工程量，坝体填筑的主要控制指标等进行详细论述。

《尾矿设施设计规范》(GB 50863) 规定：

尾矿堆积坝筑坝方式选择应符合下列要求：

① 地震设防烈度为7度及7度以下的地区，宜采用上游式筑坝；地震设防烈度为8度~9度的地区，宜采用下游式或中线式筑坝，采用上游式筑坝时应采取抗震措施。

② 上游式尾矿筑坝，尾矿颗粒较粗者可采用直接冲积法筑坝；尾矿颗粒较细者宜采用分级冲积法筑坝。

③ 下游式或中线式尾矿筑坝分级后用于筑坝的 $d \geq 0.074$ mm 尾矿颗粒含量不宜少于75%，$d \leq 0.02$ mm 尾矿颗粒含量不宜大于10%，当分级后用于筑坝的尾矿颗粒不满足以上要求时，应进行筑坝试验。筑坝上升速度应满足沉积滩面上升速度的要求。

④ 上游式堆坝的尾矿浆质量浓度超过35%（不含干堆尾矿）时，不宜采用冲积法直接筑坝；当尾矿浆质量浓度超过35%，且采用冲积法直接上游式筑坝，应进行尾矿堆坝试验研究。

⑤ 对于湿式尾矿库，当全尾矿颗粒极细（$d < 0.074$ mm 含量大于85%或 $d < 0.005$ mm 含量大于15%）时，宜采用一次建坝，并可分期建设；当全尾矿颗粒极细且采用尾矿筑坝时，应进行尾矿堆坝试验研究。

尾矿堆积坝下游坡与两岸山坡结合处应设置截水沟。

尾矿堆积坝下游坡面维护宜采用下列措施：

① 采用碎石、废石或山坡土覆盖坡面。

② 坡面植草或灌木类植物。

③ 坡面修筑人字沟或网状排水沟。

④ 沿坝轴线方向每隔500 m设踏步一道。

审查重点是根据尾矿的特性及项目区的地震烈度等情况判断堆积坝的筑坝方式选择是否得当，特殊情况下选择的筑坝方式是否有试验数据支撑，尾矿堆积坝的坝面防护设施是否设置。

(2) 对于上游法尾矿筑坝，应说明尾矿堆积坝平均坡比、子坝堆筑型式及堆积坝上升速度等。

【条文说明】

对于上游式尾矿筑坝，尾矿堆积坝平均坡比、子坝堆筑型式及堆积坝上升速度与尾矿坝的安全密切相关，因此需对这些内容进行详细论述。

《尾矿设施设计规范》(GB 50863) 规定：上游式尾矿筑坝，中、粗尾矿可采用直接冲积筑坝法，尾矿颗粒较细时宜采用分级冲积筑坝法。每期子坝宜采用尾矿堆筑，也可采用废石、砂石堆筑。上游式尾矿堆积坝有行车要求时，下游坡面应沿标高每隔10 m~15 m设一条马道，宽度不宜小于5 m。上游式尾矿坝的堆积下游坡面上，应结合排渗设施每隔5 m~10 m高差设置排水沟。

审查重点是初步判断尾矿堆积坝的平均坡比是否过陡，根据尾矿的粒度和浓度情况判断选择的子坝堆筑型式是否合适，堆积坝的上升速度是否过快，尾矿能否充分固结。

(3) 对于特殊地形条件和采用中线式、下游式及一次性筑坝分期建设的尾矿坝，应说明后期坝各期的建设时期、坝坡坡比、筑坝材料、坝基处理及筑坝要求等；利用尾矿建设后期坝的应给出尾矿量的平衡计算；利用废石建设后期坝的应给出废石量的平衡计算。

【条文说明】

对于中线式、下游式及一次性筑坝分期建设的尾矿坝，为满足尾矿的堆存需要，后期坝坝体要始终高于库内尾矿的沉积滩面并留有一定的调洪库容，因此，后期坝的建设时期，尾矿量的平衡计算

（利用尾矿建设后期坝）、废石量的平衡计算（利用废石建设后期坝）对尾矿坝的安全至关重要，需要详细论述。

《尾矿设施设计规范》(GB 50863) 规定：中线式及下游式尾矿坝初期坝坝高尚应满足下游粗粒尾矿与上游剩余尾矿平衡升高速度的要求。中线式及下游式尾矿坝对尾矿库全部运行期内的粗尾矿堆坝量与库内堆存量应按高度进行平衡计算，坝顶上升速度应满足库内沉积滩面的上升速度和防洪安全的需要，并应由此确定各阶段需要的粗砂产率。尾矿坝坝顶宽度应满足分级设备和管道安装及交通的需要，不宜小于20 m。中线式及下游式尾矿坝最终下游坝坡应设置维护平台和排水设施，维护平台的宽度不宜小于3 m。

审查重点是尾矿坝的尾矿量（或废石量）平衡计算是否满足尾矿堆存的要求，坝顶宽度、各期坝高、坝坡、筑坝控制指标等是否选择合理；坝基处理是否得当。

(4) 干式堆存的尾矿，应说明干式尾矿的排放和堆坝方式，干式尾矿的平整和压实要求等内容。

【条文说明】

干式堆存的尾矿，尾矿排放方式的不同，尾矿库安全管理的重点也不同，应重点论述干式尾矿的排放和堆坝方式；同时干式尾矿的平整和压实要求是保证干式尾矿坝稳定的基础。

《尾矿设施设计规范》(GB 50863) 规定：

干式尾矿排放方式可包括库尾、库前、库中及周边排矿方式，在库下游应设回水澄清池。各种干式尾矿排放方式应符合下列要求：

① 库尾排矿应采用由库区尾部（上游）向库区前部（下游）排放的方式。排矿时应自下而上分层碾压并设置台阶，台阶高度与堆积坝最终外坡面设置的台阶高度一致，分层碾压顶面应保持1% ~ 2%的坡度，坡向拦挡坝方向。

② 库前排矿应自拦挡坝前向库尾推进，应边堆放边碾压并修整边坡。

③ 库中排矿应自库区中部向库尾和库前推进，应边堆放边碾压，并应在达到设计最终堆高时一次修整堆积坝外坡。

④ 周边排矿应自库周向库中间推进，并应始终保持库周高、库中低，边堆放边碾压并修整边坡。堆积坝最终外坡面每隔5 m ~ 10 m高度应设一道台阶，并应在台阶上修建永久性纵、横向排水沟。

进入库内的尾矿可采用移动胶带机、装载机和推土机倒运、推平，应采用碾压机械碾压，碾压参数应通过试验确定。影响堆积坝体稳定性的区域应分层碾压加高，压实度不应低于0.92。在不影响堆积坝体稳定的区域可适当降低碾压标准。

审查重点是根据不同的尾矿排放和筑坝方式，对尾矿排放和筑坝的要求是否合理；尾矿平整和压实要求是否合理。

(5) 对于高寒地区尾矿筑坝应说明冬季放矿的要求。

【条文说明】

对于高寒地区的尾矿筑坝，冬季在滩面放矿，易形成永冻层，对坝体的稳定性不利，造成安全隐患，应提出冬季筑坝和放矿的要求和措施。

《尾矿库安全技术规程》(AQ 2006) 规定：尾矿库冰冻期、事故期或由某种原因确需长期集中放矿时，不得出现影响后续堆积坝体稳定的不利因素。尾矿坝滩顶高程必须满足生产、防汛、冬季冰下放矿和回水要求。

审查重点是对于高寒地区的尾矿库是否有冬季放矿的措施，如采用冬季冰下放矿，尾矿坝的滩顶高程能否满足相应要求。

3.4.1.3 副坝（挡水坝）

说明副坝（挡水坝）型式、结构参数、坝基处理、筑坝材料及筑坝要求。

【条文说明】

尾矿库建有副坝时，应对副坝的型式和筑坝要求进行说明，可参照初期坝的编写内容进行编写。

3.4.1.4　稳定性分析

（1）尾矿坝的稳定性分析应根据尾矿库在运行期的等别情况，在各等别情况下选取典型运行期分别计算分析。

【条文说明】

除一次建成的尾矿坝，通常尾矿坝是一个不断升高的坝体，其建设是一个长期的过程，在整个坝体上升的过程中，由于尾矿库内水位的变化、库的等别的变化等，尾矿坝的稳定性也存在不确定性，因此需要根据尾矿库在运行期的等别情况，选取典型运行期分别计算分析。

审查重点是尾矿坝是否在各等别期都进行了稳定计算，各等别期的典型运行期选择是否合理。

（2）简述计算断面概化的依据，各运行期各种荷载的组合，选取的各土层的物理力学指标。

【条文说明】

除用当地材料建设的尾矿坝，通常尾矿坝是利用尾矿自然沉积而形成的坝，坝体材料错综复杂，必须对尾矿坝计算断面进行概化，并确定各土层的物理力学指标。同时需保证尾矿坝在各种运行条件下都能稳定，各种运行条件下的荷载组合也不同。

《尾矿设施设计规范》(GB 50863）规定：尾矿坝稳定计算的荷载，可根据不同运行条件按该规范表4.4.1－1进行组合。尾矿坝坝体材料及坝基土的抗剪强度指标类别，应根据强度计算方法与土的类别按该规范表4.4.1－3取得。新建尾矿库尾矿坝的稳定计算断面应根据颗粒粗细程度和尾矿的固结度进行概化分区。各区尾矿的物理力学性质指标可按类似尾矿坝的勘察资料或按该规范附录C确定。扩建、改建及中期论证的尾矿库尾矿坝稳定计算断面，应根据勘察资料进行概化分区。

审查重点是尾矿坝的计算断面概化是否合理，选取的物理力学指标是否合理，各运行条件下的荷载组合是否正确。

（3）简述渗流计算公式及分析方法，对于1级和2级尾矿坝还应做专门渗流模拟试验，根据计算结果确定坝体浸润线的埋深是否满足渗流稳定和最小埋深等安全构造要求。

【条文说明】

尾矿坝的渗流计算既是判断尾矿坝是否满足渗流稳定及浸润线最小埋深的要求，又是尾矿坝稳定计算的基础，因此尾矿坝的渗流分析对尾矿坝的安全至关重要。同时由于1级和2级尾矿坝一旦失事就会造成十分严重的后果，因此对此类尾矿坝还应进行专门的渗流模拟试验。

《尾矿设施设计规范》(GB 50863）规定：尾矿坝设计应进行渗流计算，1级及2级尾矿坝还应根据地形条件做专门渗流模拟试验。尾矿堆积坝下游坡浸润线的最小埋深除应满足坝坡抗滑稳定的条件外，尚应满足该规范表4.3.3要求。尾矿坝的渗流控制措施必须确保浸润线低于控制浸润线。

审查重点是尾矿坝渗流计算的方式是否合理，1级和2级尾矿坝是否进行了专门的渗流模拟试验，尾矿坝的计算浸润线是否满足常规规律，尾矿坝能否满足渗流稳定及浸润线最小埋深的要求。

（4）进行尾矿坝抗滑稳定计算，给出典型计算剖面的稳定计算简图，列出尾矿坝在各运行期各种计算工况下的安全系数及与规范要求的符合性。

【条文说明】

尾矿坝抗滑稳定计算方法应采用简化毕肖普法或瑞典圆弧法；给出尾矿坝稳定计算的结果，稳定计算的结果可列表给出，可以包括以下参数：计算剖面、采用的计算方法、规范要求的最小安全系数、计算的最小安全系数、是否满足规范要求等，并给出典型计算剖面的稳定计算简图。

《尾矿设施设计规范》(GB 50863）规定：尾矿库初期坝与堆积坝的抗滑稳定性应根据坝体材料及坝基的物理力学性质确定。计算方法应采用简化毕肖普法或瑞典圆弧法，地震荷载应按拟静力法计算。坝坡抗滑稳定的安全系数不应小于该规范表4.4.1－2规定的数值。

审查重点是计算出的尾矿坝抗滑稳定滑弧是否满足常规规律，各运行期各运行条件下尾矿坝的抗滑稳定是否满足规范规定的坝坡抗滑稳定的最小安全系数的要求。

(5) 对于副坝应根据副坝的坝型进行相应的副坝稳定性计算。

【条文说明】

副坝为尾矿筑坝时按尾矿坝的要求进行稳定性计算，副坝为挡水坝时应按水库坝的要求进行稳定性计算。

(6) 根据尾矿坝的级别及尾矿库所在地区的地震烈度，按有关规定要求进行尾矿坝的动力抗震计算；根据计算结果说明尾矿坝（副坝）的安全性，并给出尾矿坝坝体设计控制浸润线。

【条文说明】

位于地震区的尾矿坝，还应进行尾矿坝（副坝）的动力抗震计算，确保尾矿坝（副坝）在地震情况下的安全。并根据尾矿坝的稳定计算结果，给出尾矿坝坝体设计控制浸润线，以指导企业对尾矿坝的日常管理。

《尾矿设施设计规范》(GB 50863) 规定：3 级及 3 级以下的尾矿坝可采用现行国家标准《中国地震动参数区划图》(GB 18306) 中的地震基本烈度作为地震设计烈度，当尾矿坝溃决产生严重次生灾害时，尾矿坝的地震设防标准应提高一档。1 级和 2 级尾矿坝的地震设计烈度应按批准的场地危险性分析结果确定。地震荷载应按现行行业标准《水工建筑物抗震设计规范》(SL 203) 的有关规定进行计算。对于 1 级及 2 级尾矿坝的抗滑稳定性，除应按拟静力法计算外，尚应进行专门的动力抗震计算，动力抗震计算应包括地震液化分析、地震稳定性分析和地震永久变形分析；位于设计烈度为 7 度地区的 3 级尾矿坝和设计烈度为 7 度及 7 度以上地区的 4 级和 5 级尾矿坝，地震液化可采用简化计算分析法；3 级尾矿坝根据地震液化分析结果不利时，尚应进行动力抗震计算；位于地震设计烈度为 9 度地区的各级尾矿坝或位于 8 度地区的 3 级及 3 级以上的尾矿坝，抗震稳定分析除应采用拟静力法外，尚应采用时程法进行分析。

审查重点是对于地震区的尾矿坝是否按要求进行了相应的抗震计算，抗震结果是否满足稳定要求。

(7) 总结概述本节专用设施内容。

【条文说明】

根据《金属非金属矿山建设项目安全设施目录（试行）》(国家安全生产监督管理总局令第75 号) 的相关规定对尾矿坝的专用安全设施进行简单列举说明。

在尾矿库建设项目中专用安全设施不具有生产功能，如果尾矿库不设相应的专用安全设施，在不考虑安全的情况下仍能进行生产，因此为了避免这种情况出现，安全设施设计中需要重点强调专用安全设施，以引起建设单位的重视。

3.4.2 防排洪

3.4.2.1 防洪标准

说明尾矿库的防洪标准，应根据各使用期的等别、库容、坝高、使用年限及对下游可能造成的危害程度等因素按设计规范进行选取。

【条文说明】

从目前尾矿库事故后的影响来分析，洪水漫顶造成的尾矿坝溃坝带来的影响最大，尾矿库的防洪标准又是尾矿库防排洪设计的基础，因此应根据规范要求选择防洪标准。同时，通常尾矿库是一个不断变化的过程，后期调洪库容大于前期调洪库容下，为合理利用尾矿库排洪设施，尾矿库防洪标准应根据各使用期的等别等因素综合确定。

《尾矿设施设计规范》(GB 50863) 规定：尾矿库各使用期的防洪标准应根据使用期库的等别、库容、坝高、使用年限及对下游可能造成的危害程度等因素，按该规范表 6.1.1 确定。

当确定的尾矿库等别的库容或坝高偏于该等下限，尾矿库使用年限较短或失事后对下游不会造成严重危害者，防洪标准可取下限；当确定的尾矿库等别的库容或坝高偏于该等上限，尾矿库使用年限较长或失事后对下游会造成严重危害者，防洪标准应取上限。对于高堆坝或下游有重要居民点时，防洪标准可提高一等。尾矿库失事后对下游环境造成极其严重危害的尾矿库，防洪标准应提高，必要时可按可能最大洪水进行设计。

采用露天废弃采坑及凹地储存尾矿的尾矿库，周边未建尾矿坝时，防洪标准应采用百年一遇的洪水；建尾矿坝时，应根据坝高及其对应的库容确定库的等别及防洪标准。

审查重点是尾矿库各使用期的等别确定是否合理，各使用期的防洪标准选择是否合理，特别要注意根据尾矿库的周边情况，尾矿库的防洪标准是否要取上限甚至提高等别。

3.4.2.2 洪水计算

说明洪水计算所采用的基础资料、计算方法、计算公式、水文参数的选取，对于三等及以上尾矿库宜取两种以上计算方法进行洪水计算，并对计算结果进行分析。

【条文说明】

尾矿库洪水计算是尾矿库防洪设计的重要内容之一，要求说明尾矿库洪水计算所采用的基础资料、计算方法、计算公式、水文参数、计算结果等，对于三等及三等以上尾矿库宜取两种以上方法计算，原则上以各省水文图册推荐的计算公式为准或选取大值。水文参数根据计算方法可列表给出，常见的水文参数包括汇水面积、流域平均坡度、当地多年平均降雨量、当地24小时平均降雨量等。计算结果应列表分别给出不同频率的洪峰流量、洪水总量、洪水过程线，当采用不同计算方法计算时，应对计算结果的选取进行分析。

《尾矿设施设计规范》(GB 50863) 规定：

尾矿库洪水计算应符合下列要求：

① 应根据各省水文图集或有关部门建议的特小汇水面积的计算方法进行计算。当采用全国通用的公式时，应采用当地的水文参数。有条件时应结合现场洪水调查予以验证。对于三等及三等以上尾矿库宜取两种以上方法计算，宜以各省水文图册推荐的计算公式为准或选取大值。

② 库内水面面积不超过流域面积的10%时，可按全面积陆面汇流计算。库内水面面积超过流域面积的10%时，水面和陆面面积的汇流应分别计算。

审查重点是计算结果包含的内容是否齐全，计算方法的选择是否合理，特别是对于库内水面面积超过流域面积的10%的尾矿库，是否按水面和陆面面积的汇流分别计算。

3.4.2.3 防排洪设施

根据地形、工程地质条件及尾矿库筑坝方式和调洪计算结果，选择防排洪方式（排水井、排水斜槽、排水隧洞、排水管、溢洪道、消力池、拦洪坝、截洪沟等），确定尾矿库防排洪系统的布置、防排洪构筑物的断面型式及主要结构尺寸。

【条文说明】

要求对排洪系统的布置、排洪构筑物的断面型式、排洪系统的排水能力及设计要求进行详细论述。尾矿库常见的排洪构筑物有排水井、排水斜槽、排水管、隧洞、溢洪道、截洪沟等。

排水井型式包括框架式、窗口式、砌块式、叠圈式等，设计有多个排水井时，安全设施设计中可列表给出各排水井的进水口标高、排水井高、直径、壁厚及强度要求等主要设计参数。

排水斜槽作为尾矿库常用的排洪构筑物既是进水构筑物又是泄水构筑物，常见的型式有拱形盖板斜槽和平盖板斜槽。安全设施设计中可列表给出各段斜槽的型式、进水口标高、断面尺寸、长度、壁厚及强度要求等主要设计参数。

排水管根据断面形状区分常见的型式有圆形、矩形和圆拱直墙型式，安全设施设计中可列表给出各段排水管的型式、断面尺寸、长度、壁厚、坡度、强度要求及排水管出口标高等主要设计参数。

排洪隧洞断面常采用圆拱直墙型式，根据衬砌型式可分为有衬砌、无衬砌、局部衬砌，安全设施设计应对衬砌型式进行说明。安全设施设计中可列表给出各段隧洞的衬砌型式及强度要求、断面尺寸、长度、衬砌厚度、坡度、排洪隧洞出口标高等主要设计参数。

溢洪道常采用的型式有钢筋混凝土溢洪道、浆砌块石溢洪道，安全设施设计中可列表给出溢洪道的溢流堰堰顶标高、断面尺寸等主要设计参数。

截洪沟常采用的型式有钢筋混凝土和浆砌块石截洪沟，安全设施设计中应说明截洪沟采用的型式、断面尺寸等主要设计参数。

《尾矿设施设计规范》(GB 50863) 规定：

尾矿库的排洪方式及布置应根据地形、地质条件、洪水总量、调洪能力、尾矿性质、回水方式及水质要求、操作条件与使用年限等因素，经技术经济比较确定，并应符合下列要求：

① 游式尾矿库宜采用排水井（或斜槽）—排水管（或隧洞）排洪系统。

② 一次建坝的尾矿库在地形条件许可时，可采用溢洪道排洪，同时宜以排水井（或斜槽）控制库内运行水位。

③ 当上游汇水面积较大，库内调洪难以满足要求时，可采用上游设拦洪坝截洪和库内另设排洪系统的联合排洪系统。拦洪坝以上的库外排洪系统不宜与库内排洪系统合并；当与库内排洪系统合并时，应进行论证，合并后的排水管（或隧洞）宜采用无压流控制。采用压力流控制时，应进行可靠性技术论证，必要时应通过水工模型试验确定。

④ 除库尾排矿的干式尾矿库外，三等及三等以上尾矿库不得采用截洪沟排洪。

⑤ 当尾矿库周边地形、地质条件适合时，四等及五等尾矿库经论证可设截洪沟截洪分流。

尾矿库排洪构筑物型式及尺寸应根据水力计算和调洪计算确定，并应满足设计流态和防洪安全要求。对特别复杂的排洪系统，宜进行水工模型试验验证。排洪构筑物的设计最大流速不应大于构筑物材料的容许流速。进水构筑物的型式应根据排水量大小、尾矿库的地形条件和是否兼作回水设施等因素确定。当排水量较大时，宜采用框架式排水井；排水量较小时，宜采用窗口式排水井或斜槽；排水井内径不宜小于1.5 m。

审查重点是尾矿库的排洪方式的选择和排洪构筑物的布置是否合理，排洪系统的排水能力计算是否正确，排洪构筑物是否满足构造要求，抗冲能力是否满足要求等。

3.4.2.4 调洪演算

(1) 在各等别情况下选取典型运行期，根据尾矿的粒度、放矿方式确定的沉积滩坡度计算出调洪库容，采用水量平衡法进行调洪演算，给出调洪计算结论。

【条文说明】

对尾矿库的调洪计算进行详细说明，给出尾矿库调洪计算的方法及结果，根据调洪计算的结果得出调洪计算的结论。调洪计算结果可列表给出不同计算标高的等别、防洪标准、正常水位(调洪计算初始水位)、最高洪水位、洪水升高值、最大下泄流量、安全超高、规范要求的安全超高等参数。

《尾矿设施设计规范》(GB 50863) 规定：调洪计算应采用水量平衡法按计算。尾矿库的一次洪水排出时间应小于72 h。

上游式尾矿堆积坝沉积滩顶与设计洪水位的高差，应符合表3-3-5的最小安全超高值的规定。同时，滩顶至设计洪水位水边线的距离应符合表3-3-5的最小干滩长度值的规定。

表3-3-5 上游式尾矿堆积坝的最小安全超高与最小干滩长度 m

坝的级别	1	2	3	4	5
最小安全超高	1.5	1.0	0.7	0.5	0.4
最小干滩长度	150	100	70	50	40

注：1. 3级及3级以下的尾矿坝经渗流稳定论证安全时，表内最小干滩长度最多可减少30%。

2. 地震区的最小干滩长度尚应符合现行国家标准《构筑物抗震设计规范》(GB 50191) 的有关规定。

下游式和中线式尾矿坝坝顶外缘至设计洪水位水边线的距离，宜符合表3－3－6的规定；同时，坝顶与设计洪水位的高差，应符合表3－3－5的最小安全超高值的规定。

表3－3－6 下游式和中线式尾矿坝的最小干滩长度 m

坝的级别	1	2	3	4	5
最小干滩长度	100	70	50	35	25

注：地震区的最小干滩长度还应符合现行国家标准《构筑物抗震设计规范》(GB 50191）的有关规定。

审查重点是尾矿库调洪演算选择的正常库水位、调洪库容计算、沉积滩坡度的确定是否合理，是否采用水量平衡法进行调洪演算，调洪演算的结果能否满足防洪安全的要求。

(2）总结概述本节专用设施内容。

【条文说明】

根据《金属非金属矿山建设项目安全设施目录（试行)》(国家安全生产监督管理总局令第75号）的相关规定对尾矿库防排洪的专用安全设施进行简单列举说明。

3.4.3 地质灾害及雪崩防护设施

(1）说明根据工程地质情况及所处地区情况设置尾矿库泥石流防护设施、库区滑坡治理设施、库区岩溶治理设施、高寒地区的雪崩防护设施，给出相应设施的布置、型式、结构参数、基础处理等要求。

【条文说明】

尾矿库周边的地质灾害及雪崩的发生不但会造成尾矿库管理人员的伤亡事故，还可能引起尾矿库的安全事故，如有些尾矿库事故是由于上游泥石流淤堵库内排水设施，造成尾矿库险情，甚至造成尾矿库溃坝，因此应根据尾矿库周边的地质灾害或雪崩情况，确定相应的防护设施，确保尾矿库的正常安全运行。

《尾矿设施设计规范》(GB 50863）规定：尾矿库应采取防止泥石流、滑坡、树木杂物等影响泄洪能力的工程措施。

审查重点是对尾矿库周边影响尾矿库安全生产的地质灾害及雪崩是否分析全面，采取的防护措施是否合理、有效。

(2）总结概述本节专用设施内容。

【条文说明】

根据《金属非金属矿山建设项目安全设施目录（试行)》(国家安全生产监督管理总局令第75号）的相关规定对尾矿库周边地质灾害及雪崩防护的专用安全设施进行简单列举说明。

3.4.4 安全监测设施

(1）说明尾矿库安全监测设施的设置情况，应包含库区气象监测、地质灾害监测、库水位监测、干滩监测、坝体位移监测、坝体渗流监测及视频监控等，三等及以上尾矿库应当设计在线监测系统。

【条文说明】

尾矿库安全监测设施是防止尾矿库发生重大安全事故，提前预警的重要安全生产设施，主要包含库区气象监测、地质灾害监测、库水位监测、干滩监测、坝体位移监测、坝体渗流监测及视频监控等内容，需对这部分内容进行重点叙述。

《尾矿设施设计规范》(GB 50863）规定：尾矿库应根据设计等别、尾矿坝筑坝方式、尾矿及尾矿水污染物性质、地形地质条件及地理环境等因素，设置必要的安全和环保监测设施。三等及三等以上尾矿库应设置人工监测与自动监测相结合的安全监测设施。监测仪器、设施的选择，应在可靠、耐久、经济、适用前提下，力求技术先进。

安全监测项目应包括下列内容：

① 湿排尾矿库应监测库水位、滩顶标高、干滩长度、浸润线深度、坝体坡度和位移。

② 四等及四等以上湿排尾矿库还应监测降雨量，三等及三等以上湿排尾矿库必要时还应监测孔隙水压力、渗透水量及其水质。

安全监测设施应按下列原则进行布置：

① 应全面反映尾矿库的运行状态。

② 尾矿坝位移监测点的布置应延伸到坝脚以外的一定范围。

③ 坝肩及基岩断层带、坝内埋管处宜加设监测设施。

审查重点是尾矿库安全监测的内容是否齐全，安全监测设施的布置是否能够全面反映尾矿库的运行状态；三等及三等以上尾矿库是否设置了人工监测与自动监测相结合的安全监测设施。

（2）总结概述本节专用设施内容。

【条文说明】

根据《金属非金属矿山建设项目安全设施目录（试行）》(国家安全生产监督管理总局令第75号)的相关规定对尾矿库安全监测设施的专用安全设施进行简单列举说明。

3.4.5 排渗设施

（1）说明尾矿库库底及尾矿坝坝体排渗设施的布置，排渗设施的型式（贴坡排渗、自流式排渗管、管井排渗、垂直－水平联合自流排渗、虹吸排渗、辐射井、排渗褥垫、排渗盲沟〈管〉）及排渗设施的建设时期等；结合渗流分析说明排渗设施的设计是否满足尾矿坝坝体控制浸润线的要求。

【条文说明】

尾矿库排渗设施是有效降低尾矿坝浸润线，提高坝体稳定性的重要安全设施，根据尾矿库及尾矿坝的特点，确定尾矿库的排渗方式及排渗设施的建设时期，使尾矿坝的浸润线处于设计控制浸润线以下。

《尾矿设施设计规范》(GB 50863）规定：

尾矿坝的渗流控制措施必须确保浸润线低于控制浸润线。降低浸润线的措施应结合坝的级别、坝体稳定计算和抗震构造等要求综合分析确定，宜采取下列措施：

① 尾矿库建设阶段，在尾矿堆积坝坝基范围内设置排渗褥垫（碎石或土工排水网垫）、排渗管（或盲沟）及排渗井等型式的水平和垂直排渗系统。

② 尾矿坝运行中，随坝体升高适时设置排渗管、盲沟、席垫、垂直塑料排水板或排渗井等型式的排渗系统。

③ 尾矿坝运行中，当实测浸润线高于控制浸润线时，可在坝坡或沉积滩上增设排渗管、辐射排渗井等排渗设施。

审查重点是根据尾矿坝的渗流及稳定计算结果，判断尾矿坝的排渗设施设置是否合理，能否达到渗流稳定及降低坝体浸润线的要求。

（2）总结概述本节专用设施内容。

【条文说明】

根据《金属非金属矿山建设项目安全设施目录（试行）》(国家安全生产监督管理总局令第75号)的相关规定对尾矿坝排渗设施的专用安全设施进行简单列举说明。

3.4.6 干式尾矿运输安全设施

（1）对于干式堆存的尾矿库，说明干式尾矿运输的安全设施设置情况。

（2）采用汽车运输时，应说明运输线路的布置、设备的型号和规格、安全护栏、挡车设施、汽车避让道、卸料平台的安全挡车设施等。

（3）采用皮带运输时，应说明运输线路的布置、设备的型号和规格、系统的各种闭锁和电气保护装置、设备的安全护罩、安全护栏、梯子、扶手等。

【条文说明】

对于第（1）~（3）条，列出干式尾矿运输过程中的安全设施。当采用汽车运输时，应根据运输线路布置情况，对与之相配套的安全设施的设计情况进行介绍，不能有遗漏。当采用皮带运输时，首先要将皮带运输系统叙述清楚，然后说明采取的安全措施，包括电气控制方面、周围环境方面以及设备周围的保护设施等。

（4）总结概述本节专用设施内容。

【条文说明】

根据《金属非金属矿山建设项目安全设施目录（试行）》（国家安全生产监督管理总局令第75号）的相关规定对干式尾矿输送系统的专用安全设施进行简单列举说明。

3.4.7 库内船只安全设施

（1）对于库内有回水浮船或运输船的尾矿库，应说明保护船只及船只上工作人员安全的设施，包括安全护栏、救生器材、浮船固定设施、电气设备接地措施等。

【条文说明】

尾矿库内船只存在翻船、船只上工作人员落水及人员触电安全风险，因针对此类安全风险设置相应的安全设施。

（2）总结概述本节专用设施内容。

【条文说明】

根据《金属非金属矿山建设项目安全设施目录（试行）》（国家安全生产监督管理总局令第75号）的相关规定对库内船只的专用安全设施进行简单列举说明。

3.4.8 辅助设施

（1）说明尾矿库的交通道路布置情况，包括库区巡查道路，尾矿坝、排洪系统与值班室及外部道路的连通道路和尾矿坝应急上坝道路等。

（2）说明尾矿库通信设施设置情况，包括尾矿库生产作业人员、巡视人员与安全生产管理机构通信配备情况。

（3）说明尾矿库照明设施设置情况。

（4）说明尾矿库管理站设置情况。

（5）说明报警系统设置情况。

（6）对于堆存有毒有害尾矿的尾矿库，应说明库区安全护栏设置情况，防止无关人员及牲畜入内。

【条文说明】

对于第（1）~（6）条，虽然是尾矿库生产的辅助设施，但与尾矿库的安全生产密切相关，应对相应的设计情况进行介绍，不得遗漏。

《尾矿设施设计规范》（GB 50863）规定：尾矿库的辅助设施应根据筑坝工程量、排水构筑物型式和操作要求，以及库区与厂区的距离等因素配备筑坝机械、工作船、工程车、交通道路、值班室、应急器材库、通信和照明等设施。必要时可设置宿舍和库区简易气象水文观测点。尾矿库值班室和宿舍宜避开坝体下游。

审查重点是尾矿库的辅助设施设置是否齐全，是否满足安全生产的要求。

（7）总结概述本节专用设施内容。

【条文说明】

根据《金属非金属矿山建设项目安全设施目录（试行）》（国家安全生产监督管理总局令第75号）的相关规定对尾矿库辅助设施的专用安全设施进行简单列举说明。

3.4.9　个人安全防护

（1）说明尾矿库工作人员必须配备的个人安全防护用品。

（2）总结概述本节专用设施内容。

【条文说明】

作业人员个人防护用品是作业人员安全的最后一道防护，也是遇险人员自救的仅有工具，因此其重要程度不言而喻，安全设施设计时应为尾矿作业人员配备足额的个人防护用品。

审查重点是安全设施设计中是否配备了足够的个人防护用品。

3.4.10　安全标志

（1）说明尾矿库库区及周边应设置的符合要求的安全标志，包括尾矿库、交通、电气安全标志。

（2）总结概述本节专用设施内容。

【条文说明】

尾矿库的周边环境不同，其危险因素不同，因此设置的安全标志也不相同。设计时可根据项目特点对重点危险区域（如库区潜在滑坡区域）的安全标志设置情况进行说明。

审查重点是安全设施设计中是否在重点危险区域设置了安全标志。

3.5　安全管理和专用安全设施投资

3.5.1　安全管理

（1）说明尾矿库安全管理机构设置、部门职能、人员配备的建议及尾矿库安全教育和培训（场地、费用）的基本要求。

（2）说明应设置的矿山救护队或兼职救护队的人员组成及技术装备。

（3）说明尾矿库应制定的相应各种安全事故的应急救援预案。

【条文说明】

安全设施设计是对尾矿库安全管理提出的建议和最低要求，尾矿库管理企业可根据自身的实际情况进行设置和安排。对于正在运行的尾矿库，原来的机构设置能够满足要求的，仍可执行原来的机构设置。对于尾矿排放方式有重大变化的尾矿库，这些变化可能导致增加新的工种和新的危险源，在本条款就应强调对安全培训、安全技术操作规程的补充和修订。

制定尾矿库灾害应急救援预案，建立、完善尾矿库预警制度，以应对尾矿库可能出现的紧急情况和突发事件。

审查的重点是尾矿库配备的管理机构、救护人员及设施和应急救援预案是否符合尾矿库生产企业实际情况。

3.5.2　尾矿库安全运行管理主要控制指标

列出尾矿库安全运行管理的主要控制指标，包括尾矿库各运行期的坝体控制浸润线、正常库水位、干滩坡度、干滩长度、安全超高、各项监测指标的预警值等。

【条文说明】

本条款要求列出尾矿库安全运行管理的主要控制指标，使生产管理单位与监管部门对影响尾矿库安全的主要生产控制指标一目了然，便于生产管理单位管理及监管部门监管。可列表给出各控制指标。

审查重点是给出的主要控制指标是否齐全，核实本节给出的主要控制指标与前面分析得出的参数是否一致。

3.5.3　专用安全设施投资

根据《金属非金属矿山建设项目安全设施目录（试行）》（国家安全监管总局令第75号）的规定，对本项目中设计的全部专用安全设施的投资进行列表汇总，相关内容可参考表3－3－7。

表3-3-7 专用安全设施投资表

序号	名 称	描 述	投资/万元	说 明
1	地质灾害及雪崩防护设施	列出本项工程专用安全设施的内容名称，下同		
2	尾矿库安全监测设施			
3	排渗设施			
4	干式尾矿运输安全设施			
5	库内船只安全设施			
6	辅助设施			
7	尾矿库应急救援设备及器材			
8	个人安全防护用品			
9	尾矿库、交通、电气安全标志			
10	其他设施			

【条文说明】

采用表格的形式列出便于相关人员的对专用安全设施的查阅。本表可参考《金属非金属矿山建设项目安全设施目录（试行）》(国家安全生产监督管理总局令第75号）的内容，并结合项目的实际情况进行填写。因基本安全设施具有生产功能，如果设计中缺失，则生产无法进行，其投资算入生产设施，所以新建尾矿库项目的安全投资只计算其专用安全设施部分。

审查重点是专用的安全设施是否漏项，安全设施投资是否足够。

3.6 存在的问题和建议

（1）提出设计单位能够预见的在项目实施过程中或投产后，可能存在并需要矿山解决或需要引起重视的安全生产方面的问题及解决的建议。

【条文说明】

在建设项目设计中可能由于部分基础资料缺失或暂时没有途径获得，因此设计中的部分参数或工艺是暂时根据设计单位的经验或借鉴同类尾矿库来确定的，并需要在生产中进一步取得相关资料或验证的基础上进行完善，对于此类问题，设计中应明确说明。另外，对设计阶段无法确定的潜在风险因素，也应在此提示并提出建议，指导生产中尾矿库应如何进行防范或开展相关研究工作。

（2）提出设计基础资料影响安全设施设计的问题及解决问题的建议。

【条文说明】

安全设施设计是在已有资料的基础上进行的，如果基础资料不准确或发生变化，则原设计的内容可能不会满足新的变化，需要根据变化情况进行调整。设计中应对此类问题进行说明，并提出相关建议。

3.7 附件与附图

3.7.1 附件

安全设施设计依据的相关文件。

【条文说明】

略。

3.7.2 附图

附图应采用原始图幅，图中的字体、线条和各种标记应清晰可读，签字齐全，宜采用彩图。附图应包括以下图纸（可根据实际情况调整，但应涵盖以下图纸的内容）：

（1）尾矿库周边环境图。

（2）尾矿库安全设施平面布置图。

（3）尾矿库典型纵剖面图。

（4）排洪系统典型纵横剖面图。

（5）尾矿坝纵横断面图。

（6）坝高—库容曲线图。

（7）监测设施布置图。

【条文说明】

安全设施设计附图可根据实际情况适当调整，并不要求图名与数量与本节要求完全一致，只要内容涵盖上述要求即可。尾矿库周边环境图应包含尾矿库建设产生相互影响的设施；尾矿库典型剖面图应给出尾矿坝、排洪系统及相互关系。

所附图纸应该采用正常图幅大小，不要为装订方便而缩小图幅。

审查重点是附图是否齐全，图纸是否与设计说明相一致，是否能说明问题，工程布置是否正确，图纸内容是否清晰可读，图纸签字是否齐全。

第4篇

设计重大变更

为规范金属非金属矿山建设项目安全设施设计重大变更的审查工作，国家安全监管总局印发了《金属非金属矿山建设项目安全设施设计重大变更范围》(安监总管一〔2016〕18号文)(以下简称《设计重大变更》)。为便于安全监管部门、设计单位、建设单位等加深对设计重大变更具体内容的理解和执行，本篇特对《设计重大变更》进行详细解读。

金属非金属矿山建设项目安全设施设计重大变更，在时间上，是指金属非金属矿山建设项目(新建或改扩建项目)安全设施设计，从批准之日起至工程竣工验收交付使用之日止，对已批准的安全设施设计所进行的重大设计变更(尾矿库生产期间的变更执行国家安全生产监督管理总局令第38号的相关规定)；从变更范围上，是指符合《设计重大变更》规定范围且其变更可能导致对项目安全产生不利影响的设计变更。

重大变更应由原设计单位编写《金属非金属矿山建设项目安全设施重大变更设计》，并报原审批单位审批。

安全设施设计变更文件编制的设计深度应当满足初步设计阶段的有关法律法规、规程规范要求。

安全设施重大设计变更应参照《金属非金属矿山建设项目安全设施设计编写提纲》进行编制。主要内容包括：安全设施设计变更发生的缘由，安全设施设计变更的依据，安全设施设计变更的项目和内容，重点说明安全设施变更对相关安全的影响，与安全设施设计变更相关的基础及试验资料，安全设施设计变更的设计图纸，工程量、投资变化对照清单和分项概算文件。

1 地下矿山重大设计变更

1.1 开采范围或设计规模

设计开采范围或规模发生变化，并导致下列情况之一的：

【条文说明】

本条款中开采范围变化包括开采范围的平面拐点坐标变化和开采标高的变化，设计规模的变化主要指矿石开采规模的变化。设计开采范围或规模是地下矿山设计（包括安全设施设计）最基本的前提。

① 提升系统的安全设施发生改变；

【条文说明】

矿山的提升系统可分为竖井提升系统和斜井提升系统两大类。

竖井提升系统分别为箕斗提升、罐笼提升和混合井提升，提升容器配置方式为双容器和单容器带平衡锤配置。矿山的箕斗主要承担矿、岩的提升，罐笼可承担矿山的矿、岩、人员、材料、设备等提升。

斜井提升系统分为箕斗提升和车组提升，提升系统的容器配置方式分为单钩提升和双钩提升。矿山的箕斗主要承担矿、岩的提升，车组可承担矿山的矿、岩、人员、材料、设备等提升。

（1）矿山开采标高发生显著变化，提升高度发生较大变化，为合理、经济地完成设计生产能力，变更原设计的提升方式，或变更原设计的提升容器、提升装置及其他基本安全设施，为安全设施设计重大变更。

（2）矿山设计规模发生显著变化，要求设计提升能力有较大变化，为合理、经济地完成设计生产能力，变更原设计的提升方式，或变更原设计的提升容器、提升装置及其他基本安全设施，为安全设施设计重大变更。

② 运输系统的安全设施发生改变；

【条文说明】

井下运输系统的安全设施设计与选择的运输方式、运输设备、阶段运输巷道的布置形式等有关。

井下运输方式包括有轨运输方式（电机车运输、人推矿车运输）、无轨运输方式、胶带运输方式。

阶段运输巷道的布置形式包括单一沿脉布置形式、沿脉加穿脉布置形式、环形布置形式。

（1）平面开采范围发生显著变化，一般会导致井下运输距离明显变化，为保证设计生产能力，变更原设计的运输方式，或变更原阶段运输巷道的布置形式，或变更原设计运输设备的规格，为安全设施设计重大变更。

（2）设计规模发生显著变化，井下运输量发生较大变化，可能要求变更原设计的运输方式，或变更原阶段运输巷道的布置形式，或变更运输设备规格，为安全设施设计重大变更。

③ 通风系统的安全设施发生改变。

【条文说明】

通风系统的安全设施设计与选择的通风系统、通风方式有关，不同的通风系统、通风方式，其安全设施不同。

通风系统包括集中通风系统、分区通风系统和多级机站通风系统。

通风方式包括压入式、抽出式和压抽混合式通风。

1）平面开采范围显著变化

（1）井下通风线路长度变化较大，变更通风系统，为安全设施设计重大变更。如集中通风一般适用于矿体走向不长、矿体比较集中的矿山，分区通风一般适用于矿体走向长、矿体分布范围广的矿山。平面开采范围显著扩大后，通风系统可能由集中通风变更为分区通风；平面开采范围显著缩小后，通风系统可能由分区通风变更为集中通风。

（2）井下通风线路长度变化较大，变更通风方式，为安全设施设计重大变更。如压入式、抽出式通风方式一般适用于通风阻力不大的矿山。平面开采范围显著扩大后，通风巷道变长，导致通风阻力变大，通风方式可能由单一压入式或抽出式变更为压抽混合式。平面开采范围显著缩小后，通风巷道变短，导致通风阻力变小，通风方式可能由压抽混合式变更为单一压入式或抽出式。

（3）导致进、回风井位置发生变化，为安全设施设计重大变更。如端部并列式集中通风系统适用于矿体走向较短的矿山，平面开采范围显著扩大后，风井布置形式可能由端部并列式变更为对角单翼式，进、回风井的位置进行相应调整，需要重新计算核定原设计的风机等相关参数。

（4）变更进、回风井数量，原设计的安全设施需重新评估，为安全设施设计重大变更。如对角单翼式通风系统一般适用于矿体走向长度不长的矿山，平面开采范围显著扩大，风井布置形式可能由对角单翼式变更为对角双翼式，导致进风井或回风井数量增加。

（5）变更主通风机的规格、数量，导致总通风量变化较大，为安全设施设计重大变更。

2）垂直开采范围显著变化

（1）变更通风系统，为安全设施设计重大变更。如集中通风一般适用于矿体埋藏较深的矿山，深井矿山一般采用多级机站通风，以克服较大的负压，开采深度加深，通风系统可能由集中通风变更为多级机站通风。

（2）变更通风方式，为安全设施设计重大变更。如井下通风线路加长，负压增加，可能由单一压入式通风或单一抽出式通风变更为压抽混合式通风。

（3）变更主通风机的规格、数量，引起总通风量变化，为安全设施设计重大变更。

3）设计规模的变化导致通风系统安全设施的改变

（1）设计规模显著变化，井下通风量明显变化，要求设计变更通风系统或通风方式，为安全设施设计重大变更。

（2）增加或减少进、回风井数量或变更其断面，为安全设施设计重大变更。

（3）主通风机的规格、数量发生变化，为安全设施设计重大变更。

1.2 采矿方法

（1）崩落法、空场法、充填法三大类采矿方法之间发生变化，并导致下列情况之一的：

【条文说明】

金属非金属地下矿山的采矿方法一般是按照回采时地压管理方法，分为崩落法、空场法和充填法三大类。本条款中崩落法、空场法、充填法三大类采矿方法之间发生变化，包括原设计的崩落法、空场法、充填法中的一类变为另外一类，也包括增加或减少其中的一类或两类。

① 矿体回采顺序发生改变；

【条文说明】

本条款中矿体回采顺序发生改变是指不同中段之间的矿体回采顺序发生改变。

充填法或缓倾斜薄矿体的空场法，可采用上行开采或下行开采，崩落法与空场法（除缓倾斜薄矿体的空场法）应采用下行开采。

当采矿方法由崩落法、空场法改为充填法时，矿体回采顺序由下行开采改为上行开采，为安全设施设计重大变更。

当采矿方法由充填法改为崩落法、空场法或增加其中一类或两类采矿方法时，矿体回采顺序由上行开采改为下行开采，为安全设施设计重大变更。

当采矿方法在充填法基础上增加崩落法或空场法时，回采顺序由上行开采改为上行、下行同时开采，为安全设施设计重大变更。

② 开拓系统发生改变；

【条文说明】

崩落法、空场法开采矿山的地表围岩错动范围较大，充填法开采的矿山地表围岩错动范围较小。

当充填法改为崩落法、空场法或增加崩落法、空场法时，导致原设计的开拓系统的主要井巷工程位置位于地表围岩错动范围内，其井巷工程位置需要调整，相应的安全设施都应作相应的改变，为安全设施设计重大变更；井下需风量增加，导致进、回风井的数量增加或进、回风井的断面加大，为安全设施设计重大变更。

当崩落法、空场法改为充填法或增加充填法时，原设计的开拓系统需要增加充填井巷工程，视为安全设施设计重大变更；井下通风量减少，可能导致进、回风井的数量减少或进、回风井断面减小，为安全设施设计重大变更。

当采矿方法在崩落法和空场法之间发生变化或增加另外一种时，需要调整中段开拓工程、通风天井、溜井等设施，为安全设施设计重大变更。

③ 地表环境发生改变。

【条文说明】

地表环境发生改变指原设计地表因采矿方法的改变而发生的改变，包括地表的塌陷、错动及其他设施的改变。

一般情况下，采用崩落法、空场法开采的矿山地表会发生塌陷和较大范围的错动；采用充填法开采的矿山地表不塌陷，错动范围较小。

当采矿方法由充填法改为崩落法或空场法时，地表由不塌陷或地表较小变形、错动范围较小改变为塌陷或大范围错动，需要增加相应的安全设施，为安全设施设计重大变更。

当采矿方法由崩落法、空场法改为充填法时，地表由塌陷或大范围错动改变为不塌陷或地表较小变形、错动范围较小，改善了地表环境，可不视为安全设施设计重大变更。

当采矿方法由崩落法改为空场法或空场法改为崩落法时，地表环境基本不变，可不视为安全设施设计重大变更。

（2）上行开采、下行开采两类开采顺序之间发生变化，并导致下列情况之一的：

【条文说明】

本条款中的上行开采是指不同中段之间的矿体自下而上的开采顺序，下行开采是指不同中段之间的矿体自上而下的开采顺序。

上行开采、下行开采两类开采顺序互变，是指上行开采变更为下行开采或下行开采变更为上行开采，一般发生在充填采矿法矿山或回采缓倾斜薄矿体的空场采矿法矿山。

① 运输系统的安全设施发生改变；

【条文说明】

当上行开采、下行开采两类开采顺序之间发生变化，导致运输方式发生改变，既可能将原设计的有轨运输方式变更为无轨运输方式或胶带运输方式，也可能将原设计的无轨运输方式变更为有轨运输方式或胶带运输方式，也可能将原设计的胶带运输方式变更为有轨运输方式或无轨运输方式。由于各类运输方式的安全设施不同，这些变更将引起运输系统的安全设施发生全面改变，为安全设施设计重大变更。

② 通风系统的安全设施发生改变；

【条文说明】

当上行开采变更为下行开采，或由下行开采变更为上行开采时，导致进、回风井深度发生变化时，为安全设施设计重大变更。

③ 排水系统的安全设施发生改变。

【条文说明】

充填法采矿，当开采顺序由上行开采变更为下行开采，或由下行开采变更为上行开采时，可能导致排水泵房位置改变或排水方式发生变化，进而使排水设备及其他安全设施发生改变，为安全设施设计重大变更。

1.3 开拓系统

① 竖井、斜井、斜坡道、平硐四类开拓方式之间发生改变。

【条文说明】

本条款指原设计中的开拓方式由竖井、斜井、斜坡道、平硐之一改变为另一类，增加或减少其中的一类或几类。

开拓是指从地表向地下掘进一系列井巷通达矿体，便于人员出入以及把采矿机械设备、器材等送往各采区工作面，同时把采出的矿石由井下运往地表，使地表与矿床之间形成完整的运输、提升、通风、排水、动力供应等生产服务井巷。单一的开拓方式按井巷形式的不同划分为竖井、斜井、斜坡道和平硐方式。

竖井、斜井、斜坡道、平硐四类不同的开拓方式的工程设施相差较大，安全设施也不相同。竖井、斜井、斜坡道、平硐四类开拓方式之间发生改变，必将引起安全设施的改变，为安全设施设计重大变更。

② 竖井开拓中箕斗、罐笼两类提升方式之间发生改变；斜井开拓中箕斗、串车、胶带三类提升方式之间发生改变；平硐开拓中有轨、无轨、胶带三类运输方式之间发生改变。

【条文说明】

本条款中竖井开拓中箕斗、罐笼两类提升方式之间发生改变包括原设计的提升方式由箕斗、罐笼两类中的一类改变为另一类，也包括增加或减少其中的一类。

斜井开拓中箕斗、串车、胶带三类提升方式之间发生改变包括原设计的提升方式由箕斗、串车、胶带三类中的一类改变为另一类，也包括增加或减少其中的一类或两类。

平硐开拓中有轨、无轨、胶带三类运输方式之间发生改变包括原设计的有轨、无轨、胶带三类中的一类改变为另一类，也包括增加或减少其中的一类或两类。

本条款竖井、斜井、平硐三类开拓方式中，提升（运输）方式不同，安全设施不同，因此其变化为安全设施设计重大变更。

③ 主要井筒的位置发生变化，并导致工业场地的位置发生改变。

【条文说明】

本条款内容特指主要井筒（如主井、副井等）位置变化较大的情况，如井筒位置从矿体上盘移至下盘或端部等，而并非因设计基础资料的修正而导致井筒在原位附近的微小调整。

为满足地下采矿生产中矿岩提升、通风排水、人员及材料运输等要求，在地表井口附近需要配置提升、动力、排水、机修仓储及办公、生活等设施。各类建（构）筑物以井口为中心布置，共同组成完整的井口工业场地。因此，一般情况下，井筒位置的变化直接影响工业场地的场址的变化。

矿区环境一般较为复杂，矿区内的塌陷（错动）区、排土场等都是影响井口及工业场地安全的重要因素。井筒位置变化并导致工业场地位置改变后，新场址与上述危险源的位置关系、防护距离等都将发生变化。此外，新工业场地场址处的工程地质条件及其与周边河流水系、自然或人工边坡、居民点、工业企业等的关系与原场址均有所不同，安全设施设计的内容也将随之作大范围调整。因此，主要井筒的位置发生变化，并导致工业场地的位置发生改变为安全设施设计重大变更。

④ 直通地表的安全出口数量减少。

【条文说明】

安全出口是地下开采矿山重要的安全设施之一。根据《金属非金属矿山安全规程》（GB 16423），每个矿井至少应有两个独立的直达地面的安全出口，安全出口的间距不小于 30 m；大型矿井，矿床地质条件复杂，走向长度一翼超过 1000 m 的，应在矿体端部的下盘增设安全出口。直通地表的安全出口数量减少，视为安全设施设计重大变更。

1.4　通风系统

① 主要通风井井筒数量发生变化或井筒断面变小。

② 主要通风机设备型号或数量发生变化，并导致总通风量减少。

【条文说明】

主要通风井井筒数量增加或减少，为安全设施设计重大变更；

主要通风井数量不变，井筒断面变小，导致井下总通风量减少，为安全设施设计重大变更；

主要通风机设备规格型号或数量发生变化，并导致总通风量减少，为安全设施设计重大变更。

1.5　排水系统

① 排水方式发生变化，并导致排水能力或供配电设施发生改变。

② 主要排水设备型号或数量发生变化，并导致排水能力发生改变。

【条文说明】

（1）排水方式由直排变为分段接力时由一个排水泵站变为多个排水泵站，排水设备的能力发生变化，同时供配电设施由一座变为多座，或由分段接力变为直排时，由多个排水泵站变为一个排水泵站，排水设备的能力发生变化，同时供配电设施由多座变为一座，为安全设施设计重大变更。

（2）由于主排水设备规格变小或水泵数量变少，并导致总排水量减少，导致矿山排水安全设施变化，为安全设施设计重大变更。

（3）由于主排水设备规格变大或水泵数量变多，并导致总排水量增大，可不视为安全设施设计重大变更。

（4）将大规格的排水泵变为多台小规格泵，同理将多台小规格泵变为大规格泵，其排水能力和扬程不变，可不视为安全设施设计重大变更。

1.6　废石场

【条文说明】

废石场也称排土场，是指矿山采矿排弃物集中排放的场所，《冶金矿山排土场设计规范》（GB 51119）与《有色金属矿山排土场设计规范》（GB 50421）对其命名进行了统一。

① 废石场的位置发生变化。

【条文说明】

本条款内容特指排土场位置变化较大的情况。

排土场场址是排土场安全设施设计的基础。现行《冶金矿山排土场设计规范》（GB 51119）、《有色金属矿山排土场设计规范》（GB 50421）与《金属非金属矿山安全规程》（GB 16423）要求排土场场址应满足与采矿场、工业场地（厂区）、居民点、铁路、公路、输电及通信干线、水域、隧洞等设施的安全防护距离要求，并应在设计中明确。

排土场位置变化后，排土场总体布置、排土场与周边环境的关系均将发生改变，甚至排土场的设计等级、排土场截（排）水设施、底部排渗设施、滚石或泥石流拦挡设施、滑坡治理措施、坍塌与沉陷防治措施与地基处理等专用安全设施也将随之调整，将会对排土场的安全生产造成重大影响。

因此，排土场的位置变化，为安全设施设计重大变更。

② 废石场堆存高度变高。

【条文说明】

排土场的主要堆置要素包括堆置总高度与阶段高度，均属于排土场的基本安全设施。《金属非金属矿山安全规程》(GB 16423）中明确要求，排土场的阶段高度、总堆置高度、安全平台宽度、总边坡角、废石滚落的最大距离等堆置参数均应在设计中明确，并应进行稳定性验算，以满足安全要求。

现行《冶金矿山排土场设计规范》(GB 51119)、《有色金属矿山排土场设计规范》(GB 50421）等规程规范中规定：排土场视防护对象的不同，设计安全防护距离为其最终堆置高度的0.75～2.0倍，排土场堆存高度变高，其与周边设施的防护距离须相应增加。

排土场堆存高度变高，排土场对基底的荷载随之增加，当堆置高度超过基底的极限承载能力时，排土场基底将产生塑性变形和移动，引起排土场滑坡。因此，排土场堆存高度变高后应重新计算其稳定性，同时根据需要调整排土场基本与专用安全设施。

此外，排土场的堆置高度也是排土场分级的重要指标之一，如堆存高度变高并导致排土场等级提高时，排土场设计安全防护距离与排土场安全稳定性标准也将随之提高。原设计中安全平台宽度、拦渣坝及滚石拦挡设施等基本安全设施与专用安全设施是否仍满足条件需要重新评估。

综上所述，排土场堆存高度变高后，将会对排土场安全造成不利影响，为安全设施设计重大变更。

③ 废石场堆置顺序发生变化。

【条文说明】

排土场的堆置顺序一般可分为单台阶排土、覆盖式排土（逆排）及压坡脚式排土（顺排），三类堆置顺序示意如图4－1－1所示。

（1）单台阶排土场地形条件多为坡度较陡的山坡和山谷，排土场空间利用率高，单位排土线受土容量大，辅助工程量较少。

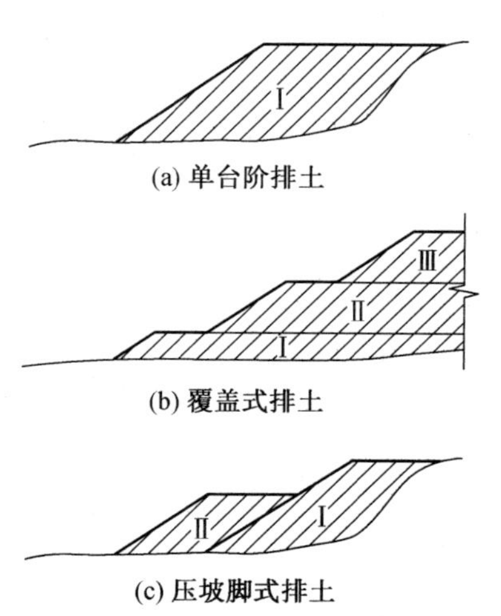

I、II、III—排土顺序

图4－1－1 排土场堆置顺序示意图

由于地形原因，单台阶排土场高度一般较高，沉降变形大，需要对排土强度进行控制。为防止发生滑坡和泥石流，单台阶排土场排弃物料多为块度较大的坚硬岩石，排土场基底工程地质条件要求较高，不含软弱岩土层。为提高提高排土场稳定性，也可在最终坡脚处预先堆置坚硬岩石形成拦挡坝，然后再进行排土。

（2）覆盖式排土适用于平地或平缓开阔的山坡。在排土过程中以一定的台阶高度水平分层，由下而上逐层堆置。也可以多个排土台阶同时作业，但是下部台阶需要留有一定的超前安全距离。

覆盖式多台阶排土场基底岩土层的承载能力与第一台阶（即与基底接触的台阶）的稳定性，对于整个排土场的稳定性和安全生产起着重要作用。尤其是位于软弱地基的排土场，控制好第一台阶的高度，可对地基堆载预压，提高地基承载力。基底第一台阶一般需要堆置坚硬岩石，变形小，稳定性好，其高度可根据《冶金矿山排土场设计规范》中式（7.1.1）计算后确定。

露天矿山的覆盖式排土场在生产中的典型特点是“上土下排，下土上排”，随着露天开采向深部延伸，排土场的堆置高度却不断抬高，造成排土运距延长和排土成本增加。由于覆盖式多台阶排土的每个台阶间均设置了安全平台，因此与单台阶排土相比，其空间利用率与单位排土线受土量较低。

（3）压坡脚式排土适用于山坡露天矿，在采场外围有比较宽阔且延伸较长的山坡、沟谷地形时可以采用。各排土台阶沿坡降方向先上后下顺次布置，即上部台阶在时间和空间上均超前于下部台阶。上部台阶排土结束后，下部台阶逐渐盖过其终了边坡面，最后形成组合台阶。压坡脚式排土也可以多个台阶同时作业，但下部台阶需要滞后一段安全距离，在上部台阶已结束的终了边坡上排土。此种方式既能就近排土，又满足“上土上排，下土下排”的要求。

压坡脚式排土先期剥离的大量覆盖层被堆置在上部排土台阶，而采场深部剥离的坚硬岩石，则堆置在下部排土台阶，压住上部台阶的坡脚，可起到抗滑和稳定坡脚的作用。虽然在组合台阶形成后各台阶的相对高度不大，但是在每个台阶的堆置过程中边坡高度仍然很大，在排土过程中也会遇到与单台阶排土相似的边坡稳定问题。

综上，由于排土场每种堆置顺序所适应的地形条件、岩土性质以及矿山开拓运输方式等均不相同，不同堆置顺序的安全防护设施的设置也相差巨大。堆置顺序变化时，往往会带来排土场设计参数的根本改变：如排土场基本安全设施中的阶段高度、总堆置高度、安全平台宽度、总边坡角、拦渣坝设置等，排土场专用安全设施中的截（排）水设施、底部排渗设施、滚石或泥石流拦挡设施及滑坡治理措施等均需调整设计。

因此，排土场堆存顺序发生变化，均为安全设施设计重大变更。

1.7　地表截排洪系统

地表塌陷区截洪或排洪系统的形式发生变化，并导致截洪或排洪的能力发生改变。

【条文说明】

地表截洪或排洪系统是矿山重要的安全设施，包括地表截水沟、排洪沟（渠）、防洪堤以及河流改道工程（含导流堤、明沟、隧洞、桥涵等）及河床加固措施等。截洪或排洪系统形式的变化，一般是指上述各类基本安全设施在形式之间的改变。

地表截洪或排洪系统的形式及能力，是根据当地气候特点、降雨强度、地形条件、汇水面积、水流方向等进行选择并计算确定的。由于各类截洪或排洪系统在适用条件、水力计算模型、设计防洪标准等方面差异较大，形式的变化必然会带来整个截洪或排洪系统的根本改变，包括总体布置、结构形式、外形尺寸、截洪或排洪能力等。新的截洪或排洪系统的设计能力与可靠度等需重新计算核定。因此，地表塌陷区截洪或排洪系统的形式发生变化，并导致截洪或排洪系统能力发生改变时，为安全设施设计重大变更。

1.8　其他

工程地质条件或外部环境发生重大变化，并对矿山开采产生重大影响。

【条文说明】

项目安全设施设计完成后，经详细勘察，主要设施的工程地质条件发生变化，可能导致开拓系统、采矿方法及其参数、井口工业场地或排土场位置发生改变。同时，矿山周边可能增加重要工业设施，或环境保护等政策发生变化，直接影响到项目重大方案的变更，或影响其开采范围，对矿山开采产生重大影响，为安全设施设计重大变更。

2 露天矿山重大设计变更

2.1 开采范围或设计规模

设计开采范围或规模发生变化，并导致下列情况之一的：

【条文说明】

本条款中开采范围变化包括开采范围的平面拐点坐标变化和开采标高的变化，设计规模包括年生产矿石量和年矿岩采剥总量。设计开采范围或规模是露天矿山设计（包括安全设施设计）最基本的前提。

① 开拓运输方式发生改变；

【条文说明】

露天矿山开拓运输一般可分为公路汽车运输、铁路运输、公路汽车－铁路运输、汽车－破碎站－带式输送机联合运输、汽车－溜井－破碎站－胶带联合运输等不同方式。

上述开拓运输方式所用设备、设施不同，其基本安全设施和专用安全设施有本质的区别，因此，由设计开采范围或规模发生变化导致开拓运输方式发生改变，为安全设施设计重大变更；对于同一种开拓运输系统优化，可不视为安全设施设计重大变更。

② 露天边坡的安全设施发生改变；

【条文说明】

露天边坡安全设施主要包括安全平台、清扫平台、运输平台以及边坡角、露天采场边坡安全加固及防护措施等。

（1）当开采范围发生显著变化，需要在新的开采范围内重新圈定露天采场境界，将会导致露天边坡位置发生变化，需重新对新设置的露天边坡进行稳定性验算，为安全设施设计重大变更。

（2）当开采规模显著变化，导致矿山运输设备规格变化，需要校验甚至调整采场运输平台宽度，也可能使采场边坡角变化，为安全设施设计重大变更。

③ 排土场的场址发生改变。

【条文说明】

为缩短排土运距，降低排土成本和运输成本，露天矿山排土场一般布置在露天采场最终境界外较近的区域。

1）开采范围变化

设计开采范围的变化影响露天采场最终境界的大小与形态，对排土场场址影响主要体现在以下两点：

（1）开采范围扩大，一般可使采场内岩土量增加，可能导致排土场位于采场最终境界之内，或采场与排土场之间安全距离不满足要求；这时须重新选择排土场场址或调整排土场设计，为安全设施设计重大变更。

（2）开采范围缩小，一般可使采场内岩土量减少，可能导致排土场与采场最终境界距离增加。若建设单位为缩短岩土运输距离，排土场场址也可能随之调整和优化，同时调整排土场容量，以减少占地面积，为安全设施设计重大变更。若建设单位为简化手续办理，继续维持原排土场设计不变，此种情况，虽然排土场设计未发生设计变更，但从采矿境界设计角度考虑，也应视为安全设施设计重大变更。

2）设计规模变化

在开采境界不变的情况下，设计规模的变化一般不改变境界内岩土剥离总量，因此设计规模的变化不影响排土场设计总的容积，但影响排土场逐年排土计划。

对于非分期设置的排土场，排土场设计容纳采场境界内的全部岩土，开采规模的变化不会带来排土场占地的改变，对设计已确定的排土场场址及设计参数无影响。

对于以一定服务年限分期设置的排土场，当开采规模变化引起逐年排土量增加或减少时，一期或后期排土场设计使用年限可缩短或延长，但排土场场址和设计参数一般不会发生变化。

因此，设计规模的变化，在开采境界不变的情况下，不影响已设计确定的排土场场址和设计参数，可不视为安全设施设计重大变更。

2.2 开拓运输系统

公路、铁路、胶带等三类开拓运输方式之间发生改变。

【条文说明】

公路、铁路、胶带等三类开拓运输系统均有与之适应的开采条件与开采规模。三类开拓运输方式的系统布置技术特性不同，采用的主要设备技术性能也不同，因此其基本安全设施与专用安全设施的内容及设置要求也存在很大差异。

开拓运输方式改变后，不仅其安全设施设计内容需要进行重新调整，而且三类开拓运输系统的设备尺寸、限制坡度、转弯半径等的差异，将直接影响露天采场安全平台、清扫平台、运输平台的宽度，进而影响采场的最终边坡角，导致露天采场境界的改变。

因此，公路、铁路、胶带等三类开拓运输方式之间发生改变直接影响开拓系统安全设施的类型、参数等，为安全设施设计重大变更。

2.3 开采工艺

① 全境界、分期、分区等三类开采工艺之间发生改变。

【条文说明】

全境界开采是指在最终境界范围内，采剥工作按开采台阶沿水平方向连续扩展到最终开采境界；在垂直方向上按全深开采范围逐层连续向下降深，直到开采最终开采深度为止。即在设计时就确定一个开采境界，在一般情况下不会有大的变动（图4－2－1a）。

分期开采是在已确定的合理开采境界内，根据需要和可能，人为地用临时非工作帮划分为若干个分期临时境界（中间境界），开采顺序是逐期开采，直至开采到合理开采境界（或称为最终开采境界）。即由若干个分期临时境界和一个最终开采境界来指导和规范露天矿的建设和生产（图4－2－

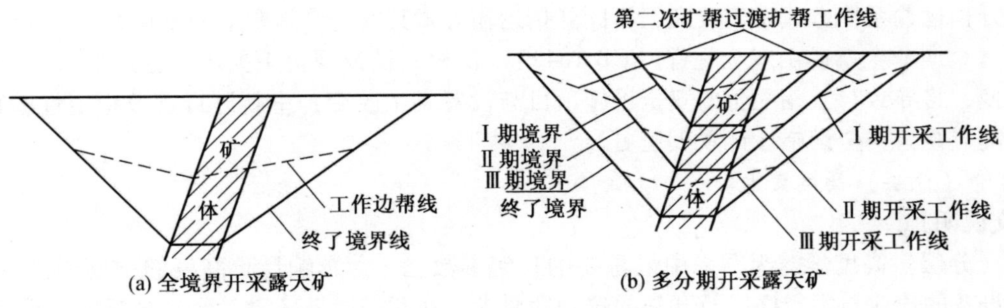

图4－2－1 全境界与多分期露天开采

1b)。分期开采有利于均衡生产剥采比、推迟剥岩量，可以达到减少基建工程量、降低基建投资的目的，比全境界开采投产早、达产早。由于分期开采的境界属于临时境界，可以减少最终边坡的暴露时间。

分期境界边帮组成与最终境界边帮组成相似，是由分期境界边坡角、台阶坡面角及平台宽度组成，但却有其特殊性。分期境界的边帮始终是处在动态的变化之中。三要素中除分期台阶坡面角不变外，分期境界边坡角是随分期平台宽度的变化而变化，如设置接滚石平台、半工作状态平台等。

分区开采是指在已确定的合理开采境界内，在相同开采深度条件下在平面上划分若干小的开采区域，根据每个区域的开采条件和生产需要，按一定顺序分区开采，以改善露天开采的经济效果。分区开采小境界划分方法分两种类型：当矿体厚度大，倾向延续深，储量丰富，开采年限长时，沿倾向划分小境界；当矿体走向很长，储量丰富，开采年限长时，沿走向划分小境界。分区开采小境界边帮组成与最终境界边帮组成相似，是由分期边坡角、台阶坡面角及平台宽度组成，其参数特性也与分期开采边坡特性类似。

分期分区开采的适用条件：

（1）矿体走向长或延续深，储量丰富，而采矿下降速度慢，开采年限超过经济合理服务年限。

（2）矿床覆盖岩层厚度不同，地表有独立山峰，基建剥离量大。

（3）矿床地表有河流、重要建筑物和构筑物以及村庄等。

（4）矿床厚度变化大，贫富矿分布在不同区段，或贫富矿石加工和选别指标不同。

（5）矿床上部某一区段已勘察清楚，一般先在已获得的工业储量范围内确定分期开采境界，随着矿山开采和补充勘探扩大矿区范围和深度，并增加矿产资源，引起境界扩大而形成自然分期开采。

边坡角、平台宽度等是露天矿专用安全设施。由于全境界开采、分期开采、分区开采三种开采方式间边坡组成参数类型相同，但参数数值差异较大，因此当三种开采方式中的一种方式变为另外一种方式时，为安全设施设计重大变更。

② 最终边坡角变陡。

【条文说明】

边坡角是露天采场的重要核心参数，影响边坡角的参数主要有台阶坡面角、清扫平台宽度、安全平台宽度、运输平台宽度，以及矿山开拓运输系统的布置。

当边坡角变陡，一般是台阶坡面角变陡或者清扫平台宽度、安全平台宽度、运输平台宽度变窄或者矿山开拓运输系统发生改变。

而台阶坡面角的确定与岩石的性质、岩层倾角和倾向、节理、层理和断层等因素有关，因此，台阶坡面角变陡需对变化区域的上述因素重新进行评估。

清扫平台宽度变窄将影响到矿山清扫设备作业安全。

安全平台宽度变窄将削弱该平台拦截滚石的作用。

运输平台宽度变窄将影响运输设备的通行安全。

矿山开拓运输系统方式发生改变，不同开拓运输方式其安全设施要求相差较大。

按照《金属非金属矿山安全规程》（GB 16423）及相关设计规范中要求，上述参数和开拓运输系统发生变换，将导致与其相配备的安全设施项目与设置发生改变，重新进行边坡稳定性验算，因此，边坡角变陡应视为安全设施设计重大变更。

③ 台阶（分层）高度变大。

【条文说明】

台阶（分层）高度是露天开采中最重要的几何参数之一。影响台阶高度的主要因素有：生产规模、采装设备的作业技术规格以及开采的选别性要求。在开采境界确定、台阶坡面角、采场边坡角确定的前提下，台阶（分层）高度变大，则采场台阶数减少，影响运输平台、清扫平台、安全平台的宽度等参数，可视为安全设施设计重大变更。

当然，台阶高度变大后，爆堆高度变大，需要对原设计的铲装设备重新校核，验证其是否符合《金属非金属矿山安全规程》（GB 16423）的相关要求。

2.4 排土场

① 排土场的位置发生变化。

② 排土场堆存高度变高。

③ 排土场堆置顺序发生变化。

【条文说明】

略。

2.5 其他

工程地质条件或外部环境发生重大变化，并对矿山开采产生重大影响。

【条文说明】

项目安全设施设计完成后，经详细勘察，主要设施的工程地质条件发生变化，可能导致开拓系统、采矿方法及其参数、排土场位置发生改变。同时，矿山周边可能增加重要工业设施，或环境保护等政策发生变化，直接影响到项目重大方案的变更，或影响其开采范围，对矿山开采产生重大影响，应视为安全设施设计重大变更。

3 尾矿库重大设计变更

3.1 库址、总库容和总坝高

① 尾矿库库址发生变化。

【条文说明】

尾矿库库址的变化会导致尾矿库周边环境、汇水面积、库长、筑坝工程量、尾矿输送距离、输送条件(能否自流或扬程大小)等发生改变，甚至导致尾矿库等别、构筑物级别、设计标准、尾矿库总体布置、主要构筑物结构形式等发生改变。因此，尾矿库库址发生变化，为安全设施设计重大变更。

② 总库容或总坝高发生变化。

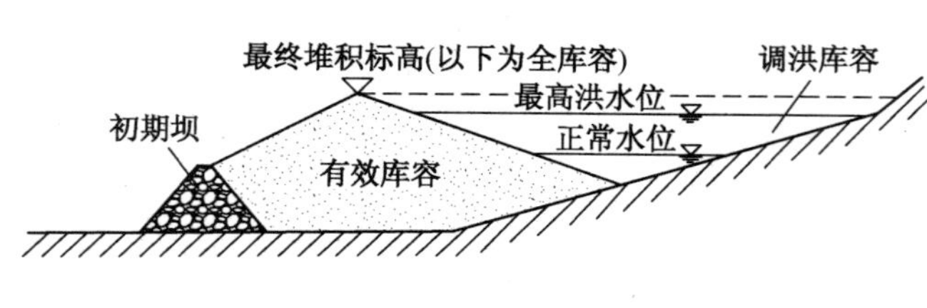

图4-3-1 尾矿库库容

【条文说明】

总库容是指设计最终坝顶标高时的全库容，即设计最终坝顶标高平面以下、库底面以上所围成的空间的容积（不含非尾矿构筑的坝体体积）。尾矿库库容如图4-3-1所示。总坝高是指设计最终堆积标高时的坝高，对于上游式筑坝，为设计最终堆积标高时堆积坝坝顶与初期坝坝轴线处原地面的高差；对于中线式、下游式筑坝，为设计最终堆积标高时坝顶与坝轴线处原地面的高差。尾矿库坝高如图4-3-2所示。

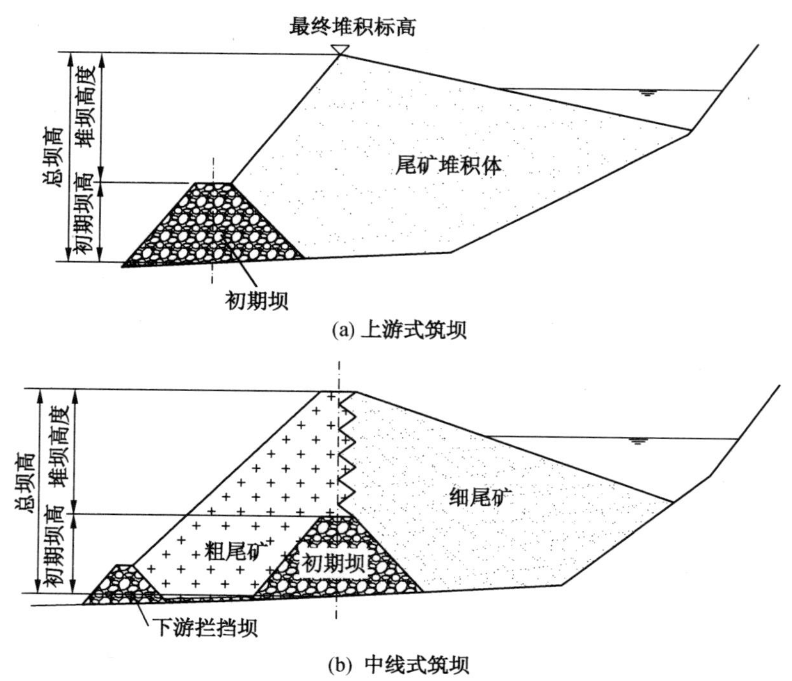

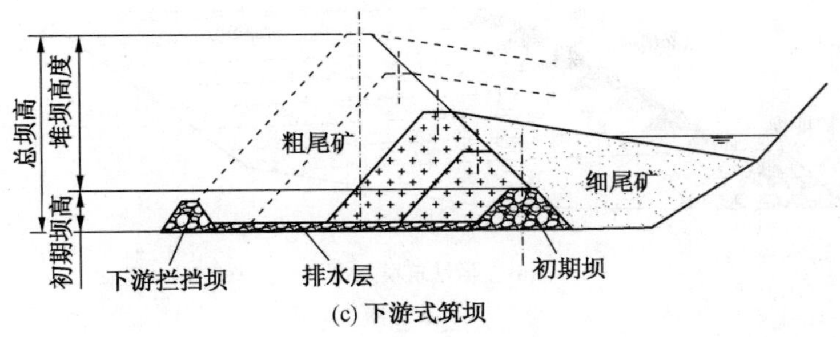

(c) 下游式筑坝

图4-3-2 尾矿库坝高

总库容或总坝高发生变化，可能会引起尾矿库调洪库容发生变化、构筑物荷载发生变化，甚至引起尾矿库等别及构筑物级别发生变化，因此，总库容或总坝高发生变化，为安全设施设计重大变更。

3.2 堆存工艺

① 湿堆、膏体堆存、干堆等三类堆存方式之间发生改变。

【条文说明】

根据尾矿排放浓度的不同，尾矿堆存方式分为湿堆、膏体堆存（包含高浓度堆存）、干堆三类。湿式排放技术的尾矿质量浓度一般低于45%，高浓度排放技术的尾矿质量浓度一般为50%～60%。膏体排放技术是指通过高效浓密机将尾矿浆浓缩至“膏体”状态，再通过管道输送至尾矿库进行排放和堆存，具有不离析、渗透率低、不易产生扬尘等特性，其浓度大于湿式排放方式而小于干式排放方式，一般为65%～75%。干式排放技术是指将尾矿料浆经过压滤后，处理成滤饼的形式进行排放，滤饼浓度在80%以上。

尾矿堆存方式的变化可能引起初期坝、排水系统、防渗设施、排渗设施、安全监测系统等安全设施的改变，对尾矿库坝体的稳定性及防洪安全产生重大影响。因此，尾矿堆存方式发生变化，为安全设施设计重大变更。

② 上游法、中线法、下游法、一次性筑坝等四类筑坝方式之间发生改变。

【条文说明】

根据尾矿筑坝方式的不同，可分为上游法、中线法、下游法、一次性筑坝四类，如图4-3-3所示。上游式尾矿筑坝法指的是在初期坝上游方向充填堆积尾矿的筑坝方式，其特点是子坝坝顶轴线位置逐级向初期坝上游方向移升，坝体由流动的矿浆水力充填沉积而成。中线式尾矿筑坝法指的是在初期坝轴线处用旋流分级粗砂冲积尾矿的筑坝方式，其特点是堆积过程中坝顶轴线位置始终保持不变；下游式尾矿筑坝法指的是在初期坝下游方向用旋流分级粗尾砂冲积尾矿的筑坝方式，其特点是堆积坝坝顶轴线逐级向初期坝下游方向移升。一次性筑坝法指的是在基建期一次性将拦挡坝修建至最终设计标高，建成永久性坝体，在生产过程中直接将尾矿排入库内，不再用尾砂分级堆筑子坝；对于大型尾矿库工程，通常坝体高，筑坝工程量大，可根据尾矿排放堆积速率分期修筑拦挡坝。其特点是拦挡坝为尾矿堆积体、放矿水及洪水的唯一拦挡方式，无尾矿后期堆坝。

尾矿筑坝方式的变化可能引起初期坝、排水系统、防渗设施、排渗设施、安全监测系统等安全设施的改变，对尾矿库坝体的稳定性及防洪安全产生重大影响。因此，尾矿筑坝方式发生变化，为安全设施设计重大变更。

③ 坝前排放、周边排放、库尾排放等三类尾矿排放方式之间发生改变。

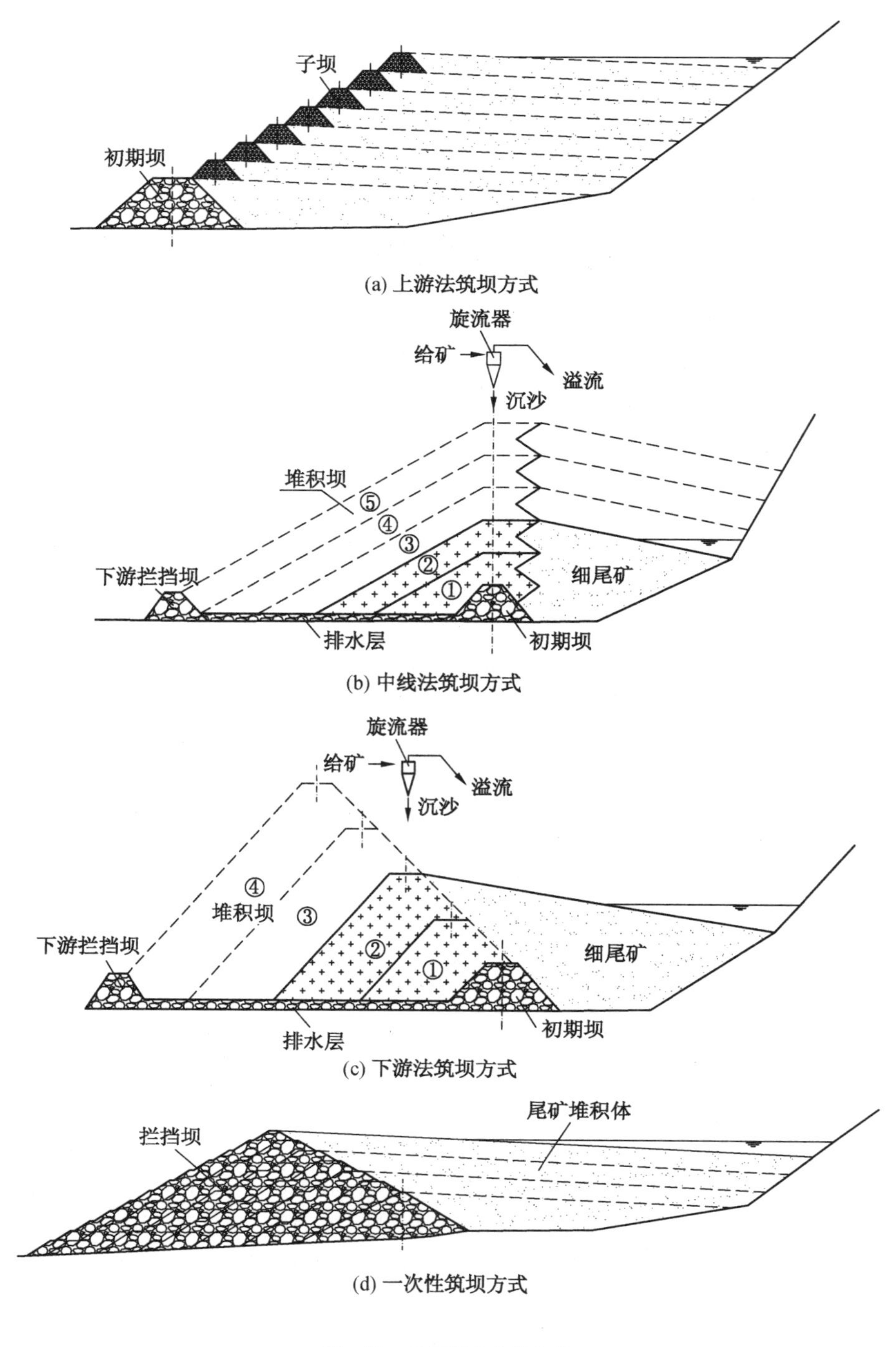

①～⑤—逐渐形成的堆积坝

图4－3－3　筑坝方式

【条文说明】

根据尾矿排放位置的不同，尾矿排放方式分为坝前排放、周边排放、库尾排放三类。尾矿坝前排放指的是由库区前部（下游）向库区尾部（上游）排矿的方式。尾矿周边排放指的是由库四周向库中排矿的方式，始终保持外围高，中心低。尾矿库尾排放指的是由库区尾部（上游）向库区前部（下游）排矿的方式。

尾矿排放方式的变化可能引起尾矿库初期坝、排水系统、防渗设施、排渗设施、安全监测系统等发生改变，从而影响坝体的稳定性及尾矿库的防洪安全。因此，这三类排放方式之间发生变化，为安全设施设计重大变更。

3.3　尾矿物化特性

① 湿堆尾矿的粒度变细或排放浓度变高，并引起尾矿沉积或物理力学特性发生改变。

【条文说明】

湿堆尾矿的粒度、排放浓度是湿堆尾矿库设计的基础资料。湿堆尾矿粒度变细，会使沉积滩坡度变缓，并引起沉积尾矿力学特性（如尾砂渗透系数、容重、黏聚力或内摩擦角等）发生改变，对坝体的稳定性和尾矿库的防洪安全产生不利影响。排放浓度变高，会改变尾矿的沉积规律，并引起沉积尾矿力学特性（如尾砂渗透系数、黏聚力或内摩擦角等）发生改变，对坝体的稳定性产生不利影响。因此，湿堆尾矿的粒度变细或排放浓度变高，为安全设施设计重大变更。

② 膏体堆存尾矿的入库尾矿浓度变化，并引起尾矿沉积或物理力学特性发生改变。

【条文说明】

膏体堆存尾矿的入库尾矿浓度是膏体堆存尾矿库设计的基础资料。膏体堆存尾矿的入库尾矿浓度变低，尾矿流动性增强，会使沉积滩坡度变缓，对尾矿库的防洪安全产生不利影响。膏体堆存尾矿的入库尾矿浓度变高，尾矿流动性减弱，会改变尾矿的沉积规律，并引起沉积尾矿的物理力学特性（如黏聚力、内摩擦角等）发生改变，从而影响到坝体的稳定性。因此，膏体堆存尾矿的入库尾矿浓度变化，为安全设施设计重大变更。

③ 干堆尾矿含水率变大，并引起尾矿物理力学特性发生改变。

【条文说明】

干堆尾矿含水率是干堆尾矿库设计的基础资料。干堆尾矿含水率变大，会改变尾矿的性状（干湿状态），并引起尾矿物理力学特性（如黏聚力、内摩擦角等）发生改变，从而影响到坝体的稳定性。因此，干堆尾矿含水率变大，为安全设施设计重大变更。

3.4　尾矿坝

① 初期坝或一次建坝存在下列情况之一的：

- 坝址发生改变；

【条文说明】

坝址变化是指尾矿库库址不变时坝轴线的位置发生变化。初期坝坝址发生变化可能引起坝址地质条件发生改变，还可能引起尾矿库干滩长度、澄清距离的改变，从而影响尾矿坝坝体安全以及尾矿库的防洪安全。因此，坝址发生改变，为安全设施设计重大变更。

- 坝型发生改变；

【条文说明】

初期坝坝型变化是指透水坝与不透水坝之间的变化以及坝体的控制尺寸（如坝顶宽度、上下游边坡坡比、坝高）发生变化，初期坝坝型变化会影响尾矿坝的整体稳定性。

初期坝坝型发生变化，透水坝型变为不透水坝型，会使后期堆积坝的浸润线抬高，可能会对坝体稳定不利。不透水坝型变为透水坝型，可能对渗流及环境造成影响。因此，坝型变化无论是透水坝型变为不透水坝型或者不透水坝型变为透水坝型均应属于安全设施设计重大变更。

初期坝坝高降低，对整体稳定不利。初期坝坝高增加，如果初期坝坝基的工程地质条件较差也是不利的。另外，初期坝坝高增加可能会使尾矿库的库容、尾矿库的等别等发生变化。因此，初期坝坝高发生变化应属于安全设施设计重大变更。

初期坝坝顶宽度变小或上下游边坡坡比变陡，这些变化对于初期坝本身以及尾矿坝坝体的稳定性是不利的，为安全设施设计重大变更。初期坝坝顶宽度变大或上下游边坡坡比变缓，可不视为安全设施设计重大变更。

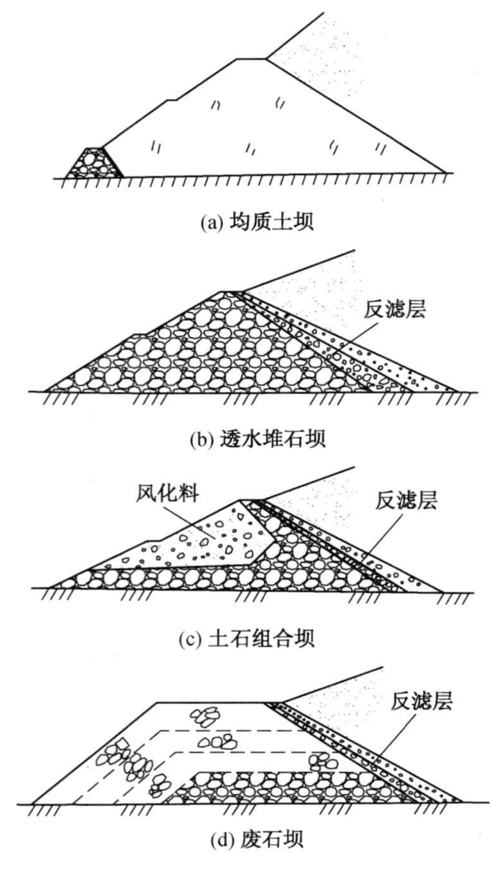

图4－3－4 初期坝常用坝型

● 筑坝材料发生改变。

【条文说明】

根据筑坝材料不同，初期坝一般有均质土坝、透水堆石坝、土石组合坝、废石坝几种常用坝型，如图4－3－4所示。

初期坝坝型不变的前提下，筑坝材料变化会导致坝体物理力学指标发生变化，从而影响尾矿坝坝体渗流稳定及抗滑稳定。

当筑坝材料的物理力学指标变化对坝体安全稳定性产生不利影响时，如堆石筑坝改为风化料筑坝或黏土筑坝等，为安全设施设计重大变更。

当筑坝材料的物理力学指标变化对坝体安全稳定性产生有利影响时，如黏土筑坝改为风化料筑坝或堆石筑坝等，这些变化可不视为安全设施设计重大变更。

② 坝体坡比变陡。

【条文说明】

尾矿堆积坝平均外坡比变陡会对坝体稳定性产生不利影响，因此，坝体坡比变陡，为安全设施设计重大变更。

③ 尾矿堆积坝上升速率变大。

【条文说明】

尾矿粒度组成不同，尾矿排放过程中尾矿坝的排水固结速度也不同。尾矿堆积坝上升速率变大，可能会影响尾矿坝的排水固结，为安全设施设计重大变更。

④ 坝体防渗或排渗型式发生改变。

【条文说明】

（1）坝体防渗型式主要分为水平防渗、垂直防渗两种型式。水平防渗一般指库底设置防渗层的型式，垂直防渗一般指初期坝下游设置截渗墙的型式。

坝体防渗型式变化会影响坝体防渗效果，为安全设施设计重大变更。

（2）坝体排渗型式主要包括贴坡反滤、自流式排渗管、管井、垂直－水平排渗、虹吸排渗、辐射井、排渗盲沟、排渗褥垫等型式。常见坝体排渗型式如图4－3－5所示。①贴坡反滤：为消散坝体内的孔隙水压力，防止细颗粒流失在坝体下游坡面渗流出逸段设置的护坡设施；②自流式排渗管：在坝体内设置排渗管将坝体或库区内地下水在重力作用下自行排出坝外的排渗加固方法；③管井排渗：抽取尾矿坝坝体内地下水的管状水井；④垂直－水平排渗：由竖直排渗体和水平排渗体组成的排水系统；⑤虹吸排渗：水源井的水在内外水头差作用下，通过处于真空状态的虹吸管流至坝外（或水封井）的排水系统；⑥辐射井排渗：利用辐射状排渗管将堆积坝体内地下水自流至集水井内，并通过导水管自流排出坝体以外的排水系统；⑦排渗盲沟：盲沟与坝轴线平行布置，通过导水管排出坝外；⑧排渗褥垫：设置在库底的一种排渗设施，一般与初期坝同时施工，排渗设施与尾砂之间需设反滤层。

坝体排渗型式变化会影响坝体排渗效果，为安全设施设计重大变更。

如果排渗设施布设标高发生变化，即使排渗型式未发生变化，也可能对尾矿坝浸润线埋深及坝体

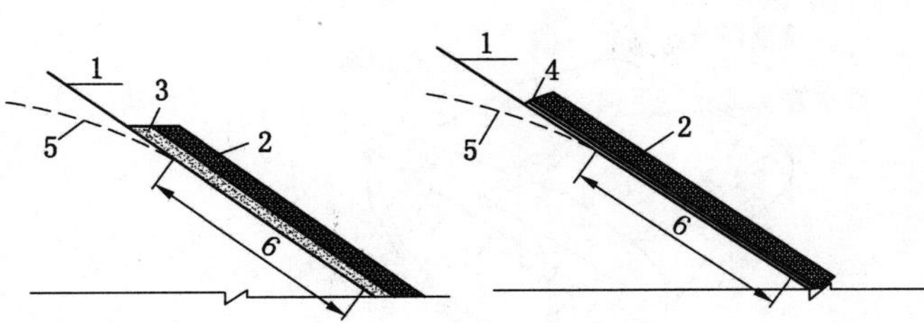

1—下游坡面；2—保护层；3—粒状反滤层；
4—土工织物反滤层；5—浸润线；
6—渗流出逸段

(a) 贴坡反滤

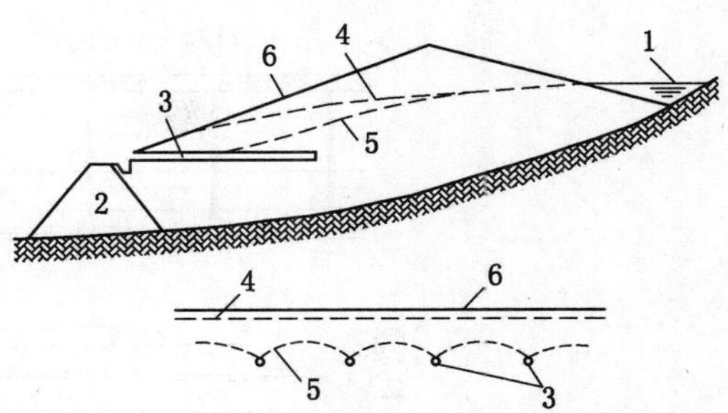

1—尾矿池；2—初期坝；3—自流式排渗管；
4—排渗加固前浸润线；5—排渗
加固后浸润线；6—坝面

(b) 自流式排渗管(水平式)

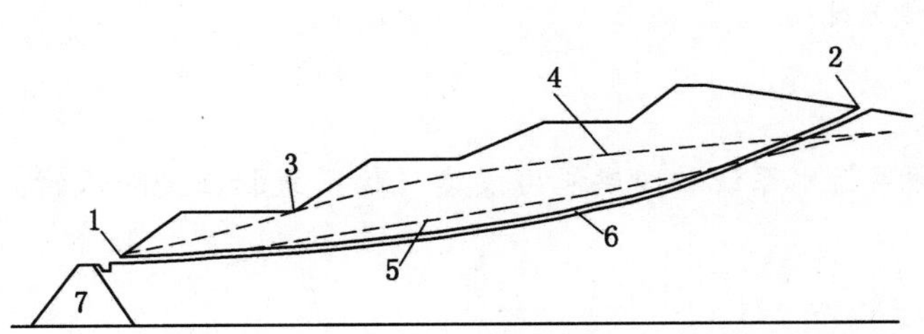

1—排渗管入土点；2—排渗管出土点；3—出逸处；
4—排渗加固前浸润线；5—排渗加固后浸润线；
6—弧形排渗管；7—初期坝

(c) 自流式排渗管(弧形)

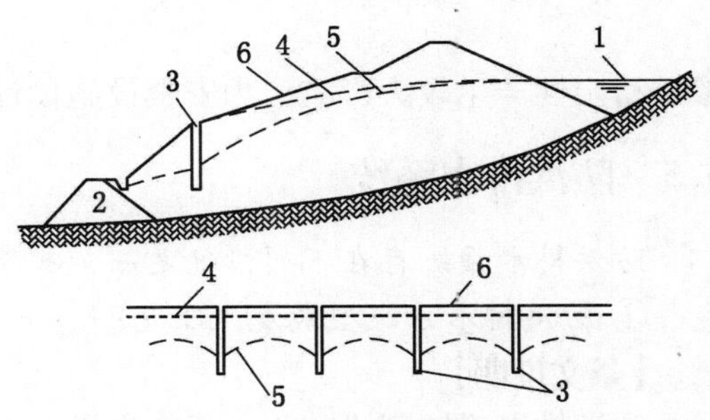

1—尾矿池；2—初期坝；3—管井；
4—排渗加固前浸润线；5—排渗
加固后浸润线；6—坝面

(d) 管井排渗

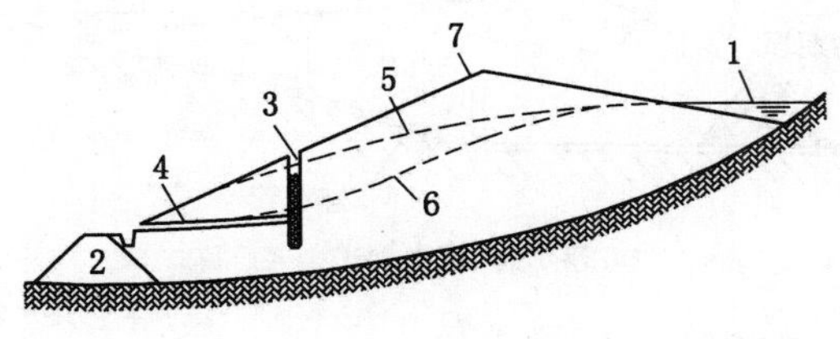

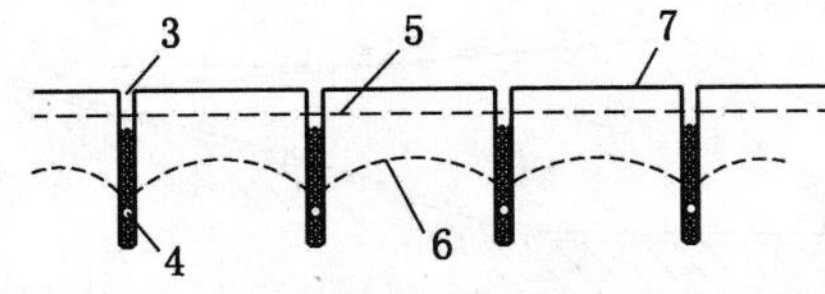

1—尾矿池；2—初期坝；3—竖向排渗体；4—排渗管；
5—排渗加固前浸润线；6—排渗加固后
浸润线；7—坝面

(e) 垂直-水平排渗

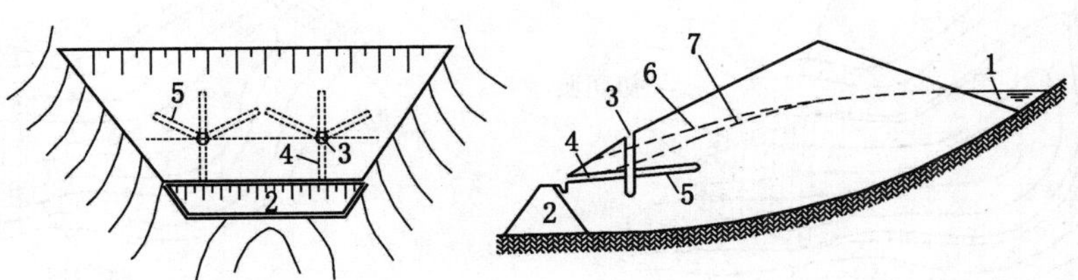

1—尾矿池；2—初期坝；3—集水井；4—导流管；5—排渗管；
6—排渗加固前浸润线；7—排渗加固后浸润线

(f) 辐射井排渗

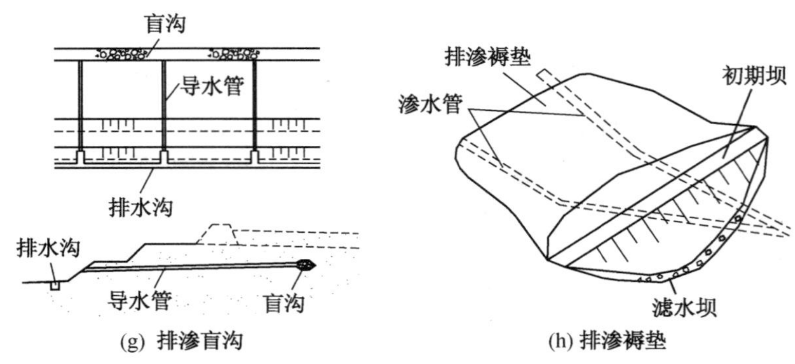

(g) 排渗盲沟　(h) 排渗褥垫

图 4-3-5 常见坝体排渗型式

渗透稳定性产生较大影响，为安全设施设计重大变更。

3.5 防洪排水系统

防洪排水系统存在下列情况之一，并导致防洪排水系统的泄洪能力或建（构）筑物强度降低的：

① 防洪排水系统型式发生改变；

【条文说明】

防洪排水系统型式变化，一般指排水斜槽、排水井－排水管、排水隧洞、溢洪道、截洪沟等在型式之间的改变。防洪排水系统如图 4-3-6 所示。

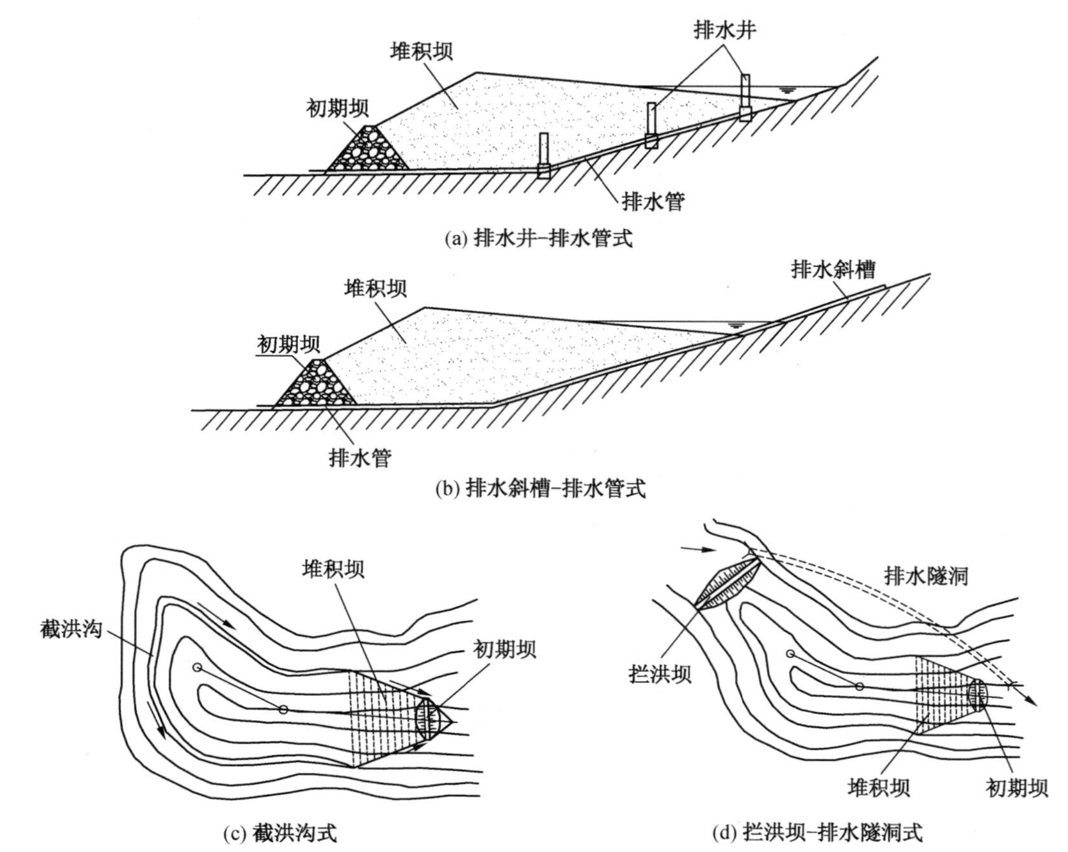

(a) 排水井-排水管式

(b) 排水斜槽-排水管式

(c) 截洪沟式　(d) 拦洪坝-排水隧洞式

图 4-3-6 防洪排水系统

排水系统型式发生变化将影响防洪排水系统的泄洪能力或建（构）筑物可靠性，因此，为安全设施设计重大变更。

② 防洪排水系统布置发生改变；

【条文说明】

防洪排水系统布置变化，一般指排水系统路由、平面位置、进水口标高、出水口标高等发生变化。

排水系统路由发生较大变化，如排水斜槽或排水井－排水管从一个沟谷变化到另一个沟谷（或两个沟谷布置变化为一个沟谷布置）、排水隧洞或溢洪道从一侧坝肩变更到另一个坝肩等，这些变更可能影响防洪排水系统的泄洪能力，可能引起防洪排水构筑物地质条件的改变，也可能引起防洪排水构筑物受力条件的改变，为安全设施设计重大变更。

排水系统路由基本不变，但平面位置局部发生变化，这些变化可能引起防洪排水构筑物地质条件或受力条件发生改变。如果平面位置变化引起地质条件的改变或受力条件的改变对排水构筑物结构安全是不利的，为安全设施设计重大变更。如果平面位置变化未引起排水构筑物地质条件的改变（或构筑物地质条件改变对结构安全是有利的），同时，平面位置变化未引起排水构筑物受力条件的改变（或构筑物受力条件改变对结构安全是有利的），则可不视为安全设施设计重大变更。

排水系统路由不变，但排水系统进水口标高抬高，会降低排水系统的泄流能力，对尾矿库的防洪安全是不利的，为安全设施设计重大变更。排水系统路由不变，但排水系统进水口标高降低，会增加排水系统的泄流能力，对尾矿库的防洪安全是有利的，则可不视为安全设施设计重大变更。

排水系统路由不变，但排水系统出水口标高抬高，可能导致排水系统泄流能力降低，为安全设施设计重大变更。

③ 防洪排水系统结构尺寸发生改变；

【条文说明】

防洪排水系统结构尺寸变化，一般指排水系统过水净断面、壁厚等（如排水管的内径、排水斜槽的盖板厚度、排水隧洞的衬砌厚度）发生变化。

防洪排水系统结构尺寸发生以下变化，会导致排水系统泄洪能力降低或排水构筑物强度降低，为安全设施设计重大变更：

（1）排水管内径或排水隧洞过水断面尺寸变小、排水斜槽净宽或净高变小。

（2）排水井井筒内径变小、排水孔孔径变小、排水孔竖向间距增大、排水孔个数变少。

（3）溢洪道或截洪沟底宽、深度变小，两侧边坡变陡。

（4）排水管壁厚变小，排水斜槽壁厚和底板厚度、盖板厚度变小，窗口式排水井壁厚变小，框架式排水井圈梁厚度、拱板厚度变小，隧洞衬砌厚度变小。

防洪排水系统结构尺寸发生以下变化，可不视为安全设施设计重大变更：

（1）排水管内径或排水隧洞过水断面尺寸变大、排水斜槽净宽或净高变大。

（2）排水井井筒内径变大、排水孔孔径变大、排水孔间距变大、排水孔个数变多。

（3）溢洪道或截洪沟底宽、深度变大。

（4）排水管、排水斜槽壁厚和底板厚度变大，排水斜槽盖板厚度变大，窗口式排水井壁厚变大，框架式排水井圈梁厚度、拱板厚度变大，隧洞衬砌厚度变大。

④ 防洪排水系统建筑材料发生改变。

【条文说明】

防洪排水系统建筑材料变化，一般指现浇钢筋混凝土、预制钢筋混凝土、素混凝土、浆砌石、水泥砖等材料之间的变化。

防洪排水系统建筑材料发生以下变化，会导致排水构筑物强度降低，为安全设施设计重大变更：

（1）排水系统建筑材料由现浇钢筋混凝土变为预制钢筋混凝土、素混凝土、浆砌石或水泥砖。
（2）排水系统建筑材料由预制钢筋混凝土变为素混凝土、浆砌石或水泥砖。
（3）排水系统建筑材料由素混凝土变为浆砌石或水泥砖。
（4）排水系统建筑材料由浆砌石变为水泥砖。

防洪排水系统建筑材料发生以下变化，可不视为安全设施设计重大变更：
（1）排水系统建筑材料由水泥砖变为浆砌石、素混凝土、预制钢筋混凝土或现浇钢筋混凝土。
（2）排水系统建筑材料由浆砌石变为素混凝土、预制钢筋混凝土或现浇钢筋混凝土。
（3）排水系统建筑材料由素混凝土变为预制钢筋混凝土或现浇钢筋混凝土。
（4）排水系统建筑材料由预制钢筋混凝土变为现浇钢筋混凝土。

3.6 其他

工程地质条件或外部环境发生重大变化，并对尾矿库运行安全产生重大影响。

【条文说明】

地质条件是工程设计的重要依据之一。本条考虑地质条件的隐蔽性，如果地质条件的变化影响到构筑物的安全，从而改变了地基加固处理方案、防渗处理方案，或对构筑物设计方案进行调整或修改，为安全设施设计重大变更。

如果外部环境发生重大变化，如库区范围内存在乱采、乱排或周边存在爆破活动等行为，对尾矿库的运行安全产生重大影响，也为安全设施设计重大变更。

第5篇

安全设施验收评价

根据安监总管一〔2016〕49号文的要求，金属非金属矿山建设项目安全设施验收评价报告应依据《金属非金属矿山建设项目安全设施验收评价报告编写提纲》（以下简称《验收评价报告编写提纲》）进行编写，新《验收评价报告编写提纲》较以往的安全验收评价报告的内容有很大变化，具体体现在以下方面：

（1）明确了验收评价的依据和主要目的。验收评价的依据主要是《安全设施设计》，主要目的是评价单位通过对项目建设中内容是否符合《安全设施设计》的要求进行一一检查，对试运行中的一些安全管理是否符合相关的国家法律法规进行评价，从而得出是否具备竣工验收条件的结论。

（2）删除了以往安全验收评价报告中的危险、有害因素辨识与分析和危险、危害程度评价章节。金属非金属矿山建设项目的危险、有害因素辨识与分析及其危险、危害程度评价是建设项目安全预评价报告的内容，应在建设项目的安全预评价阶段对危险、有害因素进行全面辨识、分析与评价。

（3）删除了以往安全验收评价报告中的评价单元划分章节，对安全设施验收评价报告的章节设置、主要内容作了明确的规定。金属非金属矿山的系统较为明确，没有必要在安全设施验收评价报告中说明评价单元的划分原则、划分理由以及评价单元的确定等方面的内容。

（4）删除了以往安全验收评价报告中的评价方法选择与介绍的章节。主要的评价方法为安全检查表法。过多的叙述、通用的和已知的评价方法只是增加了验收评价报告的字数，对验收没有起到应有的作用，同时验收专家对这些评价方法都较为熟知，因此，安全设施验收评价报告没有必要再介绍评价方法。

（5）安全设施验收评价报告中的检查表要与安监总管一〔2016〕14号文附件中的《金属非金属矿山建设项目安全设施竣工验收表》（以下简称《验收表》）有机结合。安全设施验收评价报告检查表中检查项的分类（否决项、一般项）应参照《验收表》中的相应分类规定；检查表的检查项目可以参照《验收表》的检查项目，但不限于《验收表》的内容。

（6）明确了评价结论分为"符合"和"不符合"两种，还规定了具体的判别标准。在安全设施验收评价报告作出评价结论时，有了具体的判别标准，便于操作，评价结论标准统一。

（7）对安全设施验收评价报告中的合法证明材料、各评价单元证明材料、相关图纸以及建设单位应提供的资料提出了明确的要求，有利于提高安全设施验收评价报告的规范性和评价质量。

1 地下矿山安全设施验收评价

前言

简述项目的建设背景、项目性质、地理位置、矿山规模、开采方式和采矿方法等基本情况，评价项目委托方及评价工作过程等。

【条文说明】

基本情况主要包括：项目建设背景、项目的性质（新建、改建、扩建）、地理位置、项目前期工作情况（设计、建设情况等），开采矿种、矿山规模、开采方式、采矿方法、试运行情况等。

评价工作过程是指评价工作开展情况，包括接受委托、资料收集、现场考察、提出整改意见及建设单位落实情况、评价和报告编制等情况。

1.1 评价范围与依据

1.1.1 评价对象和范围

描述评价项目名称，根据《安全设施设计》明确安全验收评价范围。评价范围主要是该项目的安全设施，包括基本安全设施和专用安全设施。

【条文说明】

评价报告中的建设项目名称应与《安全设施设计》批复中的名称一致。

评价范围主要依据批复的《安全设施设计》，主要是该项目的安全设施，包括基本安全设施和专用安全设施。应说明哪些方面不在验收评价范围内，一般不包括选矿厂、地面炸药库、危险化学品等；井下炸药库只评价其位置和独立回风巷道。对于一次设计、分期建设的项目，主要验收《安全设施设计》设计的本期安全设施内容。

1.1.2 评价依据

1.1.2.1 法律法规

列出建设项目安全设施验收评价应遵循的现行的有关安全生产法律、行政法规、部门规章、地方性法规、地方政府规章和有关规范性文件，并标注其文号及施行日期。

每个层次内按发布时间顺序列出，列出的法律法规应为最新版本，并标注其文号及实施日期，要有针对性和完整性，要有序排列。

【条文说明】

在列出法律法规时应注意：一是应为最新版本，保证最新发布的安全法律法规得到及时落实，严禁引用废止的法律法规；二是应具有针对性且完整，报告中没有用到的不应列出；三是要书写完整、规范，不得使用简略方式，应完整标注法律法规名称、发布机构、文号及施行日期；四是要根据评价项目的需要优先选择最合适的法律法规；五是顺序上按法律、行政法规、地方性法规、部门规章、地方政府规章和规范性文件先后有序列出，同一类别的按照发布时间先后列出。

1.1.2.2 标准规范

列出建设项目安全验收评价应遵循的国家标准、行业标准、地方标准和有关规范。

按照国家标准、行业标准、地方标准的顺序排列，每个层次内按照发布时间顺序列出。列出的标准规范应为最新版本，并为现行有效。

所列标准应与本建设项目的安全生产相关，在报告中没有引用到的标准规范不列入。

【条文说明】

在列出标准规范时应注意：一是应为最新版本且现行有效，保证最新发布的标准规范得到及时落实，严禁引用废止的标准规范；二是应具有针对性且完整，报告中没有引用到的标准规范不列出；三是要书写完整、规范、统一，应完整标注标准规范名称、编号；四是顺序上按强制性国标（GB）、推荐性国标（GB/T）、国家标准指导性技术文件（GB/Z）、行业标准、地方标准先后列出，每个层次内按照发布时间顺序列出。

1.1.2.3　建设项目合法证明文件

列出建设项目安全验收评价所依据的合法证明文件，包括但不限于建设项目《安全设施设计》批复文件及重大设计变更批复文件。

所列的文件包括发文单位、日期和文件号等相关内容。

【条文说明】

合法证明文件包括营业执照、采矿许可证、建设项目审批、核准或者备案文件、《安全设施设计》批复文件及重大设计变更批复文件等。

1.1.2.4　建设项目技术资料

列出建设项目安全验收评价所依据的有关技术资料（包括文件名称、编制单位和日期等相关内容），包括但不限于下列资料：

（1）建设项目《安全设施设计》；

（2）建设项目施工图设计资料和设计变更；

（3）建设项目地质勘察报告、地质灾害危险性评估报告；

（4）相关专题研究（试验）报告；

（5）建设项目施工记录（含隐蔽工程施工记录及中间验收记录）、竣工报告及竣工图；

（6）建设项目施工监理记录和施工监理报告。

【条文说明】

安全设施验收评价所依据的技术性资料要真实可靠、完整，(1)～(4) 应有相关单位公章，(5)(6) 应有相关单位公章及有关人员签字。

1.1.2.5　其他评价依据

列出建设项目安全设施验收评价所依据的其他有关资料，如建设项目安全验收评价委托书（任务书、合同书）等。

【条文说明】

安全设施验收评价所依据的其他有关资料要真实可靠、完整，应有相关单位公章。

1.2　建设项目概述

1.2.1　建设单位概况

简要介绍建设单位历史沿革、经济类型、隶属关系等基本情况，建设项目背景及立项情况。

简要介绍建设项目行政区划、地理位置及交通、周边环境等。

【条文说明】

建设项目背景及立项情况主要包括项目由来、立项批准或者备案（如有）、安全预评价、《安全设施设计》（含重大变更）及其批复等情况（包括相应的编制单位及时间）。

周边环境主要是指项目周边的矿山（包括闭坑矿山）、尾矿库、地表水体、公路、铁路、居民区、风景区、重要工农业设施、名胜古迹以及其他需要保护的对象等。一般应给出其与本项目的位置关系、距离及其他参数，如矿山和尾矿库等应给出规模、居民区应给出居民数量等参数。位于地下开采岩石移动线范围内和排土场下游等危险区域内的居民、建（构）筑物、设备设施等应重点介绍。

1.2.2 自然环境概况

简要介绍区域地形地貌、气候（包括降雨量、风向、主导风向、气温、冻土深度、最高洪水位或山洪特征）、地震烈度等。

【条文说明】

气候介绍应说明气候类型，应根据地域情况，重点突出建设项目所在地的自然环境特征，如沿海区域的台风、北部区域的低温、南部区域的降雨等。其中，降雨量应介绍最大降雨量及平均降雨量，主导风向应介绍全年主导风向，气温应介绍最高温度、最低温度和平均温度。

1.2.3 地质概况

1.2.3.1 矿区地质概况

简要介绍矿床在区域地质单元中的构造位置，矿区主要地层、构造、岩浆岩体、影响开采技术条件的风化、蚀变特征，矿床成因类型。

【条文说明】

矿区主要地层一般从其出露位置、岩体组成、岩性、走向、倾向、倾角和厚度等方面进行简要介绍，矿区地质构造一般从褶皱、断裂、节理及其分布、产状和规模等方面进行简要介绍。

1.2.3.2 矿床地质特征

简要介绍矿体形态、规模、埋藏条件、矿石性质、矿体围岩等。

【条文说明】

矿体形态主要包括矿体的主要产状参数，如分布位置、走向、倾向、倾角、厚度、埋深等参数。

矿石性质主要包括矿石类型、结构、构造、矿物成分、化学成分等基本内容。重点关注是否自然发火、遇水是否膨胀脱落、是否有放射性等特征。

矿体围岩主要包括顶底板的产状和岩性。

1.2.3.3 水文地质概况

简要介绍矿区水文地质类型、条件及其特征，矿坑涌水量等。

【条文说明】

矿区水文地质条件及特征主要包括含水层、隔水层，地下水补给、径流、排泄条件，构造破碎带、岩溶、裂隙和断层等的分布及其特征，地表水系、老窿水与地下水的联系等。

矿坑涌水量应明确开采范围内正常涌水量、最大涌水量预测结果和目前涌水量情况。

总结水文地质工作的成果及结论，明确矿区水文地质类型。

1.2.3.4 工程地质概况

简要介绍矿区工程地质岩组、岩体结构特征、工程地质特征、工程地质条件复杂程度、可能出现的工程地质问题等。

【条文说明】

结合揭露的实际工程地质情况和地质勘探报告对工程地质概况进行介绍。

工程地质岩组特征主要包括工程地质岩组组成、分布、厚度、物理力学性质（硬度、强度、岩石质量指标、完整性、稳定性）等。

岩体结构特征主要包括结构面分布位置、倾向、倾角、厚度、宽度、物理力学性质等。

工程地质特征主要包括顶底板围岩的组成、物理力学性质、强度及其稳固性。

介绍断层、褶皱、节理、裂隙、破碎带、溶洞等构造，采空区、山体滑坡、坍塌、泥石流、湿陷性黄土等可能形成灾害的工程地质条件。

总结工程地质工作的成果及结论，明确工程地质类型。

1.2.4　建设概况

简要介绍矿山项目实际建设的主要内容，包括但不限于以下内容。

【条文说明】

略。

1.2.4.1　矿山开采现状（改、扩建项目）

简要介绍矿山原有情况、安全生产现状、利旧工程等。

【条文说明】

新建项目此处可不进行介绍。

矿山原有情况：简要介绍原井巷工程布置情况、采矿方法、开采中段、开采标高、通风方式、提升运输方式、防排水设施设置、采空区等内容，说明安全生产许可证持有及安全生产标准化达标（如有）等情况。

利旧工程：指本项目中继续利用的原有系统（工程），应予以明确，并说明其基本情况及安全状况；废弃系统（工程）应说明其关闭情况。

与原系统的相互关系和影响：简要说明原系统中与本项目发生相互影响的部分，如采空区、排土场等。

1.2.4.2　开采范围

简要介绍开采方式、开采范围、首采中段及开采顺序。联合开采时，简述露天、地下的界限和相互关系等。

【条文说明】

开采范围一般综合考虑两个方面进行界定：一是由采矿许可证划定的矿区范围拐点坐标和开采标高进行界定；二是由勘探线和垂直开采标高对其进行界定。

同一矿区有两个以上矿段或同一矿段有几个矿带、矿体，应说明首期开采地段以及开采的总顺序。

联合开采时，应明确露天、地下开采的开采界线（开采标高和平面范围），相互最小距离、安全（隔离）矿柱尺寸等。

1.2.4.3　生产规模及工作制度

简要介绍地质储量及范围、矿山开采储量、矿山生产规模、服务年限、产品方案、工作制度等。

【条文说明】

略。

1.2.4.4　采矿方法

简要介绍采用的采矿方法、回采顺序、矿块构成要素、采准切割、矿房及矿柱回采、采空区处理等。

【条文说明】

简要介绍设计的采矿方法的种类，介绍采空区处理方式等。

目前采用的采矿方法主要包括回采顺序、采准切割工程、凿岩、落矿工艺及参数等；矿块构成要素主要包括矿块、矿房、矿柱的布置、尺寸等。

1.2.4.5　开拓运输系统

简要介绍开拓方式，主要开拓工程的位置、结构形式、支护和装备，中段高度和标高；矿石、废石、人员、材料、设备的提升、运输方法和系统等。

【条文说明】

介绍矿山采用的开拓方式；主要开拓工程应介绍其布置及其与岩体移动范围、矿体的位置（上下盘、中央或端部）关系、断面形状和尺寸、数量、功能、支护形式及装备情况等；中段布置应介绍中段高度、中段布置水平、中段数量和功能等；提升和运输应明确矿石、废石、人员、材料、设备的提升和运输方式，提升和运输设备规格型号、数量，提升高度、安全系数、运输线路布置、运输道路技术参数等。

1.2.4.6 充填系统

对于采用充填采矿方法的矿山，简要介绍充填材料、充填料制备及输送、充填供排水和排泥、充填系统计量和控制等。

【条文说明】

介绍矿山的充填系统建设情况，包括充填站布置、充填材料、充填料制备及输送、充填管路布置、充填倍线、充填体浓度、充填供排水、充填系统计量与控制等。

1.2.4.7 通风

简要介绍通风方式、风量和风压计算、风流风量控制措施、局部通风和主要通风的设备设施、空气预热和制冷降温等。

【条文说明】

介绍采用的通风方式及通风线路设置情况；风流风量控制措施包括风门及风窗等控制风流构筑物设置情况；局部通风包括通风设备设施设置位置、数量、型号等，井下炸药库、充电硐室应说明其独立回风情况；主要通风的设备设施除给出主要通风机和辅助通风机的额定参数外，还应介绍检测的运行参数（风速、风压、主要通风机轴温等）及反风试验情况，说明矿井的通风系统状况；对位于严寒地区的矿山，应介绍井口防冻措施、专用或兼作进风井的井口采取的空气预热措施等；高温矿山的制冷降温包括地表制冷站设施、地下制冷站设施、管路及分配设施等。

1.2.4.8 井下防治水与排水系统

简要介绍矿井涌水量、排水方式与系统、水仓容积、水仓和水泵房的布置、排水设备、突水预防等。

【条文说明】

矿井涌水量应介绍涌水量预测数值和实测值；介绍井下排水方式及井下排水沟设置情况；水仓及水泵房的布置介绍水仓的设置情况、水仓的容积、水泵房设置情况；排水设备介绍水泵型号及参数、排水管路设置情况、泄水钻孔、泄水井等排水设施位置、参数；突水预防介绍防水门设置、超前探水设备和相应的措施等。

1.2.4.9 井下供水及消防

简要介绍供水系统及井下消防供水系统、消防器材配置、火灾信号设置和具有自燃倾向性矿山防灭火工程技术措施等。

【条文说明】

供水系统介绍供水系统的水源、供水设备、供水管路数量及尺寸等；井下消防供水系统介绍消防水池容量、供水水源、消防水管布置等内容；消防器材配置介绍巷道、硐室的消防器材配置数量及型号等；具有自燃倾向性矿山介绍防灭火的设备设施及控制措施等。

1.2.4.10 供配电

简要介绍用电负荷、电源、供电系统、变（配）电所、输电线路、继电保护及自动装置、过电压保护及接地措施、电气照明等。

【条文说明】

用电负荷应明确一级负荷，说明项目总用电负荷和一级负荷用电数值；供电电源应包括电源有几路，是否为独立电源；变（配）电所应说明其位置、容量、服务范围、结构及配置、主要设备等；应介绍输电线路采用的线缆型号及防护措施；应介绍防雷、接地、电气保护措施及其检测情况等；电气照明应说明主要场所灯具、供电电源、照明方式及控制措施等。

1.2.4.11 安全避险“六大系统”

简要介绍监测监控系统、人员定位系统、紧急避险系统、压风自救系统、供水施救系统和通信联络系统等。

【条文说明】

根据实际建设情况分系统介绍，明确各设备设施位置、数量、系统功能等。

1.2.4.12　总平面布置

简要介绍矿区区域概况、厂址、工程组成、总体布置、工业场地和总平面布置、企业内外部运输与矿区道路等。

简要介绍建设项目出坑岩石量、排土场位置、排土方式和作业过程、排土场堆置要素、排土场运输方式及线路布置、防洪排水设施和主要设备等。

【条文说明】

总体布置应列出矿区组成，并说明各主要工业场地、设施的位置及相互关系；总平面布置中应有各场址的方位和标高；内外部运输包括矿岩内外部运输方式（公路、铁路、胶带、联合）、运输道路布置及参数（路面宽度、最小转弯半径、最大纵坡等）。

排土场堆置要素应介绍堆场总容量、台阶数量、台阶高度、平台宽度、总堆置高度、边坡角等参数，包括设计参数和现阶段堆置情况。介绍车挡、防滚石措施等安全设施的设置情况及结构参数等。

分别介绍工业场地及排土场的排水沟、截洪沟、防水堤坝、排洪隧洞等排水设施的位置及结构参数等。

1.2.4.13　个人安全防护

简要介绍矿山工作人员配备的个人安全防护用品情况。

【条文说明】

介绍矿山工作人员配备的个人防护用品的种类及数量等。

1.2.4.14　安全标志

简要介绍矿山生产地点设置的安全标志，包括矿山、交通、电气安全标志情况。

【条文说明】

介绍矿山安全标志设置的位置、种类及数量等。

1.2.4.15　安全管理

简要介绍企业安全组织机构设置、人员教育培训及取证、安全生产制度、操作规程、应急救援预案、现场管理、安全检查等安全管理情况。

【条文说明】

简要介绍企业的实际安全管理情况，包括企业安全组织机构设置、人员教育培训情况及取证情况、安全生产制度及操作规程等。

简要介绍应急救援预案编制及演练等情况。

简要介绍外包施工单位的安全管理情况。

1.2.4.16　安全设施投入

简要说明项目投资决算和安全设施投资明细等。

【条文说明】

明确项目实际发生的总投资，列出专用安全设施投资明细。

1.2.4.17　设计变更

简要说明建设项目设计修改变更情况。

【条文说明】

设计变更分为重大变更及一般变更两种，重大变更应列出时间、原审查部门审查情况等详细内容，一般变更分类（分系统）简要介绍。

重大变更的内容以《国家安全监管总局关于印发金属非金属矿山建设项目安全设施设计重大变更范围的通知》（安监总管一〔2016〕18 号）中的《金属非金属矿山建设项目安全设施设计重大变更

范围》为准。建设单位在建设期间对已经批准的金属非金属矿山建设项目安全设施设计作出变更的，且列入《金属非金属矿山建设项目安全设施设计重大变更范围》的，应当编写金属非金属矿山建设项目安全设施重大变更设计，并报原批准部门审查同意。

一般变更由原设计单位签字盖章即可。

1.2.4.18 其他

简要介绍建设项目其他需要说明的内容。

【条文说明】

略。

1.2.5 施工及监理概况

简要介绍项目施工、监理单位基本情况，建设项目开工、竣工日期及其工程进度控制情况，重点分项工程、隐蔽工程施工组织、质量控制和交工验收等基本情况。

【条文说明】

介绍施工、监理概况时，应首先对建设项目的所有施工单位和监理单位进行说明，介绍各施工单位所承建和监理单位所受委托的内容，简要说明施工单位、监理单位所具有的资质范围及等级等情况。

介绍重点分项工程、隐蔽工程施工组织、质量控制和交工验收等基本情况时，应首先根据施工单位编制的《施工组织设计方案》对整个建设项目的单位、分部、分项、单元工程划分情况进行简要说明，介绍井筒支护、巷道支护、硐室支护、防渗帷幕、截渗墙及截水沟等隐蔽工程的施工组织、质量控制和交工验收内容。

1.2.6 试运行概况

简要介绍建设项目试运行期间各生产系统运行状况、安全设施运行效果、出现的问题及解决情况、日常安全管理、安全生产事故等情况。

【条文说明】

给出必要的运行参数以说明各生产系统运行状况，对试运行期间发现的问题及其整改情况进行说明。

1.2.7 安全设施概况

用表格形式分别列出建设项目的基本安全设施和专用安全设施目录。

【条文说明】

根据《金属非金属矿山建设项目安全设施目录（试行）》（国家安全生产监督管理总局令第75号）及《安全设施设计》，对建设项目涉及的所有安全设施进行枚举，并分基本安全设施和专用安全设施进行列表说明，实际建设中与设计不一致的要进行说明。

1.3 安全设施符合性评价

对照建设项目的《安全设施设计》，结合现场实际检查、竣工验收资料、施工记录、监理记录、检测检验、监测数据等相关资料，采用安全检查表方法检查基本安全设施、专用安全设施和安全管理等是否符合《安全设施设计》要求，进行逐项检查，评价其符合性，检查的结果为“符合”与“不符合”两种。对于每个符合性评价部分，应有相应的附件来证明。

对于每项设施，《安全设施设计》中提出了具体的参数要求，以《安全设施设计》中相关参数作为检查依据评价其符合性；如果没有提出具体的参数要求，则应以相关的法律法规、标准规程作为检查依据来评价其符合性。

《安全设施设计》中不涉及的内容不列入评价内容。

验收评价单元一般划为：安全设施“三同时”程序、矿床开采、提升运输系统、井下防治水与排水系统、通风系统、充填系统、供配电、井下供水和消防系统、安全避险“六大系统”、总平面布置、个人安全防护、安全标志、安全管理等单元。评价项目可以根据项目的特点，选择适合本项目的评价单元。

【条文说明】

根据审查通过的建设项目《安全设施设计》，逐一检查矿山的基本安全设施、专用安全设施设置情况与建设项目《安全设施设计》的符合性；按照法律法规的要求，查阅相关证照、安全管理资料，检查安全设施“三同时”程序、安全管理等与国家相关法律法规的符合性，做好相关记录，为《安全设施验收评价报告》提供数据资料。

参照《金属非金属地下矿山建设项目安全设施竣工验收表》，安全检查表的检查类别中，“■”表示该项为否决项，“△”表示为一般项。安全检查表评价的内容可能比《金属非金属地下矿山建设项目安全设施竣工验收表》中检查的内容要多，对于增加的内容，按一般项进行分析评价，原则上不再增加否决项。

检查表的检查项目可以参照《验收表》的检查项目，但不限于《验收表》的内容。

1.3.1 安全设施“三同时”程序

根据有关法律、法规、部门规章等规定，检查矿山建设企业的合法证件，对项目安全设施“三同时”的程序及实施情况的合法性进行评价。主要对安全预评价、安全设施设计、施工单位资质、监理单位资质、工程地质勘察单位资质、周边居民及建（构）筑物搬迁等方面进行符合性评价。

【条文说明】

对安全预评价单位、勘察单位、安全设施设计单位的资质进行复核，重点检查施工单位、监理单位资质的等级及其许可作业范围是否能够满足建设项目的要求，《安全设施设计》是否获得批复，重大设计变更是否经原批复单位审查批准等进行评价。

《建设项目安全设施“三同时”监督管理办法》(国家安全生产监督管理总局令第36号）第十七条规定：建设项目安全设施的施工应当由取得相应资质的施工单位进行，并与建设项目主体工程同时施工。

《建筑业企业资质管理规定》(建市〔2014〕159号，自2015年3月1日起施行）中对矿山工程施工总承包资质等级及承包工程范围有明确规定，具体见表5-1-1。

表5-1-1 矿山工程施工总承包资质要求

工程类别	资质等级	承包工程范围
矿山工程	一级资质	可承担各类矿山工程的施工
	二级资质	承担下列矿山工程（不含矿山特殊法施工工程）的施工： （1）120×10^4 t/a以下铁矿采、选工程； （2）120×10^4 t/a以下有色砂矿或70×10^4 t/a以下有色脉矿采、选工程； （3）70×10^4 t/a以下磷矿、硫铁矿或36×10^4 t/a以下铀矿工程； （4）24×10^4 t/a以下石膏矿、石英矿或80×10^4 t/a以下石灰石矿等建材矿山工程
	三级资质	承担下列矿山工程（不含矿山特殊法施工工程）的施工： （1）70×10^4 t/a以下铁矿采、选工程； （2）70×10^4 t/a以下有色砂矿或36×10^4 t/a以下有色脉矿采、选工程； （3）36×10^4 t/a以下磷矿、硫铁矿或24×10^4 t/a以下铀矿工程； （4）12×10^4 t/a以下石膏矿、石英矿或48×10^4 t/a以下石灰石矿等建材矿山工程

注：矿山工程包括矿井工程（井工开采）、露天矿工程、洗（选）矿工程、尾矿工程、井下机电设备安装及其他地面生产系统和矿区配套工程。

其他地面生产系统是指转载点、原料仓（产品仓）、装车仓（站）以及相互连接的带式输送机栈桥的土建及相对应的设备安装工程。

矿区配套工程是指矿区内专用铁路工程、公路工程、送变电工程、通信工程、环保工程、绿化工程等。

《建设工程质量管理条例》(国务院令第279号)中规定：实行监理的建设工程，建设单位应当委托具有相应资质等级的工程监理单位进行监理。

《工程监理企业资质管理规定》(建设部令第158号)对专业工程类别和等级要求有明确规定，具体见表5-1-2。

表5-1-2 矿山工程监理等级要求

工程类别		一级	二级	三级
矿山工程	冶金矿山工程	年产 100×10^4 t以上的黑色矿山采选工程，年产 100×10^4 t以上的有色砂矿采、选工程，年产 60×10^4 t以上的有色脉矿采、选工程	年产 100×10^4 t以下的黑色矿山采选工程；年产 100×10^4 t以下的有色砂矿采、选工程，年产 60×10^4 t以下的有色脉矿采、选工程	
	化工矿山工程	年产 60×10^4 t以上的磷矿、硫铁矿工程	年产 60×10^4 t以下的磷矿、硫铁矿工程	
	铀矿工程	年产 10×10^4 t以上的铀矿，年产200 t以上的铀选冶	年产 10×10^4 t以下的铀矿，年产200 t以下的铀选冶	
	建材类非金属矿工程	年产 70×10^4 t以上的石灰石矿，年产 30×10^4 t以上的石膏矿、石英砂岩矿	年产 70×10^4 t以下的石灰石矿，年产 30×10^4 t以下的石膏矿、石英砂岩矿	

1.3.2 矿床开采

对安全出口、硐室及其安全通道和独立回风道、井巷工程支护、保安矿柱与防火隔离设施、采矿方法和采场、井下爆破器材库位置及爆破作业等方面是否符合设计要求进行符合性评价。

【条文说明】

略。

1.3.2.1 安全出口

对安全出口（包括中段、破碎站、皮带装矿水平及粉矿回收水平等的安全出口）的形式、井口和井底的标高、平硐的标高，井巷内部用于安全出口的设施以及服务的中段水平的符合性进行评价。

【条文说明】

通过现场检查，结合图纸资料，逐一检查已形成的开拓系统安全出口（包括中段、破碎站、皮带装矿水平及粉矿回收水平等），评价安全出口的形式、数量、井口和井底的标高、平硐的标高，井巷内部用于安全出口的设施以及各中段的标高是否符合《安全设施设计》的要求。

1.3.2.2 硐室及其安全通道和独立回风道

（1）对动力油储存硐室的独立回风道、硐室口防火门和栅栏门以及硐室内防静电措施和防爆照明设施，维修硐室的硐口的栅栏门设置，变配电硐室防水门、防火门、栅栏门和出口的符合性进行评价。

（2）当井下不设动力油储存硐室时，对井下动力油的配送及采取的安全措施的符合性进行评价。

【条文说明】

通过现场检查，查阅施工记录资料，评价动力油储存硐室的独立回风道、硐室口防火门和栅栏门以及硐室内防静电措施和防爆照明设施，维修硐室的硐口的栅栏门设置，变配电硐室防水门、防火门、栅栏门和出口的设置是否符合《安全设施设计》以及相关法律法规、标准规程的要求。

当井下不设动力油储存硐室时，应查阅井下动力油配送记录、制度等资料，评价动力油配送过程中采取的安全措施是否符合《安全设施设计》以及相关法律法规、标准规程的要求。

1.3.2.3 井巷工程支护

对井筒支护、巷道支护、硐室支护等与设计的符合性进行评价。

【条文说明】

通过现场检查，查阅施工记录、单项工程验收资料以及第三方检测资料，评价井筒支护、巷道支护、硐室支护的形式、材料、混凝土厚度、强度等是否符合《安全设施设计》的要求。对于隐蔽工程，重点检查隐蔽工程验收记录和所用建筑材料的检验检测资料。

1.3.2.4　保安矿柱与防火隔离设施

对境界矿柱、井筒保安矿柱、中段（分段）保安矿柱与有自然发火倾向区域的防火隔离设施的符合性进行评价。

【条文说明】

根据现场踏勘，结合设计和竣工图纸，评价已形成的或预留的境界矿柱、井筒保安矿柱、中段保安矿柱的设置情况（位置、尺寸、形状）是否符合《安全设施设计》的要求；评价具有自然发火倾向区域的防火隔离设施设置情况（位置、尺寸）是否符合《安全设施设计》的要求。

1.3.2.5　采矿方法和采场

（1）对采场支护、采场安全出口等的符合性进行评价。

（2）对凿岩、装药、爆破、通风和出矿等采场生产作业活动所采取安全措施的符合性进行评价。

（3）对自动化作业采区安全门设置、采空区及其他危险区域处理方式的符合性进行评价。

（4）对人行天井的梯子间、防护网、隔离栅栏设置、井口防护设施设置、废弃天井井口处理措施，矿石、废石溜井井口的安全车挡格筛设置的符合性进行评价。

（5）当矿石具有放射性时，对开采时采取的防护措施的符合性进行评价。

【条文说明】

通过现场检查，查阅生产记录，评价采场支护的形式、采场安全出口的数量、维护情况是否符合《安全设施设计》以及相关法律法规、标准规程的要求。

通过现场检查，查阅生产记录，评价采矿方法、回采顺序，矿块、矿房、矿柱等的布置，采准、切割工程布置等是否符合《安全设施设计》的要求。

通过现场检查，查阅生产记录，评价采场凿岩方式、孔径、孔深、钻孔布置方式、局部通风的方式是否符合《安全设施设计》的要求。

通过现场检查，查阅爆破设计书或说明书及爆破作业记录，评价装药过程中所采取的安全措施、爆破器材种类、爆破作业是否符合《安全设施设计》以及相关法律法规、标准规程的要求。

通过现场检查，查阅生产记录，评价出矿方式、底部结构参数、出矿设备的规格是否符合《安全设施设计》的要求。

通过现场观测，查阅施工记录和日常管理资料等，评价井巷掘进工艺，支护方法、材料、参数、施工质量，支护井巷的检查、维修管理，顶板管理、采空区处理（包括处理方式等）、井巷报废后的封闭、警示标志及安全设施等是否符合《安全设施设计》以及相关法律法规、标准规程的要求。

评价人行天井的梯子间设置规格、防护网规格、隔离栅栏规格、井口防护设施设置、废弃天井井口处理措施，矿石、废石溜井井口的护栏、格筛及照明是否符合《安全设施设计》以及相关法律法规、标准规程的要求。

1.3.2.6　井下爆破器材库位置及爆破作业

对井下爆破器材库独立回风道设置、井下爆破安全设施的符合性进行评价。

【条文说明】

通过现场检查，查阅单项工程验收资料，评价井下爆破器材库独立回风道位置、断面尺寸是否符合《安全设施设计》。

通过现场检查，查阅爆破设计书或说明书及爆破作业记录，评价爆破安全设施（爆破警戒、信号等）是否符合《安全设施设计》以及相关法律法规、标准规程的要求。

1.3.3 提升运输系统

1.3.3.1 竖井提升系统

（1）箕斗井提升：对提升装置、罐道、提升容器、钢丝绳、视频监控、尾绳保护设施、防过卷设施、防过放设施、防坠设施，井口、卸载站、装载站的安全护栏以及提升机房内盖板、梯子和安全护栏等进行符合性评价。

（2）罐笼井提升：对提升装置、罐道、提升容器、钢丝绳、视频监控、井口门禁系统、井筒内梯子间、提升容器防过卷设施、防过放设施、防坠设施，井口和各中段马头门的摇台或者其他承接装置、安全门、安全护栏、阻车器设置，提升机房内盖板、梯子和安全护栏以及多绳摩擦提升的尾绳保护设施等进行符合性评价。

（3）混合提升：对提升装置、罐道、提升容器、钢丝绳、视频监控、井口门禁系统、井筒的梯子间、提升容器防过卷设施、防过放设施、防坠设施，卸载站、装载站安全护栏，井口和各中段马头门的摇台或者其他承接装置、安全门、阻车器、安全护栏，提升机房内盖板、梯子和安全护栏以及多绳摩擦提升的尾绳保护设施等进行符合性评价。

（4）电梯井提升：对钢丝绳、罐道、轿厢、控制系统、梯子间及安全护栏、电梯和梯子间进口的安全防护网等进行符合性评价。

【条文说明】

略。

1.3.3.2 斜井提升系统

对提升容器、钢丝绳、提升系统连锁控制、视频监控、斜井内轨道防滑措施、防跑车装置、躲避硐室、人行道与轨道之间的安全隔离设施、井下甩车道和吊桥、梯子和扶手、井口安全门、阻车器、安全护栏、挡车设施和门禁系统以及提升机房内的安全护栏和梯子等进行符合性评价。

【条文说明】

略。

1.3.3.3 带式输送机系统

对带式输送机、斜井通风、排水、消防、各种闭锁和机械、电气保护装置、带式输送机的安全护罩、安全护栏、梯子、扶手等进行符合性评价。

【条文说明】

略。

1.3.3.4 斜坡道和无轨运输系统

（1）对斜坡道运行车辆、车载灭火器配备以及人行道宽度、躲避硐室、缓坡段和错车道、交通信号系统、斜坡道口门禁系统等进行符合性评价。

（2）对无轨作业中段（分段）的主要运行车辆、人行道或躲避硐室、水沟及盖板、卸载硐室的安全车挡和护栏及门禁系统等进行符合性评价。

【条文说明】

略。

1.3.3.5 有轨运输系统

对运输设备、人行道、躲避硐室、水沟以及装载站和卸载站的安全护栏、人行巷道的水沟盖板等进行符合性评价。

【条文说明】

略。

1.3.3.6 主溜井及破碎系统（含箕斗装矿系统）

（1）对破碎站设备与上部主溜井料位和下部成品矿仓料位的连锁控制、给矿皮带机与提升系统和成品矿仓的料位连锁控制进行符合性评价。

（2）对主溜井井口安全护栏、安全标志、主溜井底部安全设施、主溜井安全检查、料位检测与报警设施、大块破碎设备的安全防护措施、破碎设备运动部件周边的安全护栏等进行符合性评价。

【条文说明】

略。

1.3.4 井下防治水与排水系统

（1）对地下水疏/堵工程及设施（含疏干井、放水孔、疏干巷道、防水门、水仓、疏干设备、防水矿柱、防渗帷幕及截渗墙等）、露天开采转地下开采的矿山露天坑底防洪水突然灌入井下的设施（包括露天坑底所做的假底、坑底回填等）的符合性进行评价。

（2）对水泵、排水管路及排水系统控制系统、防水门、涌水量监测设施、探放水设备、降雨量观测站、救生设施、水泵房及变电所内盖板、安全护栏的符合性进行评价。

【条文说明】

通过现场检查，结合施工记录、图纸及单项工程验收资料，评价疏干井位置及尺寸、放水孔位置及尺寸、疏干巷道断面、防水门设置、水仓容积与设置形式、疏干设备型号及参数、防水矿柱位置及尺寸、防水帷幕、截渗墙设置是否符合《安全设施设计》的要求。

通过现场检查，结合施工记录及单项工程验收资料，评价露天开采转地下开采的矿山露天坑底所做的假底厚度、回填材料等是否符合《安全设施设计》的要求。

通过现场检查，结合施工记录及单项工程验收资料，评价水泵型号、参数与数量、排水管路尺寸与数量、排水系统的控制系统设置、涌水量监测设施设置情况、探放水设备的配置情况、救生设施的种类、水泵房底板与巷道底板高差、水泵房第二安全出口设置及安全护栏、变电所内的盖板及安全护栏等是否符合《安全设施设计》的要求。

通过现场检查，结合施工记录、单项工程验收资料及检测试验报告，评价防水门设置（位置、数量、规格型号、抗压强度等）是否符合《安全设施设计》以及相关法律法规、标准规范的要求。

1.3.5 通风系统

（1）对通风井巷、通风机、通风构筑物、空气预热与制冷降温等是否符合设计要求进行符合性评价。

（2）对通风井巷内的风量、风速、检测及报警设施、风井井口和马头门处的安全护栏、风机进风口的安全护栏和防护网的符合性进行评价。

【条文说明】

通过现场检查，查阅单项工程验收资料，评价主要通风井巷的位置、尺寸是否符合《安全设施设计》的要求。

通过现场检查，查阅单项工程验收资料及反风试验报告，评价通风机的型号、参数及运转工况是否符合《安全设施设计》的要求，主要有主要通风机（包括备用电机及快速更换设施）、辅助通风机（包括配套安全设施），主要通风机是否进行了反风试验等。

通过现场检查，查阅单项工程验收资料，评价通风构筑物设置（风门、风桥、风窗等）是否符合《安全设施设计》的要求。

通过现场检查，查阅单项工程验收资料，评价空气预热设备的型号及参数是否符合《安全设施设计》的要求。

对于高温矿山，评价制冷降温设备的型号及参数是否符合《安全设施设计》的要求。

通过现场检查，查阅通风系统检测记录，评价井下各测风点的数据（风量、风速等）、检测及报警设施是否符合《安全设施设计》以及相关法律法规、标准规范的要求。

通过现场检查，评价风井井口及马头门处的安全护栏、风机进风口的安全护栏及防护网规格是否符合《安全设施设计》的要求。

1.3.6 充填系统

（1）对充填管路减压、排气、压力监测、充填搅拌站内及井下的安全护栏及其他防护措施等进行符合性评价。

（2）对充填系统事故池、采场充填挡墙、充填站内及井下充填系统的安全护栏及其他防护措施（包括物料输送机和其他相关设备、砂浆池、砂仓等）的符合性进行评价。

【条文说明】

通过现场检查，查阅单项工程验收资料及运行记录，评价充填站设置、充填管路减压设备、压力监测数据、各安全护栏规格是否符合《安全设施设计》的要求。

通过现场检查，查阅单项工程验收资料，评价充填系统事故池（容量是否满足要求，保证停电状态下对充填管道进行冲洗）、充填挡墙的设置及强度、充填系统充填料浆浓度计设置、散装水泥仓顶除尘设备设置情况、充填站与下部充填管道通信联络情况等是否符合《安全设施设计》的要求。

1.3.7 供配电

（1）对供电电源、供电线路及总降压主变压器、高（低）压供配电系统中性点接地方式、井下供配电系统的各级配电电压等级、井下照明设施、地表架空线转下井电缆处防雷设施、地面建筑物防雷设施、避灾硐室应急供电设施及等电位连接设施、牵引变电所接地设施、变配电硐室应急照明设施等进行符合性评价。

（2）对井下低压配电系统故障（间接接触）防护装置、井下直流牵引变电所电气保护设施、直流牵引网络安全措施、爆炸危险场所电机车轨道电气安全措施、设有带油设备的电气硐室安全措施、井下各用电设备和配电线路的继电保护装置、裸带电体基本（直接接触）防护设施、保护接地等进行符合性评价。

【条文说明】

通过现场检查，查阅单项工程验收资料，评价矿山供电电源、供电线路是否符合《安全设施设计》的要求，其中有一级负荷的矿山应设有双重电源且任意一路电源均满足负荷要求；评价变压器的型号、容量及数量配置是否符合《安全设施设计》的要求；评价高（低）压供配电系统中性点接地方式、井下供配电系统的各级配电电压等级是否符合《安全设施设计》的要求；评价井下照明设施设置位置、照度和防护措施是否符合《安全设施设计》的要求；检查接闪器型式、引下线、接地极数量，查阅接地电阻测试记录，评价防雷设施是否符合《安全设施设计》的要求；检查避灾硐室应急供电设施及等电位连接设施设置情况，评价其是否符合《安全设施设计》的要求；牵引变电所是否有接地设施，评价其接地电阻是否符合《安全设施设计》的要求；评价变配电硐室（所）结构形式、设备布置、消防器材配置、出口设置、应急照明等是否符合《安全设施设计》的要求。

通过现场检查，查阅单项工程验收资料，评价各变配电室的过负荷保护、短路保护、漏电保护、继电保护等电气保护是否符合《安全设施设计》的要求；评价外露可导电部分的接地、建筑物内总等电位连接、辅助等电位的设置情况是否符合《安全设施设计》的要求；评价设备的接地设施采用材料、配置及电阻值等是否符合《安全设施设计》的要求。

1.3.8 井下供水和消防系统

对供水水池、供水设备、供水管道、消防供水系统、消防水池、消防器材、火灾报警系统、防火门、消火栓等进行符合性评价。

【条文说明】

通过现场检查，查阅单项工程验收资料，评价供水水池的水源、容积、供水设备是否符合《安全设施设计》的要求；评价供水管路的尺寸、数量及安装情况是否符合《安全设施设计》的要求；对于消防供水系统，主要评价水源、水池、管路、水量的符合性；评价主要采掘设备、建（构）筑物、易燃易爆场所的消防器材配置情况是否符合《安全设施设计》的要求；评价火灾报警系统的信号设置及管理情况是否符合《安全设施设计》的要求。

1.3.9 安全避险“六大系统”

1.3.9.1 监测监控系统

对有毒有害气体监（检）测、通风系统监测、视频监控、地压监测、系统维护与管理等进行符合性评价。

【条文说明】

对于有毒有害气体监测，检查矿山是否配备了便携式多种气体检测仪，评价其型号和数量是否符合《安全设施设计》的要求，是否按《安全设施设计》设置了一氧化碳传感器或者二氧化氮传感器，其报警值是否符合要求。

对于通风系统监测，评价矿山是否按《安全设施设计》设置了风压传感器、风速传感器及开停传感器，其安装情况是否符合要求。

对于视频监控，评价摄像头的型号、参数、数量、安装位置及图像存储时间是否符合《安全设施设计》的要求。

对于地压监测，评价矿山是否按《安全设施设计》的要求设置了位移监测、应力监测或者其他监测方式。

查阅设备台账、巡检记录，评价矿山日常维护、数据处理与存储、图纸与资料的技术档案等方面是否符合《安全设施设计》以及相关法律法规、标准规范的要求。

1.3.9.2 人员定位系统

对人员定位系统硬件、软件、系统维护与管理等进行符合性评价。

【条文说明】

通过现场检查，查阅单项工程验收资料，评价系统采用的定位技术、定位基站型号与数量、识别卡数量、系统的功能是否符合《安全设施设计》的要求。

查阅设备台账、巡检记录，评价矿山日常维护、数据处理与存储、图纸与资料的技术档案等方面是否符合《安全设施设计》以及相关法律法规、标准规范的要求。

1.3.9.3 紧急避险系统

对自救器与逃生用矿灯、紧急避险设施、紧急避险设施外部标识、标志、管缆及设备接入、避灾硐室进出口隔离门、避灾硐室对有毒有害气体处理能力、避灾硐室内配备的检测报警装置与备用电源、避灾硐室内配备的生存设施、避灾硐室支护等进行符合性评价。

【条文说明】

通过现场检查，查阅单项工程验收资料，评价矿山自救器配备的型号及数量、紧急避险设施外部标志设置、避灾路线设置是否符合《安全设施设计》的要求。

通过现场检查，查阅单项工程验收资料，评价紧急避险设施（包括避灾硐室和救生舱）的设置位置、支护方式、其内部配备的设备设施、隔离门设置、备用电源及各种线缆管路接入是否符合《安全设施设计》的要求。

1.3.9.4 压风自救系统

对压风自救设备、出口风压、风量、日常检查与维护等进行符合性评价。

【条文说明】

通过现场检查，查阅设备台账、巡检记录，评价压风自救设备设置的位置与数量、出口压力是否符合《安全设施设计》的要求；评价日常检查与维护等是否符合相关法律法规、标准规范的要求。

1.3.9.5 供水施救系统

对供水施救设备、出口水压、水量、日常检查与维护等进行符合性评价。

【条文说明】

通过现场检查，查阅设备台账、巡检记录，评价供水水源、供水施救设备设置的位置与数量、水量是否符合《安全设施设计》的要求；评价日常检查与维护等是否符合相关法律法规、标准规范的要求。

1.3.9.6 通信联络系统

对有线通信联络硬件、有线通信联络功能、有线通信联络线缆敷设、无线通信联络系统、维护与管理等进行符合性评价。

【条文说明】

通过现场检查，查阅设备台账、巡检记录，评价有线通信联络系统的设备型号、数量、功能、线缆敷设情况，无线通信联络系统的设备型号、数量、功能是否符合《安全设施设计》的要求；评价日常维护与管理等是否符合相关法律法规、标准规范的要求。

1.3.10 总平面布置

1.3.10.1 矿床开采的保护与监测措施

对矿床开采的保护与监测措施等进行符合性评价。

【条文说明】

采用崩落法或空场法开采的矿山，评价矿床开采移动范围和崩落（塌陷）范围圈定情况、地表监测设施设置情况、搬迁情况（如果分期搬迁，则为本期搬迁情况）是否符合《安全设施设计》的要求；采用充填法开采的矿山，评价矿床开采移动范围和移动监测范围设置情况是否符合《安全设施设计》的要求。

1.3.10.2 工业场地

（1）对为保证地下开采和工业场地的安全而进行的河流改道、河床加固（含导流堤、明沟、隧洞、桥涵等）、地表截排水（截水沟、排洪沟、防洪堤）等工程进行符合性评价。

（2）对降雨和地表水观测点设置及地表变形和塌陷等监测，对工业场地边坡、护坡和安全加固措施等进行符合性评价。

【条文说明】

通过现场检查，查阅工程施工记录及单项工程验收资料，评价河流改道的位置、断面尺寸、河床加固（包括导流堤、明沟、隧洞、桥涵等）的尺寸、加固强度、地表截排水（截水沟、排洪沟、防洪堤）的断面尺寸等参数是否符合《安全设施设计》的要求。

通过现场检查，查阅工程施工记录、单项工程验收资料及观测记录，评价降雨量观测点设置情况、地表水观测点设置情况、地表变形与塌陷监测点设置情况是否符合《安全设施设计》的要求；评价工业场地边坡的护坡及加固工程是否符合《安全设施设计》的要求。

1.3.10.3 建（构）筑物防火

对井（硐）口工业场地的各建筑物（重点是对井口安全有影响的建筑物）的火灾危险性、耐火等级、防火距离、厂区内消防通道等进行符合性评价。

【条文说明】

通过现场检查，查阅单项工程验收资料，评价对井口安全有影响的建筑物（如主副井提升机房、空压机房、制冷站等）的火灾危险性、耐火等级、防火间距、厂区内消防通道的尺寸是否符合《安全设施设计》的要求。

1.3.10.4 排土场（废石场）

（1）对排土场安全平台、阶段高度、运输道路缓坡段等进行符合性评价。

（2）对排土场底部排渗设施、地基处理措施、排土场监测、截水沟、排水沟、排水隧洞、截洪坝、照明及拦挡设施等进行符合性评价。

【条文说明】

通过现场检查，结合图纸，评价排土场位置选择是否符合《安全设施设计》的要求；评价排土场排土工艺、排土顺序、排土场的阶段高度、堆置高度、安全平台宽度、边坡角、反坡、运输道路缓坡段及相邻阶段同时作业的超前堆置距离等参数是否符合《安全设施设计》的要求。

通过现场检查，查阅单项工程验收资料，评价排土场底部排渗设施、地基处理、排土场监测设施设置、照明设施设置是否符合《安全设施设计》的要求。

通过现场检查，查阅单项工程验收资料，评价截水沟、排水沟、排水隧洞、截洪坝的平面布置、宽度、深度、纵坡度及砌护类型和厚度等是否符合《安全设施设计》的要求。

评价排土场滚石、泥石流、滑坡等灾害防治措施，包括堆石坝等拦挡措施，以及其他相关安全措施是否符合《安全设施设计》的要求。

为防止汽车坠下排土场，在汽车排土卸载平台边缘需设置挡车措施。评价汽车排土卸载平台边缘挡车设施的设置位置、形式是否符合《安全设施设计》的要求。

1.3.11　个人安全防护

对矿山工作人员配备的个人安全防护用品（包括防护用品的发放、防护用品的佩戴）等进行符合性评价。

【条文说明】

通过现场检查，查阅发放记录，评价矿山工作人员配备的个人安全防护用品（包括防护用品的发放及佩戴）是否符合《安全设施设计》以及相关法律法规、标准规范的要求。

1.3.12　安全标志

对矿山生产地点设置的安全标志（包括矿山、交通、电气安全标志）等进行符合性评价。

【条文说明】

矿山企业的要害岗位、重要设备和设施及危险区域，是否根据其可能出现的事故模式，设置相应的符合要求的安全警示标志，评价各类安全标志是否符合《安全设施设计》以及相关法律法规、标准规范的要求。

1.3.13　安全管理

1.3.13.1　组织与制度

对安全组织机构及人员配备、安全教育及培训、特种作业人员持证情况、规章制度、安全投入、安全教育和培训（场地、费用）等进行符合性评价。

【条文说明】

通过查阅安全生产管理机构设置文件及安全管理人员任命文件，评价其是否符合《安全设施设计》以及相关法律法规、标准规范的要求。

通过查阅安全生产教育培训计划、记录，企业是否对职工进行安全生产教育和培训，新进地下矿山的作业人员，是否进行了安全教育并考试合格；调换工种的人员，是否进行了新岗位安全操作的培训等，评价其是否符合《安全设施设计》以及相关法律法规、标准规范的要求。

特种作业人员主要从是否按照国家有关规定经专门的安全作业培训，取得相应资格证书等方面评价其是否符合《安全设施设计》以及相关法律法规、标准规范的要求。

规章制度主要从企业是否建立健全以法定代表人负责制为核心的各级安全生产责任制，健全完善安全目标管理、矿领导下井带班、安全例会、安全检查、安全教育培训、生产技术管理、机电设备管理、劳动管理、安全费用提取与使用、重大危险源监控、安全生产隐患排查治理、安全技术措施审批、劳动防护用品管理、生产安全事故报告和应急管理、安全生产奖惩、安全生产档案管理等制度，以及各类安全技术规程、操作规程等方面评价其是否符合《安全设施设计》以及相关法律法规、标准规范的要求。

通过查阅安全费用提取及使用记录，评价矿山安全费用提取及使用是否符合国家相关法律法规的要求。

1.3.13.2 安全运行管理

对生产计划、现场管理及生产安全检查等进行符合性评价。

【条文说明】

检查安全生产档案是否齐全，主要包括设计资料、竣工资料、生产计划、图纸、安全检查记录以及其他与安全生产有关的文件、资料和记录，评价其是否符合《安全设施设计》以及相关法律法规、标准规范的要求。

1.3.13.3 应急救援

对矿山救护队或兼职救护队的人员组成及技术装备、应急预案等进行符合性评价。

【条文说明】

评价矿山企业是否建立由专职或兼职人员组成的事故应急救援组织，配备必要的应急救援器材和设备；生产规模较小不必建立事故应急救援组织的，是否指定兼职的应急救援人员，并与临近的事故救援组织签订救援协议。

评价矿山企业是否根据存在风险的种类、事故类型和重大危险源的情况制定综合应急预案和相应的专项应急预案，风险性较大的重点岗位是否制定现场处置方案，是否进行了应急演练；应急预案是否经过评审及备案。

1.4 安全对策措施建议

根据安全设施验收评价中发现的问题或不足以及矿山项目存在的特殊安全因素，依据国家安全生产相关法律、法规、标准和规范的要求，借鉴类似矿山的安全生产经验，提出具有针对性、实用性和可操作性的安全对策措施建议。

【条文说明】

安全对策措施建议应具有针对性和可操作性，既要符合有关安全生产法律、法规、规章、规范性文件和标准的规定，又不能照抄规程规范条款。根据可能致使已建成的建设项目安全设施和措施失效或破坏的危险、有害因素，提出对策措施及建议。

1.5 评价结论

简要说明评价对象安全设施建设和《安全设施设计》的符合性。明确说明评价对象是否符合安全设施验收的条件，评价结论分为“符合”和“不符合”两种。

以下情况评价结论为“符合”：

《国家安全监管总局关于规范金属非金属矿山建设项目安全设施竣工验收工作的指导意见》(安监总管一〔2016〕14号）附表《金属非金属地下矿山建设项目安全设施竣工验收表》中没有否决项的检查结论为“不符合”且验收检查项总数中检查结论为“不符合”的项少于5%。

符合以下情况之一的，评价结论为“不符合”：

一是《国家安全监管总局关于规范金属非金属矿山建设项目安全设施竣工验收工作的指导意见》附表《金属非金属地下矿山建设项目安全设施竣工验收表》中有否决项检查的结论为“不符合”。

二是《国家安全监管总局关于规范金属非金属矿山建设项目安全设施竣工验收工作的指导意见》附表《金属非金属地下矿山建设项目安全设施竣工验收表》中验收检查项总数中检查结论为“不符

合”的项超过 5%（含 5%）。

【条文说明】

建议按验收评价单元分别列出安全设施建设与《安全设施设计》的符合性。

总体评价结论应明确。统计安全设施符合性评价章节中安全检查表的所有检查项数量、符合项数量、不符合项数量（必须包含《金属非金属地下矿山建设项目安全设施竣工验收表》中与本项目《安全设施设计》相关的检查项），计算不符合项的百分比，得出是否具备安全设施竣工验收条件的结论。

1.6　附件

建设项目合法证明材料，包括（但不限于）建设项目立项审批、核准或备案文件、建设项目《安全设施设计》批复文件和其他企业生产合法证件等，各评价单元的主要证明材料，包括（但不限于）设计变更通知书、质量检验评定表、验收记录、检测检验证书、各类资格证书、安全检查记录和培训记录、现场照片等。

附件应有序排列编号，要齐全、简洁（如：安全管理制度附目录、记录等抽取一次等）。

附件可单独成册。

【条文说明】

除上述基本附件外，尚需根据项目情况补充，附件为安全设施验收评价报告的重要支撑，对于每个检查的结论，都应有相应的附件作为其支撑。附件应有编号，并能与检查表对应。

1.7　附图

安全设施验收评价报告应附以下图纸，可根据实际情况进行调整：

（1）地形地质图；

（2）总平面布置竣工图；

（3）矿山井上下对照图；

（4）矿山开拓系统纵投影竣工图；

（5）矿山典型采矿方法图；

（6）矿山主要中段平面竣工图；

（7）矿山主要井筒剖面竣工图；

（8）主要井巷断面竣工图；

（9）提升系统竣工图；

（10）安全避险“六大系统”竣工图；

（11）通风系统竣工图；

（12）排水系统竣工图；

（13）供电系统竣工图。

没有竣工图不能组织验收。

竣工图纸应与现场实际相符。竣工图应由施工单位按照实际的施工情况出图，且应有施工单位、监理单位的有关人员签字确认，并加盖相应单位公章。

竣工图中的字体、线条和各种标记应清晰可读，签字齐全，有彩色内容的图纸宜采用彩图。

如果项目竣工与原有施工图有少于三处修改（包括增加、修改和删除）的地方，可以在原有施工图修改的地方手工标识、签字盖章后，原有施工图纸上加盖竣工章可以作为竣工图纸，其余施工图不能作为竣工图。

附图可单独成册。

【条文说明】

验收评价所附的图纸主要为竣工图，图纸应与现场实际相符。附图应有编号，并能与检查表对应。

1.8 附录

地下矿山建设项目安全设施验收评价需要建设单位提供资料目录如下：

（1）矿山概况。

a. 企业法人营业执照。

b. 立项批准文件（或核准、备案文件）。

c. 采矿许可证。

（2）落实安全设施“三同时”程序文件。

a. 安全预评价报告。

b. 项目《安全设施设计》评审意见和批复文件。

c. 项目《安全设施设计》重大变更的评审意见和批复文件。

（3）项目技术文件。

a. 项目初步设计。

b. 项目《安全设施设计》。

c.《安全设施设计》的设计变更通知单。

d. 地质勘探报告、工程勘查报告、地质灾害危险性评估报告。

e. 其他的一些专题性研究。

（4）项目建设情况。

a. 施工单位资质。

b. 监理单位资质。

c. 单项工程、单位工程验收资料，评级情况，工程质量认证资料。

d. 隐蔽工程的检查验收记录。

e. 施工总结和监理总结报告。

f. 反映安全设施实际情况的图纸，包括：地形地质图，总平面布置竣工图，矿山井上下对照图，矿山开拓系统纵投影竣工图，矿山典型采矿方法图，矿山主要中段平面竣工图，矿山主要井筒剖面竣工图，主要井巷断面竣工图，提升系统竣工图，安全避险“六大系统”竣工图，通风系统竣工图，排水系统竣工图，供电系统竣工图等。

（5）安全设施说明（以具体的安全设施设计为准）。

a. 安全设施、设备、装置台账及试运行情况。

b. 矿井上、下的消防器材台账。

c. 特种设备台账。

d. 防爆电气、消防报警设施台账。

e. 矿山安全检验、检测和测定的数据资料及仪表、设施台账。

f. 防治井下突水、涌水的安全措施及探放水设施台账。

g. 安全应急救援物资台账（含排土场应急物资）。

h. 主通风机、井下辅助通风机、局部通风机的数量及其安放位置统计表。

i. 井下通风构筑物（风门、风窗、风桥等）的数量及其位置统计表。

j. 矿用产品安全标志及其使用情况资料。

k. 采空区及其他危险区域的探测、封闭、隔离措施台账；保安矿柱的留设、预防冲击地压（岩爆）及防治矿井外因火灾的安全措施。

l. 废弃井口的封闭或隔离设施台账。

m. 矿井梯子间台账。

n. 矿山电气设备及井下电缆台账。

o. 安全避险“六大系统”设备台账、巡检记录、自救器及便携式气体检测报警仪发放记录。

（6）安全管理资料。

a. 安全生产管理机构、专职安全生产人员聘任文件。

b. 安全生产责任制。

c. 安全生产管理规章制度。

d. 事故应急救援预案、应急预案的备案表、应急预案的演练记录、总结。

e. 兼职矿山救护队相关人员名单、应急救援器材设备清单、矿山救援协议。

f. 特殊工种培训、考核记录及其操作资格证书。

g. 安全检查记录、安全不符合项整改情况及其反馈、复查记录资料。

h. 为职工缴纳工伤保险的证明。

i. 安全教育、培训台账等资料。

j. 项目投资决算总额及安全设施投资表。

k. 个人安全防护用品台账发放记录。

l. 试运行期间生产安全事故情况。

m. 其他安全管理和安全技术措施。

（7）安全设施验收评价所需的其他资料和数据。

【条文说明】

附录非《安全设施验收评价报告》的内容，为提供给建设单位在施工期间就应注意保留和收集的主要材料的清单。

2 露天矿山安全设施验收评价

前言

简述项目的建设背景、项目性质、地理位置、矿山规模、开采方式和采矿方法等基本情况，评价项目委托方及评价工作过程等。

【条文说明】

基本情况主要包括：项目建设背景、项目的性质（新建、改建、扩建）、地理位置、项目前期工作情况（设计、建设情况等），开采矿种、矿山规模、开采方式、采矿方法、试运行情况等。

评价工作过程是指评价工作开展情况，包括接受委托、资料收集、现场考察、提出整改意见及建设单位落实情况、评价和报告编制等情况。

2.1 评价范围与依据

2.1.1 评价对象和范围

描述评价项目名称，根据《安全设施设计》明确安全验收评价范围。评价范围主要是该项目的安全设施，包括基本安全设施和专用安全设施。

【条文说明】

评价报告中的建设项目名称应与《安全设施设计》批复中的名称一致。

评价范围主要依据批复的《安全设施设计》，主要是该项目的安全设施，包括基本安全设施和专用安全设施。应说明哪些方面不在验收评价范围内，一般不包括选矿厂、地面炸药库、危险化学品等。对于一次设计、分期建设的项目，主要验收《安全设施设计》设计的本期安全设施内容。

2.1.2 评价依据

2.1.2.1 法律法规

列出建设项目安全设施验收评价应遵循的现行的有关安全生产法律、行政法规、部门规章、地方性法规、地方政府规章和有关规范性文件，并标注其文号及施行日期。

每个层次内按发布时间顺序列出，列出的法律法规应为最新版本，并标注其文号及实施日期，要有针对性和完整性，要有序排列。

【条文说明】

在列出法律法规时应注意：一是应为最新版本，保证最新发布的安全法律法规得到及时落实，严禁引用废止的法律法规；二是应具有针对性且完整，报告中没有用到的不应列出；三是要书写完整、规范，不得使用简略方式，应完整标注法律法规名称、发布机构、文号及施行日期；四是要根据评价项目的需要优先选择最合适的法律法规；五是顺序上按法律、行政法规、地方性法规、部门规章、地方政府规章和规范性文件先后有序列出，同一类别的按照发布时间先后列出。

2.1.2.2 标准规范

列出建设项目安全验收评价应遵循的国家标准、行业标准、地方标准和有关规范。

按照国家标准、行业标准、地方标准的顺序排列，每个层次内按照发布时间顺序列出。列出的标准规范应为最新版本，并为现行有效。

所列标准应与本建设项目的安全生产相关，在报告中没有引用到的标准规范不列入。

【条文说明】

在列出标准规范时应注意：一是应为最新版本且现行有效，保证最新发布的标准规范得到及时落实，严禁引用废止的标准规范；二是应具有针对性且完整，报告中没有引用到的标准规范不列出；三是要书写完整、规范、统一，应完整标注标准规范名称、编号；四是顺序上按强制性国标（GB）、推荐性国标（GB/T）、国家标准指导性技术文件（GB/Z）、行业标准、地方标准先后列出，每个层次内按照发布时间顺序列出。

2.1.2.3 建设项目合法证明文件

列出建设项目安全验收评价所依据的合法证明文件，包括但不限于建设项目《安全设施设计》批复文件及重大设计变更批复文件。

所列的文件包括发文单位、日期和文件号等相关内容。

【条文说明】

合法证明文件包括营业执照、采矿许可证、建设项目审批、核准或者备案文件、《安全设施设计》批复文件及重大设计变更批复文件等。

2.1.2.4 建设项目技术资料

列出建设项目安全验收评价所依据的有关技术资料（包括文件名称、编制单位和日期等相关内容），包括但不限于下列资料：

（1）建设项目《安全设施设计》；

（2）建设项目施工图设计资料和设计变更；

（3）建设项目地质勘察报告、地质灾害危险性评估报告；

（4）相关专题研究（试验）报告；

（5）建设项目施工记录（含隐蔽工程施工记录及中间验收记录）、竣工报告及竣工图；

（6）建设项目施工监理记录和施工监理报告。

【条文说明】

安全设施验收评价所依据的技术性资料要真实可靠、完整，（1）~（4）应有相关单位公章，（5）（6）应有相关单位公章及有关人员签字。

2.1.2.5 其他评价依据

列出建设项目安全设施验收评价所依据的其他有关资料，如建设项目安全验收评价委托书（任务书、合同书）等。

【条文说明】

安全设施验收评价所依据的其他有关资料要真实可靠、完整，应有相关单位公章及有关人员签字。

2.2 建设项目概述

2.2.1 建设单位概况

简要介绍建设单位历史沿革、经济类型、隶属关系等基本情况，建设项目背景及立项情况。

简要介绍建设项目行政区划、地理位置及交通、周边环境等。

【条文说明】

建设项目背景及立项情况主要包括项目由来、立项批准或者备案（如有）、安全预评价、《安全设施设计》（含重大变更）及其批复等情况（包括相应的编制单位及时间）。

周边环境主要是指项目周边的矿山（包括闭坑矿山）、尾矿库、地表水体、公路、铁路、居民区、风景区、重要工农业设施、名胜古迹以及其他需要保护的对象等。一般应给出其与本项目的位置关系、距离及其他参数，如矿山和尾矿库等应给出规模、居民区应给出居民数量等参数。位于露天爆破警戒线内和排土场下游等危险区域内的居民、建（构）筑物、设备设施等应重点介绍。

2.2.2　自然环境概况

简要介绍区域地形地貌、气候（包括降雨量、风向、主导风向、气温、冻土深度、最高洪水位或山洪特征）、地震烈度等。

【条文说明】

气候介绍应说明气候类型，应根据地域情况，重点突出建设项目所在地的自然环境特征，如沿海区域的台风、北部区域的低温、南部区域的降雨等。其中，降雨量应介绍最大降雨量及平均降雨量；主导风向应介绍全年主导风向；气温应介绍最高温度、最低温度和平均温度。

2.2.3　地质概况

2.2.3.1　矿区地质概况

简要介绍矿床在区域地质单元中的构造位置，矿区主要地层、构造、岩浆岩体、影响开采技术条件的风化、蚀变特征，矿床成因类型。

【条文说明】

矿区主要地层一般从其出露位置、岩体组成、岩性、走向、倾向、倾角和厚度等方面进行简要介绍，矿区地质构造一般从褶皱、断裂、节理及其分布、产状和规模等方面进行简要介绍。

2.2.3.2　矿床地质特征

简要介绍矿体形态、规模、埋藏条件、矿石性质、矿体围岩等。

【条文说明】

矿体形态主要包括矿体的主要产状参数，如分布位置、走向、倾向、倾角、厚度、埋深等参数。

矿石性质主要包括矿石类型、结构、构造、矿物成分、化学成分等基本内容。重点关注是否自然发火、遇水是否膨胀脱落、是否有放射性等特征。

矿体围岩主要包括顶底板的产状和岩性。

2.2.3.3　水文地质概况

简要介绍矿区水文地质类型、条件及其特征，矿坑涌水量等。

【条文说明】

矿区水文地质条件及特征主要包括含水层、隔水层，地下水补给、径流、排泄条件，构造破碎带、岩溶、裂隙和断层等的分布及其特征，地表水系、老窿水与地下水的联系等。

矿坑涌水量应明确开采范围内正常涌水量、最大涌水量预测结果和目前涌水量情况。

总结水文地质工作的成果及结论，明确矿区水文地质类型。

2.2.3.4　工程地质概况

简要介绍矿区工程地质岩组、岩体结构特征、工程地质特征、工程地质条件复杂程度、可能出现的工程地质问题等。

【条文说明】

结合揭露的实际工程地质情况和地质勘探报告对工程地质概况进行介绍。

工程地质岩组特征主要包括工程地质岩组组成、分布、厚度、物理力学性质（硬度、强度、岩石质量指标、完整性、稳定性）等。

岩体结构特征主要包括结构面分布位置、倾向、倾角、厚度、宽度、物理力学性质等。

工程地质特征主要包括顶底板围岩的组成、物理力学性质、强度及其稳固性。

介绍断层、褶皱、节理、裂隙、破碎带、溶洞等构造，采空区、山体滑坡、坍塌、泥石流、湿陷性黄土等可能形成灾害的工程地质条件。

总结工程地质工作的成果及结论，明确工程地质类型。

2.2.4　建设概况

简要介绍矿山项目实际建设的主要内容，包括但不限于以下内容。

【条文说明】

略。

2.2.4.1　矿山开采现状（改、扩建项目）

简要介绍矿山原有情况、安全生产现状、利旧工程等。

【条文说明】

新建项目此处可不进行介绍。

矿山原有情况：简要介绍原开拓运输方式，台阶数量、高度、坡面角，开采标高、开采深度，安全（清扫）平台设置情况，采场边坡稳定性，防排水，运输道路等内容，说明安全生产许可证持有及安全生产标准化达标（如有）等情况。

利旧工程：指本项目中继续利用的原有系统（工程），应予以明确，并说明基本情况及安全状况；废弃系统（工程）应说明其关闭情况。

与原系统的相互关系和影响：应详细说明原系统中与本项目发生相互影响的部分，如边坡、排土场等。

2.2.4.2　总平面布置

简要介绍矿区区域概况、厂址、工程组成、总体布置、工业场地和总平面布置、企业内外部运输与矿区道路等。

简要介绍建设项目出坑岩石量、排土场位置、排土方式和作业过程、排土场堆置要素、排土场运输方式及线路布置、防洪排水设施和主要设备等。

【条文说明】

总体布置应列出矿区组成，并说明各主要工业场地、设施的位置及相互关系；总平面布置中应有各场址的方位和标高；内外部运输包括矿岩内外部运输方式（公路、铁路、胶带、联合）、运输道路布置及参数（路面宽度、最小转弯半径、最大纵坡等）。

排土场堆置要素应给出堆场总容量、台阶数量、台阶高度、平台宽度、总堆置高度、边坡角等全面的参数，包括设计参数和现阶段堆置情况。介绍车挡、防滚石措施等安全设施的设置情况及结构参数等。

分别介绍工业场地及排土场的排水沟、截洪沟、防水堤坝、排洪隧洞等排水设施的位置及结构参数等。

2.2.4.3　开采范围

简要介绍开采方式、开采范围、开采顺序。联合开采时，论述露天、地下的界限和相互关系等。

【条文说明】

开采范围一般综合考虑两个方面进行界定：一是由采矿许可证划定的矿区范围拐点坐标和开采标高进行界定；二是由勘探线和垂直开采标高对其进行界定。

同一矿区有两个以上矿段或同一矿段有几个矿带、矿体，应说明开采的总顺序。

联合开采时，应明确露天、地下开采的开采界线（开采标高和平面范围），相互最小距离、安全（隔离）矿柱尺寸等。

2.2.4.4　生产规模及工作制度

简要介绍地质储量及范围、矿山开采储量、矿山生产规模、服务年限、产品方案、工作制度等。

【条文说明】

略。

2.2.4.5 采矿方法

简要介绍露天开采境界、台阶参数、采剥方法、穿孔、爆破与铲装作业等。

【条文说明】

露天开采境界包含露天开采顶、底部标高，最终边坡角，采场上下口尺寸，封闭圈标高等内容；分别给出最终边坡的结构参数（包括最终边坡角、清扫平台和安全平台宽度，台阶高度和并段高度等）和工作帮的结构参数（包括坡面角、最小工作平台宽度、运输平台宽度、同时开采的台阶数、工作线长度等）；采剥工艺包括穿孔、爆破和铲装作业及参数、有关设备选型及数量等。

2.2.4.6 开拓运输

简要介绍开拓运输方式，说明露天采场各台阶与采矿工业场地、储矿仓、排土场等的联系；简要介绍运输线路和设备，主要运输设施的位置、结构形式、支护和装备等。

【条文说明】

介绍矿山采用的开拓运输方式；露天采场各台阶与采矿工业场地、储矿仓、排土场等的联系主要是指采场内部各台阶之间及采场内部与外部的联系通道，一般应有出入沟位置、数量、标高等；运输设备设施部分应明确运输设备型号、数量、运输线路布置、运输道路技术参数等。

2.2.4.7 采场防排水

简要介绍露天防排水条件、设计标准、允许淹没条件等；山坡露天开采防洪截水方式，截洪、导水沟的布置形式和主要技术规程等；凹陷露天开采的排水方式、排水系统布置和排水设备等。

【条文说明】

介绍防排水条件主要包括矿区地形、地貌、气象及水文地质条件，涌水量预测数值和实测值，露天采矿场封闭圈以上采场内地表水的排除、引导方法，排水沟、隧洞、调洪坝、截水沟等排水设施的位置、主要技术规格，露天采矿场封闭圈以下的排水方式、排水系统、泄水系统等，深凹露天掘沟时的临时排水措施。

2.2.4.8 供配电

简要介绍用电负荷、电源、供电系统、变（配）电所、输电线路、继电保护及自动装置、过电压保护及接地措施、电气照明等。

【条文说明】

用电负荷应明确一级负荷，说明项目总用电负荷和一级负荷用电数值；供电电源应包括电源有几路，是否为独立电源；变（配）电所应说明其位置、容量、服务范围、结构及配置、主要设备等；应介绍输电线路采用的线缆型号及防护措施；应介绍防雷、接地、电气保护措施及其检测情况等；电气照明应说明主要场所供电电源、照明方式及控制措施等。

2.2.4.9 通信系统

简要介绍通信种类、通信设备、电缆敷设等。

【条文说明】

介绍通信系统采用的形式、通信设备的型号及数量、电缆的型号及敷设情况等。

2.2.4.10 个人安全防护

简要介绍矿山工作人员配备的个人安全防护用品情况。

【条文说明】

介绍矿山工作人员配备的个人防护用品的种类及数量等。

2.2.4.11 安全标志

简要介绍矿山生产地点设置的安全标志，包括矿山、交通、电气安全标志情况。

【条文说明】

介绍矿山安全标志设置的位置、种类及数量等。

2.2.4.12 安全管理

简要介绍企业安全组织机构设置、人员教育培训及取证、安全生产制度、操作规程、应急救援预案、现场管理、安全检查等安全管理情况。

【条文说明】

简要介绍企业的实际安全管理情况，包括企业安全组织机构设置、人员教育培训情况及取证情况、安全生产制度及操作规程等。

简要介绍应急救援预案编制及演练等情况。

简要介绍外包施工单位的安全管理情况。

2.2.4.13 安全设施投入

简要说明项目安全设施投资决算和安全设施投资明细等。

【条文说明】

明确项目实际发生的总投资，列出专用安全设施投资明细。

2.2.4.14 设计变更

简要说明建设项目设计修改变更。

【条文说明】

设计变更分为重大变更及一般变更两种，重大变更应列出时间、原审查部门审查情况等详细内容，一般变更分类（分系统）简要介绍。

重大变更的内容以安监总管一〔2016〕18 号文《金属非金属矿山建设项目安全设施设计重大变更范围》为准。建设单位在建设期间对已经批准的金属非金属矿山建设项目安全设施设计作出变更的，且列入《金属非金属矿山建设项目安全设施设计重大变更范围》的，应当编写金属非金属矿山建设项目安全设施重大变更设计，并报原批准部门审查同意。

一般变更由原设计单位签字盖章即可。

2.2.4.15 其他

简要介绍建设项目其他需要说明的内容。

【条文说明】

略。

2.2.5 施工及监理概况

简要介绍项目施工、监理单位基本情况，建设项目开工、竣工日期及其工程进度控制情况，重点分项工程、隐蔽工程施工组织、质量控制和交工验收等基本情况。

【条文说明】

介绍施工、监理概况时，应首先对建设项目的所有施工单位和监理单位进行说明，介绍各施工单位所承建和监理单位所受委托的内容，简要说明施工单位、监理单位所具有的资质范围及等级等情况。

介绍重点分项工程、隐蔽工程施工组织、质量控制和交工验收等基本情况时，应首先根据施工单位编制的《施工组织设计方案》对整个建设项目的单位、分部、分项、单元工程划分情况进行简要说明，介绍巷道支护、防渗帷幕及地表截水沟等隐蔽工程的施工组织、质量控制和交工验收内容。

2.2.6 试运行概况

简要介绍建设项目试运行期间各生产系统运行状况、安全设施运行效果、出现的问题及解决情况、日常安全管理、安全生产事故等情况。

【条文说明】

给出必要的运行参数以说明各生产系统运行状况，对试运行期间发现的问题及其整改情况进行说明。

2.2.7　安全设施概况

用表格形式分别列出建设项目的基本安全设施和专用安全设施目录。

【条文说明】

根据《金属非金属矿山建设项目安全设施目录（试行）》（国家安全生产监督管理总局令第75号）及《安全设施设计》，对建设项目涉及的所有安全设施进行枚举，并分基本安全设施和专用安全设施进行列表说明，实际建设中与设计不一致的要进行说明。

2.3　安全设施符合性评价

对照建设项目的《安全设施设计》，结合现场实际检查、竣工验收资料、施工记录、监理记录、检测检验、监测数据等相关资料，采用安全检查表方法检查基本安全设施、专用安全设施和安全管理等是否符合《安全设施设计》要求，进行逐项检查，评价其符合性，检查的结果为“符合”与“不符合”两种。对于每个符合性评价部分，应有相应的附件来证明。

对于每项设施，《安全设施设计》中提出了具体的参数要求，以《安全设施设计》中相关参数作为检查依据评价其符合性；如果没有提出具体的参数要求，则应以相关的法律法规、标准规程作为检查依据来评价其符合性。

《安全设施设计》中不涉及的内容不列入评价内容。

验收评价单元一般划为：安全设施“三同时”程序、露天采场、采场防排水系统、矿岩运输系统、供配电、总平面布置、通信系统、个人安全防护、安全标志、安全管理等单元。评价项目可以根据项目的特点，选择适合本项目的评价单元。

【条文说明】

根据审查通过的建设项目《安全设施设计》，逐一检查矿山的基本安全设施、专用安全设施设置情况与建设项目《安全设施设计》的符合性；按照法律法规的要求，查阅相关证照、安全管理资料，检查安全设施“三同时”程序、安全管理等与国家相关法律法规的符合性，做好相关记录，为《安全设施验收评价报告》提供数据资料。

参照《金属非金属露天矿山建设项目安全设施竣工验收表》，安全检查表的检查类别中，“■”表示该项为否决项，“△”表示为一般项。安全检查表评价的内容可能比《金属非金属露天矿山建设项目安全设施竣工验收表》中检查的内容要多，对于增加的内容，按一般项进行分析评价，原则上不再增加否决项。

检查表的检查项目可以参照《验收表》的检查项目，但不限于《验收表》的内容。

2.3.1　安全设施“三同时”程序

根据有关法律、法规、部门规章等规定，检查矿山建设企业的合法证件，对项目安全设施“三同时”的程序及实施情况的合法性进行评价。主要对安全预评价、安全设施设计、施工单位资质、监理单位资质、工程地质勘察单位资质、周边居民及建（构）筑物搬迁等方面进行符合性评价。

【条文说明】

对安全预评价单位、勘察单位、安全设施设计单位的资质进行复核，重点检查施工单位、监理单位资质的等级及其许可作业范围是否能够满足建设项目的要求，《安全设施设计》是否获得批复，重大设计变更是否经原批复单位审查批准等进行评价。

《建设项目安全设施“三同时”监督管理办法》（国家安全生产监督管理总局令第36号）第十七条规定：建设项目安全设施的施工应当由取得相应资质的施工单位进行，并与建设项目主体工程同时施工。

《建筑业企业资质管理规定》（建市〔2014〕159号，自2015年3月1日起施行）中对矿山工程施工总承包资质等级及承包工程范围有明确规定，具体见表 5－2－1。

《建设工程质量管理条例》(国务院令第 279 号）中规定：实行监理的建设工程，建设单位应当委托具有相应资质等级的工程监理单位进行监理。

《工程监理企业资质管理规定》(建设部令第 158 号）对专业工程类别和等级要求有明确规定，具体见表 5－2－2。

表 5－2－1　矿山工程施工总承包资质要求

工程类别	资质等级	承包工程范围
矿山工程	一级资质	可承担各类矿山工程的施工
	二级资质	承担下列矿山工程（不含矿山特殊法施工工程）的施工： （1）120×10^4 t/a 以下铁矿采、选工程； （2）120×10^4 t/a 以下有色砂矿或 70×10^4 t/a 以下有色脉矿采、选工程； （3）70×10^4 t/a 以下磷矿、硫铁矿或 36×10^4 t/a 以下铀矿工程； （4）24×10^4 t/a 以下石膏矿、石英矿或 80×10^4 t/a 以下石灰石矿等建材矿山工程
	三级资质	承担下列矿山工程（不含矿山特殊法施工工程）的施工： （1）70×10^4 t/a 以下铁矿采、选工程； （2）70×10^4 t/a 以下有色砂矿或 36×10^4 t/a 以下有色脉矿采、选工程； （3）36×10^4 t/a 以下磷矿、硫铁矿或 24×10^4 t/a 以下铀矿工程； （4）12×10^4 t/a 以下石膏矿、石英矿或 48×10^4 t/a 以下石灰石矿等建材矿山工程

注：矿山工程包括矿井工程（井工开采）、露天矿工程、洗（选）矿工程、尾矿工程、井下机电设备安装及其他地面生产系统和矿区配套工程。

其他地面生产系统是指转载点、原料仓（产品仓）、装车仓（站）以及相互连接的带式输送机栈桥的土建及相对应的设备安装工程。

矿区配套工程是指矿区内专用铁路工程、公路工程、送变电工程、通信工程、环保工程、绿化工程等。

表 5－2－2　矿山工程监理等级要求

工程类别		一级	二级	三级
矿山工程	冶金矿山工程	年产 100×10^4 t 以上的黑色矿山采选工程，年产 100×10^4 t 以上的有色砂矿采、选工程，年产 60×10^4 t 以上的有色脉矿采、选工程	年产 100×10^4 t 以下的黑色矿山采选工程，年产 100×10^4 t 以下的有色砂矿采、选工程，年产 60×10^4 t 以下的有色脉矿采、选工程	
	化工矿山工程	年产 60×10^4 t 以上的磷矿、硫铁矿工程	年产 60×10^4 t 以下的磷矿、硫铁矿工程	
	铀矿工程	年产 10×10^4 t 以上的铀矿，年产 200 t 以上的铀选冶	年产 10×10^4 t 以下的铀矿，年产 200 t 以下的铀选冶	
	建材类非金属矿工程	年产 70×10^4 t 以上的石灰石矿，年产 30×10^4 t 以上的石膏矿、石英砂岩矿	年产 70×10^4 t 以下的石灰石矿，年产 30×10^4 t 以下的石膏矿、石英砂岩矿	

2.3.2　露天采场

（1）对露天采场平台宽度、台阶高度、台阶坡面角、运输道路的缓坡段等进行符合性评价。

（2）对爆破安全距离界线、露天采场边界围栏、爆破安全设施（含躲避设施、警示旗、报警器、警戒带等）等进行符合性评价。

（3）对不稳定边坡（含破碎站边坡）处理和加固方法、边坡监测方法及监测点布置、溜井口的安全护栏、挡车设施、格筛等进行符合性评价。

（4）对废弃巷道、采空区和溶洞的充填、封堵措施或隔离设施、危险区域处理方法等进行符合性评价。

（5）对水力开采运矿沟槽上安全设施（盖板或金属网等）、挖掘船开采时挖掘船上的救护设备、作业人员救生器材等进行符合性评价。

【条文说明】

通过现场检查，查阅生产记录，评价露天采场安全平台、清扫平台和运输平台的宽度，以及台阶高度、台阶坡面角大小是否符合《安全设施设计》的要求。

通过现场检查，查阅爆破设计及爆破记录，评价爆破安全距离界线设置、爆破安全设施（含躲避设施、警示旗、报警器、警戒带等）设置是否符合《安全设施设计》以及相关法律法规、标准规程的要求。

露天采场的边界应设置安全护栏或警示标志，防止人员、牲畜等坠落。评价采场边界安全护栏或警示标志设置是否符合《安全设施设计》及相关法律法规、标准规程的要求。

对不良工程地质条件及不良水文地质条件下的采场边坡、道路边坡及工业场地边坡应采取安全加固及防护措施。评价边坡的安全加固及防护措施是否符合《安全设施设计》的要求。

矿山应根据最终边坡的稳定类型、分区特点确定各区监测级别。对边坡进行定点定期观测，包括坡体表面和内部位移观测、地下水位动态观测、爆破震动观测等。对存在不稳定因素的最终边坡应长期监测，发现问题及时处理。评价边坡监测方式、监测种类及监测点设置是否符合《安全设施设计》的要求。

为防止人员、车辆坠入溜井，应在溜井口设置安全护栏、挡车设施、格筛等，评价溜井口设置安全护栏尺寸、挡车设施尺寸及格筛规格等是否符合《安全设施设计》的要求。

开采境界内的废弃巷道、采空区和溶洞，应及时标在矿山平面图上，现场设置明显警示标志，并至少提前一个台阶进行处理。评价是否将开采境界内的废弃巷道、采空区和溶洞平面坐标及标高在矿山竣工或现状平面图上加以标注。未处理的废弃巷道、采空区和溶洞是否设置明显的警示标志，已经采取措施的区域是否符合《安全设施设计》要求。

水力开采上有行人的运矿沟槽，沟槽上应设盖板或金属网。深度超过 2 m 的沟槽，应设明显标志，并禁止人员靠近。评价沟槽上盖板或金属网是否符合《安全设施设计》的要求。

挖掘船开采的矿山，挖掘船上应设置水位警报、照明、信号、通信和救护设备，船体四周应用缆绳固定，防止飘浮摇摆，碰撞采场边坡面产生滑坡事故。评价沟槽挖掘船上的救护设备是否符合《安全设施设计》的要求。进入采场的作业人员，应穿戴救生器材。评价救生器材的配置是否符合《安全设施设计》的要求。

2.3.3 采场防排水系统

（1）对为保证采矿安全而设计的河流改道（含导流堤、明沟、隧洞、桥涵等）和河床加固工程、露天采场封闭圈以外的防洪堤、拦水坝、沉沙池、消能池（坝）、截水沟、排洪沟、截排水隧洞等进行符合性评价。

（2）对水泵、排水管道、水位与流量监测系统进行符合性评价。

（3）对大水矿山露天采场内外部地表疏干井和边坡放水孔、帷幕注浆进行符合性评价。

【条文说明】

通过现场检查，查阅施工记录及单项工程验收资料，评价导流堤、明沟、隧洞、桥涵等的平面布置、高度、宽度、边坡系数及表面防护层的厚度等是否符合《安全设施设计》的要求。

通过现场检查，查阅施工记录及单项工程验收资料，评价河床加固工程平面布置、结构类型、材料及断面尺寸等参数是否符合《安全设施设计》的要求。

通过现场检查，查阅施工记录及单项工程验收资料，评价防洪堤、拦水坝的平面布置、高度、堤坝顶宽度、边坡系数及回填物料及表面防护层的厚度等是否符合《安全设施设计》的要求。

通过现场检查，查阅施工记录及单项工程验收资料，评价截水沟、排洪沟的平面布置、纵坡度、深度、宽度、边坡系数及砌护类型和厚度等是否符合《安全设施设计》的要求。

评价排水方式、水泵的型号及数量、扬程、排水管路的管径、数量等是否符合《安全设施设计》的要求。

通过现场检查，查阅监测数据，评价地下水水位和流量监测设施的位置、数量及监测频次等是否符合《安全设施设计》的要求。

通过现场检查，查阅施工记录及单项工程验收资料，评价疏干井的布置形式、孔径、井数、深度、间距、水泵型号与数量、排水管尺寸及水泵房等是否符合《安全设施设计》的要求。

通过现场检查，查阅施工记录及单项工程验收资料，评价边坡放水孔的布置形式、孔径、孔数、深度、间距及孔口设置等是否符合《安全设施设计》的要求。

通过现场检查，查阅施工记录及单项工程验收资料，检查防渗帷幕的结构形式、布置方式、注浆工艺参数、注浆材料、底部厚度及堵水效果是否符合《安全设施设计》的要求。

2.3.4 矿岩运输系统

2.3.4.1 铁路运输

对安全线、避让线、制动检查所、限界架、道口护栏、警示报警设施，安全护栏、防护网、线路护轮轨、防溜车设施、减速器、阻车器、挡车设施与警示标志、防爬设施、曲线轨道加固措施、运输巷道防护措施等进行符合性评价。

【条文说明】

略。

2.3.4.2 汽车运输

对道路边坡加固和防护措施、运输巷道防护措施、运输道路上的安全护栏、挡车设施、紧急避险道、声光报警装置、卸载点安全挡车设施等进行符合性评价。

【条文说明】

略。

2.3.4.3 带式输送机运输

对带式输送系统各种闭锁和机械、电气保护装置、运输巷道防护措施、带式输送机的安全护罩、安全护栏、梯子、扶手等进行符合性评价。

【条文说明】

略。

2.3.4.4 架空索道运输

（1）对架空索道的承载钢丝绳、牵引钢丝绳、制动系统、控制系统等进行符合性评价。

（2）对线路经过厂区、居民区、铁路、道路时的安全防护措施、线路与电力、通信架空线交叉时的安全防护措施、站房安全护栏等进行符合性评价。

【条文说明】

略。

2.3.4.5 斜坡卷扬运输

对提升装置（包括制动系统、控制系统、提升钢丝绳及其连接装置）、提升容器（包括箕斗、矿车和人车）、阻车器、安全挡车设施、轨道两侧的堑沟、安全隔挡设施、轨道防滑措施、人行道、梯子和扶手、斜坡上的防止跑车装置、提升机房内的安全护栏等进行符合性评价。

【条文说明】

略。

2.3.4.6 溜井及破碎系统

对溜井底放矿硐室的安全通道、安全挡车设施、格筛和安全标志以及安全护栏、护罩、盖板、扶手、防滑钢板、主风机进风口的安全护栏和防护网等进行符合性评价。

【条文说明】

略。

2.3.5 供配电

（1）对供电电源、供电线路及总降压主变压器、高（低）压供配电系统中性点接地方式、采场供配电系统的各级配电电压等级、向采场供电的变配电室防火门及金属线网门、照明设施、地面建筑物防雷设施、牵引变电所接地设施、采场变配电室应急照明设施等进行符合性评价。

（2）对低压配电系统故障（间接接触）防护装置、直流牵引变电所电气保护设施、直流牵引网络安全措施、爆炸危险场所电机车轨道电气安全措施、用电设备和配电线路的继电保护装置、裸带电体基本（直接接触）防护设施、保护接地等进行符合性评价。

【条文说明】

通过现场检查，查阅单项工程验收资料，评价矿山供电电源、供电线路是否符合《安全设施设计》的要求，其中有一级负荷的矿山应设有双重电源且任意一路电源均满足负荷要求；检查架空线载流导体、高低压电缆的型号、规格，特别是向移动式设备供电的电缆型号、规格是否符合《安全设施设计》的要求；评价变压器的型号、容量及数量配置是否符合《安全设施设计》的要求；评价高（低）压供配电系统中性点接地方式、采场供配电系统的各级配电电压等级是否符合《安全设施设计》的要求；评价照明设施设置位置、照度和防护措施是否符合《安全设施设计》的要求；检查接闪器型式，引下线、接地极数量，查阅接地电阻测试记录，评价防雷设施是否符合《安全设施设计》的要求；牵引变电所是否有接地设施，其接地电阻是否符合《安全设施设计》的要求；评价变配电硐室（所）结构形式、设备布置、消防器材配置、出口设置、应急照明等是否符合《安全设施设计》的要求。

通过现场检查，查阅单项工程验收资料，评价各变配电室的过负荷保护、短路保护、漏电保护、继电保护等电气保护是否符合《安全设施设计》的要求；评价外露可导电部分的接地、建筑物内总等电位连接、辅助等电位的设置情况是否符合《安全设施设计》的要求；评价设备的接地设施所用材料、配置及电阻值是否符合《安全设施设计》的要求。

2.3.6 总平面布置

2.3.6.1 工业场地

（1）对为保证露天开采和工业场地的安全而进行的河流改道及河床加固（含导流堤、明沟、隧洞、桥涵等）、地表截排水（地表截水沟、排洪沟/渠、防洪堤、拦水坝、截排水隧洞、沉沙池、消能池/坝等）等进行符合性评价。

（2）对工业场地边坡、护坡和安全加固措施等进行符合性评价。

【条文说明】

通过现场检查，查阅施工记录及单项工程验收资料，评价河流改道的位置、断面尺寸、河床加固（包括导流堤、明沟、隧洞、桥涵等）的结构参数、地表截排水（截水沟、排洪沟、防洪堤等）的结构参数等安全设施是否符合《安全设施设计》的要求。

通过现场检查，查阅施工记录及单项工程验收资料，评价工业场地边坡的护坡及加固工程是否符合《安全设施设计》的要求。

2.3.6.2 建（构）筑物防火

对总平面布置中各建筑物的火灾危险性、耐火等级、防火距离、厂区内消防通道设置等进行符合性评价。

【条文说明】

通过现场检查，查阅单项工程验收资料，评价工业场地的各建筑物的火灾危险性、耐火等级、防火间距、厂区内消防通道的尺寸是否符合《安全设施设计》的要求。

2.3.6.3　排土场（废石场）

（1）对排土场安全平台、阶段高度、运输道路缓坡段等进行符合性评价。

（2）对排土场底部排渗设施、地基处理措施、排土场监测、截水沟、排水沟、排水隧洞、截洪坝、照明及拦挡设施等进行符合性评价。

【条文说明】

通过现场检查，结合图纸，评价排土场位置选择是否符合《安全设施设计》的要求；评价排土场排土工艺、排土顺序、排土场的阶段高度、堆置高度、安全平台宽度、边坡角、反坡、运输道路缓坡段及相邻阶段同时作业的超前堆置距离等参数是否符合《安全设施设计》的要求。

通过现场检查，查阅单项工程验收资料，评价排土场底部排渗设施、地基处理、排土场监测设施设置、照明设施设置是否符合《安全设施设计》的要求。

通过现场检查，查阅单项工程验收资料，评价截水沟、排水沟、排水隧洞、截洪坝的平面布置、宽度、深度、纵坡度及砌护类型和厚度等是否符合《安全设施设计》的要求。

评价排土场滚石、泥石流、滑坡等灾害防治措施，包括堆石坝等拦挡措施，以及其他相关安全措施是否符合《安全设施设计》的要求。

为防止汽车坠下排土场，在汽车排土卸载平台边缘需设置挡车措施。评价汽车排土卸载平台边缘挡车设施的设置位置、形式是否符合《安全设施设计》的要求。

2.3.7　通信系统

对联络通信系统、信号系统、监视监控系统进行符合性评价。

【条文说明】

通过现场检查，查阅单项工程验收资料，评价有线通信联络的方式、数量、安装位置是否符合《安全设施设计》以及相关法律法规、标准规范的要求。

通过现场检查，查阅单项工程验收资料，评价运输道路信号系统的方式、数量、安装位置、电缆敷设是否符合《安全设施设计》以及相关法律法规、标准规范的要求。

通过现场检查，查阅单项工程验收资料，评价各建（构）筑物的视频监控的设备种类、数量、安装位置是否符合《安全设施设计》以及相关法律法规、标准规范的要求。

2.3.8　个人安全防护

对矿山工作人员配备的个人安全防护用品（包括防护用品的发放、防护用品的佩戴）等进行符合性评价。

【条文说明】

通过现场检查，查阅发放记录，评价矿山工作人员配备的个人安全防护用品（包括防护用品的发放及佩戴）是否符合《安全设施设计》以及相关法律法规、标准规范的要求。

2.3.9　安全标志

对矿山生产地点设置的安全标志（包括矿山、交通、电气安全标志）等进行符合性评价。

【条文说明】

矿山企业的要害岗位、重要设备和设施及危险区域，是否根据其可能出现的事故模式，设置相应的符合要求的安全警示标志，评价各类安全标志是否符合《安全设施设计》以及相关法律法规、标准规范的要求。

2.3.10　安全管理

2.3.10.1 组织与制度

对安全组织机构及人员配备、安全教育及培训、特种作业人员持证情况、规章制度、安全投入、安全教育和培训（场地、费用）等进行符合性评价。

【条文说明】

通过查阅安全生产管理机构设置文件及安全管理人员任命文件，评价其是否符合《安全设施设计》以及相关法律法规、标准规范的要求。

通过查阅安全生产教育培训计划、记录，企业是否对职工进行安全生产教育和培训，新进露天矿山的作业人员，是否进行了安全教育并考试合格；调换工种的人员，是否进行了新岗位安全操作的培训等，评价其是否符合《安全设施设计》以及相关法律法规、标准规范的要求。

特种作业人员主要从是否按照国家有关规定经专门的安全作业培训，取得相应资格证书等方面评价其是否符合《安全设施设计》以及相关法律法规、标准规范的要求。

规章制度主要从企业是否建立健全以法定代表人负责制为核心的各级安全生产责任制，健全完善安全目标管理、安全例会、安全检查、安全教育培训、生产技术管理、机电设备管理、劳动管理、安全费用提取与使用、重大危险源监控、安全生产隐患排查治理、安全技术措施审批、劳动防护用品管理、生产安全事故报告和应急管理、安全生产奖惩、安全生产档案管理等制度，以及各类安全技术规程、操作规程等方面评价其是否符合《安全设施设计》以及相关法律法规、标准规范的要求。

通过查阅安全费用提取及使用记录，评价矿山安全费用提取及使用是否符合国家相关法律法规的要求。

2.3.10.2 安全运行管理

对生产计划、现场管理及生产安全检查等进行符合性评价。

【条文说明】

检查安全生产档案是否齐全，主要包括设计资料、竣工资料、生产计划、图纸、安全检查记录以及其他与安全生产有关的文件、资料和记录，评价其是否符合《安全设施设计》以及相关法律法规、标准规范的要求。

2.3.10.3 应急救援

对矿山救护队或兼职救护队的人员组成及技术装备、应急预案等进行符合性评价。

【条文说明】

评价矿山企业是否建立由专职或兼职人员组成的事故应急救援组织，配备必要的应急救援器材和设备；生产规模较小不必建立事故应急救援组织的，是否指定兼职的应急救援人员，并与临近的事故救援组织签订救援协议。

评价矿山企业是否根据存在风险的种类、事故类型和重大危险源的情况制定综合应急预案和相应的专项应急预案，风险性较大的重点岗位是否制定现场处置方案，是否进行了应急演练；应急预案是否经过评审及备案。

2.4 安全对策措施建议

根据安全设施验收评价中发现的问题或不足以及矿山项目存在的特殊安全因素，依据国家相关安全生产法律、法规、标准和规范的要求，借鉴类似矿山的安全生产经验，提出具有针对性、实用性和可操作性的安全对策措施建议。

【条文说明】

安全对策措施建议应具有针对性和可操作性，既要符合有关安全生产法律、法规、规章、规范性文件和标准的规定，又不能照抄规程规范条款。根据可能致使已建成的建设项目安全设施和措施失效或破坏的危险、有害因素，提出对策措施及建议。

2.5 评价结论

简要说明评价对象安全设施建设和《安全设施设计》的符合性。明确说明评价对象是否符合安全设施验收的条件，评价结论分为“符合”和“不符合”两种。

以下情况评价结论为“符合”：

《国家安全监管总局关于规范金属非金属矿山建设项目安全设施竣工验收工作的指导意见》(安监总管一〔2016〕14 号) 附表《金属非金属露天矿山建设项目安全设施竣工验收表》中没有否决项的检查结论为“不符合”且验收检查项总数中检查结论为“不符合”的项少于5%。

符合以下情况之一的，评价结论为“不符合”：

一是《国家安全监管总局关于规范金属非金属矿山建设项目安全设施竣工验收工作的指导意见》附表《金属非金属露天矿山建设项目安全设施竣工验收表》中有否决项检查的结论为“不符合”；

二是《国家安全监管总局关于规范金属非金属矿山建设项目安全设施竣工验收工作的指导意见》附表《金属非金属露天矿山建设项目安全设施竣工验收表》中验收检查项总数中检查结论为“不符合”的项超过5% (含5%)。

【条文说明】

建议按验收评价单元分别列出安全设施建设与《安全设施设计》的符合性。

总体评价结论应明确。统计安全设施符合性评价章节中安全检查表的所有检查项数量、符合项数量、不符合项数量（必须包含《金属非金属露天矿山建设项目安全设施竣工验收表》中与本项目《安全设施设计》相关的检查项)，计算不符合项的百分比，得出是否具备安全设施竣工验收条件的结论。

2.6 附件

建设项目合法证明材料，包括（但不限于）建设项目立项审批、核准或备案文件、建设项目《安全设施设计》批复文件和其他企业生产合法证件等，各评价单元的主要证明材料，包括（但不限于）设计变更通知书、质量检验评定表、验收记录、检测检验证书、各类资格证书、安全检查记录和培训记录、现场照片等。

附件应有序排列编号，要齐全、简洁（如：安全管理制度附目录、记录等抽取一次等)。

附件可单独成册。

【条文说明】

除上述基本附件外，尚需根据项目情况补充，附件为安全设施验收评价报告的重要支撑，对于每个检查的结论，都应有相应的附件作为其支撑。附件应有编号，并能与检查表对应。

2.7 附图

安全设施验收评价报告应附以下图纸，可根据实际情况进行调整：

(1) 地形地质图；

(2) 总平面布置竣工图；

(3) 露天开采现状图；

(4) 排土场现状图；

(5) 开拓运输系统基建终了竣工图；

(6) 露天采场排水系统基建终了竣工图；

(7) 排土场排水系统基建终了竣工图；

(8) 全矿(含露天)供电系统竣工图。

没有竣工图不能组织验收。

竣工图纸应与现场实际相符。竣工图应由施工单位按照实际的施工情况出图,且应有施工单位、监理单位的有关人员签字确认,并加盖相应单位公章。

竣工图中的字体、线条和各种标记应清晰可读,签字齐全,有彩色内容的图纸宜采用彩图。

如果项目竣工与原有施工图有少于三处修改(包括增加、修改和删除)的地方,可以在原有施工图修改的地方手工标识、签字盖章后,原有施工图纸上加盖竣工章可以作为竣工图纸,其余施工图不能作为竣工图。

附图可单独成册。

【条文说明】

验收评价所附的图纸主要为竣工图和现状图,图纸应与现场实际相符。附图应有编号,并能与检查表对应。

2.8 附录

露天矿山建设项目安全设施验收评价需要建设单位提供资料目录如下:

(1) 矿山概况。

a. 企业法人营业执照。

b. 立项批准文件(或核准、备案文件)。

c. 采矿许可证。

(2) 落实安全设施"三同时"程序文件。

a. 安全预评价报告。

b. 项目《安全设施设计》评审意见和批复文件。

c. 项目《安全设施设计》重大变更的评审意见和批复文件。

(3) 项目技术文件。

a. 项目初步设计。

b. 项目《安全设施设计》。

c.《安全设施设计》的设计变更通知单。

d. 地质勘探报告、工程勘查报告、地质灾害危险性评估报告。

e. 其他的一些专题性研究。

(4) 项目建设情况。

a. 施工单位资质。

b. 监理单位资质。

c. 单项工程、单位工程验收资料,评级情况,工程质量认证资料。

d. 隐蔽工程的检查验收记录。

e. 施工总结和监理总结报告。

f. 反映安全设施实际情况的图纸,包括:地形地质图,总平面布置竣工图,露天开采终了境界平面图,露天开采现状图,排土场现状图,开拓运输系统竣工图,露天采场排水系统竣工图,排土场排水系统竣工图,供电系统竣工图等。

(5) 安全设施说明(以具体的安全设施设计为准)。

a. 安全设施、设备、装置试运行情况。

b. 采场、工业场地消防器材台账。

c. 特种设备台账。

d. 防爆电气、消防报警设施台账。
e. 矿山安全检验、检测和测定数据资料及仪表、设施台账。
f. 安全应急救援物资台账（含排土场应急物资）。
g. 矿用产品安全标志及其使用情况资料。
（6）安全管理资料。
a. 安全生产管理机构、专职安全生产人员聘任文件。
b. 安全生产责任制。
c. 安全生产管理规章制度。
d. 事故应急救援预案、应急预案的备案表、应急预案的演练记录、总结。
e. 兼职矿山救护队相关人员名单、应急救援器材设备清单、矿山救援协议。
f. 特殊工种培训、考核记录及其操作资格证书。
g. 安全检查记录、安全不符合项整改情况及其反馈、复查记录资料。
h. 为职工缴纳工伤保险的证明。
i. 安全教育、培训台账等资料。
j. 项目投资决算总额及安全设施投资表。
k. 个人安全防护用品台账发放记录。
l. 试运行期间生产安全事故情况。
m. 其他安全管理和安全技术措施。
（7）安全设施验收评价所需的其他资料和数据。

【条文说明】

附录非《安全设施验收评价报告》的内容，为提供给建设单位在施工期间就应注意保留和收集的主要材料的清单。

3 尾矿库安全设施验收评价

前言

简述项目的建设背景、项目性质、地理位置、尾矿库等别等基本情况，评价项目委托方及评价工作过程等。

【条文说明】

基本情况主要包括：项目建设背景、项目的性质（新建、改建、扩建），以及尾矿库坝高、库容、排洪方式、筑坝方式等。

评价工作过程是指评价工作开展情况，包括接受委托、资料收集、现场考察、提出整改意见及建设单位落实情况、报告编制和内部审核过程等情况。

3.1 评价范围与依据

3.1.1 评价对象和范围

描述评价项目名称，根据《安全设施设计》明确安全验收评价范围。安全验收评价范围主要是该项目的安全设施，包括基本安全设施和专用安全设施。

【条文说明】

评价报告中的建设项目名称应与《安全设施设计》批复中的名称一致。

评价范围主要依据批复的《安全设施设计》，主要是该项目的安全设施，包括基本安全设施和专用安全设施。应说明哪些方面不在验收评价范围内，在验收评价报告的写作中可以列表或者枚举出建设项目的所有安全设施，对于不属于安全设施的建设项目可不列入安全设施验收评价范围，如压滤车间、库外回水系统（回水管路、泵房）、尾矿输送系统等。

3.1.2 评价依据

3.1.2.1 法律法规

列出建设项目安全验收评价应遵循的现行的有关安全生产法律、行政法规、部门规章、地方性法规、地方政府规章和有关规范性文件，并标注其文号及施行日期。

每个层次内按发布时间顺序列出，列出的法律法规应为最新版本，并标注其文号及实施日期，要有针对性和完整性，要有序排列。

【条文说明】

在列出法律法规时应注意：一是应为最新版本，保证最新发布的安全法律法规得到及时落实，严禁引用废止的法律法规；二是应具有针对性且完整，报告中没有用到的不应列出；三是要书写完整、规范，不得使用简略方式，应完整标注法律法规名称、发布机构、文号及施行日期；四是要根据评价项目的需要优先选择最合适的法律法规；五是顺序上按法律、行政法规、地方性法规、部门规章、地方政府规章和规范性文件先后有序列出，同一类别的按照发布时间先后列出。

3.1.2.2 标准规范

列出建设项目安全验收评价应遵循的国家标准、行业标准、地方标准和有关规范。

按照国家标准、行业标准、地方标准的顺序排列，每个层次内按照发布时间顺序列出。列出的标准规范应为最新版本，并为现行有效。

所列标准应与本建设项目的安全生产相关，在报告中没有引用到的标准规范不列入。

【条文说明】

在列出标准规范时应注意：一是应为最新版本且现行有效，保证最新发布的标准规范得到及时落实，严禁引用废止的标准规范；二是应具有针对性且完整，报告中没有引用到的标准规范不列出；三是要书写完整、规范、统一，应完整标注标准规范名称、编号；四是顺序上按强制性国标（GB）、推荐性国标（GB/T）、国家标准指导性技术文件（GB/Z）、行业标准、地方标准先后列出，每个层次内按照发布时间顺序列出。

3.1.2.3 建设项目合法证明文件

列出建设项目安全验收评价所依据的合法证明文件，包括但不限于建设项目《安全设施设计》批复文件及重大设计变更批复文件。

所列的文件包括发文单位、日期和文件号等相关内容。

【条文说明】

建设项目的合法证明文件是指支撑该建设项目建设过程合法的文件，根据《安全生产法》和《建设项目安全设施"三同时"监督管理办法》(国家安全生产监督管理总局令第 36 号）等，所列的合法证明文件有《安全设施设计》批复文件、《安全设施设计重大设计变更》批复文件、尾矿库建设项目用地使用许可证明和其他证明文件。

3.1.2.4 建设项目技术资料

列出建设项目安全验收评价所依据的有关技术资料（包括文件名称、编制单位和日期等相关内容），包括但不限于下列资料：

(1) 建设项目《安全设施设计》；

(2) 建设项目施工图设计资料和设计变更；

(3) 建设项目地质勘察报告、地质灾害危险性评估报告；

(4) 相关专题研究（试验）报告；

(5) 建设项目施工记录（含隐蔽工程施工记录及中间验收记录）、竣工报告及竣工图；

(6) 建设项目施工监理记录和施工监理报告。

【条文说明】

安全设施验收评价所依据的技术性资料要真实可靠、完整，(1)~(4) 应有相关单位公章，(5)(6) 应有相关单位公章及有关人员签章。

3.1.2.5 其他评价依据

列出建设项目安全设施验收评价所依据的其他有关资料，如建设项目安全验收评价委托书（任务书、合同书）等。

【条文说明】

安全设施验收评价所依据的其他有关资料要真实可靠、完整，应有相关单位公章。

3.2 建设项目概述

3.2.1 建设单位概况

简要介绍建设单位历史沿革、经济类型、隶属关系等基本情况，建设项目背景及立项情况。

简要介绍建设项目行政区划、地理位置及交通等。

【条文说明】

建设项目背景及立项情况主要包括项目由来、立项批准或者备案（如有)、安全预评价、《安全设施设计》(含重大设计变更）及其批复等情况（包括相应编制单位及编制时间)。

3.2.2 自然环境概况

简要介绍区域地形地貌、气候（包括降雨量、风向、主导风向、气温、冻土深度）、地震烈度等。

【条文说明】

气候介绍应说明气候类型，并结合地域情况，突出建设项目所在地的自然环境特征，如沿海区域的台风、北部区域的低温和冻土、南部区域的降雨等。

降雨量应说明最大降雨量及平均降雨量，主导风向应说明全年主导风向、不同季节主导风向，气温应说明最高温度、最低温度和平均温度。

3.2.3 地质概况

简要介绍区域地质情况，库区地层、地质构造和岩石等库区地质情况，库区自然地质现象，水文地质条件、类型和特征，库区工程地质岩组、岩体结构特征、工程地质特征等工程地质情况。

应重点说明存在哪些不良地质条件。

【条文说明】

地质概况应结合实际揭露的情况（地质素描或地质描述）和提供的相关地质资料进行介绍。应详细说明第四系、地质构造等工程地质条件，以及可能对尾矿库安全造成影响的岩溶、采空区、滑坡、雪崩和泥石流等地质环境。

3.2.4 建设概况

简要介绍尾矿库项目实际建设的主要内容，包括但不限于以下内容。

3.2.4.1 *尾矿库现状*

改建或扩建工程，应简要介绍原有尾矿库情况、安全生产现状、利旧工程等。

【条文说明】

新建项目此处可不进行介绍。

原设计和已有工程情况介绍时，应分别说明原设计的和改（扩）建前实际的库容、坝高、等别及尾矿库坝体、防洪系统、安全监测设施等情况，说明安全生产许可证持有及安全生产标准化达标（如有）等情况。

利旧工程是指本项目中继续利用的原有系统（工程），介绍时应说明其基本情况及安全状况；对于废弃系统（工程），介绍时应说明其停用情况及采取的处理措施。

介绍与原系统的相互关系和影响时，应简要说明原系统中与本项目发生相互影响的部分，如坝下排水管、坝体排渗管等。

3.2.4.2 *尾矿库库址*

简要介绍尾矿库位置、地形地貌、库区周边环境、下游居民及重要设施情况等。

【条文说明】

介绍库区周边环境时，应重点说明可能影响建设项目安全的地质构造，岩溶、采空区、滑坡、雪崩、泥石流等地质环境和库区水系、汇流条件、汇水面积等水利条件，以及周边土地开发、矿床开采、树木砍伐、放牧等人类活动情况。

库区周边环境应详细描述，对于尾矿库是否位于下列地区进行明确说明：

（1）大型工矿企业、大型水源地、重要铁路和公路、水产基地和大型居民区上游。

（2）居民集中区主导风向的上风侧。

（3）有开采价值的矿床上面。

若库区选定的位置存在上述情况，应说明周边存在的大型工矿企业、大型水源地、重要铁路、居民集中区等与库址之间的方位关系，各个周边关系点与尾矿坝轴线之间的距离和各个周边关系点的标高。应说明尾矿库下游1 km范围内的工矿企业、地表水体、公路、铁路、居民区、风景区、名胜古迹等对象的规模、等级及其与尾矿库的水平距离、高差。

3.2.4.3 库容、等别及建设标准

简要介绍尾矿相关基础数据、尾矿库库容、尾矿坝坝高、尾矿库等别、主要构筑物级别、最小安全超高、最小干滩长度、防洪标准、尾矿坝抗滑稳定安全系数、最小浸润线埋深等设计标准。

【条文说明】

尾矿相关基础数据主要是指选厂规模、尾矿产率、年尾矿量、总尾矿量、入库量、颗粒密度、堆积干密度、粒度分级、排放浓度等，其中粒度应说明 -200 目所占比例。

对改建、扩建项目，介绍尾矿库库容和坝高时，应分别说明原有和新增库容和坝高。

3.2.4.4 尾矿坝

简要介绍初期坝（主要包括初期坝类型、坝基处理、坝体结构及主要尺寸、筑坝材料等）、尾矿堆积坝（主要包括筑坝方法、子坝结构及主要尺寸、坝肩截水沟、坝面排水沟及护坡等）和排渗设施、防渗设施等。

【条文说明】

初期坝主要介绍实际竣工的相关参数和情况，对设置有棱体、排渗体或反滤体的初期坝，应说明其结构形式和参数；同时，应说明坝基处理及验收情况。如果有拦洪坝、副坝，应予说明。

初期坝坝体结构及主要尺寸是指坝顶标高、坝顶宽度、内外坡坡比和坝坡护坡型式及厚度等。

应说明初期坝筑坝所用材料及其物理力学性质，如抗压强度、软化系数等。

扩容项目堆积坝根据安全设施设计进行介绍，一次性筑坝的，无堆积坝的相关内容。

3.2.4.5 防洪系统

简要介绍尾矿库洪水计算、调洪演算、排洪方式，防洪排水构筑物型式、布置、主要尺寸、建筑材料等。

【条文说明】

根据建设项目安全设施设计，简要介绍防洪标准和排洪方式，可只列出洪水计算和调洪演算结果。

介绍防洪排水构筑物的布置时，应说明布置线路的地基处理情况。

防洪排水构筑物的主要尺寸指的是排水井的进水口标高、井筒高度、直径和壁厚，排水斜槽的进水口标高、断面尺寸、长度、壁厚、坡度、出口标高，隧洞的断面尺寸、长度、衬砌厚度、坡度、出口标高，溢流堰的堰顶标高及其断面尺寸。

3.2.4.6 安全监测

简要介绍位移、浸润线、渗流、干滩、库水位、降水量、视频监控及地质灾害等安全监测设施、设备、日常观测及管理等。

三等及三等以上尾矿库简要介绍在线监测系统建设情况。

【条文说明】

介绍安全监测设施时，应说明实际竣工的尾矿库安全监测项目、监测点的布置、监测设备设施，以及监测频率、日常监测的管理及数据分析等情况。其中，三等（含三等）以上尾矿库应说明在线监测系统的监测内容、监测点布置、设备设施的规格型号。

3.2.4.7 干式尾矿运输

简要介绍干式尾矿运输方式及其主要设施。

【条文说明】

对于干式堆存的尾矿库，应说明尾矿运输采用的方式及运输设施（包含库外和库内）。

3.2.4.8 库内船只

简要介绍库内回水浮船或运输船情况。

【条文说明】

介绍库内船只时，应介绍库内回水浮船、运输船防护设施情况（包含安全护栏、救生器材、浮

船固定设施、电气设备接地设施）。

3.2.4.9 辅助设施

简要介绍交通道路布置情况，包括库区巡查道路，尾矿坝、排洪系统与值班室及外部道路的连通道路和尾矿坝应急上坝道路等；尾矿库通信设施设置情况；尾矿库照明设施设置情况；尾矿库管理站设置情况；报警系统设置；库区安全护栏设置情况。

【条文说明】

介绍辅助设施时，简要介绍尾矿库的库区巡查道路及其走向布置情况，简要介绍通信设施设置（采用的是固定电话、移动电话，还是无线对讲系统，是否有通讯录等情况）；简要介绍照明设施的设置情况（共设置多少照明设施及其所处位置、标高）；简要介绍尾矿库管理站的位置，标高与尾矿坝之间的位置关系。

尾矿库的报警系统（面向周边人员的广播、警报、电话等装置）是指《安全设施设计》中设计的报警装置。简要介绍安全防护栏的设置情况。

3.2.4.10 个人安全防护

简要介绍尾矿库工作人员配备的个人安全防护用品情况。

【条文说明】

介绍个人安全防护用品时，应介绍与尾矿库相关人员的劳动防护用品发放及配备情况，现场巡查时是否按照要求正确佩戴了劳动安全防护用品。

3.2.4.11 安全标志

简要介绍尾矿库库区及周边设置的安全标志，包括尾矿库、交通、电气安全标志。

【条文说明】

略。

3.2.4.12 安全管理

简要介绍企业安全组织机构设置、人员教育培训及取证、安全生产制度、操作规程、应急救援预案、救护队人员和设备配备、现场管理、安全检查等安全管理情况。

【条文说明】

简要介绍企业的实际安全管理情况，包括企业安全组织机构设置、人员教育培训情况及取证情况、安全生产制度及操作规程等。

简要介绍应急救援预案编制及演练等情况。

简要介绍外包施工单位的安全管理情况。

3.2.4.13 安全设施投入

简要说明项目投资决算和安全设施投资明细等。

【条文说明】

明确项目实际发生的总投资，列出专用安全设施投资明细。

3.2.4.14 设计变更

简要说明建设项目设计变更。

【条文说明】

设计变更分为重大变更及一般变更两种，重大变更应列出时间、原审查部门审查情况等详细内容，一般变更分类（分系统）简要介绍。

重大变更的内容以《国家安全监管总局关于印发金属非金属矿山建设项目安全设施设计重大变更范围的通知》（安监总管一〔2016〕18号）中的《金属非金属矿山建设项目安全设施设计重大变更范围》为准。建设单位在建设期间对已经批准的金属非金属矿山建设项目安全设施设计作出变更的，且列入《金属非金属矿山建设项目安全设施设计重大变更范围》的，应当编写金属非金属矿山建设项目安全设施重大变更设计，并报原批准部门审查同意。

一般变更由原设计单位签字盖章即可。

3.2.4.15　其他

简要介绍建设项目其他需要说明的内容。

【条文说明】

略。

3.2.5　施工监理概况

简要介绍项目施工、监理单位基本情况，建设项目开工、竣工日期及其工程进度控制情况，重点分项工程、隐蔽工程施工组织、质量控制和交工验收等基本情况。

【条文说明】

介绍施工、监理概况时，应首先对建设项目的所有施工单位和监理单位进行说明，介绍各施工单位所承建和监理单位所受委托的内容，简要说明施工单位、监理单位所具有的资质范围及等级等情况。

介绍重点分项工程、隐蔽工程施工组织、质量控制和交工验收等基本情况时，应首先根据施工单位编制的《施工组织设计方案》对整个建设项目的单位、分部、分项、单元工程划分情况进行简要说明，介绍尾矿坝的地基开挖、坝体填筑、排洪构筑物的地基开挖等隐蔽工程的施工组织、质量控制和交工验收内容。

3.2.6　试运行概况

简要介绍建设项目试运行期间各生产系统运行状况、安全设施运行效果、出现的问题及解决情况、日常安全管理、安全生产事故等情况。

【条文说明】

给出尾矿库试运行期间坝体最大沉降量、滩面平均坡度、安全超高、干滩长度等必要的运行参数，对试运行期间发现的问题及其整改情况进行说明。

3.2.7　安全设施目录

用表格形式分别列出建设项目的基本安全设施和专用安全设施目录。

【条文说明】

本节应根据《金属非金属矿山建设项目安全设施目录（试行）》(国家安全生产监督管理总局令第 75 号）及建设项目《安全设施设计》对建设项目涉及的所有安全设施进行枚举，并分基本安全设施和专用安全设施进行列表说明，实际建设中与设计不一致的要进行说明。

3.3　安全设施符合性评价

对照建设项目的《安全设施设计》，结合现场实际检查、竣工验收资料、施工记录、监理记录、检测检验、监测数据等相关资料，采用安全检查表方法检查基本安全设施、专用安全设施和安全管理等是否符合《安全设施设计》要求，进行逐项检查，评价其符合性，检查的结果为“符合”与“不符合”两种。对于每个符合性评价部分，应有相应的附件来证明。

对于每项设施，《安全设施设计》中提出了具体的参数要求，以《安全设施设计》中相关参数作为检查依据评价其符合性；如果没有提出具体的参数要求，则应以相关的法律法规、标准规程作为检查依据来评价其符合性。

《安全设施设计》中不涉及的内容不列入评价内容。

尾矿库验收评价单元一般划为：安全设施“三同时”程序、尾矿坝、防排洪、地质灾害及雪崩防护、安全监测、排渗、干式尾矿运输、库内船只、辅助设施、个人安全防护、安全标志和安全管理等单元。评价项目可以根据项目的特点，选择适合本项目的评价单元。

【条文说明】

根据审查通过的建设项目《安全设施设计》，逐一检查尾矿库的基本安全设施、专用安全设施设置情况与建设项目《安全设施设计》的符合性；按照法律法规的要求，查阅相关证照、安全管理资料，检查安全设施“三同时”程序、安全管理等与国家相关法律法规的符合性，做好相关记录，为《安全设施验收评价报告》提供数据资料。

参照《金属非金属矿山尾矿库建设项目安全设施竣工验收表》，安全检查表的检查类别中，“■”表示该项为否决项，“△”表示为一般项。安全检查表评价的内容可能比《金属非金属矿山尾矿库建设项目安全设施竣工验收表》中检查的内容要多，对于增加的内容，按一般项进行分析评价，原则上不再增加否决项。

检查表的检查项目可以参照《验收表》的检查项目，但不限于《验收表》的内容。

3.3.1 安全设施“三同时”程序

根据有关法律、法规、部门规章等规定，检查尾矿库建设企业的合法证件，对项目安全设施“三同时”的程序及实施情况的合法性进行评价。主要对安全预评价、安全设施设计、施工单位资质、监理单位资质、工程地质勘察单位资质、下游居民及建（构）筑物搬迁等方面进行评价。

【条文说明】

根据《安全生产法》《尾矿库安全监督管理规定》等对建设项目的《安全预评价》《安全设施设计》的编制单位和项目的施工单位、监理单位、工程地质勘察单位的资质等级及许可作业范围进行评价。对尾矿坝下游 1 km 范围内的居民及建（构）筑物的搬迁情况如搬迁户数及搬离尾矿坝的距离是否符合《安全设施设计》的要求进行评价。

尾矿库的勘察单位应当具有矿山工程或者岩土工程类勘察资质。设计单位应当具有金属非金属矿山工程设计资质。安全评价单位应当具有尾矿库评价资质。施工单位应当具有矿山工程施工资质。施工监理单位应当具有矿山工程监理资质。

尾矿库的勘察、设计、安全评价、施工、监理等单位除符合前款规定外，还应当按照尾矿库的等别符合下列规定：

（1）一等、二等、三等尾矿库建设项目，其勘察、设计、安全评价、监理单位具有甲级资质，施工单位具有总承包一级或者特级资质。

（2）四等、五等尾矿库建设项目，其勘察、设计、安全评价、监理单位具有乙级或者乙级以上资质，施工单位具有总承包三级或者三级以上资质，或者专业承包一级、二级资质。

3.3.2 尾矿坝

3.3.2.1 初期坝

对初期坝（或干式堆存尾矿库的拦挡坝、一次性筑坝的一期坝）的位置、型式、结构参数、坝基处理、筑坝材料及筑坝要求等方面是否符合设计要求进行符合性评价。

对于干式堆存的尾矿，还需从干式尾矿的排放和堆坝方式，干式尾矿的平整和压实及隐蔽工程验收情况等方面进行符合性评价。

【条文说明】

应对尾矿坝以下内容进行评价：

（1）坝基（含岸坡）开挖及处理。查阅施工记录、监理记录，评价树木、草皮、树根、乱石、坟墓，以及表层的粉土、细砂、淤泥、腐植土、泥炭等是否按《安全设施设计》的要求和有关规定清除；评价水井、泉眼、地道和洞穴，以及强风化岩石、坡积物、残积物、滑坡体等是否按《安全设施设计》的要求和有关规定处理；评价工程地质钻孔、试坑等是否按工程地质布孔图逐一检查和处理。

（2）坝体材料及填筑。查阅施工记录、监理记录及第三方检测检验资料，评价坝体填筑材料参数（抗压强度、软化系数、泥沙粒含量）是否符合《安全设施设计》的要求；评价筑坝前是否进行了碾压实验，以及是否按照碾压实验确定的最优含水量、最佳铺土厚度和碾压遍数等压实参数进行施工；评价坝体填筑质量是否符合《安全设施设计》的要求，如土坝的压实干容重和压实度，堆石坝的孔隙率、干容重，重力坝的强度指标是否满足要求，以及是否按要求由有资质的第三方检测检验并出具报告。

（3）反滤层。评价砂砾料的粒径、级配、不均匀系数、含泥量及土工布材料，以及反滤层敷设方法、搭接宽度和反滤层厚度是否符合《安全设施设计》的要求。

（4）护坡砌筑。评价护坡所采用石料的抗水性、抗冻性、抗压强度、几何尺寸，以及砌筑方法、砌筑质量和护坡厚度等是否符合《安全设施设计》的要求。

（5）排渗系统。评价排渗棱体、排渗体的型式、尺寸和质量是否符合《安全设施设计》的要求。

（6）坝型及结构。评价坝体型式、坝顶标高、坝顶宽度、内外坡坡比、马道宽度及位置是否符合《安全设施设计》的要求。

（7）坝肩坝坡排水系统。评价排水系统所用材料、断面尺寸、浇筑型式是否符合《安全设施设计》的要求。

（8）尾矿排放。评价排尾是否按照安全设施设计及技术规范要求进行放矿，放矿干管、放矿支管的规格型号和布置是否符合《安全设施设计》的要求。

3.3.3.2 副坝（挡水坝）

对副坝（挡水坝）的坝址、型式、结构参数、坝基处理、筑坝材料及筑坝方式等进行符合性评价。

【条文说明】

应对副坝以下内容进行评价：

（1）坝基（含岸坡）开挖及处理。查阅施工记录、监理记录，评价树木、草皮、树根、乱石、坟墓，以及表层的粉土、细砂、淤泥、腐植土、泥炭等是否按《安全设施设计》的要求和有关规定清除；评价水井、泉眼、地道和洞穴，以及强风化岩石、坡积物、残积物、滑坡体等是否按《安全设施设计》的要求和有关规定处理；评价工程地质钻孔、试坑等是否按工程地质布孔图逐一检查和处理。

（2）坝体材料及填筑。查阅施工记录、监理记录及第三方检测检验资料，评价坝体填筑材料参数（抗压强度、软化系数、泥沙粒含量）是否符合《安全设施设计》的要求；评价筑坝前是否进行了碾压实验，以及是否按照碾压实验确定的最优含水量、最佳铺土厚度和碾压遍数等压实参数进行施工；评价坝体填筑质量是否符合《安全设施设计》的要求，如土坝的压实干容重和压实度，堆石坝的孔隙率、干容重，重力坝的强度指标是否满足要求，以及是否按要求由有资质的第三方检测检验并出具报告。

（3）反滤层。评价砂砾料的粒径、级配、不均匀系数、含泥量及土工布材料，以及反滤层敷设方法、搭接宽度和反滤层厚度是否符合《安全设施设计》的要求。

（4）护坡砌筑。评价护坡所采用石料的抗水性、抗冻性、抗压强度、几何尺寸，以及砌筑方法、砌筑质量和护坡厚度等是否符合《安全设施设计》的要求。

（5）排渗系统。评价排渗棱体、排渗体的型式、尺寸和质量是否符合《安全设施设计》的要求。

（6）坝型及结构。评价坝体型式、坝顶标高、坝顶宽度、内外坡坡比、马道宽度及位置是否符合《安全设施设计》的要求。

3.3.2.3 堆积坝

改建或扩建工程对筑坝所采用的筑坝设备、材料、坝体型式、堆筑要求、坝面防护设施（堆积坝护坡、坝面排水沟、坝肩截水沟）、堆积坝平均坡比、放矿、子坝上升速度、浸润线等进行符合性评价。

【条文说明】

对于改扩建工程，应评价筑坝所采用的筑坝设备、材料、坝体型式、堆筑要求、坝面防护设施、堆积坝平均坡比、放矿、子坝上升速度、浸润线等是否符合《安全设施设计》的要求。

3.3.3 防排洪系统

3.3.3.1 库内排水设施

对防排洪方式（排水井、排水斜槽、排水隧洞、排水管、溢洪道、消力池、拦洪坝、截洪沟等），尾矿库防排洪系统的布置、防排洪构筑物的断面型式及主要结构尺寸等方面是否符合设计要求进行符合性评价。

【条文说明】

应对防排洪系统以下内容进行评价：

（1）排洪方式与排洪构筑物的布置。通过现场检查，查阅施工、监理资料，评价排洪方式、排洪构筑物的位置是否符合《安全设施设计》的要求。

（2）基础处理。通过现场检查，查阅施工、监理资料，评价排洪构筑物的布置线路、基础处理是否符合《安全设施设计》的要求。

（3）建筑材料与质量控制。通过查阅施工、监理资料和质量检测检验报告，评价排洪构筑物施工所使用钢筋、混凝土及构筑物的强度是否符合《安全设施设计》的要求。

（4）结构符合性。通过现场检查、查阅施工、监理资料，评价排洪构筑物进出口标高、断面尺寸、衬砌方式和厚度、长度及坡度等是否符合《安全设施设计》的要求。

3.3.3.2 库周截排洪设施

对尾矿库库周截排洪设施的方式、构筑物的位置、地基处理、建筑材料、结构参数、施工质量、隐蔽工程验收情况等进行符合性评价。

【条文说明】

库周截排洪设施主要是指起清污分流作用的截洪沟，通过现场检查，查阅施工、监理记录，评价截洪沟的地基处理、建筑材料、结构参数、隐蔽工程验收情况是否符合《安全设施设计》的要求。

3.3.4 地质灾害与雪崩防护设施

对尾矿库泥石流防护设施、库区滑坡治理设施、库区岩溶治理设施、高寒地区的雪崩防护设施的布置、型式、结构参数、基础处理等进行符合性评价。

【条文说明】

《安全设施设计》中未进行说明但在建设过程中发现的新的岩溶或其他地质灾害，应根据设计变更文件和施工监理资料对地质灾害治理进行评价。

3.3.5 安全监测设施

对库区气象监测、地质灾害监测、库水位监测、干滩监测、坝体位移监测、坝体渗流监测及视频监控、在线监测系统（三等及以上尾矿库）等进行符合性评价。

【条文说明】

评价安全监测设施的数量、位置等是否符合《安全设施设计》的要求。

评价试运行过程是否按照法规标准进行观测及其频次是否满足要求，观测结果是否符合《安全设施设计》以及相关法律法规、标准规程的要求。

3.3.6 排渗

对尾矿库库底及尾矿坝坝体排渗设施的布置，排渗设施的型式［贴坡排渗、自流式排渗管、管井排渗、垂直－水平联合自流排渗、虹吸排渗、辐射井、排渗褥垫、排渗盲沟（管）］及排渗设施的建设时期等进行符合性评价。

【条文说明】

通过现场检查，查阅施工、监理资料，评价尾矿坝坝体排渗设施的布置、型式、尺寸是否符合《安全设施设计》的要求。

3.3.7 干式尾矿运输安全设施

对干式尾矿运输的安全设施设置等进行符合性评价。

采用汽车运输时，对运输线路的布置、设备的型号和规格、安全护栏、挡车设施、汽车避让道、卸料平台的安全挡车设施等进行符合性评价。

采用皮带运输时，对运输线路的布置、设备的型号和规格、系统的各种闭锁和电气保护装置、设备的安全护罩、安全护栏、梯子、扶手等进行符合性评价。

【条文说明】

略。

3.3.8 库内船只

对于有回水浮船、运输船设施的尾矿库，对保护船只及船只上工作人员安全的设施，包括安全护栏、救生器材、浮船固定设施、电气设备接地措施等进行符合性评价。

【条文说明】

略。

3.3.9 辅助设施

对交通道路布置情况（包括库区巡查道路，尾矿坝、排洪系统与值班室及外部道路的连通道路和尾矿坝应急上坝道路）、尾矿库通信设施设置（包括尾矿库生产作业人员、巡视人员与安全生产管理机构通信配备情况）、尾矿库照明设施设置、尾矿库管理站设置、报警系统设置、库区安全护栏设置等进行符合性评价。

【条文说明】

略。

3.3.10 个人安全防护

对尾矿库工作人员配备的个人安全防护用品（包括防护用品的发放、防护用品的佩戴）等进行符合性评价。

【条文说明】

通过现场检查，查阅发放记录，评价尾矿库工作人员配备的个人安全防护用品（包括防护用品的发放及佩戴）是否符合《安全设施设计》以及相关法律法规、标准规范的要求。

3.3.11 安全标志

对尾矿库库区及周边应设置的符合要求的安全标志（包括尾矿库、交通、电气安全标志）等进行符合性评价。

【条文说明】

通过现场检查，评价库区及周边设置的各类安全标志是否符合《安全设施设计》以及相关法律法规、标准规范的要求。

3.3.12 安全管理符合性评价

3.3.12.1 组织与制度

对安全组织机构及人员配备、安全教育及培训、特种作业人员持证情况、规章制度、安全投入、尾矿库安全教育和培训（场地、费用）等进行符合性评价。

【条文说明】

通过查阅安全生产管理机构设置文件及安全管理人员任命文件，评价其是否符合《安全设施设计》以及相关法律法规、标准规范的要求。

通过查阅安全生产教育培训计划、记录，企业是否对职工进行安全生产教育和培训，新进地下矿山的作业人员，是否进行了安全教育并考试合格；调换工种的人员，是否进行了新岗位安全操作的培训等，评价其是否符合《安全设施设计》以及相关法律法规、标准规范的要求。

特种作业人员主要从是否按照国家有关规定经专门的安全作业培训，取得相应资格证书等方面评价其是否符合《安全设施设计》以及相关法律法规、标准规范的要求。

规章制度主要从企业是否建立健全以法定代表人负责制为核心的各级安全生产责任制，健全完善安全目标管理、安全例会、安全检查、安全教育培训、机电设备管理、劳动管理、安全费用提取与使用、重大危险源监控、安全生产隐患排查治理、安全技术措施审批、劳动防护用品管理、生产安全事故报告和应急管理、安全生产奖惩、安全生产档案管理等制度，以及各类安全技术规程、操作规程等方面评价其是否符合《安全设施设计》以及相关法律法规、标准规范的要求。

通过查阅安全费用提取及使用记录，评价矿山安全费用提取及使用是否符合国家相关法律法规的要求。

3.3.12.2 安全运行管理

对排矿方式、放矿计划、现场管理及生产安全检查等进行符合性评价。

【条文说明】

评价排矿方式是否符合《安全设施设计》以及相关法律法规、标准规程的要求，对制定的放矿计划与实际排放进行符合性评价，现场管理包括现场检查和检验检测记录是否齐全完备。

3.3.12.3 应急救援

对矿山救护队或兼职救护队的人员组成及技术装备、应急预案等进行符合性评价。

【条文说明】

评价企业是否建立由专职或兼职人员组成的事故应急救援组织，配备必要的应急救援器材和设备；生产规模较小不必建立事故应急救援组织的，是否指定兼职的应急救援人员，并与临近的事故救援组织签订救援协议。

评价企业是否根据存在风险的种类、事故类型和重大危险源的情况制定综合应急预案和相应的专项应急预案，风险性较大的重点岗位是否制定现场处置方案，是否进行了应急演练；应急预案是否经过评审及备案。

3.4 安全对策措施建议

根据安全设施验收评价中发现的问题或不足，依据国家相关安全法律、法规、标准和规范的要求，借鉴类似尾矿库的安全生产经验，提出具有针对性、实用性和可操作性的安全对策措施建议。

【条文说明】

安全对策措施建议应具有针对性和可操作性，既要符合有关安全生产法律、法规、规章、规范性文件和标准的规定，又不能照抄规程规范条款。根据可能致使已建成的建设项目安全设施和措施失效或破坏的危险、有害因素，提出对策措施及建议。

3.5 评价结论

简要说明评价对象安全设施建设与《安全设施设计》的符合性。明确说明评价对象是否符合安全验收的条件，评价结论分为“符合”和“不符合”两种。

以下情况评价结论为“符合”：

《国家安全监管总局关于规范金属非金属矿山建设项目安全设施竣工验收工作的指导意见》（安监总管一〔2016〕14号）附表《尾矿库安全设施竣工验收表》中没有否决项的检查结论为“不符合”且验收检查项总数中检查结论为“不符合”的项少于5%。

符合以下情况之一的，评价结论为“不符合”：

一是《国家安全监管总局关于规范金属非金属矿山建设项目安全设施竣工验收工作的指导意见》附表《尾矿库安全竣工验收表》中有否决项检查的结论为“不符合”；

二是《国家安全监管总局关于规范金属非金属矿山建设项目安全设施竣工验收工作的指导意见》附表《尾矿库安全竣工验收表》中验收检查项总数中检查结论为“不符合”的项超过5%（含5%）。

【条文说明】

建议按验收评价单元分别列出安全设施建设与《安全设施设计》的符合性。

总体评价结论应明确。统计安全设施符合性评价章节中安全检查表的所有检查项数量、符合项数量、不符合项数量(必须包含《金属非金属矿山尾矿库建设项目安全设施竣工验收表》中与本项目《安全设施设计》相关的检查项),计算不符合项的百分比,得出是否具备安全设施竣工验收条件的结论。

3.6 附件

建设项目合法证明材料，包括（但不限于）建设项目立项审批、核准或备案文件、建设项目《安全设施设计》批复文件和其他企业生产合法证件等，各评价单元的主要证明材料，包括（但不限于）设计变更通知书、质量检验评定表、验收记录、检测检验证书、各类资格证书、安全检查记录和培训记录等。

附件应有序排列编号，要齐全、简洁（如：安全管理制度附目录、记录等抽取一次等）。

附件可以单独成册。

【条文说明】

除上述基本附件外，尚需根据项目情况补充，附件为安全设施验收评价报告的重要支撑，对于每个检查的结论，都应有相应的附件作为其支撑。附件应有编号，并能与检查表对应。

3.7 附图

尾矿库安全验收评价报告应附以下竣工图纸，可根据实际情况进行调整：

(1) 总平面布置竣工图；

(2) 尾矿坝（断面）竣工图；

(3) 防洪系统竣工图；

(4) 安全监测设施竣工图。

尾矿库没有竣工图不能组织验收。

竣工图纸应与现场实际相符。竣工图应由施工单位按照实际的施工情况出图，且应有施工单位、监理单位的有关人员签字确认，并加盖相应单位公章。

竣工图中的字体、线条和各种标记应清晰可读，签字齐全，有彩色内容的图纸宜采用彩图。

如果项目竣工与原有施工图有少于三处修改（包括增加、修改和删除）的地方，可以在原有施工图修改的地方手工标识、签字盖章后，原有施工图纸上加盖竣工章可以作为竣工图纸，其余施工图不能作为竣工图。

附图可以单独成册。

【条文说明】

验收评价所附的图纸主要为竣工图，图纸应与现场实际相符。附图应有编号，并能与检查表对应。

3.8 附录

尾矿库建设项目安全设施验收评价需要建设单位提供资料目录如下：

（1）生产经营单位概况。

a. 企业法人营业执照。

b. 立项批准文件（或核准、备案文件）。

（2）落实安全设施“三同时”程序文件。

a. 安全预评价报告。

b. 项目《安全设施设计》评审意见和批复文件。

c. 项目《安全设施设计》重大变更的评审意见和批复文件。

（3）项目技术文件。

a. 项目初步设计。

b. 项目《安全设施设计》。

c. 《安全设施设计》的设计变更通知单。

d. 地质勘探报告、工程勘查报告、地质灾害危险性评估报告。

e. 其他的一些专题性研究。

（4）项目建设情况。

a. 施工单位资质。

b. 监理单位资质。

c. 单项工程、单位工程验收资料，评级情况，工程质量认证资料。

d. 隐蔽工程的检查验收记录。

e. 施工总结和监理总结报告。

f. 反映安全设施实际情况的竣工图纸，包括：总平面布置竣工图，尾矿坝（断面）竣工图，防洪系统竣工图，安全监测设施竣工图等。

（5）安全设施说明（以具体的安全设施设计为准）。

a. 原材料的质量证明（各部位用的钢筋、水泥、混凝土试块、砂石料、土石料、土工合成材料等的质量证明；符合设计规定的强度要求试验资料等）。

b. 完备的隐蔽工程验收资料及其施工记录。重点是排洪隧洞、排洪井基础、排渗棱体、坝体清基及清基标高、岩溶处理、排水隧道或管道、隧洞衬砌进行现场强度检验、喷射混凝土喷射厚度、锚杆材料及类型、直径、布置情况、排渗井、防排渗设施的地基处理、坝基（含坝肩）开挖及处理、坝体填筑、排水管截水环等。

c. 各单项工程施工验收资料及汇签记录。特别是初期坝结构参数、坝体碾压密实度、堆石坝孔隙率、压实干容重、防洪系统参数、排渗系统、监测系统的施工验收。

d. 监测设施。尾矿库的浸润线、库水位、坝体位移等安全监测设施竣工验收会签资料、监测报告和整编资料。

（6）安全管理资料。

a. 安全生产管理机构、专职安全生产人员聘任文件。

b. 安全生产责任制。

c. 安全生产管理规章制度。

d. 事故应急救援预案、应急预案的备案表、应急预案的演练记录、总结。

e. 事故事件处理记录。

f. 特殊工种培训、考核记录及其操作资格证书。

g. 安全检查记录、安全不符合项整改情况及其反馈、复查记录资料。

h. 为职工缴纳工伤保险的证明。

i. 安全教育、培训台账等资料。

j. 项目投资决算总额及安全设施投资表。

k. 个人安全防护用品发放记录。

l. 放矿计划。

m. 试运行期间安全生产事故情况。

n. 其他安全管理和安全技术措施。

(7) 安全设施验收评价所需的其他资料和数据。

【条文说明】

附录非《安全设施验收评价报告》的内容，为提供给建设单位在施工期间就应注意保留和收集的主要材料的清单。

第6篇

安全设施竣工验收

安全设施竣工验收是根据矿山新建、改建、扩建项目（以下统称建设项目）安全设施“三同时”工作有关规定，并根据《建设项目安全设施“三同时”监督管理办法》(国家安全生产监督管理总局令第36号）和《金属非金属矿山建设项目安全设施目录（试行)》(国家安全生产监督管理总局令第75号）要求制定。新发布的《国家安全监管总局关于规范金属非金属矿山建设项目安全设施竣工验收工作的通知》(安监总管一〔2016〕14号）对安全设施竣工验收进行了明确规定。新规定与以往发布的安全验收规定相比，最大的变化是：第一，验收责任人和组织单位为企业——金属非金属矿山企业；第二，验收对象为金属非金属矿山安全设施，包括专用安全设施和基本安全设施；第三，主要依据为金属非金属矿山安全设施设计文件；第四，明确了通过标准，同时还规定了专家组成要求。

安全设施竣工验收是金属矿山建设项目“三同时”要求的关键环节。一般条件下，企业按照设计进行矿山建设，同时完成相关安全设施建设，基本建设完成后，矿山进入试生产环节。一般情况下，试生产周期为6个月。矿山企业可根据试生产条件和运行状况，进行安全设施验收评价工作。如果安全验收评价结论为合格，金属非金属矿山企业负责组织对本企业的建设项目安全设施进行竣工验收，并对验收结果负责；金属非金属矿山企业实行多级管理的，也可由其上级具有独立法人资格的单位（或公司总部）负责组织验收。

验收意见为“通过验收”时，金属非金属矿山企业应当对验收组提出的问题进行整改，整改完成后应当编写整改情况说明，并形成安全设施竣工验收报告备查。验收意见为“不通过验收”时，金属非金属矿山企业应当对验收组提出的问题进行整改，整改完成后重新组织验收。建设项目安全设施通过验收后，金属非金属矿山企业应当及时向相关安全监管部门申请办理安全生产许可证，取得安全生产许可证后方可正式投入生产。

1 金属非金属地下矿山建设项目安全设施竣工验收

（1）本验收表依据《金属非金属矿山建设项目安全设施目录（试行）》（国家安全生产监督管理总局令第75号）及《金属非金属矿山建设项目安全设施设计编写提纲》（安监总管一〔2015〕68号）编制，用于金属非金属地下矿山建设项目竣工投入生产前，矿山企业组织验收组对建设项目安全设施进行竣工验收。

（2）检查类别中，“■”表示该项为否决项，“△”表示为一般项。

（3）验收中以安全监管部门审查批复的安全设施设计（含设计变更，下同）为检查的对照标准，安全设施设计中未涉及的内容，以国家有关安全生产的法律法规、标准和规范性文件为检查的对照标准。

（4）检查方法分为查阅有关资料、现场检查、现场抽查三种。有关资料主要是指安全设施验收评价报告，以及检测检验报告、施工总结报告、竣工图、监理总结报告、隐蔽工程施工期间的影像资料等。要求进行现场抽查的项目，应按不低于10%的比例进行现场检查。

（5）检查结果分为“合格”和“不合格”两种。否决项必须全部合格，否则不予通过验收。

（6）本验收表为通用性竣工验收表，实际过程中可根据建设项目特点进行增加与删减。

【条文说明】

安全设施竣工验收结论主要是指金属非金属矿山企业组织对本企业的金属非金属矿山建设项目安全设施竣工验收过程中专家组提出的验收结论。一般按照《金属非金属矿山建设项目安全设施竣工验收表》的内容可分为条文验收结论、子项验收结论和总体验收结论。条文为否决项，说明该项检查内容为必检项目，需要进行现场检查，验收结论为不合格的，其子项验收结论也应判定为不合格（其他合格项整改时可不进行调整），总体验收结论也应视为不合格。

上述情况之外，对于子项验收结论，专家组应认真填写，对于一般项不合格时应提出整改要求和建议。需要变更时，同时应明确是属于重大设计变更还是属于一般设计变更内容。

通知中规定了一般项的现场检查比例，实际检查过程中，专家组可根据实际情况进行检查。未检查的安全设施，不必填写检查结论，只需注明本项未检查或未涉及。

1.1 程序的符合性

1.1.1 “三同时”情况

1.1.1.1 安全设施设计

检查内容：安全设施设计是否经过相应的安全监管部门审批；存在重大变更的，是否经原审查部门审查同意。

【条文说明】

本条为一、程序符合性第1.1条。

安全设施设计在安全设施竣工验收时作为否决项进行检查。

安全设施设计是安全设施竣工验收的主要依据之一。《建设项目安全设施“三同时”监督管理办法》中规定，建设项目安全设施设计完成后，生产经营单位应当向安全生产监督管理部门提出审查申请。已经批准的建设项目及其安全设施设计发生重大变更的，生产经营单位应当报原批准部门审查同意；未经审查同意的，不得开工建设。

《国家安全监管总局关于印发金属非金属矿山建设项目安全设施设计重大变更范围的通知》(安监总管一〔2016〕18 号）规定，建设单位在建设期间对已经批准的金属非金属矿山建设项目安全设施设计做出变更，且列入《金属非金属矿山建设项目安全设施设计重大变更范围》的，应当编写金属非金属矿山建设项目安全设施重大变更设计，并报原批准部门审查同意。未经审查同意的，不得开工建设。重大设计变更应由原设计单位进行编制。

在安全设施竣工验收时，主要查阅安全设施设计的批复文件或重大变更设计批复文件。

1.1.1.2 项目完工情况

检查内容：建设项目竣工验收前，是否按照批准的安全设施设计内容完成全部的安全设施，单项工程验收合格，具备安全生产条件，并提交自查报告。

【条文说明】

本条为一、程序符合性第 1.2 条。

项目完工情况在安全设施竣工验收时作为否决项进行检查。

《建设项目安全设施“三同时”监督管理办法》规定：施工单位应当严格按照安全设施设计和相关施工技术标准、规范施工，并对安全设施的工程质量负责。根据规定建设项目需要试运行（包括生产、使用，下同）的，应当在正式投入生产或者使用前进行试运行。

在安全设施竣工验收时，主要查阅单项工程验收资料和自查报告，安全设施需要试运行（生产、使用）的，应当在正式投入生产或者使用前进行试运行。

1.1.1.3 安全设施验收评价

检查内容：是否由具有资质的安全评价机构进行安全设施验收评价，且评价结论为具备安全验收条件。

【条文说明】

本条为一、程序符合性第 1.3 条。

安全设施验收评价在安全设施竣工验收时作为否决项进行检查。

《建设项目安全设施“三同时”监督管理办法》规定，建设项目安全设施竣工或者试运行完成后，生产经营单位应当委托具有相应资质的安全评价机构对安全设施进行验收评价，并编制建设项目安全验收评价报告。

安全评价机构应符合《安全评价机构管理规定》(国家安全生产监督管理总局令第 22 号）的要求。安全验收评价报告应当符合国家标准或者行业标准的规定。

在安全设施竣工验收时，主要查阅安全验收评价机构资质情况及报批的安全验收评价报告。

1.1.2 相关单位资质

1.1.2.1 施工单位

检查内容：安全设施是否由具有相应资质的施工单位施工。

【条文说明】

本条为一、程序符合性第 2.1 条。

施工单位在安全设施竣工验收时作为否决项进行检查。

《建设项目安全设施“三同时”监督管理办法》规定，建设项目安全设施的施工应当由取得相应资质的施工单位进行，并与建设项目主体工程同时施工。施工单位应当严格按照安全设施设计和相关施工技术标准、规范施工，并对安全设施的工程质量负责。

在安全设施竣工验收时，主要查阅施工单位的资质证书。

1.1.2.2　监理单位

检查内容：施工过程是否由具有相应资质的监理单位进行监理。

【条文说明】

本条为一、程序符合性第 2.2 条。

监理单位在安全设施竣工验收时作为一般项进行检查。

《建设工程质量管理条例》（国务院令第 279 号）规定，实行监理的建设工程，建设单位应当委托具有相应资质等级的工程监理单位进行监理。《工程监理企业资质管理规定》（建设部令第 158 号）对专业工程类别和等级要求有明确规定。

在安全设施竣工验收时，主要查阅监理单位的资质证书。

1.2　开拓与开采

1.2.1　开采范围

1.2.1.1　矿区保安矿柱

检查内容：矿区保安矿柱的留设范围。

【条文说明】

本条为二、开拓与开采第 1.1 条。

矿区保安矿柱属于基本安全设施，在安全设施竣工验收时，作为否决项进行检查。

矿山由于存在地表需要保护的建（构）筑物和设施等原因，需留设矿区保安矿柱。需留设矿区保安矿柱的矿山，其矿区保安矿柱的位置、范围应按照安全设施设计的要求进行留设，并在相关竣工材料和安全验收评价报告中予以说明和附图标注。

由于矿区保安矿柱的留设是矿山生产过程中逐渐形成的，在安全设施竣工验收时，矿山只处于试生产阶段，试生产区域有可能涉及矿区保安矿柱，也有可能不涉及矿区保安矿柱。

在安全设施竣工验收时，如试生产区域涉及矿区保安矿柱，可以通过查阅安全设施竣工验收评价报告及矿山生产水平的采掘计划图件的方法，检查矿区保安矿柱的留设是否满足批复的安全设施设计的要求。

1.2.1.2　中段（分段）保安矿柱

检查内容：中段（分段）保安矿柱的留设范围。

【条文说明】

本条为二、开拓与开采第 1.2 条。

中段（分段）保安矿柱属于基本安全设施，在安全设施竣工验收时，作为否决项进行检查。

矿山由于受开采顺序、采矿方法的影响，有需要保护的对象（如已有工程、暂不回采矿体、含水层等需要保护），需在中段（分段）留设有保安矿柱。需留设中段（分段）保安矿柱的矿山，其中段（分段）保安矿柱的位置、范围应按照安全设施设计的要求进行留设，并在相关竣工材料和安全验收评价报告中予以说明和附图标注。

由于中段（分段）保安矿柱有可能不是每个中段（分段）都设，在安全设施竣工验收时，矿山只处于试生产阶段，试生产区域有可能涉及中段（分段）保安矿柱，也有可能不涉及中段（分段）保安矿柱。

在安全设施竣工验收时，如试生产区域涉及中段（分段）保安矿柱，可以通过查阅安全设施竣工验收评价报告及矿山生产水平的采掘计划图件的方法，检查中段（分段）保安矿柱留设的位置、规格是否与批复的安全设施设计一致。

1.2.1.3　井筒保安矿柱

检查内容：井筒保安矿柱的留设范围。

【条文说明】

本条为二、开拓与开采第1.3条。

井筒保安矿柱属于基本安全设施，在安全设施竣工验收时，作为否决项进行检查。

为了保护井筒及其建筑物，需留设井筒保安矿柱。需留设井筒保安矿柱的矿山，其井筒保安矿柱的位置、范围应按照安全设施设计的要求进行留设，并在相关竣工材料和安全验收评价报告中予以说明和附图标注。

由于井筒保安矿柱的留设是矿山生产过程中逐渐形成的，在安全设施竣工验收时，矿山只处于试生产阶段，试生产区域有可能涉及井筒保安矿柱，也有可能不涉及井筒保安矿柱。

在安全设施竣工验收时，如试生产区域涉及井筒保安矿柱，可以通过查阅安全设施竣工验收评价报告及矿山生产水平采掘计划图件的方法，检查井筒保安矿柱留设位置是否与批复的安全设施设计一致。

1.2.2 安全出口

1.2.2.1 通地表的安全出口

检查内容：通地表的安全出口的位置、数量及设置。

【条文说明】

本条为二、开拓与开采第2.1条。

通地表的安全出口属于基本安全设施，在安全设施竣工验收时，作为否决项进行检查。

每个生产矿井至少有两个能行人的通达地面的安全出口，各个出口间距离不得小于30 m。大型矿井矿床地质条件复杂，走向长度一翼超过1000 m的，应在矿体端部增设安全出口。

通地表安全出口形式可以为竖井、斜井、斜坡道、平硐等，其中竖井作为安全出口时，井筒内需设置罐笼设备或梯子间。

在安全设施竣工验收时，可以通过查阅安全设施竣工验收评价报告，并对每个通往地表的安全出口（到地下和地表出口）进行现场检查的方法，检查通地表的安全出口数量、位置、设置形式是否与批复的安全设施设计一致。

1.2.2.2 中段和分段的安全出口

检查内容：中段和分段的安全出口的位置、数量及设置。

【条文说明】

本条为二、开拓与开采第2.2条。

中段和分段的安全出口属于基本安全设施，在安全设施竣工验收时，作为否决项进行检查。

每个生产水平（中段），均应至少有两个便于行人的安全出口，并应同通往地面的安全出口相通。

中段和分段的安全出口形式可以为竖井、斜井、斜坡道、平硐等，装有两部在动力上互不依赖的罐笼设备，且提升机均为双回路供电的竖井，可作为安全出口而不必设梯子间。其他竖井作为安全出口时，应有装备完好的梯子间。

在安全设施竣工验收时，可以通过查阅安全设施竣工验收评价报告和现场检查（至少检查两个出口）的方法，检查中段和分段的安全出口数量、位置、设置形式是否与批复的安全设施设计一致。

1.2.3 采矿方法

1.2.3.1 采矿方法的种类

检查内容：采矿方法的种类。

【条文说明】

本条为二、开拓与开采第3.1条。

采矿方法的种类在安全设施竣工验收时，作为一般项进行检查，建议抽查。

采矿方法主要分为崩落法、空场法、充填法三大类。矿山的采矿方法是根据矿体的赋存条件、地质条件和原岩应力情况进行分析后的择优选择。矿山选择的采矿方法的种类及其适应位置在安全设施设计中会进行表述。

在安全设施竣工验收时，可以通过查阅安全设施竣工验收评价报告或矿山生产水平的采掘计划图件的方法，检查矿山实际所采用的采矿方法的种类及其对应位置是否与批复的安全设施设计一致。

1.2.3.2　采场的安全出口

检查内容：采场的安全出口的位置、数量及设置。

【条文说明】

本条为二、开拓与开采第 3.2 条。

采场的安全出口属于基本安全设施，在安全设施竣工验收时，作为一般项进行检查，建议抽查。

每个采区（盘区、矿块）均应有两个便于行人的安全出口。

在安全设施竣工验收时，可以通过查阅安全设施竣工验收评价报告的方法，检查采场的安全出口的数量、位置、设置形式是否与批复的安全设施设计一致。

1.2.3.3　采场点柱、保安间柱

检查内容：采场点柱、保安间柱等的尺寸、形状和直立度。

【条文说明】

本条为二、开拓与开采第 3.3 条。

采场点柱、保安间柱属于基本安全设施，在安全设施竣工验收时，作为一般项进行检查，建议抽查。

采用空场法和充填法时对暴露面积有严格要求，有的矿山采场采用的结构尺寸需要留设点柱、保安间柱。

在安全设施竣工验收时，可以通过查阅安全设施竣工验收评价报告的方法，检查采场点柱、保安间柱的尺寸、形状和直立度是否与批复的安全设施设计一致。

1.2.3.4　采场支护（包括采场顶板和侧帮、底部结构等的支护）

检查内容：支护形式、支护参数。

【条文说明】

本条为二、开拓与开采第 3.4 条。

采场支护属于基本安全设施，在安全设施竣工验收时，作为一般项进行检查。

采矿作业大都在巷道或采场中作业，为保证作业安全，对围岩松软不稳固的区域要进行支护。

在安全设施竣工验收时，可以通过查阅安全设施竣工验收评价报告或竣工图的方法，检查采场支护方式及支护参数是否与批复的安全设施设计一致。

1.2.3.5　采空区及其他危险区域的探测、封闭、隔离或充填设施

检查内容：采空区及其他危险区域的探测、封闭、隔离或充填设施。

【条文说明】

本条为二、开拓与开采第 3.5 条。

采空区及其他危险区域的探测、封闭、隔离或充填设施属于专用安全设施，在安全设施竣工验收时，作为一般项进行检查，建议抽查。

有的矿山由于开采形成采空区，或地质结构存在溶洞，这些都是危险区域。废弃巷道、采空区和溶洞等位置的确定，需要进行探测，查明其位置、大小、是否有涌水，然后应采取治理措施。主要措施有封闭、隔离、充填等。

地下采空区是影响矿山开采安全的重要因素。地下采空区空间分布特征规律性差和顶板冒落塌陷的无规律性致使矿山开采条件恶化，引起相邻作业区采场和巷道维护困难、井下大面积冒落及地表塌陷等。更为严重的是采空区突然垮塌产生的高速气流和冲击波会造成人员伤亡和设备破坏。因此，安

全设施竣工验收时应按照安全设施设计要求，检查采空区的探测设备、实际封堵和隔离情况，以及采空区充填方案、设施和实施记录等。

在安全设施竣工验收时，可以通过查阅安全设施竣工验收评价报告或竣工图的方法，检查采空区及其他危险区域的探测和治理措施是否与批复的安全设施设计一致。

1.2.3.6 工作面人机隔离设施

检查内容：人机隔离设施的设置。

【条文说明】

本条为二、开拓与开采第3.6条。

工作面人机隔离设施属于专用安全设施，在安全设施竣工验收时，作为一般项进行检查。

在安全设施竣工验收时，可以通过查阅安全设施竣工验收评价报告的方法，检查人机隔离设施的设置是否与批复的安全设施设计一致。

1.2.3.7 自动化作业采区的安全门

检查内容：自动化作业采区安全门的设置；安全门与自动化采区信号连锁控制系统。

【条文说明】

本条为二、开拓与开采第3.7条。

自动化作业采区的安全门属于专用安全设施，在安全设施竣工验收时，作为一般项进行检查，建议抽查。

有的矿山采场、运输采用自动化作业。采用自动化作业的采区在生产中所有设备应处于一个独立封闭的区域内，不允许工作人员或无法识别的设备进入其工作范围，否则将会影响自动化作业区域内设备的正常工作。因此在自动化作业区域范围要设置安全门，安全门要与自动化作业区域信号形成连锁控制系统。

在安全设施竣工验收时，可以通过查阅安全设施竣工验收评价报告或现场抽查的方法，检查自动化作业采区的布置范围、安全门设置情况、安全门与自动化作业区域信号连锁控制系统的设置情况是否与批复的安全设施设计一致。

1.2.4 破碎系统

1.2.4.1 破碎站、输送带装矿和粉矿回收水平的安全出口

检查内容：溜破系统安全出口的数量、位置及设置。

【条文说明】

本条为二、开拓与开采第4.1条。

溜破系统安全出口属于基本安全设施，在安全设施竣工验收时，作为一般项进行检查，建议抽查。

溜破系统至少有两个便于行人的安全出口，并应同通往地面的安全出口相通。溜破系统安全出口形式可以为竖井、斜井、斜坡道、平硐等。装有两部在动力上互不依赖的罐笼设备，且提升机均为双回路供电的竖井，可作为安全出口而不必设梯子间。其他竖井作为安全出口时，应有装备完好的梯子间。

在安全设施竣工验收时，可以通过查阅安全设施竣工验收评价报告和现场抽查（检查有无安全出口）的方法，检查溜破系统的安全出口数量、位置、设置形式是否与批复的安全设施设计一致。

1.2.4.2 破碎硐室的独立回风道

检查内容：回风道的位置、断面。

【条文说明】

本条为二、开拓与开采第4.2条。

破碎硐室的回风道属于基本安全设施，在安全设施竣工验收时，作为一般项进行检查。

井下破碎硐室的污风，应引入回风道。

在安全设施竣工验收时，可以通过查阅安全设施竣工验收评价报告或竣工图的方法，检查回风道的位置、断面是否与批复的安全设施设计一致。

1.2.4.3　主溜井的安全检查通道

检查内容：主溜井安全检查通道的设置。

【条文说明】

本条为二、开拓与开采第 4.3 条。

主溜井的安全检查通道属于基本安全设施，在安全设施竣工验收时，作为一般项进行检查。

主溜井安全检查通道是为了方便观察溜井内的贮矿情况、方便处理溜井堵塞和维护溜井下部矿仓等而设置的。

地下矿山的溜井多为浅溜井，如溜放的又是不黏结矿石，那么溜井堵塞的概率很小，主溜井可以不设置安全检查通道。

地下矿山为单水平卸矿时，卸矿硐室位于主溜井的上口，是可以利用卸矿硐室来完成观察溜井内的贮矿情况和处理溜井堵塞等，主溜井也可以不设置安全检查通道。

主溜井安全检查通道的设置在现行的规范中尚没有明确规定。

在安全设施竣工验收时，可以通过查阅安全设施竣工验收评价报告或竣工图的方法，检查主溜井安全检查通道的位置、形式是否与批复的安全设施设计一致。

1.2.4.4　硐室支护

检查内容：破碎硐室的支护形式、支护参数。

【条文说明】

本条为二、开拓与开采第 4.4 条。

破碎硐室支护属于基本安全设施，在安全设施竣工验收时，作为一般项进行检查。

破碎硐室一般较大，为保证硐室开挖后的稳定及施工安全，应进行支护。破碎硐室的支护形式、支护参数在安全设施设计中会进行表述。破碎硐室的跨度都比较大，常采用的支护形式有：锚杆 + 钢筋网 + 喷射混凝土支护、锚杆 + 钢拱架（钢格栅）+ 钢筋网 + 喷射混凝土支护、混凝土支护、钢筋混凝土支护等。围岩条件不好时还可能需要注浆处理和使用锚索支护等多种支护形式。硐室的支护形式与支护参数在施工过程中极可能因围岩条件的改变而发生修改，出现与安全设施设计不一致的情况。

在安全设施竣工验收时，可以通过查阅安全设施竣工验收评价报告或竣工图纸的方法，检查破碎硐室的支护形式、支护参数是否与批复的安全设施设计或施工图设计（或变更）一致。

1.2.4.5　设备护罩、梯子和安全护栏

检查内容：破碎硐室内的设备护罩、梯子和安全护栏的设置。

【条文说明】

本条为二、开拓与开采第 4.5 条。

设备护罩、梯子和安全护栏属于专用安全设施，在安全设施竣工验收时，作为一般项进行检查。

破碎硐室内有很多机械设备，为保护操作者人身安全，在机械设备上需要安装防护罩；破碎硐室有设备平台和操作平台，平台之间要设置梯子，为防止人员坠落，平台要设置安全护栏。

在安全设施竣工验收时，可以通过查阅安全设施竣工验收评价报告的方法，检查破碎硐室的设备护罩、梯子和安全护栏的位置、形式等是否与批复的安全设施设计一致。

1.2.4.6　自卸车卸矿点的安全挡车设施

检查内容：安全挡车设施的设置。

【条文说明】

本条为二、开拓与开采第 4.6 条。

自卸车卸矿点的安全挡车设施属于专用安全设施，在安全设施竣工验收时，作为一般项进行检查。

有的矿山井下采用自卸车运输，为防止自卸车坠落，在卸矿点要设置挡车措施。

在安全设施竣工验收时，可以通过查阅安全设施竣工验收评价报告的方法，检查安全挡车设施的位置、形式等是否与批复的安全设施设计一致。

1.2.5　有轨运输巷道

1.2.5.1　各类巷道（含平巷、斜巷、斜井、斜坡道等）的人行道

检查内容：人行道的宽度、高度。

【条文说明】

本条为二、开拓与开采第5.1条。

巷道的人行道属于基本安全设施，在安全设施竣工验收时，作为一般项进行检查。

运输平硐内应设置人行道，行人的无轨运输水平巷道应设人行道；行人的运输斜井应设人行道，有轨运输的斜井，车道与人行道之间宜设坚固的隔离设施，未设隔离设施的，提升时不应有人员通行；无轨运输的斜坡道，应设人行道或躲避硐室。带式输送机两侧应设人行道。

巷道人行道的设置形式、宽度、高度在安全设施设计中会进行表述，但安全设施设计中一般是根据设计过程中初步选型的设备尺寸确定巷道尺寸，在施工图设计阶段会根据矿山采购设备尺寸重新进行设计，确定巷道尺寸，因此人行道的宽度、高度有可能会发生修改。

在安全设施竣工验收时，可以通过查阅安全设施竣工验收评价报告或竣工图纸的方法，检查巷道人行道的宽度、高度是否与批复的安全设施设计或施工图设计（或变更）一致。

1.2.5.2　巷道支护

检查内容：支护形式、支护参数。

【条文说明】

本条为二、开拓与开采第5.2条。

巷道支护属于基本安全设施，在安全设施竣工验收时，作为一般项进行检查。

井巷所处或穿过松软不稳固的岩体要进行支护，巷道的支护形式、支护参数在安全设施设计中会进行表述。巷道常采用的支护形式有：喷射混凝土支护、锚杆+钢筋网+喷射混凝土支护、锚杆+钢拱架（钢格栅）+钢筋网+喷射混凝土支护、混凝土支护、钢筋混凝土支护等。围岩条件不好时还可能需要注浆处理和使用锚索支护等多种支护形式。巷道的支护形式与支护参数在施工过程中极可能因围岩条件的改变而发生修改，而出现与安全设施设计不一致的情况。在安全设施设计中一般是按照预估的围岩条件进行的，在现场实际施工过程中，一般要根据揭露岩体情况，针对不同的岩体分级采用相适应的支护形式和支护参数。

在安全设施竣工验收时，可以通过查阅安全设施竣工验收评价报告或竣工图纸的方法，检查巷道的支护形式、支护参数是否与批复的安全设施设计或施工图设计（或变更）一致。

1.2.5.3　人行巷道的水沟盖板

检查内容：人行巷道水沟盖板的设置。

【条文说明】

本条为二、开拓与开采第5.3条。

人行巷道的水沟盖板属于专用安全设施，在安全设施竣工验收时，作为一般项进行检查，建议抽查。

井下巷道水沟大都设置在人行道一侧，为减少巷道宽度同时保证人行道宽度，水沟上需设置盖板。不占用人行道宽度的水沟可以不设置水沟盖板。人行巷道的水沟盖板可以采用钢盖板、混凝土盖板、玻璃钢盖板等形式。

在安全设施竣工验收时，可以通过查阅安全设施竣工验收评价报告的方法，检查人行巷道水沟盖板的设置位置、形式是否与批复的安全设施设计或施工图设计（或变更）一致。

1.2.6　斜坡道与无轨运输巷道

1.2.6.1　人行道

检查内容：人行道的宽度、高度。

【条文说明】

本条为二、开拓与开采第 6.1 条。

人行道属于专用安全设施，在安全设施竣工验收时，作为一般项进行检查。

无轨运输的斜坡道，应设人行道或躲避硐室，即可设置人行道，也可设置躲避硐室，在不设置人行道时就应设置躲避硐室。行人的无轨运输水平巷道，应设人行道。

巷道人行道的设置形式、宽度、高度在安全设施设计中会进行表述，但安全设施设计中一般是根据设计过程中初步选型的设备尺寸确定巷道尺寸，在施工图设计阶段会根据矿山采购设备尺寸重新进行设计，确定巷道尺寸，因此人行道的宽度、高度有可能会发生修改。而斜坡道也可能修改为设置躲避硐室，不设置人行道。

在安全设施竣工验收时，可以通过查阅安全设施竣工验收评价报告或竣工图纸的方法，检查巷道人行道的设置形式、宽度、高度是否与批复的安全设施设计或施工图设计（或变更）一致。

1.2.6.2　巷道支护

检查内容：支护形式、支护参数。

【条文说明】

本条为二、开拓与开采第 6.2 条。

巷道支护属于基本安全设施，在安全设施竣工验收时，作为一般项进行检查。

井巷所处或穿过松软不稳固的岩体要进行支护，巷道的支护形式、支护参数在安全设施设计中会进行表述。巷道常采用的支护形式有：喷射混凝土支护、锚杆 + 钢筋网 + 喷射混凝土支护、锚杆 + 钢拱架（钢格栅） + 钢筋网 + 喷射混凝土支护、混凝土支护、钢筋混凝土支护等。围岩条件不好时还可能需要注浆处理和使用锚索支护等多种支护形式。巷道的支护形式与支护参数在施工过程中极可能因围岩条件的改变而发生修改，而出现与安全设施设计不一致的情况。但安全设施设计中一般是按照预估的围岩条件进行的，在现场实际施工过程中，一般要根据揭露岩体情况，针对不同的岩体分级采用相适应的支护形式和支护参数。

在安全设施竣工验收时，可以通过查阅安全设施竣工验收评价报告或竣工图纸的方法，检查巷道的支护形式、支护参数是否与批复的安全设施设计或施工图设计（或变更）一致。

1.2.6.3　斜坡道的缓坡段

检查内容：斜坡道缓坡段的坡度、长度、间距。

【条文说明】

本条为二、开拓与开采第 6.3 条。

斜坡道的缓坡段属于基本安全设施，在安全设施竣工验收时，作为一般项进行检查。

斜坡道长度每隔 300～400 m，应设坡度不大于 3%、长度不小于 20 m 并能满足错车要求的缓坡段。斜坡道的缓坡段设置在安全设施设计中会进行表述，但在现场实际施工中，有可能需要根据围岩条件或矿体变化情况对斜坡道线路进行调整，引起缓坡段的设置发生修改；也可能斜坡道线路未作调整，但原设计缓坡段（尤其是错车道）位置围岩条件有变化，引起缓坡段的设置发生修改。

在安全设施竣工验收时，可以通过查阅安全设施竣工验收评价报告或竣工图纸的方法，检查斜坡道缓坡段的坡度、长度、间距是否与批复的安全设施设计或施工图设计（或变更）一致。

1.2.6.4 斜坡道与无轨运输巷道躲避硐室

检查内容：躲避硐室的位置、断面、间距，支护形式。

【条文说明】

本条为二、开拓与开采第6.4条。

躲避硐室属于专用安全设施，在安全设施竣工验收时，作为一般项进行检查。

无轨运输的斜坡道，应设人行道或躲避硐室。躲避硐室在安全设施设计中会进行表述，但在现场实际施工中，有可能根据围岩条件或矿体变化情况需对斜坡道线路进行调整，引起躲避硐室的设置发生修改；也可能斜坡道线路未作调整，但原设计躲避硐室位置围岩条件有变化，引起躲避硐室的设置发生修改；也可能修改为设置人行道，不设置躲避硐室。

在安全设施竣工验收时，可以通过查阅安全设施竣工验收评价报告或竣工图纸的方法，检查斜坡道躲避硐室的位置、断面、间距，支护形式是否与批复的安全设施设计或施工图设计（或变更）一致。如修改为设置人行道，不设置躲避硐室，按照斜坡道人行道检查。

1.2.6.5 斜坡道与无轨运输巷道交通信号系统

检查内容：交通信号系统设置。

【条文说明】

本条为二、开拓与开采第6.5条。

交通信号系统属于专用安全设施，在安全设施竣工验收时，作为一般项进行检查。

运输繁忙的斜坡道与无轨运输巷道需设置交通信号系统。

在安全设施竣工验收时，可以通过查阅安全设施竣工验收评价报告的方法，检查斜坡道与无轨运输巷道交通信号系统功能、信号灯设置等是否与批复的安全设施设计一致。

1.2.6.6 斜坡道与无轨运输巷道井口门禁系统

检查内容：门禁系统的设置。

【条文说明】

本条为二、开拓与开采第6.6条。

门禁系统属于专用安全设施，在安全设施竣工验收时，作为一般项进行检查。

在安全设施竣工验收时，可以通过查阅安全设施竣工验收评价报告的方法，检查井口门禁系统的布置范围、安全门设置情况、安全门与井口门禁系统信号连锁控制系统的设置情况是否与批复的安全设施设计一致。

1.2.7 人行井与溜井

1.2.7.1 梯子间及防护网、隔离栅栏

检查内容：人行天井的梯子间及防护网、隔离栅栏的设置。

【条文说明】

本条为二、开拓与开采第7.1条。

人行天井的梯子间及防护网、隔离栅栏属于专用安全设施，在安全设施竣工验收时，作为一般项进行检查，建议抽查。

作为人员通行的天井，需要设置梯子间及防护网、隔离栅栏。

在安全设施竣工验收时，可以通过查阅安全设施竣工验收评价报告的方法，检查人行天井的梯子间及防护网、隔离栅栏的设置位置、形式是否与批复的安全设施设计一致。

1.2.7.2 井口安全护栏

检查内容：安全护栏的设置。

【条文说明】

本条为二、开拓与开采第7.2条。

井口安全护栏属于专用安全设施，在安全设施竣工验收时，作为一般项进行检查。

为防止人员、设备坠落，人行井和溜井需安装安全护栏。

在安全设施竣工验收时，可以通过查阅安全设施竣工验收评价报告的方法，检查天井、溜井井口安全护栏的设置位置、形式是否与批复的安全设施设计一致。

1.2.7.3 废弃井口的封闭或隔离设施

检查内容：全部废弃井口的封闭或隔离设施。

【条文说明】

本条为二、开拓与开采第7.3条。

废弃井口的封闭或隔离设施属于专用安全设施，在安全设施竣工验收时，作为一般项进行检查。

为防止人员设备坠入废弃井口，废弃井口应进行封闭或采取隔离措施。

在安全设施竣工验收时，可以通过查阅安全设施竣工验收评价报告的方法，检查废弃井口的封闭或隔离设施是否与批复的安全设施设计一致。

1.2.7.4 溜井井口安全挡车设施

检查内容：溜井井口安全挡车设施的设置。

【条文说明】

本条为二、开拓与开采第7.4条。

溜井井口安全挡车设施属于专用安全设施，在安全设施竣工验收时，作为一般项进行检查，建议抽查。

采用无轨设备运输矿石岩石并卸入溜井的矿山，为防止无轨设备坠落，在溜井井口要设置挡车措施。

在安全设施竣工验收时，可以通过查阅安全设施竣工验收评价报告的方法，检查溜井井口安全挡车设施设置位置、数量、形式是否与批复的安全设施设计一致。

1.2.7.5 溜井口格筛

检查内容：溜井口格筛的设置。

【条文说明】

本条为二、开拓与开采第7.5条。

溜井口格筛属于专用安全设施，在安全设施竣工验收时，作为一般项进行检查。

为防止大块矿石或岩石进入溜井，导致溜井堵塞，溜井口一般需设置格筛。

在安全设施竣工验收时，可以通过查阅安全设施竣工验收评价报告的方法，检查溜井口格筛设置位置、数量、形式是否与批复的安全设施设计一致。

1.2.8 硐室工程

1.2.8.1 爆破器材库

1.2.8.1.1 爆破器材库的位置和爆破器材贮存量

检查内容：爆破器材库的位置、爆破器材贮存量。

【条文说明】

本条为二、开拓与开采第8.1.1条。

爆破器材库属于基本安全设施，在安全设施竣工验收时，作为一般项进行检查，建议抽查。

爆破器材库的位置、爆破器材贮存量在安全设施设计中会进行表述，但该安全设施设计中确定的位置是在井下岩体未实际揭露时预估的位置，根据要求“井下爆破器材库不应设在含水层或岩体破碎带内”，在现场实际施工中，根据岩体揭露情况，位置可能会根据围岩条件进行修改。

在安全设施竣工验收时，可以通过查阅安全设施竣工验收评价报告或竣工图纸的方法，检查爆破器材库的位置、爆破器材贮存量是否与批复的安全设施设计或施工图设计（或变更）一致。

1.2.8.1.2 爆破器材库的独立回风道

检查内容：独立回风道的位置、断面。

【条文说明】

本条为二、开拓与开采第8.1.2条。

爆破器材库的独立回风道属于基本安全设施，在安全设施竣工验收时，作为一般项进行检查，建议抽查。

井下炸药库，应有独立的回风道。爆破器材库的独立回风道在安全设施设计中会进行表述，但在现场实际施工中可能由于爆破器材库位置变化或原设计回风道位置围岩条件变化的原因，对回风道位置进行修改。

在安全设施竣工验收时，可以通过查阅安全设施竣工验收评价报告或竣工图纸的方法，检查爆破器材库的独立回风道的位置、形式、断面是否与批复的安全设施设计或施工图设计（或变更）一致。

1.2.8.2 动力油硐室

1.2.8.2.1 动力油硐室的位置和存油量

检查内容：动力油硐室的位置、存油量。

【条文说明】

本条为二、开拓与开采第8.2.1条。

动力油硐室的位置、存油量在安全设施竣工验收时，作为一般项进行检查。

在安全设施设计中动力油硐室的位置是在井下岩体未实际揭露时预估的位置，在现场实际施工时，根据岩体揭露情况以及围岩条件，可能会对位置进行修改。

在安全设施竣工验收时，可以通过查阅安全设施竣工验收评价报告或竣工图纸的方法，检查动力油硐室的位置、存油量是否与批复的安全设施设计或施工图设计（或变更）一致。

1.2.8.2.2 硐室的支护

检查内容：支护形式、支护参数。

【条文说明】

本条为二、开拓与开采第8.2.2条。

动力油硐室的支护属于基本安全设施，在安全设施竣工验收时，作为一般项进行检查。

动力油硐室所处或穿过松软不稳固的岩体要进行支护。动力油硐室的支护形式、支护参数、支护材料在安全设施设计中会进行表述。硐室常采用的支护形式有：混凝土支护、钢筋混凝土支护、锚杆+钢筋网+喷射混凝土支护等。围岩条件不好时还可能需要注浆处理和使用锚索支护等多种支护形式。硐室的支护形式与支护参数在施工过程中极可能因围岩条件的改变而发生修改，从而出现与安全设施设计不一致的情况。

在安全设施竣工验收时，可以通过查阅安全设施竣工验收评价报告或竣工图纸的方法，检查动力油硐室的支护形式、支护参数、支护材料是否与批复的安全设施设计或施工图设计（或变更）一致。

1.2.8.2.3 动力油硐室的独立回风道

检查内容：动力油硐室的独立回风道的位置、断面。

【条文说明】

本条为二、开拓与开采第8.2.3条。

井下动力油硐室的独立回风道属于基本安全设施，在安全设施竣工验收时，作为一般项进行检查，建议抽查。

井下动力油硐室，应有独立的回风道。井下动力油硐室的独立回风道在安全设施设计中会进行表述，但现场实际施工中可能由于井下动力油硐室位置变化或原设计回风道位置围岩条件变化的原因，对回风道位置进行修改。

在安全设施竣工验收时，可以通过查阅安全设施竣工验收评价报告或竣工图纸的方法，检查井下动力油硐室的独立回风道的位置、形式、断面是否与批复的安全设施设计或施工图设计（或变更）一致。

1.2.8.2.4　动力油硐室口的防火门

检查内容：动力油硐室口的防火门设置。

【条文说明】

本条为二、开拓与开采第 8.2.4 条。

动力油硐室口的防火门属于专用安全设施，在安全设施竣工验收时，作为一般项进行检查。

动力油硐室口应设置防火门。

在安全设施竣工验收时，可以通过查阅安全设施竣工验收评价报告的方法，检查动力油硐室口的防火门设置位置、安装方式，防护结构等是否与批复的安全设施设计一致。

1.2.8.2.5　动力油硐室栅栏门

检查内容：动力油硐室口的栅栏门设置。

【条文说明】

本条为二、开拓与开采第 8.2.5 条。

动力油硐室栅栏门属于专用安全设施，在安全设施竣工验收时，作为一般项进行检查。

动力油硐室口应装有向外开的铁栅栏门。

在安全设施竣工验收时，可以通过查阅安全设施竣工验收评价报告的方法，检查动力油硐室口的栅栏门设置位置、安装方式，防护结构等是否与批复的安全设施设计一致。

1.2.8.2.6　动力油硐室防静电措施

检查内容：动力油硐室的防静电措施，如电缆铠装、防静电地面、防静电接地。

【条文说明】

本条为二、开拓与开采第 8.2.6 条。

动力油硐室防静电措施属于专用安全设施，在安全设施竣工验收时，作为一般项进行检查。

动力油硐室需采取防静电措施。

在安全设施竣工验收时，可以通过查阅安全设施竣工验收评价报告的方法，检查硐室防静电的具体措施，包括防静电地面、连接间距、导线的型号规格、接地阻值参数是否与批复的安全设施设计一致。

1.2.8.2.7　动力油硐室防爆照明设施

检查内容：动力油硐室照明设施是否具有防爆标志。

【条文说明】

本条为二、开拓与开采第 8.2.7 条。

动力油硐室防爆照明属于专用安全设施，在安全设施竣工验收时，作为一般项进行检查。

动力油硐室的照明需采取防爆照明。

在安全设施竣工验收时，可以通过查阅安全设施竣工验收评价报告的方法，检查灯具安装方式，防护结构、布置等是否与批复的安全设施设计一致。

1.2.8.3　装载站和卸载站

1.2.8.3.1　硐室的支护

检查内容：硐室的支护形式、支护参数。

【条文说明】

本条为二、开拓与开采第 8.3.1 条。

装载站和卸载站硐室的支护属于基本安全设施，在安全设施竣工验收时，作为一般项进行检查。

硐室所处或穿过松软不稳固的岩体要进行支护，安全设施设计中有关支护形式、支护参数一般是按照预估的围岩条件进行的，在现场实际施工过程中，可能因围岩条件的改变而发生修改。

在安全设施竣工验收时，可以通过查阅安全设施竣工验收评价报告或竣工图纸的方法，检查装载站和卸载站硐室的支护形式、支护参数是否与批复的安全设施设计或施工图设计（或变更）一致。

1.2.8.3.2 装载站和卸载站的安全护栏

检查内容：装载站和卸载站的安全护杆设置。

【条文说明】

本条为二、开拓与开采第8.3.2条。

装载站和卸载站的安全护栏属于专用安全设施，在安全设施竣工验收时，作为一般项进行检查。

为防止人员、设备坠落，装载站、卸载站需安装安全护栏。

在安全设施竣工验收时，可以通过查阅安全设施竣工验收评价报告的方法，检查装载站和卸载站的护栏设置位置、安装方式、结构是否与批复的安全设施设计一致。

1.2.8.3.3 无轨设备卸载硐室的安全挡车设施、护栏

检查内容：无轨设备卸载硐室的安全挡车设施、护杆的设置。

【条文说明】

本条为二、开拓与开采第8.3.3条。

无轨设备卸载硐室的安全挡车设施、护栏属于专用安全设施，在安全设施竣工验收时，作为一般项进行检查。

有的矿山井下采用无轨设备运输至卸载硐室，为防止无轨设备坠落，在卸载硐室需设置挡车措施。为防止人员坠落，卸载硐室周围需设置护栏。

在安全设施竣工验收时，可以通过查阅安全设施竣工验收评价报告的方法，检查卸载硐室的安全挡车设施、护栏的设置位置、安装方式、结构等是否与批复的安全设施设计一致。

1.2.8.4 维修硐室

1.2.8.4.1 硐室位置

检查内容：硐室的位置。

【条文说明】

本条为二、开拓与开采第8.4.1条。

维修硐室位置在安全设施竣工验收时，作为一般项进行检查。

有的矿山为便于设备维修，在井下设置维修硐室，主要有电机车、矿车维修硐室，铲运机维修硐室，凿岩机维修硐室等。安全设施设计中有关维修硐室的位置表述是在井下岩体未实际揭露时预估的位置，在现场实际施工中，根据岩体揭露情况，位置可能会根据围岩条件进行修改。

在安全设施竣工验收时，可以通过查阅安全设施竣工验收评价报告或竣工图纸的方法，检查维修硐室的位置是否与批复的安全设施设计或施工图设计（或变更）一致。

1.2.8.4.2 硐室的支护

检查内容：破碎硐室的支护形式、支护参数。

【条文说明】

本条为二、开拓与开采第8.4.2条。

维修硐室的支护属于基本安全设施，在安全设施竣工验收时，作为一般项进行检查。

硐室所处或穿过松软不稳固岩体时进行支护，常采用的支护形式有：锚杆+钢筋网+喷射混凝土支护、锚杆+钢拱架（钢格栅）+钢筋网+喷射混凝土支护、混凝土支护、钢筋混凝土支护等。围岩条件不好时还可能需要注浆处理和使用锚索支护等多种支护形式。硐室的支护形式与支护参数在施工

过程中极可能因围岩条件的改变而发生修改，而出现与安全设施设计不一致的情况。

在安全设施竣工验收时，可以通过查阅安全设施竣工验收评价报告或竣工图纸的方法，检查维修硐室的支护形式、支护参数是否与批复的安全设施设计或施工图设计（或变更）一致。

1.2.8.4.3　栅栏门

检查内容：硐室口的栅栏门设置。

【条文说明】

本条为二、开拓与开采第 8.4.3 条。

栅栏门属于专用安全设施，在安全设施竣工验收时，作为一般项进行检查。

有的维修硐室需要设置栅栏门。

在安全设施竣工验收时，可以通过查阅安全设施竣工验收评价报告的方法，检查维修硐室的栅栏门设置位置、安装方式、防护结构等是否与批复的安全设施设计一致。

1.2.9　放射性矿山

1.2.9.1　放射性矿山的防护措施

检查内容：防护措施的设置。

【条文说明】

本条为二、开拓与开采第 9.1 条。

放射性矿山的防护措施属于专用安全设施,在安全设施竣工验收时,作为一般项进行检查,建议抽查。

放射性矿山出风井与入风井的间距，应大于 300 m。有放射性的矿山，不应在井下饮水和就餐。

在安全设施竣工验收时，可以通过查阅安全设施竣工验收评价报告的方法，检查放射性矿山防护措施的设置是否与批复的安全设施设计一致。

1.2.10　其他

1.2.10.1　工业场地边坡的安全加固及防护措施

检查内容：工业场地边坡的安全加固及防护措施，如加固工程竣工报告、防护网。

【条文说明】

本条为二、开拓与开采第 10.1 条。

工业场地的边坡加固及防护措施属于专用安全设施，在安全设施竣工验收时，作为一般项进行检查。

工业场地边坡必须保证稳定，如必要应采取治理措施。如需加固及防护措施在安全设施设计中会进行表述，但具体加固措施及防护措施一般在施工图阶段才能具体确定。工业场地边坡安全加固及防护措施应按照安全设施设计要求及施工图设计进行施工，隐蔽工程等应有竣工图纸。

在安全设施竣工验收时，可以通过查阅安全设施竣工验收评价报告或竣工图纸的方法，检查工业场地边坡的安全加固及防护措施是否与批复的安全设施设计或施工图设计（或变更）一致。

1.2.10.2　崩落法、空场法开采时的地表塌陷或移动范围保护措施

检查内容：防护网、警示标志的设置位置及设置方式。

【条文说明】

本条为二、开拓与开采第 10.2 条。

崩落法、空场法开采时的地表塌陷或移动范围保护措施属于专用安全设施，在安全设施竣工验收时，作为一般项进行检查。

采用崩落法或空场法开采的矿山，地表会产生岩体移动。在移动范围（包括 10 ~ 20 m 保护带）应设置防护网或警示标志。生产过程中应根据开采塌陷区的预测范围（包括 10 ~ 20 m 保护带）设置防护网或警示标志。

在安全设施竣工验收时，可以通过查阅安全设施竣工验收评价报告的方法，检查防护网、警示标

志的设置位置、安装方式是否与批复的安全设施设计一致。

1.3 提升系统与带式输送机系统(包含箕斗井、罐笼井、混合井、电梯井、斜井系统)

1.3.1 箕斗井提升系统

1.3.1.1 提升装置，包括制动系统、控制系统、视频监控

检查内容：提升设备型号、规格和数量，提升系统保护装置（包括防止过卷、防止过速、过负荷和欠电压、限速、深度指示器失效、闸间隙、松绳、满仓、减速功能等保护装置），定车装置（缠绕式提升），最大载重量，严禁超载标识，安全制动系统，控制及视频监控系统。

【条文说明】

本条为三、箕斗井提升系统第1条。

提升装置属于基本安全设施，在安全设施竣工验收时，作为否决项进行检查。

在安全设施竣工验收时，可以通过查阅安全设施竣工验收评价报告的方法，检查提升装置是否与批复的安全设施设计一致，检查安全保护装置（包括防止过卷、防止过速、过负荷和欠电压、限速、深度指示器失效、闸间隙、松绳、满仓、减速功能等保护装置）、定车装置、制动装置、控制及视频监控系统和信号装置是否齐全有效，无法现场检查的，可查阅施工和监理资料、设备检验报告以及设备调试和试运行报告。现场检查提升装置的最大载重量是否在井口公布。

1.3.1.2 钢丝绳（包括提升钢丝绳、平衡钢丝绳、罐道钢丝绳、制动钢丝绳、隔离钢丝绳）及其连接或固定装置

检查内容：钢丝绳的型号、规格、数量及连接装置。钢丝绳的拉断、弯曲和扭转试验，钢丝绳定期检查、更换。

【条文说明】

本条为三、箕斗井提升系统第2条。

钢丝绳及其连接或固定装置属于基本安全设施，在安全设施竣工验收时，作为一般项进行检查，建议抽查。

在安全设施竣工验收时，可以通过查阅安全设施竣工验收评价报告的方法，检查钢丝绳及其连接或固定装置是否与批复的安全设施设计一致，查阅钢丝绳试验记录，检查新钢丝绳和使用中的钢丝绳是否进行了拉断、弯曲和扭转试验。查阅相关记录，检查钢丝绳的定期检查、检测记录和更换情况是否符合规定。

1.3.1.3 罐道（包括木罐道、型钢罐道、钢轨罐道、钢木复合罐道、钢丝绳罐道等）

检查内容：罐道的设置。

【条文说明】

本条为三、箕斗井提升系统第3条。

罐道属于基本安全设施，在安全设施竣工验收时，作为一般项进行检查，建议抽查。

提升容器的导向槽（器）与罐道之间的间隙应符合《金属非金属矿山安全规程》(GB 16423）的规定。罐道钢丝绳的直径不应小于28 mm；防撞钢丝绳的直径应不小于40 mm。各罐道绳张紧力应相差5% ~10%，内侧张紧力大，外侧张紧力小。罐道钢丝绳应有20 ~30 m 备用长度；罐道的固定装置和拉紧装置应定期检查，及时串动和转动罐道钢丝绳。

在安全设施竣工验收时，可以通过查阅安全设施竣工验收评价报告的方法，检查罐道的设置是否与批复的安全设施设计一致。

1.3.1.4 提升容器

检查内容：提升容器的规格、数量，导向槽（器）与罐道的间隙，提升容器间及提升容器与井壁、罐道梁、井梁之间的最小间隙。

【条文说明】

本条为三、箕斗井提升系统第4条。

提升容器属于基本安全设施，在安全设施竣工验收时，作为一般项进行检查，建议抽查。

在安全设施竣工验收时，可以通过查阅安全设施竣工验收评价报告的方法，检查提升容器的导向槽（器）与罐道的间隙、提升容器间及提升容器与井壁、罐道梁、井梁之间的最小间隙，是否经单项验收合格，检查提升容器是否与批复的安全设施设计一致。

1.3.1.5 井口、装载站、卸载站等处的安全护栏

检查内容：井口、装载站、卸载站等处的安全护栏。

【条文说明】

本条为三、箕斗井提升系统第5条。

井口、装载站、卸载站等处的安全护栏属于专用安全设施，在安全设施竣工验收时，作为一般项进行检查。

为防止人员、设备坠落，在井口、装载站、卸载站等处需安装安全护栏。

在安全设施竣工验收时，可以通过查阅安全设施竣工验收评价报告的方法，检查井口、装载站、卸载站等处的安全护栏是否与批复的安全设施设计一致。

1.3.1.6 尾绳隔离保护设施

检查内容：尾绳隔离保护设施的位置、数量、规格。

【条文说明】

本条为三、箕斗井提升系统第6条。

尾绳隔离保护设施属于专用安全设施，在安全设施竣工验收时，作为一般项进行检查。

平衡尾绳处于井下恶劣的环境中，容易腐蚀或锈蚀，甚至发生断丝和扭结事故。尤其是提升容器处于井底时，在尾绳环的位置常发生断丝。平衡尾绳的升降产生轴向力，使尾绳产生旋转，以致发生扭结事故，其保护设施有：

（1）悬挂的平衡尾绳环下端不得接触井底的粉矿堆，要留有足够的空间距离。

（2）为防止平衡尾绳扭结，在提升容器的下部尾绳连接处，应装有尾绳旋转装置。

（3）在同一提升容器悬挂的平衡尾绳之间，或两个提升容器悬挂的平衡尾绳之间，均应在井底过卷距离以下设木挡梁隔离装置。当采用钢丝绳罐道时，井底尾绳和罐道钢丝绳之间，也同样应装设隔离保护挡梁。

（4）为防止尾绳相互扭结，在尾绳环上部装设监视保护装置。当尾绳扭结上升时，通过钢丝拉动水银开关，使提升机电机立即断电，紧急制动停车。

在安全设施竣工验收时，可以通过查阅安全设施竣工验收评价报告的方法，检查尾绳隔离保护设施是否与批复的安全设施设计一致。

1.3.1.7 防过卷、防过放设施、防坠设施

检查内容：防过卷、防过放设施、防坠设施的位置、数量、规格。

【条文说明】

本条为三、箕斗井提升系统第7条。

防过卷、防过放设施、防坠设施属于专用安全设施，在安全设施竣工验收时，作为一般项进行检查，建议抽查。

竖井提升系统应设过卷保护装置，过卷高度应符合《金属非金属矿山安全规程》（GB 16423）的规定。提升井架（塔）内应设置过卷挡梁和楔形罐道。楔形罐道的楔形部分的斜度为1%，其长度应不小于过卷高度的2/3，楔形罐道顶部需设封头挡梁。多绳摩擦提升时，井底楔形罐道的安装位置，应使下行容器比上行提容器提前接触楔形罐道，提前距离应不小于1 m。单绳缠绕式提升时，井底应

设简易缓冲式防过卷装置，有条件的可设楔形罐道。

在安全设施竣工验收时，可以通过查阅安全设施竣工验收评价报告的方法，检查防过卷、防过放设施、防坠设施是否与批复的安全设施设计一致。

1.3.1.8 提升机房内的盖板、梯子和安全护栏

检查内容：提升机房内的盖板、梯子和安全护栏。

【条文说明】

本条为三、箕斗井提升系统第 8 条。

提升机房内的盖板、梯子和安全护栏属于专用安全设施，在安全设施竣工验收时，作为一般项进行检查。

为防止人员、设备坠落及保证人员的安全通行，在提升机房内需安装盖板、梯子和安全护栏。

在安全设施竣工验收时，可以通过查阅安全设施竣工验收评价报告的方法，检查提升机房内的盖板、梯子和安全护栏是否与批复的安全设施设计一致。

1.3.1.9 井筒支护

检查内容：井筒的支护形式、支护参数。

【条文说明】

本条为三、箕斗井提升系统第 9 条。

井筒支护属于基本安全设施，在安全设施竣工验收时，作为一般项进行检查。

井筒常采用的支护形式有混凝土支护、钢筋混凝土支护等，围岩条件不好时也可能采用复合支护形式。井筒支护是依据工程勘察报告中的围岩条件进行设计的，在施工过程中，当围岩条件有时会发生变化时，需要修改井筒的支护形式与支护参数，这样会出现实际的支护形式与支护参数与安全设施设计中不一致的情况，是允许的。

在安全设施竣工验收时，可以通过查阅安全设施竣工验收评价报告或竣工图纸的方法，查看井筒的支护形式、支护参数是否与批复的安全设施设计一致。

1.3.1.10 电源、线路

检查内容：供电电源引自情况；线路回路数、型号、规格。

【条文说明】

本条为三、箕斗井提升系统第 10 条。

电源、线路属于基本安全设施，在安全设施竣工验收时，作为一般项进行检查。

箕斗井作为地下矿山提升矿石的主要设备，一般为二级负荷，其供电电源可靠与否，直接影响矿山的正常生产与安全。

在安全设施竣工验收时，可以通过查阅安全设施竣工验收报告的方法，检查是否为双重电源，检查电源线路的回路数以及导体型号、规格等情况是否与批复的安全设施设计一致。

1.3.1.11 高、低压供配电中性点接地方式

检查内容：中性点接地方式。

【条文说明】

本条为三、箕斗井提升系统第 11 条。

高、低压供配电中性点接地方式在安全设施竣工验收时，作为一般项进行检查。

井下高压中性点接地系统可分为不接地、高电阻接地或消弧线圈接地方式，不同的接地方式其单相接地保护亦不相同，低压中性点接地系统一般采用 IT 接地型式。

在安全设施竣工验收时，可以通过查阅安全设施竣工验收评价报告的方法，检查高、低压中性点的接地型式是否与批复的安全设施设计一致。

1.3.1.12　供电高、低压电缆

检查内容：电缆型号、规格。

【条文说明】

本条为三、箕斗井提升系统第12条。

供电高、低压电缆属于基本安全设施，在安全设施竣工验收时，作为一般项进行检查。

《关于金属非金属矿山禁止使用的设备及工艺目录（第一批）的说明》规定井下电缆必须用阻燃型：电缆工作时，尤其是过流、过载时，由于导体发热会导致电缆温度升高，如果电缆不具备良好的阻燃性能，极易引起电缆着火，在燃烧的同时产生大量有毒有害气体，造成矿工中毒窒息。

在安全设施竣工验收时，可以通过查阅安全设施竣工验收评价报告的方法，检查电缆的型号、规格是否与批复的安全设施设计一致。

1.3.1.13　地面建筑物防雷设施

检查内容：防雷等级、避雷装置型式、引下线数量、接地极配置。

【条文说明】

本条为三、箕斗井提升系统第13条。

地面建筑物防雷设施属于专用安全设施，在安全设施竣工验收时，作为一般项进行检查。

在安全设施竣工验收时，可以通过查阅安全设施竣工验收评价报告的方法，检查建筑物防雷等级、接闪器型式、引下线数量、接地极配置是否与批复的安全设施设计一致。

1.3.1.14　高压供配电系统继电保护装置

检查内容：继电保护装置。

【条文说明】

本条为三、箕斗井提升系统第14条。

高压供配电系统继电保护装置属于基本安全设施，在安全设施竣工验收时，作为一般项进行检查。

在安全设施竣工验收时，可以通过查阅安全设施竣工验收评价报告的方法，检查用电设备和配电线路的继电保护装置及保护配置情况是否与批复的安全设施设计一致。

1.3.1.15　低压配电系统故障（间接接触）防护设施

检查内容：低压配电系统故障（间接接触）防护设施。

【条文说明】

本条为三、箕斗井提升系统第15条。

低压配电系统故障（间接接触）防护设施属于专用安全设施，在安全设施竣工验收时，作为一般项进行检查。

在安全设施竣工验收时，可以通过查阅安全设施竣工验收评价报告、现场抽查的方法，检查防护的具体措施：诸如外露可导电部分的接地、建筑物内总等电位联结、辅助等电位的设置情况，是否与批复的安全设施设计一致。符合以下条件者不在检查之列：①处在伸臂范围以外墙上的架空线绝缘子的支撑物和与其连接的金属部件（架空线金具）；②触及不到钢筋的钢筋混凝土电杆；③外露可导电部分因其尺寸小或因其位置不会被抓住或不会与人的身体的一部分有效连接，且与保护导体连接很困难或连接不可靠时；④Ⅱ类设备或等效的绝缘，用于保护设备的金属管或其他金属外护物。

1.3.1.16　裸带电体基本（直接接触）防护设施

检查内容：裸带电体基本（直接接触）防护设施。

【条文说明】

本条为三、箕斗井提升系统第16条。

裸带电体基本（直接接触）防护设施属于专用安全设施，在安全设施竣工验收时，作为一般项

进行检查。

在安全设施竣工验收时，可以通过查阅安全设施竣工验收评价报告、现场抽查的方法，检查防护的具体措施：诸如遮拦或外护物、阻挡物、置于伸臂范围之外等措施，剩余电流保护器的附加防护是否与批复的安全设施设计一致。注：①标称电压不超过区段Ⅰ（见 GB/T 18379）的不在检查之列；②满足 FELV 系统且满足不接地回路（SELV）的不在检查之列；③满足 FELV 系统且满足接地回路（PELV）的不在检查之列。

1.3.1.17 接地

检查内容：36 V 以上及由于绝缘损坏而带有危险电压的电气装置、设备的外露可导电部分和构架的接地设施。

【条文说明】

本条为三、箕斗井提升系统第 17 条。

接地属于基本安全设施，在安全设施竣工验收时，作为一般项进行检查。

在安全设施竣工验收时，可以通过查阅安全设施竣工验收评价报告的方法，检查设备的接地设施所用材料与配置是否与批复的安全设施设计一致。

1.3.2 罐笼井提升系统

1.3.2.1 提升装置，包括制动系统、控制系统、视频监控

检查内容：提升设备型号、规格和数量，提升系统保护装置（包括防止过卷、防止过速、过负荷和欠电压、限速、深度指示器失效、闸间隙、松绳、满仓、减速功能等保护装置），定车装置（缠绕式提升），最大载重量或最大载人数量、严禁超载标识，安全制动系统、控制及视频监控系统。

【条文说明】

本条为四、罐笼井提升系统第 1 条。

提升装置属于基本安全设施，是矿山提升系统安全生产的基本保证，在安全设施竣工验收时，作为否决项进行检查。

在安全设施竣工验收时，可以通过查阅安全设施竣工验收评价报告的方法，检查提升装置是否与批复的安全设施设计一致，检查安全保护装置（包括防止过卷、防止过速、过负荷和欠电压、限速、深度指示器失效、闸间隙、松绳、满仓、减速功能等保护装置）、定车装置、制动装置、控制及视频监控系统和信号装置是否齐全有效，无法现场检查的，可查阅施工和监理资料、设备检验报告以及设备调试和试运行报告。现场检查提升装置的最大载重量或最大载人数量是否在井口公布。

1.3.2.2 钢丝绳（包括提升钢丝绳、平衡钢丝绳、罐道钢丝绳、制动钢丝绳、隔离钢丝绳）及其连接或固定装置

检查内容：钢丝绳的型号、规格、数量及连接装置。钢丝绳的拉断、弯曲和扭转试验，钢丝绳定期检查、更换是否符合国家有关规定。

【条文说明】

本条为四、罐笼井提升系统第 2 条。

钢丝绳及其连接或固定装置属于基本安全设施，在安全设施竣工验收时，作为一般项进行检查，建议抽查。

在安全设施竣工验收时，可以通过查阅安全设施竣工验收评价报告的方法，检查钢丝绳及其连接或固定装置是否与批复的安全设施设计一致，查阅钢丝绳试验记录，检查新钢丝绳和使用中的钢丝绳是否进行了拉断、弯曲和扭转试验。查阅相关记录，检查钢丝绳的定期检查、检测记录和更换情况是否符合规定。

1.3.2.3 罐道（包括木罐道、型钢罐道、钢轨罐道、钢木复合罐道、钢丝绳罐道等）

检查内容：罐道的设置。

【条文说明】

本条为四、罐笼井提升系统第3条。

罐道属于基本安全设施，在安全设施竣工验收时，作为一般项进行检查，建议抽查。

提升容器的导向槽（器）与罐道之间的间隙应符合《金属非金属矿山安全规程》(GB 16423）的规定。罐道钢丝绳的直径不应小于28 mm；防撞钢丝绳的直径应不小于40 mm。各罐道绳张紧力应相差5% ~10%，内侧张紧力大，外侧张紧力小。罐道钢丝绳应有20 ~30 m备用长度；罐道的固定装置和拉紧装置应定期检查，及时串动和转动罐道钢丝绳。

在安全设施竣工验收时，可以通过查阅安全设施竣工验收评价报告的方法，检查罐道的设置是否与批复的安全设施设计一致。

1.3.2.4　提升容器

检查内容：提升容器的规格、数量，导向槽（器）与罐道的间隙，提升容器间及提升容器与井壁、罐道梁、井梁之间的最小间隙。

【条文说明】

本条为四、罐笼井提升系统第4条。

提升容器属于基本安全设施，在安全设施竣工验收时，作为一般项进行检查，建议抽查。

在安全设施竣工验收时，可以通过查阅安全设施竣工验收评价报告的方法，检查提升容器的导向槽（器）与罐道的间隙、提升容器间及提升容器与井壁、罐道梁、井梁之间的最小间隙是否经单项验收合格，检查提升容器是否与批复的安全设施设计一致。

1.3.2.5　摇台或其他承接装置

检查内容：摇台或其他承接装置的位置、数量、规格。

【条文说明】

本条为四、罐笼井提升系统第5条。

摇台或其他承接装置属于基本安全设施，在安全设施竣工验收时，作为一般项进行检查，建议抽查。

竖井罐笼提升系统的各中段马头门，应根据需要使用摇台。除井口和井底允许设置托台外，特殊情况下也允许在中段马头门设置自动托台。摇台、托台应与提升机闭锁。

在安全设施竣工验收时，可以通过查阅安全设施竣工验收评价报告的方法，检查摇台或其他承接装置是否与批复的安全设施设计一致。

1.3.2.6　梯子间及安全护栏

检查内容：梯子间及安全护栏。

【条文说明】

本条为四、罐笼井提升系统第6条。

梯子间的安全护栏属于专用安全设施，在安全设施竣工验收时，作为一般项进行检查。

为防止人员、设备坠落，在梯子间内需安装安全护栏。

竖井梯子间的设置应符合下列规定：

(1）上、下相邻两梯子平台的垂直距离应不大于8 m，梯子的倾角应不大于80°。上、下相邻两层平台的梯子孔应错开布置，平台梯子孔的长和宽分别应不小于0.7 m和0.6 m，梯子上端应高出平台1 m，下端距井壁应不小于0.6 m，梯子宽度应不小于0.4 m，梯蹬间距应不大于0.3 m。

(2）梯子平台板应防滑。

(3）梯子间与提升间应设置安全网隔开，安全网可采用玻璃钢或金属制品。

在安全设施竣工验收时，可以通过查阅安全设施竣工验收评价报告的方法，检查梯子间及安全护栏的设置是否与批复的安全设施设计一致。

1.3.2.7 井口和马头门的安全护栏

检查内容：井口及井下马头门的安全护栏。

【条文说明】

本条为四、罐笼井提升系统第7条。

井口和马头门的安全护栏属于专用安全设施，在安全设施竣工验收时，作为一般项进行检查。

为防止人员、设备坠落，在井口和马头门处需安装安全护栏。

在安全设施竣工验收时，可以通过查阅安全设施竣工验收评价报告的方法，检查井口和马头门的安全护栏是否与批复的安全设施设计一致。

1.3.2.8 井口及井下马头门的安全门

检查内容：井口及井下马头门的安全门的位置、数量、规格。

【条文说明】

本条为四、罐笼井提升系统第8条。

井口及井下马头门的安全门属于专用安全设施，在安全设施竣工验收时，作为一般项进行检查，建议抽查。

无论地面还是各中间阶段的车场，在井口处必须设置安全门。门的下部边缘距轨面的高度一般不大于250 mm。

在安全设施竣工验收时，可以通过查阅安全设施竣工验收评价报告的方法，检查井口及井下马头门的安全门是否与批复的安全设施设计一致。

1.3.2.9 井口及井下马头门处的阻车器

检查内容：井口及井下马头门处的阻车器的位置、数量、规格。

【条文说明】

本条为四、罐笼井提升系统第9条。

井口及井下马头门处的阻车器属于专用安全设施，在安全设施竣工验收时，作为一般项进行检查，建议抽查。

阻车器按其用途分为单式和复式两种。单式只作停车和阻车之用，复式除停止列车外，还能分解列车，起到限数放车的作用。

为防止发生矿车坠井事故，地面和中段车场在靠近承接装置处，均应设置单式阻车器。停靠在单式阻车器内等待进入罐笼的矿车，其前端距摇台摇起时的最高位置，一般要保持不小于100 mm的距离。在等待进入罐笼的矿车组停车线上，应设置复式阻车器，以分解车组，并放行矿车。在单式阻车器内等待上罐的矿车与停在复式阻车器后阻爪内的矿车，两车的碰头间距应保持不小于0.5 m。

在安全设施竣工验收时，可以通过查阅安全设施竣工验收评价报告的方法，检查井口及井下马头门处的阻车器是否与批复的安全设施设计一致。

1.3.2.10 尾绳隔离保护设施

检查内容：尾绳隔离保护设施的位置、数量、规格。

【条文说明】

本条为四、罐笼井提升系统第10条。

尾绳隔离保护设施属于专用安全设施，在安全设施竣工验收时，作为一般项进行检查。

平衡尾绳处于井下恶劣的环境中，容易腐蚀或锈蚀，甚至发生断丝和扭结事故。尤其是提升容器处于井底时，在尾绳环的位置常发生断丝。平衡尾绳的升降产生轴向力，使尾绳产生旋转，以致发生扭结事故，其保护设施有：

（1）悬挂的平衡尾绳环下端不得接触井底的粉矿堆，要留有足够的空间距离。

（2）为防止平衡尾绳扭结，在提升容器的下部尾绳连接处，应装有尾绳旋转装置。

（3）在同一提升容器悬挂的平衡尾绳之间，或两个提升容器悬挂的平衡尾绳之间，均应在井底过卷距离以下设木挡梁隔离装置。当采用钢丝绳罐道时，井底尾绳和罐道钢丝绳之间，也同样应装设隔离保护挡梁。

（4）为防止尾绳相互扭结，在尾绳环上部装设监视保护装置。当尾绳扭结上升时，通过钢丝拉动水银开关，使提升机电机立即断电，紧急制动停车。

在安全设施竣工验收时，可以查阅安全设施竣工验收评价报告的方法，检查尾绳隔离保护设施是否与批复的安全设施设计一致。

1.3.2.11　防过卷、防过放、防坠设施

检查内容：防过卷、防过放、防坠设施的位置、数量、规格。

【条文说明】

本条为四、罐笼井提升系统第 11 条。

防过卷、防过放、防坠设施属于专用安全设施，在安全设施竣工验收时，作为一般项进行检查，建议抽查。

竖井提升系统应设过卷保护装置，过卷高度应符合《金属非金属矿山安全规程》(GB 16423）的规定。提升井架（塔）内应设置过卷挡梁和楔形罐道。楔形罐道的楔形部分的斜度为1%，其长度应不小于过卷高度的2/3，楔形罐道顶部需设封头挡梁。多绳摩擦提升时，井底楔形罐道的安装位置，应使下行容器比上提容器提前接触楔形罐道，提前距离应不小于 1 m。单绳缠绕式提升时，井底应设简易缓冲式防过卷装置，有条件的可设楔形罐道。

在安全设施竣工验收时，可以通过查阅安全设施竣工验收评价报告的方法，检查防过卷、防过放、防坠设施是否与批复的安全设施设计一致。

1.3.2.12　钢丝绳罐道时各中段的稳罐装置

检查内容：钢丝绳罐道时各中段的稳罐装置的位置、数量、规格。

【条文说明】

本条为四、罐笼井提升系统第 12 条。

钢丝绳罐道时各中段的稳罐装置属于专用安全设施，在安全设施竣工验收时，作为一般项进行检查，建议抽查。

罐笼与中段车场的衔接，钢丝绳罐道时，各中间阶段应设稳罐装置。

在安全设施竣工验收时，可以通过查阅安全设施竣工验收评价报告的方法，检查各中段的稳罐装置是否与批复的安全设施设计一致。

1.3.2.13　提升机房内的盖板、梯子和安全护栏

检查内容：提升机房内的盖板、梯子和安全护栏。

【条文说明】

本条为四、罐笼井提升系统第 13 条。

提升机房内的盖板、梯子和安全护栏属于专用安全设施，在安全设施竣工验收时，作为一般项进行检查。

为防止人员、设备坠落及保证人员的安全通行，在提升机房内需安装盖板、梯子和安全护栏。

在安全设施竣工验收时，可以通过查阅安全设施竣工验收评价报告的方法，检查提升机房内的盖板、梯子和安全护栏是否与批复的安全设施设计一致。

1.3.2.14　井口门禁系统

检查内容：井口门禁系统的设置。

【条文说明】

本条为四、罐笼井提升系统第 14 条。

井口门禁系统属于专用安全设施，在安全设施竣工验收时，作为一般项进行检查，建议抽查。

在安全设施竣工验收时，可以通过查阅安全设施竣工验收评价报告的方法，检查井口门禁系统的设置是否与批复的安全设施设计一致。

1.3.2.15 井筒支护

检查内容：井筒的支护形式、支护参数。

【条文说明】

本条为四、罐笼井提升系统第15条。

井筒支护属于基本安全设施，在安全设施竣工验收时，作为一般项进行检查。

井筒常采用的支护形式有混凝土支护、钢筋混凝土支护等，围岩条件不好时也可能采用复合支护形式。井筒支护是依据工程勘察报告中的围岩条件进行设计的，在施工过程中，当围岩条件发生变化时，需要修改井筒的支护形式与支护参数，这样会出现实际的支护形式与支护参数与安全设施设计中不一致的情况，是允许的。

在安全设施竣工验收时，可以通过查阅安全设施竣工验收评价报告或竣工图纸的方法，检查井筒的支护形式、支护参数是否与批复的安全设施设计一致。

1.3.2.16 电源、线路

检查内容：供电电源引自情况；线路回路数、型号、规格。

【条文说明】

本条为四、罐笼井提升系统第16条。

电源、线路属于基本安全设施，在安全设施竣工验收时，作为一般项进行检查。

罐笼井作为地下矿山提升人员、材料主要设备，为一级负荷，因直接关系矿山工作人员的人身安全，其供电电源必须安全可靠。

在安全设施竣工验收时，可以通过查阅安全设施竣工验收报告的方法，检查是否为双重电源，检查电源线路的回路数以及导体型号、规格等情况是否与批复的安全设施设计一致。

1.3.2.17 高、低压供配电中性点接地方式

检查内容：中性点接地方式。

【条文说明】

本条为三、罐笼井提升系统第17条。

高、低压供配电中性点接地方式在安全设施竣工验收时，作为一般项进行检查。

井下高压中性点接地系统可分为不接地、高电阻接地或消弧线圈接地方式，不同的接地方式其单相接地保护亦不相同，低压中性点接地系统一般采用IT接地型式。

在安全设施竣工验收时，可以通过查阅安全设施竣工验收评价报告的方法，检查高、低压中性点的接地型式是否与批复的安全设施设计一致。

1.3.2.18 供电高、低压电缆

检查内容：电缆型号、规格。

【条文说明】

本条为三、罐笼井提升系统第18条。

供电高、低压电缆属于基本安全设施，在安全设施竣工验收时，作为一般项进行检查。

《关于金属非金属矿山禁止使用的设备及工艺目录（第一批）的说明》规定井下电缆必须用阻燃型：电缆工作时，尤其是过流、过载时，由于导体发热会导致电缆温度升高，如果电缆不具备良好的阻燃性能，极易引起电缆着火，在燃烧的同时产生大量有毒有害气体，造成矿工中毒窒息。

在安全设施竣工验收时，可以通过查阅安全设施竣工验收评价报告的方法，检查电缆的型号、规格是否与批复的安全设施设计一致。

1.3.2.19 地面建筑物防雷设施

检查内容：防雷等级、避雷装置型式、引下线数量、接地极配置。

【条文说明】

本条为三、罐笼井提升系统第19条。

地面建筑物防雷设施属于专用安全设施，在安全设施竣工验收时，作为一般项进行检查。

在安全设施竣工验收时，可以通过查阅安全设施竣工验收评价报告的方法，检查建筑物防雷等级、接闪器型式、引下线数量、接地极配置是否与批复的安全设施设计一致。

1.3.2.20 高压供配电系统继电保护装置

检查内容：继电保护装置。

【条文说明】

本条为三、罐笼井提升系统第20条。

高压供配电系统继电保护装置属于基本安全设施，在安全设施竣工验收时，作为一般项进行检查。

在安全设施竣工验收时，可以通过查阅安全设施竣工验收评价报告的方法，检查用电设备和配电线路的继电保护装置及保护配置情况是否与批复的安全设施设计一致。

1.3.2.21 低压配电系统故障（间接接触）防护设施

检查内容：低压配电系统故障（间接接触）防护设施。

【条文说明】

本条为三、罐笼井提升系统第21条。

低压配电系统故障（间接接触）防护设施属于专用安全设施，在安全设施竣工验收时，作为一般项进行检查。

在安全设施竣工验收时，可以通过查阅安全设施竣工验收评价报告、现场抽查的方法，检查防护的具体措施：诸如外露可导电部分的接地、建筑物内总等电位联结、辅助等电位的设置情况是否与批复的安全设施设计一致。符合以下条件者不在检查之列：①处在伸臂范围以外墙上的架空线绝缘子的支撑物和与其连接的金属部件（架空线金具）；②触及不到钢筋的钢筋混凝土电杆；③外露可导电部分因其尺寸小或因其位置不会被抓住或不会与人的身体的一部分有效连接，且与保护导体连接很困难或连接不可靠时；④Ⅱ类设备或等效的绝缘，用于保护设备的金属管或其他金属外护物。

1.3.2.22 裸带电体基本（直接接触）防护设施

检查内容：裸带电体基本（直接接触）防护设施。

【条文说明】

本条为三、罐笼井提升系统第22条。

裸带电体基本（直接接触）防护设施属于专用安全设施，在安全设施竣工验收时，作为一般项进行检查。

在安全设施竣工验收时，可以通过查阅安全设施竣工验收评价报告、现场抽查的方法，检查防护的具体措施：诸如遮拦或外护物、阻挡物、置于伸臂范围之外等措施，剩余电流保护器的附加防护，是否与批复的安全设施设计一致。注：①标称电压不超过区段Ⅰ（见GB/T 18379）的不在检查之列；②满足FELV系统且满足不接地回路（SELV）的不在检查之列；③满足FELV系统且满足接地回路（PELV）的不在检查之列。

1.3.2.23 接地

检查内容：36 V以上及由于绝缘损坏而带有危险电压的电气装置、设备的外露可导电部分和构架的接地设施。

【条文说明】

本条为三、罐笼井提升系统第23条。

接地属于基本安全设施，在安全设施竣工验收时，作为一般项进行检查。

在安全设施竣工验收时，可以通过查阅安全设施竣工验收评价报告的方法，检查设备接地设施采用的材料与配置是否与批复的安全设施设计一致。

1.3.3 混合竖井提升系统

1.3.3.1 罐笼提升系统安全设施

检查内容：见罐笼提升系统。

【条文说明】

本条为五、混合竖井提升系统第1条。

见罐笼提升系统。

1.3.3.2 箕斗提升系统安全设施

检查内容：见箕斗提升系统。

【条文说明】

本条为五、混合竖井提升系统第2条。

见箕斗提升系统。

1.3.3.3 混合井筒中的安全隔离设施

检查内容：混合井筒中的安全隔离设施。

【条文说明】

本条为五、混合竖井提升系统第3条。

混合井井筒中的安全隔离设施属于专用安全设施，在安全设施竣工验收时，作为否决项进行检查。

无隔离设施的混合井，在升降人员的时间内，箕斗提升系统应中止运行。

在安全设施竣工验收时，可以通过查阅安全设施竣工验收评价报告的方法，检查混合井筒中的安全隔离设施是否与批复的安全设施设计一致。

1.3.3.4 井筒支护

检查内容：井筒的支护形式、支护参数。

【条文说明】

本条为五、混合竖井提升系统第4条。

井筒支护属于基本安全设施，在安全设施竣工验收时，作为一般项进行检查。

井筒常采用的支护形式有混凝土支护、钢筋混凝土支护等，围岩条件不好时也可能采用复合支护形式。井筒支护是依据工程勘察报告中的围岩条件进行设计的，在施工过程中，当围岩条件发生变化时，需要修改井筒的支护形式与支护参数，这样会出现实际的支护形式与支护参数与安全设施设计中不一致的情况，是允许的。

在安全设施竣工验收时，可以通过查阅安全设施竣工验收评价报告或竣工图纸的方法，检查井筒的支护形式、支护参数是否与批复的安全设施设计一致。

1.3.3.5 电源、线路

检查内容：供电电源引自情况；线路回路数、型号、规格。

【条文说明】

本条为五、混合竖井提升系统第5条。

电源、线路属于基本安全设施，在安全设施竣工验收时，作为一般项进行检查。

竖井作为地下矿山提升矿石、人员、材料主要设备，为一级负荷，因直接关系矿山工作人员的人身安全，其供电电源必须安全可靠。

在安全设施竣工验收时，可以通过查阅安全设施竣工验收报告的方法，检查是否为双重电源，检查电源线路的回路数以及导体型号、规格等情况是否与批复的安全设施设计一致。

1.3.3.6　高、低压供配电中性点接地方式

检查内容：中性点接地方式。

【条文说明】

本条为五、混合竖井提升系统第 6 条。

高、低压供配电中性点接地方式在安全设施竣工验收时作为一般项进行检查。

井下高压中性点接地系统可分为不接地、高电阻接地或消弧线圈接地方式，不同的接地方式其单相接地保护亦不相同，低压中性点接地系统一般采用 IT 接地型式。

在安全设施竣工验收时，可以通过查阅安全设施竣工验收评价报告的方法，检查高、低压中性点的接地型式是否与批复的安全设施设计一致。

1.3.3.7　供电高、低压电缆

检查内容：电缆型号、规格。

【条文说明】

本条为五、混合竖井提升系统第 7 条。

供电高、低压电缆属于基本安全设施，在安全设施竣工验收时，作为一般项进行检查。《关于金属非金属矿山禁止使用的设备及工艺目录（第一批）的说明》规定井下电缆必须用阻燃型：电缆工作时，尤其是过流、过载时，由于导体发热会导致电缆温度升高，如果电缆不具备良好的阻燃性能，极易引起电缆着火，在燃烧的同时产生大量有毒有害气体，造成矿工中毒窒息。

在安全设施竣工验收时，可以通过查阅安全设施竣工验收评价报告的方法，检查电缆的型号、规格是否与批复的安全设施设计一致。

1.3.3.8　地面建筑物防雷设施

检查内容：防雷等级、避雷装置型式、引下线数量、接地极配置。

【条文说明】

本条为五、混合竖井提升系统第 8 条。

地面建筑物防雷设施属于专用安全设施，在安全设施竣工验收时，作为一般项进行检查。

在安全设施竣工验收时，可以通过查阅安全设施竣工验收评价报告的方法，检查建筑物防雷等级、接闪器型式、引下线数量、接地极配置是否与批复的安全设施设计一致。

1.3.3.9　高压供配电系统继电保护装置

检查内容：继电保护装置。

【条文说明】

本条为五、混合竖井提升系统第 9 条。

高压供配电系统继电保护装置属于基本安全设施，在安全设施竣工验收时，作为一般项进行检查。

在安全设施竣工验收时，可以通过查阅安全设施竣工验收评价报告的方法，检查用电设备和配电线路的继电保护装置及保护配置情况是否与批复的安全设施设计一致。

1.3.3.10　低压配电系统故障（间接接触）防护设施

检查内容：低压配电系统故障（间接接触）防护设施。

【条文说明】

本条为五、混合竖井提升系统第 10 条。

低压配电系统故障（间接接触）防护设施属于专用安全设施，在安全设施竣工验收时，作为一般项进行检查。

在安全设施竣工验收时，可以通过查阅安全设施竣工验收评价报告、现场抽查的方法，检查防护的具体措施：诸如外露可导电部分的接地、建筑物内总等电位联结、辅助等电位的设置情况是否与批复的安全设施设计一致。符合以下条件者不在检查之列：①处在伸臂范围以外墙上的架空线绝缘子的支撑物和与其连接的金属部件（架空线金具）；②触及不到钢筋的钢筋混凝土电杆；③外露可导电部分因其尺寸小或因其位置不会被抓住或不会与人的身体的一部分有效连接，且与保护导体连接很困难或连接不可靠时；④Ⅱ类设备或等效的绝缘，用于保护设备的金属管或其他金属外护物。

1.3.3.11 裸带电体基本（直接接触）防护设施

检查内容：裸带电体基本（直接接触）防护设施。

【条文说明】

本条为五、混合竖井提升系统第 11 条。

裸带电体基本（直接接触）防护设施属于专用安全设施，在安全设施竣工验收时，作为一般项进行检查。

在安全设施竣工验收时，可以通过查阅安全设施竣工验收评价报告、现场抽查的方法，检查防护的具体措施：诸如遮拦或外护物、阻挡物、置于伸臂范围之外等措施，剩余电流保护器的附加防护，是否与批复的安全设施设计一致。注：①标称电压不超过区段Ⅰ（见 GB/T 18379）的不在检查之列；②满足 FELV 系统且满足不接地回路（SELV）的不在检查之列；③满足 FELV 系统且满足接地回路（PELV）的不在检查之列。

1.3.3.12 接地

检查内容：36 V 以上及由于绝缘损坏而带有危险电压的电气装置、设备的外露可导电部分和构架的接地设施。

【条文说明】

本条为五、混合竖井提升系统第 12 条。

接地属于基本安全设施，在安全设施竣工验收时，作为一般项进行检查。

在安全设施竣工验收时，可以通过查阅安全设施竣工验收评价报告的方法，检查设备的接地设施采用材料与配置是否与批复的安全设施设计一致。

1.3.4 电梯井提升系统

1.3.4.1 钢丝绳

检查内容：钢丝绳的型号、规格、数量及连接装置。钢丝绳的拉断、弯曲和扭转试验，钢丝绳定期检查、更换是否符合国家有关规定。

【条文说明】

本条为六、电梯井提升系统第 1 条。

钢丝绳及其连接或固定装置属于基本安全设施，在安全设施竣工验收时，作为一般项进行检查，建议抽查。

在安全设施竣工验收时，可以通过查阅安全设施竣工验收评价报告的方法，检查钢丝绳及其连接或固定装置是否与批复的安全设施设计一致，查阅钢丝绳试验记录，检查新钢丝绳和使用中的钢丝绳是否进行了拉断、弯曲和扭转试验。查阅相关记录，检查钢丝绳的定期检查、检测记录和更换情况是否符合规定。

1.3.4.2 罐道

检查内容：罐道的设置。

【条文说明】

本条为六、电梯井提升系统第 2 条。

罐道属于基本安全设施，在安全设施竣工验收时，作为一般项进行检查。

在安全设施竣工验收时，可以通过查阅施工和监理资料、设备检验报告以及设备调试和试运行报告的方法，检查罐道的设置是否与批复的安全设施设计一致。

1.3.4.3 轿厢

检查内容：轿厢的规格。

【条文说明】

本条为六、电梯井提升系统第3条。

轿厢属于基本安全设施，在安全设施竣工验收时，作为一般项进行检查。

在安全设施竣工验收时，可以通过查阅施工和监理资料、设备检验报告以及设备调试和试运行报告的方法，检查轿厢的规格是否与批复的安全设施设计一致。

1.3.4.4 控制系统

检查内容：控制系统。

【条文说明】

本条为六、电梯井提升系统第4条。

电梯井的控制系统属于基本安全设施，在安全设施竣工验收时，作为一般项进行检查，建议抽查。

在安全设施竣工验收时，可以通过查阅施工和监理资料、设备检验报告以及设备调试和试运行报告的方法，检查电梯井控制系统是否与批复的安全设施设计一致。

1.3.4.5 梯子间及安全护栏

检查内容：梯子间及安全护栏的设置。

【条文说明】

本条为六、电梯井提升系统第5条。

梯子间的安全护栏属于专用安全设施，在安全设施竣工验收时，作为一般项进行检查。

为防止人员、设备坠落在梯子间内需安装安全护栏。竖井梯子间的设置应符合下列规定：

（1）上、下相邻两梯子平台的垂直距离应不大于8 m，梯子的倾角应不大于80°。上、下相邻两层平台的梯子孔应错开布置，平台梯子孔的长和宽分别应不小于0.7 m和0.6 m，梯子上端应高出平台1 m，下端距井壁应不小于0.6 m，梯子宽度应不小于0.4 m，梯蹬间距应不大于0.3 m。

（2）梯子平台板应防滑。

（3）梯子间与提升间应设置安全网隔开，安全网可采用玻璃钢或金属制品。

（4）玻璃钢制品的阻燃系数应大于26氧指数。

在安全设施竣工验收时，可以通过查阅安全设施竣工验收评价报告的方法，检查梯子间安全护栏的设置是否与批复的安全设施设计一致。

1.3.4.6 电梯间和梯子间进口的安全防护网

检查内容：电梯间和梯子间进口的安全防护网的设置。

【条文说明】

本条为六、电梯井提升系统第6条。

电梯间和梯子间进口的安全防护网属于专用安全设施，在安全设施竣工验收时，作为一般项进行检查。

为保护电梯间和梯子间内人员的安全，在电梯间和梯子间进口处需安装安全防护网。

在安全设施竣工验收时，可以通过查阅安全设施竣工验收评价报告的方法，检查电梯子间及安全护栏的设置是否与批复的安全设施设计一致。

1.3.4.7 井筒支护

检查内容：井筒的支护形式、支护参数。

【条文说明】

本条为六、电梯井提升系统第7条。

井筒支护属于基本安全设施，在安全设施竣工验收时，作为一般项进行检查。

井筒常采用的支护形式有混凝土支护、钢筋混凝土支护等，围岩条件不好时也可能采用复合支护形式。井筒支护是依据工程勘察报告中的围岩条件进行设计的，在施工过程中，当围岩条件发生变化时，需要修改井筒的支护形式与支护参数，这样会出现实际的支护形式与支护参数与安全设施设计中不一致的情况，是允许的。

在安全设施竣工验收时，可以通过查阅安全设施竣工验收评价报告或竣工图纸的方法，检查井筒的支护形式、支护参数是否与批复的安全设施设计一致。

1.3.4.8 电源、线路

检查内容：供电电源线路回路数、型号、规格。

【条文说明】

本条为六、电梯井提升系统第8条。

电源、线路属于基本安全设施，在安全设施竣工验收时，作为一般项进行检查。

电梯井作为地下矿山提升人员主要设备，为一级负荷，因直接关系矿山工作人员的人身安全，其供电电源必须安全可靠。

在安全设施竣工验收时，可以通过查阅安全设施竣工验收报告的方法，检查是否为双重电源，检查电源线路的回路数以及导体型号、规格等情况是否与批复的安全设施设计一致。

1.3.4.9 低压供配电中性点接地方式

检查内容：中性点接地方式。

【条文说明】

本条为六、电梯井提升系统第9条。

低压供配电中性点接地方式在安全设施竣工验收时，作为一般项进行检查。

低压中性点接地系统一般采用IT接地型式。

在安全设施竣工验收时，可以通过查阅安全设施竣工验收评价报告的方法，检查中低压中性点的接地型式是否与批复的安全设施设计一致。

1.3.4.10 低压电缆

检查内容：电缆型号、规格。

【条文说明】

本条为六、电梯井提升系统第10条。

低压电缆属于基本安全设施，在安全设施竣工验收时，作为一般项进行检查。

《关于金属非金属矿山禁止使用的设备及工艺目录（第一批）的说明》规定井下电缆必须用阻燃型：电缆工作时，尤其是过流、过载时，由于导体发热会导致电缆温度升高，如果电缆不具备良好的阻燃性能，极易引起电缆着火，在燃烧的同时产生大量有毒有害气体，造成矿工中毒窒息。

在安全设施竣工验收时，可以通过查阅安全设施竣工验收评价报告的方法，检查电缆的型号、规格是否与批复的安全设施设计一致。

1.3.4.11 低压配电系统故障（间接接触）防护设施

检查内容：低压配电系统故障（间接接触）防护设施。

【条文说明】

本条为六、电梯井提升系统第11条。

低压配电系统故障（间接接触）防护设施属于专用安全设施，在安全设施竣工验收时，作为一般项进行检查。

在安全设施竣工验收时，可以通过查阅安全设施竣工验收评价报告、现场抽查的方法，检查防护的具体措施：诸如外露可导电部分的接地、建筑物内总等电位联结、辅助等电位的设置情况，是否与批复的安全设施设计一致。符合以下条件者不在检查之列：①处在伸臂范围以外墙上的架空线绝缘子的支撑物和与其连接的金属部件（架空线金具）；②触及不到钢筋的钢筋混凝土电杆；③外露可导电部分因其尺寸小或因其位置不会被抓住或不会与人的身体的一部分有效连接，且与保护导体连接很困难或连接不可靠时；④Ⅱ类设备或等效的绝缘，用于保护设备的金属管或其他金属外护物。

1.3.4.12 裸带电体基本（直接接触）防护设施

检查内容：裸带电体基本（直接接触）防护设施。

【条文说明】

本条为六、电梯井提升系统第 12 条。

裸带电体基本（直接接触）防护设施属于专用安全设施，在安全设施竣工验收时，作为一般项进行检查。

在安全设施竣工验收时，可以通过查阅安全设施竣工验收评价报告、现场抽查的方法，检查防护的具体措施：诸如遮拦或外护物、阻挡物、置于伸臂范围之外等措施，剩余电流保护器的附加防护，是否与批复的安全设施设计一致。注：①标称电压不超过区段Ⅰ（见 GB/T 18379）的不在检查之列；②满足 FELV 系统且满足不接地回路（SELV）的不在检查之列；③满足 FELV 系统且满足接地回路（PELV）的不在检查之列。

1.3.4.13 接地

检查内容：36 V 以上及由于绝缘损坏而带有危险电压的电气装置、设备的外露可导电部分和构架的接地设施。

【条文说明】

本条为六、电梯井提升系统第 13 条。

接地属于基本安全设施，在安全设施竣工验收时，作为一般项进行检查。

在安全设施竣工验收时，可以通过查阅安全设施竣工验收评价报告的方法，检查设备接地设施采用的材料与配置是否与批复的安全设施设计一致。

1.3.5 斜井提升系统

1.3.5.1 提升装置，包括制动系统、控制系统、视频监控

检查内容：提升设备型号、规格和数量，提升系统保护装置（包括防止过卷、防止过速、过负荷和欠电压、限速、深度指示器失效、闸间隙、松绳、满仓、减速功能等保护装置），最大载重量或最大载人数量、严禁超载标识，安全制动系统、控制及视频监控系统。

【条文说明】

本条为七、斜井提升系统第 1 条。

提升装置属于基本安全设施，是矿山提升系统安全生产的基本保证，在安全设施竣工验收时，作为否决项进行检查。

在安全设施竣工验收时，可以通过查阅安全设施竣工验收评价报告的方法，检查提升装置是否与批复的安全设施设计一致，检查安全保护装置（包括防止过卷、防止过速、过负荷和欠电压、限速、深度指示器失效、闸间隙、松绳、满仓、减速功能等保护装置）、定车装置、制动装置、控制及视频监控系统和信号装置是否齐全有效，无法现场检查的，可查阅施工和监理资料、设备检验报告以及设备调试和试运行报告。现场检查提升装置的最大载重量或最大载人数量是否在井口公布。

1.3.5.2 提升钢丝绳及其连接装置

检查内容：钢丝绳的型号、规格、数量及连接装置。钢丝绳的拉断、弯曲和扭转试验，钢丝绳定期检查、更换是否符合国家有关规定。

【条文说明】

本条为七、斜井提升系统第 2 条。

钢丝绳及其连接或固定装置属于基本安全设施，在安全设施竣工验收时，作为一般项进行检查，建议抽查。

在安全设施竣工验收时，可以通过查阅安全设施竣工验收评价报告的方法，检查钢丝绳及其连接或固定装置是否与批复的安全设施设计一致，查阅钢丝绳试验记录，检查新钢丝绳和使用中的钢丝绳是否进行了拉断、弯曲和扭转试验。查阅相关记录，检查钢丝绳的定期检查、检测记录和更换情况是否符合规定。

1.3.5.3 提升容器（含箕斗、矿车和人车）

检查内容：提升容器的规格、数量。

【条文说明】

本条为七、斜井提升系统第 3 条。

提升容器属于基本安全设施，在安全设施竣工验收时，作为一般项进行检查，建议抽查。

供人员上、下的斜井，垂直深度超过 50 m 的，应设专用人车运送人员。斜井用矿车组提升时，不应人、货物混合串车提升。专用人车应有顶棚，并装有可靠的断绳保险器。列车每节车厢的断绳保险器应相互连接，并能在断绳时起作用。断绳保险器应既能自动开启，也能手动开启。运送人员的专用列车的各节车厢之间，除连接装置外，还应附挂保险链。连接装置和保险链，应经常检查，定期更换。

在安全设施竣工验收时，可以通过查阅安全设施竣工验收评价报告的方法，检查提升容器是否与批复的安全设施设计一致。

1.3.5.4 防跑车装置

检查内容：防跑车装置的位置、型号、数量。

【条文说明】

本条为七、斜井提升系统第 4 条。

防跑车装置属于专用安全设施，在安全设施竣工验收时，作为一般项进行检查。

提升矿车的斜井，应设常闭式防跑车装置，并经常保持完好。

在安全设施竣工验收时，可以通过查阅安全设施竣工验收评价报告的方法，检查防跑车装置是否与批复的安全设施设计一致。

1.3.5.5 井口及井下马头门的安全门、阻车器、安全护栏和挡车设施

检查内容：井口及井下马头门的安全门、阻车器、安全护栏和挡车设施的位置、型号、数量。

【条文说明】

本条为七、斜井提升系统第 5 条。

井口及井下马头门的安全门、阻车器、安全护栏和挡车设施属于专用安全设施，在安全设施竣工验收时，作为一般项进行检查，建议抽查。

斜井上部和中间车场，应设阻车器或挡车栏。阻车器或挡车栏在车辆通过时打开，车辆通过后关闭。

在安全设施竣工验收时，可以通过查阅安全设施竣工验收评价报告的方法，检查井口及井下马头门的安全门、阻车器、安全护栏和挡车设施是否与批复的安全设施设计一致。

1.3.5.6 人行道与轨道之间的安全隔离设施

检查内容：人行道与轨道之间的安全隔离设施的形式、设置参数。

【条文说明】

本条为七、斜井提升系统第 6 条。

人行道与轨道之间的安全隔离设施属于专用安全设施，在安全设施竣工验收时，作为一般项进行检查，建议抽查。

有轨运输的斜井，车道与人行道之间宜设坚固的隔离设施，未设隔离设施的，提升时不应有人员通行。

在安全设施竣工验收时，可以通过查阅安全设施竣工验收评价报告的方法，检查人行道与轨道之间的安全隔离设施是否与批复的安全设施设计一致。

1.3.5.7　梯子和扶手

检查内容：梯子和扶手的位置、数量、规格。

【条文说明】

本条为七、斜井提升系统第 7 条。

梯子和扶手属于专用安全设施。在安全设施竣工验收时，作为一般项进行检查。

斜井倾角为 10°～15°时，应设人行踏步；15°～35°时应设人行踏步及扶手；大于 35°时设梯子。

在安全设施竣工验收时，可以通过查阅安全设施竣工验收评价报告的方法，检查梯子和扶手的设置是否与批复的安全设施设计一致。

1.3.5.8　躲避硐室

检查内容：躲避硐室的数量、位置、尺寸，支护形式和支护参数。

【条文说明】

本条为七、斜井提升系统第 8 条。

躲避硐室属于专用安全设施，在安全设施竣工验收时，作为一般项进行检查，建议抽查。

斜井兼作提升和人行通道时，在人行道一侧宜设躲避硐室，躲避硐室的间距宜为 30～50 m，躲避硐室的净高不应小于 1.9 m，净宽和净深不应小于 1.0 m。

在安全设施竣工验收时，可以通过查阅安全设施竣工验收评价报告的方法，检查躲避硐室的设置是否与批复的安全设施设计一致。

1.3.5.9　人车断绳保险器

检查内容：人车断绳保险器的位置、型号、数量。

【条文说明】

本条为七、斜井提升系统第 9 条。

人车断绳保险器属于专用安全设施，在安全设施竣工验收时，作为一般项进行检查，建议抽查。

专用人车应装有可靠的断绳保险器，列车每节车厢的断绳保险器应相互连接，并能在断绳时起作用。断绳保险器应既能自动开启，也能手动开启。运送人员的专用列车的各节车厢之间，除连接装置外，还应附挂保险链。连接装置和保险链，应经常检查，定期更换。

在安全设施竣工验收时，可以通过查阅安全设施竣工验收评价报告的方法，检查人车断绳保险器的设置是否与批复的安全设施设计一致。

1.3.5.10　轨道防滑措施

检查内容：轨道防滑措施的形式、参数。

【条文说明】

本条为七、斜井提升系统第 10 条。

轨道防滑措施属于专用安全设施，在安全设施竣工验收时，作为一般项进行检查。

倾角大于 10°的斜井，应设置轨道防滑装置，轨枕下面的道砟厚度应不小于 50 mm。

在安全设施竣工验收时，可以通过查阅安全设施竣工验收评价报告的方法，检查轨道防滑措施是否与批复的安全设施设计一致。

1.3.5.11 提升机房内的安全护栏和梯子

检查内容：提升机房内的安全护栏和梯子设置。

【条文说明】

本条为七、斜井提升系统第11条。

为保证人员的安全通行，在提升机房内需安装安全护栏和梯子。提升机房内的安全护栏和梯子属于专用安全设施，在安全设施竣工验收时，作为一般项进行检查。

在安全设施竣工验收时，可以通过查阅安全设施竣工验收评价报告的方法，检查提升机房内的安全护栏和梯子是否与批复的安全设施设计一致。

1.3.5.12 井口门禁系统

检查内容：井口门禁系统的设置。

【条文说明】

本条为七、斜井提升系统第12条。

井口门禁系统属于专用安全设施，在安全设施竣工验收时，作为一般项进行检查。

在安全设施竣工验收时，可以通过查阅安全设施竣工验收评价报告的方法，检查井口门禁系统的设置是否与批复的安全设施设计一致。

1.3.5.13 井筒支护

检查内容：井筒的支护形式、支护参数。

【条文说明】

本条为七、斜井提升系统第13条。

井筒支护属于基本安全设施，在安全设施竣工验收时，作为一般项进行检查。

井筒常采用的支护形式有喷射混凝土支护、锚喷网支护、混凝土支护、钢筋混凝土支护等形式，围岩条件不好时也可能采用复合支护形式。井筒支护是依据工程勘察报告中的围岩条件进行设计的，在施工过程中，当围岩条件有时会发生变化时，需要修改井筒的支护形式与支护参数，这样会出现实际的支护形式、支护参数与安全设施设计中不一致的情况，是允许的。

在安全设施竣工验收时，可以通过查阅安全设施竣工验收评价报告或竣工图纸的方法，检查井筒的支护形式、支护参数是否与设计或设计变更相符合。井筒的支护形式与支护参数在施工过程中可能因围岩条件的改变而发生修改，可能出现与批复的安全设施设计不一致的情况。

1.3.5.14 人行道

检查内容：人行道宽度和高度。

【条文说明】

本条为七、斜井提升系统第14条。

人行道属于专用安全设施，在安全设施竣工验收时，作为一般项进行检查。

人行道的有效净高应不小于1.9 m，有效宽度不小于1 m。

在安全设施竣工验收时，可以通过查阅安全设施竣工验收评价报告或竣工图纸的方法，检查人行道设置是否与批复的安全设施设计一致。

1.3.5.15 电源、线路

检查内容：供电电源引自情况；线路回路数、型号、规格。

【条文说明】

本条为七、斜井提升系统第15条。

电源、线路属于基本安全设施，在安全设施竣工验收时，作为一般项进行检查。

皮带斜井作为地下矿山提升矿石的主要设备，一般为二级负荷，其供电电源可靠与否，直接影响矿山的正常生产。

在安全设施竣工验收时，可以通过查阅安全设施竣工验收报告的方法，检查电源线路的回路数以及线路的型号、规格等情况是否与批复的安全设施设计一致。

1.3.5.16 高、低压供配电中性点接地方式

检查内容：中性点接地方式。

【条文说明】

本条为七、斜井提升系统第 16 条。

高、低压供配电中性点接地方式在安全设施竣工验收时，作为一般项进行检查。

井下高压中性点接地系统可分为不接地、高电阻接地或消弧线圈接地方式，不同的接地方式其单相接地保护也不相同，低压中性点接地系统一般采用 IT 接地型式。

在安全设施竣工验收时，可以通过查阅安全设施竣工验收评价报告的方法，检查高、低压中性点的接地方式是否与批复的安全设施设计一致。

1.3.5.17 供电高、低压电缆

检查内容：电缆型号、规格。

【条文说明】

本条为七、斜井提升系统第 17 条。

供电高、低压电缆属于基本安全设施，在安全设施竣工验收时，作为一般项进行检查。

《关于金属非金属矿山禁止使用的设备及工艺目录（第一批）的说明》规定井下电缆必须用阻燃型。因为电缆工作时，尤其是过流、过载时，导体发热会导致电缆温度升高，如果电缆不具备良好的阻燃性能，极易引起电缆着火，在燃烧的同时产生大量有毒有害气体，造成矿工中毒窒息。

在安全设施竣工验收时，可以通过查阅安全设施竣工验收评价报告的方法，检查电缆的型号、规格是否与批复的安全设施设计一致。

1.3.5.18 地面建筑物防雷设施

检查内容：防雷等级，避雷装置型式、引下线数量、接地极配置。

【条文说明】

本条为七、斜井提升系统第 18 条。

地面建筑物防雷设施属于专用安全设施，在安全设施竣工验收时，作为一般项进行检查。

在安全设施竣工验收时，可以通过查阅安全设施竣工验收评价报告的方法，检查建筑物防雷等级，确定接闪器型式，引下线、接地极数量是否与批复的安全设施设计一致。

1.3.5.19 高压供配电系统继电保护装置

检查内容：继电保护装置。

【条文说明】

本条为七、斜井提升系统第 19 条。

高压供配电系统继电保护装置属于基本安全设施，在安全设施竣工验收时，作为一般项进行检查。

在安全设施竣工验收时，可以通过查阅安全设施竣工验收评价报告的方法，检查用电设备和配电线路的继电保护装置及保护配置情况是否与批复的安全设施设计一致。

1.3.5.20 低压配电系统故障（间接接触）防护设施

检查内容：低压配电系统故障（间接接触）防护设施。

【条文说明】

本条为七、斜井提升系统第 20 条。

低压配电系统故障（间接接触）防护设施属于专用安全设施，在安全设施竣工验收时，作为一般项进行检查。

在安全设施竣工验收时，可以通过查阅安全设施竣工验收评价报告、现场抽查的方法，检查防护的具体措施：诸如外露可导电部分的接地、建筑物内的总等电位联结、辅助等电位的设置情况，是否与批复的安全设施设计一致。

符合以下条件者不在检查之列：①处在伸臂范围以外墙上的架空线绝缘子的支撑物和与其连接的金属部件（架空线金具）；②触及不到钢筋的钢筋混凝土电杆；③外露可导电部分因其尺寸小或因其位置不会被抓住或不会与人的身体的一部分有效连接，且与保护导体连接很困难或连接不可靠时；④Ⅱ类设备或等效的绝缘，用于保护设备的金属管或其他金属外护物。

1.3.5.21 裸带电体基本（直接接触）防护设施

检查内容：裸带电体基本（直接接触）防护设施。

【条文说明】

本条为七、斜井提升系统第 21 条。

裸带电体基本（直接接触）防护设施属于专用安全设施，在安全设施竣工验收时，作为一般项进行检查。

在安全设施竣工验收时，可以通过查阅安全设施竣工验收评价报告、现场抽查的方法，检查防护的具体措施：诸如遮拦或外护物、阻挡物、置于伸臂范围之外等措施，剩余电流保护器的附加防护，是否与批复的安全设施设计一致。

符合以下条件者不在检查之列：①标称电压不超过区段Ⅰ（见 GB/T 18379）；②满足 FELV 系统且满足不接地回路（SELV）；③满足 FELV 系统且满足接地回路（PELV）。

1.3.5.22 接地

检查内容：36 V 以上及由于绝缘损坏而带有危险电压的电气装置、设备的外露可导电部分和构架的接地设施。

【条文说明】

本条为七、斜井提升系统第 22 条。

接地属于基本安全设施，在安全设施竣工验收时，作为一般项进行检查。

在安全设施竣工验收时，可以通过查阅安全设施竣工验收评价报告的方法，检查设备的接地设施采用材料与配置是否与批复的安全设施设计一致。

1.3.6 带式输送机系统

1.3.6.1 各种闭锁和机械、电气保护装置

检查内容：装料点和卸料点的空仓、满仓等保护装置，声光报警信号装置及带式输送机连锁装置；带式输送机防胶带撕裂、断带、防跑偏、防止过速、防止过载、防止打滑、防止大块冲击等保护装置；带式输送机的制动装置、胶带清扫装置、线路上的信号、电气联锁和停车装置；烟雾报警装置、软启动装置；上行的带式输送机的防逆转装置。

【条文说明】

本条为八、带式输送机系统第 1 条。

带式输送机系统的各种闭锁和机械、电气保护装置属于基本安全设施，是矿山带式输送机系统安全生产的基本保证，在安全设施竣工验收时，作为一般项进行检查，建议抽查。

在安全设施竣工验收时，可以通过查阅安全设施竣工验收评价报告的方法，检查各种闭锁和机械、电气保护装置是否与批复的安全设施设计一致，检查装料和卸料点是否设有空仓、满仓等保护装置，是否带有声光报警信号并与输送机连锁。是否设有防胶带撕裂、断带、跑偏等保护装置，并有可靠的制动、胶带清扫以及防止过速、过载、打滑、大块冲击等保护装置，线路上是否有信号、电气联锁和停车装置，上行的带式输送机是否设有防逆转装置。各种闭锁和机械、电气保护装置是否与批复的安全设施设计一致。查阅竣工图纸和带式运输机相关资料，检查设备参数、布置、安全装置、检修

道的设置是否与批复的安全设施设计一致。

1.3.6.2　设备的安全护罩

检查内容：设备的安全护罩。

【条文说明】

本条为八、带式输送机系统第 2 条。

机械设备的传动部分或转动部分应加装安全护罩，保障安全生产。设备的安全护罩属于专用安全设施，在安全设施竣工验收时，作为一般项进行检查。

在安全设施竣工验收时，可以通过查阅安全设施竣工验收评价报告的方法，检查设备安全护罩的设置是否与批复的安全设施设计一致。

1.3.6.3　安全护栏

检查内容：安全护栏的位置、数量、规格。

【条文说明】

本条为八、带式输送机系统第 3 条。

安全护栏可以起到限制工作人员活动范围，防止无关人员误入危险区域的作用。安全护栏属于专用安全设施，在安全设施竣工验收时，作为一般项进行检查。

在安全设施竣工验收时，可以通过查阅安全设施竣工验收评价报告的方法，检查安全护栏的设置是否与批复的安全设施设计一致。

1.3.6.4　梯子、扶手

检查内容：梯子、扶手的位置、数量、规格。

【条文说明】

本条为八、带式输送机系统第 4 条。

梯子、扶手属于专用安全设施，在安全设施竣工验收时，作为一般项进行检查。

在安全设施竣工验收时，可以通过查阅安全设施竣工验收评价报告的方法，检查梯子、扶手的设置是否与批复的安全设施设计一致。

1.3.6.5　支护

检查内容：支护形式、支护参数。

【条文说明】

本条为八、带式输送机系统第 5 条。

井筒支护属于基本安全设施，在安全设施竣工验收时，作为一般项进行检查。

井筒常采用的支护形式有喷射混凝土支护、锚喷网支护、混凝土支护、钢筋混凝土支护等形式，围岩条件不好时也可能采用复合支护形式。井筒支护是依据工程勘察报告中的围岩条件进行设计的，在施工过程中，当围岩条件有时会发生变化时，需要修改井筒的支护形式与支护参数，这样会出现实际的支护形式与支护参数与安全设施设计中不一致的情况，是允许的。

在安全设施竣工验收时，可以通过查阅安全设施竣工验收评价报告或竣工图纸的方法，检查支护形式、支护参数是否与批复的安全设施设计一致。

1.3.6.6　人行道

检查内容：人行道宽度和高度。

【条文说明】

本条为八、带式输送机系统第 6 条。

人行道属于专用安全设施，在安全设施竣工验收时，作为一般项进行检查。

人行道的有效净高应不小于 1.9 m，有效宽度不小于 1 m。

在安全设施竣工验收时，可以通过查阅安全设施竣工验收评价报告或竣工图纸的方法，查看人行道设置是否与批复的安全设施设计一致。

1.3.6.7 电源、线路

检查内容：供电电源引自情况；线路回路数、型号、规格。

【条文说明】

本条为八、带式输送机系统第7条。

电源、线路属于基本安全设施，在安全设施竣工验收时，作为一般项进行检查。

带式输送机作为地下矿山提升矿石的主要设备，一般为二级负荷，其供电电源可靠与否，直接影响矿山的正常生产。

在安全设施竣工验收时，可以通过查阅安全设施竣工验收报告的方法，检查电源线路的回路数以及线路的型号、规格等情况是否与批复的安全设施设计一致。

1.3.6.8 高、低压供配电中性点接地方式

检查内容：中性点接地方式。

【条文说明】

本条为八、带式输送机系统第8条。

高、低压供配电中性点接地方式属于基本安全设施，在安全设施竣工验收时，作为一般项进行检查。

井下高压中性点接地系统可分为不接地、高电阻接地或消弧线圈接地方式，不同的接地方式其单相接地保护也不相同，低压中性点接地系统一般采用IT接地型式。

在安全设施竣工验收时，可以通过查阅安全设施竣工验收评价报告的方法，检查高、低压中性点的接地方式是否与批复的安全设施设计一致。

1.3.6.9 供电高、低压电缆

检查内容：电缆型号、规格。

【条文说明】

本条为八、带式输送机系统第9条。

供电高、低压电缆属于基本安全设施，在安全设施竣工验收时，作为一般项进行检查。

《关于金属非金属矿山禁止使用的设备及工艺目录（第一批）的说明》规定井下电缆必须用阻燃型。因为电缆工作时，尤其是过流、过载时，由于导体发热会导致电缆温度升高，如果电缆不具备良好的阻燃性能，极易引起电缆着火，在燃烧的同时产生大量有毒有害气体，造成矿工中毒窒息。

在安全设施竣工验收时，可以通过查阅安全设施竣工验收评价报告的方法，检查电缆的型号、规格是否与批复的安全设施设计一致。

1.3.6.10 地面建筑物防雷设施

检查内容：防雷等级，避雷装置型式、引下线数量、接地极配置。

【条文说明】

本条为八、带式输送机系统第10条。

地面建筑物防雷设施属于专用安全设施，在安全设施竣工验收时，作为一般项进行检查。

在安全设施竣工验收时，可以通过查阅安全设施竣工验收评价报告的方法，检查建筑物防雷等级，确定接闪器型式，引下线、接地极数量是否与批复的安全设施设计一致。

1.3.6.11 高压供配电系统继电保护装置

检查内容：继电保护装置。

【条文说明】

本条为八、带式输送机系统第11条。

高压供配电系统继电保护装置属于基本安全设施，在安全设施竣工验收时，作为一般项进行检查。

在安全设施竣工验收时，可以通过查阅安全设施竣工验收评价报告的方法，检查用电设备和配电线路的继电保护装置及保护配置情况是否与批复的安全设施设计一致。

1.3.6.12　低压配电系统故障（间接接触）防护设施

检查内容：低压配电系统故障（间接接触）防护设施。

【条文说明】

本条为八、带式输送机系统第 12 条。

低压配电系统故障（间接接触）防护设施属于专用安全设施，在安全设施竣工验收时，作为一般项进行检查。

在安全设施竣工验收时，可以通过查阅安全设施竣工验收评价报告、现场抽查的方法，检查防护的具体措施：诸如外露可导电部分的接地、建筑物内的总等电位联结、辅助等电位的设置情况，是否与批复的安全设施设计一致。

符合以下条件者不在检查之列：①处在伸臂范围以外墙上的架空线绝缘子的支撑物和与其连接的金属部件（架空线金具）；②触及不到钢筋的钢筋混凝土电杆；③外露可导电部分因其尺寸小或因其位置不会被抓住或不会与人的身体的一部分有效连接，且与保护导体连接很困难或连接不可靠时；④Ⅱ类设备或等效的绝缘，用于保护设备的金属管或其他金属外护物。

1.3.6.13　裸带电体基本（直接接触）防护设施

检查内容：裸带电体基本（直接接触）防护设施。

【条文说明】

本条为八、带式输送机系统第 13 条。

裸带电体基本（直接接触）防护设施属于专用安全设施，在安全设施竣工验收时，作为一般项进行检查。

在安全设施竣工验收时，可以通过查阅安全设施竣工验收评价报告、现场抽查的方法，检查防护的具体措施：诸如遮拦或外护物、阻挡物、置于伸臂范围之外等措施，剩余电流保护器的附加防护，是否与批复的安全设施设计一致。

符合以下条件者不在检查之列：①标称电压不超过区段Ⅰ(见 GB/T 18379)；②满足 FELV 系统且满足不接地回路（SELV）；③满足 FELV 系统且满足接地回路（PELV）。

1.3.6.14　接地

检查内容：36 V 以上及由于绝缘损坏而带有危险电压的电气装置、设备的外露可导电部分和构架的接地设施。

【条文说明】

本条为八、带式输送机系统第 14 条。

接地属于基本安全设施，在安全设施竣工验收时，作为一般项进行检查。

在安全设施竣工验收时，可以通过查阅安全设施竣工验收评价报告的方法，检查设备的接地设施采用材料与配置是否与批复的安全设施设计一致。

1.4　通风、空气预热及制冷降温

1.4.1　主要通风井巷

1.4.1.1　专用进风井及专用进风巷道

检查内容：专用进风井及专用进风巷道数量、位置、断面及支护形式、支护参数。

【条文说明】

本条为九、通风、空气预热及制冷降温第 1.1 条。

专用进风井及专用进风巷道属于基本安全设施，在安全设施竣工验收时，作为一般项进行检查，建议抽查。

专用进风井和进风巷是矿山通风系统的主要组成部分，专用进风井和进风巷的数量、断面决定了进入井下的新鲜风流量，其位置又影响矿山井下风流的顺畅。在安全设施竣工验收时，可以通过查阅安全设施竣工验收评价报告的方法，检查专用进风井及专用进风巷道数量、位置、断面是否与安全设施设计一致。

井筒和巷道所处或穿过松软不稳固的岩体要进行支护，其支护形式、支护参数在安全设施设计中进行表述。但安全设施设计中一般是按照预估的围岩条件进行的，在现场实际施工过程中，可能因围岩条件的改变而发生修改。

在安全设施竣工验收时，可以通过查阅安全设施竣工验收评价报告或竣工图纸的方法，检查专用进风井及专用进风巷道的支护形式、支护参数是否与批复的安全设施设计或施工图设计（或变更）一致。

1.4.1.2 专用回风井及专用回风巷道

检查内容：专用回风井及专用回风巷道数量、位置、断面及支护。

【条文说明】

本条为九、通风、空气预热及制冷降温第 1.2 条。

专用回风井及专用回风巷道属于基本安全设施，在安全设施竣工验收时，作为一般项进行检查，建议抽查。

专用回风井及专用回风巷道是矿山通风系统的主要组成部分，专用回风井及专用回风巷道的数量、断面决定了矿山总回风量，从而决定进入井下的新鲜风流量，其位置又影响矿山井下风流的顺畅。

在安全设施竣工验收时，可以通过查阅安全设施竣工验收评价报告的方法，检查专用回风井及专用回风巷道数量、位置、断面是否与安全设施设计一致。

井筒和巷道所处或穿过松软不稳固的岩体要进行支护，其支护形式、支护参数在安全设施设计中进行表述。但安全设施设计中一般是按照预估的围岩条件进行的，在现场实际施工过程中，可能因围岩条件的改变而发生修改。

在安全设施竣工验收时，可以通过查阅安全设施竣工验收评价报告或竣工图纸的方法，检查专用回风井及专用回风巷道的支护形式、支护参数是否与批复的安全设施设计或施工图设计（或变更）一致。

1.4.1.3 风井内的梯子间

检查内容：梯子间设置位置、规格。

【条文说明】

本条为九、通风、空气预热及制冷降温第 1.3 条。

风井内的梯子间属于专用安全设施，在安全设施竣工验收时，作为一般项进行检查。

有的矿山为保证安全出口，利用风井作为安全出口，在风井内安装有梯子间。

在安全设施竣工验收时，可以通过查阅安全设施竣工验收评价报告的方法，检查风井内的梯子间设置位置、安装方式、结构等是否与批复的安全设施设计一致。

1.4.1.4 风井井口和马头门处的安全护栏

检查内容：安全护栏设置位置和规格。

【条文说明】

本条为九、通风、空气预热及制冷降温第 1.4 条。

为防止人员、设备坠落在风井井口和马头门处需安装安全护栏。安全护栏属于专用安全设施，在安全设施竣工验收时，作为一般项进行检查。

在安全设施竣工验收时，可以通过查阅安全设施竣工验收评价报告的方法，检查风井井口和马头门处的安全护栏设置位置、安装方式、结构等是否与批复的安全设施设计一致。

1.4.1.5　通风构筑物

检查内容：风门、风墙、风窗、风桥等通风构筑物设置位置、规格。

【条文说明】

本条为九、通风、空气预热及制冷降温第1.5条。

为保证井下风流顺畅，达到通风效果，井下常常需要设置通风构筑物。通风构筑物属于专用安全设施，在安全设施竣工验收时，作为一般项进行检查。

在安全设施竣工验收时，可以通过查阅安全设施竣工验收评价报告的方法，检查通风构筑物，包括风门、风墙、风窗、风桥的设置位置、安装方式、结构等是否与批复的安全设施设计一致。

1.4.2　风机

1.4.2.1　主通风机

检查内容：主通风机型号、数量、位置、供电和通风机房的设置。

【条文说明】

本条为九、通风、空气预热及制冷降温第2.1条。

主通风机属于基本安全设施，在安全设施竣工验收时，作为一般项进行检查，建议抽查。

主通风机是指为控制矿山总风量而在进风侧和回风侧设置的风机。

在安全设施竣工验收时，可以通过查阅安全设施竣工验收评价报告的方法，检查主通风机设置位置、型号、设置方式、供电等是否与批复的安全设施设计一致。

1.4.2.2　通风机反风

检查内容：反风方式、反风设施设置、反风时间、反风效率。

【条文说明】

本条为九、通风、空气预热及制冷降温第2.2条。

通风机反风设施属于专用安全设施，在安全设施竣工验收时，作为一般项进行检查。

采用集中通风系统时，应有使矿井风流在10 min内反向的措施。当利用轴流式风机反转反风时，其反风量应达到正常运转时风量的60%以上。采用多级机站通风系统时，主通风系统的每一台通风机都应满足反风要求，其反风量应达到正常运转时风量的60%以上，以保证整个系统可以反风。

在安全设施竣工验收时，可以通过查阅安全设施竣工验收评价报告的方法，检查矿山的防风方式、反风设施设置、反风时间和反风效率是否与批复的安全设施设计一致。

1.4.2.3　主通风机的备用电机

检查内容：主通风机的备用电机型号、数量。

【条文说明】

本条为九、通风、空气预热及制冷降温第2.3条。

主通风机的备用电机属于专用安全设施，在安全设施竣工验收时，作为一般项进行检查。

主通风机是指为控制矿山总风量而在进风侧和回风侧设置的风机，主通风机应具有相同型号和规格的备用电动机，备用电机应放置在机站附近。

在安全设施竣工验收时，可以通过查阅安全设施竣工验收评价报告的方法，检查备用电机型号、数量、放置位置是否与批复的安全设施设计一致。

1.4.2.4　主通风机的电机快速更换装置

检查内容：主通风机的电机快速更换装置的数量、位置和规格。

【条文说明】

本条为九、通风、空气预热及制冷降温第2.4条。

主通风机的电机快速更换装置属于专用安全设施，在安全设施竣工验收时，作为一般项进行检查。

主通风机机站应设置能迅速调换电动机的设施，当电机出现故障时，能快速将备用电机安装，保证井下通风安全。

在安全设施竣工验收时，可以通过查阅安全设施竣工验收评价报告的方法，检查主通风机的电机快速更换装置的数量、位置、规格、安装方式是否与批复的安全设施设计一致。

1.4.2.5 辅助通风机

检查内容：辅助通风机型号、数量和位置。

【条文说明】

本条为九、通风、空气预热及制冷降温第2.5条。

辅助通风机属于专用安全设施，在安全设施竣工验收时，作为一般项进行检查。

辅助通风机是指为控制采区或阶段水平风流、风量而设置的风机。采用多级机站通风的一般指Ⅱ级和Ⅲ级机站。

在安全设施竣工验收时，可以通过查阅安全设施竣工验收评价报告的方法，检查辅助通风机设置位置、型号、设置方式、供电等是否与批复的安全设施设计一致。

1.4.2.6 局部通风机

检查内容：局部通风机型号、数量。

【条文说明】

本条为九、通风、空气预热及制冷降温第2.6条。

局部通风机属于专用安全设施，在安全设施竣工验收时，作为一般项进行检查。

局部通风机是指为控制工作面风流、风量而设置的风机。

在安全设施竣工验收时，可以通过查阅安全设施竣工验收评价报告的方法，检查局部通风机数量、型号等是否与批复的安全设施设计一致。

1.4.2.7 风机进风口的安全护栏和防护网

检查内容：风机进风口的安全护栏和防护网设置位置和规格。

【条文说明】

本条为九、通风、空气预热及制冷降温第2.7条。

风机进风口的安全护栏和防护网属于专用安全设施，在安全设施竣工验收时，作为一般项进行检查。

风机工作时，进风口侧会产生较大的吸力，为防止人员、设备被吸入风机，造成人员伤亡、风机损坏，在风机进风口安设安全护栏或防护网。

在安全设施竣工验收时，可以通过查阅安全设施竣工验收评价报告的方法，检查风机进风口的安全护栏和防护网的设置位置、规格、安装方式是否与批复的安全设施设计一致。

1.4.2.8 控制系统

检查内容：通风系统控制设施。

【条文说明】

本条为九、通风、空气预热及制冷降温第2.8条。

通风系统控制设施属于专用安全设施，在安全设施竣工验收时，作为一般项进行检查。

通风系统控制设施是指风机的开启、关停、反风控制，如果采用变频，也包括变频的控制。控制方式有单体控制、集中控制、PLC系统控制。

在安全设施竣工验收时，可以通过查阅安全设施竣工验收评价报告的方法，检查通风系统控制设施是否与批复的安全设施设计一致。

1.4.2.9　阻燃风筒

检查内容：阻燃风筒规格。

【条文说明】

本条为九、通风、空气预热及制冷降温第2.9条。

阻燃风筒属于专用安全设施，在安全设施竣工验收时，作为一般项进行检查。

工作面送风大都采用局部通风机连接风筒的送风方式，风筒必须采用阻燃风筒。

在安全设施竣工验收时，可以通过查阅安全设施竣工验收评价报告的方法，检查风筒的规格、阻燃性是否与批复的安全设施设计一致。

1.4.3　空气预热与制冷降温

1.4.3.1　防冻设施

检查内容：通地表的井口防冻设施位置和规格。

【条文说明】

本条为九、通风、空气预热及制冷降温第3.1条。

防冻设施属于专用安全设施，在安全设施竣工验收时，作为一般项进行检查，建议抽查。

在严寒地区，主要井口（所有提升井和作为安全出口的风井）应有防冻设施，防止井口及井筒结冰。

在安全设施竣工验收时，可以通过查阅安全设施竣工验收评价报告的方法，检查井口防冻设施设置位置、规格是否与批复的安全设施设计一致。

1.4.3.2　空气预热设施

检查内容：用于进风的井口和巷道硐口空气预热设施位置和规格。

【条文说明】

本条为九、通风、空气预热及制冷降温第3.2条。

空气预热设施属于专用安全设施，在安全设施竣工验收时，作为一般项进行检查，建议抽查。

进风巷冬季的空气温度，应高于2℃；低于2℃时，应有暖风设施。寒冷地区，冬季空气温度较低，需要设置空气预热设施。

在安全设施竣工验收时，可以通过查阅安全设施竣工验收评价报告的方法，检查空气预热设施设置位置、规格是否与批复的安全设施设计一致。

1.4.3.3　制冷降温设施

检查内容：制冷降温设施位置和规格。

【条文说明】

本条为九、通风、空气预热及制冷降温第3.3条。

制冷降温设施属于专用安全设施，在安全设施竣工验收时，作为一般项进行检查，建议抽查。

井下采掘作业地点的气象条件规定干球温度不高于28℃，对于地热危害严重的矿山，通风不能保证井下采掘作业干球温度不高于28℃时，需要设置制冷降温设施。

在安全设施竣工验收时，可以通过查阅安全设施竣工验收评价报告的方法，检查检查制冷降温设施设置位置、规格是否与批复的安全设施设计一致。

1.5　防治水、排水系统、供水系统、消防系统与充填系统

1.5.1　防治水

1.5.1.1　河流改道工程及河床加固

1.5.1.1.1　导流堤

检查内容：导流堤的设置与参数。

【条文说明】

本条为十、防治水第1.1条。

导流堤属于基本安全设施，在安全设施竣工验收时，作为一般项进行检查，建议抽查。

导流堤属于河流改道的入口工程，拦截并引导上游洪水进入新改河道。根据筑堤材料，导流堤堤型分为土堤、石堤、混凝土或钢筋混凝土防洪墙、分区筑填的混合材料堤等。

在安全设施竣工验收时，参照《金属非金属矿山安全规程》(GB 16423) 关于地面防水条款，通过查阅安全设施竣工验收评价报告及现场抽查的方法，检查导流堤的平面布置、堤高、堤顶宽度、边坡系数及回填物料、表面防护层的厚度、堤基处理等，是否与批复的安全设施设计或施工图设计（或变更）一致。检查时还应注意对基础防渗漏情况的检查，隐蔽工程应核对安全设施竣工报告。

1.5.1.1.2 明沟

检查内容：明沟的设置与参数。

【条文说明】

本条为十、防治水第1.2条。

明沟属于基本安全设施，在安全设施竣工验收时，作为一般项进行检查，建议抽查。

明沟是河流改道后的新河道，明沟的型式一般有干砌块石、浆砌块石及混凝土结构。

在安全设施竣工验收时，参照《金属非金属矿山安全规程》(GB 16423) 关于地面防水条款，通过查阅安全设施竣工验收评价报告、竣工图及现场抽查的方法，检查地表排洪沟（渠）的平面布置、入口的衔接过渡、纵坡度、深度、宽度、边坡系数及砌护类型和砌护层厚度等，是否与批复的安全设施设计或施工图设计（或变更）一致。

1.5.1.1.3 隧洞

检查内容：隧洞的设置与参数。

【条文说明】

本条为十、防治水第1.3条。

隧洞属于基本安全设施，在安全设施竣工验收时，作为一般项进行检查，建议抽查。

隧洞是河流改道后的新河道，矿山防水工程中的泄洪隧洞，除个别情况用于河流改道外，主要用来配合水库调洪泄洪，放空水库，保证矿山不受地表水体的侵害。隧洞断面形式有圆形、圆拱直墙式、马蹄形等。

在安全设施竣工验收时，可以通过查阅安全设施竣工验收评价报告、竣工图及现场抽查的方法，检查隧洞的平面布置、入口的衔接过渡、纵坡度、底宽、高度、砌护类型及厚度等，是否与批复的安全设施设计或施工图设计（或变更）一致。

1.5.1.1.4 桥涵

检查内容：桥涵的设置与参数。

【条文说明】

本条为十、防治水第1.4条。

桥涵属于基本安全设施，在安全设施竣工验收时，作为一般项进行检查，建议抽查。

河流改道工程与道路等交通设施交叉时，需要设置桥涵通过。

在安全设施竣工验收时，可以通过查阅竣工验收报告、安全设施验收评价报告及现场抽查的方法，检查桥涵的平面布置、孔径尺寸、洞身构造、洞口构造及类型等，是否与批复的安全设施设计或施工图设计（或变更）一致。

1.5.1.1.5 河床加固工程

检查内容：河床加固工程设置与参数。

【条文说明】

本条为十、防治水第 1.5 条。

河床加固工程属于基本安全设施，在安全设施竣工验收时，作为一般项进行检查，建议抽查。

河床加固类型较多，矿山设计中遇到的一般较简单，主要为换层、钢丝石笼铺底、浆砌块石砌护或钢筋混凝土砌等。复杂的河床加固工程在矿山设计中较少遇到，其主要施工工艺为河床淤泥固化、袋装黏土护底、高压旋喷桩施工、河床土工布铺设、模袋混凝土铺设、压载铺设及清除等。

在安全设施竣工验收时，参照《金属非金属矿山安全规程》(GB 16423) 关于地面防水条款，通过查阅安全设施竣工验收评价报告、竣工图及现场抽查的方法，检查河床加固工程平面布置、结构类型、材料、断面尺寸等参数，是否与批复的安全设施设计或施工图设计（或变更）一致。

1.5.1.2　地表截排水工程

1.5.1.2.1　地表截水沟

检查内容：地表截水沟的设置与参数。

【条文说明】

本条为十、防治水第 2.1 条。

地表截水沟属于基本安全设施，在安全设施竣工验收时，作为一般项进行检查。

地表截水沟的形式一般有干砌块石、浆砌块石及混凝土结构。

在安全设施竣工验收时，参照《金属非金属矿山安全规程》(GB 16423) 关于地面防水条款，通过查阅安全设施竣工验收评价报告、竣工图及现场抽查的方法，检查直接拦截洪水的地表截水沟的平面布置、纵坡度、深度、宽度、边坡系数及砌护类型和厚度等，是否与批复的安全设施设计或施工图设计（或变更）一致。

1.5.1.2.2　地表排洪沟（渠）

检查内容：地表排洪沟（渠）的设置与参数。

【条文说明】

本条为十、防治水第 2.2 条。

地表排洪沟（渠）属于基本安全设施，在安全设施竣工验收时，作为一般项进行检查，建议抽查。

地表排洪沟（渠）的形式一般有干砌块石、浆砌块石及混凝土结构。

在安全设施竣工验收时，参照《金属非金属矿山安全规程》(GB 16423) 关于地面防水条款，通过查阅安全设施竣工验收评价报告、竣工图及现场抽查的方法，检查地表排洪沟（渠）的平面布置、纵坡度、深度、宽度、边坡系数及砌护类型和厚度等，是否与批复的安全设施设计或施工图设计（或变更）一致。

1.5.1.2.3　防洪堤

检查内容：防洪堤的设置与参数。

【条文说明】

本条为十、防治水第 2.3 条。

防洪堤属于基本安全设施，在安全设施竣工验收时，作为一般项进行检查，建议抽查。

根据筑堤材料，防洪堤堤型分为土堤、石堤、混凝土或钢筋混凝土防洪墙、分区筑填的混合材料堤等。

在安全设施竣工验收时，参照《金属非金属矿山安全规程》(GB 16423) 关于地面防水条款，通过查阅安全设施竣工验收评价报告、竣工图及现场抽查的方法，检查防洪堤的平面布置、堤高、堤顶宽度、边坡系数及回填物料、表面防护层的厚度、齿墙深度等，是否与批复的安全设施设计或施工图设计（或变更）一致。

1.5.1.3 地下水疏/堵工程及设施

1.5.1.3.1 疏干井

检查内容：疏干井布置形式、孔径、孔数、深度、间距、过滤器类型、抽水设备及泵房等辅助设施。

【条文说明】

本条为十、防治水第3.1条。

疏干井属于基本安全设施，在安全设施竣工验收时，作为一般项进行检查，建议抽查。

矿山常用的地表预先疏干设施是疏干井。

在安全设施竣工验收时，参照《金属非金属矿山安全规程》(GB 16423）“受地下水威胁的矿山企业，应考虑矿床疏干问题……地下水位降到安全水位之前，不应开始采矿”等条款，通过查阅安全设施竣工验收评价报告及现场抽查的方法，检查疏干井的布置形式、孔径、孔数、深度、间距、过滤器类型、抽水设备及泵房等辅助设施是否与批复的安全设施设计或施工图设计（或变更）一致。

1.5.1.3.2 放水孔

检查内容：放水孔的布置形式、孔径、孔数、深度及孔口装置等。

【条文说明】

本条为十、防治水第3.2条。

放水孔属于基本安全设施，在安全设施竣工验收时，作为一般项进行检查，建议抽查。

矿山常用的井下预先疏干设施是放水孔。

在安全设施竣工验收时，参照《金属非金属矿山安全规程》(GB 16423）“受地下水威胁的矿山企业，应考虑矿床疏干问题。直接揭露含水体的放水疏干工程，施工前应先建好水仓、水泵房等排水设施。地下水位降到安全水位之前，不应开始采矿”等条款，通过查阅安全设施竣工验收评价报告及现场抽查的方法，检查放水孔的布置形式、孔径、孔数、深度及孔口装置等是否与批复的安全设施设计或施工图设计（或变更）一致。

1.5.1.3.3 疏干巷道

检查内容：疏干巷道的布置、断面尺寸、纵坡度、水沟等。

【条文说明】

本条为十、防治水第3.3条。

疏干巷道属于基本安全设施，在安全设施竣工验收时，作为一般项进行检查。

矿山常用的井下预先疏干设施是放水孔，但当放水孔疏干效果不好或不能快速降低地下水水位时，常常辅助疏干巷道进行疏干。

在安全设施竣工验收时，参照《金属非金属矿山安全规程》(GB 16423）“受地下水威胁的矿山企业，应考虑矿床疏干问题。直接揭露含水体的放水疏干工程，施工前应先建好水仓、水泵房等排水设施。地下水位降到安全水位之前，不应开始采矿”等条款，通过查阅安全设施竣工验收评价报告及现场抽查的方法，检查疏干巷道的位置、断面尺寸、纵坡度、水沟等是否与批复的安全设施设计或施工图设计（或变更）一致。

1.5.1.3.4 防渗帷幕

检查内容：防渗帷幕的结构形式、布置形式、注浆工艺、注浆材料、帷幕厚度、堵水效果及检验方法等。

【条文说明】

本条为十、防治水第3.4条。

防渗帷幕属于基本安全设施，在安全设施竣工验收时，作为一般项进行检查。

防渗帷幕的形式主要有封底式防渗帷幕和半封底式防渗帷幕两种，按照注浆材料分为化学注浆和水泥注浆，矿山设计中一般以水泥注浆为主，辅以少量速凝剂，出于环保考虑化学注浆目前使用较少。

在安全设施竣工验收时，可以通过查阅安全设施竣工验收评价报告及现场抽查的方法，检查防渗帷幕的结构形式、布置形式、注浆工艺、注浆材料、帷幕厚度、堵水效果及检验方法等是否与批复的安全设施设计或施工图设计（或变更）一致。

1.5.1.3.5 防水矿柱

检查内容：防水矿柱的设置。

【条文说明】

本条为十、防治水第 3.5 条。

防水矿柱属于基本安全设施，在安全设施竣工验收时，作为否决项进行检查，建议抽查。

留设的防水矿柱或岩柱本身必须具有隔水性。

在安全设施竣工验收时，可以通过查阅安全设施竣工验收评价报告和现场检查的方法，检查防水矿柱设置的位置、尺寸等是否与批复的安全设施设计一致。

1.5.1.3.6 疏干设备

检查内容：疏干设备的型号、数量等。

【条文说明】

本条为十、防治水第 3.6 条。

疏干设备属于基本安全设施，在安全设施竣工验收时，作为一般项进行检查，建议抽查。

疏干设备是确保矿山疏干工程及时施工的主要设施，应该能保证施工安全。

在安全设施竣工验收时，可以通过查阅安全设施竣工验收评价报告和现场检查的方法，检查疏干设备的型号、数量等是否与批复的安全设施设计一致。

1.5.1.3.7 截渗墙

检查内容：截渗墙的布置形式、厚度。

【条文说明】

本条为十、防治水第 3.7 条。

截渗墙属于基本安全设施，在安全设施竣工验收时，作为一般项进行检查，建议抽查。

截渗墙主要有堑沟式（桩柱式、槽板式、泥浆槽、浆砌块石等）和板桩式两种形式，其中堑沟式较为常用。截渗墙属于隐蔽工程。

在安全设施竣工验收时，可以通过查阅安全设施竣工验收评价报告、竣工图及现场抽查的方法，检查截渗墙的布置形式、厚度等是否与批复的安全设施设计一致。

1.5.1.4 露天开采转地下开采的矿山露天坑底防洪水突然灌入井下的设施

1.5.1.4.1 露天坑底所做的假底

检查内容：露天坑底所做的假底的结构形式和厚度等。

【条文说明】

本条为十、防治水第 4.1 条。

露天坑底所做的假底属于基本安全设施，在安全设施竣工验收时，作为一般项进行检查，建议抽查。

露天转地下开采，且采用充填法开采时的防止洪水突然进入地下采场的设施。为了保护露天底不塌，一般设置厚度不小于 1 m 厚的钢筋混凝土假底。

在安全设施竣工验收时，可以通过查阅安全设施竣工验收评价报告与现场抽查的方法，检查露天坑底所做的假底的结构形式和厚度等是否与批复的安全设施设计一致。

1.5.1.4.2 坑底回填层厚度

检查内容：坑底回填层厚度。

【条文说明】

本条为十、防治水第4.2条。

坑底回填层厚度属于基本安全设施，在安全设施竣工验收时，作为一般项进行检查。

露天转地下开采，在露天底以下深部矿体开采前，为防止大气降雨直接汇入井下，并考虑与原有边坡垮塌后的冲击地压现象等，需要在露天底以下回填一定厚度的覆盖层。

在安全设施竣工验收时，可以通过查阅安全设施竣工验收评价报告的方法，检查覆盖层的厚度回填材料是否与批复的安全设施设计一致。该项检查应现场查看回填情况。

1.5.1.5 热水充水矿床的疏水系统

检查内容：热水充水矿床的疏水系统设置。

【条文说明】

本条为十、防治水第5条。

热水充水矿床的疏水系统属于基本安全设施，在安全设施竣工验收时，作为一般项进行检查，建议抽查。

遇到地热较大的热水充水矿床时，应进行该项检查。

在安全设施竣工验收时，可以通过查阅安全设施竣工验收评价报告和现场抽查的方法，检查热水充水矿床的疏水系统设置是否与批复的安全设施设计一致。

1.5.1.6 中段（分段）防水门

检查内容：位置、数量、设防水头、抗压强度等。

【条文说明】

本条为十、防治水第6条。

中段（分段）防水门属于专用安全设施，在安全设施竣工验收时，作为否决项进行检查，建议抽查。

在安全设施竣工验收时，参照《金属非金属矿山安全规程》(GB 16423)“水文地质条件复杂的矿山，应在关键巷道内设置防水门、防止泵房、中央变电所和竖井等井下关键设施被淹。防水门的位置、设防水头高度等应在矿山设计中总体考虑。同一矿区的水文条件复杂程度明显不同的，在通往强含水带、积水区和有大量突然涌水可能区域的巷道，以及专用的截水、放水巷道，也应设置防水门”的条款，可以通过查阅安全设施竣工验收评价报告和现场检查的方法，检查中段（分段）防水门的位置、数量、设防水头、抗压强度等是否与批复的安全设施设计一致。

1.5.1.7 地下水头（水位）、水质、涌水量监测设施

1.5.1.7.1 地下水头（水位）监测设施

检查内容：地下水头（水位）监测设施的位置、数量。

【条文说明】

本条为十、防治水第7.1条。

地下水头（水位）监测设施属于专用安全设施，在安全设施竣工验收时，作为一般项进行检查。

地下水头（水位）监测主要对象有：泉井、钻孔、淹没矿井及生产矿井等。

在安全设施竣工验收时，参照《金属非金属矿山安全规程》(GB 16423)“裸露型岩溶充水矿区、地面塌陷发育的矿区，应做好气象观测，做好降雨、洪水预报；封堵可能影响生产安全的、井下揭露的主要岩溶进水通道，应对已采区构建挡水墙隔离；雨季应加密地下水的动态观测，并进行矿井涌水峰值的预报”的条款，可以通过查阅安全设施竣工验收评价报告和现场检查的方法，检查地下水头

（水位）监测设施的位置、数量是否与批复的安全设施设计一致。

1.5.1.7.2　地下水水质监测设施

检查内容：地下水水质监测设施的位置、测量方式等。

【条文说明】

本条为十、防治水第 7.2 条。

地下水水质监测设施属于专用安全设施，在安全设施竣工验收时，作为一般项进行检查。

地下水水质监测点的布设取决于井下涌水点的分布，地面钻孔、井、泉位置及代表的含水层层位。

在安全设施竣工验收时，可以通过查阅安全设施竣工验收评价报告和现场检查的方法，检查地下水水质监测设施的位置、测量方式等是否与批复的安全设施设计一致。

1.5.1.7.3　涌水量监测设施

检查内容：涌水量监测设施的位置、测量方式等。

【条文说明】

本条为十、防治水第 7.3 条。

涌水量监测设施属于专用安全设施，在安全设施竣工验收时，作为一般项进行检查。

地下水涌水量监测对象主要为矿坑（井）的涌水点，其次是未疏干含水层的泉点。

在安全设施竣工验收时，可以通过查阅安全设施竣工验收评价报告和现场检查的方法，检查涌水量监测设施的位置、测量方式等是否与批复的安全设施设计一致。

1.5.1.8　探、放水工程及设备

检查内容：探水孔、放水孔及探放水巷道，探、放水孔的孔口管和控制闸阀，探、放水设备。本条为十、防治水第 8 条。

【条文说明】

本条为十、防治水第 8 条。

探、放水工程及设备属于专用安全设施，在安全设施竣工验收时，作为一般项进行检查。

超前探水是井巷施工时防治突水重要的措施之一，应坚持“有疑必探、先探后掘”的施工管理原则。

在安全设施竣工验收时，可以通过查阅安全设施竣工验收评价报告和现场检查的方法，检查探水孔、放水孔及探放水巷道，探、放水孔的孔口管和控制闸阀，探、放水设备是否与批复的安全设施设计一致。

1.5.1.9　降雨量观测站

检查内容：降雨量观测站内雨量器的位置、尺寸和记录设施等。

【条文说明】

本条为十、防治水第 9 条。

降雨量观测站属于专用安全设施，在安全设施竣工验收时，作为一般项进行检查。

每日降雨以 8 时为界，从本日 8 时至次日 8 时的降雨量为本日的降雨量。主要测量仪器为雨量器，其次为雨量杯、量筒、自记雨量计等。

在安全设施竣工验收时，可以通过查阅安全设施竣工验收评价报告和现场检查的方法，检查降雨量观测站内雨量器的位置、尺寸和记录设施等是否与批复的安全设施设计一致。

1.5.1.10　有突水可能工作面救生设施

检查内容：有突水可能工作面救生圈、安全绳等救生设施的位置、数量等。

【条文说明】

本条为十、防治水第 10 条。

有突水可能工作面救生设施属于专用安全设施，在安全设施竣工验收时，作为一般项进行检查。

当突水时，人员来不及撤离，需要借助安全设施自救。

在安全设施竣工验收时，参照《金属非金属矿山安全规程》(GB 16423)“探水前应做好下列准备工作：检查钻孔附近坑道的稳定性，清理巷道、准备水沟或其他水路，在工作地点或附近安装电话，巷道及其出口应有良好照明和畅通的人行道；巷道的一侧悬挂绳子（或利用管道）作扶手……”等条款，通过查阅安全设施竣工验收评价报告和现场检查的方法，检查有突水可能工作面救生圈、安全绳等救生设施的位置、数量等是否与批复的安全设施设计一致。

1.5.2 排水系统

1.5.2.1 主水泵房、接力泵房、各种排水水泵、排水管路、控制系统

检查内容：主水泵房、接力泵房的各种排水水泵、排水管路、控制系统的设置。

【条文说明】

本条为十一、排水系统第1条。

主排水泵房、接力泵房、各种排水水泵、排水管路、控制系统属于基本安全设施，在安全设施竣工验收时，作为否决项进行检查。

井下排水系统主要设备，至少应由同类型的3台泵组成。工作水泵应能在20 h内排出一昼夜的正常涌水量；除检修泵外，其他水泵应能在20 h内排出一昼夜的最大涌水量。井筒内应至少装设两条相同的排水管，其中一条工作，一条备用。排水管中水流速度最大不应超过3 m/s。

在安全设施竣工验收时，检查主排水泵房、接力泵房、各种排水水泵、排水管路、控制系统是否与批复的安全设施设计一致。

1.5.2.2 主水仓、井底水仓、接力排水水仓

检查内容：主水仓、井底水仓、接力排水水仓的大小、数量。

【条文说明】

本条为十一、排水系统第2条。

主水仓、井底水仓、接力排水水仓属于基本安全设施，在安全设施竣工验收时，作为一般项进行检查。

水仓由两个独立的巷道系统组成。涌水量较大的矿井，每个水仓的容积，应能容纳2～4 h的井下正常涌水量。一般矿井主要水仓总容积，应能容纳6～8 h的正常涌水量。水仓进水口应有篦子。采用水砂充填和水力采矿的矿井，水进入水仓之前，应先经过沉淀池。水沟、沉淀池和水仓中的淤泥，应定期清理。

在安全设施竣工验收时，检查主水仓、井底水仓、接力排水水仓的设置是否与批复的安全设施设计一致。

1.5.2.3 排水沟

检查内容：排水沟的设置。

【条文说明】

本条为十一、排水系统第3条。

排水沟属于基本安全设施，在安全设施竣工验收时，作为一般项进行检查。

在安全设施竣工验收时，检查排水沟的设置是否与批复的安全设施设计一致。

1.5.2.4 监测与控制设施

检查内容：排水系统的监测与控制设施。

【条文说明】

本条为十一、排水系统第4条。

排水系统的监测与控制设施属于专用安全设施，在安全设施竣工验收时，作为一般项进行检查。

为检测水泵的工作状况和控制水泵的运转，除需安装流量计外，还需安装压力表、真空表、温度计、水位计等各种仪表。

在安全设施竣工验收时，检查监测与控制设施是否与批复的安全设施设计一致。

1.5.2.5　水泵房及毗连的变电所（或中央变电所）入口的防水门及两者之间的防火门

检查内容：水泵房及毗连的变电所（或中央变电所）入口的防水门及两者之间的防火门的位置、规格、数量。

【条文说明】

本条为十一、排水系统第5条。

水泵房及毗连的变电所（或中央变电所）入口的防水门及两者之间的防火门属于专用安全设施，在安全设施竣工验收时，作为一般项进行检查，建议抽查。

水泵房及毗连的变电所（或中央变电所）的出入口处，应设置密闭的防水门。防水门所承受的压力应大于或等于泵房斜通道与井筒连接处至井底车场轨面的水柱压力。泵房防水门应能在发生突然涌水时迅速关闭，防水门应向泵房外面开启。

在安全设施竣工验收时，检查水泵房及毗连的变电所（或中央变电所）入口的防水门及两者之间的防火门是否与批复的安全设施设计一致。

1.5.2.6　水泵房及变电所内的盖板、安全护栏（门）

检查内容：水泵房及变电所内的盖板、安全护栏（门）的设置。

【条文说明】

本条为十一、排水系统第6条。

为保证人员的安全通行，在水泵房及变电所内需安装盖板和安全护栏。水泵房及变电所内的盖板、安全护栏（门）属于专用安全设施，在安全设施竣工验收时，作为一般项进行检查。

在安全设施竣工验收时，检查水泵房及变电所内盖板和安全护栏（门）的设置是否与批复的安全设施设计一致。

1.5.2.7　支护

检查内容：硐室支护形式、支护参数。

【条文说明】

本条为十一、排水系统第7条。

硐室所处或穿过松软不稳固的岩体要进行支护，水泵房硐室的支护属于基本安全设施，在安全设施竣工验收时，作为一般项进行检查。

水泵房硐室的支护形式、支护参数、支护材料在安全设施设计中进行表述。硐室常采用的支护形式有混凝土支护、钢筋混凝土支护、锚杆+钢筋网+喷射混凝土支护等。围岩条件不好时还可能需要注浆处理和使用锚索支护等多种支护形式。硐室的支护形式与支护参数在施工过程中极可能因围岩条件的改变而发生修改，而出现与安全设施设计不一致的情况。

在安全设施竣工验收时，可以通过查阅安全设施竣工验收评价报告或竣工图纸的方法，检查水泵房硐室的支护形式、支护参数、支护材料是否与批复的安全设施设计或施工图设计（或变更）一致。

1.5.3　供水系统

1.5.3.1　供水水池

检查内容：供水水池的大小及位置。

【条文说明】

本条为十二、供水系统第1条。

供水水池属于基本安全设施，在安全设施竣工验收时，作为一般项进行检查。

井下供水一般采用集中供水方式，故地面供水池为井下供水的唯一直接水源。供水水池容量应不小于井下一个生产班的防尘涌水量，如防尘与灭火用水同用一个水池时，应能保证任何时候供水水池储水量不小于200 m^3。

在安全设施竣工验收时，检查供水水池的设置是否与批复的安全设施设计一致。

1.5.3.2 供水设备

检查内容：供水设备的型号、数量、位置。

【条文说明】

本条为十二、供水系统第2条。

供水设备属于基本安全设施，在安全设施竣工验收时，作为一般项进行检查，建议抽查。

在安全设施竣工验收时，检查供水设备是否与批复的安全设施设计一致。

1.5.3.3 供水管道

检查内容：供水管道的规格、数量、位置。

【条文说明】

本条为十二、供水系统第3条。

供水管道属于基本安全设施，在安全设施竣工验收时，作为一般项进行检查，建议抽查。

基于生产和安全两方面的考虑，井下消防水管系统可以与湿式作业供水管道结合起来统一设计，在保证满足生产用水要求的前提下，同时要满足消防用水的需要，这样可以避免重复建设，减少投入。管道规格应考虑生产用水和消防用水的需要。用木材支护的竖井、斜井及井架和井口房、主要运输巷道、井底车场硐室，都应设置消防水管。生产供水管兼作消防水管时，应每隔50～100 m设支管和供水接头。

在安全设施竣工验收时，检查供水管道的设置是否与批复的安全设施设计一致。

1.5.3.4 井下用水地点

检查内容：井下用水地点的设置。

【条文说明】

本条为十二、供水系统第4条。

井下用水地点属于基本安全设施，在安全设施竣工验收时，作为一般项进行检查。

基于生产和安全两方面的考虑，井下消防水管系统可以与湿式作业供水管道结合起来统一设计，在保证满足生产用水要求的前提下，同时要满足消防用水的需要，这样可以避免重复建设，减少投入。管道规格应考虑生产用水和消防用水的需要。用木材支护的竖井、斜井及井架和井口房、主要运输巷道、井底车场硐室，都应设置消防水管。

在安全设施竣工验收时，检查井下用水地点的设置是否与批复的安全设施设计一致。

1.5.4 消防系统

1.5.4.1 消防供水系统

检查内容：消防供水系统的设置。

【条文说明】

本条为十三、消防系统第1条。

消防供水系统属于专用安全设施，在安全设施竣工验收时，作为否决项进行检查。

消防用水应按井下只有一处用水确定。耗水量应按2×(5～10) L/s计算，消防用水持续时间应为3 h。井底车场、井下主要运输巷道、斜井、火药库、电机车及铲运机硐室等均应敷设消防水管。生产水管兼作消防水管时，应每隔50～100 m设支管和消火栓。

在安全设施竣工验收时，检查消防供水系统是否与批复的安全设施设计一致。

1.5.4.2　消防水池

检查内容：消防水池的大小、位置。

【条文说明】

本条为十三、消防系统第 2 条。

消防水池属于专用安全设施，在安全设施竣工验收时，作为一般项进行检查，建议抽查。

井下消防水池容积应不小于 200 m^3，并应保证任何时候消防供水水池储水量不小于 200 m^3。

在安全设施竣工验收时，检查消防水池的设置是否与批复的安全设施设计一致。

1.5.4.3　消防器材

检查内容：消防器材的型号、数量。

【条文说明】

本条为十三、消防系统第 3 条。

消防器材属于专用安全设施，在安全设施竣工验收时，作为一般项进行检查，建议抽查。

主要进风巷道、进风井筒及其井架和井口建筑物，主通风机房和压入式辅助通风机房，风硐及暖风道，井下电机室、机修室、变压器室、变电所、电机车库、炸药库和油库等，均应用非可燃性材料建筑，室内应有醒目的防火标志和防火注意事项，并配有相应的灭火器材。

在安全设施竣工验收时，检查消防器材是否与批复的安全设施设计一致。

1.5.4.4　火灾报警系统

检查内容：火灾报警系统。

【条文说明】

本条为十三、消防系统第 4 条。

火灾报警系统属于专用安全设施，在安全设施竣工验收时，作为一般项进行检查。

有自燃发火危险的大中型矿山企业，宜装备现代化的坑内环境监测系统，实行连续自动监测与报警。

在安全设施竣工验收时，检查火灾报警系统是否与批复的安全设施设计一致。

1.5.4.5　防火门、消火栓

检查内容：防火门、消火栓的规格、数量、位置。

【条文说明】

本条为十三、消防系统第 5 条。

防火门、消火栓属于专用安全设施，在安全设施竣工验收时，作为一般项进行检查。

在安全设施竣工验收时，检查防火门、消火栓的设置是否与批复的安全设施设计一致。

1.5.4.6　有自然发火倾向区域的防火隔离设施

检查内容：有自然发火倾向区域的防火隔离设施的设置。

【条文说明】

本条为十三、消防系统第 6 条。

有自然发火倾向区域的防火隔离设施属于专用安全设施，在安全设施竣工验收时，作为一般项进行检查。

在安全设施竣工验收时，检查有自然发火倾向区域的防火隔离设施是否与批复的安全设施设计一致。

1.5.5　充填系统

1.5.5.1　充填管路减压设施

检查内容：充填管路减压设施的型号、数量、位置。

【条文说明】

本条为十四、充填系统第1条。

充填管路减压设施属于专用安全设施，在安全设施竣工验收时，作为一般项进行检查，建议抽查。

深井开采设置充填减压站，其目的是深井矿山的垂直高度大，料浆压力过高不利于充填系统的使用寿命，因此必须对输送系统进行减压，同时在充填减压站内设置二次搅拌设备，还可解决长距离输送造成充填料的离析而影响充填体的强度。

在安全设施竣工验收时，检查充填管路减压设施是否与批复的安全设施设计一致。

1.5.5.2 充填管路压力监测装置

检查内容：充填管路压力监测装置的型号、数量、位置。

【条文说明】

本条为十四、充填系统第2条。

充填管路压力监测装置属于专用安全设施，在安全设施竣工验收时，作为一般项进行检查，建议抽查。

在安全设施竣工验收时，检查充填管路压力监测装置是否与批复的安全设施设计一致。

1.5.5.3 充填管路排气设施

检查内容：充填管路排气设施。

【条文说明】

本条为十四、充填系统第3条。

充填管路排气设施属于专用安全设施，在安全设施竣工验收时，作为一般项进行检查。

主充填管垂直段上口与水平主充填管连接处宜设伸缩管，主充填管垂直段下口与水平主充填管连接处及反向敷设的水平主充填管最低处应设排砂阀。

在安全设施竣工验收时，检查充填管路排气设施是否与批复的安全设施设计一致。

1.5.5.4 充填站内及井下充填系统的安全护栏及其他防护措施（包括针对物料输送机和其他相关设备、砂浆池、砂仓等的安全护栏及其他防护措施）

检查内容：充填站内及井下充填系统的安全护栏及其他防护措施。

【条文说明】

本条为十四、充填系统第4条。

充填站内及井下充填系统的安全护栏及其他防护措施属于专用安全设施，在安全设施竣工验收时，作为一般项进行检查。

在安全设施竣工验收时，检查充填站内及井下充填系统的安全护栏及其他防护措施是否与批复的安全设施设计一致。

1.5.5.5 充填系统的事故池

检查内容：充填系统的事故池的大小、位置。

【条文说明】

本条为十四、充填系统第5条。

充填系统的事故池属于专用安全设施，在安全设施竣工验收时，作为一般项进行检查。

在安全设施竣工验收时，检查事故池的设置是否与批复的安全设施设计一致。

1.5.5.6 采场充填挡墙

检查内容：采场充填挡墙的设置。

【条文说明】

本条为十四、充填系统第6条。

采场充填挡墙属于专用安全设施，在安全设施竣工验收时，作为一般项进行检查。

在安全设施竣工验收时，检查采场充填挡墙的设置是否与批复的安全设施设计一致。

1.6　供配电与安全避险“六大系统”

1.6.1　供配电

1.6.1.1　供配电系统

1.6.1.1.1　矿山电源、线路、地面和井下供配电系统

检查内容：矿山上一级电源、线路回路数、配电级数、线路型号、规格、线路压降、主变压器容量。

【条文说明】

本条为十五、供配电第 1.1 条。

矿山电源、线路、地面和井下供配电系统属于基本安全设施，在安全设施竣工验收时，作为否决项进行检查。

地下矿山有大量一级负荷，比如副井提升机、排水泵等，《矿山电力设计规范》(GB 50070—2009）规定有一级负荷的矿山企业应由双重电源供电，供电电源和供配电系统是矿山正常生产和员工人身安全的重要保证，是安全设施的重中之重。

在安全设施竣工验收时，可以通过查阅安全设施竣工验收报告的方法，检查双重电源、电源线路的回路数，是否与批复的安全设施设计一致；同时检查矿山内变电站的主变压器容量．以及向下配电的级数，线路型号、规格、线路压降规格等是否与批复的安全设施设计一致。

1.6.1.1.2　井下各级配电电压等级

检查内容：各级配电电压等级。

【条文说明】

本条为十五、供配电第 1.2 条。

井下各级配电电压等级属于基本安全设施，在安全设施竣工验收时，作为一般项进行检查。

矿山企业规模大小不同，决定了各级电压等级的不同，适宜的电压等级意味着经济合理性，规模越大，电压等级相应越高。

在安全设施竣工验收时，可以通过查阅安全设施竣工验收报告的方法，检查各级电压的描述是否与批复的安全设施设计一致。

1.6.1.1.3　高、低压供配电中性点接地方式

检查内容：中性点接地方式。

【条文说明】

本条为十五、供配电第 1.3 条。

高、低压供配电中性点接地方式属于基本安全设施，在安全设施竣工验收时作为一般项进行检查。

井下高压中性点接地系统可分为不接地、高电阻接地或消弧线圈接地方式，不同的接地方式其单相接地保护也不相同，低压中性点接地系统一般采用 IT 接地型式。

在安全设施竣工验收时，可以通过查阅安全设施竣工验收评价报告的方法，检查高、低压中性点的接地方式是否与批复的安全设施设计一致。

1.6.1.2　井下电气设备

1.6.1.2.1　电气设备类型

检查内容：高压开关柜、软启动柜、变压器等电气设备型号、规格。

【条文说明】

本条为十五、供配电第 2.1 条。

电气设备类型属于基本安全设施，在安全设施竣工验收时，作为一般项进行检查。

随着安全等级要求的提高，对井下供电设备的要求也越来越严格，早期要求矿用一般型即可，近期不仅要求满足矿用一般型，还要有矿用产品安全认证，煤矿系统还要有煤矿安全认证要求，采用相关资质的设备，对企业安全生产提供了有力保障。

在安全设施竣工验收时，可以通过查阅安全设施竣工验收评价报告的方法，检查高压用电设备型号、规格、额定值和数量，额定值包括额定电压、额定电流、短路容量等，是否与批复的安全设施设计一致。

1.6.1.2.2 提升、通风、排水系统的供配电设施

检查内容：高压开关柜、软启动柜、变压器等电气设备型号、规格。

【条文说明】

本条为十五、供配电第2.2条。

提升、通风、排水系统的供配电设施属于基本安全设施，在安全设施竣工验收时，作为一般项进行检查。

随着安全等级要求的提高，对下井供电设备的要求越来越严格，早期要求矿用一般型即可，近期不仅满足矿用一般型，还要有矿用产品安全认证，煤矿系统还要有煤矿安全认证要求，采用相关资质的设备，对企业安全生产提供了有力保障。而提升、通风、排水系统的供配电设施更是矿山企业的重要生产环节，设施的重要性尤为突出。

在安全设施竣工验收时，可以通过查阅安全设施竣工验收评价报告的方法，检查提升、通风、排水系统高压用电设备型号、规格和数量是否与批复的安全设施设计一致。

1.6.1.3 电缆

1.6.1.3.1 地表向井下供电电缆

检查内容：下井电缆型号、规格。

【条文说明】

本条为十五、供配电第3.1条。

地表向井下供电电缆属于基本安全设施，在安全设施竣工验收时，作为一般项进行检查。

井下有一类负荷的用电设备，其供电的电源尤其重要，在《国家安全监管总局关于发布金属非金属矿山禁止使用的设备及工艺目录》中明确井下电缆不允许采用非阻燃型。下井电缆还要考虑垂直敷设时井深对电缆的影响。

在安全设施竣工验收时，可以通过查阅安全设施竣工验收评价报告的方法，检查电缆的型号、规格是否与批复的安全设施设计一致。

1.6.1.3.2 井下高、低压电缆

检查内容：井下电缆型号、规格。

【条文说明】

本条为十五、供配电第3.2条。

井下高、低压电缆属于基本安全设施，在安全设施竣工验收时，作为一般项进行检查。

《关于金属非金属矿山禁止使用的设备及工艺目录（第一批）的说明》规定井下电缆必须用阻燃型。电缆工作时，尤其是过流、过载时，由于导体发热会导致电缆温度升高，如果电缆不具备良好的阻燃性能，极易引起电缆着火，在燃烧的同时产生大量有毒有害气体，造成矿工中毒窒息。

在安全设施竣工验收时，可以通过查阅安全设施竣工验收评价报告的方法，检查电缆的型号、规格是否与批复的安全设施设计一致。

1.6.1.4 防雷及电气保护

1.6.1.4.1 地面建筑物防雷设施

检查内容：防雷等级，避雷装置型式、引下线数量、接地极配置。

【条文说明】

本条为十五、供配电第 4. 1 条。

地面建筑物防雷设施属于专用安全设施，在安全设施竣工验收时作为一般项进行检查。

在安全设施竣工验收时，可以通过查阅安全设施竣工验收评价报告的方法，检查建筑物防雷等级，接闪器型式，引下线、接地极数量是否与批复的安全设施设计一致。

1. 6. 1. 4. 2　地面架空线路转下井电缆处防雷设施

检查内容：架空线路上需装设避雷器的位置是否装设避雷器以及避雷器的型号、数量。

【条文说明】

本条为十五、供配电第 4. 2 条。

地面架空线路转下井电缆处防雷设施属于基本安全设施，在安全设施竣工验收时，作为一般项进行检查。

地面架空线路被雷电击中会产生雷电效应，转接处设置避雷装置可以很大程度减少雷电效应对井下设备的损害，从而保证安全。

在安全设施竣工验收时，可以通过查阅安全设施竣工验收评价报告的方法，检查避雷器的安装位置以及避雷器的型号、数量、规格等参数是否与批复的安全设施设计一致。

1. 6. 1. 4. 3　高压供配电系统继电保护装置

检查内容：继电保护装置。

【条文说明】

本条为十五、供配电第 4. 3 条。

高压供配电系统继电保护装置属于基本安全设施，在安全设施竣工验收时，作为一般项进行检查。

用电设备和配电线路的继电保护装置，具备在故障产生后有效动作，具有及时性和选择性。保护装置的配备，保证了故障快速切除，避免事故扩大，为正常生产提供保证，同时也保证了人员和设备的安全。

在安全设施竣工验收时，可以通过查阅安全设施竣工验收评价报告的方法，检查用电设备和配电线路的继电保护装置及保护配置情况、自动重合闸装置的装设，是否与批复的安全设施设计一致。

1. 6. 1. 4. 4　低压配电系统故障（间接接触）防护设施

检查内容：低压配电系统故障（间接接触）防护设施。

【条文说明】

本条为十五、供配电第 4. 4 条。

低压配电系统故障（间接接触）防护设施属于专用安全设施，在安全设施竣工验收时作为一般项进行检查。

在安全设施竣工验收时，可以通过查阅安全设施竣工验收评价报告、现场抽查的方法，检查防护的具体措施，诸如外露可导电部分的接地、建筑物内总等电位联结、辅助等电位的设置情况，是否与批复的安全设施设计一致。

符合以下条件者不在检查之列：①处在伸臂范围以外墙上的架空线绝缘子的支撑物和与其连接的金属部件（架空线金具）；②触及不到钢筋的钢筋混凝土电杆；③外露可导电部分因其尺寸小或因其位置不会被抓住或不会与人的身体的一部分有效连接，且与保护导体连接很困难或连接不可靠时；④Ⅱ类设备或等效的绝缘，用于保护设备的金属管或其他金属外护物。

1. 6. 1. 4. 5　裸带电体基本（直接接触）防护设施

检查内容：裸带电体基本（直接接触）防护设施。

【条文说明】

本条为十五、供配电第4.5条。

裸带电体基本（直接接触）防护设施属于专用安全设施，在安全设施竣工验收时，作为一般项进行检查。

在安全设施竣工验收时，可以通过查阅安全设施竣工验收评价报告、现场抽查的方法，检查防护的具体措施，诸如遮拦或外护物、阻挡物、置于伸臂范围之外等措施，剩余电流保护器的附加防护，是否与批复的安全设施设计一致。

符合以下条件者不在检查之列：①标称电压不超过区段Ⅰ（见GB/T 18379）；②满足FELV系统且满足不接地回路（SELV）；③满足FELV系统且满足接地回路（PELV）。

1.6.1.5 接地系统

1.6.1.5.1 接地

检查内容：36 V以上及由于绝缘损坏而带有危险电压的电气装置、设备的外露可导电部分和构架的接地设施。

【条文说明】

本条为十五、供配电第5.1条。

接地属于基本安全设施，在安全设施竣工验收时，作为一般项进行检查。

井下由于绝缘损坏而带有危险电压的电气装置、设备的外露可导电部分和构架均应可靠接地，是《矿山电力设计规范》的硬性规定，也是保证人员安全的重要措施，接地干线可用专用接地扁钢或绞线、电缆的铠装或金属外皮、电缆接地芯线等构成。

在安全设施竣工验收时，可以通过查阅安全设施竣工验收评价报告的方法，检查设备的接地设施采用材料与配置是否与批复的安全设施设计一致。

1.6.1.5.2 接地电阻

检查内容：主接地极断开时，井下总接地网上任一接地点测得的接地电阻值，每一移动式和手持式电力设备与最近的接地极之间的保护接地电缆芯线和其他接地线的电阻值。

【条文说明】

本条为十五、供配电第5.2条。

接地电阻属于基本安全设施，在安全设施竣工验收时，作为一般项进行检查。

接地阻值，是井下接地系统的直接指标，由于井下环境不同于地表，因此阻值要求更严格（2 Ω），特别是给移动用电设备供电的电阻值更是要求严格，阻值更低（1 Ω），使工作设备和人员得到可靠保障。接地电阻值指的是井下整个接地网的值，而非单组接地极的值。

在安全设施竣工验收时，可以通过查阅安全设施竣工验收评价报告的方法，检查两种情况的电阻值数据是否与批复的安全设施设计一致。

1.6.1.5.3 总接地网、主接地极

检查内容：井下总接地网构成，由地面经风井或钻孔对井下部分电气设备分区供电时分区井下总接地网的设置，井下各开采水平总接地网之间连接情况主要开采水平井下主接地极数量，主接地极材质、规格。

【条文说明】

本条为十五、供配电第5.3条。

总接地网、主接地极属于基本安全设施，在安全设施竣工验收时，作为一般项进行检查。

《矿山电力设计规范》（GB 50070—2009）规定：井下各开采水平的主接装置和所有局部接地装置应构成一个开采水平的井下总接地网。主要开采水平井下主接地极不应少于2组，且宜分地点设置。以上方法、措施均是保证设备等可靠接地，保证安全。

在安全设施竣工验收时，可以通过查阅安全设施竣工验收评价报告的方法，检查总接地网的设置，主接地极的组数，两组主接地极的设置地点，是否设置在一个集水井内等情况，是否与批复的安全设施设计一致。

1.6.1.5.4　局部接地极

检查内容：局部接地极的设置。

【条文说明】

本条为十五、供配电第 5.4 条。

局部接地极属于基本安全设施，在安全设施竣工验收时，作为一般项进行检查。

在安全设施竣工验收时，可以通过查阅安全设施竣工验收评价报告的方法，检查局部接地极设在排水沟、集水坑或其他适当地点等情况，是否与批复的安全设施设计一致。

1.6.1.6　牵引网络

1.6.1.6.1　直流牵引变电所电气保护设施

检查内容：直流出线快速开关型号、规格，开关动作电流整定值，标准轨距主要馈出线自动重合闸装置。

【条文说明】

本条为十五、供配电第 6.1 条。

直流牵引变电所电气保护设施属于基本安全设施，在安全设施竣工验收时，作为一般项进行检查。不同直流电压等级的出线开关，型式也不同。

在安全设施竣工验收时，可以通过查阅安全设施竣工验收评价报告的方法，检查直流开关或空气断路器及其瞬时动作电流整定值是否与批复的安全设施设计一致。

1.6.1.6.2　直流牵引网络安全措施

检查内容：检查接触线最大弛度时距轨面高度。

【条文说明】

本条为十五、供配电第 6.2 条。

直流牵引网络安全措施属于基本安全设施，在安全设施竣工验收时，作为一般项进行检查。

在安全设施竣工验收时，可以通过查阅安全设施竣工验收评价报告的方法，检查标准轨距的编组站和有作业的站场地点接触线最大弛度时距轨面高度是否与批复的安全设施设计一致；井下窄轨的井底车场和行人巷道接触线最大弛度时距轨面高度是否与批复的安全设施设计一致。

1.6.1.6.3　爆炸危险场所电机车轨道电气的安全措施

检查内容：轨道是否作回流导体、钢轨与回流钢轨连接处的轨道绝缘数量、距离。

【条文说明】

本条为十五、供配电第 6.3 条。

爆炸危险场所电机车轨道电气的安全措施属于基本安全设施，在安全设施竣工验收时，作为一般项进行检查。

在安全设施竣工验收时，可以通过查阅安全设施竣工验收评价报告的方法，检查不准用作回流的钢轨与用作回流钢轨的连接处，设置轨道绝缘的数量，绝缘点的设置地点及其间距是否与批复的安全设施设计一致；对采用电引爆的矿山，通向爆破区的轨道，核查断开轨道电流的安全措施是否与批复的安全设施设计一致。

1.6.1.6.4　牵引变电所接地设施

检查内容：整流装置、直流配电装置是否接地、与交流设备金属连接情况、接地装置电阻值。

【条文说明】

本条为十五、供配电第 6.4 条。

牵引变电所接地设施属于专用安全设施，在安全设施竣工验收时作为一般项进行检查。

在安全设施竣工验收时，可以通过查阅安全设施竣工验收评价报告的方法，检查流经直流接地继电器前的全部直流接地母、支线的绝缘情况是否与批复的安全设施设计一致；检查金属外壳接地情况、不同直流电压等级和井下的牵引变电所的接地电阻值情况是否与批复的安全设施设计一致。

1.6.1.7 井下照明

1.6.1.7.1 照明电源线路

检查内容：电源线路的专用性。

【条文说明】

本条为十五、供配电第7.1条。

照明电源线路属于基本安全设施，在安全设施竣工验收时，作为一般项进行检查。

在安全设施竣工验收时，可以通过查阅安全设施竣工验收评价报告的方法，检查采区变电所至照明变压器供电线路的专用性（即不和动力线共用）是否与批复的安全设施设计一致。

1.6.1.7.2 灯具型式

检查内容：灯具型号、数量。

【条文说明】

本条为十五、供配电第7.2条。

灯具属于基本安全设施，在安全设施竣工验收时，作为一般项进行检查。

在安全设施竣工验收时，可以通过查阅安全设施竣工验收评价报告、现场抽查的方法，对无爆炸危险的矿井，检查爆破器材库照明灯具的型式或其方式是否与批复的安全设施设计一致；有爆炸危险的矿井，检查照明灯具采用的型式是否与批复的安全设施设计一致。

1.6.1.7.3 避灾硐室应急供电设施

检查内容：应急供电电源容量。

【条文说明】

本条为十五、供配电第7.3条。

避灾硐室应急供电设施属于专用安全设施，在安全设施竣工验收时，作为一般项进行检查。

在安全设施竣工验收时，可以通过查阅安全设施竣工验收评价报告、现场抽查的方法，检查避灾硐室应急设施的设置情况，应急供电的电源容量是否与批复的安全设施设计一致。

1.6.1.7.4 变配电硐室应急照明设施

检查内容：应急照明布置和照度。

【条文说明】

本条为十五、供配电第7.4条。

变配电硐室应急照明设施属于专用安全设施，在安全设施竣工验收时，作为一般项进行检查。

在安全设施竣工验收时，可以通过查阅安全设施竣工验收评价报告、现场抽查的方法，检查有人值班的采场变、配电室应急照明种类、布置和照度是否与批复的安全设施设计一致。

1.6.1.8 其他

1.6.1.8.1 设有带油设备的电气硐室的安全措施

检查内容：电气硐室、集油坑或混凝土挡墙的设置情况，混凝土挡墙的高度。

【条文说明】

本条为十五、供配电第8.1条。

设有带油设备的电气硐室的安全措施属于基本安全设施，在安全设施竣工验收时，作为一般项进行检查。

硐室内带油设备的漏油及事故时排放出的油，不应流向硐室外，以免引起次生事故。

在安全设施竣工验收时，可以通过查阅安全设施竣工验收评价报告、现场抽查的方法，检查带油设备的硐室集油坑设置，斜坡混凝土挡设置及其高度情况是否与批复的安全设施设计一致。

1.6.1.8.2　变、配电硐室防火门、防火门、栅栏门

检查内容：防火门、防火门和栅栏门的数量、型式。

【条文说明】

本条为十五、供配电第 8.2 条。

变、配电硐室防火门、防火门、栅栏门属于专用安全设施，在安全设施竣工验收时，作为一般项进行检查。

在安全设施竣工验收时，可以通过查阅安全设施竣工验收评价报告、现场抽查的方法。检查井下主变、配电所硐室的防火门、栅栏门的设置是否与批复的安全设施设计一致，且其是否相互妨碍，是否妨碍交通；对无被水淹没可能时门的设置情况进行核实；检查采区变电所出口防火门的设置情况是否与批复的安全设施设计一致。

1.6.1.8.3　变（配）电硐室结构

检查内容：变（配）电所硐室：硐室的支护形式、支护参数、地面标高、出口等。

【条文说明】

本条为十五、供配电第 8.3 条。

变（配）电硐室结构属于基本安全设施，在安全设施竣工验收时，作为一般项进行检查。

变（配）电硐室常采用的支护形式有混凝土支护、钢筋混凝土支护、锚杆 + 钢筋网 + 喷射混凝土支护等。围岩条件不好时还可能需要注浆处理。硐室的支护形式与支护参数在施工过程中极可能因围岩条件的改变而发生修改，而出现与安全设施设计不一致的情况。

在安全设施竣工验收时，可以通过查阅安全设施竣工验收评价报告、现场抽查的方法，检查井下主变（配）电所硐室支护形式，硐室的地面与其出口处井底车场或大巷的底板高差是否与批复的安全设施设计一致。

1.6.1.8.4　动力油储存硐室防静电

检查内容：电气连接间距、连接导线规格、接地电阻值。

【条文说明】

本条为十五、供配电第 8.4 条。

动力油储存硐室防静电属于专用安全设施，在安全设施竣工验收时，作为一般项进行检查。动力油在矿山生产过程中经常会被搬运或装车等作业操作，在此过程中，会产生静电的聚集和放电，加设防静电措施是安全生产的保证。

在安全设施竣工验收时，可以通过查阅安全设施竣工验收评价报告、现场抽查的方法，检查硐室防静电的具体措施，包括防静电地面，连接间距，导线的型号规格，接地阻值等的要求是否与批复的安全设施设计一致。

1.6.1.8.5　动力油储存硐室防爆

检查内容：灯具安装方式，防护结构。

【条文说明】

本条为十五、供配电第 8.5 条。

动力油储存硐室防爆属于专用安全设施，在安全设施竣工验收时，作为一般项进行检查。

在安全设施竣工验收时，可以通过查阅安全设施竣工验收评价报告、现场抽查的方法，检查灯具安装方式，型号、防护结构、布置等是否与批复的安全设施设计一致。

1.6.2　安全避险“六大系统”

1.6.2.1 监测监控系统

1.6.2.1.1 有毒有害气体监（检）测

检查内容：有毒有害气体监（检）测的传感器（在线式的一氧化碳或二氧化氮、烟雾、硫化氢、二氧化硫等；便携式一氧化碳、氧气、二氧化氮、温度等）种类、数量、安装位置。

【条文说明】

本条为十六、安全避险“六大系统”第1.1条。

有毒有害气体监（检）测属于专用安全设施，在安全设施竣工验收时，作为一般项进行检查。

在安全设施竣工验收时，结合施工、竣工图资料对有毒有害气体监（检）测的传感器（在线式的一氧化碳或二氧化氮、烟雾、硫化氢、二氧化硫传感器等；便携式一氧化碳、氧气、二氧化氮、温度传感器等）进行检查，检查其配置的种类、数量、安装位置是否与批复的安全设施设计一致。如按照矿区的实际情况选择监测有毒有害气体传感器的种类；按照有毒有害气体可能产生的位置、进回巷道靠近采场位置，以及人员活动的位置检查在线式传感器的数量；根据有毒有害气体的种类检查在线式传感器的安装高度及位置，传感器应垂直悬挂，距巷壁应不小于0.2 m。一氧化碳传感器和烟雾传感器距顶板应不大于0.3 m，二氧化氮传感器距底板应不高于1.6 m。根据作业面数量、班作业人数及总作业人数检查便携式设备数量。

1.6.2.1.2 通风系统监测

检查内容：通风系统监测的传感器（风速、风压、开停等）种类、数量、安装位置。

【条文说明】

本条为十六、安全避险“六大系统”第1.2条。

通风系统监测属于专用安全设施，在安全设施竣工验收时，作为一般项进行检查。

在安全设施竣工验收时，结合施工、竣工图资料对通风系统监测的传感器（风速、风压、开停等）进行检查，检查其配置的种类、数量、安装位置是否与批复的安全设施设计一致。如井下总回风巷、各个生产中段和分段的回风巷应设置风速传感器，测点位置选取是否有代表性，应尽量选择无分支、风速平稳的位置安装；风机风压的测定，应在风机入风口和风机（或扩散器）出风口截面处布置测点；主要通风机、辅助通风机、局部通风机应安装开停传感器。

1.6.2.1.3 视频监控

检查内容：视频监控的设备种类、数量、安装位置。

【条文说明】

本条为十六、安全避险“六大系统”第1.3条。

视频监控属于专用安全设施，在安全设施竣工验收时，作为一般项进行检查。

在安全设施竣工验收时，可以通过查阅安全验收评价报告的方法，检查视频监控的设备种类、数量、安装位置是否与批复的安全设施设计一致，如主要硐室、各水平马头门等重要场所摄像头设置情况；提升机房、监控室终端显示设置情况。

1.6.2.1.4 地压监测

检查内容：地压监测设置。

【条文说明】

本条为十六、安全避险“六大系统”第1.4条。

地压监测属于专用安全设施，在安全设施竣工验收时，作为一般项进行检查。

“国家安全监管总局关于印发金属非金属地下矿山安全避险‘六大系统’安装使用和监督检查暂行规定的通知（安监总管一〔2010〕168号）”中规定：“存在大面积采空区、工程地质复杂、有严重地压活动的地下矿山企业，应建立完善地压监测监控系统，实现对采空区稳定性、顶板压力、位移变化等的动态监控。地下矿山企业应采用监测仪器或仪表，对开采范围内地表沉降量进行观测。”地压监测工作一般随着矿山开采过程通过相关地压预测与地表沉降研究工作进行布设。

在安全设施竣工验收时，可以通过查阅安全设施竣工验收评价报告和现场检查的方法，检查地压监测是否与批复的安全设施设计一致。

1.6.2.1.5 维护与管理

检查内容：台账、记录、报表是否符合国家有关规定。

【条文说明】

本条为十六、安全避险“六大系统”第1.5条。

维护与管理属于专用安全设施，在安全设施竣工验收时，作为一般项进行检查。

矿山需有人员负责监测监控系统的检查维护。

在安全设施竣工验收时，可以通过查阅安全设施竣工验收评价报告、现场抽查的方法，检查矿山企业是否按要求建立台账、记录、报表等记录文件，如监测监控设备台账、监测监控设备故障登记表、监测监控检修记录表、监测监控巡检记录表、监测监控巡检记录表、报警记录月报表。

1.6.2.2 人员定位系统

1.6.2.2.1 硬件

检查内容：人员定位系统的硬件（主机、传输接口、读卡器、识别卡、传输线缆）种类、数量、安装位置。

【条文说明】

本条为十六、安全避险“六大系统”第2.1条。

硬件属于专用安全设施，在安全设施竣工验收时，作为一般项进行检查。

在安全设施竣工验收时，可以通过查阅安全验收评价报告的方法，检查人员定位系统的硬件种类、数量、安装位置是否与批复的安全设施设计一致。如双机备份主机、重点区域出入口安装分站（读卡器）、识别卡配备、备用电源备电、线缆选择等。

1.6.2.2.2 软件功能

检查内容：人员定位系统的软件功能是否符合国家有关规定。

【条文说明】

本条为十六、安全避险“六大系统”第2.2条。

软件功能属于专用安全设施，在安全设施竣工验收时，作为一般项进行检查。

在安全设施竣工验收时，可以通过查阅安全验收评价报告的方法，检查人员定位系统的软件功能是否符合规范规定的监测功能、管理功能、主要技术指标等要求。

1.6.2.2.3 维护与管理

检查内容：台账、记录、报表是否符合国家有关规定。

【条文说明】

本条为十六、安全避险“六大系统”第2.3条。

维护与管理属于专用安全设施，在安全设施竣工验收时，作为一般项进行检查。矿山需有人员负责人员定位系统的检查维护。

在安全设施竣工验收时，可以通过查阅安全设施竣工验收评价报告、现场抽查的方法，检查矿山企业是否按要求建立台账、记录、报表等记录文件，如设备、仪表台账；设备故障登记表；检修记录；巡检记录。

1.6.2.3 紧急避险系统

1.6.2.3.1 自救器与逃生用矿灯配备

检查内容：自救器与逃生用矿灯配备情况与数量。

【条文说明】

本条为十六、安全避险“六大系统”第3.1条。

自救器与逃生用矿灯属于专用安全设施，在安全设施竣工验收时，作为一般项进行检查。

自救器是由入井人员随身携带、防止有毒有害气体中毒或缺氧窒息的一种呼吸保护器具，所有入井人员必须随身携带自救器。自救器的额定防护时间不少于30 min，并按入井总人数的10%配备备用自救器。

在安全设施竣工验收时，可以通过查阅安全设施竣工验收评价报告、现场抽查的方法，检查自救器与逃生用矿灯的配备是否与批复的安全设施设计一致。

1.6.2.3.2 事故应急预案与避灾线路图及避灾路线的标识

检查内容：事故应急预案与井下避灾线路图准备情况以及路线标识设置情况。

【条文说明】

本条为十六、安全避险“六大系统”第3.2条。

事故应急预案与避灾线路图及避灾路线的标识属于专用安全设施，在安全设施竣工验收时，作为一般项进行检查。

在安全设施竣工验收时，可以通过查阅安全设施竣工验收评价报告、现场抽查的方法，检查避灾路线是否明确，标志是否清晰、醒目，路线是否畅通。检查事故应急预案与避灾线路图及避灾路线的标识是否与批复的安全设施设计一致。

1.6.2.3.3 紧急避险设施

检查内容：紧急避险设施的规格、位置与配置。

【条文说明】

本条为十六、安全避险“六大系统”第3.3条。

1.6.2.3.4 紧急避险设施外部标识、标志

检查内容：标识牌、反光显示标志。

【条文说明】

本条为十六、安全避险“六大系统”第3.4条。

紧急避险设施外部标识、标志属于专用安全设施，在安全设施竣工验收时，作为一般项进行检查。

在安全设施竣工验收时，可以通过查阅安全设施竣工验收评价报告、现场抽查的方法，检查紧急避险设施外部标识、标志是否与批复的安全设施设计一致。

1.6.2.3.5 管缆及设备接入

检查内容：管缆及设备接入口的密封措施。

【条文说明】

略。

1.6.2.3.6 避灾硐室进出口隔离门

检查内容：隔离门、设防水头高度。

【条文说明】

略。

1.6.2.3.7 避灾硐室对有毒有害气体的处理能力

检查内容：有毒有害气体的处理能力，配备的空气净化及制氧或供氧装置。

【条文说明】

略。

1.6.2.3.8 避灾硐室内配备的检测报警装置与备用电源

检查内容：检测报警装置与备用电源的配备情况。

【条文说明】

略。

1.6.2.3.9　避灾硐室内配备的生存设施

检查内容：避灾硐室内配备操作说明、食品、饮用水、急救箱、工具箱和人体排泄物收集处理装置。

【条文说明】

略。

1.6.2.3.10　避灾硐室支护

检查内容：硐室的支护形式、支护参数。

【条文说明】

略。

1.6.2.4　压风自救系统

1.6.2.4.1　压风自救设备

检查内容：自救器型号及数量、压风自救管道系统的设置。

【条文说明】

本条为十六、安全避险“六大系统”第4.1条。

压风自救设备属于专用安全设施，在安全设施竣工验收时，作为一般项进行检查，建议抽查。

压风自救系统的空气压缩机应安装在地面，并能在10 min内启动。空气压缩机安装在地面难以保证对井下作业地点有效供风时，可以安装在风源质量不受生产作业区域影响且围岩稳固、支护良好的井下地点。

各主要生产中段和分段进风巷道的压风管道上每隔200～300 m应安设一组三通及阀门。独头掘进巷道距掘进工作面不大于100 m处的压风管道上应安设一组三通及阀门，向外每隔200～300 m应安设一组三通及阀门。有毒有害气体涌出的独头掘进巷道距掘进工作面不大于100 m处的压风管道上应安设压风自救装置。爆破时撤离人员集中地点的压风管道上应安设一组三通及阀门。压风自救装置、三通及阀门安装地点应宽敞、稳固，安装位置应便于避灾人员使用；阀门应开关灵活。

在安全设施竣工验收时，检查压风自救系统设置，包括设备及管道的规格型号、数量及布置是否与批复的安全设施设计一致，配套设备是否符合相关标准的规定，纳入安全标志管理的应取得矿用产品安全标志。

1.6.2.4.2　出口风压、风量

检查内容：出口风压、风量。

【条文说明】

本条为十六、安全避险“六大系统”第4.2条。

出口风压、风量属于专用安全设施，在安全设施竣工验收时，作为一般项进行检查。

压风管道应接入紧急避险设施内，并设置供气阀门，接入的矿井压风管路应设减压、消音、过滤装置和控制阀，压风出口压力应为0.1～0.3 MPa，供风量每人不低于0.3 m^3/min。

在安全设施竣工验收时，可以通过查阅安全设施竣工验收评价报告、现场抽查的方法，检查出口风压、风量是否与批复的安全设施设计一致。

1.6.2.4.3　日常检查与维护工作

检查内容：日常检查与维护工作记录是否符合国家有关规定。

【条文说明】

本条为十六、安全避险“六大系统”第4.3条。

日常检查与维护工作属于专用安全设施，在安全设施竣工验收时，作为一般项进行检查，建议抽查。

在安全设施竣工验收时，可以通过查阅安全设施竣工验收评价报告的方法，检查是否有专人负责压风自救系统的日常检查与维护工作。检查矿山是否绘制了压风自救系统布置图，并根据井下实际情况的变化及时更新，布置图应标明压风自救装置、三通及阀门的位置，以及压风管道的走向。检查是否配备足够的备件，确保压风自救系统正常使用。查阅安全教育培训资料，检查是否对入井人员进行了压风自救系统使用的相关培训，确保每位入井人员都能正确使用。

1.6.2.5 供水施救系统

1.6.2.5.1 供水施救设备

检查内容：供水施救管道系统的设置。

【条文说明】

本条为十六、安全避险“六大系统”第5.1条。

供水施救管道系统属于专用安全设施，在安全设施竣工验收时，作为一般项进行检查，建议抽查。

供水施救系统可与生产供水系统共用，施救时水源应满足生活饮用水水质卫生要求。各主要生产中段和分段进风巷道的供水管道上每隔200～300 m应安设一组三通及阀门。独头掘进巷道距掘进工作面不大于100 m处的供水管道上应安设一组三通及阀门，向外每隔200～300 m应安设一组三通及阀门。爆破时撤离人员集中地点的供水管道上应安设一组三通及阀门。三通及阀门安装地点应宽敞、稳固，安装位置应便于避灾人员使用；阀门应开关灵活。

在安全设施竣工验收时，可以通过查阅安全设施竣工验收评价报告、现场抽查的方法，检查供水施救管道的规格型号、数量及布置是否与批复的安全设施设计一致，检查配套设备是否符合相关标准的规定，纳入安全标志管理的应取得矿用产品安全标志。

1.6.2.5.2 出口水压、水量

检查内容：出口水压、水量。

【条文说明】

本条为十六、安全避险“六大系统”第5.2条。

出口风压、风量在安全设施竣工验收时，作为一般项进行检查。

供水管道应接入紧急避险设施内，并安设阀门及过滤装置，水量和水压应满足额定数量人员避灾时的需要。

在安全设施竣工验收时，可以通过查阅安全设施竣工验收评价报告的方法，检查出口水压、水量是否与批复的安全设施设计一致。

1.6.2.5.3 日常检查与维护工作

检查内容：日常检查与维护工作记录。

【条文说明】

本条为十六、安全避险“六大系统”第5.3条。

日常检查与维护工作在安全设施竣工验收时，作为一般项进行检查，建议抽查。

在安全设施竣工验收时，可以通过查阅安全设施竣工验收评价报告的方法，检查是否有专人负责供水施救系统的日常检查与维护工作。检查矿山是否绘制了供水施救系统布置图，并根据井下实际情况的变化及时更新，布置图应标明三通及阀门的位置，以及供水管道的走向。检查是否配备足够的备件，确保供水施救系统正常使用。查阅安全教育培训资料，检查是否对入井人员进行了供水施救系统使用的相关培训，确保每位入井人员都能正确使用。

1.6.2.6　通信联络系统

1.6.2.6.1　有线通信联络硬件

检查内容：有线通信联络硬件的种类、数量、安装位置。

【条文说明】

本条为十六、安全避险“六大系统”第6.1条。

有线通信联络硬件属于专用安全设施，在安全设施竣工验收时，作为一般项进行检查。

在安全设施竣工验收时，可以通过查阅安全设施竣工验收评价报告、现场抽查的方法，检查线通信联络的种类、数量、安装位置是否与批复的安全设施设计一致，如主要硐室安装终端设备；设备防护等级及矿用产品安全认证等。

1.6.2.6.2　有线通信联络功能

检查内容：有线通信联络的功能。

【条文说明】

本条为十六、安全避险“六大系统”第6.2条。

有线通信联络的功能属于专用安全设施，在安全设施竣工验收时，作为一般项进行检查。

在安全设施竣工验收时，可以通过查阅安全设施竣工验收评价报告的方法，检查有线通信联络的功能是否与批复的安全设施设计一致，如终端设备与控制中心之间的双向语音；组呼、全呼、选呼、强拆、强插、紧呼、紧急呼叫及监听功能；录音功能；储存备份功能等。

1.6.2.6.3　有线通信联络线缆敷设

检查内容：有线通信联络的电缆敷设路由、方式。

【条文说明】

本条为十六、安全避险“六大系统”第6.3条。

有线通信联络线缆敷设属于专用安全设施，在安全设施竣工验收时，作为一般项进行检查。

在安全设施竣工验收时，可以通过查阅安全设施竣工验收评价报告的方法，检查有线通信联络的电缆敷设路由、方式是否与批复的安全设施设计一致，如通信线缆应分设两条，从不同的井筒进入井下配线设备，其中任何一条通信线缆发生故障时，另外一条线缆的容量应能担负井下各通信终端的通信能力。

1.6.2.6.4　无线通信联络系统

检查内容：无线通信联络系统的设备种类、数量、安装位置、功能。

【条文说明】

本条为十六、安全避险“六大系统”第6.4条。

无线通信联络系统设属于专用安全设施，在安全设施竣工验收时，作为一般项进行检查。

在安全设施竣工验收时，可以通过查阅安全设施竣工验收评价报告的方法，检查无线通信联络系统的设备种类、数量、安装位置、功能是否与批复的安全设施设计一致，如设备主要采用的通信技术；信号覆盖范围；手持设备主要功能等。

1.6.2.6.5　维护与管理

检查内容：台账、记录、报表是否符合国家有关规定。

【条文说明】

本条为十六、安全避险“六大系统”第6.5条。

维护与管理属于专用安全设施，在安全设施竣工验收时，作为一般项进行检查。矿山需有人员负责人员定位系统的检查维护。

在安全设施竣工验收时，可以通过查阅安全设施竣工验收评价报告的方法，检查矿山是否按要求建立台账、记录、报表等记录文件，如设备、仪表台账；设备故障登记表；巡检记录；报警、求救信息报表。

1.7 排土场

1.7.1 排土场场址

1.7.1.1 场址

检查内容：排土场场址。

【条文说明】

本条为十七、排土场第1.1条。

排土场场址在安全设施竣工验收时，应作为否决项进行检查。

排土场不应布置在具有形成泥石流条件、排水不良、可能危及露天采矿场、井（硐）口、工业场地、居住区、村镇、交通干线等重要建（构）筑物的上游。排土场场址应满足与采矿场、工业场地（厂区）、居民点、铁路、公路、输电及通信干线、水域、隧洞等设施的安全防护距离的要求。

排土场场址选择在安全设施设计中说明书中会进行表述，是整个矿山生产期间所有排弃物料场址的总体规划。但排土场的排放是矿山生产过程中逐渐形成的，在安全设施竣工验收时，矿山只处于试生产阶段，因此排土场只是堆放了试生产期间或基建期物料，通常只占规划整个排土场中很小的一部分。

在安全设施竣工验收时，可以通过查阅安全设施竣工验收评价报告和矿山排土场现状图的方法，检查排土场场址是否与批复的安全设施设计一致。

1.7.1.2 底部排渗设施

检查内容：排土场软弱土层处理和底部排渗设施。

【条文说明】

本条为十七、排土场第1.2条。

排土场软弱土层处理和底部排渗设施属于专用安全设施，在安全设施竣工验收时，作为一般项进行检查，建议抽查。

排土场选址应尽量避开软弱土层，但有的矿山所在区域，软弱土层分布较广，而排土场一般占地面积较大，无法避开，排土场内有软弱土层，对软弱土层要进行处理。规范规定：“排土场区应清理地表植被层及软弱地基；地形坡度较大的地段应改造成为阶梯状；在底部应排弃大块岩石；排土场区宜采取排渗盲沟、泄流基底等控制排土场物料含水量的措施。”

排土场软弱土层处理和底部排渗设施在安全设施设计中说明书中会进行表述，但排土场的排放是矿山生产过程中逐渐形成的，在安全设施竣工验收时，矿山只处于试生产阶段，因此排土场只是堆放了试生产期间的物料和基建期排弃的物料，通常只占规划整个排土场中很小的一部分，而软弱土层处理和底部排渗设施建设一般是随着排土场占地面积的逐渐扩大随之进行的。

在安全设施竣工验收时，可以通过查阅安全设施竣工验收评价报告的方法，检查排土场软弱土层处理和底部排渗设施建设方式是否与批复的安全设施设计一致，并应通过比对矿山排土场现状图与安全设施设计中排土场年末图的方法，检查软弱土层处理和底部排渗设施建设范围是否与批复的安全设施设计一致。

1.7.2 排土工艺

1.7.2.1 安全平台、阶段高度、总堆置高度、总边坡角

检查内容：排土场排土工艺、排土顺序、排土场阶段高度、总堆置高度、安全平台宽度、总边坡角、废石滚落可能的最大距离、相邻阶段同时作业的超前堆置距离等参数。

【条文说明】

本条为十七、排土场第2.1条。

排土场的参数和排土工艺属于基本安全设施，在安全设施竣工验收时，作为一般项进行检查。

排土场的稳定是矿山的重中之重，排土场的参数和排土工艺是保证排土场的稳定性的重要因素。排土场的参数包括：排土场阶段高度、总堆置高度、安全平台宽度、总边坡角；排土工艺包括：排土工艺、排土顺序、相邻阶段同时作业的超前堆置距离等。

排土场的参数和排土工艺在安全设施设计中会进行表述，但排土场的排放是矿山生产过程中逐渐形成的，在安全设施竣工验收时，矿山只处于试生产阶段，因此排土场只是堆放了试生产期间的物料，通常只占规划整个排土场中很小的一部分，而排土场的参数在此时无法体现。

在安全设施竣工验收时，可以通过查阅安全设施竣工验收评价报告的方法，检查排土工艺、排土顺序、相邻阶段同时作业的超前堆置距离是否与批复的安全设施设计一致。

1.7.2.2 铁路车挡

检查内容：铁路独头卸载线端部车挡，车挡的拦挡指示和红色夜光警示牌，独头线的起点和终点障碍指示器的设置。

【条文说明】

本条为十七、排土场第2.2条。

铁路车挡属于专用安全设施，在安全设施竣工验收时，作为一般项进行检查。

为防止机车坠下排土场，在铁路独头卸载线端部需设置车挡，车挡有完好的拦挡指示和红色夜光警示牌；独头线的起点和终点，设施铁路障碍指示器。

在安全设施竣工验收时，可以通过查阅安全设施竣工验收评价报告的方法，检查车挡的设置位置、拦挡指示和红色夜光警示牌，独头线的起点和终点障碍指示器的设置与批复的安全设施设计一致。

1.7.2.3 挡车设施

检查内容：汽车排土卸载平台边缘挡车设施的设置。

【条文说明】

本条为十七、排土场第2.3条。

汽车排土卸载平台边缘挡车设施属于专用安全设施，在安全设施竣工验收时，作为一般项进行抽查。

汽车排土卸载平台边缘，由固定挡车设施，其高度不小于轮胎直径的1/2，车挡宽度和底宽分别不小于轮胎直径的1/4和3/4。

在安全设施竣工验收时，可以通过查阅安全设施竣工验收评价报告和现场抽查的的方法，检查汽车排土卸载平台边缘挡车设施的设置是否与批复的安全设施设计一致。

1.7.3 截（排）水设施（水文）

1.7.3.1 截水沟

检查内容：截水沟的宽度、纵坡度、边坡系数及砌护类型。

【条文说明】

本条为十七、排土场第3.1条。

截水沟属于基本安全设施，在安全设施竣工验收时，作为一般项进行检查，建议抽查。

截水沟是拦截上部洪水的设施，截水沟的型式一般有干砌块石、浆砌块石及混凝土结构。

在安全设施竣工验收时，可以通过查阅安全设施竣工验收评价报告与现场抽查的方法，检查截水沟的平面布置、宽度、深度、纵坡度、边坡系数及砌护类型和厚度等，是否与批复的安全设施设计或施工图（或变更）一致。

1.7.3.2 排水沟

检查内容：排水沟的宽度、纵坡度、边坡系数及砌护类型。

【条文说明】

本条为十七、排土场第3.2条。

排水沟属于基本安全设施，在安全设施竣工验收时，作为一般项进行检查，建议抽查。

排水沟是主要起排水疏导作用的设施，排水沟的型式一般有干砌块石、浆砌块石及混凝土结构。

在安全设施竣工验收时，可以通过查阅安全设施竣工验收评价报告与现场抽查的方法，检查排洪沟的平面布置、宽度、深度、纵坡度、边坡系数及砌护类型和厚度等是否与批复的安全设施设计或施工图（或变更）一致。

1.7.3.3 排水隧洞

检查内容：排水隧洞的宽度、高度、纵坡度及砌护类型。

【条文说明】

本条为十七、排土场第3.3条。

排水隧洞属于基本安全设施，在安全设施竣工验收时，作为一般项进行检查，建议抽查。

矿山排土场排水隧洞，与截洪沟和排水沟作用一致，是矿山排土场防排水设施的一部分，主要为减少矿山排土场受地表水体侵害的程度。隧洞断面形式有圆形、圆拱直墙式、马蹄形等。

在安全设施竣工验收时，可以通过查阅安全设施竣工验收评价报告与现场抽查的方法，检查排水隧洞的平面布置、底宽、高度、纵坡度、砌护类型等是否与批复的安全设施设计或施工图（或变更）一致。

1.7.3.4 截洪坝

检查内容：截洪坝的坝顶标高、堤顶宽度、边坡系数、填筑及砌护类型。

【条文说明】

本条为十七、排土场第3.4条。

截洪坝属于基本安全设施，在安全设施竣工验收时，作为一般项进行检查，建议抽查。

截洪坝坝型一般分为土坝、石坝、混凝土或钢筋混凝土防洪墙、分区筑填的混合材料坝等。

在安全设施竣工验收时，可以通过查阅安全设施竣工验收评价报告、竣工图纸与现场抽查的方法，检查截洪坝的平面布置、坝顶标高、堤顶宽度、边坡系数及回填物料、表面防护层的厚度，齿墙深度等是否与批复的安全设施设计或施工图（或变更）一致。

1.7.4 排土场安全措施

1.7.4.1 堆石坝等拦挡防护措施

检查内容：排土场滚石、泥石流、滑坡等灾害防治措施的实施情况，包括设计堆石坝等拦挡措施的实施情况，其他相关安全保证措施的落实情况。

【条文说明】

本条为十七、排土场第4.1条。

堆石坝等拦挡防护措施属于基本安全设施，在安全设施竣工验收时，作为一般项进行检查。

规范规定："排土场的上游区域或周边区域应设置截、排洪沟，排土场区宜采取排渗盲沟和泄流基底等控制排土场物料含水量的措施、排土场区应清理地表植被层及软弱地基、沟谷型排土场应设置压坡脚排土方式、排土场滑坡防止措施应设置重力式挡土墙、中立式抗滑挡土墙、抗滑片石垛或抗滑桩等抗滑支挡构筑物、堆置高度大于120 m的沟谷型排土场必须在底部设置挡石坝等"。

在安全设施竣工验收时，可以通过查阅安全设施竣工验收评价报告、竣工验收报告和现场抽查的方法，检查相关灾害防治措施及堆石坝等拦挡防护措施的实施是否与批复的安全设施设计一致。

1.7.4.2 地基处理措施

检查内容：地基处理措施。

【条文说明】

本条为十七、排土场第4.2条。

地基处理属于专用安全设施，在安全设施竣工验收时，作为一般项进行检查。

形成滑坡、坍塌、沉陷、泥石流等危及土场的关键原因主要是软弱地基承载力较低、堆置参数或排土工艺不合理。因此设计中当地基承载力较低时，上部堆载作用下，特别是土场废石荷载超过地基承载力，会发生地基底鼓进而牵引上部土场滑坡，应通过清理软土层或其他主动加固、地基改良等措施处理。

在安全设施竣工验收时，可以通过查阅安全设施竣工验收评价报告、竣工报告和现场检查的方法，检查地基处理措施是否与批复的安全设施设计一致。

1.7.4.3　排土场监测

检查内容：排土场边坡监测设置。

【条文说明】

本条为十七、排土场第4.3条。

排土场监测属于专用安全设施，在安全设施竣工验收时，作为一般项进行检查。

《金属非金属矿山安全规程》(GB 16423) 规定：“矿山企业应建立排土场监测系统，定期进行排土场监测”。排土场沉陷属于排土场变形的主要特征。也是产生排土场滑坡的前兆，对于存在潜在滑动和整体滑动破坏的沉降型应引起高度重视，需要通过监测等手段进行预警。

在安全设施竣工验收时，可以通过查阅安全设施竣工验收评价报告和现场抽查的方法，检查排土场监测系统是否与批复的安全设施设计一致。

1.8　安全管理

1.8.1　规章制度与操作规程

检查内容：矿山企业是否建立健全以法定代表人负责制为核心的各级安全生产责任制，健全完善安全目标管理、矿领导下井带班、安全例会、安全检查、安全教育培训、生产技术管理、机电设备管理、劳动管理、安全费用提取与使用、重大危险源监控、安全生产隐患排查治理、安全技术措施审批、劳动防护用品管理、生产安全事故报告和应急管理、安全生产奖惩、安全生产档案管理等制度，以及各类安全技术规程、操作规程等。

【条文说明】

本条为十八、安全管理第1条。

规章制度与操作规程在安全设施竣工验收时，作为一般项进行检查。

《中华人民共和国安全生产法》及《中华人民共和国矿山安全法》中都有明确规定：矿山企业应建立、健全安全生产责任制和安全管理制度。

在安全设施竣工验收时，主要抽查矿山企业是否建立了以下制度和规程：①安全目标管理制度；②领导下井带班制度；③安全例会制度；④安全检查制度；⑤安全教育培训制度；⑥生产技术及机电设备管理制度；⑦劳动管理制度；⑧安全费用提取与使用制度；⑨重大危险源监控制度；⑩安全生产隐患排查治理制度；⑪安全技术措施审批制度；⑫劳动防护用品管理制度；⑬生产安全事故报告和应急管理制度；⑭安全生产奖惩制度；⑮安全生产档案管理制度；⑯安全技术规程及操作规程。

1.8.2　安全生产档案

1.8.2.1　档案类别

检查内容：安全生产档案是否齐全，主要包括：设计资料、竣工资料以及其他与安全生产有关的文件、资料和记录。

【条文说明】

本条为十八、安全管理第2.1条。

档案类别在安全设施竣工验收时，作为一般项进行检查。

矿山企业安全生产档案的内容包括设计资料、竣工资料、施工资料、监理资料、规章制度与操作规程、应急预案及演练资料、特种设备资料、特种作业人员资料、培训教育资料、安全检查与隐患整改资料、安全会议资料等。

在安全设施竣工验收时，主要抽查矿山企业安全生产档案。

1.8.2.2 图纸资料

检查内容：矿山企业是否具备下列图纸，并根据实际情况的变化及时更新：矿区地形地质和水文地质图，井上、井下对照图，中段平面图，通风系统图，提升运输系统图，风、水管网系统图，充填系统图，井下通信系统图，井上、井下配电系统图和井下电气设备布置图、井下避灾路线图。

【条文说明】

本条为十八、安全管理第2.2条。

图纸资料在安全设施竣工验收时，作为一般项进行检查，建议抽查。

《金属非金属矿山安全规程》(GB 16423) 规定：露天矿山应保存的图纸包括地形地质图、采剥工程年末图、防排水系统及排水设备布置图，地下矿山应保存的图纸包括矿区地形地质和水文地质图，井上、井下对照图，中段平面图，通风系统图，提升运输系统图，风、水管网系统图，充填系统图，井下通信系统图，井上、井下配电系统图和井下电气设备布置图、井下避灾路线图。

在安全设施竣工验收时，主要抽查矿山企业的图纸。

1.8.2.3 教育培训

检查内容：矿山企业是否对职工进行安全生产教育和培训，未经安全生产教育和培训合格的不应上岗作业；新进地下矿山的作业人员，是否进行了不少于72 h的安全教育和考试合格，并由老工人带领工作至少4个月；新进露天矿山的作业人员，是否进行了不少于40 h的安全教育，并经考试合格方可上岗；调换工种的人员，是否进行了新岗位安全操作的培训。

【条文说明】

本条为十八、安全管理第3条。

教育培训在安全设施竣工验收时作为一般项进行检查。

《安全生产法》及《矿山安全法》中都有明确规定，矿山企业必须对职工进行安全教育、培训；未经安全教育、培训的，不得上岗作业。《金属非金属矿山安全规程》(GB 16423) 规定：新进地下矿山的作业人员，是否进行了不少于72 h的安全教育和考试合格，并由老工人带领工作至少4个月；新进露天矿山的作业人员，是否进行了不少于40 h的安全教育，并经考试合格方可上岗。

在安全设施竣工验收时，主要抽查矿山企业的培训资料。

1.8.2.4 安全管理机构及人员资格

1.8.2.4.1 安全管理机构

检查内容：矿山企业是否设置安全生产管理机构或者配备专职安全生产管理人员。

【条文说明】

本条为十八、安全管理第4.1条。

安全管理机构在安全设施竣工验收时，作为否决项进行检查。

《中华人民共和国安全生产法》及《金属非金属矿山安全规程》(GB 16423) 规定：矿山企业应设置安全生产管理机构或配备专职安全生产管理人员。《国务院安委会办公室关于贯彻落实〈国务院关于进一步加强企业安全生产工作的通知〉精神进一步加强非煤矿山安全生产工作的实施意见》(安委办〔2010〕17号) 进一步要求：非煤矿山企业要设立专门安全管理机构，配备专职安全管理人员。

地下矿山专职安全管理人员不少于 3 人，露天矿山不少于 2 人，每班必须确保有专（兼）职安全员在岗。大中型企业要配备安全总监和副总监。

在安全设施竣工验收时，主要查阅矿山企业的安全管理机构设置文件及安全管理人员任职文件。

1.8.2.4.2　特种作业人员

检查内容：特种作业人员是否按照国家有关规定经专门的安全作业培训，取得相应资格。

【条文说明】

本条为十八、安全管理第 4.2 条。

特种作业人员在安全设施竣工验收时，作为一般项进行检查，建议抽查。

《中华人民共和国矿山安全法》规定：矿山企业安全生产的特种作业人员必须接受专门培训，经考核合格取得操作资格证书的，方可上岗作业。《特种作业人员安全技术培训考核管理规定》(国家安全监管总局令第 30 号）规定：矿山企业特种作业人员类别包括：①电工作业（包括高压电工作业、低压电工作业、防爆电气作业）；②焊接与热切割作业；③高处作业；④金属非金属矿山安全作业，包括通风作业、尾矿作业（放矿、筑坝、巡坝、抽洪和排渗设施作业）、安全检查作业、提升机操作作业（包括竖井及盲竖井提升机作业、斜井及盲斜井提升机作业、露天矿山斜坡卷扬提升的提升机作业）、支柱作业、井下电气作业（机电设备安装、调试、巡检、维修和故障处理）、排水作业（排水设备日常使用、维护、巡检）、爆破作业。

在安全设施竣工验收时，主要查阅特种作业人员的资格证书。

1.8.2.5　个体防护

检查内容：矿山企业是否为从业人员提供符合国家标准或者行业标准的劳动防护用品，并监督、教育从业人员按照使用规则佩戴、使用。

【条文说明】

本条为十八、安全管理第 5 条。

个体防护在安全设施竣工验收时，作为一般项进行检查，建议抽查。

《金属非金属矿山安全规程》(GB 16423）规定：矿山企业应为作业人员配备符合国家标准或行业标准要求的劳动防护用品。进入矿山作业场所的人员，应按规定佩戴防护用品。矿山企业劳动防护用品包括安全帽、防尘口罩、防冲击护目镜、自救器、耳塞、耳罩、防寒手套、防振手套、防静电鞋、矿工靴、防水胶鞋、防砸靴、防静电服、安全带等，劳动防护用品的配备应符合《个体防护装备选用规范》(GB/T 11651）的规定。

在安全设施竣工验收时，主要查阅矿山企业劳动防护用品的台账和发放记录，现场抽查从业人员的佩戴、使用情况。

1.8.2.6　安全标志

检查内容：矿山企业的要害岗位、重要设备和设施及危险区域，是否根据其可能出现的事故模式，设置相应的符合《矿山安全标志》(GB 14161）要求的安全警示标志。

【条文说明】

本条为十八、安全管理第 6 条。

安全标志在安全设施竣工验收时，作为一般项进行检查，建议抽查。

《中华人民共和国安全生产法》规定："生产经营单位应当在有较大危险因素的生产经营场所和有关设施、设备上，设置明显的安全警示标志"。矿山企业安全标志包括禁止烟火、禁止酒后下井、禁止明火、禁止扒、登、跳人车、禁止车间乘人、禁止通行、当心冒顶、当心有害气体中毒、当心爆炸、当心触电、必须携带矿灯、必须随身携带自救器、必须系安全带、必须戴防尘口罩、安全出口、爆破警戒线、避水灾线路等，安全标志的设置应符合《矿山安全标志》(GB 14161）的规定。

在安全设施竣工验收时，现场抽查矿山企业设置的安全标志。

1.8.2.7 工伤保险

检查内容：矿山企业是否为从业人员办理工伤保险或安全生产责任保险、雇主责任保险。

【条文说明】

本条为十八、安全管理第7条。

工伤保险在安全设施竣工验收时，作为一般项进行检查。

《安全生产法》规定：生产经营单位必须依法参加工伤保险，为从业人员缴纳保险费。国家鼓励生产经营单位投保安全生产责任保险。

在安全设施竣工验收时，主要查阅矿山企业为从业人员办理工伤保险或安全生产责任险、雇主责任保险的证明材料。

1.8.2.8 应急救援

1.8.2.8.1 应急预案

检查内容：矿山企业是否根据存在风险的种类、事故类型和重大危险源的情况制定综合应急预案和相应的专项应急预案，风险性较大的重点岗位是否制定现场处置方案；应急预案是否经过评审，并向当地县级以上安全生产监督管理部门备案。

【条文说明】

本条为十八、安全管理第8.1条。

应急预案在安全设施竣工验收时，作为一般项进行检查，建议抽查。

《生产安全事故应急预案管理办法》(国家安全监管总局令第88号）规定：生产经营单位风险种类多、可能发生多种类型事故的，应当组织编制综合应急预案。对于某一种或者多种类型的事故风险，生产经营单位可以编制相应的专项应急预案，或将专项应急预案并入综合应急预案。对于危险性较大的场所、装置或者设施，生产经营单位应当编制现场处置方案。矿山企业应当对本单位编制的应急预案进行评审，并形成书面评审纪要。生产经营单位的应急预案经评审或者论证后，由本单位主要负责人签署公布，并及时发放到本单位有关部门、岗位和相关应急救援队伍。生产经营单位应当在应急预案公布之日起20个工作日内，按照分级属地原则，向安全生产监督管理部门和有关部门进行告知性备案。

在安全设施竣工验收时，主要查阅矿山企业应急预案及评审备案资料。

1.8.2.8.2 应急组织与设施

检查内容：矿山企业是否建立由专职或兼职人员组成的事故应急救援组织，配备必要的应急救援器材和设备；生产规模较小不必建立事故应急救援组织的，是否指定兼职的应急救援人员，并与临近的事故救援组织签订救援协议。

【条文说明】

本条为十八、安全管理第8.2条。

应急组织与设施在安全设施竣工验收时，作为一般项进行检查。

《中华人民共和国安全生产法》规定：矿山企业应当建立应急救援组织。生产经营规模较小的，可以不建立应急救援组织，但应当指定兼职的应急救援人员。《中华人民共和国矿山安全法》规定：矿山企业应当建立由专职或者兼职人员组成的救护和医疗急救组织，配备必要的装备、器材和药物。《企业安全生产应急管理九条规定》(国家安全监管总局令第74号）规定：必须建立专（兼）职应急救援队伍或与邻近专职救援队签订救援协议，配备必要的应急装备、物资，危险作业必须有专人监护。

在安全设施竣工验收时，主要查阅矿山企业专职或兼职应急救援人员名单、应急救援器材设备清单或救援协议。

1.8.2.8.3　应急演练

检查内容：矿山企业是否制定应急预案演练计划。

【条文说明】

本条为十八、安全管理第8.3条。

应急演练在安全设施竣工验收时，作为一般项进行检查。

《生产安全事故应急预案管理办法》（国家安全监管总局令第88号）规定：生产经营单位应当制定本单位的应急预案演练计划，根据本单位的事故预防重点，每年至少组织一次综合应急预案演练或者专项应急预案演练，每半年至少组织一次现场处置方案演练。

在安全设施竣工验收时，主要查阅矿山企业应急预案演练计划及演练记录。

2 金属非金属露天矿山建设项目安全设施竣工验收

（1）本验收表依据《金属非金属矿山建设项目安全设施目录（试行）》（国家安全生产监督管理总局令第75号）及《金属非金属矿山建设项目安全设施设计编写提纲》（安监总管一〔2015〕68号）编制，用于金属非金属地下矿山建设项目竣工投入生产前，矿山企业组织验收组对建设项目安全设施进行竣工验收。

（2）检查类别中，“■”表示该项为否决项，“△”表示为一般项。

（3）验收中以安全监管部门审查批复的安全设施设计（含设计变更，下同）为检查的对照标准，安全设施设计中未涉及的内容，以国家有关安全生产的法律法规、标准和规范性文件为检查的对照标准。

（4）检查方法分为查阅有关资料、现场检查、现场抽查三种。有关资料主要是指安全设施验收评价报告以及检测检验报告、施工总结报告、竣工图、监理总结报告、隐蔽工程施工期间的影像资料等。要求进行现场抽查的项目，应按不低于10%的比例进行现场检查。

（5）检查结果分为“合格”和“不合格”两种。否决项必须全部合格，否则不予通过验收。

（6）本验收表为通用性竣工验收表，实际过程中可根据建设项目特点进行增加与删减。

【条文说明】

安全设施竣工验收结论主要是指金属非金属矿山企业组织对本企业的金属非金属矿山建设项目安全设施竣工验收过程中专家组提出的验收结论。一般按照《金属非金属矿山建设项目安全设施竣工验收表》的内容可分为条文验收结论、子项验收结论和总体验收结论。条文为否决项，说明该项检查内容为必检项目，需要进行现场检查，验收结论为不合格的，其子项验收结论也应判定为不合格（其他合格项整改时可不进行调整），总体验收结论也应视为不合格。

上述情况之外，对于子项验收结论，专家组应认真填写，对于一般项不合格时应提出整改要求和建议。需要变更时，同时应明确是属于重大设计变更还是属于一般设计变更内容。

通知中规定了一般项的现场检查比例，实际检查过程中，专家组可根据实际情况进行检查，未检查的安全设施，不必填写检查结论，只需注明本项未检查或未涉及。

2.1 程序的符合性

2.1.1 “三同时”情况

2.1.1.1 安全设施设计

检查内容：安全设施设计是否经过相应的安全监管部门审批；存在重大变更的，是否经原审查部门审查同意。

【条文说明】

本条为一、程序符合性第1.1条。

安全设施设计在安全设施竣工验收时，作为否决项进行检查。

安全设施设计是安全设施竣工验收的主要依据之一。《建设项目安全设施“三同时”监督管理办法》（国家安全生产监督管理总局令第36号）规定：建设项目安全设施设计完成后，生产经营单位应当向安全生产监督管理部门提出审查申请，已经批准的建设项目及其安全设施设计发生重大变更的，生产经营单位应当报原批准部门审查同意，未经审查同意的，不得开工建设。

“国家安全监管总局关于印发金属非金属矿山建设项目安全设施设计重大变更范围的通知（安监总管一〔2016〕18 号）”规定，建设单位在建设期间对已经批准的金属非金属矿山建设项目安全设施设计做出变更，且列入《金属非金属矿山建设项目安全设施设计重大变更范围》的，应当编写金属非金属矿山建设项目安全设施重大变更设计，并报原批准部门审查同意。未经审查同意的，不得开工建设。重大设计变更应由原设计单位进行编制。

在安全设施竣工验收时，主要查阅安全设施设计的批复文件或重大变更设计批复文件。

2.1.1.2　项目完工情况

检查内容：建设项目竣工验收前，是否按照批准的安全设施设计内容完成全部的安全设施，单项工程验收合格，具备安全生产条件，并提交自查报告。

【条文说明】

本条为一、程序符合性第 1.2 条。

项目完工情况在安全设施竣工验收时，作为否决项进行检查。

《建设项目安全设施“三同时”监督管理办法》(国家安全生产监督管理总局令第 36 号）规定：施工单位应当严格按照安全设施设计和相关施工技术标准、规范施工，并对安全设施的工程质量负责。根据规定建设项目需要试运行（包括生产、使用，下同）的，应当在正式投入生产或者使用前进行试运行。

在安全设施竣工验收时，主要查阅单项工程验收资料和自查报告［安全设施需要试运行（生产、使用）的］。

2.1.1.3　安全设施验收评价

检查内容：是否由具有资质的安全评价机构进行安全设施验收评价，且评价结论为具备安全验收条件。

【条文说明】

本条为一、程序符合性第 1.3 条。

安全设施验收评价在安全设施竣工验收时，作为否决项进行检查。

《建设项目安全设施“三同时”监督管理办法》(国家安全生产监督管理总局令第 36 号）规定：建设项目安全设施竣工或者试运行完成后，生产经营单位应当委托具有相应资质的安全评价机构对安全设施进行验收评价，并编制建设项目安全验收评价报告。

安全评价机构应符合《安全评价机构管理规定》(国家安全生产监督管理总局令第 22 号）的要求。安全验收评价报告应当符合国家标准或者行业标准的规定。

在安全设施竣工验收时，主要查阅安全验收评价机构资质情况及报批的安全验收评价报告。

2.1.2　相关单位资质

2.1.2.1　施工单位

检查内容：安全设施是否由具有相应资质的施工单位施工。

【条文说明】

本条为一、程序符合性第 2.1 条。

施工单位在安全设施竣工验收时，作为否决项进行检查。

《建设项目安全设施“三同时”监督管理办法》(国家安全生产监督管理总局令第 36 号）规定：建设项目安全设施的施工应当由取得相应资质的施工单位进行，并与建设项目主体工程同时施工。施工单位应当严格按照安全设施设计和相关施工技术标准、规范施工，并对安全设施的工程质量负责。

在安全设施竣工验收时，主要查阅施工单位的资质证书。

2.1.2.2　监理单位

检查内容:施工过程是否由具有相应资质的监理单位进行监理。(本条为一、程序符合性第2.2条)

【条文说明】

本条为一、程序符合性第2.2条。

监理单位在安全设施竣工验收时,作为一般项进行检查。

《建设工程质量管理条例》(国务院令第279号)规定:实行监理的建设工程,建设单位应当委托具有相应资质等级的工程监理单位进行监理。《工程监理企业资质管理规定》(建设部令第158号)对专业工程类别和等级要求有明确规定。

在安全设施竣工验收时,主要查阅监理单位的资质证书。

2.2　露天采场与矿山开拓运输

2.2.1　露天采场

2.2.1.1　安全平台、清扫平台、运输平台的宽度、台阶高度、台阶坡面角

检查内容:安全平台、清扫平台和运输平台的宽度,以及台阶高度、台阶坡面角大小。

【条文说明】

本条为二、露天采场第1条。

露天采场的台阶参数和坡面角属于基本安全设施,在安全设施竣工验收时,作为一般项进行检查。

露天采场的边坡稳定是矿山的重中之重,露天采场的台阶参数和坡面角是保证露天采场的稳定性的重要因素。露天采场的台阶参数和坡面角在安全设施设计中会进行表述,但露天采场终了境界是矿山生产过程中逐渐形成的,在安全设施竣工验收时,矿山只处于试生产阶段,因此露天采场可能只是剥离揭露几个台阶,而有的参数在此时无法体现。

在安全设施竣工验收时,可以通过查阅安全设施竣工验收评价报告和露天采场现状图的方法,检查已揭露部分的露天采场的台阶参数和坡面角是否与批复的安全设施设计一致。

2.2.1.2　安全加固及防护

2.2.1.2.1　露天采场边坡、道路边坡、破碎站和工业场地边坡的安全加固及防护措施

检查内容:边坡的安全加固及防护措施。

【条文说明】

本条为二、露天采场第2.1条。

边坡的安全加固及防护措施属于基本安全设施,在安全设施竣工验收时,作为一般项进行检查。

对不良工程地质条件及不良水文地质条件部位采场边坡、道路边坡及工业场地边坡采用安全加固及防护措施。露天采场的边坡的安全加固及防护措施在安全设施设计中会进行表述,但露天采场终了境界是矿山生产过程中逐渐形成的,在安全设施竣工验收时,矿山只处于试生产阶段,因此露天采场可能只是剥离揭露几个台阶,而该区域有可能涉及边坡的安全加固及防护措施,也可能不涉及边坡的安全加固及防护措施。

在安全设施竣工验收时,可以通过查阅安全设施竣工验收评价报告和露天采场现状图的方法,检查已揭露部分的露天采场的边坡的安全加固及防护措施是否与批复的安全设施设计一致。如不涉及,可不检查。

2.2.1.2.2　水溶开采时,有害有毒气体积聚处采取的措施

检查内容:采取的措施。

【条文说明】

本条为二、露天采场第 2.2 条。

水溶开采时，有害有毒气体积聚处采取的措施属于专用安全设施，在安全设施竣工验收时，作为一般项进行检查。

在有毒有害气体聚集的地点（井口、卤池、取样阀等）作业时，应采取防毒措施，并有专人监护。

在安全设施竣工验收时，可以通过查阅安全设施竣工验收评价报告的方法，检查有害有毒气体积聚处采取的措施是否与批复的安全设施设计一致。

2.2.1.2.3　水力开采运矿沟槽上的盖板或金属网

检查内容：盖板或金属网设置。

【条文说明】

本条为二、露天采场第 2.3 条。

水力开采运矿沟槽上的盖板或金属网属于专用安全设施，在安全设施竣工验收时，作为一般项进行检查，建议抽查。

水力开采上面有行人的运矿沟槽，沟槽上应设盖板或金属网。深度超过 2 m 的沟槽，应设明显标志，并禁止人员靠近。

在安全设施竣工验收时，可以通过查阅安全设施竣工验收评价报告的方法，检查水力开采运矿沟槽上的盖板或金属网设置位置、形式是否与批复的安全设施设计一致。

2.2.1.2.4　挖掘船上的救护设备

检查内容：救护设备的配置。

【条文说明】

本条为二、露天采场第 2.4 条。

挖掘船上的救护设备属于专用安全设施，在安全设施竣工验收时，作为一般项进行检查。

挖掘船开采的矿山挖掘船上应设置水位警报、照明、信号、通信和救护设备，船体四周应用缆绳固定，防止飘浮摇摆，碰撞采场边坡面产生滑坡事故。

在安全设施竣工验收时，可以通过查阅安全设施竣工验收评价报告的方法，检查挖掘船上的救护设备配置是否与批复的安全设施设计一致。

2.2.1.2.5　挖掘船开采时，作业人员的救生器材

检查内容：救生器材的配置。

【条文说明】

本条为二、露天采场第 2.5 条。

救生器材属于专用安全设施，在安全设施竣工验收时，作为一般项进行检查，建议抽查。

挖掘船开采时，进入采场的作业人员，应穿戴救生器材。

在安全设施竣工验收时，可以通过查阅安全设施竣工验收评价报告的方法，检查挖掘船上的作业人员的救生器材配置是否与批复的安全设施设计一致。

2.2.1.3　露天矿边界管理

2.2.1.3.1　设计规定保留的矿（岩）体或矿段

检查内容：保留范围与实际开采范围对比。

【条文说明】

本条为二、露天采场第 3.1 条。

设计规定保留的矿（岩）体或矿段属于基本安全设施，在安全设施竣工验收时，作为一般项进行检查。

有的矿山由于矿界限制或地表有需要保护的建构筑物等原因，保留的矿（岩）体或矿段。

露天采场边界需保留的矿（岩）体在安全设施设计中会进行表述，但露天采场终了境界是矿山生产过程中逐渐形成的，在安全设施竣工验收时，矿山只处于试生产阶段，因此露天采场可能只是剥离揭露几个台阶，剥离区域有可能涉及保留的矿（岩）体，也有可能不涉及保留的矿（岩）体。

在安全设施竣工验收时，可以通过查阅安全设施竣工验收评价报告和露天采场现状图的方法，检查已揭露部分保留的矿（岩）体是否与批复的安全设施设计一致。

2.2.1.3.2 露天采场所设的边界安全护栏

检查内容：采场边界安全护栏设置。

【条文说明】

本条为二、露天采场第3.2条。

露天采场边界安全护栏属于专用安全设施，在安全设施竣工验收时，作为一般项进行检查。

露天采场的边界应设置安全护栏或警示标志，防止人员、牲畜等坠落。

在安全设施竣工验收时，可以通过查阅安全设施竣工验收评价报告的方法，检查采场边界安全护栏或警示标志设置是否与批复的安全设施设计一致。

2.2.1.4 废弃巷道、采空区和溶洞

2.2.1.4.1 矿山已有废弃巷道、采空区和溶洞充填、封堵或隔离措施

检查内容：充填、封堵或隔离措施。

【条文说明】

本条为二、露天采场第4.1条。

矿山已有废弃巷道、采空区和溶洞充填、封堵或隔离措施属于专用安全设施，在安全设施竣工验收时，作为一般项进行检查，建议抽查。

开采境界内的废弃巷道、采空区和溶洞，应及时标在矿山平面图上，现场设置明显警示标志，并至少提前一个台阶进行处理。

在安全设施竣工验收时，可以通过查阅露天采场现状图的方法，检查是否将开采境界内的废弃巷道、采空区和溶洞平面坐标及标高在矿山竣工或现状平面图上加以标注，对准备进行处理的废弃巷道、采空区和溶洞，检查是否设置明显的警示标志。通过查阅安全设施竣工验收评价报告的方法，检查已经采取处理措施的区域，采取的处理措施是否与批复的安全设施设计一致。

2.2.1.4.2 地下开采转为露天开采时，地下巷道和采空区充填、封堵或隔离措施

检查内容：充填、封堵或隔离措施。

【条文说明】

本条为二、露天采场第4.2条。

地下巷道和采空区充填、封堵或隔离措施属于专用安全设施，在安全设施竣工验收时，作为一般项进行检查，建议抽查。

地下开采转为露天开采时，地下巷道和采空区应及时标在矿山平面图上，现场设置明显警示标志，并至少提前一个台阶进行处理。

在安全设施竣工验收时，可以通过查阅露天采场现状图的方法，检查是否将开采境界内的地下巷道和采空区平面坐标及标高在矿山竣工或现状平面图上加以标注。对准备进行处理的地下巷道和采空区，检查是否设置明显的警示标志。通过查阅安全设施竣工验收评价报告的方法，检查已经采取处理措施的区域，采取的处理措施是否与批复的安全设施设计一致。

2.2.1.5 采场边坡监测

检查内容：边坡监测设施。

【条文说明】

本条为二、露天采场第5条。

边坡监测设施属于专用安全设施，在安全设施竣工验收时，作为一般项进行检查。

矿山应根据最终边坡的稳定类型、分区特点确定各区监测级别。对边坡应进行定点定期观测，包括坡体表面和内部位移观测、地下水位动态观测、爆破震动观测等。对存在不稳定因素的最终边坡应长期监测，发现问题及时处理。

采场边坡监测在安全设施设计中会表述，但边坡监测一般在露天采场边坡达到一定高度后（设计中会给出）才需进行，在安全设施竣工验收时，矿山只处于试生产阶段，因此露天采场可能只是剥离揭露几个台阶，有可能需要设置边坡监测设施，也有可能不需要设置。

在安全设施竣工验收时，可以通过查阅露天采场现状图的方法，检查是否需要设置边坡监测设施。通过查阅安全设施竣工验收评价报告的方法，检查设置的边坡监测设施是否与批复的安全设施设计一致。

2.2.2　矿山开拓运输

2.2.2.1　公路运输

2.2.2.1.1　道路参数

检查内容：运输道路等级、道路参数（包括宽度、坡度、最小转弯半径、缓坡段等）。

【条文说明】

本条为三、矿山开拓运输第1.1条。

道路参数在安全设施竣工验收时，作为一般项进行检查。

矿山运输道路的参数应与采用的运输设备相适应，双车道的路面宽度，应保证会车安全。陡长坡道的尽端弯道，不宜采用最小平曲线半径。弯道处的会车视距若不能满足要求，则应分设车道。

在安全设施竣工验收时，可以通过查阅安全设施竣工验收评价报告的方法，检查运输道路等级、道路参数（包括宽度、坡度、最小转弯半径、缓坡段等）是否与批复的安全设施设计一致。

2.2.2.1.2　警示标志

检查内容：道路的急弯、陡坡、危险地段的警示标志的设置。

【条文说明】

本条为三、矿山开拓运输第1.2条。

道路的急弯、陡坡、危险地段的警示标志属于专用安全设施，在安全设施竣工验收时，作为一般项进行检查。

采用公路运输时，运输道路的急弯、陡坡、危险地段应有警示标志。

在安全设施竣工验收时，可以通过查阅安全设施竣工验收评价报告的方法，检查急弯、陡坡、危险地段的警示标志的设置位置和形式是否与批复的安全设施设计一致。

2.2.2.1.3　护栏及挡车墙（堆）

检查内容：山坡填方的弯道、坡度较大的填方地段以及高堤路基路段，外侧护栏、挡车墙（堆）等的设置。

【条文说明】

本条为三、矿山开拓运输第1.3条。

护栏及挡车墙（堆）属于专用安全设施，在安全设施竣工验收时，作为一般项进行检查。

采用公路运输时，山坡填方的弯道、坡度较大的填方地段以及高堤路基路段，外侧应设置护栏、挡车墙（堆）等。

在安全设施竣工验收时，可以通过查阅安全设施竣工验收评价报告的方法，检查护栏、挡车墙（堆）的设置位置、形式、结构是否与批复的安全设施设计一致。

2.2.2.1.4 避让道

检查内容：主要运输道路及联络道的长大坡道，汽车避让道的设置。

【条文说明】

本条为三、矿山开拓运输第1.4条。

汽车避让道属于专用安全设施，在安全设施竣工验收时，作为一般项进行检查。

对主要运输道路及联络道的长大坡道，应根据运行安全需要，设置汽车避让道。

在安全设施竣工验收时，可以通过查阅安全设施竣工验收评价报告的方法，检查避让道的设置位置、参数（包括宽度、坡度等）是否与批复的安全设施设计一致。

2.2.2.1.5 紧急避险道

检查内容：连续长陡下坡路段，危及运行安全处紧急避险车道的设置。

【条文说明】

本条为三、矿山开拓运输第1.5条。

紧急避险车道属于专用安全设施，在安全设施竣工验收时，作为一般项进行检查，建议抽查。

由于受地形限制，有的道路设置连续长陡下坡路段，汽车在陡坡下坡时，速度越来越快，因此应在长陡下坡路段的右侧山坡上设置紧急避险车道。

在安全设施竣工验收时，可以通过查阅安全设施竣工验收评价报告的方法，检查紧急避险车道的设置位置、参数（包括宽度、坡度等）是否与批复的安全设施设计一致。

2.2.2.1.6 卸载点安全挡车设施

检查内容：卸矿平台（包括溜井口、栈桥卸矿口等处）的调车宽度、卸矿地点挡车设施的设置及其高度。

【条文说明】

本条为三、矿山开拓运输第1.6条。

卸载点安全挡车设施属于专用安全设施，在安全设施竣工验收时，作为一般项进行检查。

卸矿平台（包括溜井口、栈桥卸矿口等处）应有足够的调车宽度。卸矿地点应设置牢固可靠的挡车设施，并设专人指挥。挡车设施的高度应不小于该卸矿点各种运输车辆最大轮胎直径的2/5。

在安全设施竣工验收时，可以通过查阅安全设施竣工验收评价报告的方法，检查卸矿平台（包括溜井口、栈桥卸矿口等处）的调车宽度、卸矿地点挡车设施的设置位置、形式、结构及其高度是否与批复的安全设施设计一致。

2.2.2.1.7 照明系统

检查内容：夜间运输的生产道路照明系统。

【条文说明】

本条为三、矿山开拓运输第1.7条。

夜间运输的生产道路照明系统属于基本安全设施，在安全设施竣工验收时，作为一般项进行检查，建议抽查。

夜间运输机道、装卸车地点，汽车运输的装卸车处、人工装卸车地点的排土场卸车线、调车站、会让站，应有良好照明。

在安全设施竣工验收时，可以通过查阅安全设施竣工验收评价报告的方法，检查照明系统的设置位置、电压等级、导线型号规格、照度等是否与批复的安全设施设计一致。

2.2.2.2 铁路运输

2.2.2.2.1 铁路运输线路的技术参数

检查内容：铁路运输线路的技术参数。

【条文说明】

本条为三、矿山开拓运输第 2. 1 条。

铁路运输线路的技术参数在安全设施竣工验收时，作为一般项进行检查。

矿山铁路运输线路的参数应与采用的运输设备相适应。准轨铁路应根据机车、车辆类型确定曲线半径，窄轨铁路应根据机车、车辆的固定轴距确定曲线半径。当采用陡坡铁路时线路平面的圆曲线半径应不小于 250 m。

在安全设施竣工验收时，可以通过查阅安全设施竣工验收评价报告的方法，检查运输道路等级、道路参数（包括宽度、坡度、最小转弯半径）等是否与批复的安全设施设计一致。

2. 2. 2. 2. 2 安全线，避让线，制动检查所

检查内容：铁路的安全线，避让线，制动检查所；用于甩挂、停放制动失灵车辆所需的站线。

【条文说明】

本条为三、矿山开拓运输第 2. 2 条。

安全线，避让线，制动检查所属于基本安全设施，在安全设施竣工验收时，作为一般项进行检查。

矿山铁路，应按规定设置避让线和安全线；在适当地点设置制动检查所，对列车进行检查试验；设置甩挂、停放制动失灵车辆所需的站线和设备应安全可靠。

在安全设施竣工验收时，可以通过查阅安全设施竣工验收评价报告的方法，检查安全线，避让线，制动检查所的设置位置、形式、结构是否与批复的安全设施设计一致。

2. 2. 2. 2. 3 道口护栏、警示报警

检查内容：有人看守道口看守房以及栏杆、通信、自动道口信号装置等安全预警设备，无人看守道口警示报警设施，自动信号和道口监护设施的设置。

【条文说明】

本条为三、矿山开拓运输第 2. 3 条。

道口护栏、警示报警设施属于专用安全设施，在安全设施竣工验收时，作为一般项进行检查，建议抽查。

人流和车流的密度较大的铁路与道路的交叉口，应立体交叉。平交道口应设在瞭望条件良好、满足规定的机车与汽车司机通视距离的线路上，站内不宜设平交道口。瞭望条件较差或人（车）流密度较大的平交道口，应设自动道口信号装置或设专人看守。

在安全设施竣工验收时，可以通过查阅安全设施竣工验收评价报告的方法，检查自动道口信号装置或看守房、栏杆等装置的设置位置、形式是否与批复的安全设施设计一致。

2. 2. 2. 2. 4 安全栅网、防护网

检查内容：电气化铁路道口处铁路两侧设置限界架，大桥及跨线桥跨越铁路电网的相应部位的安全栅网，跨线桥两侧防止矿车落石的防护网的设置。

【条文说明】

本条为三、矿山开拓运输第 2. 4 条。

安全栅网、防护网属于专用安全设施，在安全设施竣工验收时，作为一般项进行检查。

电气化铁路，应在道口处铁路两侧设置限界架；在大桥及跨线桥跨越铁路电网的相应部位，应设安全栅网；跨线桥两侧，应设防止矿车落石的防护网。

在安全设施竣工验收时，可以通过查阅安全设施竣工验收评价报告的方法，检查限界架、安全栅网及防护网的设置位置、形式是否与批复的安全设施设计一致。

2. 2. 2. 2. 5 线路护轮轨

检查内容：铁路线路护轮轨的设置。

【条文说明】

本条为三、矿山开拓运输第2.5条。

铁路线路护轮轨属于基本安全设施，在安全设施竣工验收时，作为一般项进行检查。

全长大于10 m或桥高大于6 m的桥梁（包括立交桥）和路堤道口铺砌的范围内、线路中心到跨线桥墩台的距离小于3 m的桥下线应设置双侧护轮轨。线路采用最小曲线半径时，应在曲线内侧设单侧护轮轨。圆曲线或夹直线最小长度小于30 m时设置护轮轨。

在安全设施竣工验收时，可以通过查阅安全设施竣工验收评价报告的方法，检查铁路线路护轮轨的设置位置、形式是否与批复的安全设施设计一致。

2.2.2.2.6 防溜设施

检查内容：站线坡度大于2.5‰（滚动轴承车辆大于1.5‰，窄轨大于3‰）的坡道上进行甩车作业时的防溜设施。

【条文说明】

本条为三、矿山开拓运输第2.6条。

防溜设施属于基本安全设施，在安全设施竣工验收时，作为一般项进行检查。

采取溜放方式调车时，应有相应的安全制动措施。在运行区间内不准甩车。在站线坡度大于2.5‰（滚动轴承车辆大于1.5‰，窄轨大于3‰）的坡道上进行甩车作业时，应采取防溜措施。

在安全设施竣工验收时，可以通过查阅安全设施竣工验收评价报告的方法，检查防溜设施的设置位置、形式是否与批复的安全设施设计一致。

2.2.2.2.7 减速器、阻车器

检查内容：沿线减速器或阻车器的设置。

【条文说明】

本条为三、矿山开拓运输第2.7条。

减速器、阻车器属于基本安全设施，在安全设施竣工验收时，作为一般项进行检查。

窄轨自溜运输，车辆的滑行速度应不超过3 m/s。滑行速度1.5 m/s以下时，车辆间距应不小于20 m；滑行速度超过1.5 m/s时，车辆间距应不小于30 m。自溜运输，沿线应按需要设减速器或阻车器等安全装置。

在安全设施竣工验收时，可以通过查阅安全设施竣工验收评价报告的方法，检查减速器或阻车器的设置位置、形式是否与批复的安全设施设计一致。

2.2.2.2.8 车挡与警示标志

检查内容：铁路尽头线的终端车挡与警示标志。

【条文说明】

本条为三、矿山开拓运输第2.8条。

安全车挡与警示标志属于专用安全设施，在安全设施竣工验收时，作为一般项进行检查，建议抽查。

铁路线尽头应设安全车挡与警示标志。

在安全设施竣工验收时，可以通过查阅安全设施竣工验收评价报告的方法，检查安全车挡与警示标志的设置位置、形式是否与批复的安全设施设计一致。

2.2.2.2.9 防爬设施

检查内容：陡坡铁路运输时的线路防爬设施（含防爬器、抗滑桩等）的设置。

【条文说明】

本条为三、矿山开拓运输第2.9条。

防爬设施属于专用安全设施，在安全设施竣工验收时，作为一般项进行检查。

采用陡坡铁路时，线路应采用 25 m 标准长度钢轨，钢轨接头采用对接；每 25 m 应铺设 2 组防爬桩，应双向安装 8 对防爬器，应安装 14 对轨撑。

在安全设施竣工验收时，可以通过查阅安全设施竣工验收评价报告的方法，检查防爬设施的设置位置、数量、形式是否与批复的安全设施设计一致。

2.2.2.2.10　曲线轨道加固措施

检查内容：曲线地段的轨距杆或轨撑。

【条文说明】

本条为三、矿山开拓运输第 2.10 条。

曲线轨道加固措施属于专用安全设施，在安全设施竣工验收时，作为一般项进行检查。

为防止钢轨在动荷载作用下的外倾或轨距扩大，在曲线地段设置一定数量的轨撑或轨距拉杆。

在安全设施竣工验收时，可以通过查阅安全设施竣工验收评价报告的方法，检查轨距杆或轨撑的设置位置、数量、形式是否与批复的安全设施设计一致。

2.2.2.3　平硐溜井运输

2.2.2.3.1　卸矿安全挡车设施、安全护栏

检查内容：溜井的卸矿口挡墙、标志、照明和安全护栏的设置。

【条文说明】

本条为三、矿山开拓运输第 3.1 条。

溜井的卸矿口挡墙、标志、照明和安全护栏属于专用安全设施，在安全设施竣工验收时，作为一般项进行检查。

有的矿山井下采用自卸车运输至卸矿点，倒入溜井，为防止自卸车坠落，在卸矿点要设置挡车措施。为防止人员坠落在溜井周边设置标志、安全护栏。卸矿点应有良好照明。

在安全设施竣工验收时，可以通过查阅安全设施竣工验收评价报告的方法，检查卸矿点挡车设施、标志、照明和安全护栏的设置位置、形式、结构及照明系统是否与批复的安全设施设计一致。

2.2.2.3.2　人行道

检查内容：运输平硐内人行道宽度、高度。

【条文说明】

本条为三、矿山开拓运输第 3.2 条。

运输平硐内人行道属于基本安全设施，在安全设施竣工验收时，作为一般项进行检查。

运输平硐内应留有人行道。进入平硐的人员，应在人行道上行走。带式输送机两侧应设人行道。

运输平硐内人行道的设置形式、宽度、高度在安全设施设计中会进行表述，但安全设施设计中一般是根据设计过程中初步选型的设备尺寸确定巷道尺寸，在施工图设计阶段会根据矿山采购设备尺寸重新进行设计，确定巷道尺寸，因此人行道的宽度、高度有可能会发生修改。

在安全设施竣工验收时，可以通过查阅安全设施竣工验收评价报告或竣工图纸的方法，检查人行道的设置形式、宽度、高度是否与批复的安全设施设计或施工图设计（或变更）一致。

2.2.2.3.3　照明设施和联络信号

检查内容：平硐内照明设施和联络信号设置。

【条文说明】

本条为三、矿山开拓运输第 3.3 条。

平硐内照明设施和联络信号属于基本安全设施，在安全设施竣工验收时，作为一般项进行检查，建议抽查。

溜槽、平硐溜井运输平硐内应有良好的照明设施和联络信号。

在安全设施竣工验收时，可以通过查阅安全设施竣工验收评价报告的方法，检查平硐内照明系统

设置，包括变电所至照明变压器供电线路的专用性，即不和动力线共用进行核查；检查联络信号系统设置，如信号灯设置、主机备用情况及系统功能、车辆读卡器及识别卡等是否与批复的安全设施设计一致。

2.2.2.3.4 安全通道

检查内容：放矿系统的操作室的安全通道。

【条文说明】

本条为三、矿山开拓运输第3.4条。

放矿系统的操作室的安全通道属于专用安全设施，在安全设施竣工验收时，作为一般项进行检查。

放矿系统采用就地操作的操作硐室应设置安全通道。

在安全设施竣工验收时，可以通过查阅安全设施竣工验收评价报告的方法，检查安全通道的设置位置、形式是否与批复的安全设施设计一致。

2.2.2.4 带式输送机运输

2.2.2.4.1 胶带输送机系统的各种闭锁和保护装置

检查内容：装料点和卸料点的空仓、满仓等保护装置，声光报警信号装置及带式输送机联锁装置，带式输送机防止胶带撕裂、防止断带、防止跑偏、防止过速、防止过载、防止打滑、防止大块冲击等保护装置，带式输送机的制动装置、胶带清扫装置、线路上的信号、电气联锁和停车装置；烟雾报警装置、软启动装置以及上行的带式输送机的防逆转装置。

【条文说明】

本条为三、带式输送机运输第4.1条。

带式输送机系统的各种闭锁和机械、电气保护装置属于基本安全设施，是矿山带式输送机系统安全生产的基本保证，在安全设施竣工验收时，作为一般项进行检查，建议抽查。

在安全设施竣工验收时，可以通过查阅安全设施竣工验收评价报告的方法，检查各种闭锁和机械、电气保护装置是否与批复的安全设施设计一致，检查装料和卸料点是否设有空仓、满仓等保护装置，是否带有声光报警信号并与输送机联锁。是否设有防胶带撕裂、断带、跑偏等保护装置，并有可靠的制动、胶带清扫以及防止过速、过载、打滑、大块冲击等保护装置，线路上是否有信号、电气联锁和停车装置，上行的带式输送机是否设有防逆转装置。各种闭锁和机械、电气保护装置是否与批复的安全设施设计一致。查阅竣工图纸和带式输送机相关资料，检查设备参数、布置、安全装置、检修道的设置是否与批复的安全设施设计一致。

2.2.2.4.2 胶带输送机系统的电气保护装置

检查内容：带式输送机驱动系统供配电主回路的断路、短路、漏电、欠压、过流、缺相、接地等保护装置。

【条文说明】

本条为三、带式输送机运输第4.2条。

带式输送机驱动系统供配电主回路的断路、短路、漏电、欠压、过流、缺相、接地等保护装置属于专用安全设施，在安全设施竣工验收时，作为一般项进行检查，建议抽查。

在安全设施竣工验收时，可以通过查阅相关资料、安全设施竣工验收报告的方法，检查带式输送机驱动系统供配电主回路的保护装置（断路器、软启动器、变频器等）的设置情况，是否与批复的安全设施设计一致。

2.2.2.4.3 设备的安全护罩

检查内容：设备的安全护罩。

【条文说明】

本条为三、带式输送机运输第4.3条。

设备的安全护罩属于专用安全设施，在安全设施竣工验收时，作为一般项进行检查。

机械设备的传动部分或转动部分应加装安全护罩，保障安全生产。

在安全设施竣工验收时，可以通过查阅安全设施竣工验收评价报告的方法，检查设备安全护罩的设置是否与批复的安全设施设计一致。

2.2.2.4.4　安全护栏

检查内容：平台、检修吊装孔等的安全护栏。

【条文说明】

本条为三、带式输送机运输第4.4条。

安全护栏属于专用安全设施，在安全设施竣工验收时，作为一般项进行检查。

安全护栏可以起到限制工作人员活动范围，防止无关人员误入危险区域的作用。

在安全设施竣工验收时，可以通过查阅安全设施竣工验收评价报告的方法，检查安全护栏的设置是否与批复的安全设施设计一致。

2.2.2.4.5　梯子、扶手

检查内容：梯子、扶手。

【条文说明】

本条为三、带式输送机运输第4.5条。

梯子、扶手属于专用安全设施，在安全设施竣工验收时，作为一般项进行检查。

在安全设施竣工验收时，可以通过查阅安全设施竣工验收评价报告的方法，检查梯子、扶手的设置是否与批复的安全设施设计一致。

2.2.2.5　架空索道运输

2.2.2.5.1　架空索道的承载钢丝绳和牵引钢丝绳

检查内容：承载钢丝绳和牵引钢丝绳的型号、规格、数量及连接装置是否与批复的安全设施设计一致；钢丝绳的拉断、弯曲和扭转试验，钢丝绳定期检查、更换是否符合国家有关规定。

【条文说明】

本条为三、架空索道运输第5.1条。

架空索道的承载钢丝绳和牵引钢丝绳属于基本安全设施，在安全设施竣工验收时，作为一般项进行检查，建议抽查。

针对不同形式的索道，对承载钢丝绳和牵引钢丝绳的型号、规格、抗拉强度和安全系数有不同的要求。在一个拉紧区段内，承载钢丝绳宜采用整根密封钢丝绳，需要连接时应采用线路套筒连接。承载钢丝绳与拉紧钢丝绳的连接应采用过渡套筒。

在安全设施竣工验收时，可以通过查阅安全设施竣工验收评价报告的方法，检查承载钢丝绳和牵引钢丝绳的型号、规格、数量及连接装置是否与批复的安全设施设计一致；查阅钢丝绳试验记录，检查新钢丝绳的拉断、弯曲和扭转试验，钢丝绳定期检查、更换应符合《索道用钢丝绳检验和报废规范》(GB/T 9075）的相关要求。

2.2.2.5.2　架空索道的制动系统

检查内容：架空索道的工作制动、安全制动系统的安全检测检验报告。

【条文说明】

本条为三、架空索道运输第5.2条。

架空索道的制动系统属于基本安全设施，在安全设施竣工验收时，作为否决项进行检查。

工作制动是正常运行时的制动装置，事故制动是发生事故时才使用的制动装置。发生事故时，两套制动装置同时起作用。紧急制动的制动力矩一般较大，如果只有一套制动装置能正常工作，则一旦发生故障需紧急制动时，可能导致仅有的一套制动装置遭到破坏，无法有效制动驱动机。

因此，为了防止事故或事故扩大，必须同时设置两套制动装置，其中任一套装置出现故障，均应停止运行。

在安全设施竣工验收时，可以通过查阅安全设施竣工验收评价报告的方法，检查架空索道的工作制动、安全制动系统是否与批复的安全设施设计一致；查阅架空索道的工作制动、安全制动系统是否具有安全检测检验报告。

2.2.2.5.3 架空索道的控制系统

检查内容：架空索道的主驱动系统、紧急驱动系统、速度显示装置、客（货）车减速装置、断绳监控装置、双牵引索道的差速和差长监控装置、牵引索鞭打或缠绕承载索的监控装置、单线索道的抱索状态监控装置；架空索道的控制系统安全检测检验报告。

【条文说明】

本条为三、架空索道运输第5.3条。

架空索道的控制系统属于基本安全设施，在安全设施竣工验收时，作为一般项进行检查，建议抽查。

在安全设施竣工验收时，可以通过查阅安全设施竣工验收评价报告的方法，检查架空索道的控制系统是否与批复的安全设施设计一致，检查架空索道是否设有主驱动系统、紧急驱动系统、速度显示装置、客（货）车减速装置、断绳监控装置、双牵引索道的差速和差长监控装置、牵引索鞭打或缠绕承载索的监控装置、单线索道的抱索状态监控装置等。查阅架空索道的控制系统的各控制单元是否具有安全检测检验报告。

2.2.2.5.4 线路经过厂区、居民区、铁路、道路时的安全防护措施

检查内容：索道线路经过厂区、居民区、铁路、道路时的安全防护装置。

【条文说明】

本条为三、架空索道运输第5.4条。

线路经过厂区、居民区、铁路、道路时的安全防护措施属于专用安全设施，在安全设施竣工验收时，作为一般项进行检查。

为了防止吊斗内的物料落下砸伤人员、设备，毁坏或堵塞线路，索道线路经过厂区、居民区、铁路、道路时，应在线路的下面设安全保护装置，如安全防护网或保护栈桥，且保护设施的最低点与地面或轨顶的最小垂直距离要符合相关规定的要求。

在安全设施竣工验收时，可以通过查阅安全设施竣工验收评价报告的方法，检查索道线路经过厂区、居民区、铁路、道路时的安全防护装置是否与批复的安全设施设计一致。

2.2.2.5.5 线路与电力、通信架空线路交叉时的安全防护措施

检查内容：索道线路与电力、通信架空线路交叉时的安全防护措施。

【条文说明】

本条为三、架空索道运输第5.5条。

线路经过厂区、居民区、铁路、道路时的安全防护措施属于专用安全设施，在安全设施竣工验收时，作为一般项进行检查。

为了防止吊斗内的物料落下砸伤人员、设备，毁坏或堵塞线路，索道线路经过厂区、居民区、铁路、道路时，应在线路的下面设安全保护装置，如安全防护网或保护栈桥，且保护设施的最低点与地面或轨顶的最小垂直距离要符合相关规定的要求。

在安全设施竣工验收时，可以通过查阅安全设施竣工验收评价报告的方法，检查线路与电力、通信架空线路交叉或接近时的接头情况、安全距离是否与批复的安全设施设计一致。

2.2.2.5.6 站房安全护栏

检查内容：站房内安全护栏。

【条文说明】

本条为三、架空索道运输第5.6条。

站房内安全护栏属于专用安全设施，在安全设施竣工验收时，作为一般项进行检查。

站房内安全护栏可以起到限制工作人员活动范围，防止无关人员误入危险区域的作用。

在安全设施竣工验收时，可以通过查阅安全设施竣工验收评价报告的方法，检查安全护栏的设置是否与批复的安全设施设计一致。

2.2.2.6　斜坡卷扬运输

2.2.2.6.1　提升装置，包括制动系统、控制系统

提升设备型号、规格和数量，提升系统保护装置包括防止过卷、防止过速、过负荷和欠电压、限速、深度指示器失效、闸间隙、松绳、满仓、减速功能等保护装置，最大载重量或最大载人数量、严禁超载标识，安全制动系统、控制及视频监控系统。

【条文说明】

本条为三、斜坡卷扬运输第6.1条。

提升装置属于基本安全设施，是斜坡卷扬运输安全生产的基本保证，在安全设施竣工验收时，作为否决项进行检查。

在安全设施竣工验收时，可以通过查阅安全设施竣工验收评价报告的方法，检查提升装置是否与批复的安全设施设计一致，检查安全保护装置（包括防止过卷、防止过速、过负荷和欠电压、限速、深度指示器失效、闸间隙、松绳、满仓、减速功能等保护装置）、定车装置、制动装置、控制及视频监控系统和信号装置是否齐全有效，无法现场检查的，可查阅施工和监理资料、设备检验报告以及设备调试和试运行报告。现场检查提升装置的最大载重量或最大载人数量是否在斜坡道口公布。

2.2.2.6.2　提升钢丝绳及其连接装置

检查内容：钢丝绳的型号、规格、数量及连接装置是否与批复的安全设施设计一致；钢丝绳的拉断、弯曲和扭转试验，钢丝绳定期检查、更换是否符合国家有关规定。

【条文说明】

本条为三、斜坡卷扬运输第6.2条。

钢丝绳及其连接或固定装置属于基本安全设施，在安全设施竣工验收时，作为一般项进行检查，建议抽查。

在安全设施竣工验收时，可以通过查阅安全设施竣工验收评价报告的方法，检查钢丝绳及其连接或固定装置是否与批复的安全设施设计一致，查阅钢丝绳试验记录，检查新钢丝绳和使用中的钢丝绳是否进行了拉断、弯曲和扭转试验。查阅相关记录，检查钢丝绳的定期检查和更换情况是否符合规定。

2.2.2.6.3　提升容器（包括箕斗、矿车和人车）

检查内容：斜井人车的断绳保险器，矿车的型号规格、串车组矿车数量。斜井人车的断绳保险器和斜坡箕斗检测检验报告。

【条文说明】

本条为三、斜坡卷扬运输第6.3条。

提升容器属于基本安全设施，在安全设施竣工验收时，作为一般项进行检查，建议抽查。

供人员上、下的斜井，垂直深度超过50 m的，应设专用人车运送人员。斜井用矿车组提升时，不应人货混合串车提升。专用人车应有顶棚，并装有可靠的断绳保险器。列车每节车厢的断绳保险器应相互连接，并能在断绳时起作用。断绳保险器应既能自动，也能手动。运送人员的专用列车的各节车厢之间，除连接装置外，还应附挂保险链。连接装置和保险链，应经常检查，定期更换。

在安全设施竣工验收时，可以通过查阅安全设施竣工验收评价报告的方法，检查提升容器是否与

批复的安全设施设计一致。

2.2.2.6.4 阻车器、安全挡车设施

检查内容：阻车器、安全挡车的设置。

【条文说明】

本条为三、斜坡卷扬运输第6.4条。

阻车器、安全挡车设施属于专用安全设施，在安全设施竣工验收时，作为一般项进行检查，建议抽查。

斜坡轨道与上部车场和中间车场的连接处，应设置灵敏可靠的阻车器。这里是针对矿车组提升所做的规定，在提升矿车的斜坡提升中，矿车采用串车提升方式，由于矿车每次提升到上部车场或下放到下部车场，都要摘钩，然后再挂上新的矿车。这种频繁的摘挂钩容易出现挂钩不够牢靠的现象，因而产生矿车跑车的概率相对高一些。设置常闭式防跑车装置的目的就是一旦出现跑车现象，防跑车装置可以捕捉住矿车，以免矿车一直飞车到斜坡底，造成人员伤害或财产损失。防跑车装置经常保持完好，才能使防跑车装置在任何时候都能够正常工作，防止事故的发生。

在安全设施竣工验收时，查阅安全设施竣工验收评价报告检查阻车器、安全挡车设施是否与批复的安全设施设计一致。

2.2.2.6.5 斜坡轨道两侧的堑沟、安全隔挡设施

检查内容：斜坡轨道两侧的堑沟、安全隔挡的设置。

【条文说明】

本条为三、斜坡卷扬运输第6.5条。

斜坡轨道两侧的堑沟、安全隔挡设施属于专用安全设施，在安全设施竣工验收时，作为一般项进行检查。

斜坡轨道两侧设堑沟或安全挡墙，一方面是为了防止雨水冲刷路基或滚石危及提升安全，另一方面防止矿车在运行中突然掉道或翻车，危及行人的安全。

在安全设施竣工验收时，查阅安全设施竣工验收评价报告检查斜坡轨道两侧的堑沟、安全隔挡设施是否与批复的安全设施设计一致。

2.2.2.6.6 防止跑车装置

检查内容：防跑车保护装置；防跑车安全检测检验报告。

【条文说明】

本条为三、斜坡卷扬运输第6.6条。

防跑车装置属于专用安全设施，在安全设施竣工验收时，作为一般项进行检查，建议抽查。

提升矿车的斜坡提升，应设常闭式防跑车装置，并经常保持完好。

在安全设施竣工验收时，查阅安全设施竣工验收评价报告检查防跑车装置是否与批复的安全设施设计一致。

2.2.2.6.7 防止钢轨及轨梁整体下滑的措施

检查内容：斜坡轨道两侧的堑沟、安全隔挡的设置。

【条文说明】

本条为三、斜坡卷扬运输第6.7条。

轨道防滑措施属于专用安全设施，在安全设施竣工验收时，作为一般项进行检查。

倾角大于10°的斜坡提升，应设置轨道防滑装置，轨枕下面的道砟厚度应不小于50 mm。

在安全设施竣工验收时，查阅安全设施竣工验收评价报告检查轨道防滑措施是否与批复的安全设施设计一致。

2.3　防排水

2.3.1　河流改道工程及河床加固

2.3.1.1　导流堤

检查内容：导流堤的设置与参数。

【条文说明】

本条为四、防排水第1.1条。

导流堤属于基本安全设施，在安全设施竣工验收时，作为一般项进行检查，建议抽查。

导流堤属于河流改道的入口工程，拦截并引导上游洪水进入新改河道。根据筑堤材料，导流堤堤型分为土堤、石堤、混凝土或钢筋混凝土防洪墙、分区筑填的混合材料堤等。

在安全设施竣工验收时，参照《金属非金属矿山安全规程》(GB 16423）关于地面防水条款，通过查阅安全设施竣工验收评价报告与现场抽查的方法，检查导流堤的平面布置、堤高、堤顶宽度、边坡系数及回填物料、表面防护层的厚度，堤基处理等，是否与批复的安全设施设计或施工图（或变更）一致。检查时还应注意对基础防渗漏情况的检查，隐蔽工程应核对竣工报告。

2.3.1.2　明沟

检查内容：明沟的设置与参数。

【条文说明】

本条为四、防排水第1.2条。

明沟属于基本安全设施，在安全设施竣工验收时，作为一般项进行检查，建议抽查。

明沟是河流改道实际的新河道，明沟的型式一般有干砌块石、浆砌块石及混凝土结构。

在安全设施竣工验收时，参照《金属非金属矿山安全规程》(GB 16423）关于地面防水条款，通过查阅安全设施竣工验收评价报告与现场抽查的方法，检查地表排洪沟（渠）的平面布置、入口的衔接过渡、纵坡度、深度、宽度、边坡系数及砌护类型和砌护层厚度等是否与批复的安全设施设计或施工图（或变更）一致。

2.3.1.3　隧洞

检查内容：隧洞的设置与参数。

【条文说明】

本条为四、防排水第1.3条。

隧洞属于基本安全设施，在安全设施竣工验收时，作为一般项进行检查，建议抽查。

隧洞是河流改道实际的新河道，矿山防水工程中的泄洪隧洞，除个别情况用于河流改道外，主要用来配合调洪水库泄洪，放空水库，保证矿山不受地表水体的侵害。隧洞断面形式有圆形、圆拱直墙式、马蹄形等。

在安全设施竣工验收时，参照《金属非金属矿山安全规程》(GB 16423）关于地面防水条款，通过查阅安全设施竣工验收评价报告与现场抽查的方法，检查隧洞的平面布置、入口的衔接过渡、纵坡度、底宽、高度、砌护类型及厚度等是否与批复的安全设施设计或施工图（或变更）一致。

2.3.1.4　桥涵

检查内容：桥涵的设置与参数。

【条文说明】

本条为四、防排水第1.4条。

桥涵属于基本安全设施，在安全设施竣工验收时，作为一般项进行检查，建议抽查。

河流改道工程与道路等交通设施交叉时，需要设置桥涵通过。

在安全设施竣工验收时，可以通过查阅竣工验收报告、安全设施验收评价报告与现场抽查的方法，检查桥涵的平面布置、孔径尺寸、洞身构造、洞口构造及类型等是否与批复的安全设施设计或施工图（或变更）一致。

2.3.1.5 河床加固工程

检查内容：河床加固工程设置与参数。

【条文说明】

本条为四、防排水第1.5条。

河床加固工程属于基本安全设施，在安全设施竣工验收时，作为一般项进行检查，建议抽查。

河床加固类型较多，矿山设计中遇到的一般较简单，主要为：换层、钢丝石笼铺底、浆砌块石砌护或钢筋混凝土砌等。复杂的河床加固工程在矿山设计中较少遇到，其主要施工工艺为河床淤泥固化、袋装黏土护底、高压旋喷桩施工、河床土工布铺设、模袋混凝土铺设、压载铺设及清除等。

在安全设施竣工验收时，参照《金属非金属矿山安全规程》(GB 16423) 关于地面防水条款，通过查阅安全设施竣工验收评价报告与现场抽查的方法，检查河床加固工程平面布置、结构类型、材料、断面尺寸等参数是否与批复的安全设施设计或施工图（或变更）一致。

2.3.2 地表截排水工程

2.3.2.1 地表截水沟

检查内容：地表截水沟的设置与参数。

【条文说明】

本条为四、防排水第2.1条。

地表截水沟属于基本安全设施，在安全设施竣工验收时，作为一般项进行检查，建议抽查。

地表截水沟的型式一般有干砌块石、浆砌块石及混凝土结构。

在安全设施竣工验收时，参照《金属非金属矿山安全规程》(GB 16423) 规定："矿山应按设计要求建立排水系统。上方应设截水沟；有滑坡可能的矿山，应加强防排水措施；应防止地表、地下水渗漏到采场。"通过查阅安全设施竣工验收评价报告与现场抽查的方法，检查直接拦截洪水的地表截水沟的平面布置、纵坡度、深度、宽度、边坡系数及砌护类型和厚度等是否与批复的安全设施设计或施工图（或变更）一致。

2.3.2.2 地表排洪沟（渠）

检查内容：地表排洪沟（渠）的设置与参数。

【条文说明】

本条为四、防排水第2.2条。

地表排洪沟（渠）属于基本安全设施，在安全设施竣工验收时，作为一般项进行检查。

地表排洪沟（渠）的型式一般有干砌块石、浆砌块石及混凝土结构。

在安全设施竣工验收时，参照《金属非金属矿山安全规程》(GB 16423) 规定："矿山应按设计要求建立排水系统。上方应设截水沟；有滑坡可能的矿山，应加强防排水措施；应防止地表、地下水渗漏到采场。"通过查阅安全设施竣工验收评价报告与现场抽查的方法，检查地表排洪沟（渠）的平面布置、纵坡度、深度、宽度、边坡系数及砌护类型和厚度等是否与批复的安全设施设计或施工图（或变更）一致。

2.3.2.3 防洪堤

检查内容：防洪堤的设置与参数。

【条文说明】

本条为四、防排水第2.3条。

防洪堤属于基本安全设施，在安全设施竣工验收时，作为一般项进行检查。

根据筑堤材料，防洪堤堤型分为土堤、石堤、混凝土或钢筋混凝土防洪墙、分区筑填的混合材料堤等。

在安全设施竣工验收时，参照《金属非金属矿山安全规程》(GB 16423) 规定："矿山应按设计要求建立排水系统。上方应设截水沟；有滑坡可能的矿山，应加强防排水措施；应防止地表、地下水渗漏到采场。"通过查阅安全设施竣工验收评价报告与现场抽查的方法，检查防洪堤的平面布置、堤高、堤顶宽度、边坡系数及回填物料、表面防护层的厚度，齿墙深度等是否与批复的安全设施设计或施工图（或变更）一致。

2.3.3　地下水疏/堵工程及设施

2.3.3.1　疏干井

检查内容：疏干井布置形式、孔径、孔数、深度、间距、过滤器类型、抽水设备及泵房等辅助设施。

【条文说明】

本条为四、防排水第3.1条。

疏干井属于基本安全设施，在安全设施竣工验收时，作为一般项进行检查。

地表预先疏干矿山常用的设施是疏干井。

在安全设施竣工验收时，参照《金属非金属矿山安全规程》(GB 16423)，通过查阅安全设施竣工验收评价报告与现场抽查的方法，检查疏干井的布置形式、孔径、孔数、深度、间距、过滤器类型、抽水设备及泵房等辅助设施是否与批复的安全设施设计或施工图（或变更）一致。

2.3.3.2　放水孔

检查内容：放水孔的布置形式、孔径、孔数、深度及孔口装置等。

【条文说明】

本条为四、防排水第3.2条。

放水孔属于基本安全设施，在安全设施竣工验收时，作为一般项进行检查。矿山预先疏干矿山常用的设施是放水孔，露天边坡疏干用水平放水孔。

在安全设施竣工验收时，参照《金属非金属矿山安全规程》(GB 16423) 规定："矿山应按设计要求建立排水系统。上方应设截水沟；有滑坡可能的矿山，应加强防排水措施；应防止地表、地下水渗漏到采场。""矿山应按设计要求建立排水系统。上方应设截水沟；有滑坡可能的矿山，应加强防排水措施；应防止地表、地下水渗漏到采场。边坡岩体存在含水层并影响边坡稳定时，应采取疏干降水措施。"通过查阅安全设施竣工验收评价报告与现场抽查的方法，检查放水孔的布置形式、孔径、孔数、深度及孔口装置等是否与批复的安全设施设计或施工图（或变更）一致。

2.3.3.3　疏干巷道

检查内容：疏干巷道的布置、断面尺寸、纵坡度、水沟等。

【条文说明】

本条为四、防排水第3.3条。

疏干巷道属于基本安全设施，在安全设施竣工验收时，作为一般项进行检查。

露天开采采用井巷预先疏干矿山常用的设施是放水孔，但当放水孔疏干效果不好或不能快速降低地下水水位时，常常辅助疏干巷道进行疏干。

在安全设施竣工验收时，可以通过查阅安全设施竣工验收评价报告与现场抽查的方法，检查疏干巷道的位置、断面尺寸、纵坡度、水沟等是否与批复的安全设施设计或施工图（或变更）一致。

2.3.3.4　防渗帷幕

检查内容：防渗帷幕的结构形式、布置形式、注浆工艺、注浆材料、帷幕厚度、堵水效果及检验方法等。

【条文说明】

本条为四、防排水第3.4条。

防渗帷幕属于基本安全设施，在安全设施竣工验收时，作为一般项进行检查。

防渗帷幕的形式主要有封底式防渗帷幕和半封底式防渗帷幕两种，按照注浆材料分为化学注浆和水泥注浆，矿山设计中一般以水泥注浆为主，辅以少量速凝剂，出于环保考虑化学注浆目前使用较少。

在安全设施竣工验收时，可以通过查阅安全设施竣工验收评价报告与现场抽查的方法，检查防渗帷幕的结构形式、布置形式、注浆工艺、注浆材料、帷幕厚度、堵水效果及检验方法等是否与批复的安全设施设计一致。

2.3.3.5 防水矿柱

检查内容：防水矿柱的设置。

【条文说明】

本条为四、防排水第3.5条。

防水矿柱属于基本安全设施，在安全设施竣工验收时，作为否决项进行检查。

留设的防水矿柱或岩柱本身必须具有隔水性。

在安全设施竣工验收时，可以通过查阅安全设施竣工验收评价报告和现场检查的方法，检查防水矿柱设置的位置、尺寸等是否与批复的安全设施设计一致。

2.3.3.6 疏干设备

检查内容：疏干设备的型号、数量等。

【条文说明】

本条为四、防排水第3.6条。

疏干设备属于基本安全设施，在安全设施竣工验收时，作为一般项进行检查。

疏干设备是确保矿山疏干工程及时施工的主要设施，应该能保证施工安全。

在安全设施竣工验收时，可以通过查阅安全设施竣工验收评价报告和现场检查的方法，检查疏干设备的型号、数量等是否与批复的安全设施设计一致。

2.3.3.7 截渗墙

检查内容：截渗墙的布置形式、厚度、堵水效果。

【条文说明】

本条为四、防排水第3.7条。

截渗墙属于基本安全设施，在安全设施竣工验收时，作为一般项进行检查。截渗墙主要有堑沟式（桩柱式、槽板式、泥浆槽、浆砌块石等）和板桩式两种形式，其中堑沟式较为常用。

在安全设施竣工验收时，该项属于隐蔽工程，可以通过查阅竣工验收报告、查阅安全设施竣工验收评价报告与现场抽查的方法，检查截渗墙的布置形式、厚度等是否与批复的安全设施设计一致。

2.3.3.8 防水门

检查内容：位置、数量、设防水头、抗压强度等。

【条文说明】

本条为四、防排水第3.8条。

防水门属于专用安全设施，在安全设施竣工验收时，作为一般项进行检查，建议抽查。

采用井巷疏干排水方式的露天矿，需要设置防水门。

在安全设施竣工验收时，参照《金属非金属矿山安全规程》(GB 16423）规定：“水文地质条件复杂的矿山，应在关键巷道内设置防水门，防止泵房、中央变电所和竖井等井下关键设施被淹。防水门的位置、设防水头高度等应在矿山设计中总体考虑。同一矿区的水文条件复杂程度明显不同的，在通往强含水带、积水区和有大量突然涌水可能区域的巷道，以及专用的截水、放水巷道，也应设置防水门。”通过查阅安全设施竣工验收评价报告和现场检查的方法，检查中段（分段）防水门的位置、数量、设防水头、抗压强度等是否与批复的安全设施设计一致。

2.3.4　地下水头（水位）、涌水量监测设施

2.3.4.1　地下水头（水位）监测设施

检查内容：地下水头（水位）监测设施的位置、数量。

【条文说明】

本条为四、防排水第 4.1 条。

地下水头（水位）监测设施属于专用安全设施，在安全设施竣工验收时，作为一般项进行检查。

地下水头（水位）监测主要对象有：泉井、钻孔、淹没矿井及生产矿井等。

在安全设施竣工验收时，参照《金属非金属矿山安全规程》（GB 16423）规定：“裸露型岩溶充水矿区、地面塌陷发育的矿区，应做好气象观测，做好降雨、洪水预报；封堵可能影响生产安全的、井下揭露的主要岩溶进水通道，应对已采区构建挡水墙隔离；雨季应加密地下水的动态观测，并进行矿井涌水峰值的预报。”通过查阅安全设施竣工验收评价报告和现场检查的方法，核实地下水头（水位）监测设施的位置、数量是否与批复的安全设施设计一致。

2.3.4.2　涌水量监测设施

检查内容：涌水量监测设施的位置、测量方式等。

【条文说明】

本条为四、防排水第 4.2 条。

涌水量监测设施属于专用安全设施，在安全设施竣工验收时，作为一般项进行检查。

地下水涌水量监测对象主要为矿坑（井）的涌水点，其次是未疏干含水层的泉点。

在安全设施竣工验收时，可以通过查阅安全设施竣工验收评价报告和现场检查的方法，核实涌水量监测设施的位置、测量方式等是否与批复的安全设施设计一致。

2.3.5　排水系统

2.3.5.1　水泵

检查内容：水泵的型号和数量。

【条文说明】

本条为四、排水系统第 5.1 条。

水泵属于专用安全设施，在安全设施竣工验收时，作为一般项进行检查，建议抽查。

正常工作水泵的能力，应能在 20 h 内排出露天采场内 24 h 的正常降雨径流量与地下涌水量之和，备用和检修水泵的能力应不小于正常工作水泵能力的 50%。所有水泵全部开动，应能在 24 h 内排出露天采场内“设计频率”下连续 24 h 的最大暴雨降雨径流量与地下涌水量之和，暴雨时不设备用和检修水泵。

在安全设施竣工验收时，可以通过查阅安全设施竣工验收评价报告的方法，检查水泵的型号和数量等是否与批复的安全设施设计一致。

2.3.5.2　管路

检查内容：管路的管径、壁厚。

【条文说明】

本条为四、排水系统第 5.2 条。

管路属于专用安全设施，在安全设施竣工验收时，作为一般项进行检查，建议抽查。

正常排水时排水管管径应按经济的原则选取，经济流速为 1.2 ~ 2.2 m/s，排出暴雨涌水量的管内流速不宜大于 3 m/s。一般情况下，管内水压小于 1 MPa 时，可选铸铁管；水压大于 1 MPa 时，应选焊接钢管或无缝钢管。管道壁厚除满足许用应力外，还应考虑管道腐蚀及管道制造误差的附加厚度。

在安全设施竣工验收时，可以通过查阅安全设施竣工验收评价报告的方法，检查管路的管径、壁厚等是否与批复的安全设施设计一致。

2.4 供配电及通信系统

2.4.1 供配电

2.4.1.1 供配电系统

2.4.1.1.1 矿山电源、线路、地面和井下供配电系统

检查内容：矿山上一级电源、线路回路数、配电级数、线路型号、规格、线路压降、主变压器容量。

【条文说明】

本条为五、供配电及通信系统第1.1条。

矿山电源、线路、地面和井下供配电系统属于基本安全设施，在安全设施竣工验收时，作为否决项进行检查。

露天矿山有淹没危险的排水泵是一级负荷，《矿山电力设计规范》(GB 50070）规定有一级负荷的矿山企业应由双重电源供电，供电电源和供配电系统是矿山正常生产和员工人身安全的重要保证，是安全设施的重中之重。

在安全设施竣工验收时，可以通过查阅安全设施竣工验收评价报告的方法，检查双重电源，电源线路的回路数是否与批复的安全设施设计一致。同时检查矿山内变电站的主变压器容量，以及向下配电的级数，线路型号、规格、线路压降规格等是否与批复的安全设施设计一致。

2.4.1.1.2 各级配电电压等级

检查内容：各级配电电压等级。

【条文说明】

本条为五、供配电及通信系统第1.2条。

井下各级配电电压等级属于基本安全设施，在安全设施竣工验收时，作为一般项进行检查。

矿山企业规模大小不同，决定了各级电压等级的不同，适宜的电压等级意味着经济合理性，规模越大，电压等级相应越高。

在安全设施竣工验收时，可以通过查阅安全设施竣工验收评价报告的方法，检查各级配电电压的描述是否与批复的安全设施设计一致。

2.4.1.1.3 高、低压供配电中性点接地方式

检查内容：中性点接地方式。

【条文说明】

本条为五、供配电及通信系统第1.3条。

高、低压供配电中性点接地方式在安全设施竣工验收时作为一般项进行检查，建议抽查。

高压中性点接地系统一般分为不接地、高电阻接地或消弧线圈接地方式，不同的接地方式其单相接地保护亦不相同；低压中性点接地系统分为两种情况：移动设备故障率要高一些，和人员接触密切，采用IT接地型式；固定设备供电设备，人员不容易接触，采用TN－S、TT或IT接地型式。

在安全设施竣工验收时，可以通过查阅安全设施竣工验收评价报告的方法，检查高、低压中性点的接地型式是否与批复的安全设施设计一致。

2.4.1.2 电气设备

2.4.1.2.1 电气设备类型

检查内容：高压开关柜、软启动柜、变压器等电气设备型号、规格。

【条文说明】

本条为五、供配电及通信系统第 2.1 条。

电气设备属于基本安全设施，在安全设施竣工验收时，作为一般项进行检查。

露天矿山，户外条件苛刻，日照时间长，温度高，又处于生产现场，要求防砸，防尘等规定，同时要满足《户外严酷条件下的电气设施》(GB/T 9098) 相关规定。

在安全设施竣工验收时，可以通过查阅安全设施竣工验收评价报告的方法，检查各高压用电设备型号、规格、额定值和数量，额定值包括额定电压、额定电流、短路容量等是否与批复的安全设施设计一致。

2.4.1.2.2　排水系统的供配电设施

检查内容：高压开关柜、软启动柜、变压器等电气设备型号、规格。

【条文说明】

本条为五、供配电及通信系统第 2.2 条。

排水系统的供配电设施属于基本安全设施，在安全设施竣工验收时，作为一般项进行检查。

排水系统是矿山的重要环节，是矿山正常生产、人员安全的基本保障，供电设备是关键，不得疏忽。

在安全设施竣工验收时，可以通过查阅安全设施竣工验收评价报告的方法，检查排水系统的高压用电设备型号、规格、额定值和数量，额定值包括额定电压、额定电流、短路容量等是否与批复的安全设施设计一致。

2.4.1.2.3　变、配电室的金属丝网门

检查内容：变、配电室的金属丝网门的设置。

【条文说明】

本条为五、供配电及通信系统第 2.3 条。

变、配电室的金属丝网门属于基本安全设施，在安全设施竣工验收时，作为一般项进行检查。

在安全设施竣工验收时，可以通过查阅安全设施竣工验收评价报告的方法，检查变、配电室的金属丝网门的设置情况是否与批复的安全设施设计一致。

2.4.1.3　架空线路及电缆

2.4.1.3.1　采场架空线路

检查内容：检查架空线路载流导体型号、规格。

【条文说明】

本条为五、供配电及通信系统第 3.1 条。

采场架空线路属于基本安全设施，在安全设施竣工验收时，作为一般项进行检查。

在安全设施竣工验收时，可以通过查阅安全设施竣工验收评价报告的方法，检查采场架空线载流导体型号、规格是否与批复的安全设施设计一致。

2.4.1.3.2　高、低压电缆

检查内容：检查环行线、采场内架空线、向移动式设备以及照明线路的高低压电缆型号、规格。

【条文说明】

本条为五、供配电及通信系统第 3.2 条。

高、低压电缆属于基本安全设施，在安全设施竣工验收时，作为一般项进行检查。

露天矿山移动设备多，供电线路经常移设，采用拖曳电缆，可以利用接地保护芯线进行连续性检测，能及时、准确地发现接地故障，有利快速恢复生产，保证人员安全。

在安全设施竣工验收时，可以通过查阅安全设施竣工验收评价报告的方法，检查高低压电缆的型号、规格，特别是向移动式设备供电的电缆型号、规格是否与批复的安全设施设计一致。

2.4.1.4 防雷及电气保护

2.4.1.4.1 地面建筑物防雷设施

检查内容：防雷等级、避雷装置型式、引下线数量、接地极配置。

【条文说明】

本条为五、供配电及通信系统第4.1条。

地面建筑物防雷设施属于专用安全设施，在安全设施竣工验收时作为一般项进行检查。

在安全设施竣工验收时，通过查阅安全设施竣工验收评价报告的方法，检查建筑物防雷等级确定，接闪器型式，引下线、接地极数量与安全设施设计一致。

2.4.1.4.2 架空线路防雷设施

检查内容：避雷器的位置、避雷器的型号、数量。

【条文说明】

本条为五、供配电及通信系统第4.2条。

地面架空线路转下井电缆处防雷设施属于基本安全设施，在安全设施竣工验收时，作为一般项进行检查。

地面架空线路被雷电击中会产生雷电效应，转接处设置避雷装置可以很大程度减少雷电效应对下级设备的损害，从而保证安全。

在安全设施竣工验收时，可以通过查阅安全设施竣工验收评价报告的方法，检查避雷器的安装位置以及避雷器的型号规格等技术参数是否与批复的安全设施设计一致。

2.4.1.4.3 高压供配电系统继电保护装置

检查内容：继电保护装置。

【条文说明】

本条为五、供配电及通信系统第4.3条。

高压供配电系统继电保护装置属于基本安全设施，在安全设施竣工验收时，作为一般项进行检查。

用电设备和配电线路的继电保护装置，具备在故障产生后有效动作，具有及时性和选择性。保护装置的配备，保证了故障快速切除，避免事故扩大，为正常生产提供保证，同时也保证了人员和设备的安全。

在安全设施竣工验收时，可以通过查阅安全设施竣工验收评价报告的方法，检查用电设备和配电线路的继电保护装置及保护配置情况、自动重合闸装置的装设，是否与批复的安全设施设计一致。

2.4.1.4.4 低压配电系统故障（间接接触）防护设施

检查内容：低压配电系统故障（间接接触）防护设施。

【条文说明】

本条为五、供配电及通信系统第4.4条。

低压配电系统故障（间接接触）防护设施属于专用安全设施，在安全设施竣工验收时作为一般项进行检查。

在安全设施竣工验收时，可以通过查阅安全设施竣工验收评价报告、现场抽查的方法，检查防护的具体措施：诸如外露可导电部分的接地、建筑物内总等电位联结、辅助等电位的设置情况，是否与批复的安全设施设计一致。符合以下条件者不在检查之列。①处在伸臂范围以外墙上的架空线绝缘子的支撑物和与其连接的金属部件（架空线金具）；②触及不到钢筋的钢筋混凝土电杆；③外露可导电部分因其尺寸小或因其位置不会被抓住或不会与人的身体的一部分有效连接，且与保护导体连接很困难或连接不可靠时；④Ⅱ类设备或等效的绝缘，用于保护设备的金属管或其他金属外护物。

2.4.1.4.5　裸带电体基本（直接接触）防护设施

检查内容：裸带电体基本（直接接触）防护设施。

【条文说明】

本条为五、供配电及通信系统第 4.5 条。

裸带电体基本（直接接触）防护设施属于专用安全设施，在安全设施竣工验收时，作为一般项进行检查。

在安全设施竣工验收时，可以通过查阅安全设施竣工验收评价报告、现场抽查的方法，检查防护的具体措施：诸如遮拦或外护物、阻挡物、置于伸臂范围之外等措施，剩余电流保护器的附加防护，是否与批复的安全设施设计一致。①标称电压不超过区段Ⅰ（见 GB/T 18379）不在检查之列；②满足 FELV 系统且满足不接地回路（SELV）的不在检查之列；③满足 FELV 系统且满足接地回路（PELV）的不在检查之列。

2.4.1.5　接地系统

2.4.1.5.1　接地

检查内容：36 V 以上及由于绝缘损坏而带有危险电压的电气装置、设备的外露可导电部分和构架的接地设施。

【条文说明】

本条为五、供配电及通信系统第 5.1 条。

接地属于基本安全设施，在安全设施竣工验收时，作为一般项进行检查。由于绝缘损坏而带有危险电压的电气装置、设备的外露可导电部分和构架均应可靠接地，是《矿山电力设计规范》（GB 50070）的硬性规定，也是保证人员安全的重要措施，接地干线可用专用接地扁钢或绞线、电缆的铠装或金属外皮、电缆接地芯线等构成。

在安全设施竣工验收时，可以通过查阅安全设施竣工验收评价报告的方法，检查设备的接地设施采用材料与配置是否与批复的安全设施设计一致。

2.4.1.5.2　接地电阻

检查内容：有 2 组及以上主接地极时，当任一组主接地极断开后，在架空接地线上任一点所测得的对地电阻值以及移动式设备与架空接地线之间的接地线电阻值。

【条文说明】

本条为五、供配电及通信系统第 5.2 条。

接地电阻属于基本安全设施，在安全设施竣工验收时，作为一般项进行检查。

露天采场的接地电阻值满足 4 Ω 即可，但是向移动设备供电的接地线电阻值还是高要求，不应大于 1 Ω。

在安全设施竣工验收时，可以通过查阅安全设施竣工验收评价报告的方法，检查接地电阻值数据是否与批复的安全设施设计一致。

2.4.1.5.3　总接地网、主接地极

检查内容：采矿场和排废场主接地极组数、设置地点，架空接地线材质、规格及与配电线路的布置关系、距离，移动式电气设备接地线配置。

【条文说明】

本条为五、供配电及通信系统第 5.3 条。

总接地网、主接地极属于基本安全设施，在安全设施竣工验收时，作为一般项进行检查。

一般采场面积比较大，距离长，设一组接地极，线路阻抗大，很难把接地阻值降下来或成本很高，不经济。排废场工作面单一，设一组即可。

在安全设施竣工验收时，可以通过查阅安全设施竣工验收评价报告的方法，检查总接地网的设置，主接地极的组数，特别是移动设备的接地保护芯线的配置情况，是否与批复的安全设施设计一致。

2.4.1.6 牵引网络

2.4.1.6.1 直流牵引变电所电气保护设施

检查内容：直流出线快速开关型号、规格，开关动作电流整定值，标准轨距主要馈出线自动重合闸装置。

【条文说明】

本条为五、供配电及通信系统第6.1条。

直流牵引变电所电气保护设施属于基本安全设施,在安全设施竣工验收时,作为一般项进行检查。

不同直流电压等级的出线开关，型式也不同。

在安全设施竣工验收时，可以通过查阅安全设施竣工验收评价报告的方法，检查直流开关或空气断路器及其瞬时动作电流整定值，是否与批复的安全设施设计一致。

2.4.1.6.2 直流牵引网络安全措施

检查内容：接触线最大弛度时距轨面高度。

【条文说明】

本条为五、供配电及通信系统第6.2条。

直流牵引网络安全措施属于基本安全设施，在安全设施竣工验收时，作为一般项进行检查。

在安全设施竣工验收时，可以通过查阅安全设施竣工验收评价报告的方法，检查标准轨距的编组站和有作业的站场地点接触线最大弛度时距轨面高度是否与批复的安全设施设计一致。

2.4.1.6.3 爆炸危险场所电机车轨道电气的安全措施

检查内容：轨道是否作回流导体、钢轨与回流钢轨连接处的轨道绝缘数量、距离。

【条文说明】

本条为五、供配电及通信系统第6.3条。

爆炸危险场所电机车轨道电气的安全措施属于基本安全设施，在安全设施竣工验收时，作为一般项进行检查。

在安全设施竣工验收时，可以通过查阅安全设施竣工验收评价报告的方法，检查不准用作回流的钢轨与用作回流钢轨的连接处，设置轨道绝缘的数量，绝缘点的设置地点及其间距，核查是否与批复的安全设施设计一致。对采用电引爆的矿山，通向爆破区的轨道，核查断开轨道电流的安全措施是否与批复的安全设施设计一致。

2.4.1.6.4 牵引变电所接地设施

检查内容：整流装置、直流配电装置是否接地、与交流设备金属连接情况、接地装置电阻值。

【条文说明】

本条为五、供配电及通信系统第6.4条。

牵引变电所接地设施属于专用安全设施，在安全设施竣工验收时作为一般项进行检查。

在安全设施竣工验收时，可以通过查阅安全设施竣工验收评价报告的方法，检查流经直流接地继电器前的全部直流接地母、支线的绝缘情况是否与批复的安全设施设计一致。查阅金属外壳接地情况;检查不同直流电压等级和井下的牵引变电所的接地电阻值情况,是否与批复的安全设施设计一致。

2.4.1.7 照明

2.4.1.7.1 采矿场和排土场照明设施

检查内容：设置照明的地点、照明灯具型号、数量。

【条文说明】

本条为五、供配电及通信系统第7.1条。

采矿场和排土场照明设施属于基本安全设施，在安全设施竣工验收时作为一般项进行检查。

在安全设施竣工验收时，可以通过查阅安全设施竣工验收评价报告的方法，检查夜间工作的采矿场和排土场的照明装置设置地点，灯具和照度的配置情况是否与批复的安全设施设计一致。

2.4.1.7.2 采场变、变配电室应急照明设施

检查内容：应急照明布置和照度。

【条文说明】

本条为五、供配电及通信系统第7.2条。

采场变、配电室应急照明设施属于专用安全设施，在安全设施竣工验收时作为一般项进行检查。

在安全设施竣工验收时，可以通过查阅安全设施竣工验收评价报告、现场抽查的方法，检查有人值班的采场变、配电室应急照明种类、布置和照度查阅是否与批复的安全设施设计一致。

2.4.2 通信系统

2.4.2.1 通信

2.4.2.1.1 通信联络系统

检查内容：通信联络系统的种类、数量、安装位置、电缆敷设。

【条文说明】

本条为五、供配电及通信系统第8.1条。

通信联络系统属于专用安全设施，在安全设施竣工验收时作为一般项进行检查。

在安全设施竣工验收时，可以通过查阅安全设施竣工验收评价报告的方法，检查有线通信联络的种类、数量、安装位置是否与批复的安全设施设计一致，如主要硐室安装终端设备；设备防护等级及矿安认证等。

2.4.2.1.2 信号系统

检查内容：运输道路信号系统的设备种类、数量、安装位置、电缆敷设。

【条文说明】

本条为五、供配电及通信系统第8.2条。

信号系统属于专用安全设施，在安全设施竣工验收时作为一般项进行检查。

在安全设施竣工验收时，可以通过查阅安全设施竣工验收评价报告的方法，检查运输道路信号系统的种类、数量、安装位置、电缆敷设是否与批复的安全设施设计一致，如主机备用；转辙机、信号机设置；机车定位传感器类型；设备防护等级及认证；线缆选择及敷设方式等。

2.4.2.1.3 监测监控系统

检查内容：监测监控系统的设备种类、数量、安装位置。

【条文说明】

本条为五、供配电及通信系统第8.3条。

监测监控系统属于专用安全设施，在安全设施竣工验收时作为一般项进行检查。

在安全设施竣工验收时，可以通过查阅安全设施竣工验收评价报告的方法，检查视频监控的设备种类、数量、安装位置是否与批复的安全设施设计一致，如主要硐室、各水平马头门等重要场所摄像头设置情况；提升机房、监控室终端显示设置情况。

2.5 排土场

2.5.1 排土场场址

2.5.1.1 场址（采矿）

检查内容：排土场场址。

【条文说明】

本条为六、排土场第1.1条。

排土场场址在安全设施竣工验收时，应作为否决项进行检查。

排土场不应布置在具有形成泥石流条件、排水不良、可能危及露天采矿场、井（硐）口、工业场地、居住区、村镇、交通干线等重要建（构）筑物的上游。排土场场址应满足与采矿场、工业场地（厂区）、居民点、铁路、公路、输电及通信干线、水域、隧洞等设施的安全防护距离的要求。

排土场场址选择在安全设施设计中说明书中会进行表述，是整个矿山生产期间所有排弃物料场址的总体规划。但排土场的排放是矿山生产过程中逐渐形成的，在安全设施竣工验收时，矿山只处于试生产阶段，因此排土场只是堆放了试生产期间或基建期物料，通常只占规划整个排土场中很小的一部分。

在安全设施竣工验收时，可以通过查阅安全设施竣工验收评价报告和矿山土场现状图的方法，检查排土场场址是否与批复的安全设施设计一致。

2.5.1.2 底部排渗设施

检查内容：排土场软弱土层处理和底部排渗设施。

【条文说明】

本条为六、排土场第1.2条。

排土场软弱土层处理和底部排渗设施属于专用安全设施，在安全设施竣工验收时，作为一般项进行检查，建议抽查。

排土场选址应尽量避开软弱土层，但有的矿山所在区域，软弱土层分布较广，而排土场一般占地面积较大，无法避开，排土场内有软弱土层，对软弱土层要进行处理。规范规定："排土场区应清理地表植被层及软弱地基；地形坡度较大的地段应改造成为阶梯状；在底部应排弃大块岩石；排土场区宜采取排渗盲沟、泄流基底等控制排土场物料含水量的措施。"

排土场软弱土层处理和底部排渗设施在安全设施设计说明书中会进行表述，但排土场的排放是矿山生产过程中逐渐形成的，在安全设施竣工验收时，矿山只处于试生产阶段，因此排土场只是堆放了试生产期间的物料和基建期排弃的物料，通常只占规划整个排土场中很小的一部分，而软弱土层处理和底部排渗设施建设一般是随着排土场占地面积的逐渐扩大随之进行的。

在安全设施竣工验收时，可以通过查阅安全设施竣工验收评价报告的方法，检查排土场软弱土层处理和底部排渗设施建设方式是否满足批复的安全设施设计的要求。并应通过比对矿山土场现状图与安全设施设计中土场年末图的方法，核实软弱土层处理和底部排渗设施建设范围是否与批复的安全设施设计一致。

2.5.2 排土工艺（采矿）

2.5.2.1 安全平台、阶段高度、总堆置高度、总边坡角

检查内容：排土场排土工艺、排土顺序、排土场阶段高度、总堆置高度、安全平台宽度、总边坡角、废石滚落可能的最大距离、相邻阶段同时作业的超前堆置距离等参数。

【条文说明】

本条为六、排土场第2.1条。

排土场的参数和排土工艺在安全设施竣工验收时，作为一般项进行检查。

排土场的安全稳定性是矿山的重中之重，排土场的参数和排土工艺是保证排土场的稳定性的重要因素。排土场的参数包括：排土场阶段高度、总堆置高度、安全平台宽度、总边坡角。排土工艺包括：排土工艺、排土顺序、相邻阶段同时作业的超前堆置距离等。

排土场的参数和排土工艺在安全设施设计说明书中会进行表述，但排土场的排放是矿山生产过程中逐渐形成的，在安全设施竣工验收时，矿山只处于试生产阶段，因此排土场只是堆放了试生产期间的物料，通常只占规划整个排土场中很小的一部分，而排土场的参数在此时无法体现。

在安全设施竣工验收时，可以通过查阅安全设施竣工验收评价报告的方法，检查排土工艺、排土顺序、相邻阶段同时作业的超前堆置距离是否与批复的安全设施设计一致。

2.5.2.2　铁路车挡

检查内容：铁路独头卸载线端部车挡，车挡的拦挡指示和红色夜光警示牌，独头线的起点和终点障碍指示器的设置。

【条文说明】

本条为六、排土场第 2.2 条。

铁路车挡属于专用安全设施，在安全设施竣工验收时，作为一般项进行检查。

为防止机车坠下排土场，在铁路独头卸载线端部需设置车挡，车挡有完好的拦挡指示和红色夜光警示牌；独头线的起点和终点，设施铁路障碍指示器。

在安全设施竣工验收时，可以通过查阅安全设施竣工验收评价报告的方法，检查车挡的设置位置、拦挡指示和红色夜光警示牌，独头线的起点和终点障碍指示器的设置是否与批复的安全设施设计一致。

2.5.2.3　挡车设施

检查内容：汽车排土卸载平台边缘挡车设施的设置。

【条文说明】

本条为六、排土场第 2.3 条。

汽车排土卸载平台边缘挡车措施属于专用安全设施，在安全设施竣工验收时，作为一般项进行抽查。

汽车排土卸载平台边缘，由固定挡车设施，其高度不小于轮胎直径的 1/2，车挡宽度和底宽分别不小于轮胎直径的 1/4 和 3/4。

在安全设施竣工验收时，可以通过查阅安全设施竣工验收评价报告或现场抽查的方法，检查汽车排土卸载平台边缘挡车设施的设置是否与批复的安全设施设计一致。

2.5.3　截（排）水设施

2.5.3.1　截水沟

检查内容：截水沟的宽度、纵坡度、边坡系数及砌护类型。

【条文说明】

本条为六、排土场第 3.1 条。

截水沟属于基本安全设施，在安全设施竣工验收时，作为一般项进行抽查，建议抽查。

截水沟是拦截外部洪水的设施，截水沟的型式一般有干砌块石、浆砌块石及混凝土结构。

在安全设施竣工验收时，可以通过查阅安全设施竣工验收评价报告与现场抽查的方法，检查截水沟的平面布置、宽度、深度、纵坡度、边坡系数及砌护类型和厚度等是否与批复的安全设施设计或施工图（或变更）一致。

2.5.3.2　排水沟

检查内容：排水沟的宽度、纵坡度、边坡系数及砌护类型。

【条文说明】

本条为六、排土场第 3.2 条。

排水沟属于基本安全设施，在安全设施竣工验收时，作为一般项进行抽查，建议抽查。

排水沟主要起排水作用的设施，排水沟的型式一般有干砌块石、浆砌块石及混凝土结构。

在安全设施竣工验收时，可以通过查阅安全设施竣工验收评价报告与现场抽查的方法，检查排洪沟的平面布置、宽度、深度、纵坡度、边坡系数及砌护类型和厚度等是否与批复的安全设施设计或施工图（或变更）一致。

2.5.3.3 排水隧洞

检查内容：排水隧洞的宽度、高度、纵坡度及砌护类型。

【条文说明】

本条为六、排土场第3.3条。

排水隧洞属于基本安全设施，在安全设施竣工验收时，作为一般项进行抽查，建议抽查。

矿山排土场排水隧洞，与截洪沟和排水沟作用一致，是矿山排土场防排水设施的一部分，主要减少矿山排土场不受地表水体的侵害。隧洞断面形状有圆形、圆拱直墙式、马蹄形等。

在安全设施竣工验收时，可以通过查阅安全设施竣工验收评价报告与现场抽查的方法，检查排水隧洞的平面布置、底宽、高度、纵坡度、砌护类型等是否与批复的安全设施设计或施工图（或变更）一致。

2.5.3.4 截洪坝

检查内容：截洪坝的坝顶标高、堤顶宽度、边坡系数、填筑及砌护类型。

【条文说明】

本条为六、排土场第3.4条。

截洪坝属于基本安全设施，在安全设施竣工验收时，作为一般项进行抽查，建议抽查。

截洪坝坝型一般分为土坝、石坝、混凝土或钢筋混凝土防洪墙、分区筑填的混合材料坝等。《冶金矿山排土场设计规范》(GB 51119）规定："山坡或沟谷与排土场发生交叉时，应设置防洪设施，并应符合下列规定：①当土场上游洪水量较小时，可以采用截洪沟；②当土场上游洪水量较大时，应在上游设置导流堤，并应根据地形条件，沿山坡设置防洪渠或在排土场底部设置暗涵。"

在安全设施竣工验收时，可以通过查阅安全设施竣工验收评价报告、竣工图纸与现场抽查的方法，检查截洪坝的平面布置、坝顶标高、堤顶宽度、边坡系数及回填物料、表面防护层的厚度，齿墙深度等，是否与批复的安全设施设计或施工图设计（或变更）一致。

2.5.4 排土场安全措施

2.5.4.1 堆石坝等拦挡防护措施

检查内容：排土场滚石、泥石流、滑坡等灾害防治措施的实施情况，包括设计堆石坝等拦挡措施的实施情况，其他相关安全保证措施的落实情况。

【条文说明】

本条为六、排土场第4.1条。

堆石坝等拦挡防护措施属于基本安全设施，在安全设施竣工验收时，作为一般项进行检查。

规范规定："排土场的上游区域或周边区域应设置截、排洪沟，排土场区宜采取排渗盲沟和泄流基底等控制排土场物料含水量的措施、排土场区应清理地表植被层及软弱地基、沟谷型排土场应设置压坡脚排土方式、排土场滑坡防止措施应设置重力式挡土墙、中立式抗滑挡土墙、抗滑片石垛或抗滑桩等抗滑支挡构筑物、堆置高度大于120 m的沟谷型排土场必须在底部设置挡石坝等。"

在安全设施竣工验收时，可以通过查阅安全设施竣工验收评价报告、竣工验收报告或现场抽查的方法，检查相关灾害防治措施及堆石坝等拦挡防护措施的实施是否与批复的安全设施设计一致。

2.5.4.2 地基处理措施

检查内容：地基处理措施。

【条文说明】

本条为六、排土场第4.2条。

地基处理属于专用安全设施，在安全设施竣工验收时，作为一般项进行检查。

形成滑坡、坍塌、沉陷、泥石流等危险级土场的关键原因主要是软弱地基承载力较低、堆置参数或排土工艺不合理。因此设计中当地基承载力较低时，上部堆载作用下，特别是土场废石荷载超过地基承载力，会发生地基底鼓进而牵引上部土场滑坡，应通过清理软土层或其他主动加固、地基改良等措施处理。

在安全设施竣工验收时，可以通过查阅安全设施竣工验收评价报告、竣工报告和现场检查的方法，检查地基处理措施是否与批复的安全设施设计一致。

2.5.4.3　排土场监测

检查内容：排土场边坡监测设置。

【条文说明】

本条为六、排土场第4.3条。

排土场监测属于专用安全设施，在安全设施竣工验收时，作为一般项进行检查。

《金属非金属矿山安全规程》(GB 16423) 规定："矿山企业应建立排土场监测系统，定期进行排土场监测。"排土场沉陷属于排土场变形的主要特征。也是产生排土场滑坡的前兆，对于存在潜在滑动和整体滑动破坏的沉降型应引起高度重视，需要通过监测等手段进行预警。

在安全设施竣工验收时，可以通过查阅安全设施竣工验收评价报告和现场抽查的方法，检查排土场监测系统是否与批复的安全设施设计一致。

2.6　安全管理

2.6.1　规章制度与操作规程

检查内容：矿山企业是否建立健全以法定代表人负责制为核心的各级安全生产责任制，健全完善安全目标管理、矿领导下井带班、安全例会、安全检查、安全教育培训、生产技术管理、机电设备管理、劳动管理、安全费用提取与使用、重大危险源监控、安全生产隐患排查治理、安全技术措施审批、劳动防护用品管理、生产安全事故报告和应急管理、安全生产奖惩、安全生产档案管理等制度，以及各类安全技术规程、操作规程等。

【条文说明】

本条为七、安全管理第1条。

规章制度与操作规程在安全设施竣工验收时作为一般项进行检查。

《中华人民共和国安全生产法》及《中华人民共和国矿山安全法》中都有明确规定：矿山企业应建立、健全安全生产责任制和安全管理制度。

在安全设施竣工验收时，主要抽查矿山企业是否建立了以下制度和规程：①安全目标管理制度；②领导下井带班制度；③安全例会制度；④安全检查制度；⑤安全教育培训制度；⑥生产技术及机电设备管理制度；⑦劳动管理制度；⑧安全费用提取与使用制度；⑨重大危险源监控制度；⑩安全生产隐患排查治理制度；⑪安全技术措施审批制度；⑫劳动防护用品管理制度；⑬生产安全事故报告和应急管理制度；⑭安全生产奖惩制度；⑮安全生产档案管理制度；⑯安全技术规程及操作规程。

2.6.2　安全生产档案

2.6.2.1　档案类别

检查内容：安全生产档案是否齐全，主要包括：设计资料、竣工资料以及其他与安全生产有关的文件、资料和记录。

【条文说明】

本条为七、安全管理第2.1条。

档案类别在安全设施竣工验收时作为一般项进行检查。

矿山企业安全生产档案的内容包括设计资料、竣工资料、施工资料、监理资料、规章制度与操作规程、应急预案及演练资料、特种设备资料、特种作业人员资料、培训教育资料、安全检查与隐患整改资料、安全会议资料等。

在安全设施竣工验收时，主要抽查矿山企业安全生产档案。

2.6.2.2 图纸资料

检查内容：矿山企业是否具备下列图纸，并根据实际情况的变化即时更新：矿区地形地质和水文地质图，井上、井下对照图，中段平面图，通风系统图，提升运输系统图，风、水管网系统图，充填系统图，井下通信系统图，井上、井下配电系统图和井下电气设备布置图、井下避灾路线图。

【条文说明】

本条为七、安全管理第2.2条。

图纸资料在安全设施竣工验收时作为一般项进行检查，建议抽查。

《金属非金属矿山安全规程》(GB 16423) 规定："露天矿山应保存的图纸包括地形地质图、采剥工程年末图、防排水系统及排水设备布置图，地下矿山应保存的图纸包括矿区地形地质和水文地质图，井上、井下对照图，中段平面图，通风系统图，提升运输系统图，风、水管网系统图，充填系统图，井下通信系统图，井上、井下配电系统图和井下电气设备布置图、井下避灾路线图。"

在安全设施竣工验收时，主要抽查矿山企业的图纸。

2.6.3 教育培训

检查内容：矿山企业是否对职工进行安全生产教育和培训，未经安全生产教育和培训合格的不应上岗作业；新进地下矿山的作业人员，是否进行了不少于72 h的安全教育和考试合格，并由老工人带领工作至少4个月；新进露天矿山的作业人员，是否进行了不少于40 h的安全教育，并经考试合格方可上岗；调换工种的人员，是否进行了新岗位安全操作的培训。

【条文说明】

本条为七、安全管理第3条。

教育培训在安全设施竣工验收时作为一般项进行检查。

《中华人民共和国安全生产法》及《中华人民共和国矿山安全法》中都有明确规定，矿山企业必须对职工进行安全教育、培训；未经安全教育、培训的，不得上岗作业。《金属非金属矿山安全规程》(GB 16423) 规定："新进地下矿山的作业人员，是否进行了不少于72 h的安全教育和考试合格，并由老工人带领工作至少4个月；新进露天矿山的作业人员，是否进行了不少于40 h的安全教育，并经考试合格方可上岗。"

在安全设施竣工验收时，主要抽查矿山企业的培训资料。

2.6.4 安全管理机构及人员资格

2.6.4.1 安全管理机构

检查内容：矿山企业是否设置安全生产管理机构或者配备专职安全生产管理人员。

【条文说明】

本条为七、安全管理第4.1条。

安全管理机构在安全设施竣工验收时作为否决项。

《中华人民共和国安全生产法》及《金属非金属矿山安全规程》(GB 16423) 规定：矿山企业应设置安全生产管理机构或配备专职安全生产管理人员。《国务院安委会办公室关于贯彻落实〈国务院关于进一步加强企业安全生产工作的通知〉精神进一步加强非煤矿山安全生产工作的实施意见》(安委办〔2010〕17号) 进一步要求：非煤矿山企业要设立专门安全管理机构，配备专职安全管理人员。地下矿山专职安全管理人员不少于3人，露天矿山不少于2人，每班必须确保有专（兼）职安全员在岗。大中型企业要配备安全总监和副总监。

在安全设施竣工验收时，主要查阅矿山企业的安全管理机构设置文件及安全管理人员任职文件。

2.6.4.2 特种作业人员

检查内容：特种作业人员是否按照国家有关规定经专门的安全作业培训，取得相应资格。

【条文说明】

本条为七、安全管理第4.2条。

特种作业人员在安全设施竣工验收时作为一般项进行检查，建议抽查。

《中华人民共和国矿山安全法》规定：矿山企业安全生产的特种作业人员必须接受专门培训，经考核合格取得操作资格证书的，方可上岗作业。《特种作业人员安全技术培训考核管理规定》(国家安全监管总局令第30号）中有关矿山企业特种作业人员类别包括：①电工作业，包括高压电工作业、低压电工作业、防爆电气作业；②焊接与热切割作业；③高处作业；④金属非金属矿山安全作业，包括通风作业、尾矿作业（放矿、筑坝、巡坝、抽洪和排渗设施作业）、安全检查作业、提升机操作作业（竖井及盲竖井提升机作业、斜井及盲斜井提升机作业、露天矿山斜坡卷扬提升的提升机作业）、支柱作业、井下电气作业（机电设备安装、调试、巡检、维修和故障处理）、排水作业（排水设备日常使用、维护、巡检）、爆破作业。

在安全设施竣工验收时，主要查阅特种作业人员的资格证书。

2.6.5 个体防护

检查内容：矿山企业是否为从业人员提供符合国家标准或者行业标准的劳动防护用品，并监督、教育从业人员按照使用规则佩戴、使用。

【条文说明】

本条为七、安全管理第5条。

个体防护在安全设施竣工验收时作为一般项进行检查，建议抽查。

《金属非金属矿山安全规程》(GB 16423）规定：矿山企业应为作业人员配备符合国家标准或行业标准要求的劳动防护用品。进入矿山作业场所的人员，应按规定佩戴防护用品。矿山企业劳动防护用品包括安全帽、防尘口罩、防冲击护目镜、自救器、耳塞、耳罩、防寒手套、防振手套、防静电鞋、矿工靴、防水胶鞋、防砸靴、防静电服、安全带等，劳动防护用品的配备应符合《个体防护装备选用规范》(GB/T 11651）的规定。

在安全设施竣工验收时，主要查阅矿山企业劳动防护用品的台账和发放记录，现场抽查从业人员的佩戴、使用情况。

2.6.6 安全标志

检查内容：矿山企业的要害岗位、重要设备和设施及危险区域，是否根据其可能出现的事故模式，设置相应的符合《矿山安全标志》(GB 14161）要求的安全警示标志。

【条文说明】

本条为七、安全管理第6条。

安全标志在安全设施竣工验收时作为一般项进行检查，建议抽查。

《中华人民共和国安全生产法》规定："生产经营单位应当在有较大危险因素的生产经营场所和有关设施、设备上，设置明显的安全警示标志。"矿山企业安全标志包括禁止烟火、禁止酒后下井、禁止明火、禁止扒、登、跳人车、禁止车间乘人、禁止通行、当心冒顶、当心有害气体中毒、当心爆炸、当心触电、必须携带矿灯、必须随身携带自救器、必须系安全带、必须戴防尘口罩、安全出口、爆破警戒线、避水灾线路等，安全标志的设置应符合《矿山安全标志》(GB 14161）的规定。

在安全设施竣工验收时，现场抽查矿山企业设置的安全标志。

2.6.7 工伤保险

检查内容：矿山企业是否为从业人员办理工伤保险或安全生产责任保险、雇主责任保险。

【条文说明】

本条为七、安全管理第7条。

工伤保险在安全设施竣工验收时作为一般项进行检查。

《中华人民共和国安全生产法》规定：生产经营单位必须依法参加工伤保险，为从业人员缴纳保险费。国家鼓励生产经营单位投保安全生产责任保险。

在安全设施竣工验收时，主要查阅矿山企业为从业人员办理工伤保险或安全生产责任险、雇主责任保险的证明材料。

2.6.8 应急救援

2.6.8.1 应急预案

检查内容：矿山企业是否根据存在风险的种类、事故类型和重大危险源的情况制定综合应急预案和相应的专项应急预案，风险性较大的重点岗位是否制定现场处置方案；应急预案是否经过评审，并向当地县级以上安全生产监督管理部门备案。

【条文说明】

本条为七、安全管理第8.1条。

应急预案在安全设施竣工验收时作为一般项进行检查，建议抽查。

《生产安全事故应急预案管理办法》(国家安全监管总局令第88号）规定：生产经营单位风险种类多、可能发生多种类型事故的，应当组织编制综合应急预案。对于某一种或者多种类型的事故风险，生产经营单位可以编制相应的专项应急预案，或将专项应急预案并入综合应急预案。对于危险性较大的场所、装置或者设施，生产经营单位应当编制现场处置方案。矿山企业应当对本单位编制的应急预案进行评审，并形成书面评审纪要。生产经营单位的应急预案经评审或者论证后，由本单位主要负责人签署公布，并及时发放到本单位有关部门、岗位和相关应急救援队伍。生产经营单位应当在应急预案公布之日起20个工作日内，按照分级属地原则，向安全生产监督管理部门和有关部门进行告知性备案。

在安全设施竣工验收时，主要查阅矿山企业应急预案及评审备案资料。

2.6.8.2 应急组织与设施

检查内容：矿山企业是否建立由专职或兼职人员组成的事故应急救援组织，配备必要的应急救援器材和设备；生产规模较小不必建立事故应急救援组织的，是否指定兼职的应急救援人员，并与临近的事故救援组织签订救援协议。

【条文说明】

本条为七、安全管理第8.2条。

应急组织与设施在安全设施竣工验收时作为一般项进行检查。

《中华人民共和国安全生产法》规定：矿山企业应当建立应急救援组织。生产经营规模较小的，可以不建立应急救援组织，但应当指定兼职的应急救援人员。《中华人民共和国矿山安全法》规定：矿山企业应当建立由专职或者兼职人员组成的救护和医疗急救组织，配备必要的装备、器材和药物。《企业安全生产应急管理九条规定》(国家安全监管总局令第74号）规定：必须建立专（兼）职应急救援队伍或与邻近专职救援队签订救援协议，配备必要的应急装备、物资，危险作业必须有专人监护。

在安全设施竣工验收时，主要查阅矿山企业专职或兼职应急救援人员名单、应急救援器材设备清单或救援协议。

2.6.8.3　应急演练

检查内容：矿山企业是否制定应急预案演练计划。

【条文说明】

本条为七、安全管理第 8.3 条。

应急演练在安全设施竣工验收时作为一般项进行检查。

《生产安全事故应急预案管理办法》(国家安全监管总局令第 88 号) 规定：生产经营单位应当制定本单位的应急预案演练计划，根据本单位的事故预防重点，每年至少组织一次综合应急预案演练或者专项应急预案演练，每半年至少组织一次现场处置方案演练。

在安全设施竣工验收时，主要查阅矿山企业应急预案演练计划及演练记录。

3 金属非金属矿山尾矿库建设项目安全设施竣工验收

（1）本验收表依据《金属非金属矿山建设项目安全设施目录（试行）》（国家安全生产监督管理总局令第75号）及《金属非金属矿山建设项目安全设施设计编写提纲》（安监总管一〔2015〕68号）编制，用于金属非金属地下矿山建设项目竣工投入生产前，矿山企业组织验收组对建设项目安全设施进行竣工验收。

（2）检查类别中，“■”表示该项为否决项，“△”表示为一般项。

（3）验收中以安全监管部门审查批复的安全设施设计（含设计变更，下同）为检查的对照标准，安全设施设计中未涉及的内容，以国家有关安全生产的法律法规、标准和规范性文件为检查的对照标准。

（4）检查方法分为查阅有关资料、现场检查、现场抽查三种。有关资料主要是指安全设施验收评价报告，以及检测检验报告、施工总结报告、竣工图、监理总结报告、隐蔽工程施工期间的影像资料等。要求进行现场抽查的项目，应按不低于10%的比例进行现场检查。

（5）检查结果分为“合格”和“不合格”两种。否决项必须全部合格，否则不予通过验收。

（6）本验收表为通用性竣工验收表，实际过程中可根据建设项目特点进行增加与删减。

【条文说明】

安全设施竣工验收结论主要是指金属非金属矿山企业组织对本企业的金属非金属矿山建设项目安全设施竣工验收过程中专家组提出的验收结论。一般按照《金属非金属矿山建设项目安全设施竣工验收表》的内容可分为条文验收结论、子项验收结论和总体验收结论。条文为否决项，说明该项检查内容为必检项目，需要进行现场检查，验收结论为不合格的，其子项验收结论也应判定为不合格（其他合格项整改时可不进行调整），总体验收结论也应视为不合格。

上述情况之外，对于子项验收结论，专家组应认真填写，对于一般项不合格时应提出整改要求和建议。需要变更时，同时应明确是属于重大设计变更还是属于一般设计变更内容。

通知中规定了一般项的现场检查比例，实际检查过程中，专家组可根据实际情况进行检查，未检查的安全设施，不必填写检查结论，只需注明本项未检查或未涉及。

3.1 程序的符合性

3.1.1 “三同时”情况

3.1.1.1 安全设施设计

检查内容：安全设施设计是否经过相应的安全监管部门审批；存在重大变更的，是否经原审查部门审查同意。

【条文说明】

本条为一、程序符合性第1.1条。

安全设施设计在安全设施竣工验收时作为否决项进行检查。

安全设施设计是安全设施竣工验收的主要依据之一。《建设项目安全设施“三同时”监督管理办法》（国家安全监管总局令第36号）中规定：建设项目安全设施设计完成后，生产经营单位应当向安全生产监督管理部门提出审查申请，已经批准的建设项目及其安全设施设计发生重大变更的，生产经营单位应当报原批准部门审查同意，未经审查同意的，不得开工建设。

国家安全生产监督管理总局关于印发《金属非金属矿山建设项目安全设施设计重大变更范围的通知》（安监总管一〔2016〕18号）规定：建设单位在建设期间对已经批准的金属非金属矿山建设项目安全设施设计做出变更，且列入《金属非金属矿山建设项目安全设施设计重大变更范围》的，应当编写安全设施重大变更设计，并报原批准部门审查同意。未经审查同意的，不得开工建设。重大设计变更应由原设计单位进行编制。

在安全设施竣工验收时，主要查阅安全设施设计的批复文件或重大变更设计批复文件。

3.1.1.2　项目完工情况

检查内容：建设项目竣工验收前，是否按照批准的安全设施设计内容完成全部的安全设施，单项工程验收合格，具备安全生产条件，并提交自查报告。

【条文说明】

本条为一、程序符合性第1.2条。

项目完工情况在安全设施竣工验收时作为否决项。

《建设项目安全设施“三同时”监督管理办法》（国家安全监管总局令第36号）规定：施工单位应当严格按照安全设施设计和相关施工技术标准、规范施工，并对安全设施的工程质量负责。根据规定建设项目需要试运行（包括生产、使用）的，应当在正式投入生产或者使用前进行试运行。

在安全设施竣工验收时，主要查阅单项工程验收资料、试运行资料和自查报告［安全设施需要试运行（生产、使用）的］。

3.1.1.3　安全设施验收评价

检查内容：是否由具有资质的安全评价机构进行安全设施验收评价，且评价结论为具备安全验收条件。

【条文说明】

本条为一、程序符合性第1.3条。

安全设施验收评价在安全设施竣工验收时作为否决项。

《建设项目安全设施“三同时”监督管理办法》（国家安全监管总局令第36号）规定：建设项目安全设施竣工或者试运行完成后，生产经营单位应当委托具有相应资质的安全评价机构对安全设施进行验收评价，并编制建设项目安全验收评价报告。

安全评价机构应符合《安全评价机构管理规定》（国家安全监管总局令第22号）的要求。安全验收评价报告应当符合国家标准或者行业标准的规定。

在安全设施竣工验收时，主要查阅安全验收评价机构资质情况及报批的安全验收评价报告。

3.1.2　相关单位资质

3.1.2.1　施工单位

检查内容：安全设施是否由具有相应资质的施工单位施工。

【条文说明】

本条为一、程序符合性第2.1条。

施工单位在安全设施竣工验收时作为否决项。

《建设项目安全设施“三同时”监督管理办法》（国家安全监管总局令第36号）规定：建设项目安全设施的施工应当由取得相应资质的施工单位进行，并与建设项目主体工程同时施工。施工单位应当严格按照安全设施设计和相关施工技术标准、规范施工，并对安全设施的工程质量负责。

在安全设施竣工验收时，主要查阅施工单位的资质证书。

3.1.2.2 监理单位

检查内容：施工过程是否由具有相应资质的监理单位进行监理。

【条文说明】

本条为一、程序符合性第2.2条。

监理单位在安全设施竣工验收时作为一般项进行检查。

《建设工程质量管理条例》（国务院令第279号）规定：实行监理的建设工程，建设单位应当委托具有相应资质等级的工程监理单位进行监理。《工程监理企业资质管理规定》（建设部令第158号）对专业工程类别和等级要求有明确规定。

在安全设施竣工验收时，主要查阅监理单位的资质证书。

3.1.3 工程地质勘察

检查内容：是否由具有相应资质地质勘察单位进行工程地质勘察。

【条文说明】

本条为一、程序符合性第3.1条。

工程地质勘察在安全设施竣工验收时作为一般项进行检查，建议抽查。

本项内容主要针对尾矿库安全设施设计竣工验收制定，其他矿山建设项目工程地质勘察委托按照相关建设项目性质参考相关规范执行。

《尾矿库安全监督管理规定》（国家安全监管总局令第38号）规定：尾矿库的勘察单位应当具有矿山工程或者岩土工程类勘察资质。尾矿库的勘察单位除符合前款规定外，还应当按照尾矿库的等别符合下列规定：①一等、二等、三等尾矿库建设项目，其勘察单位具有甲级资质；②四等、五等尾矿库建设项目，其勘察单位具有乙级或者乙级以上资质。

在尾矿库安全设施竣工验收时，主要查阅工程地质勘察单位资质证书、工程地质勘察报告。

3.1.4 建筑材料质量保证资料

检查内容：建筑材料有无具有出厂合格证，检测检验是否符合国家有关规定。

【条文说明】

本条为一、程序符合性第4条。

建筑材料质量保证资料在安全设施竣工验收时作为一般项进行检查，建议抽查。

本项内容主要针对尾矿库安全设施设计竣工验收制定。

在尾矿库安全设施竣工验收时，主要查阅建筑材料出厂合格证及其他由检测部门出具的检测合格报告。

3.2 总平面布置与坝体工程

3.2.1 总平面布置

3.2.1.1 尾矿库地质灾害与雪崩防护设施

3.2.1.1.1 尾矿库泥石流防护设施

检查内容：尾矿库泥石流防护设施的设置。

【条文说明】

本条为二、总平面布置第1.1条。

尾矿库泥石流防护设施属于专用安全设施，在安全设施竣工验收时，作为一般项进行检查。

尾矿库建设场地或其附近有发生泥石流的条件并对工程安全有影响时，安全设施设计中应设置泥石流防护设施。泥石流防护设施一般有拦截设施、滞流设施、排导设施等。

在安全设施竣工验收时，可以通过查阅安全设施竣工验收评价报告的方法，检查泥石流防护设施的设置是否与批复的安全设施设计一致。

3.2.1.1.2　库区滑坡治理设施

检查内容：库区滑坡治理设施的设置。

【条文说明】

本条为二、总平面布置第 1.2 条。

库区滑坡治理设施属于专用安全设施，在安全设施竣工验收时，作为一般项进行检查。

尾矿库库区或其附近有发生滑坡的条件并对工程安全有影响时，安全设施设计中应设置滑坡治理设施。滑坡治理一般采用清除滑坡体、地表水和地下水的治理措施、减重和反压、抗滑工程设施等。

在安全设施竣工验收时，可以通过查阅安全设施竣工验收评价报告的方法，检查滑坡治理设施的设置是否与批复的安全设施设计一致。

3.2.1.1.3　库区岩溶治理设施

检查内容：库区岩溶治理设施的设置。

【条文说明】

本条为二、总平面布置第 1.3 条。

库区岩溶治理设施属于专用安全设施，在安全设施竣工验收时，作为一般项进行检查。

尾矿库建设在碳酸盐类岩石地区，当有溶洞、溶蚀裂隙、土洞等存在并对工程安全有影响时，应考虑其对构筑物地基稳定性的影响，安全设施设计中应设置岩溶治理设施。对于影响地基稳定性的岩溶洞隙，应根据其位置、大小、埋深、围岩稳定性和水文地质条件等综合分析，因地制宜地采取下列处理措施。

（1）换填、镶补、嵌塞与跨盖等；

（2）梁、板拱等结构跨越；

（3）灌浆加固、清爆填塞；

（4）洞底支撑或调整柱距；

（5）钻孔灌浆；

（6）设置“褥垫”；

（7）调整基础底面面积；

（8）地下水排导。

在安全设施竣工验收时，可以通过查阅安全设施竣工验收评价报告的方法，检查岩溶治理设施的设置是否与批复的安全设施设计一致。

3.2.1.1.4　高寒地区的雪崩防护设施

检查内容：高寒地区的雪崩防护设施的设置。

【条文说明】

本条为二、总平面布置第 1.4 条。

高寒地区的雪崩防护设施属于专用安全设施，在安全设施竣工验收时，作为一般项进行检查。

尾矿库建设在高寒地区附近有发生雪崩的条件并对工程安全有影响时，安全设施设计中应设置雪崩防护设施。

在安全设施竣工验收时，可以通过查阅安全设施竣工验收评价报告的方法，检查雪崩防护设施的设置是否与批复的安全设施设计一致。

3.2.1.2　尾矿库下游动迁

检查内容：尾矿库下游动迁情况。

【条文说明】

本条为二、总平面布置第 2 条。

尾矿库下游动迁情况在安全设施竣工验收时，作为否决项进行检查。

针对已批复的安全设施设计中，要求“头顶库”下游村庄、企业、居民区动迁的，应在建设项目安全设施竣工验收前完成动迁。

在安全设施竣工验收时，可以通过查阅安全设施竣工验收评价报告和现场检查的方法，检查尾矿库下游动迁情况是否与批复的安全设施设计一致。

3.2.2 坝体工程

3.2.2.1 *尾矿坝*

3.2.2.1.1 初期坝

检查内容：坝址、坝体型式、结构尺寸、坝体的填筑指标、坝基处理等。

【条文说明】

本条为三、坝体工程第1.1条。

初期坝属于基本安全设施，在安全设施竣工验收时，作为否决项进行检查。

（1）坝址。初期坝坝址应以筑坝工程量小，以及形成的库容大和避免不良的工程、水文地质条件为原则，在安全设施设计中应结合筑坝材料来源、施工条件、尾矿澄清距离及排水构筑物的布置等因素，经综合论证确定。

（2）坝体型式。尾矿库工程初期坝体的型式按透水性分为透水坝型和不透水坝型。按照不同的筑坝材料主要包括均质土坝、土石混合坝、堆石坝、浆砌石坝和钢筋混凝土重力坝等。不透水坝型一般设置棱体和排渗体，透水坝型一般设置反滤体。

（3）坝体结构尺寸。坝体结构尺寸的主要参数包括坝顶标高、坝顶宽度、内/外坡的坡度、坝坡护坡的厚度、护坡的质量情况等。

（4）坝体的填筑指标。土坝的主要控制指标为压实干容重和压实度。堆石坝的主要控制指标为孔隙率、干容重、石料的抗压强度和软化系数，重力坝的主要控制指标为坝体的强度指标。

（5）坝基处理。坝基及岸坡的处理工程为隐蔽工程，处理措施根据坝基的工程地质条件确定。

在安全设施竣工验收时，可以通过查阅安全设施竣工验收评价报告、竣工图、监理总结报告及隐蔽工程施工期间的影像资料等方法，现场检查初期坝是否与批复的安全设施设计一致。

3.2.2.1.2 堆积坝

检查内容：坝体型式、结构尺寸、坝体的填筑指标、坝基处理等。

【条文说明】

本条为三、坝体工程第1.2条。

堆积坝属于基本安全设施，在安全设施竣工验收时，作为否决项进行检查。

堆积坝的坝体多采用尾矿进行堆筑，堆筑方式可采用人工或机械堆筑子坝、旋流器筑坝、池填法筑坝等，堆积坝也可采用其他筑坝材料堆筑。

在安全设施竣工验收时，可以通过查阅安全设施竣工验收评价报告和现场检查的方法，检查堆积坝是否与批复的安全设施设计一致。

3.2.2.1.3 副坝

检查内容：坝址、坝体型式、结构尺寸、坝体的填筑指标、坝基处理等。

【条文说明】

本条为三、坝体工程第1.3条。

副坝属于基本安全设施，在安全设施竣工验收时，作为否决项进行检查。

检查内容和检查方法同3.2.2.1.1初期坝。

3.2.2.1.4 挡水坝

检查内容：坝址、坝体型式、结构尺寸、坝体的填筑指标、坝基处理等。

【条文说明】

本条为三、坝体工程第 1.4 条。

挡水坝属于基本安全设施，在安全设施竣工验收时，作为否决项进行检查。

检查内容和检查方法同 3.3.2.1.1 初期坝。

3.2.2.1.5　一次建坝尾矿坝

检查内容：坝址、坝体型式、结构尺寸、坝体的填筑指标、坝基处理等。

【条文说明】

本条为三、坝体工程第 1.5 条。

一次建坝尾矿坝属于基本安全设施，在安全设施竣工验收时，作为否决项进行检查。

检查内容和检查方法同 3.2.2.1.1 初期坝。

3.2.2.2　堆积坝坝面防护设施

3.2.2.2.1　堆积坝护坡

检查内容：坝面护坡的型式、结构尺寸。

【条文说明】

本条为三、坝体工程第 2.1 条。

堆积坝护坡属于基本安全设施，在安全设施竣工验收时，作为一般项进行检查，建议抽查。

尾矿堆积坝下游坡面防护一般采用下列措施：

（1）采用碎石、废石或山坡土覆盖坡面；

（2）坡面植草或种植灌木类植物。

结构尺寸一般包括护坡的范围、厚度等。

在安全设施竣工验收时，可以通过查阅安全设施竣工验收评价报告和现场检查的方法，检查坝面护坡是否与批复的安全设施设计一致。

3.2.2.2.2　坝面排水沟

检查内容：坝面排水沟的型式、结构尺寸。

【条文说明】

本条为三、坝体工程第 2.2 条。

坝面排水沟属于基本安全设施，在安全设施竣工验收时，作为一般项进行检查，建议抽查。

尾矿堆积坝下游坡面应修筑人字沟或网状排水沟进行防护，排水沟的型式一般有干砌块石、浆砌块石及混凝土结构。主要的结构尺寸包括排水沟的顶底面宽度、深度、断面面积等。

在安全设施竣工验收时，可以通过查阅安全设施竣工验收评价报告和现场检查的方法，检查坝面排水沟是否与批复的安全设施设计一致。

3.2.2.2.3　坝肩截水沟

检查内容：坝肩截水沟的型式、结构尺寸是否与批复的安全设施设计一致。

【条文说明】

本条为三、坝体工程第 2.3 条。

坝肩截水沟属于基本安全设施，在安全设施竣工验收时，作为一般项进行检查，建议抽查。

坝肩截水沟的型式一般有干砌块石、浆砌块石及混凝土结构。主要的结构尺寸包括截水沟的顶底面宽度、深度、断面面积等。

在安全设施竣工验收时，可以通过查阅安全设施竣工验收评价报告和现场检查的方法，检查坝肩截水沟是否与批复的安全设施设计一致。

3.2.2.3　尾矿坝坝体排渗设施

3.2.2.3.1　贴坡排渗

检查内容：贴坡排渗的范围、厚度，贴坡施工及反滤料的指标。

【条文说明】

本条为三、坝体工程第3.1条。

贴坡排渗属于专用安全设施，在安全设施竣工验收时，作为一般项进行检查，建议抽查。

贴坡排渗包括反滤层和保护层。贴坡排渗的设置区域（范围）应大于渗流出逸范围，保护层厚度应大于标准冻结深度，反滤层应保证被保护尾矿不发生渗透变形，并且反滤料的渗透性应大于被保护尾矿。

在安全设施竣工验收时，可以通过查阅安全设施竣工验收评价报告和现场检查的方法，检查贴坡排渗是否与批复的安全设施设计一致。

3.2.2.3.2 自流式排渗管

检查内容：自流式排渗管的平面位置、数量、管材型式、结构尺寸。

【条文说明】

本条为三、坝体工程第3.2条。

自流式排渗管属于专用安全设施，在安全设施竣工验收时，作为一般项进行检查，建议抽查。

为达到设计要求的排渗效果，重点检查排渗管的层数、位置、管径、长度、埋深、间距、个数等。

在安全设施竣工验收时，可以通过查阅安全设施竣工验收评价报告的方法，检查自流式排渗管是否与批复的安全设施设计一致。现场检查排渗效果及排水水质情况。

3.2.2.3.3 管井排渗

检查内容：管井的平面位置、数量、管材型式、结构尺寸。

【条文说明】

本条为三、坝体工程第3.3条。

管井排渗属于专用安全设施，在安全设施竣工验收时，作为一般项进行检查，建议抽查。

检查内容和检查方法同3.2.2.3.2自流式排渗管。

3.2.2.3.4 垂直－水平联合排渗

检查内容：垂直－水平联合自流排渗的型式、平面位置，管材的型式、数量、结构尺寸。

【条文说明】

本条为三、坝体工程第3.4条。

垂直－水平联合排渗属于专用安全设施，在安全设施竣工验收时，作为一般项进行检查，建议抽查。

垂直－水平联合排渗应包括垂直排渗体和水平排渗管。垂直排渗体的结构一般为管井、大直径砂砾井、小直径袋装砂砾井或塑料排水板等。重点检查排渗型式、平面位置，管材的型式、数量、结构尺寸等。

在安全设施竣工验收时，可以通过查阅安全设施竣工验收评价报告的方法，检查垂直－水平联合排渗是否与批复的安全设施设计一致。现场检查排渗效果及排水水质。

3.2.2.3.5 虹吸排渗

检查内容：虹吸排渗的平面位置、数量、管材型式、结构尺寸。

【条文说明】

本条为三、坝体工程第3.5条。

虹吸排渗属于专用安全设施，在安全设施竣工验收时，作为一般项进行检查，建议抽查。

虹吸排渗一般由井室、水源井、虹吸管和水封池组成。重点检查水源井和水封池的结构型式、虹吸管的管材、结构尺寸等。

在安全设施竣工验收时，可以通过查阅安全设施竣工验收评价报告的方法，检查虹吸井是否与批复的安全设施设计一致。现场检查排渗效果及排水水质。

3.2.2.3.6　辐射井

检查内容：辐射井的平面位置、数量、型式、结构尺寸，各部位的钢筋、混凝土的强度，混凝土的抗渗、抗冻、抗侵蚀性。

【条文说明】

本条为三、坝体工程第 3.6 条。

辐射井属于专用安全设施，在安全设施竣工验收时，作为一般项进行检查，建议扣查。

辐射井排渗一般由集水井、排渗管和导水管组成。重点检查集水井的井数、井距、井深和井径，排渗管和导水管的数量、型式、结构尺寸等，集水井一般采用钢筋混凝土结构，各部位的钢筋、混凝土的强度，混凝土的抗渗、抗冻、抗侵蚀性等指标应满足设计要求。

在安全设施竣工验收时，可以通过查阅安全设施竣工验收评价报告的方法，检查辐射井是否与批复的安全设施设计一致。现场检查排渗效果及排水水质。

3.2.2.3.7　排渗褥垫

检查内容：排渗褥垫的平面位置、厚度、型式、结构尺寸等，褥垫施工及反滤料的指标。

【条文说明】

本条为三、坝体工程第 3.7 条。

排渗褥垫属于专用安全设施，在安全设施竣工验收时，作为一般项进行检查，建议抽查。

排渗褥垫一般由透水性好的砾石、卵石及反滤料组成，重点检查排渗褥垫的平面位置、厚度、型式、结构尺寸及反滤料的指标等。

在安全设施竣工验收时，可以通过查阅安全设施竣工验收评价报告的方法，检查排渗褥垫是否与批复的安全设施设计一致。

3.2.2.3.8　排渗盲沟（管）

检查内容：排渗盲沟（管）的平面位置、数量、型式、结构尺寸，盲沟施工及反滤料的指标。

【条文说明】

本条为三、坝体工程第 3.8 条。

排渗盲沟（管）属于专用安全设施，在安全设施竣工验收时，作为一般项进行检查，建议抽查。

排渗盲沟一般由透水性好的砾石、卵石、排渗盲沟管组成的排渗体及反滤料和导水管组成。重点检查排渗盲沟的平面位置、型式、导水管的数量、结构型式、结构尺寸及反滤料的指标等。

在安全设施竣工验收时，可以通过查阅安全设施竣工验收评价报告的方法，检查排渗盲沟（管）是否与批复的安全设施设计一致。现场检查排渗效果及排水水质。

3.3　尾矿库库内排水设施与库周截排洪设施

3.3.1　尾矿库库内排水设施

3.3.1.1　排水井

检查内容：排水井的平面位置、标高、数量、型式、结构尺寸，各部位的钢筋、混凝土的强度，混凝土抗渗、抗冻、抗侵蚀性，基坑处理情况等。

【条文说明】

本条为四、库内排水设施第 1 条。

排水井属于基本安全设施，在安全设施竣工验收时，作为否决项进行检查。

排水井的型式应根据排水量大小、尾矿库的地形条件和是否兼作回水设施等因素经过技术经济比较确定。当排水量较大时，宜采用框架式排水井，排水量较小时，宜采用窗口式排水井。

排水井主要结构尺寸包括排水井的内径、排水井进水口标高、井高等，排水井一般采用钢筋混凝土结构。排水井应检查平面位置、标高、数量、型式、结构尺寸，各部位的钢筋、混凝土的强度，混凝土抗渗、抗冻、抗侵蚀性，基坑处理等。

在安全设施竣工验收时，可以通过查阅安全设施竣工验收评价报告、竣工图、监理总结报告及隐蔽工程施工期间的影像资料等方法，现场检查排水井是否与批复的安全设施设计一致。

3.3.1.2 排水斜槽

检查内容：排水斜槽的平面位置、标高、长度、型式、结构尺寸，各部位的钢筋、混凝土的强度，混凝土抗渗、抗冻、抗侵蚀性，基坑处理情况等。

【条文说明】

本条为四、库内排水设施第 2 条。

排水斜槽属于基本安全设施，在安全设施竣工验收时，作为否决项进行检查。

排水斜槽同时具备进水构筑物和泄水构筑物的功能，排水斜槽的型式应根据排水量的大小、尾矿库地形、工程地质条件等因素经过技术经济比较确定。当排水量较小且地形坡度较陡，尾矿库的澄清距离受限时，可采用排水斜槽。

排水斜槽一般采用矩形断面，结构尺寸包括斜槽的底宽、净高。排水斜槽一般采用钢筋混凝土结构。排水斜槽应检查平面位置、各部位标高、长度、型式、结构尺寸，各部位的钢筋、混凝土的强度，混凝土抗渗、抗冻、抗侵蚀性，基坑处理等。

在安全设施竣工验收时，可以通过查阅安全设施竣工验收评价报告、竣工图、监理总结报告及隐蔽工程施工期间的影像资料等方法，检查排水斜槽是否与批复的安全设施设计一致。

3.3.1.3 排水隧洞

检查内容：排水隧洞的布置、标高、长度、衬砌型式、结构尺寸，衬砌的钢筋、混凝土的强度，混凝土抗渗、抗冻、抗侵蚀性，锚杆材料及类型、直径、布置情况等。

【条文说明】

本条为四、库内排水设施第 3 条。

排水隧洞属于基本安全设施，在安全设施竣工验收时，作为否决项进行检查。

排水隧洞为泄水构筑物，具有泄水量大，安全可靠的特点。排水隧洞的断面应根据排水量的大小确定，常采用圆拱直墙形断面。排水隧洞的衬砌型式应根据隧洞围岩的工程地质条件等因素经过技术经济比较确定，一般采用喷锚支护和钢筋混凝土衬砌。排水隧洞应检查洞线的布置、断面大小、标高、长度、衬砌型式、结构尺寸，衬砌的钢筋、混凝土的强度，混凝土抗渗、抗冻、抗侵蚀性，锚杆材料及类型、直径等。

在安全设施竣工验收时，可以通过查阅安全设施竣工验收评价报告、竣工图、监理总结报告及隐蔽工程施工期间的影像资料等方法，现场检查排水隧洞是否与批复的安全设施设计一致。

3.3.1.4 排水管

检查内容：排水管的平面位置、标高、长度、型式、结构尺寸，各部位的钢筋、混凝土的强度，混凝土抗渗、抗冻、抗侵蚀性，基坑处理情况等。

【条文说明】

本条为四、库内排水设施第 4 条。

排水管属于基本安全设施，在安全设施竣工验收时，作为否决项进行检查。

排水管为泄水构筑物，排水管的断面应根据排水量的大小确定，一般采用圆形，也可采用方形和城门洞形涵管。排水管的壁厚应满足强度要求，一般采用现浇的钢筋混凝土结构。排水管应检查平面位置、断面大小、标高、长度、型式、结构尺寸，各部位的钢筋、混凝土的强度，混凝土抗渗、抗冻、抗侵蚀性及基坑处理等。

在安全设施竣工验收时，可以通过查阅安全设施竣工验收评价报告、竣工图、监理总结报告及隐蔽工程施工期间的影像资料等方法，现场检查排水管是否与批复的安全设施设计一致。

3.3.1.5 溢洪道

检查内容：溢洪道的平面位置、标高、型式、结构尺寸，衬砌用块石、混凝土和钢筋的强度，混凝土的抗渗、抗冻、抗侵蚀性，基槽处理情况等。

【条文说明】

本条为四、库内排水设施第5条。

溢洪道属于基本安全设施，在安全设施竣工验收时，作为否决项进行检查。

溢洪道同时具备进水构筑物和泄水构筑物的功能，溢洪道的型式应根据排水量的大小、尾矿库地形、工程地质条件等因素经过技术经济比较确定。溢洪道一般采用浆砌块石或钢筋混凝土结构。溢洪道应检查平面位置、标高、型式、结构尺寸，衬砌用块石、混凝土和钢筋的强度，混凝土的抗渗、抗冻、抗侵蚀性，基槽处理等。

在安全设施竣工验收时，可以通过查阅安全设施竣工验收评价报告、竣工图、监理总结报告及隐蔽工程施工期间的影像资料等方法，现场检查溢洪道是否与批复的安全设施设计一致。

3.3.1.6 消力池

检查内容：消力池的平面位置、标高、型式、结构尺寸，衬砌用块石、混凝土和钢筋的强度，混凝土的抗渗、抗冻、抗侵蚀性，基槽处理情况等。

【条文说明】

本条为四、库内排水设施第6条。

消力池属于基本安全设施，在安全设施竣工验收时，作为一般项进行检查。

消力池为泄流消能设施，一般采用浆砌块石或钢筋混凝土结构。消力池应检查平面位置、标高、型式、结构尺寸，衬砌用块石、混凝土和钢筋的强度，混凝土的抗渗、抗冻、抗侵蚀性，基槽处理等。

在安全设施竣工验收时，可以通过查阅安全设施竣工验收评价报告、竣工图、监理总结报告及隐蔽工程施工期间的影像资料等方法，现场检查消力池是否与批复的安全设施设计一致。

3.3.2 尾矿库库周截排洪设施

3.3.2.1 拦洪坝

检查内容：拦洪坝的坝址、型式、结构尺寸，填筑指标和地基处理情况等。

【条文说明】

本条为五、库周截排洪设施第1条。

拦洪坝属于基本安全设施，在安全设施竣工验收时，作为否决项进行检查。

检查内容和检查方法同3.2.2.1.1初期坝。

3.3.2.2 截洪沟

检查内容：截洪沟的平面位置、标高、衬砌型式、结构尺寸等。

【条文说明】

本条为五、库周截排洪设施第2条。

截洪沟属于基本安全设施，在安全设施竣工验收时，作为一般项进行检查。

截洪沟可起到减少入库水量和清污分流的作用，除库尾排矿的干式尾矿库外，三等及三等以上的尾矿库不得采用截洪沟排洪。截洪沟应检查平面位置、标高、衬砌型式、结构尺寸等。

在安全设施竣工验收时，可以通过查阅安全设施竣工验收评价报告和现场检查的方法，检查截洪沟是否与批复的安全设施设计一致。

3.3.2.3 排水井

检查内容：排水井的平面位置、标高、数量、型式、结构尺寸，各部位的钢筋、混凝土的强度，混凝土抗渗、抗冻、抗侵蚀性，基坑处理情况等。

【条文说明】

本条为五、库周截排洪设施第3条。

排水井属于基本安全设施，在安全设施竣工验收时，作为否决项进行检查。

检查内容和检查方法同3.3.1.1库内排水设施排水井。

3.3.2.4 排洪隧洞

检查内容：排洪隧洞的布置、标高、长度、衬砌型式、结构尺寸，衬砌的钢筋、混凝土的强度，混凝土抗渗、抗冻、抗侵蚀性，锚杆材料及类型、直径、布置情况等。

【条文说明】

本条为五、库周截排洪设施第4条。

排洪隧洞属于基本安全设施，在安全设施竣工验收时，作为否决项进行检查。

检查内容和检查方法同3.3.1.3库内排水设施排水隧洞。

3.3.2.5 溢洪道

检查内容：溢洪道的平面位置、标高、型式、结构尺寸，衬砌用块石、混凝土和钢筋的强度，混凝土的抗渗、抗冻、抗侵蚀性，基槽处理情况等。

【条文说明】

本条为五、库周截排洪设施第5条。

溢洪道属于基本安全设施，在安全设施竣工验收时，作为否决项进行检查。

检查内容和检查方法同3.3.1.5库内排水设施溢洪道。

3.3.2.6 消力池

检查内容：消力池的平面位置、标高、型式、结构尺寸，衬砌用块石、混凝土和钢筋的强度，混凝土的抗渗、抗冻、抗侵蚀性，基槽处理情况等。

【条文说明】

本条为五、库周截排洪设施第6条。

消力池属于基本安全设施，在安全设施竣工验收时，作为一般项进行检查。

检查内容和检查方法同3.3.1.6库内排水设施消力池。

3.4 干式尾矿运输及尾矿库辅助设施

3.4.1 干式尾矿运输

3.4.1.1 汽车运输

3.4.1.1.1 道路参数

检查内容：运输道路等级、道路参数（包括宽度、坡度、最小转弯半径、缓和坡段等）。

【条文说明】

本条为六、干式尾矿运输第1.1条。

在安全设施竣工验收时，作为一般项进行检查。

检查内容和检查方法同2.2.2.1.1公路运输道路参数。

3.4.1.1.2 警示标志

检查内容：道路的急弯、陡坡、危险地段的警示标志等。

【条文说明】

本条为六、干式尾矿运输第1.2条。

警示标志属于专用安全设施，在安全设施竣工验收时，作为一般项进行检查。

检查内容和检查方法同2.2.2.1.2公路运输警示标志。

3.4.1.1.3　运输线路的安全护栏及挡车设施

检查内容：山坡填方的弯道、坡度较大的填方地段以及高堤路基路段，外侧护栏、挡车墙（堆）等。

【条文说明】

本条为六、干式尾矿运输第1.3条。

安全护栏及挡车设施属于专用安全设施，在安全设施竣工验收时，作为一般项进行检查。

检查内容和检查方法同2.2.2.1.3公路运输护栏及挡车墙（堆）。

3.4.1.1.4　避让道

检查内容：主要运输道路及联络道的长坡道，汽车避让道等。

【条文说明】

本条为六、干式尾矿运输第1.4条。

避让道属于专用安全设施，在安全设施竣工验收时，作为一般项进行检查。

检查内容和检查方法同2.2.2.1.4公路运输避让道。

3.4.1.1.5　紧急避险车道

检查内容：连续长陡下坡路段，危及运行安全处紧急避险车道等。

【条文说明】

本条为六、干式尾矿运输第1.5条。

紧急避险车道属于专用安全设施，在安全设施竣工验收时，作为一般项进行检查。

检查内容和检查方法同2.2.2.1.5公路运输避让道。

3.4.1.1.6　卸料平台的安全挡车设施

检查内容：卸料平台的调车宽度、卸料地点挡车设施及其高度等。

【条文说明】

本条为六、干式尾矿运输第1.6条。

卸料平台的安全挡车设施属于专用安全设施，在安全设施竣工验收时，作为一般项进行检查。

检查内容和检查方法同2.2.2.1.6公路运输卸载点安全挡车设施。

3.4.1.2　带式输送机运输

3.4.1.2.1　胶带输送机系统的各种闭锁和电气保护装置

检查内容：装料点和卸料点的空仓、满仓等保护装置，声光报警信号装置及带式输送机联锁装置；带式输送机防胶带撕裂、断带、防跑偏、防止过速、防止过载、防止打滑、防止大块冲击等保护装置，制动装置、胶带清扫装置、线路上的信号、电气联锁和停车装置，烟雾报警装置、软启动装置；上行的带式输送机的防逆转装置是否与批复的安全设施设计一致。带式输送机驱动系统供配电主回路的断路、短路、漏电、欠压、过流、缺相、接地等保护装置等。

【条文说明】

本条为六、干式尾矿运输第2.1条。

胶带输送机系统的各种闭锁和电气保护装置属于专用安全设施，在安全设施竣工验收时，作为一般项进行检查。

检查内容和检查方法同2.2.2.4.1、2.2.2.4.2条带式输送机运输中胶带输送机系统的各种闭锁和电气保护装置。

3.4.1.2.2　设备的安全护罩

检查内容：设备的安全护罩设置等。

【条文说明】

本条为六、干式尾矿运输第 2.2 条。

设备的安全护罩属于专用安全设施，在安全设施竣工验收时，作为一般项进行检查。

检查内容和检查方法同 2.2.2.4.3 条带式输送机运输中设备的安全护罩。

3.4.1.2.3　安全护栏

检查内容：安全护栏的位置、数量、规格等。

【条文说明】

本条为六、干式尾矿运输第 2.3 条。

设备的安全护罩属于专用安全设施，在安全设施竣工验收时，作为一般项进行检查。

检查内容和检查方法同 2.2.2.4.4 条带式输送机运输中安全护栏。

3.4.1.2.4　梯子、扶手

检查内容：梯子、扶手的位置、数量、规格等。

【条文说明】

本条为六、干式尾矿运输第 2.4 条。

梯子、扶手属于专用安全设施，在安全设施竣工验收时，作为一般项进行检查。

检查内容和检查方法同 2.2.2.4.5 条带式输送机运输中梯子、扶手。

3.4.2　尾矿库辅助设施

3.4.2.1　基本安全辅助设施

3.4.2.1.1　尾矿库交通道路

检查内容：尾矿库库区道路的设置情况。

【条文说明】

本条为七、尾矿库辅助设施第 1.1 条。

尾矿库交通道路属于基本安全设施，在安全设施竣工验收时，作为一般项进行检查，建议抽查。

尾矿库应设置库区上坝道路、通向排洪设施的联络道路、库区与外部的联络道路等。

在安全设施竣工验收时，可以通过查阅安全设施竣工验收评价报告和现场检查的方法，检查尾矿库交通道路是否与批复的安全设施设计一致。

3.4.2.1.2　尾矿库照明设施

检查内容：尾矿库照明设施的设置情况。

【条文说明】

本条为七、尾矿库辅助设施第 1.2 条。

尾矿库照明设施属于基本安全设施，在安全设施竣工验收时，作为一般项进行检查，建议抽查。

尾矿库应设置坝上照明设施，保证夜间尾矿排放、检修等生产作业正常进行。

在安全设施竣工验收时，可以通过查阅安全设施竣工验收评价报告和现场检查的方法，检查尾矿库照明设施是否与批复的安全设施设计一致。

3.4.2.1.3　尾矿库通信设施

【条文说明】

本条为七、尾矿库辅助设施第 1.3 条。

尾矿库通信设施属于基本安全设施，在安全设施竣工验收时，作为一般项进行检查，建议抽查。

尾矿库应设置通信设施，保证库区作业人员、安全生产管理人员之间实时联系。

在安全设施竣工验收时，可以通过查阅安全设施竣工验收评价报告和现场检查的方法，检查尾矿库通信设施是否与批复的安全设施设计一致。

3.4.2.2　专用安全辅助设施

3.4.2.2.1　尾矿库管理站

检查内容：尾矿库管理站设置情况。

【条文说明】

本条为七、尾矿库辅助设施第2.1条。

尾矿库管理站属于专用安全设施，在安全设施竣工验收时，作为一般项进行检查，建议抽查。

生产经营单位应当保证尾矿库具备安全生产条件所必需的资金投入，建立相应的安全管理机构或者配备相应的安全管理人员、专业技术人员。安全生产管理职责包括：

（1）认真贯彻上级下达的各项指令和任务；

（2）建立健全尾矿设施安全管理制度；

（3）编制年、季作业计划和详细运行图表，统筹安排和实施尾矿输送、分级、筑坝和排洪的管理工作；

（4）严格按照《尾矿库安全监督管理规定》《尾矿库安全技术规程》和设计文件的要求，做好尾矿库放矿筑坝、回水排水、防汛度汛、抗震等日常安全生产管理；

（5）做好日常巡检和观测，并进行及时、全面的记录，发现安全隐患时，应立即采取应急措施并及时向上级报告。

在安全设施竣工验收时，可以通过查阅安全设施竣工验收评价报告和现场检查的方法，检查尾矿库是否按照《尾矿库安全监督管理规定》及《尾矿库安全技术规程》的要求设置了尾矿库管理站。

3.4.2.2.2　报警系统

检查内容：报警系统的设置情况。

【条文说明】

本条为七、尾矿库辅助设施第2.2条。

报警系统属于专用安全设施，在安全设施竣工验收时，作为一般项进行检查，建议抽查。

尾矿库应设置报警系统并制定应急救援预案，当发现安全隐患时生产经营单位应启动应急预案。

在安全设施竣工验收时，可以通过查阅安全设施竣工验收评价报告和现场检查的方法，检查尾矿库是否按照《尾矿库安全监督管理规定》及《尾矿库安全技术规程》的要求设置了报警系统并制定应急救援预案。

3.4.2.2.3　库区安全护栏

检查内容：库区安全护栏的设置情况。

【条文说明】

本条为七、尾矿库辅助设施第2.3条。

库区安全护栏属于专用安全设施，在安全设施竣工验收时，作为一般项进行检查，建议抽查。

尾矿库应在危险作业场所设置安全护栏。

在安全设施竣工验收时，可以通过查阅安全设施竣工验收评价报告和现场检查库区安全护栏是否与批复的安全设施设计一致。

3.4.2.2.4　安全标志

检查内容：库区安全标志的设置情况。

【条文说明】

本条为七、尾矿库辅助设施第2.4条。

安全标志属于专用安全设施，在安全设施竣工验收时，作为一般项进行检查，建议抽查。

尾矿库应在危险作业场所设置安全标志。

在安全设施竣工验收时，可以通过查阅安全设施竣工验收评价报告和现场检查的方法，检查安全标志是否与批复的安全设施设计一致。

3.4.2.3 库内回水浮船、运输船防护设施

3.4.2.3.1 安全护栏

检查内容：安全护栏的设置情况。

【条文说明】

本条为七、尾矿库辅助设施第3.1条。

安全护栏属于专用安全设施，在安全设施竣工验收时，作为一般项进行检查，建议抽查。

库内回水浮船、运输船应设置安全护栏，防止发生人员坠落。

在安全设施竣工验收时，可以通过查阅安全设施竣工验收评价报告和现场检查的方法，检查回水浮船、运输船上安全护栏是否与批复的安全设施设计一致。

3.4.2.3.2 救生器材

检查内容：救生器材的设置情况。

【条文说明】

本条为七、尾矿库辅助设施第3.2条。

救生器材属于专用安全设施，在安全设施竣工验收时，作为一般项进行检查，建议抽查。

库内回水浮船、运输船上应配备救生圈、救生衣、安全绳等救生器材。

在安全设施竣工验收时，可以通过查阅安全设施竣工验收评价报告和现场检查的方法，检查回水浮船、运输船上救生器材是否与批复的安全设施设计一致。

3.4.2.3.3 固定设施

检查内容：固定设施的设置情况。

【条文说明】

本条为七、尾矿库辅助设施第3.3条。

固定设施属于专用安全设施，在安全设施竣工验收时，作为一般项进行检查，建议抽查。

库内回水浮船、运输船上应设置固定设施。

在安全设施竣工验收时，可以通过查阅安全设施竣工验收评价报告和现场检查的方法，检查回水浮船、运输船上固定设施是否与批复的安全设施设计一致。

3.4.2.3.4 电气设备接地措施

检查内容：电气设备接地措施。

【条文说明】

本条为七、尾矿库辅助设施第3.4条。

电气设备接地措施属于专用安全设施，在安全设施竣工验收时，作为一般项进行检查，建议抽查。

库内回水浮船、运输船上的电气设备应采取接地措施。

在安全设施竣工验收时，可以通过查阅安全设施竣工验收评价报告和现场检查的方法，检查回水浮船、运输船上的电气设备接地措施是否与批复的安全设施设计一致。

3.5 尾矿库安全监测设施

3.5.1 库区气象监测设施

检查内容：库区气象监测设施的设置情况。

【条文说明】

本条为八、尾矿库安全监测设施第1条。

库区气象监测设施属于专用安全设施，在安全设施竣工验收时，作为一般项进行检查，建议抽查。

库区气象监测设施主要为降雨量监测。降雨量监测一般采用自记雨量计、遥测雨量计或自动测报雨量计。

在安全设施竣工验收时，可以通过查阅安全设施竣工验收评价报告和现场检查的方法，检查库区气象监测设施是否与批复的安全设施设计一致。

3.5.2　地质灾害监测设施

检查内容：地质灾害监测设施的设置情况。

【条文说明】

本条为八、尾矿库安全监测设施第 2 条。

地质灾害监测设施属于专用安全设施，在安全设施竣工验收时，作为一般项进行检查，建议抽查。

当尾矿库建设场地或其附近有发生泥石流、滑坡、岩溶、雪崩等地质灾害时，应设置地质灾害监测设施。

在安全设施竣工验收时，可以通过查阅安全设施竣工验收评价报告和现场检查的方法，检查地质灾害监测设施是否与批复的安全设施设计一致。

3.5.3　库水位监测设施

检查内容：库水位监测点的布置、监测设备。

【条文说明】

本条为八、尾矿库安全监测设施第 3 条。

库水位监测设施属于专用安全设施，在安全设施竣工验收时，作为一般项进行检查，建议抽查。

库水位监测一般布置在库内排水设施进水构筑物附近，采用液位计和水位标尺等进行监测。

在安全设施竣工验收时，可以通过查阅安全设施竣工验收评价报告和现场检查的方法，检查库水位监测设施是否与批复的安全设施设计一致。

3.5.4　干滩监测设施

检查内容：干滩监测点的布置、监测方法、监测记录等。

【条文说明】

本条为八、尾矿库安全监测设施第 4 条。

干滩监测设施属于专用安全设施，在安全设施竣工验收时，作为一般项进行检查，建议抽查。

干滩监测点应沿平行坝轴线和垂直坝轴线均匀布置，一般采用测距仪和测杆等进行监测，监测内容主要包括滩顶高程、干滩长度、干滩坡度等。

在安全设施竣工验收时，可以通过查阅安全设施竣工验收评价报告和现场检查的方法，检查干滩监测设施是否与批复的安全设施设计一致。

3.5.5　坝体表面位移监测设施

检查内容：坝体表面位移监测点的布置、监测设备等。

【条文说明】

本条为八、尾矿库安全监测设施第 5 条。

坝体表面位移监测设施属于专用安全设施，在安全设施竣工验收时，作为一般项进行检查，建议抽查。

坝体表面位移一般在尾矿库坝体外坡面上均匀布置，监测设备一般采用全站仪、水准仪。在线监测 GNSS 接收机、激光准直仪等设备进行监测，监测内容主要包括水平位移和竖向位移。

在安全设施竣工验收时，可以通过查阅安全设施竣工验收评价报告和现场检查的方法，检查坝体表面位移监测设施是否与批复的安全设施设计一致。

3.5.6 坝体内部位移监测设施

检查内容：坝体内部位移监测点的布置、监测设备等。

【条文说明】

本条为八、尾矿库安全监测设施第6条。

坝体内部位移监测设施属于专用安全设施，在安全设施竣工验收时，作为一般项进行检查，建议抽查。

坝体内部位移一般布置在坝体最危险滑动断面，可采用电子测斜仪监测，监测内容主要包括水平位移和内部竖向位移。

在安全设施竣工验收时，可以通过查阅安全设施竣工验收评价报告和现场检查的方法，检查坝体内部位移监测设施是否与批复的安全设施设计一致。

3.5.7 坝体渗流监测设施

检查内容：坝体渗流监测点的布置、监测设备等。

【条文说明】

本条为八、尾矿库安全监测设施第7条。

坝体渗流监测设施属于专用安全设施，在安全设施竣工验收时，作为一般项进行检查，建议抽查。

坝体渗流监测点一般在初期坝、堆积坝外坡面均匀布置，监测横断面宜选在有代表性且能控制主要渗流情况的坝体横断面。浸润线监测一般采用测锤、液位计、电子渗位计等，渗流压力的监测可采用孔隙水压力计。监测内容主要包括浸润线位置和渗流水在监测断面上的压力分布。

在安全设施竣工验收时，可以通过查阅安全设施竣工验收评价报告和现场检查的方法，检查坝体渗流监测设施是否与批复的安全设施设计一致。

3.5.8 视频监控设施

检查内容：视频监控设施的布置、监测设备等。

【条文说明】

本条为八、尾矿库安全监测设施第8条。

视频监控设施属于专用安全设施，在安全设施竣工验收时，作为一般项进行检查，建议抽查。

视频监控设施一般在坝顶放矿处、库内排水设施进、出口处、坝体下游坡、库水位及干滩标杆等处布置。视频监控设施应包括云台、摄像机、供电及通信设施等现场视频设备和视频服务器、大屏幕显示屏、视频记录仪、UPS电源等室内视频监控设备。

在安全设施竣工验收时，可以通过查阅安全设施竣工验收评价报告和现场检查的方法，检查视频监控设施是否与批复的安全设施设计一致。

3.5.9 在线监测中心

检查内容：在线监测中心的设置情况。

【条文说明】

本条为八、尾矿库安全监测设施第9条。

在线监测中心属于专用安全设施，在安全设施竣工验收时，作为一般项进行检查，建议抽查。

一等、二等、三等尾矿库应安装在线监测系统，四等尾矿库宜安装在线监测系统。

尾矿库在线监测系统集成应包括通信网络、供电网络、防雷网络敷设及系统平台安装调试等。尾矿库在线安全监测系统应设置监控管理站，可根据尾矿库规模和安全管理需要设置监控中心。监控中心指“安装计算机，在线安全监测软件和通信、供电、数据存储、显示屏等相关外部设备的中央控制场所”，监控中心应符合以下规定：

（1）宜与尾矿库安全管理部门布置在一起；

（2）应具备设备安装和管理人员的工作条件，应具有照明、通风和温度、湿度调节环境，并应用 220 V 交流电源和防雷接地装置；

（3）应配备服务器、UPS 不间断电源、隔离稳压电源和防雷设备等；

（4）应配置在线安全监测管理软件；

（5）应预留与尾矿库在线安全监测系统以外的计算机网络系统进行连接的接口。

在安全设施竣工验收时，可以通过查阅安全设施竣工验收评价报告和现场检查的方法。

3.6　个体防护及应急救援

3.6.1　个人安全防护用品

检查内容：矿山企业是否为从业人员提供符合国家标准或者行业标准的劳动防护用品，并监督、教育从业人员按照使用规则佩戴、使用。

【条文说明】

本条为九、个体防护及应急救援第 1 条。

个体防护在安全设施竣工验收时作为一般项进行检查，建议抽查。

《金属非金属矿山安全规程》(GB 16423) 规定：矿山企业应为作业人员配备符合国家标准或行业标准要求的劳动防护用品。进入矿山作业场所的人员，应按规定佩戴防护用品。矿山企业劳动防护用品包括安全帽、防尘口罩、防冲击护目镜、自救器、耳塞、耳罩、防寒手套、防振手套、防静电鞋、矿工靴、防水胶鞋、防砸靴、防静电服、安全带等，劳动防护用品的配备应符合《个体防护装备选用规范》(GB/T 11651) 的规定。

在安全设施竣工验收时，主要查阅矿山企业劳动防护用品的台账和发放记录，现场抽查从业人员的佩戴、使用情况。

3.6.2　工伤保险

检查内容：矿山企业是否为从业人员办理工伤保险或安全生产责任保险、雇主责任保险。

【条文说明】

本条为九、个体防护及应急救援第 2 条。

工伤保险在安全设施竣工验收时作为一般项进行检查。

《中华人民共和国安全生产法》规定：生产经营单位必须依法参加工伤保险，为从业人员缴纳保险费。国家鼓励生产经营单位投保安全生产责任保险。

在安全设施竣工验收时，主要查阅矿山企业为从业人员办理工伤保险或安全生产责任险、雇主责任保险的证明材料。

3.6.3　应急救援

3.6.3.1　应急预案

检查内容：矿山企业是否根据存在风险的种类、事故类型和重大危险源的情况制定综合应急预案和相应的专项应急预案，风险性较大的重点岗位是否制定现场处置方案；应急预案是否经过评审，并向当地县级以上安全生产监督管理部门备案。

【条文说明】

本条为九、个体防护及应急救援第 3 条。

应急预案在安全设施竣工验收时作为一般项进行检查，建议抽查。

《生产安全事故应急预案管理办法》(国家安全监管总局令第 88 号) 规定：生产经营单位风险种类多、可能发生多种类型事故的，应当组织编制综合应急预案。对于某一种或者多种类型的事故风险，生产经营单位可以编制相应的专项应急预案，或将专项应急预案并入综合应急预案。对于危险性较大的场所、装置或者设施，生产经营单位应当编制现场处置方案。矿山企业应当对本单位编制的应急预案进行评审，并形成书面评审纪要。生产经营单位的应急预案经评审或者论证后，由本单位主要负责人签署公布，并及时发放到本单位有关部门、岗位和相关应急救援队伍。生产经营单位应当在应急预案公布之日起20个工作日内，按照分级属地原则，向安全生产监督管理部门和有关部门进行告知性备案。

在安全设施竣工验收时，主要查阅矿山企业应急预案及评审备案资料。

3.6.3.2 应急组织与设施

检查内容：矿山企业是否建立由专职或兼职人员组成的事故应急救援组织，配备必要的应急救援器材和设备；生产规模较小不必建立事故应急救援组织的，是否指定兼职的应急救援人员，并与临近的事故救援组织签订救援协议。

【条文说明】

本条为九、个体防护及应急救援第4.1条。

应急组织与设施在安全设施竣工验收时作为一般项进行检查。

《中华人民共和国安全生产法》规定：矿山企业应当建立应急救援组织。生产经营规模较小的，可以不建立应急救援组织，但应当指定兼职的应急救援人员。《中华人民共和国矿山安全法》规定：矿山企业应当建立由专职或者兼职人员组成的救护和医疗急救组织，配备必要的装备、器材和药物。《企业安全生产应急管理九条规定》(国家安全监管总局令第74号)规定：必须建立专（兼）职应急救援队伍或与邻近专职救援队签订救援协议,配备必要的应急装备、物资,危险作业必须有专人监护。

在安全设施竣工验收时，主要查阅矿山企业专职或兼职应急救援人员名单、应急救援器材设备清单或救援协议。

3.6.3.3 应急演练

检查内容：矿山企业是否制定应急预案演练计划。

【条文说明】

本条为九、个体防护及应急救援第4.2条。

应急演练在安全设施竣工验收时作为一般项进行检查。

《生产安全事故应急预案管理办法》(国家安全监管总局令第88号)规定：生产经营单位应当制定本单位的应急预案演练计划，根据本单位的事故预防重点，每年至少组织一次综合应急预案演练或者专项应急预案演练，每半年至少组织一次现场处置方案演练。

在安全设施竣工验收时，主要查阅矿山企业应急预案演练计划及演练记录。

第7篇

淘汰落后设备及工艺和推广新型适用安全技术及装备

装备的安全保障是矿山安全生产的基础，提高设备的安全性是建设本质安全矿山的基本条件。我国金属非金属矿山在得到快速发展的同时，安全生产形势尚未实现根本性好转，重特大灾害事故仍时有发生，其重要原因是安全基础薄弱，安全保障能力不够，一些设施设备的安全性能低下。淘汰不符合安全生产要求的落后技术、工艺和设备，是解决矿山设备安全保障的重要措施。

《中华人民共和国安全生产法》(2014 年修订）第三十五条明确规定：国家对严重危及生产安全的工艺、设备实行淘汰制度，具体目录由国务院安全生产监督管理部门会同国务院有关部门制定并公布。

2016 年 4 月 28 日，国务院安委会办公室发布了《标本兼治遏制重特大事故工作指南》（简称《指南》)，《指南》中明确要求：在强化安全生产技术保障方面，推进企业技术装备升级改造。及时发布淘汰落后和推广先进适用安全技术装备目录，通过法律、行政、市场等多种手段，推动、引导高风险企业开展安全技术改造和工艺设备更新，淘汰一批不符合安全标准、安全性能低下、职业危害严重、危及安全生产的工艺、技术和装备；在全面加强安全生产源头治理方面，严格工艺设备和人员素质准入。实施更加严格的生产工艺、技术、设备安全标准，严禁使用国家明令禁止或淘汰的设备和工艺，对不符合相关国家标准、行业标准要求的，一律不准投入使用。

为淘汰不符合国家有关法律法规规定、安全性能低下、危及安全生产的落后设备和工艺，推动金属非金属矿山设备和工艺的改善，提高金属非金属矿山安全保障能力，预防生产安全事故，国家安全监管总局陆续制定并发布了《金属非金属矿山禁止使用的设备及工艺目录（第一批）》《金属非金属矿山禁止使用的设备及工艺目录（第二批）》。为加快金属非金属矿山新型适用安全技术及装备推广应用，提高安全生产科技保障能力，国家安全监管总局制定并发布了《金属非金属矿山新型适用安全技术及装备推广目录（第一批）》。为了便于读者更好地理解和掌握相关知识，以便更好地贯彻落实，确保淘汰不符合国家有关法律法规规定、安全性能低下、危及安全生产的落后设备和工艺取得实效，推广先进适用安全技术装备，本篇对以上三个“目录”的内容进行解读和说明。

1 金属非金属矿山禁止使用的设备及工艺目录（第一批）

（1）非定型竖井罐笼（自发布之日起一年后禁止使用）。

禁止原因：非定型竖井罐笼是指没有经过严格的技术资料审查和试验验证、由非专业制造单位生产的罐笼，如矿山企业自制的简易罐笼、不符合 GB 16542—2010《罐笼安全技术要求》的老式罐笼或改装罐笼等。非定型竖井罐笼的形式多种多样，其普遍特点是结构简陋、安全部件不全、悬挂装置和导向装置不规范等，给罐笼的使用留下许多安全隐患，无法满足竖井提升安全的需要。

替代产品：由专业制造单位生产的定型竖井罐笼，目前定型竖井罐笼大多数已取得矿用产品安全标志证书。

说明：罐笼作为提升容器，用作提升人员、矿石、设备、材料等，是矿井提升中的重要设备之一。罐笼既可用于副井提升，也可以作为主井提升。罐笼的设计和制造应严格遵守 GB 16542《罐笼安全技术要求》的规定，GB 16423《金属非金属矿山安全规程》明确规定：用于升降人员和物料的罐笼，应符合 GB 16542 的规定。

罐笼是一种多用途提升容器，其主要类型有单绳罐笼和多绳罐笼两大类，单绳罐笼适用于单绳缠绕式提升设备，多绳罐笼适用于多绳摩擦式提升机。不同用途的罐笼设计时要考虑满足各种不同的安全要求。

单绳罐笼一般由罐体、悬挂装置、导向装置、防坠器等组成，图 7－1－1 所示为单绳单层普通罐笼结构示意图。

罐笼罐体是由横梁 7 及立柱 8 组成的金属框架结构，两侧包有钢板。罐体的节点采用铆焊结合的形式。罐体的四角为切角形式，这样既有利于井筒布置，制作又方便。罐笼顶部设有半圆弧形的淋水棚 6 和可打开的罐盖 14，以供运送长材料。罐笼两端装有帘式罐门 10。为了将矿车推进罐笼，罐笼底部铺设有轨道 11。为了防止提升过程中矿车在罐笼内移动，提升矿车的罐笼底部还装有阻车器及自动开闭装置 12。在罐笼上装有滑动罐耳 15 或橡胶滚轮罐耳 5，以使罐笼沿装设在井筒内的罐道运行。罐笼必须沿罐道运行，可根据需要选用木罐道、型钢罐道或钢丝绳罐道。单绳罐笼的上部必须装有动作可靠的防坠器 4，以保证生产及升降人员的安全。罐笼通过主拉杆 3 和楔形绳环 2 与提升钢丝绳 1 相连。

多绳罐笼与单绳罐笼结构稍有不同，其不同点主要有：多绳罐笼不装设防坠器，连接装置一般增设有钢丝绳张力平衡装置，用来自动调节各提升钢丝绳的张力，罐笼底部安装有尾绳悬挂装置，用于安装平衡尾绳。图 7－1－2 所示为多绳双层罐笼结构示意图。

竖井提升是矿井生产系统中的重要环节，为了保证生产和人员的安全，专作升降人员用的或既作升降人员用又作升降物料用的单绳提升罐笼，应装设可靠的防坠器。防坠器的作用是，当提升钢丝绳或连接装置断裂时，可以使罐笼平稳地支承到井筒中的罐道或制动绳上，避免罐笼坠入井底，引发事故。防坠器通常与罐笼配套使用。

防坠器一般由开动机构、传动机构、抓捕机构和缓冲机构四个部分组成。其工作过程是，当发生断绳时，开动机构动作，通过传动机构驱动抓捕机构，抓捕机构把罐笼支承到井筒中的支承物上（罐道或制动绳），罐笼下坠的动能由缓冲机构来吸收。一般开动机构和传动机构连在一起，抓捕和缓

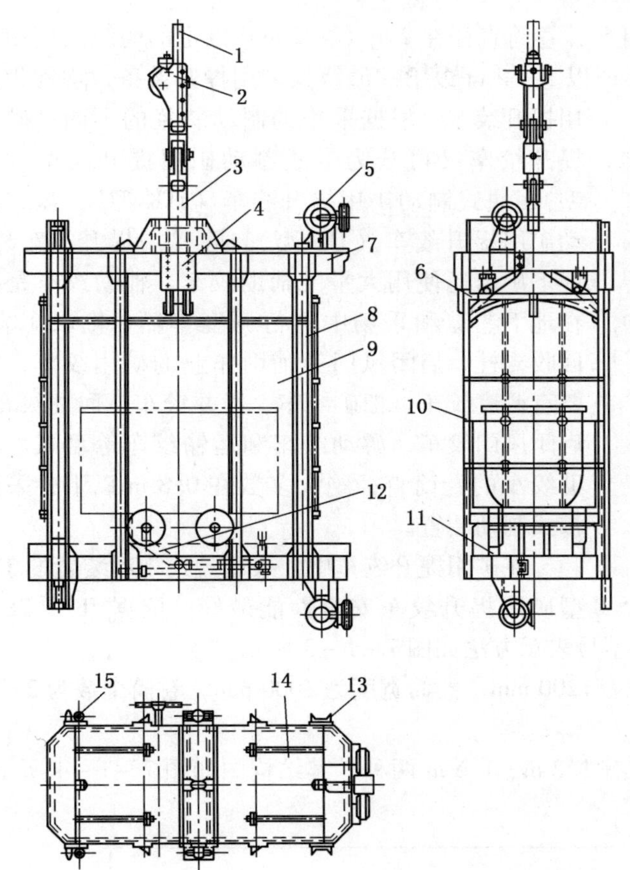

1—提升钢丝绳；2—楔形绳环；3—主拉杆；4—防坠器；5—橡胶滚轮罐耳；6—淋水棚；7—横梁；8—立柱；9—钢板；10—罐门；11—轨道；12—阻车器；13—稳罐罐耳；14—罐盖；15—滑动罐耳（用于钢丝绳罐道）

图7-1-1　单绳单层普通罐笼结构图

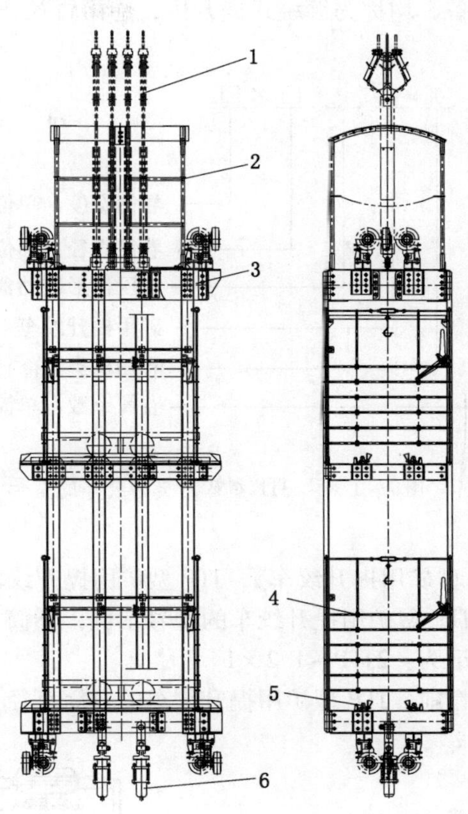

1—张力自动平衡装置；2—安全棚；3—框架；4—帘子门；5—罐内阻车器；6—尾绳悬挂装置

图7-1-2　多绳双层罐笼结构图

冲有的联合作用，有的设有专门缓冲机构以限制制动力的大小。根据防坠器的使用条件和工作原理，防坠器可以分为木罐道防坠器、制动绳防坠器和钢轨罐道防坠器，不同的防坠器其结构原理不同，适用于不同的罐道，不能混用。新安装或大修后的防坠器，应进行脱钩试验，合格后方可使用。在用竖井罐笼的防坠器，每半年应进行一次清洗和不脱钩试验，每年进行一次脱钩试验，合格后方可继续使用。

非定型竖井罐笼，其设计和加工都缺乏系统、全面、统一的质量控制标准，其质量难以得到有效保障，给罐笼的使用留下许多安全隐患，无法满足竖井提升安全的需要。罐笼提升一旦发生事故，不仅会导致重大人员伤亡事故和设备损坏，还将直接影响到矿山的正常生产秩序，因此对罐笼的安全技术问题应引起足够的重视。

（2）ϕ1.2 m以下（不含ϕ1.2 m）用于升降人员的提升绞车（自发布之日起一年后禁止使用）。

禁止原因： 目前滚筒直径为ϕ1.2 m以下的绞车主要有JTK型矿用提升绞车、带式制动矿用提升绞车、调度绞车、运输绞车等，这些绞车的共同特点是绞车制动器采用带式制动或块式制动装置，制动性能差。AQ 2022《金属非金属矿山在用提升绞车安全检测检验规范》中明确规定：带式制动矿用提升绞车及滚筒直径1.2 m以下（不包括ϕ1.2 m）的矿用提升绞车严禁用于升降人员。

替代产品： JTP型矿用提升绞车。

说明： ϕ1.2 m是指提升绞车的卷筒直径为1.2 m。

卷筒直径的大小决定了提升设备的大小。目前，卷筒直径在 2 m（含 2 m）以上的缠绕式矿用提升设备，均称为缠绕式提升机；卷筒直径在 0.8 m 以上、2 m 以下的缠绕式矿用提升设备，均称为矿用提升绞车。根据采用的制动装置的不同，矿用提升绞车又可分为带式制动矿用提升绞车（JT 型）、块式制动矿用提升绞车（JTK 型）、盘式制动矿用提升绞车（JTP 型）。除矿用提升绞车外，地下矿山还使用大量的辅助绞车，辅助绞车是指在地下巷道和采场中进行调度车辆、耙取矿岩、回收支柱、启闭风门等辅助作业的矿用绞车，主要有调度绞车、耙矿绞车、凿井绞车、回柱绞车、启闭风门绞车、游动绞车和运输绞车等型式。辅助绞车的卷筒直径绝大多数在 0.8 m 以下，采用带式制动装置。

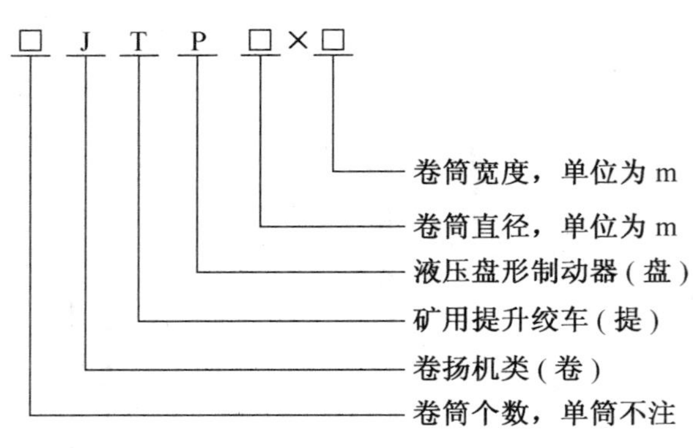

图 7－1－3 JTP 型矿用提升绞车的型号

在矿用提升绞车中，采用盘式制动装置的 JTP 型矿用提升绞车安全性能最好。依据 JB/T 7888《JTP 型矿用提升绞车》，JTP 型矿用提升绞车的型号表示方法如图 7－1－3 所示。

JTP 型矿用提升绞车的型号示例：卷筒直径为 1200 mm，卷筒宽度为 1000 mm，卷筒个数为 2 个，其标记为：2JTP－1.2×1。

目前，JTP 型矿用提升绞车的卷筒直径主要有 1.2 m、1.6 m 两种，其结构图如图 7－1－4 所示。

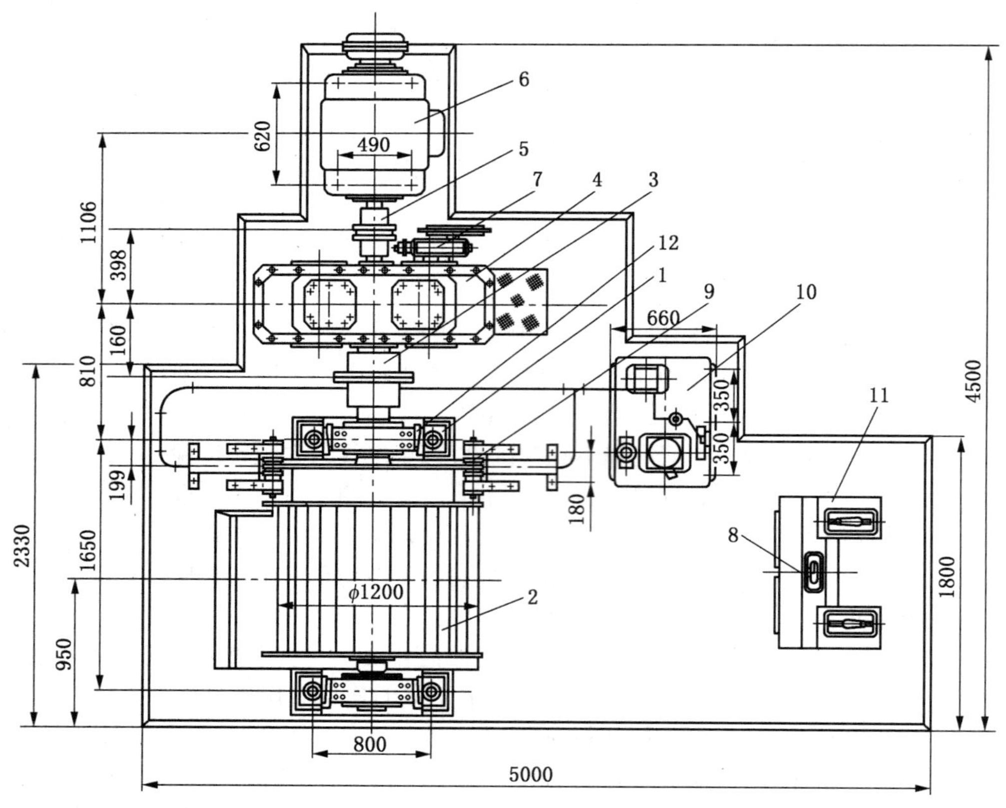

1—轴承座；2—主轴装置；3、5—联轴器；4—减速器；6—电动机；7—深度指示器发送装置（或牌坊式深度指示器）；8—圆盘式深度指示器；9—盘形制动器；10—液压站；11—操纵台；12—调整楔

图 7－1－4 JTP 型矿用提升绞车结构图

JTP 型矿用提升绞车一般由电动机、联轴器、减速器、主轴装置、盘型制动器、液压站、深度指示器、操纵台等组成，双筒提升绞车采用液压调绳离合器。

JTP 型矿用提升绞车结构合理，强度高，采用液压盘形制动器，制动效果好，安全保护装置齐全，适用于金属非金属矿山的倾斜巷道和小型竖井升降人员和物料。

(3) KJ 型矿井提升机（自发布之日起一年后禁止使用）。

禁止原因：KJ 型矿井提升机自 20 世纪 50 年代开始使用，其卷筒是由两半的铸铁法兰盘与薄钢板弯制而组成，卷筒受力后易裂开。采用的制动器是一个单回路的角移瓦块式制动器系统，不利于调整，制动效果差。该产品已于 1976 年停止生产，目前在金属非金属矿山使用较少。鉴于该设备安全性能差，原国家经贸委令第 32 号限期该设备于 2002 年淘汰，在国家发改委令第 40 号《产业结构调整指导目录（2005 年版）》中也被列为淘汰设备。

替代产品：JK 系列矿井提升机。

说明：KJ 型矿井提升机由于生产年代比较久远，一般只能通过其结构和原理进行辨别。

KJ 型单绳缠绕式矿井提升机为仿苏产品，按卷筒直径规格分 3 m 以下和 3 m 以上两类，3 m 以下为仿苏 БМ 型，3 m 以上为仿苏 ЩПМ 型。图 7－1－5 为 KJ 型 3 m 以下单筒单绳缠绕式矿井提升机结

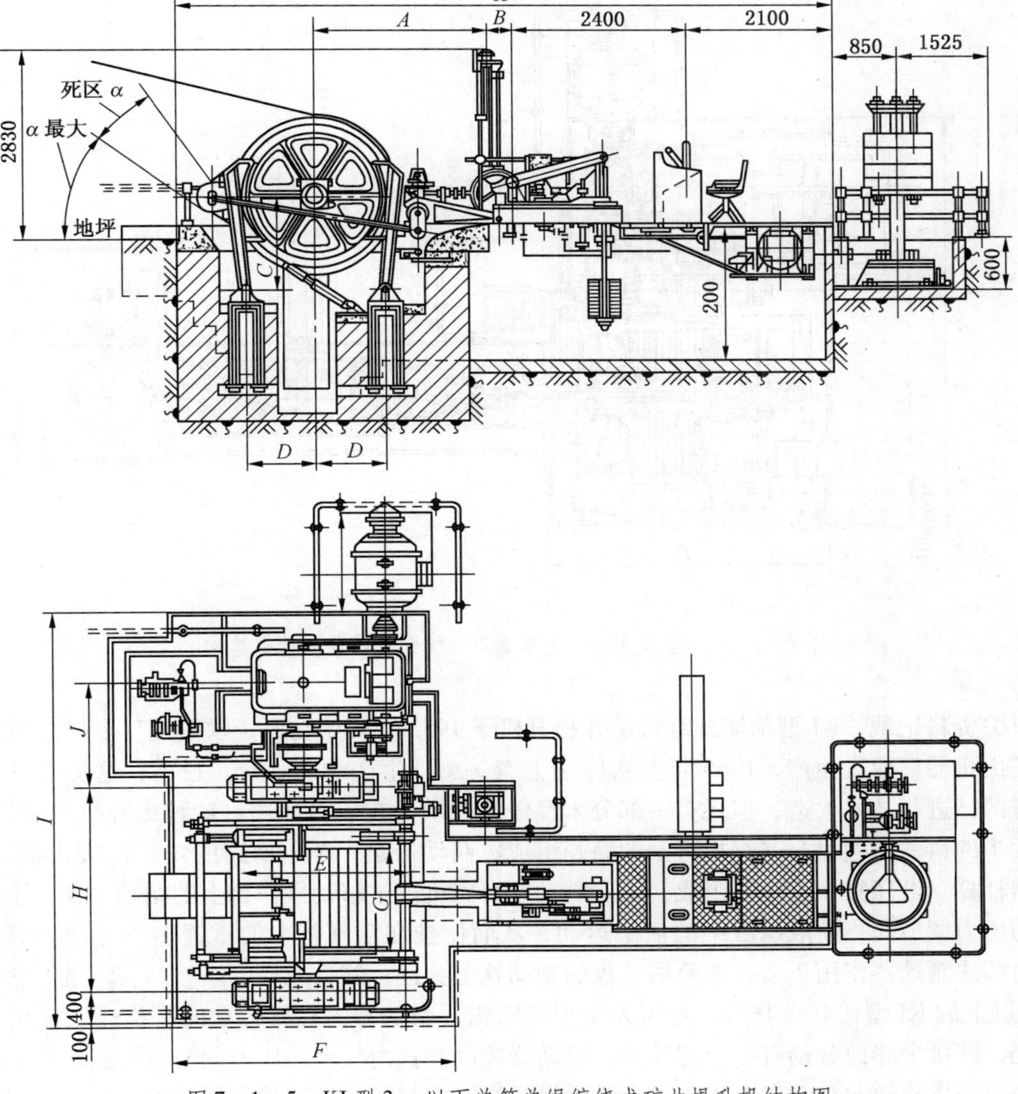

图 7－1－5　KJ 型 3 m 以下单筒单绳缠绕式矿井提升机结构图

构图，图7－1－6为KJ型3 m以下双筒单绳缠绕式矿井提升机结构图。

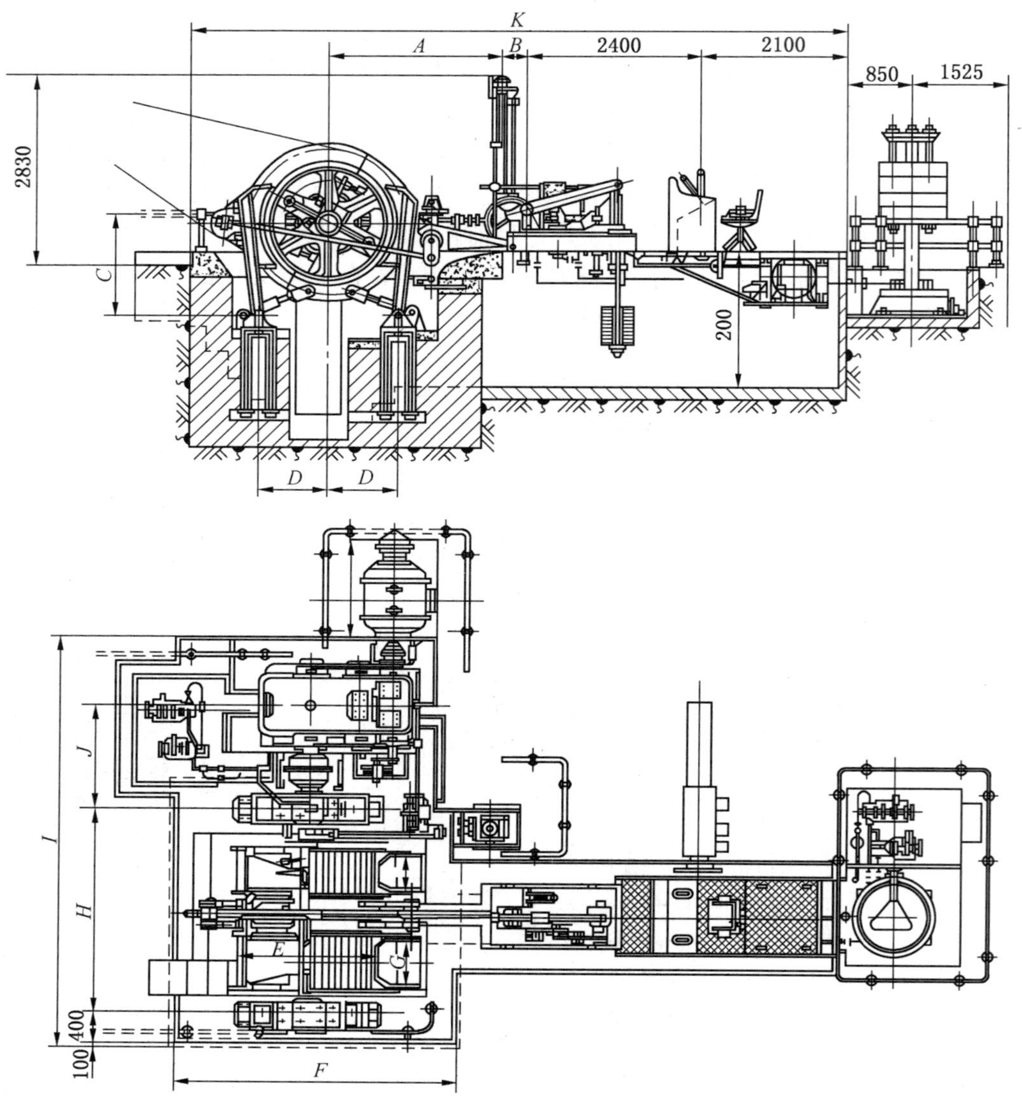

图7－1－6 KJ型3 m以下双筒单绳缠绕式矿井提升机结构图

据有关资料记载，KJ型单绳缠绕式矿井提升机于1953年开始在原抚顺重机厂生产，1958年转到原洛阳矿山机器厂成批生产，1965年左右停止生产，总计生产约900台。目前，这类提升机有的已报废，有的已进行技术改造，但还有一部分未经任何改动仍在矿山使用。这种提升机的结构特点是：卷筒由两半的铸铁法兰盘与薄钢板弯制的筒壳组成，制动器是一个单回路的角移瓦块式制动器系统，由制动器杠杆、液压缸、重锤等组成，工作制动是由司机通过移动操作台上的制动手柄，手动控制液压系统的压力调节阀，使液压缸中的活塞运动，从而使挂在活塞杆上的重锤上下运动，带动杠杆转动，使角移式制动器作用于装在卷筒法兰盘的制动轮上，进行制动或松闸。

3 m以上的KJ型矿井提升机，卷筒为全焊接结构，制动器为杠杆传动的平移式大瓦块式闸，为双路系统，即每个卷筒分别有一个制动器，制动器控制装置由气动式压力调节器控制，卷筒调绳离合器是气动遥控齿轮轴向移动离合齿轮式。这类提升机结构复杂，卷筒的力学结构不合理，制动系统因

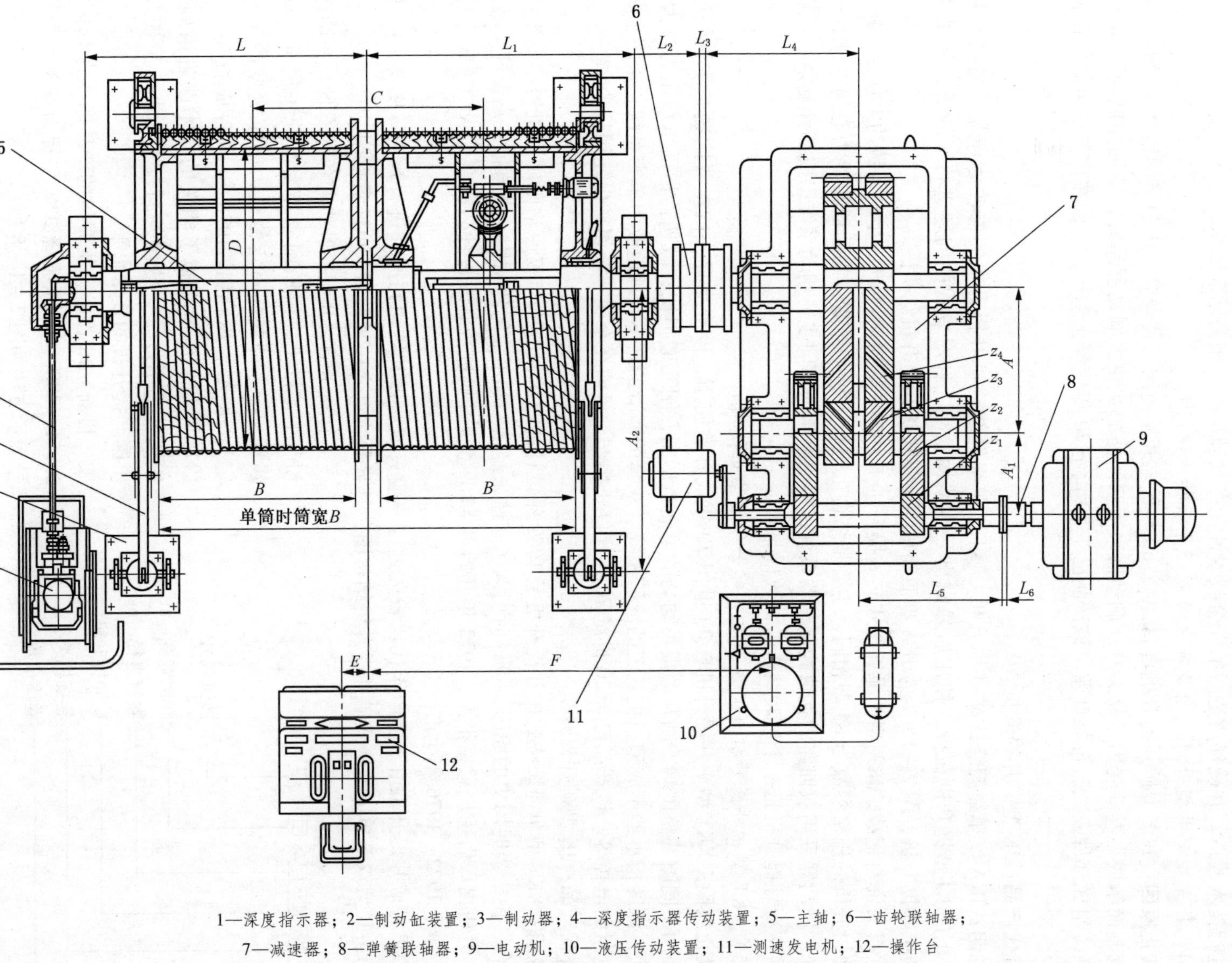

1—深度指示器；2—制动缸装置；3—制动器；4—深度指示器传动装置；5—主轴；6—齿轮联轴器；7—减速器；8—弹簧联轴器；9—电动机；10—液压传动装置；11—测速发电机；12—操作台

图7-1-7　JKA型双筒单绳缠绕式矿井提升机结构图

杠杆多，惯量大动作不灵敏。这类提升机一共生产了十几台。

鉴于KJ型矿井提升机安全性能差，矿山企业对于该种设备要么进行淘汰，要么按现行标准要求对其进行技术改造，并确保改造后的安全技术性能必须满足现行相关标准要求。

（4）JKA型矿井提升机（自发布之日起一年后禁止使用）。

禁止原因：JKA型矿井提升机自20世纪60年代末开始使用，其卷筒是由两半的铸铁法兰盘与薄钢板弯制而组成，卷筒受力后易裂开。制动器采用双回路的瓦块式制动器系统，双回路制动不同步，制动系统组成部件复杂，可靠性差。该产品已于20世纪70年代停止生产，目前在金属非金属矿山使用较少。

替代产品：JK型矿井提升机。

说明：JKA型单绳缠绕式矿井提升机是KJ型单绳缠绕式矿井提升机的修改型产品。卷筒直径3 m以下的KJ型提升机在投入使用后暴露出一些结构缺陷，针对发现的问题进行了改进，改进为JKA型矿井提升机，图7－1－7为JKA型双筒单绳缠绕式矿井提升机结构图。

据有关资料记载，JKA型单绳缠绕式矿井提升机于1968—1971年生产，生产台数约190台，JKA型矿井提升机的规格参数与KJ型相同，主要是结构上进行了一些修改，制动器布置为卷筒两侧，一侧一套，制动器采用双回路的瓦块式制动器系统，双回路制动不同步，制动系统组成部件复杂，可靠性差。该型号提升机是一个过渡型产品，数量非常少。

（5）XKT型矿井提升机（自发布之日起一年后禁止使用）。

禁止原因：XKT型矿井提升机自20世纪70年代开始使用，该产品存在的主要问题是主轴强度低；采用了间隙调整困难、闸瓦磨损不均匀的单面盘形闸，闸瓦磨损快；减速器齿面承载压力过大，易磨损；深度指示器不成型；把双套的液压系统、双套的润滑油站不合理地改为单套系统；采用金属水冷电阻的电控等。该产品已于20世纪70年代停止生产，目前在金属非金属矿山使用较少。

替代产品：JK型矿井提升机

说明：XKT型单绳缠绕式矿井提升机是1969年设计的产品，1971年仅原洛阳矿山机器厂就生产了94台，由于当时历史的原因，设计时引入了一些未经试验和不成熟的结构，盲目追求高设计参数，此类提升机出厂后用户意见很大，1972年开始对XKT型提升机进行修改设计，演变为XKT－B型提升机，并于1972—1976年生产。

XKT型矿井提升机由于生产年代比较久远，一般只能通过其结构和原理进行辨别。图7－1－9为XKT－B型双筒单绳缠绕式矿井提升机结构图，其显著特点之一是采用了单面盘形闸。

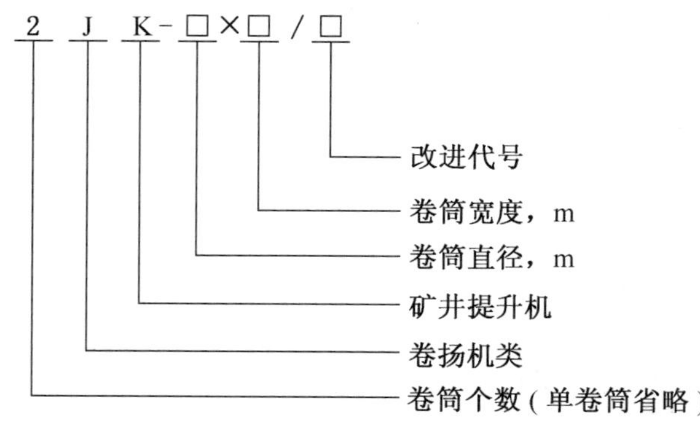

图7－1－8 JK型矿井提升机的产品型号

针对XKT－B型提升机的各种不足，在调查研究的基础上，由原国家经委与原一机部、煤炭部、冶金部共同审定修改为国家定型产品并定为JK型。JK型是1976年以后成批生产。1978年结合国情实施了相关的技术改进措施，1986年后引进了一些国外新技术，进一步提升了国产提升机的技术水平。

目前，JK型矿井提升机的产品标准为GB/T 20961—2007《单绳缠绕式矿井提升机》，其型号表示方法如图7－1－8所示。

JK型矿井提升机的型号示例：卷筒直径为2500 mm，卷筒宽度为1500 mm，卷筒个数为2个，其标记为：2JK－2.5×1.5。

（6）JTK型矿用提升绞车（自发布之日起一年半后禁止用于主提升）。

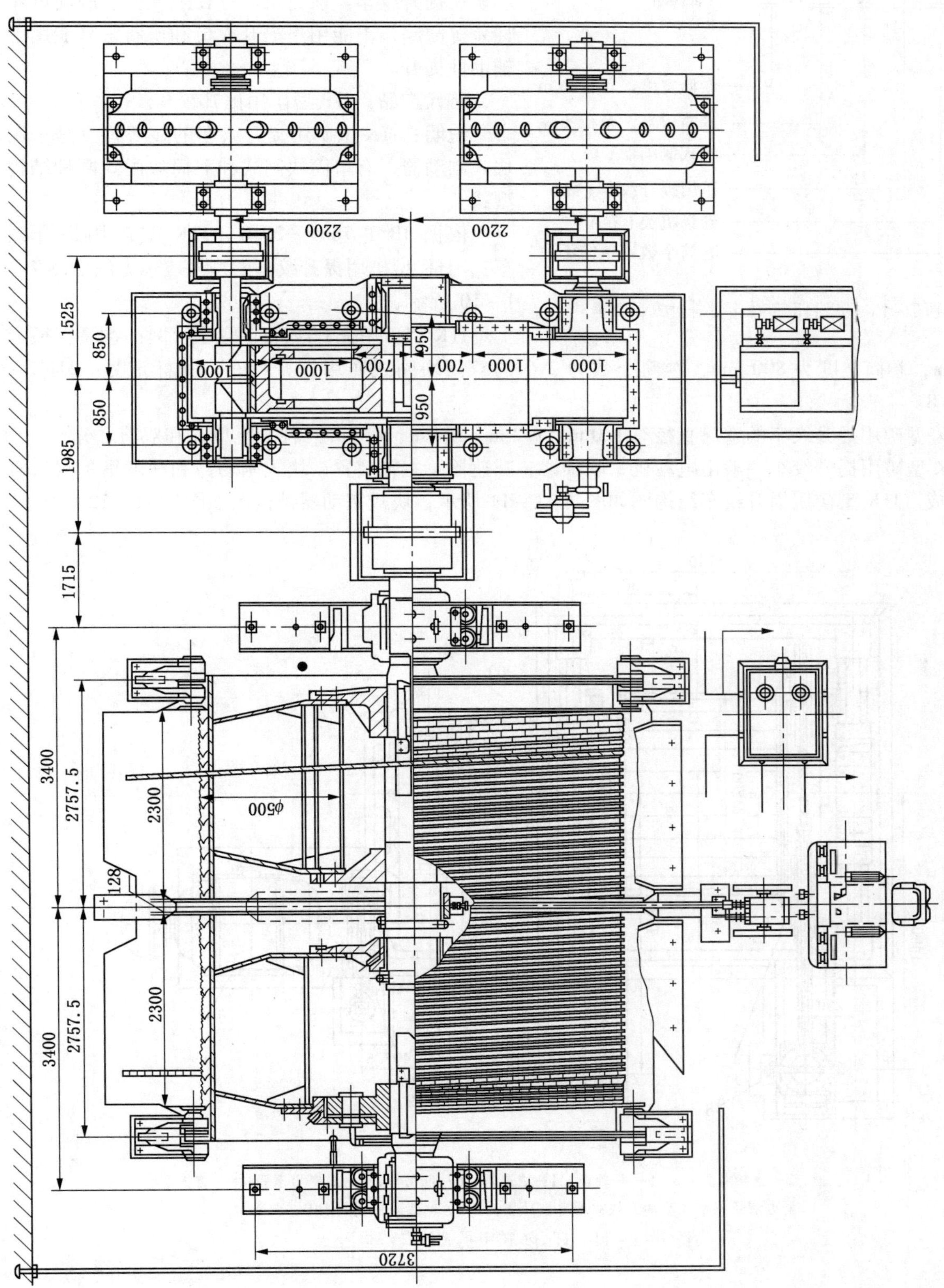

图7-1-9　XKT-B型双筒单绳缠绕式矿井提升机结构图

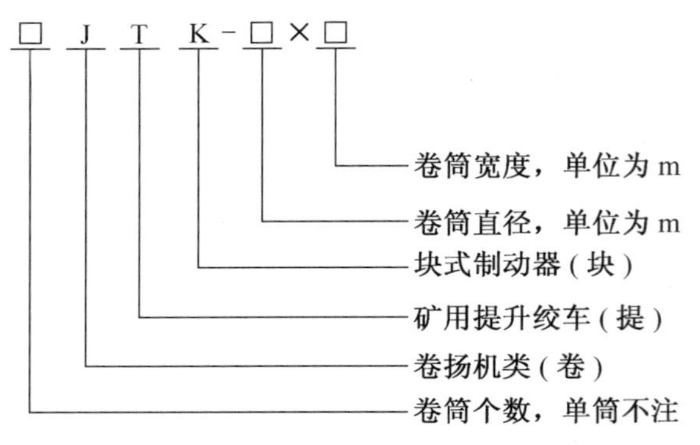

图 7－1－10 JTK 型矿用提升绞车的型号

禁止原因：JTK 型矿用提升绞车也称作块式制动矿用提升绞车。该类绞车存在强度低、制动可靠性差等缺陷，不能用于提升人员和矿石，只能用于辅助性提升。

替代产品：JTP 型矿用提升绞车。

说明：JTK 型矿用提升绞车的显著特点是采用块式制动器，有单筒块闸式和双筒块闸式两种结构型式。

依据 JB/T 7889—2010《JTK 型矿用提升绞车》，JTK 型矿用提升绞车的型号表示方法如图 7－1－10 所示。

JTK 型矿用提升绞车的型号示例：卷筒直径为 1200 mm，卷筒宽度为 800 mm，卷筒个数为 2 个的双筒块闸式矿用提升绞车，其标记为：2JTK－1.2×0.8。

JTK 型矿用提升绞车的卷筒直径有 1.0 m、1.2 m、1.4 m、1.6 m 几种，有单筒和双筒之分。

JTK 型矿用提升绞车一般由电动机、联轴器、减速器、主轴装置、块式制动器和深度指示器、机座等组成。JTK 型矿用提升绞车结构图如图 7－1－11 所示，块式制动器结构图如图 7－1－12 所示。

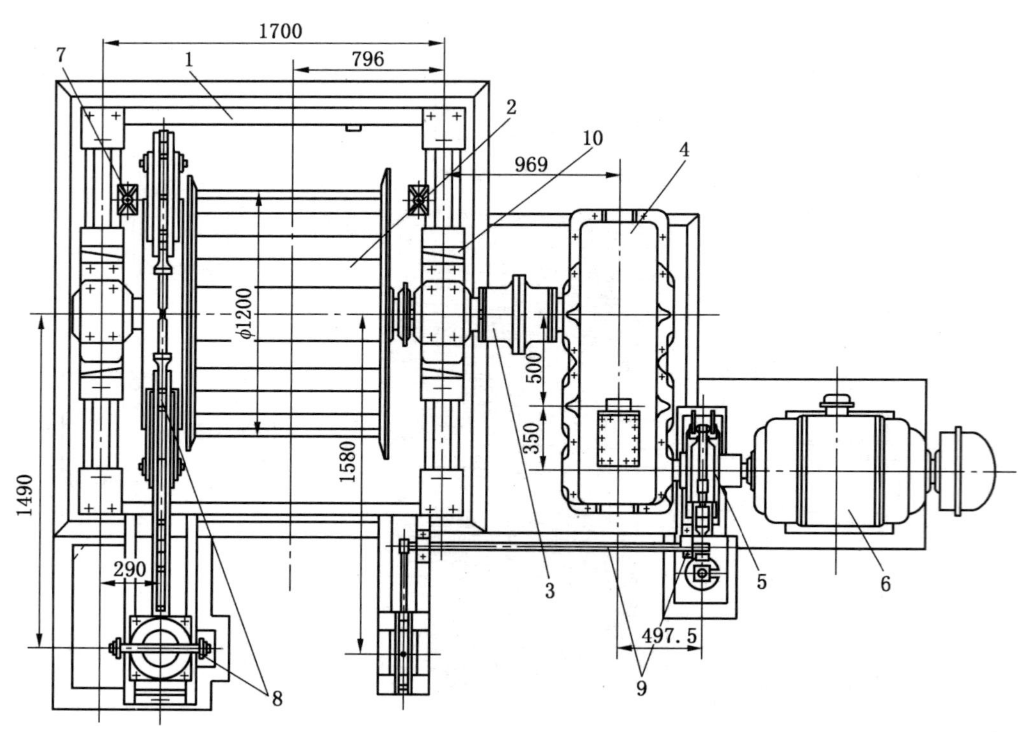

1—机座；2—主轴装置；3、5—联轴器；4—减速器；6—电动机；7—深度指示器；8—重锤及电力液压推杆操纵的瓦块式紧急制动器；9—手动工作制动器；10—调整楔

图 7－1－11 JTK 型矿用提升绞车结构图

JTK 型矿用提升绞车存在强度低、制动可靠性差，不能用于主提升，即，既不允许用于升降人员，也不允许用于提升矿石，只能用于辅助性提升。

(7) 带式制动矿用提升绞车（自发布之日起立即禁止用于主提升）。

禁止原因：带式制动矿用提升绞车属于矿用辅助绞车，其结构简单，制动性能差，安全保护装置不齐全，国家安全监管总局的文件中已明确要求不能用于主提升。

替代产品：JTP 型矿用提升绞车。

说明：带式制动矿用提升绞车的显著特点是采用带式制动装置，卷筒直径有 0.8 m、1.0 m、1.2 m 3 种，有单筒和双筒之分。依据 JB/T 4287—1999《带式制动矿用提升绞车》，带式制动矿用提升绞车的型号表示方法如图 7－1－13 所示。

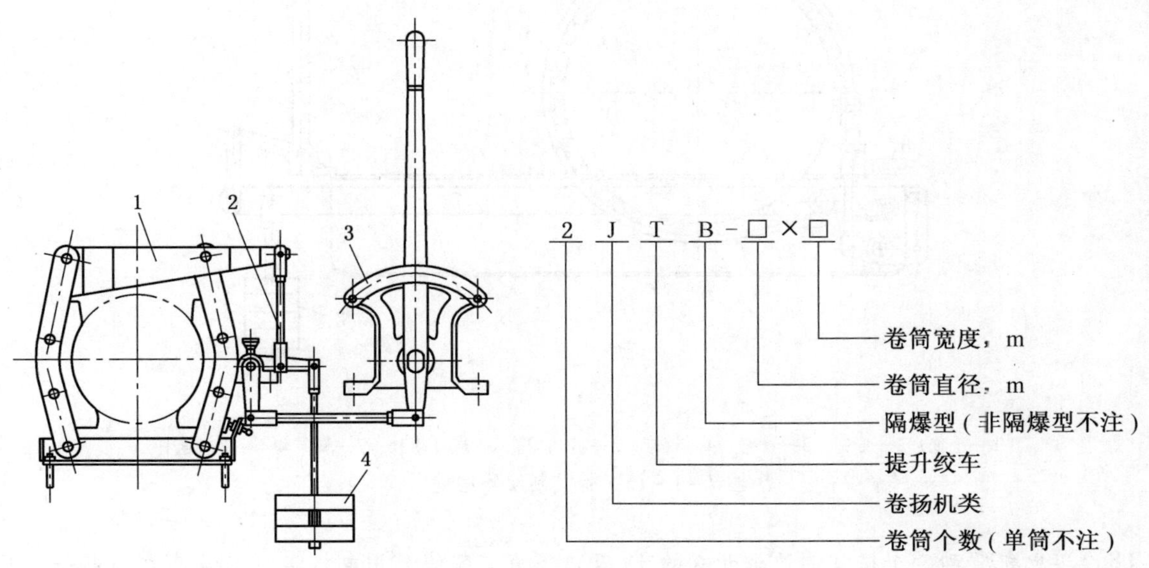

1—角移式制动器；2—杠杆机构；3—操纵架；4—重锤

图 7－1－12　块式制动器结构图

图 7－1－13　带式制动矿用提升绞车的型号

带式制动矿用提升绞车的型号示例：卷筒直径为 800 mm，卷筒宽度为 500 mm，卷筒个数为 1 个（单卷筒），其标记为：JT－0.8×0.5。

带式制动矿用提升绞车一般由电动机、联轴器、减速器、主轴装置、带式制动器和机座等组成，带式制动矿用提升绞车结构图如图 7－1－14 所示，带式制动器结构图如图 7－1－15 所示。

带式制动矿用提升绞车虽然结构简单，制造容易，但结构陈旧，操作不便，制动性能无法满足现行安全标准要求，安全保护装置不齐全，技术性能和安全性能均差，已纳入矿用辅助绞车之列，禁止用于主提升，即：既不允许用于升降人员，也不允许用于提升矿石，只能用于辅助性提升。

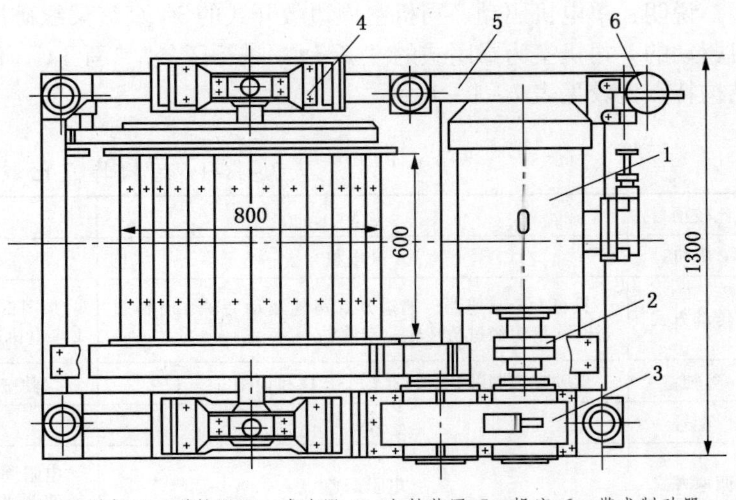

1—电动机；2—联轴器；3—减速器；4—主轴装置；5—机座；6—带式制动器

图 7－1－14　带式制动矿用提升绞车结构图

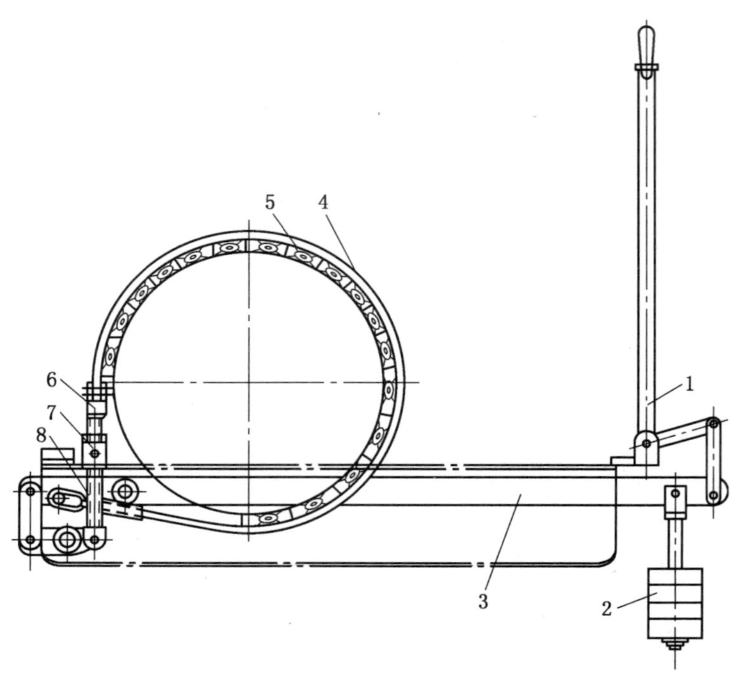

1—手把；2—重锤；3—杠杆；4—钢带；5—石棉带；6—连杆螺栓；7—调节螺母；8—连杆

图7-1-15 带式制动器结构图

(8) 单电机驱动、司机室周边敞开式的3 t及以下直流架线矿用电机车（自发布之日起一年后禁止使用）。

禁止原因： 该类电机车20世纪50年代投入使用，司机室仅有顶棚，周边为敞开式，安全性差；车架较高，运行稳定性较差；采用单电机拖动，功率小，牵引性能较差；采用开式一级齿轮传动，齿轮磨损严重，能耗大；采用电阻降压方式供电照明，能耗大。已先后被原国家经贸委6号令（1999年）和国家发展改革委发布的《产业结构调整指导目录》(2005年）列为淘汰类产品。

替代产品： 新型架线式电机车。

说明： 单电机驱动、司机室周边敞开式的3 t直流架线矿用电机车俗称"老3 t"，以与采用双电机驱动的、司机室为封闭式的"新3 t"进行区分，"新3 t"不在淘汰之列。"老3 t"与"新3 t"的结构特点比较见表7-1-1。

表7-1-1 结构特点比较表

比较项目	老3 t	新3 t
电机	1个电机	2个电机
传动方式	只有1个减速器，通过开式齿轮驱动后轴，后轴通过开式齿轮经过桥齿轮驱动前轴	采用2个减速器，1个电机通过1个减速器驱动前轴，另1个电机通过另1个减速器驱动后轴
驾驶室	驾驶室四周敞开，只有2个立柱和顶棚	驾驶室四周封闭，有顶棚和挡风玻璃
型号	ZK3	CJY3
调速方式	电阻调速	电阻调速（但电阻型号、阻值、司控器与老3 t不同）、斩波调速

新型架线式电机车的司机室为封闭式，安全性好；车架重心低，有利于机车运行的稳定性；采用双电机驱动，功率大，牵引性能好；采用两级传动变速箱，改善了齿轮工作环境，提高了寿命，降低了能耗；采用直变器方式供电照明，能耗低。

(9) 油断路器（自发布之日起立即禁止使用）。

禁止原因：油断路器是以密封的绝缘油作为开断故障灭弧介质的一种开关设备，有多油断路器和少油断路器两种形式。该类断路器较早应用于电力系统中，价格比较便宜，随着技术的进步，存在的问题逐渐暴露，如安全性差、维护困难、容易漏油继而引发火灾等。自20世纪80年代末期，国家电网就已经开始了无油化改造。

替代产品：真空断路器。

说明：油断路器是在电力系统中作为工矿企业、发电厂、变电站的电力设施和输配电线路的控制和保护的一种装置，也可作联络断路器使用。油断路器分为多油断路器和少油断路器两种，具有结构简单、制造容易、价格低廉等特点，但油断路器有发生火灾和爆炸的危险，检修周期短，维护工作量大，寿命短，不能满足频繁操作和高可靠性的需要，油断路器被无油断路器取代是必然趋势。

(10) 非阻燃电缆（含强、弱电）（自发布之日起一年后禁止使用）。

禁止原因：电缆工作时，尤其是过流、过载时，由于导体发热会导致电缆温度升高，如果电缆不具备良好的阻燃性能，极易引起电缆着火，并在燃烧的同时产生大量有毒有害气体，造成矿工中毒窒息。

替代产品：矿用阻燃电缆。

说明：阻燃电缆不是不燃，也可以点燃。阻燃电缆是指遇火点燃时，燃烧速度很慢，离开火源后即自行熄灭的电缆。非阻燃电缆顾名思义就是不阻燃的，一旦发生电缆着火，电缆便会连续燃烧，并在燃烧的同时释放大量有毒有害气体，极易造成矿工中毒窒息事故。

2010年8月6日，山东省招远市玲南矿业有限责任公司罗山金矿发生一起电缆起火事故，当时在井下作业的329名矿工受困，经过近20 h紧张救援，大部分被困人员安全升井，但事故造成16人死亡。事故原因是由于4矿区盲主井12中段~14中段井筒电缆起火引发的，由于事故发生后井下有大量浓烟，导致人员窒息和一氧化碳中毒伤亡。

1995年，国家发布MT 386—1995《煤矿用阻燃电缆阻燃性试验方法和判定规则》，原煤炭部就明令禁止非阻燃电缆下井。1995年以前，非阻燃电缆广泛使用于煤矿和金属非金属地下矿山，用于固定敷设和可移动的电器、照明等的连接及井下的供电、采、掘、运及照明、通信等场合。1999年，煤矿专用电缆标准MT 818—1999《煤矿用阻燃电缆》发布实施，明确了具体的阻燃性能指标。矿用阻燃电缆既要符合地面上同类电缆的机械和电性能指标，又要同时符合阻燃性能指标，因此能预防由于电缆的不阻燃而引发的安全事故。

随着科学技术的发展，我国生产的阻燃电缆的种类和质量已经能够完全满足矿山的各种需求。推广和强制使用阻燃电缆代替非阻燃电缆迫在眉睫，也是当前地下矿山提高装备水平，创造本质安全矿井的一项重要措施。

(11) 非阻燃风筒（自发布之日起半年后禁止使用）。

禁止原因：非阻燃风筒为高分子聚合物，其显著特点是具有易燃性，一旦风筒燃烧，会产生大量有毒有害气体，烧毁设施设备，造成矿工中毒窒息和财产损失。

替代产品：阻燃风筒。

说明：矿山生产建设过程中，为了矿工的安全健康和生产的正常进行，必须向所有工作地点输送足够的新鲜空气，以排除粉尘和有毒有害气体，保障作业人员的安全和健康，防止发生安全事故。风筒是矿山井下局部通风的主要通风设施，其作用是将新鲜风流输送到需风场所。

20世纪80年代以前，我国还没有研制出阻燃抗静电风筒，矿山井下主要使用胶皮、帆布、塑料彩条布等材料制成的柔性风筒和用铁皮卷制成的刚性风筒（金属风筒）。这些柔性风筒都不具有阻燃抗静电性，非阻燃风筒为高分子聚合物，其显著特点是具有易燃性，一旦风筒燃烧，会产生大量有毒有害气体。

20 世纪 80 年代以后，我国陆续研制出阻燃抗静电风筒并大量投入使用。现有阻燃抗静电风筒主要有以下几种类型：

① 柔性风筒及带钢丝骨架的柔性风筒。包括橡胶涂覆布正压风筒、塑料涂覆布正压风筒、橡塑涂覆布正压风筒、橡胶涂覆布负压风筒、塑料涂覆布负压风筒、橡塑涂覆布负压风筒等。这类风筒采用以玻璃纤维布、玻棉交织布、化学纤维布或合成纤维布为骨架材料，以橡胶、塑料或橡塑混合物为涂覆层的涂覆布制成，阻燃、抗静电，具有高强度、高通风性能，连接方便、柔软轻便。

② 聚乙烯、聚氯乙烯、玻璃钢风筒。具有阻燃性、抗静电性、高强度、高通风性能等优点。

③ 弹性橡胶涂覆布风筒、聚氨酯复合材料风筒。这类风筒除具备阻燃、抗静电特性外，还具有高强度和高抗冲击性，用于爆破掘进的工作面有独特优势。

目前，阻燃抗静电风筒执行煤炭行业标准 MT 164—1995《煤矿用正压风筒》和 MT 165—1995《煤矿用负压风筒》，该 2 项标准明确规定了风筒的阻燃、抗静电性能要求。

（12）非阻燃输送带（自发布之日起一年后禁止使用）。

禁止原因：胶带输送机在井下使用过程中，若某种原因引起输送带打滑，输送带与驱动滚筒会产生剧烈摩擦，达到一定温度时就会引起输送带燃烧，如果输送带不具备阻燃性能，输送带在燃烧时会产生大量有毒有害气体，造成矿工中毒窒息和财产损失。

替代产品：阻燃输送带（如，织物整芯阻燃输送带、阻燃钢丝绳芯输送带、阻燃钢丝绳牵引带、织物叠层阻燃输送带等）。

说明：胶带输送机是连续输送机的一种，随着矿山装备水平的不断提高，胶带输送机在金属非金属地下矿山得到越来越广泛的应用。胶带输送机是以输送带（胶带）作为承载构件，通过驱动装置的驱动滚筒与胶带之间的摩擦力来实现传递。

输送带是胶带输送机的重要部件，胶带输送机在井下使用过程中，若某种原因造成输送带打滑，胶带与驱动轮会产生剧烈摩擦，达到一定温度时就会引起胶带燃烧，如果胶带不具备阻燃性能，燃烧时产生大量有毒气体，造成井下作业人员的伤亡和财产损失，因使用非阻燃输送带而引发的火灾和爆炸事故屡见不鲜。目前，我国生产的矿山井下用阻燃抗静电输送带有煤矿用织物整芯阻燃输送带、煤矿用阻燃钢丝绳芯输送带、煤矿用阻燃钢丝绳牵引带、煤矿用织物叠层阻燃输送带等几种类型，并发布了 MT 914—2002《煤矿用织物整芯阻燃输送带》、MT 668—1997《煤矿用阻燃钢丝绳芯输送带技术条件》、MT 669—1997《煤矿用阻燃钢丝绳牵引带》、MT 830—1999《煤矿用织物叠层阻燃输送带》等产品标准，明确规定了输送带的阻燃抗静电要求和物理机械性能要求。只有使用阻燃输送带，方可从根本上消除非阻燃输送带引起的火灾和爆炸等恶性事故的发生。

（13）非矿用局部通风机（自发布之日起半年后禁止使用）。

禁止原因：矿用局部通风机，用于矿山井下作局部通风用，主要为掘进面、工作面等工作场地提供新鲜风流。矿用局部通风机的结构型式、规格尺寸、性能参数均有明确规定，其设计和制造满足矿山井下工作条件。非矿用局部通风机（如地面用的各种鼓风机等）不能满足矿山井下工作条件，且普遍风压小、风量小，噪声大、效率低，不适用远距离输送风量，无法达到通风效果。

替代产品：满足矿山井下工作条件的矿用局部通风机。

说明：在矿井生产过程中，一些有毒有害气体涌入到工作面，对井下工作人员的身体健康和矿井的安全生产带来很大影响。矿井通风设备的作用就是向井下输送新鲜空气，稀释和排除有毒有害气体，调节井下所需风量、温度和湿度，改善劳动条件，保证安全生产。矿井通风系统是由纵横交错的井巷构成的一个复杂系统，通风系统中各井巷分配的风量大小及其方向必须遵循一定规律。

矿井通风机按服务范围可分为主要通风机和局部通风机。主要通风机是负责全矿井或某一区域通风任务的风机，局部通风机是负责掘进工作面（独头巷道）或加强工作面通风用的风机。利用局部通风机作动力，通过风筒导风的通风方法称作局部通风机通风，它是目前地下矿山局部通风的主要方法。对局部通风机的要求是体积小、风压高、效率高、噪声低、坚固耐用，目前地下矿山使用的局部通风机绝大多数为轴流式局部通风机，选用局部通风机时，需根据工作面所需风量、风压，确定局部通风机的合理工作范围，选择长期运行效率较高的局部通风机。

目前金属非金属地下矿山使用的局部通风机不太规范，尤其是小型矿山，使用的通风设备五花八门，大量非矿用局部通风机（如地面用各种鼓风机等）用于局部通风，这些非矿用局部通风机风压小、风量小，不适用远距离输送风量，根本达不到通风效果，形同虚设。

矿用局部通风机有定型产品，可选择的产品类型较多，如 FK、FKD、FKZ、FKCD、FKCZ 等型号产品。

（14）主要井巷木支护（新掘、维修井巷自发布之日起立即禁止使用）。

禁止原因：木支护（包括木支柱、木梁棚子）是原始的支护方式，支护强度低，工人劳动强度大，易腐易燃，安全性差，而且消耗大量的坑木，破坏森林资源。

替代产品：结合施工构筑方法的差异，可采用金属支架型支护、锚杆型支护、喷射混凝土支护、砌筑型支护等。

说明：在围岩十分破碎不稳定、不适宜锚喷支护且服务年限不长、砌护不经济的情况下，以前一般考虑采用木支护。木支护重量轻，加工容易，架设方便，其构造具有较大的可压缩性，所以在采矿工业中用得最早，过去用得也较广泛。但其缺点非常明显：支护强度低，不能防火，容易腐朽，服务年限短，消耗量大，不能阻水和防止围岩风化，更重要的是我国木材资源短缺，随着科学技术的进步，支护方法及理论也在不断发展，淘汰木支护这种落后的支护方式迫在眉睫。

本条淘汰的是永久性木支护，作为临时支护时木支护允许使用。

（15）火雷管、导火索（自发布之日起立即禁止使用）。

禁止原因：火雷管是最早使用的雷管，必须和导火索配合使用，用导火索喷出的火焰引爆，在机械能和其他形式的热能的作用下也可以被引爆。爆炸时产生明火，安全性能差，易引发爆破事故。2008 年国防科工委、公安部《关于做好淘汰导火索、火雷管、铵梯炸药相关工作的通知》（科工爆〔2008〕203 号）文件中已明令淘汰。

替代产品：非电起爆系统，电雷管等。

说明：在工业雷管中，火雷管是最简单的一种品种，火雷管的结构如图 7－1－16 所示。火雷管的管壳通常采用金属（铝和铜）、纸或硬塑料制成，呈圆管状。

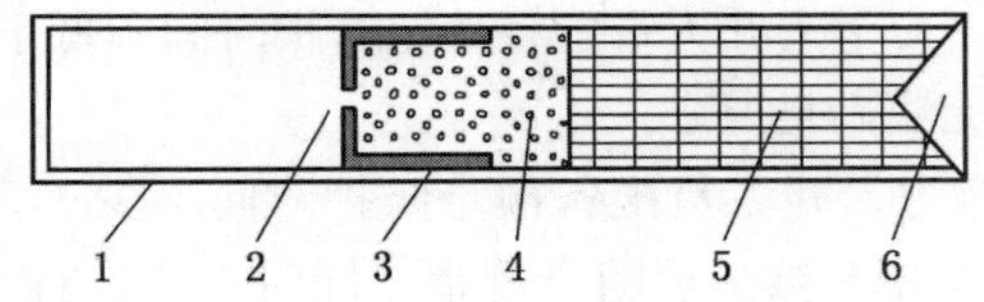

1—管壳；2—传火孔；3—加强帽；4—DDNP；5—加强药；6—聚能穴

图 7－1－16　火雷管结构示意图

导火索是以具有一定密度的粉状或粒状黑火药为索芯，外面用棉纱线、塑料或纸条、沥青等材料包缠而成的圆形索状起爆材料。导火索的用途是产生并传递火焰以起爆火雷管或点燃黑火药。导火索由索芯和索壳组成，其结构如图 7－1－17 所示。

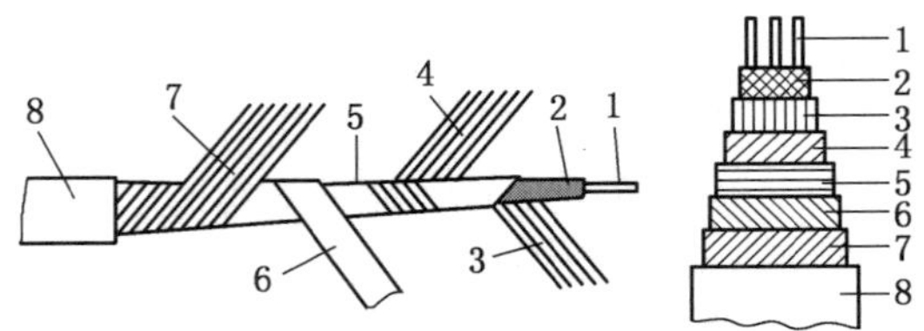

1—芯线；2—索芯；3—内层线；4—中层线；5—防潮层；6—纸条层；7—外线层；8—涂料层

图7-1-17 导火索结构示意图

国防科工委、公安部《关于做好淘汰导火索、火雷管、铵梯炸药相关工作的通知》(科工爆〔2008〕203号) 文件中明确指出：鉴于导火索、火雷管、铵梯炸药技术含量低、安全性能差，且导火索、火雷管引爆炸药操作简单，极易被不法分子用来实施爆炸犯罪活动，威胁公共安全。通知要求：自2008年1月1日起，全国范围内停止生产导火索、火雷管、铵梯炸药后，自2008年3月31日后，全国范围内停止销售导火索、火雷管、铵梯炸药，公安机关不再审批爆破作业单位购买导火索、火雷管的申请；2008年6月30日后，全国范围内停止使用导火索、火雷管、铵梯炸药。对逾期仍非法使用导火索、火雷管、铵梯炸药进行爆破作业的单位，由当地公安机关依照有关法律法规予以处罚。

（16）ZH15隔绝式化学氧自救器（自发布之日起立即禁止使用）。

禁止原因：ZH15隔绝式化学氧自救器，设计额定防护时间为15 min，额定防护时间不符合AQ 2033—2011《金属非金属地下矿山紧急避险系统建设规范》中“应为入井人员配备额定防护时间不低于30 min的自救器”的规定。

替代产品：额定防护时间为30 min以上的自救器。

说明：隔绝式化学氧自救器是人体呼吸系统保护装置，主要用于矿山井下作业人员佩戴，当矿井内发生灾害事故，造成环境中缺氧或出现高浓度有毒有害气体危及生命安全时，作业人员可及时佩戴自救器，此时人的呼吸器官同大气环境隔绝，利用自救器中化学生氧剂生成的氧实现呼吸系统的保护，供佩戴人员从灾区逃生。防护时间是隔绝式化学氧自救器的一项重要指标，是自救器在规定功率条件下起保护作用的额定使用时间，自救器在防护时间内，能保证人体正常呼吸的性能（如吸气温度、吸气成分、呼吸阻力等），依据MT 425—1995《隔绝式化学氧自救器》的规定，隔绝式化学氧自救器按额定防护时间可以分为四种类型，分别是15 min型、30 min型、45 min型和60 min型，其额定防护时间分别为15 min、30 min、45 min和60 min。AQ 2033—2011《金属非金属地下矿山紧急避险系统建设规范》中明确规定“应为入井人员配备额定防护时间不低于30 min的自救器”，因此额定防护时间只有15 min的自救器无法满足要求。

金属非金属地下矿山企业应为入井人员配备额定防护时间不少于30 min的自救器，并按入井总人数的10%配备备用量，所有入井人员必须随身携带。同时，要进行专门培训，确保入井人员能够正确使用自救器。

自救器是一种轻便、体积小、便于携带，戴用迅速的个人呼吸保护装备。当井下发生火灾、爆炸等事故时，供人员佩戴和使用，可有效防止中毒或窒息。从国内外事故教训来看，不少遇难者当时如果佩戴自救器是完全可以避免死亡的。据有关资料介绍，美国在火灾和瓦斯事故死亡的人数中，大约有20%死于无自救器。而我国事故中死于无自救器的人数达到80%以上。2010年，河南省新密市东兴煤业有限公司井下发生火灾，造成25名矿工遇难。矿难中的25名遇难矿工均未配备自救器。该次事故是由于井下电缆线起火，产生大量一氧化碳，矿工吸入后迅速昏迷窒息而亡。矿工在井下遇到火灾或瓦斯事故时，打开自救器，通过吸氧可维持生命，能赢得救援时间，或者能确保矿工从有毒有害气体的区域撤离到安全的地方。2016 年 11 月 25 日，石壕煤矿北 1630 综掘工作面发生了一起 QC400A 型防爆开关自燃突发事故，导致了 200 多米巷道的运输机胶带、电缆、变玉器等设备被烧毁。事故发生后，7 名身临灾区的矿工运用应急急救知识，在自救器的帮助下，正确使用灭火器安全撤离了事故现场，避免了一场矿毁人亡事故的发生。

（17）一氧化碳过滤式自救器（自发布之日起半年后禁止使用）。

禁止原因：一氧化碳过滤式自救器使用条件非常苛刻，只能用于氧气浓度不低于 18% 及一氧化碳浓度不大于 1.5% 的灾害环境中，安全性较差。

替代产品：压缩氧自救器、化学氧自救器。

说明：一氧化碳过滤式自救器属于过滤式自救器，是一种防止一氧化碳中毒的呼吸保护装置。该产品是利用一氧化碳氧化催化剂（主要为霍加拉特剂和贵金属氧化物），在常温下将空气中含有的一氧化碳氧化为无毒的二氧化碳而制成的呼吸系统保护装置，产品型式有直接口叼式、面罩式、呼吸软管式。其使用环境条件为：适用于矿井下无瓦斯（甲烷）和二氧化碳突出的矿井，环境大气中的氧气浓度不低于 18%，一氧化碳浓度不大于 1.5%，不能在含有其他毒气的空气中使用，仅限于个人逃生时使用。由于其使用条件比较苛刻，安全性较差，国外很少采用。

（18）空场法采矿（无底柱采矿法）采场内人工装运作业（自发布之日起一年后禁止使用）。

禁止原因：人员在空场环境下作业，因采场垮塌、冒顶、浮石掉落等容易引发人员伤亡，作业安全性差，人工装运作业劳动强度大，工作效率低。

替代作业方法：机械出矿法。即采用铲运机、装岩机、电耙等机械出矿方式。

说明：空场法采矿在我国应用最早、最广泛，在技术上也较成熟。空场采矿法种类很多，因而使用范围也广。不同种类的空场采矿法适用于不同的矿体厚度和倾角，采空区在一定时间内允许有较大的暴露面积。无论采用哪种采矿方法，必须保证作业人员在采矿过程中能够安全生产。由于采场垮塌、冒顶、浮石掉落等容易引发人员伤亡，且人工装运作业劳动强度大，因此，不允许作业人员暴露在空场环境下进行人工装运作业。空场法采矿应采用机械出矿方式，如采用铲运机、装岩机、电耙等机械设备搬运矿石。

（19）横撑支柱采矿法（自发布之日起立即禁止使用）。

禁止原因：横撑支柱采矿法是在回采过程中，用横撑支柱或木棚支架支护采场的采矿方法。此法采用木支护，坑木消耗大，劳动生产率低，安全条件差。

替代采矿法：下向胶结充填采矿法、上向分层充填采矿法、垂直分条充填采矿法等。

说明：横撑支柱采矿法在回采过程中，于上下盘之间架设横撑支柱或木棚支架，既做工作平台，又起支撑围岩作用。工作面逆倾斜成梯段向上推进，浅眼落矿。爆破前拆除工作平台，采落的矿石靠自重滚向漏斗口放出。此法采用木支护，坑木消耗大，劳动生产率低，安全条件差。

2 金属非金属矿山禁止使用的设备及工艺目录(第二批)

（1）扩壶爆破（金属非金属露天矿山自发布之日起立即禁止使用）。

禁止原因：扩壶爆破也称作药壶法爆破、葫芦炮、坛子炮等，是在炮孔底部用少量炸药将炮孔底部扩大成圆球形（俗称“扩壶”），然后装入炸药进行爆破。由于扩壶后的内腔大小不好测定，扩壶装药较为困难，扩壶后腔内温度过高等原因，再次装药时，易发生爆炸事故；且爆破冲击易产生飞石，安全性差。该方法已列入2010年国土资源部《矿产资源节约与综合利用鼓励、限制和淘汰技术目录》中淘汰类技术，国家安全生产监督管理总局令第39号明确规定：小型露天采石场严禁采用扩壶爆破。

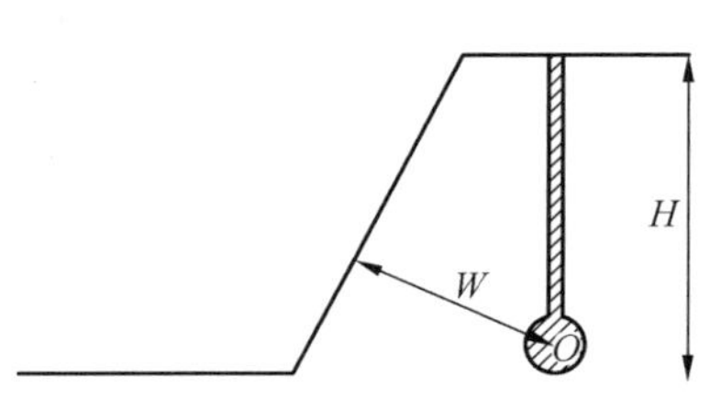

图7-2-1 扩壶爆破法爆破示意图

替代方法：采用中深孔爆破。

说明：扩壶爆破常用于梯段爆破中。如图7-2-1所示，图中H为梯段高度，W为最小抵抗线，即药壶中心到梯段斜坡地面的垂直距离。

扩壶爆破采用凿岩机凿岩，炮孔直径一般为38~42 mm，孔深5~6 m，分一次或多次在孔内放置小药量爆破，使孔内形成一个扩大的壶囊空腔，再在空腔内放置炸药爆破。扩壶爆破的药包属集中药包，钻孔工作量小，每孔装入炸药较多，能一次爆落较多的土岩量。该法的缺点是：扩壶施工有较大的难度，扩壶次数较多，施工时间较长，爆落的岩石块度不均，大块较多，易发生爆炸事故，且爆破冲击易产生飞石，安全性差。

《国土资源部关于印发〈矿产资源节约与综合利用鼓励、限制和淘汰技术目录〉的通知》(国土资发〔2010〕146号)、《国土资源部关于印发〈矿产资源节约与综合利用鼓励、限制和淘汰技术目录(修订版)〉的通知》(国土资发〔2014〕176号）均将“扩壶爆破”列为淘汰类技术。

《小型露天采石场安全管理与监督检查规定》(国家安全生产监督管理总局令第39号）第十三条明确规定：小型露天采石场应当采用中深孔爆破，严禁采用扩壶爆破、掏底崩落、掏挖开采和不分层的“一面墙”等开采方式。不具备实施中深孔爆破条件的，由所在地安全生产监督管理部门聘请有关专家进行论证，经论证符合要求的，方可采用浅孔爆破开采。

推荐采用中深孔爆破替代扩壶爆破。中深孔爆破通常把开挖区按深度分成若干高度为8~15 m的阶段，用潜孔钻或多臂钻车等钻中深孔，用毫秒雷管控制进行爆破。中深孔爆破具有单位钻孔量小、炸药单位耗量低、生产效率高和便于采用机械化施工进行爆破、挖装、运输作业等优点。中深孔爆破技术具有安全保障程度高、作业条件好、开采能力大、生产效率高、爆破周期长、飞石少、爆破器材配送管理方便等特点，国家安全监管总局自2006年起在露天矿山尤其是小型露天采石场推广应用中深孔爆破开采技术，取得了明显成效，矿山生产效率明显提高，生产安全事故则明显下降，社会效益和经济效益显著。

（2）掏底崩落、掏挖开采、不分层的“一面墙”开采（金属非金属露天矿山自发布之日起立即禁止使用）。

禁止原因：掏底崩落和掏挖开采，是指采用自下而上的开采顺序，先在作业台阶底部采用浅孔爆破等方式掏挖下部，使边坡上部的岩体悬空，失去支撑而自由塌落，这种开采方式在边坡面上会形成浮石或伞檐等，由于人员在边坡面下部作业，受雨水侵蚀和频繁爆破震动的影响，容易引发坍塌等事故。不分层的“一面墙”开采，边坡没有安全与清扫平台，单个台阶高度和边坡角大，作业人员直接在边坡上使用安全绳、安全带作业，容易发生坠落、边坡坍塌等事故。

替代开采方式：采用自上而下的开采顺序，分台阶开采。

说明：《小型露天采石场安全管理与监督检查规定》(国家安全生产监督管理总局令第 39 号）第十三条明确规定：小型露天采石场应当采用中深孔爆破，严禁采用扩壶爆破、掏底崩落、掏挖开采和不分层的“一面墙”等开采方式。不具备实施中深孔爆破条件的，由所在地安全生产监督管理部门聘请有关专家进行论证，经论证符合要求的，方可采用浅孔爆破开采。第十五条规定：小型露天采石场应当采用台阶式开采。不能采用台阶式开采的，应当自上而下分层顺序开采。分层开采的分层高度、最大开采高度（第一分层的坡顶线到最后一分层的坡底线的垂直距离）和最终边坡角由设计确定，实施浅孔爆破作业时，分层数不得超过 6 个，最大开采高度不得超过 30 m；实施中深孔爆破作业时，分层高度不得超过 20 m，分层数不得超过 3 个，最大开采高度不得超过 60 m。分层开采的凿岩平台宽度由设计确定，最小凿岩平台宽度不得小于 4 m。分层开采的底部装运平台宽度由设计确定，且应当满足调车作业所需的最小平台宽度要求。

近年来，小型露天采石场发生的坍塌事故，基本上都是由于没有按照设计进行开采，造成台阶或分层高度过高，坡面角过大，形成高陡边坡，最终导致事故发生。因此，要求“必须按设计自上而下分台阶分层开采”。

（3）使用爆破方式对大块矿岩进行二次破碎（金属非金属露天矿山自发布之日起立即禁止使用）。

禁止原因：使用爆破方式对已采出的大块矿岩进行浅眼二次爆破以达到破碎矿岩的目的，容易发生爆破事故和飞石伤人事故，存在较大安全风险。

替代方法：采用机械破碎设备或液压扩张器破碎、膨胀方式破碎、爆轰管式非炸药爆破等新工艺对爆破产生的大块矿岩进行二次破碎。

说明：本款规定只针对露天矿山，不适用于地下矿山。使用爆破方式对大块矿岩进行二次破碎，爆破效果无法控制，容易发生爆破事故和飞石伤人事故，相关文件已明令禁止。《小型露天采石场安全管理与监督检查规定》(国家安全生产监督管理总局令第 39 号）第十七条规定：对爆破后产生的大块矿岩应当采用机械方式进行破碎，不得使用爆破方式进行二次破碎。《非煤矿山企业安全生产十条规定》(国家安全生产监督管理总局令第 67 号）规定：金属非金属露天矿山企业必须使用机械二次破碎和铲装作业。

2004 年以来，国家安全监管总局在小型露天采石场强制推行机械二次破碎，促使小型露天采石场机械化水平明显提升，现场作业人数大幅减少，生产效率显著提高，大大减少因爆破二次破碎而导致的飞石伤人事故，成效显著。

（4）无稳压装置的中深孔凿岩设备（金属非金属露天矿山自发布之日起一年后禁止使用）。

禁止原因：无稳压装置的中深孔凿岩设备，是在传统的气动凿岩机等基础上稍加改进演变而来，该类设备钻孔时位置和角度难以控制，难以形成规整的台阶坡面，不利于形成规范的露天台阶，且大块率严重，导致采场二次破碎量大。

替代产品：采用具有稳定可靠的稳压、回转、推进及提升装置的潜孔凿岩设备等。

说明：穿孔作业是露天开采的第一道生产工序，其作业内容是采用某种穿孔设备在计划开采的台阶区域内穿凿炮孔，为其后的爆破工作提供装药空间，穿孔工作质量的好坏直接影响爆破工序的生产效率和爆破质量。由于国家强制推行在金属非金属露天矿山采用中深孔爆破技术，部分矿山企业出于经济方面考虑，不选用专业生产厂家制造的定型潜孔凿岩设备，而在传统的气动凿岩机等基础上稍加改进用于钻凿中深孔，该类设备由于未配置有效的稳压装置，钻孔时位置和角度难以准确控制，导致爆破后难以形成规整的台阶坡面，不利于形成规范的露天台阶，且爆破后大块率严重。

（5）集中铲装作业时人工装卸矿岩（金属非金属露天矿山自发布之日起立即禁止使用，地下矿山自发布之日起一年半后禁止使用）。

禁止原因：集中铲装作业时采用人工装卸矿岩，现场作业人员多，劳动强度大，生产效率低，安全性差。

替代作业方式：采用机械铲装设备装卸矿岩。

说明：装载作业是整个采掘生产中最繁重的工作之一，无论是露天采矿还是地下采矿，消耗在这一环节上的劳动量约占整个采掘（采矿）循环的30%～50%。因此，不断提高装载作业的机械化水平，研制新型高效装载机械，对于提高劳动生产率、解除工人繁重的体力劳动、保证安全生产具有十分重大的意义。本条淘汰的不是人工装卸矿岩这种作业方式，而是在集中铲装作业条件下禁止采用人工装卸矿岩，集中铲装作业时应强制推行采用机械铲装设备装卸矿岩，此时也具备采用机械铲装设备的条件。集中铲装作业时如采用人工装卸矿岩，势必用工众多，由于铲装作业现场普遍作业环境恶劣，难以保证生产安全，而且人工装卸矿岩，作业方式原始，劳动强度大，生产效率极低。

《国土资源部关于印发〈矿产资源节约与综合利用鼓励、限制和淘汰技术目录〉的通知》（国土资发〔2010〕146号）将“人工装运”列为淘汰类技术。

《非煤矿山企业安全生产十条规定》（国家安全生产监督管理总局令第67号）规定：金属非金属露天矿山企业必须使用机械二次破碎和铲装作业。

（6）未安装捕尘装置的干式凿岩作业（金属非金属地下矿山自发布之日起立即禁止使用，露天矿山自发布之日起半年后禁止使用）。

禁止原因：干式凿岩产生大量粉尘，不利于作业现场职业健康和环境保护工作。

替代作业方式：采用湿式凿岩或安装有捕尘装置的干式凿岩作业。

说明：采用干式凿岩，势必产生大量的粉尘，严重污染环境，危害工人的身体健康和生命安全，而且还会加快机器设备磨损，缩短设备使用寿命。采用湿式凿岩作业是最为经济有效的方法。

《非煤矿山企业安全生产十条规定》（国家安全生产监督管理总局令第67号）规定：金属非金属露天矿山企业必须实行湿式凿岩作业。

（7）主要无轨运输巷道及露天采场采用人力或畜力运输矿岩（金属非金属地下矿山及露天矿山自发布之日起一年后禁止使用）。

禁止原因：人力或畜力运输矿岩，采用原始简陋的运输工具（如板车、斗车等），与矿山的工业化生产极不相称，劳动强度大，生产效率低，安全性差。

替代运输方式：采用机械设备运输。

说明：目前在一些小型矿山仍然存在采用人力或畜力运输矿岩的情况，这种小作坊式的运输方式原始、简陋、落后，更谈不上工业化，作业人员不但劳动强度大，生产效率低，而且安全没有任何保障。

（8）专门用于运输人员、炸药、油料的无轨胶轮车使用的干式制动器（金属非金属地下矿山自发布之日起一年后禁止使用）。

禁止原因：干式制动器的结构决定了其制动力稳定性差，在不同类型路面行驶时变化较大，特别是在地下矿山斜坡道持续下坡时，制动器磨损严重。干式制动器的开放式结构导致泥沙、碎石易进入，造成制动失效，可靠性较低，易引发运输安全事故。

替代产品：采用内置封闭式湿式制动器。

说明：制动性能是车辆的主要安全性能之一，而且直接关系到作业人员的生命安全。车辆制动器是用于控制车辆减速或停车的装置，是车辆安全行驶的重要保证，其性能的好坏直接决定了车辆的制动性能。地下矿山使用的无轨胶轮车由于经常行驶在弯曲、陡坡、狭窄、潮湿的井下路面上，对车辆制动器的要求尤其苛刻。专门用于运输人员、炸药、油料的无轨胶轮车，其安全性尤其应给予重视。干式制动器的显著特点是采用开放式结构，利用自然的通风条件进行冷却，冷却效果差，难以适应井下恶劣的工况条件，如果长期而频繁地使用制动器，势必造成制动器内温度急剧上升，使摩擦片温度升高引起摩擦系数降低，制动力矩也相应减小，容易导致制动效能变差，即制动力稳定性差，严重时可能引发制动失效。

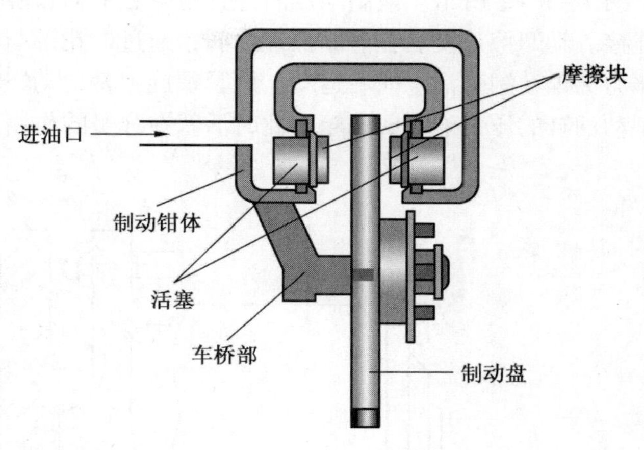

图7-2-2　盘式制动器

常用的干式制动器有钳盘式制动器和鼓式制动器。

盘式制动器的旋转元件则为旋转的制动盘，以端面为工作表面，其结构示意图如图7-2-2所示。

鼓式制动器摩擦副中的旋转元件为制动鼓，其工作表面为圆柱面，其结构示意图如图7-2-3所示。

与干式制动器的开放式结构不同，湿式制动器采用封闭式结构，摩擦片工作在浸油的封闭环境中，制动时产生的热量一部分由制动器的结构元件吸收，大部分被冷却液带走，因而具有散热好、磨损少、热稳定性和制动稳定性好、维护工作量小、使用寿命长的特点。

常见的湿式制动器有湿式液压制动器及弹簧制动-液压松闸制动器。

湿式液压制动器安装在轮边减速器旁边，其结构示意图如图7-2-4所示。

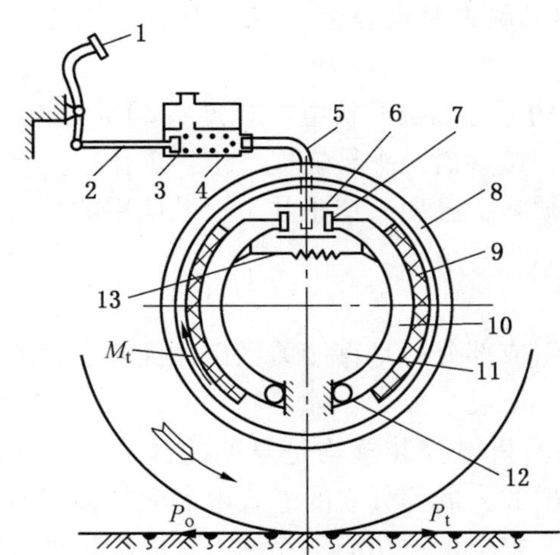

1—制动踏板；2—推杆；3—主泵活塞；4—制动主泵；5—油管；6—制动分泵；7—分泵活塞；8—制动鼓；9—摩擦片；10—制动蹄；11—制动底板；12—支持销；13—制动蹄回位弹簧

图7-2-3　鼓式制动器

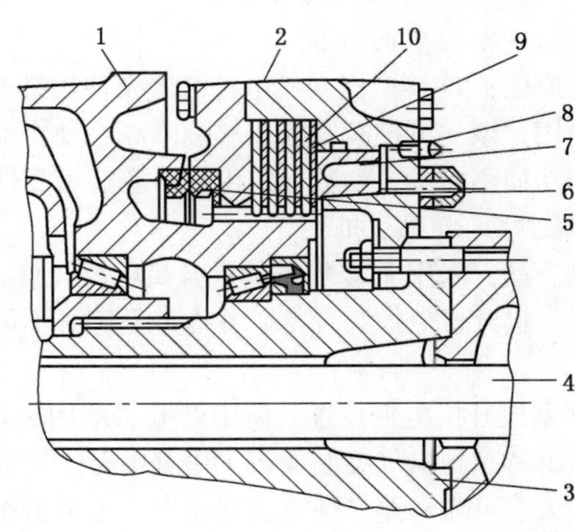

1—轮毂；2—制动器壳；3—空心主轴；4—半轴；5—浮动油封；6—间隙调整装置；7—制动活塞；8—放气螺栓；9—静摩擦片；10—动摩擦片

图7-2-4　液压制动器（LCB制动器）

弹簧制动-液压松闸制动器（POSI-STOP制动器）是目前安全性最好的制动器，其结构示意图如图7－2－5所示。该制动器的外壳与空心主轴和桥壳固定在一起。静摩擦片与制动器外壳通过花键连接。动摩擦片安装在静摩擦片之间，通过内花键与轮毂相连，随轮毂一起转动。当启动柴油机时，压力油推动制动活塞向右运动，压紧螺旋弹簧，动、静摩擦片松开，车辆运行。当制动踏板踩下时，制动油缸的压力油流回油箱，此时活塞在弹簧的作用下，压紧动、静摩擦片而使车辆产生制动作用。

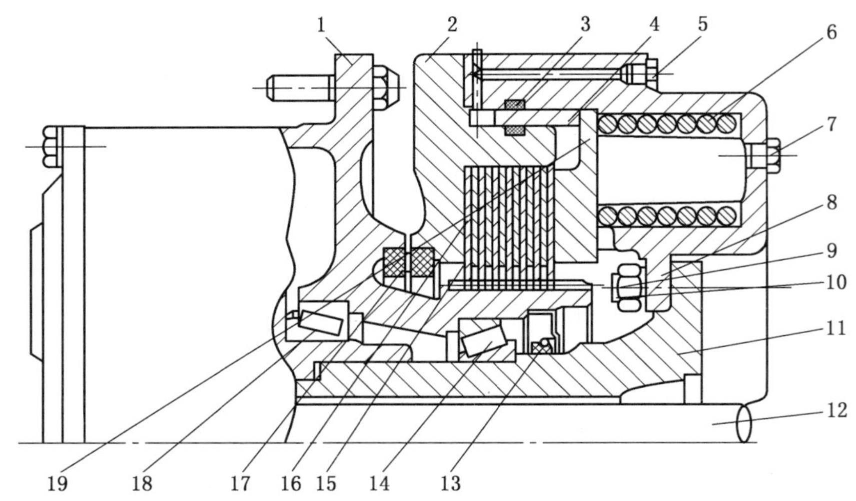

1—轮毂；2—制动器壳体；3—活塞油封；4—活塞；5、7—螺堵；6—制动弹簧；8—密封圈；
9—螺母；10—螺栓；11—空心主轴；12—半轴；13—骨架密封圈；14—轮毂内锥轴承；
15—静摩擦片；16—动摩擦片；17—浮动油封；18—轮毂外锥轴承；19—压盘

图7－2－5 弹簧制动－液压松闸制动器（POSI－STOP制动器）

（9）TKD型提升机电控装置及使用继电器结构原理的提升机电控装置（金属非金属地下矿山自发布之日起一年后禁止使用）。

禁止原因：TKD型提升机电控装置及使用继电器结构原理的提升机电控装置系20世纪60年代开始投入使用，该类电控装置存在故障率高、动作不可靠、接触器触头易烧损、维护工作量大且维护困难、系统功能不完备、参数标定困难、安全可靠性差等缺陷，已列入禁止井工煤矿使用的设备及工艺目录（第二批）、（第三批）。

替代产品：采用PLC控制的提升机电控装置。

说明：提升机电控装置是矿井提升系统必不可少的组成部分，是直接关系矿井提升安全的关键部件。

TKD型提升机电控装置及使用继电器结构原理的提升机电控装置均是早期的提升机电气控制产品，其显著特点是电气控制设备采用继电器、接触器、磁放大器等分立的老式电器元件，因而配线复杂、体积大、可靠性差、噪声及耗能大、维护工作量大，安全保护功能不完善，难以满足现行安全规程及相关标准要求。

近年来，随着科学技术的发展和安全要求的不断提高，现阶段矿井提升机电气控制系统出现以下特点：以双PLC为控制核心，一套PLC用于完成提升机的主控功能，一套PLC用于完成提升机的监控功能，两套PLC相互监控；具有硬件安全回路和软件安全回路，硬件和软件安全回路采用冗余设计和“双线制”；重要安全环节如过卷、超速、限速、减速等采用多重保护。基于PLC可靠性高、抗干扰能力强和逻辑功能强大等优点，目前提升机电气控制系统基本上采用PLC作为控制核心。

3　金属非金属矿山新型适用安全技术及装备推广目录(第一批)

3.1　撬毛台车

撬毛台车是一款专门用于清除作业现场顶板及两帮破碎、不稳固浮石的机械化设备。

在地下矿山开采作业过程中，爆破后由于岩石受到各种作用力的冲击，岩体松动，巷道顶部及两侧的岩石不稳固，在采掘作业循环中需要及时进行清理，否则不稳固的浮岩毛石随时都有掉落可能，威胁现场作业人员及设备的安全。目前清理毛石的方式主要有两种，一种是人工撬毛，由撬毛工手持撬毛工具进行人工撬毛，该项工作非常艰苦，劳动强度大、效率低、危险性大，工作现场粉尘飞扬，飞溅的碎片及岩石的突然掉落极易造成作业人员的伤亡，由于受到人力的限制有时浮岩清理很不彻底，留下事故隐患。另一种是采用撬毛台车，实现机械化撬毛。撬毛台车具有行走功能，机动灵活，由操作人员坐在驾驶室进行控制定位和冲击作业操作，安全性好，作业效率高。撬毛台车最早源于国外，近几年来，国内企业对撬毛台车进行了研究开发，采用不同的底盘系统研制出样机，并进行了推广应用。

国内某公司研制的撬毛台车如图 7 -3 -1 所示，适用于金属非金属地下矿山采掘工程及各种地下开挖工程、隧道等撬毛作业和敲帮问顶工作，能快速有效地清除爆破作业后易冒落、垮塌、比较隐藏的工作面顶板和两帮不稳固的岩石，防止冒顶片帮事故发生，确保作业现场人员以及设备安全。

图 7 -3 -1　撬毛台车

该产品由以下 8 个部分组成：

第一部分：工作机构，也就是工作臂和锤头部分，这部分主要负责将液压锤送到适当的高度并保证合适的撬毛角度。撬毛台车工作机构动作非常灵活，冲击锤的动作由一个旋转油缸和一个直线伸缩缸进行控制，可实现 360°无死角工作。动臂支撑部分采用平行四连杆机构，能使工作臂在低矮的巷道中前后移动时保持角度不变且平稳。撬毛台车的工作臂具有仰俯和伸缩功能，它不仅保证了撬毛台车的排险高度而且还能有效地保证台车在狭小巷道的通过性。锤头部分上下左右均可实现180°的摆动，这样的设计可以使锤尖在各个角度对浮石进行锤击，更加快捷地找到浮石的薄弱点并将其击落。

第二部分：支腿和推土铲装置，推土铲主要用于在台车行进过程中对一些碎石等障碍物进行清理，可根据路面情况自由抬起和下落。支腿机构主要用于稳定车身，支腿采用双油缸支撑，通过前部两支腿与后轮的配合达到稳车效果，不仅能有效稳定车身而且能在遇到紧急情况时快速收回支腿并迅速撤离现场。

第三部分：底盘部分，台车的底盘采用前后车架铰接的形式，能最大程度的减小台车转弯半径。车桥采用最新的常闭式失压保护全密封湿式制动器，能保证台车在突然泄压，例如刹车油管破裂等情况下自行刹车，从而最大程度的保护人员和设备安全。

第四部分：驾驶室，台车的驾驶室结构十分稳固，已通过全球公认的FOPS和ROPS认证，对驾驶员能起到有效的防护作用。台车的驾驶室能进行起升和仰俯动作，这样的设计可以调整驾驶员的视线，方便观察撬毛作业的情况。部分台车的驾驶室具有顶棚升降功能，顶棚最低可降至1.3 m，方便台车通过低矮巷道。

第五部分：传动部分，传动部分主要功能是给台车提供动力和传导动力。台车选用进口康明斯发动机，性能稳定，动力强劲，且尾气排放已达到国三标准，保证了井下作业环境的空气质量。台车传动通过液力变矩器及变速箱传递扭矩，输出的扭矩能满足台车在井下恶劣的道路环境下爬上25°的坡道，基本可适应在各类巷道中行走作业。

第六部分：液压部分，液压系统主要起操纵和控制作用，台车的液压元件大部分采用进口元件，性能良好，使用寿命长。各种控制手柄均按照人机工程理论布置，最大程度的方便驾驶员操纵。在主要油路中都加装了安全阀和压力表，保障台车始终在设定的系统压力下工作，有效保护了设备和人员安全。

第七部分：电气部分，电气部分主要负责控制整车的电路系统，包括整车的照明、报警指示、发动机数据显示以及一部分电磁阀的控制。台车的电气系统均采用防水性能良好的元件及线路，防水等级达到IP65，保证台车在井下潮湿环境下能正常作业。

第八部分：喷水系统，其作用有两个，一是在台车作业时对撬毛产生的粉尘进行清除以确保视线良好，二是用于对台车的清洗和保养。

国内研制的撬毛台车产品已在宝钢集团南京梅山冶金发展有限公司矿业分公司、中国铝业股份有限公司贵州分公司、中钢集团山东矿业有限公司、济南钢铁集团总公司石门铁矿、河北钢铁集团矿业有限公司、大冶有色金属有限责任公司铜绿山矿、大冶有色金属有限责任公司丰山铜矿、山东临沂会宝岭铁矿有限公司、湖南柿竹园有色有限责任公司、新余钢铁集团有限公司等单位推广应用。

3.2 天井钻机钻井法

天井钻机钻井法是采用天井钻机进行天井掘进。

天井作为矿山溜矿、行人、运料、通风、充填、探矿的重要通道，对有效开采地下矿产资源起到了至关重要的作用。目前，多数地下矿山掘进天井时仍沿用比较原始的作业方式，如人工凿岩爆破法、吊罐法、爬罐法、深孔爆破法等，这些作业方式安全性差，伤亡事故时有发生，成本高，劳动强度大，材料消耗多，掘进速度慢，成孔质量差，钻孔偏斜难以控制。随着采矿技术的发展，阶段高度不断增大，天井也相应增高。随着天井高度的增加，原来沿用的吊罐法、爬罐法、深孔爆破法不仅速度慢、工效低、安全性差、劳动强度大，而且在技术上也越来越不能适应采矿工业发展的需要。

天井钻机钻井法的特点是采用大直径的旋转钻机在天井的全深进行全断面钻进。由于不需穿爆工作，作业人员不必进入天井，故作业安全，掘进速度快，劳动条件好，且成井的井壁规整，无浮石，一般不需支护，通风阻力也相应减少。天井钻机钻井法一般采用下钻上扩法，此法把天井钻机安放在天井上部，先向下钻导向孔与下部中段相通，然后再自下向上扩大至所需孔径。钻导向孔时一般使用三牙轮钻头，扩孔时使用扩孔器，扩孔器上装有排列成各种形状的滚刀。

天井钻机作为地下矿山天井施工的专用机械化设备，主要用于穿凿直径0.5~7.1 m的各种天井，与普通法相比，天井钻机钻井法具有成井效率高，井筒光滑无破碎、成本大幅降低、破岩面无人操作，安全性高、钻孔偏斜率小、可连续作业、周期短等突出优点，已成为50 m以上深度天井施工的最优方案。常用天井钻进方法比较见表7-3-1。

表7-3-1 常用天井钻进方法比较

项目 \ 方法		人工凿岩爆破法	吊罐法	爬罐法	深孔爆破法	天井钻机钻井法
安全性	炮烟中毒	有	少	有	少	无
	冒顶片帮	有	有	有	无	无
	坠落伤亡	有	有	有	无	无
生产能力	井筒质量	差	差	差	差	好
	可掘深度/m	<60	<100	<200	<60	50~1000
	斜井掘进	可	否	可	否	可
效益	劳动强度	高	中	中	低	低
	施工周期	长	中	中	短	短
	掘进成本	中	高	高	中	中

自20世纪70年代初期国内率先研制AT1500型天井钻机并取得实际应用，20世纪80年代又相继开发ZFY500、ZFY1000、AT1200等型号小直径天井钻机，进入21世纪以来，国内天井钻机技术又取得了突破发展，研发出了新一代系列化天井钻机，成功攻克了大扭矩回转系统、比例控制系统、高强度特种钻杆和硬岩刀具等关键技术，掘进深度达到400 m，成井直径达到3500 mm。采用了远程先导电控液压系统和全机械化作业，并在自动防卡钻和硬岩刀具方面取得了技术突破，开发出的钻杆特种钢材、高扭矩钻具螺纹脂、大扭矩驱动系统、硬岩滚刀、与国外接轨的DITT钻具螺纹、可拆卸式大直径硬岩刀盘等生产技术极大的提高了天井钻机的技术水平，为机械化天井施工工艺的普及创造了良好的条件。

以AT2000天井钻机为例，其主机示意图如图7-3-2所示，其实物照片如图7-3-3至图7-3-5所示。AT2000天井钻机由主机、泵站、操作台三部分组成，并配有扩孔刀盘、钻杆、牙轮钻头、水泵、辅助工具等可选件。工作时，首先用牙轮钻头向下钻进ϕ250 mm或ϕ280 mm的导向孔，此时，由泵站上的电动机带动轴向柱塞泵将压力油送进2个推进缸3，以框架7为导轨，推动减速箱6上下运动，钻进时通过推进缸的轴向进给，传递轴向压力给钻杆，使钻头与岩石接触，同时，泵站上的主泵电动机带动轴向柱塞泵，驱动2个液压马达，通过减速器带动钻杆旋转，传递扭矩给牙轮钻头，使岩石破碎，同时由水泵提供的压力水通过钻杆中心孔将破碎的岩渣通过钻杆与导向孔间的环形空间从井口排除，钻通至下水平面后，取下牙轮钻头，接上扩孔刀盘，进行扩孔作业，此时，减速器带动钻杆和刀盘向上运动，岩渣依靠自重落下，直至完成扩孔作业。AT2000天井钻机可选配不同刀具适用于各种岩层的掘进，正向钻进ϕ250 mm或ϕ280 mm的导向孔，反向扩孔ϕ1800 mm至ϕ2500 mm，钻进深度可达400 m，钻进倾角60°~90°。

新一代天井钻机的特点主要体现在以下14个方面：

（1）采用双马达、远程先导电控液压驱动技术。具有大扭矩，钻进无级调速，结构紧凑，安装

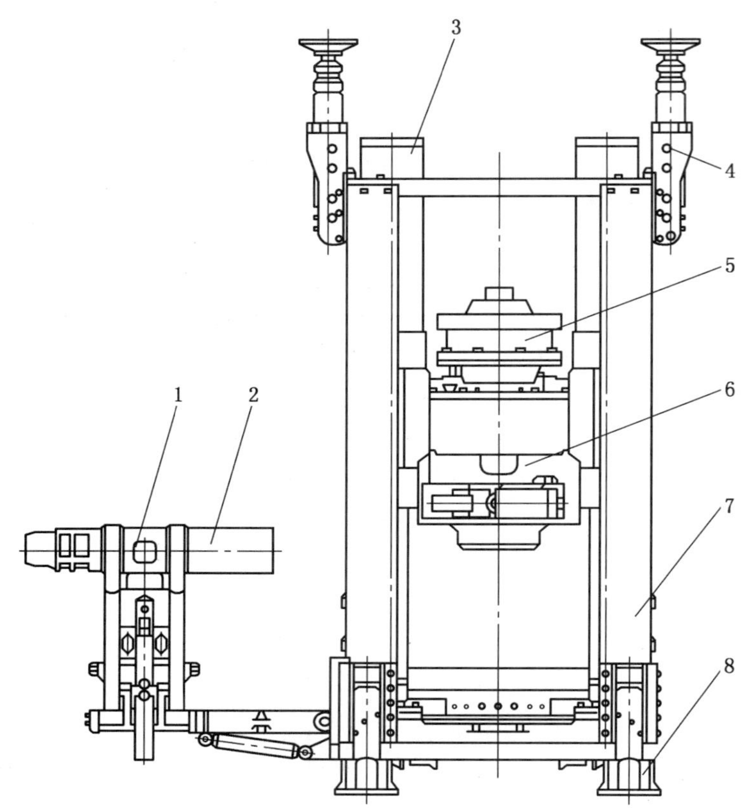

1—机械手；2—钻杆；3—推进油缸；4—上顶油缸；5—回转马达；
6—减速箱；7—框架；8—调角靴板

图 7-3-2 AT2000 天井钻机主机示意图

简单方便，抗冲击性能好，工作可靠等特点。

（2）采用全方位多自由度机械手，动作快速稳定，极大减轻了工人的劳动强度，大幅度减少了接卸钻杆的辅助时间。

（3）采用高度集成的负载敏感式液压系统，效率高，自适应能力强，便于远程调节和控制。

（4）采用了专门研发的大直径厚壁钢管加工钻杆，优化的合金钢冶炼轧制工艺和与其配套的热处理工艺赋予了钻杆良好的抗疲劳断裂能力，满足了深井大扭矩钻进的要求。

（5）采用可拆装拉杆和组合式刀盘结构，满足国内中小矿山运输条件的要求。

（6）研发出了系列化硬岩滚刀，满足 f16 以上大直径硬岩天进掘进的需求，解决了硬岩条件下的天井掘进的刀具难题。

（7）采用全新的减速箱自循环润滑系统：不需要借助外部动力，齿轮泵直接由减速箱齿轮轴驱动，稳定可靠地把润滑油输送到各个润滑点。取消了原来独立设置的润滑系统，清洁封闭的环境保障了润滑油的洁净度，有效提高了减速箱运动件的使用寿命。

（8）采用机头轴向浮动设计，消除了装卸钻杆时连接螺纹的损伤。

（9）在机头体内的球铰钻套可以在任意方向自由摆角，有效避免钻具系统旋转产生的巨大循环附加弯矩，保持钻进的稳定性。

（10）配备了自动防卡钻装置，自动适应复杂多变的地质环境，提高了钻进效率，大幅度减轻了工人操作强度。

图 7-3-3　天井钻机主机

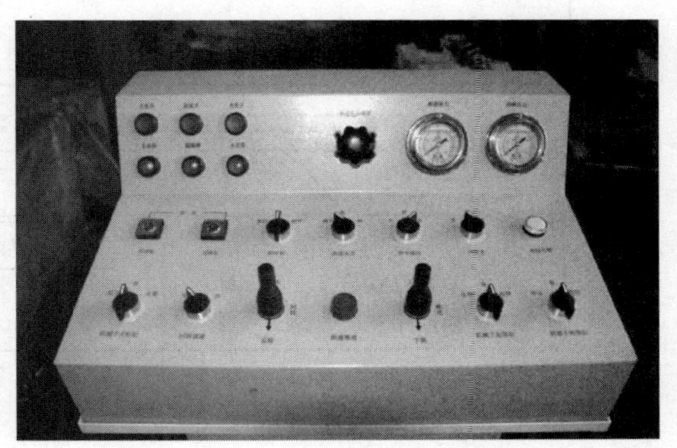

图 7-3-4　天井钻机泵站

图 7-3-5　天井钻机操作台

采用天井钻机钻井法的条件。

(11) 标准产品使用地点海拔不超过 3000 m。在海拔超过 3000 m 的高原环境时，应采取措施进行非标生产。

(12) 环境温度在 -10 ~ 40 ℃，最大相对湿度在 90% 以下（温度为 25 ℃时）。在超出以上范围时，必须采取相应的措施。

(13) 电源电压极限偏差为 ±5%，交流频率极限偏差为 ±1%。

（14）本系列钻机选配不同刀具可适用于各种岩层掘进，不适用成孔性差的松散层井巷施工。

已采用天井钻机钻井法的部分单位有：广东韶关凡口铅锌矿、江西下垄钨矿、赣州市铁山垅钨矿、冀中能源峰峰集团武安市南洺河铁矿有限公司、首钢杏山铁矿、中国黄金集团夹皮沟矿业有限公司、湖北鸡笼山黄金矿业有限公司、西安中核蓝天铀业有限公司、内蒙古黄岗矿业有限公司、鞍山集团矿业公司弓长岭矿业公司、中冶集团华冶资源开发公司锡铁山二矿等。

3.3 井下电机车远程操控技术

井下电机车运输线路交叉，车辆多，人员多，现场环境复杂，生产组织和安全管理难度较大。电机车远程操控技术，做到现场无人驾驶电机车，将电机车的运行控制从井下移到地面主控室进行操作，可对井下电机车运输线路实施封闭管理，进行可控、可视的远程操作，使运输自动化程度大大提高，运输能力得到更大发挥，有效防止运输过程中的人员伤亡事故，提高井下电机车运输安全水平和运输生产效率。

井下电机车远程操控技术综合运用机械技术、电气技术、自动化控制技术、计算机技术、有线通信技术、无线通信技术等，主要由派配矿单元、机车单元、运行单元、装矿单元、卸矿单元等组成，系统构成如图7－3－6所示，各单元主要包括系统如下：

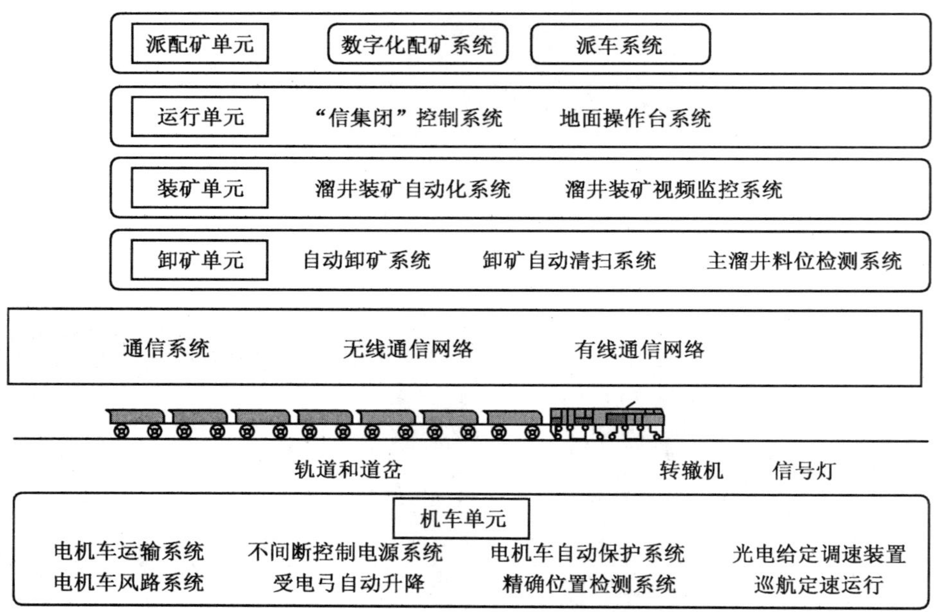

图7－3－6 电机车井下运输系统构成图

派配矿单元：包括数字化配矿系统、派车系统；

机车单元：包括井下电机车运输系统、电机车自动保护系统；

运行单元：包括井下窄轨信集闭控制系统、操作台系统、无线通信系统、100M网络通信系统、不间断电源系统；

装矿单元：包括溜井远程装矿系统、溜井装矿视频监控系统；

卸矿单元：包括自动卸矿系统和卸矿自动清扫系统。

3.3.1 派配矿系统

数字化配矿系统、派车系统安装在地面中心机房服务器内；井下电机车运输系统安装在井下运输水平；电机车自动保护系统安装在井下电机车上；井下窄轨信集闭控制系统主站和分站安装在井下运输系统水平，控制计算机安装在地面主控室；操作台系统安装在地面主控室；无线通信系统安装在井下运输水平，形成井下无线通信全覆盖；100M 网络通信系统由安装在地面中心机房的网络主交换机和井下运输水平的网络分交换机组成；不间断电源系统安装在地面中心机房、井下电机车和井下运输水平网络分交换机各一套；溜井远程装矿系统安装在井下运输水平溜井处；溜井远程装矿视频监控系统安装在井下运输水平溜井装矿点位；自动卸矿系统和卸矿自动清扫系统安装在井下运输水平卸矿站。

各部分之间连接关系：用于数字化配矿、派车系统的服务器、地面操作台系统直接与地面中心机房网络主交换机物理连接；井下窄轨信集闭控制系统、溜井远程装矿系统通过 100M 网络与地面中心机房网络主交换机物理连接；电机车自动保护系统提供电机车保护并与井下电机车运输系统进行通信，通过井下无线通信系统和 100M 网络连接到地面中心机房网络主交换机，形成总体通信网络进行数据交换，进行各种数据的实时采集、判断、分析、控制、执行、显示和存储等各种相关服务。溜井远程装矿视频监控系统通过专用光纤网络将现场实时视频画面传输到地面操作台上的视频显示器，用于监控装矿生产环节。

3.3.2　机车自动运行单元

主控室操作人员通过对计算机的操作，选择确认需要控制的电机车（此选择有唯一性，即一台电机车只能被一个操控台所选择），此时控制台台面上的手柄和按钮等通过系统与实际控制的设备建立连接关系，其发出的指令只控制选择确认的被控对象。统计电机车运行的各种信息和生产报表。显示查询电机车运行时的参数、故障信息等。

地面遥控操作工通过计算机系统向碎运调度请示装载指令，调度根据配矿作业计划，操控“信集闭”自动控制系统统一协调指挥电机车运行路线和可开动时间，自动控制井下转辙机和信号灯的动作，地面操作工根据自己电机车所在位置和“信集闭”系统的信号指令，远程遥控电机车运行到指定装矿溜井，在整个运行过程中，根据机车精确定位信息，实现电机车在不同运行区间按不同额定运行速度行驶。

在电机车上安装小型自动化 PLC 控制系统，通过现有无线 WIFI 网络与主控室操作台控制系统通信，接受主控室操作台的各种指令，电机车上自动化控制系统一要采集电机车各种信息，主要包括运行速度、运行方向、各种状态等，这些信息通过无线网络反馈给主控室操作台集中控制系统。二要接收主控室操作台发出的各种指令，并根据指令控制电机车运行。在电机车上安装语音拾音器，通过无线方式将电机车的各种声音传输到主控室操作台，有利于操作人员通过声音对电机车的运行进行判断。

3.3.3　电机车的遥控操作方法

（1）控制手柄：电机车控制手柄为四轴向可运动，控制电机车运行方向和速度。向前、后推动的位移越大速度给定越大，电机车速度越快，具有反向运行保护功能。控制手柄同时对电机车的闸控系统、电笛等进行远程控制。为实现在一定运行区间内按额定速度匀速运行，系统设置了“巡航定速”功能。此功能也为下一步的按区间额定速度全自动运行提供了技术储备。

（2）为适应在不同区间和不同生产工序（如装矿和正常运行）对电机车运行速度的控制需求，控制系统可选择设置不同的控制额定速度。

（3）电机车受电弓的自动升降功能：在电机车安装红外光电反射开关，自动化系统根据光电开关信号，实现自动升、降弓控制。

（4）电机车受电弓的手动操控：操控受电弓转换开关实现手动控制升降。

（5）电机车供气压力是电机车运行的重要条件，电机车刹车和受电弓降落均由压缩气实现，为保证安全，系统自动实时检测汽包内供气压力，在压力小于 0.35 MPa 时，电机车不能启动；运行时，停止速度给定，自动刹车。

（6）电机车与主控室通信故障：当主控室操作台与电机车出现通信故障，系统会根据通信故障持续时间，自动实现自动降落受电弓和自动紧急停车等保护功能。

（7）电机车运行时操控失灵的紧急处理：当主控室远程遥控操作台发现电机车无法操控时，具有地面远程停掉滑线供电功能。

3.3.4 远程遥控装矿单元

电机车按指令运行到指定装矿溜井处，主控室操作人员通过对计算机的操作，选择确认需要控制的溜井装矿设备（此选择有唯一性，即一条溜井的2台振动放矿机只能被一个操控台所选择），此时控制台台面上的手柄和按钮等通过系统与实际控制的设备建立连接关系，其发出的指令只控制选择确认的被控对象。

利用已经建立的PLC自动化控制系统，在各个川脉设置自动化控制分站，就近连接和控制各溜井振动放矿机，实现自动化控制系统对12台振动放矿机的远程遥控。通过对电气的改造将12台振动放矿机共24台电机，由原只能现场手动操作改为具有远程自动化遥控功能。将放矿机的各种信息接入PLC自动化控制系统，通过现有自动化光纤有线网络与主控室自动化控制系统进行双向通信。

通过地面操作台对溜井放矿机的选择确认，地面操作台的放矿手柄就与选择的放矿机建立了控制关系，实现主控室操作台对选中放矿机的远程遥控放矿功能。

溜井放矿机选择确认后，需要按选择的溜井号，切换控制台前部振动放矿机视频监视画面，在溜井振动放矿机点位安装有线视频监控系统，并通过光纤连接到主控室装矿控制台前，主控室操作台上视频监视器可以同时显示溜井的画面，也可以通过控制器任意选择某一条溜井放矿机的画面。主控室远程装矿操作工通过对视频画面的监视，操作控制台上安装的控制手柄对放矿机的振动放矿和电机车的远程对位进行统一协调操作，完成远程装矿过程。在溜井现场安装便于地面视频观察的参照物标示，防止装矿超高溢矿。保证装矿过程中能装满、不出现外冒等现象。

每个溜井的振动放矿机都有A、B两个电机，通过控制选择可以实现双电机或单电机分别运行的控制模式。为防止误动作配置放矿停止控制按钮。

放矿过程中紧急情况的处理：为了满足紧急情况下的应急处理，将放矿机主电源控制接入自动化控制系统。当放矿机系统出现故障，无法停止放矿机放矿时，可以通过操作台控制电源按钮切断主电源，保证放矿的安全。在主控室操作台与井下自动化控制系统出现通信故障时，放矿机主电源立即断开，保证安全。为防止非操作人员的误动作，使用具有上锁功能的钥匙开关。

3.3.5 自动卸矿单元

地面遥控操作工在完成远程装矿过程后，通过计算机系统向碎运调度请示卸载指令，由调度根据配矿作业计划，有选择性的放行去卸载站卸矿的车辆顺序，碎运调度通过“信集闭”控制系统的统一协调指挥功能，控制电机车运行路线和开动时间，向电机车发出从装载站驶向卸载站的指令。电机车遥控操作工根据系统指令，远程遥控驾驶电机车进入卸载站。

电机车进入卸载站，通过控制速度保证电机车匀速经过卸载站的曲轨卸矿装置，完成自动卸矿流程。在卸矿过程中也同步实现了自动清扫工序环节。

该项技术在首钢矿业公司杏山铁矿已成功投入使用，并取得了明显的效果，主要体现在：

（1）将井下工作人员的工作位置由井下移动到地面，实现地表远程遥控电机车生产，提高了井下运输的本质安全水平，可以有效防止传统运输方式存在的闯红灯和追尾等重大安全事故。

（2）将放矿工、电机车司机等多人工作合并为一人操控，实现了自动化减人，进一步提升了本质化安全管理水平。

（3）通过计算机自动调度列车和“信集闭”系统的闭锁运行，在满足安全运行的基础上，电机车的运输作业效率，由224.72 t/h提高至240 t/h，实现了地下矿山运输系统的自动化。

此外，由国内科研单位研制的地下矿无人驾驶电机车运输技术，由控制室、巷道通信网络、无人驾驶电机车、牵引变电所和滑触线、转辙机系统、装矿部分等组成，通过巷道无线通信系统，实时采集巷道中电机车的各种运行参数，并通过遥控方式完成电机车装矿工作，远程操作人员在地下或地表控制室进行操作，可以适应国内地下矿山高灰尘和高湿度的恶劣环境，且可以达到免维护水平，该技术已经在安徽铜陵公司冬瓜山铜矿调试完成，即将投入生产使用。

3.4　双系统制动静液压四驱地下矿用多功能服务车

地下矿用多功能服务车，用于地下矿山辅助作业。该车为柴油机驱动，轮胎式行走，采用通用底盘，车厢可根据需要选配。用于运输人员时，可选用运人专用厢，用于运输炸药时，可选用运输炸药专用厢；用于运输油料时，可选用油料补给专用厢；用于井下巷道维修时，可选用可伸缩登高维修平台等，实现一机多能。国内某企业生产的双系统制动静液压四驱地下矿用无轨运人车、无轨油料运输车、无轨炸药运输车如图7-3-7至图7-3-10所示。

图7-3-7　无轨运人车（侧面）

图7-3-8　无轨运人车（正面）

双系统制动静液压四驱地下矿用多功能服务车，采用静液压传动系统，液压泵将发动机传出的动力转变为液压能，驱动液压马达旋转，通过车桥驱动车辆行驶，由于静液传动系统是一个完全封闭的液压回路，当静液压传动系统处于关闭状态（即液压泵停止供油）时，液压马达的进排油口被封闭。

图7-3-9 无轨油料运输车

图7-3-10 无轨炸药运输车

由于液压马达与车桥采用刚性连接，当液压马达的进排油口被封闭时，将车桥的输入端锁止，从而实现制动功能。静液压传动可通过液压油泵排量的变化控制液压马达的转速，实现车辆行驶中的加速或减速。考虑矿山特殊运行环境需求，此车还配套设计了全液压内置多片湿式制动系统，该系统由液压泵、充液阀、蓄能器、液压制动阀、封闭多片湿式制动器等组成，是一套具有独立制动功能的液压制动系统，为进一步加强制动性能，最大程度上保证设备安全运行，此车将静液压系统制动与液压制动系统有效的结合，实现双联动功能，当施加液压制动时，静液压系统同时减速和制动，即双系统制动。制动系统全密封设计，避免了开放式干式制动器安全保证系数不高的弊病，失压制动系统可以在坡度12°以上时保证驻车效果，制动系统满足井下振动、灰尘、通风不良、潮湿、高温等使用条件。车辆采用无级变速，四轮驱动，具备抗压、防撞、防翻滚等性能；采用高性能低污染柴油机，减少了有毒有害气体的排放，可有效保障人员的健康与安全。该车为轮胎式行走，采用通用底盘，可选用运人专用厢、运输炸药专用厢、油料补给专用厢、登高维修平台和其他物料运输专用厢等，实现一机多能，适应地下矿山井下复杂的路面环境，具体型号及参数见表7-3-2。

目前，双系统制动静液压四驱地下矿用多功能服务车已在安徽马钢罗河矿业有限责任公司、山东黄金归来庄矿业有限公司、中钢集团山东矿业有限公司、临矿集团会宝岭铁矿等多家金属矿山推广应用。

表 7-3-2　多功能服务车设备参数表

参数名称		名称 型号 单位	参数值			
			油料运输车	人员运送车		炸药运输车
			FLY-3	RU-16	RU-9	FLZ-3
发动机额定功率		kW	142	142	129	142
发动机额定转速		rpm	2200			
额定载重/载人		kg/人	3000±300	16	9	3000±300
整车外形尺寸	长	mm	5950	5950	5130	5950
	宽	mm	2100	2100	1880	2100
	高	mm	2385	2385	2305	2385
整车自重		kg	6900	6500	5800	7400
最小离地间隙		mm	297			
爬坡速度		km/h	28±3			
爬坡能力		(°)	≤14			
转弯半径（内）		mm	6000	6000	4700	6000
轮距		mm	1710			
轴距		mm	3593	3593	2950	3593
系统电压		V	24			
运油箱外形尺寸	长	mm	3000	—	—	—
	宽	mm	1705	—	—	—
	高	mm	1400	—	—	—
炸药箱外形尺寸	长	mm	—	—	—	3226
	宽	mm	—	—	—	2006
	高	mm		—	—	1590

3.5　膏体及高浓度尾矿充填技术与装备

我国是一个矿产资源大国，矿业尾矿废料的积存量和年排放量都十分巨大，充填采矿法既可提高矿山的资源利用率、保护远景资源、防止地表塌陷，又可减少固体废料向地表排放，是充分利用尾矿资源，实现节地、节能、环保、废物利用的直接有效的途径，是现代采矿工业中一项有利于矿业可持续发展的技术。

国内科研单位研制的深锥浓度机尾砂高浓度及音体充填新装备与工艺技术，是以尾砂浓缩贮存装置为核心的膏体及高浓度尾矿充填技术与装备，将选厂产出的（全）尾砂进行浓缩处理形成高浓度的尾矿砂浆，并送入搅拌机或搅拌槽，根据需要可加入水泥、其他胶结材料，或添加冶炼炉渣（或干砂等），形成膏体或高浓度的料浆，由充填泵加压经管道输送到井下采空区进行充填，或靠重力自流输送到井下充填。膏体充填料浆由于浓度高，充填到采场后不会离析，不产生溢流水，在同等水泥添加量的情况下，充填体强度高。膏体及高浓度尾矿充填技术适用于各种不同性质的尾砂，可以充分利用尾砂进行充填，实现安全开采，提高资源回收率，减少尾矿在地表堆存。

采用膏体/高浓度尾砂料浆充填采空区，不仅解决细粒级尾砂直接制备成高浓度砂浆，通过自流或泵送管输充填采空区，保证回采区域开采的安全；而且还可解决矿山开采尾矿排放问题，提高矿山的资源利用率、保护远景资源、减少固体废料向地表排放，也是充分利用尾矿资源发展节地、节能、节材、环保利废的直接有效的途径。节约地表尾矿堆放土地资源，减少对环境的污染。保护环境，为建设无废排放矿山奠定基础。

目前采用膏体及高浓度尾矿充填技术与装备的矿山有：冬瓜山铜矿、会泽铅锌矿、赞比亚谦比希西矿体、白象山铁矿、会宝岭铁矿、崇礼紫金金矿、香炉山钨矿、喀拉通克铜矿、铜绿山铜铁矿、铜山口铜矿、萨热克铜矿、羊拉铜矿等。

3.6 井下近矿体帷幕注浆技术

井下近矿体帷幕注浆技术，即在接近主要矿体的富水围岩中，布置多个注浆钻孔，利用高压注浆技术将充填材料注入钻孔，并通过钻孔扩散到富水围岩裂隙或岩溶中去，这样裂隙、岩溶就被充填，多个注浆孔相连，堵塞进水通道，从而在矿体周围形成隔水帷幕，最大限度地减少矿坑涌水量的防治水技术。

对于岩溶大水金属矿山，如长期采取疏干排水方法极易引起地面塌陷、水资源枯竭等环境问题，甚至使矿山因排水负担过重而难以为继；如采用地面帷幕注浆方法，因为过水通道较多，且不集中，帷幕长度太长，工程投入高，堵水效果也很难给予保证多；而采用近矿体注浆帷幕技术则能有效避免这些问题的出现。虽然井下近矿体帷幕注浆技术是这几年发展应用起来的实用方法，但从其技术条件、实施效果、操作难易程度及经济性等方面综合比较，它是最有效、最合理、最可靠的方法之一。

矿山实施井下近矿体帷幕注浆技术需要具备一定条件，该技术受矿山的水文地质条件、矿石品质、矿体贮藏条件以及采矿方法等多方面因素影响，其适用条件如下：

（1）优越的矿产资源条件。矿床储量丰富，矿体相对集中，顶（底）板为富水层，涌水量较大，矿山生产年限长，矿石开采价值较高。

（2）矿山一般采用胶结充填采矿方法。由于注浆帷幕立足于近矿体围岩，如不采用充填采矿方法，采空区的断面过大且空置的时间长，在受到采矿活动等应力作用下，极易影响注浆帷幕的整体稳固性，甚至可能导致注浆帷幕的破坏。

（3）矿山具备一定的采准施工巷道，能保证在井下钻孔注浆作业的场地要求。由于近矿体帷幕钻孔注浆的施工都是在井下巷道内，因而井下必须具备一定的施工硐室和巷道。

（4）水文地质条件研究。矿区水文地质条件的研究是基础，重点主要是研究矿床水文地质条件，特别是构造断裂导水带、岩溶裂隙发育分布规律等特征以及地下水水力联系特征等方面。

（5）由于井下近矿体帷幕注浆在实施过程中，存在一定的突水风险，因此，矿山必须具备矿坑最大涌水量的防排能力。

采用井下近矿体帷幕注浆技术，一般应考虑以下6个方面因素：

（1）近矿体帷幕的防渗标准。井下近矿体注浆帷幕比地面注浆帷幕及坝体防渗截流帷幕的堵水率要求更高，一般要求其堵水率达到90%左右，才可能满足充填采矿方法的顺利实施。如山东莱芜业庄铁矿实施的井下近矿体注浆帷幕，其堵水率高达100%；莱新铁矿井下近矿体注浆帷幕堵水率高达92%。

（2）帷幕注浆的厚度。井下近矿体注浆帷幕既是隔水体，同时还可作为采场的顶板，因而兼有隔水和保持顶板稳定的双重作用。一方面注浆帷幕体要承受采矿时的爆破震动及平衡采空区顶板应力集中，另一方面要抵抗幕外的静水压，因此注浆帷幕厚度是近矿体帷幕注浆技术的一个重要参数，帷幕厚度过小，则在采矿作业过程中可能有突水的隐患，厚度过大则施工成本过高，施工周期变长。

（3）井下注浆孔和孔口安全装置。在井下通常采用坑道钻机和潜孔钻机施工注浆钻孔，其特点是能实施各个方向的钻孔，针对性强，且孔深要求不大（小于70 m），施工效率较高。

孔口安全装置：孔口安全装置由孔口管、孔口防水闸门组成。在钻孔钻进中，随时都可能遇到突水，为了确保施工人员的安全和成功地注浆封堵突水，必须具备孔口安全装置。

（4）造浆、注浆系统。帷幕工程规模大，一般建地面集中造浆系统，采用散装水泥车运料，卸料到散装水泥罐内贮料，罐下设振动给料斗，螺旋输送机，水泥称量斗和搅拌机等，这种造浆系统自动化程度较高，风尘小，劳动强度低，能满足钻孔注浆的要求。由于井下工作面比较分散，也可在井下设置流动的造浆、注浆系统。

（5）近矿体帷幕注浆参数。根据矿山的静水压力和矿体与围岩接触带力学性能，确定注浆终压和浆液的浓度。

（6）近矿体注浆帷幕材料。注浆材料一般以普通硅酸盐水泥为主体，少量使用外加剂。一般注浆工程中注浆材料费用约占总投资的30%～50%。

应用案例1：山东莱芜业庄铁矿为岩溶管道型大水矿山，矿坑涌水量达12万m^3/d。自20世纪70年代以来，做了疏干放水试验、对泉河塌陷区进行了地面钻孔注浆围堰等防治水方法的尝试，但都由于矿区水文地质条件特别复杂等原因，这两种在别的矿山行之有效的防治水方法，在业庄铁矿却无法顺利实施。业庄铁矿通过实施穿脉水平钻孔注浆封堵了矿体顶板边界近30 m范围内大的导水构造裂隙和进入矿床地下水的主要径流通道，而实施横向钻孔注浆工程封堵了次生导水裂隙和未充填饱满的岩溶裂隙，起到了补充、加固和检查注浆的作用，在矿体顶板灰岩形成了纵横交错的立体钻孔体系，构成了高堵水率、围岩稳固的井下注浆帷幕。业庄铁矿实施矿床顶板近矿体井下帷幕注浆工程后，只投入1500万元左右的工程成本，每年可节约排水电费1095万元，治水工程成本相当于矿山1.5年的排水费用，总共节约排水费用达17625万元，解放出可安全开采矿量的价值为14亿元以上，取得了巨大的经济效益。同时，矿山不用疏排地下水，不仅保护地下水资源，确保了地面不塌陷，避免了工农矛盾的发生，而且大大改善了井下作业环境，井下人员不再担心突水事故的发生。

应用案例2：山东莱新铁矿为岩溶裂隙大水矿山，地下水压达3.5～4.5 MPa，矿坑涌水量达5万～6万m^3/d，早几年采用疏干排水的防治水方法，导致多个矿房顶板冒落，不仅损失了大量的矿石，而且井下到处涌水，几乎到了无矿可采的程度。莱新铁矿从2006年7月开始实施井下近矿体帷幕注浆工程以来，至2009年8月，历时三年多，帷幕注浆工程基本完成，已进入对帷幕注浆效果检测和监测的阶段。通过三年多的科研攻关，莱新铁矿的矿坑实际最大涌水量为50000 m^3/d，降至4000 m^3/d左右，堵水率高达92%，采矿能力从2006年年产22万t到2008年年产51万t，解放了700多万吨矿量，矿石价值达20亿元以上，同时每年节约排水费用3358万元，按12年计算，累计节约排水电费达4亿元以上，而井下近矿体帷幕注浆工程的成本只有2500万元左右，取得了巨大的经济效益。同时，矿区地下水已基本回升至矿山开采前的水平，不仅保护矿区地下水资源，避免了地面塌陷等地质灾害的发生，而且不会因此发生工农矛盾，从而带来显著的社会效益和环境效益。

井下近矿体帷幕注浆技术是大水金属矿山防治水技术的完善与创新。井下近矿体注浆帷幕的堵水率一般在90%以上，工程造价相对低，基本能控制地面不塌陷，能有效地保护地下水资源；不仅有效地解决了疏干排水技术方法引起矿区地面塌陷、雨季突水淹井的隐患以及高昂的排水费用等问题；而且也解决了地面矿区帷幕注浆技术工程造价较高以及对矿区水文地质条件要求较苛刻等方面的问题。相对于地面矿区帷幕注浆和疏干排水的防治水技术方法，近矿体注浆帷幕的主要技术特点是：在井下施工钻孔，针对性强，无效钻进很少，浆液损失少；不受天气的影响，可24 h连续作业；工程投入较少，工期相对较短；堵水效果好，经济效益显著；其缺点是工作面多，施工管理难度大。

技术应用现场照片如图7－3－11、图7－3－12所示。

图 7-3-11 井下近矿体帷幕探水注浆孔出水现场

图 7-3-12 井下揭露断层中注浆水泥结石体

3.7 多功能破碎清塞机

多功能破碎清塞机具有破碎、钳碎、扒、挑、钩、挖、铲、抓等多项功能，主要用于对矿山选矿厂入料口、地下矿山溜井格筛处的大块矿石进行破碎清理或堵塞时进行及时清理疏通，避免因采用爆破进行二次破碎或清理造成安全事故，降低劳动强度，提高生产效率，保证安全生产。

在国内各类露天矿山中，各种类型破碎机的入料口格筛处，经常被物料堵塞，其堵塞的主要原因是：

（1）物料尺寸大于入料口尺寸或格筛孔尺寸，这就需要及时将大块的物料破碎成小块来清除堵塞。

（2）由于物料潮湿，粉状物料占的比例大时就会形成棚料堵塞，需要用及时破除掉棚料拱来清除堵塞。在地下矿山溜井格筛处也经常发生大块矿石堵在溜井口，粉状碎矿在格筛上形成棚料拱，堵塞溜井口，严重影响生产。

目前国内各类露天、地下矿山处理上述地点的堵塞大多采用人工方法清堵，劳动强度大，清堵效率低，时而发生人身安全事故。

国内某单位研制的多功能破碎清塞机如图7-3-13所示，该设备具有冲击破碎、钳碎、挑动、钩动、扒动、挖动、铲动、抓动等多种功能。可用于井下溜井格筛面、选矿厂老虎口、矿石料仓格筛处大块矿石的二次破碎，对物料尺寸大于入料口或格筛孔尺寸、物料相互挤压形成棚料所造成的堵塞进行及时的疏通处理，大幅度提高了矿石的通过能力，避免了因采用爆破进行二次破碎和清塞造成安全事故的发生，降低了工人劳动强度，提高了劳动生产效率。

图7-3-13　多功能破碎清塞机

本设备配备了专用液压破碎工具，可实现以下的功能：

（1）下卸矿石在井下溜井格筛面上因大块或产生的棚料造成堵塞时，通过该清塞机，可及时进行破碎、疏松清塞，保证溜进口畅通。

（2）选矿厂老虎口、矿石料仓格筛处因大块或产生的棚料造成堵塞时，通过该清塞机，可及时进行破碎、疏松清塞，保证老虎口、矿石料仓格筛畅通，实现正常安全生产。

（3）多功能破碎清塞机装配高效液压破碎锤，对地面储料仓格筛上的大块矿石进行二次破碎。本设备可用在地面储料仓格筛面上的矿石进行二次破碎，以及格筛处物料阻塞的疏通破碎处理。

（4）该设备在中小型矿山使用可代替原有破碎系统，而使用原破碎系统的成本和维护费用很高，而采用本设备可节省开发硐室及矿溜井基建投资，在中小矿山井下使用本设备的经济效益更显著。

该设备的适用范围：

（1）用于各露天矿山（黑色、有色、水泥、石料）破碎机的入料口，格筛口处物料阻塞的疏通破碎处理。

（2）用于各类地下矿山的溜井口、入料口、格筛等处物料阻塞时的疏通及破碎。

（3）用于各类矿山、采石场的二次破碎。

（4）用于各冶炼厂对移动式钢包的打壳、拆砖、拆包处理。

（5）用于各种冶金炉专用打壳、拆砖、清渣处理。

(6) 用于矿石码头装卸站大块阻塞处理。

(7) 可替代中小型地下矿山的井下破碎系统。

该设备的特点：

(1) 采用低重心设计的机架底座强度大稳定性高。

(2) 采用无齿型回转支承及双液压缸组成的回转机构，能有效抵抗由于冲击和加压产生的倾覆翻转力矩和由于在倾斜矿石面上冲击而产生的回转力矩。

(3) 大臂采用双油缸支承构成了空间桁架结构，能够有效抵抗旋转产生的惯性力矩，横向拨动矿石产生的横向力矩。

(4) 二臂油缸置于大臂和二臂的下方，在相同的作业范围内，占用的空间小，因此井下使用该设备优点十分突出。

(5) 主机同液压站分开布置降低了高度，隔离了震动，更适合井下设备的安装和布局。

(6) 液压系统选用负载反馈式比例多路阀和负载敏感式轴向变量柱塞泵，构成电磁比例先导加压力切断控制系统，各执行元件运动速度与负载变化无关，因而能快速准确地捕捉到打击点和调整打击方向，工作效率高，又十分节能。

(7) 控制系统采用无线遥控，有线电控，手动三种控制方式，并能方便快速转换，控制方便灵活可靠。操纵者视角好，可在最安全的地点操纵。

(8) 电气系统采用 PLC 控制器，抗震性能好，工作可靠。

多功能破碎清塞机的主要技术参数见表 7-3-3。

表 7-3-3 多功能破碎清塞机的主要技术参数

系 列	破碎矿石硬度 f	破碎矿石块度/mm	处理量/($t \cdot h^{-1}$)
30	≤15	≤500	15
45	≤15	≤800	20
75	≤17	≤1000	30
110	≤18	≤1200	50

多功能破碎清塞机设备目前已成功在五矿集团安徽霍邱诺普矿业公司、通钢桦甸矿业有限公司、桦甸卓隆矿业有限公司、云南锡业集团有限责任公司采矿分公司等企业矿仓推广应用，取得了较好的经济效益和社会效益。

3.8 矿山数字化技术

该技术采用现代信息技术、三维可视化软件技术、传感器网络技术和过程自动化控制等先进技术方法，在矿山企业生产活动的三维尺度范围内，对矿山生产、安全、经营与管理的各个环节与生产要素实现网络化、数字化、可视化管理，使企业生产实现安全、高效、绿色、节能和可持续发展。数字化矿山的基本特点是基础信息数字化、生产过程可视化、管理控制一体化、决策支持集成化。主要包括成数字开采、生产执行、自动控制、安全六大系统、信息管理等五大系统平台。

3.8.1 数字开采系统

运用矿业软件实现基础信息数字化和资源共享，三维显示地质模型、矿床开拓系统、采场开采计划的时空安排，提升矿山测量、地质、采矿技术工作水平和效率。数字开采系统主要包括数字地质系统、数字采矿系统两部分。

3.8.1.1 数字地质系统

测量工作：建立地表、地下的实体三维立体图，并随时采集巷道掘进、中深孔穿孔等生产数据，实现采场状况的动态管理。

地质工作：根据地质勘探资料，建立地质数据库，构建矿体模型及围岩模型，并根据生产勘探及生产揭露情况进行更新完善，实现矿体形态构造、质量及围岩的构造、岩体分级的可视化管理和储量的动态管理。

（1）地质数据库，对录入的钻孔基础数据进行存储管理，快速显示钻孔的岩性、品位、轨迹和深度等，并且随着生产勘探、刻槽取样等地质工作的开展，随时对数据库中的指标数据进行修改补充。按照品位区间的不同，在钻孔对应区段上用不同颜色标示。

（2）实体模型，通过矿床的平、剖面图所揭露的地质信息以及日常生产勘探资料来创建实体模型，能够全面直观的显示矿体产状、地质构造等信息，客观反映矿床赋存状况。

（3）块体模型，建立块体模型，完成模型属性的创建、组合样的建立；矿岩比重、岩石类型的赋值等一系列工作后，能快速准确生成任意所需区域内资源量和品级的报告。

（4）岩体分级模型，利用勘探资料划分岩体及断层类型，按岩体稳定性程度划分支护标准，建立岩体分级模型，形成分水平岩体分级平面图，并利用日常地质编录资料及时对分级模型进行修改完善。

3.8.1.2　数字采矿系统

数字采矿技术工作是在地质模型基础上，根据国家规范进行采矿设计，对资源进行合理安排，主要包括四个方面：开拓设计、单体工程设计、采掘计划编制、爆破设计。

（1）开拓设计。依托矿床地质数据库和矿体模型，进行开拓系统设计、地下采场施工设计、进路优化布置等，并建立巷道模型。通过规划，实现矿山安全高效开采，提高资源回收率。

（2）单体工程设计。运用矿床地质数据库和矿体模型，依据最新的生产地质资料，实现对原设计开采方案的修改完善；边角零星矿体的开采设计；采切工程设计；采场结构参数可视化设计以及各种工程量、开采储量、金属量和开采“三率”指标等的精确计算。

（3）爆破设计工作。爆破设计工作包括掘进爆破设计和中深孔设计两部分。在总结爆破经验的基础上，合理运用爆破机理，依据爆区岩性和现场需要建立穿孔爆破设计模型，对穿孔设计相关参数进行量化，生成爆破设计施工图，最终达到优化爆破参数、改善爆破效果、降低炸药单耗的目的。

根据地质岩性数据库，对矿岩的可爆性进行分析，结合爆破模型，自动生成爆破参数报表。

（4）采掘计划编制。计划方案编制：本着采掘并举、掘进先行的原则，实现贫富、大小、厚薄、难易矿体兼采，提高资源利用率。

3.8.2　生产执行系统

系统按掘进、爆破、支护、回采、配矿、干选、道砟、运输等工序进行排产，形成班日作业计划，并监督计划执行情况，收集各工序生产进度、主要设备状态等生产信息，动态生成生产作业记录和报告，实现采场动态可视化管控。

采场可视化管理：实现各水平生产完成情况和设备作业情况的可视化管理。包括采场掘进、中深孔施工、回采爆破三个工序，以图形方式展现各进路的设计量、月计划、月完成、日完成、剩余量等信息，显示主要生产设备的实际位置，并可进一步查看详细生产数据。

生产计划管理：制定班日计划，将作业任务落实到单体设备、采场点位，收集掘进、爆破、支护、回采、配矿、干选、运输等环节数据，对计划执行情况进行分析，确保作业计划兑现。

设备作业管理：管理掘进台车、采矿台车、铲运机、喷浆台车、锚杆台车、电机车、破碎机、主井提升机等主要生产设备的作业情况，实现设备位置、运行情况、作业量的数据采集，生成设备作业情况表。

质量管理：实现从穿孔取样到矿石发运的全过程管理。制定检验计划、分配检验特性，随着生产过程中物料移动或物料形态变化，自动产生质检委托，规范取样、制样、化验工作，集中管理质量数据。

生产运行管理：实现各生产作业环节集中管理。对每道工序的产量、质量、各部仓存、设备参数等关键环节进行管理；对产量进度、配矿执行、设备运行参数、设备工效实现超标报警。

供用电管理:管理采场供电线路及设施、作业区用电、工序电耗、峰谷用电情况,推进节能降耗。

运输管理：实现以选矿需求为导向的矿石运输管理。根据选厂矿石需求情况，按时间、物料、重量和质量“四个命中”的目标组织矿石运输。

3.8.3 自动控制系统

3.8.3.1 电机车地面遥控驾驶系统

在井下运输大巷，建设针对铁路运输的“信集闭”自动化控制系统。基于帕累托最优原理的数学模型，实现一键自动式对信号灯、电动道岔进行集中控制。将溜井振动放矿机的各种信息接入到自动化控制系统，在放矿点位安装监测设备，实现对放矿机的远程控制，完成装矿过程。

电机车接收地面的遥控指令并实时对运行状态进行监测、判断，对出现的预警信息进行声、光电报警，特殊情况下自动停止运行。操作地面遥控台上的按钮、手柄等控制设备，向电机车发出运行、停止、调速、刹车等运行指令，远程遥控驾驶井下电机车。

3.8.3.2 破碎提升系统

根据破碎机能力和上、下部料位信号，随时自动调整给料能力和自动停止破碎机的运行。安装堵料开关和防撕裂、防堵、防跑偏、测速及事故停车拉绳等保护设施，实现自动报警和设备故障停机。

主井提升系统，完成箕斗井下装矿至地表卸矿全过程的自动化运行，实时反映破碎提升系统生产、设备、工艺运行状态。可以查询主井班日提升斗数、提升量、电量消耗、完好率、作业率、效率等信息。

3.8.3.3 皮带运输系统

系统采用PLC自动化控制系统进行集中控制。由主控制室集中发出操作指令，实现一键式启、停车运行方式。实时监测皮带系统电流、温度等运行参数；处置撕裂、堵料、跑偏、打滑、事故拉绳动作，实现自动报警和连锁停机。实现皮带卸料小车自动倒仓：根据位置、料位检测及下料量信息，通过建立数学模型，实现自动倒仓功能。实时显示皮带、料仓、设备、运输量等状态，自动生成皮带系统运行记录以及仓位、可装量报表。

3.8.3.4 主斜坡道信号控制系统

在斜坡道出入口、错车道出入口设置信号机，建立基于P、V操作的数学模型，根据车流量数据，通过自动化控制红绿灯，指挥车辆正常有序运行。通过车辆定位系统，实时监控车辆运行轨迹及所在位置：实时显示斜坡道内各区段有无车辆、车辆数目以及车辆运行方向；实时跟踪火药车等运行轨迹和所处位置，实现对危险源的实时监视。

系统具有人工强制干预功能，保证特殊情况下关键车辆的无障碍通行。在调度室内可以全程监控车辆运行状态，显示车辆信息。若出现违章行驶或车辆停留时间过长的情况，系统自动报警。

3.8.3.5 井下通风系统

通风系统主扇均由地面生产指挥中心集中监控，实现数据采集、远程开停，减少了风机岗位工。对风压、风速、风机电机的电流、电压、功率、轴承温度、运行状态以及故障等信息进行处理，提醒相关人员，保证设备完好。根据采集到的采区空气质量数据，按规范要求，远程控制主扇，科学调配主扇的开动台数，调节井下通风，改善现场工作环境。

3.8.3.6 井下排水系统

通过自动化控制系统对井下高压水泵远程遥控和实时监控，检测水仓水位、电机工作电流及温度、水泵轴温、供水管道压力、排水管流量等。自动控制几台泵轮换工作，使各泵及管路均衡使用，实现泵房无人值守。当某台泵或所属阀门出现故障，系统自动发出声光报警。通过井下大水仓的缓冲功能，实现谷期抽水，节约排水成本。排至地表的水进入地源热泵系统，建立以地源热泵为载体的空调系统，使冬暖夏凉成为现实，实现节能环保。

3.8.3.7　供电系统

变电所采用微机综合保护系统，系统对供、用电数据和信息进行采集和存储，合理调度分配全矿供电需求。将关键用电设备的点位接入自动化控制系统，实现远程遥控操作供电回路。对电气设备及运行参数（如电流、电压、功率等）进行监控，对电气设备运行状态、故障信号等进行监测监控。

3.8.4　安全避险六大系统

建立“安全六大系统平台”计算机系统后，根据反馈到地面生产指挥中心的实时数据和信息，实现统一指挥调度，及时排除安全隐患，快速处理各种突发事故。系统平台能够实现语音通信、人员定位管理、主要设备远程监控、视频监控、井下环境监测等。当有危险发生或危险前兆时，系统能够及时通知危险区域人员和管理人员采取紧急避险和施救措施；能够处理危险区域人员发出的求救请求，提醒或阻止其他作业人员进入危险区域。

3.8.5　信息管理系统

信息化管理系统主要包括八个管理模块。

3.8.5.1　安全管理模块

该模块主要包括：规章制度执行管理、隐患排查整改管理、六大系统应用三个功能。

规章制度执行管理包含安全检查登记、现场制度执行、规章制度执行三部分内容。对安全规章制度及责任制检查、管理、执行，职责明确，权责到人，规范人的行为。

隐患排查整改管理：自动提取设备运行状态及可靠性的监测报警、支护通风管理、生产标准化管理等方面的信息，实施现场监管；对隐患排查制度监督落实及整改，通过隐患排查，促进现场环境达标，保障职工安全与健康。

通过安全六大系统建设，实现数据参数自动传输，提高减灾施救应急处理能力，为安全生产提供依据，实现现场环境、人员设备均处于可控状态，保障人员安全，实现本质安全。

3.8.5.2　生产管理模块

生产管理模块包括生产数据管理、作业计划管理、皮带清扫管理、文明生产管理、峰谷管理五个功能。

生产数据管理：对生产经营各项数据进行统计汇总，实现产量、效率、作业率三大指标的即时和历史查询，生成日报及统计对比图表，为各级生产指挥人员及时、全面、准确地提供生产数据信息，指导全矿生产经营。

作业计划管理：以日计划的制定、下发、执行、完成为主线，规范作业计划业务流程。自动对全矿日计划进行汇总，平衡工序间计划，对各项产量指标、效率指标、作业率指标兑现情况进行统计，形成生产日报和历史查询；分机台、分班次统计月度、年度计划兑现率，为各项指标追欠、考核分配提供依据，指导生产计划安排及组织措施的落实。

皮带清扫：规定各条皮带等级、清扫周期，对清扫时间、清扫次数、检查情况、清扫兑现率等相关指标进行统计、对比、分析，同时对清扫项目进行预报、提醒，对各级管理人员落实检查职责情况纳入模块管理，形成皮带清扫的闭合管理体系，提升皮带管理水平。

文明生产管理：反映文明生产检查情况及存在问题整改情况；统计项目整改兑现率、达标兑现率等指标，量化、固化各级文明生产管理人员职责及检查频次，实现文明生产精细化管控。

峰谷管理：对主流程的主井提升机、地表干选皮带、破碎机、－330 m水泵房的高压水泵、各部风机峰谷开停机时间自动提取，与峰谷比指标预期值对比并形成图表，达到精细控制峰谷用电的目的，实现经济运行。

3.8.5.3　设备管理模块

设备管理模块包括运行维护、点检隐患、故障检修、物料成本四个功能。

运行维护：以设备完好率、检停率、故停率三项指标为主线，对每台设备运行时间、停机时间、停机原因、完好状况、故障时间、检修时间等信息进行即时记录和历史查询，自动生成设备运行状态明细表和设备趋势图，客观、真实地反映设备状态，为开展设备维修、合理安排设备检停、控制设备故停提供依据。

点检隐患：按照点检流程规范规定，自动生成点检日工作计划表，规范点检行为，强化点检工作的准确性、针对性和周期性；对点检、修理和岗位发现设备隐患进行统计，自动生成各层级发现隐患占有率、隐患日计划处理率、隐患占日维修计划比例、月度隐患处理率等统计图表，并对过期未处理的隐患报警提示，促使不同层级设备管理人员及时发现和处理设备隐患。

故障检修：对各车间和每台设备故障时间、故障原因、故障类型进行即时记录和历史查询，为各级设备管理人员有针对地进行技术攻关、实施故障超前控制、隐患周期管控提供基础信息；对设备隐患、设备故障、设备周期等信息集成，自动生成设备检修计划图表，为提高检修计划的准确率提供依据。

物料成本：对单体设备及流程设备的备件消耗情况、大宗物资消耗情况进行即时统计和历史查询，为各级管理人员及时发现异常消耗、合理确定各项物料消耗周期、实施物料动态管理及时、准确提供信息，降低设备维修、运行成本。

3.8.5.4 技术管理模块

技术管理模块包括测量技术、地质技术、采矿技术、规程规章制度管理、审批管理等五个功能。

测量技术：对坐标台账、验收数据、图纸查询、地质计划等信息进行统计和管理。

地质技术：实现地质数据、指标的实时查询，制定日配矿计划并对日配矿计划落实情况进行监管，确保入选矿石质量均衡稳定。

采矿技术包括采矿设计、采掘计划、爆破技术、支护技术四部分。根据数据库及现场反馈的信息，制定采矿设计方案及掘进、爆破、回采、支护计划，确保严格按计划执行；对穿孔爆破质量、支护质量等信息实时查询，技术参数实时监测；强化成本、指标的合理控制；监控规范验收的执行情况和问题的整改落实，提高技术管理水平。

规程管理：主要是对安全规程、设备使用维护规程、技术操作规程和交接班制度逐级执行情况、量化检查情况进行管理，确保三规一制管理工作得到加强。

审批管理：对专业下发“业务联系单”和车间上报的技术方案进行审批、签认，实现规范管理，提高工作效率和各项工作的可追溯性。

3.8.5.5 成本管理模块

成本管理模块包括技经指标管理、预算管理两个功能。

技经指标管理：主要是汇总月度各项技术、效率、消耗、设备运行、劳动消耗等技经指标，具有技经指标信息发布、数据共享、统计查询、趋势分析、指标评价等作用。

预算管理：对于企业成本列支的检修预算进行历史查询和当前查询，预测检修费用发生情况，对预算发生情况进行评价，分析对比同类型项目预算、结算情况，规范预算项目请示、上报、审批、结算、竣工决算的全过程业务流程。

3.8.5.6 物资管理模块

建设物资终身管理与核算模块，通过生产订单、维修订单，形成标准采购计划，提高计划准确率；实行库存限额管理；对材料、备件实行拆装机管理，实现物资计划、采购、出库、入库、存储、消耗、回收、再利用全过程管理。

3.8.5.7 人力资源模块

该模块分为职工考勤管理、劳动组织、企业培训三个功能。

职工考勤管理：就是运用人员定位技术，实现对职工出勤情况、下井作业情况、加班加点情况等信息进行统计和历史查询，实时进行劳动纪律检查，为井下津贴、加班工资的发放提供依据。

劳动组织管理：对各类作业人员、作业班次、工作区域、用工部位、岗位人员的投入变化情况、协同作业情况进行实时管理、绩效评价，对各类岗位工时消耗和作业量等情况实时统计和历史查询，实现工班效率和劳动生产率统计分析，调整劳动组织形式，对机构设置、职责界定提供依据，最大限度发挥劳动力资源潜力，实现科学管理。

企业培训：对培训资源、培训需求、培训计划、培训实施、在线考试、在线课件、培训评估等内容进行网络管理，实现全员培训、终身学习，不断提高企业全员素质。

3.8.5.8　办公管理模块

该模块包括职工订餐、领导催办、公文管理、规章制度管理、专业公告等五个功能。

职工订餐：实现职工本人或委托他人根据订餐标准、用餐时间、送餐位置等信息进行选择，食堂据此制作并配送，简化订餐程序，提高职工就餐满意度，节省人员和时间。

领导催办：对于领导交办、催办的事项，由办公室对下达日期、承办单位、指令来源、指令内容、要求时限等内容录入模块中，由承办单位在模块中反馈，对未按要求时限完成的进行警示，督促领导交办的重点工作及时落实。

公文管理：主要包括公文管理、信息收发等内容。公文管理实现对公文网上发送、接收、会签、审批、保存等内容，提高公文处理效率；信息收发用于实现信息、资料的传递、交流，提高各级人员办公效率。

规章制度管理：对国家、地方（行业）、企业的相关规章制度（包括有关法律法规、总公司制度、国家标准等）实现网上传递、搜索、查询。

专业公告管理：实现各专业通知、文件、讲评信息等内容的网上发布。

矿山数字化技术在首钢矿业公司杏山铁矿得到了充分运用，实现了三个目标：一是通过应用三维数字软件，提高技术人员工作效率和水平，达到规范采矿、提高资源利用率的目的；二是应用计算机技术、网络技术、信息技术、自动化控制技术和矿山生产工艺技术，实现安全高效开采；三是运用信息化手段，按照先进管理理念，优化业务流程，实现物流、资金流、信息流三流合一；实现数据共享、信息集成、专业协同。运用专业管理分析系统，提升企业运行管理效率，提高决策支持水平。

现场应用的破碎、提升系统监控画面如图 7－3－14 所示。

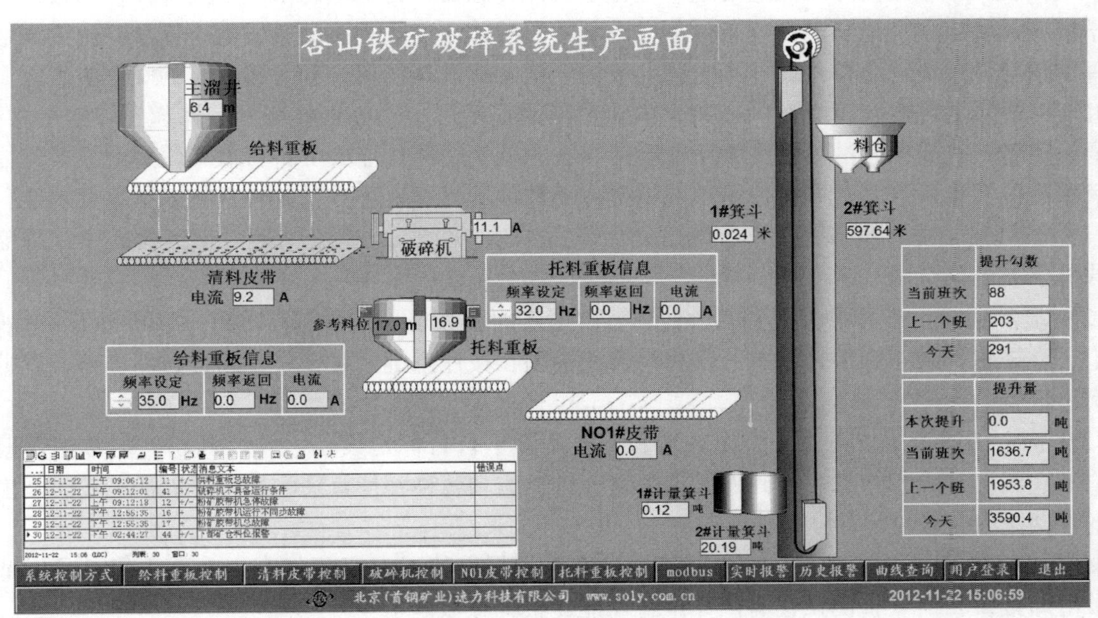

图 7－3－14　破碎、提升系统监控画面

3.9 矿用三合一便携式气体检测仪

矿用三合一便携式气体检测仪是一种适用地下矿山环境可随身携带的气体检测仪，可连续同时检测作业环境中 CO、O_2、NO_2 三种气体浓度，具有声、光报警和记录功能，检测精度高，稳定性好，待机时间长，在气体浓度超标情况下能够及时发出报警信号以便提示相关人员转移到安全区域，防止中毒窒息事故的发生。该检测仪主要由气体检测前端、中央数据处理部件、显示器、电源等 4 大部分组成，气体由检测前端检测获得的信号经由中央数据处理部件进行处理，可把气体浓度显示在显示屏上。矿用三合一便携式气体检测仪实物照片如图 7－3－15 至图 7－3－17 所示。

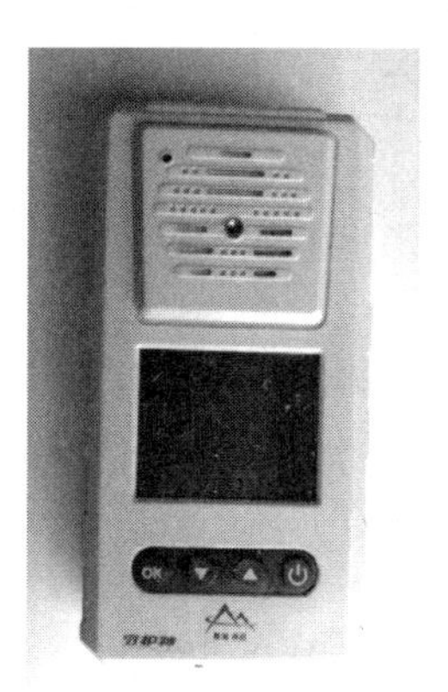

图 7－3－15 正视图

图 7－3－16 后视图

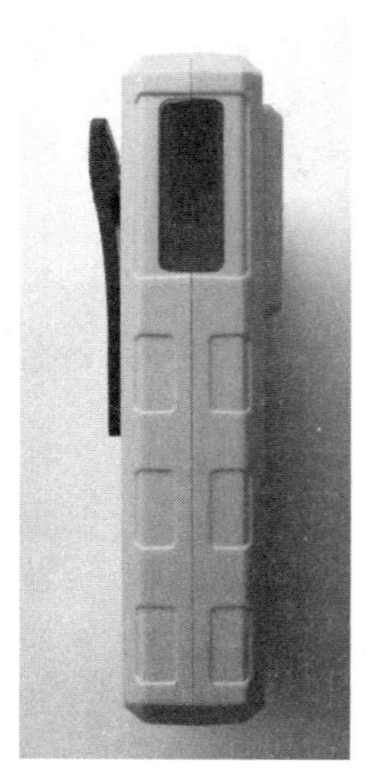

图 7－3－17 侧视图

该气体检测仪采用国际最先进的进口电化学气体传感器作为前端的浓度采集部件，与被测气体进行化学反应，将不同环境、温湿度条件下监测到的与气体浓度成正比的微弱电流信号，由中央数据处理部件的信号调理成稳定信号，并经过整形放大、抗干扰及补偿等处理，将真实的气体浓度无误差地还原并实时显示在高分辨率（320×240）的彩色液晶显示屏上；如果检测到气体超过设定的报警值，则会通过声音、红光报警的方式来警示危险的存在，从而提醒作业人员进行撤离，避免人员气体中毒或缺氧事故的发生。产品具有操作简单、携带方便和准确可靠等优点，并且具有以下主要功能：

（1）长续航功能：设备充满电，续航能力可达 48 h 以上，可连续满足多个班次需求，避免频繁充电或井下充电的危险。

（2）显示功能：产品将采集到三种气体浓度值实时显示到高分辨率（320×240）的彩色液晶显示屏上，在未报警状态和闲置状态，屏幕会智能关闭，按任意键或报警状态则会点亮屏幕，屏幕点亮的时间可设置。

（3）标定功能：用户可在有操作环境和实验条件下自行标定设备，并存储相关的数值，但对终端客户不建议标定；本产品经过硬件调理电路、自适应和各种补偿算法的处理可以让标定时间由同类产品的一两个月延长至一年。

（4）报警功能：当检测到气体浓度值超过设置的报警值（对于氧气有一个低报值，是指低于某个报警值即报警）时，检测仪会有声光报警功能，报警参数满足：

① 距离蜂鸣器 1 m 处，报警声级强度应不小于 80 dB。

② 报警光信号能在黑暗环境下 20 m 处清晰可见。

（5）报警记录：检测仪具有实时报警记录存储的功能，提供对最近 100 条历史报警记录的浏览和查询，每条记录包括起始报警日期和时间、结束报警日期和时间、气体类型、最高报警值。

（6）参数设置：检测仪提供报警值设置、时间设置、气体标定（包括零点和目标点）、背光设置和密码修改等多项参数设置，用户可根据自己的特定需求来完成相关设置。对于气体标定这项设置，只针对有标准气样及专业标定环境的用户而设置，对普通终端客户不建议操作此项设置。

（7）辅助功能：

① 背光灯：可设置背光灯的开启频率来方便用户清晰的查看屏幕上实时监测的气体浓度。

② 时间显示：监测仪在主界面上集成了时间显示功能。

③ 电量显示：主界面提供了电池的电量使用情况，让用户知道电池的使用情况，电量显示共计五格，每格代表 20% 的电量，当电量使用降到 10% 的时候，屏幕会自动声音报警提醒用户及时充电。

④ 温度显示：主界面提供了温度的实时显示功能，让用户随时可以了解井下的实时温度状况。

（8）防护等级：外壳采用高强度工程塑料压制而成，具有硬度高，耐磨和耐用的特点；同时还有防尘、防潮及防水功能，不要担心设备掉落或入水导致失效，从而导致停工，造成经济损失。

该气体检测仪主要适用于以下环境中正常工作：

（1）环境温度：0 ~ 40 ℃；

（2）平均相对湿度：≤98%（+25 ℃）；

（3）大气压力：80 ~ 116 kPa；

（4）无显著振动和冲击的场合；

（5）用于非煤矿山等其他类似的地下工业生产部门，无破坏绝缘的腐蚀性气体的场合。

该气体检测仪具有以下特点：

（1）前端高精元器件：采用了先进的全进口电化学传感器，保证前端数据信号采集有最高的精确度、稳定性以及最快的响应时间，这些是后端信号处理完美的前提。

（2）提升续航时间：在处理器、放大器、显示屏以及调理电路等主要元部件都选择低功耗高性能的器件，同时在硬件电路设计时尽可能采用低功耗设计及显示休眠相结合的方式；大大提升续航能力。

（3）抗干扰设计：为了在恶劣环境能保证监测到稳定和精确的浓度值，加入硬件抗干扰和硬件补偿反馈电路；同时在软件上也加了软件抗干扰和补偿算法等技术手段；另外在产品外壳喷涂静电漆，做到多重保护。

（4）高强度防护等级：为了达到坚固耐用和防水防尘的 IP54 防护等级，外壳采用高强度 PC/ABS 工程塑料，具有高抗冲、高耐热、阻燃、增强的性能，在模具成型必须经过防尘、防水、挤压等硬性测试，以适应井下复杂和恶劣的环境，增强设备的耐用性。

（5）延长标定周期：产品通过硬件电路和软件算法将输出信号的变化趋势不停地自适应校准，将原来需要 1 ~ 2 个月的标定周期延长至一年，大大方便了客户的使用，免除来回返厂重新标定的麻烦。

（6）响应时间及基本误差：将行业标准设备的响应时间从 45 s（CO）、35 s（O_2）减少至 10 s 左右，而 NO_2 则从行业平均响应时间 90 s 减少至 30 s 内。

（7）基本误差：基本误差也远小于行业标准和市面同类产品的一半以上，提升性能超过 50%。

（8）显示精度：采用超高分辨（240 × 320）的彩色液晶显示大屏。

在没有气体检测仪的情况下，采矿产生的大量炮烟只能通过肉眼来判断烟雾的大概情况，而无法知道有毒有害气体的实际浓度。配备检测仪后，作业人员无须主观臆断烟雾浓度，而是由检测仪进行科学实时的检测，可直观清晰地了解井下有毒有害气体浓度，从而判断是否可安全的进行作业，避免中毒事件的发生。该设备已在江钨集团子公司漂塘钨业有限公司、福建紫金矿业等十多家矿山企业推广应用，为地下矿山安全预警和井下作业人员的生命安全提供了一道安全屏障。

3.10 采空区探测技术

矿产资源地下开采形成的大量采空区是危及矿山安全的主要灾源之一。由于历史的原因，大多数采空区未进行有效治理，而处于废弃状态，有的采空区出现了大面积的地面沉陷，有的采空区出现了地面裂隙，有的尚未出现明显的征兆，采空区作为人类活动产生的潜在地质灾害之一，给矿山的安全生产、工程建设和人民的生命财产造成了严重的威胁。要对采空区治理，对采空区的地理位置、埋深、现状情况进行了解是关键，只有对采空区的空间分布状态有了充分的了解，治理才能有的放矢。目前用于采空区探测的技术和手段有多种，如三维层析成像超前预报技术、采空区三维激光扫描仪、声发射、微震等设备和技术，但各有其适用性。

地下空区三维扫描仪介绍：

地下空区三维扫描仪主要有加拿大的空区三维扫描系统和英国地下空区三维激光扫描仪，三维空腔声呐扫描机器人。

（1）加拿大某型号空区三维扫描系统的主要技术参数如下：

测距	200 m @ 20%；500 m @ 90%
最短距离	15cm
水平角度范围	360°
竖直角度范围	290°
距离精度	±2 cm
距离分辨率	1 mm
角度精度	0.1°
角度分辨率	0.022°
最小角度步进（水平和竖直）	0.25°
扫描时间（1°×1°）	6 min
每次扫描点数（360°×290°）	52200
作业温度	-10~50 ℃
扫描头重量	5.4 kg
电源重量	7.6 kg
无线连接	是
电源	24 V 直流
扫描头直径	175 mm
防水防尘	IP65

（2）英国某型号地下空区三维激光扫描仪主要技术参数如下：

1 类对人眼安全激光	
无反射器测量范围	150 m
精度	5 cm
分辨率	1 cm
每秒扫描	240 点
直径	50 mm（探针）
传感器	
光电编码器	
垂直范围	-90°~90°
精度	0.2°
分辨率	0.1°
环境	

防水、抗尘（IP65）
工作温度 10～60 ℃（探针）
防水封装
电源、尺寸
直流电源输入 12 V
重量 5.9 kg（探针）
扩展件重 3.5 kg
尺寸 5 cm×200 cm

（3）三维空腔声呐扫描机器人主要技术参数如下：
测距 可到 300 m 半径，穿透 1 层套管半径达 60 m，2 层套管 30～60 m
探测深度 最深可达 6000 m
直径 8.9 mm
长度 153 mm
水平旋转 360°
竖直旋转 －90°～90°（同 C－ALS 一样，可以定点对空前做全方位扫描）
声呐频率 250 kHz
操作温度 －42.7～93.3 ℃

对采矿后废弃的巷道、采空区的常规探测手段比如地质雷达、电法等只能获得二维的结果，并且受制于客观地质条件影响，对采空区的探测准确率非常低。探测的结果也难以直观提供空区的范围、走向、体量等关键参数，不能为决策者处理采空区提供科学依据。

地下空区三维扫描仪是一种可以对采空区进行精确三维测量的设备，内置激光扫描、摄像拍照、照明、坐标传递等高科技传感器，可以进入狭小的裂隙或者人员不能到达的巷道、空区自动工作，能够精准获取采空区的顶板高度、边界范围、体量、方位以及影像等关键参数。为采空区治理、人员救援提供精准的科学依据。

英国地下空区三维激光扫描仪是一款在 50 mm 钻孔中就可以深入地下进行空区探测的三维激光扫描仪。扫描仪探头直径仅为 50 mm，使得它可沿钻孔深入到难以接近的空穴、地下空间以及空腔内。内置的钻探摄像头上装有红色 LED 指示灯，便于清楚地看到钻孔内部以及测量过程中遇到的各种障碍物，同时能辨识空穴的入口。一旦进入空穴，激光头便向外打开，开始扫描空穴的三维形态及其表面反射率。马达驱动双轴扫描探头，可以保证仪器能作球形 360°扫描，以覆盖整个空穴，最大扫描距离达 150 m。探头整合了倾斜和转动传感器，并且还可以选配内置罗盘。这些传感器保证了激光扫描点云定向和定位的准确性。利用连接其上的 1 m 长轻便探测杆可延长探测距离、保持方位角恒定，使仪器能够沿钻孔向上探测或水平布设。

仪器的有线遥测系统可将测量数据传回地面的控制单元。配置笔记本电脑，就可方便的控制和获取数据。利用控制软件，可在屏幕上显示出摄像机捕获的镜头，并实时获取激光扫描生成的三维空穴图像。

空区三维扫描系统可以伸入到（最小 175 mm 直径的钻孔）爆破的空区进行扫描，测量范围为 0.15～500 m，可采集到成千上万个用于确定采空区尺寸、方位、体积的三维坐标点，并用这些点绘制详细的工程图。通用的数据格式，可以确保数据导入到任何软件进行处理。

三维空腔声呐扫描机器人是一种可以对充水（地下水、卤水甚至原油等液体介质）空腔进行精确三维测量的设备，设备探头直径 8.9 cm，内置声呐扫描、旋转度盘、马达、温度探测、压力测量等高科技传感器，可以通过小直径钻孔、套管等进入上千米的地下充满液体的空腔，精准获取空腔的顶板高度、边界范围、体量、方位等关键参数。为采空区治理、溶盐造腔、石油容器测量提供精准的数据信息。

地下空区三维扫描仪已经在我国许多金属非金属矿山采空区探测中应用，如河南栾川钼业公司、广东大宝山矿业、山西太钢集团袁家村铁矿等。现场应用示意图如图 7－3－18 所示。

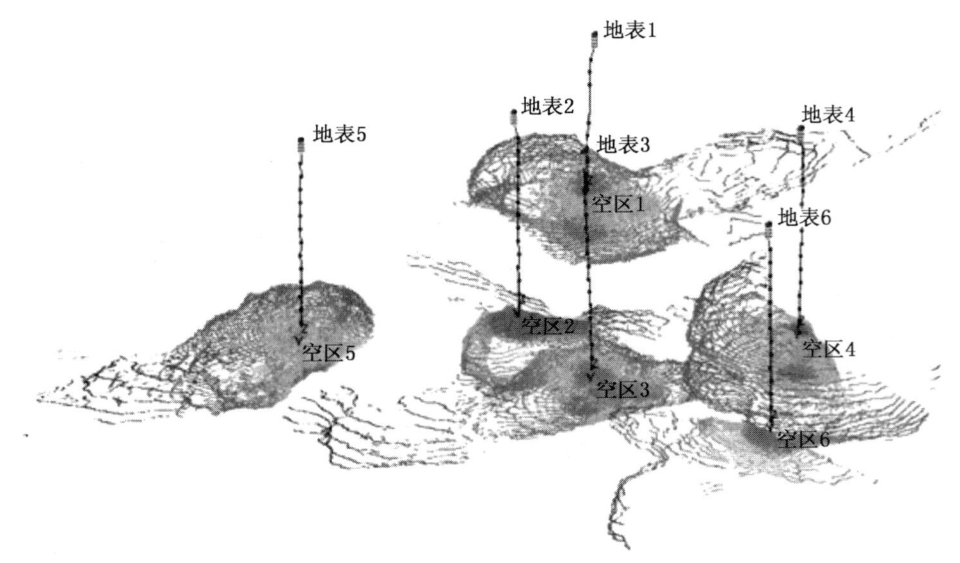

图 7－3－18 精确测量矿山作业层下 30 m 深的单层网状采空区

3.11 大面积地压监测监控技术

在地下矿山开采过程中，在地下形成的巷道和采空区，破坏了原岩体的应力平衡，采场围岩和矿体内应力重新分布，形成次生应力场，使矿柱、工作面顶板和围岩发生位移和变形甚至破坏，如顶板冒落、矿柱压裂或倒塌、围岩开裂和片帮等现象，称为地压活动。按地压显现特征、活动规模已经破坏程度，可分为局部性地压和大面积地压两种类型。前者波及面小（1 至数个采场），对生产、安全影响较小，发展缓慢（数月至十几年），后者波及面广（几个阶段），破坏性大，发展急剧（几小时至几天），严重威胁安全和影响生产，甚至全矿停产，并可造成重大安全事故和资源损失。

通过利用微震、声发射、光纤光栅传感器等现代技术手段，对综合性大面积地压进行实时监测监控，分析预测地压未来趋势，为制定预防地压措施和处理方案提供科学依据，为地压灾害的发生提供预测预警，可有效地保障生产安全。

微震/声发射监测设备和技术介绍：

微震/声发射事件的实质是围岩在应力作用下产生应变、变形、开裂、失稳及破坏等一系列动态演变过程的一种能量释放的宏观表现形式，微震/声发射多通道在线地压监测技术可以从岩体变形的初始阶段开始，实时定量监测岩体内部微裂纹产生、扩展到整个岩体失稳的整个破坏过程，从而大大提高了监测工作的科学性，同时也提高了岩土工程灾害预报的准确性和超前性。利用该技术对矿井范围内微震/声发射事件的全面监测与分析，可以进行的工作如下：

（1）通过长时间监测的微震/声发射事件数据库，可事先确定出地压灾害的可能区域，通过监测余震来指导救援和震后生产活动；

（2）指导预防性措施，依据监测结果修改设计、调整采矿方案、支护方案；

（3）预警、减灾，根据微震/声发射监测的相关参数时空变化的来指导生产，调整工作人员进场、离场时间，调整进度，确定预防措施的时间地点并进行评估；

（4）通过后分析，提高设计与监测的效率、保证矿山安全高效生产，积累数据以便进一步研究应用。

目前国内外应用较为广泛、效果突出的微震/声发射多通道在线地压监测系统主要有澳大利亚、加拿大、波兰等国家的产品，国产系统起步较晚，暂时处于试应用、推广阶段。非煤矿山方面，以澳大利亚某型号监测系统为例，主要技术参数见表7-3-4。

表7-3-4　澳大利亚某型号监测系统主要技术参数

序号	名　称	技 术 参 数
1	8通道数采仪	1. 采样率范围：1～192000 Hz
		2. A/D转换位数：≥16 bits
		3. 动态范围：大于或等于118 dB
		4. 操作系统：WINDOWS XP/win7，Linux
		5. 通信方式：支持无线或有线
		6. 远程控制与诊断功能：有
2	授时器/授时模块	对系统进行精准授时，误差<1 μsec
3	智能不间断电源	额定功率不小于3 kVA
4	微震/声发射信号处理器	满足设备自身要求
5	单分量检波器	1. 固有频率：14±7%
		2. 线圈电阻：3500 Ω±5%
		3. 速度灵敏度：80 V/m/s±10%
		4. 测量参数：质点振动速度
		5. 监测频率范围：9～2000 Hz
		6. 传感器直径：≤80 mm
		7. 工作温度：-30～50 ℃
6	三分量检波器	1. 固有频率：14±7%
		2. 线圈电阻：3500 Ω±5%
		3. 速度灵敏度：80 V/m/s±10%
		4. 测量参数：质点振动速度
		5. 监测频率范围：9～2000 Hz
		6. 传感器直径：≤80 mm
		7. 工作温度：-30～50 ℃
7	传感器浪涌保护模块	保护传感器不被强电流损坏
8	监测通道采集控制软件	满足监测对象信号采集及数据分析要求，对震源信号准确定位，并实现数据三维可视化
9	微震/声发射数据采集软件	
10	微震/声发射数据分析软件	

微震/声发射多通道在线地压监测技术相比于常规地压监测技术，优势明显，先进性如下：

（1）实时监测。多通道微震/声发射监测系统一般都是把传感器以点阵形式固定安装在监测区内，它可实现对微震/声发射事件的全天候实时监测，这是该技术的一个重要特点。全数字型微震/声发射监测仪器的出现，实现了与计算机之间的数据实时传输，克服了模拟信号监测设备在实时监测和数据存储方面的不足，使得对监测信号的实时监测、存储更加方便。

（2）全范围立体监测。采用多通道微震/声发射监测系统对地下工程稳定性和安全性进行监测，突破了传统监测方法力（应力）、位移（应变）中的“点”或“线”的意义上的监测模式，它是对于开挖影响范围内的岩体破坏（裂）过程的空间概念上的时间过程的监测。该种方法易于实现对于常规方法中人不可达到地点的监测。

（3）空间定位。多通道微震/声发射监测技术一般采用多通道带多传感器监测，可以根据工程的实际需要，实现对微震/声发射事件的高精度定位。微震/声发射技术的这种空间定位功能是它的又一与实时监测同样重要的特点，这一特点大大提高了微震/声发射监测技术的应用价值。由于与终端监控计算机实现了数据的实时传输，可以通过编制对实时监测数据进行空间定位分析的三维软件，借助于可视化编程技术，可以实现对实时监测数据的三维可视化显示。

（4）全数字化数据采集、存储和处理。全数字化技术克服了模拟信号系统的缺点，使得计算机监控成为可能，对数据的采集、处理和存储更加方便。由于多通道监测系统采集数据量大，处理时需要计算机进行实时处理，并将数据进行保存，而大容量的硬盘存储设备、光盘等介质对记录数据的存储、长期保存和读取提供了保证。微震/声发射监测系统的高速采样以及 P 波和 S 波的全波形显示，使得对微震/声发射信号的频谱分析和处理更加方便。

（5）远程监测和信息的远程传输送。微震/声发射监测技术可以避免监测人员直接接触危险监测区，改善了监测人员的监测环境，同时也使得监测的劳动强度大大降低。数字技术的出现和光纤通信技术的发展，使得数据的快速远传输送成为可能。数字光纤技术不仅使信号传送衰减小，而且其他电信号对光信号没有干扰，可确保在地下复杂环境中把监测信号高质量远传输送。另外，可利用 Internet 技术把微震/声发射监测数据实时传送到全球，实现数据的远程共享。

（6）多用户计算机可视化监控与分析。监测过程和结果的三维显示以及在监测信号远传输送的前提下，利用网络技术（局域网）实现多用户可视化监测，即可以把监测终端设置在各级安全监管部门的办公室和专家办公室，可为专家库系统实时分析与评价创造条件。

微震/声发射多通道在线地压监测硬件系统主要包括传感器、数据采集单元、通信网络和服务器系统组成，如图 7-3-19 至图 7-3-22 所示。

图 7-3-19 微震传感器

图 7-3-20 数据采集单元

图 7-3-21 网络交换机

图 7-3-22 微震服务器

软件部分包括：系统管理软件、数据采集处理软件、数据解译与分析软件、可视化与预警软件。各软件界面如图7－3－23至图7－3－26所示。

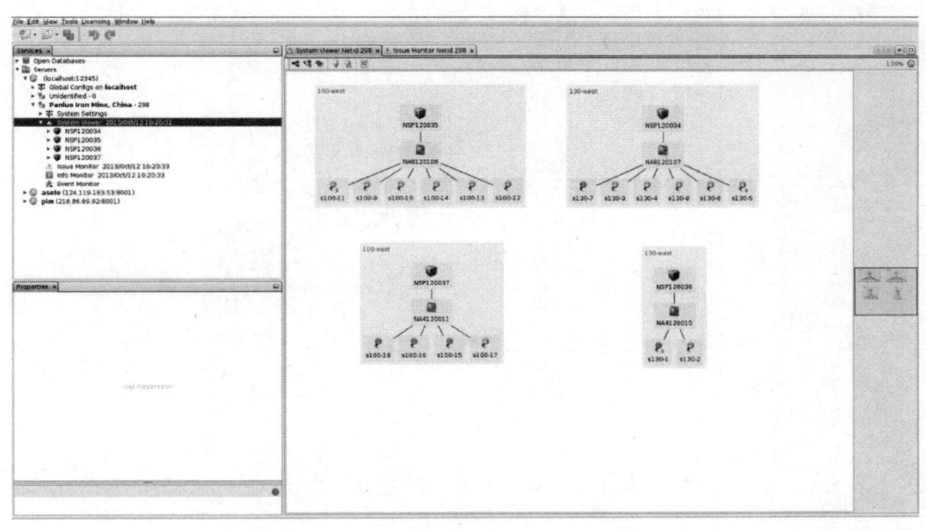

图7－3－23　系统管理软件

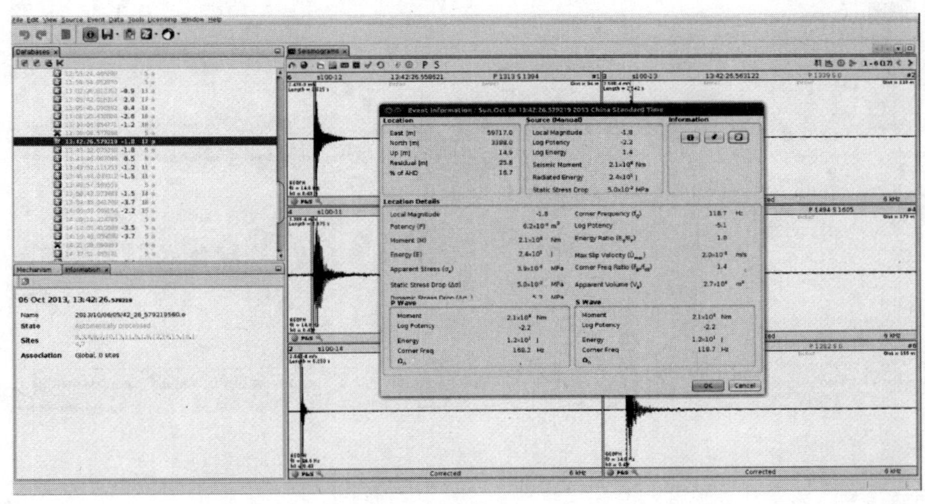

图7－3－24　数据采集处理软件

已正式投入使用的案例：福建潘洛铁矿、新疆阿舍勒铜矿、山西袁家村铁矿、广东大宝山多金属矿、湖南柿竹园多金属矿、江西香炉山钨矿、安徽冬瓜山铜矿、云南会泽铅锌矿等。

3.12　高陡边坡安全监测技术

露天矿边坡是矿山重大的安全性工程，露天矿边坡稳定性研究历来是露天矿山安全生产的关键技术问题。尤其是深凹落天矿的开采过程中，随着边坡的加高和开采深度的增加，一方面，边坡的稳定性和安全性越来越差，另一方面，对大型落天矿山，提高边坡角是充分回收资源、降低生产成本的重

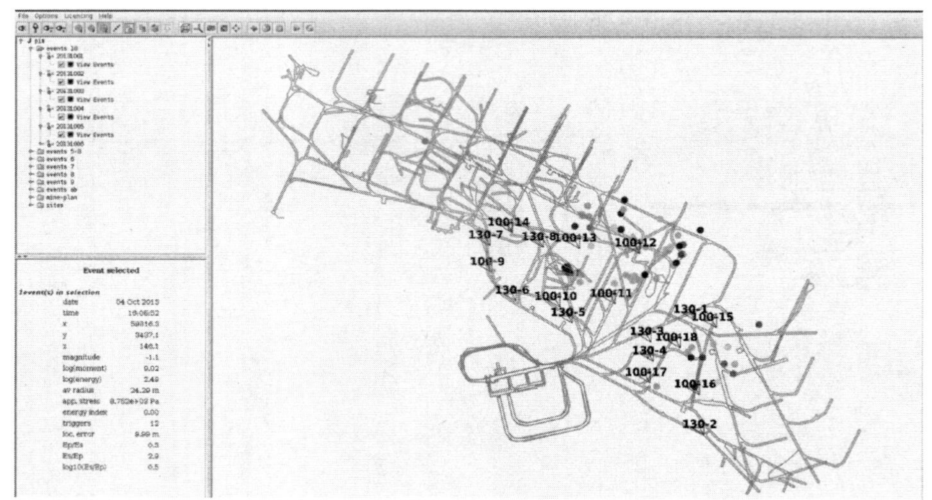

图 7-3-25 数据解译与分析软件

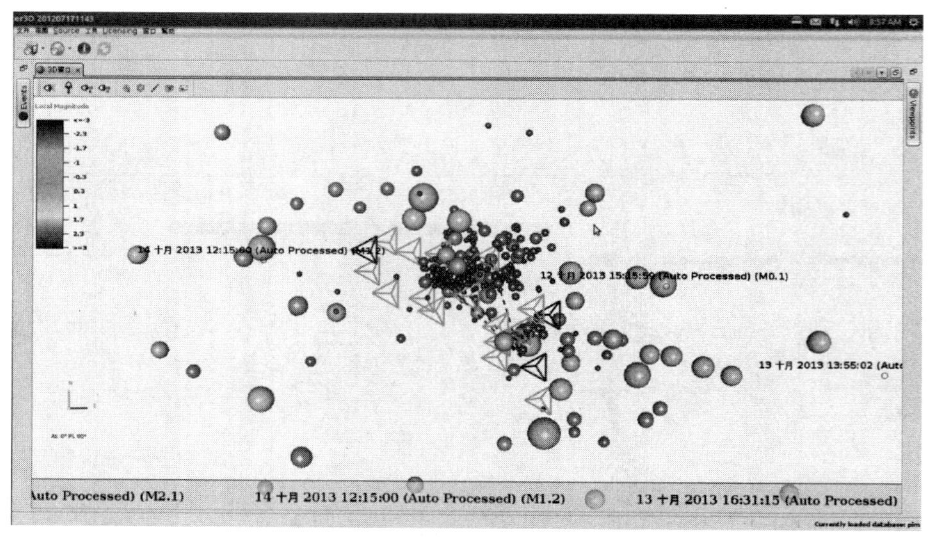

图 7-3-26 可视化与预警软件

要手段之一，因此，露天矿山深部开采过程中确保边坡安全和提高经济效益的矛盾日益突出。建立和健全边坡监测系统成为矿山边坡的最基本工程措施。边坡稳定性监测是对影响边坡稳定性的因素和表征稳定性变化的边坡行为状态反复观测，通过采用 GPS 或其他传感、遥感技术、边坡雷达（S-SAR）等技术，自动实现边坡位移等相关参数的实时监测，以研究边坡的稳定程度及变化规律，预测边坡破坏的发展趋势，防止意外滑坡诱发地质灾害，保证矿山安全生产。

3.12.1 GPS 边坡实时在线监测系统

GPS（Global Positioning System）技术也称为全球定位系统，目前 GPS 已广泛应用于大地测绘和海洋测绘、航海航空导航系统、城市交通系统等诸多领域。GPS 测量具有定位精度高、观测时间短、全天候、高效率、多功能等优点，因此在露天矿边坡监测方面具有广阔的应用前景。边坡位移是边坡形变的最直观反映，对边坡采用GPS技术进行监测，可以为边坡可能出现的失稳破坏和变形破坏的时间提供必要的监测信息，及时对边坡可能出现的险情进行预警。

GPS系统主要由三部分组成，即空间星座部分、地面监控部分和用户设备部分组成。GPS监测系统硬件设备配套：GPS接收天线、GPS接收仪器、对中基座、天线保护罩、设备箱、GPRS模块、电缆等，以及一个GPS监测点所需各类配套硬件设施。

通过GPS动态实时差分技术实时获取观测点的三维坐标（X、Y、Z），通过配套软件来解算边坡表面观测点的位移值、沉降值、累计位移值、累计沉降值，并进一步解算出观测点位移速率，分析地表变形情况，判断边坡的安全程度。

使用GPS动态实时差分技术进行变形监测时，需要将一台GPS接收机安放在变形体以外的稳固地点作为监测基准站，另外一台或多台GPS接收机天线安装在变形点上作为监测站，组成GPS监测网，获取观测点的三维坐标。

根据现场情况及用户要求，GPS观测点布设在边坡监测区处，共布设多个GPS位移观测点。

边坡GPS监测系统主要技术参数为：

地表水平位移监测网和监测点的精度要求，监测等级三级：

（1）监测网——相邻点点位中误差（mm）——±3+1 ppm；

（2）监测点——点位中误差（mm）——±6+1 ppm。

地表垂直位移监测网和监测点的精度要求，监测等级四等：

（1）监测网——相邻点点位中误差（mm）——±1+1 ppm；

（2）监测点——点位中误差（mm）——±4+1 ppm。

配套的分析软件系统性能：

（1）强大完善的系统功能，完全兼容各大卫星系统（北斗+GPS+GLONASS）；

（2）支持远程WEB分级登录访问；

（3）系统支持二次开发，提供SDK开发包；

（4）数据采集实时自动、数据分析图形化、预警信息在线发布；

（5）监测内容模块化（包含位移、渗流、气象、干滩、张应力、加速度、视频等）；

（6）传感仪器多样化（兼容GPS、全站仪、渗压计、水位计、风速仪、雨量计等）。

适用条件：

主要用于边坡、排土场等地表位移24 h实时监测。

场地工作温度：-30~65 ℃

在福建、广东、湖北、湖南、云南、江西等地的露天边坡、大坝、尾矿库等建立了在线监测系统。

3.12.2　边坡地基合成孔径雷达监测

地基合成孔径雷达监测为目前国内外最先进的边坡监测手段，目前生产边坡雷达监测产品的有南非、意大利和国产等。南非或意大利生产的边坡雷达监测系统，成本较高，一套价格在700万~1000万元，而国产的边坡雷达系统的成本较低。因此，基于成本原因，本文主要介绍国产雷达监测系统。

国产边坡雷达系统的特点：

（1）较高的距离向分辨率。事实上，对于高陡边坡的监测，斜距向的高分辨率可以提供更高的采样点密度，从而提供更加精确的监测结果，其原理如图7-3-27所示。

图7-3-27所示为雷达照射A陡坡面，B点表示斜距分辨率为0.15 m的雷达在斜坡上的采样点，而C点表示斜距分辨率为0.5 m的雷达在陡斜坡上的采样点。可以看到，对于同一高度的陡坡，更高的斜距分辨率可以获取更密的采样点，从而获得更高的监测密度和精度。因此该方案提供的最高

0.15 m 的斜距分辨率可以提供更好的监测结果。

（2）适应多波段。该系统可以实现多个波段切换功能（主要包括 L，C，X，Ku）的雷达监测，从而更好地对不同地物进行监测。由于不同波长的雷达图像具有不同的后向散射特性，图 7-3-28 给出了 X 波段和 Ku 波段 SAR 对同一地物的成像结果，可以看到起雷达图像存在很大的不同。因此，根据应用场景，采样不同的雷达波段可以提供更好的地物识别和监测能力。

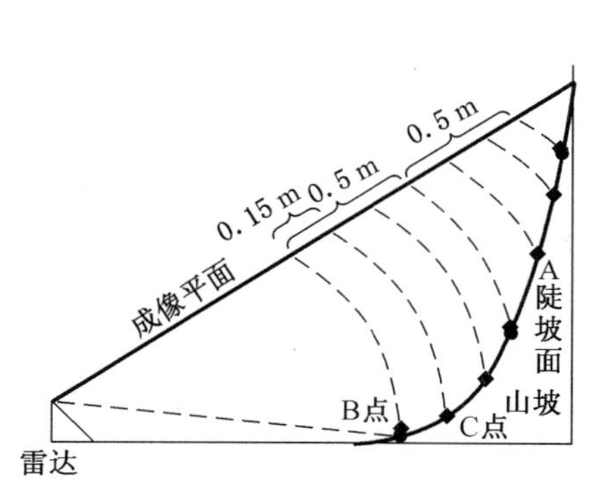

图 7-3-27 雷达边坡成像几何图

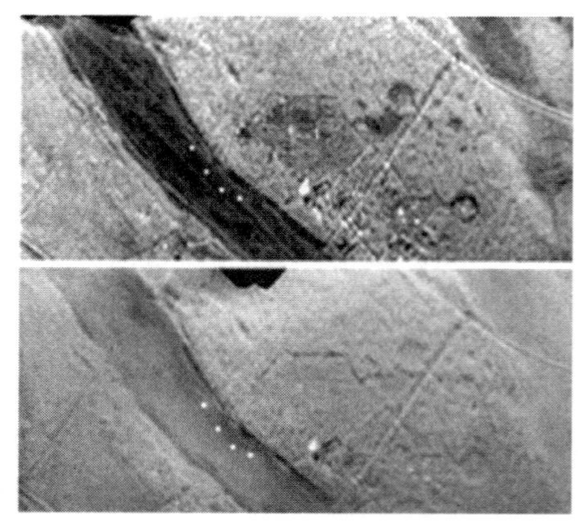

图 7-3-28 X 波段和 Ku 波段下同一地物的 SAR 图像

（3）支持二次开发功能。由于软件和算法具有完全自主知识产权，该方案可以满足客户的功能定制需求，基于不同应用场合开发出适合客户要求的应用软件模块，为了方便客户的二次开发，可以提供源代码，并提供技术支持和培训。

地基合成孔径雷达监测也称为地形微变远程监测系统，是基于微波干涉技术的高级远程监控系统。它基于差分干涉合成孔径雷达技术（D-InSAR），采用先进的调频连续波技术（LFM-CW）。该项技术广泛用于矿坑、边坡、桥梁、建筑等易发生微小位移变化的物体进行精确的监测。国产边坡雷达系统的主要参数见表 7-3-5。

表 7-3-5 系统主要参数

性能指标	LIS-SAR	性能指标	LIS-SAR
雷达类型	LFM-CW（调频连续波）	测量范围	≥12 km²
系统带宽	1000 MHz	尺寸	250 cm×80 cm×80 cm
SAR 性能	有	经向精度	0.1 mm
雷达主机频率	16.6～17.6 GHz	雷达主机重量	<2 kg
雷达波段	L，C，X，Ku	最小采样时间	2～3 min
干涉测量性能	有	工作功率	80 W
3D 高程测量性能	有	工作温度	-25～85 ℃
雷达安装时间	2 h	环境指标	IP65
能量供应	电池、交流电	空间分辨率	距离向分辨率：15 cm；角度向分辨率：3.9 mrad
测量距离	≥4.0 km		

与传统变形观测方法相比，地基合成孔径雷达具有如下特点：一是全天候，不受光线、恶劣天气影响（主动式衰减小）；二是大范围，4 km 以上，远程测量，无须人员进入被测区域及安装附加被测物；三是非接触，无须合作点、无须人工跑点（自动遥感监测）；四是高精度，亚毫米级变形观测精度（测量精度为0.1 mm）（干涉差分技术）；五是高分辨率，厘米级距离向分辨率（百万离散点云）；六是自动灾害警报，数据采集周期为小于3 min；七是雷达设备轻，系统设备运输和安装简单方便，操作自动化程度高，控制和处理软件功能强大。

适用条件：

用于金属非金属矿山边坡、矿区山体以及矿区建筑等微小位移变化的监测微变形，属非接触式监测。

矿山应用实例：紫金山矿坑地形微变监测。

系统部署于目标边坡对面，距坡面区域最近点600 m，远点2600 m，监测范围5 km^2。仪器设置的距离向分辨率为0.15 m，角度向分辨率4.5 mrad。当前监测角度 $-40° \sim 45°$，采取的是昼夜连续监测，数据采集时间间隔10 min（图7-3-29、图7-3-30）。

图7-3-29　系统架设位置

图7-3-30　监测目标

系统可以对边坡进行连续、实时、高精度的远程监测。

矿区大场景宽范围成像，监测目标全景幅宽1500 m，高点远端距离2600 m，近端距离600 m（图7-3-31）。二维与三维形变分析结果如图7-3-32、图7-3-33所示。

3.12.3　露天矿边坡预应力锚索远程监测系统

当被测锚（杆、索）受到张拉松弛，结构内部发生受力，锚（杆、索）测力计受到压缩，受力面发生变形，变形传递给振弦，转变成振弦应力的变化，从而改变振弦的振动频率，电磁线圈激振振弦，并测量，其振动频率，频率信号经电缆传输至读数装置，即可测出被测结构受力的应力。

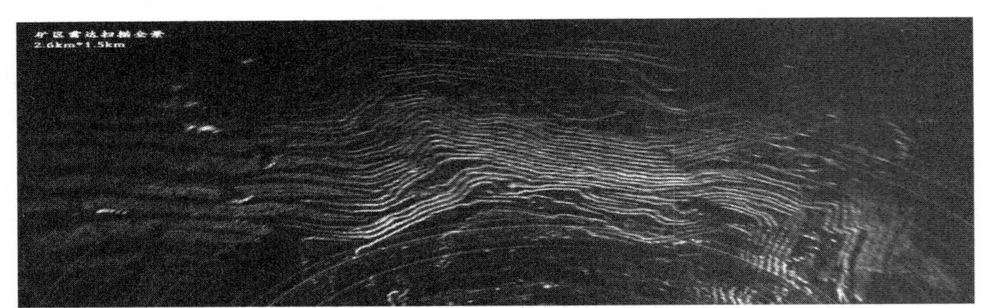

图 7-3-31 扫描全景

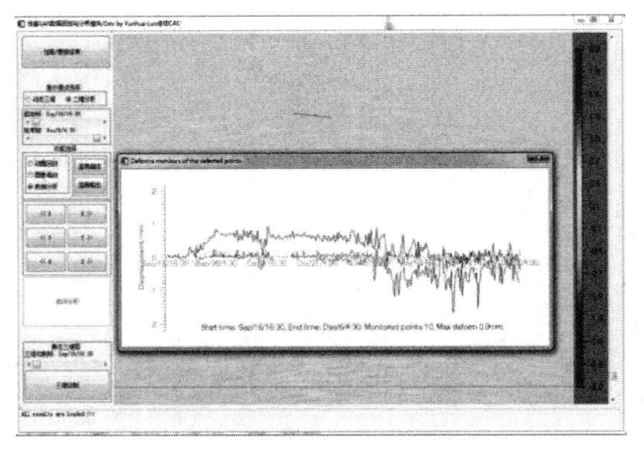

图 7-3-32 二维形变监测

图 7-3-33 三维形变监测

监测系统由边坡应力监测端和计算机接收端组成。边坡应力监测端由智能应力传感器、太阳能供电系统、数据采集系统和数据发射系统组成，计算机接收端由数据接进行传输。

边坡预应力锚索远程监测系统采用 GPRS 远距离无线传输技术，实现了对边坡应力数据的远程、连续、自动、实时、准确、采集存储，消除了人工现场测读数据受精度、天气、安全等因素的影响；系统采用太阳能供电，克服了远程监测需要频繁更换电池的困难，适用于中长期边坡监测。

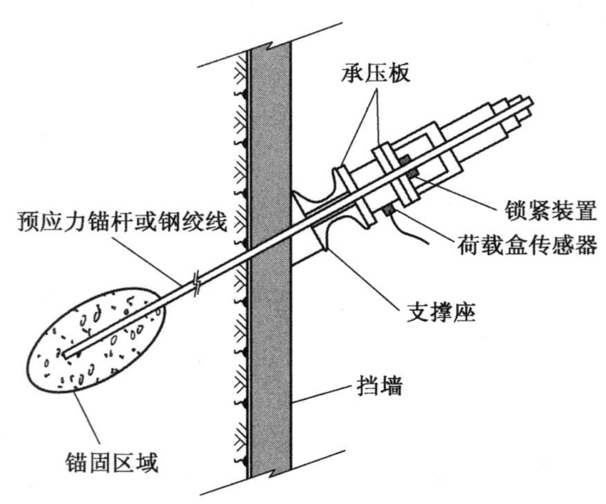

图 7-3-34 锚索计安装剖面示意图

通过超前滑动力的实时监测就可以预报滑坡的发生，即监测边坡岩体内部力的变化趋势来进行监测预警。

预警边坡体内的力，小于设计的监控锚索最大设计荷载，一般在 1000～3000 kN 之间。

通过北斗卫星，可实现远程数据传输，以及监测预警。

边坡的锚杆（索）拉力采用锚索测力计方法进行测量。锚索计安装在锚杆（索）端部，安装时锚杆（索）应从锚索计中心穿过，如图 7-3-34 至图 7-3-36 所示。

矿山应用实例：在本溪南芬铁矿、海州露天矿

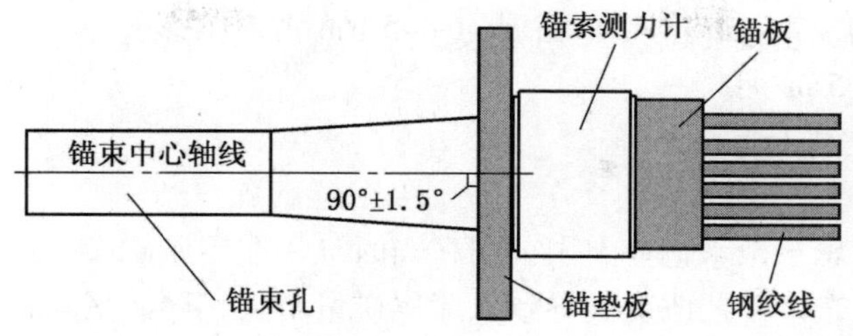

图7-3-35　锚索计安装局部剖面示意图

图7-3-36　锚索计安装现场完工示意图

等有应用。

3.13　细粒尾矿模袋法堆坝安全技术

模袋法尾矿堆坝技术是采用高强度、滤水保土性的有纺土工织物制作大面积连续模袋，通过向模袋内充灌尾砂并经压力排水固结形成复合增强模袋体，利用模袋体连续交错堆筑子坝的一种高效安全堆坝技术。该技术可实现固砂透水，挤压固结，效率高；可直接坐落在现状坝前尾砂面上，边生产边施工，适用性强；可用于增加尾矿库安全超高，提高尾矿库防洪安全裕度；可解决细粒尾矿库堆坝难题，提升尾矿坝安全度，遏制尾矿库事故的发生。该技术引入到矿山细粒尾矿堆坝领域尚属首次。

国内科研单位采用“理论分析”＋“力学试验”＋“数值计算”相结合的方法开展大量独创性的研究工作。从最基础的模袋法堆坝机理研究，到室内细观模袋体试验分析，再到现场大尺度模袋法堆坝试验验证；从模袋法稳定性评估方法研究，到具体工程分析，再到多因素多堆坝工艺下的堆坝稳定性量化评估等，形成了一整套可推广的堆坝安全稳定关键技术。

细粒尾矿模袋法堆坝安全技术主要适用于矿山尾矿库细粒尾矿堆坝领域。尾矿库是一个具有高势能的人造泥石流危险源，我国85%以上的尾矿库采用上游法尾矿筑坝形式筑坝。随着选矿工艺的提高，选矿厂排送进入尾矿库的尾矿颗粒越来越细，由此导致的坝体浸润线过高、坝体稳定性降低等现象在许多矿山都存在，严重影响矿山安全运行。采用细粒尾矿模袋法堆坝技术成功解决了尾矿粒度偏细时产生的坝体固结速度慢无法满足正常生产的难题，确保了细粒尾矿矿山企业的生产运行，拓宽了上游法堆坝所要求的粒径范围，提高了坝体稳定性，可广泛应用于我国金矿、铜矿、铅锌矿、氧化铝矿、磷矿等诸多细粒尾矿堆坝领域。该技术的主要技术参数如下：

（1）可堆坝粒径：由 +74 μm 占 75% 拓展为 +45 μm 占 50%。

（2）模袋堆坝速度：5 m/月。

（3）安全系数：可提高 15% ~30%。

技术应用案例：

大平掌尾矿库是云南思茅山水铜业有限公司在当时唯一在用尾矿库。该库在 2005 年投入运行后，由于选厂生产能力增大及选矿工艺改变，导致入库尾矿量增大，尾矿平均粒度偏细，产生了库内沉积滩坡度小，滩长和安全超高难以控制，坝体安全性差，堆坝速度慢等问题。针对这些问题，采用细粒尾矿模袋法堆坝安全技术，并在该库实施。

技术的成功应用，在尾矿库安全堆坝、矿山安全设施安全运行方面取得显著的社会效益；首先，技术成功解决了尾矿粒度偏细时产生的坝体固结速度慢无法满足正常生产的难题，确保了细粒尾矿矿山企业的生产运行；其次，通过模袋法等一系列关键技术的实施应用，成功摘除了大平掌尾矿库重大安全隐患的帽子，为地方安全和发展作出了突出贡献；第三，技术的成功应用，为国内矿山上游式模袋法堆坝开创了先河，工程示范作用显著，为该技术在全国范围内大力推广提供了应用基础。

从本技术 2011 年在大平掌尾矿库开展以来，至 2013 年底，模袋堆坝高度为 20 m。

大平掌尾矿库为国内首个应用模袋法技术成功解决细粒尾矿堆坝困难的示范性工程，成功解决了该库细粒尾矿产生的堆坝困难、透水性差、固结时间长、力学强度低、坝体稳定性差等一系列问题。技术的成功应用为该矿山企业安全生产、节约经济等方面做出了突出贡献，为解决细粒尾矿的堆存问题提供了新的思路。云南思茅山水铜业有限公司大平掌尾矿库模袋法堆坝现场应用图如图 7-3-37 所示。

图 7-3-37 云南思茅山水铜业有限公司大平掌尾矿库模袋法堆坝现场

第三部分

相关法律法规、规章文件

第1篇

主要法律法规

中华人民共和国安全生产法

《中华人民共和国安全生产法》是为了加强安全生产监督管理，防止和减少生产安全事故，保障人民群众生命和财产安全，促进经济发展而制定。

由中华人民共和国第九届全国人民代表大会常务委员会第二十八次会议于2002年6月29日通过公布，自2002年11月1日起施行。

2014年8月31日第十二届全国人民代表大会常务委员会第十次会议通过全国人民代表大会常务委员会关于修改《中华人民共和国安全生产法》的决定，自2014年12月1日起施行。

第一章 总　　则

第一条 为了加强安全生产工作，防止和减少生产安全事故，保障人民群众生命和财产安全，促进经济社会持续健康发展，制定本法。

第二条 在中华人民共和国领域内从事生产经营活动的单位（以下统称生产经营单位）的安全生产，适用本法；有关法律、行政法规对消防安全和道路交通安全、铁路交通安全、水上交通安全、民用航空安全以及核与辐射安全、特种设备安全另有规定的，适用其规定。

第三条 安全生产工作应当以人为本，坚持安全发展，坚持安全第一、预防为主、综合治理的方针，强化和落实生产经营单位的主体责任，建立生产经营单位负责、职工参与、政府监管、行业自律和社会监督的机制。

第四条 生产经营单位必须遵守本法和其他有关安全生产的法律、法规，加强安全生产管理，建立、健全安全生产责任制和安全生产规章制度，改善安全生产条件，推进安全生产标准化建设，提高安全生产水平，确保安全生产。

第五条 生产经营单位的主要负责人对本单位的安全生产工作全面负责。

第六条 生产经营单位的从业人员有依法获得安全生产保障的权利，并应当依法履行安全生产方面的义务。

第七条 工会依法对安全生产工作进行监督。

生产经营单位的工会依法组织职工参加本单位安全生产工作的民主管理和民主监督，维护职工在安全生产方面的合法权益。生产经营单位制定或者修改有关安全生产的规章制度，应当听取工会的意见。

第八条 国务院和县级以上地方各级人民政府应当根据国民经济和社会发展规划制定安全生产规划，并组织实施。安全生产规划应当与城乡规划相衔接。

国务院和县级以上地方各级人民政府应当加强对安全生产工作的领导，支持、督促各有关部门依法履行安全生产监督管理职责，建立健全安全生产工作协调机制，及时协调、解决安全生产监督管理中存在的重大问题。

乡、镇人民政府以及街道办事处、开发区管理机构等地方人民政府的派出机关应当按照职责，加强对本行政区域内生产经营单位安全生产状况的监督检查，协助上级人民政府有关部门依法履行安全生产监督管理职责。

第九条 国务院安全生产监督管理部门依照本法，对全国安全生产工作实施综合监督管理；县级以上地方各级人民政府安全生产监督管理部门依照本法，对本行政区域内安全生产工作实施综合监督管理。

国务院有关部门依照本法和其他有关法律、行政法规的规定，在各自的职责范围内对有关行业、领域的安全生产工作实施监督管理；县级以上地方各级人民政府有关部门依照本法和其他有关法律、法规的规定，在各自的职责范围内对有关行业、领域的安全生产工作实施监督管理。

安全生产监督管理部门和对有关行业、领域的安全生产工作实施监督管理的部门，统称负有安全生产监督管理职责的部门。

第十条 国务院有关部门应当按照保障安全生产的要求，依法及时制定有关的国家标准或者行业标准，并根据科技进步和经济发展适时修订。

生产经营单位必须执行依法制定的保障安全生产的国家标准或者行业标准。

第十一条 各级人民政府及其有关部门应当采取多种形式，加强对有关安全生产的法律、法规和安全生产知识的宣传，增强全社会的安全生产意识。

第十二条 有关协会组织依照法律、行政法规和章程，为生产经营单位提供安全生产方面的信息、培训等服务，发挥自律作用，促进生产经营单位加强安全生产管理。

第十三条 依法设立的为安全生产提供技术、管理服务的机构，依照法律、行政法规和执业准则，接受生产经营单位的委托为其安全生产工作提供技术、管理服务。

生产经营单位委托前款规定的机构提供安全生产技术、管理服务的，保证安全生产的责任仍由本单位负责。

第十四条 国家实行生产安全事故责任追究制度，依照本法和有关法律、法规的规定，追究生产安全事故责任人员的法律责任。

第十五条 国家鼓励和支持安全生产科学技术研究和安全生产先进技术的推广应用，提高安全生产水平。

第十六条 国家对在改善安全生产条件、防止生产安全事故、参加抢险救护等方面取得显著成绩的单位和个人，给予奖励。

第二章 生产经营单位的安全生产保障

第十七条 生产经营单位应当具备本法和有关法律、行政法规和国家标准或者行业标准规定的安全生产条件；不具备安全生产条件的，不得从事生产经营活动。

第十八条 生产经营单位的主要负责人对本单位安全生产工作负有下列职责：

（一）建立、健全本单位安全生产责任制；

（二）组织制定本单位安全生产规章制度和操作规程；

（三）组织制定并实施本单位安全生产教育和培训计划；

（四）保证本单位安全生产投入的有效实施；

（五）督促、检查本单位的安全生产工作，及时消除生产安全事故隐患；

（六）组织制定并实施本单位的生产安全事故应急救援预案；

（七）及时、如实报告生产安全事故。

第十九条　生产经营单位的安全生产责任制应当明确各岗位的责任人员、责任范围和考核标准等内容。

生产经营单位应当建立相应的机制，加强对安全生产责任制落实情况的监督考核，保证安全生产责任制的落实。

第二十条　生产经营单位应当具备的安全生产条件所必需的资金投入，由生产经营单位的决策机构、主要负责人或者个人经营的投资人予以保证，并对由于安全生产所必需的资金投入不足导致的后果承担责任。

有关生产经营单位应当按照规定提取和使用安全生产费用，专门用于改善安全生产条件。安全生产费用在成本中据实列支。安全生产费用提取、使用和监督管理的具体办法由国务院财政部门会同国务院安全生产监督管理部门征求国务院有关部门意见后制定。

第二十一条　矿山、金属冶炼、建筑施工、道路运输单位和危险物品的生产、经营、储存单位，应当设置安全生产管理机构或者配备专职安全生产管理人员。

前款规定以外的其他生产经营单位，从业人员超过一百人的，应当设置安全生产管理机构或者配备专职安全生产管理人员；从业人员在一百人以下的，应当配备专职或者兼职的安全生产管理人员。

第二十二条　生产经营单位的安全生产管理机构以及安全生产管理人员履行下列职责：

（一）组织或者参与拟订本单位安全生产规章制度、操作规程和生产安全事故应急救援预案；

（二）组织或者参与本单位安全生产教育和培训，如实记录安全生产教育和培训情况；

（三）督促落实本单位重大危险源的安全管理措施；

（四）组织或者参与本单位应急救援演练；

（五）检查本单位的安全生产状况，及时排查生产安全事故隐患，提出改进安全生产管理的建议；

（六）制止和纠正违章指挥、强令冒险作业、违反操作规程的行为；

（七）督促落实本单位安全生产整改措施。

第二十三条　生产经营单位的安全生产管理机构以及安全生产管理人员应当恪尽职守，依法履行职责。

生产经营单位作出涉及安全生产的经营决策，应当听取安全生产管理机构以及安全生产管理人员的意见。

生产经营单位不得因安全生产管理人员依法履行职责而降低其工资、福利等待遇或者解除与其订立的劳动合同。

危险物品的生产、储存单位以及矿山、金属冶炼单位的安全生产管理人员的任免，应当告知主管的负有安全生产监督管理职责的部门。

第二十四条　生产经营单位的主要负责人和安全生产管理人员必须具备与本单位所从事的生产经营活动相应的安全生产知识和管理能力。

危险物品的生产、经营、储存单位以及矿山、金属冶炼、建筑施工、道路运输单位的主要负责人和安全生产管理人员，应当由主管的负有安全生产监督管理职责的部门对其安全生产知识和管理能力考核合格。考核不得收费。

危险物品的生产、储存单位以及矿山、金属冶炼单位应当有注册安全工程师从事安全生产管理工作。鼓励其他生产经营单位聘用注册安全工程师从事安全生产管理工作。注册安全工程师按专业分类管理，具体办法由国务院人力资源和社会保障部门、国务院安全生产监督管理部门会同国务院有关部门制定。

第二十五条 生产经营单位应当对从业人员进行安全生产教育和培训，保证从业人员具备必要的安全生产知识，熟悉有关的安全生产规章制度和安全操作规程，掌握本岗位的安全操作技能，了解事故应急处理措施，知悉自身在安全生产方面的权利和义务。未经安全生产教育和培训合格的从业人员，不得上岗作业。

生产经营单位使用被派遣劳动者的，应当将被派遣劳动者纳入本单位从业人员统一管理，对被派遣劳动者进行岗位安全操作规程和安全操作技能的教育和培训。劳务派遣单位应当对被派遣劳动者进行必要的安全生产教育和培训。

生产经营单位接收中等职业学校、高等学校学生实习的，应当对实习学生进行相应的安全生产教育和培训，提供必要的劳动防护用品。学校应当协助生产经营单位对实习学生进行安全生产教育和培训。

生产经营单位应当建立安全生产教育和培训档案，如实记录安全生产教育和培训的时间、内容、参加人员以及考核结果等情况。

第二十六条 生产经营单位采用新工艺、新技术、新材料或者使用新设备，必须了解、掌握其安全技术特性，采取有效的安全防护措施，并对从业人员进行专门的安全生产教育和培训。

第二十七条 生产经营单位的特种作业人员必须按照国家有关规定经专门的安全作业培训，取得相应资格，方可上岗作业。

特种作业人员的范围由国务院安全生产监督管理部门会同国务院有关部门确定。

第二十八条 生产经营单位新建、改建、扩建工程项目（以下统称建设项目）的安全设施，必须与主体工程同时设计、同时施工、同时投入生产和使用。安全设施投资应当纳入建设项目概算。

第二十九条 矿山、金属冶炼建设项目和用于生产、储存、装卸危险物品的建设项目，应当按照国家有关规定进行安全评价。

第三十条 建设项目安全设施的设计人、设计单位应当对安全设施设计负责。

矿山、金属冶炼建设项目和用于生产、储存、装卸危险物品的建设项目的安全设施设计应当按照国家有关规定报经有关部门审查，审查部门及其负责审查的人员对审查结果负责。

第三十一条 矿山、金属冶炼建设项目和用于生产、储存、装卸危险物品的建设项目的施工单位必须按照批准的安全设施设计施工，并对安全设施的工程质量负责。

矿山、金属冶炼建设项目和用于生产、储存危险物品的建设项目竣工投入生产或者使用前，应当由建设单位负责组织对安全设施进行验收；验收合格后，方可投入生产和使用。安全生产监督管理部门应当加强对建设单位验收活动和验收结果的监督核查。

第三十二条 生产经营单位应当在有较大危险因素的生产经营场所和有关设施、设备上，设置明显的安全警示标志。

第三十三条 安全设备的设计、制造、安装、使用、检测、维修、改造和报废，应当符合国家标准或者行业标准。

生产经营单位必须对安全设备进行经常性维护、保养，并定期检测，保证正常运转。维护、保养、检测应当做好记录，并由有关人员签字。

第三十四条 生产经营单位使用的危险物品的容器、运输工具，以及涉及人身安全、危险性较大的海洋石油开采特种设备和矿山井下特种设备，必须按照国家有关规定，由专业生产单位生产，并经具有专业资质的检测、检验机构检测、检验合格，取得安全使用证或者安全标志，方可投入使用。检测、检验机构对检测、检验结果负责。

第三十五条 国家对严重危及生产安全的工艺、设备实行淘汰制度，具体目录由国务院安全生产监督管理部门会同国务院有关部门制定并公布。法律、行政法规对目录的制定另有规定的，适用其规定。

省、自治区、直辖市人民政府可以根据本地区实际情况制定并公布具体目录，对前款规定以外的危及生产安全的工艺、设备予以淘汰。

生产经营单位不得使用应当淘汰的危及生产安全的工艺、设备。

第三十六条 生产、经营、运输、储存、使用危险物品或者处置废弃危险物品的，由有关主管部门依照有关法律、法规的规定和国家标准或者行业标准审批并实施监督管理。

生产经营单位生产、经营、运输、储存、使用危险物品或者处置废弃危险物品，必须执行有关法律、法规和国家标准或者行业标准，建立专门的安全管理制度，采取可靠的安全措施，接受有关主管部门依法实施的监督管理。

第三十七条 生产经营单位对重大危险源应当登记建档，进行定期检测、评估、监控，并制定应急预案，告知从业人员和相关人员在紧急情况下应当采取的应急措施。

生产经营单位应当按照国家有关规定将本单位重大危险源及有关安全措施、应急措施报有关地方人民政府安全生产监督管理部门和有关部门备案。

第三十八条 生产经营单位应当建立健全生产安全事故隐患排查治理制度，采取技术、管理措施，及时发现并消除事故隐患。事故隐患排查治理情况应当如实记录，并向从业人员通报。

县级以上地方各级人民政府负有安全生产监督管理职责的部门应当建立健全重大事故隐患治理督办制度，督促生产经营单位消除重大事故隐患。

第三十九条 生产、经营、储存、使用危险物品的车间、商店、仓库不得与员工宿舍在同一座建筑物内，并应当与员工宿舍保持安全距离。

生产经营场所和员工宿舍应当设有符合紧急疏散要求、标志明显、保持畅通的出口。禁止锁闭、封堵生产经营场所或者员工宿舍的出口。

第四十条 生产经营单位进行爆破、吊装以及国务院安全生产监督管理部门会同国务院有关部门规定的其他危险作业，应当安排专门人员进行现场安全管理，确保操作规程的遵守和安全措施的落实。

第四十一条 生产经营单位应当教育和督促从业人员严格执行本单位的安全生产规章制度和安全操作规程；并向从业人员如实告知作业场所和工作岗位存在的危险因素、防范措施以及事故应急措施。

第四十二条 生产经营单位必须为从业人员提供符合国家标准或者行业标准的劳动防护用品，并监督、教育从业人员按照使用规则佩戴、使用。

第四十三条 生产经营单位的安全生产管理人员应当根据本单位的生产经营特点，对安全生产状况进行经常性检查；对检查中发现的安全问题，应当立即处理；不能处理的，应当及时报告本单位有关负责人，有关负责人应当及时处理。检查及处理情况应当如实记录在案。

生产经营单位的安全生产管理人员在检查中发现重大事故隐患，依照前款规定向本单位有关负责人报告，有关负责人不及时处理的，安全生产管理人员可以向主管的负有安全生产监督管理职责的部门报告，接到报告的部门应当依法及时处理。

第四十四条 生产经营单位应当安排用于配备劳动防护用品、进行安全生产培训的经费。

第四十五条 两个以上生产经营单位在同一作业区域内进行生产经营活动，可能危及对方生产安全的，应当签订安全生产管理协议，明确各自的安全生产管理职责和应当采取的安全措施，并指定专职安全生产管理人员进行安全检查与协调。

第四十六条 生产经营单位不得将生产经营项目、场所、设备发包或者出租给不具备安全生产条件或者相应资质的单位或者个人。

生产经营项目、场所发包或者出租给其他单位的，生产经营单位应当与承包单位、承租单位签订专门的安全生产管理协议，或者在承包合同、租赁合同中约定各自的安全生产管理职责；生产经营单位对承包单位、承租单位的安全生产工作统一协调、管理，定期进行安全检查，发现安全问题的，应当及时督促整改。

第四十七条 生产经营单位发生生产安全事故时，单位的主要负责人应当立即组织抢救，并不得在事故调查处理期间擅离职守。

第四十八条 生产经营单位必须依法参加工伤保险，为从业人员缴纳保险费。

国家鼓励生产经营单位投保安全生产责任保险。

第三章 从业人员的安全生产权利义务

第四十九条 生产经营单位与从业人员订立的劳动合同，应当载明有关保障从业人员劳动安全、防止职业危害的事项，以及依法为从业人员办理工伤保险的事项。

生产经营单位不得以任何形式与从业人员订立协议，免除或者减轻其对从业人员因生产安全事故伤亡依法应承担的责任。

第五十条 生产经营单位的从业人员有权了解其作业场所和工作岗位存在的危险因素、防范措施及事故应急措施，有权对本单位的安全生产工作提出建议。

第五十一条 从业人员有权对本单位安全生产工作中存在的问题提出批评、检举、控告；有权拒绝违章指挥和强令冒险作业。

生产经营单位不得因从业人员对本单位安全生产工作提出批评、检举、控告或者拒绝违章指挥、强令冒险作业而降低其工资、福利等待遇或者解除与其订立的劳动合同。

第五十二条 从业人员发现直接危及人身安全的紧急情况时，有权停止作业或者在采取可能的应急措施后撤离作业场所。

生产经营单位不得因从业人员在前款紧急情况下停止作业或者采取紧急撤离措施而降低其工资、福利等待遇或者解除与其订立的劳动合同。

第五十三条 因生产安全事故受到损害的从业人员，除依法享有工伤保险外，依照有关民事法律尚有获得赔偿的权利的，有权向本单位提出赔偿要求。

第五十四条 从业人员在作业过程中，应当严格遵守本单位的安全生产规章制度和操作规程，服从管理，正确佩戴和使用劳动防护用品。

第五十五条 从业人员应当接受安全生产教育和培训，掌握本职工作所需的安全生产知识，提高安全生产技能，增强事故预防和应急处理能力。

第五十六条 从业人员发现事故隐患或者其他不安全因素，应当立即向现场安全生产管理人员或者本单位负责人报告；接到报告的人员应当及时予以处理。

第五十七条 工会有权对建设项目的安全设施与主体工程同时设计、同时施工、同时投入生产和使用进行监督，提出意见。

工会对生产经营单位违反安全生产法律、法规，侵犯从业人员合法权益的行为，有权要求纠正；发现生产经营单位违章指挥、强令冒险作业或者发现事故隐患时，有权提出解决的建议，生产经营单位应当及时研究答复；发现危及从业人员生命安全的情况时，有权向生产经营单位建议组织从业人员撤离危险场所，生产经营单位必须立即做出处理。

工会有权依法参加事故调查，向有关部门提出处理意见，并要求追究有关人员的责任。

第五十八条 生产经营单位使用被派遣劳动者的，被派遣劳动者享有本法规定的从业人员的权利，并应当履行本法规定的从业人员的义务。

第四章 安全生产的监督管理

第五十九条 县级以上地方各级人民政府应当根据本行政区域内的安全生产状况，组织有关部门按照职责分工，对本行政区域内容易发生重大生产安全事故的生产经营单位进行严格检查。

安全生产监督管理部门应当按照分类分级监督管理的要求，制定安全生产年度监督检查计划，并按照年度监督检查计划进行监督检查，发现事故隐患，应当及时处理。

第六十条 负有安全生产监督管理职责的部门依照有关法律、法规的规定，对涉及安全生产的事项需要审查批准（包括批准、核准、许可、注册、认证、颁发证照等，下同）或者验收的，必须严格依照有关法律、法规和国家标准或者行业标准规定的安全生产条件和程序进行审查；不符合有关法律、法规和国家标准或者行业标准规定的安全生产条件的，不得批准或者验收通过。对未依法取得批准或者验收合格的单位擅自从事有关活动的，负责行政审批的部门发现或者接到举报后应当立即予以取缔，并依法予以处理。对已经依法取得批准的单位，负责行政审批的部门发现其不再具备安全生产条件的，应当撤销原批准。

第六十一条 负有安全生产监督管理职责的部门对涉及安全生产的事项进行审查、验收，不得收取费用；不得要求接受审查、验收的单位购买其指定品牌或者指定生产、销售单位的安全设备、器材或者其他产品。

第六十二条 安全生产监督管理部门和其他负有安全生产监督管理职责的部门依法开展安全生产行政执法工作，对生产经营单位执行有关安全生产的法律、法规和国家标准或者行业标准的情况进行监督检查，行使以下职权：

（一）进入生产经营单位进行检查，调阅有关资料，向有关单位和人员了解情况；

（二）对检查中发现的安全生产违法行为，当场予以纠正或者要求限期改正；对依法应当给予行政处罚的行为，依照本法和其他有关法律、行政法规的规定作出行政处罚决定；

（三）对检查中发现的事故隐患，应当责令立即排除；重大事故隐患排除前或者排除过程中无法保证安全的，应当责令从危险区域内撤出作业人员，责令暂时停产停业或者停止使用相关设施、设备；重大事故隐患排除后，经审查同意，方可恢复生产经营和使用；

（四）对有根据认为不符合保障安全生产的国家标准或者行业标准的设施、设备、器材以及违法生产、储存、使用、经营、运输的危险物品予以查封或者扣押，对违法生产、储存、使用、经营危险物品的作业场所予以查封，并依法作出处理决定。

第六十三条 生产经营单位对负有安全生产监督管理职责的部门的监督检查人员（以下统称安全生产监督检查人员）依法履行监督检查职责，应当予以配合，不得拒绝、阻挠。

第六十四条 安全生产监督检查人员应当忠于职守，坚持原则，秉公执法。

安全生产监督检查人员执行监督检查任务时，必须出示有效的监督执法证件；对涉及被检查单位的技术秘密和业务秘密，应当为其保密。

第六十五条 安全生产监督检查人员应当将检查的时间、地点、内容、发现的问题及其处理情况，作出书面记录，并由检查人员和被检查单位的负责人签字；被检查单位的负责人拒绝签字的，检查人员应当将情况记录在案，并向负有安全生产监督管理职责的部门报告。

第六十六条 负有安全生产监督管理职责的部门在监督检查中，应当互相配合，实行联合检查；确需分别进行检查的，应当互通情况，发现存在的安全问题应当由其他有关部门进行处理的，应当及时移送其他有关部门并形成记录备查，接受移送的部门应当及时进行处理。

第六十七条 负有安全生产监督管理职责的部门依法对存在重大事故隐患的生产经营单位作出停产停业、停止施工、停止使用相关设施或者设备的决定，生产经营单位应当依法执行，及时消除事故隐患。生产经营单位拒不执行，有发生生产安全事故的现实危险的，在保证安全的前提下，经本部门主要负责人批准，负有安全生产监督管理职责的部门可以采取通知有关单位停止供电、停止供应民用爆炸物品等措施，强制生产经营单位履行决定。通知应当采用书面形式，有关单位应当予以配合。

负有安全生产监督管理职责的部门依照前款规定采取停止供电措施，除有危及生产安全的紧急情形外，应当提前二十四小时通知生产经营单位。生产经营单位依法履行行政决定、采取相应措施消除事故隐患的，负有安全生产监督管理职责的部门应当及时解除前款规定的措施。

第六十八条 监察机关依照行政监察法的规定，对负有安全生产监督管理职责的部门及其工作人员履行安全生产监督管理职责实施监察。

第六十九条 承担安全评价、认证、检测、检验的机构应当具备国家规定的资质条件，并对其做出的安全评价、认证、检测、检验的结果负责。

第七十条 负有安全生产监督管理职责的部门应当建立举报制度，公开举报电话、信箱或者电子邮件地址，受理有关安全生产的举报；受理的举报事项经调查核实后，应当形成书面材料；需要落实整改措施的，报经有关负责人签字并督促落实。

第七十一条 任何单位或者个人对事故隐患或者安全生产违法行为，均有权向负有安全生产监督管理职责的部门报告或者举报。

第七十二条 居民委员会、村民委员会发现其所在区域内的生产经营单位存在事故隐患或者安全生产违法行为时，应当向当地人民政府或者有关部门报告。

第七十三条 县级以上各级人民政府及其有关部门对报告重大事故隐患或者举报安全生产违法行为的有功人员，给予奖励。具体奖励办法由国务院安全生产监督管理部门会同国务院财政部门制定。

第七十四条 新闻、出版、广播、电影、电视等单位有进行安全生产公益宣传教育的义务，有对违反安全生产法律、法规的行为进行舆论监督的权利。

第七十五条 负有安全生产监督管理职责的部门应当建立安全生产违法行为信息库，如实记录生产经营单位的安全生产违法行为信息；对违法行为情节严重的生产经营单位，应当向社会公告，并通报行业主管部门、投资主管部门、国土资源主管部门、证券监督管理机构以及有关金融机构。

第五章 生产安全事故的应急救援与调查处理

第七十六条 国家加强生产安全事故应急能力建设，在重点行业、领域建立应急救援基地和应急救援队伍，鼓励生产经营单位和其他社会力量建立应急救援队伍，配备相应的应急救援装备和物资，提高应急救援的专业化水平。

国务院安全生产监督管理部门建立全国统一的生产安全事故应急救援信息系统，国务院有关部门建立健全相关行业、领域的生产安全事故应急救援信息系统。

第七十七条 县级以上地方各级人民政府应当组织有关部门制定本行政区域内生产安全事故应急救援预案，建立应急救援体系。

第七十八条 生产经营单位应当制定本单位生产安全事故应急救援预案，与所在地县级以上地方人民政府组织制定的生产安全事故应急救援预案相衔接，并定期组织演练。

第七十九条 危险物品的生产、经营、储存单位以及矿山、金属冶炼、城市轨道交通运营、建筑施工单位应当建立应急救援组织；生产经营规模较小的，可以不建立应急救援组织，但应当指定兼职的应急救援人员。

危险物品的生产、经营、储存、运输单位以及矿山、金属冶炼、城市轨道交通运营、建筑施工单位应当配备必要的应急救援器材、设备和物资，并进行经常性维护、保养，保证正常运转。

第八十条 生产经营单位发生生产安全事故后，事故现场有关人员应当立即报告本单位负责人。

单位负责人接到事故报告后，应当迅速采取有效措施，组织抢救，防止事故扩大，减少人员伤亡和财产损失，并按照国家有关规定立即如实报告当地负有安全生产监督管理职责的部门，不得隐瞒不报、谎报或者迟报，不得故意破坏事故现场、毁灭有关证据。

第八十一条 负有安全生产监督管理职责的部门接到事故报告后，应当立即按照国家有关规定上报事故情况。负有安全生产监督管理职责的部门和有关地方人民政府对事故情况不得隐瞒不报、谎报或者迟报。

第八十二条 有关地方人民政府和负有安全生产监督管理职责的部门的负责人接到生产安全事故报告后，应当按照生产安全事故应急救援预案的要求立即赶到事故现场，组织事故抢救。

参与事故抢救的部门和单位应当服从统一指挥，加强协同联动，采取有效的应急救援措施，并根据事故救援的需要采取警戒、疏散等措施，防止事故扩大和次生灾害的发生，减少人员伤亡和财产损失。

事故抢救过程中应当采取必要措施，避免或者减少对环境造成的危害。

任何单位和个人都应当支持、配合事故抢救，并提供一切便利条件。

第八十三条 事故调查处理应当按照科学严谨、依法依规、实事求是、注重实效的原则，及时、准确地查清事故原因，查明事故性质和责任，总结事故教训，提出整改措施，并对事故责任者提出处理意见。事故调查报告应当依法及时向社会公布。事故调查和处理的具体办法由国务院制定。

事故发生单位应当及时全面落实整改措施，负有安全生产监督管理职责的部门应当加强监督检查。

第八十四条 生产经营单位发生生产安全事故，经调查确定为责任事故的，除了应当查明事故单位的责任并依法予以追究外，还应当查明对安全生产的有关事项负有审查批准和监督职责的行政部门的责任，对有失职、渎职行为的，依照本法第八十七条的规定追究法律责任。

第八十五条 任何单位和个人不得阻挠和干涉对事故的依法调查处理。

第八十六条 县级以上地方各级人民政府安全生产监督管理部门应当定期统计分析本行政区域内发生生产安全事故的情况，并定期向社会公布。

第六章 法律责任

第八十七条 负有安全生产监督管理职责的部门的工作人员，有下列行为之一的，给予降级或者撤职的处分；构成犯罪的，依照刑法有关规定追究刑事责任：

（一）对不符合法定安全生产条件的涉及安全生产的事项予以批准或者验收通过的；

（二）发现未依法取得批准、验收的单位擅自从事有关活动或者接到举报后不予取缔或者不依法予以处理的；

（三）对已经依法取得批准的单位不履行监督管理职责，发现其不再具备安全生产条件而不撤销原批准或者发现安全生产违法行为不予查处的；

（四）在监督检查中发现重大事故隐患，不依法及时处理的。

负有安全生产监督管理职责的部门的工作人员有前款规定以外的滥用职权、玩忽职守、徇私舞弊行为的，依法给予处分；构成犯罪的，依照刑法有关规定追究刑事责任。

第八十八条 负有安全生产监督管理职责的部门，要求被审查、验收的单位购买其指定的安全设备、器材或者其他产品的，在对安全生产事项的审查、验收中收取费用的，由其上级机关或者监察机关责令改正，责令退还收取的费用；情节严重的，对直接负责的主管人员和其他直接责任人员依法给予处分。

第八十九条 承担安全评价、认证、检测、检验工作的机构，出具虚假证明的，没收违法所得；

违法所得在十万元以上的，并处违法所得二倍以上五倍以下的罚款；没有违法所得或者违法所得不足十万元的，单处或者并处十万元以上二十万元以下的罚款；对其直接负责的主管人员和其他直接责任人员处二万元以上五万元以下的罚款；给他人造成损害的，与生产经营单位承担连带赔偿责任；构成犯罪的，依照刑法有关规定追究刑事责任。

对有前款违法行为的机构，吊销其相应资质。

第九十条 生产经营单位的决策机构、主要负责人或者个人经营的投资人不依照本法规定保证安全生产所必需的资金投入，致使生产经营单位不具备安全生产条件的，责令限期改正，提供必需的资金；逾期未改正的，责令生产经营单位停产停业整顿。

有前款违法行为，导致发生生产安全事故的，对生产经营单位的主要负责人给予撤职处分，对个人经营的投资人处二万元以上二十万元以下的罚款；构成犯罪的，依照刑法有关规定追究刑事责任。

第九十一条 生产经营单位的主要负责人未履行本法规定的安全生产管理职责的，责令限期改正；逾期未改正的，处二万元以上五万元以下的罚款，责令生产经营单位停产停业整顿。

生产经营单位的主要负责人有前款违法行为，导致发生生产安全事故的，给予撤职处分；构成犯罪的，依照刑法有关规定追究刑事责任。

生产经营单位的主要负责人依照前款规定受刑事处罚或者撤职处分的，自刑罚执行完毕或者受处分之日起，五年内不得担任任何生产经营单位的主要负责人；对重大、特别重大生产安全事故负有责任的，终身不得担任本行业生产经营单位的主要负责人。

第九十二条 生产经营单位的主要负责人未履行本法规定的安全生产管理职责，导致发生生产安全事故的，由安全生产监督管理部门依照下列规定处以罚款：

（一）发生一般事故的，处上一年年收入百分之三十的罚款；

（二）发生较大事故的，处上一年年收入百分之四十的罚款；

（三）发生重大事故的，处上一年年收入百分之六十的罚款；

（四）发生特别重大事故的，处上一年年收入百分之八十的罚款。

第九十三条 生产经营单位的安全生产管理人员未履行本法规定的安全生产管理职责的，责令限期改正；导致发生生产安全事故的，暂停或者撤销其与安全生产有关的资格；构成犯罪的，依照刑法有关规定追究刑事责任。

第九十四条 生产经营单位有下列行为之一的，责令限期改正，可以处五万元以下的罚款；逾期未改正的，责令停产停业整顿，并处五万元以上十万元以下的罚款，对其直接负责的主管人员和其他直接责任人员处一万元以上二万元以下的罚款：

（一）未按照规定设置安全生产管理机构或者配备安全生产管理人员的；

（二）危险物品的生产、经营、储存单位以及矿山、金属冶炼、建筑施工、道路运输单位的主要负责人和安全生产管理人员未按照规定经考核合格的；

（三）未按照规定对从业人员、被派遣劳动者、实习学生进行安全生产教育和培训，或者未按照规定如实告知有关的安全生产事项的；

（四）未如实记录安全生产教育和培训情况的；

（五）未将事故隐患排查治理情况如实记录或者未向从业人员通报的；

（六）未按照规定制定生产安全事故应急救援预案或者未定期组织演练的；

（七）特种作业人员未按照规定经专门的安全作业培训并取得相应资格，上岗作业的。

第九十五条 生产经营单位有下列行为之一的，责令停止建设或者停产停业整顿，限期改正；逾期未改正的，处五十万元以上一百万元以下的罚款，对其直接负责的主管人员和其他直接责任人员处二万元以上五万元以下的罚款；构成犯罪的，依照刑法有关规定追究刑事责任：

（一）未按照规定对矿山、金属冶炼建设项目或者用于生产、储存、装卸危险物品的建设项目进行安全评价的；

（二）矿山、金属冶炼建设项目或者用于生产、储存、装卸危险物品的建设项目没有安全设施设计或者安全设施设计未按照规定报经有关部门审查同意的；

（三）矿山、金属冶炼建设项目或者用于生产、储存、装卸危险物品的建设项目的施工单位未按照批准的安全设施设计施工的；

（四）矿山、金属冶炼建设项目或者用于生产、储存危险物品的建设项目竣工投入生产或者使用前，安全设施未经验收合格的。

第九十六条 生产经营单位有下列行为之一的，责令限期改正，可以处五万元以下的罚款；逾期未改正的，处五万元以上二十万元以下的罚款，对其直接负责的主管人员和其他直接责任人员处一万元以上二万元以下的罚款；情节严重的，责令停产停业整顿；构成犯罪的，依照刑法有关规定追究刑事责任：

（一）未在有较大危险因素的生产经营场所和有关设施、设备上设置明显的安全警示标志的；

（二）安全设备的安装、使用、检测、改造和报废不符合国家标准或者行业标准的；

（三）未对安全设备进行经常性维护、保养和定期检测的；

（四）未为从业人员提供符合国家标准或者行业标准的劳动防护用品的；

（五）危险物品的容器、运输工具，以及涉及人身安全、危险性较大的海洋石油开采特种设备和矿山井下特种设备未经具有专业资质的机构检测、检验合格，取得安全使用证或者安全标志，投入使用的；

（六）使用应当淘汰的危及生产安全的工艺、设备的。

第九十七条 未经依法批准，擅自生产、经营、运输、储存、使用危险物品或者处置废弃危险物品的，依照有关危险物品安全管理的法律、行政法规的规定予以处罚；构成犯罪的，依照刑法有关规定追究刑事责任。

第九十八条 生产经营单位有下列行为之一的，责令限期改正，可以处十万元以下的罚款；逾期未改正的，责令停产停业整顿，并处十万元以上二十万元以下的罚款，对其直接负责的主管人员和其他直接责任人员处二万元以上五万元以下的罚款；构成犯罪的，依照刑法有关规定追究刑事责任：

（一）生产、经营、运输、储存、使用危险物品或者处置废弃危险物品，未建立专门安全管理制度、未采取可靠的安全措施的；

（二）对重大危险源未登记建档，或者未进行评估、监控，或者未制定应急预案的；

（三）进行爆破、吊装以及国务院安全生产监督管理部门会同国务院有关部门规定的其他危险作业，未安排专门人员进行现场安全管理的；

（四）未建立事故隐患排查治理制度的。

第九十九条 生产经营单位未采取措施消除事故隐患的，责令立即消除或者限期消除；生产经营单位拒不执行的，责令停产停业整顿，并处十万元以上五十万元以下的罚款，对其直接负责的主管人员和其他直接责任人员处二万元以上五万元以下的罚款。

第一百条 生产经营单位将生产经营项目、场所、设备发包或者出租给不具备安全生产条件或者相应资质的单位或者个人的，责令限期改正，没收违法所得；违法所得十万元以上的，并处违法所得二倍以上五倍以下的罚款；没有违法所得或者违法所得不足十万元的，单处或者并处十万元以上二十万元以下的罚款；对其直接负责的主管人员和其他直接责任人员处一万元以上二万元以下的罚款；导致发生生产安全事故给他人造成损害的，与承包方、承租方承担连带赔偿责任。

生产经营单位未与承包单位、承租单位签订专门的安全生产管理协议或者未在承包合同、租赁合同中明确各自的安全生产管理职责，或者未对承包单位、承租单位的安全生产统一协调、管理的，责令限期改正，可以处五万元以下的罚款，对其直接负责的主管人员和其他直接责任人员可以处一万元以下的罚款；逾期未改正的，责令停产停业整顿。

第一百零一条 两个以上生产经营单位在同一作业区域内进行可能危及对方安全生产的生产经营活动，未签订安全生产管理协议或者未指定专职安全生产管理人员进行安全检查与协调的，责令限期改正，可以处五万元以下的罚款，对其直接负责的主管人员和其他直接责任人员可以处一万元以下的罚款；逾期未改正的，责令停产停业。

第一百零二条 生产经营单位有下列行为之一的，责令限期改正，可以处五万元以下的罚款，对其直接负责的主管人员和其他直接责任人员可以处一万元以下的罚款；逾期未改正的，责令停产停业整顿；构成犯罪的，依照刑法有关规定追究刑事责任：

（一）生产、经营、储存、使用危险物品的车间、商店、仓库与员工宿舍在同一座建筑内，或者与员工宿舍的距离不符合安全要求的；

（二）生产经营场所和员工宿舍未设有符合紧急疏散需要、标志明显、保持畅通的出口，或者锁闭、封堵生产经营场所或者员工宿舍出口的。

第一百零三条 生产经营单位与从业人员订立协议，免除或者减轻其对从业人员因生产安全事故伤亡依法应承担的责任的，该协议无效；对生产经营单位的主要负责人、个人经营的投资人处二万元以上十万元以下的罚款。

第一百零四条 生产经营单位的从业人员不服从管理，违反安全生产规章制度或者操作规程的，由生产经营单位给予批评教育，依照有关规章制度给予处分；构成犯罪的，依照刑法有关规定追究刑事责任。

第一百零五条 违反本法规定，生产经营单位拒绝、阻碍负有安全生产监督管理职责的部门依法实施监督检查的，责令改正；拒不改正的，处二万元以上二十万元以下的罚款；对其直接负责的主管人员和其他直接责任人员处一万元以上二万元以下的罚款；构成犯罪的，依照刑法有关规定追究刑事责任。

第一百零六条 生产经营单位的主要负责人在本单位发生生产安全事故时，不立即组织抢救或者在事故调查处理期间擅离职守或者逃匿的，给予降级、撤职的处分，并由安全生产监督管理部门处上一年年收入百分之六十至百分之一百的罚款；对逃匿的处十五日以下拘留；构成犯罪的，依照刑法有关规定追究刑事责任。

生产经营单位的主要负责人对生产安全事故隐瞒不报、谎报或者迟报的，依照前款规定处罚。

第一百零七条 有关地方人民政府、负有安全生产监督管理职责的部门，对生产安全事故隐瞒不报、谎报或者迟报的，对直接负责的主管人员和其他直接责任人员依法给予处分；构成犯罪的，依照刑法有关规定追究刑事责任。

第一百零八条 生产经营单位不具备本法和其他有关法律、行政法规和国家标准或者行业标准规定的安全生产条件，经停产停业整顿仍不具备安全生产条件的，予以关闭；有关部门应当依法吊销其有关证照。

第一百零九条 发生生产安全事故，对负有责任的生产经营单位除要求其依法承担相应的赔偿等责任外，由安全生产监督管理部门依照下列规定处以罚款：

（一）发生一般事故的，处二十万元以上五十万元以下的罚款；

（二）发生较大事故的，处五十万元以上一百万元以下的罚款；

（三）发生重大事故的，处一百万元以上五百万元以下的罚款；

（四）发生特别重大事故的，处五百万元以上一千万元以下的罚款；情节特别严重的，处一千万元以上二千万元以下的罚款。

第一百一十条 本法规定的行政处罚，由安全生产监督管理部门和其他负有安全生产监督管理职责的部门按照职责分工决定。予以关闭的行政处罚由负有安全生产监督管理职责的部门报请县级以上人民政府按照国务院规定的权限决定；给予拘留的行政处罚由公安机关依照治安管理处罚法的规定决定。

第一百一十一条 生产经营单位发生生产安全事故造成人员伤亡、他人财产损失的，应当依法承担赔偿责任；拒不承担或者其负责人逃匿的，由人民法院依法强制执行。

生产安全事故的责任人未依法承担赔偿责任，经人民法院依法采取执行措施后，仍不能对受害人给予足额赔偿的，应当继续履行赔偿义务；受害人发现责任人有其他财产的，可以随时请求人民法院执行。

第七章 附 则

第一百一十二条 本法下列用语的含义：

危险物品，是指易燃易爆物品、危险化学品、放射性物品等能够危及人身安全和财产安全的物品。

重大危险源，是指长期地或者临时地生产、搬运、使用或者储存危险物品，且危险物品的数量等于或者超过临界量的单元（包括场所和设施）。

第一百一十三条 本法规定的生产安全一般事故、较大事故、重大事故、特别重大事故的划分标准由国务院规定。

国务院安全生产监督管理部门和其他负有安全生产监督管理职责的部门应当根据各自的职责分工，制定相关行业、领域重大事故隐患的判定标准。

第一百一十四条 本法自2014年12月1日起施行。

中华人民共和国矿山安全法

《中华人民共和国矿山安全法》由中华人民共和国第七届全国人民代表大会常务委员会第二十八次会议于1992年11月7日通过，自1993年5月1日起施行。

第一章 总 则

第一条 为了保障矿山生产安全，防止矿山事故，保护矿山职工人身安全，促进采矿业的发展，制定本法。

第二条 在中华人民共和国领域和中华人民共和国管辖的其他海域从事矿产资源开采活动，必须遵守本法。

第三条 矿山企业必须具有保障安全生产的设施，建立、健全安全管理制度，采取有效措施改善职工劳动条件，加强矿山安全管理工作，保证安全生产。

第四条 国务院劳动行政主管部门对全国矿山安全工作实施统一监督。

县级以上地方各级人民政府劳动行政主管部门对本行政区域内的矿山安全工作实施统一监督。

县级以上人民政府管理矿山企业的主管部门对矿山安全工作进行管理。

第五条 国家鼓励矿山安全科学技术研究，推广先进技术，改进安全设施，提高矿山安全生产水平。

第六条 对坚持矿山安全生产，防止矿山事故，参加矿山抢险救护，进行矿山安全科学技术研究等方面取得显著成绩的单位和个人，给予奖励。

第二章 矿山建设的安全保障

第七条 矿山建设工程的安全设施必须和主体工程同时设计、同时施工、同时投入生产和使用。

第八条 矿山建设工程的设计文件，必须符合矿山安全规程和行业技术规范，并按照国家规定经管理矿山企业的主管部门批准；不符合矿山安全规程和行业技术规范的，不得批准。

矿山建设工程安全设施的设计必须有劳动行政主管部门参加审查。

矿山安全规程和行业技术规范，由国务院管理矿山企业的主管部门制定。

第九条 矿山设计下列项目必须符合矿山安全规程和行业技术规范：

（一）矿井的通风系统和供风量、风质、风速；

（二）露天矿的边坡角和台阶的宽度、高度；

（三）供电系统；

（四）提升、运输系统；

（五）防水、排水系统和防火、灭火系统；

（六）防瓦斯系统和防尘系统；

（七）有关矿山安全的其他项目。

第十条 每个矿井必须有两个以上能行人的安全出口，出口之间的直线水平距离必须符合矿山安全规程和行业技术规范。

第十一条 矿山必须有与外界相通的、符合安全要求的运输和通信设施。

第十二条 矿山建设工程必须按照管理矿山企业的主管部门批准的设计文件施工。

矿山建设工程安全设施竣工后，由管理矿山企业的主管部门验收，并须有劳动行政主管部门参加；不符合矿山安全规程和行业技术规范的，不得验收，不得投入生产。

第三章 矿山开采的安全保障

第十三条 矿山开采必须具备保障安全生产的条件，执行开采不同矿种的矿山安全规程和行业技术规范。

第十四条 矿山设计规定保留的矿柱、岩柱，在规定的期限内，应当予以保护，不得开采或者毁坏。

第十五条 矿山使用的有特殊安全要求的设备、器材、防护用品和安全检测仪器，必须符合国家安全标准或者行业安全标准；不符合国家安全标准或者行业安全标准的，不得使用。

第十六条 矿山企业必须对机电设备及其防护装置、安全检测仪器，定期检查、维修，保证使用安全。

第十七条 矿山企业必须对作业场所中的有毒有害物质和井下空气含氧量进行检测，保证符合安全要求。

第十八条 矿山企业必须对下列危害安全的事故隐患采取预防措施：

（一）冒顶、片帮、边坡滑落和地表塌陷；

（二）瓦斯爆炸、煤尘爆炸；

（三）冲击地压、瓦斯突出、井喷；

（四）地面和井下的火灾、水害；

（五）爆破器材和爆破作业发生的危害；

（六）粉尘、有毒有害气体、放射性物质和其他有害物质引起的危害；

（七）其他危害。

第十九条 矿山企业对使用机械、电气设备，排土场、矸石山、尾矿库和矿山闭坑后可能引起的危害，应当采取预防措施。

第四章 矿山企业的安全管理

第二十条 矿山企业必须建立、健全安全生产责任制。

矿长对本企业的安全生产工作负责。

第二十一条 矿长应当定期向职工代表大会或者职工大会报告安全生产工作，发挥职工代表大会的监督作用。

第二十二条 矿山企业职工必须遵守有关矿山安全的法律、法规和企业规章制度。

矿山企业职工有权对危害安全的行为，提出批评、检举和控告。

第二十三条 矿山企业工会依法维护职工生产安全的合法权益，组织职工对矿山安全工作进行监督。

第二十四条 矿山企业违反有关安全的法律、法规，工会有权要求企业行政方面或者有关部门认真处理。

矿山企业召开讨论有关安全生产的会议，应当有工会代表参加，工会有权提出意见和建议。

第二十五条 矿山企业工会发现企业行政方面违章指挥、强令工人冒险作业或者生产过程中发现明显重大事故隐患和职业危害，有权提出解决的建议；发现危及职工生命安全的情况时，有权向矿山企业行政方面建议组织职工撤离危险现场，矿山企业行政方面必须及时作出处理决定。

第二十六条 矿山企业必须对职工进行安全教育、培训；未经安全教育、培训的，不得上岗作业。

矿山企业安全生产的特种作业人员必须接受专门培训，经考核合格取得操作资格证书的，方可上岗作业。

第二十七条 矿长必须经过考核，具备安全专业知识，具有领导安全生产和处理矿山事故的能力。

矿山企业安全工作人员必须具备必要的安全专业知识和矿山安全工作经验。

第二十八条 矿山企业必须向职工发放保障安全生产所需的劳动防护用品。

第二十九条 矿山企业不得录用未成年人从事矿山井下劳动。

矿山企业对女职工按照国家规定实行特殊劳动保护，不得分配女职工从事矿山井下劳动。

第三十条 矿山企业必须制定矿山事故防范措施，并组织落实。

第三十一条 矿山企业应当建立由专职或者兼职人员组成的救护和医疗急救组织，配备必要的装备、器材和药物。

第三十二条 矿山企业必须从矿产品销售额中按照国家规定提取安全技术措施专项费用。安全技术措施专项费用必须全部用于改善矿山安全生产条件，不得挪作他用。

第五章 矿山安全的监督和管理

第三十三条 县级以上各级人民政府劳动行政主管部门对矿山安全工作行使下列监督职责：

（一）检查矿山企业和管理矿山企业的主管部门贯彻执行矿山安全法律、法规的情况；

（二）参加矿山建设工程安全设施的设计审查和竣工验收；

（三）检查矿山劳动条件和安全状况；

（四）检查矿山企业职工安全教育、培训工作；

（五）监督矿山企业提取和使用安全技术措施专项费用的情况；

（六）参加并监督矿山事故的调查和处理；

（七）法律、行政法规规定的其他监督职责。

第三十四条 县级以上人民政府管理矿山企业的主管部门对矿山安全工作行使下列管理职责：

（一）检查矿山企业贯彻执行矿山安全法律、法规的情况；

（二）审查批准矿山建设工程安全设施的设计；

（三）负责矿山建设工程安全设施的竣工验收；

（四）组织矿长和矿山企业安全工作人员的培训工作；

（五）调查和处理重大矿山事故；

（六）法律、行政法规规定的其他管理职责。

第三十五条 劳动行政主管部门的矿山安全监督人员有权进入矿山企业，在现场检查安全状况；发现有危及职工安全的紧急险情时，应当要求矿山企业立即处理。

第六章 矿山事故处理

第三十六条 发生矿山事故，矿山企业必须立即组织抢救，防止事故扩大，减少人员伤亡和财产损失，对伤亡事故必须立即如实报告劳动行政主管部门和管理矿山企业的主管部门。

第三十七条 发生一般矿山事故，由矿山企业负责调查和处理。

发生重大矿山事故，由政府及其有关部门、工会和矿山企业按照行政法规的规定进行调查和处理。

第三十八条 矿山企业对矿山事故中伤亡的职工按照国家规定给予抚恤或者补偿。

第三十九条 矿山事故发生后，应当尽快消除现场危险，查明事故原因，提出防范措施。现场危险消除后，方可恢复生产。

第七章 法 律 责 任

第四十条 违反本法规定，有下列行为之一的，由劳动行政主管部门责令改正，可以并处罚款；情节严重的，提请县级以上人民政府决定责令停产整顿；对主管人员和直接责任人员由其所在单位或者上级主管机关给予行政处分：

（一）未对职工进行安全教育、培训，分配职工上岗作业的；

（二）使用不符合国家安全标准或者行业安全标准的设备、器材、防护用品、安全检测仪器的；

（三）未按照规定提取或者使用安全技术措施专项费用的；

（四）拒绝矿山安全监督人员现场检查或者在被检查时隐瞒事故隐患、不如实反映情况的；

（五）未按照规定及时、如实报告矿山事故的。

第四十一条 矿长不具备安全专业知识的，安全生产的特种作业人员未取得操作资格证书上岗作业的，由劳动行政主管部门责令限期改正；逾期不改正的，提请县级以上人民政府决定责令停产，调整配备合格人员后，方可恢复生产。

第四十二条 矿山建设工程安全设施的设计未经批准擅自施工的，由管理矿山企业的主管部门责令停止施工；拒不执行的，由管理矿山企业的主管部门提请县级以上人民政府决定由有关主管部门吊销其采矿许可证和营业执照。

第四十三条 矿山建设工程的安全设施未经验收或者验收不合格擅自投入生产的，由劳动行政主管部门会同管理矿山企业的主管部门责令停止生产，并由劳动行政主管部门处以罚款；拒不停止生产的，由劳动行政主管部门提请县级以上人民政府决定由有关主管部门吊销其采矿许可证和营业执照。

第四十四条 已经投入生产的矿山企业，不具备安全生产条件而强行开采的，由劳动行政主管部门会同管理矿山企业的主管部门责令限期改进；逾期仍不具备安全生产条件的，由劳动行政主管部门提请县级以上人民政府决定责令停产整顿或者由有关主管部门吊销其采矿许可证和营业执照。

第四十五条 当事人对行政处罚决定不服的，可以在接到处罚决定通知之日起十五日内向作出处罚决定的机关的上一级机关申请复议；当事人也可以在接到处罚决定通知之日起十五日内直接向人民法院起诉。

复议机关应当在接到复议申请之日起六十日内作出复议决定。当事人对复议决定不服的，可以在接到复议决定之日起十五日内向人民法院起诉。复议机关逾期不作出复议决定的，当事人可以在复议期满之日起十五日内向人民法院起诉。

当事人逾期不申请复议也不向人民法院起诉、又不履行处罚决定的，作出处罚决定的机关可以申请人民法院强制执行。

第四十六条 矿山企业主管人员违章指挥、强令工人冒险作业，因而发生重大伤亡事故的，依照刑法第一百一十四条的规定追究刑事责任。

第四十七条 矿山企业主管人员对矿山事故隐患不采取措施，因而发生重大伤亡事故的，比照刑法第一百八十七条的规定追究刑事责任。

第四十八条 矿山安全监督人员和安全管理人员滥用职权、玩忽职守、徇私舞弊，构成犯罪的，依法追究刑事责任；不构成犯罪的，给予行政处分。

第八章 附 则

第四十九条 国务院劳动行政主管部门根据本法制定实施条例，报国务院批准施行。

省、自治区、直辖市人民代表大会常务委员会可以根据本法和本地区的实际情况，制定实施办法。

第五十条 本法自1993年5月1日起施行。

中华人民共和国矿山安全法实施条例(节选)

中华人民共和国劳动部令　第 4 号

《中华人民共和国矿山安全法实施条例》于 1996 年 10 月 11 日经国务院批准，自发布之日起施行。

第一章　总　　则

第一条　根据《中华人民共和国矿山安全法》（以下简称《矿山安全法》），制定本条例。

第二条　《矿山安全法》及本条例中下列用语的含义：

矿山，是指在依法批准的矿区范围内从事矿产资源开采活动的场所及其附属设施。

矿产资源开采活动，是指在依法批准的矿区范围内从事矿产资源勘探和矿山建设、生产、闭坑及有关活动。

第三条　国家采取政策和措施，支持发展矿山安全教育，鼓励矿山安全开采技术、安全管理方法、安全设备与仪器的研究和推广，促进矿山安全科学技术进步。

第四条　各级人民政府、政府有关部门或者企业事业单位对有下列情形之一的单位和个人，按照国家有关规定给予奖励：

（一）在矿山安全管理和监督工作中，忠于职守，作出显著成绩的；

（二）防止矿山事故或者抢险救护有功的；

（三）在推广矿山安全技术、改进矿山安全设施方面，作出显著成绩的；

（四）在矿山安全生产方面提出合理化建议，效果显著的；

（五）在改善矿山劳动条件或者预防矿山事故方面有发明创造和科研成果，效果显著的。

第二章　矿山建设的安全保障

第五条　矿山设计使用的地质勘探报告书，应当包括下列技术资料：

（一）较大的断层、破碎带、滑坡、泥石流的性质和规模；

（二）含水层（包括溶洞）和隔水层的岩性、层厚、产状，含水层之间、地面水和地下水之间的水力联系，地下水的潜水位、水质、水量和流向，地面水流系统和有关水利工程的疏水能力以及当地历年降水量和最高洪水位；

（三）矿山设计范围内原有小窑、老窑的分布范围、开采深度和积水情况；

（四）沼气、二氧化碳赋存情况，矿物自然发火和矿尘爆炸的可能性；

（五）对人体有害的矿物组分、含量和变化规律，勘探区至少一年的天然放射性本底数据；

（六）地温异常和热水矿区的岩石热导率、地温梯度、热水来源、水温、水压和水量，以及圈定的热害区范围；

（七）工业、生活用水的水源和水质；

（八）钻孔封孔资料；

（九）矿山设计需要的其他资料。

第六条 编制矿山建设项目的可行性研究报告和总体设计，应当对矿山开采的安全条件进行论证。

矿山建设项目的初步设计，应当编制安全专篇。安全专篇的编写要求，由国务院劳动行政主管部门规定。

第七条 根据《矿山安全法》第八条的规定，矿山建设单位在向管理矿山企业的主管部门报送审批矿山建设工程安全设施设计文件时，应当同时报送劳动行政主管部门审查；没有劳动行政主管部门的审查意见，管理矿山企业的主管部门不得批准。

经批准的矿山建设工程安全设施设计需要修改时,应当征求原参加审查的劳动行政主管部门的意见。

第八条 矿山建设工程应当按照经批准的设计文件施工，保证施工质量；工程竣工后，应当按照国家有关规定申请验收。

建设单位应当在验收前60日向管理矿山企业的主管部门、劳动行政主管部门报送矿山建设工程安全设施施工、竣工情况的综合报告。

第九条 管理矿山企业的主管部门、劳动行政主管部门应当自收到建设单位报送的矿山建设工程安全设施施工、竣工情况的综合报告之日起30日内，对矿山建设工程的安全设施进行检查；不符合矿山安全规程、行业技术规范的，不得验收，不得投入生产或者使用。

第十条 矿山应当有保障安全生产、预防事故和职业危害的安全设施，并符合下列基本要求：

（一）每个矿井至少有两个独立的能行人的直达地面的安全出口。矿井的每个生产水平（中段）和各个采区（盘区）至少有两个能行人的安全出口，并与直达地面的出口相通。

（二）每个矿井有抽立的采用机械通风的通风系统，保证井下作业场所有足够的风量；但是，小型非沼气矿井在保证井下作业场所所需风量的前提下，可以采用自然通风。

（三）井巷断面能满足行人、运输、通风和安全设施、设备的安装、维修及施工需要。

（四）井巷支护和采场顶板管理能保证作业场所的安全。

（五）相邻矿井之间、矿井与露天矿之间、矿井与老窑之间留有足够的安全隔离矿柱。矿山井巷布置留有足够的保障井上和井下安全的矿柱或者岩柱。

（六）露天矿山的阶段高度、平台宽度和边坡角能满足安全作业和边坡稳定的需要。船采沙矿的采池边界与地面建筑物、设备之间有足够的安全距离。

（七）有地面和井下的防水、排水系统，有防止地表水泄入井下和露天采场的措施。

（八）溜矿井有防止和处理堵塞的安全措施。

（九）有自然发火可能性的矿井，主要运输巷道布置在岩层或者不易自然发火的矿层内，并采用预防性灌浆或者其他有效的预防自然发火的措施。

（十）矿山地面消防设施符合国家有关消防的规定。矿井有防灭火设施和器材。

（十一）地面及井下供配电系统符合国家有关规定。

（十二）矿山提升运输设备、装置及设施符合下列要求：

1. 钢丝绳、连接装置、提升容器以及保险链有足够的安全系数；
2. 提升容器与井壁、罐道梁之间及两个提升容器之间有足够的间隙；
3. 提升绞车和提升容器有可靠的安全保护装置；
4. 电机车、架线、轨道的选型能满足安全要求；
5. 运送人员的机械设备有可靠的安全保护装置；
6. 提升运输设备有灵敏可靠的信号装置。

（十三）每个矿井有防尘供水系统。地面和井下所有产生粉尘的作业地点有综合防尘措施。

（十四）有瓦斯、矿尘爆炸可能性的矿井，采用防爆电器设备，并采取防尘和隔爆措施。

（十五）开采放射性矿物的矿井，符合下列要求：

1. 矿井进风量和风质能满足降氡的需要，避免串联通风和污风循环；

2. 主要进风道开在矿脉之外，穿矿脉或者岩体裂隙发育的进风巷道有防止氡析出的措施；

3. 采用后退式回采；

4. 能防止井下污水散流，并采取封闭的排放污水系统。

（十六）矿山储存爆破材料的场所符合国家有关规定。

（十七）排土场、矸石山有防止发生泥石流和其他危害的安全措施，尾矿库有防止溃坝等事故的安全设施。

（十八）有防止山体滑坡和因采矿活动引起地表塌陷造成危害的预防措施。

（十九）每个矿井配置足够数量的通风检测仪表和有毒有害气体与井下环境检测仪器。开采有瓦斯突出的矿井，装备监测系统或者检测仪器。

（二十）有与外界相通的、符合安全要求的运输设施和通信设施。

（二十一）有更衣室、浴室等设施。

第三章 矿山开采的安全保障

第十一条 采掘作业应当编制作业规程，规定保证作业人员安全的技术措施和组织措施，并在情况变化时及时予以修改和补充。

第十二条 矿山开采应当有下列图纸资料：

（一）地质图（包括水文地质图和工程地质图）；

（二）矿山总布置图和矿井井上、井下对照图；

（三）矿井、巷道、采场布置图；

（四）矿山生产和安全保障的主要系统图。

第十三条 矿山企业应当在采矿许可证批准的范围开采，禁止越层、越界开采。

第十四条 矿山使用的下列设备、器材、防护用品和安全检测仪器，应当符合国家安全标准或者行业安全标准；不符合国家安全标准或者行业安全标准的，不得使用：

（一）采掘、支护、装载、运输、提升、通风、排水、瓦斯抽放、压缩空气和起重设备；

（二）电动机、变压器、配电柜、电器开关、电控装置；

（三）爆破器材、通信器材、矿灯、电缆、钢丝绳、支护材料、防火材料；

（四）各种安全卫生检测仪器仪表；

（五）自救器、安全帽、防尘防毒口罩或者面罩、防护服、防护鞋等防护用品和救护设备；

（六）经有关主管部门认定的其他有特殊安全要求的设备和器材。

第十五条 矿山企业应当对机电设备及其防护装置、安全检测仪器定期检查、维修，并建立技术档案，保证使用安全。

非负责设备运行的人员，不得操作设备。非值班电气人员，不得进行电气作业。操作电气设备的人员，应当有可靠的绝缘保护。检修电气设备时，不得带电作业。

第十六条 矿山作业场所空气中的有毒有害物质的浓度，不得超过国家标准或者行业标准；矿山企业应当按照国家规定的方法，按照下列要求定期检测：

（一）粉尘作业点，每月至少检测两次；

（二）三硝基甲苯作业点，每月至少检测一次；

（三）放射性物质作业点，每月至少检测三次；

（四）其他有毒有害物质作业点，井下每月至少检测一次，地面每季度至少检测一次；

（五）采用个体采样方法检测呼吸性粉尘的，每季度至少检测一次。

第十七条 井下采掘作业，必须按照作业规程的规定管理顶帮。采掘作业通过地质破碎带或者其他顶帮破碎地点时，应当加强支护。

露天采剥作业，应当按照设计规定，控制采剥工作面的阶段高度、宽度、边坡角和最终边坡角。采剥作业和排土作业，不得对深部或者邻近井巷造成危害。

第十八条 煤矿和其他有瓦斯爆炸可能性的矿井，应当严格执行瓦斯检查制度，任何人不得携带烟草和点火用具下井。

第十九条 在下列条件下从事矿山开采，应当编制专门设计文件，并报管理矿山企业的主管部门批准：

（一）有瓦斯突出的；

（二）有冲击地压的；

（三）在需要保护的建筑物、构筑物和铁路下面开采的；

（四）在水体下面开采的；

（五）在地温异常或者有热水涌出的地区开采的。

第二十条 有自然发火可能性的矿井，应当采取下列措施：

（一）及时清出采场浮矿和其他可燃物质，回采结束后及时封闭采空区；

（二）采取防火灌浆或者其他有效的预防自然发火的措施；

（三）定期检查井巷和采区封闭情况，测定可能自然发火地点的温度和风量；定期检测火区内的温度、气压和空气成分。

第二十一条 井下采掘作业遇下列情形之一时，应当探水前进：

（一）接近承压含水层或者含水的断层、流砂层、砾石层、溶洞、陷落柱时；

（二）接近与地表水体相通的地质破碎带或者接近连通承压层的未封钻孔时；

（三）接近积水的老窑、旧巷或者灌过泥浆的采空区时；

（四）发现有出水征兆时；

（五）掘开隔离矿柱或者岩柱放水时。

第二十二条 井下风量、风质、风速和作业环境的气候，必须符合矿山安全规程的规定。

采掘工作面进风风流中，按照体积计算，氧气不得低于20%，二氧化碳不得超过0.5%。

井下作业地点的空气温度不得超过28℃；超过时，应当采取降温或者其他防护措施。

第二十三条 开采放射性矿物的矿井，必须采取下列措施，减少氡气析出量：

（一）及时封闭采空区和已经报废或者暂时不用的井巷；

（二）用留矿法作业的采场采用下行通风；

（三）严格管理井下污水。

第二十四条 矿山的爆破作业和爆破材料的制造、储存、运输、试验及销毁，必须严格执行国家有关规定。

第二十五条 矿山企业对地面、井下产生粉尘的作业，应当采取综合防尘措施，控制粉尘危害。

井下风动凿岩，禁止干打眼。

第二十六条 矿山企业应当建立、健全对地面陷落区、排土场、矸石山、尾矿库的检查和维护制度；对可能发生的危害，应当采取预防措施。

第二十七条 矿山企业应当按照国家有关规定关闭矿山，对关闭矿山后可能引起的危害采取预防措施。关闭矿山报告应当包括下列内容：

（一）采掘范围及采空区处理情况；

（二）对矿井采取的封闭措施；

（三）对其他不安全因素的处理办法。

第四章 矿山企业的安全管理

第二十八条 矿山企业应当建立、健全下列安全生产责任制：

（一）行政领导岗位安全生产责任制；

（二）职能机构安全生产责任制；

（三）岗位人员的安全生产责任制。

第三十条 矿山企业应当根据需要，设置安全机构或者配备专职安全工作人员。专职安全工作人员应当经过培训，具备必要的安全专业知识和矿山安全工作经验，能胜任现场安全检查工作。

第三十四条 矿山企业工会有权督促企业行政方面加强职工的安全教育、培训工作，开展安全宣传活动，提高职工的安全生产意识和技术素质。

第三十五条 矿山企业应当按照下列规定对职工进行安全教育、培训：

（一）新进矿山的井下作业职工，接受安全教育、培训的时间不得少于72 h，考试合格后，必须在有安全工作经验的职工带领下工作满4个月，然后经再次考核合格，方可独立工作；

（二）新进露天矿的职工，接受安全教育、培训的时间不得少于40 h，经考试合格后，方可上岗作业；

（三）对调换工种和采用新工艺作业的人员，必须重新培训，经考试合格后，方可上岗作业；

（四）所有生产作业人员，每年接受在职安全教育、培训的时间不少于20 h。

职工安全教育、培训期间，矿山企业应当支付工资。

职工安全教育、培训情况和考核结果，应当记录存档。

第三十六条 矿山企业对职工的安全教育、培训，应当包括下列内容：

（一）《矿山安全法》及本条例赋予矿山职工的权利与义务；

（二）矿山安全规程及矿山企业有关安全管理的规章制度；

（三）与职工本职工作有关的安全知识；

（四）各种事故征兆的识别、发生紧急危险情况时的应急措施和撤退路线；

（五）自救装备的使用和有关急救方面的知识；

（六）有关主管部门规定的其他内容。

第三十七条 瓦斯检查工、爆破工、通风工、信号工、拥罐工、电工、金属焊接（切割）工、矿井泵工、瓦斯抽放工、主扇风机操作工、主提升机操作工、绞车操作工、输送机操作工、尾矿工、安全检查工和矿内机动车司机等特种作业人员应当接受专门技术培训，经考核合格取得操作资格证书后，方可上岗作业。特种作业人员的考核、发证工作按照国家有关规定执行。

第三十九条 矿山企业向职工发放的劳动防护用品应当是经过鉴定和检验合格的产品。劳动防护用品的发放标准由国务院劳动行政主管部门制定。

第四十条 矿山企业应当每年编制矿山灾害预防和应急计划；在每季度末，应当根据实际情况对计划及时进行修改，制定相应的措施。

矿山企业应当使每个职工熟悉矿山灾害预防和应急计划，并且每年至少组织一次矿山救灾演习。

矿山企业应当根据国家有关规定，按照不同作业场所的要求，设置矿山安全标志。

第四十一条 矿山企业应当建立由专职的或者兼职的人员组成的矿山救护和医疗急救组织。不具备单独建立专业救护和医疗急救组织的小型矿山企业，除应当建立兼职的救护和医疗急救组织外，还应当与邻近的有专业的救护和医疗急救组织的矿山企业签订救护和急救协议，或者与邻近的矿山企业联合建立专业救护和医疗急救组织。

矿山救护和医疗急救组织应当有固定场所、训练器械和训练场地。

矿山救护和医疗急救组织的规模和装备标准，由国务院管理矿山企业的有关主管部门规定。

第四十二条 矿山企业必须按照国家规定的安全条件进行生产，并安排一部分资金，用于下列改善矿山安全生产条件的项目：

（一）预防矿山事故的安全技术措施；

（二）预防职业危害的劳动卫生技术措施；

（三）职工的安全培训；

（四）改善矿山安全生产条件的其他技术措施。

前款所需资金，由矿山企业按矿山维简费的20%的比例据实列支；没有矿山维简费的矿山企业，按固定资产折旧费的20%的比例据实列支。

第五章 矿山安全的监督和管理

第四十三条 县级以上各级人民政府劳动行政主管部门，应当根据矿山安全监督工作的实际需要，配备矿山安全监督人员。

矿山安全监督人员必须熟悉矿山安全技术知识，具有矿山安全工作经验，能胜任矿山安全检查工作。

矿山安全监督证件和专用标志由国务院劳动行政主管部门统一制作。

第2篇

相关规章文件

建设项目安全设施“三同时”监督管理办法

（2010年12月14日国家安全监管总局令第26号公布，根据2015年4月2日国家安全监管总局令第77号修正）

第一章 总 则

第一条 为加强建设项目安全管理，预防和减少生产安全事故，保障从业人员生命和财产安全，根据《中华人民共和国安全生产法》和《国务院关于进一步加强企业安全生产工作的通知》等法律、行政法规和规定，制定本办法。

第二条 经县级以上人民政府及其有关主管部门依法审批、核准或者备案的生产经营单位新建、改建、扩建工程项目（以下统称建设项目）安全设施的建设及其监督管理，适用本办法。

法律、行政法规及国务院对建设项目安全设施建设及其监督管理另有规定的，依照其规定。

第三条 本办法所称的建设项目安全设施，是指生产经营单位在生产经营活动中用于预防生产安全事故的设备、设施、装置、构（建）筑物和其他技术措施的总称。

第四条 生产经营单位是建设项目安全设施建设的责任主体。建设项目安全设施必须与主体工程同时设计、同时施工、同时投入生产和使用（以下简称“三同时”）。安全设施投资应当纳入建设项目概算。

第五条 国家安全生产监督管理总局对全国建设项目安全设施“三同时”实施综合监督管理，并在国务院规定的职责范围内承担有关建设项目安全设施“三同时”的监督管理。

县级以上地方各级安全生产监督管理部门对本行政区域内的建设项目安全设施“三同时”实施综合监督管理，并在本级人民政府规定的职责范围内承担本级人民政府及其有关主管部门审批、核准或者备案的建设项目安全设施“三同时”的监督管理。

跨两个及两个以上行政区域的建设项目安全设施“三同时”由其共同的上一级人民政府安全生产监督管理部门实施监督管理。

上一级人民政府安全生产监督管理部门根据工作需要，可以将其负责监督管理的建设项目安全设施“三同时”工作委托下一级人民政府安全生产监督管理部门实施监督管理。

第六条 安全生产监督管理部门应当加强建设项目安全设施建设的日常安全监管，落实有关行政许可及其监管责任，督促生产经营单位落实安全设施建设责任。

第二章 建设项目安全预评价

第七条 下列建设项目在进行可行性研究时，生产经营单位应当按照国家规定，进行安全预评价：

（一）非煤矿矿山建设项目；

（二）生产、储存危险化学品（包括使用长输管道输送危险化学品，下同）的建设项目；

（三）生产、储存烟花爆竹的建设项目；

（四）金属冶炼建设项目；

（五）使用危险化学品从事生产并且使用量达到规定数量的化工建设项目（属于危险化学品生产的除外，下同）；

（六）法律、行政法规和国务院规定的其他建设项目。

第八条 生产经营单位应当委托具有相应资质的安全评价机构，对其建设项目进行安全预评价，并编制安全预评价报告。

建设项目安全预评价报告应当符合国家标准或者行业标准的规定。

生产、储存危险化学品的建设项目和化工建设项目安全预评价报告除符合本条第二款的规定外，还应当符合有关危险化学品建设项目的规定。

第九条 本办法第七条规定以外的其他建设项目，生产经营单位应当对其安全生产条件和设施进行综合分析，形成书面报告备查。

第三章 建设项目安全设施设计审查

第十条 生产经营单位在建设项目初步设计时，应当委托有相应资质的设计单位对建设项目安全设施同时进行设计，编制安全设施设计。

安全设施设计必须符合有关法律、法规、规章和国家标准或者行业标准、技术规范的规定，并尽可能采用先进适用的工艺、技术和可靠的设备、设施。本办法第七条规定的建设项目安全设施设计还应当充分考虑建设项目安全预评价报告提出的安全对策措施。

安全设施设计单位、设计人应当对其编制的设计文件负责。

第十一条 建设项目安全设施设计应当包括下列内容：

（一）设计依据；

（二）建设项目概述；

（三）建设项目潜在的危险、有害因素和危险、有害程度及周边环境安全分析；

（四）建筑及场地布置；

（五）重大危险源分析及检测监控；

（六）安全设施设计采取的防范措施；

（七）安全生产管理机构设置或者安全生产管理人员配备要求；

（八）从业人员安全生产教育和培训要求；

（九）工艺、技术和设备、设施的先进性和可靠性分析；

（十）安全设施专项投资概算；

（十一）安全预评价报告中的安全对策及建议采纳情况；

（十二）预期效果以及存在的问题与建议；

（十三）可能出现的事故预防及应急救援措施；

（十四）法律、法规、规章、标准规定需要说明的其他事项。

第十二条　本办法第七条第（一）项、第（二）项、第（三）项、第（四）项规定的建设项目安全设施设计完成后，生产经营单位应当按照本办法第五条的规定向安全生产监督管理部门提出审查申请，并提交下列文件资料：

（一）建设项目审批、核准或者备案的文件；

（二）建设项目安全设施设计审查申请；

（三）设计单位的设计资质证明文件；

（四）建设项目安全设施设计；

（五）建设项目安全预评价报告及相关文件资料；

（六）法律、行政法规、规章规定的其他文件资料。

安全生产监督管理部门收到申请后，对属于本部门职责范围内的，应当及时进行审查，并在收到申请后5个工作日内作出受理或者不予受理的决定，书面告知申请人；对不属于本部门职责范围内的，应当将有关文件资料转送有审查权的安全生产监督管理部门，并书面告知申请人。

第十三条　对已经受理的建设项目安全设施设计审查申请，安全生产监督管理部门应当自受理之日起20个工作日内作出是否批准的决定，并书面告知申请人。20个工作日内不能作出决定的，经本部门负责人批准，可以延长10个工作日，并应当将延长期限的理由书面告知申请人。

第十四条　建设项目安全设施设计有下列情形之一的，不予批准，并不得开工建设：

（一）无建设项目审批、核准或者备案文件的；

（二）未委托具有相应资质的设计单位进行设计的；

（三）安全预评价报告由未取得相应资质的安全评价机构编制的；

（四）设计内容不符合有关安全生产的法律、法规、规章和国家标准或者行业标准、技术规范的规定的；

（五）未采纳安全预评价报告中的安全对策和建议，且未作充分论证说明的；

（六）不符合法律、行政法规规定的其他条件的。

建设项目安全设施设计审查未予批准的，生产经营单位经过整改后可以向原审查部门申请再审。

第十五条　已经批准的建设项目及其安全设施设计有下列情形之一的，生产经营单位应当报原批准部门审查同意；未经审查同意的，不得开工建设：

（一）建设项目的规模、生产工艺、原料、设备发生重大变更的；

（二）改变安全设施设计且可能降低安全性能的；

（三）在施工期间重新设计的。

第十六条　本办法第七条第（一）项、第（二）项、第（三）项和第（四）项规定以外的建设项目安全设施设计，由生产经营单位组织审查，形成书面报告备查。

第四章　建设项目安全设施施工和竣工验收

第十七条　建设项目安全设施的施工应当由取得相应资质的施工单位进行，并与建设项目主体工程同时施工。

施工单位应当在施工组织设计中编制安全技术措施和施工现场临时用电方案，同时对危险性较大的分部分项工程依法编制专项施工方案，并附具安全验算结果，经施工单位技术负责人、总工程师签字后实施。

施工单位应当严格按照安全设施设计和相关施工技术标准、规范施工，并对安全设施的工程质量负责。

第十八条 施工单位发现安全设施设计文件有错漏的，应当及时向生产经营单位、设计单位提出。生产经营单位、设计单位应当及时处理。

施工单位发现安全设施存在重大事故隐患时，应当立即停止施工并报告生产经营单位进行整改。整改合格后，方可恢复施工。

第十九条 工程监理单位应当审查施工组织设计中的安全技术措施或者专项施工方案是否符合工程建设强制性标准。

工程监理单位在实施监理过程中，发现存在事故隐患的，应当要求施工单位整改；情况严重的，应当要求施工单位暂时停止施工，并及时报告生产经营单位。施工单位拒不整改或者不停止施工的，工程监理单位应当及时向有关主管部门报告。

工程监理单位、监理人员应当按照法律、法规和工程建设强制性标准实施监理，并对安全设施工程的工程质量承担监理责任。

第二十条 建设项目安全设施建成后，生产经营单位应当对安全设施进行检查，对发现的问题及时整改。

第二十一条 本办法第七条规定的建设项目竣工后，根据规定建设项目需要试运行（包括生产、使用，下同）的，应当在正式投入生产或者使用前进行试运行。

试运行时间应当不少于30日，最长不得超过180日，国家有关部门有规定或者特殊要求的行业除外。

生产、储存危险化学品的建设项目和化工建设项目，应当在建设项目试运行前将试运行方案报负责建设项目安全许可的安全生产监督管理部门备案。

第二十二条 本办法第七条规定的建设项目安全设施竣工或者试运行完成后，生产经营单位应当委托具有相应资质的安全评价机构对安全设施进行验收评价，并编制建设项目安全验收评价报告。

建设项目安全验收评价报告应当符合国家标准或者行业标准的规定。

生产、储存危险化学品的建设项目和化工建设项目安全验收评价报告除符合本条第二款的规定外，还应当符合有关危险化学品建设项目的规定。

第二十三条 建设项目竣工投入生产或者使用前，生产经营单位应当组织对安全设施进行竣工验收，并形成书面报告备查。安全设施竣工验收合格后，方可投入生产和使用。

安全监管部门应当按照下列方式之一对本办法第七条第（一）项、第（二）项、第（三）项和第（四）项规定建设项目的竣工验收活动和验收结果的监督核查：

（一）对安全设施竣工验收报告按照不少于总数10%的比例进行随机抽查；

（二）在实施有关安全许可时，对建设项目安全设施竣工验收报告进行审查。

抽查和审查以书面方式为主。对竣工验收报告的实质内容存在疑问，需要到现场核查的，安全监管部门应当指派两名以上工作人员对有关内容进行现场核查。工作人员应当提出现场核查意见，并如实记录在案。

第二十四条 建设项目的安全设施有下列情形之一的，建设单位不得通过竣工验收，并不得投入生产或者使用：

（一）未选择具有相应资质的施工单位施工的；

（二）未按照建设项目安全设施设计文件施工或者施工质量未达到建设项目安全设施设计文件要求的；

（三）建设项目安全设施的施工不符合国家有关施工技术标准的；

（四）未选择具有相应资质的安全评价机构进行安全验收评价或者安全验收评价不合格的；

（五）安全设施和安全生产条件不符合有关安全生产法律、法规、规章和国家标准或者行业标准、技术规范规定的；

（六）发现建设项目试运行期间存在事故隐患未整改的；

（七）未依法设置安全生产管理机构或者配备安全生产管理人员的；

（八）从业人员未经过安全生产教育和培训或者不具备相应资格的；

（九）不符合法律、行政法规规定的其他条件的。

第二十五条　生产经营单位应当按照档案管理的规定，建立建设项目安全设施“三同时”文件资料档案，并妥善保存。

第二十六条　建设项目安全设施未与主体工程同时设计、同时施工或者同时投入使用的，安全生产监督管理部门对与此有关的行政许可一律不予审批，同时责令生产经营单位立即停止施工、限期改正违法行为，对有关生产经营单位和人员依法给予行政处罚。

第五章　法　律　责　任

第二十七条　建设项目安全设施“三同时”违反本办法的规定，安全生产监督管理部门及其工作人员给予审批通过或者颁发有关许可证的，依法给予行政处分。

第二十八条　生产经营单位对本办法第七条第（一）项、第（二）项、第（三）项和第（四）项规定的建设项目有下列情形之一的，责令停止建设或者停产停业整顿，限期改正；逾期未改正的，处50万元以上100万元以下的罚款，对其直接负责的主管人员和其他直接责任人员处2万元以上5万元以下的罚款；构成犯罪的，依照刑法有关规定追究刑事责任：

（一）未按照本办法规定对建设项目进行安全评价的；

（二）没有安全设施设计或者安全设施设计未按照规定报经安全生产监督管理部门审查同意，擅自开工的；

（三）施工单位未按照批准的安全设施设计施工的；

（四）投入生产或者使用前，安全设施未经验收合格的。

第二十九条　已经批准的建设项目安全设施设计发生重大变更，生产经营单位未报原批准部门审查同意擅自开工建设的，责令限期改正，可以并处1万元以上3万元以下的罚款。

第三十条　本办法第七条第（一）项、第（二）项、第（三）项和第（四）项规定以外的建设项目有下列情形之一的，对有关生产经营单位责令限期改正，可以并处5000元以上3万元以下的罚款：

（一）没有安全设施设计的；

（二）安全设施设计未组织审查，并形成书面审查报告的；

（三）施工单位未按照安全设施设计施工的；

（四）投入生产或者使用前，安全设施未经竣工验收合格，并形成书面报告的。

第三十一条　承担建设项目安全评价的机构弄虚作假、出具虚假报告，尚未构成犯罪的，没收违法所得，违法所得在10万元以上的，并处违法所得二倍以上五倍以下的罚款；没有违法所得或者违法所得不足10万元的，单处或者并处10万元以上20万元以下的罚款，对其直接负责的主管人员和其他直接责任人员处2万元以上5万元以下的罚款；给他人造成损害的，与生产经营单位承担连带赔偿责任。

对有前款违法行为的机构，吊销其相应资质。

第三十二条　本办法规定的行政处罚由安全生产监督管理部门决定。法律、行政法规对行政处罚的种类、幅度和决定机关另有规定的，依照其规定。

安全生产监督管理部门对应当由其他有关部门进行处理的“三同时”问题，应当及时移送有关部门并形成记录备查。

第六章 附 则

第三十三条 本办法自2011年2月1日起施行。

尾矿库安全监督管理规定

（2011年5月4日国家安全监管总局令第38号公布，根据2015年5月26日国家安全监管总局令第78号修正）

第一章 总 则

第一条 为了预防和减少尾矿库生产安全事故，保障人民群众生命和财产安全，根据《安全生产法》、《矿山安全法》等有关法律、行政法规，制定本规定。

第二条 尾矿库的建设、运行、回采、闭库及其安全管理与监督工作，适用本规定。

核工业矿山尾矿库、电厂灰渣库的安全监督管理工作，不适用本规定。

第三条 尾矿库建设、运行、回采、闭库的安全技术要求以及尾矿库等别划分标准，按照《尾矿库安全技术规程》（AQ 2006—2005）执行。

第四条 尾矿库生产经营单位（以下简称生产经营单位）应当建立健全尾矿库安全生产责任制，建立健全安全生产规章制度和安全技术操作规程，对尾矿库实施有效的安全管理。

第五条 生产经营单位应当保证尾矿库具备安全生产条件所必需的资金投入，建立相应的安全管理机构或者配备相应的安全管理人员、专业技术人员。

第六条 生产经营单位主要负责人和安全管理人员应当依照有关规定经培训考核合格并取得安全资格证书。

直接从事尾矿库放矿、筑坝、巡坝、排洪和排渗设施操作的作业人员必须取得特种作业操作证书，方可上岗作业。

第七条 国家安全生产监督管理总局负责在国务院规定的职责范围内对有关尾矿库建设项目进行安全设施设计审查。

前款规定以外的其他尾矿库建设项目安全设施设计审查，由省级安全生产监督管理部门按照分级管理的原则作出规定。

第八条 鼓励生产经营单位应用尾矿库在线监测、尾矿充填、干式排尾、尾矿综合利用等先进适用技术。

一等、二等、三等尾矿库应当安装在线监测系统。

鼓励生产经营单位将尾矿回采再利用后进行回填。

第二章 尾矿库建设

第九条 尾矿库建设项目包括新建、改建、扩建以及回采、闭库的尾矿库建设工程。

尾矿库建设项目安全设施设计审查与竣工验收应当符合有关法律、行政法规的规定。

第十条 尾矿库的勘察单位应当具有矿山工程或者岩土工程类勘察资质。设计单位应当具有金属非金属矿山工程设计资质。安全评价单位应当具有尾矿库评价资质。施工单位应当具有矿山工程施工资质。施工监理单位应当具有矿山工程监理资质。

尾矿库的勘察、设计、安全评价、施工、监理等单位除符合前款规定外，还应当按照尾矿库的等别符合下列规定：

（一）一等、二等、三等尾矿库建设项目，其勘察、设计、安全评价、监理单位具有甲级资质，施工单位具有总承包一级或者特级资质；

（二）四等、五等尾矿库建设项目，其勘察、设计、安全评价、监理单位具有乙级或者乙级以上资质，施工单位具有总承包三级或者三级以上资质，或者专业承包一级、二级资质。

第十一条 尾矿库建设项目应当进行安全设施设计，对尾矿库库址及尾矿坝稳定性、尾矿库防洪能力、排洪设施和安全观测设施的可靠性进行充分论证。

第十二条 尾矿库库址应当由设计单位根据库容、坝高、库区地形条件、水文地质、气象、下游居民区和重要工业构筑物等情况，经科学论证后，合理确定。

第十三条 尾矿库建设项目应当进行安全设施设计并经安全生产监督管理部门审查批准后方可施工。无安全设施设计或者安全设施设计未经审查批准的，不得施工。

严禁未经设计并审查批准擅自加高尾矿库坝体。

第十四条 尾矿库施工应当执行有关法律、行政法规和国家标准、行业标准的规定，严格按照设计施工，确保工程质量，并做好施工记录。

生产经营单位应当建立尾矿库工程档案和日常管理档案，特别是隐蔽工程档案、安全检查档案和隐患排查治理档案，并长期保存。

第十五条 施工中需要对设计进行局部修改的，应当经原设计单位同意；对涉及尾矿库库址、等别、排洪方式、尾矿坝坝型等重大设计变更的，应当报原审批部门批准。

第十六条 尾矿库建设项目安全设施试运行应当向安全生产监督管理部门书面报告，试运行时间不得超过6个月，且尾砂排放不得超过初期坝坝顶标高。试运行结束后，建设单位应当组织安全设施竣工验收，并形成书面报告备查。

安全生产监督管理部门应当加强对建设单位验收活动和验收结果的监督核查。

第十七条 尾矿库建设项目安全设施经验收合格后，生产经营单位应当及时按照《非煤矿矿山企业安全生产许可证实施办法》的有关规定，申请尾矿库安全生产许可证。未依法取得安全生产许可证的尾矿库，不得投入生产运行。

生产经营单位在申请尾矿库安全生产许可证时，对于验收申请时已提交的符合颁证条件的文件、资料可以不再提交；安全生产监督管理部门在审核颁发安全生产许可证时，可以不再审查。

第三章 尾矿库运行

第十八条 对生产运行的尾矿库，未经技术论证和安全生产监督管理部门的批准，任何单位和个人不得对下列事项进行变更：

（一）筑坝方式；

（二）排放方式；

（三）尾矿物化特性；

（四）坝型、坝外坡坡比、最终堆积标高和最终坝轴线的位置；

（五）坝体防渗、排渗及反滤层的设置；

（六）排洪系统的型式、布置及尺寸；

（七）设计以外的尾矿、废料或者废水进库等。

第十九条 尾矿库应当每三年至少进行一次安全现状评价。安全现状评价应当符合国家标准或者行业标准的要求。

尾矿库安全现状评价工作应当有能够进行尾矿坝稳定性验算、尾矿库水文计算、构筑物计算的专业技术人员参加。

上游式尾矿坝堆积至二分之一至三分之二最终设计坝高时，应当对坝体进行一次全面勘察，并进行稳定性专项评价。

第二十条 尾矿库经安全现状评价或者专家论证被确定为危库、险库和病库的，生产经营单位应当分别采取下列措施：

（一）确定为危库的，应当立即停产，进行抢险，并向尾矿库所在地县级人民政府、安全生产监督管理部门和上级主管单位报告；

（二）确定为险库的，应当立即停产，在限定的时间内消除险情，并向尾矿库所在地县级人民政府、安全生产监督管理部门和上级主管单位报告；

（三）确定为病库的，应当在限定的时间内按照正常库标准进行整治，消除事故隐患。

第二十一条 生产经营单位应当建立健全防汛责任制，实施24小时监测监控和值班值守，并针对可能发生的垮坝、漫顶、排洪设施损毁等生产安全事故和影响尾矿库运行的洪水、泥石流、山体滑坡、地震等重大险情制定并及时修订应急救援预案，配备必要的应急救援器材、设备，放置在便于应急时使用的地方。

应急预案应当按照规定报相应的安全生产监督管理部门备案，并每年至少进行一次演练。

第二十二条 生产经营单位应当编制尾矿库年度、季度作业计划，严格按照作业计划生产运行，做好记录并长期保存。

第二十三条 生产经营单位应当建立尾矿库事故隐患排查治理制度，按照本规定和《尾矿库安全技术规程》的规定，及时发现并消除事故隐患。事故隐患排查治理情况应当如实记录，建立隐患排查治理档案，并向从业人员通报。

第二十四条 尾矿库出现下列重大险情之一的，生产经营单位应当按照安全监管权限和职责立即报告当地县级安全生产监督管理部门和人民政府，并启动应急预案，进行抢险：

（一）坝体出现严重的管涌、流土等现象的；

（二）坝体出现严重裂缝、坍塌和滑动迹象的；

（三）库内水位超过限制的最高洪水位的；

（四）在用排水井倒塌或者排水管（洞）坍塌堵塞的；

（五）其他危及尾矿库安全的重大险情。

第二十五条 尾矿库发生坝体坍塌、洪水漫顶等事故时，生产经营单位应当立即启动应急预案，进行抢险，防止事故扩大，避免和减少人员伤亡及财产损失，并立即报告当地县级安全生产监督管理部门和人民政府。

第二十六条 未经生产经营单位进行技术论证并同意，以及尾矿库建设项目安全设施设计原审批部门批准，任何单位和个人不得在库区从事爆破、采砂、地下采矿等危害尾矿库安全的作业。

第四章 尾矿库回采和闭库

第二十七条 尾矿回采再利用工程应当进行回采勘察、安全预评价和回采设计，回采设计应当包括安全设施设计，并编制安全专篇。

回采安全设施设计应当报安全生产监督管理部门审查批准。

生产经营单位应当按照回采设计实施尾矿回采，并在尾矿回采期间进行日常安全管理和检查，防止尾矿回采作业对尾矿坝安全造成影响。

尾矿全部回采后不再进行排尾作业的，生产经营单位应当及时报安全生产监督管理部门履行尾矿库注销手续。具体办法由省级安全生产监督管理部门制定。

第二十八条 尾矿库运行到设计最终标高或者不再进行排尾作业的，应当在一年内完成闭库。特殊情况不能按期完成闭库的，应当报经相应的安全生产监督管理部门同意后方可延期，但延长期限不得超过6个月。

库容小于10万立方米且总坝高低于10米的小型尾矿库闭库程序，由省级安全生产监督管理部门根据本地实际制定。

第二十九条 尾矿库运行到设计最终标高的前12个月内，生产经营单位应当进行闭库前的安全现状评价和闭库设计，闭库设计应当包括安全设施设计。

闭库安全设施设计应当经有关安全生产监督管理部门审查批准。

第三十条 尾矿库闭库工程安全设施验收，应当具备下列条件：

（一）尾矿库已停止使用；

（二）尾矿库闭库工程安全设施设计已经有关安全生产监督管理部门审查批准；

（三）有完备的闭库工程安全设施施工记录、竣工报告、竣工图和施工监理报告等；

（四）法律、行政法规和国家标准、行业标准规定的其他条件。

第三十一条 尾矿库闭库工程安全设施验收应当审查下列内容及资料：

（一）尾矿库库址所在行政区域位置、占地面积及尾矿库下游村庄、居民等情况；

（二）尾矿库建设和运行时间以及在建设和运行中曾经出现过的重大问题及其处理措施；

（三）尾矿库主要技术参数，包括初期坝结构、筑坝材料、堆坝方式、坝高、总库容、尾矿坝外坡坡比、尾矿粒度、尾矿堆积量、防洪排水型式等；

（四）闭库工程安全设施设计及审批文件；

（五）闭库工程安全设施设计的主要工程措施和闭库工程施工概况；

（六）闭库工程安全验收评价报告；

（七）闭库工程安全设施竣工报告及竣工图；

（八）施工监理报告；

（九）其他相关资料。

第三十二条 尾矿库闭库工作及闭库后的安全管理由原生产经营单位负责。对解散或者关闭破产的生产经营单位，其已关闭或者废弃的尾矿库的管理工作，由生产经营单位出资人或其上级主管单位负责；无上级主管单位或者出资人不明确的，由安全生产监督管理部门提请县级以上人民政府指定管理单位。

第五章 监督管理

第三十三条 安全生产监督管理部门应当严格按照有关法律、行政法规、国家标准、行业标准以及本规定要求和“分级属地”的原则，进行尾矿库建设项目安全设施设计审查；不符合规定条件的，不得批准。审查不得收取费用。

第三十四条 安全生产监督管理部门应当建立本行政区域内尾矿库安全生产监督检查档案，记录监督检查结果、生产安全事故及违法行为查处等情况。

第三十五条 安全生产监督管理部门应当加强对尾矿库生产经营单位安全生产的监督检查，对检查中发现的事故隐患和违法违规生产行为，依法作出处理。

第三十六条 安全生产监督管理部门应当建立尾矿库安全生产举报制度，公开举报电话、信箱或者电子邮件地址，受理有关举报；对受理的举报，应当认真调查核实；经查证属实的，应当依法作出处理。

第三十七条 安全生产监督管理部门应当加强本行政区域内生产经营单位应急预案的备案管理，

并将尾矿库事故应急救援纳入地方各级人民政府应急救援体系。

第六章 法 律 责 任

第三十八条 安全生产监督管理部门的工作人员，未依法履行尾矿库安全监督管理职责的，依照有关规定给予行政处分。

第三十九条 生产经营单位或者尾矿库管理单位违反本规定第八条第二款、第十九条、第二十条、第二十一条、第二十二条、第二十四条、第二十六条、第二十九条第一款规定的，给予警告，并处1万元以上3万元以下的罚款；对主管人员和直接责任人员由其所在单位或者上级主管单位给予行政处分；构成犯罪的，依法追究刑事责任。

生产经营单位或者尾矿库管理单位违反本规定第二十三条规定的，依照《安全生产法》实施处罚。

第四十条 生产经营单位或者尾矿库管理单位违反本规定第十八条规定的，给予警告，并处3万元的罚款；情节严重的，依法责令停产整顿或者提请县级以上地方人民政府按照规定权限予以关闭。

第四十一条 生产经营单位违反本规定第二十八条第一款规定不主动实施闭库的，给予警告，并处3万元的罚款。

第四十二条 本规定规定的行政处罚由安全生产监督管理部门决定。

法律、行政法规对行政处罚决定机关和处罚种类、幅度另有规定的，依照其规定。

第七章 附 则

第四十三条 本规定自2011年7月1日起施行。国家安全生产监督管理总局2006年公布的《尾矿库安全监督管理规定》(国家安全生产监督管理总局令第6号) 同时废止。

小型露天采石场安全管理与监督检查规定

（2011年5月4日国家安全监管总局令第39号公布，根据2015年5月26日国家安全监管总局令78号修正）

第一章 总 则

第一条 为预防和减少小型露天采石场生产安全事故，保障从业人员的安全与健康，根据《安全生产法》、《矿山安全法》、《安全生产许可证条例》等有关法律、行政法规，制定本规定。

第二条 年生产规模不超过50万吨的山坡型露天采石作业单位（以下统称小型露天采石场）的安全生产及对其监督管理，适用本规定。

开采型材和金属矿产资源的小型露天矿山的安全生产及对其监督管理，不适用本规定。

第三条 县级以上地方人民政府安全生产监督管理部门对小型露天采石场的安全生产实施监督管理。所辖区域内有小型露天采石场的乡（镇）应当明确负责安全生产工作的管理人员及其职责。

第二章 安全生产保障

第四条 小型露天采石场主要负责人对本单位的安全生产工作负总责，应当组织制定和落实安全生产责任制，改善劳动条件和作业环境，保证安全生产投入的有效实施。

小型露天采石场主要负责人应当经安全生产监督管理部门考核合格并取得安全资格证书。

第五条 小型露天采石场应当建立健全安全生产管理制度和岗位安全操作规程，至少配备一名专职安全生产管理人员。

安全生产管理人员应当按照国家有关规定经安全生产监督管理部门考核合格并取得安全资格证书。

第六条 小型露天采石场应当至少配备一名专业技术人员，或者聘用专业技术人员、注册安全工程师、委托相关技术服务机构为其提供安全生产管理服务。

第七条 小型露天采石场新进矿山的作业人员应当接受不少于40小时的安全培训，已在岗的作业人员应当每年接受不少于20小时的安全再培训。

特种作业人员必须按照国家有关规定经专门的安全技术培训并考核合格，取得特种作业操作证书后，方可上岗作业。

第八条 小型露天采石场必须参加工伤保险，按照国家有关规定提取和使用安全生产费用。

第九条 新建、改建、扩建小型露天采石场应当由具有建设主管部门认定资质的设计单位编制开采设计或者开采方案。采石场布置和开采方式发生重大变化时，应当重新编制开采设计或者开采方案，并由原审查部门审查批准。

第十条 小型露天采石场新建、改建、扩建工程项目安全设施应当按照规定履行设计审查程序。

第十一条 小型露天采石场应当依法取得非煤矿矿山企业安全生产许可证。未取得安全生产许可证的，不得从事生产活动。

在安全生产许可证有效期内采矿许可证到期失效的，小型露天采石场应当在采矿许可证到期前

15日内向原安全生产许可证颁发管理机关报告，并交回安全生产许可证正本和副本。

第十二条　相邻的采石场开采范围之间最小距离应当大于300米。对可能危及对方生产安全的，双方应当签订安全生产管理协议，明确各自的安全生产管理职责和应当采取的安全措施，指定专门人员进行安全检查与协调。

第十三条　小型露天采石场应当采用中深孔爆破，严禁采用扩壶爆破、掏底崩落、掏挖开采和不分层的“一面墙”等开采方式。

不具备实施中深孔爆破条件的，由所在地安全生产监督管理部门聘请有关专家进行论证，经论证符合要求的，方可采用浅孔爆破开采。

小型露天采石场实施中深孔爆破条件的审核办法，由省级安全生产监督管理部门制定。

第十四条　不采用爆破方式直接使用挖掘机进行采矿作业的，台阶高度不得超过挖掘机最大挖掘高度。

第十五条　小型露天采石场应当采用台阶式开采。不能采用台阶式开采的，应当自上而下分层顺序开采。

分层开采的分层高度、最大开采高度（第一分层的坡顶线到最后一分层的坡底线的垂直距离）和最终边坡角由设计确定，实施浅孔爆破作业时，分层数不得超过6个，最大开采高度不得超过30米；实施中深孔爆破作业时，分层高度不得超过20米，分层数不得超过3个，最大开采高度不得超过60米。

分层开采的凿岩平台宽度由设计确定，最小凿岩平台宽度不得小于4米。

分层开采的底部装运平台宽度由设计确定，且应当满足调车作业所需的最小平台宽度要求。

第十六条　小型露天采石场应当遵守国家有关民用爆炸物品和爆破作业的安全规定，由具有相应资格的爆破作业人员进行爆破，设置爆破警戒范围，实行定时爆破制度。不得在爆破警戒范围内避炮。

禁止在雷雨、大雾、大风等恶劣天气条件下进行爆破作业。雷电高发地区应当选用非电起爆系统。

第十七条　对爆破后产生的大块矿岩应当采用机械方式进行破碎，不得使用爆破方式进行二次破碎。

第十八条　承包爆破作业的专业服务单位应当取得爆破作业单位许可证，承包采矿和剥离作业的采掘施工单位应当持有非煤矿矿山企业安全生产许可证。

第十九条　采石场上部需要剥离的，剥离工作面应当超前于开采工作面4米以上。

第二十条　小型露天采石场在作业前和作业中以及每次爆破后，应当对坡面进行安全检查。发现工作面有裂痕，或者在坡面上有浮石、危石和伞檐体可能塌落时，应当立即停止作业并撤离人员至安全地点，采取安全措施和消除隐患。

采石场的入口道路及相关危险源点应当设置安全警示标志，严禁任何人员在边坡底部休息和停留。

第二十一条　在坡面上进行排险作业时，作业人员应当系安全带，不得站在危石、浮石上及悬空作业。严禁在同一坡面上下双层或者多层同时作业。

距工作台阶坡底线50米范围内不得从事碎石加工作业。

第二十二条　小型露天采石场应当采用机械铲装作业，严禁使用人工装运矿岩。

同一工作面有两台铲装机械作业时，最小间距应当大于铲装机械最大回转半径的2倍。

严禁自卸汽车运载易燃、易爆物品；严禁超载运输；装载与运输作业时，严禁在驾驶室外侧、车斗内站人。

第二十三条　废石、废碴应当排放到废石场。废石场的设置应当符合设计要求和有关安全规定。

顺山或顺沟排放废石、废碴的，应当有防止泥石流的具体措施。

第二十四条 电气设备应当有接地、过流、漏电保护装置。变电所应当有独立的避雷系统和防火、防潮与防止小动物窜入带电部位的措施。

第二十五条 小型露天采石场应当制定完善的防洪措施。对开采境界上方汇水影响安全的，应当设置截水沟。

第二十六条 小型露天采石场应当制定应急救援预案，建立兼职救援队伍，明确救援人员的职责，并与邻近的矿山救护队或者其他具备救护条件的单位签订救护协议。发生生产安全事故时，应当立即组织抢救，并在1小时内向当地安全生产监督管理部门报告。

第二十七条 小型露天采石场应当加强粉尘检测和防治工作，采取有效措施防治职业危害，建立职工健康档案，为从业人员提供符合国家标准或者行业标准的劳动防护用品和劳动保护设施，并指导监督其正确使用。

第二十八条 小型露天采石场应当在每年年末测绘采石场开采现状平面图和剖面图，并归档管理。

第三章 监 督 检 查

第二十九条 安全生产监督管理部门应当加强对小型露天采石场的监督检查，对检查中发现的事故隐患和安全生产违法违规行为，依法作出现场处理或者实施行政处罚。

第三十条 安全生产监督管理部门应当建立健全本行政区域内小型露天采石场的安全生产档案，记录监督检查结果、生产安全事故和违法行为查处等情况。

第三十一条 对于未委托具备相应资质的设计单位编制开采设计或者开采方案，以及周边300米范围内存在生产生活设施的小型露天采石场，不得对其进行审查和验收。

第三十二条 安全生产监督管理部门应当加强对小型露天采石场实施中深孔爆破条件的监督检查。严格限制小型露天采石场采用浅孔爆破开采方式。

第三十三条 安全生产监督管理部门应当督促小型露天采石场加强对承包作业的采掘施工单位的管理，明确双方安全生产责任。

第三十四条 安全生产监督管理部门应当加强本行政区域内小型露天采石场应急预案的管理，督促乡（镇）人民政府做好事故应急救援的协调工作。

第四章 法 律 责 任

第三十五条 安全生产监督管理部门及其工作人员违反法律法规和本规定，未依法履行对小型露天采石场安全生产监督检查职责的，依法给予行政处分。

第三十六条 违反本规定第六条规定的，责令限期改正，并处1万元以下的罚款。

第三十七条 违反本规定第十条第一款规定的，责令停止建设或者停产停业整顿，限期改正；逾期未改正的，处50万元以上100万元以下的罚款，对其直接负责的主管人员和其他直接责任人员处2万元以上5万元以下的罚款；构成犯罪的，依照刑法有关规定追究刑事责任。

第三十八条 违反本规定第十一条第一款规定的，责令停止生产，没收违法所得，并处10万元以上50万元以下的罚款。

第三十九条 违反本规定第十二条、第十三条第一、二款、第十四条、第十五条、第十六条、第十七条、第十九条、第二十条第一款、第二十一条、第二十二条规定的，给予警告，并处1万元以上3万元以下的罚款。

第四十条　违反本规定第二十三条、第二十四条、第二十五条、第二十八条规定的，给予警告，并处2万元以下的罚款。

第四十一条　本规定规定的行政处罚由安全生产监督管理部门决定。法律、行政法规对行政处罚另有规定的，依照其规定。

第五章　附　　则

第四十二条　省、自治区、直辖市人民政府安全生产监督管理部门可以根据本规定制定实施细则，报国家安全生产监督管理总局备案。

第四十三条　本规定自2011年7月1日起施行。2004年12月28日原国家安全生产监督管理局（国家煤矿安全监察局）公布的《小型露天采石场安全生产暂行规定》（原国家安全生产监督管理局〈国家煤矿安全监察局〉令第19号）同时废止。

生产经营单位安全培训规定（节选）

（2006年1月17日国家安全监管总局令第3号公布，根据2013年8月29日国家安全监管总局令第63号第一次修正，根据2015年5月29日国家安全生产监管总局令第80号第二次修正）

第一章 总 则

第一条 为加强和规范生产经营单位安全培训工作，提高从业人员安全素质，防范伤亡事故，减轻职业危害，根据安全生产法和有关法律、行政法规，制定本规定。

第二条 工矿商贸生产经营单位（以下简称生产经营单位）从业人员的安全培训，适用本规定。

第三条 生产经营单位负责本单位从业人员安全培训工作。

生产经营单位应当按照安全生产法和有关法律、行政法规和本规定，建立健全安全培训工作制度。

第四条 生产经营单位应当进行安全培训的从业人员包括主要负责人、安全生产管理人员、特种作业人员和其他从业人员。

生产经营单位使用被派遣劳动者的，应当将被派遣劳动者纳入本单位从业人员统一管理，对被派遣劳动者进行岗位安全操作规程和安全操作技能的教育和培训。劳务派遣单位应当对被派遣劳动者进行必要的安全生产教育和培训。

生产经营单位接收中等职业学校、高等学校学生实习的，应当对实习学生进行相应的安全生产教育和培训，提供必要的劳动防护用品。学校应当协助生产经营单位对实习学生进行安全生产教育和培训。

生产经营单位从业人员应当接受安全培训，熟悉有关安全生产规章制度和安全操作规程，具备必要的安全生产知识，掌握本岗位的安全操作技能，了解事故应急处理措施，知悉自身在安全生产方面的权利和义务。

未经安全培训合格的从业人员，不得上岗作业。

第二章 主要负责人、安全生产管理人员的安全培训

第六条 生产经营单位主要负责人和安全生产管理人员应当接受安全培训，具备与所从事的生产经营活动相适应的安全生产知识和管理能力。

第九条 生产经营单位主要负责人和安全生产管理人员初次安全培训时间不得少于32学时。每年再培训时间不得少于12学时。

煤矿、非煤矿山、危险化学品、烟花爆竹、金属冶炼等生产经营单位主要负责人和安全生产管理人员初次安全培训时间不得少于48学时，每年再培训时间不得少于16学时。

第十条 生产经营单位主要负责人和安全生产管理人员的安全培训必须依照安全生产监管监察部门制定的安全培训大纲实施。

非煤矿山、危险化学品、烟花爆竹、金属冶炼等生产经营单位主要负责人和安全生产管理人员的

安全培训大纲及考核标准由国家安全生产监督管理总局统一制定。

第三章 其他从业人员的安全培训

第十一条 煤矿、非煤矿山、危险化学品、烟花爆竹、金属冶炼等生产经营单位必须对新上岗的临时工、合同工、劳务工、轮换工、协议工等进行强制性安全培训，保证其具备本岗位安全操作、自救互救以及应急处置所需的知识和技能后，方能安排上岗作业。

第十三条 生产经营单位新上岗的从业人员，岗前安全培训时间不得少于24学时。

煤矿、非煤矿山、危险化学品、烟花爆竹、金属冶炼等生产经营单位新上岗的从业人员安全培训时间不得少于72学时，每年再培训的时间不得少于20学时。

第十七条 从业人员在本生产经营单位内调整工作岗位或离岗一年以上重新上岗时，应当重新接受车间（工段、区、队）和班组级的安全培训。

生产经营单位采用新工艺、新技术、新材料或者使用新设备时，应当对有关从业人员重新进行有针对性的安全培训。

第十八条 生产经营单位的特种作业人员，必须按照国家有关法律、法规的规定接受专门的安全培训，经考核合格，取得特种作业操作资格证书后，方可上岗作业。

特种作业人员的范围和培训考核管理办法，另行规定。

第五章 监 督 管 理

第二十四条 煤矿、非煤矿山、危险化学品、烟花爆竹、金属冶炼等生产经营单位主要负责人和安全生产管理人员，自任职之日起6个月内，必须经安全生产监管监察部门对其安全生产知识和管理能力考核合格。

第二十五条 安全生产监管监察部门依法对生产经营单位安全培训情况进行监督检查，督促生产经营单位按照国家有关法律法规和本规定开展安全培训工作。

第二十七条 安全生产监管监察部门对煤矿、非煤矿山、危险化学品、烟花爆竹、金属冶炼等生产经营单位的主要负责人、安全管理人员应当按照本规定严格考核。考核不得收费。

安全生产监管监察部门负责考核的有关人员不得玩忽职守和滥用职权。

第六章 罚 则

第二十九条 生产经营单位有下列行为之一的，由安全生产监管监察部门责令其限期改正，可以处1万元以上3万元以下的罚款：

（一）未将安全培训工作纳入本单位工作计划并保证安全培训工作所需资金的；

（二）从业人员进行安全培训期间未支付工资并承担安全培训费用的。

第七章 附 则

第三十二条 生产经营单位主要负责人是指有限责任公司或者股份有限公司的董事长、总经理，其他生产经营单位的厂长、经理、（矿务局）局长、矿长（含实际控制人）等。

生产经营单位安全生产管理人员是指生产经营单位分管安全生产的负责人、安全生产管理机构负责人及其管理人员，以及未设安全生产管理机构的生产经营单位专、兼职安全生产管理人员等。

生产经营单位其他从业人员是指除主要负责人、安全生产管理人员和特种作业人员以外，该单位从事生产经营活动的所有人员，包括其他负责人、其他管理人员、技术人员和各岗位的工人以及临时聘用的人员。

特种作业人员安全技术培训考核管理规定（节选）

（2010 年 5 月 24 日国家安全监管总局令第 30 号公布，根据 2013 年 8 月 29 日国家安全监管总局令第 63 号第一次修正，根据 2015 年 5 月 29 日国家安全监管总局令第 80 号第二次修正）

第一章 总 则

第一条 为了规范特种作业人员的安全技术培训考核工作，提高特种作业人员的安全技术水平，防止和减少伤亡事故，根据《安全生产法》、《行政许可法》等有关法律、行政法规，制定本规定。

第二条 生产经营单位特种作业人员的安全技术培训、考核、发证、复审及其监督管理工作，适用本规定。

有关法律、行政法规和国务院对有关特种作业人员管理另有规定的，从其规定。

第三条 本规定所称特种作业，是指容易发生事故，对操作者本人、他人的安全健康及设备、设施的安全可能造成重大危害的作业。特种作业的范围由特种作业目录规定。

本规定所称特种作业人员，是指直接从事特种作业的从业人员。

第四条 特种作业人员应当符合下列条件：

（一）年满 18 周岁，且不超过国家法定退休年龄；

（二）经社区或者县级以上医疗机构体检健康合格，并无妨碍从事相应特种作业的器质性心脏病、癫痫病、美尼尔氏症、眩晕症、癔症、震颤麻痹症、精神病、痴呆症以及其他疾病和生理缺陷；

（三）具有初中及以上文化程度；

（四）具备必要的安全技术知识与技能；

（五）相应特种作业规定的其他条件。

危险化学品特种作业人员除符合前款第一项、第二项、第四项和第五项规定的条件外，应当具备高中或者相当于高中及以上文化程度。

第五条 特种作业人员必须经专门的安全技术培训并考核合格，取得《中华人民共和国特种作业操作证》（以下简称特种作业操作证）后，方可上岗作业。

第六条 特种作业人员的安全技术培训、考核、发证、复审工作实行统一监管、分级实施、教考分离的原则。

第七条 国家安全生产监督管理总局（以下简称安全监管总局）指导、监督全国特种作业人员的安全技术培训、考核、发证、复审工作；省、自治区、直辖市人民政府安全生产监督管理部门指导、监督本行政区域特种作业人员的安全技术培训工作，负责本行政区域特种作业人员的考核、发证、复审工作；县级以上地方人民政府安全生产监督管理部门负责监督检查本行政区域特种作业人员的安全技术培训和持证上岗工作。

省、自治区、直辖市人民政府安全生产监督管理部门和负责煤矿特种作业人员考核发证工作的部门或者指定的机构（以下统称考核发证机关）可以委托设区的市人民政府安全生产监督管理部门和负责煤矿特种作业人员考核发证工作的部门或者指定的机构实施特种作业人员的考核、发证、复审工作。

第二章 培　　训

第九条 特种作业人员应当接受与其所从事的特种作业相应的安全技术理论培训和实际操作培训。

已经取得职业高中、技工学校及中专以上学历的毕业生从事与其所学专业相应的特种作业，持学历证明经考核发证机关同意，可以免予相关专业的培训。

跨省、自治区、直辖市从业的特种作业人员，可以在户籍所在地或者从业所在地参加培训。

第十条 对特种作业人员的安全技术培训，具备安全培训条件的生产经营单位应当以自主培训为主，也可以委托具备安全培训条件的机构进行培训。

不具备安全培训条件的生产经营单位，应当委托具备安全培训条件的机构进行培训。

生产经营单位委托其他机构进行特种作业人员安全技术培训的，保证安全技术培训的责任仍由本单位负责。

第五章 监 督 管 理

第三十二条 离开特种作业岗位6个月以上的特种作业人员，应当重新进行实际操作考试，经确认合格后方可上岗作业。

第三十三条 省、自治区、直辖市人民政府安全生产监督管理部门和负责煤矿特种作业人员考核发证工作的部门或者指定的机构应当每年分别向安全监管总局、煤矿安监局报告特种作业人员的考核发证情况。

第三十四条 生产经营单位应当加强对本单位特种作业人员的管理，建立健全特种作业人员培训、复审档案，做好申报、培训、考核、复审的组织工作和日常的检查工作。

附件：

特种作业目录

1　电工作业

指对电气设备进行运行、维护、安装、检修、改造、施工、调试等作业（不含电力系统进网作业）。

1.1　高压电工作业

指对1千伏（kV）及以上的高压电气设备进行运行、维护、安装、检修、改造、施工、调试、试验及绝缘工、器具进行试验的作业。

1.2　低压电工作业

指对1千伏（kV）以下的低压电器设备进行安装、调试、运行操作、维护、检修、改造施工和试验的作业。

1.3　防爆电气作业

指对各种防爆电气设备进行安装、检修、维护的作业。

适用于除煤矿井下以外的防爆电气作业。

2　焊接与热切割作业

指运用焊接或者热切割方法对材料进行加工的作业（不含《特种设备安全监察条例》规定的有

关作业）。

2.1 熔化焊接与热切割作业

指使用局部加热的方法将连接处的金属或其他材料加热至熔化状态而完成焊接与切割的作业。

适用于气焊与气割、焊条电弧焊与碳弧气刨、埋弧焊、气体保护焊、等离子弧焊、电渣焊、电子束焊、激光焊、氧熔剂切割、激光切割、等离子切割等作业。

2.2 压力焊作业

指利用焊接时施加一定压力而完成的焊接作业。

适用于电阻焊、气压焊、爆炸焊、摩擦焊、冷压焊、超声波焊、锻焊等作业。

2.3 钎焊作业

指使用比母材熔点低的材料作钎料，将焊件和钎料加热到高于钎料熔点，但低于母材熔点的温度，利用液态钎料润湿母材，填充接头间隙并与母材相互扩散而实现连接焊件的作业。

适用于火焰钎焊作业、电阻钎焊作业、感应钎焊作业、浸渍钎焊作业、炉中钎焊作业，不包括烙铁钎焊作业。

3 高处作业

指专门或经常在坠落高度基准面2米及以上有可能坠落的高处进行的作业。

3.1 登高架设作业

指在高处从事脚手架、跨越架架设或拆除的作业。

3.2 高处安装、维护、拆除作业

指在高处从事安装、维护、拆除的作业。

适用于利用专用设备进行建筑物内外装饰、清洁、装修，电力、电信等线路架设，高处管道架设，小型空调高处安装、维修，各种设备设施与户外广告设施的安装、检修、维护以及在高处从事建筑物、设备设施拆除作业。

6 金属非金属矿山安全作业

6.1 金属非金属矿井通风作业

指安装井下局部通风机，操作地面主要扇风机、井下局部通风机和辅助通风机，操作、维护矿井通风构筑物，进行井下防尘，使矿井通风系统正常运行，保证局部通风，以预防中毒窒息和除尘等的作业。

6.2 尾矿作业

指从事尾矿库放矿、筑坝、巡坝、抽洪和排渗设施的作业。

适用于金属非金属矿山的尾矿作业。

6.3 金属非金属矿山安全检查作业

指从事金属非金属矿山安全监督检查，巡检生产作业场所的安全设施和安全生产状况，检查并督促处理相应事故隐患的作业。

6.4 金属非金属矿山提升机操作作业

指操作金属非金属矿山的提升设备运送人员、矿石、矸石和物料，及负责巡检和运行记录的作业。

适用于金属非金属矿山的提升机，包括竖井、盲竖井提升机，斜井、盲斜井提升机以及露天矿山斜坡卷扬提升的提升机作业。

6.5 金属非金属矿山支柱作业

指在井下检查井巷和采场顶、帮的稳定性，撬浮石，进行支护的作业。

6.6 金属非金属矿山井下电气作业

指从事金属非金属矿山井下机电设备的安装、调试、巡检、维修和故障处理，保证机电设备安全运行的作业。

6.7 金属非金属矿山排水作业

指从事金属非金属矿山排水设备日常使用、维护、巡检的作业。

6.8 金属非金属矿山爆破作业

指在露天和井下进行爆破的作业。

非煤矿山外包工程安全管理暂行办法

（2013年8月23日国家安全监管总局令第62号公布，根据2015年5月26日国家安全监管总局令第78号修正）

第一章 总 则

第一条 为了加强非煤矿山外包工程的安全管理和监督，明确安全生产责任，防止和减少生产安全事故（以下简称事故），依据《中华人民共和国安全生产法》、《中华人民共和国矿山安全法》和其他有关法律、行政法规，制定本办法。

第二条 在依法批准的矿区范围内，以外包工程的方式从事金属非金属矿山的勘探、建设、生产、闭坑等工程施工作业活动，以及石油天然气的勘探、开发、储运等工程与技术服务活动的安全管理和监督，适用本办法。

从事非煤矿山各类房屋建筑及其附属设施的建造和安装，以及露天采矿场矿区范围以外地面交通建设的外包工程的安全管理和监督，不适用本办法。

第三条 非煤矿山外包工程（以下简称外包工程）的安全生产，由发包单位负主体责任，承包单位对其施工现场的安全生产负责。

外包工程有多个承包单位的，发包单位应当对多个承包单位的安全生产工作实施统一协调、管理，定期进行安全检查，发现安全问题的，应当及时督促整改。

第四条 承担外包工程的勘察单位、设计单位、监理单位、技术服务机构及其他有关单位应当依照法律、法规、规章和国家标准、行业标准的规定，履行各自的安全生产职责，承担相应的安全生产责任。

第五条 非煤矿山企业应当建立外包工程安全生产的激励和约束机制，提升非煤矿山外包工程安全生产管理水平。

第二章 发包单位的安全生产职责

第六条 发包单位应当依法设置安全生产管理机构或者配备专职安全生产管理人员，对外包工程的安全生产实施管理和监督。

发包单位不得擅自压缩外包工程合同约定的工期，不得违章指挥或者强令承包单位及其从业人员冒险作业。

发包单位应当依法取得非煤矿山安全生产许可证。

第七条 发包单位应当审查承包单位的非煤矿山安全生产许可证和相应资质，不得将外包工程发包给不具备安全生产许可证和相应资质的承包单位。

承包单位的项目部承担施工作业的，发包单位除审查承包单位的安全生产许可证和相应资质外，还应当审查项目部的安全生产管理机构、规章制度和操作规程、工程技术人员、主要设备设施、安全教育培训和负责人、安全生产管理人员、特种作业人员持证上岗等情况。

承担施工作业的项目部不符合本办法第二十一条规定的安全生产条件的，发包单位不得向该承包单位发包工程。

第八条 发包单位应当与承包单位签订安全生产管理协议，明确各自的安全生产管理职责。安全生产管理协议应当包括下列内容：

（一）安全投入保障；

（二）安全设施和施工条件；

（三）隐患排查与治理；

（四）安全教育与培训；

（五）事故应急救援；

（六）安全检查与考评；

（七）违约责任。

安全生产管理协议的文本格式由国家安全生产监督管理总局另行制定。

第九条 发包单位是外包工程安全投入的责任主体，应当按照国家有关规定和合同约定及时、足额向承包单位提供保障施工作业安全所需的资金，明确安全投入项目和金额，并监督承包单位落实到位。

对合同约定以外发生的隐患排查治理和地下矿山通风、支护、防治水等所需的费用，发包单位应当提供合同价款以外的资金，保障安全生产需要。

第十条 石油天然气总发包单位、分项发包单位以及金属非金属矿山总发包单位，应当每半年对其承包单位的施工资质、安全生产管理机构、规章制度和操作规程、施工现场安全管理和履行本办法第二十七条规定的信息报告义务等情况进行一次检查；发现承包单位存在安全生产问题的，应当督促其立即整改。

第十一条 金属非金属矿山分项发包单位，应当将承包单位及其项目部纳入本单位的安全管理体系，实行统一管理，重点加强对地下矿山领导带班下井、地下矿山从业人员出入井统计、特种作业人员、民用爆炸物品、隐患排查与治理、职业病防护等管理，并对外包工程的作业现场实施全过程监督检查。

第十二条 金属非金属矿山总发包单位对地下矿山一个生产系统进行分项发包的，承包单位原则上不得超过3家，避免相互影响生产、作业安全。

前款规定的发包单位在地下矿山正常生产期间，不得将主通风、主提升、供排水、供配电、主供风系统及其设备设施的运行管理进行分项发包。

第十三条 发包单位应当向承包单位进行外包工程的技术交底，按照合同约定向承包单位提供与外包工程安全生产相关的勘察、设计、风险评价、检测检验和应急救援等资料，并保证资料的真实性、完整性和有效性。

第十四条 发包单位应当建立健全外包工程安全生产考核机制，对承包单位每年至少进行一次安全生产考核。

第十五条 发包单位应当按照国家有关规定建立应急救援组织，编制本单位事故应急预案，并定期组织演练。

外包工程实行总发包的，发包单位应当督促总承包单位统一组织编制外包工程事故应急预案；实行分项发包的，发包单位应当将承包单位编制的外包工程现场应急处置方案纳入本单位应急预案体系，并定期组织演练。

第十六条 发包单位在接到外包工程事故报告后，应当立即启动相关事故应急预案，或者采取有效措施，组织抢救，防止事故扩大，并依照《生产安全事故报告和调查处理条例》的规定，立即如实地向事故发生地县级以上人民政府安全生产监督管理部门和负有安全生产监督管理职责的有关部门报告。

外包工程发生事故的，其事故数据纳入发包单位的统计范围。

发包单位和承包单位应当根据事故调查报告及其批复承担相应的事故责任。

第三章 承包单位的安全生产职责

第十七条 承包单位应当依照有关法律、法规、规章和国家标准、行业标准的规定，以及承包合同和安全生产管理协议的约定，组织施工作业，确保安全生产。

承包单位有权拒绝发包单位的违章指挥和强令冒险作业。

第十八条 外包工程实行总承包的，总承包单位对施工现场的安全生产负总责；分项承包单位按照分包合同的约定对总承包单位负责。总承包单位和分项承包单位对分包工程的安全生产承担连带责任。

总承包单位依法将外包工程分包给其他单位的，其外包工程的主体部分应当由总承包单位自行完成。

禁止承包单位转包其承揽的外包工程。禁止分项承包单位将其承揽的外包工程再次分包。

第十九条 承包单位应当依法取得非煤矿山安全生产许可证和相应等级的施工资质，并在其资质范围内承包工程。

承包金属非金属矿山建设和闭坑工程的资质等级，应当符合《建筑业企业资质等级标准》的规定。

承包金属非金属矿山生产、作业工程的资质等级，应当符合下列要求：

（一）总承包大型地下矿山工程和深凹露天、高陡边坡及地质条件复杂的大型露天矿山工程的，具备矿山工程施工总承包二级以上（含本级，下同）施工资质；

（二）总承包中型、小型地下矿山工程的，具备矿山工程施工总承包三级以上施工资质；

（三）总承包其他露天矿山工程和分项承包金属非金属矿山工程的，具备矿山工程施工总承包或者相关的专业承包资质，具体规定由省级人民政府安全生产监督管理部门制定。

承包尾矿库外包工程的资质，应当符合《尾矿库安全监督管理规定》。

承包金属非金属矿山地质勘探工程的资质等级，应当符合《金属与非金属矿产资源地质勘探安全生产监督管理暂行规定》。

承包石油天然气勘探、开发工程的资质等级，由国家安全生产监督管理总局或者国务院有关部门按照各自的管理权限确定。

第二十条 承包单位应当加强对所属项目部的安全管理，每半年至少进行一次安全生产检查，对项目部人员每年至少进行一次安全生产教育培训与考核。

禁止承包单位以转让、出租、出借资质证书等方式允许他人以本单位的名义承揽工程。

第二十一条 承包单位及其项目部应当根据承揽工程的规模和特点，依法健全安全生产责任体系，完善安全生产管理基本制度，设置安全生产管理机构，配备专职安全生产管理人员和有关工程技术人员。

承包地下矿山工程的项目部应当配备与工程施工作业相适应的专职工程技术人员，其中至少有1名注册安全工程师或者具有5年以上井下工作经验的安全生产管理人员。项目部具备初中以上文化程度的从业人员比例应当不低于50%。

项目部负责人应当取得安全生产管理人员安全资格证。承包地下矿山工程的项目部负责人不得同时兼任其他工程的项目部负责人。

第二十二条 承包单位应当依照法律、法规、规章的规定以及承包合同和安全生产管理协议的约定，及时将发包单位投入的安全资金落实到位，不得挪作他用。

第二十三条 承包单位应当依照有关规定制定施工方案，加强现场作业安全管理，及时发现并消除事故隐患，落实各项规章制度和安全操作规程。

承包单位发现事故隐患后应当立即治理；不能立即治理的应当采取必要的防范措施，并及时书面报告发包单位协商解决，消除事故隐患。

地下矿山工程承包单位及其项目部的主要负责人和领导班子其他成员应当严格依照《金属非金属地下矿山企业领导带班下井及监督检查暂行规定》执行带班下井制度。

第二十四条 承包单位应当接受发包单位组织的安全生产培训与指导，加强对本单位从业人员的安全生产教育和培训，保证从业人员掌握必需的安全生产知识和操作技能。

第二十五条 外包工程实行总承包的，总承包单位应当统一组织编制外包工程应急预案。总承包单位和分项承包单位应当按照国家有关规定和应急预案的要求，分别建立应急救援组织或者指定应急救援人员，配备救援设备设施和器材，并定期组织演练。

外包工程实行分项承包的，分项承包单位应当根据建设工程施工的特点、范围以及施工现场容易发生事故的部位和环节，编制现场应急处置方案，并配合发包单位定期进行演练。

第二十六条 外包工程发生事故后，事故现场有关人员应当立即向承包单位及项目部负责人报告。

承包单位及项目部负责人接到事故报告后，应当立即如实地向发包单位报告，并启动相应的应急预案，采取有效措施，组织抢救，防止事故扩大。

第二十七条 承包单位在登记注册地以外的省、自治区、直辖市从事施工作业的，应当向作业所在地的县级人民政府安全生产监督管理部门书面报告外包工程概况和本单位资质等级、主要负责人、安全生产管理人员、特种作业人员、主要安全设施设备等情况，并接受其监督检查。

第四章 监督管理

第二十八条 承包单位发生较大以上责任事故或者一年内发生三起以上一般事故的，事故发生地的省级人民政府安全生产监督管理部门应当向承包单位登记注册地的省级人民政府安全生产监督管理部门通报。

发生重大以上事故的，事故发生地省级人民政府安全生产监督管理部门应当邀请承包单位的安全生产许可证颁发机关参加事故调查处理工作。

第二十九条 安全生产监督管理部门应当加强对外包工程的安全生产监督检查，重点检查下列事项：

（一）发包单位非煤矿山安全生产许可证、安全生产管理协议、安全投入等情况；

（二）承包单位的施工资质、应当依法取得的非煤矿山安全生产许可证、安全投入落实、承包单位及其项目部的安全生产管理机构、技术力量配备、相关人员的安全资格和持证等情况；

（三）违法发包、转包、分项发包等行为。

第三十条 安全生产监督管理部门应当建立外包工程安全生产信息平台，将承包单位取得有关许可、施工资质和承揽工程、发生事故等情况载入承包单位安全生产业绩档案，实施安全生产信誉评定和公告制度。

第三十一条 外包工程发生事故的，事故数据应当纳入事故发生地的统计范围。

第五章 法律责任

第三十二条 发包单位违反本办法第六条的规定，违章指挥或者强令承包单位及其从业人员冒险作业的，责令改正，处1万元以上3万元以下的罚款；造成损失的，依法承担赔偿责任。

第三十三条 发包单位与承包单位、总承包单位与分项承包单位未依照本办法第八条规定签订安全生产管理协议的，责令限期改正，可以处5万元以下的罚款，对其直接负责的主管人员和其他直接责任人员可以处以1万元以下罚款；逾期未改正的，责令停产停业整顿。

第三十四条 有关发包单位有下列行为之一的，责令限期改正，给予警告，并处1万元以上3万元以下的罚款：

（一）违反本办法第十条、第十四条的规定，未对承包单位实施安全生产监督检查或者考核的；

（二）违反本办法第十一条的规定，未将承包单位及其项目部纳入本单位的安全管理体系，实行统一管理的；

（三）违反本办法第十三条的规定，未向承包单位进行外包工程技术交底，或者未按照合同约定向承包单位提供有关资料的。

第三十五条 对地下矿山实行分项发包的发包单位违反本办法第十二条的规定，在地下矿山正常生产期间，将主通风、主提升、供排水、供配电、主供风系统及其设备设施的运行管理进行分项发包的，责令限期改正，处2万元以上3万元以下罚款。

第三十六条 承包地下矿山工程的项目部负责人违反本办法第二十一条的规定，同时兼任其他工程的项目部负责人的，责令限期改正，处5000元以上1万元以下罚款。

第三十七条 承包单位违反本办法第二十二条的规定，将发包单位投入的安全资金挪作他用的，责令限期改正，给予警告，并处1万元以上3万元以下罚款。

承包单位未按照本办法第二十三条的规定排查治理事故隐患的，责令立即消除或者限期消除；承包单位拒不执行的，责令停产停业整顿，并处10万元以上50万元以下的罚款，对其直接负责的主管人员和其他直接责任人员处2万元以上5万元以下的罚款。

第三十八条 承包单位违反本办法第二十条规定对项目部疏于管理，未定期对项目部人员进行安全生产教育培训与考核或者未对项目部进行安全生产检查的，责令限期改正，可以处5万元以下的罚款；逾期未改正的，责令停产停业整顿，并处5万元以上10万元以下的罚款，对其直接负责的主管人员和其他直接责任人员处1万元以上2万元以下的罚款。

承包单位允许他人以本单位的名义承揽工程的，移送有关部门依法处理。

第三十九条 承包单位违反本办法第二十七条的规定，在登记注册的省、自治区、直辖市以外从事施工作业，未向作业所在地县级人民政府安全生产监督管理部门书面报告本单位取得有关许可和施工资质，以及所承包工程情况的，责令限期改正，处1万元以上3万元以下的罚款。

第四十条 安全生产监督管理部门的行政执法人员在外包工程安全监督管理过程中滥用职权、玩忽职守、徇私舞弊的，依照有关规定给予处分；构成犯罪的，依法追究刑事责任。

第四十一条 本办法规定的行政处罚，由县级人民政府以上安全生产监督管理部门实施。

有关法律、行政法规、规章对非煤矿山外包工程安全生产违法行为的行政处罚另有规定的，依照其规定。

第六章 附 则

第四十二条 本办法下列用语的含义：

（一）非煤矿山，是指金属矿、非金属矿、水气矿和除煤矿以外的能源矿，以及石油天然气管道储运（不含成品油管道）及其附属设施的总称；

（二）金属非金属矿山，是指金属矿、非金属矿、水气矿和除煤矿、石油天然气以外的能源矿，以及选矿厂、尾矿库、排土场等矿山附属设施的总称；

（三）外包工程，是指发包单位与本单位以外的承包单位签订合同，由承包单位承揽与矿产资源开采活动有关的工程、作业活动或者技术服务项目；

（四）发包单位，是指将矿产资源开采活动有关的工程、作业活动或者技术服务项目，发包给外单位施工的非煤矿山企业；

（五）分项发包，是指发包单位将矿产资源开采活动有关的工程、作业活动或者技术服务项目，分为若干部分发包给若干承包单位进行施工的行为；

（六）总承包单位，是指整体承揽矿产资源开采活动或者独立生产系统的所有工程、作业活动或者技术服务项目的承包单位；

（七）承包单位，是指承揽矿产资源开采活动有关的工程、作业活动或者技术服务项目的单位；

（八）项目部，是指承包单位在承揽工程所在地设立的，负责其所承揽工程施工的管理机构；

（九）生产期间，是指新建矿山正式投入生产后或者矿山改建、扩建时仍然进行生产，并规模出产矿产品的时期。

第四十三条 省、自治区、直辖市人民政府安全生产监督管理部门可以根据本办法制定实施细则，并报国家安全生产监督管理总局备案。

第四十四条 本办法自 2013 年 10 月 1 日起施行。

建设工程勘察设计资质管理规定（节选）

中华人民共和国建设部令　第 160 号

《建设工程勘察设计资质管理规定》已于 2006 年 12 月 30 日经建设部第 114 次常务会议讨论通过，现予发布，自 2007 年 9 月 1 日起施行。

第一章　总　　则

第一条　为了加强对建设工程勘察、设计活动的监督管理，保证建设工程勘察、设计质量，根据《中华人民共和国行政许可法》、《中华人民共和国建筑法》、《建设工程质量管理条例》和《建设工程勘察设计管理条例》等法律、行政法规，制定本规定。

第二条　在中华人民共和国境内申请建设工程勘察、工程设计资质，实施对建设工程勘察、工程设计资质的监督管理，适用本规定。

第三条　从事建设工程勘察、工程设计活动的企业，应当按照其拥有的注册资本、专业技术人员、技术装备和勘察设计业绩等条件申请资质，经审查合格，取得建设工程勘察、工程设计资质证书后，方可在资质许可的范围内从事建设工程勘察、工程设计活动。

第二章　资质分类和分级

第五条　工程勘察资质分为工程勘察综合资质、工程勘察专业资质、工程勘察劳务资质。

工程勘察综合资质只设甲级；工程勘察专业资质设甲级、乙级，根据工程性质和技术特点，部分专业可以设丙级；工程勘察劳务资质不分等级。

取得工程勘察综合资质的企业，可以承接各专业（海洋工程勘察除外）、各等级工程勘察业务；取得工程勘察专业资质的企业，可以承接相应等级相应专业的工程勘察业务；取得工程勘察劳务资质的企业，可以承接岩土工程治理、工程钻探、凿井等工程勘察劳务业务。

第六条　工程设计资质分为工程设计综合资质、工程设计行业资质、工程设计专业资质和工程设计专项资质。

工程设计综合资质只设甲级；工程设计行业资质、工程设计专业资质、工程设计专项资质设甲级、乙级。

根据工程性质和技术特点，个别行业、专业、专项资质可以设丙级，建筑工程专业资质可以设丁级。

取得工程设计综合资质的企业，可以承接各行业、各等级的建设工程设计业务；取得工程设计行业资质的企业，可以承接相应行业相应等级的工程设计业务及本行业范围内同级别的相应专业、专项（设计施工一体化资质除外）工程设计业务；取得工程设计专业资质的企业，可以承接本专业相应等级的专业工程设计业务及同级别的相应专项工程设计业务（设计施工一体化资质除外）；取得工程设计专项资质的企业，可以承接本专项相应等级的专项工程设计业务。

第七条　建设工程勘察、工程设计资质标准和各资质类别、级别企业承担工程的具体范围由国务院建设主管部门商国务院有关部门制定。

第四章 监督与管理

第二十一条 国务院建设主管部门对全国的建设工程勘察、设计资质实施统一的监督管理。国务院铁路、交通、水利、信息产业、民航等有关部门配合国务院建设主管部门对相应的行业资质进行监督管理。

县级以上地方人民政府建设主管部门负责对本行政区域内的建设工程勘察、设计资质实施监督管理。县级以上人民政府交通、水利、信息产业等有关部门配合同级建设主管部门对相应的行业资质进行监督管理。

上级建设主管部门应当加强对下级建设主管部门资质管理工作的监督检查，及时纠正资质管理中的违法行为。

第六章 附 则

第三十七条 本规定所称建设工程勘察包括建设工程项目的岩土工程、水文地质、工程测量、海洋工程勘察等。

第三十八条 本规定所称建设工程设计是指：

（一）建设工程项目的主体工程和配套工程（含厂（矿）区内的自备电站、道路、专用铁路、通信、各种管网管线和配套的建筑物等全部配套工程）以及与主体工程、配套工程相关的工艺、土木、建筑、环境保护、水土保持、消防、安全、卫生、节能、防雷、抗震、照明工程等的设计。

（二）建筑工程建设用地规划许可证范围内的室外工程设计、建筑物构筑物设计、民用建筑修建的地下工程设计及住宅小区、工厂厂前区、工厂生活区、小区规划设计及单体设计等，以及上述建筑工程所包含的相关专业的设计内容（包括总平面布置、竖向设计、各类管网管线设计、景观设计、室内外环境设计及建筑装饰、道路、消防、安保、通信、防雷、人防、供配电、照明、废水治理、空调设施、抗震加固等）。

第三十九条 取得工程勘察、工程设计资质证书的企业，可以从事资质证书许可范围内相应的建设工程总承包业务，可以从事工程项目管理和相关的技术与管理服务。

第四十条 本规定自2007年9月1日起实施。2001年7月25日建设部颁布的《建设工程勘察设计企业资质管理规定》（建设部令第93号）同时废止。

工程设计资质标准

建市〔2007〕86号

各省、自治区建设厅，直辖市建委、北京市规委，国务院有关部门建设司，新疆生产建设兵团建设局，总后基建营房部工程局，国资委管理的有关企业，有关行业协会：

根据《建设工程勘察设计管理条例》和《建设工程勘察设计资质管理规定》，我部制定了《工程设计资质标准》，现印发给你们，请遵照执行。原《关于颁发工程勘察资质分级标准和工程设计资质分级标准的通知》（建设〔2001〕22号）中“工程设计资质分级标准”同时废止。其他有关规定与本标准不符的，以本标准为准。执行中有何问题，请与我部建筑市场管理司联系。

中华人民共和国建设部

二〇〇七年三月二十九日

为适应社会主义市场经济发展，根据《建设工程勘察设计管理条例》和《建设工程勘察设计资质管理规定》，结合各行业工程设计的特点，制定本标准。

一、总　　则

（一）本标准包括21个行业的相应工程设计类型、主要专业技术人员配备及规模划分等内容。

（二）本标准分为四个序列：

1. 工程设计综合资质

工程设计综合资质是指涵盖21个行业的设计资质。

2. 工程设计行业资质

工程设计行业资质是指涵盖某个行业资质标准中的全部设计类型的设计资质。

3. 工程设计专业资质

工程设计专业资质是指某个行业资质标准中的某一个专业的设计资质。

4. 工程设计专项资质

工程设计专项资质是指为适应和满足行业发展的需求，对已形成产业的专项技术独立进行设计以及设计、施工一体化而设立的资质。

（三）工程设计综合资质只设甲级。工程设计行业资质和工程设计专业资质设甲、乙两个级别；根据行业需要，建筑、市政公用、水利、电力（限送变电）、农林和公路行业可设立工程设计丙级资质，建筑工程设计专业资质设丁级。建筑行业根据需要设立建筑工程设计事务所资质。工程设计专项资质可根据行业需要设置等级。

（四）工程设计范围包括本行业建设工程项目的主体工程和配套工程（含厂/矿区内的自备电站、道路、专用铁路、通信、各种管网管线和配套的建筑物等全部配套工程）以及与主体工程、配套工程相关的工艺、土木、建筑、环境保护、水土保持、消防、安全、卫生、节能、防雷、抗震、照明工程等。

建筑工程设计范围包括建设用地规划许可证范围内的建筑物构筑物设计、室外工程设计、民用建筑修建的地下工程设计及住宅小区、工厂厂前区、工厂生活区、小区规划设计及单体设计等，以及所包含的相关专业的设计内容（总平面布置、竖向设计、各类管网管线设计、景观设计、室内外环境设计及建筑装饰、道路、消防、智能、安保、通信、防雷、人防、供配电、照明、废水治理、空调设施、抗震加固等）。

（五）本标准主要对企业资历和信誉、技术条件、技术装备及管理水平进行考核。其中对技术条件中的主要专业技术人员的考核内容为：

1. 已经实施注册且需配备注册执业人员的专业，对其专业技术人员的注册执业资格及相应专业进行考核。

2. 尚未实施注册、尚未建立注册执业资格制度的和已经实施注册但不需配备注册执业资格人员（以下简称非注册人员）的专业，对其专业技术人员的所学专业、技术职称按附件2专业设置中规定的专业进行考核。主导专业的非注册人员需考核相应业绩，并提供业绩证明。各行业主导专业见工程设计主要专业技术人员配备表。

（六）申请二个以上工程设计行业资质时，应同时满足附件2中相应行业的专业设置或注册专业的配置，其相同专业的专业技术人员的数量以其中的高值为准。

申请二个及以上设计类型的工程设计专业资质时，应同时满足附表2中相应行业的相应设计类型的专业设置或注册专业的配置，其相同专业的专业技术人员的数量以其中的高值为准。

工程设计专项资质标准的具体考核指标由建设部会同相关部门和行业制定。

（七）具有工程设计资质的企业，可从事资质证书范围内的相应工程总承包、工程项目管理和相关的技术、咨询与管理服务。

（八）具有工程设计综合资质的企业，满足相应的施工总承包（专业承包）一级资质对注册建造师（项目经理）的人员要求后，可以准予与工程设计甲级行业资质（专业资质）相应的施工总承包（专业承包）一级资质。

（九）本标准所称主要专业技术人员，年龄限60周岁及以下。

二、标　　准

（一）工程设计综合资质

1－1　资历和信誉

（1）具有独立企业法人资格。

（2）注册资本不少于6000万元人民币。

（3）近3年年平均工程勘察设计营业收入不少于10000万元人民币，且近5年内2次工程勘察设计营业收入在全国勘察设计企业排名列前50名以内；或近5年内2次企业营业税金及附加在全国勘察设计企业排名列前50名以内。

（4）具有2个工程设计行业甲级资质，且近10年内独立承担大型建设项目工程设计每行业不少于3项，并已建成投产。

或同时具有某1个工程设计行业甲级资质和其他3个不同行业甲级工程设计的专业资质，且近10年内独立承担大型建设项目工程设计不少于4项。其中，工程设计行业甲级相应业绩不少于1项，工程设计专业甲级相应业绩各不少于1项，并已建成投产。

1－2　技术条件

（1）技术力量雄厚，专业配备合理。

企业具有初级以上专业技术职称且从事工程勘察设计的人员不少于500人，其中具备注册执业资格或高级专业技术职称的不少于200人，且注册专业不少于5个，5个专业的注册人员总数不低于40人。

企业从事工程项目管理且具备建造师或监理工程师注册执业资格的人员不少于4人。

（2）企业主要技术负责人或总工程师应当具有大学本科以上学历、15年以上设计经历，主持过大型项目工程设计不少于2项，具备注册执业资格或高级专业技术职称。

（3）拥有与工程设计有关的专利、专有技术、工艺包（软件包）不少于3项。

（4）近10年获得过全国级优秀工程设计奖、全国优秀工程勘察奖、国家级科技进步奖的奖项不少于5项，或省部级（行业）优秀工程设计一等奖（金奖）、省部级（行业）科技进步一等奖的奖项不少于5项。

（5）近10年主编2项或参编过5项以上国家、行业工程建设标准、规范，定额。

1－3 技术装备及管理水平

（1）有完善的技术装备及固定工作场所，且主要固定工作场所建筑面积不少于10000平方米。

（2）有完善的企业技术、质量、安全和档案管理，通过ISO9000族标准质量体系认证。

（3）具有与承担建设项目工程总承包或工程项目管理相适应的组织机构或管理体系。

（二）工程设计行业资质

1. 甲级

1－1 资历和信誉

（1）具有独立企业法人资格。

（2）社会信誉良好，注册资本不少于600万元人民币。

（3）企业完成过的工程设计项目应满足所申请行业主要专业技术人员配备表中对工程设计类型业绩考核的要求，且要求考核业绩的每个设计类型的大型项目工程设计不少于1项或中型项目工程设计不少于2项，并已建成投产。

1－2 技术条件

（1）专业配备齐全、合理，主要专业技术人员数量不少于所申请行业资质标准中主要专业技术人员配备表规定的人数。

（2）企业主要技术负责人或总工程师应当具有大学本科以上学历、10年以上设计经历，主持过所申请行业大型项目工程设计不少于2项，具备注册执业资格或高级专业技术职称。

（3）在主要专业技术人员配备表规定的人员中，主导专业的非注册人员应当作为专业技术负责人主持过所申请行业中型以上项目不少于3项，其中大型项目不少于1项。

1－3 技术装备及管理水平

（1）有必要的技术装备及固定的工作场所。

（2）企业管理组织结构、标准体系、质量体系、档案管理体系健全。

2. 乙级

2－1 资历和信誉

（1）具有独立企业法人资格。

（2）社会信誉良好，注册资本不少于300万元人民币。

2－2 技术条件

（1）专业配备齐全、合理，主要专业技术人员数量不少于所申请行业资质标准中主要专业技术人员配备表规定的人数。

（2）企业的主要技术负责人或总工程师应当具有大学本科以上学历、10年以上设计经历，主持过所申请行业大型项目工程设计不少于1项，或中型项目工程设计不少于3项，具备注册执业资格或高级专业技术职称。

（3）在主要专业技术人员配备表规定的人员中，主导专业的非注册人员应当作为专业技术负责人主持过所申请行业中型以上项目不少于2项，或大型项目不少于1项。

2－3 技术装备及管理水平

（1）有必要的技术装备及固定的工作场所。

（2）有完善的质量体系和技术、经营、人事、财务、档案管理制度。

3. 丙级

3－1 资历和信誉

（1）具有独立企业法人资格。

（2）社会信誉良好，注册资本不少于100万元人民币。

3－2 技术条件

（1）专业配备齐全、合理，主要专业技术人员数量不少于所申请行业资质标准中主要专业技术人员配备表规定的人数。

（2）企业的主要技术负责人或总工程师应当具有大专以上学历、10年以上设计经历，且主持过所申请行业项目工程设计不少于2项，具有中级以上专业技术职称。

（3）在主要专业技术人员配备表规定的人员中，非注册人员应当作为专业技术负责人主持过所申请行业项目工程设计不少于2项。

3－3 技术装备及管理水平

（1）有必要的技术装备及固定的工作场所。

（2）有较完善的质量体系和技术、经营、人事、财务、档案管理制度。

（三）工程设计专业资质

1. 甲级

1－1 资历和信誉

（1）具有独立企业法人资格。

（2）社会信誉良好，注册资本不少于300万元人民币。

（3）企业完成过所申请行业相应专业设计类型大型项目工程设计不少于1项，或中型项目工程设计不少于2项，并已建成投产。

1－2 技术条件

（1）专业配备齐全、合理，主要专业技术人员数量不少于所申请专业资质标准中主要专业技术人员配备表规定的人数。

（2）企业主要技术负责人或总工程师应当具有大学本科以上学历、10年以上设计经历，且主持过所申请行业相应专业设计类型的大型项目工程设计不少于2项，具备注册执业资格或高级专业技术职称。

（3）在主要专业技术人员配备表规定的人员中，主导专业的非注册人员应当作为专业技术负责人主持过所申请行业相应专业设计类型的中型以上项目工程设计不少于3项。其中，大型项目不少于1项。

1－3 技术装备及管理水平

（1）有必要的技术装备及固定的工程场所。

（2）企业管理组织结构、标准体系、质量、档案体系健全。

2. 乙级

2－1 资历和信誉

（1）具有独立企业法人资格。

（2）社会信誉良好，注册资本不少于100万元人民币。

2－2 技术条件

（1）专业配备齐全、合理，主要专业技术人员数量不少于所申请专业资质标准中主要专业技术人员配备表规定的人数。

（2）企业的主要技术负责人或总工程师应当具有大学本科以上学历、10年以上设计经历，且主持过所申请行业相应专业设计类型的中型项目工程设计不少于3项，或大型项目工程设计不少于1项，具备注册执业资格或高级专业技术职称。

（3）在主要专业技术人员配备表规定的人员中，主导专业的非注册人员应当作为专业技术负责人主持过所申请行业相应专业设计类型的中型项目工程设计不少于2项，或大型项目工程设计不少于1项。

2－3 技术装备及管理水平

（1）有必要的技术装备及固定的工作场所。

（2）有较完善的质量体系和技术、经营、人事、财务、档案等管理制度。

3. 丙级

3－1 资历和信誉

（1）具有独立企业法人资格。

（2）社会信誉良好，注册资本不少于50万元人民币。

3－2 技术条件

（1）专业配备齐全、合理，主要专业技术人员数量不少于所申请专业资质标准中主要专业技术人员配备表规定的人数。

（2）企业的主要技术负责人或总工程师应当具有大专以上学历、10年以上设计经历，且主持过所申请行业相应专业设计类型的工程设计不少于2项，具有中级及以上专业技术职称。

（3）在主要专业技术人员配备表规定的人员中，主导专业的非注册人员应当作为专业技术负责人主持过所申请行业相应专业设计类型的项目工程设计不少于2项。

3－3 技术装备及管理水平

（1）有必要的技术装备及固定的工作场所。

（2）有较完善的质量体系和技术、经营、人事、财务、档案等管理制度。

4. 丁级（限建筑工程设计）

4－1 资历和信誉

（1）具有独立企业法人资格。

（2）社会信誉良好，注册资本不少于5万元人民币。

4－2 技术条件

企业专业技术人员总数不少于5人。其中，二级以上注册建筑师或注册结构工程师不少于1人；具有建筑工程类专业学历、2年以上设计经历的专业技术人员不少于2人；具有3年以上设计经历，参与过至少2项工程设计的专业技术人员不少于2人。

4－3 技术装备及管理水平

（1）有必要的技术装备及固定的工作场所。

（2）有较完善的技术、财务、档案等管理制度。

（四）工程设计专项资质

1. 资历和信誉

（1）具有独立企业法人资格。

（2）社会信誉良好，注册资本符合相应工程设计专项资质标准的规定。

2. 技术条件

专业配备齐全、合理，企业的主要技术负责人或总工程师、主要专业技术人员配备符合相应工程设计专项资质标准的规定。

3. 技术装备及管理水平

（1）有必要的技术装备及固定的工作场所。

（2）企业管理的组织结构、标准体系、质量管理体系运行有效。

三、承担业务范围

承担资质证书许可范围内的工程设计业务，承担与资质证书许可范围相应的建设工程总承包、工程项目管理和相关的技术、咨询与管理服务业务。承担设计业务的地区不受限制。

（一）工程设计综合甲级资质

承担各行业建设工程项目的设计业务，其规模不受限制；但在承接工程项目设计时，须满足本标准中与该工程项目对应的设计类型对专业及人员配置的要求。

承担其取得的施工总承包（施工专业承包）一级资质证书许可范围内的工程施工总承包（施工专业承包）业务。

（二）工程设计行业资质

1. 甲级

承担本行业建设工程项目主体工程及其配套工程的设计业务，其规模不受限制。

2. 乙级

承担本行业中、小型建设工程项目的主体工程及其配套工程的设计业务。

3. 丙级

承担本行业小型建设项目的工程设计业务。

（三）工程设计专业资质

1. 甲级

承担本专业建设工程项目主体工程及其配套工程的设计业务，其规模不受限制。

2. 乙级

承担本专业中、小型建设工程项目的主体工程及其配套工程的设计业务。

3. 丙级

承担本专业小型建设项目的设计业务。

4. 丁级（限建筑工程设计）

4-1 一般公共建筑工程

（1）单体建筑面积2000平方米及以下。

（2）建筑高度12米及以下。

4-2 一般住宅工程

（1）单体建筑面积2000平方米及以下。

（2）建筑层数4层及以下的砖混结构。

4-3 厂房和仓库

（1）跨度不超过12米，单梁式吊车吨位不超过5吨的单层厂房和仓库。

（2）跨度不超过7.5米，楼盖无动荷载的二层厂房和仓库。

4-4 构筑物

（1）套用标准通用图高度不超过20米的烟囱。

（2）容量小于50立方米的水塔。

(3) 容量小于300立方米的水池。

(4) 直径小于6米的料仓。

(四) 工程设计专项资质

承担规定的专项工程的设计业务，具体规定见有关专项资质标准。

四、附　　则

(一) 本标准主要专业技术人员指下列人员：

(1) 注册人员。

注册人员是指参加中华人民共和国统一考试或考核认定，取得执业资格证书，并按照规定注册，取得相应注册执业证书的人员。

注册人员专业包括：

注册建筑师；

注册工程师：结构（房屋结构、塔架、桥梁）、土木（岩土、水利水电、港口与航道、道路、铁路、民航）、公用设备（暖通空调、动力、给水排水）、电气（发输变电、供配电）、机械、化工、电子工程（电子信息、广播电影电视）、航天航空、农业、冶金、采矿/矿物、核工业、石油/天然气、造船、军工、海洋、环保、材料工程师；

注册造价工程师。

(2) 非注册人员。

非注册人员须具有中级以上专业技术职称，并从事工程设计实践10年以上。

(二) 本标准自颁布之日起施行。

(三) 本标准由建设部负责解释。

附件1：工程设计行业划分表（略）

附表2：各行业工程设计主要专业技术人员配备表（略）

附表3：各行业建设项目设计规模划分表（略）

附件4：各行业配备注册人员的专业在未启动注册时专业设置对照表（略）

附件5：建筑工程设计事务所资质标准（略）

附件6：工程设计专项资质标准（略）

关于印发《企业安全生产费用提取和使用管理办法》的通知

财企〔2012〕16号

各省、自治区、直辖市、计划单列市财政厅（局）、安全生产监督管理局，新疆生产建设兵团财务局、安全生产监督管理局，有关中央管理企业：

为了建立企业安全生产投入长效机制，加强安全生产费用管理，保障企业安全生产资金投入，维护企业、职工以及社会公共利益，根据《中华人民共和国安全生产法》等有关法律法规和国务院有关决定，财政部、国家安全生产监督管理总局联合制定了《企业安全生产费用提取和使用管理办法》。现印发给你们，请遵照执行。

附件：企业安全生产费用提取和使用管理办法

财政部　国家安全监管总局

二〇一二年二月十四日

企业安全生产费用提取和使用管理办法

第一章　总　　则

第一条　为了建立企业安全生产投入长效机制，加强安全生产费用管理，保障企业安全生产资金投入，维护企业、职工以及社会公共利益，依据《中华人民共和国安全生产法》等有关法律法规和《国务院关于加强安全生产工作的决定》(国发〔2004〕2号）和《国务院关于进一步加强企业安全生产工作的通知》(国发〔2010〕23号），制定本办法。

第二条　在中华人民共和国境内直接从事煤炭生产、非煤矿山开采、建设工程施工、危险品生产与储存、交通运输、烟花爆竹生产、冶金、机械制造、武器装备研制生产与试验（含民用航空及核燃料）的企业以及其他经济组织（以下简称企业）适用本办法。

第三条　本办法所称安全生产费用（以下简称安全费用）是指企业按照规定标准提取在成本中列支，专门用于完善和改进企业或者项目安全生产条件的资金。

安全费用按照“企业提取、政府监管、确保需要、规范使用”的原则进行管理。

第四条　本办法下列用语的含义是：

煤炭生产是指煤炭资源开采作业有关活动。

非煤矿山开采是指石油和天然气、煤层气（地面开采）、金属矿、非金属矿及其他矿产资源的勘探作业和生产、选矿、闭坑及尾矿库运行、闭库等有关活动。

建设工程是指土木工程、建筑工程、井巷工程、线路管道和设备安装及装修工程的新建、扩建、改建以及矿山建设。

危险品是指列入国家标准《危险货物品名表》(GB 12268) 和《危险化学品目录》的物品。

烟花爆竹是指烟花爆竹制品和用于生产烟花爆竹的民用黑火药、烟火药、引火线等物品。

交通运输包括道路运输、水路运输、铁路运输、管道运输。道路运输是指以机动车为交通工具的旅客和货物运输；水路运输是指以运输船舶为工具的旅客和货物运输及港口装卸、堆存；铁路运输是指以火车为工具的旅客和货物运输（包括高铁和城际铁路)；管道运输是指以管道为工具的液体和气体物资运输。

冶金是指金属矿物的冶炼以及压延加工有关活动，包括：黑色金属、有色金属、黄金等的冶炼生产和加工处理活动，以及碳素、耐火材料等与主工艺流程配套的辅助工艺环节的生产。

机械制造是指各种动力机械、冶金矿山机械、运输机械、农业机械、工具、仪器、仪表、特种设备、大中型船舶、石油炼化装备及其他机械设备的制造活动。

武器装备研制生产与试验,包括武器装备和弹药的科研、生产、试验、储运、销毁、维修保障等。

第二章　安全费用的提取标准

第五条　煤炭生产企业依据开采的原煤产量按月提取。各类煤矿原煤单位产量安全费用提取标准如下：

（一）煤（岩）与瓦斯（二氧化碳）突出矿井、高瓦斯矿井吨煤30元；

（二）其他井工矿吨煤15元；

（三）露天矿吨煤5元。

矿井瓦斯等级划分按现行《煤矿安全规程》和《矿井瓦斯等级鉴定规范》的规定执行。

第六条　非煤矿山开采企业依据开采的原矿产量按月提取。各类矿山原矿单位产量安全费用提取标准如下：

（一）石油，每吨原油17元；

（二）天然气、煤层气（地面开采)，每千立方米原气5元；

（三）金属矿山，其中露天矿山每吨5元，地下矿山每吨10元；

（四）核工业矿山，每吨25元；

（五）非金属矿山，其中露天矿山每吨2元，地下矿山每吨4元；

（六）小型露天采石场，即年采剥总量50万吨以下，且最大开采高度不超过50米，产品用于建筑、铺路的山坡型露天采石场，每吨1元；

（七）尾矿库按入库尾矿量计算，三等及三等以上尾矿库每吨1元，四等及五等尾矿库每吨1.5元。

本办法下发之日以前已经实施闭库的尾矿库，按照已堆存尾砂的有效库容大小提取，库容100万立方米以下的，每年提取5万元；超过100万立方米的，每增加100万立方米增加3万元，但每年提取额最高不超过30万元。

原矿产量不含金属、非金属矿山尾矿库和废石场中用于综合利用的尾砂和低品位矿石。

地质勘探单位安全费用按地质勘查项目或者工程总费用的2%提取。

第七条　建设工程施工企业以建筑安装工程造价为计提依据。各建设工程类别安全费用提取标准如下：

（一）矿山工程为2.5%；

（二）房屋建筑工程、水利水电工程、电力工程、铁路工程、城市轨道交通工程为2.0%；

（三）市政公用工程、冶炼工程、机电安装工程、化工石油工程、港口与航道工程、公路工程、通信工程为1.5%。

建设工程施工企业提取的安全费用列入工程造价，在竞标时，不得删减，列入标外管理。国家对基本建设投资概算另有规定的，从其规定。

总包单位应当将安全费用按比例直接支付分包单位并监督使用，分包单位不再重复提取。

第八条 危险品生产与储存企业以上年度实际营业收入为计提依据，采取超额累退方式按照以下标准平均逐月提取：

（一）营业收入不超过1000万元的，按照4%提取；

（二）营业收入超过1000万元至1亿元的部分，按照2%提取；

（三）营业收入超过1亿元至10亿元的部分，按照0.5%提取；

（四）营业收入超过10亿元的部分，按照0.2%提取。

第九条 交通运输企业以上年度实际营业收入为计提依据，按照以下标准平均逐月提取：

（一）普通货运业务按照1%提取；

（二）客运业务、管道运输、危险品等特殊货运业务按照1.5%提取。

第十条 冶金企业以上年度实际营业收入为计提依据，采取超额累退方式按照以下标准平均逐月提取：

（一）营业收入不超过1000万元的，按照3%提取；

（二）营业收入超过1000万元至1亿元的部分，按照1.5%提取；

（三）营业收入超过1亿元至10亿元的部分，按照0.5%提取；

（四）营业收入超过10亿元至50亿元的部分，按照0.2%提取；

（五）营业收入超过50亿元至100亿元的部分，按照0.1%提取；

（六）营业收入超过100亿元的部分，按照0.05%提取。

第十一条 机械制造企业以上年度实际营业收入为计提依据，采取超额累退方式按照以下标准平均逐月提取：

（一）营业收入不超过1000万元的，按照2%提取；

（二）营业收入超过1000万元至1亿元的部分，按照1%提取；

（三）营业收入超过1亿元至10亿元的部分，按照0.2%提取；

（四）营业收入超过10亿元至50亿元的部分，按照0.1%提取；

（五）营业收入超过50亿元的部分，按照0.05%提取。

第十二条 烟花爆竹生产企业以上年度实际营业收入为计提依据，采取超额累退方式按照以下标准平均逐月提取：

（一）营业收入不超过200万元的，按照3.5%提取；

（二）营业收入超过200万元至500万元的部分，按照3%提取；

（三）营业收入超过500万元至1000万元的部分，按照2.5%提取；

（四）营业收入超过1000万元的部分，按照2%提取。

第十三条 武器装备研制生产与试验企业以上年度军品实际营业收入为计提依据，采取超额累退方式按照以下标准平均逐月提取：

（一）火炸药及其制品研制、生产与试验企业（包括：含能材料，炸药、火药、推进剂，发动机，弹箭，引信、火工品等）：

1. 营业收入不超过1000万元的，按照5%提取；

2. 营业收入超过1000万元至1亿元的部分，按照3%提取；

3. 营业收入超过1亿元至10亿元的部分，按照1%提取；

4. 营业收入超过10亿元的部分，按照0.5%提取。

（二）核装备及核燃料研制、生产与试验企业：

1. 营业收入不超过1000万元的，按照3%提取；

2. 营业收入超过1000万元至1亿元的部分，按照2%提取；

3. 营业收入超过1亿元至10亿元的部分，按照0.5%提取；

4. 营业收入超过10亿元的部分，按照0.2%提取。

5. 核工程按照3%提取（以工程造价为计提依据，在竞标时，列为标外管理）。

（三）军用舰船（含修理）研制、生产与试验企业：

1. 营业收入不超过1000万元的，按照2.5%提取；

2. 营业收入超过1000万元至1亿元的部分，按照1.75%提取；

3. 营业收入超过1亿元至10亿元的部分，按照0.8%提取；

4. 营业收入超过10亿元的部分，按照0.4%提取。

（四）飞船、卫星、军用飞机、坦克车辆、火炮、轻武器、大型天线等产品的总体、部分和元器件研制、生产与试验企业：

1. 营业收入不超过1000万元的，按照2%提取；

2. 营业收入超过1000万元至1亿元的部分，按照1.5%提取；

3. 营业收入超过1亿元至10亿元的部分，按照0.5%提取；

4. 营业收入超过10亿元至100亿元的部分，按照0.2%提取；

5. 营业收入超过100亿元的部分，按照0.1%提取。

（五）其他军用危险品研制、生产与试验企业：

1. 营业收入不超过1000万元的，按照4%提取；

2. 营业收入超过1000万元至1亿元的部分，按照2%提取；

3. 营业收入超过1亿元至10亿元的部分，按照0.5%提取；

4. 营业收入超过10亿元的部分，按照0.2%提取。

第十四条 中小微型企业和大型企业上年末安全费用结余分别达到本企业上年度营业收入的5%和1.5%时，经当地县级以上安全生产监督管理部门、煤矿安全监察机构商财政部门同意，企业本年度可以缓提或者少提安全费用。

企业规模划分标准按照工业和信息化部、国家统计局、国家发展和改革委员会、财政部《关于印发中小企业划型标准规定的通知》(工信部联企业〔2011〕300号）规定执行。

第十五条 企业在上述标准的基础上，根据安全生产实际需要，可适当提高安全费用提取标准。

本办法公布前，各省级政府已制定下发企业安全费用提取使用办法的，其提取标准如果低于本办法规定的标准，应当按照本办法进行调整；如果高于本办法规定的标准，按照原标准执行。

第十六条 新建企业和投产不足一年的企业以当年实际营业收入为提取依据，按月计提安全费用。

混业经营企业，如能按业务类别分别核算的，则以各业务营业收入为计提依据，按上述标准分别提取安全费用；如不能分别核算的，则以全部业务收入为计提依据，按主营业务计提标准提取安全费用。

第三章 安全费用的使用

第十七条 煤炭生产企业安全费用应当按照以下范围使用：

（一）煤与瓦斯突出及高瓦斯矿井落实“两个四位一体”综合防突措施支出，包括瓦斯区域预抽、保护层开采区域防突措施、开展突出区域和局部预测、实施局部补充防突措施、更新改造防突设备和设施、建立突出防治实验室等支出；

（二）煤矿安全生产改造和重大隐患治理支出，包括“一通三防”（通风，防瓦斯、防煤尘、防灭火）、防治水、供电、运输等系统设备改造和灾害治理工程，实施煤矿机械化改造，实施矿压（冲击地压）、热害、露天矿边坡治理、采空区治理等支出；

（三）完善煤矿井下监测监控、人员定位、紧急避险、压风自救、供水施救和通信联络安全避险“六大系统”支出，应急救援技术装备、设施配置和维护保养支出，事故逃生和紧急避难设施设备的配置和应急演练支出；

（四）开展重大危险源和事故隐患评估、监控和整改支出；

（五）安全生产检查、评价（不包括新建、改建、扩建项目安全评价）、咨询、标准化建设支出；

（六）配备和更新现场作业人员安全防护用品支出；

（七）安全生产宣传、教育、培训支出；

（八）安全生产适用新技术、新标准、新工艺、新装备的推广应用支出；

（九）安全设施及特种设备检测检验支出；

（十）其他与安全生产直接相关的支出。

第十八条 非煤矿山开采企业安全费用应当按照以下范围使用：

（一）完善、改造和维护安全防护设施设备（不含“三同时”要求初期投入的安全设施）和重大安全隐患治理支出，包括矿山综合防尘、防灭火、防治水、危险气体监测、通风系统、支护及防治边帮滑坡设备、机电设备、供配电系统、运输（提升）系统和尾矿库等完善、改造和维护支出以及实施地压监测监控、露天矿边坡治理、采空区治理等支出；

（二）完善非煤矿山监测监控、人员定位、紧急避险、压风自救、供水施救和通信联络等安全避险“六大系统”支出，完善尾矿库全过程在线监控系统和海上石油开采出海人员动态跟踪系统支出，应急救援技术装备、设施配置及维护保养支出，事故逃生和紧急避难设施设备的配置和应急演练支出；

（三）开展重大危险源和事故隐患评估、监控和整改支出；

（四）安全生产检查、评价（不包括新建、改建、扩建项目安全评价）、咨询、标准化建设支出；

（五）配备和更新现场作业人员安全防护用品支出；

（六）安全生产宣传、教育、培训支出；

（七）安全生产适用的新技术、新标准、新工艺、新装备的推广应用支出；

（八）安全设施及特种设备检测检验支出；

（九）尾矿库闭库及闭库后维护费用支出；

（十）地质勘探单位野外应急食品、应急器械、应急药品支出；

（十一）其他与安全生产直接相关的支出。

第十九条 建设工程施工企业安全费用应当按照以下范围使用：

（一）完善、改造和维护安全防护设施设备支出（不含“三同时”要求初期投入的安全设施），包括施工现场临时用电系统、洞口、临边、机械设备、高处作业防护、交叉作业防护、防火、防爆、防尘、防毒、防雷、防台风、防地质灾害、地下工程有害气体监测、通风、临时安全防护等设施设备支出；

（二）配备、维护、保养应急救援器材、设备支出和应急演练支出；

（三）开展重大危险源和事故隐患评估、监控和整改支出；

（四）安全生产检查、评价（不包括新建、改建、扩建项目安全评价）、咨询和标准化建设支出；

（五）配备和更新现场作业人员安全防护用品支出；

（六）安全生产宣传、教育、培训支出；

（七）安全生产适用的新技术、新标准、新工艺、新装备的推广应用支出；

（八）安全设施及特种设备检测检验支出；

（九）其他与安全生产直接相关的支出。

第二十条 危险品生产与储存企业安全费用应当按照以下范围使用：

（一）完善、改造和维护安全防护设施设备支出（不含“三同时”要求初期投入的安全设施），包括车间、库房、罐区等作业场所的监控、监测、通风、防晒、调温、防火、灭火、防爆、泄压、防毒、消毒、中和、防潮、防雷、防静电、防腐、防渗漏、防护围堤或者隔离操作等设施设备支出；

（二）配备、维护、保养应急救援器材、设备支出和应急演练支出；

（三）开展重大危险源和事故隐患评估、监控和整改支出；

（四）安全生产检查、评价（不包括新建、改建、扩建项目安全评价）、咨询和标准化建设支出；

（五）配备和更新现场作业人员安全防护用品支出；

（六）安全生产宣传、教育、培训支出；

（七）安全生产适用的新技术、新标准、新工艺、新装备的推广应用支出；

（八）安全设施及特种设备检测检验支出；

（九）其他与安全生产直接相关的支出。

第二十一条 交通运输企业安全费用应当按照以下范围使用：

（一）完善、改造和维护安全防护设施设备支出（不含“三同时”要求初期投入的安全设施），包括道路、水路、铁路、管道运输设施设备和装卸工具安全状况检测及维护系统、运输设施设备和装卸工具附属安全设备等支出；

（二）购置、安装和使用具有行驶记录功能的车辆卫星定位装置、船舶通信导航定位和自动识别系统、电子海图等支出；

（三）配备、维护、保养应急救援器材、设备支出和应急演练支出；

（四）开展重大危险源和事故隐患评估、监控和整改支出；

（五）安全生产检查、评价（不包括新建、改建、扩建项目安全评价）、咨询和标准化建设支出；

（六）配备和更新现场作业人员安全防护用品支出；

（七）安全生产宣传、教育、培训支出；

（八）安全生产适用的新技术、新标准、新工艺、新装备的推广应用支出；

（九）安全设施及特种设备检测检验支出；

（十）其他与安全生产直接相关的支出。

第二十二条 冶金企业安全费用应当按照以下范围使用：

（一）完善、改造和维护安全防护设施设备支出（不含“三同时”要求初期投入的安全设施），包括车间、站、库房等作业场所的监控、监测、防火、防爆、防坠落、防尘、防毒、防噪声与振动、防辐射和隔离操作等设施设备支出；

（二）配备、维护、保养应急救援器材、设备支出和应急演练支出；

（三）开展重大危险源和事故隐患评估、监控和整改支出；

（四）安全生产检查、评价（不包括新建、改建、扩建项目安全评价）和咨询及标准化建设支出；

（五）安全生产宣传、教育、培训支出；

（六）配备和更新现场作业人员安全防护用品支出；

（七）安全生产适用的新技术、新标准、新工艺、新装备的推广应用支出；

（八）安全设施及特种设备检测检验支出；

（九）其他与安全生产直接相关的支出。

第二十三条 机械制造企业安全费用应当按照以下范围使用：

（一）完善、改造和维护安全防护设施设备支出（不含“三同时”要求初期投入的安全设施），包括生产作业场所的防火、防爆、防坠落、防毒、防静电、防腐、防尘、防噪声与振动、防辐射或者隔离操作等设施设备支出，大型起重机械安装安全监控管理系统支出；

（二）配备、维护、保养应急救援器材、设备支出和应急演练支出；

（三）开展重大危险源和事故隐患评估、监控和整改支出；

（四）安全生产检查、评价（不包括新建、改建、扩建项目安全评价）、咨询和标准化建设支出；

（五）安全生产宣传、教育、培训支出；

（六）配备和更新现场作业人员安全防护用品支出；

（七）安全生产适用的新技术、新标准、新工艺、新装备的推广应用；

（八）安全设施及特种设备检测检验支出；

（九）其他与安全生产直接相关的支出。

第二十四条 烟花爆竹生产企业安全费用应当按照以下范围使用：

（一）完善、改造和维护安全设备设施支出（不含“三同时”要求初期投入的安全设施）；

（二）配备、维护、保养防爆机械电器设备支出；

（三）配备、维护、保养应急救援器材、设备支出和应急演练支出；

（四）开展重大危险源和事故隐患评估、监控和整改支出；

（五）安全生产检查、评价（不包括新建、改建、扩建项目安全评价）、咨询和标准化建设支出；

（六）安全生产宣传、教育、培训支出；

（七）配备和更新现场作业人员安全防护用品支出；

（八）安全生产适用新技术、新标准、新工艺、新装备的推广应用支出；

（九）安全设施及特种设备检测检验支出；

（十）其他与安全生产直接相关的支出。

第二十五条 武器装备研制生产与试验企业安全费用应当按照以下范围使用：

（一）完善、改造和维护安全防护设施设备支出（不含“三同时”要求初期投入的安全设施），包括研究室、车间、库房、储罐区、外场试验区等作业场所的监控、监测、防触电、防坠落、防爆、泄压、防火、灭火、通风、防晒、调温、防毒、防雷、防静电、防腐、防尘、防噪声与振动、防辐射、防护围堤或者隔离操作等设施设备支出；

（二）配备、维护、保养应急救援、应急处置、特种个人防护器材、设备、设施支出和应急演练支出；

（三）开展重大危险源和事故隐患评估、监控和整改支出；

（四）高新技术和特种专用设备安全鉴定评估、安全性能检验检测及操作人员上岗培训支出；

（五）安全生产检查、评价（不包括新建、改建、扩建项目安全评价）、咨询和标准化建设支出；

（六）安全生产宣传、教育、培训支出；

（七）军工核设施（含核废物）防泄漏、防辐射的设施设备支出；

（八）军工危险化学品、放射性物品及武器装备科研、试验、生产、储运、销毁、维修保障过程中的安全技术措施改造费和安全防护（不包括工作服）费用支出；

（九）大型复杂武器装备制造、安装、调试的特殊工种和特种作业人员培训支出；

（十）武器装备大型试验安全专项论证与安全防护费用支出；

（十一）特殊军工电子元器件制造过程中有毒有害物质监测及特种防护支出；

（十二）安全生产适用新技术、新标准、新工艺、新装备的推广应用支出；

（十三）其他与武器装备安全生产事项直接相关的支出。

第二十六条 在本办法规定的使用范围内，企业应当将安全费用优先用于满足安全生产监督管理部门、煤矿安全监察机构以及行业主管部门对企业安全生产提出的整改措施或者达到安全生产标准所需的支出。

第二十七条 企业提取的安全费用应当专户核算，按规定范围安排使用，不得挤占、挪用。年度结余资金结转下年度使用，当年计提安全费用不足的，超出部分按正常成本费用渠道列支。

主要承担安全管理责任的集团公司经过履行内部决策程序，可以对所属企业提取的安全费用按照一定比例集中管理，统筹使用。

第二十八条 煤炭生产企业和非煤矿山企业已提取维持简单再生产费用的，应当继续提取维持简单再生产费用，但其使用范围不再包含安全生产方面的用途。

第二十九条 矿山企业转产、停产、停业或者解散的，应当将安全费用结余转入矿山闭坑安全保障基金，用于矿山闭坑、尾矿库闭库后可能的危害治理和损失赔偿。

危险品生产与储存企业转产、停产、停业或者解散的，应当将安全费用结余用于处理转产、停产、停业或者解散前的危险品生产或者储存设备、库存产品及生产原料支出。

企业由于产权转让、公司制改建等变更股权结构或者组织形式的，其结余的安全费用应当继续按照本办法管理使用。

企业调整业务、终止经营或者依法清算，其结余的安全费用应当结转本期收益或者清算收益。

第三十条 本办法第二条规定范围以外的企业为达到应当具备的安全生产条件所需的资金投入，按原渠道列支。

第四章 监 督 管 理

第三十一条 企业应当建立健全内部安全费用管理制度，明确安全费用提取和使用的程序、职责及权限，按规定提取和使用安全费用。

第三十二条 企业应当加强安全费用管理，编制年度安全费用提取和使用计划，纳入企业财务预算。企业年度安全费用使用计划和上一年安全费用的提取、使用情况按照管理权限报同级财政部门、安全生产监督管理部门、煤矿安全监察机构和行业主管部门备案。

第三十三条 企业安全费用的会计处理，应当符合国家统一的会计制度的规定。

第三十四条 企业提取的安全费用属于企业自提自用资金，其他单位和部门不得采取收取、代管等形式对其进行集中管理和使用，国家法律、法规另有规定的除外。

第三十五条 各级财政部门、安全生产监督管理部门、煤矿安全监察机构和有关行业主管部门依法对企业安全费用提取、使用和管理进行监督检查。

第三十六条 企业未按本办法提取和使用安全费用的，安全生产监督管理部门、煤矿安全监察机构和行业主管部门会同财政部门责令其限期改正，并依照相关法律法规进行处理、处罚。

建设工程施工总承包单位未向分包单位支付必要的安全费用以及承包单位挪用安全费用的，由建设、交通运输、铁路、水利、安全生产监督管理、煤矿安全监察等主管部门依照相关法规、规章进行处理、处罚。

第三十七条 各省级财政部门、安全生产监督管理部门、煤矿安全监察机构可以结合本地区实际情况，制定具体实施办法，并报财政部、国家安全生产监督管理总局备案。

第五章 附 则

第三十八条 本办法由财政部、国家安全生产监督管理总局负责解释。

第三十九条 实行企业化管理的事业单位参照本办法执行。

第四十条 本办法自公布之日起施行。《关于调整煤炭生产安全费用提取标准加强煤炭生产安全费用使用管理与监督的通知》(财建〔2005〕168号)、《关于印发〈烟花爆竹生产企业安全费用提取与使用管理办法〉的通知》(财建〔2006〕180号)和《关于印发〈高危行业企业安全生产费用财务管理暂行办法〉的通知》(财企〔2006〕478号)同时废止。《关于印发〈煤炭生产安全费用提取和使用管理办法〉和〈关于规范煤矿维简费管理问题的若干规定〉的通知》(财建〔2004〕119号)等其他有关规定与本办法不一致的,以本办法为准。

国务院安委会办公室关于进一步加强与煤共(伴)生金属非金属矿山安全生产工作的通知

安委办〔2015〕6号

各省、自治区、直辖市及新疆生产建设兵团安全生产委员会：

最近，湖南省连续发生两起与煤共（伴）生金属非金属矿山［以下简称与煤共（伴）生矿山］较大事故。3月23日，张家界市桑植县马鸿塔矿业有限公司东里溪炭质页岩矿越界盗采煤炭，导致煤矿老空区积水溃入掘进工作面，造成6人死亡。4月12日，怀化市溆浦县井湾黏土矿在掘进过程中揭露煤层，导致瓦斯积聚，发生瓦斯燃烧事故，造成4人死亡、1人受伤。事故具体原因正在调查。

这两起较大事故暴露出部分地区打非治违工作不力，尤其是对与煤共（伴）生矿山监管不严，同时也暴露出部分与煤共（伴）生矿山企业没有按国家要求严格落实煤矿开采的相关法规、标准和有关规定，安全基础薄弱、保障能力不强。为深刻吸取事故教训，坚决遏制与煤共（伴）生矿山事故频发势头，现就进一步加强与煤共（伴）生矿山安全生产工作有关事项通知如下：

一、进一步加大打非治违工作力度。各地区要组织相关部门认真开展联合执法，对无证或证照不全采矿、超层越界开采等非法违法行为予以严厉打击，尤其是对以非煤矿山企业名义开采共（伴）生煤炭资源的矿山，超层越界盗采煤炭资源的矿山，以及将煤矿企业改头换面为非煤矿山企业逃避煤矿整顿关闭的矿山，要坚决依法予以关闭。

二、着力加强与煤共（伴）生矿山专家“会诊”监管工作。各地区要按照《国家安全监管总局关于全面开展非煤矿山“三项监管”工作的通知》(安监总管一〔2015〕22号）要求，迅速组织煤矿、非煤矿山安全生产方面的专家按照煤矿和非煤矿山开采的相关法规、标准和有关规定逐矿进行“会诊”检查，按照“一矿一策”要求，形成“会诊”报告和整治建议，由安全监管部门严格执法并督促企业整改到位。安全隐患整改全部完成后，经省级安全监管部门验收合格方可复产；经整改仍达不到煤矿安全生产要求的，要提请有关地方人民政府依法予以关闭。

三、严格落实与煤共（伴）生矿山安全准入标准。各地区要参照本地区煤矿开采有关规定，提高与煤共（伴）生矿山的最小开采规模标准。要由煤矿设计单位和煤矿安全评价单位按照煤矿开采的相关法规、标准和有关规定对与煤共（伴）生矿山建设项目进行设计和安全评价。要按照煤矿开采的相关法规、标准和有关规定对与煤共（伴）生矿山进行安全监管。要对与煤共（伴）生矿山实行重点监管，增加检查频次，实施“上限执法”，做到全覆盖、零容忍，严防死守、杜绝事故。

四、严肃事故查处和责任追究。湖南省及有关市级人民政府要严格按照“四不放过”和“科学严谨、依法依规、实事求是、注重实效”原则，认真开展事故调查处理工作，在查清事故原因、分清事故责任的基础上，依法依规严厉追究相关责任单位和人员的责任。对发生事故的两座矿山要依法提请地方人民政府予以关闭。

国务院安委会办公室

2015年4月29日

图书在版编目（CIP）数据

金属非金属矿山建设项目安全管理实用手册／周彬主编．--北京：煤炭工业出版社，2017

ISBN 978-7-5020-5641-4

Ⅰ.①金… Ⅱ.①周… Ⅲ.①矿山建设—安全管理—手册
Ⅳ.①TD7-62

中国版本图书馆 CIP 数据核字(2016)第 318883 号

金属非金属矿山建设项目安全管理实用手册

主　　编　周　彬
副 主 编　刘育明
责任编辑　曲光宇　赵　冰
编　　辑　王　晨　梁晓平　康　维　孟　楠
责任校对　邢蕾严　李新荣
封面设计　王　滨

出版发行　煤炭工业出版社（北京市朝阳区芍药居 35 号　100029）
电　　话　010-84657898（总编室）
　　　　　010-64018321（发行部）　010-84657880（读者服务部）
电子信箱　cciph612@126.com
网　　址　www.cciph.com.cn
印　　刷　北京玥实印刷有限公司
经　　销　全国新华书店

开　　本　889mm×1194mm $^{1}/_{16}$　**印张**　43　**字数**　1273 千字
版　　次　2017 年 1 月第 1 版　2017 年 1 月第 1 次印刷
社内编号　8504　　**定价**　298.00 元
